19章 书籍装帧&版面设计
青春文艺小说装帧设计
视频位置：光盘/教学视频/第19章

14章
标志设计&特效文字
VI设计——设计公司视觉识别系统
视频位置：光盘/教学视频/第14章

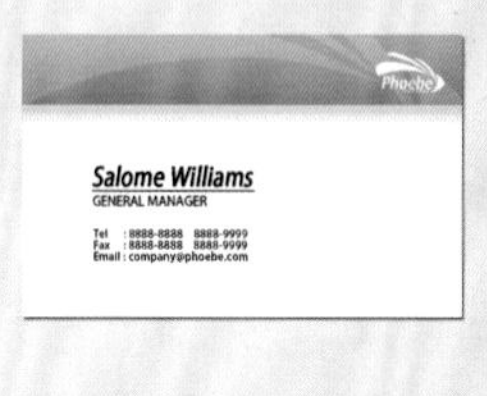

CUTE

CANNOT DISAPPEAR

PROMISES ARE OFTEN LIKE THE BUTTERFLY

16章 创意特效&视觉艺术
三维立体创意海报
视频位置：光盘/教学视频/第16章

09章
图像颜色调整
模拟红外线摄影效果
视频位置：光盘/教学视频/第09章

15章 招贴海报设计
化妆品平面广告
视频位置：光盘/教学视频/第15章

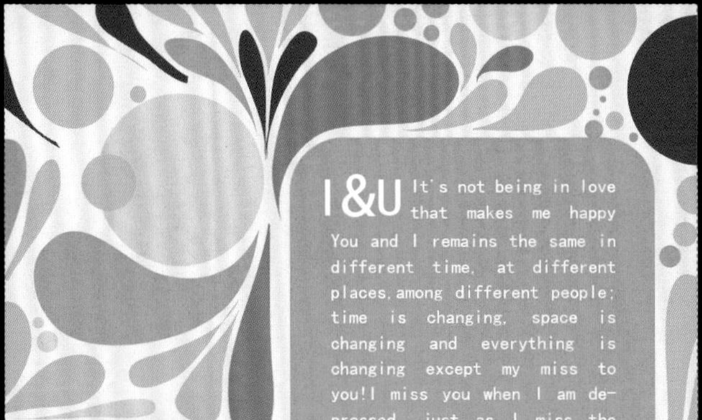

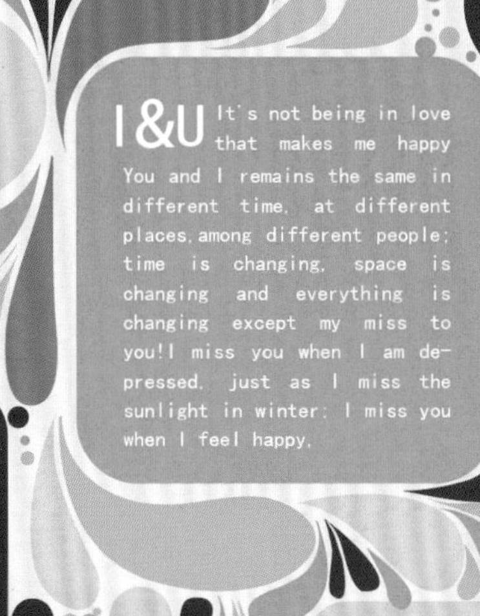

06章 文字的艺术
创建段落文字
视频位置：光盘/教学视频/第06章

04章 选区工具的使用
使用磁性套索工具换背景
视频位置：光盘/教学视频/第04章

本书精彩案例欣赏

20章
包装设计
绿茶瓜子包装设计
视频位置：光盘/教学视频/第20章

16章
创意特效&视觉艺术
头脑风暴
视频位置：
光盘/教学视频/第16章

04章
选区工具的使用
使用描边和填充制作简约海报
视频位置：
光盘/教学视频/第04章

15章 招贴海报设计
华丽珠宝创意广告
视频位置：光盘/教学视频/第15章

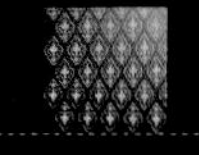

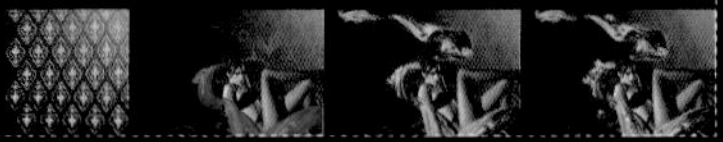

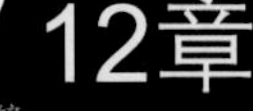

12章
滤镜
使用滤镜制作饼干文字
视频位置：光盘/教学视频/第12章

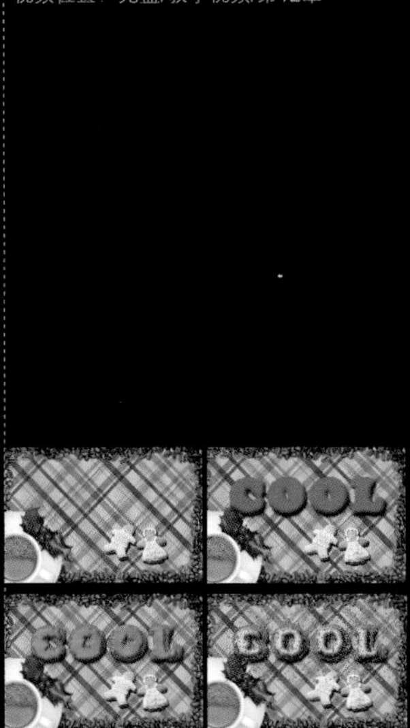

本书精彩案例欣赏

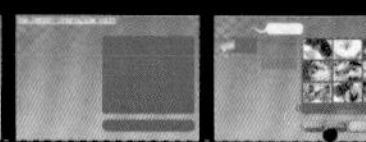

07章 路径与矢量工具
交互界面设计
视频位置：光盘/教学视频/第07章

18章
画册样本设计
中餐菜谱外观设计
视频位置：光盘/教学视频/第18章

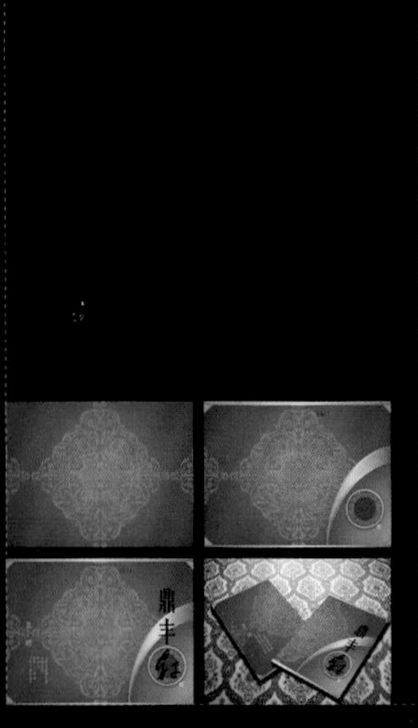

07章 路径与矢量工具
使用矢量工具制作卡通风格招贴
视频位置：光盘/教学视频/第07章

20章 包装设计
盒装花生牛奶包装设计
视频位置：光盘/教学视频/第20章

17章 网页设计
时尚旅游网站
视频位置：光盘/教学视频/第17章

16章 创意特效&视觉艺术
奢侈品购物创意招贴
视频位置　光盘/教学视频/第16章

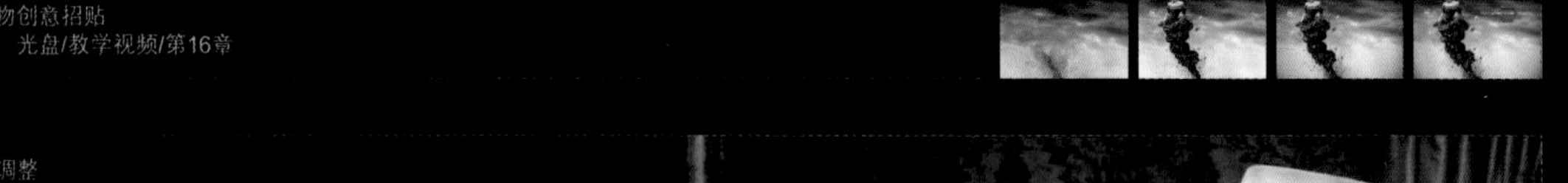

09章 图像颜色调整
使用可选颜色打造怀旧暗调
视频位置：光盘/教学视频/第09章

16章 创意特效&视觉艺术
果汁饮料创意广告
视频位置：光盘/教学视频/第16章

08章 图层
制作彩妆杂志封面
视频位置：光盘/教学视频/第08章

06章 文字的艺术
3D立体效果文字
视频位置：光盘/教学视频/第06章

20章 包装设计
膨化食品薯片包装设计
视频位置：光盘/教学视频/第20章

10章 蒙版
使用蒙版制作中国红版式
视频位置：光盘/教学视频/第10章

10章 蒙版
使用剪贴蒙版制作花纹文字版式
视频位置：光盘/教学视频/第10章

14章 标志设计&特效文字
中式水墨——温泉酒店LOGO
视频位置：光盘/教学视频/第14章

15章 招贴海报设计
奇幻电影海报
视频位置：光盘/教学视频/第15章

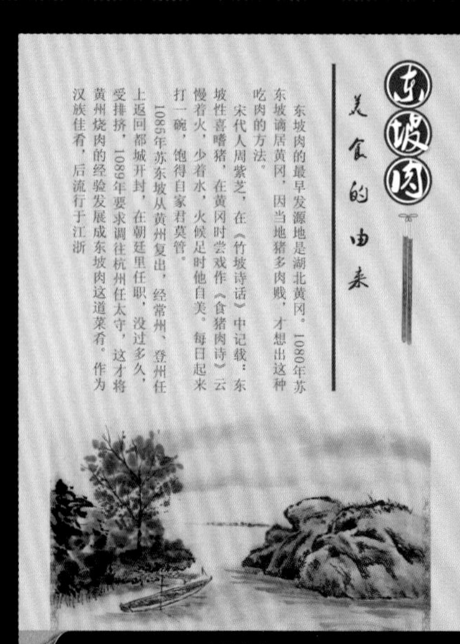

06章 文字的艺术
使用编辑命令校对文档
视频位置：光盘/教学视频/第06章

本书精彩案例欣赏

16章 创意特效&视觉艺术
可爱立体卡通效果创意招贴
视频位置：光盘/教学视频/第16章

04章 选区工具的使用
使用多种选区工具制作宣传招贴
视频位置：光盘/教学视频/第04章

14章 标志设计&特效文字
立体文字——复古潮流3D文字
视频位置：光盘/教学视频/第14章

10章 蒙版
使用剪贴蒙版与调整图层调整颜色
视频位置：光盘/教学视频/第10章

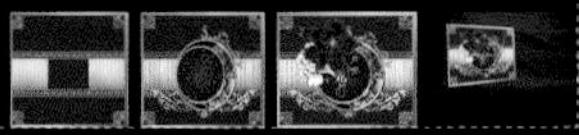

本书精彩案例欣赏

20章 包装设计
月饼礼盒包装设计
视频位置：光盘/教学视频/第20章

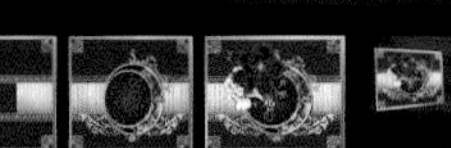

20章 包装设计
中国风礼盒手提袋的制作
视频位置：光盘/教学视频/第20章

03章 Photoshop基础入门
使用操控变形改变美女姿势
视频位置：光盘/教学视频/第03章

15章 招贴海报设计
主题公园宣传招贴
视频位置：光盘/教学视频/第15章

17章 网页设计
个人博客网站设计
视频位置：光盘/教学视频/第15章

08章 图层
使用混合模式制作车体彩绘
视频位置：光盘/教学视频/第08章

10章 蒙版
图层蒙版配合不同笔刷制作涂抹画
视频位置：光盘/教学视频/第10章

本书精彩案例欣赏

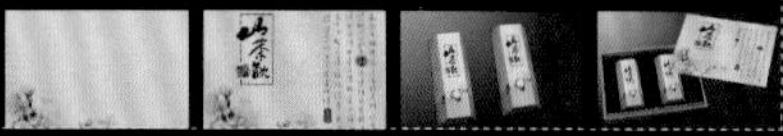

20章 包装设计
淡雅茗茶礼盒包装
视频位置：光盘/教学视频/第20章

14章 标志设计&特效文字
文字合成——立体文字海岛
视频位置：光盘/教学视频/第14章

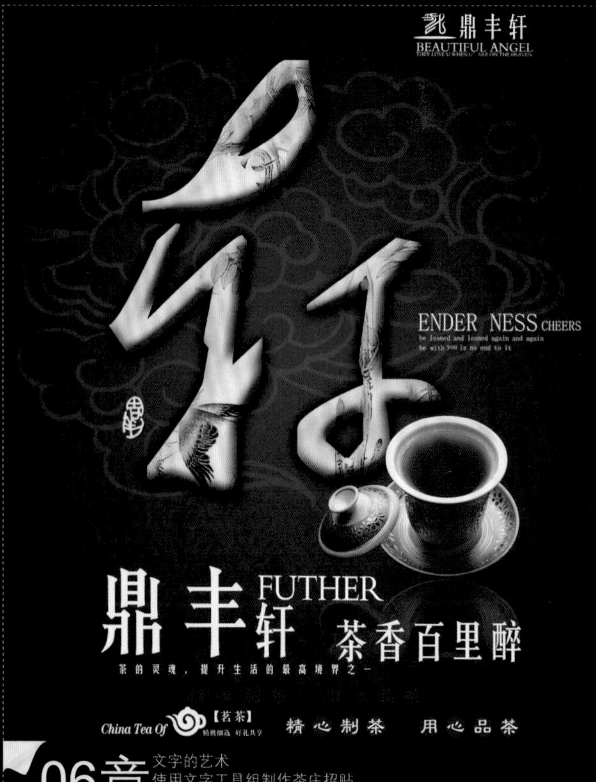

06章 文字的艺术
使用文字工具组制作茶庄招贴
视频位置：光盘/教学视频/第06章

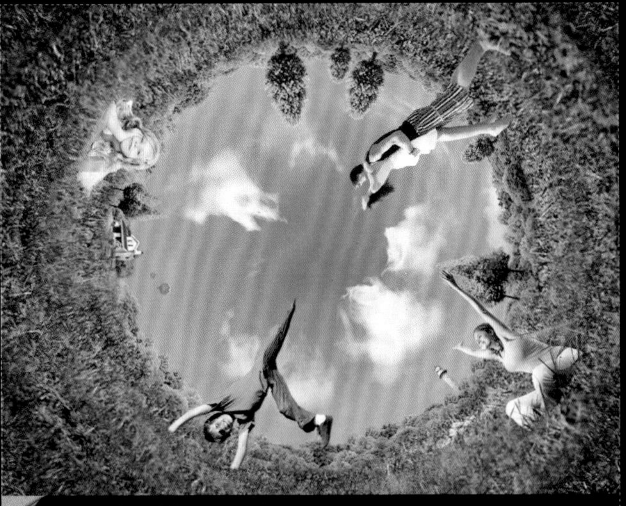

12章 滤镜
制作极坐标特效
视频位置：光盘/教学视频/第12章

08章 图层
使用"光泽"样式制作荧光效果
视频位置：光盘/教学视频/第08章

15章 招贴海报设计
矢量风格户外招募广告
视频位置：光盘/教学视频/第15章

18章 画册样本设计
西餐折页样本设计
视频位置：光盘/教学视频/第18章

03章 Photoshop基础入门
自由变换制作水果螃蟹
视频位置：光盘/教学视频/第03章

04章 选区工具的使用
利用选区运算选择对象
视频位置：光盘/教学视频/第04章

本书精彩案例欣赏

19章 书籍装帧&版面设计
时装杂志大图版式
视频位置：光盘/教学视频/第19章

06章 文字的艺术
制作反光感多彩文字
视频位置：光盘/教学视频/第06章

06章 文字的艺术
钢铁质感文字
视频位置：光盘/教学视频/第06章

06章 文字的艺术
火焰文字的制作
视频位置：光盘/教学视频/第06章

06章 文字的艺术

17章 网页设计

13章 Web图形处理与自动化操作
批处理图像文件
视频位置：光盘/教学视频/第13章

13章 Web图形处理与自动化操作
批处理图像文件
视频位置：光盘/教学视频/第13章

05章 修饰与绘制工具
定义图案预设并填充背景
视频位置：光盘/教学视频/第05章

18章 画册样本设计
儿童摄影工作室画册设计
视频位置：光盘/教学视频/第18章

14章 标志设计&特效文字
特效文字——飞溅水花效果文字
视频位置：光盘/教学视频/第14章

06章 文字的艺术
创建点文字制作手写签名
视频位置：光盘/教学视频/第06章

12章 滤镜
打造雨天效果
视频位置：光盘/教学视频/第12章

05章 修饰与绘制工具
使用模糊工具制作景深效果
视频位置：光盘/教学视频/第05章

08章 图层知识
制作环保主题招贴
视频位置：光盘/教学视频/第08章

05章 修饰与绘制工具
使用“画笔”面板制作多彩版式
视频位置：光盘/教学视频/第05章

03章 Photoshop基础入门
利用缩放和扭曲制作饮料包装
视频位置：光盘/教学视频/第03章

12章 滤镜
制作阳光沙滩效果
视频位置：光盘/教学视频/第12章

09章 图像颜色调整
使用曲线提亮图像
视频位置：光盘/教学视频/第09章

11章 通道
为奔跑的骏马换背景
视频位置：光盘/教学视频/第11章

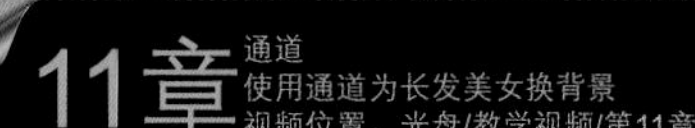

11章 通道
使用通道为长发美女换背景
视频位置：光盘/教学视频/第11章

09章 图像颜色调整
自然饱和度打造高彩外景
视频位置：光盘/教学视频/第09章

本书精彩案例欣赏

11章
通道
使用通道为婚纱照片换背景
视频位置：
光盘/教学视频/第11章

05章
修饰与绘制工具
使用颜色替换工具改变沙发颜色
视频位置：
光盘/教学视频/第05章

14章 标志设计&特效文字
广告文字——给力圣诞夜
视频位置：光盘/教学视频/第14章

14章 标志设计&特效文字
卡通风格——沙滩浴场LOGO
视频位置：光盘/教学视频/第14章

11章
通道
使用通道抠出云朵选区
视频位置：光盘/教学视频/第11章

08章

图层
使用混合模式制作水珠光效啤酒

14章

标志设计&特效文字
电影海报风格金属质感文字

07章

路径与矢量工具
使用钢笔工具绘制复杂的人像选区

09章

图像颜色调整
使用色彩平衡打造青红色调

05章

修饰与绘制工具
使用油漆桶工具填充图案

12章

滤镜
利用“查找边缘”滤镜制作彩色速写

本书精彩案例欣赏

10 章

蒙版
使用矢量蒙版制作剪贴画

13章

Web图形处理与自动化操作
组合切片

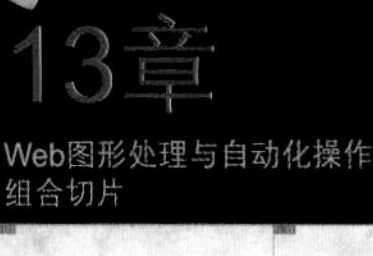

09 章

图像颜色调整
使用"色相/饱和度"命令突出图像重点

05章

修饰与绘制工具
使用加深工具使人像焕发神采

10章

蒙版
"属性"面板

05章

修饰与绘制工具
使用画笔制作唯美散景效果

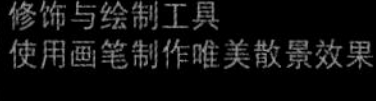

05 章

修饰与绘制工具
使用背景橡皮擦工具快速擦除背景

08章

图层
利用"图案叠加"样式制作彩条文字

09 章

图像颜色调整
使用通道混合器制作金色田野

04章

选区工具的使用
使用内容识别填充去除草地瑕疵

14章 标志设计&特效文字
描边文字——剪贴画风格招贴文字
视频位置：光盘/教学视频/第14章

06章 文字的艺术
使用文字变形制作立体文字
视频位置：光盘/教学视频/第06章

05章
修饰与绘制工具
使用污点修复画笔工具去除美女面部斑点

08章
图层
使用混合模式制作柔美人像

09章
图像颜色调整
使用渐变映射改变礼服颜色

05章
修饰与绘制工具
使用"修复画笔工具"去除面部细纹

04章
选区工具的使用
利用色彩范围改变文字颜色

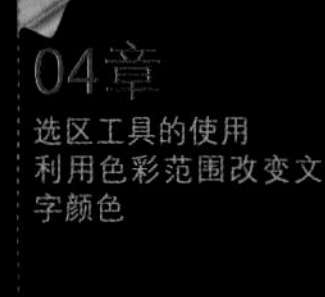

07章
路径与矢量工具
使用转换为点工具调整路径弧度

05章
修饰与绘制工具
使用颜色动态制作多彩花蕊

05章
修饰与绘制工具
使用渐变工具绘制卡通气球

11章
通道
使用通道校正偏色图像

本书精彩案例欣赏

09章
图像颜色调整
使用阴影/高光处理逆光图像

09章
图像颜色调整
使用亮度/对比度校正偏灰的图像

09章
图像颜色调整
使用通道混合器打造复古紫色调

05章
修饰与绘制工具
使用历史记录画笔工具还原局部效果

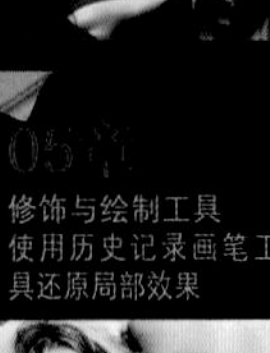

09章
图像颜色调整
快速校正偏色照片

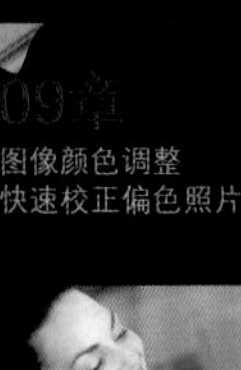

12章
滤镜
模糊滤镜磨皮法

12章
滤镜
使用“液化”滤镜雕琢完美五官

09章
图像颜色调整
使用曲线打造负片正冲的效果

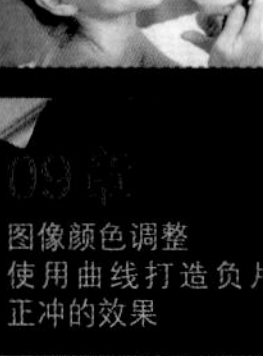

11章
通道
用通道抠图

09章
图像颜色调整
使用色调分离制作时尚插画

09章
图像色彩调整
打造纯美可爱色调

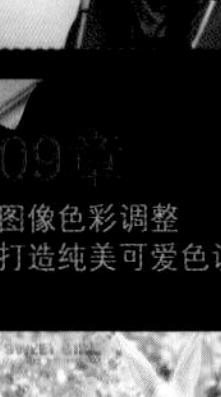

12章
滤镜
利用“拼贴”滤镜制作破碎效果

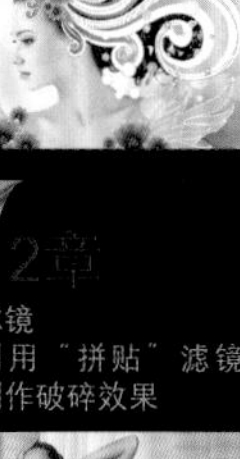

11章
通道
用“计算”命令混合通道

09章
图像颜色调整
使用匹配颜色模拟广告大片色调

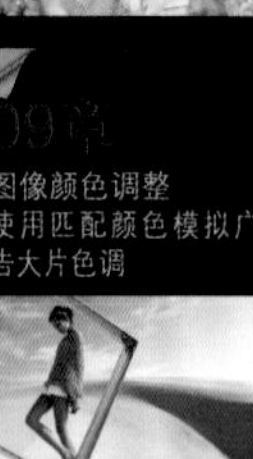

05章
修饰与绘制工具
使用魔术橡皮擦工具去除背景

10章
蒙版
用快速蒙版调整图像局部

08章
图层
制作水润气泡文字

12章
滤镜
使用“表面模糊”滤镜制作水彩效果

05章
修饰与绘制工具
为图像添加大小不同的可爱心形

08章
图层知识
利用“投影”样式制作可爱人像

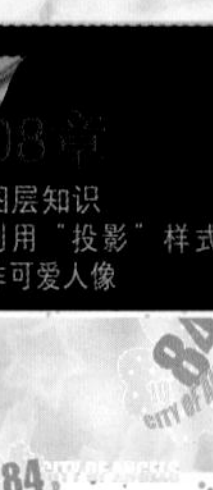

05章
修饰与绘制工具
使用仿制图章工具修补天空

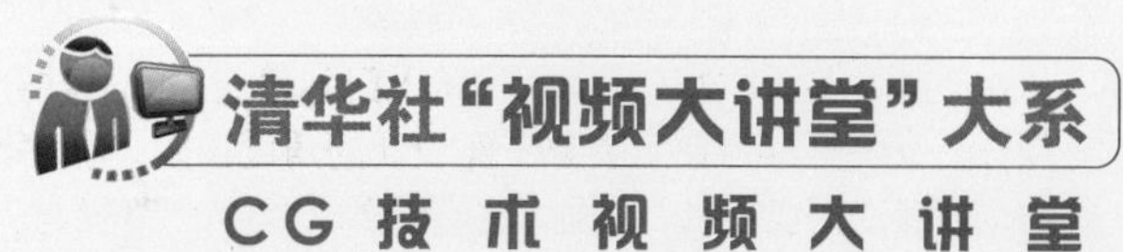

Photoshop CC 中文版平面设计从入门到精通

亿瑞设计 编著

清華大學出版社
北 京

内容简介

《Photoshop CC中文版平面设计从入门到精通》一书共分为20章，在内容安排上基本涵盖了平面设计中所使用到的全部工具与命令。第1~13章主要从平面设计的角度出发，循序渐进地详细讲解了平面设计的相关知识、Photoshop的基本操作、文件管理、图像编辑、绘画、图像修饰、文字、路径与矢量工具、颜色与色调调整、图层、蒙版、通道、滤镜、Web图形处理与自动化操作等核心功能与应用技巧；第14~20章则从Photoshop在平面设计中的实际应用出发，着重针对标志设计及特效文字制作、招贴海报设计、视觉创意合成、网页设计、画册样本设计、书籍装帧及版式设计、包装设计这7个方面进行案例式的针对性和实用性实战练习，不仅使读者巩固了前面学到的Photoshop中的技术技巧，更是为读者以后实际学习工作进行提前"练兵"。

本书适合Photoshop的初学者，同时对具有一定Photoshop使用经验的读者也有很好的参考价值，还可作为学校、培训机构的教学用书，以及各类读者自学Photoshop的参考用书。

本书和光盘有以下显著特点：

1. 155节同步案例视频+104节Photoshop新手学精讲视频+18节Camera RAW新手学精讲视频，让学习更轻松、更高效。

2. 作者是经验丰富的专业设计师和资深讲师，确保图书"实用"和"好学"。

3. 讲解极为详细，中小实例达到115个，为的是能让读者深入理解、灵活应用。

4. 书后边给出不同类型的综合商业案例36个，以便积累实战经验，为工作就业搭桥。

5. 6大不同类型的笔刷、图案、样式等库文件；21类经常用到的设计素材，总计1106个；《色彩设计搭配手册》和常用颜色色谱表。

图书在版编目（CIP）数据

Photoshop CC中文版平面设计从入门到精通/亿瑞设计编著. —北京：清华大学出版社，2018

（清华社"视频大讲堂"大系CG技术视频大讲堂）

ISBN 978-7-302-44783-2

I. ①P… II. ①亿… III. ①平面设计-图像处理软件 IV. ①TP391.413

中国版本图书馆CIP数据核字（2016）第189792号

责任编辑：杨静华
封面设计：刘洪利
版式设计：文森时代
责任校对：赵丽杰
责任印制：宋　林

出版发行：清华大学出版社
网　　址：http://www.tup.com.cn，http://www.wqbook.com
地　　址：北京清华大学学研大厦A座　　**邮　　编**：100084
社 总 机：010-62770175　　**邮　　购**：010-62786544
投稿与读者服务：010-62776969，c-service@tup.tsinghua.edu.cn
质量反馈：010-62772015，zhiliang@tup.tsinghua.edu.cn
印 装 者：北京亿浓世纪彩色印刷有限公司
经　　销：全国新华书店
开　　本：203mm×260mm　　**印　　张**：33.25　　**插　　页**：12　　**字　　数**：1414千字
（附DVD光盘1张）
版　　次：2018年1月第1版　　**印　　次**：2018年1月第1次印刷
印　　数：1～5000
定　　价：108.00元

产品编号：063962-01

前　言

Photoshop作为Adobe公司旗下著名的图像处理软件，其应用范围覆盖数码照片处理、平面设计、视觉创意合成、数字插画创作、网页设计、交互界面设计等几乎所有设计方向，深受广大艺术设计人员和电脑美术爱好者喜爱。

本书内容编写特点

1. 零起点，入门快

本书以入门者为主要读者对象，通过对基础知识细致入微的介绍，辅以对比图示效果，结合中小实例，对常用工具、命令、参数等做了详细的介绍，同时给出了技巧提示，确保读者零起点、轻松快速入门。

2. 内容细致、全面

本书内容涵盖了Photoshop几乎全部工具、命令的相关功能，是市场上内容最为全面的图书之一，可以说是入门者的百科全书，有基础者的参考手册。

3. 实例精美、实用

本书的实例均经过精心挑选，确保例子实用的基础上精美、漂亮，一方面熏陶读者朋友的美感，另一方面让读者在学习中享受美的世界。

4. 编写思路符合学习规律

本书在讲解过程中采用了“知识点+理论实践+实例练习+综合实例+技术拓展+技巧提示”的模式，符合轻松易学的学习规律。

5. 创新速成学习法

针对急需在非常短的时间内掌握Photoshop使用方法的读者，本书提供了一种超快速入门的方式。在本书目录中标示重点的小节为Photoshop的核心主干功能，通过学习这些知识能够基本满足日常制图工作需要，急于使用的读者可以优先学习这些内容。当然，Photoshop的其他的强大功能所在章节可以在时间允许的情况下继续学习。

本书显著特色

1. 高清视频讲解，让学习更轻松、更高效

155节同步案例视频+104节Photoshop新手学精讲视频+18节Camera RAW新手学精讲视频，让学习更轻松、更高效。

2. 资深讲师编著，让图书质量更有保障

作者是经验丰富的专业设计师和资深讲师，确保图书“实用”和“好学”。

3. 大量中小实例，通过多动手加深理解

讲解极为详细，中小型实例达到115个，为的是能让读者深入理解、灵活应用！

4. 多种商业案例，让实战成为终极目的

书后给出不同类型的综合商业案例36个，以便积累实战经验，为工作就业搭桥。

5. 超值学习套餐，让学习更方便、快捷

21类经常用到的设计素材，总计1106个；《色彩设计搭配手册》和常用颜色色谱表，设计色彩搭配不再烦恼。104集Photoshop视频精讲课堂，囊括Photoshop基础操作所有知识。

本书光盘

本书附带一张DVD教学光盘，内容包括：

（1）本书中实例的视频教学录像、源文件、素材文件，读者可看视频，调用光盘中的素材，完全按照书中操作步骤进行操作。

（2）6大不同类型的笔刷、图案、样式等库文件以及21类经常用到的设计素材总计1106个，方便读者使用。

（3）104集Photoshop视频精讲课堂，囊括Photoshop基础操作所有知识。

（4）附赠《色彩设计搭配手册》和常用颜色色谱表，设计色彩搭配不再烦恼。

本书服务

1. Photoshop 软件获取方式

本书提供的光盘文件包括教学视频和素材等，没有可以进行图像处理的Photoshop软件，读者朋友需获取Photoshop软件并安装后，才可以进行图像图片处理等，可通过如下方式获取Photoshop简体中文版：

（1）购买正版或下载试用版：登录http://www.adobe.com/cn/。

（2）可到当地电脑城咨询，一般软件专卖店有售。

（3）可到网上咨询、搜索购买方式。

2. 交流答疑QQ群

为了方便学习交流，我们特意建立了如下QQ群：169432824（如果群满，我们将会建其他群，请留意加群时的提示）。

3.手机在线学习

扫描书后二维码，可在手机中观看对应教学视频。充分利用碎片化时间，随时随地提升。

关于作者

本书由亿瑞设计工作室组织编写，瞿颖健和曹茂鹏参与了本书的主要编写工作。在编写的过程中，得到了吉林艺术学院校长郭春方教授的悉心指导，得到了吉林艺术学院设计学院院长宋飞教授的大力支持，在此向他们表示诚挚的感谢。

另外，由于本书工作量巨大，以下人员也参与了本书的编写及资料整理工作，他们是：柳美余、李木子、葛妍、曹诗雅、杨力、王铁成、于燕香、崔英迪、董辅川、高歌、韩雷、胡娟、矫雪、鞠闯、李化、瞿玉珍、李进、李路、刘微微、瞿学严、马啸、曹爱德、马鑫铭、马扬、瞿吉业、苏晴、孙丹、孙雅娜、王萍、杨欢、曹明、杨宗香、曹玮、张建霞、孙芳、丁仁雯、曹元钢、陶恒兵、瞿云芳、张玉华、曹子龙、张越、李芳、杨建超、赵民欣、赵申申、田蕾、仝丹、姚东旭、张建宇、张芮等，在此一并表示感谢。

由于时间仓促，加之水平有限，书中难免存在错误和不妥之处，敬请广大读者批评和指正。

编　者

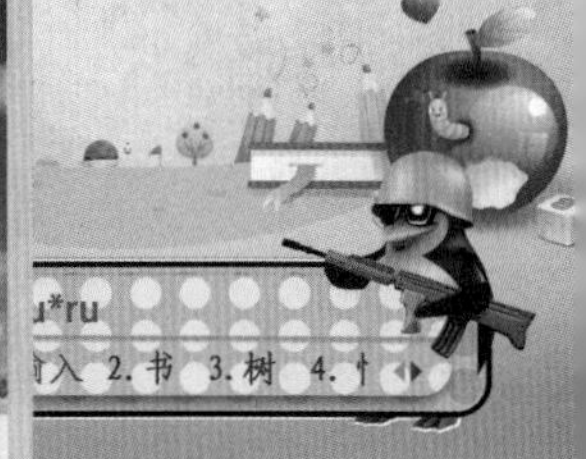

Contents

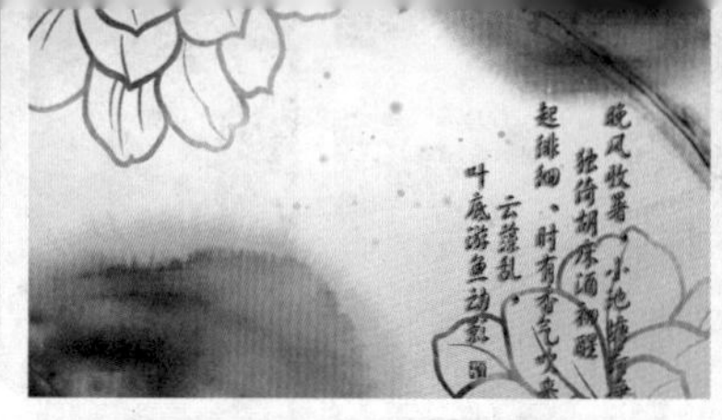

第3章　Photoshop基础入门 ······ 38

第4章　选区工具的使用 ······ 65

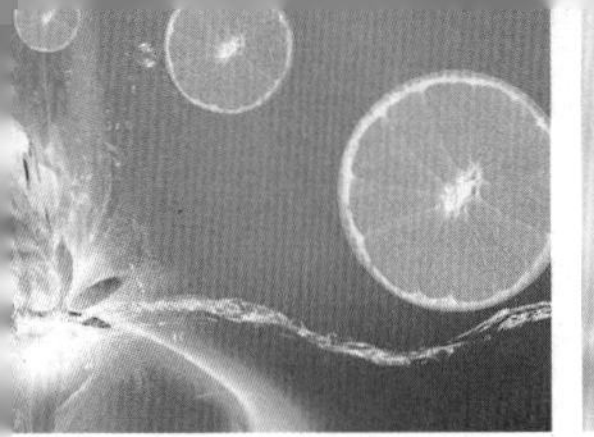

SPEED

MAX
ERAY VISION

CITY OF ANGELS

CANDY

FWA

Hausep
KAMA
OOD, THE BAD
BERNICE
GLORIA
JUDY
DOLORES

BEAR
Sleep tight
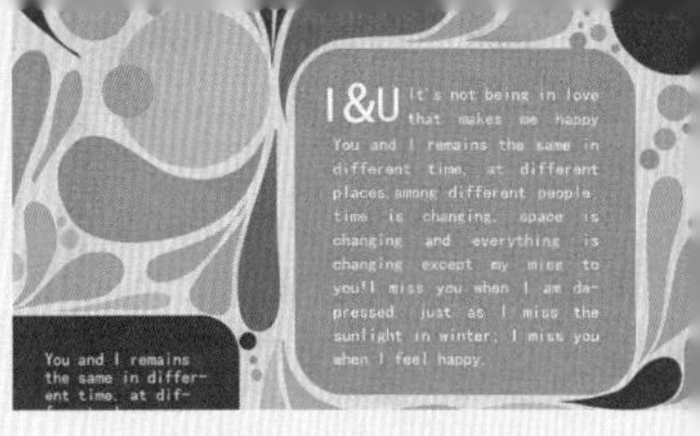
I&U

亿瑞
ERAY STUDIO

ZING
STAY

CANNOT DISAPPEAR

圣诞夜

平面设计相关知识

本章学习要点：

- 掌握颜色模式的特性与切换方法
- 了解色域与溢色
- 了解位图与矢量图的差异
- 了解像素与分辨率
- 了解印刷相关知识

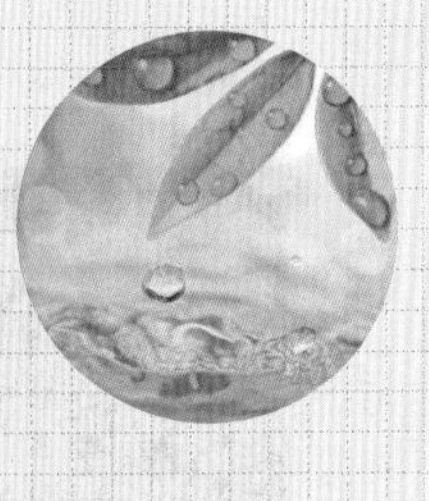

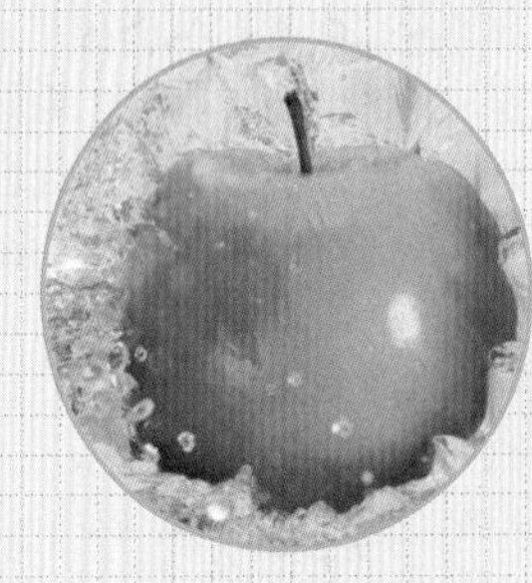

1.1 色彩相关知识

色彩作为事物最显著的外貌特征，能够首先引起人们的关注。色彩也是平面作品的灵魂，是设计师进行设计时最活跃的元素。它不仅为设计增添了变化和情趣，还增加了设计的空间感。如同文字能向我们传达出信息一样，色彩提供的信息更多。记住色彩具有的象征意义是非常重要的，例如红色往往让人联想起火焰，因而使人觉得温暖并充满力量。颜色会影响作品的情趣和人们的回应程度，如图1-1～图1-6所示。

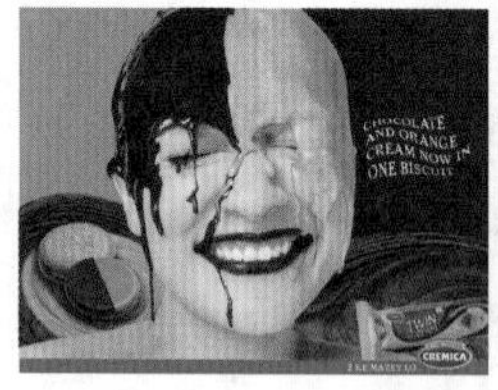

图1-1

图1-2

图1-3

图1-4

图1-5

图1-6

1.1.1 色与光的关系

我们生活在一个多彩的世界里。白天，在阳光的照耀下，各种色彩争奇斗艳，变化无穷。但是在漆黑的夜晚或暗室中，不但看不见物体的颜色，甚至连物体的外形也分辨不清。由此可以看出，没有光就没有色。光是人们感知色彩的必要条件，色来源于光。所以说，光是色的源泉，色是光的表现，如图1-7～图1-9所示。

图1-7

图1-8

图1-9

由于光的存在并通过其他媒介的传播，反映到我们的视觉之中，我们才能看到色彩。光是一种电磁波，有着极其宽广的波长范围。根据不同的波长，电磁波可以分为γ射线、X射线、紫外线、可见光、红外线及无线电波等。人的眼睛可以感知的电磁波波长一般为400～700nm，此外还有一些人能够感知到波长为380～780nm的电磁波，因此这一范围内的电磁波也被称为可见光。光可分出红、橙、黄、绿、青、蓝、紫的色光，各种色光的波长各不相同，如图1-10和图1-11所示。

颜色	频率	波长
紫色	668 - 789 THz	380 - 450 nm
蓝色	631 - 668 THz	450 - 475 nm
青色	606 - 630 THz	476 - 495 nm
绿色	526 - 606 THz	495 - 570 nm
黄色	508 - 526 THz	570 - 590 nm
橙色	484 - 508 THz	590 - 620 nm
红色	400 - 484 THz	620 - 750 nm

图1-10

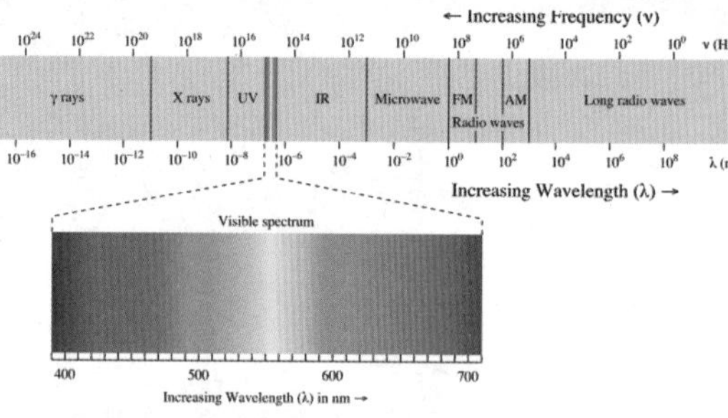

图1-11

1.1.2 光源色、物体色、固有色

- 光源色：同一物体在不同的光源下将呈现不同的色彩。例如，红光照射下的白纸呈红色，绿光照射下的白纸呈绿色。因此，光源色光谱成分的变化，必然对物体色产生影响，如图1-12～图1-14所示。

图1-12

图1-13

图1-14

- 物体色：光线照射到物体上以后，会产生吸收、反射、透射等现象。而且，各种物体都具有选择性地吸收、反射、透射色光的特性。以物体对光的作用而言，大体可分为不透光和透光两类，通常称之为不透明物体和透明物体。不透明物体的颜色是由它所反射的色光决定的；透明物体的颜色是由它所透过的色光决定的，如图1-15～图1-17所示。

图1-15

图1-16

图1-17

- 固有色：由于每一种物体对各种波长的光都具有选择性地吸收、反射与透射的特殊功能，所以它们在相同条件下（如光源、距离、环境等因素），就具有相对不变的色彩差别。人们习惯把白色阳光下物体呈现的色彩效果称为物体的“固有色”。严格地说，所谓的固有色应是指“物体固有的物理属性”在常态光源下产生的色彩，如图1-18～图1-20所示。

图1-18

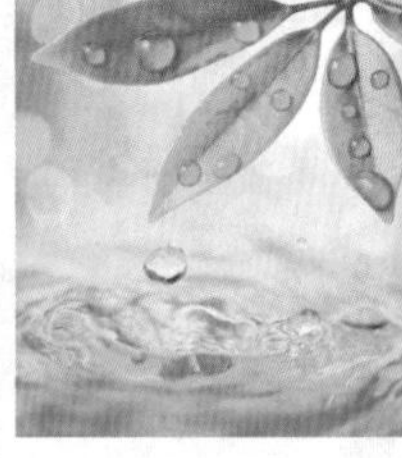
图1-19

图1-20

1.1.3 色彩构成

1. 色光三原色

红、绿、蓝被称为色光三原色。两两混合可以得到更亮的中间色——yellow（黄）、cyan（青）、magenta（品红，或者叫洋红、红紫）。3种等量组合可以得到白色。补色是指完全不含另一种颜色。例如，红和绿混合成黄色，因为完全不含蓝色，所以黄色就是蓝色的补色。两种等量补色混合也形成白色。红色与绿色经过一定比例混合后就是黄色了，所以黄色不能称之为三原色，如图1-21所示。

2. 印刷三原色

我们看到的印刷颜色，实际上是纸张反射的光线。颜料是吸收光线，不是光线的叠加，因此颜料的三原色就是能够吸收RGB的颜色，即青、品红、黄（CMY），它们就是RGB的补色。例如，将黄色颜料和青色颜料混合起来，因为黄色颜料吸收蓝光，青色颜料吸收红光，因此只有绿光反射出来，这就是黄色颜料加上青色颜料形成绿色的道理，如图1-22所示。

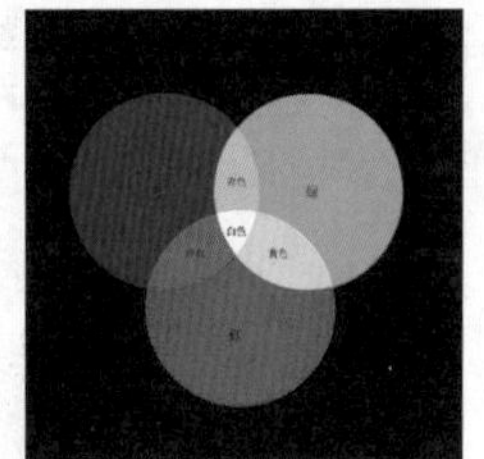
图1-21

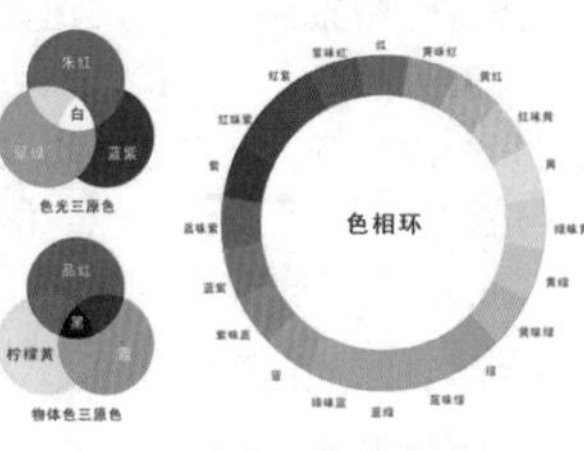

图1-22

1.1.4 色彩的三属性

色彩的三属性，即色相、明度、纯度。

- 色相：是指每种色彩的相貌、名称，如红、橘红、翠绿、草绿、群青等。色相是区分色彩的主要依据，是色彩的最大特征。色相的称谓，即色彩与颜料的命名有多种类型与方法。如图1-23和图1-24所示分别为绿色的水果和红色的水果。

图1-23

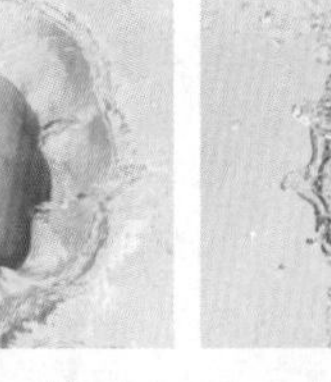
图1-24

- 明度：是指色彩的明暗差别，亦即深浅差别。色彩的明度差别包括两个方面：一是指某一色相的深浅变化，如粉红、大红、深红都是红，但一种比一种深；二是指不同色相间存在的明度差别，如六标准色中黄最浅，紫最深，橙和绿、红和蓝处于相近的明度之间。如图1-25和图1-26所示分别为明度较高和明度较低的图像。

图1-25

图1-26

- **纯度**：是指各色彩中包含的单种标准色成分的多少。纯色色感强，即色度强，所以纯度亦是色彩感觉强弱的标志。例如，非常纯粹的蓝色、蓝色、较灰的蓝色。如图1-27和图1-28所示分别为纯度较低和纯度较高的图像。

图1-27

图1-28

1.1.5 色彩的混合

色彩的混合有加色混合、减色混合和中性混合3种形式，如图1-29～图1-31所示。

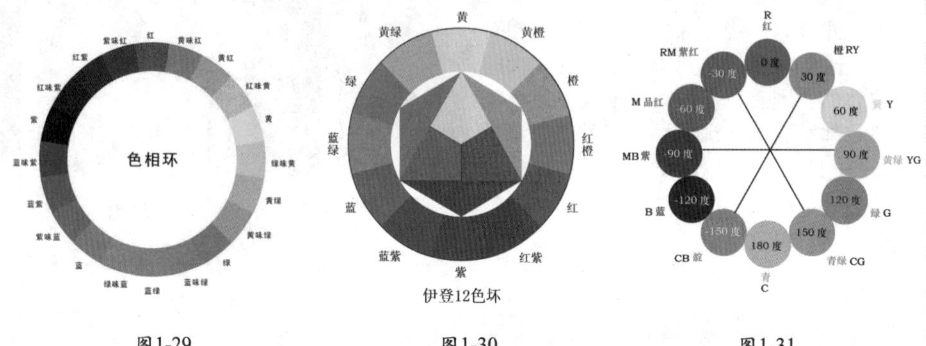

图1-29　　图1-30　　图1-31

1. 加色混合

在对已知光源色的研究过程中，人们发现色光的三原色与色料的三原色有所不同，色光的三原色为红（略带橙味儿）、绿、蓝（略带紫味儿）。而色光三原色混合后的间色（红紫、黄、绿青）相当于色料的三原色。当两种以上的色光混合在一起时，明度提高，混合色的明度相当于参与混合的各色明度之和，故称之为加色混合，也叫色光混合。

加色混合具有以下规律：

- 红光+绿光=黄光。
- 红光+蓝光=品红光。
- 蓝光+绿光=青光。
- 红光+绿光+蓝光=白光。

加色混合示意图如图1-32所示。

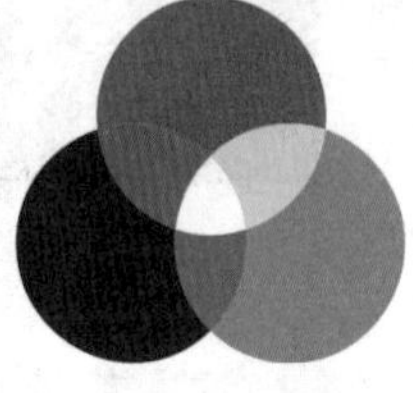

图1-32

2. 减色混合

将色料混合在一起，使之呈现另一种颜色效果，这种方法就是减色混合法。色料的三原色分别是品红、青和黄色。一般三原色色料的颜色本身就不够纯正，所以混合以后的色彩也不是标准的红、绿和蓝色。三原色色料的混合具有下列规律：

- 青色+品红色=蓝色。
- 青色+黄色=绿色。
- 品红色+黄色=红色。
- 品红色+黄色+青色=黑色。

减色混合示意图如图1-33所示。

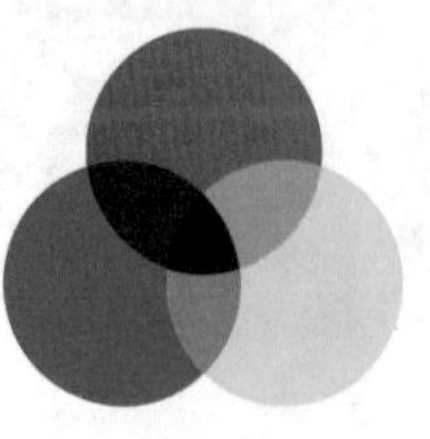

图1-33

3. 中性混合

中性混合是指混面色彩既没有提高，也没有降低的色彩混合。中性混合分为色盘旋转混合（简称旋转混合）与空间视觉混合（以下简称空间混合）两种。

（1）旋转混合。在圆形转盘上贴上两种或多种色纸，并使此圆盘快速 旋转，即可产生色彩混合的现象，我们称之为旋转混合，如图1-34所示。例如，把红、橙、黄、绿、蓝、紫等色料等量地涂在圆盘上，然后旋转圆盘，即可使其呈现浅灰色。再如，把品红、黄、青涂上，或者把品红与绿、黄与蓝紫、橙与青等互补上色，只要比例适当，都能呈现浅灰色。

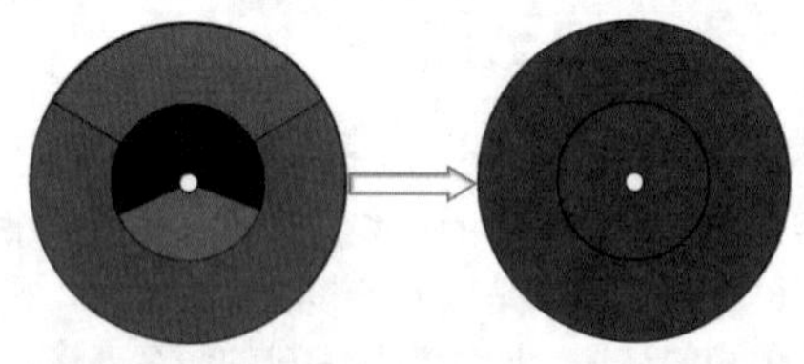

图1-34

（2）空间混合。空间混合是指将两种以上颜色并置在一起，用不同的色相并置在一起，按不同的色相明度与色彩组合成相应的色点面，通过一定的空间距离，在人的视觉内产生的色彩空间幻觉感所达成的混合，如图1-35所示。

图1-35

1.1.6 色彩空间

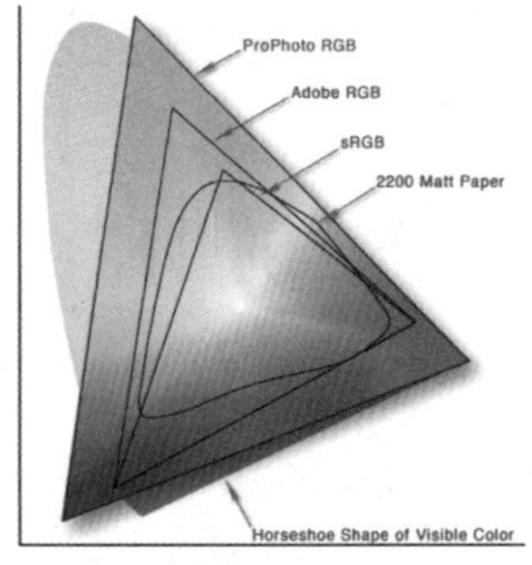

图1-36

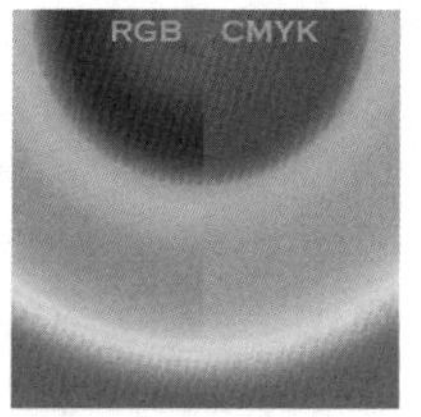

图1-37

色彩空间（Color Space）是指某种显示设备所能表现的各种色彩的集合。色彩空间越广阔，能显示的色彩种类就越多，色域范围也就越大，如图1-36所示。

许多人都知道在绘画时可以使用红色、黄色和蓝色这3种原色生成不同的颜色，这些颜色就定义了一个色彩空间。我们将品红色的量定义为X坐标轴，青色的量定义为Y坐标轴，黄色的量定义为Z坐标轴，这样就得到一个三维空间，每种可能的颜色在这个三维空间中都有唯一的一个位置。

CMYK和RGB是两种不同的色彩空间，如图1-37所示。CMYK是印刷机和打印机等输出设备上常用的色彩空间；而RGB则又被细分为Adobe RGB、Apple RGB、ColorMatch RGB、CIE RGB以及sRGB等多种不同的色彩空间。其中，Apple RGB是苹果公司的苹果显示器默认的色彩空间，普遍应用于平面设计以及印刷的照排；CIE RGB是国际色彩组织制定的色彩空间标准。对于数码相机来说，以Adobe RGB和sRGB这两种色彩空间最为常见。

1.1.7 用色的原则

色彩是视觉最敏感的东西。色彩的直接心理效应来自于色彩的物理光刺激对人的生理产生的直接影响。一幅优秀的作品最吸引观众的地方就是来自于色差对人们的感官刺激。当然，平面设计作品通常是由很多种颜色组成的，优秀的作品离不开合理的色彩搭配。丰富的颜色能够使作品看起来更吸引人，但是一定要把握住“少而精”的原则，即颜色搭配尽量要少，这样画面才不会显得杂乱。当然特殊情况除外，例如要体现绚丽、缤纷、丰富等效果时，色彩就需要多一些。一般来说，一幅图像中色彩不宜太多，不宜超过5种，如图1-38～图1-40所示。

若颜色过多，虽然显得很丰富，但是会出现画面杂乱、跳跃、无重心的感觉，如图1-41和图1-42所示。

图1-38

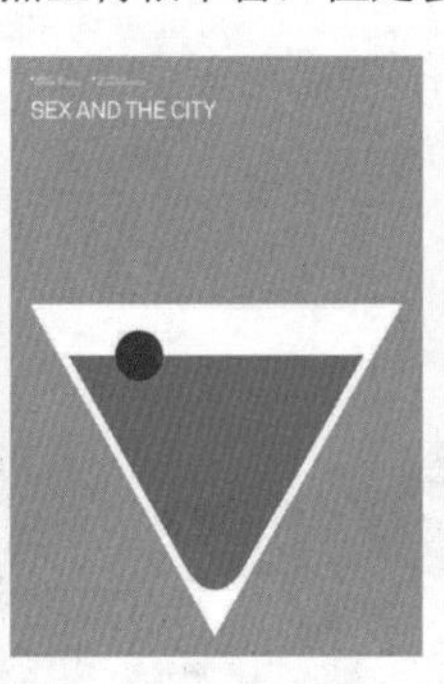

图1-39

图1-40

图1-41

图1-42

技术拓展：基本配色理论

有10种基本的配色设计，分别介绍如下。

105 101 98 无色设计：不用彩色，只用黑、白、灰。

92 88 73 类比设计：在色相环上任选3种连续的色彩或任一明色和暗色。

4 68 冲突设计：把一种颜色与其补色左边或右边的色彩配合起来。

92 44 互补设计：使用色相环上全然相反的颜色。

81 85 88 单色设计：把一种颜色与其所有的明色、暗色配合起来。

17 32 26 中性设计：加入一种颜色的补色或黑色，使色彩消失或中性化。

20 57 73 分裂补色设计：把一种颜色与其补色任一边的颜色组合起来。

4 36 68 原色设计：把纯原色红、黄、蓝结合起来。

53 86 20 二次色设计：把二次色绿、紫、橙结合起来。

57 28 95 三次色三色设计：红橙、黄绿、蓝紫或者蓝绿、黄橙、红紫两种组合中的一种，并且在色相环上相邻颜色之间距离相等。

1.2 图像的颜色模式

使用Photoshop进行平面设计时经常会涉及颜色模式这一概念。图像的颜色模式是指将某种颜色表现为数字形式的模型，或者说是一种记录图像颜色的方式。在Photoshop中，颜色模式分为位图模式、灰度模式、双色调模式、索引颜色模式、RGB颜色模式、CMYK颜色模式、Lab颜色模式和多通道模式。如图1-43所示为多种颜色模式之间的对比效果。

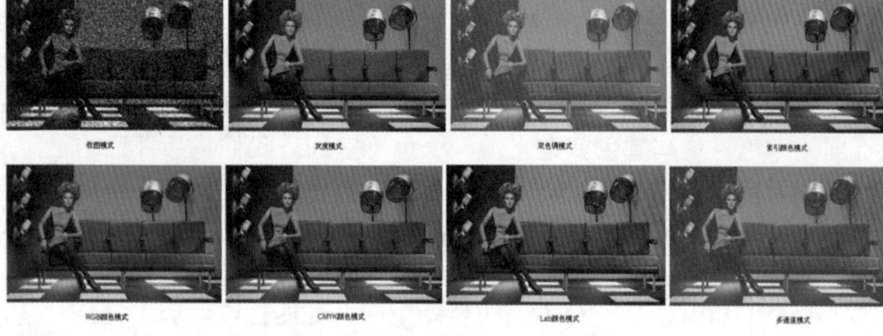

图1-43

1.2.1 位图模式

在位图模式下，系统使用黑色、白色两种颜色值中的一种来表示图像中的像素。将图像转换为位图模式会使图像减少到两种颜色，从而大大简化了图像中的颜色信息，同时也减小了文件的大小。由于位图模式只能包含黑、白两种颜色，所以将一幅彩色图像转换为位图模式时，需要先将其转换为灰度模式。这样就可以先删除像素中的色相和饱和度信息，从而只保留亮度值，如图1-44和图1-45所示。

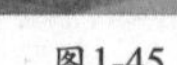

图1-44　图1-45

技巧与提示

由于位图模式下的图像只有很少的编辑命令可用，因此需要在灰度模式下编辑图像，然后再将其转换为位图模式。

技术拓展：位图的5种模式

在“位图”对话框中可以看到转换位图的方法有5种，如图1-46所示。

- **50%阈值**：将灰色值高于中间灰阶128的像素转换为白色，将灰色值低于该灰阶的像素转换为黑色，结果将是高对比度的黑白图像，如图1-47所示。
- **图案仿色**：通过将灰阶组织成白色和黑色网点的几何配置来转换图像，如图1-48所示。

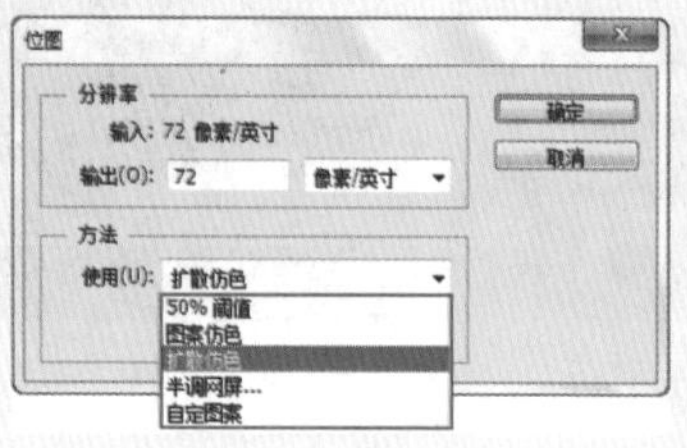

图1-46

图1-47

图1-48

- **扩散仿色**：从图像左上角的像素开始，通过误差扩散来转换图像，如图1-49所示。
- **半调网屏**：用来模拟转换后的图像中半调网点的外观，如图1-50所示。
- **自定图案**：模拟转换后的图像中自定半调网屏的外观，所选图案通常是一个包含各种灰度级的图案，如图1-51所示。

图1-49

图1-50

图1-51

1.2.2 灰度模式

灰度模式是用单一色调来表现图像，图像中的每个像素都有一个0（黑色）～255（白色）之间的亮度值。在灰度图像中可以使用不同的灰度级，如在8位图像中，最多有256级灰度；在16位和32位图像中，图像的灰度级数比8位图像要大得多。

RGB颜色模式与灰度模式的对比效果如图1-52和图1-53所示。

RGB颜色模式　　灰度模式

图1-52　　图1-53

1.2.3　双色调模式

在Photoshop中，双色调模式并不是指由两种颜色来构成图像，而是通过1～4种自定油墨创建单色调、双色调、三色调和四色调的灰度图像。单色调是用非黑色的单一油墨打印灰度图像，双色调、三色调和四色调分别是用两种、3种和4种油墨打印灰度图像，如图1-54所示。

RGB颜色模式

单色调模式

双色调模式

图1-54

1.2.4　索引颜色模式

索引颜色是位图的一种编码方法，需要基于RGB、CMYK等更基本的颜色编码方法。它可以通过限制图像中的颜色总数来实现有损压缩。如果要将图像转换为索引颜色模式，那么该图像必须是8位/通道的图像、灰度图像或是RGB颜色模式的图像。转换为索引颜色模式前后的对比效果如图1-55和图1-56所示。

图1-55

图1-56

> **技巧与提示**
>
> 由于索引颜色模式的位图较其他模式的位图占用更少的空间，所以该模式被广泛应用于网络图形、游戏制作中，常见的格式有GIF、PNG-8等。

索引颜色模式可以生成最多256种颜色的8位图像文件。将图像转换为索引颜色模式后，Photoshop将构建一个颜色查找表（CLUT），用以存放并索引图像中的颜色。如果原始图像中的某种颜色没有出现在该表中，则程序将选取最接近的一种，或使用仿色以及现有颜色来模拟该颜色。执行“调整>模式>索引颜色”命令，打开“索引颜色”对话框，如图1-57所示。

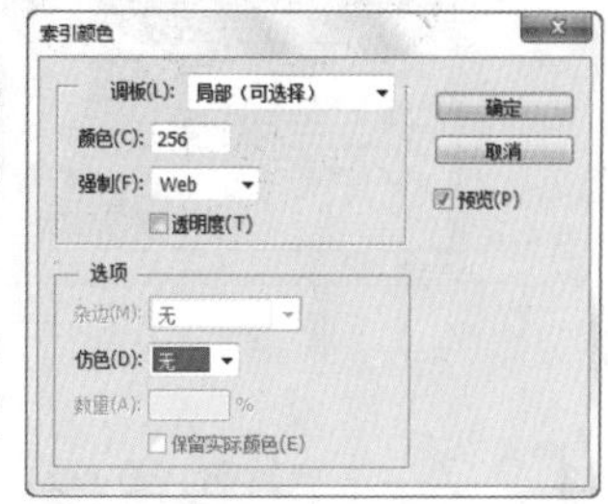

图1-57

- 调板：用于设置索引颜色的调板类型。
- 颜色：对于“平均”、“局部（可感知）”、“局部（可选择）”和“局部（随样性）”调板，可以通过输入“颜色”值来指定要显示的实际颜色数量。
- 强制：将某些颜色强制包含在颜色表中，包含“黑白”、“三原色”、Web、“自定”4个选项。选择“黑白”选项，可将纯黑色和纯白色添加到颜色表中；选择“三原色”选项，可将红色、绿色、蓝色、青色、洋红、黄色、黑色和白色添加到颜色表中；选择Web选项，可将216种Web安全色添加到颜色表中；选择“自定”选项，可由用户自行选择要添加的颜色。
- 透明度：指定是否保留图像的透明区域。选中该复选框，将在颜色表中为透明色添加一条特殊的索引项；取消选中该复选框，将用杂边颜色填充透明区域，或者用白色填充。
- 杂边：指定用于填充与图像的透明区域相邻的消除锯齿边缘的背景色。如果选中“透明度”复选框，则对边缘区域应用杂边；如果取消选中“透明度”复选框，则对透明区域不应用杂边。
- 仿色：若要模拟颜色表中没有的颜色，可以采用仿色。
- 数量：当设置“仿色”为“扩散”方式时，该选项才可用，主要用来设置仿色数量的百分比值。该值越高，所仿颜色越多，但是可能会增加文件大小。

> **技巧与提示**
>
> 将颜色模式转换为索引颜色模式后，所有可见图层都将被拼合，处于隐藏状态的图层将被丢弃。对于灰度图像，转换过程将自动进行，不会出现“索引颜色”对话框；对于RGB图像，将出现“索引颜色”对话框。

1.2.5 RGB颜色模式

RGB颜色模式是进行图像处理时最常用的一种模式。这是一种发光模式（也叫“加光”模式），其中R、G、B分别代表Red（红色）、Green（绿色）、Blue（蓝）。在“通道”面板中可以查看到3种颜色通道的状态信息，如图1-58和图1-59所示。RGB颜色模式下的图像只有在发光体上才能显示出来，如显示器、电视等。该模式所包括的颜色信息（色域）有1670多万种，是一种真色彩颜色模式。

图1-58

图1-59

1.2.6 CMYK颜色模式

CMYK颜色模式是一种印刷模式。CMY是3种印刷油墨名称的首字母，其中C代表Cyan（青色）、M代表Magenta（洋红）、Y代表Yellow（黄色），而K代表Black（黑色）。CMYK颜色模式也叫“减光”模式，该模式下的图像只有在印刷体上才可以观察到，如纸张。CMYK颜色模式包含的颜色总数比RGB模式少很多，所以在显示器上观察到的图像要比印刷出来的图像亮丽一些。在“通道”面板中可以查看到4种颜色通道的状态信息，如图1-60和图1-61所示。

图1-60

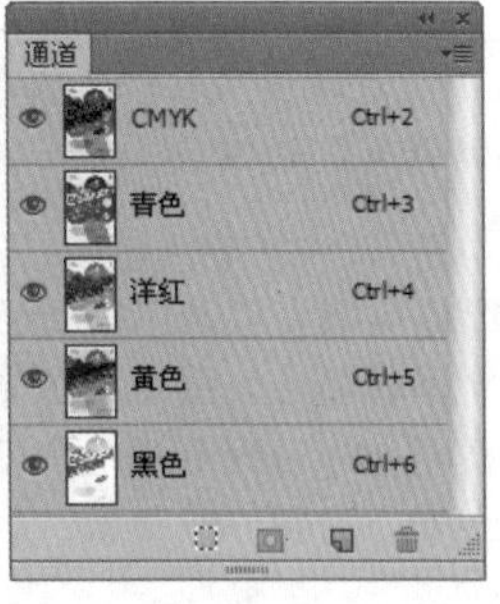

图1-61

技巧与提示

在制作需要印刷的图像时就需要用到CMYK颜色模式。将RGB图像转换为CMYK图像会产生分色。如果原始图像是RGB图像，那么最好先在RGB颜色模式下进行编辑，在编辑结束后再转换为CMYK颜色模式。在RGB颜色模式下，可以通过执行“视图>校样设置”菜单下的命令来模拟转换为CMYK颜色模式后的效果。

1.2.7 Lab颜色模式

Lab颜色模式是由照度（L）和有关色彩的a、b这3个要素组成的，其中L表示照度（Luminosity），相当于亮度；a表示从红色到绿色的范围；b表示从黄色到蓝色的范围。Lab颜色模式的亮度分量（L）的范围是0～100；在Adobe拾色器和“颜色”面板中，a分量（绿色—红色轴）和b分量（蓝色—黄色轴）的范围是+127～-128，如图1-62和图1-63所示。

图1-62

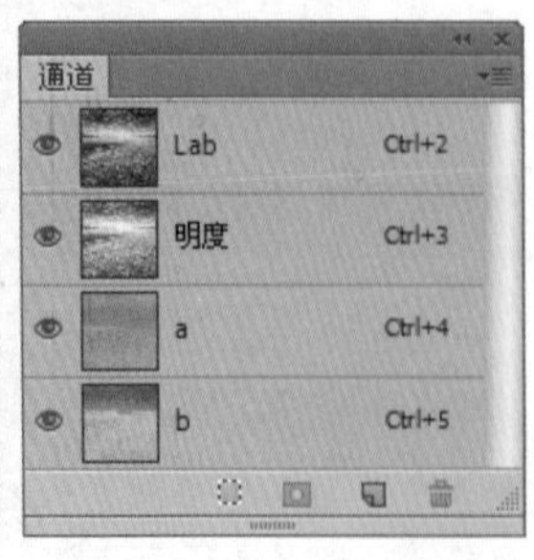

图1-63

技巧与提示

Lab颜色模式是最接近真实世界颜色的一种色彩模式，它同时包括RGB颜色模式和CMYK颜色模式中的所有颜色信息。需要注意的是，在将RGB颜色模式转换成CMYK颜色模式之前，要先将RGB颜色模式转换成Lab颜色模式，再将Lab颜色模式转换成CMYK颜色模式，这样才不会丢失颜色信息。

1.2.8 多通道模式

多通道模式图像在每个通道中都包含256个灰阶，这对于特殊打印非常有用。将一幅RGB颜色模式的图像转换为多通道模式的图像后，之前的红、绿、蓝3个通道（如图1-64所示），将变成青色、洋红、黄色3个通道，如图1-65所示。多通道模式图像可以存储为PSD、PSB、EPS和RAW格式。

图1-64

图1-65

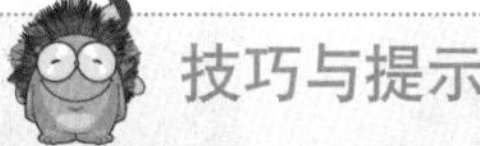

当图像处于RGB、CMYK或Lab颜色模式时，删除其中某个颜色通道，图像将自动转换为多通道模式。

1.3 色域与溢色

1.3.1 色域

色域是另一种形式上的色彩模型，它具有特定的色彩范围。例如，RGB色彩模型就有好几个色域，即Adobe RGB、sRGB和ProPhoto RGB等。在现实世界中，自然界中可见光谱的颜色组成了最大的色域空间，该色域空间中包含了人眼所能见到的所有颜色。

为了直观地表示色域这一概念，CIE（国际照明协会）制定了一种用于描述色域的方法，即CIE-xy色度图，如图1-66所示。在这个坐标系中，各种显示设备能表现的色域范围用RGB三点连线组成的三角形区域来表示，三角形的面积越大，表示这种显示设备的色域范围越大。

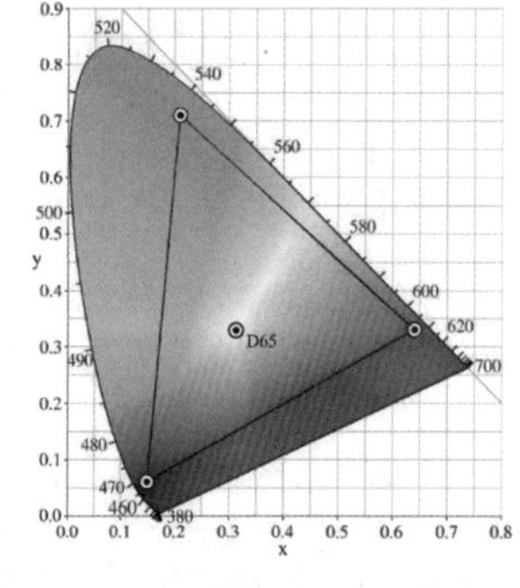

图1-66

1.3.2 溢色

在计算机中，一旦显示的颜色超出了CMYK颜色模式的色域范围，就会出现“溢色”。在RGB颜色模式下，在图像窗口中将鼠标指针放置到溢色上，“信息”面板中的CMYK值旁会出现一个感叹号，如图1-67和图1-68所示。

当用户选择了一种溢色时，在“拾色器”对话框和“颜色”面板中都会出现一个“溢色警告”的黄色三角形感叹号⚠，同时色块中会显示与当前所选颜色最接近的CMYK颜色，单击黄色三角形感叹号⚠即可选定色块中的颜色，如图1-69所示。

图1-67

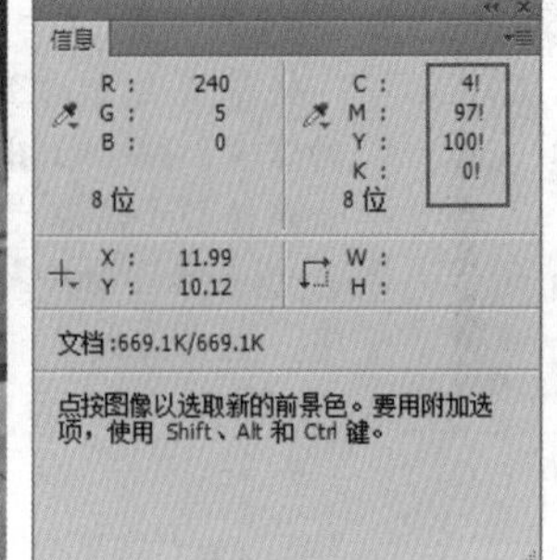

图1-68

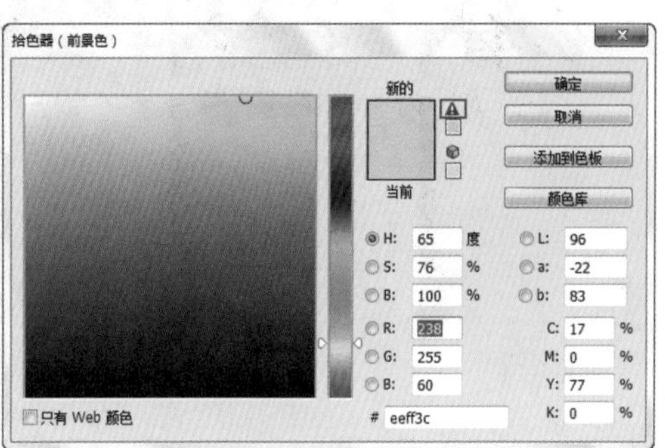

图1-69

1.3.3 查找溢色区域

执行“视图>色域警告”命令，图像中溢色的区域将被高亮显示出来，默认显示为灰色。在制作需要印刷的图像时，应尽量开启色域警告，以免出现印刷颜色失真的问题，如图1-70和图1-71所示。

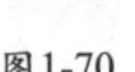

图1-70

图1-71

1.3.4 自定义色域警告颜色

默认的“色域警告”颜色为灰色。当图像颜色与默认的色域警告颜色相近时，可以通过更改色域警告颜色的方法来查找溢色区域。执行“编辑>首选项>透明度与色域”命令，打开“首选项”对话框，在“色域警告”选项组中修改“颜色”即可更改色域警告的颜色，如图1-72所示。再次执行“视图>色域警告”命令，图像中溢色的区域就会显示为设置的颜色。

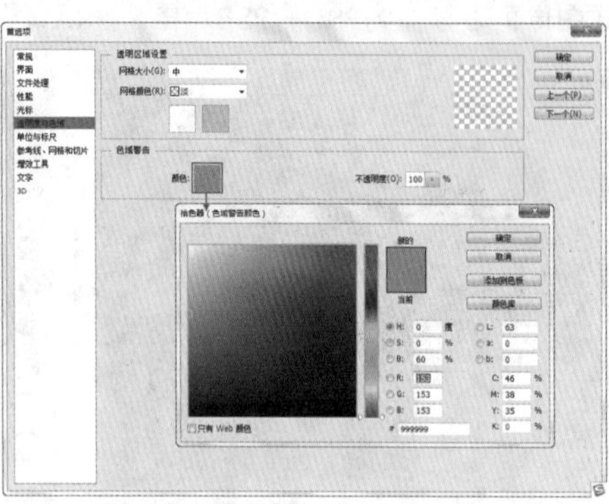

图1-72

1.4 位图与矢量图

1.4.1 位图

位图在技术上被称为栅格图像，也就是通常所说的“点阵图像”或“绘制图像”。它是由多个像素组成的，每个像素都会被分配一个特定位置和颜色值。相对于矢量图，在处理位图时所编辑的对象是像素而不是对象或形状。将一幅图像放大到原图的多倍时，图像会发虚以至于可以观察到组成图像的像素点，这也是位图最显著的特征，如图1-73所示。

位图是连续色调图像，最常见的有数码照片和数字绘画。相对于矢量图，位图可以更有效地表现阴影和颜色的细节层次。如图1-74～图1-76所示分别为位图、矢量图与矢量图的形状显示方式，可以发现位图表现出的效果非常细腻真实，而矢量图相对于位图的过渡则显得有些生硬。

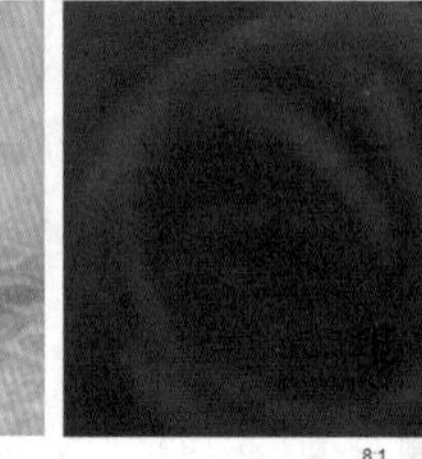

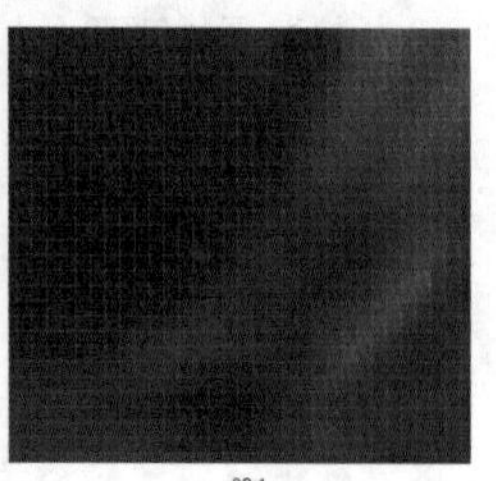

图1-73

图1-74

图1-75

图1-76

技巧与提示

位图与分辨率有关，也就是说，位图包含了固定数量的像素。缩小位图尺寸会使原图变形，因为这是通过减少像素来使整个图像变小或变大的。因此，如果在屏幕上以高缩放比率对位图进行缩放或以低于创建时的分辨率来打印位图，则会丢失其中的细节，并且会出现锯齿现象。

1.4.2 矢量图

矢量图也称为矢量形状或矢量对象，在数学上定义为一系列由线连接的点。比较有代表性的矢量软件有Adobe Illustrator、CorelDRAW、AutoCAD等。如图1-77～图1-79所示为矢量作品。

与位图不同，矢量文件中的图形元素称为矢量图的对象，每个对象都是一个自成一体的实体，具有颜色、形状、轮廓、大小和屏幕位置等属性，所以矢量图与分辨率无关，任意移动或修改矢量图都不会丢失细节或影响其清晰度。当调整矢量图的大小、将矢量图打印到任何尺寸的介质上、在PDF文件中保存矢量图或将矢量图导入到基于矢量的图形应用程序中时，矢量图都将保持清晰的边缘。如图1-80和图1-81所示分别为原图和将矢量图放大5倍以后的效果，可以发现图像仍然保持清晰的颜色和锐利的边缘。

图1-77

图1-78

图1-79

图1-80

图1-81

答疑解惑——矢量图主要应用在哪些领域？

矢量图在设计中应用得比较广泛。例如常见的室外大型喷绘，为了保证放大数倍后的喷绘质量，又要在设备能够承受的尺寸内进行制作，使用矢量软件进行制作就非常合适。另一种是网络中比较常见的Flash动画，因其独特的视觉效果以及较小的空间占用量而广受欢迎。

1.5 像素与分辨率

通常情况下，我们所说的在Photoshop中进行图像处理是指对位图进行修饰、合成以及校色等操作。在Photoshop中，图像的尺寸及清晰度是由其像素与分辨率来控制的。

1.5.1 像素

像素又称为点阵图或光栅图，是构成位图的最基本单位。通常情况下，一张普通的数码照片必然有连续的色相和明暗过渡。如果把数字图像放大数倍，则会发现这些连续色调是由许多色彩相近的小方点组成的，这些小方点就是构成图像的最小单位"像素"，如图1-82～图1-84所示。

图1-82

图1-83

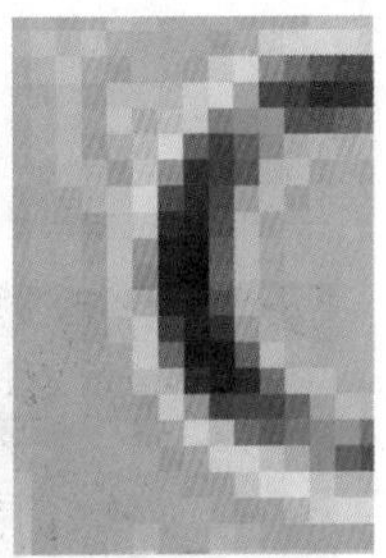
图1-84

构成一幅图像的像素点越多，色彩信息越丰富，效果就越好，当然文件所占的空间也就更大。在位图中，像素的大小是指沿图像的宽度和高度测量出的像素数目，如图1-85中的3幅图像的像素大小分别为1000×726像素、600×435像素和400×290像素。

像素大小为1000×726

像素大小为600×435

像素大小为400×290

图1-85

1.5.2 分辨率

这里所说的分辨率是指图像分辨率。图像分辨率主要用于控制位图中的细节精细度，测量单位是像素/英寸（ppi）。每英寸的像素越多，分辨率越高。一般来说，图像的分辨率越高，印刷出来的质量就越好。例如在图1-86中，两幅图像的尺寸、内容都相同，但左图的分辨率为300ppi，右图的分辨率为72ppi，因此可以很容易地看出这两幅图像的清晰度有着明显的差异，即左图的清晰度明显要高于右图。

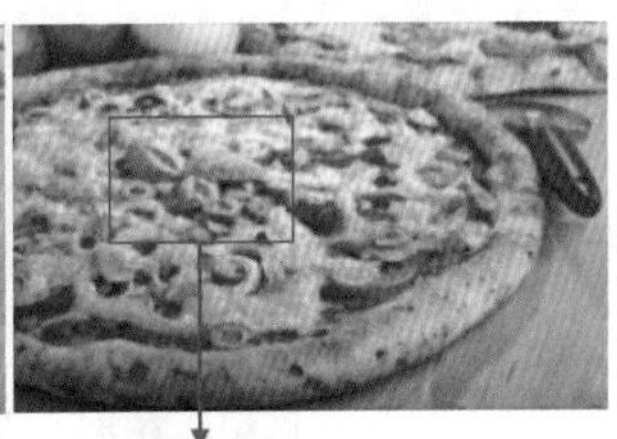

分辨率为300ppi

分辨率为72ppi

图1-86

技术拓展：“分辨率”的相关知识

其他行业里也经常会用到“分辨率”（Resolution）这一概念，它是衡量图像品质的一个重要指标，具有多种单位和定义。

- 图像分辨率：指的是一幅具体作品的品质高低，通常使用像素点（Pixel）的多少来加以区分。在图像内容相同的情况下，像素点越多，品质就越高，但相应的记录信息量也会呈正比增加。
- 显示分辨率：表示显示器清晰程度的指标，通常是以显示器的扫描点的多少来加以区分，如800×600、1024×768、1280×1024、1920×1200等。它与屏幕尺寸无关。
- 扫描分辨率：指的是扫描仪的采样精度或采样频率，一般用ppi或dpi来表示。ppi值越大，图像的清晰度就越高。但扫描仪通常有光学分辨率和插值分辨率两个指标，光学分辨率是指扫描仪感光器件固有的物理精度；而插值分辨率仅表示了扫描仪对原稿的放大能力。
- 打印分辨率：指的是打印机在单位距离上所能记录的点数，因此一般也用ppi来表示分辨率的高低。

1.6 版式相关知识

版式即版面格式，具体指的是开本、版心和周围空白的尺寸，正文的字体、字号、排版形，字数、排列地位，还有目录和标题、注释、表格、图名、图注、标点符号、书眉、页码以及版面装饰等项的排法。版式设计是平面设计的重要组成部分，我们经常在不知不觉中运用着版式。强调版面艺术性不仅是对观者阅读需要的满足，也是对其审美需要的满足。版式设计是一个调动文字字体、图形图像、线条和色块等诸多因素，根据特定内容的需要将它们有机组合起来的编排过程，是一种直觉性、创造性的活动。在版式设计中，需要运用造型要素及形式原理把构思与计划以视觉形式表现出来，也就是寻求艺术手段来正确地表现版面信息。其设计范围包括传统的书籍、期刊、报纸，以及现代信息社会中一切视觉传达与广告传达领域的版面设计，如图1-87～图1-92所示。

图1-87

图1-88

图1-89

图1-90

图1-91

图1-92

1.6.1 布局

布局是版式设计的核心，体现了整体设计思路。其种类繁多，主要包括骨骼型、满版型、分割型、中轴型、曲线型、倾斜型、中间型等。

- 骨骼型：规范的、理性的分割方法。常见的骨骼型布局有竖向通栏、双栏、三栏和四栏等，一般以竖向通栏居多，如图1-93～图1-95所示。
- 满版型：满版型以图像为主，图像充满整个面板，直观而强烈地传达目的。文字通常放置在上下、左右或中部（边部和中心）的图像上，如图1-96～图1-98所示。
- 分割型：整个版面分成上下或左右两部分，一部分配置图像，另一部分则配置文字，如图1-99～图1-101所示。
- 中轴型：将图像在水平或垂直方向上排列，文字配置在上下或左右，如图1-102～图1-104所示。
- 曲线型：图片和文字排列成曲线，产生韵律与节奏的感觉，如图1-105～图1-107所示。
- 倾斜型：版面主体形象或多幅图像进行倾斜编排，造成版面强烈的动感和不稳定效果，引人注目，如图1-108～图1-110所示。

图1-93  图1-94  图1-95  图1-96  图1-97  图1-98

图1-99  图1-100  图1-101  图1-102  图1-103  图1-104

图1-105  图1-106  图1-107  图1-108  图1-109  图1-110

- 中间型：具有多种概念及形式，如直接以独立而轮廓分明的形象占据版面焦点；以颜色和搭配的手法，使主题突出明确；向外扩散的运动，从而产生视觉焦点；视觉元素向版面中心做聚拢的运动，如图1-111～图1-113所示。

图1-111

图1-112

图1-113

1.6.2 文字

文字在版面中占有重要的位置。文字本身的变化及文字的编排、组合，对版面来说极为重要。文字不仅能够提供一定的信息，也是视觉传达最直接的方式。

在版式设计中运用好文字，首先要掌握的是字体、字号、字距、行距。其中字体更是重中之重。字体是文字的表现形式，具有不同的特性。例如，不同的字体给人的视觉感受和心理感受不同，这就说明字体具有强烈的情感、性格。选择准确的字体，有助于主题内容的表达；美的字体可以使读者感到愉悦，帮助阅读和理解。

（1）文字类型。文字类型比较多，如印刷字体、装饰字体、书法字体、英文字体等，如图1-114～图1-116所示。

（2）文字大小。文字大小在版式设计中起着非常重要的作用，例如大的文字或大的首字母文字会有非常大的吸引力，常用在广告、杂志、包装等设计中，如图1-117～图1-119所示。

图1-114

图1-115

图1-116

图1-117

图1-118

图1-119

（3）文字位置。文字在画面中摆放位置的不同会产生不同的视觉效果，如图1-120～图1-122所示。

图1-120

图1-121

图1-122

1.6.3 图片

当一幅画面中同时含有图片和文字等时，那么我们第一眼看到的一定会是图片，其次才会是文字等。当然，一幅图像中可能有一个或多个图片。大小、数量、位置的不同会产生不同的视觉冲击效果，如图1-123～图1-128所示。

图1-123

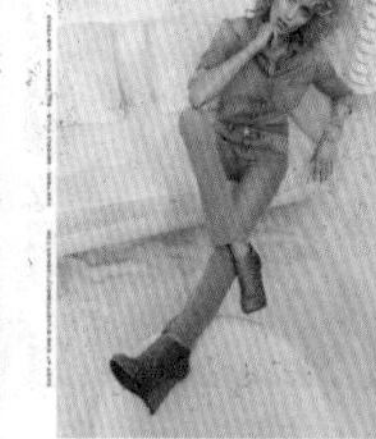

图1-124

图1-125

图1-126

图1-127

图1-128

1.6.4 图形

版面中的图形，广义地说，一切含有图形元素且与信息传播有关的形式，以及一切被平面设计所运用、借鉴的形式，都可以称之为图形。例如，绘画、插图、图片、图案、图表、标志、摄影、文字等。狭义地讲，图形就是可视的“图画”。图形是平面设计中非常重要的元素，在视觉传达体系中不可或缺。

（1）图形的形状。图形的形状是指图形在版面上的总体轮廓，也可以理解为图形内部的形象。在版面中，图形的形状主要分为规则形和不规则形，如图1-129～图1-131所示。

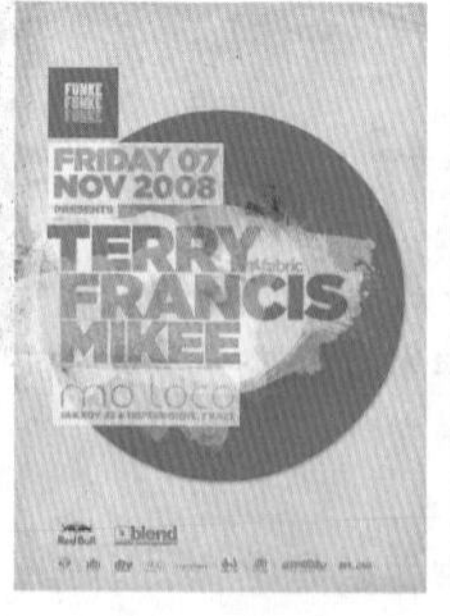

图1-129

图1-130

图1-131

（2）图形的数量和面积。一般学术性或者文学性的刊物版面上图形较少，普及性、新闻性的刊物图形较多。图形的数量并不是随意的，一般需要由版面的内容来决定，并需要精心安排，如图1-132～图1-134所示。

（3）图形的位置。对于图形的位置，必须在版面中主次得当地穿插编排，才能在对比中产生丰富的层次感，如图1-135～图1-137所示。

图1-132

图1-133

图1-134

图1-135

图1-136

图1-137

1.6.5 点线面

（1）点在版面上的构成。点具有形状、方向、大小、位置等属性。通过对点进行不同的排列与组合，能够带给人们不同的心理感应。点具有点缀和活跃画面的作用，还可以组合起来成为一种肌理或其他要素来衬托画面主体，如图1-138～图1-140所示。

（2）线在版面上的构成。线游离于点与形之间，具有位置、长度、宽度、方向、形状和性格。直线和曲线是决定版面形象的基本要素。每种线都有自己独特的个性与情感。将各种不同的线运用到版面设计中，可以实现多种不同的效果，如图1-141～图1-143所示。

图1-138

图1-139

图1-140

图1-141

图1-142

图1-143

（3）面在版面上的构成。面在空间上占有的面积最多，因而在视觉上要比点、线来得强烈、实在，具有鲜明的个性特征。在整个基本视觉要素中，面的视觉影响力最大。在排版设计时要把握相互间整体的和谐，才能实现极具美感的视觉形式，如图1-144～图1-146所示。

图1-144

图1-145

图1-146

1.7 印刷的相关知识

1.7.1 印刷流程

印刷品的生产，一般要经过原稿的选择或设计、原版制作、印版晒制、印刷、印后加工等5个工艺过程。也就是说，首先选择或设计适合印刷的原稿；然后对原稿的图文信息进行处理，制作出供晒版或雕刻印版的原版（一般叫阳图或阴图底片）；再用原版制出供印刷用的印版；最后把印版安装在印刷机上，利用输墨系统将油墨涂敷在印版表面，由压力机械加压，油墨便从印版转移到承印物上；如此复制的大量印张，经印后加工，便成了适应各种使用目的的成品。现在，人们常常把原稿的设计、图文信息处理、制版统称为印前处理，而把印版上的油墨向承印物上转移的过程叫作印刷，印刷后期的工作则一般是指印刷品的后加工，包括裁切、覆膜、模切、装订、装裱等，多用于宣传类和包装类印刷品。这样一来，一件印刷品的完成就需要经过印前处理、印刷、印后加工等过程。

1.7.2 什么是四色印刷

印刷中经常会提到“四色印刷”这个概念，这是因为印刷品中的颜色都是由C、M、Y、K 4种颜色所构成的。也就是说，成千上万种不同的色彩都是由这几种色彩根据不同比例叠加、调配而成的。通常我们所接触的印刷品，如书籍杂志、宣传画等，是按照四色叠印而成的。也就是说，在印刷过程中，承印物（纸张）在印刷过程中经历了4次印刷，印刷一次黑色、一次洋红色、一次青色、一次黄色。完毕后4种颜色叠合在一起，就构成了画面上的各种颜色，如图1-147和图1-148所示。

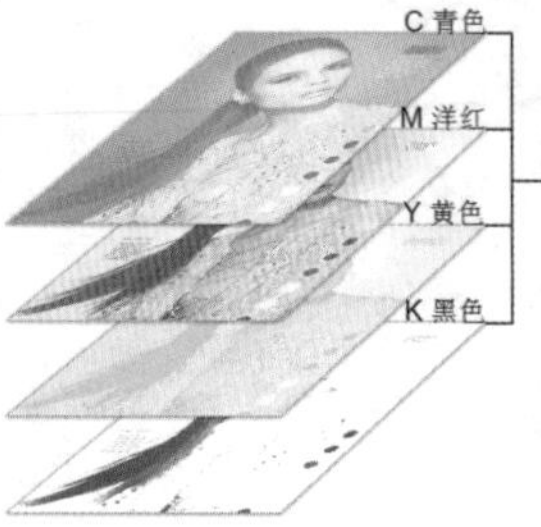

C青色
M洋红
Y黄色
K黑色

图1-147 　　图1-148

1.7.3 什么是印刷色

印刷色就是由C（青）、M（洋红）、Y（黄）和K（黑）4种颜色以不同的百分比组成的颜色。C、M、Y、K就是通常所说的印刷四原色。C、M、Y几乎可以合成所有的颜色，但由其合成的黑色是不纯的，而印刷时需要更纯的黑色，因此还要加入黑色K，在印刷时这4种颜色都有自己的色版，在色版上记录了这种颜色的网点，把4种色版合到一起就形成了所定义的原色。事实上，纸张上4种印刷颜色的网点并不是完全重合的，只是距离很近，在人眼中呈现为各种颜色的混合效果，于是产生了各种不同的原色，如图1-149所示。

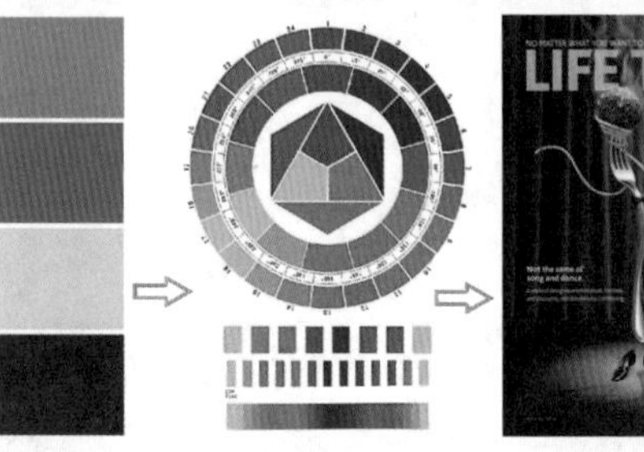

图1-149

1.7.4 什么是分色

印刷所用的电子文件必须是四色文件（即C、M、Y、K），其他颜色模式的文件不能用于印刷输出。这就需要对图像进行分色。分色是一个印刷专业名词，指的就是将原稿上的各种颜色分解为黄、洋红、青、黑4种颜色。在平面设计类软件中，分色工作就是将扫描图像或其他来源的图像的颜色模式转换为CMYK模式。在Photoshop中，只需要把图像颜色模式从RGB模式转换为CMYK模式即可。

将RGB颜色模式转换为CMYK颜色模式时，图像上一些鲜艳的颜色会产生明显的变化。这种变化有时能够很明显地看到，一般会由鲜艳的颜色变成较暗一些的颜色。这是因为RGB的色域比CMYK的色域大，也就是说有些在RGB颜色模式下能够表示的颜色在转换为CMYK后，就超出了CMYK所能表达的颜色范围，于是只能用相近的颜色来替代。在制作用于印刷的电子文件时，建议最初的文件设置即为CMYK模式，避免使用RGB颜色模式，以免在分色转换时造成颜色偏差。如图1-150所示为RGB模式与CMYK模式的对比效果。

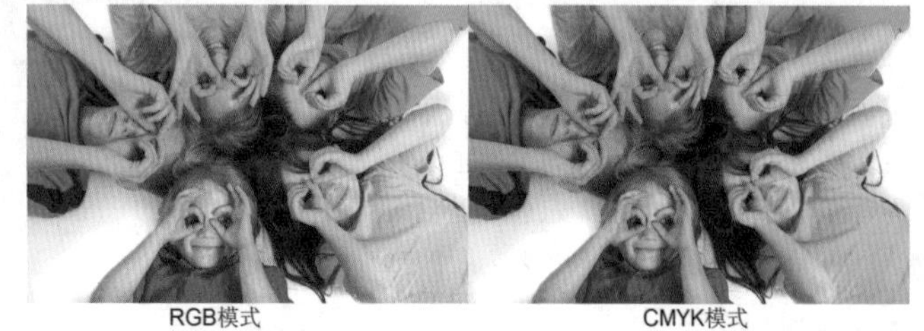

图1-150

1.7.5 什么是专色印刷

专色是指在印刷时，不是通过印刷C、M、Y、K四色合成这种颜色，而是专门用一种特定的油墨来印刷该颜色。专色油墨是由印刷厂预先混合好或油墨厂生产的。对于印刷品的每一种专色，在印刷时都有专门的一个色版与之相对应。使用专色可使颜色更准确。尽管在计算机上不能准确地表示颜色，但通过标准颜色匹配系统的预印色样卡（如Pantone彩色匹配系统就创建了很详细的色样卡），能看到该颜色在纸张上的准确颜色。

例如，在印刷时金色和银色是按专色来处理的，即用金墨和银墨来印刷，故其菲林也应是专色菲林，单独出一张菲林片，并单独晒版印刷，如图1-151和图1-152所示。

图1-151 　　图1-152

1.7.6 什么是出血

出血又叫出血位，其作用主要是保护成品裁切，防止因切多了纸张或折页而丢失内容，出现白边，如图1-153所示。

图1-153

1.7.7 套印、压印、叠印、陷印

- 套印：指多色印刷时要求各色版图案印刷时重叠套准。
- “压印”和“叠印”：两者是一个意思，即一个色块叠印在另一个色块上。不过印刷时特别要注意黑色文字在彩色图像上的叠印，不要将黑色文字底下的图案镂空，不然印刷套印不准时黑色文字会露出白边。
- 陷印：也叫补漏白，又称为扩缩，主要是为了弥补因印刷套印不准而造成相邻的不同颜色之间的漏白，如图1-154所示。执行“图像>陷印”命令，在弹出的“陷印”对话框中可以对“宽度”（印刷时颜色向外扩张的距离）和“陷印单位”进行设置，如图1-155所示。

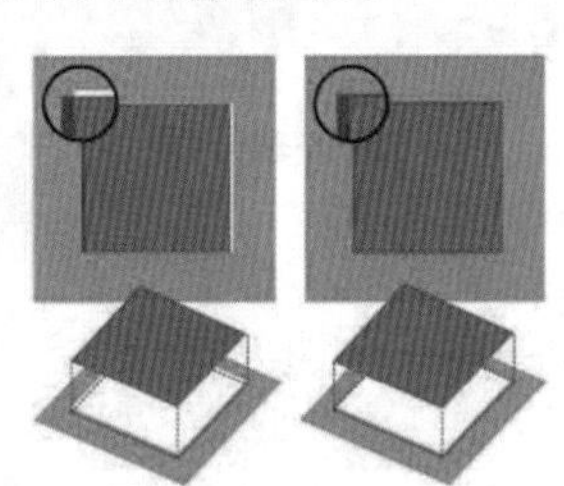

图1-154

图1-155

1.7.8 拼版与合开

在实际工作中，有时需要制作一些并不是正规开数的印刷品，如包装盒、小卡片等。为了节约成本，在拼版时应注意尽可能把成品放在合适的纸张开度范围内，如图1-156和图1-157所示。

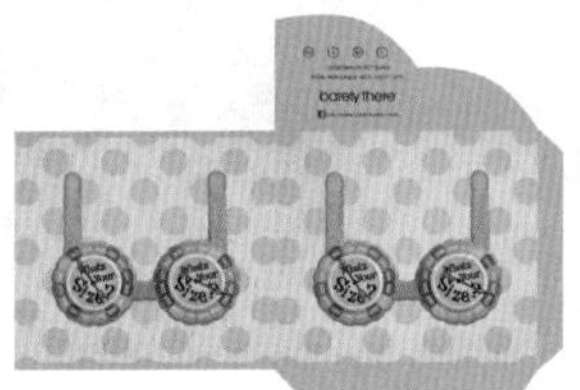

图1-156

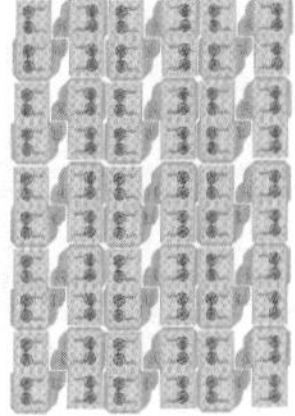

图1-157

1.7.9 纸张的基础知识

1. 纸张的构成

印刷用纸张由纤维、填料、胶料、色料4种主要原料混合制浆、抄造而成。印刷使用的纸张按形式可分为平板纸和卷筒纸两大类，平板纸适用于一般印刷机，卷筒纸一般用于高速轮转印刷机。

2. 印刷常用纸张

纸张根据用处的不同，可以分为工业用纸、包装用纸、生活用纸、文化用纸等几类。在印刷用纸中，根据纸张的性能和特点分为新闻纸、凸版印刷纸、胶版印刷涂料纸、字典纸、地图及海图纸、凹版印刷纸、画报纸、周报纸、白板纸、书面纸等，如图1-158和图1-159所示。

图1-158

图1-159

3. 纸张的规格

对于纸张的规格大小，国家制定了相应的标准。印刷、书写及绘图类用纸的原纸尺寸是：卷筒纸宽度分为1575mm、1092mm、880mm和787mm 4种；平板纸的原纸尺寸按大小分为880mm×1230mm、850mm×1168mm、880mm×1092mm、787mm×1092mm、787mm×960mm和690mm×960mm 6种。

4. 纸张的重量、令数换算

纸张的重量可用定量或令重来表示。一般是以定量来表示，即我们日常俗称的“克重”。定量是指纸张单位面积的质量关系，用g/m^{2}表示。例如，150g的纸是指该种纸每平方米的单张重量为150g。凡纸张的重量在200g/m^{2}以下（含200g/m^2）的纸张称为“纸”，超过200g/m^{2}重量的纸则称为“纸板”。

初识Photoshop

本章学习要点：

- 掌握Photoshop 安装与卸载的方法
- 熟悉Photoshop 的工作界面
- 了解辅助工具的使用方法
- 了解使用Photoshop 进行打印的设置方法

2.1 你好，Photoshop

Photoshop是Adobe公司旗下最为出名的，集图像扫描、编辑修改、图像制作、广告创意、图像输入与输出于一体的图形图像处理软件，深受广大平面设计人员和电脑美术爱好者的喜爱。

2013年6月17日，Adobe在MAX大会上推出了最新版本的Photoshop CC（CreativeCloud）。在主题演讲中，Adobe宣布了Photoshop CC的新功能包括：相机防抖动功能、Camera RAW功能改进、图像提升采样、属性面板改进、Behance集成一集同步设置等。Adobe Creative Cloud是一种数字中枢，用户可以通过它访问每个 Adobe Creative Suite 6 桌面应用程序、联机服务以及其他新发布的应用程序。Adobe Creative Cloud 的目的是将原本困难且不相干的工作流程转换成一种直觉式的自然体验，让用户充分享受创作的自由，将作品发布至任何台式计算机、平板电脑或手持设备。如图2-1所示为Photoshop CC启动界面。

图2-1

2.2 Photoshop 的安装与卸载

想要学习和使用Photoshop，首先要正确安装该软件。当不再需要该软件时，则要懂得如何将其卸载。Photoshop 的安装与卸载过程并不复杂，与其他应用软件大致相同。

2.2.1 安装Photoshop 的系统要求

由于Photoshop 是制图类设计软件，所以对硬件设备会有一定的配置要求。

 1. Windows

- Intel® Pentium® 4 或 AMD Athlon® 64 处理器（2GHz 或更快）。
- Microsoft® Windows® 7 Service Pack 1，Windows 8 或 Windows 8.1。
- 1GB 内存。
- 2.5GB 的可用硬盘空间以进行安装；安装期间需要额外可用空间（无法安装在可移动闪存设备上）。
- 1024×768 显示器（建议使用 1280×800），支持 OpenGL® 2.0、16 位颜色和 512MB 的 VRAM（建议使用 1GB）。

 2. Mac OS

- 多核心 Intel 处理器，支持 64 位。
- Mac OS X v10.7 、 v10.8 或 v10.9。
- 1GB 内存。
- 3.2GB 的可用硬盘空间以进行安装；安装期间需要额外可用空间（无法安装在使用区分大小写的文件系统的文件系统卷或可移动闪存设备上）。
- 1024×768 显示器（建议使用 1280×800），支持OpenGL 2.0、16 位颜色和 512MB 的 VRAM（建议使用 1GB）。

2.2.2 安装Photoshop

Photoshop CC的全名为Photoshop Creative Cloud，是Adobe公司推出的最新版本。升级后的Photoshop已经进入了云时代，安装方式与以往的版本不同，是采用一种“云端”付费方式。在安装使用Photoshop CC前，用户可以按月或按年付费订阅，也可以订阅全套产品。如图2-2所示为Adobe Creative Cloud图标和Creative Cloud界面。

图2-2

Adobe Creative Cloud是一种基于订阅的服务，用户需要通过Adobe Creative Cloud将Photoshop CC下载下来。在Adobe Creative Cloud中还包括多个软件，便捷的设计方便用户的下载使用。

（1）打开Adobe的官方网站www.adobe.com，单击导航栏的Products（产品）按钮，然后选择Adobe Creative Cloud选项，如图2-3所示。然后在打开的页面中选择产品的使用方式，单击Join按钮为进行购买，单击Try按钮为免费试用，试用期为30天。在这里单击Try按钮，如图2-4所示。

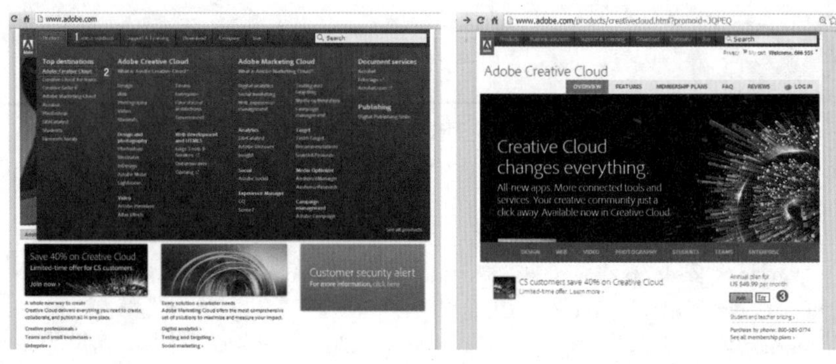

图2-3　　图2-4

（2）在打开的页面中单击 Creative Cloud右侧的“下载”按钮，如图2-5所示。在接下来打开的窗口中继续单击“下载”按钮，如图2-6所示。

图2-5　　图2-6

（3）弹出一个登录界面，在这里需要用户登录AdobeID，如果没有也可以免费注册一个。登录AdobeID后就可以下载并安装Creative Cloud，启动Creative Cloud即可看见Adobe的各类软件，可以直接选择“安装”或“试用”软件，也可以更新已有软件。单击相应的按钮后即可自动完成软件的安装，如图2-7所示。

图2-7

2.2.3 卸载Photoshop

卸载Photoshop 的方法很简单，在Windows下打开“控制面板”窗口，然后双击“添加或删除程序”图标，如图2-8所示。打开“添加或删除程序”窗口，在“当前安装的程序”列表框中选择Adobe Photoshop CC选项，然后单击“删除”按钮，即可将其卸载，如图2-9所示。当然，也可以使用第三方软件进行卸载。

图2-8

图2-9

2.3 启动与退出Photoshop

2.3.1 启动Photoshop

成功安装Photoshop 之后，单击桌面左下角的“开始”按钮，在弹出的“开始”菜单中执行“所有程序”命令，或者双击桌面上的Adobe Photoshop 快捷方式图标（如图2-10所示），即可启动Photoshop。

图2-10

2.3.2 退出Photoshop

若要退出Photoshop，可以像其他应用程序一样单击右上角的“关闭”按钮 × ；或者执行“文件>退出”命令；或者按Ctrl+Q组合键，如图2-11所示。

图2-11

2.4 Photoshop 的界面与工具

2.4.1 Photoshop 的界面

随着版本的不断升级，Photoshop的工作界面布局也更加合理、更具人性化。启动Photoshop，即可进入其工作界面。该工作界面主要由菜单栏、选项栏、标题栏、工具箱、状态栏、文档窗口以及各式各样的面板组成，如图2-12所示。

图2-12

- 菜单栏：其Photoshop 的菜单栏中包含多个主菜单按钮。单击相应的主菜单按钮，即可打开子菜单。在子菜单中单击某一项菜单命令即可执行该操作。
- 标题栏：打开一个文件以后，Photoshop会自动创建一个标题栏。在标题栏中会显示这个文件的名称、格式、窗口缩放比例以及颜色模式等信息。
- 文档窗口：用来绘制、编辑图像的地方。
- 工具箱：其中集合了Photoshop 的大部分工具。
- 选项栏：主要用来设置工具的参数选项，不同工具的选项栏也不同。
- 状态栏：位于工作界面的最底部，用于显示当前文档的大小、文档尺寸、当前工具和窗口缩放比例等信息。单击状态栏中的三角形图标 ▶，可以设置要显示的内容。
- 面板：主要用来配合图像的编辑、对操作进行控制以及设置参数等。每个面板的右上角都有一个 图标，单击该图标可以打开该面板的设置菜单。如果要打开某一个面板，可以在菜单栏中选择“窗口”菜单，在弹出的下拉菜单中选择该面板，即可将其打开。

2.4.2 Photoshop 工具详解

在工具箱中单击任一工具按钮，即可选择该工具。如果工具按钮的右下角带有一个三角形图标，则表示这是一个工具组，其中包含多个工具。在这类工具按钮上右击，即可弹出隐藏的工具。图2-13展示了工具箱中所有隐藏的工具。

工具箱中所有工具的简要说明如表2-1所示。

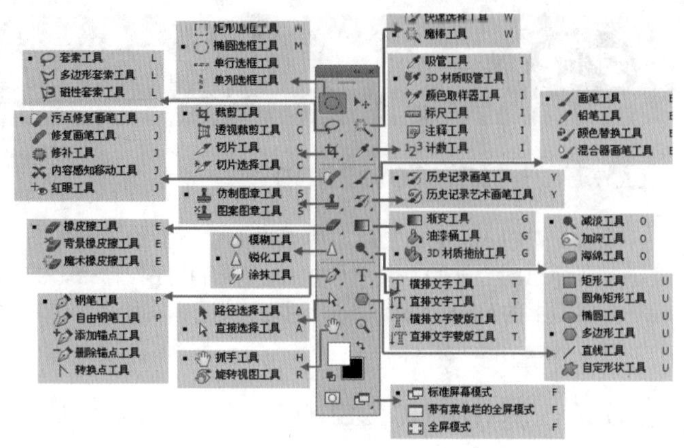

图2-13

表2-1

	按　钮	工具名称	说　明	快捷键
		移动工具	移动图层、参考线、形状或选区内的像素	V
选框工具组		矩形选框工具	创建矩形选区与正方形选区，按住 Shift 键可以创建正方形选区	M
		椭圆选框工具	制作椭圆选区和正圆选区，按住 Shift 键可以创建正圆选区	M
		单行选框工具	创建高度为 1 像素的选区，常用来制作网格效果	无
		单列选框工具	创建宽度为 1 像素的选区，常用来制作网格效果	无
套索工具组		套索工具	自由地绘制出形状不规则的选区	L
		多边形套索工具	创建转角比较强烈的选区	L
		磁性套索工具	能够以颜色上的差异自动识别对象的边界，特别适用于快速选择与背景对比强烈且边缘复杂的对象	L
快速选择工具组		快速选择工具	利用可调整的圆形笔尖迅速地绘制出选区	W
		魔棒工具	使用该工具在图像中单击，可以选取颜色差别在容差值范围之内的区域	W
裁剪与切片工具组		裁剪工具	以任意尺寸裁剪图像	C
		透视裁剪工具	使用该工具可以在要裁剪的图像上制作出带有透视感的裁剪框，在应用裁剪后可以使图像带有明显的透视感	C
		切片工具	从一张图像创建切片图像	C
		切片选择工具	为改变切片的各种设置而选择切片	C
吸管与辅助工具组		吸管工具	在打开图像的任意位置采集色样来作为前景色或背景色。可拾取图像中的任意颜色作为前景色；按住 Alt 键进行拾取，可将当前拾取的颜色作为背景色	I
		3D 材质吸管工具	使用该工具可以快速地吸取 3D 模型中各个部分的材质	I
		颜色取样器工具	在信息浮动窗口显示取样的 RGB 值	I
		标尺工具	在信息浮动窗口中显示拖曳的对角线距离和角度	I
		注释工具	在图像内加入注释。PSD、TIFF、PDF 文件都有此功能	I
		计数工具	使用该工具可以对图像中的元素进行计数，也可以自动对图像中的多个选定区域进行计数	I
修复画笔工具组		污点修复画笔工具	不需要设置取样点，可自动从所修饰区域的周围进行取样来消除图像中的污点和某个对象	J
		修复画笔工具	用图像中的像素作为样本进行绘制	J
		修补工具	利用样本或图案来修复所选图像区域中不理想的部分	J

续表

	按　钮	工具名称	说　明	快捷键
修复画笔工具组		内容感知移动工具	在用户整体移动图像中选中某物体时，智能填充物体原来的位置	J
		红眼工具	可以去除由闪光灯导致的瞳孔红色反光	J
画笔工具组		画笔工具	使用前景色绘制出各种线条，同时也可以利用它来修改通道和蒙版	B
		铅笔工具	用无模糊效果的画笔进行绘制	B
		颜色替换工具	将选定的颜色替换为其他颜色	B
		混合器画笔工具	可以像传统绘画过程中混合颜料一样混合像素	B
图章工具组		仿制图章工具	将图像的一部分绘制到同一图像的另一个位置上，或绘制到具有相同颜色模式的任何打开的文档的另一部分，也可以将一个图层的一部分绘制到另一个图层上	S
		图案图章工具	使用预设图案或载入的图案进行绘画	S
历史记录画笔工具组		历史记录画笔工具	将标记的历史记录状态或快照用作源数据对图像进行修改	Y
		历史记录艺术画笔工具	将标记的历史记录状态或快照用作源数据，并以风格化的画笔进行绘画	Y
橡皮擦工具组		橡皮擦工具	以类似画笔描绘的方式将像素更改为背景色或透明	E
		背景橡皮擦工具	基于色彩差异的智能化擦除工具	E
		魔术橡皮擦工具	清除与取样区域类似的像素范围	E
渐变与填充工具组		渐变工具	以渐变方式填充拖曳的范围，在渐变编辑器内可以设置渐变模式	G
		油漆桶工具	可以在图像中填充前景色或图案	G
		3D 材质拖放工具	在选项栏中选择一种材质，然后在选中模型上单击，可以为其填充材质	G
模糊/锐化工具组		模糊工具	柔化硬边缘或减少图像中的细节	无
		锐化工具	增强图像中相邻像素之间的对比，以提高图像的清晰度	无
		涂抹工具	模拟手指划过湿油漆时所产生的效果。可以拾取鼠标单击处的颜色，并沿着拖曳的方向展开这种颜色	无
加深/减淡工具组		减淡工具	可以对图像进行减淡处理	O
		加深工具	可以对图像进行加深处理	O
		海绵工具	增加或降低图像中某个区域的饱和度。如果是灰度图像，该工具将通过灰阶远离或靠近中间灰色来增加或降低对比度	O
钢笔工具组		钢笔工具	以锚点方式创建区域路径，主要用于绘制矢量图形和选取对象	P
		自由钢笔工具	用于绘制比较随意的图形，使用方法与套索工具非常相似	P
		添加锚点工具	将光标放在路径上，单击即可添加一个锚点	无
		删除锚点工具	删除路径上已经创建的锚点	无
		转换点工具	用来转换锚点的类型（角点和平滑点）	无
文字工具组		横排文字工具	创建横排文字图层	T
		直排文字工具	创建直排文字图层	T
		横排文字蒙版工具	创建水平文字形状的选区	T
		直排文字蒙版工具	创建垂直文字形状的选区	T
选择工具组		路径选择工具	在路径浮动窗口内选择路径，可以显示出锚点	A
		直接选择工具	只移动两个锚点之间的路径	A
形状工具组		矩形工具	创建长方形路径、形状图层或填充像素区域	U
		圆角矩形工具	创建圆角矩形路径、形状图层或填充像素区域	U
		椭圆工具	创建正圆或椭圆形路径、形状图层或填充像素区域	U

续表

	按　钮	工具名称	说　明	快捷键
形状工具组		多边形工具	创建多边形路径、形状图层或填充像素区域	U
		直线工具	创建直线路径、形状图层或填充像素区域	U
		自定形状工具	创建事先存储的形状路径、形状图层或填充像素区域	U
视图调整工具		抓手工具	拖曳并移动图像显示区域	H
		旋转视图工具	拖曳以及旋转视图	R
		缩放工具	放大、缩小显示的图像	Z
颜色设置工具		前景色 / 背景色	单击打开拾色器，从中可以设置前景色 / 背景色	无
		切换前景色和背景色	切换所设置的前景色和背景色	X
		默认前景色和背景色	恢复默认的前景色和背景色	D
快速蒙版		以快速蒙版模式编辑	切换快速蒙版模式和标准模式	Q
更改屏幕模式		标准屏幕模式	显示菜单栏、标题栏、滚动条和其他屏幕元素	F
		带有菜单栏的全屏模式	显示菜单栏、50% 的灰色背景、无标题栏和滚动条的全屏窗口	F
		全屏模式	只显示黑色背景和图像窗口。如果要退出全屏模式，可以按 Esc 键。如果按 Tab 键，将切换到带有面板的全屏模式	F

2.4.3 Photoshop 面板概述

Photoshop中有数十种面板，不同的面板功能不同，单击“窗口”菜单按钮，在菜单中可以执行命令打开相应面板。

- “颜色”面板：采用类似于美术调色的方式来混合颜色。如果要编辑前景色，可单击前景色色块；如果要编辑背景色，则单击背景色色块，如图2-14所示。
- “色板”面板：其中的颜色都是预先设置好的，单击一个颜色样本，即可将其设置为前景色；按住Ctrl键单击，则可将其设置为背景色，如图2-15所示。
- “样式”面板：其中包含Photoshop提供的以及载入的各种预设的图层样式，如图2-16所示。
- “字符”面板：可额外设置文字的字体、大小、样式，如图2-17所示。

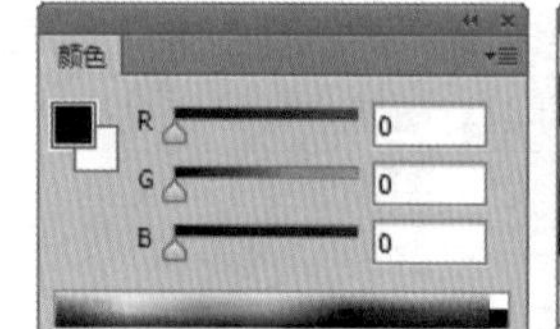

图2-14

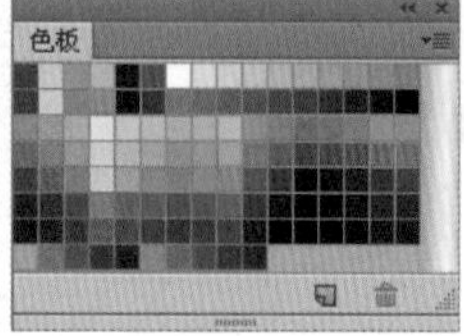

图2-15

图2-16

- “段落”面板：可以设置文字的段落、位置、缩排、版面，以及避头尾法则和字间距组合，如图2-18所示。
- “字符样式”面板：在该面板中可以创建字符样式，更改字符属性，并将其保存起来，如图2-19所示。以后要使用时，只需要选中文字图层，并单击相应字符样式即可。
- “段落样式”面板：该面板与“字符样式”面板的使用方法相同，可以进行样式的定义、编辑与调用。字符样式主要用于类似标题文字的较少文字的排版，而段落样式多用于类似正文的大段文字的排版，如图2-20所示。

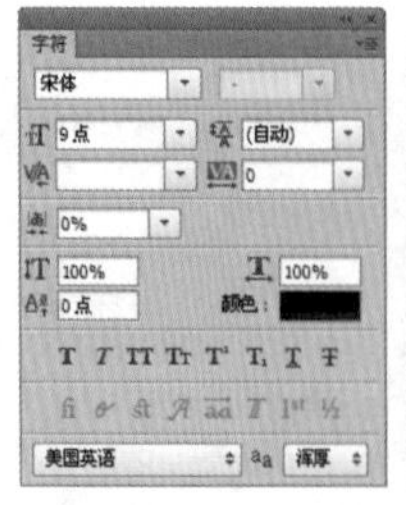

图2-17

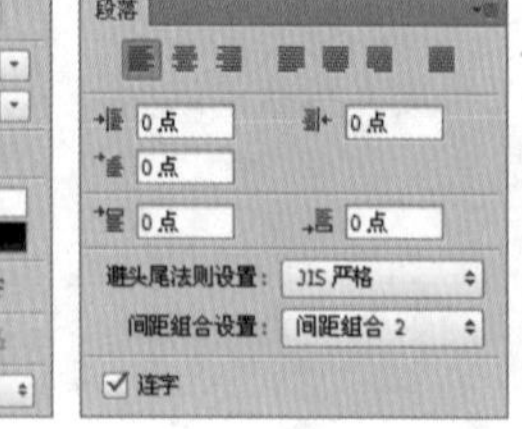

图2-18

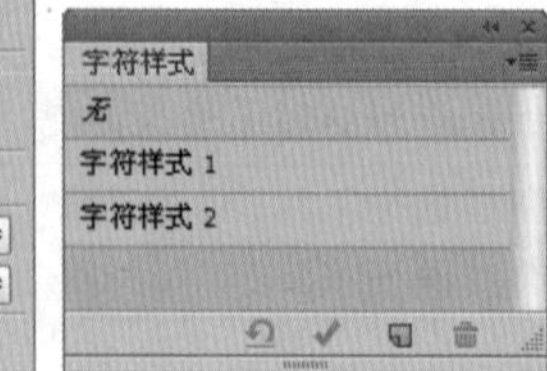

图2-19

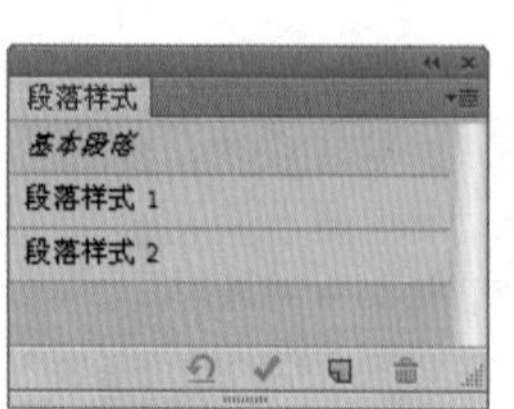

图2-20

- "图层"面板：该面板用于创建、编辑和管理图层，以及为图层添加样式。此面板中列出了所有的图层、图层组和图层效果，如图2-21所示。
- "通道"面板：该面板用于创建、保存和管理通道，如图2-22所示。
- "路径"面板：该面板用于保存和管理路径。此面板中显示了每条存储的路径、当前工作路径和当前矢量蒙版的名称和缩览图，如图2-23所示。
- "调整"面板：该面板中包含多种用于调整颜色和色调的工具，如图2-24所示。
- "属性"面板：该面板用于调整所选图层中的图层蒙版和矢量蒙版属性，以及光照效果滤镜、调整图层参数，如图2-25所示。

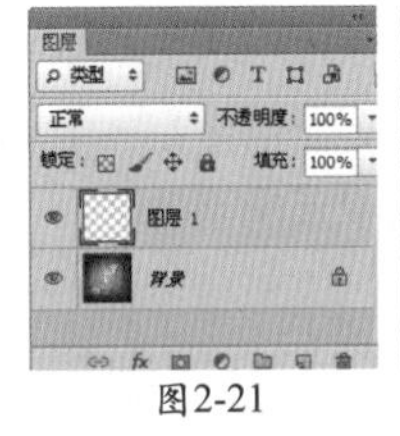

图2-21

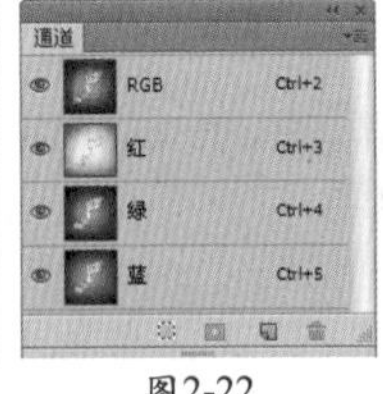

图2-22

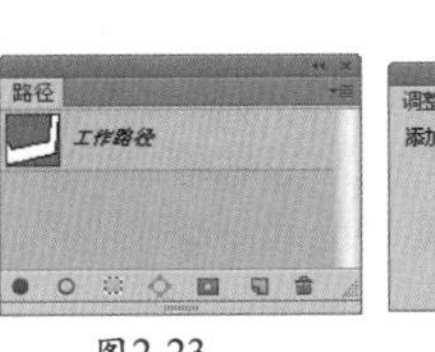

图2-23

图2-24

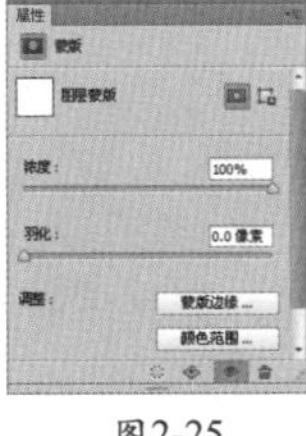

图2-25

- "画笔预设"面板：该面板中提供了各种预设的画笔（预设画笔带有诸如大小、形状和硬度等定义的特性），如图2-26所示。
- "画笔"面板：在该面板中可以设置各种绘画工具（画笔工具、铅笔工具、历史记录画笔工具等）和修饰工具（涂抹工具、加深工具、减淡工具、模糊工具、锐化工具等）的笔尖种类、画笔大小和硬度，还可以创建自己需要的特殊画笔，如图2-27所示。
- "仿制源"面板：使用仿制图章工具或修复画笔工具时，可以通过该面板设置不同的样本源、显示样本源的叠加，以帮助我们在特定位置仿制源；此外，还可以缩放或旋转样本源以更好地匹配目标的大小和方向，如图2-28所示。
- "导航器"面板：该面板中包含图像的缩览图和各种窗口缩放工具，如图2-29所示。

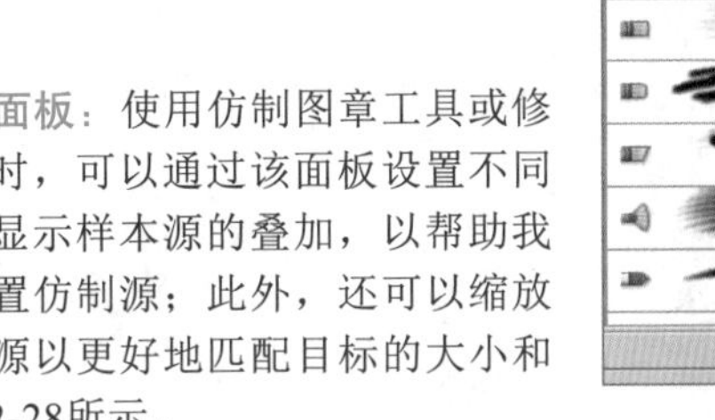

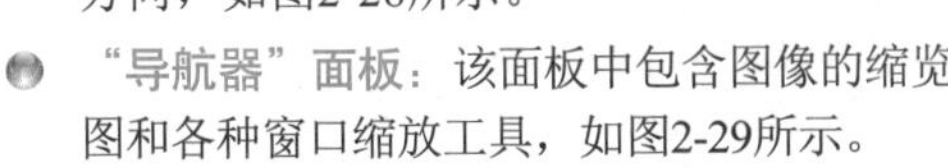

图2-26

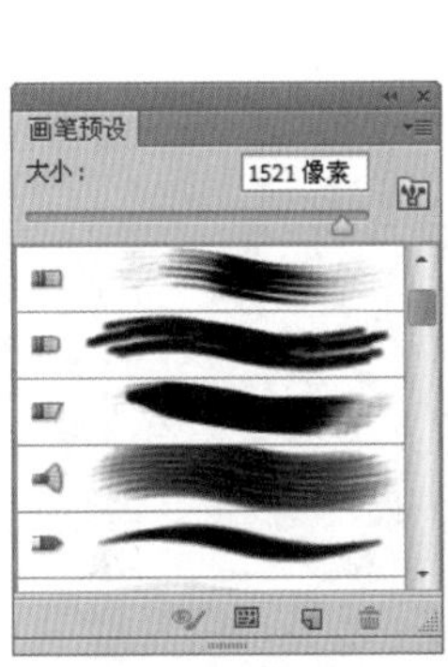

图2-27

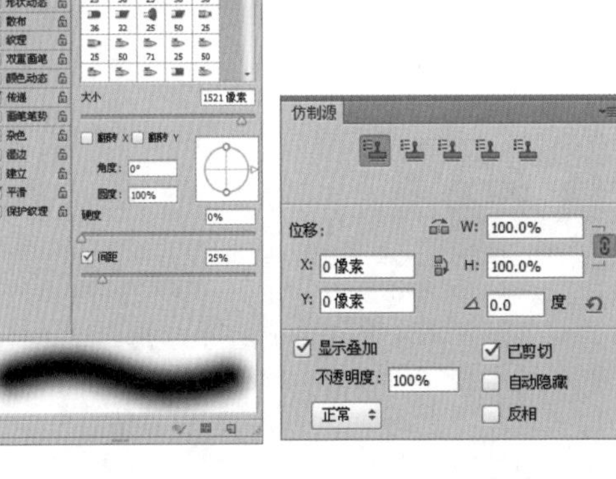

图2-28

- "直方图"面板：以直方图的形式表示图像中每个亮度级别的像素数量，展现了像素在图像中的分布情况。通过观察直方图，可以判断出图像中的阴影、中间调和高光中包含的细节是否足够，以便对其做出正确的调整，如图2-30所示。
- "信息"面板：显示图像相关信息，如选区大小、光标所在位置的颜色及方位等；另外，还能显示颜色取样器工具和标尺工具等的测量值，如图2-31所示。
- "图层复合"面板：图层复合可保存图层状态。该面板主要用来创建、编辑、显示和删除图层复合，如图2-32所示。
- "注释"面板：可以在静态画面上新建、存储注释，如图2-33所示。注释的内容以图标方式显示在画面中。不是以图层方式显示，而是直接贴在图像上。

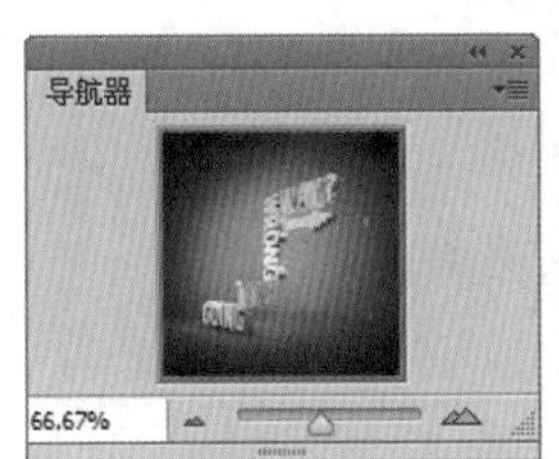

图2-29

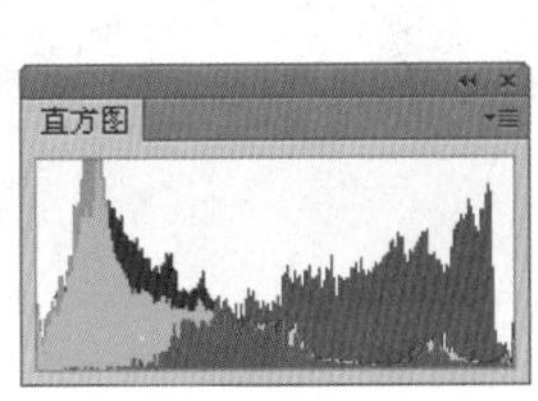

图2-30

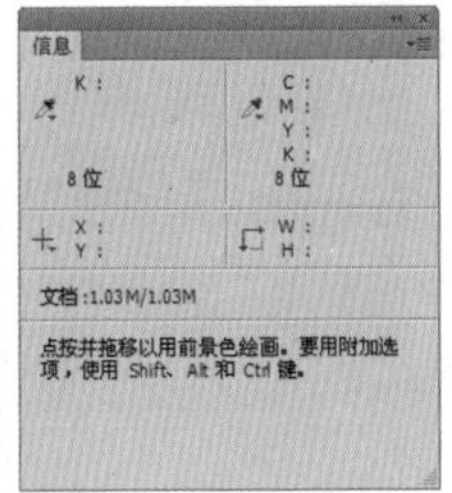

图2-31

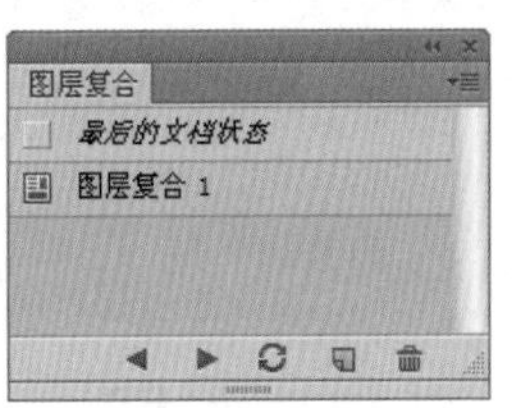

图2-32

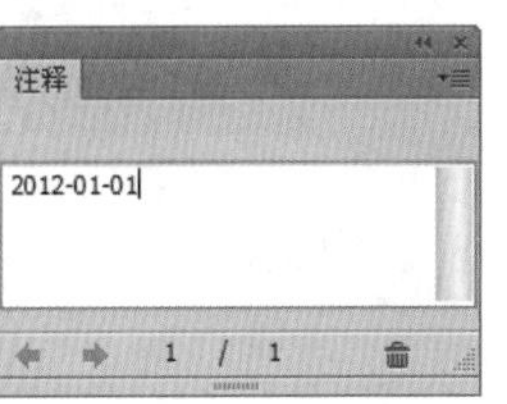

图2-33

- 动画面板：用于制作和编辑动态效果，包括“帧”面板和“时间轴”面板两种模式，如图2-34所示。
- “测量记录”面板：可以测量以套索工具或魔棒工具定义区域的高度、宽度、面积等，如图2-35所示。

时间轴
0 秒
永远

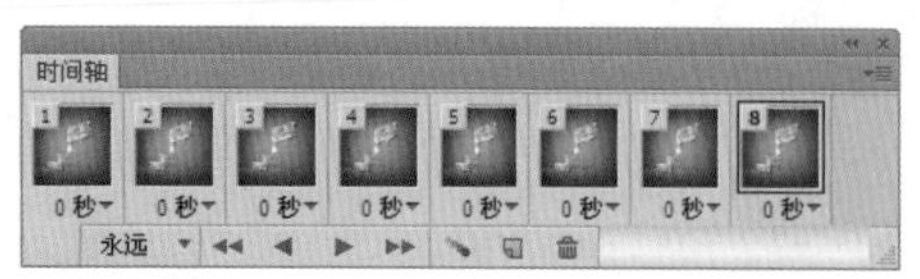

图2-34

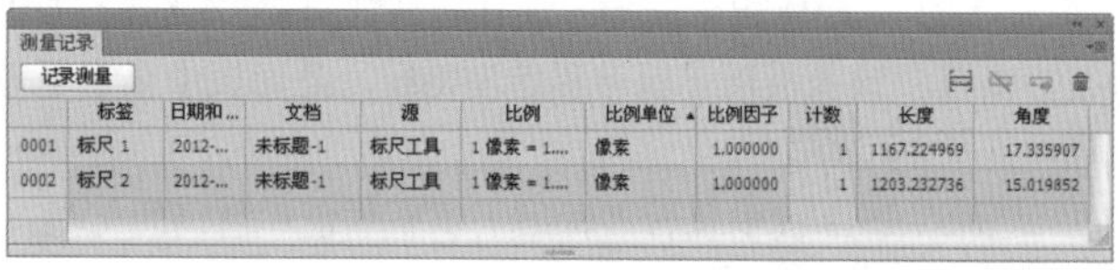

测量记录
记录测量
标签
日期和...
文档
源
比例
比例单位
比例因子
计数
长度
角度
0001 标尺 1 2012-... 未标题-1 标尺工具 1 像素 = 1.... 像素 1.000000 1 1167.224969 17.335907
0002 标尺 2 2012-... 未标题-1 标尺工具 1 像素 = 1.... 像素 1.000000 1 1203.232736 15.019852

图2-35

- “历史记录”面板：在编辑图像时，每进行一步操作，Photoshop都会将其记录在“历史记录”面板中。通过该面板可以将图像恢复到操作过程中的某一步状态，也可以再次回到当前的操作状态，或者将处理结果创建为快照或新的文件，如图2-36所示。
- “工具预设”面板：该面板用来存储工具的各项设置、载入、编辑和创建工具预设库，如图2-37所示。
- 3D面板：选择3D图层后，3D面板中会显示与之关联的3D文件组件，如图2-38所示。

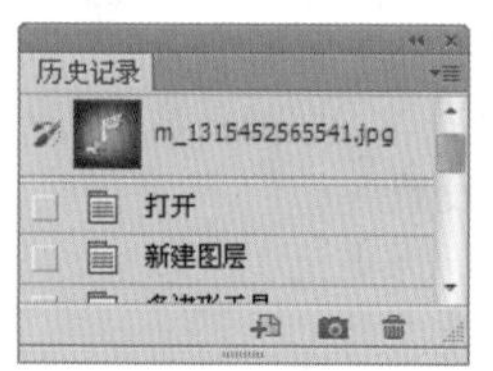

历史记录
m_1315452565541.jpg
打开
新建图层

图2-36

工具预设
当前工具没有可定义的工具预设。
仅限当前工具

图2-37

3D
新建 3D 对象
源：选中的图层
3D 明信片
3D 模型
从预设创建网格
从深度映射创建网格
3D 体积
创建

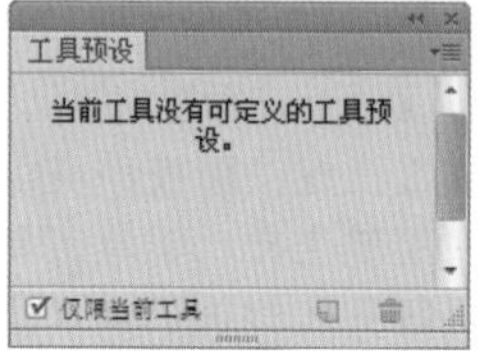

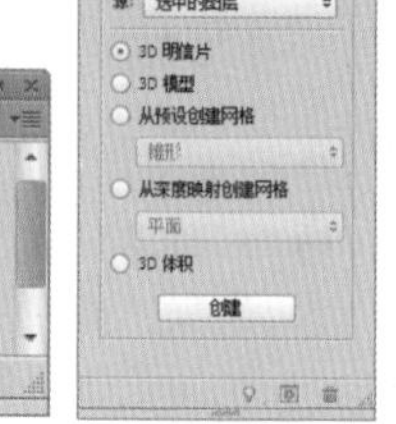

图2-38

2.5 设置工作区域

Photoshop中的工作区包括文档窗口、工具箱、菜单栏和各种面板等。Photoshop提供了适合于不同任务的预设工作区，如图2-39和图2-40所示。用户也可根据实际需要自定义，并且可以存储适合于个人的工作区，如图2-41所示。

基本功能（默认）
新增功能
3D
动感
绘画
摄影
排版规则
复位动感
新建工作区...
删除工作区...
键盘快捷键和菜单...

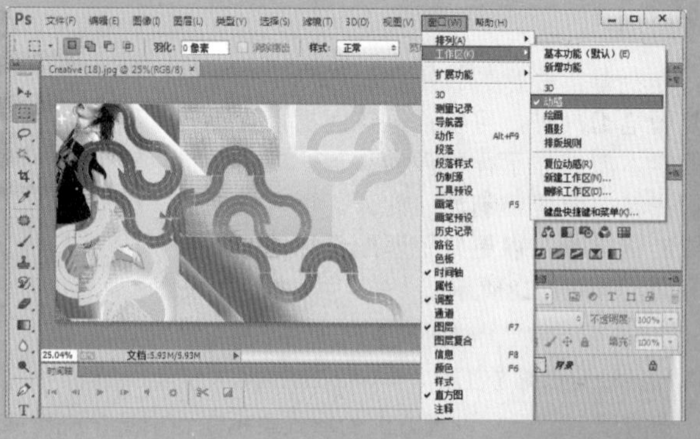

图2-39

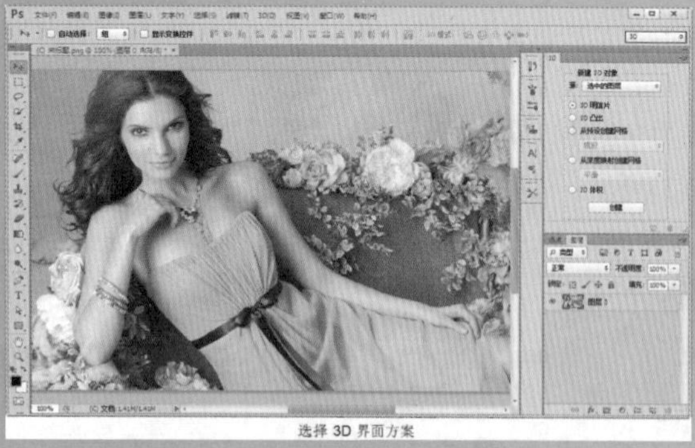

选择 3D 界面方案

图2-40

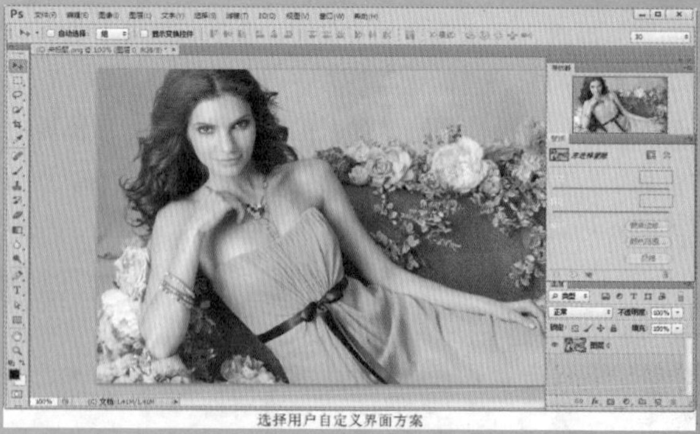

选择用户自定义界面方案

图2-41

2.5.1 认识基本功能工作区

基本功能工作区是Photoshop默认的工作区。在这个工作区中，Photoshop提供了一些很常用的面板，如“图层”面板、

"路径"面板、"通道"面板、"蒙版"面板和"颜色"面板等，如图2-42所示。

答疑解惑——怎么将工作区恢复到默认的基本功能工作区？

如果对工作区进行了修改（如移动了面板的位置），打开选项栏右端的下拉列表框，从中选择"基本功能"，即可恢复到默认的工作区。

图2-42

2.5.2 使用预设工作区

执行"窗口>工作区"命令，在该菜单中可以选择系统预设的一些工作区，如新增功能工作区、3D工作区、动感工作区、绘画工作区、摄影工作区、排版规则工作区，用户可以选择适合自己的一个工作区，如图2-43所示。

图2-43

2.5.3 自定义工作区

Photoshop中包含很多用于不同操作的面板，但并不是所有面板都需要经常使用。此时自定义一个简洁、易用的工作区是非常有必要的。

在"窗口"菜单下关闭不需要的面板，执行"窗口>工作区>新建工作区"命令，如图2-44所示。在弹出的对话框中为工作区设置一个名称，然后单击"存储"按钮，如图2-45所示。此时在"窗口>工作区"菜单下即可选择前面自定义的工作区，如图2-46所示。删除自定义的工作区很简单，只需要执行"窗口>工作区>删除工作区"命令即可。

图2-44　　图2-45　　图2-46

2.5.4 更改界面颜色方案

Photoshop CC默认的界面颜色为较暗的深色，如图2-47所示。如果要更改界面的颜色方案，可以执行"编辑>首选项"命令，在弹出的"首选项"对话框中选择"界面"选项卡，在"外观"选项组中选择适合自己的颜色方案（本书选用的是最后一种颜色方案），如图2-48所示。

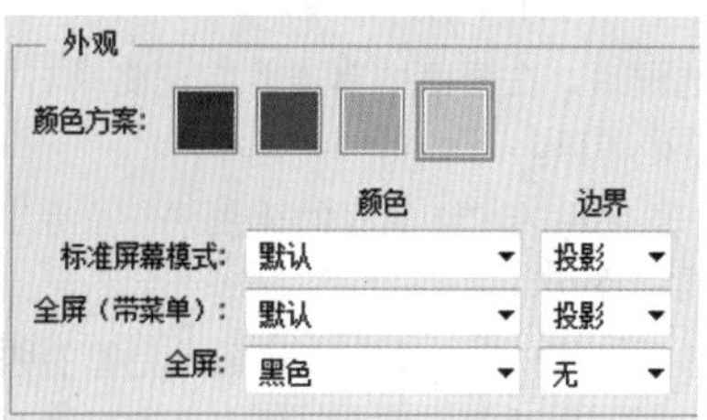

图2-47　　图2-48

2.6 查看图像窗口

在Photoshop中打开多个文件时，选择合理的方式查看图像窗口可以更好地对图像进行编辑。查看图像窗口的方式包括图像的缩放级别、多幅图像的排列方式、多种屏幕模式、使用导航器查看图像、使用抓手工具查看图像等，如图2-49和图2-50所示。

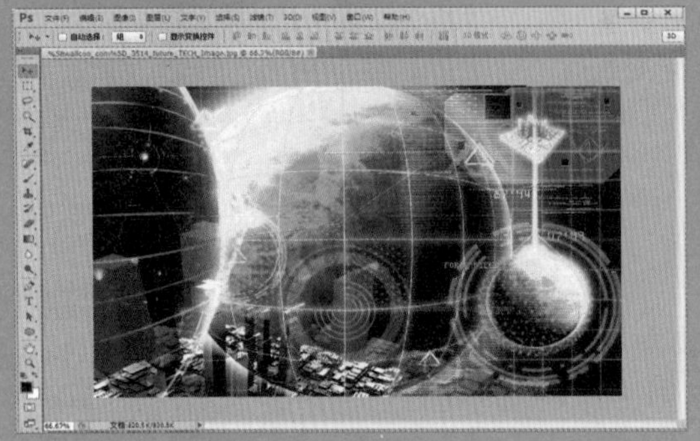

图2-49

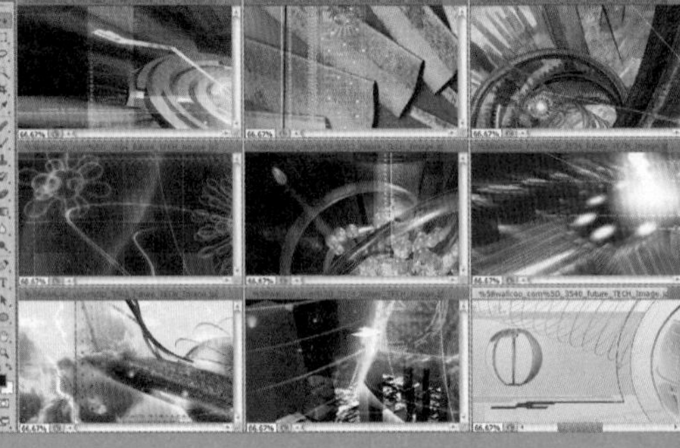

图2-50

2.6.1 图像的缩放级别

使用缩放工具可以将图像的显示比例进行放大和缩小。如图2-51所示为缩放工具的选项栏。

图2-51

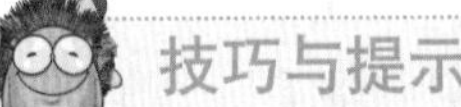

技巧与提示

使用缩放工具放大或缩小图像时，图像的真实大小是不会随之发生改变的。因为使用缩放工具放大或缩小图像，只是改变了图像在屏幕上的显示比例，并没有改变图像的大小比例，它们之间有着本质的区别。

- “放大”按钮/“缩小”按钮：切换缩放的方式。单击“放大”按钮可以切换到放大模式，在画布中单击可以放大图像；单击“缩小”按钮可以切换到缩小模式，在画布中单击可以缩小图像，如图2-52所示。

图2-52

技巧与提示

如果当前使用的是放大模式，那么按住Alt键可以切换到缩小模式；如果当前使用的是缩小模式，那么按住Alt键可以切换到放大模式。

- 调整窗口大小以满屏显示：在缩放窗口的同时自动调整窗口的大小。
- 缩放所有窗口：同时缩放所有打开的文档窗口。
- 细微缩放：选中该复选框后，在画面中单击并向左侧或右侧拖曳鼠标，能够以平滑的方式快速放大或缩小窗口。
- 100%：单击该按钮，图像将以实际像素的比例进行显示。也可以双击“缩放工具”按钮来实现相同的操作。
- 适合屏幕：单击该按钮，可以在窗口中最大化显示完整的图像，如图2-53所示。
- 填充屏幕：单击该按钮，可以在整个屏幕范围内最大化显示完整的图像。

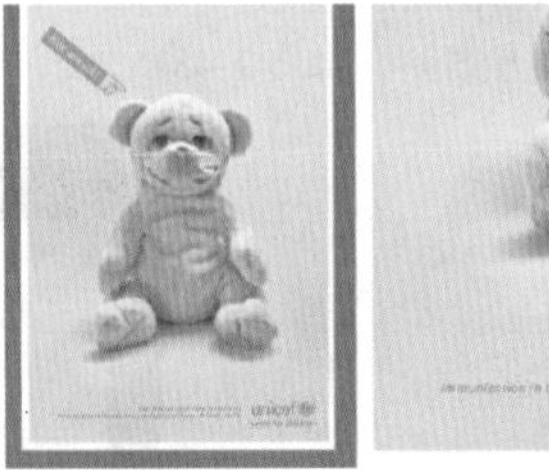

图2-53

技巧与提示

按Ctrl++组合键可以放大窗口的显示比例；按Ctrl+-组合键可以缩小窗口的显示比例；按Ctrl+0组合键可以自动调整图像的显示比例，使之能够完整地在窗口中显示出来；按Ctrl+1组合键可以使图像按照实际的像素比例显示出来。

2.6.2 排列方式

在Photoshop中打开多个文档时，用户可以选择文档的排列方式。在“窗口>排列”菜单下可以选择一种合适的排列方式，如图2-54所示。

- 将所有内容合并到选项卡中：窗口中只显示一幅图像，其他图像将最小化到选项卡中，如图2-55所示。
- 层叠：从屏幕的左上角到右下角，以堆叠和层叠的方式显示未停放的窗口，如图2-56所示。
- 平铺：窗口会自动调整大小，并以平铺的方式填满可用的空间，如图2-57所示。

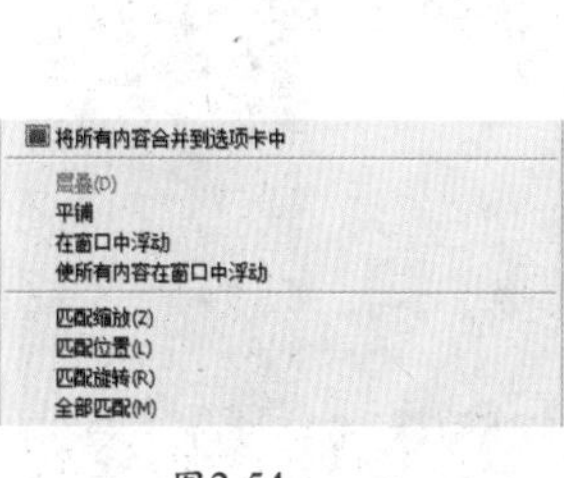

图2-54

图2-55

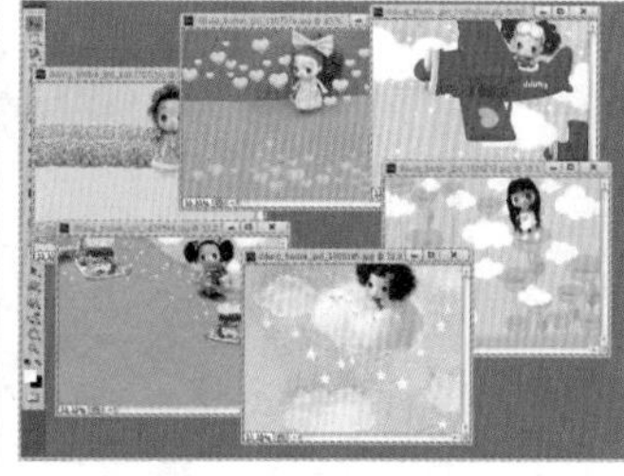

图2-56

图2-57

- 在窗口中浮动：图像可以自由浮动，并且可以任意拖曳标题栏来移动窗口，如图2-58所示。
- 使所有内容在窗口中浮动：所有文档窗口都将变成浮动窗口，如图2-59所示。
- 匹配缩放：将所有窗口都匹配到与当前窗口相同的缩放比例，如图2-60所示。例如，将当前窗口进行缩放，然后执行“匹配缩放”命令，其他窗口的显示比例也会随之缩放，如图2-61所示。

图2-58

图2-59

图2-60

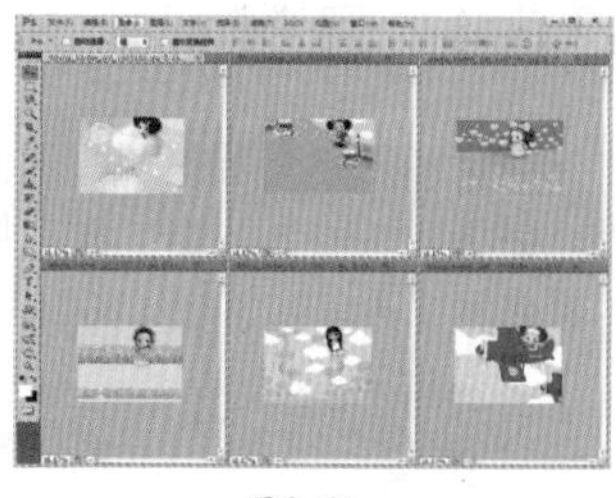

图2-61

- 匹配位置：将所有窗口中图像的显示位置都匹配到与当前窗口相同，如图2-62所示。
- 匹配旋转：将所有窗口中画布的旋转角度都匹配到与当前窗口相同，如图2-63所示。
- 全部匹配：将所有窗口的缩放比例、图像显示位置、画布旋转角度与当前窗口进行匹配。

图2-62

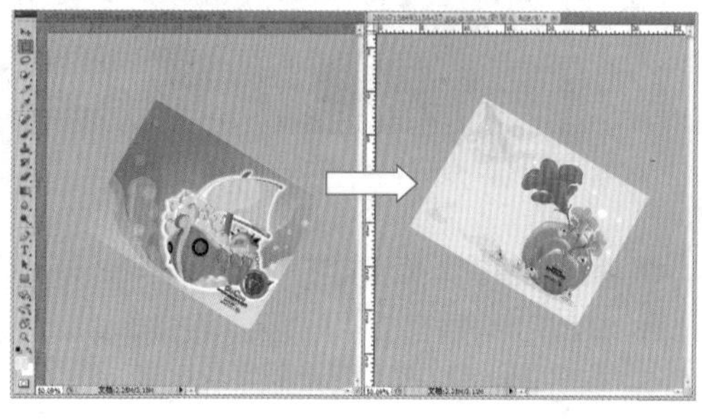

图2-63

2.6.3 屏幕模式

在工具箱中单击“屏幕模式”按钮，在弹出的菜单中可以选择屏幕模式，其中包括“标准屏幕模式”、“带有菜单栏的全屏模式”和“全屏模式”3种，如图2-64所示。

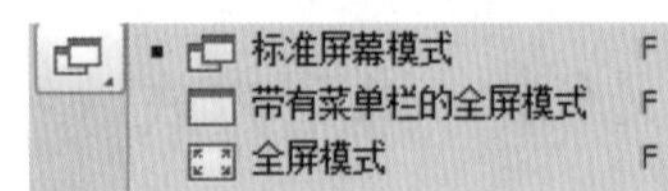

图2-64

1. 标准屏幕模式

标准屏幕模式可以显示菜单栏、标题栏、滚动条和其他屏幕元素，如图2-65所示。

2. 带有菜单栏的全屏模式

带有菜单栏的全屏模式可以显示菜单栏、50%的灰色背景、无标题栏和滚动条的全屏窗口，如图2-66所示。

3. 全屏模式

全屏模式只显示黑色背景和图像窗口，如图2-67所示。

图2-65

图2-66

图2-67

技巧与提示

如果要退出全屏模式，可以按Esc键。如果按Tab键，将切换到带有面板的全屏模式。

2.6.4 导航器

在“导航器”面板中，通过滑动鼠标可以查看图像的某个区域。执行“窗口>导航器”命令，即可打开“导航器”面板。如果要在“导航器”面板中移动画面，可以将光标放置在缩览图上，当其变成抓手形状时（只有图像的缩放比例大于全屏显示比例时，才会出现抓手图标，如图2-68所示）拖曳鼠标，即可移动图像画面，如图2-69所示。

图2-68

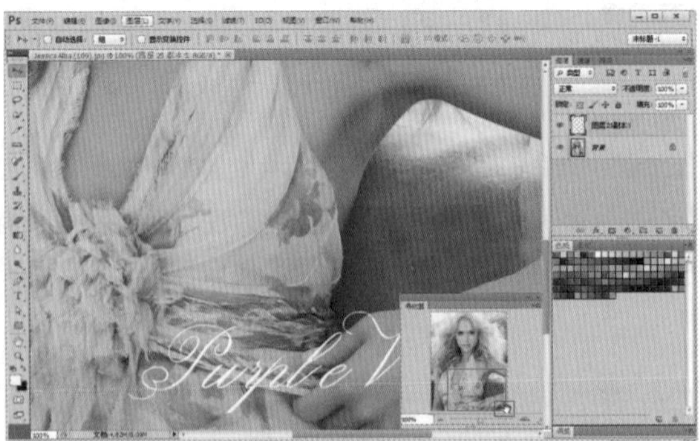

图2-69

- 缩放数值输入框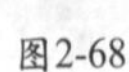：在这里可以输入缩放数值，然后按Enter键确认操作，如图2-70和图2-71所示。
- “缩小”按钮/“放大”按钮：单击“缩小”按钮可以缩小图像的显示比例，如图2-72所示；单击“放大”按钮可以放大图像的显示比例，如图2-73所示。

图2-70

图2-71

图2-72

- 缩放滑块：拖曳缩放滑块可以放大或缩小窗口，如图2-74和图2-75所示。

图2-73

图2-74

图2-75

2.6.5 抓手工具

在工具箱中单击“抓手工具”按钮，即可选择该工具。如图2-76所示为抓手工具的选项栏。

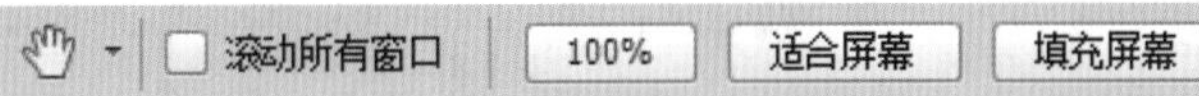

图2-76

理论实践——利用抓手工具查看图像

抓手工具与缩放工具一样，在实际工作中的使用频率相当高。当放大一个图像后，可以使用抓手工具将图像移动到特定的区域内进行查看。

（1）执行“文件>打开”命令，打开一个图像文件，如图2-77所示。

（2）在工具箱中单击“缩放工具”按钮或按Z键，然后在画布中单击，将图像放大，如图2-78所示。

图2-77

图2-78

（3）在工具箱中单击“抓手工具”按钮或按H键，激活抓手工具，此时光标在画布中会变成抓手形状，如图2-79所示。按住鼠标左键拖曳到其他位置，即可查看该区域的图像，如图2-80所示。

图2-79

图2-80

技巧与提示

在使用其他工具编辑图像时，来回切换抓手工具会非常麻烦。此时可以通过Space键（即空格键）来快速切换。例如，在使用画笔工具绘画时，可以按住Space键切换到抓手状态；当释放Space键时，系统会自动切换回画笔工具。

2.7 辅助工具的运用

常用的辅助工具包括标尺、参考线、网格和注释工具等，借助这些辅助工具可以进行参考、对齐、对位等操作。

2.7.1 标尺与参考线

参考线以浮动的状态显示在图像的上方，可以帮助用户精确地对齐和定位图像或元素，如图2-81和图2-82所示。在输出和打印图像时，参考线并不会显示出来。用户可以创建、移动、删除以及锁定参考线。

图2-81

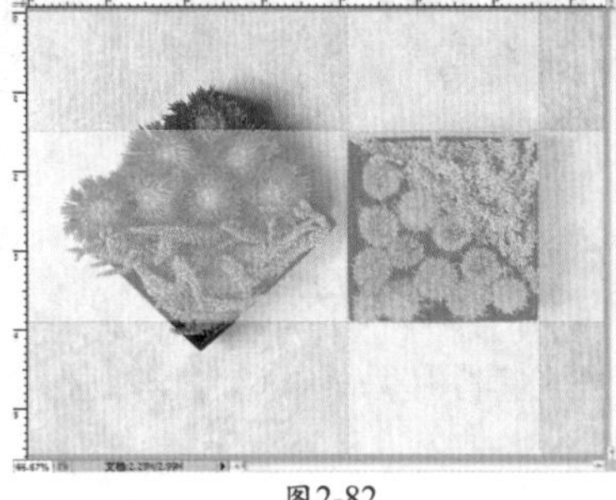

图2-82

理论实践——标尺的使用

标尺在实际工作中经常用来定位图像或元素的位置，从而让用户更精确地进行处理。

（1）执行“文件>打开”命令，在弹出的对话框中选择一个图像文件，单击“打开”按钮，如图2-83所示。

（2）执行“视图>标尺”命令或按Ctrl+R组合键，在窗口顶部和左侧就会出现标尺，如图2-84所示。

图2-83

图2-84

（3）默认情况下，标尺的原点位于窗口的左上方，如图2-85所示。用户可以根据实际需要修改原点的位置，其方法是将光标放置在原点上，然后按住鼠标左键拖曳，画面中会显示出十字线，释放鼠标左键以后，释放处便成了原点的新位置，其坐标也发生了变化，如图2-86所示。

图2-85

图2-86

技巧与提示

在使用标尺时，为了得到最精确的数值，可以将画布缩放比例设置为100%。

（4）如果要将原点复位到初始状态，即(0,0)位置，只需将光标放置在原点上，然后双击即可。

技巧与提示

在定位原点的过程中，按住Shift键可以使标尺原点与标尺刻度对齐。

理论实践——参考线的使用

参考线在实际工作中应用得非常广泛，特别是在平面设计中。使用参考线可以快速定位图像中的某个特定区域或某个元素的位置，以方便用户在这个区域或位置进行操作。

（1）执行“文件>打开”命令，打开一幅图像，然后按Ctrl+R组合键，显示出标尺，如图2-87所示。

（2）将光标放置在水平标尺上，然后按住鼠标左键向下拖曳，即可拖出水平参考线，如图2-88所示。

（3）将光标放置在左侧的垂直标尺上，然后按住鼠标左键向右拖曳，即可拖出垂直参考线，如图2-89所示。

图2-87

图2-88

图2-89

（4）如果要移动参考线，可以在工具箱中单击“移动工具”按钮，然后将光标放置在参考线上，当其变成分隔符形状（如图2-90所示）时，按住鼠标左键拖动，即可移动参考线，如图2-91所示。

（5）如果使用移动工具将参考线拖曳出画布之外（如图2-92所示），则可以删除这条参考线，如图2-93所示。

（6）如果要隐藏参考线，可以执行“视图>显示额外内容”命令，或按Ctrl+H组合键，如图2-94～图2-96所示。

图2-90

图2-91

图2-92

图2-93

图2-94

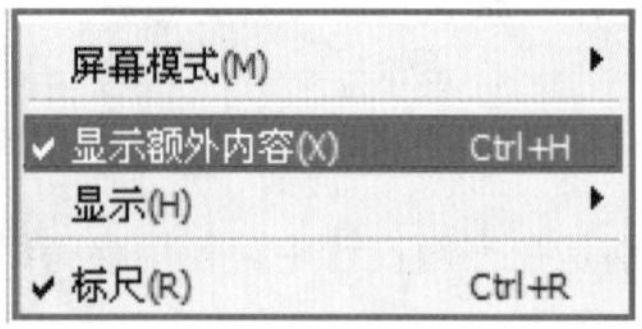

屏幕模式(M)

✔ 显示额外内容(X) Ctrl+H

显示(H)

✔ 标尺(R) Ctrl+R

图2-95

图2-96

答疑解惑——怎么显示出隐藏的参考线？

在Photoshop中，如果菜单命令前带有一个勾选符号✔，那么就说明这个命令可以顺逆操作。

以隐藏和显示参考线为例，执行一次“视图>显示>参考线”命令可以将参考线隐藏，那么再次执行该命令即可将参考线显示出来。此外，按Ctrl+H组合键也可以切换参考线的显示与隐藏。

（7）如果要删除画布中的所有参考线，可以执行“视图>清除参考线”命令（如图2-97所示），效果如图2-98所示。

技巧与提示

在创建、移动参考线时，按住Shift键可以使参考线与标尺刻度对齐；按住Ctrl键可以将参考线放置在画布中的任意位置，并且可以让参考线不与标尺刻度对齐。

图2-97

图2-98

2.7.2 智能参考线

智能参考线可以帮助对齐形状、切片和选区。执行“视图>显示>智能参考线”命令，即可启用智能参考线。启用智能参考线功能后，当绘制形状、创建选区或切片时，智能参考线会自动出现在画布中。如图2-99所示为使用智能参考线和切片工具进行操作时的画布状态。

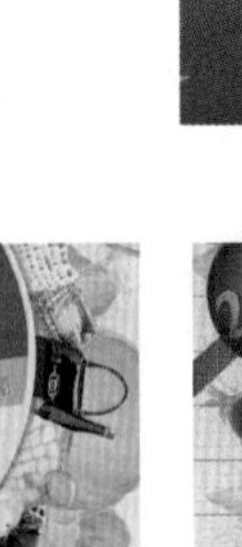

图2-99

技巧与提示

粉色线条为智能参考线。

2.7.3 网格

网格主要用来对称排列图像。网格在默认情况下显示为不打印出来的线条，但也可以显示为点，如图2-100所示。执行“视图>显示>网格”命令，就可以在画布中显示出网格，如图2-101所示。

图2-100

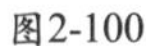

图2-101

答疑解惑——网格有什么用处？

网格主要用来对齐对象。显示出网格后，可以执行“视图>对齐>网格”命令，启用对齐功能，此后在创建选区或移动图像时，对象将自动对齐到网格上。

2.7.4 对齐

对齐功能有助于精确地放置选区，裁剪选框、切片、形状和路径等。在“视图>对齐到”菜单下可以看到可对齐的对象包含参考线、网格、图层、切片、文档边界等，如图2-102所示。

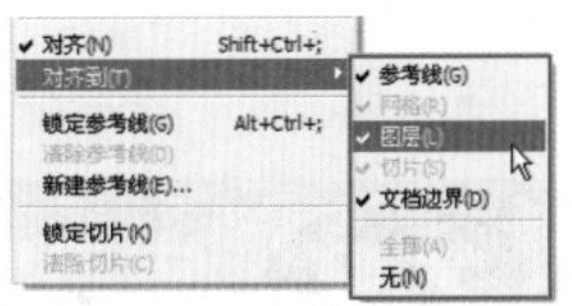

图2-102

- 参考线：可以使对象与参考线对齐。
- 网格：可以使对象与网格对齐。网格被隐藏时不能执行该命令。
- 图层：可以使对象与图层中的内容对齐。
- 切片：可以使对象与切片边界对齐。切片被隐藏时不能执行该命令。
- 文档边界：可以使对象与文档的边缘对齐。
- 全部：选择所有“对齐到”选项。
- 无：取消选择所有“对齐到”选项。

技巧与提示

如果要启用对齐功能，首先需要执行“视图>对齐”命令，使“对齐”命令处于选中状态。

2.7.5 显示/隐藏额外内容

用户可以对Photoshop中的辅助工具进行显示/隐藏等控制。执行“视图>显示额外内容”命令（使该命令处于选中状态），再执行“视图>显示”菜单下的相应命令，可以在画布中显示出图层边缘、选区边缘、目标路径、网格、参考线、数量、智能参考线、切片等额外内容，如图2-103所示。

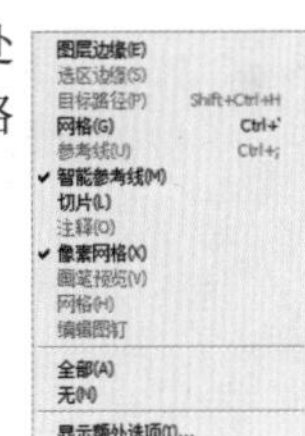

图2-103

- 图层边缘：显示图层内容的边缘。在编辑图像时，通常不会启用该功能。
- 选区边缘：显示或隐藏选区的边框。
- 目标路径：显示或隐藏路径。
- 网格：显示或隐藏网格。
- 参考线：显示或隐藏参考线。
- 智能参考线：显示或隐藏智能参考线。
- 切片：显示或隐藏切片的定界框。

- 注释：显示或隐藏添加的注释。
- 像素网格：显示或隐藏像素网格。
- 画笔预览：使用画笔工具时，如果选择的是毛刷笔尖，执行该命令可以在窗口中预览笔尖效果和笔尖方向。
- 网格：显示或隐藏操控变形的网格。
- 编辑图钉：显示或隐藏编辑图钉模式。
- 全部：显示以上所有选项。
- 无：隐藏以上所有选项。
- 显示额外选项：执行该命令后，可在打开的“显示额外选项”对话框中设置同时显示或隐藏以上多个项目。

2.8 为Photoshop“提速”

使用Photoshop进行平面设计时，操作时间长了会出现运行不流畅的情况。对此，可以执行“编辑>清理”菜单下的相应命令来清理“还原”、“历史记录”、“剪贴板”以及“全部”等所占的内存，为Photoshop“提速”，如图2-104所示。

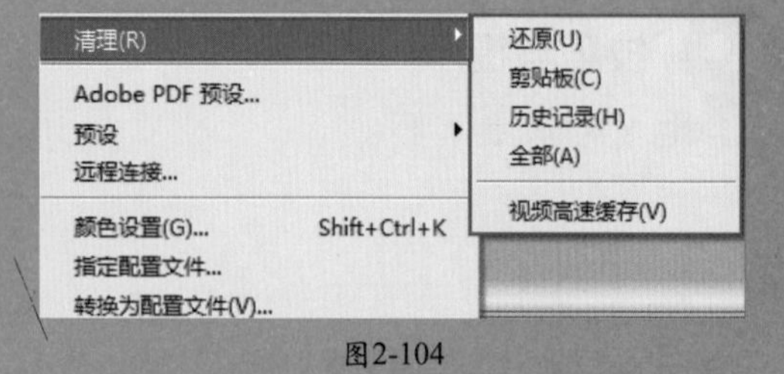

图2-104

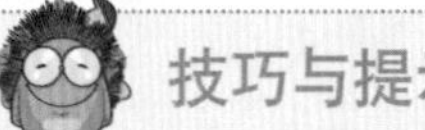

技巧与提示

在执行“清理”命令时，系统会弹出一个警告对话框，提醒用户该操作会将缓冲区所存储的记录从内存中永久清除，无法还原，如图2-105所示。例如，执行“编辑>清理>历史记录”命令，将从“历史记录”面板中删除全部的操作历史记录，如图2-106所示。

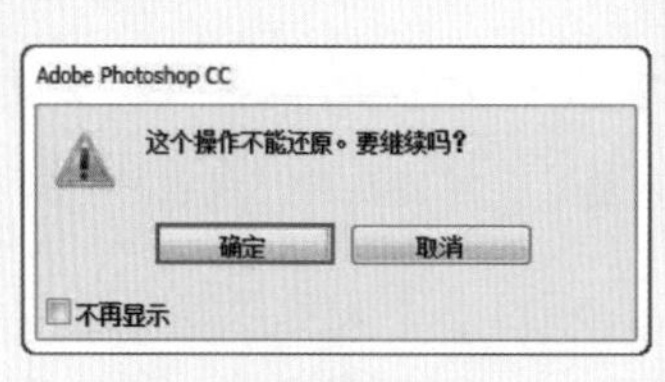

图2-105

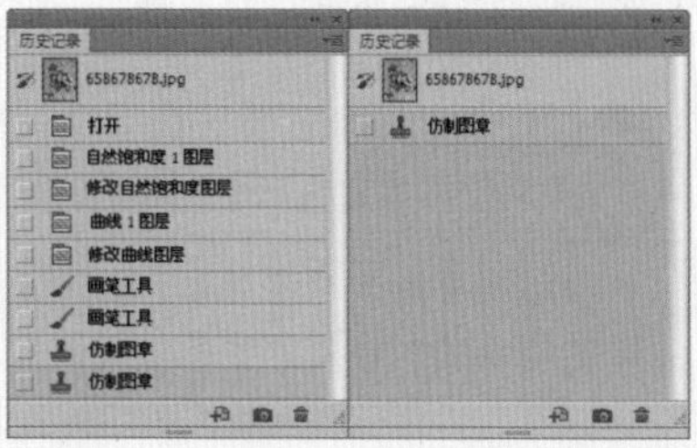

图2-106

2.9 使用Photoshop打印图像

2.9.1 设置打印基本选项

在打印文件前，需要对其打印参数进行设置。执行“文件>打印”命令，打开“打印”对话框，从中可以预览打印作业的效果，并且可以对打印机、打印份数、输出选项和色彩管理等进行设置，如图2-107所示。

- 打印机：在该下拉列表框中可以选择打印机。
- 份数：设置要打印的份数。
- 打印设置：单击该按钮，在弹出的属性对话框中可以设置纸张的方向、页面的打印顺序和打印页数等，如图2-107所示。
- 版面：单击“横向打印纸张”按钮或“纵向打印纸张”按钮可将纸张方向设置为横向或纵向。

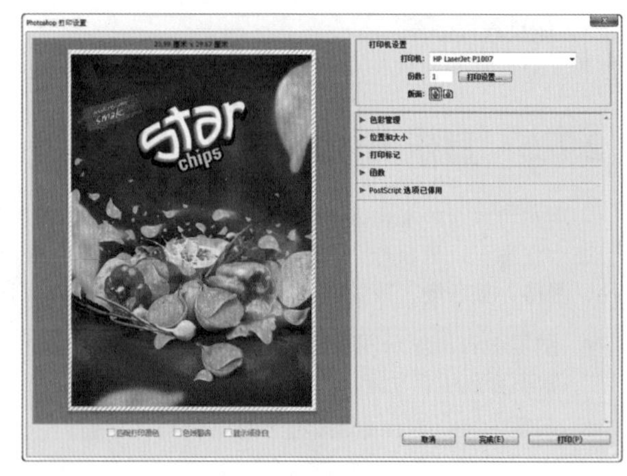

图2-107

2.9.2 设置打印位置和大小

在“Photoshop打印设置”窗口中展开“位置和大小”选项组，在这里可以进行打印内容的位置以及是否缩放的设置，如图2-108所示。

- 位置：选中“居中”复选框，可以将图像定位于可打印区域的中心；取消选中“居中”复选框，可以在“顶”和“左”文本框中输入数值来定位图像，也可以在预览区域中移动图像进行自由定位，从而打印部分图像。
- 缩放后的打印尺寸：将图像缩放打印。如果选中“缩放以适合介质”复选框，可以自动缩放图像到适合纸张的可打印区域，尽量能打印最大的图片。如果取消选中“缩放以适合介质”复选框，可以在“缩放”文本框中输入图像的缩放比例，或在“高度”和“宽度”文本框中设置图像的尺寸。
- 定界框：如果取消选中“居中”和“缩放以适合介质”复选框，可以调整定界框来移动或缩放图像。

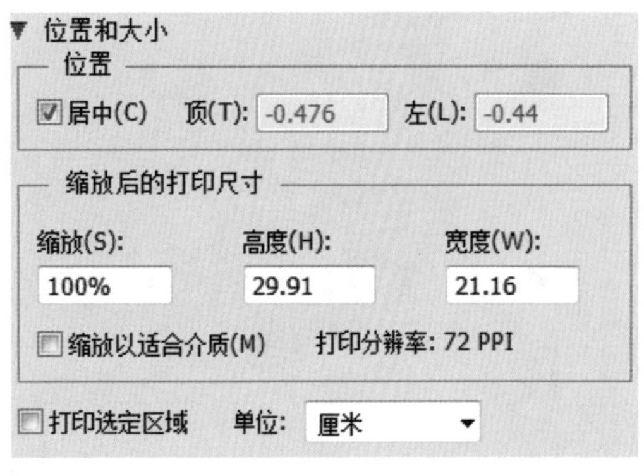

图2-108

2.9.3 色彩管理

在“Photoshop打印设置”对话框中，不仅可以对打印参数进行设置，还可以对打印图像的色彩以及输出的打印标记和函数进行设置。“色彩管理”面板可以对打印颜色进行设置。在“Photoshop打印设置”对话框中选择“色彩管理”选项，可以切换到“色彩管理”面板，如图2-109所示。

- 颜色处理：设置是否使用色彩管理。如果使用色彩管理，则需要确定将其应用于程序中还是打印设备中。
- 打印机配置文件：选择适用于打印机和要使用的纸张类型的配置文件。
- 渲染方法：指定颜色从图像色彩空间转换到打印机色彩空间的方式，共有“可感知”、“饱和度”、“相对比色”和“绝对比色”4个选项。可感知渲染将尝试保留颜色之间的视觉关系，色域外颜色转变为可重现颜色时，色域内的颜色可能会发生变化。因此，如果图像的色域外颜色较多，可感知渲染是最理想的选择。相对比色渲染可以保留较多的原始颜色，是色域外颜色较少时的理想选择。

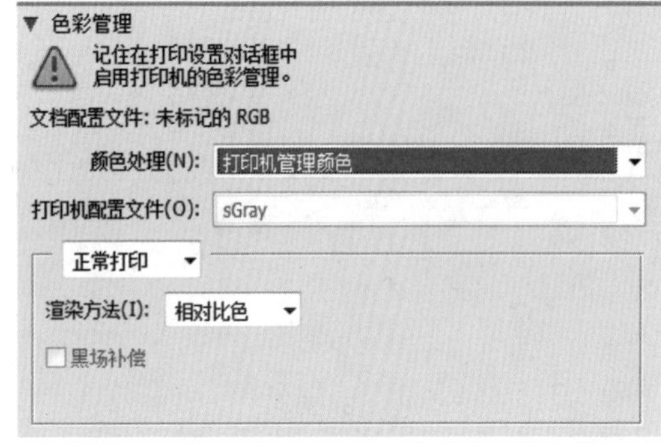

图2-109

2.9.4 指定打印标记

在“Photoshop打印设置”对话框中可以指定页面标记和其他输出内容，如图2-110所示。

- 角裁剪标志：在要裁剪页面的位置打印裁剪标记。可以在角上打印裁剪标记。在PostScript打印机上，选中该复选框也将打印星形色靶。
- 说明：打印在“文件简介”对话框中输入的任何说明文本。
- 中心裁剪标志：在要裁剪页面的位置打印裁剪标记。可以在每条边的中心打印裁剪标记。

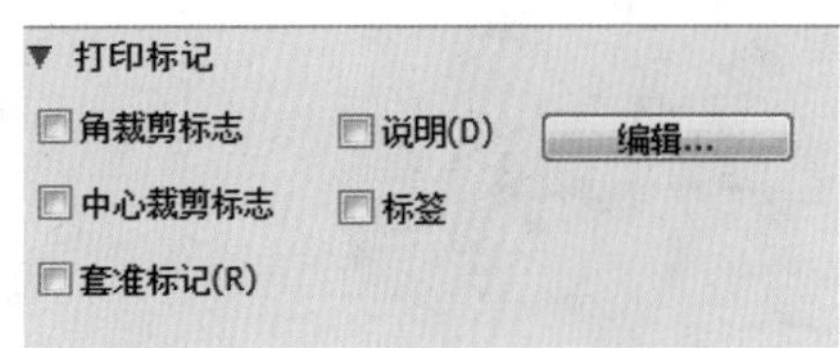

图2-110

- 标签：在图像上方打印文件名。如果打印分色，则将分色名称作为标签的一部分进行打印。
- 套准标记：在图像上打印套准标记（包括靶心和星形靶）。这些标记主要用于对齐PostScript 打印机上的分色。

Photoshop基础入门

本章学习要点：

- 熟练掌握文件新建、打开、存储、关闭等操作
- 掌握工作区域的设置方法
- 掌握辅助工具的使用方法
- 掌握图像窗口的基本操作方法

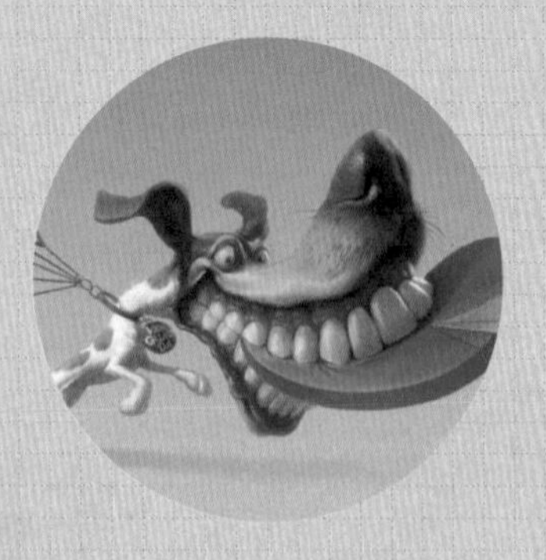

3.1 文件的基本操作

3.1.1 新建文件

在处理已有的图像时，可以直接在Photoshop中打开相应文件。如果需要制作一个新的文件则需要执行“文件>新建”命令，如图3-1所示。或按Ctrl+N组合键，打开“新建”对话框，如图3-2所示。在“新建”对话框中可以设置文件的名称、尺寸、分辨率、颜色模式等。

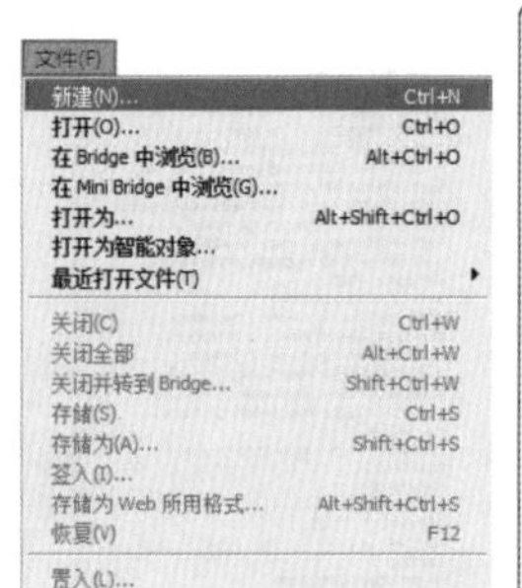

图3-1

图3-2

- 名称：设置文件的名称，默认情况下的文件名为“未标题-1”。如果在新建文件时没有对文件进行命名，这时可以通过执行“文件>存储为”命令对文件进行名称的修改。
- 预设：选择一些内置的常用尺寸，单击预设下拉列表即可进行选择。预设列表中包含了“剪贴板”、“默认Photoshop大小”、“美国标准纸张”、“国际标准纸张”、“照片”、Web、“移动设备”、“胶片和视频”和“自定”9个选项，如图3-3所示。
- 大小：用于设置预设类型的大小，在设置“预设”为“美国标准纸张”、“国际标准纸张”、“照片”、Web、“移动设备”或“胶片和视频”时，“大小”选项才可用，以“国际标准纸张”预设为例，如图3-4所示。
- 宽度/高度：设置文件的宽度和高度，其单位有“像素”、“英寸”、“厘米”、“毫米”、“点”、“派卡”和“列”7种，如图3-5所示。

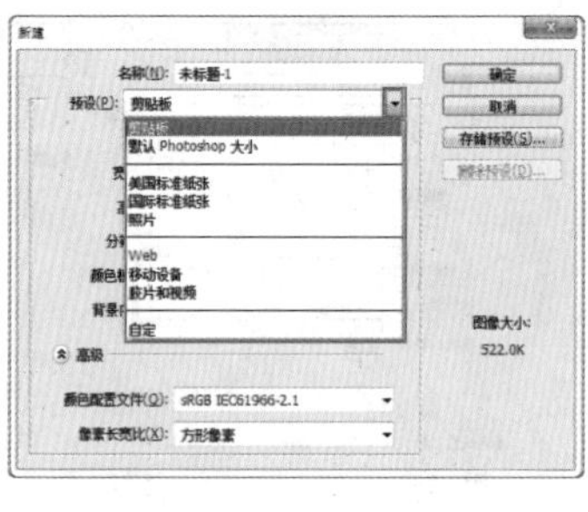

图3-3

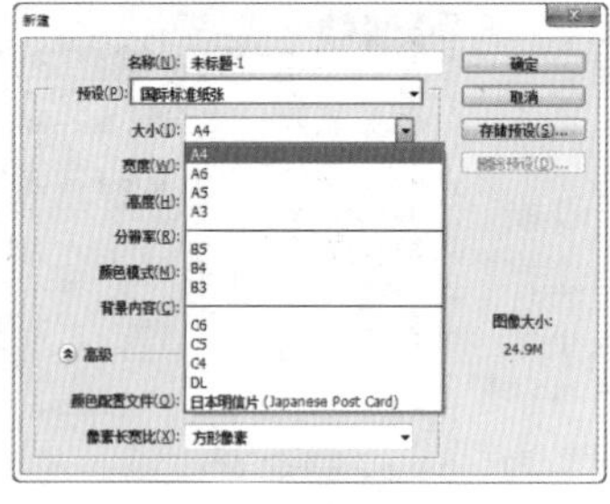

图3-4

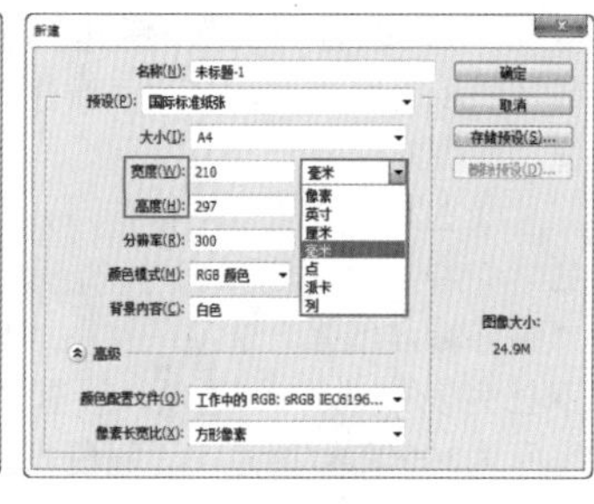

图3-5

- 分辨率：用来设置文件的分辨率大小，其单位有“像素/英寸”和“像素/厘米”两种，如图3-6所示。一般情况下，图像的分辨率越高，印刷出来的质量就越好。
- 颜色模式：设置文件的颜色模式以及相应的颜色深度，如图3-7所示。
- 背景内容：设置文件的背景内容，有“白色”、“背景色”和“透明”3个选项，如图3-8所示。

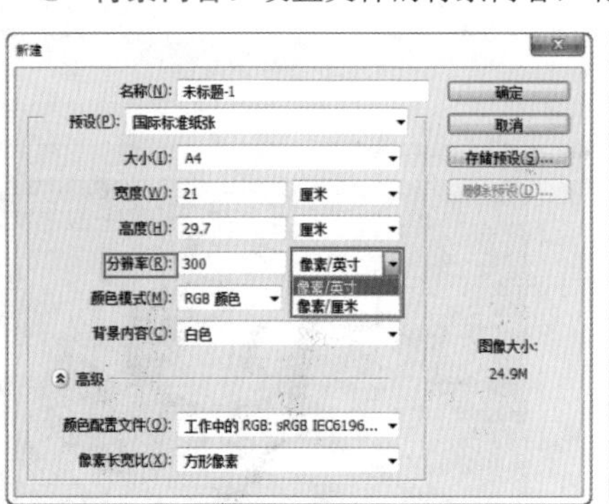

图3-6

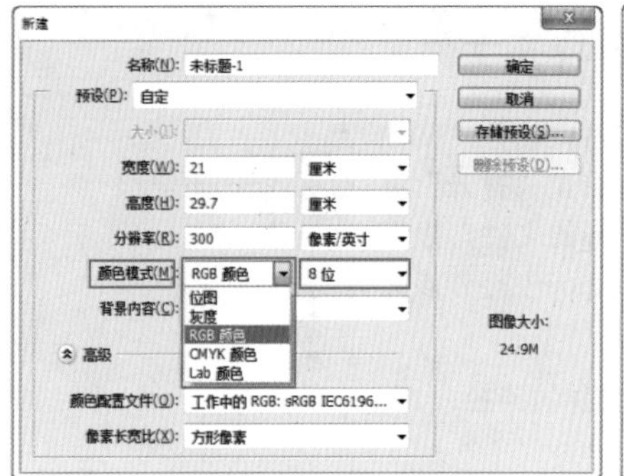

图3-7

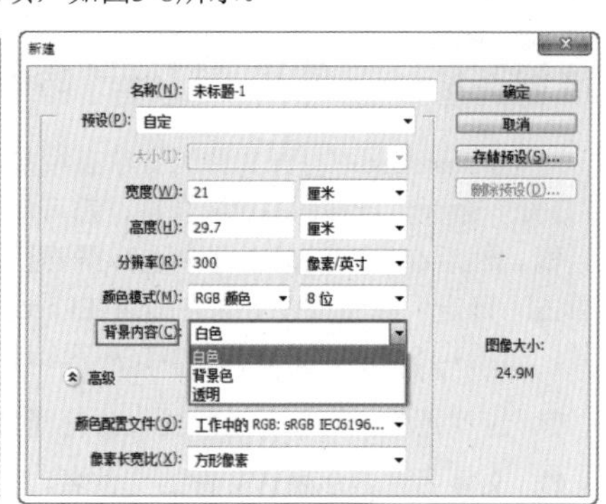

图3-8

技巧与提示

如果设置“背景内容”为“白色”，那么新建出来的文件的背景色就是白色；如果设置“背景内容”为“背景色”，那么新建出来的文件的背景色就是背景色，也就是Photoshop当前的背景色；如果设置“背景内容”为“透明”，那么新建出来的文件的背景色就是透明的，如图3-9所示。

图3-9

- **颜色配置文件**：用于设置新建文件的颜色配置，如图3-10所示。

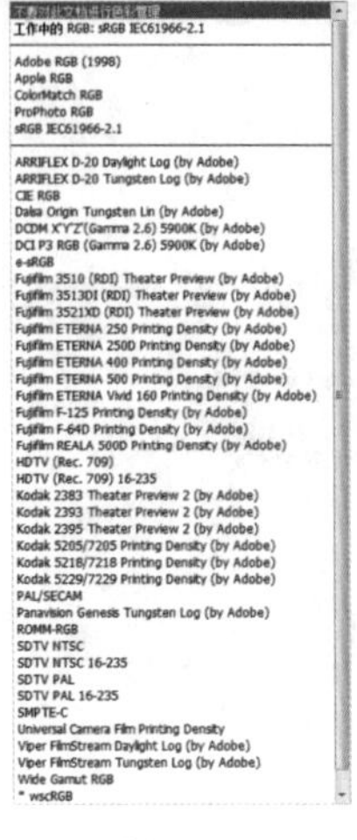

图3-10

- **像素长宽比**：用于设置单个像素的长宽比例。通常情况下保持默认的“方形像素”即可，如果需要应用于视频文件，则需要进行相应的更改，如图3-11所示。

图3-11

技巧与提示

完成设置后，可以单击“存储预设”按钮，将这些设置存储到预设列表中。

理论实践——创建A4大小的印刷品文件

本例将要创建用于印刷的A4大小的文件，需要注意的是印刷品的颜色模式需要设置为CMYK，并且为了保证印刷质量，分辨率需要设置为300。

（1）执行“文件>新建”命令，或按Ctrl+N组合键，打开“新建”对话框，如图3-12所示。

（2）设置“名称”为“印刷品”，单击“预设”下拉箭头，选择“国际标准纸张”选项，并在“大小”下拉列表中选择A4选项，设置“分辨率”为300像素/英寸，“颜色模式”为“CMYK颜色”，最后单击“确定”按钮，具体参数设置如图3-13所示。新建的文件效果如图3-14所示。

图3-12

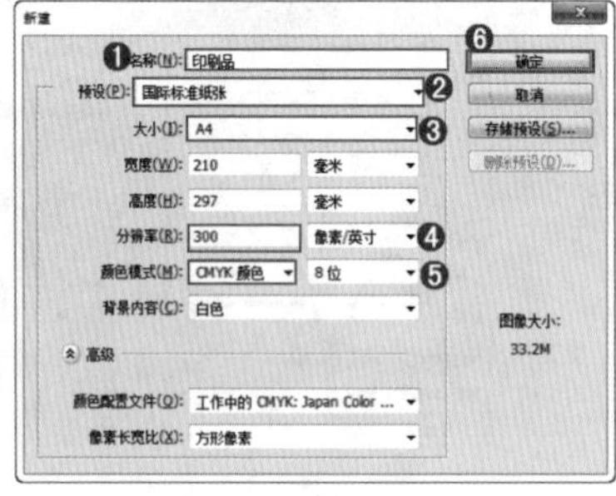

图3-13

图3-14

3.1.2 打开文件

理论实践——使用“打开”命令打开文件

在Photoshop中打开文件的方法有很多种，执行“文件>打开”命令，或按Ctrl+O组合键，都可以弹出“打开”对话框。然后在弹出的对话框中选择需要打开的文件，接着单击“确定”按钮或双击文件即可在Photoshop中打开该文件，如图3-15所示。效果如图3-16所示。

- **查找范围**：可以通过此处设置打开文件的路径。
- **文件名**：显示所选文件的文件名。
- **文件类型**：显示需要打开文件的类型，默认为“所有格式”。

图3-15

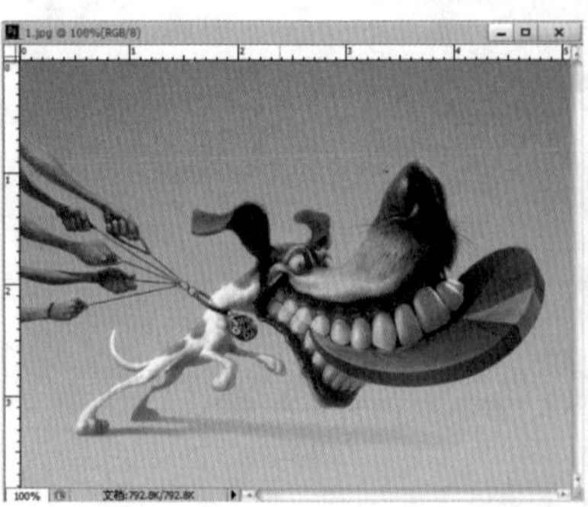

图3-16

答疑解惑——为什么在打开文件时不能找到需要的文件？

如果发生这种现象，可能有两个原因。第一个原因是Photoshop不支持这个文件格式；第二个原因是“文件类型”没有设置正确，如设置“文件类型”为JPG格式，那么在“打开”对话框中就只能显示这种格式的图像文件，这时设置“文件类型”为“所有格式”就可以查看到相应的文件（前提是计算机中存在该文件）。

理论实践——使用“打开为”命令打开文件

执行“文件>打开为”命令，打开“打开为”对话框，在该对话框中可以选择需要打开的文件，并且可以设置所需要的文件格式，如图3-17所示。

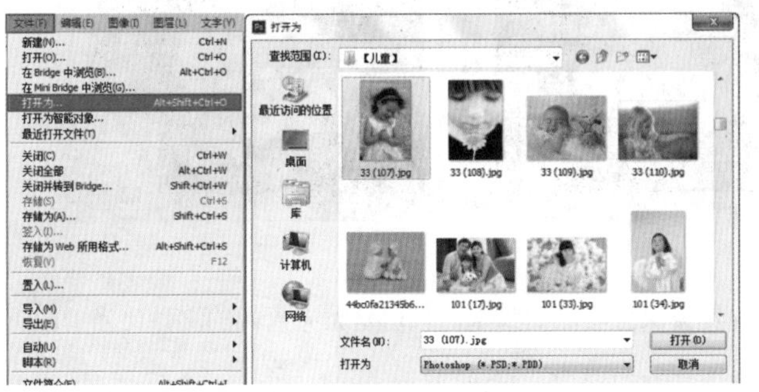

图3-17

技巧与提示

如果使用与文件的实际格式不匹配的扩展名文件（例如用扩展名GIF的文件存储PSD文件），或者文件没有扩展名，则Photoshop可能无法打开该文件，选择正确的格式才能让Photoshop识别并打开该文件。

理论实践——使用“最近打开文件”命令打开文件

Photoshop可以记录最近使用过的10个文件，执行“文件>最近打开文件”命令，在其下拉菜单中单击文件名即可将其在Photoshop中打开，选择底部的“清除最近的文件列表”命令可以删除历史打开记录，如图3-18所示。

技巧与提示

当首次启动Photoshop时，或者在运行Photoshop期间已经执行过“清除最近的文件列表”命令后，都会导致“最近打开文件”命令处于灰色不可用状态。

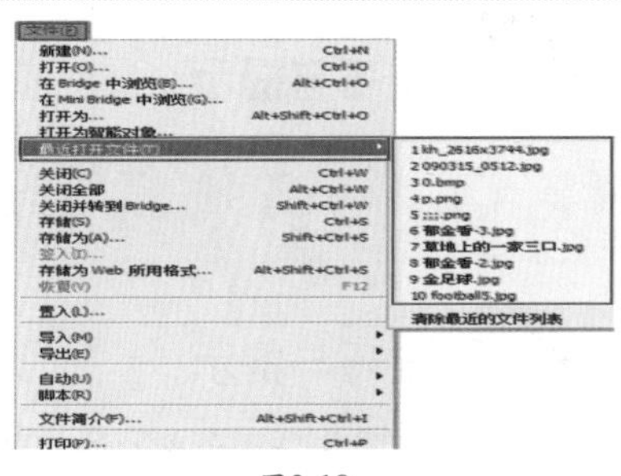

图3-18

理论实践——使用快捷方式打开文件

利用快捷方式打开文件的方法主要有以下3种。

第1种：选择一个需要打开的文件，然后将其拖曳到Photoshop的应用程序图标上，如图3-19所示。

第2种：选择一个需要打开的文件，然后右击，在弹出的快捷菜单中选择“打开方式>Adobe Photoshop CC ”命令，如图3-20所示。

第3种：如果已经运行了Photoshop，这时可以直接在Windows资源管理器中将文件拖曳到Photoshop的窗口中，但注意不要拖曳到已打开的文档中，否则会将当前文件置入到已打开的文档中，如图3-21所示。

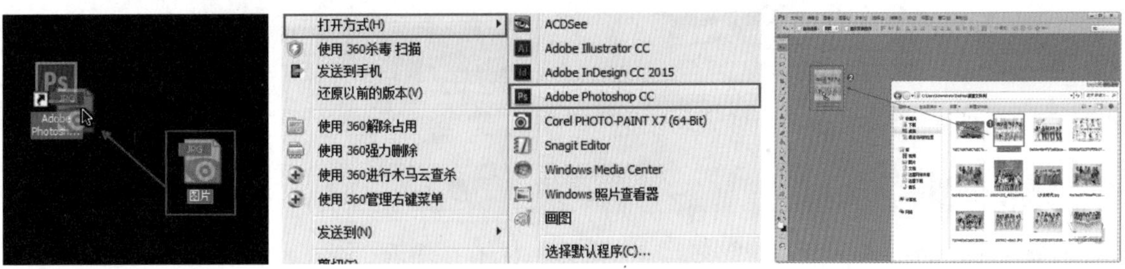

图3-19　图3-20　图3-21

3.1.3 置入文件

置入文件是将照片、图片或任何Photoshop支持的文件作为智能对象添加到当前操作的文档中。执行“文件>置入”命令，然后在弹出的对话框中选择需要置入的文件，单击“置入”按钮。单击“所有格式”按钮可以看到Photoshop支持的可置入文件格式，如图3-22所示。随后可以看到图片被置入到已打开的空白文档中，此时将光标定位到四角处按住鼠标左键并拖动可以缩放置入图像的大小；或将光标定位到素材范围内按住鼠标左键并拖动即可调整素材位置，如图3-23所示。确定了置入的位置后按Enter键即可完成置入，如图3-24所示。

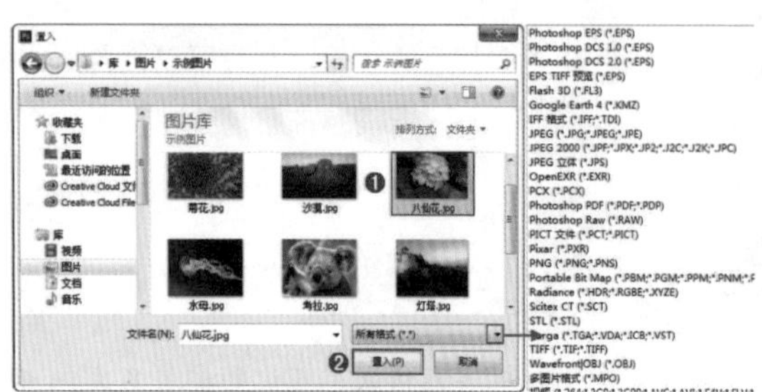

图3-22

图3-23

图3-24

在置入文件时，置入的文件将自动放置在画布的中间，同时文件会保持其原始长宽比。但是如果置入的文件比当前编辑的图像大，那么该文件将被重新调整到与画布相同大小的尺寸。

置入后的文件将作为“智能对象”图层出现在当前文件中，智能对象虽然可以进行移动、复制和缩放等操作，但是却无法对其内容的颜色和形态进行调整。如果需要对置入后的智能对象图层进行编辑，则需要执行“图层>栅格化>智能对象”命令，智能对象就会转变为普通图层。

技巧与提示

在置入文件之后，可以对作为智能对象的图像进行缩放、定位、斜切、旋转或变形操作，并且不会降低图像的质量。操作完成之后可以将智能对象栅格化以减少硬件设备负担。

技巧与提示

在进行图像编辑合成的过程中经常会使用到矢量文件中的部分素材，除了通过“置入”命令将整个文件置入到Photoshop中之外，还可以从Illustrator中复制部分元素，然后将其粘贴到Photoshop文档中。

首先在Adobe Illustrator中打开矢量文件，选择需要的矢量元素，并按Ctrl+C组合键复制，如图3-25所示。回到Photoshop中，打开所需背景图像，并按Ctrl+V组合键。被复制的矢量元素将作为智能对象置入到当前文件中，粘贴完成之后适当调整矢量对象大小以及摆放位置，如图3-26所示。

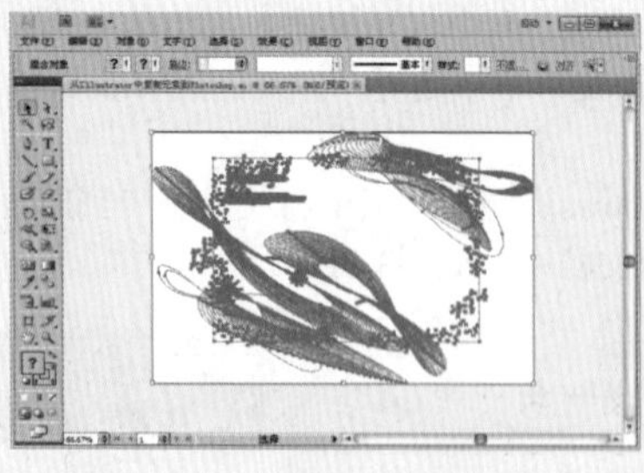

图3-25

图3-26

3.1.4 保存文件

与Word等软件相同，Photoshop文档编辑完成后就需要对文件进行保存关闭。当然在编辑过程中也需要经常保存，避免当Photoshop出现程序错误、计算机出现程序错误以及发生断电等情况时，文件进度无法保存的情况。

理论实践——利用“存储”命令保存文件

存储时将保留所做的更改，并且会替换掉上一次保存的文件，同时会按照当前格式和名称进行保存。执行“文件>存储”命令或按Ctrl+S组合键可以对文件进行保存，如图3-27所示。

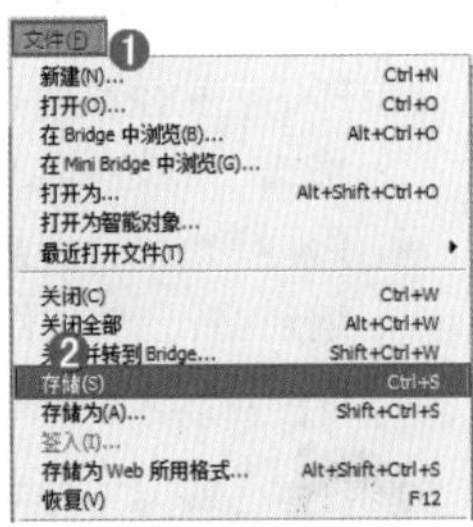

图3-27

技巧与提示

如果是新建的一个文件，那么在执行“文件>存储”命令时，系统会弹出“存储为”对话框。

理论实践——利用“存储为”命令保存文件

执行“文件>存储为”命令或按Shift+Ctrl+S组合键，可以将文件保存到另一个位置或使用另一文件名进行保存，如图3-28所示。

图3-28

- **文件名**：设置保存的文件名。
- **保存类型**：选择文件的保存格式。
- **作为副本**：选中该复选框时，可以另外保存一个副本文件。
- **注释/Alpha通道/专色/图层**：可以选择是否存储注释、Alpha通道、专色和图层。
- **使用校样设置**：将文件的保存格式设置为EPS或PDF时，该选项可用。选中该复选框后可以保存打印用的校样设置。
- **ICC配置文件**：可以保存嵌入在文档中的ICC配置文件。
- **缩览图**：为图像创建并显示缩览图。
- **使用小写扩展名**：将文件的扩展名设置为小写。

理论实践——文件保存格式

不同类型的文件其格式也不相同，例如可执行文件后缀名为.exe，Word文档后缀名则为.doc。图像文件格式就是存储图像数据的方式，它决定了图像的压缩方法；支持何种Photoshop功能以及文件是否与一些文件相兼容等属性。保存图像时，可以在弹出的对话框中选择图像的保存格式，如图3-29所示。

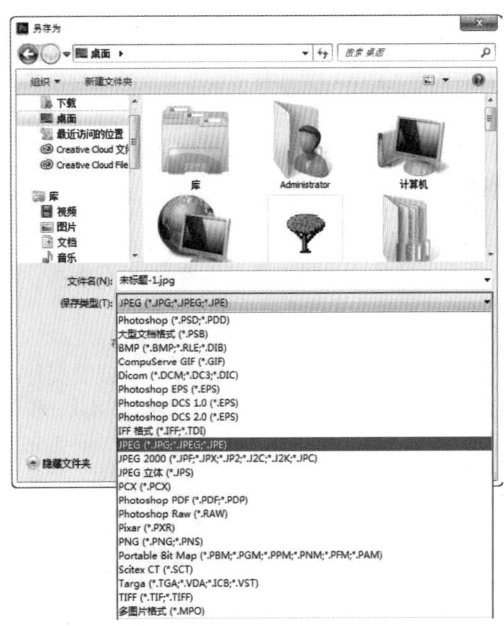

图3-29

- **PSD**：PSD格式是Photoshop的默认存储格式，能够保存图层、蒙版、通道、路径、未栅格化的文字、图层样式等。在一般情况下，保存文件都采用这种格式，以便随时进行修改。

技巧与提示

PSD格式应用非常广泛，可以直接将这种格式的文件置入到Illustrator、InDesign和Premiere等Adobe软件中。

- **PSB**：PSB格式是一种大型文档格式，可以支持最高达到300000像素的超大图像文件。它支持Photoshop所有的功能，可以保存图像的通道、图层样式和滤镜效果不变，但是只能在Photoshop中打开。
- **BMP**：BMP格式是微软开发的固有格式，这种格式被大多数软件所支持。BMP格式采用了一种叫RLE的无损压缩方式，对图像质量不会产生什么影响。

技巧与提示

BMP格式主要用于保存位图图像，支持RGB、位图、灰度和索引颜色模式，但是不支持Alpha通道。

- GIF：GIF格式是输出图像到网页最常用的格式。GIF格式采用LZW压缩，它支持透明背景和动画，被广泛应用在网络中。
- DICOM：DICOM格式通常用于传输和保存医学图像，如超声波和扫描图像。DICOM 格式文件包含图像数据和标头，其中存储了有关医学图像的信息。
- EPS：EPS是为PostScript打印机上输出图像而开发的文件格式，是处理图像工作中最重要的格式，它被广泛应用在Mac和PC环境下的图形设计和版面设计中，几乎所有的图形、图表和页面排版程序都支持这种格式。
- IFF格式：IFF格式是由Commodore公司开发的，由于该公司已退出计算机市场，因此IFF格式也将逐渐被废弃。

技巧与提示

对于图像输出打印，最好不使用JPEG格式，因为它是以损坏图像质量而提高压缩质量的。

- DCS：DCS格式是Quark开发的EPS格式的变种，主要在支持这种格式的QuarkXPress、PageMaker和其他应用软件上工作。DCS便于分色打印，Photoshop在使用DCS格式时，必须转换成CMYK颜色模式。
- JPEG：JPEG格式是平时最常用的一种图像格式。它是一个最有效、最基本的有损压缩格式，被绝大多数的图形处理软件所支持。
- PCX：PCX格式是DOS格式下的古老程序PC PaintBrush固有格式的扩展名，目前并不常用。
- PDF：PDF格式是由Adobe Systems创建的一种文件格式，允许在屏幕上查看电子文档。PDF文件还可被嵌入到Web的HTML文档中。
- RAW：RAW格式是一种灵活的文件格式，主要用于在应用程序与计算机平台之间传输图像。RAW格式支持具有Alpha通道的CMYK、RGB和灰度模式，以及无Alpha通道的多通道、Lab、索引和双色调模式。
- PXR：PXR格式是专门为高端图形应用程序设计的文件格式，它支持具有单个Alpha通道的RGB和灰度图像。
- PNG：PNG格式是专门为Web开发的，它是一种将图像压缩到Web上的文件格式。PNG格式与GIF格式不同的是，PNG格式支持244位图像并产生无锯齿状的透明背景。

技巧与提示

PNG格式由于可以实现无损压缩，并且背景部分是透明的，因此常用来存储背景透明的素材。

- SCT：SCT格式支持灰度图像、RGB图像和CMYK图像，但是不支持Alpha通道，主要用于Scitex计算机上的高端图像处理。
- TGA：TGA格式专用于使用Truevision视频板的系统，它支持一个单独Alpha通道的32位RGB文件，以及无Alpha通道的索引、灰度模式，并且支持16位和24位的RGB文件。
- TIFF：TIFF格式是一种通用的文件格式，所有的绘画、图像编辑和排版程序都支持该格式，而且几乎所有的桌面扫描仪都可以产生TIFF图像。TIFF格式支持具有Alpha通道的CMYK、RGB、Lab、索引颜色和灰度图像，以及没有Alpha通道的位图模式图像。Photoshop可以在TIFF文件中存储图层和通道，但是如果在另外一个应用程序中打开该文件，那么只有拼合图像才是可见的。
- PBM：PBM格式支持单色位图（即1位/像素），可以用于无损数据传输。因为许多应用程序都支持这种格式，所以可以在简单的文本编辑器中编辑或创建这类文件。

3.1.5 关闭文件

当编辑完图像以后，首先就需要将该文件进行保存，然后关闭文件。Photoshop中提供了多种关闭文件的方法，如图3-30所示。

理论实践——使用“关闭”命令

执行“文件>关闭”命令或按Ctrl+W组合键或者单击文档窗口右上角的“关闭”按钮☒，可以关闭当前处于激活状态的文件。使用这种方法关闭文件时，其他文件将不受任何影响。

理论实践——使用“关闭全部”命令

执行“文件>关闭全部”命令或按Ctrl+Alt+W组合键，可以关闭所有的文件。

理论实践——退出文件

执行“文件>退出”命令或者单击程序窗口右上角的“关闭”按钮，可关闭所有的文件并退出Photoshop。

关闭(C)	Ctrl+W
关闭全部	Alt+Ctrl+W
关闭并转到 Bridge...	Shift+Ctrl+W
存储(S)	Ctrl+S
存储为(A)...	Shift+Ctrl+S
签入(I)...	
存储为 Web 所用格式...	Alt+Shift+Ctrl+S
恢复(V)	F12
置入(L)...	
导入(M)	▸
导出(E)	▸
自动(U)	▸
脚本(R)	▸
文件简介(F)...	Alt+Shift+Ctrl+I
打印(P)...	Ctrl+P
打印一份(Y)	Alt+Shift+Ctrl+P
退出(X)	Ctrl+Q

图3-30

3.1.6 复制文件

在Photoshop中，执行“图像>复制”命令可以将当前文件复制一份，如图3-31所示。复制的文件将作为一个副本文件单独存在，如图3-32所示。

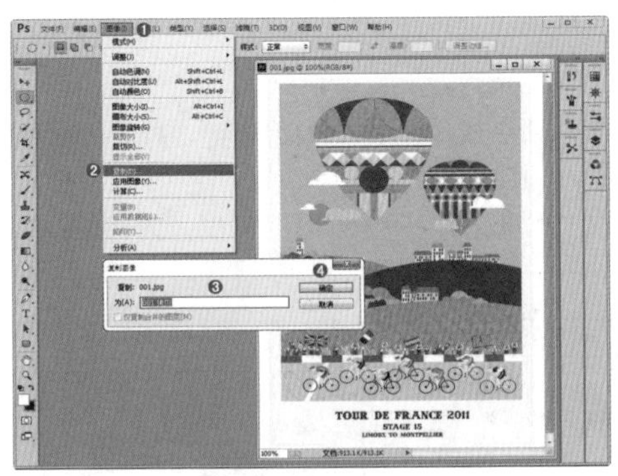

图3-31

图3-32

3.2 调整图像与画布

3.2.1 调整图像尺寸

通常情况下对于图像最关注的属性主要是尺寸、大小及分辨率。如图3-33所示为像素尺寸分别是600像素×600像素与200像素×200像素的同一图片的对比效果。尺寸大的图像所占计算机空间也要相对的大一些，如图3-34所示。

图3-33

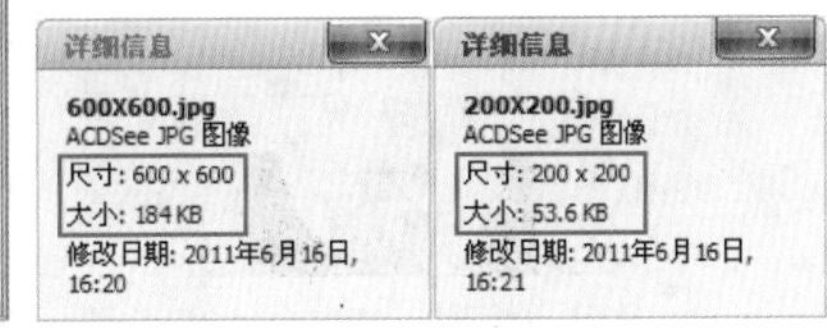

图3-34

执行“图像>图像大小”命令或按Ctrl+Alt+I组合键，可打开“图像大小”对话框，如图3-35所示。

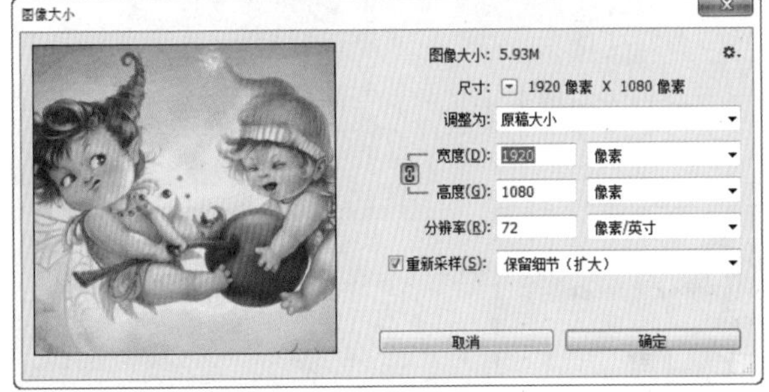

图3-35

- 缩放样式按钮：单击按钮，可以选中“缩放样式”复选框。当文档中的某些图层包含图层样式时，选中“缩放样式”复选框，可以在调整图像的大小时自动缩放样式效果。
- 调整为：在下拉菜单中选择预设的像素比例。
- 宽度/高度：该选项组中的参数主要用来设置图像的尺寸。按下“约束比例”按钮时，可以在修改图像的宽度或高度时，保持宽度和高度的比例不变。
- 分辨率：该选项可以改变图像的分辨率大小。
- 重新采样：修改图像的像素大小在Photoshop中称为重新取样。当减少像素的数量时，就会从图像中删除一些信息；当增加像素的数量或增加像素取样时，则会增加一些新的像素。在“图像大小”对话框底部的“重新采样”下拉列表中提供了6种插值方法来确定添加或删除像素的方式。

理论实践——修改图像大小

很多时候图像素材的尺寸与需要的尺寸不符，例如制作计算机桌面壁纸、个性化虚拟头像或传输到个人网络空间等，都需要对图像的尺寸进行特定的修改，以适合不同的要求。

修改图像尺寸的具体操作如下：

（1）打开一张图片，执行“图像>图像大小”命令或按Ctrl+Alt+I组合键，打开“图像大小”对话框，从该对话框中可以观察到图像的宽度为7400像素，高度为4934像素，如图3-36所示。

（2）在“图像大小”对话框中设置图像的“宽度”为450像素，“高度”为300像素，确定操作后在图像窗口中可以明显观察到图像变小了，如图3-37所示。

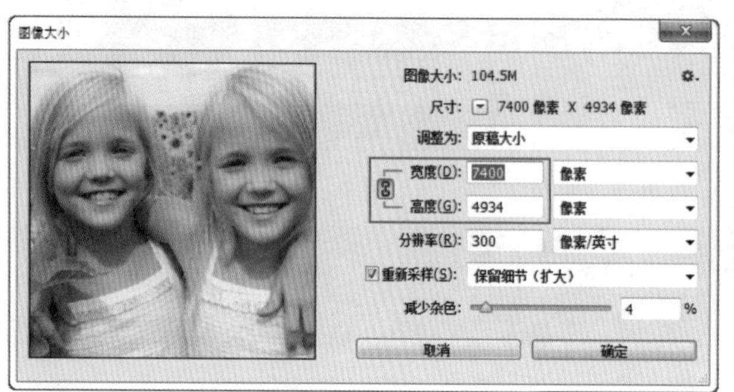

图3-36

图3-37

理论实践——修改图像分辨率

分辨率是指位图图像中的细节精细度，测量单位是像素/英寸（PPI），每英寸的像素越多，分辨率越高。一般来说，图像的分辨率越高，印刷出来的质量就越好，当然所占设备空间也更大。需要注意的是，凭空增大分辨率数值，图像并不会变得更精细。

（1）打开一张图片文件，在“图像大小”对话框可以观察到图像默认的“分辨率”为300，如图3-38所示。

（2）在“图像大小”对话框中将“分辨率”更改为150，此时可以观察到像素大小也会随之而减小，如图3-39所示。

图3-38

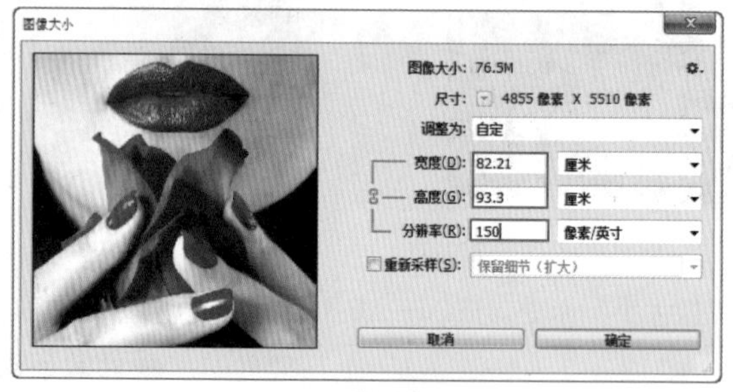

图3-39

（3）按Ctrl+Z或Ctrl+Alt+Z组合键，返回到修改分辨率之前的状态，然后在“图像大小”对话框中将“分辨率”更改为600，此时可以观察到像素大小也会随之而增大，如图3-40所示。

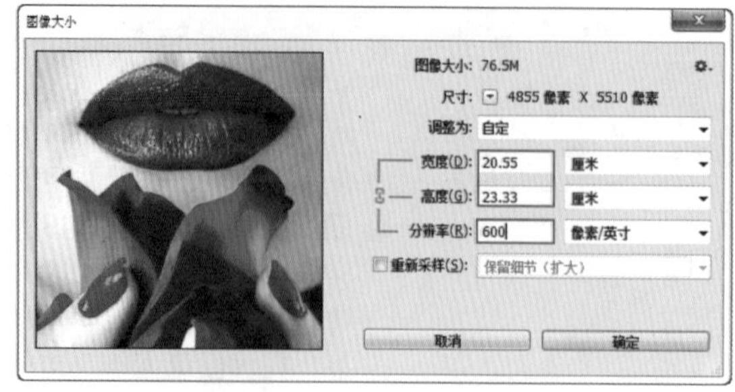

图3-40

3.2.2 修改画布大小

执行“图像>画布大小”命令，打开“画布大小”对话框，如图3-41所示。在该对话框中可以对画布的宽度、高度、定位和扩展背景颜色进行调整。增大画布大小，原始图像大小不会发生变化，而增大的部分则使用选定的填充颜色进行填充；减小画布大小，图像则会被裁切掉一部分，如图3-42所示。

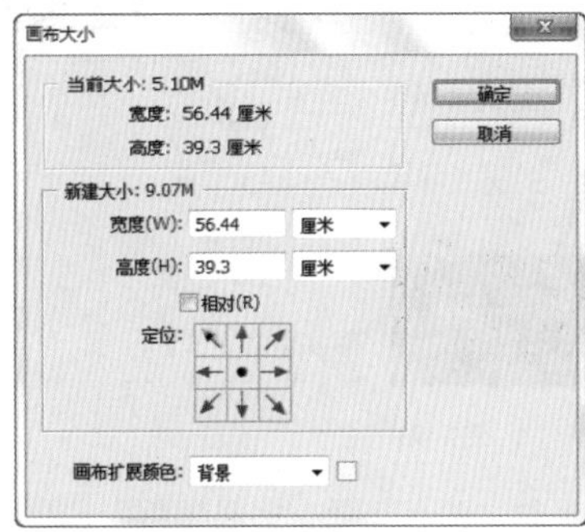

图3-41

图3-42

答疑解惑——画布大小和图像大小有区别吗？

画布大小与图像大小有着本质的区别。画布大小是指工作区域的大小，它包含图像和空白区域；图像大小是指图像的“像素大小”。

- “当前大小”选项组下显示的是文档的实际大小，以及图像的宽度和高度的实际尺寸。
- “新建大小”是指修改画布尺寸后的大小。当输入的“宽度”和“高度”值大于原始画布尺寸时，会增加画布，如图3-43所示；当输入的“宽度”和“高度”值小于原始画布尺寸时，Photoshop会裁切超出画布区域的图像，如图3-44所示。

图3-43

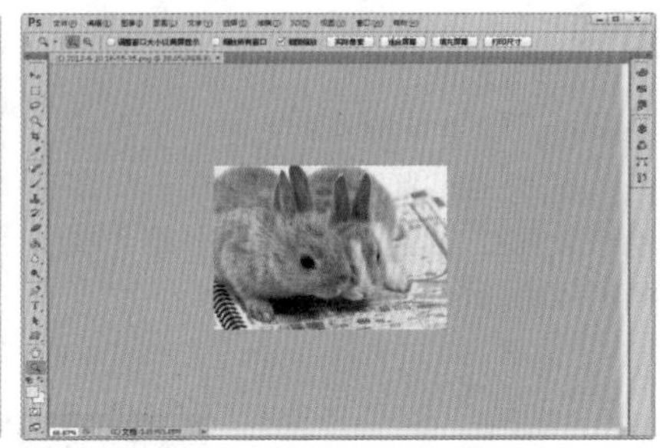

图3-44

- 选中“相对”复选框时，“宽度”和“高度”数值将代表实际增加或减少的区域的大小，而不再代表整个文档的大小。输入正值就表示增加画布，如设置“宽度”为10厘米，那么画布就在宽度方向上增加了10厘米，如图3-45所示；如果输入负值就表示减小画布，如设置“高度”为-10厘米，那么画布就在高度方向上减小了10厘米，如图3-46所示。

图3-45

图3-46

- “定位”选项主要用来设置当前图像在新画布上的位置，如图3-47～图3-49所示（黑色背景为画布的扩展颜色）。

图3-47

图3-48

- “画布扩展颜色”是指填充新画布的颜色，如图3-50所示。如果图像的背景是透明的，那么“画布扩展颜色”选项将不可用，新增加的画布也是透明的，如图3-51所示。

图3-49

图3-50

图3-51

3.2.3 裁剪图像

裁剪是指移去部分图像，以突出或加强构图效果的过程。在画面中绘制出一个选区后，执行“编辑>裁剪”命令，选区以外的部分会被裁剪掉，选区以内的部分则会被保留下来，如图3-52和图3-53所示。

图3-52

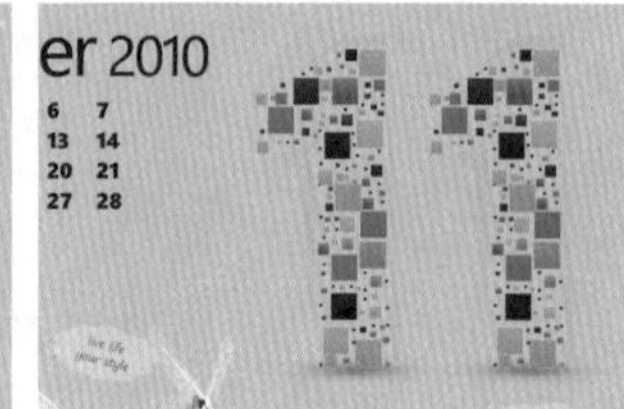

图3-53

3.2.4 使用裁剪工具

裁剪是指移去部分图像，以突出或加强构图效果的过程。使用裁剪工具可以裁剪掉多余的图像，并重新定义画布的大小。选择裁剪工具后，在画面中调整裁切框，以确定需要保留的部分。或拖曳出一个新的裁切区域，然后按Enter键或双击鼠标左键即可完成裁剪，如图3-54～图3-57所示。

图3-54

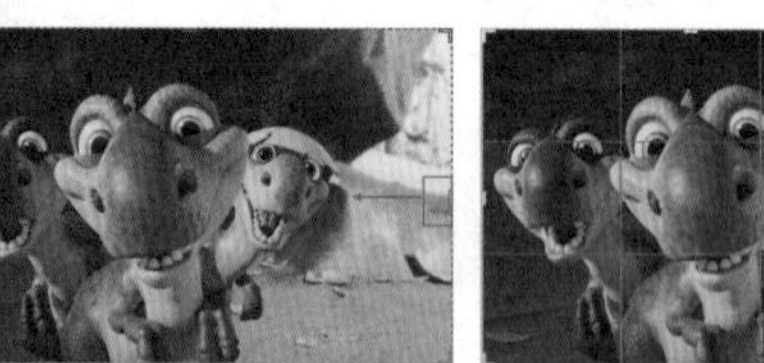

图3-55

图3-56

图3-57

- **约束方式**：在下拉列表中可以选择多种裁切的约束比例。
- **约束比例**：在这里可以输入自定的约束比例数值。
- **"清除"按钮**：单击该按钮，将光标定位到裁切框以外的区域拖动光标即可旋转裁切框。
- **"拉直"按钮**：通过在图像上画一条直线来拉直图像。
- **"视图"按钮**：在该下拉列表中可以选择裁剪的参考线的方式，例如"三等分"、"网格"、"对角"、"三角形"、"黄金比例"和"金色螺线"。也可以设置参考线的叠加显示方式。
- **"设置其他裁切选项"按钮**：在这里可以对裁切的其他参数进行设置，例如可以使用经典模式，或设置裁剪屏蔽的颜色、透明度等参数。
- **删除裁剪的像素**：确定是否保留或删除裁剪框外部的像素数据。如果取消选中该复选框，多余的区域可以处于隐藏状态，如果想要还原裁切之前的画面只需要再次选择裁剪工具，然后随意操作即可看到原文档。

3.2.5 使用透视裁剪工具

使用透视裁剪工具可以在需要裁剪的图像上制作出带有透视感的裁剪框，在应用裁剪后可以使图像带有明显的透视感。打开一张图像，如图3-58所示。单击工具箱中的"透视裁剪工具"按钮，在画面中绘制一个裁剪框，如图3-59所示。

将光标定位到裁剪框的一个控制点上，单击并向内拖动，如图3-60所示。

使用同样的方法调整其他的控制点，调整完成后单击控制栏中的"提交当前裁剪操作"按钮，即可得到带有透视感的画面效果，如图3-61所示。效果如图3-62所示。

图3-58

图3-59

图3-60

图3-61

图3-62

3.2.6 裁切图像

使用"裁切"命令可以基于像素的颜色来裁剪图像。执行"编辑>裁切"命令，打开"裁切"对话框，如图3-63所示。

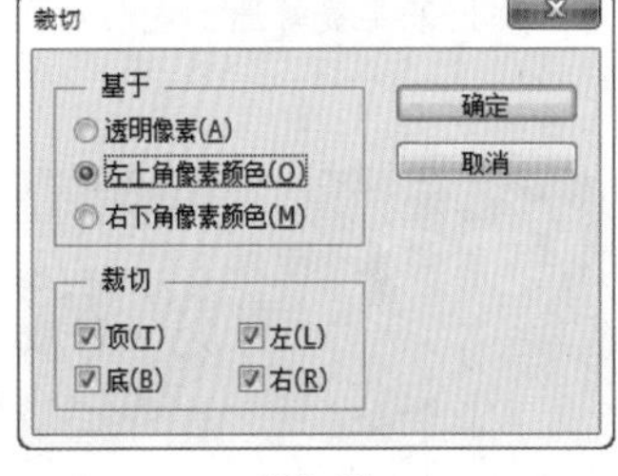

图3-63

- **透明像素**：可以裁剪掉图像边缘的透明区域，只将非透明像素区域的最小图像保留下来。该选项只有图像中存在透明区域时才可用。
- **左上角像素颜色**：从图像中删除左上角像素颜色的区域。
- **右下角像素颜色**：从图像中删除右下角像素颜色的区域。
- **顶/底/左/右**：设置修正图像区域的方式。

3.2.7 旋转画布

执行"图像>图像旋转"命令，在该菜单下提供了6种旋转画布的命令，包含"180度"、"90度（顺时针）"、"90度（逆时针）"、"任意角度"、"水平翻转画布"和"垂直翻转画布"，如图3-64所示。在执行这些命令时，可以旋转或翻转整个图像，如图3-65和图3-66所示为原图以及执行"垂直翻转画布"命令后的图像效果。

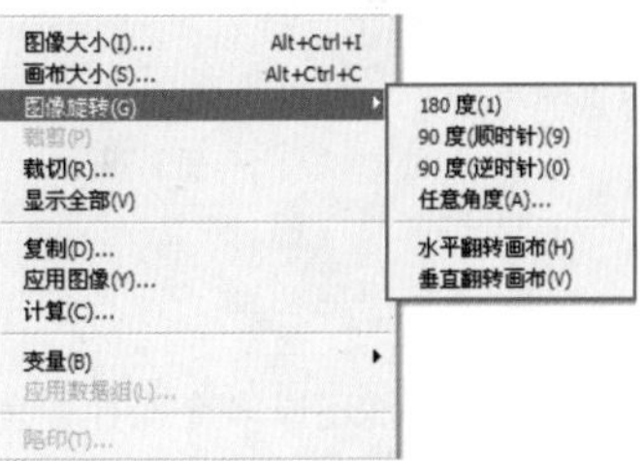

图3-64

图3-65

图3-66

答疑解惑——如何任意角度旋转画布？

在“图像>图像旋转”菜单下提供了一个“任意角度”命令，这个命令主要用来以任意角度旋转画布。

执行“任意角度”命令，系统会弹出“旋转画布”对话框，在该对话框中可以设置旋转的角度和旋转的方式（顺时针和逆时针），如图3-67所示为将图像顺时针旋转45°后的效果。

图3-67

理论实践——矫正数码相片的方向

图像旋转命令经常由于数码照片方向的矫正，很多时候都需要将相机旋转之后进行拍摄，这样就会造成数码相片的方向发生错误。在Photoshop中只需要旋转或翻转照片的方向即可，如图3-68和图3-69所示为本例的对比效果。

（1）执行“文件>打开”命令，然后在弹出的对话框中选择本书配套光盘中的图片文件，可以观察到将相机旋转90°之后的拍摄效果，如图3-70所示。

（2）执行“图像>图像旋转>90度（顺时针）”命令，此时图像的方向将被矫正过来，效果如图3-71所示。

（3）执行“图像>图像旋转>水平翻转画布”命令，将人像的头部方向调整到左边，如图3-72所示。

图3-68

图3-69

图3-70

图3-71

图3-72

技巧与提示

“图像旋转”命令只适合于旋转或翻转画布中的所有图像，不适用于单个图层或图层的一部分、路径以及选区边界。如果要旋转选区或图层，就需要使用到本章即将讲到的“变换”或“自由变换”功能。

3.3 撤销/返回/恢复文件

在传统的绘画过程中，出现错误的操作时只能选择擦除或覆盖。而在Photoshop中进行数字化编辑时，出现错误操作则可以撤销或返回所做的步骤，然后重新编辑图像，这也是数字编辑的优势之一。

3.3.1 还原与重做

执行“编辑>还原”命令或按Ctrl+Z组合键，如图3-73所示，可以撤销最近的一次操作，将其还原到上一步操作状态；如果想要取消还原操作，可以执行“编辑>重做”命令，如图3-74所示。

编辑(E)	
还原(O)	Ctrl+Z
前进一步(W)	Shift+Ctrl+Z
后退一步(K)	Alt+Ctrl+Z
渐隐(D)...	Shift+Ctrl+F

图3-73

编辑(E)	
重做(O)	Ctrl+Z
前进一步(W)	Shift+Ctrl+Z
后退一步(K)	Alt+Ctrl+Z
渐隐(D)...	Shift+Ctrl+F

图3-74

3.3.2 前进一步与后退一步

由于“还原”命令只可以还原一步操作，而实际操作中经常需要还原多个操作，就需要使用到“编辑>后退一步”命令，或连续按Ctrl+Alt+Z组合键来逐步撤销操作；如果要取消还原的操作，可以连续执行“编辑>前进一步”命令，或连续按Shift+Ctrl+Z组合键来逐步恢复被撤销的操作，如图3-75所示。

编辑(E)
还原状态更改(O) Ctrl+Z
前进一步(W) Shift+Ctrl+Z
后退一步(K) Alt+Ctrl+Z
渐隐(D)... Shift+Ctrl+F

图3-75

3.3.3 恢复

执行“文件>恢复”命令，可以直接将文件恢复到最后一次保存时的状态，或返回到刚打开文件时的状态。

技巧与提示

“恢复”命令只能针对已有图像的操作进行恢复。如果是新建的空白文件，“恢复”命令将不可用。

3.3.4 使用“历史记录”面板还原操作

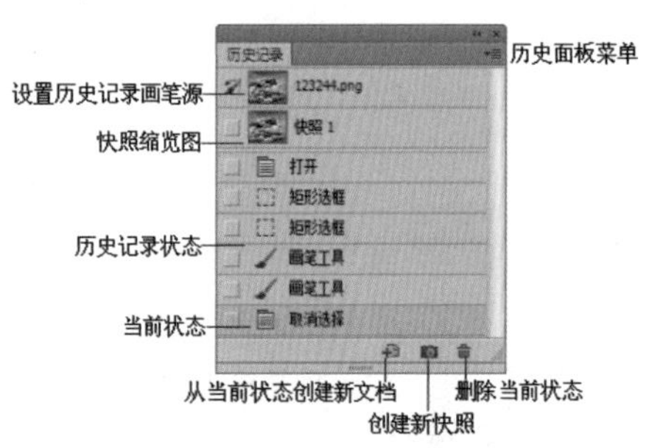

图3-76

“历史记录”面板是用于记录编辑图像过程中所进行的操作步骤。也就是说通过“历史记录”面板可以恢复到某一步的状态，同时也可以再次返回到当前的操作状态。执行“窗口>历史记录”命令，打开“历史记录”面板，如图3-76所示。

- **“设置历史记录画笔源”图标**：使用历史记录画笔时，该图标所在的位置代表历史记录画笔的源图像。
- **快照缩览图**：被记录为快照的图像状态。
- **历史记录状态**：Photoshop记录的每一步操作的状态。
- **“从当前状态创建新文档”按钮**：以当前操作步骤中图像的状态创建一个新文档。
- **“创建新快照”按钮**：以当前图像的状态创建一个新快照。
- **“删除当前状态”按钮**：选择一个历史记录后，单击该按钮可以将记录以及后面的记录删除掉。

在“历史记录”面板右上角单击图标，接着在弹出的菜单中选择“历史记录选项”命令，打开“历史记录选项”对话框，如图3-77所示。

历史记录选项
☑ 自动创建第一幅快照(A)
☐ 存储时自动创建新快照(C)
☐ 允许非线性历史记录(N)
☐ 默认显示新快照对话框(S)
☐ 使图层可见性更改可还原(L)
确定
取消

图3-77

- **自动创建第一幅快照**：打开图像时，图像的初始状态自动创建为快照。
- **存储时自动创建新快照**：在编辑的过程中，每保存一次文件，都会自动创建一个快照。
- **允许非线性历史记录**：选中该复选框后，选择一个快照，当更改图像时将不会删除历史记录的所有状态。
- **默认显示新快照对话框**：强制Photoshop提示用户输入快照名称。
- **使图层可见性更改可还原**：保存对图层可见性的更改。

理论实践——利用“历史记录”面板还原错误操作

在实际工作中，经常会遇到操作失误这一现象，这时就可以在“历史记录”面板中恢复到想要的状态。

（1）执行“窗口>历史记录”命令，打开“历史记录”面板，在该面板中可以观察到之前所进行的所有操作，如图3-78所示。

（2）如果想要回到使用“色相/饱和度”命令调色后的效果，可以单击“色相/饱和度”状态，图像就会返回到该步骤的效果，如图3-79所示。

图3-78

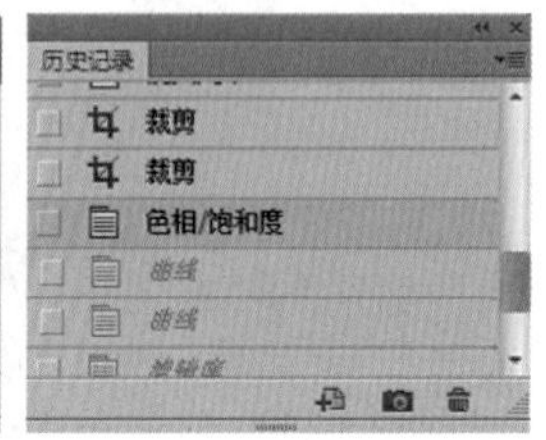

图3-79

理论实践——创建快照

在“历史记录”面板中，默认状态下可以记录20步操作，超过限定数量的操作将不能够返回。通过创建“快照”可以在图像编辑的任何状态创建副本，也就是说可以随时返回到快照所记录的状态。为某一状态创建新的快照，可以采用以下两种方法中的一种。

（1）在“历史记录”面板中选择需要创建快照的状态，然后单击“创建新快照”按钮，此时Photoshop会自动为其命名，如图3-80所示。

（2）选择需要创建快照的状态，然后在“历史记录”面板右上角单击图标，接着在弹出的菜单中选择“新建快照”命令，如图3-81所示。

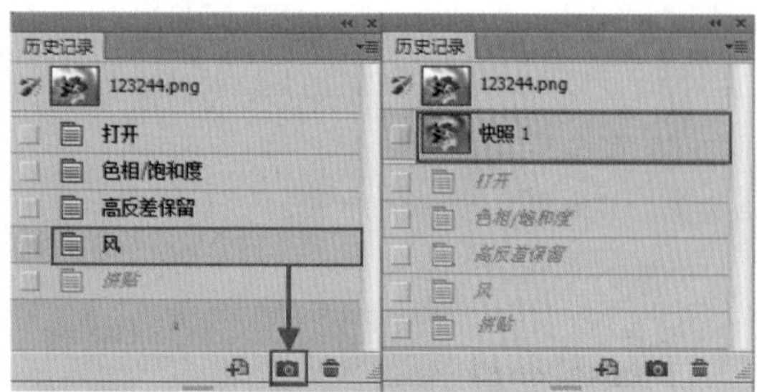

图3-80

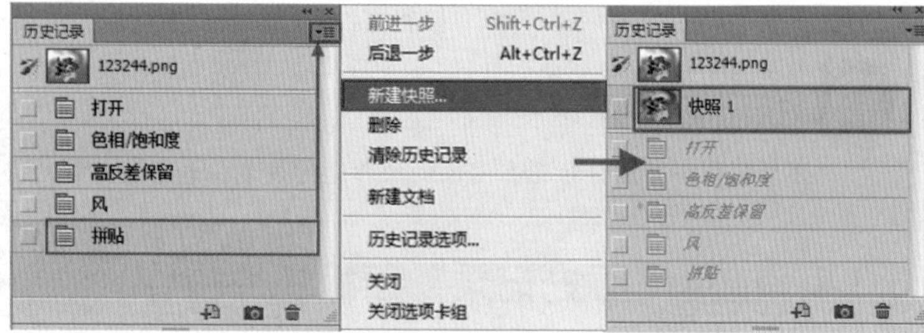

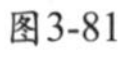

图3-81

技巧与提示

在使用第2种方法创建快照时，系统会弹出“新建快照”对话框，在该对话框中可以为快照进行命名，并且可以选择需要创建快照的对象类型，如图3-82所示。

图3-82

理论实践——删除快照

（1）在“历史记录”面板中选择需要删除的快照，然后单击“删除当前状态”按钮或将快照拖曳到该按钮上，接着在弹出的对话框中单击“是”按钮，如图3-83所示。

（2）选择要删除的快照，然后在“历史记录”面板右上角单击图标，接着在弹出的菜单中选择“删除”命令，最后在弹出的对话框中单击“是”按钮，如图3-84所示。

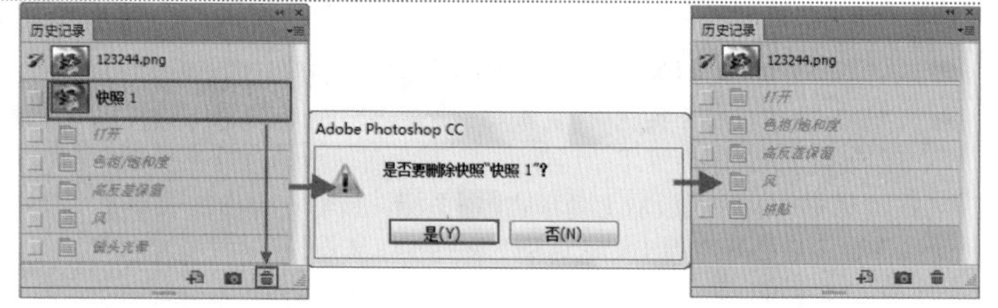

图3-83

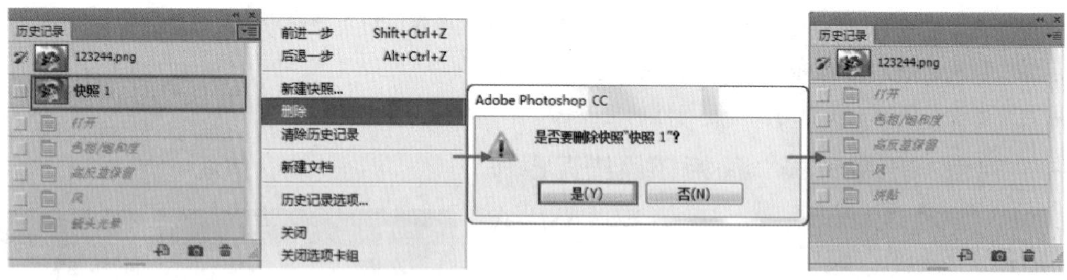

图3-84

理论实践——利用快照还原图像

“历史记录”面板只能记录20步操作，但是如果使用画笔、涂抹等绘画工具编辑图像时，每单击一次鼠标，Photoshop就会自动记录为一个操作步骤，这样势必会出现历史记录不够用的情况。例如在如图3-85所示的“历史记录”面板中，记录的全是画笔工具的操作步骤，根本没法分辨哪个步骤是自己需要的状态，这就让“历史记录”面板的还原能力非常有限。

解决以上问题的方法主要有以下两种。

（1）执行“编辑>首选项>性能”命令，然后在弹出的“首选项”对话框中增大“历史记录状态”的数值，如图3-86所示。但是如果将“历史记录状态”数值设置得过大，会占用很多的系统内存。

（2）绘制完一个比较重要的效果时，就在“历史记录”面板中单击“创建新快照”按钮，将当前画面保存为一个快照，如图3-87所示。这样无论以后绘制了多少步，都可以通过单击这个快照将图像恢复到快照记录效果。

图3-85

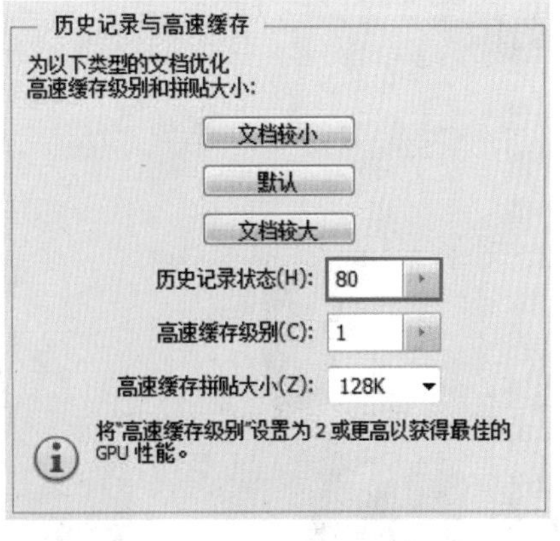

图3-86

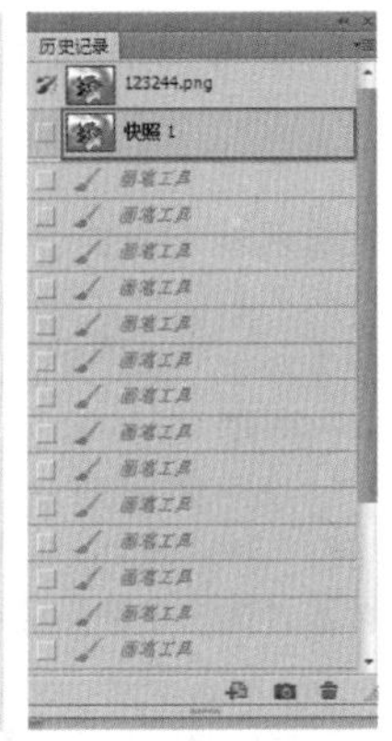

图3-87

3.4 剪切/拷贝/粘贴图像

与Windows下的剪切/拷贝/粘贴命令相同，都可以快捷地完成复制粘贴任务。但是，在Photoshop中，还可以对图像进行原位置粘贴、合并拷贝等特殊操作。

3.4.1 剪切与粘贴

创建选区后，执行“编辑>剪切”命令或按Ctrl+X组合键，可以将选区中的内容剪切到剪贴板上，如图3-88所示。

继续执行“编辑>粘贴”命令或按Ctrl+V组合键，可以将剪切的图像粘贴到画布中，并生成一个新的图层，如图3-89所示。

图3-88

图3-89

3.4.2 拷贝与合并拷贝

创建选区后，执行“编辑>拷贝”命令或按Ctrl+C组合键，如图3-90所示。可以将选区中的图像拷贝到剪贴板中，然后执行“编辑>粘贴”命令或按Ctrl+V组合键，可以将拷贝的图像粘贴到画布中，并生成一个新的图层，如图3-91所示。

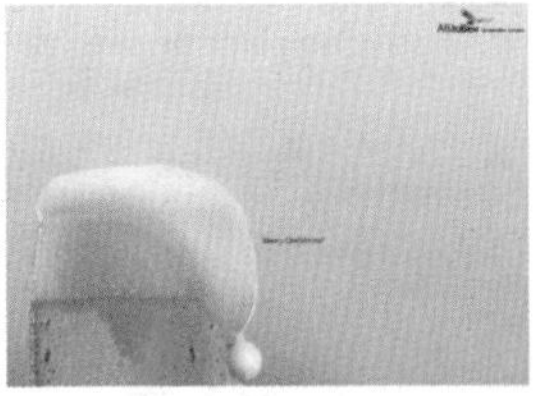

图3-90

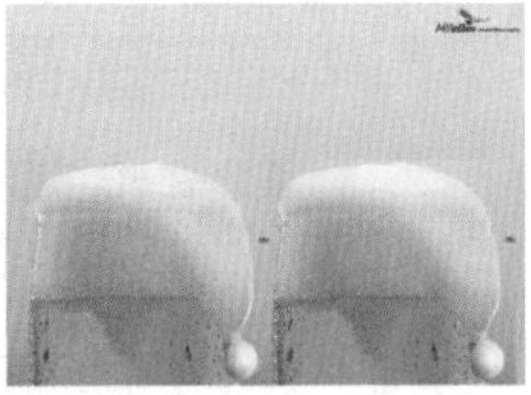

图3-91

当文档中包含很多图层时，如图3-92和图3-93所示。执行“选择>全选”命令或按Ctrl+A组合键全选当前图像，然后执行“编辑>合并拷贝”命令或按Shift+Ctrl+C组合键，将所有可见图层拷贝并合并到剪贴板中。最后按Ctrl+V组合键可以将合并拷贝的图像粘贴到当前文档或其他文档中，如图3-94和图3-95所示。

图3-92

图3-93

图3-94

图3-95

3.4.3 清除图像

当选中的图层为包含选区状态下的普通图层，那么执行“编辑>清除”命令，可以清除选区中的图像。

选中图层为背景图层时，被清除的区域将填充背景色，如图3-96～图3-99所示为原图、创建选区、清除“背景”图层上的图像、清除普通图层上的图像。

图3-96

图3-97

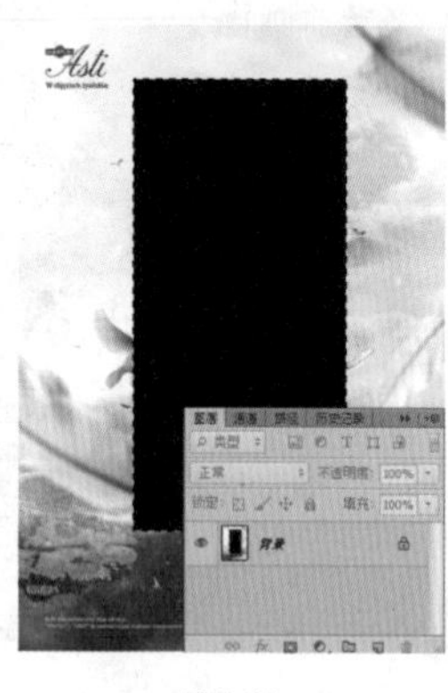

图3-98

图3-99

3.5 图像变换与变形

移动、旋转、缩放、扭曲、斜切等是处理图像的基本方法。其中移动、旋转和缩放称为变换操作，而扭曲和斜切称为变形操作。通过执行“编辑”菜单下的“自由变换”和“变换”命令，可以改变图像的形状。

3.5.1 认识定界框、中心点和控制点

在执行“自由变换”或“变换”操作时，当前对象的周围会出现一个变换定界框，定界框的中间有一个中心点，四周还有控制点。在默认情况下，中心点位于变换对象的中心，用于定义对象的变换中心，拖曳中心点可以移动它的位置；控制点主要用来变换图像，如图3-100所示为中心点在不同位置的缩放效果。

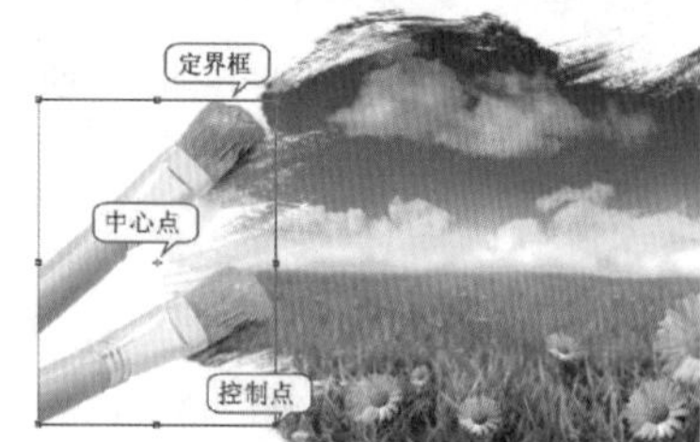

图3-100

3.5.2 移动图像

移动工具位于工具箱的最顶端，是最常用的工具之一，无论是在文档中移动图层、选区中的图像，还是将其他文档中的图像拖曳到当前文档，都需要使用到移动工具，如图3-101所示为移动工具的选项栏。

图3-101

- **自动选择**：如果文档中包含了多个图层或图层组，可以在后面的下拉列表中选择要移动的对象。如果选择“图层”选项，使用移动工具在画布中单击时，可以自动选择移动工具下面包含像素的最顶层的图层；如果选择“组”选项，在画布中单击时，可以自动选择移动工具下面包含 像素的最顶层的图层所在的图层组。如图3-102和图3-103所示为自动选择图层和自动选择图层组。

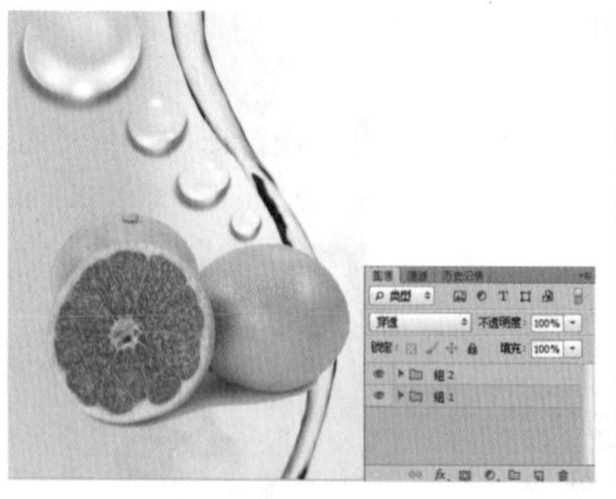

图3-102

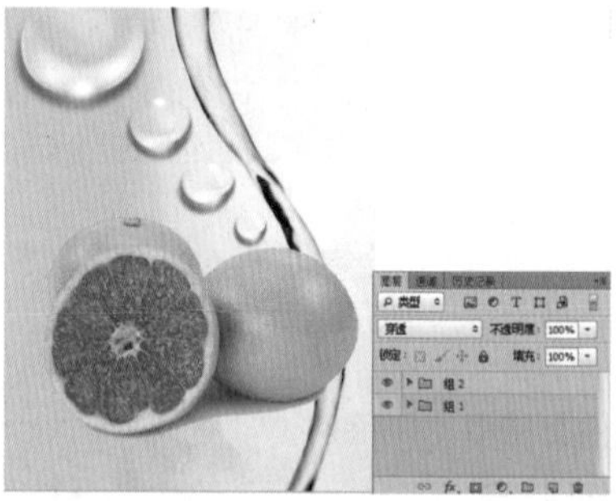

图3-103

- **显示变换控件**：选中该复选框后，当选择一个图层时，就会在图层内容的周围显示定界框。用户可以拖曳控制点来对图像进行变换操作。

- **对齐图层**：当同时选择了两个或两个以上的图层时，单击相应的按钮可以将所选图层进行对齐。对齐方式包括“顶对齐”、“垂直居中对齐”、“底对齐”、“左对齐”、“水平居中对齐”和“右对齐”。
- **分布图层**：当选择了3个或3个以上的图层时，单击相应的按钮可以使所选图层按一定规则进行均匀分布排列。分布方式包括“按顶分布”、“垂直居中分布”、“按底分布”、“按左分布”、“水平居中分布”和“按右分布”。

理论实践——在同一个文档中移动图像

在“图层”面板中选择要移动的对象所在的图层，然后在工具箱中单击“移动工具”按钮，接着在画布中单击并拖曳鼠标左键即可移动选中的对象，如图3-104和图3-105所示。

如果需要移动选区中的内容，可以在包含选区的状态下将光标放置在选区内，如图3-106所示。单击并拖曳鼠标左键即可移动选中的图像，如图3-107所示。

图3-104

图3-105

图3-106

图3-107

技巧与提示

在使用移动工具移动图像时，按住Alt键拖曳图像，可以复制图像，同时会生产一个新的图层。

理论实践——在不同的文档间移动图像

若要在不同的文档间移动图像，首先需要使用移动工具将光标放置在其中一个画布中，单击并拖曳到另外一个文档的标题栏上，停留片刻后即可切换到目标文档，接着将图像移动到画面中释放鼠标左键即可将图像拖曳到文档中，如图3-108所示。同时Photoshop会生成一个新的图层，如图3-109所示。

图3-108

图3-109

3.5.3 变换与自由变换

在“编辑>变换”菜单中提供了多种变换命令，如图3-110所示。使用这些命令可以对图层、路径、矢量图形，以及选区中的图像进行变换操作。另外，还可以对矢量蒙版和Alpha应用变换。执行“编辑>自由变换”命令，同样可以使对象进入变换状态，如果想要切换变换方式，可以在自由变换状态下在画面中右击，进行选择，如图3-111所示。

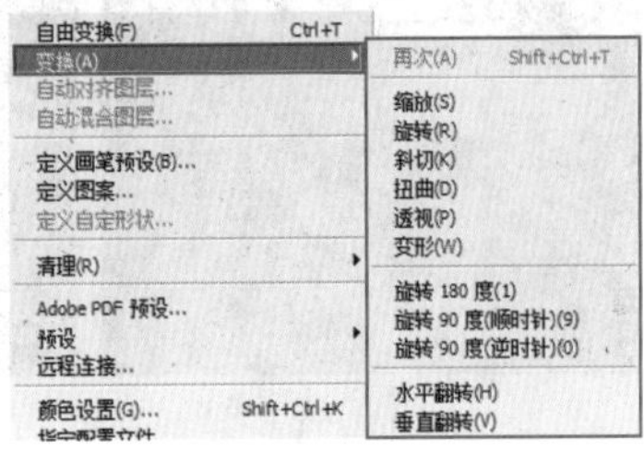

图3-110

图3-111

理论实践——缩放

使用“缩放”命令可以相对于变换对象的中心点对图像进行缩放。如果不按住任何快捷键，可以任意缩放图像，如图3-112所示；如果按住Shift键，可以等比例缩放图像，如图3-113所示；如果按住Shift+Alt组合键，可以以中心点为基准等比例缩放图像，如图3-114所示。

图3-112

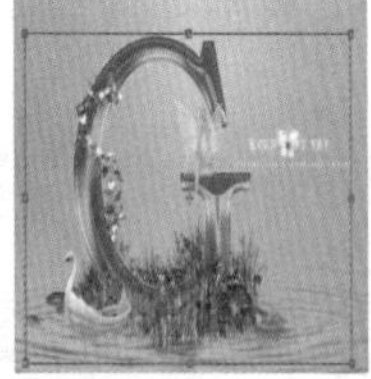

图3-113

图3-114

理论实践——旋转

使用“旋转”命令可以围绕中心点转动变换对象。如果不按住任何快捷键，可以以任意角度旋转图像，如图3-115所示；如果按住Shift键，可以以15°为单位旋转图像，如图3-116所示。

图3-115

图3-116

理论实践——斜切

使用“斜切”命令可以在任意方向、垂直方向或水平方向上倾斜图像。如果不按住任何快捷键，可以在任意方向上倾斜图像，如图3-117所示；如果按住Shift键，可以在垂直或水平方向上倾斜图像，如图3-118所示。

图3-117

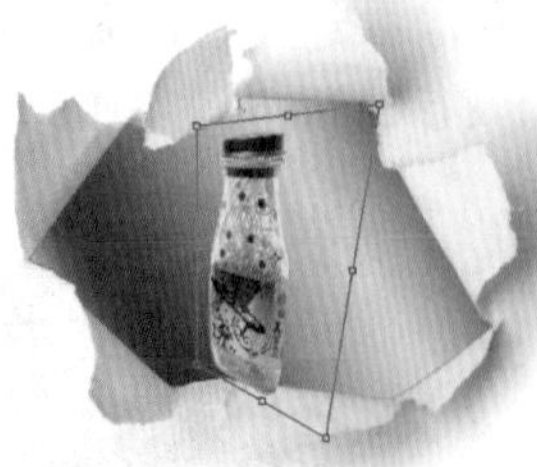

图3-118

理论实践——扭曲

使用“扭曲”命令可以在各个方向上伸展变换对象。如果不按住任何快捷键，可以在任意方向上扭曲图像，如图3-119所示；如果按住Shift键，可以在垂直或水平方向上扭曲图像，如图3-120所示。

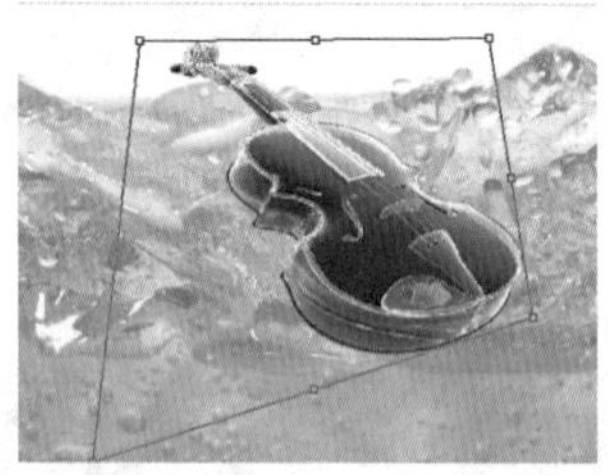

图3-119

图3-120

理论实践——透视

使用“透视”命令可以对变换对象应用单点透视。拖曳定界框4个角上的控制点，可以在水平或垂直方向上对图像应用透视，如图3-121和图3-122所示为应用水平透视和应用垂直透视后的效果。

图3-121

图3-122

理论实践——变形

如果要对图像的局部内容进行扭曲，可以使用“变形”命令来操作。执行该命令时，图像上将会出现变形网格和锚点，拖曳锚点或调整锚点的方向线可以对图像进行更加自由和灵活的变形处理，如图3-123和图3-124所示。

图3-123

图3-124

理论实践——旋转180度/旋转90度（顺时针）/旋转90度（逆时针）

这3个命令非常简单，执行“旋转180度”命令，可以将图像旋转180°；执行“旋转90度（顺时针）”命令可以将图像顺时针旋转90°；执行“旋转90度（逆时针）”命令可以将图像逆时针旋转90°。如图3-125～图3-127所示为旋转180°、顺时针旋转90°和逆时针旋转90°后的效果。

图3-125

图3-126

图3-127

理论实践——水平/垂直翻转

这两个命令也非常简单，执行“水平翻转”命令可以将图像在水平方向上进行翻转，如图3-128所示；执行“垂直翻转”命令可以将图像在垂直方向上进行翻转，如图3-129所示。

图3-128

图3-129

实例练习——利用缩放和扭曲制作饮料包装

案例文件	实例练习——利用缩放和扭曲制作饮料包装.psd
视频教学	实例练习——利用缩放和扭曲制作饮料包装.flv
难易指数	★★★★★
技术要点	自由变换

案例效果

案例效果如图3-130所示。

操作步骤

步骤01 打开素材文件，如图3-131所示。然后置入正面图片，执行“图层>栅格化>智能对象”命令，如图3-132所示。

步骤02 按Ctrl+T组合键，按住Shift键等比例缩小图像，如图3-133所示。

步骤03 右击，在弹出的快捷菜单中选择“扭曲”命令，如图3-134所示。单击右上控制点并拖动到包装盒的右上角位置，如图3-135所示。

图3-130

图3-131

图3-132

图3-133

图3-134

图3-135

技巧与提示

为了便于观察底部效果，可以在“图层”面板中降低前景图层不透明度，如图3-136所示。效果如图3-137所示。

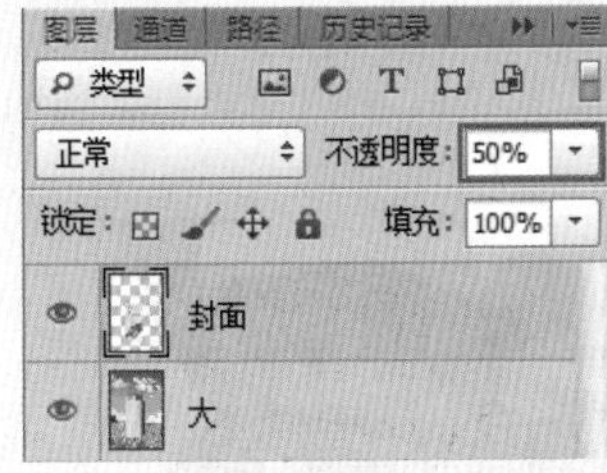

图3-136

图3-137

步骤04 使用同样的方法选择右下控制点向左侧移动，如图3-138所示。

步骤05 继续将光标移动到右侧纵向的控制线位置，当光标变为如图3-139所示的箭头时，单击并向左拖曳到与包装盒匹配的位置。

步骤06 选中左下控制点，向下方进行移动，调整完成之后按Enter键或单击选项栏中的✓按钮，最终效果如图3-140所示。

图3-138

图3-139

图3-140

理论实践——使用再次变换命令

（1）选中需要进行变换的图层，如图3-141所示。

（2）按Ctrl+T组合键，在选项栏中设置参考点位置和旋转角度，如图3-142所示。效果如图3-143所示。

（3）按Ctrl+D组合键取消选择，然后按Shift+Ctrl+Alt+T组合键进行复制，如图3-144所示。同理按Shift+Ctrl+Alt+T组合键进行多次复制即可，如图3-145所示。

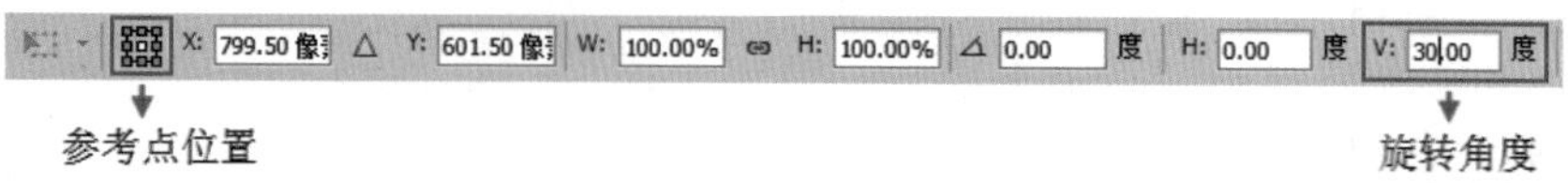

图3-141

图3-142

图3-143

图3-144

图3-145

理论实践——自由变换并复制图像

在Photoshop中，可以边变换图像边复制图像，这个功能在实际工作中的使用频率非常高。

（1）选中圆形按钮图层，按Ctrl+Alt+T组合键进入自由变换并复制状态，将中心点定位在右上角，如图3-146所示，然后将其缩小并向右移动一段距离，接着按Enter键确认操作，如图3-147所示。通过这一系列的操作，就奠定了一个变换规律，同时Photoshop会生成一个新的图层，如图3-148所示。

（2）确定了变换规律以后，就可以按照这个规律继续变换并复制图像。如果要继续变换并复制图像，可以连续按Shift+Ctrl+Alt+T组合键，直到达到要求为止，如图3-149所示。

图3-146

图3-147

图3-148

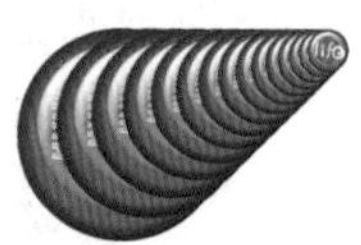

图3-149

实例练习——自由变换制作水果螃蟹

案例文件	实例练习——自由变换制作水果螃蟹.psd
视频教学	实例练习——自由变换制作水果螃蟹.flv
难易指数	★★★★★
技术要点	自由变换，复制粘贴

案例效果

本例最终效果如图3-150所示。

图3-150

图3-151

操作步骤

步骤01 打开背景素材文件，如图3-151所示。

步骤02 置入螃蟹参考图文件，执行“图层>栅格化>智能对象”命令，当作下面制作水果螃蟹的参考形状，如图3-152所示。

步骤03 创建新组，并命名为“腿”。置入杨桃素材文件，执行“图层>栅格化>智能对象”命令。按Ctrl+T组合键适当缩小杨桃，并且右击扭曲或变形图像，如图3-153所示。

图3-152

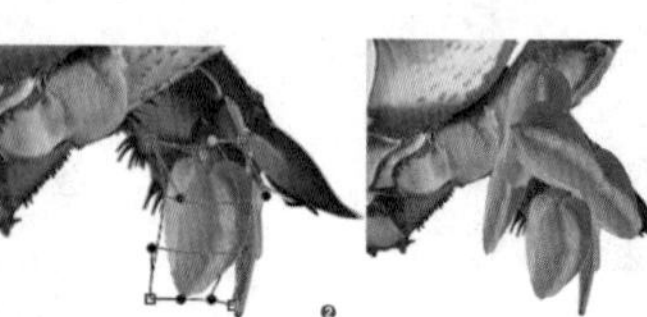

图3-153

步骤04 创建"曲线"调整图层，在其"属性"面板中选择RGB选项，设置曲线"输出"为67，"输入"为98，如图3-154所示。效果如图3-155所示。

步骤05 创建新组，再命名为"右"组，置入香蕉素材并栅格化，按Ctrl+T组合键调整大小，如图3-156所示。将其放置在螃蟹前臂上，如图3-157所示。

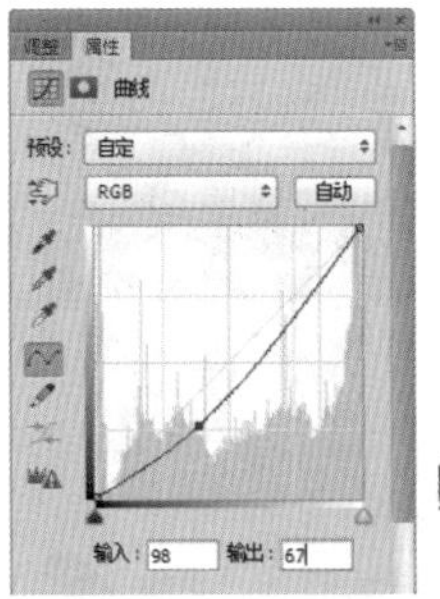

图3-154

图3-155

图3-156

图3-157

步骤06 置入芒果素材文件，执行"图层>栅格化>智能对象"命令，并将其放置在螃蟹前臂第二部分上，如图3-158所示。创建新图层，并将其放在芒果图层下面，使用黑色画笔绘制转折处，如图3-159所示。

步骤07 置入苦瓜素材文件，栅格化后将其放置在螃蟹前臂上最顶部，如图3-160所示。按Ctrl+T组合键调整大小。复制另一个苦瓜，适当缩小图像。将其创建新图层，放在苦瓜图层下面，使用黑色画笔绘制转折处，如图3-161所示。

步骤08 制作完"右"组，下面开始制作"左"组，如图3-162所示。创建新图层，使用黑色画笔绘制中间部分，使其适当压暗一些，关闭螃蟹参考图，预览此时效果，如图3-163所示。

图3-158

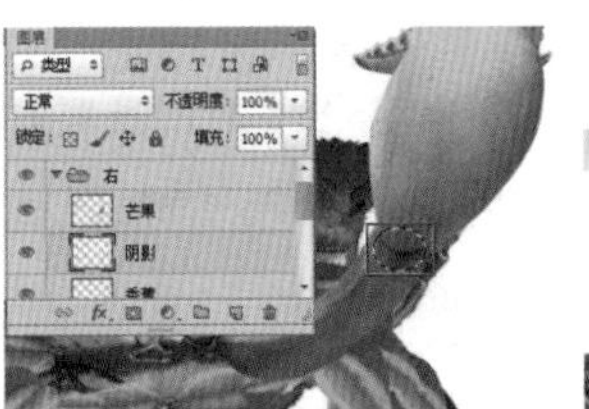

图3-159

图3-160

图3-161

图3-162

图3-163

步骤09 创建新组，并命名为"身体"。再次打开螃蟹参考图，置入葡萄素材并栅格化，如图3-164所示。复制葡萄图层，建立两次副本，拼装完整螃蟹身体，并按Ctrl+T组合键进行调整，右击，在弹出的快捷菜单中选择"透视"命令，把最下面的葡萄制作成近大远小的透视效果，如图3-165所示。按Ctrl+M组合键，在弹出的对话框中设置曲线"输出"为90，"输入"为148，如图3-166所示。效果如图3-167所示。

图3-164

图3-165

图3-166

图3-167

步骤10 创建新图层，使用画笔绘制在葡萄下面的阴影效果，关闭螃蟹参考图，如图3-168所示。

步骤11 置入樱桃素材文件，执行"图层>栅格化>智能对象"命令，摆放在上方作为眼睛，如图3-169所示。

步骤12 使用椭圆选框工具绘制圆形选区，填充白色，如图3-170所示。然后绘制黑色眼珠和白色高光，如图3-171所示。同理绘制另一个眼球，如图3-172所示。

图3-168

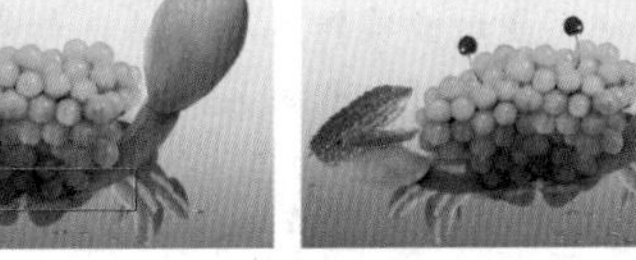

图3-169

图3-170

图3-171

图3-172

步骤13 置入豆角素材并栅格化，将其放置在螃蟹腹部，如图3-173所示。复制两次，由小到大，进行调整，如图3-174所示。

步骤14 创建新图层，使用黑色画笔在腹部绘制一层阴影，使整体图像有更好的透视效果，如图3-175所示。

步骤15 使用画笔工具在底部绘制阴影，最终效果如图3-176所示。

图3-173

图3-174

图3-175

图3-176

3.5.4 操控变形

“操控变形”是一种可视网格。借助该网格，可以随意地扭曲特定图像区域，并保持其他区域不变。

“操控变形”通常用来修改人物的动作、发型等。执行“编辑>操控变形”命令，图像上将会布满网格，如图3-177所示。通过在图像中的关键点上添加“图钉”，可以修改人物的一些动作，如图3-178和图3-179所示分别为修饰腿部动作前后的效果对比。

图3-177

图3-178

图3-179

技巧与提示

除了图像图层、形状图层和文字图层之外，还可以对图层蒙版和矢量蒙版应用操控变形。如果要以非破坏性的方式变形图像，需要将图像转换为智能对象，如图3-180所示。

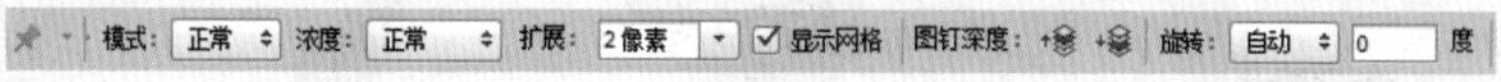

模式：正常 | 浓度：正常 | 扩展：2像素 | ☑显示网格 | 图钉深度： | 旋转：自动 | 0 | 度

图3-180

- 模式：共有“刚性”、“正常”和“扭曲”3种模式。选择“刚性”模式时，变形效果比较精确，但是过渡效果不是很柔和；选择“正常”模式时，变形效果比较准确，过渡也比较柔和；选择“扭曲”模式时，可以在变形的同时创建透视效果。
- 浓度：共有“较少点”、“正常”和“较多点”3个选项。选择“较少点”选项时，网格点数量就比较少，如图3-181所示，同时可添加的图钉数量也较少，并且图钉之间需要间隔较大的距离；选择“正常”选项时，网格点数量比较适中，如图3-182所示；选择“较多点”选项时，网格点非常细密，如图3-183所示，当然，可添加的图钉数量也更多。

图3-181

图3-182

图3-183

- 扩展：用来设置变形效果的衰减范围。设置较大的像素值以后，变形网格的范围也会相应地向外扩展，变形之后，图像的边缘会变得更加平滑，如图3-184所示为将“扩展”设置为20像素时的效果；设置较小的像素值以后（可以设置为负值），图像的边缘变化效果会变得很生硬，如图3-185所示为将“扩展”设置为-20像素时的效果。
- 显示网格：控制是否在变形图像上显示出变形网格。
- 图钉深度：选择一个图钉以后，单击“将图钉前移”按钮，可以将图钉向上层移动一个堆叠顺序；单击“将图钉后移”按钮，可以将图钉向下层移动一个堆叠顺序。
- 旋转：共有“自动”和“固定”两个选项。选择“自动”选项时，在拖曳图钉变形图像时，系统会自动对图像进行旋转处理，如图3-186所示（按住Alt键，将光标放置在图钉范围之外即可显示出旋转变形框）；如果要设定精确的旋转角度，可以选择“固定”选项，然后在后面的文本框中输入旋转度数即可，如图3-187所示。

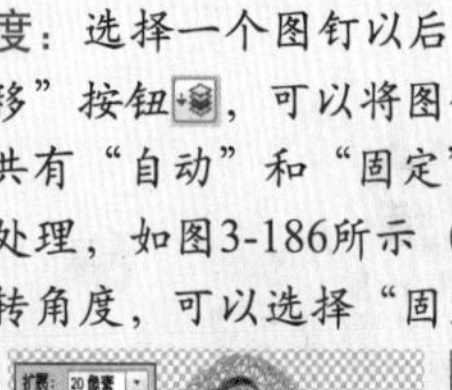

图3-184

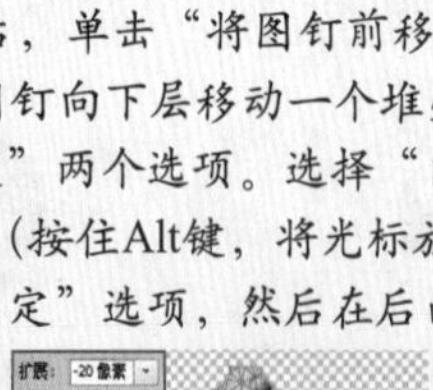

图3-185

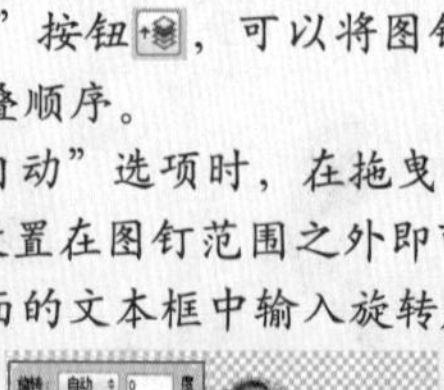

图3-186

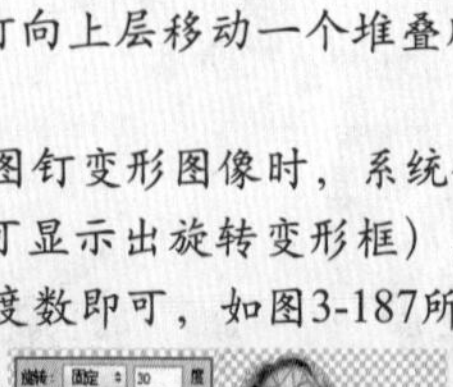

图3-187

实例练习——使用操控变形改变美女姿势

案例文件	实例练习——使用操控变形改变美女姿势.psd
视频教学	实例练习——使用操控变形改变美女姿势.flv
难易指数	★★★★★
技术要点	操控变形

案例效果

本例使用“操控变形”功能修改美少女动作前后的对比效果分别如图3-188和图3-189所示。

操作步骤

步骤01 按Ctrl+O组合键，打开PSD格式的分层素材文件，如图3-190所示。

步骤02 选择人像图层，执行“编辑>操控变形”命令，然后在人像的重要位置添加一些图钉，如图3-191所示。

图3-188

图3-189

图3-190

图3-191

答疑解惑——怎么在图像上添加与删除图钉?

执行“编辑>操控变形”命令以后，光标会变成✦形状，在图像上单击即可在单击处添加图钉。如果要删除图钉，可以选择该图钉，然后按Delete键，或者按住Alt键单击要删除的图钉；如果要删除所有的图钉，可以在网格上右击，然后在弹出的快捷菜单中选择“移去所有图钉”命令。

步骤03 将光标放置在图钉上，然后使用鼠标左键仔细调节图钉的位置，此时图像也会随之发生变形，如图3-192所示。

步骤04 按Enter键关闭“操控变形”命令，最终效果如图3-193所示。

图3-192

技巧与提示

如果在调节图钉位置时，发现图钉不够用，可以继续添加图钉来完成变形操作。

图3-193

技巧与提示

“操控变形”命令类似于三维软件中的骨骼绑定系统，使用起来非常方便，可以通过控制几个图钉来快速调节图像的变形效果。

3.5.5 内容识别比例

常规缩放在调整图像大小时会统一影响所有像素，而“内容识别比例”命令主要影响没有重要可视内容区域中的像素。“内容识别比例”的使用方法与“自由变换”命令相同，如图3-194所示为原图、使用“自由变换”命令进行常规缩放以及使用“内容识别比例”缩放的对比效果。

图3-194

执行“内容识别比例”命令，在选项栏中可以看到该命令的相关参数，如图3-195所示。

X: 320 △ Y: 200 像素 W: 100.00% H: 100.00% 数量: 100% 保护: 无

图3-195

- “参考点位置”图标▦：单击其他的灰色方块，可以指定缩放图像时要围绕的固定点。在默认情况下，参考点位于图像的中心。
- “使用参考点相对定位”按钮△：单击该按钮，可以指定相对于当前参考点位置的新参考点位置。
- X/Y：设置参考点的水平和垂直位置。
- W/H：设置图像按原始大小缩放的百分比。
- 数量：设置内容识别缩放与常规缩放的比例。一般情况下，应该将该值设置为100%。
- 保护：选择要保护的区域的Alpha通道。如果要在缩放图像时保留特定的区域，“内容识别比例”允许在调整大小的过程中使用Alpha通道来保护内容。
- “保护肤色”按钮：激活该按钮后，在缩放图像时，可以保护人物的肤色区域。

技巧与提示

“内容识别比例”适用于处理图层和选区，图像可以是RGB、CMYK、Lab和灰度颜色模式以及所有位深度。注意，“内容识别比例”不适用于处理调整图层、图层蒙版、各个通道、智能对象、3D图层、视频图层、图层组，或者同时处理多个图层。

实例练习——利用内容识别比例缩放图像

案例文件	实例练习——利用内容识别比例缩放图像.psd
视频教学	实例练习——利用内容识别比例缩放图像.flv
难易指数	★★★★★
技术要点	内容识别比例

案例效果

“内容识别比例”可以很好地保护图像中的重要内容，如图3-196和图3-197所示分别为原始素材与使用“内容识别比例”缩放后的效果。

操作步骤

步骤01 按Ctrl+O组合键，打开本书配套光盘中的素材。

步骤02 按Ctrl+J组合键，复制一个“图层1”，然后使用矩形选框工具在蝴蝶地方绘制出选区，如图3-198所示。

步骤03 切换到“通道”面板，单击“创建新图层”按钮，可以观察到该面板下有一个Alpha1通道，并为该通道图层选区填充白色，如图3-199所示。效果如图3-200所示。

图3-196

图3-197

图3-198

图3-199

图3-200

步骤04 再回到“图层”面板中，如图3-201所示。然后执行“编辑>内容识别比例”命令，如图3-202所示。

步骤05 在选项栏中设置“保护”为Alpha1通道，单击“保护肤色”按钮，接着向右拖曳定界框右侧中间的控制点，此时可以发现无论怎么缩放图像，人像的形态和蝴蝶始终都保持不变，效果如图3-203所示。

步骤06 最终效果如图3-204所示。

图3-201

图3-202

图3-203

图3-204

3.5.6 自动对齐图层

很多时候为了节约成本，拍摄全景图像时经常需要拍摄多张后在后期软件中进行拼接，如图3-205所示。使用“自动对齐图层”命令可以根据不同图层中的相似内容（如角和边）自动对齐图层。可以指定一个图层作为参考图层，也可以让Photoshop自动选择参考图层，其他图层将与参考图层对齐，以便使匹配的内容能够自动进行叠加，如图3-206所示。

图3-205

图3-206

在“图层”面板中选择两个或两个以上的图层，然后执行“编辑>自动对齐图层”命令，打开“自动对齐图层”对话框，如图3-207所示。

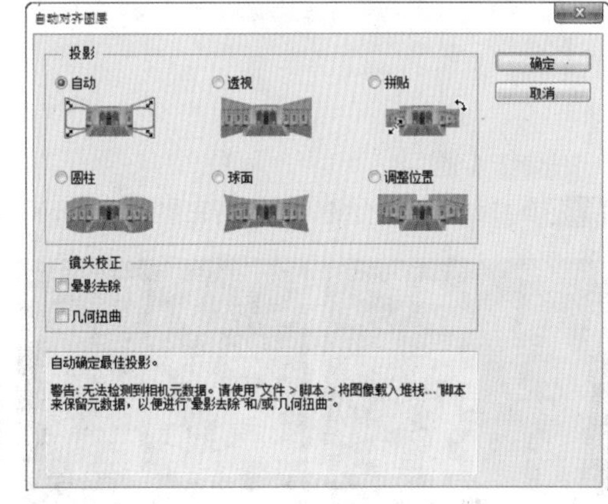

图3-207

- **自动**：通过分析源图像并应用“透视”或“圆柱”版面。
- **透视**：通过将源图像中的一张图像指定为参考图像来创建一致的复合图像，然后变换其他图像，以匹配图层的重叠内容。
- **拼贴**：对齐图层并匹配重叠内容，并且不更改图像中对象的形状（例如，圆形将仍然保持为圆形）。
- **圆柱**：通过在展开的圆柱上显示各个图像来减少在“透视”版面中会出现的“领结”扭曲，同时图层的重叠内容仍然相互匹配。
- **球面**：将图像与宽视角对齐（垂直和水平）。指定某个源图像（默认情况下是中间图像）作为参考图像以后，对其他图像执行球面变换，以匹配重叠的内容。
- **调整位置**：对齐图层并匹配重叠内容，但不会变换（伸展或斜切）任何源图层。
- **晕影去除**：对导致图像边缘（尤其是角落）比图像中心暗的镜头缺陷进行补偿。
- **几何扭曲**：补偿桶形、枕形或鱼眼失真。

> **技巧与提示**
>
> 自动对齐图像之后，可以执行“编辑>自由变换”命令来微调对齐效果。

3.5.7 自动混合图层

“自动混合图层”功能是根据需要对每个图层应用图层蒙版，以遮盖过度曝光或曝光不足的区域或内容差异。

选择两个或两个以上的图层，如图3-208所示。执行“编辑>自动混合图层”命令，打开“自动混合图层”对话框，如图3-209所示。选择合适的混合方式，使用该命令可以缝合或者组合图像，从而在最终图像中获得平滑的过渡效果，如图3-210所示。

“自动混合图层”功能仅适用于RGB或灰度图像，不适用于智能对象、视频图层、3D图层或“背景”图层。

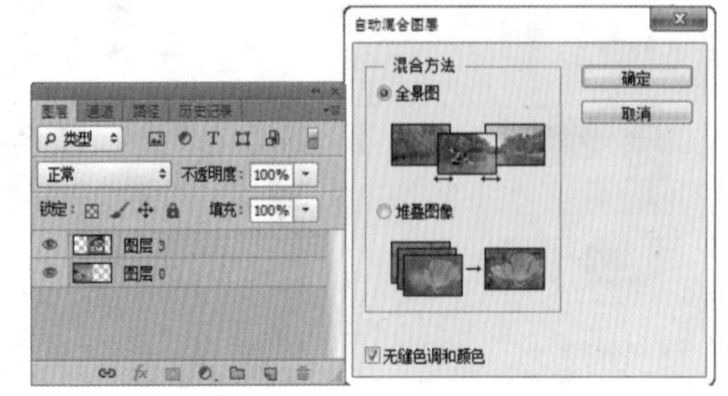

图3-208　　图3-209

- **全景图**：将重叠的图层混合成全景图。
- **堆叠图像**：混合每个相应区域中的最佳细节。该选项最适合用于已对齐的图层。

自动混合前

自动混合后

图3-210

实例练习——制作无景深的风景照片

案例文件	实例练习——制作无景深的风景照片.psd
视频教学	实例练习——制作无景深的风景照片.flv
难易指数	★★★★★
技术要点	自动混合图层

案例效果

本例使用“自动混合图层”的“堆叠图像”混合方法将两张有景深效果的图像混合成无景深效果，如图3-211～图3-213所示。

操作步骤

步骤01 按Ctrl+O组合键，打开两张焦点位置不同的图片，如图3-214和图3-215所示。

图3-211

图3-212

图3-213

图3-214

图3-215

步骤02 将其中一个图像拖曳到另外的文件中，在“图层”面板中同时选择“背景”图层和“图层1”，然后执行“编辑>自动混合图层”命令，在弹出的“自动混合图层”对话框中设置“混合方法”为“堆叠图像”，如图3-216所示。最终效果如图3-217所示。

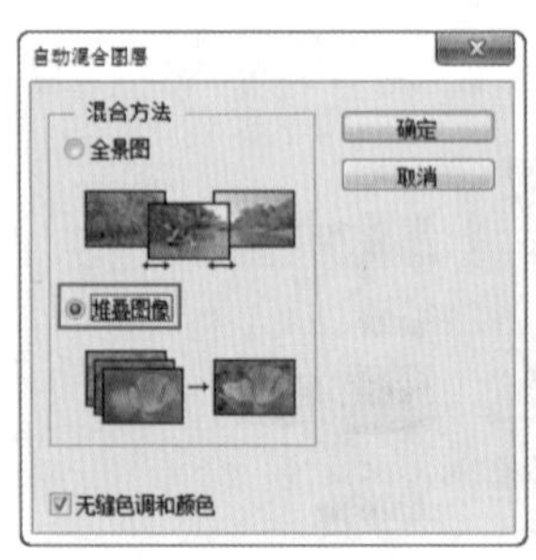

图3-216

图3-217

技巧与提示

本例的两幅图像是同一个拍摄角度，但是拍摄的焦点不同，所以要设置“混合方法”为“堆叠图像”，如果选择“全景图”方式，最终效果仍然存在景深效果，如图3-218所示。

图3-218

选区工具的使用

本章学习要点：

- 掌握选区工具的使用方法
- 掌握常用抠图工具与技巧
- 掌握选区的编辑方法
- 掌握填充与描边选区的应用方法

4.1 使用内置工具制作选区

Photoshop中包含多种方便快捷的选框工具组，基本选择工具包括选框工具组、套索工具组，每个工具组中又包含多种工具，如图4-1所示。对于比较规则的圆形或方形对象可以使用选框工具组，选框工具组是Photoshop中最常用的选框工具。适合于形状比较规则的图案（如圆形、椭圆形、正方形、长方形），如图4-2和图4-3所示的图像中就可以使用矩形选框工具以及椭圆选框工具进行选择。

对于不规则选区，可以使用套索工具组。对于转折处比较强烈的图案，可以使用多边形套索工具来进行选择，如图4-4所示。对于转折比较柔和的图案可以使用套索工具，如图4-5所示。

图4-1　　图4-2　　图4-3　　图4-4　　图4-5

4.1.1 矩形选框工具

矩形选框工具主要用于创建矩形选区与正方形选区。单击该工具按钮，在画面中按住鼠标左键并拖动，松开光标后即可得到一个矩形选区。如果在绘制时按住Shift键可以创建正方形选区。如图4-6和图4-7所示为矩形选区和正方形选区。

单击该工具按钮，选项栏会显示相应设置参数，如图4-8所示。

图4-6

图4-7

图4-8

- 羽化：主要用来设置选区的羽化范围，如图4-9和图4-10所示是“羽化”值分别为0像素与20像素时的边界效果。

图4-9

图4-10

技巧与提示

当设置的“羽化”数值过大，以至于任何像素都不大于50%选择，Photoshop会弹出一个警告对话框，提醒用户羽化后的选区将不可见（选区仍然存在），如图4-11所示。

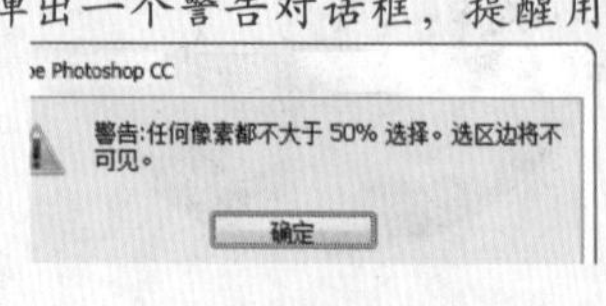

图4-11

- 消除锯齿：矩形选框工具的“消除锯齿”复选框是不可用的，因为矩形选框没有不平滑效果，只有在使用椭圆选框工具时“消除锯齿”复选框才可用。

- 样式：用来设置矩形选区的创建方法。当选择“正常”选项时，可以创建任意大小的矩形选区；当选择“固定比例”选项时，可以在“右侧”的“宽度”和“高度”文本框中输入数值，以创建固定比例的选区。例如，设置“宽度”为1、“高度”为2，那么创建出来的矩形选区的高度就是宽度的2倍；当选择“固定大小”选项时，可以在右侧的“宽度”和“高度”文本框中输入数值，然后单击即可创建一个固定大小的选区（单击“高度和宽度互换”按钮可以切换“宽度”和“高度”的数值）。
- 调整边缘：与执行“选择>调整边缘”命令相同，单击该按钮可以打开“调整边缘”对话框，在该对话框中可以对选区进行平滑、羽化等处理。

实例练习——将图像放到相框中

案例文件	实例练习——将图像放到相框中.psd
视频教学	实例练习——将图像放到相框中.flv
难易指数	★★★★★
技术要点	掌握如何制作矩形选区

图4-12

案例效果

本例主要是针对矩形选框工具的用法进行练习，如图4-12所示。

操作步骤

步骤01 打开本书配套光盘中的素材文件，如图4-13所示。

步骤02 置入前景素材文件，执行“图层>栅格化>智能对象”命令，如图4-14所示。

步骤03 降低前景不透明度为30%，如图4-15所示。在工具箱中单击“矩形选框工具”按钮，然后在图像上按住鼠标左键并拖动，绘制一个矩形选区，将照片框边缘框选出来，如图4-16所示。

图4-13

图4-14

图4-15

图4-16

技巧与提示

如果出现绘制的矩形并不符合相框的大小，可以重新使用矩形选框工具绘制矩形选区，或是利用“变换选区”命令调整选区的大小。

步骤04 右击，在弹出的快捷菜单中选择“选择反向”命令，如图4-17所示。按Delete键，将矩形选区以外的内容去掉并还原“前景”图层不透明度为100%。最终效果如图4-18所示。

图4-17

图4-18

4.1.2 椭圆选框工具

椭圆选框工具主要用来制作椭圆选区和正圆选区。单击该工具按钮，在画面中按住鼠标左键并拖动，松开光标后即可得到一个椭圆选区。如果在绘制时按住Shift键可以创建正圆选区。如图4-19和图4-20所示分别为椭圆选区和正圆形选区。

图4-19

图4-20

在工具箱中单击相应工具，选项栏中就会出现该工具的参数选项，如图4-21所示。其他选项的用法与矩形选框工具中的相同，因此这里不再讲解。

羽化：0像素 ☑消除锯齿 样式：正常 宽度： 高度： 调整边缘...

图4-21

- 消除锯齿：通过柔化边缘像素与背景像素之间的颜色过渡效果，来使选区边缘变得平滑，如图4-22所示为未选中“消除锯齿”复选框时的图像边缘效果，如图4-23所示为选中“消除锯齿”复选框时的图像边缘效果。由于“消除锯齿”只影响边缘像素，因此不会丢失细节，在剪切、复制和粘贴选区图像时非常有用。

图4-22　　图4-23

实例练习——使用椭圆选框工具

案例文件	实例练习——使用椭圆选框工具.psd
视频教学	实例练习——使用椭圆选框工具.flv
难易指数	★★★★★
技术要点	掌握如何制作圆形选区

案例效果

本例主要是针对椭圆选框工具的用法进行练习，如图4-24所示。

图4-24

操作步骤

步骤01 打开本书配套光盘中的橙子素材文件，执行“视图>标尺”命令，将标尺显示出来，并在标尺上单击拖曳创建横竖两条交叉的辅助线，如图4-25所示。

步骤02 在工具箱中单击“椭圆选框工具”按钮，然后按住Shift+Alt组合键的同时以光盘的中心为基准绘制一个圆形选区，将橙子框选出来，按Ctrl+C组合键复制选区内部分，如图4-26所示。

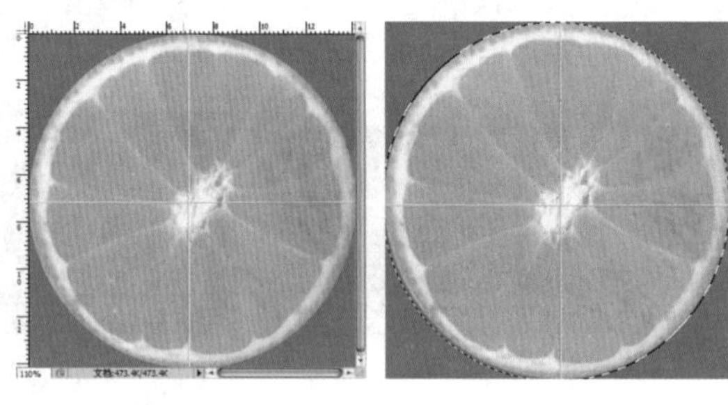

图4-25　　图4-26

步骤03 打开背景素材文件，按Ctrl+V组合键将橙子粘贴到背景文件中，如图4-27所示。

步骤04 先后两次拖曳“橙子”图层到“图层”面板底部的“创建新图层”按钮上，复制出“橙子 副本”和“橙子 副本2”图层，如图4-28所示。

步骤05 单击“橙子 副本”图层，按Ctrl+T组合键调整橙子大小及位置，如图4-29所示。

步骤06 使用同样的方法调整另外一个橙子，最终效果如图4-30所示。

图4-27

图4-28

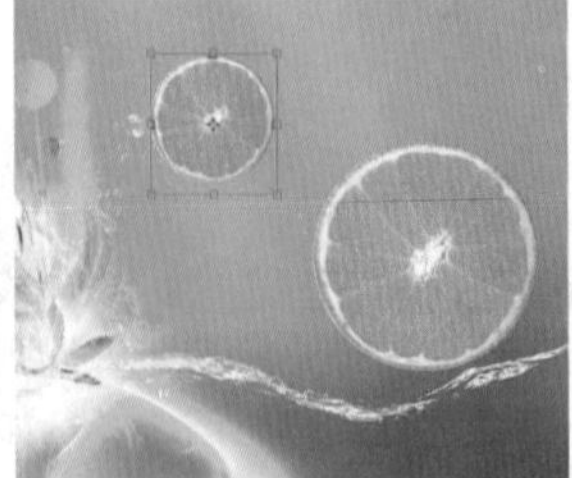

图4-29

图4-30

4.1.3 单行/单列选框工具

单行选框工具 和单列选框工具 主要用来创建高度或宽度为1像素的选区，常用来制作网格效果。使用方法非常简单，使用该工具，在画面中单击，松开光标后即可得到选区，如图4-31所示。

图4-31

4.1.4 套索工具

使用套索工具 可以非常自由地绘制出形状不规则的选区。单击“套索工具”按钮 ，在图像上按住鼠标左键并拖曳光标，绘制选区边界，如图4-32所示。当释放鼠标左键时，选区将自动闭合，如图4-33所示。

图4-32　　图4-33

技巧与提示

当使用套索工具绘制选区时，如果在绘制过程中按住Alt键，释放鼠标左键以后（不释放Alt键），Photoshop会自动切换到多边形套索工具。

如果在绘制中途释放鼠标左键，Photoshop会在该点与起点之间建立一条直线以封闭选区。

4.1.5 多边形套索工具

多边形套索工具 适合于创建一些转角比较强烈的选区。单击“多边形套索工具”按钮 ，在画面中单击确定选区的起点，接着多次移动光标并单击，最后将光标定位到选区起点处，再次单击得到闭合选区，如图4-34和图4-35所示。

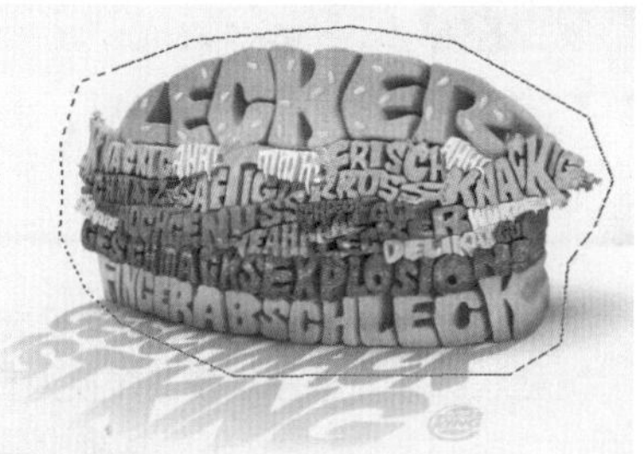

图4-34　　图4-35

技巧与提示

在使用多边形套索工具绘制选区时，按住Shift键，可以在水平方向、垂直方向或45°方向上绘制直线。另外，按Delete键可以删除最近绘制的直线。

4.2 选区的基本操作

在Photoshop中处理图像时，经常需要针对局部效果进行调整，通过选择特定区域，可以对该区域进行编辑并保持未选定区域不会被改动。这时就需要为图像指定一个有效的编辑区域，这个区域就是“选区”，如图4-36～图4-38所示。

图4-36　　图4-37　　图4-38

选区的另外一项重要功能是图像局部的分离，也就是抠图。以图4-39为例，要将图中的前景物体分离出来，这时就可以使用快速选择工具或磁性套索工具制作主体部分选区，接着将选区中的内容复制粘贴到其他合适的背景文件中，并添加其他合成元素即可完成一个合成作品。效果如图4-40所示。

“选区”作为一个非实体对象，也可以对其进行如运算（新选区、添加到选区、从选区减去与选区交叉）、全选与反选、取消选择与重新选择、移动与变换、存储与载入等操作。

图4-39

图4-40

4.2.1 选区的运算

如果当前图像中包含有选区，在使用任何选框工具、套索工具或魔棒工具创建选区时，选项栏中就会出现选区运算的相关工具，如图4-41所示。

羽化：0像素 消除锯齿

图4-41

- "新选区"按钮：激活该按钮以后，可以创建一个新选区，如图4-42所示。如果已经存在选区，那么新创建的选区将替代原来的选区。
- "添加到选区"按钮：激活该按钮以后，可以将当前创建的选区添加到原来的选区中（按住Shift键也可以实现相同的操作），如图4-43所示。
- "从选区减去"按钮：激活该按钮以后，可以将当前创建的选区从原来的选区中减去（按住Alt键也可以实现相同的操作），如图4-44所示。
- "与选区交叉"按钮：激活该按钮以后，新建选区时只保留原有选区与新创建的选区相交的部分（按住Shift+Alt组合键也可以实现相同的操作），如图4-45所示。

图4-42

图4-43

图4-44

图4-45

实例练习——利用选区运算选择对象

案例文件	实例练习——利用选区运算选择对象.psd
视频教学	实例练习——利用选区运算选择对象.flv
难易指数	★★★★★
技术要点	掌握选区的运算方法

案例效果

本例主要是针对选区的运算方法进行练习，如图4-46所示。

图4-46

操作步骤

步骤01 打开本书配套光盘中的素材文件，按住Alt键并双击背景图层使其转换为普通图层，如图4-47所示。

步骤02 在工具箱中单击"磁性套索工具"按钮，绘制出顶部的热气球的选区，如图4-48所示。

图4-47

图4-48

步骤03 保持选区状态，然后在选项栏中单击"加选"按钮，如图4-49所示。沿着另一个热气球勾选出来，效果如图4-50所示。

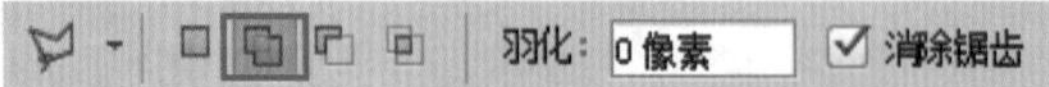

图4-49

步骤04 在画布中右击，在弹出的快捷菜单中选择"选择反向"命令，如图4-51所示。按Delete键删除选区中的图像，如图4-52所示。置入素材文件"2.jpg"并栅格化作为新的背景图层，将热气球图层放在背景图层上方，如图4-53所示。

图4-50

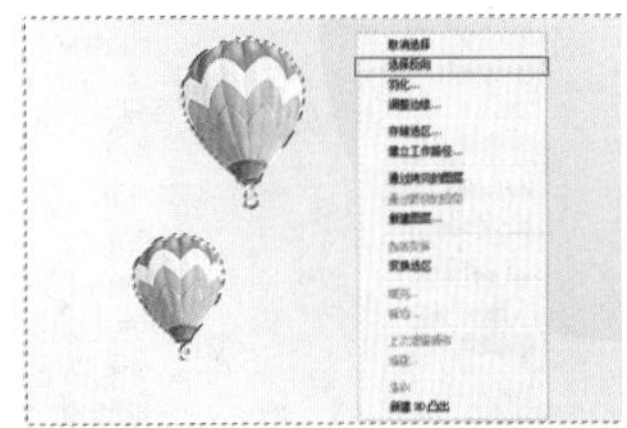

图4-51

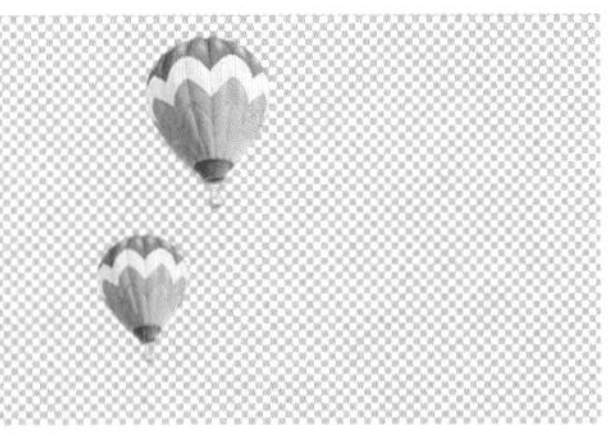

图4-52

图4-53

4.2.2 全选与反选

全选图像常用于复制整个文档中的图像。执行“选择>全部”命令或按Ctrl+A组合键，可以选择当前文档边界内的所有图像，如图4-54所示。

创建选区以后，如图4-55所示。执行“选择>反向选择”命令或按Shift+Ctrl+I组合键，可以选择反向的选区，也就是选择图像中没有被选择的部分，如图4-56所示。

图4-54

图4-55

图4-56

4.2.3 取消选择与重新选择

执行“选择>取消选择”命令或按Ctrl+D组合键，可以取消选区状态。

如果要恢复被取消的选区，可以执行“选择>重新选择”命令。

4.2.4 隐藏与显示选区

执行“视图>显示>选区边缘”命令可以切换选区的显示与隐藏。创建选区以后，执行“视图>显示>选区边缘”命令或按Ctrl+H组合键，可以隐藏选区（注意，隐藏选区后，选区仍然存在）；如果要将隐藏的选区显示出来，可以再次执行“视图>显示>选区边缘”命令或按Ctrl+H组合键。

4.2.5 移动选区

将光标放置在选区内，当光标变为形状时，拖曳光标即可移动选区，如图4-57和图4-58所示。

使用选框工具创建选区时，在释放鼠标左键之前，按住Space键（即空格键）拖曳光标，可以移动选区，如图4-59和图4-60所示。

图4-57

图4-58

图4-59

图4-60

技巧与提示

在包含选区的状态下，按键盘上的→、←、↑、↓键可以1像素的距离移动选区。

4.2.6 变换选区

"变换选区"与"自由变换"命令比较相似，只不过"变换选区"的对象是选区而不是实体。在存在选区的状态下右击，执行变换选区命令即可在选区上出现类似"自由变换"命令一样的定界框，调整定界框上的控制点即可调整选区形状。右击能够出现其他的变换命令：缩放、旋转、斜切、扭曲、透视、变形等，如图4-61和图4-62所示。

（1）使用矩形选框工具绘制一个长方形选区，如图4-63所示。

（2）对创建好的选区执行"选择>变换选区"命令或按Alt+S+T组合键，可以对选区进行移动，如图4-64所示。

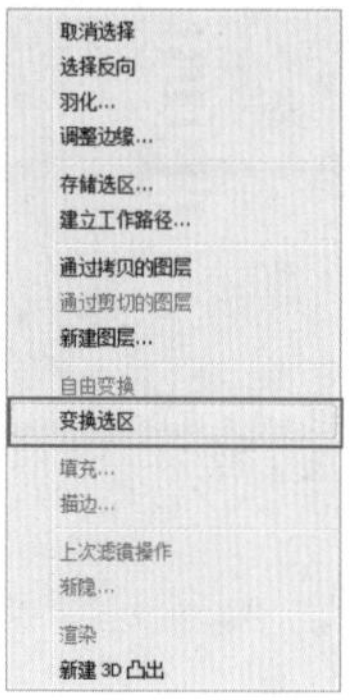

图4-61 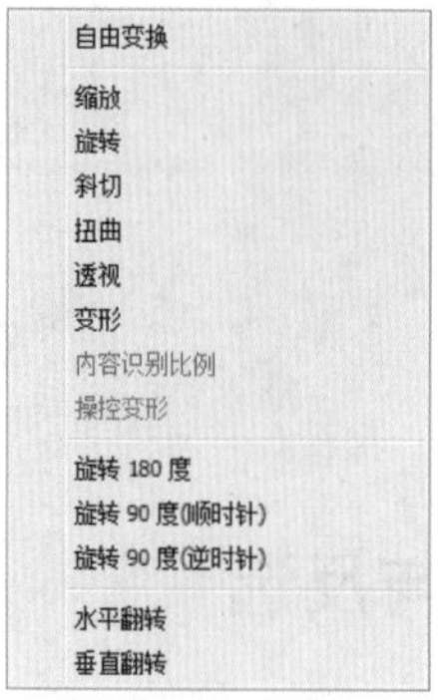　　图4-62

图4-63

（3）在选区变换状态下，在画布中右击，还可以选择其他变换方式，如图4-65～图4-67所示。

（4）变换完成之后，按Enter键即可完成变换，如图4-68所示。

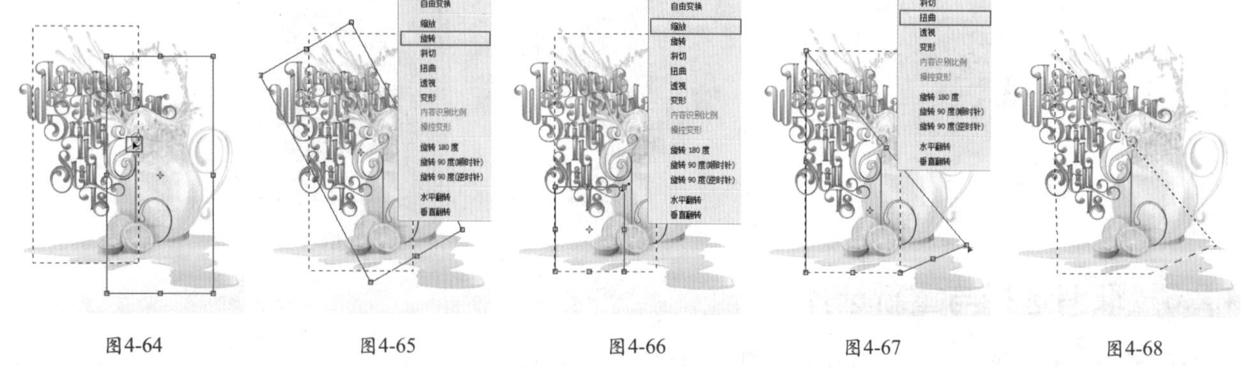

图4-64　　图4-65　　图4-66　　图4-67　　图4-68

4.2.7 存储选区

在Photoshop中，选区可以作为通道进行存储。执行"选择>存储选区"命令，或在"通道"面板中单击"将选区存储为通道"按钮，可以将选区存储为Alpha通道蒙版。如图4-69和图4-70所示分别为创建选区、存储选区。

当执行"选择>存储选区"命令，Photoshop会弹出"存储选区"对话框，如图4-71所示。

图4-69

图4-70

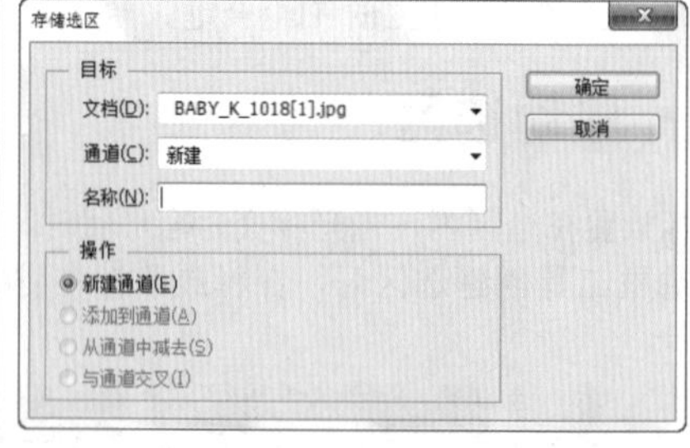

图4-71

- 文档：选择保存选区的目标文件。默认情况下将选区保存在当前文档中，也可以将其保存在一个新建的文档中。
- 通道：选择将选区保存到一个新建的通道中，或保存到其他Alpha通道中。
- 名称：设置选区的名称。
- 操作：选择选区运算的操作方式，包括4种方式。"新建通道"是将当前选区存储在新通道中；"添加到通道"是将选区添加到目标通道的现有选区中；"从通道中减去"是从目标通道中的现有选区中减去当前选区；"与通道交叉"是从与当前选区和目标通道中的现有选区交叉的区域中存储一个选区。

4.2.8 载入选区

执行“选择>载入选区”命令，或在“通道”面板中按住Ctrl键的同时单击存储选区的通道蒙版缩览图，即可重新载入存储起来的选区，如图4-72所示。

当执行“选择>载入选区”命令时，Photoshop会弹出“载入选区”对话框，如图4-73所示。

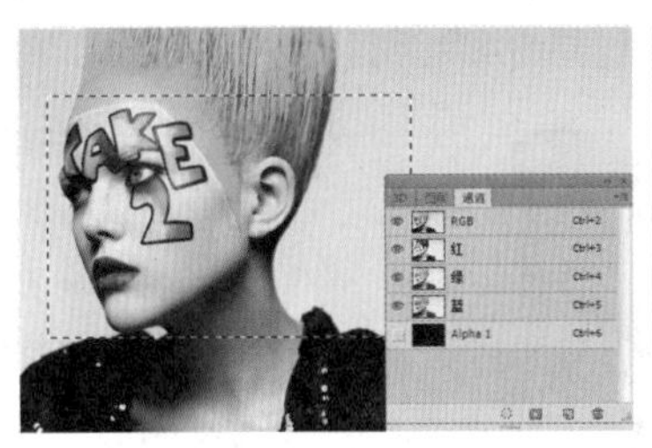

图4-72

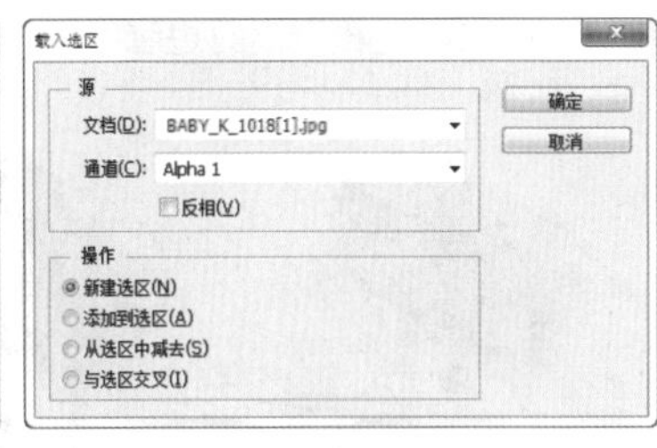

图4-73

- 文档：选择包含选区的目标文件。
- 通道：选择包含选区的通道。
- 反相：选中该复选框以后，可以反转选区，相当于载入选区后执行“选择>反向”命令。
- 操作：选择选区运算的操作方式，包括4种。“新建选区”是用载入的选区替换当前选区；“添加到选区”是将载入的选区添加到当前选区中；“从选区中减去”是从当前选区中减去载入的选区；“与选区交叉”可以得到载入的选区与当前选区交叉的区域。

技巧与提示

如果要载入单个图层的选区，可以按住Ctrl键的同时单击该图层的缩览图。

4.3 基于颜色制作选区

如果需要选择的对象与背景之间的色调差异比较明显，使用工具箱中的魔棒工具、快速选择工具、磁性套索工具和“选择”菜单中的“色彩范围”命令都可以快速地将对象分离出来。这些工具和命令都可以基于色调之间的差异来创建选区。如图4-74和图4-75所示为可以使用到以上工具将前景对象抠选出来，并更换背景后的效果。

图4-74　　图4-75

4.3.1 磁性套索工具

磁性套索工具能够以颜色上的差异自动识别对象的边界，特别适合于快速选择与背景对比强烈且边缘复杂的对象。单击工具箱中的“磁性套索工具”按钮，将光标定位到要绘制选区的区域单击，接着沿要绘制选区的边缘移动光标，磁性套索边界会自动对齐图像的边缘，如图4-76所示。最后将光标移动回起点，单击即可得到选区，如图4-77所示。当勾选完比较复杂的边界时，还可以按住Alt键切换到多边形套索工具，以勾选转角比较强烈的边缘。

图4-76 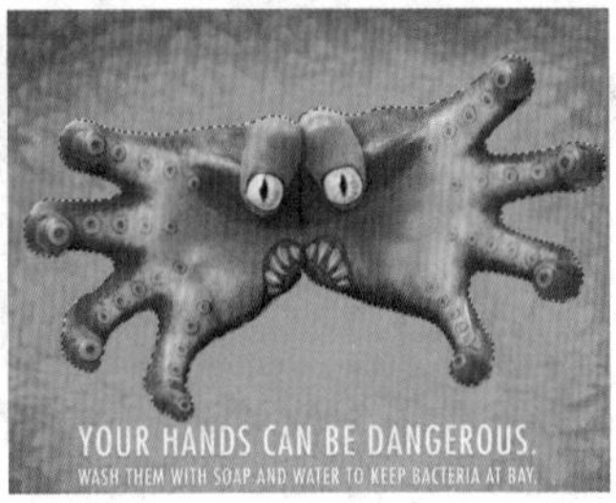　　图4-77

技巧与提示

磁性套索工具不能用于32位/通道的图像。

磁性套索工具的选项栏如图4-78所示。

图4-78

- 宽度："宽度"值决定了以光标中心为基准，光标周围有多少个像素能够被磁性套索工具检测到，如果对象的边缘比较清晰，可以设置较大的值；如果对象的边缘比较模糊，可以设置较小的值。如图4-79和图4-80所示为"宽度"值分别为20和200时检测到的边缘。

图4-79

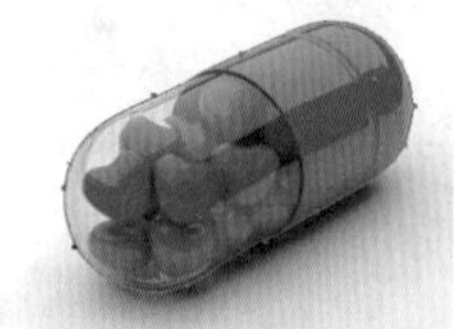

图4-80

> **技巧与提示**
>
> 在使用磁性套索工具勾画选区时，按住CapsLock键，光标会变成⊙形状，圆形的大小就是该工具能够检测到的边缘宽度。另外，按↑键和↓键可以调整检测宽度。

- 对比度：该选项主要用来设置磁性套索工具感应图像边缘的灵敏度。如果对象的边缘比较清晰，可以将该值设置得大一些；如果对象的边缘比较模糊，可以将该值设置得小一些。
- 频率：在使用磁性套索工具勾画选区时，Photoshop会生成很多锚点，"频率"选项就是用来设置锚点的数量。数值越大，生成的锚点越多，捕捉到的边缘越准确，但是可能会造成选区不够平滑。如图4-81和图4-82所示为"频率"分别为10和100时生成的锚点。
- "钢笔压力"按钮：如果计算机配有数位板和压感笔，可以激活该按钮，Photoshop会根据压感笔的压力自动调节磁性套索工具的检测范围。

图4-81

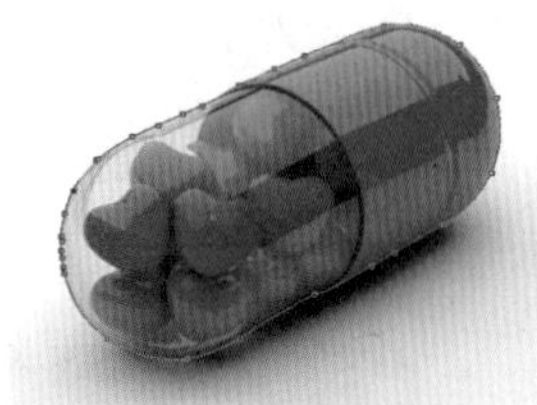

图4-82

实例练习——使用磁性套索工具换背景

案例文件	实例练习——使用磁性套索工具换背景.psd
视频教学	实例练习——使用磁性套索工具换背景.flv
难易指数	★★★★★
技术要点	掌握磁性套索工具的使用方法

案例效果

本例主要是针对磁性套索工具的用法进行练习。原图如图4-83所示。最终效果如图4-84所示。

图4-83

图4-84

操作步骤

步骤01 打开本书配套光盘中的素材文件，按住Alt键双击背景图层将其转换为普通图层，如图4-85所示。

步骤02 在工具箱中单击"磁性套索工具"按钮，然后在肩膀的边缘单击，确定起点，如图4-86所示。接着沿着人像边缘移动光标，此时Photoshop会生成很多锚点，如图4-87所示。当勾画到起点处时按Enter键闭合选区，如图4-88所示。

图4-85

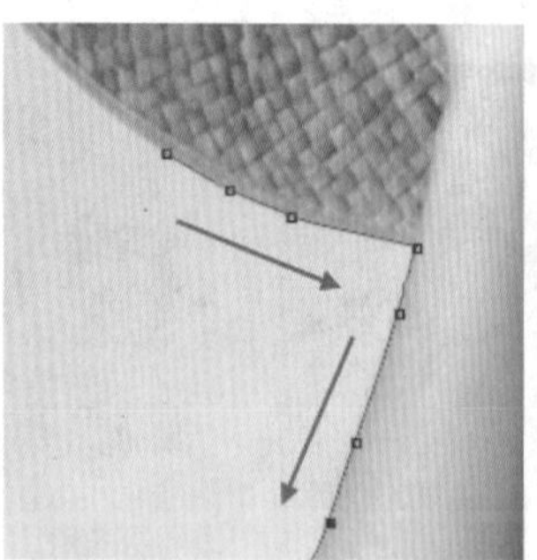

图4-86

图4-87

图4-88

> **技巧与提示**
>
> 如果在勾画过程中生成的锚点位置远离了人像，可以按Delete键删除最近生成的一个锚点，然后继续绘制。

步骤03 由于在当前的选区中还包含了小腿和皮箱中间的区域，所以需要继续使用磁性套索工具，在其选项栏中单击“从选区中减去”按钮，并绘制多余的区域，如图4-89所示。

步骤04 得到选区后，如图4-90所示。右击，在弹出的快捷菜单中选择“选择反向”命令，按Delete键删除背景部分，按Ctrl+D组合键取消选择，如图4-91所示。

步骤05 置入背景素材，执行“图层>栅格化>智能对象”命令，并将其放置在最底层。置入前景素材，执行“图层>栅格化>智能对象”命令，将其放在最顶层，最终效果如图4-92所示。

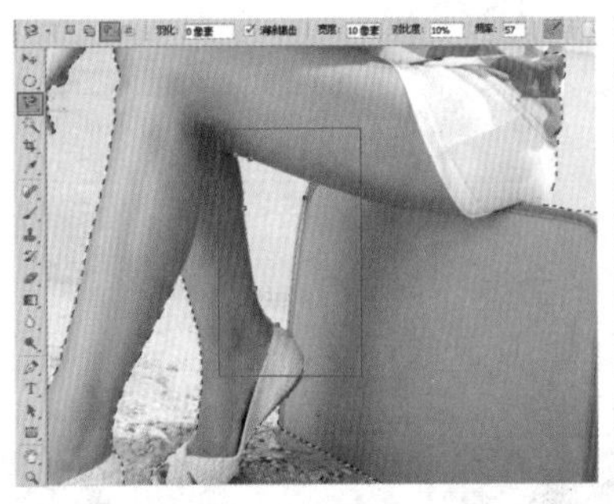
图4-89

图4-90

图4-91

图4-92

4.3.2 快速选择工具

使用快速选择工具可以利用可调整的圆形笔尖迅速地绘制出选区。单击工具箱中的该工具，在需要绘制选区的位置按住鼠标左键并拖动，当拖曳鼠标时，选取范围不但会向外扩张，而且还可以根据颜色差异自动沿着图像的边缘来描绘选区。快速选择工具的选项栏如图4-93所示。

30 对所有图层取样 自动增强 调整边缘...

图4-93

- 选区运算按钮：激活“新选区”按钮，可以创建一个新的选区；激活“添加到选区”按钮，可以在原有选区的基础上添加新创建的选区；激活“从选区减去”按钮，可以在原有选区的基础上减去当前绘制的选区。
- “画笔”选择器：单击倒三角按钮，可以在弹出的“画笔”选择器中设置画笔的大小、硬度、间距、角度以及圆度，如图4-94所示。在绘制选区的过程中，可以按]键和[键增大或减小画笔的大小。
- 对所有图层取样：如果选中该复选框，Photoshop会根据所有的图层建立选取范围，而不仅是只针对当前图层。
- 自动增强：降低选取范围边界的粗糙度与区块感。

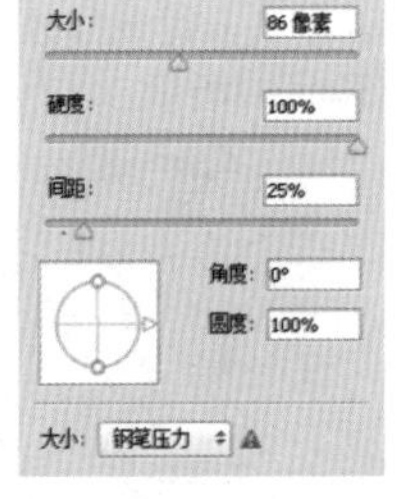

图4-94

4.3.3 魔棒工具

魔棒工具在实际工作中的使用频率相当高，使用魔棒工具在图像中单击就能选取颜色差别在容差值范围之内的区域，其选项栏如图4-95所示。

图4-95

- 容差：决定所选像素之间的相似性或差异性，其取值范围为0～255。数值越小，对像素的相似程度的要求越高，所选的颜色范围就越小，如图4-96所示为“容差”为30时的选区效果；数值越大，对像素的相似程度的要求越低，所选的颜色范围就越广，如图4-97所示为“容差”为60的选区效果。
- 连续：当选中该复选框时，只选择颜色连接的区域，如图4-98所示；当取消选中该复选框时，可以选择与所选像素颜色接近的所有区域，当然也包含没有连接的区域，如图4-99所示。

图4-96

图4-97

图4-98

图4-99

- **对所有图层取样**：如果文档中包含多个图层，如图4-100所示，选中该复选框时，可以选择所有可见图层上颜色相近的区域，如图4-101所示；当取消选中该复选框时，仅选择当前图层上颜色相近的区域，如图4-102所示。

图4-100

图4-101

图4-102

实例练习——使用魔棒工具换背景

案例文件	使用魔棒工具换背景.psd
视频教学	使用魔棒工具换背景.flv
难易指数	★★★★★
技术要点	魔棒工具

案例效果

原图如图4-103所示。最终效果如图4-104所示。

图4-103

图4-104

操作步骤

步骤01 打开背景素材“1.jpg”，置入人像素材“2.jpg”，执行“图层>栅格化>智能对象”命令，如图4-105所示。

步骤02 使用魔棒工具，在其选项栏中单击“添加到选区”按钮，设置“容差”为20，选中“消除锯齿”和“连续”复选框。单击背景部分，第一次单击背景时可能会有遗漏的部分，如图4-106所示。可以多次单击没有被添加到选区内的部分，如图4-107所示。

图4-105

图4-106

图4-107

技巧与提示

此处不适宜把容差值变得太大，因为容差值越大，勾选的区域越大，很容易选择到人像身体部分，如图4-108所示。

图4-108

步骤03 按Shift+Ctrl+I组合键反向选择，然后为图像添加图层蒙版，则人像背景被自动抠出，如图4-109所示。最终效果如图4-110所示。

图4-109

图4-110

4.3.4 色彩范围

"色彩范围"命令与魔棒工具比较相似，可根据图像的颜色范围创建选区，但是该命令提供了更多的控制选项，因此该命令的选择精度也要高一些。需要注意的是，"色彩范围"命令不可用于32位/通道的图像。执行"选择>色彩范围"命令，打开"色彩范围"对话框，在这里首先单击窗口右侧的取样器工具，然后在画面中单击确定要创建哪种色彩的选区，接着使用"添加到取样"工具以及"从取样中减去"工具调整选取的范围，设置合适的"颜色容差"并观察"选区预览图"中的被选区域是否符合要求，单击"确定"按钮即可得到选区，如图4-111～图4-113所示。

图4-111

图4-112

图4-113

- 选择：用来设置选区的创建方式。选择"取样颜色"选项时，光标会变成形状，将光标放置在画布中的图像上，或在"色彩范围"对话框中的预览图像上单击，可以对颜色进行取样；选择"红色"、"黄色"、"绿色"和"青色"等选项时，可以选择图像中特定的颜色；选择"高光"、"中间调"和"阴影"选项时，可以选择图像中特定的色调；选择"肤色"选项时，会自动检测皮肤区域；选择"溢色"选项时，可以选择图像中出现的溢色。
- 本地化颜色簇：选中"本地化颜色簇"复选框后，拖曳"范围"滑块可以控制要包含在蒙版中的颜色与取样点的最大和最小距离，如图4-114所示。
- 颜色容差：用来控制颜色的选择范围。数值越大，包含的颜色越广，如图4-115所示；数值越小，包含的颜色越窄，如图4-116所示。

图4-114

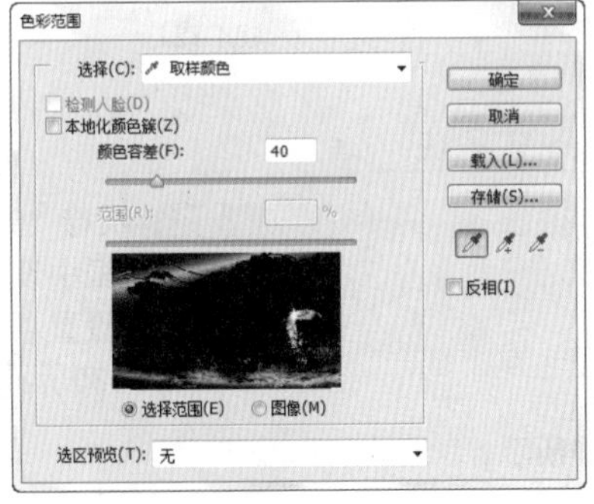

图4-115

图4-116

- 选区预览图：选区预览图下面包含"选择范围"和"图像"两个选项。当选中"选择范围"单选按钮时，预览区域中的白色代表被选择的区域，黑色代表未选择的区域，灰色代表被部分选择的区域（即有羽化效果的区域），如图4-117所示；当选中"图像"单选按钮时，预览区内会显示彩色图像，如图4-118所示。
- 选区预览：用来设置文档窗口中选区的预览方式。选择"无"选项时，表示不在窗口中显示选区，如图4-119所示；选择"灰度"选项时，可以按照选区在灰度通道中的外观来显示选区，如图4-120所示；选择"黑色杂边"选项时，可以在未选择的区域上覆盖一层黑色，如图4-121所示；选择"白色杂边"选项时，可以在未选择的区域上覆盖一层白色，如图4-122所示；选择"快速蒙版"选项时，可以显示选区在快速蒙版状态下的效果，如图4-123所示。

图4-117

图4-118

图4-119

图4-120

图4-121

图4-122

- 存储/载入：单击“存储”按钮，可以将当前的设置状态保存为选区预设；单击“载入”按钮，可以载入存储的选区预设文件。
- 添加到取样/从取样中减去：当选择“取样颜色”选项时，可以对取样颜色进行添加或减去。如果要添加取样颜色，可以单击“添加到取样”按钮，然后在预览图像上单击，以取样其他颜色，如图4-124所示。如果要减去取样颜色，可以单击“从取样中减去”按钮，然后在预览图像上单击，以减去其他取样颜色，如图4-125所示。
- 反相：将选区进行反转，也就是说创建选区以后，相当于执行了“选择>反相”命令。

图4-123

图4-124

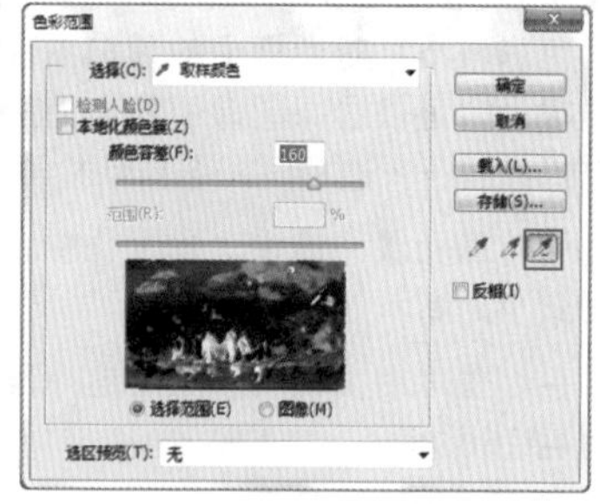

图4-125

实例练习——利用色彩范围改变文字颜色

案例文件	实例练习——利用色彩范围改变文字颜色.psd
视频教学	实例练习——利用色彩范围改变文字颜色.flv
难易指数	★★★★★
技术要点	掌握“色彩范围”命令的使用方法

案例效果

原图如图4-126所示。最终效果如图4-127所示。

操作步骤

步骤01 打开本书配套光盘中的素材文件，如图4-128所示。

图4-126

图4-127

图4-128

步骤02 执行“选择>色彩范围”命令，在弹出的“色彩范围”对话框中设置“选择”为“取样颜色”，接着在背景上单击，并设置“颜色容差”为128，如图4-129所示。选区效果如图4-130所示。

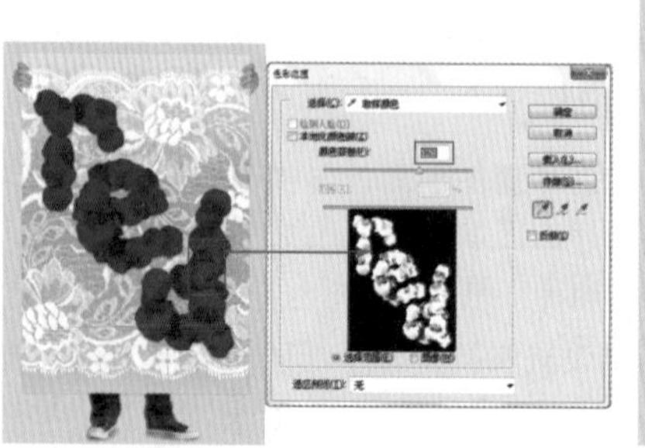
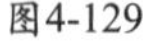
图4-129

图4-130

技巧与提示

在这里设置“颜色容差”数值并不固定，“颜色容差”数值越小，所选择的范围也越小，读者在使用过程中可以根据实际情况一边观察预览效果一边进行调整，如图4-131和图4-132所示。

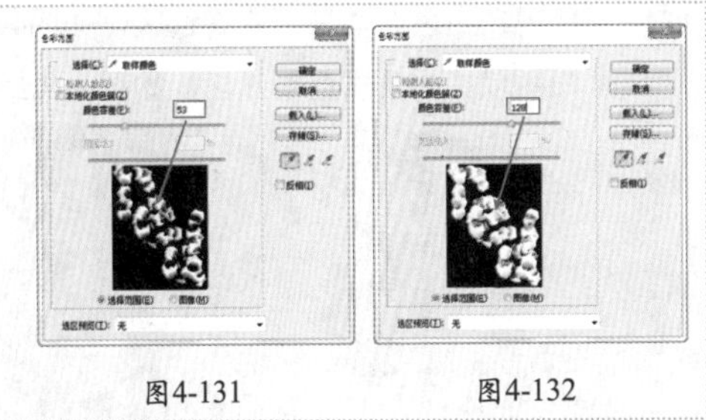

图4-131　图4-132

步骤03 执行“图像>调整>色相/饱和度”命令，打开“色相/饱和度”对话框，然后设置“色相”为-34，“明度”为-8，如图4-133所示。此时可以看到红色的文字变为了紫红色，如图4-134所示。

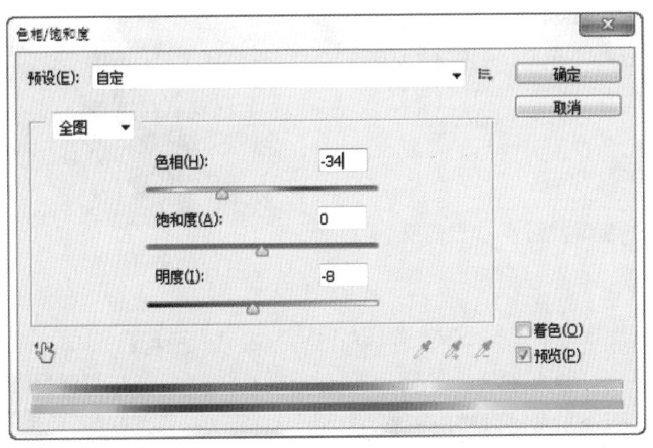

图4-133

图4-134

4.4 选区的高级编辑

选区的编辑包括调整边缘、创建边界选区、平滑选区、扩展与收缩选区、羽化选区、扩大选取、选取相似等，熟练掌握这些操作对于快速选择需要的选区非常重要，如图4-135所示。

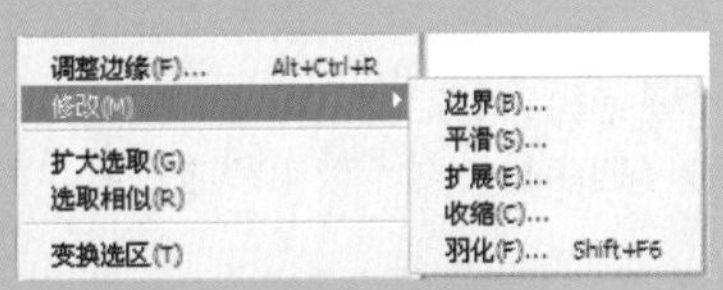

图4-135

4.4.1 调整边缘

“调整边缘”命令可以对选区的半径、平滑度、羽化、对比度、边缘位置等属性进行调整，从而提高选区边缘的品质，并且可以在不同的背景下查看选区。创建选区以后，在选项栏中单击“调整边缘”按钮，或执行“选择>调整边缘”命令（快捷键为Ctrl+Alt+R），打开“调整边缘”对话框，如图4-136所示。

1. 视图模式

在“视图模式”选项组中提供了多种可以选择的显示模式，可以更加方便地查看选区的调整结果，如图4-137所示。

- 闪烁虚线：可以查看具有闪烁虚线的标准选区，羽化后的选区，边界将围绕被选中50%以上的像素，如图4-138所示。
- 叠加：在快速蒙版模式下查看选区效果，如图4-139所示。
- 黑底：在黑色的背景下查看选区，如图4-140所示。

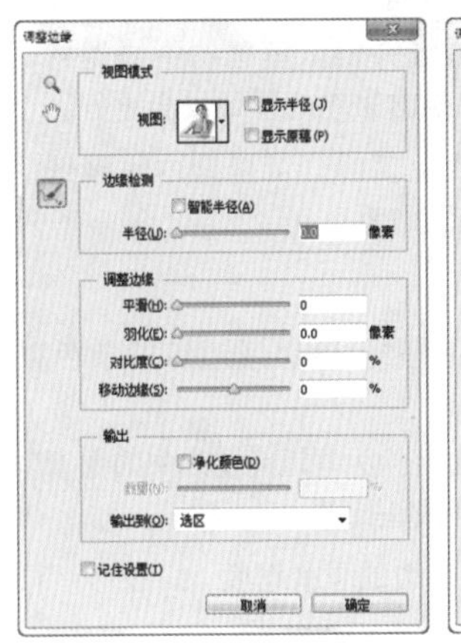

图4-136

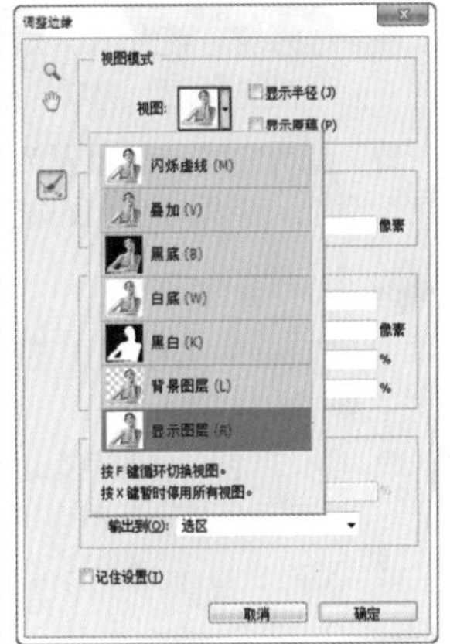

图4-137

- 白底：在白色的背景下查看选区，如图4-141所示。
- 黑白：以黑白模式查看选区，如图4-142所示。

图4-138

图4-139

图4-140

图4-141

图4-142

- 背景图层：可以查看被选区蒙版的图层，如图4-143所示。
- 显示图层：可以在未使用蒙版的状态下查看整个图层，如图4-144所示。
- 显示半径：显示以半径定义的调整区域。
- 显示原稿：可以查看原始选区。
- 缩放工具🔍：使用该工具可以缩放图像。
- 抓手工具：使用该工具可以调整图像的显示位置。

图4-143

图4-144

2. 边缘检测

使用“边缘检测”选项组中的选项可以轻松地抠出细密的毛发，如图4-145所示。

- 调整半径工具/抹除调整工具：使用这两个工具可以精确调整发生边缘调整的边界区域。制作头发或毛皮选区时，可以使用调整半径工具柔化区域以增加选区内的细节。
- 智能半径：自动调整边界区域中发现的硬边缘和柔化边缘的半径。
- 半径：确定发生边缘调整的选区边界的大小。对于锐边，可以使用较小的半径；对于较柔和的边缘，可以使用较大的半径。

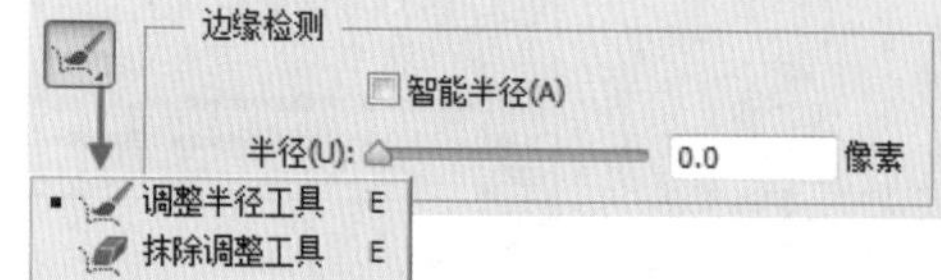

图4-145

3. 调整边缘

“调整边缘”选项组主要用来对选区进行平滑、羽化和扩展等处理，如图4-146所示。

- 平滑：减少选区边界中的不规则区域，以创建较平滑的轮廓。
- 羽化：模糊选区与周围像素之间的过渡效果。
- 对比度：锐化选区边缘并消除模糊的不协调感。在通常情况下，配合“智能半径”选项调整出来的选区效果会更好。
- 移动边缘：当设置为负值时，可以向内收缩选区边界；当设置为正值时，可以向外扩展选区边界。

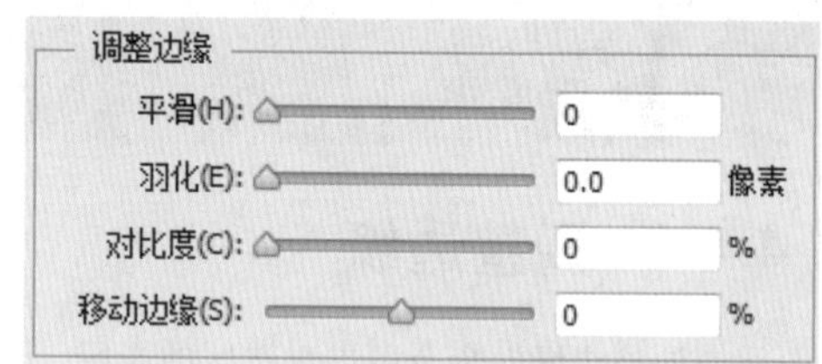

图4-146

4. 输出

“输出”选项组主要用来消除选区边缘的杂色以及设置选区的输出方式，如图4-147所示。

- 净化颜色：将彩色杂边替换为附近完全选中的像素颜色。颜色替换的强度与选区边缘的羽化程度是成正比的。
- 数量：更改净化彩色杂边的替换程度。
- 输出到：设置选区的输出方式。

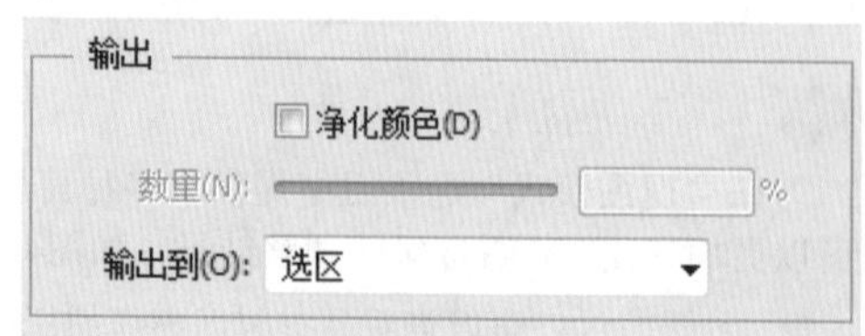

图4-147

4.4.2 创建边界选区

创建选区以后，执行“选择>修改>边界”命令，可以将选区的边界向内或向外进行扩展，扩展后的选区边界将与原来的选区边界形成新的选区，如图4-148所示。效果如图4-149所示。

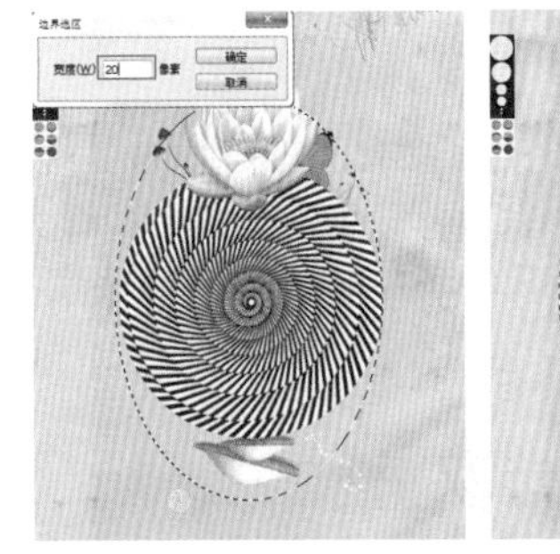

图4-148

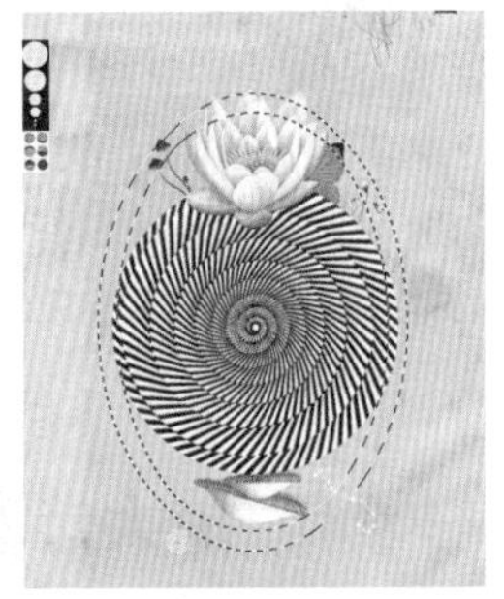

图4-149

4.4.3 平滑选区

对选区执行“选择>修改>平滑”命令，可以将选区进行平滑处理。如图4-150和图4-151所示分别为设置“取样半径”为10像素和100像素时的选区效果。

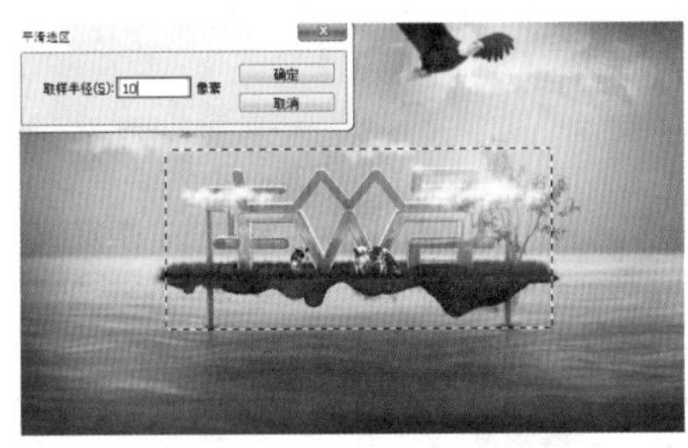

图4-150

图4-151

4.4.4 扩展与收缩选区

对选区执行“选择>修改>扩展”命令，可以将选区向外进行扩展，如图4-152所示。设置“扩展量”为100像素，效果如图4-153所示。

如果要向内收缩选区，可以执行“选择>修改>收缩”命令，如图4-154所示为设置“收缩量”为100像素后的选区效果。

图4-152

图4-153

图4-154

4.4.5 羽化选区

羽化选区是通过建立选区和选区周围像素之间的转换边界来模糊边缘，这种模糊方式将丢失选区边缘的一些细节。

对选区执行“选择>修改>羽化”命令或按Shift+F6组合键，如图4-155所示。接着在弹出的“羽化选区”对话框中设置“羽化半径”为30像素，如图4-156所示。

图4-155

图4-156

技巧与提示

如果选区较小，而“羽化半径”又设置得很大，Photoshop会弹出一个警告对话框。单击“确定”按钮，确认使用当前设置的“羽化半径”。此时选区可能会变得非常模糊，以至于在画面中观察不到，但是选区仍然存在，如图4-157所示。

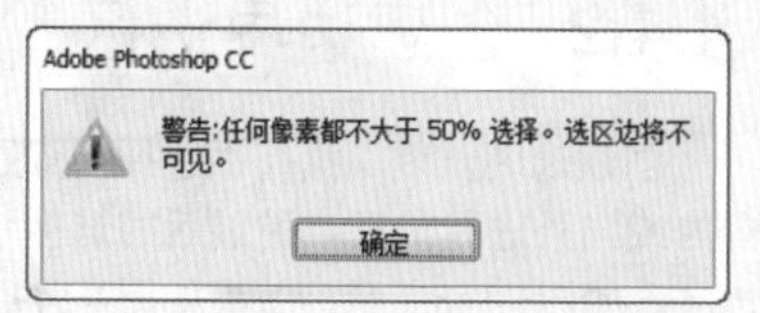

图4-157

4.4.6 扩大选取

“扩大选取”命令是基于魔棒工具选项栏中指定的“容差”范围来决定选区的扩展范围。例如，图4-158中只选择了一部分黄色背景。执行“选择>扩大选取”命令后，Photoshop会查找并选择那些与当前选区中像素色调相近的像素，从而扩大选择区域，如图4-159所示。

图4-158

图4-159

4.4.7 选取相似

“选取相似”命令与“扩大选取”命令相似，都是基于魔棒工具选项栏中指定的“容差”范围来决定选区的扩展范围。例如图4-160中只选择了一部分黄色背景。执行“选择>选取相似”命令后，Photoshop同样会查找并选择那些与当前选区中像素色调相近的像素，从而扩大选择区域，如图4-161所示。

图4-160

图4-161

技巧与提示

“扩大选取”命令和“选取相似”这两个命令的最大共同之处在于它们都是扩大选取区域。但是“扩大选取”命令只针对当前图像中连续的区域，非连续的区域不会被选择；而“选取相似”命令针对的是整张图像，意思就是说该命令可以选择整张图像中处于“容差”范围内的所有像素。

如果执行一次“扩大选取”和“选取相似”命令不能达到预期的效果，可以多执行几次这两个命令来扩大选取范围。

4.5 对选区进行填充

使用填充命令可为整个图层或图层中的一个区域进行填充。填充有多种方法，执行“编辑>填充”命令，如图4-162所示。或按Shift+F5组合键，或在建立选区之后右击，在弹出的快捷菜单中选择“填充”命令，如图4-163所示。另外，如果想要直接填充前景色可以按Alt+Delete组合键，如果想要直接填充背景色可以按Ctrl+Delete组合键，如图4-164所示。

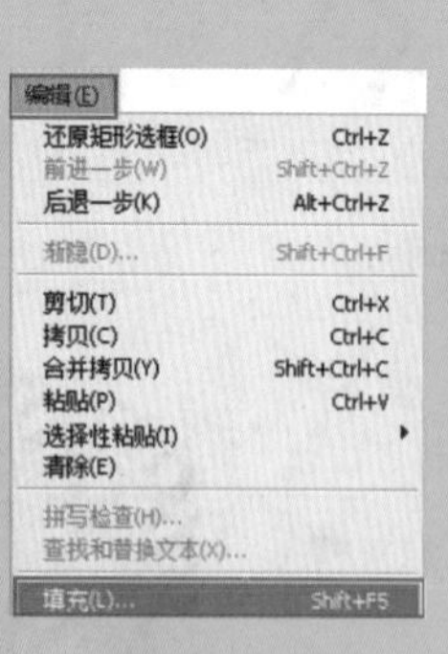

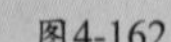

图4-162

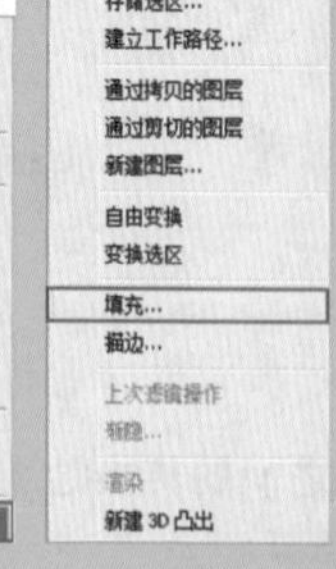

图4-163

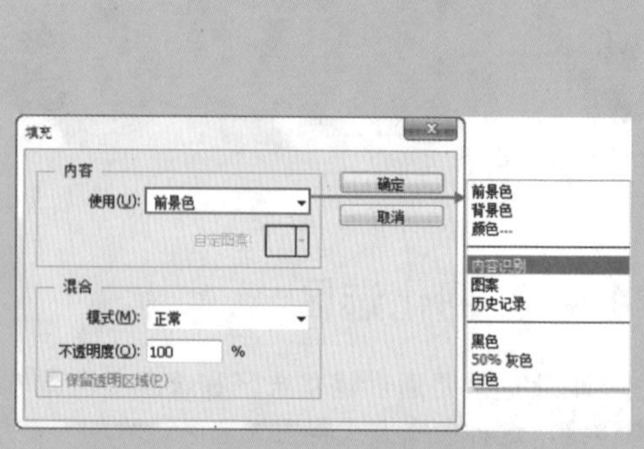

图4-164

技巧与提示

未被栅格化的文字图层、智能图层、3D图层是不能够进行填充命令的，隐藏的图层也不可以。

- 使用：在该下拉列表框中可以选择填充内容。
- 前景色、背景色、黑色、50% 灰色或白色：使用指定颜色填充选区。如图4-165～图4-167所示分别为原图、使用“前景色”填充和使用“颜色”填充的对比效果。
- 颜色：使用从拾色器中选择的颜色填充。
- 自定图案：使用图案填充选区。单击图案样本旁边的倒箭头，并从弹出式面板中选择一种图案。可以使用弹出式面板菜单载入其他图案。如图4-168和图4-169所示分别为“颜色”和“图案”填充的对比效果。
- 历史记录：将选定区域恢复为在“历史记录”面板中设置为源图像的状态或快照。
- 模式：用来设置填充内容的混合模式。如图4-170和图4-171所示分别为正常模式和线性加深模式的对比效果。

图4-165

图4-166

图4-167

图4-168

图4-169

图4-170

- 不透明度：用来设置填充内容的不透明度。如图4-172和图4-173所示分别为透明度为100%和50%的填充效果。
- 保留透明区域：用来设置保留透明的区域。

技巧与提示

填充命令与油漆桶工具有相似之处，都可以填充前景色或图案，油漆桶工具的具体使用方法将在第5章中进行详细讲解。

图4-171

图4-172

图4-173

实例练习——使用内容识别填充去除草地瑕疵

案例文件	实例练习——使用内容识别填充去除草地瑕疵.psd
视频教学	实例练习——使用内容识别填充去除草地瑕疵.flv
难易指数	★★★★★
技术要点	内容识别填充，前景色填充

案例效果

素材如图4-174所示。最终效果如图4-175所示。

图4-174

图4-175

图4-176

操作步骤

步骤01 打开素材照片，从中可以看到草地上有多个区域草皮破损或是颜色不均匀，显得非常不美观，如图4-176所示。

步骤02 选择套索工具，首先框选左下角的瑕疵区域，如图4-177所示。然后按Shift+F5组合键，在弹出的“填充”对话框中设置“使用”为“内容识别”，如图4-178所示。单击“确定”按钮完成操作后可以看到所选区域中不和谐的部分被正常的草皮部分所替代，如图4-179所示。

步骤03 继续使用套索工具，在选项栏中单击“添加到选区”按钮，或在绘制选区时按住Shift键绘制右侧的多个瑕疵区域，如图4-180所示。同样按Shift+F5组合键，在弹出的“填充”对话框中设置“使用”为“内容识别”，单击“确定”按钮完成操作后可以看到所选区域被修复，如图4-181所示。

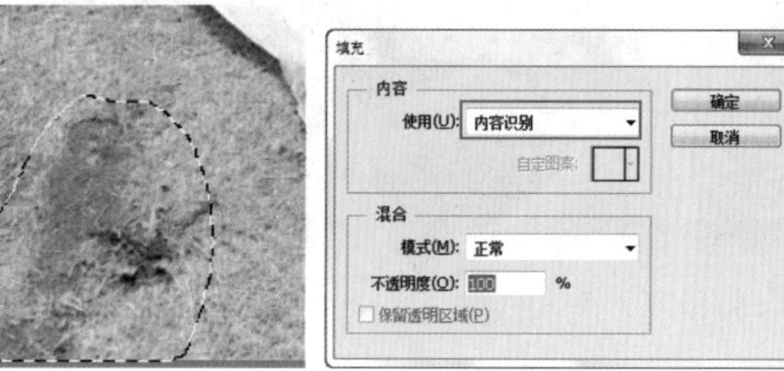

图4-177　图4-178

图4-179

步骤04 继续使用同样的方法针对顶部颜色不均匀的草皮部分进行修补，如图4-182和图4-183所示。

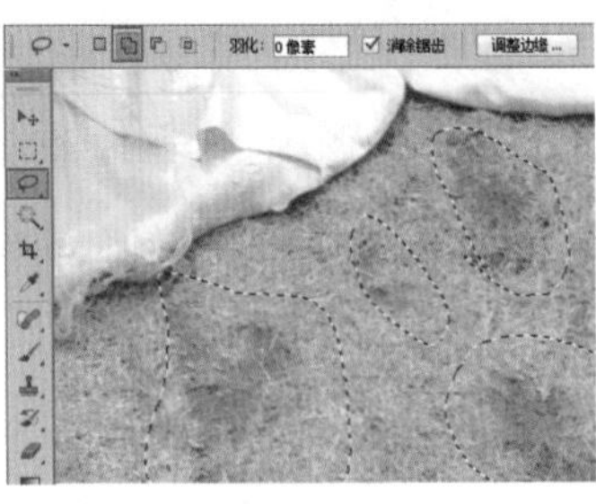
图4-180

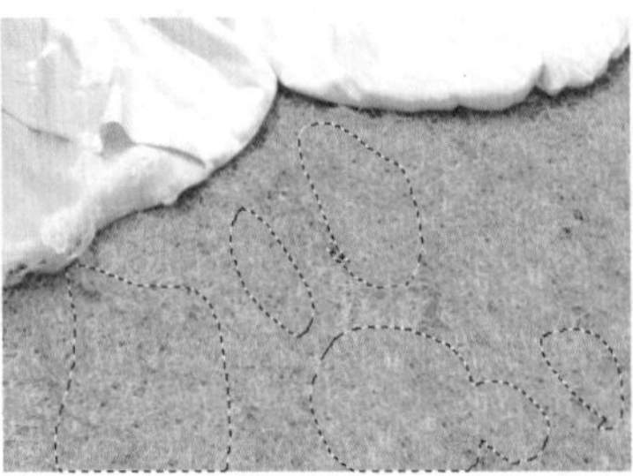
图4-181

图4-182

图4-183

步骤05 此时虽然草地上不自然的部分被修复，但是草地的颜色仍然不够美观，下面设置前景色为草绿色，按Alt+Delete组合键或者执行“编辑>填充”命令，并使用前景色填充整个画面，如图4-184所示。

步骤06 设置该图层的混合模式为“叠加”，此时可以看到草地部分变绿了，但是人像和背景的白色栅栏也受到了影响，所以需要为该图层添加图层蒙版，使用黑色画笔涂抹人像和背景白色栅栏的部分，如图4-185所示。最终效果如图4-186所示。

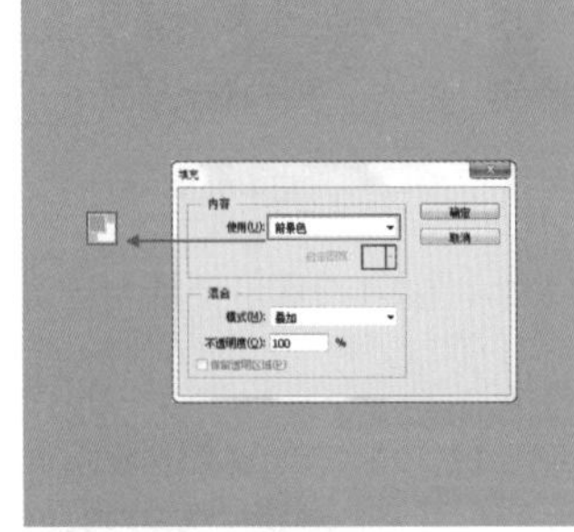
图4-184

图4-185

图4-186

4.6 对选区进行描边

“描边”命令可以在选区、路径或图层边界处绘制边框效果。如图4-187所示为一张带有选区的卡通形象图片。执行“编辑>描边”命令，或按Alt+E+S组合键，或在包含选区的状态下右击，在弹出的快捷菜单中选择“描边”命令，即可弹出其参数面板，如图4-188所示。

图4-187

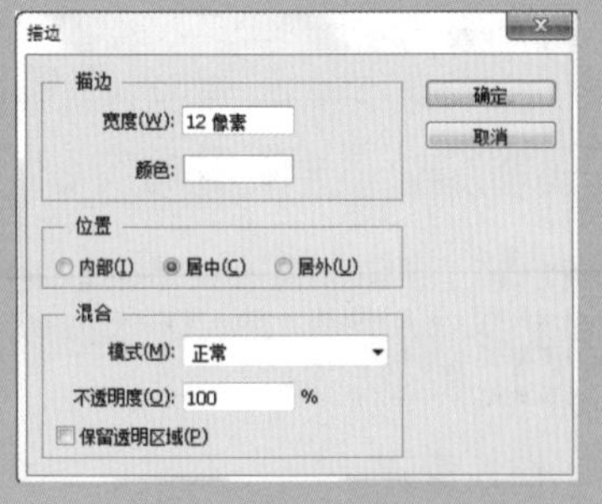

图4-188

- 描边：在“宽度”文本框中可以设置描边宽度，并可以修改描边的颜色。如图4-189和图4-190所示分别为不同宽度和颜色的描边对比效果。
- 位置：设置描边对于选区的位置，包括“内部”、“居中”和“居外”，如图4-191～图4-193所示。

图4-189

图4-190

图4-191

图4-192

- 混合：设置描边颜色的混合模式和不透明度，如图4-194～图4-196所示。

图4-193

图4-194

图4-195

图4-196

实例练习——使用描边和填充制作简约海报

案例文件	实例练习——使用描边和填充制作简约海报.psd
视频教学	实例练习——使用描边和填充制作简约海报.flv
难易指数	★★★★★
技术要点	描边，填充，选区运算

案例效果

素材如图4-197所示。最终效果如图4-198所示。

图4-197

图4-198

操作步骤

步骤01 打开人像素材文件。新建图层。单击工具箱中的“钢笔工具”按钮，在图中绘制花朵的闭合路径，并右击，在弹出的快捷菜单中选择“建立选区”命令，如图4-199所示。

步骤02 选中新建的图层，执行“编辑>填充”命令，在弹出的对话框中设置“使用”为“颜色”，在弹出的拾色器中选择一种浅蓝色，如图4-200所示。效果如图4-201所示。

技巧与提示

使用钢笔工具绘制复杂图形的方法将在第7章中进行讲解。

步骤03 将花朵移动到画布左上角，如图4-202所示。然后复制一个放置在右下角，如图4-203所示。

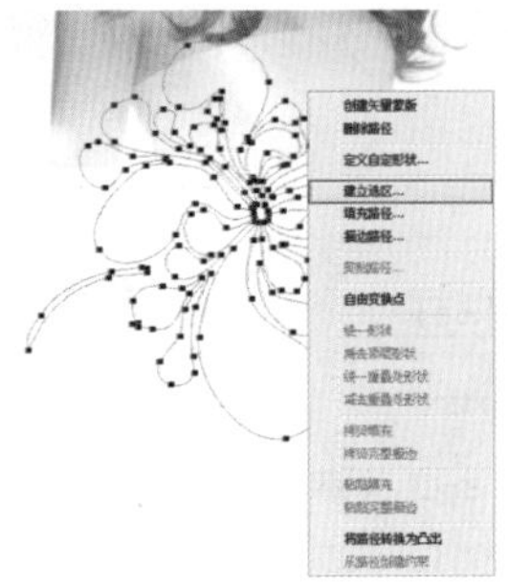
图4-199

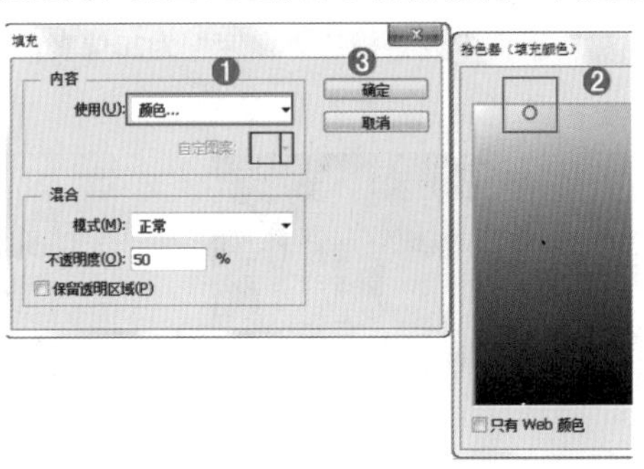

图4-200

图4-201

图4-202

步骤04 使用较大的圆形柔角半透明橡皮擦工具适当擦除两端，如图4-204所示。

步骤05 单击工具箱中的“多边形套索工具”按钮，在其选项栏中单击“添加到选区”按钮，然后在图像中绘制如图4-205所示的选区。

图4-203

图4-204

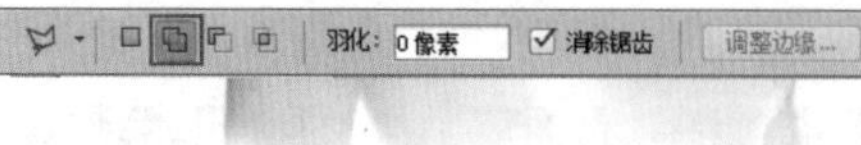

图4-205

步骤06 新建图层，执行“编辑>填充”命令，在弹出的对话框中设置“使用”为“颜色”，在弹出的拾色器中选择一种蓝色，如图4-206所示。效果如图4-207所示。

步骤07 置入前景素材，执行“图层>栅格化>智能对象”命令。摆放到合适的位置，如图4-208所示。

步骤08 选择横排文字工具，设置颜色为蓝色，选择合适的字体及字号在图像中输入英文，并右击，在弹出的快捷菜单中选择“栅格化图层”命令，如图4-209所示。

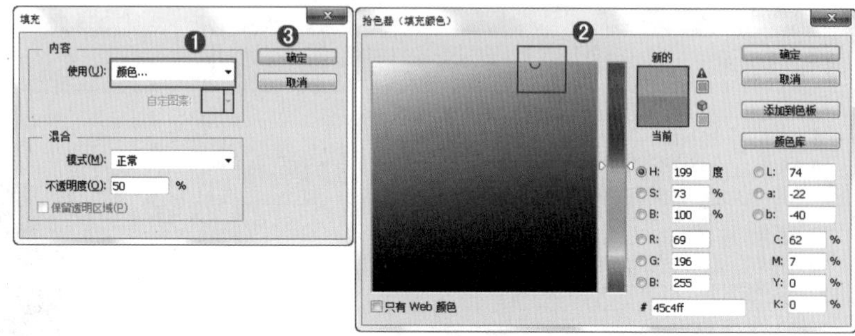

图4-206

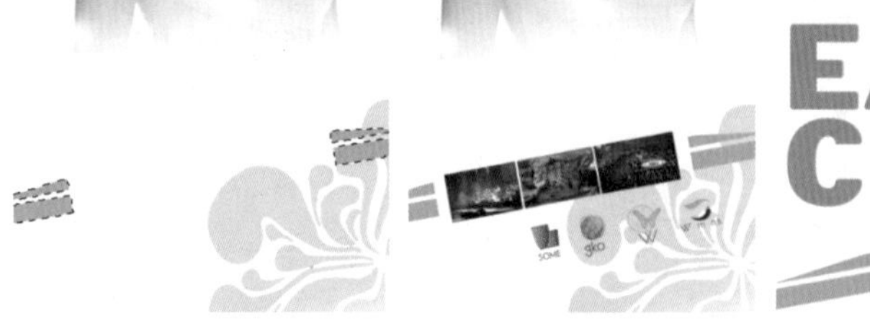

图4-207　　图4-208

图4-209

技巧与提示

如果不将文字图层转换为普通图层，则不能对该图层执行描边命令。

步骤09 对文字图层按Ctrl+T组合键进行自由变换，如图4-210所示。摆放到合适位置并将其进行旋转，设置该图层的“不透明度”为75%，如图4-211所示。效果如图4-212所示。

步骤10 对该文字图层执行“编辑>描边”命令，在弹出的对话框中设置描边“宽度”为20像素，“颜色”为白色，“位置”为“居外”，如图4-213所示。效果如图4-214所示。

图4-210

图4-211

图4-212

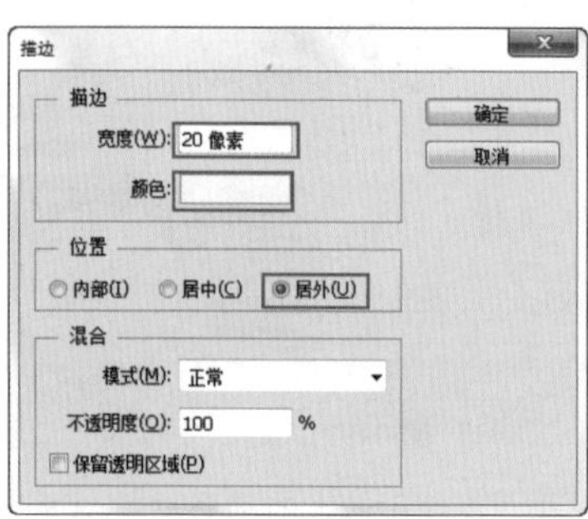

图4-213

步骤11 继续使用横排文字工具输入文字并进行旋转摆放到合适位置，最终效果如图4-215所示。

图4-214　图4-215

实例练习——使用多种选区工具制作宣传招贴

案例文件	实例练习——使用多种选区工具制作宣传招贴.psd
视频教学	实例练习——使用多种选区工具制作宣传招贴.flv
难易指数	★★★★★
技术要点	矩形选框工具，椭圆选框工具，套索工具，多边形套索工具

案例效果

本例最终效果如图4-216所示。

操作步骤

步骤01 按Ctrl+N组合键新建一个大小为2000×3000像素的文档，如图4-217所示。

步骤02 使用渐变工具，在其选项栏中单击按钮，弹出“渐变编辑器”窗口，单击滑块调整渐变从白色到蓝色，如图4-218所示。设置类型为线性。然后在图层自上而下填充渐变颜色，如图4-219所示。

图4-216

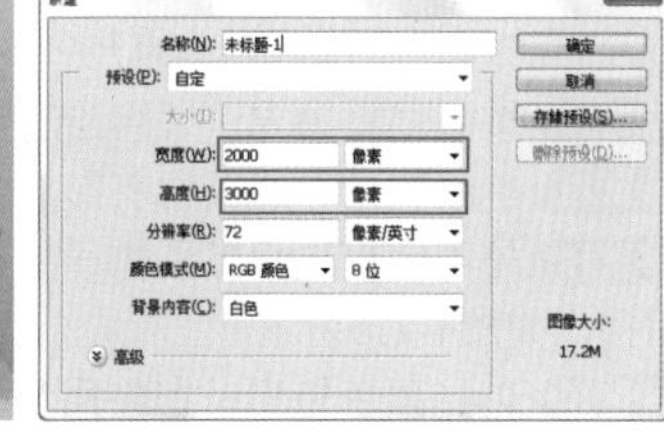

图4-217

步骤03 创建新图层，使用套索工具在底部单击确定一个起点，如图4-220所示。继续按住鼠标左键并拖动绘制出一个选区，然后设置前景色为浅蓝色，按Alt+Delete组合键填充选区为浅蓝色，如图4-221所示。

步骤04 再次使用套索工具绘制波纹选区并填充更浅的蓝色，如图4-222所示。

步骤05 新建图层，单击工具箱中的“多边形套索工具”按钮，在画布中单击确定一个起点，如图4-223所示。然后移动鼠标并确定另外一个点，依此类推绘制出一个箭头选区，如图4-224所示。然后设置前景色为蓝色，按Alt+Delete组合键填充选区为蓝色，如图4-225所示。

图4-218

图4-219

图4-220

图4-221

图4-222

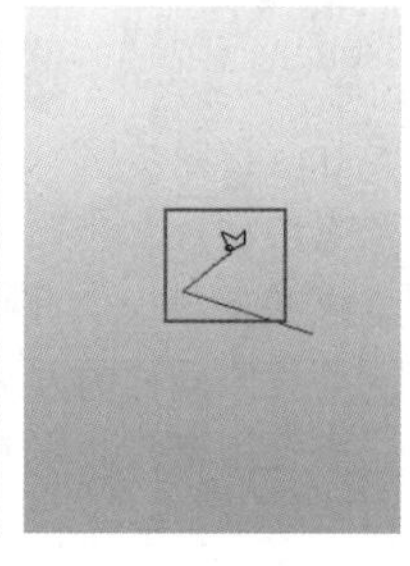

图4-223

步骤06 使用选择工具选择箭头图层，按住Alt键拖曳复制出一个副本，如图4-226所示。然后按Ctrl+T组合键将其等比例缩小，并摆放到其他位置，如图4-227所示。

步骤07 按照同样的方法多次复制并缩小，制作出其他箭头，效果如图4-228所示。

步骤08 新建图层，单击工具箱中的“椭圆选框工具”按钮，按住Shift键拖曳绘制一个正圆形，设置前景色为白色，按Alt+Delete组合键填充选区为白色，并调整该图层的“不透明度”为40%，如图4-229所示。效果如图4-230所示。

步骤09 新建图层，使用椭圆选框工具在白圆上绘制出一个正圆选区，然后设置前景色为紫色，按Alt+Delete组合键填充选区为紫色，如图4-231所示。

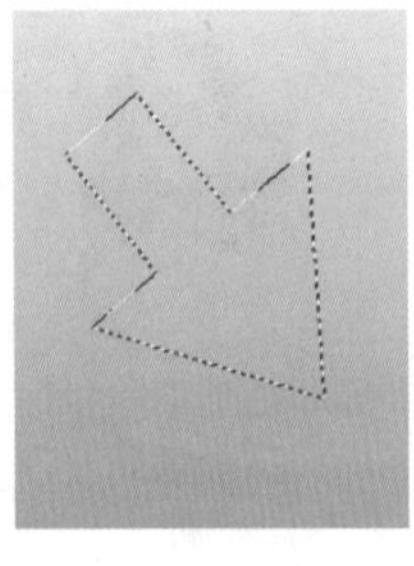

图4-224

图4-225

图4-226

图4-227

图4-228

图4-229

图4-230

图4-231

技巧与提示

为了保证前后绘制的两个圆形的中心重合，可以在“图层”面板中按住Alt键选中这两个图层，然后执行“图层>对齐>垂直居中”和“图层>对齐>水平居中”命令即可，如图4-232所示。

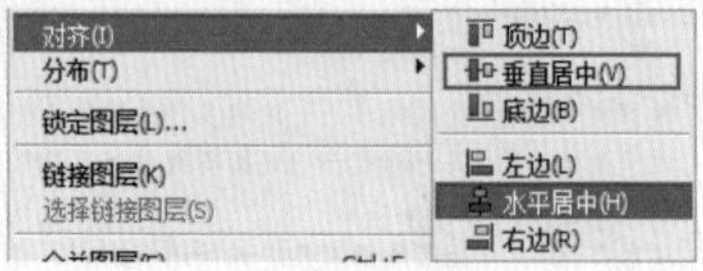

对齐(I)
分布(T)
锁定图层(L)...
链接图层(K)
选择链接图层(S)
顶边(T)
垂直居中(V)
底边(B)
左边(L)
水平居中(H)
右边(R)

图4-232

步骤10 按照同样的方法继续绘制正圆形，并将其填充为不同的颜色，放置在不同位置，如图4-233所示。

步骤11 继续制作卡通人物剪影部分，使用椭圆选框工具绘制一个正圆填充为黑色，如图4-234所示。

步骤12 使用矩形选框工具绘制一个矩形选框，将选区填充为黑色。再按Ctrl+T组合键，调整选框大小和角度，使之与圆形相接，如图4-235所示。

步骤13 选择黑色矩形，在使用移动工具状态下按住Alt键拖曳复制出一个副本，如图4-236所示。然后按Ctrl+T组合键，将其等比例缩小并调整位置，作为手臂，如图4-237所示。

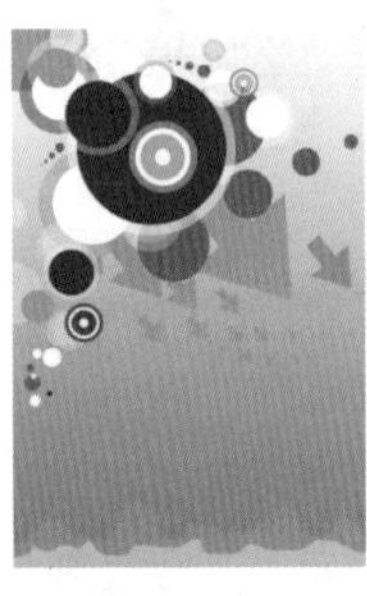

图4-233

图4-234

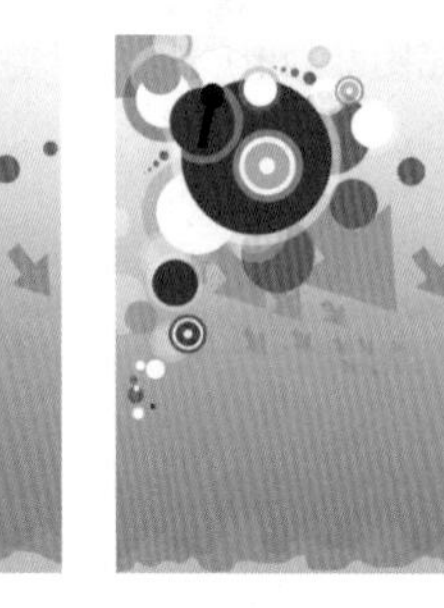

图4-235

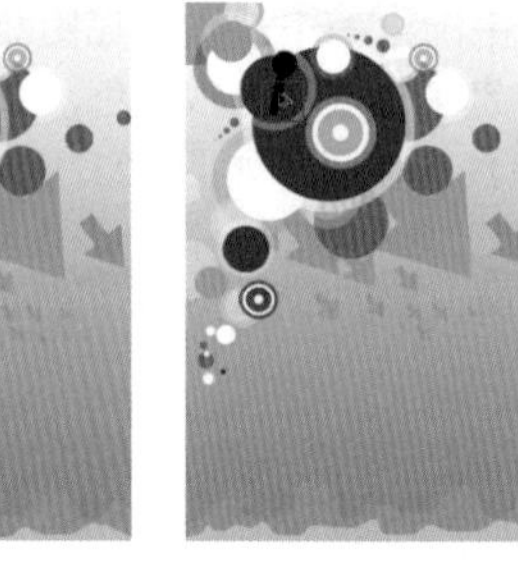

图4-236

技巧与提示

卡通人物的身体部分也可以使用多边形套索工具进行制作。

步骤14 继续选择小矩形选框，多次按住Alt键拖曳复制选框，然后按Ctrl+T组合键调整大小，将其放置在适当的位置上，如图4-238所示。

步骤15 按照同样的方法制作出一个白色卡通人物，如图4-239所示。

步骤16 使用横排文字工具输入文字，然后设置文字大小、字体，并添加投影效果，如图4-240所示。

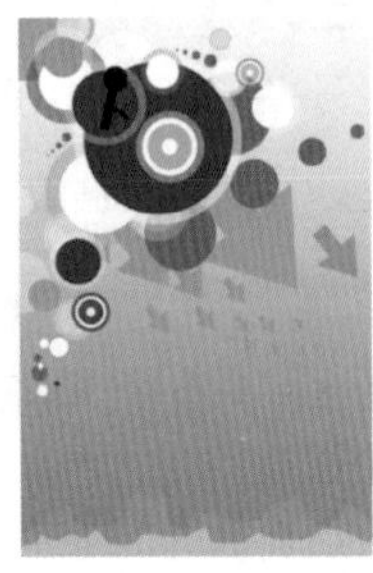

图4-237

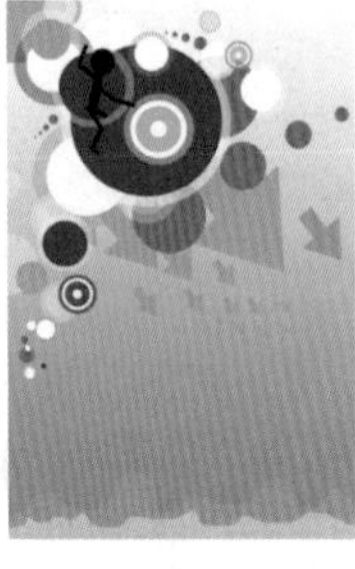

图4-238

图4-239

图4-240

技巧与提示

文字部分的制作方法将在第6章中进行详解。

修饰与绘制工具

本章学习要点：

- 掌握前景色、背景色的设置方法
- 熟练掌握画笔工具与擦除工具的使用方法
- 掌握多种画笔设置与应用的方法
- 掌握多种修复工具的特性与使用方法
- 掌握图像润饰工具的使用方法

5.1 颜色设置

色彩是平面设计的灵魂，任何图像都离不开颜色，在Photoshop中使用画笔、文字、渐变、填充、蒙版、描边等工具时也都需要设置相应的颜色。在Photoshop中提供了很多种选取颜色的方法，如图5-1～图5-4所示。

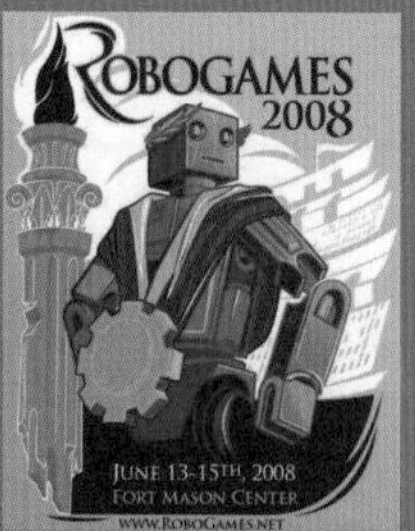

图5-1

图5-2

图5-3

图5-4

5.1.1 前景色与背景色

在Photoshop中，前景色通常用于绘制图像、填充和描边选区等；背景色常用于生成渐变填充和填充图像中已抹除的区域。一些特殊滤镜也需要使用前景色和背景色，例如“纤维”滤镜和“云彩”滤镜等。在Photoshop工具箱的底部有一组前景色和背景色设置按钮。在默认情况下，前景色为黑色，背景色为白色，如图5-5所示。

- 前景色：单击前景色图标，可以在弹出的“拾色器”对话框中选取一种颜色作为前景色。
- 背景色：单击背景色图标，可以在弹出的“拾色器”对话框中选取一种颜色作为背景色。
- 切换前景色和背景色：单击图标可以切换所设置的前景色和背景色（快捷键为X键），如图5-6所示。
- 默认前景色和背景色：单击图标可以恢复默认的前景色和背景色（快捷键为D键），如图5-7所示。

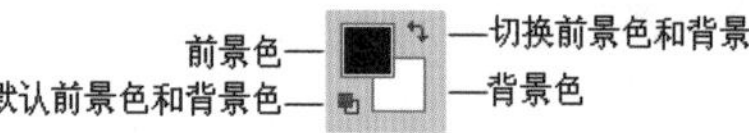

图5-5

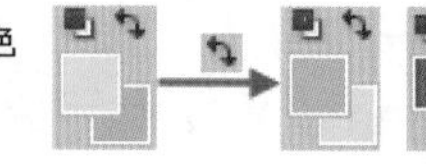
图5-6

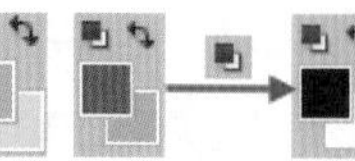
图5-7

5.1.2 使用拾色器选取颜色

在Photoshop中经常会使用拾色器来设置颜色。在拾色器中，可以选择用HSB、RGB、Lab和CMYK 4种颜色模式来指定颜色，如图5-8所示。

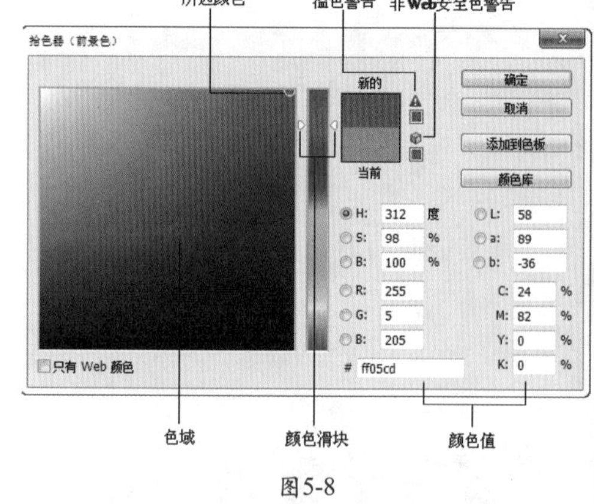

图5-8

- 色域/所选颜色：在色域中拖曳鼠标可以改变当前拾取的颜色。
- 新的/当前：“新的”颜色块中显示的是当前所设置的颜色；“当前”颜色块中显示的是上一次使用过的颜色。
- 溢色警告：由于HSB、RGB以及Lab颜色模式中的一些颜色在CMYK印刷模式中没有等同的颜色，所以无法准确印刷出来，这些颜色就是常说的“溢色”。出现警告以后，可以单击警告图标下面的小颜色块，将颜色替换为CMYK颜色中与其最接近的颜色。
- 非Web安全色警告：这个警告图标表示当前所设置的颜色不能在网络上准确显示出来。单击警告图标下面的小颜色块，可以将颜色替换为与其最接近的Web安全颜色。
- 颜色滑块：拖曳颜色滑块可以更改当前可选的颜色范围。在使用色域和颜色滑块调整颜色时，对应的颜色数值会发生相应的变化。
- 颜色值：显示当前所设置颜色的数值。可以通过输入数值来设置精确的颜色。
- 只有Web颜色：选中该复选框以后，只在色域中显示Web安全色，如图5-9所示。
- 添加到色板：单击该按钮，可以将当前所设置的颜色添加到“色板”面板中。
- 颜色库：单击该按钮，可以打开“颜色库”对话框。

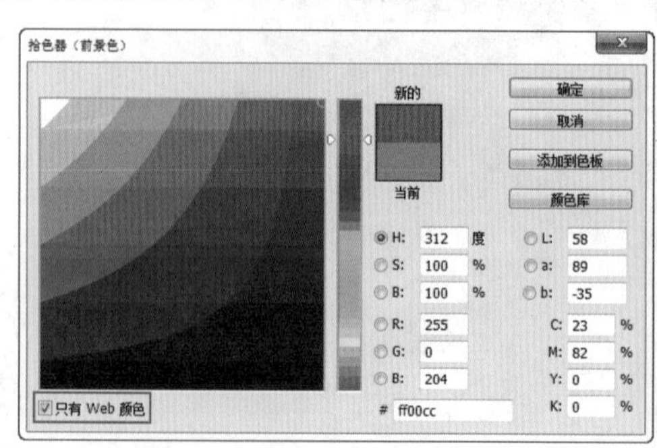

图5-9

技术拓展：认识颜色库

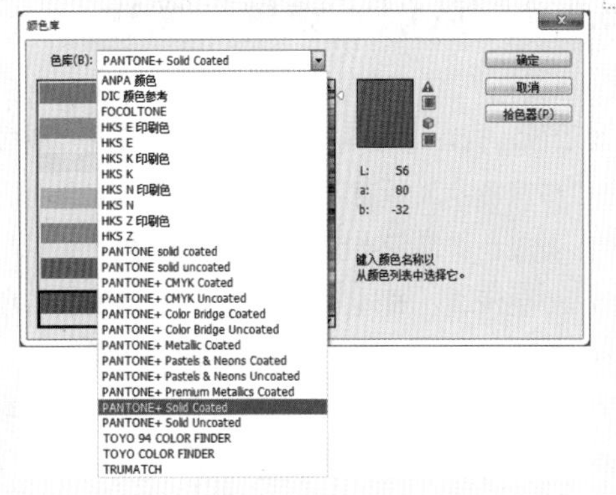

图5-10

"颜色库"对话框中提供了多种内置的色库供用户进行选择，如图5-10所示。下面简单介绍一下这些内置色库。

- ANPA颜色：通常应用于报纸。
- DIC颜色参考：在日本通常用于印刷项目。
- FOCOLTONE：由763种CMYK颜色组成，通常显示补偿颜色的压印。FOCOLTONE颜色有助于避免印前陷印和对齐问题。
- HKS色系：这套色系主要应用在欧洲，通常用于印刷项目。每种颜色都有指定的CMYK颜色。可以从HKS E（适用于连续静物）、HKS K（适用于光面艺术纸）、HKS N（适用于天然纸）和 HKS Z（适用于新闻纸）中选择。
- PANTONE色系：这套色系用于专色重现，可以渲染1114种颜色。PANTONE颜色参考和样本簿会印在涂层、无涂层和哑面纸样上，以确保精确显示印刷结果并更好地进行印刷控制。可在CMYK下印刷PANTONE纯色。
- TOYO COLOR FINDER：由基于日本最常用的印刷油墨的1000多种颜色组成。
- TRUMATCH：提供了可预测的CMYK颜色。这种颜色可以与2000多种可实现的、计算机生成的颜色相匹配。

5.1.3 使用吸管工具选取颜色

使用吸管工具在画面中单击，即可拾取图像中的任意颜色作为前景色，如图5-11所示。按住Alt键进行单击，可将当前拾取的颜色作为背景色。如图5-12所示为在打开图像的任何位置采集色样来作为前景色或背景色。

图5-11

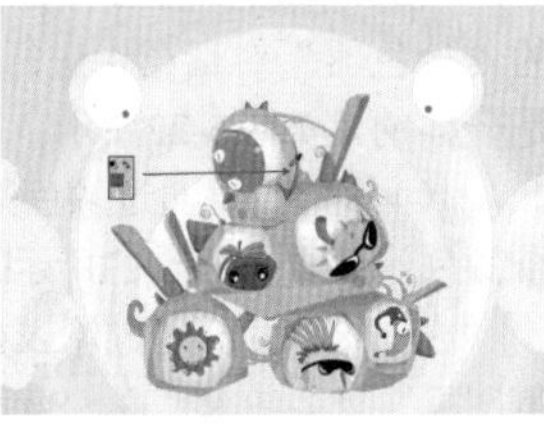

图5-12

技巧与提示：吸管工具使用技巧

（1）如果在使用绘画工具时需要暂时使用吸管工具拾取前景色，可以按住Alt键将当前工具切换到吸管工具，释放Alt键后即可恢复到之前使用的工具。

（2）使用吸管工具采集颜色时，按住鼠标左键并将光标拖曳出画布之外，可以采集Photoshop的界面和界面以外的颜色信息。

吸管工具的选项栏如图5-13所示。

取样大小：取样点　样本：所有图层　显示取样环

图5-13

- 取样大小：设置吸管取样范围的大小。选择"取样点"选项时，可以选择像素的精确颜色，如图5-14所示；选择"3×3 平均"选项时，可以选择所在位置3个像素区域以内的平均颜色，如图5-15所示；选择"5×5平均"选项时，可以选择所在位置5个像素区域以内的平均颜色，如图5-16所示。其他选项依此类推。
- 样本：可以从"当前图层"或"所有图层"中采集颜色。
- 显示取样环：选中该复选框以后，可以在拾取颜色时显示取样环，如图5-17所示。

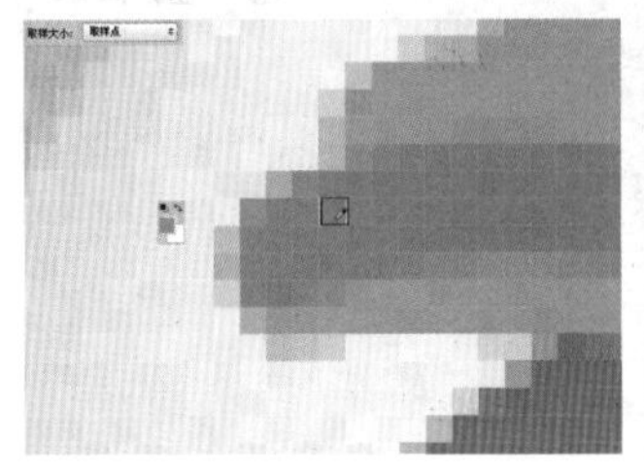

图5-14

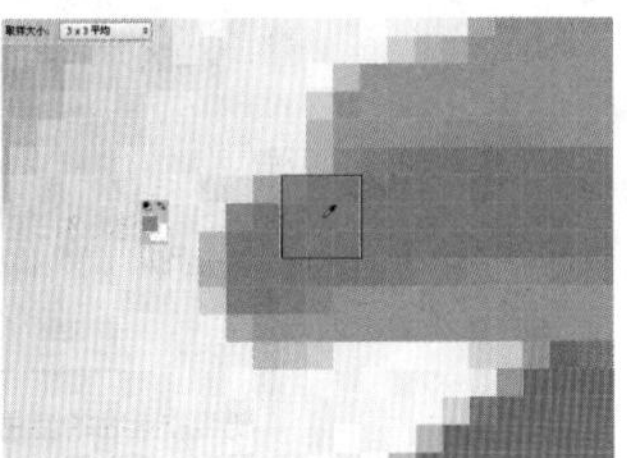

图5-15

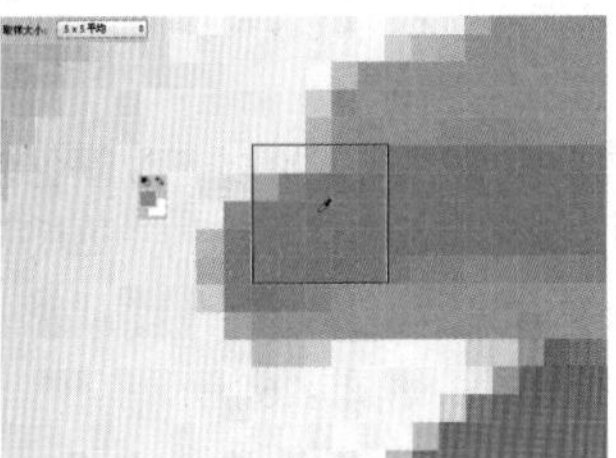

图5-16

图5-17

5.1.4 认识“颜色”面板

“颜色”面板中显示了当前设置的前景色和背景色，可以在该面板中设置前景色和背景色。执行“窗口>颜色”命令，打开“颜色”面板，如图5-18所示。

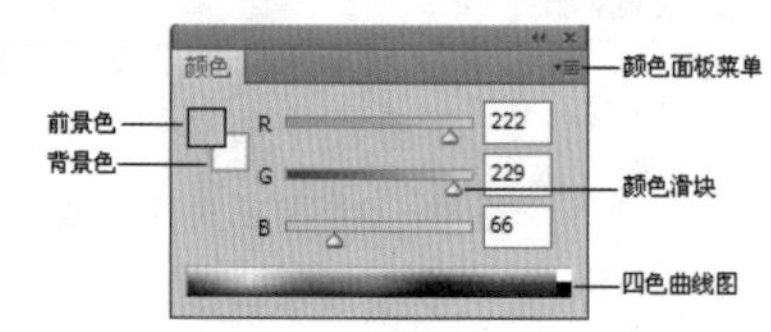

图5-18

- 前景色：显示当前所设置的前景色。
- 背景色：显示当前所设置的背景色。
- 颜色滑块：通过拖曳滑块，可以改变当前所设置的颜色。
- 四色曲线图：将光标放置在四色曲线图上，光标会变成吸管状，单击即可将拾取的颜色作为前景色。然后按住Alt键进行拾取，那么拾取的颜色将作为背景色。
- 颜色面板菜单：单击图标，可以打开“颜色”面板的菜单，如图5-19所示。通过这些菜单命令可以切换不同模式滑块和色谱。

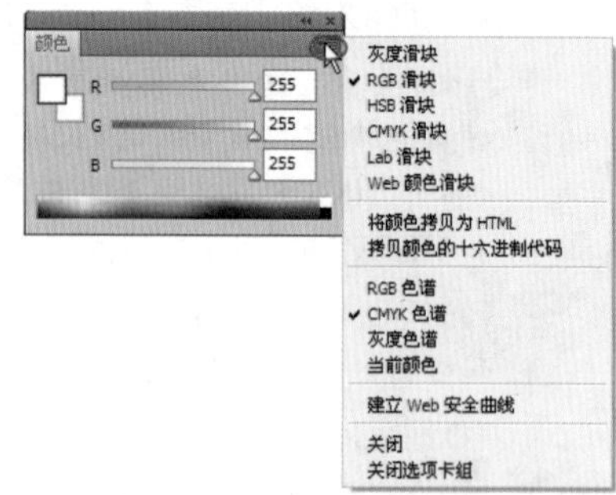

图5-19

理论实践——利用“颜色”面板设置颜色

（1）执行“窗口>颜色”命令，打开“颜色”面板。如果要在四色曲线图上拾取颜色，可以将光标放置在四色曲线图上，当光标变成吸管形状时，单击即可拾取颜色，此时拾取的颜色将作为前景色，如图5-20所示。

（2）如果按住Alt键拾取颜色，此时拾取的颜色将作为背景色，如图5-21所示。

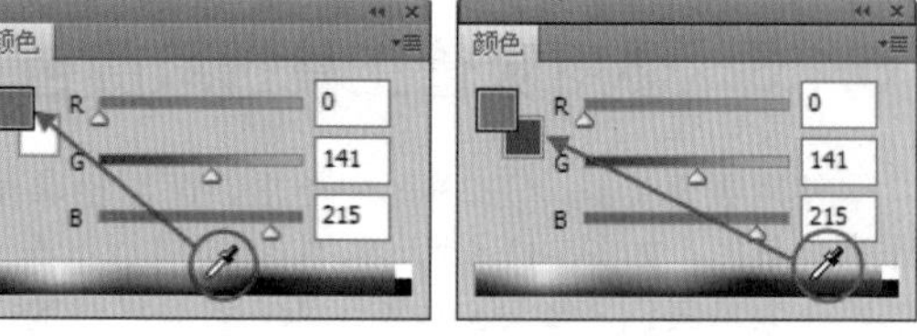

图5-20　图5-21

（3）如果要直接设置前景色，可以单击前景色图标，然后在弹出的“拾色器”对话框中进行设置，如果要直接设置背景色，操作方法也是一样的，如图5-22所示。

（4）如果要通过颜色滑块来设置颜色，可以分别拖曳R、G、B这3个颜色滑块，如图5-23所示。

（5）如果要通过输入数值来设置颜色，可以先单击前景色或背景色图标，然后在R、G、B后面的数值输入框中输入相应的数值即可，如输入（R:0，G:149，B:255），所设置的颜色就是白色，如图5-24所示。

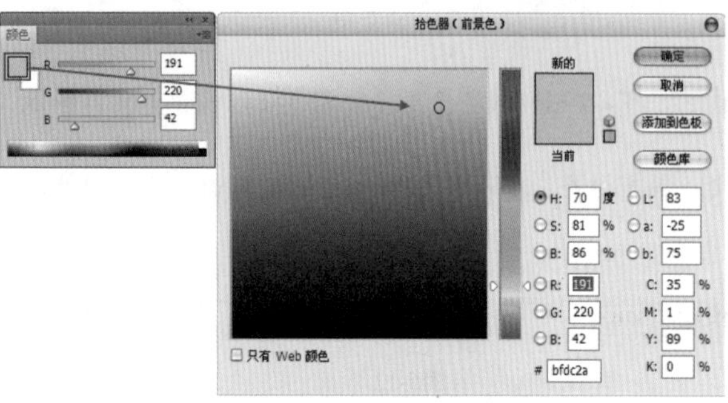

图5-22

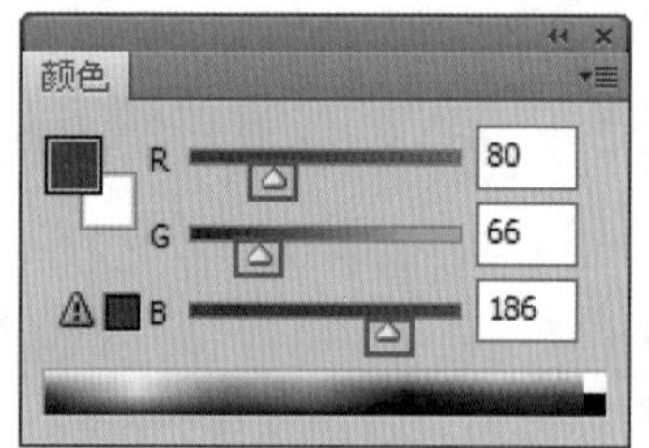

图5-23

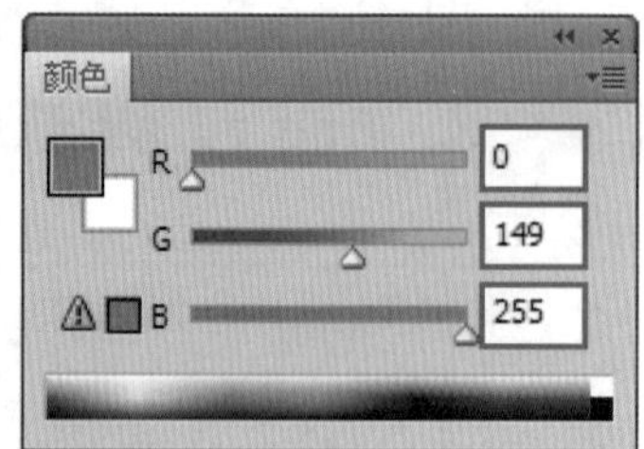

图5-24

5.1.5 认识“色板”面板

“色板”面板中默认情况下包含一些系统预设的颜色，单击相应的颜色即可将其设置为前景色。执行“窗口>色板”命令，打开“色板”面板，如图5-25所示。

- 创建前景色的新色板：使用吸管工具拾取一种颜色以后，单击“创建前景色的新色板”按钮可以将其添加到“色板”面板中。
- 如果要修改新色板的名称，可以双击添加的色板，然后在弹出的“色板名称”对话框中进行设置，如图5-26所示。

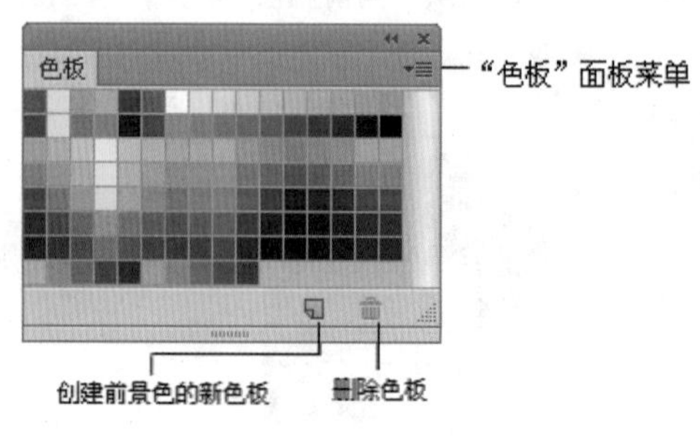

图5-25

- 删除色板：如果要删除一个色板，按住鼠标左键的同时将其拖曳到“删除色板”按钮上即可，如图5-27所示，或者按住Alt键的同时将光标放置在要删除的色板上，当光标变成剪刀形状时，单击该色板即可将其删除，如图5-28所示。

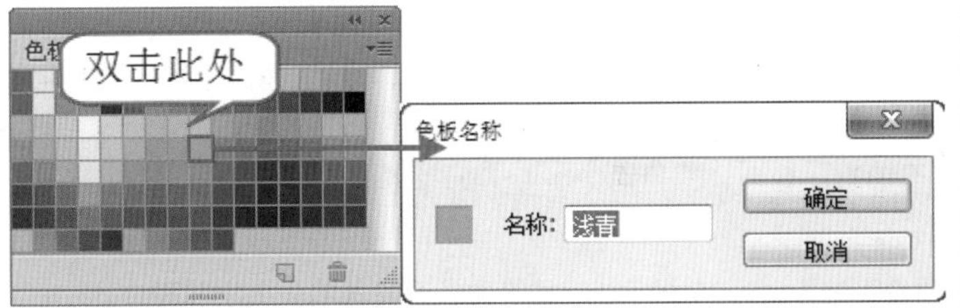

图5-26

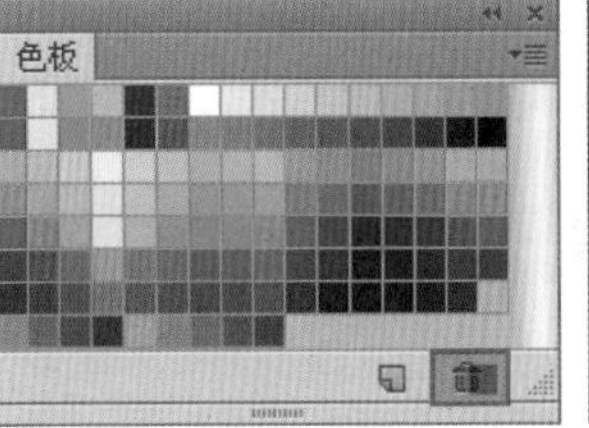

图5-27

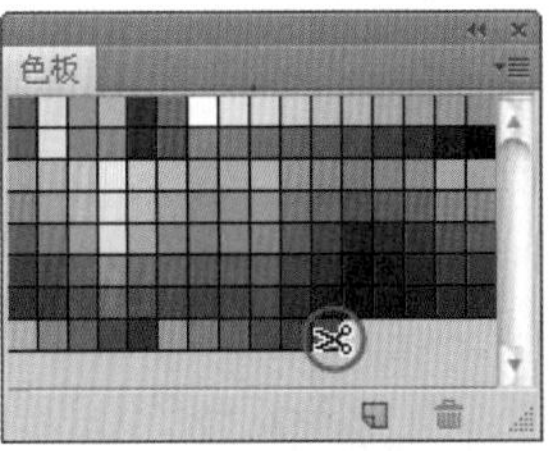

图5-28

- “色板”面板菜单：单击图标，可以打开“色板”面板的菜单。

理论实践——将颜色添加到色板

（1）打开一张图片，在工具箱中单击“吸管工具”按钮，然后在图像上拾取粉色，如图5-29所示。

（2）在“色板”面板中单击“创建前景色的新色板”按钮，此时所选择的前景色就会被添加到色板中，如图5-30所示。

图5-29

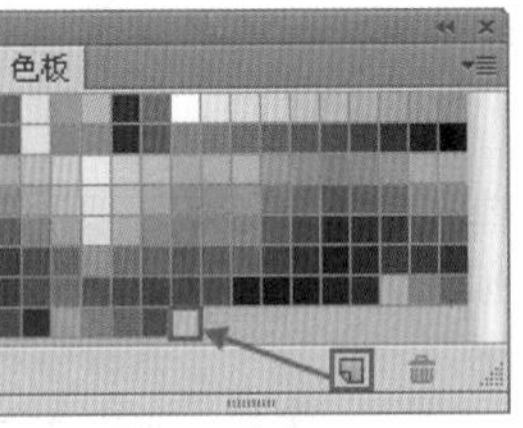

图5-30

技巧与提示

在“拾色器”对话框中单击“添加到色板”按钮，也可以将所选颜色添加到色板中，如图5-31所示。

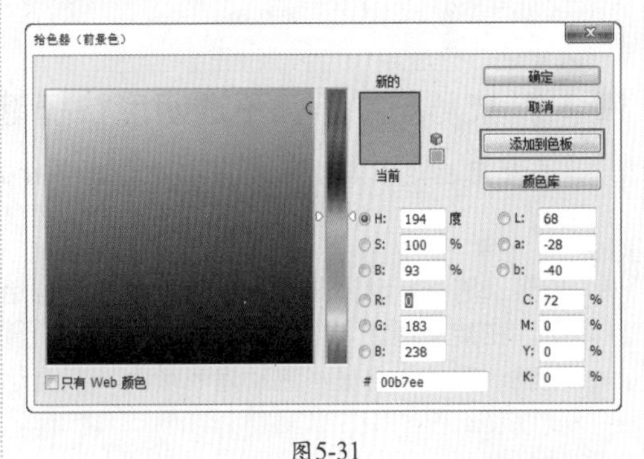

图5-31

（3）在“色板”面板中双击添加的色板，然后在弹出的“色板名称”对话框中为该色板取一个名字，如图5-32所示。设置好名字以后，将光标放置在色板上，就会显示出该色板的名字，如图5-33所示。

图5-32

图5-33

5.2 绘画工具

Photoshop中的绘制工具有很多种，包括画笔工具、铅笔工具、颜色替换工具和混合器画笔工具。使用这些工具不仅能够绘制出传统意义上的插画，还能够对数码相片进行美化处理，同时还能够对数码相片制作各种特效，如图5-34～图5-37所示。

图5-34　图5-35　图5-36　图5-37

5.2.1 画笔工具

"画笔工具"是使用频率最高的工具之一，它可以使用前景色绘制出各种线条，同时也可以利用它来修改通道和蒙版。单击该工具，在选项栏中设置合适的画笔大小和画笔样式，在画面中按住鼠标左键并拖动即可以前景色进行绘制。如图5-38所示为画笔工具的选项栏。

模式：正常　不透明度：40%　流量：40%

图5-38

- "画笔预设"选取器：单击▾图标，可以打开"画笔预设"选取器，其中可以选择笔尖、设置画笔的大小和硬度。
- 模式：设置绘画颜色与下面现有像素的混合方法，可用模式将根据当前选定工具的不同而变化。如图5-39和图5-40所示为不同混合模式下的效果。
- 不透明度：设置画笔绘制出来的颜色的不透明度。数值越大，笔迹的不透明度越高；数值越小，笔迹的不透明度越低，如图5-41和图5-42所示分别为不透明度为100%和不透明度为50%的效果。

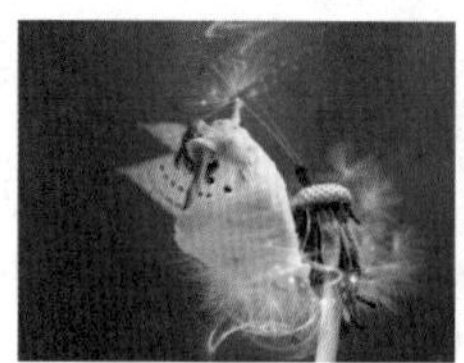

图5-39

图5-40

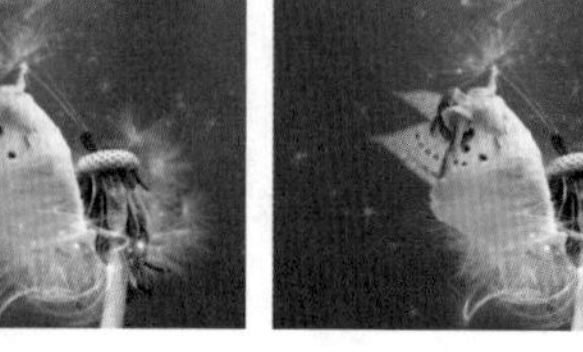
图5-41

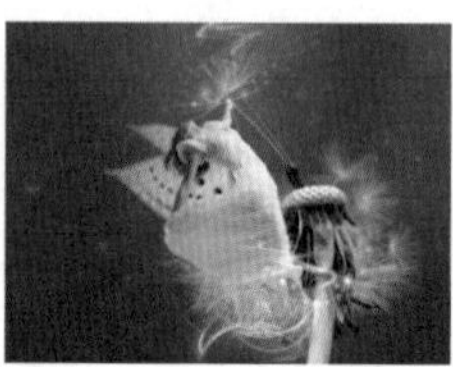
图5-42

技巧与提示：不透明度快捷键

在使用画笔工具绘画时，可以按数字键0～9来快速调整画笔的不透明度，1代表10%，9则代表90%，0代表100%。

- 流量：将光标移到某个区域上方时设置应用颜色的速率。在某个区域上方进行绘画时，如果一直按住鼠标左键，颜色量将根据流动速率增大，直至达到不透明度设置。

技巧与提示：流量快捷键

"流量"也有自己的快捷键，按住Shift+0～9的数字键即可快速设置流量。

- 启用喷枪模式：激活该按钮以后，可以启用喷枪功能，Photoshop会根据鼠标左键的单击程度来确定画笔笔迹的填充数量。例如，关闭喷枪功能时，每单击一次会绘制一个笔迹，如图5-43所示；而启用喷枪功能以后，按住鼠标左键不放，即可持续绘制笔迹，如图5-44所示。
- 绘图板压力控制大小：使用压感笔压力可以覆盖"画笔"面板中的"不透明度"和"大小"设置。

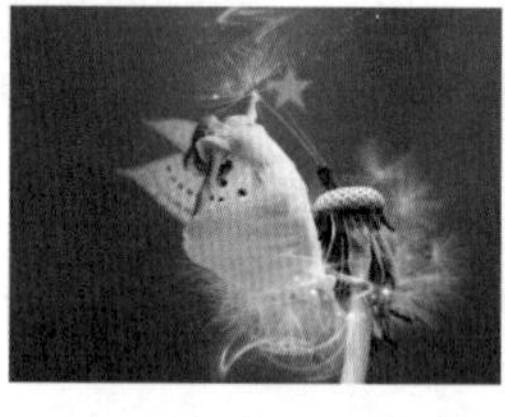
图5-43

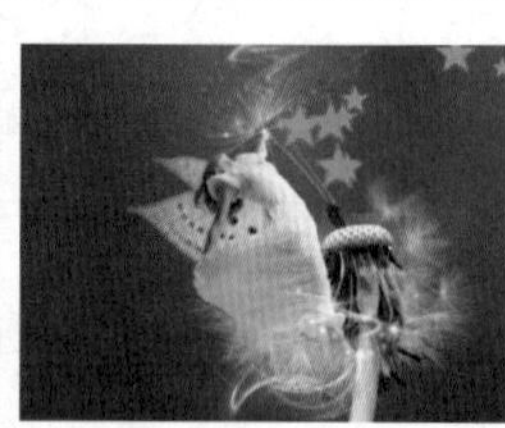
图5-44

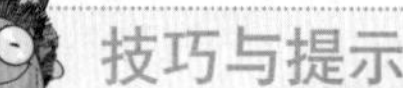

技巧与提示

如果使用绘图板绘画，则可以在"画笔"面板和选项栏中通过设置钢笔压力、角度、旋转或光笔轮来控制应用颜色的方式。

5.2.2 铅笔工具

铅笔工具常用于绘制出硬边线条，例如像素画以及像素游戏都可以使用铅笔工具进行绘制，如图5-45和图5-46所示。在选项栏中设置合适的画笔属性，并在画面中按住鼠标拖曳即可绘制出线条，如图5-47所示为铅笔工具的选项栏。

图5-45

图5-46

- “画笔预设”选取器：单击▾图标，可以打开“画笔预设”选取器，其中可以选择笔尖、设置画笔的大小和硬度。

图5-47

- 模式：设置绘画颜色与下面现有像素的混合方法。如图5-48和图5-49所示分别为使用“正常”模式和“正片叠底”模式绘制的笔迹效果。
- 不透明度：设置铅笔绘制出来的颜色的不透明度。数值越大，笔迹的不透明度越高，如图5-50所示；数值越小，笔迹的不透明度越低，如图5-51所示。

图5-48

图5-49

图5-50

图5-51

- 自动抹除：选中该复选框后，如果将光标中心放置在包含前景色的区域上，可以将该区域涂抹成背景色，如图5-52所示；如果将光标中心放置在不包含前景色的区域上，则可以将该区域涂抹成前景色，如图5-53所示。

图5-52

图5-53

> **技巧与提示**
>
> “自动抹除”选项只适用于原始图像，也就是只能在原始图像上才能绘制出设置的前景色和背景色。如果是在新建的图层中进行涂抹，则“自动抹除”选项不起作用。

5.2.3 颜色替换工具

颜色替换工具可以将选定的颜色替换为其他颜色。单击该工具，设置目标颜色为前景色，然后在选项栏中设置替换模式、取样等参数，在画面中按住鼠标左键涂抹，被涂抹的区域发生颜色变化，如图5-54和图5-55所示。其选项栏如图5-56所示。

- 模式：选择替换颜色的模式，包括“色相”、“饱和度”、“颜色”和“明度”。当选择“颜色”模式时，可以同时替换色相、饱和度和明度。
- 取样：用来设置颜色的取样方式。激活“取样:连续”按钮以后，在拖曳光标时，可以对颜色进行取样；激活“取样:一次”按钮以后，只替换包含第1次单击的颜色区域中的目标颜色；激活“取样:背景色板”按钮以后，只替换包含当前背景色的区域。
- 限制：当选择“不连续”选项时，可以替换出现在光标下任何位置的样本颜色；当选择“连续”选项时，只替换与光标下的颜色接近的颜色；当选择“查找边缘”选项时，可以替换包含样本颜色的连接区域，同时保留形状边缘的锐化程度。
- 容差：用来设置颜色替换工具的容差。如图5-57和图5-58所示分别为“容差”为20%和100%时的颜色替换效果。
- 消除锯齿：选中该复选框以后，可以消除颜色替换区域的锯齿效果，从而使图像变得平滑。

图5-54

图5-55

图5-56

图5-57　图5-58

实例练习——使用颜色替换工具改变沙发颜色

案例文件	实例练习——使用颜色替换工具改变沙发颜色.psd
视频教学	实例练习——使用颜色替换工具改变沙发颜色.flv
难易指数	★★★★★
技术要点	掌握颜色替换工具的使用方法

案例效果

本例主要是针对颜色替换工具的使用方法进行练习。原图与最终效果图分别如图5-59和图5-60所示。

图5-59

图5-60

操作步骤

步骤01 打开本书配套光盘中的素材文件，如图5-61所示。

步骤02 单击“颜色替换工具”按钮，在选项栏中设置画笔的“大小”为13像素，“硬度”为100%，“容差”为30%，“模式”为“颜色”，如图5-62所示。

步骤03 设置前景色为青蓝色，使用颜色替换工具在图像中的沙发部分进行涂抹，注意不要涂抹到人像上，此时可以看到画笔经过的部分颜色发生了变化，如图5-63所示。

图5-61

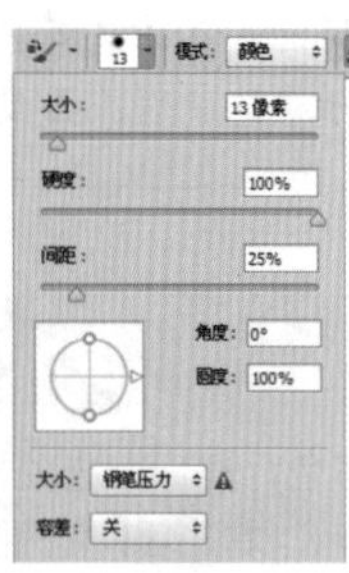

图5-62

图5-63

技巧与提示

在替换颜色的同时可适当减小画笔大小以及画笔间距，这样在绘制小范围时，比较准确。

5.2.4 混合器画笔工具

混合器画笔工具可以像传统绘画过程中混合颜料一样混合像素。所以使用混合器画笔工具在画面中按住鼠标左键并拖动，可以轻松模拟真实的绘画效果，并且可以混合画布颜色和使用不同的绘画湿度。绘画的对比效果如图5-64和图5-65所示。其选项栏如图5-66所示。

- 潮湿：控制画笔从画布拾取的油彩量。较高的设置会产生较长的绘画条痕，如图5-67和图5-68所示分别为“潮湿”为100%和0时的条痕效果。

图5-64

图5-65

图5-66

- 载入：指定储槽中载入的油彩量。载入速率较低时，绘画描边干燥的速度会更快。
- 混合：控制画布油彩量与储槽油彩量的比例。当混合比例为100%时，所有油彩将从画布中拾取；当混合比例为0时，所有油彩都来自储槽。
- 流量：控制混合画笔的流量大小。
- 对所有图层取样：拾取所有可见图层中的画布颜色。

图5-67

图5-68

5.3 “画笔”面板

本节将着重讲解“画笔”面板。“画笔”面板并不是只针对画笔工具属性的设置，而是针对大部分以画笔模式进行工作的工具。该面板主要控制各种笔尖属性的设置，如画笔工具、铅笔工具、仿制图章工具、历史记录画笔工具、橡皮擦工具、加深工具、模糊工具等。

5.3.1 “画笔”面板概述

在认识其他绘制及修饰工具之前首先需要掌握“画笔”面板。“画笔”面板是最重要的面板之一，它可以设置绘画工具、修饰工具的笔刷种类、画笔大小和硬度等属性。“画笔”面板如图5-69所示。

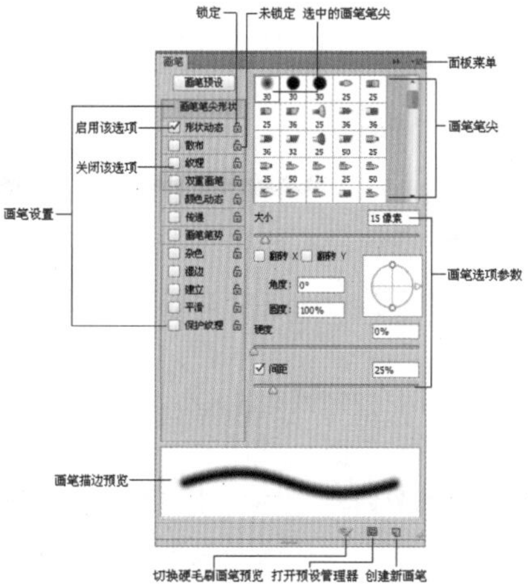

- 画笔预设：单击该按钮，可以打开“画笔预设”面板。
- 画笔设置：单击这些画笔设置选项，可以切换到与该选项相对应的内容。
- 启用/关闭选项：处于选中状态的选项代表启用状态；处于未选中状态的选项代表关闭状态。
- 锁定/未锁定：图标代表该选项处于锁定状态；图标代表该选项处于未锁定状态。锁定与解锁操作可以相互切换。
- 选中的画笔笔尖：处于选择状态的画笔笔尖。
- 画笔笔尖形状：显示Photoshop提供的预设画笔笔尖。
- 面板菜单：单击图标，可以打开“画笔”面板的菜单。
- 画笔选项参数：用来设置画笔的相关参数。
- 画笔描边预览：选择一个画笔以后，可以在预览框中预览该画笔的外观形状。
- 切换硬毛刷画笔预览：使用毛刷笔尖时，在画布中实时显示笔尖的样式。
- 打开预设管理器：打开“预设管理器”对话框。
- 创建新画笔：将当前设置的画笔保存为一个新的预设画笔。

图5-69

5.3.2 笔尖形状设置

“画笔笔尖形状”选项面板中可以设置画笔的形状、大小、硬度和间距等属性，如图5-70所示。

技巧与提示：打开“画笔”面板的4种方法

第1种：在工具箱中单击“画笔工具”按钮，然后在其选项栏中单击“切换画笔面板”按钮。

第2种：执行“窗口>画笔”命令。

第3种：按F5键。

第4种：在“画笔预设”面板中单击“切换画笔面板”按钮。

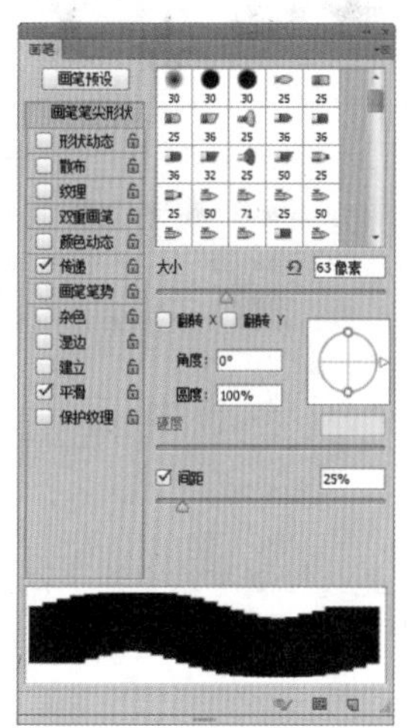

图5-70

技巧与提示

Photoshop提供了3种类型的画笔笔尖，分别是圆形笔尖（可以设置为非圆形笔尖）、样本笔尖和毛刷笔尖，如图5-71所示。

圆形笔尖包含柔边和硬边两种类型。使用柔边画笔绘制出来的边缘比较柔和，使用硬边画笔绘制出来的边缘比较清晰，如图5-72所示。

毛刷画笔的笔尖呈毛刷状，可以绘制出类似于毛笔字效果的边缘，如图5-73所示。

样本画笔属于比较特殊的一种画笔。这种画笔是利用图像定义出来的画笔，其硬度不能调节，如图5-74所示。

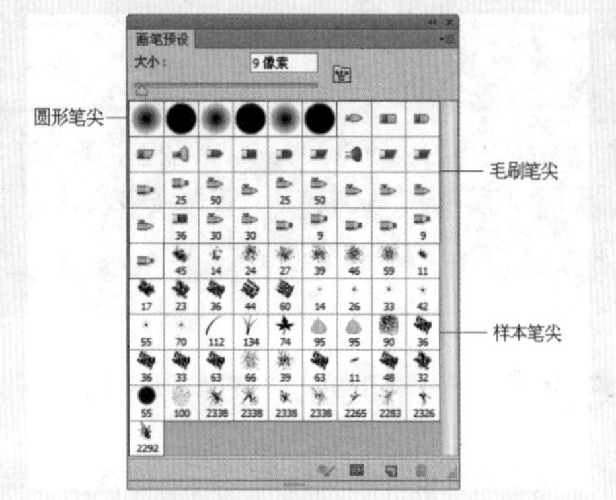

图5-71

图5-72

图5-73

图5-74

- 大小：控制画笔的大小，可以直接输入像素值，也可以通过拖曳大小滑块来设置画笔大小，如图5-75所示。
- “恢复到原始大小”按钮：将画笔恢复到原始大小。
- 翻转X/Y：将画笔笔尖在其X轴或Y轴上进行翻转，如图5-76所示。
- 角度：指定椭圆画笔或样本画笔的长轴在水平方向旋转的角度，如图5-77所示。
- 圆度：设置画笔短轴和长轴之间的比率。当“圆度”值为100%时，表示圆形画笔，如图5-78所示；当“圆度”值为0时，表示线性画笔，如图5-79所示；介于0～100%之间的“圆度”值，表示椭圆画笔（呈“压扁”状态），如图5-80所示。
- 硬度：控制画笔硬度中心的大小。数值越小，画笔的柔和度越高，如图5-81和图5-82所示。

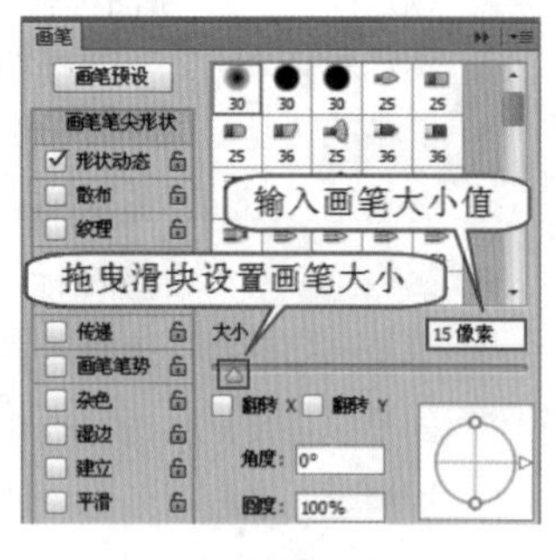

图5-75

图5-76　图5-77　图5-78

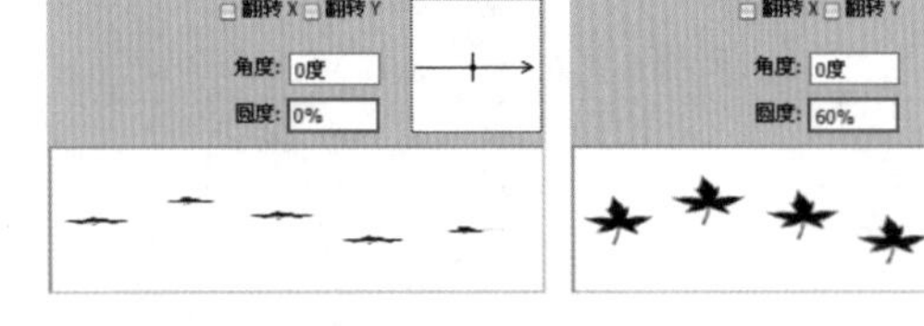

图5-79　图5-80

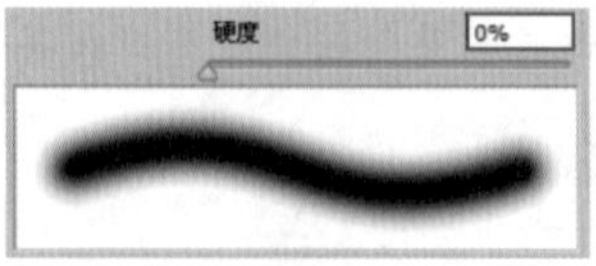

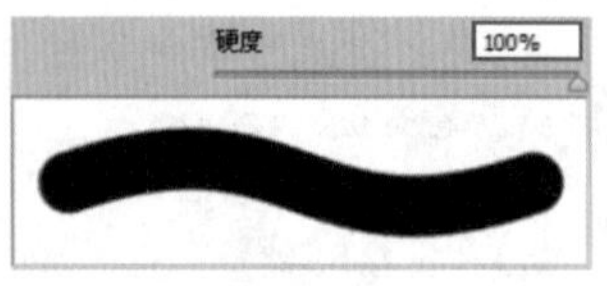

图5-81

硬度 100%

图5-82

- 间距：控制描边中两个画笔笔迹之间的距离。数值越大，笔迹之间的间距越大，如图5-83和图5-84所示。

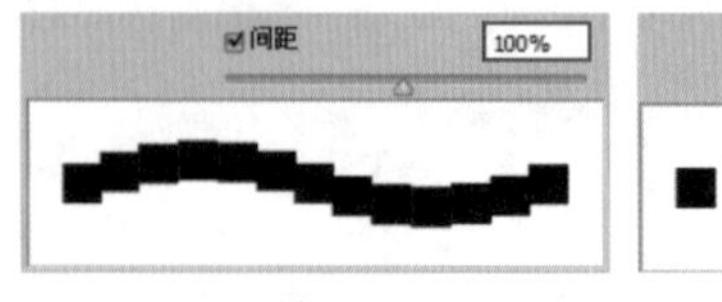

图5-83

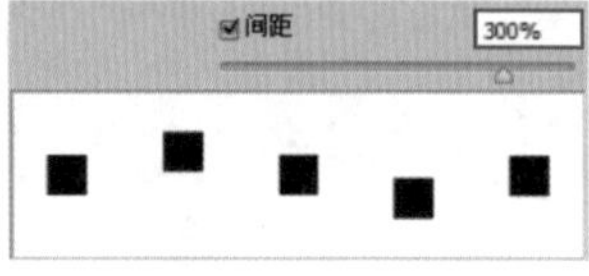

图5-84

技术拓展：定义画笔预设

预设画笔是一种存储的画笔笔刷，带有大小、形状和硬度等特性。如果要自己定义一个笔刷样式，可以先选择要定义成笔刷的图像，然后执行“编辑>定义画笔预设”命令，接着在弹出的“画笔名称”对话框中为笔刷样式取一个名字，如图5-85和图5-86所示。

图5-85

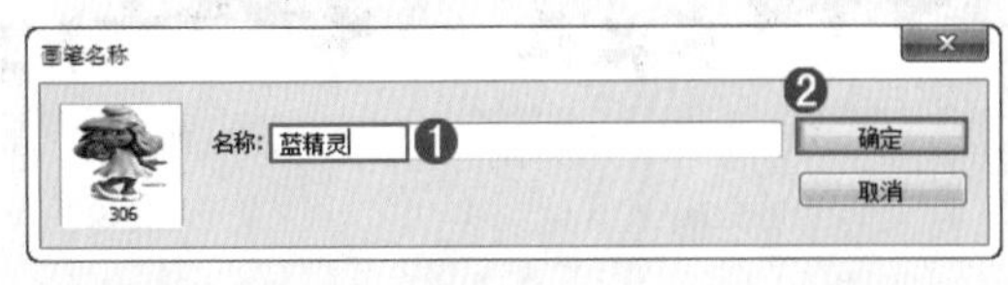

图5-86

定义好笔刷样式以后，在工具箱中单击“画笔工具”按钮，然后在其选项栏中单击图标，在弹出的“画笔预设”管理器中即可选择自定义的画笔笔刷，如图5-87所示。在画布中单击即可以当前前景色进行绘制，如图5-88所示。

选择画笔工具以后，在画布中右击，也可以打开“画笔预设”管理器。

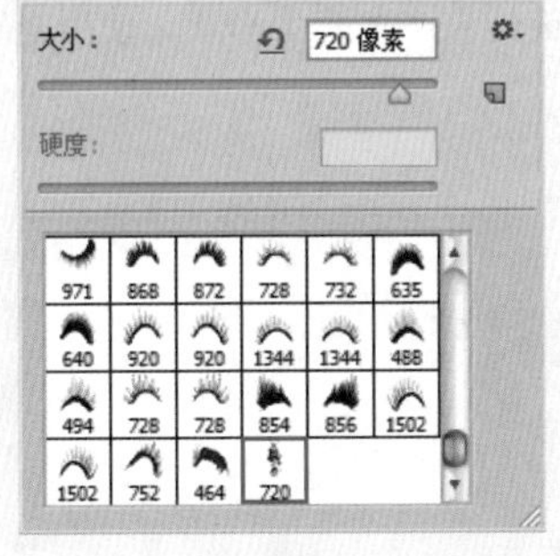

图5-87

图5-88

5.3.3 形状动态

“形状动态”可以决定描边中画笔笔迹的变化，它可以使画笔的大小、圆度等产生随机变化的效果，如图5-89～图5-91所示。

- 大小抖动：指定描边中画笔笔迹大小的改变方式。数值越大，图像轮廓越不规则，如图5-92所示。
- “控制”数值框中可以设置“大小抖动”的方式，其中“关”选项表示不控制画笔笔迹的大小变换；“渐隐”选项是按照指定数量的步长在初始直径和最小直径之间渐隐画笔笔迹的大小，使笔迹产生逐渐淡出的效果；如果计算机配置有绘图板，可以选择“钢笔压力”、“钢笔斜度”、“光笔轮”或“旋转”选项，然后根据钢笔的压力、斜度、钢笔位置或旋转角度来改变初始直径和最小直径之间的画笔笔迹大小，如图5-93和图5-94所示。
- 最小直径：当启用“大小抖动”选项以后，通过该选项可以设置画笔笔迹缩放的最小缩放百分比。数值越大，笔尖的直径变化越小，如图5-95所示。

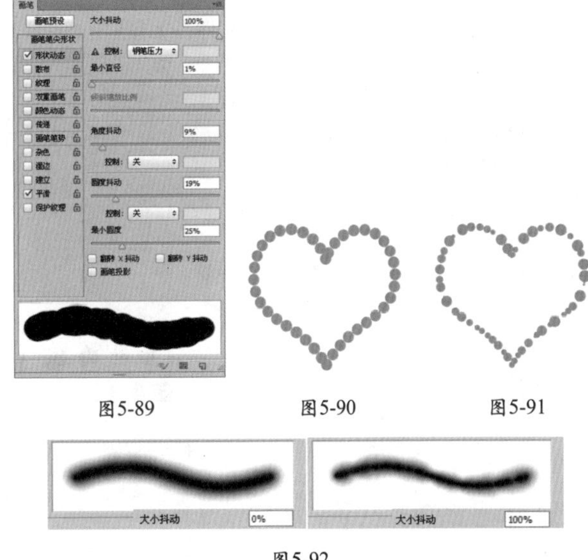

图5-89　图5-90　图5-91

图5-92

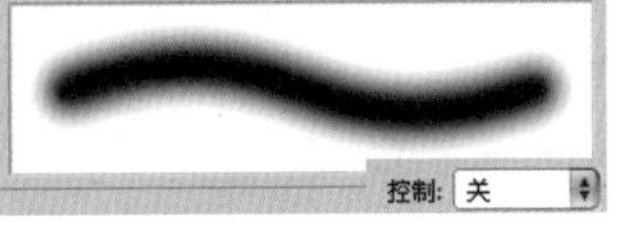

图5-93

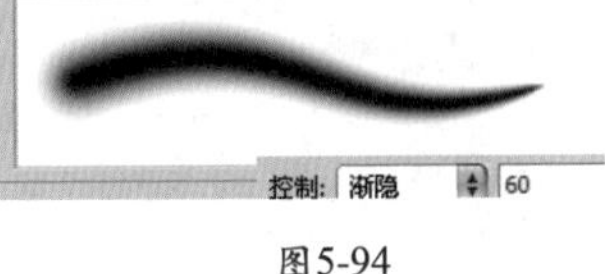

图5-94

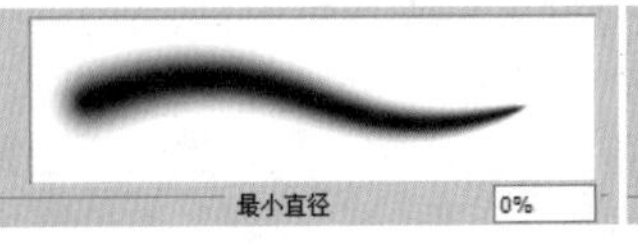

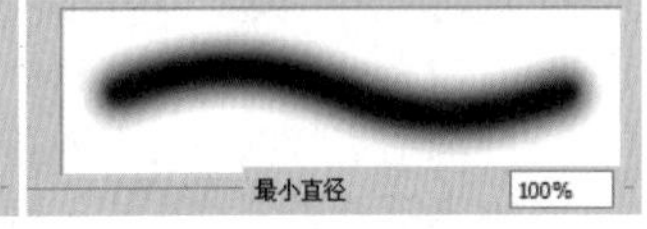

图5-95

- 倾斜缩放比例：当“大小抖动”设置为“钢笔斜度”选项时，该选项用来设置在旋转前应用于画笔高度的比例因子。

- **角度抖动/控制**：用来设置画笔笔迹的角度，如图5-96和图5-97所示。如果要设置“角度抖动”的方式，可以在下面的“控制”数值框中进行选择。
- **圆度抖动/控制/最小圆度**：用来设置画笔笔迹的圆度在描边中的变化方式，如图5-98所示。如果要设置“圆度抖动”的方式，可以在下面的“控制”数值框中进行选择。另外，“最小圆度”选项可以用来设置画笔笔迹的最小圆度。

图5-96

图5-97

图5-98

- **翻转X/Y抖动**：将画笔笔尖在其X轴或Y轴上进行翻转。
- **画笔投影**：可应用光笔倾斜和旋转来产生笔尖形状。使用光笔绘画时，需要将光笔更改为倾斜状态并旋转光笔以改变笔尖形状。

实例练习——为图像添加大小不同的可爱心形

案例文件	实例练习——为图像添加大小不同的可爱心形.psd
视频教学	实例练习——为图像添加大小不同的可爱心形.flv
难易指数	★★★★★
技术要点	画笔工具

案例效果

本例最终效果如图5-99所示。

图5-99

图5-100

操作步骤

步骤01 打开本书配套光盘中的素材文件，如图5-100所示。

步骤02 单击工具箱中的“画笔工具”按钮，设置前景色为白色，按F5键快速打开“画笔”面板，单击“画笔笔尖形状”，选择一种圆形的花纹，设置“大小”为124像素，“间距”为157%，如图5-101所示。

步骤03 选中“形状动态”复选框，设置其“大小抖动”为86%，“最小直径”为19%，如图5-102所示。

步骤04 新建图层，多次单击制作右上侧心形，最终效果如图5-103所示。

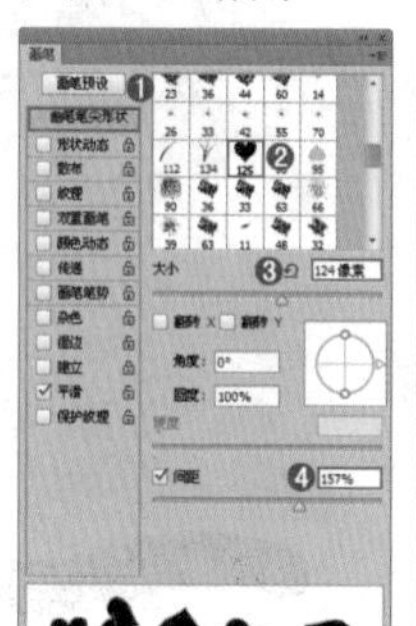

图5-101

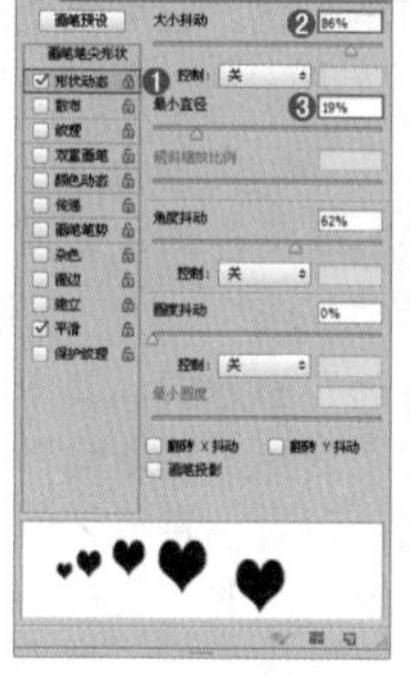

图5-102

图5-103

5.3.4 散布

在“散布”选项中可以设置描边中笔迹的数目和位置，使画笔笔迹沿着绘制的线条扩散，如图5-104～图5-106所示。

- **散布/两轴/控制**：指定画笔笔迹在描边中的分散程度，该值越大，分散的范围越广。当选中“两轴”复选框时，画笔笔迹将以中心点为基准，向两侧分散。如果要设置画笔笔迹的分散方式，可以在下面的“控制”数值框中进行选择，如图5-107所示。
- **数量**：指定在每个间距间隔应用的画笔笔迹数量。数值越大，笔迹重复的数量越大，如图5-108所示。

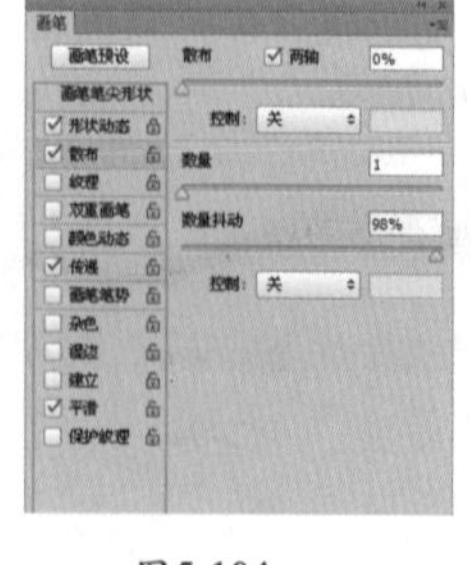

图5-104

图5-105

图5-106

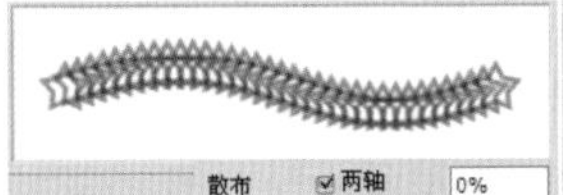

图5-107

图5-108

- 数量抖动/控制：指定画笔笔迹的数量如何针对各种间距间隔产生变化，如图5-109所示。如果要设置“数量抖动”的方式，可以在下面的“控制”数值框中进行选择。

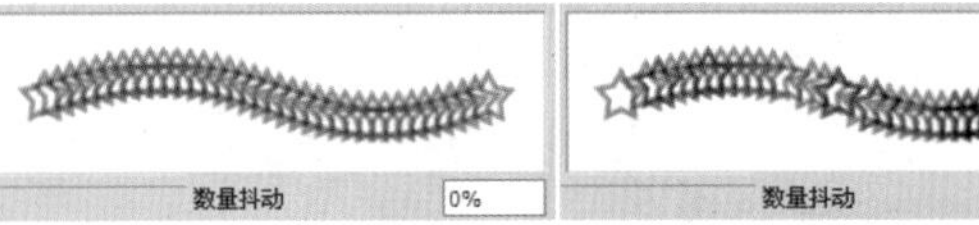

图5-109

5.3.5 纹理

使用“纹理”选项可以绘制出带有纹理质感的笔触，例如在带纹理的画布上绘制效果等，如图5-110～图5-112所示。

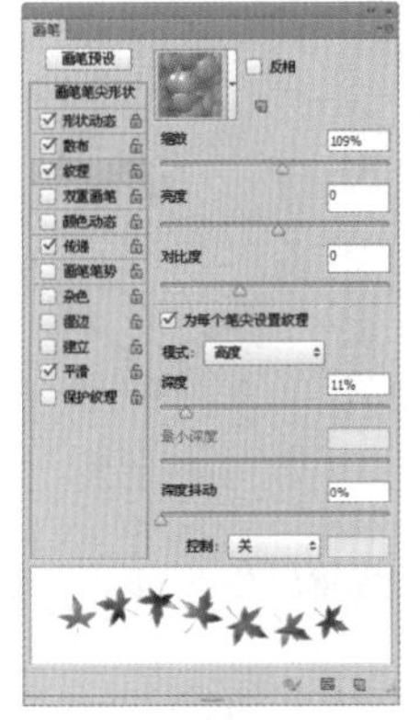

图5-110

图5-111

图5-112

- 设置纹理/反相：单击图案缩览图右侧的倒三角图标，可以在弹出的“图案”拾色器中选择一个图案，并将其设置为纹理。如果选中“反相”复选框，可以基于图案中的色调来反转纹理中的亮点和暗点，如图5-113所示。
- 缩放：设置图案的缩放比例。数值越小，纹理越多，如图5-114所示。
- 为每个笔尖设置纹理：将选定的纹理单独应用于画笔描边中的每个画笔笔迹，而不是作为整体应用于画笔描边。如果取消选中“为每个笔尖设置纹理”复选框，下面的“深度抖动”选项将不可用。
- 模式：设置用于组合画笔和图案的混合模式，如图5-115所示分别为“正片叠底”和“线性高度”模式。
- 深度：设置油彩渗入纹理的深度。数值越大，渗入的深度越大，如图5-116所示。

图5-113

图5-114

- 最小深度：当“深度抖动”下面的“控制”选项设置为“渐隐”、“钢笔压力”、“钢笔斜度”或“光笔轮”选项，并且选中“为每个笔尖设置纹理”复选框时，“最小深度”选项用来设置油彩可渗入纹理的最小深度。

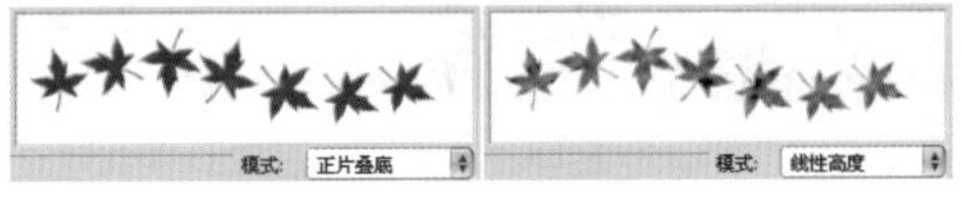

图5-115

图5-116

- 深度抖动/控制：当选中“为每个笔尖设置纹理”复选框时，“深度抖动”选项用来设置深度的改变方式，如图5-117所示。要指定如何控制画笔笔迹的深度变化，可以从下面的“控制”数值框中进行选择。

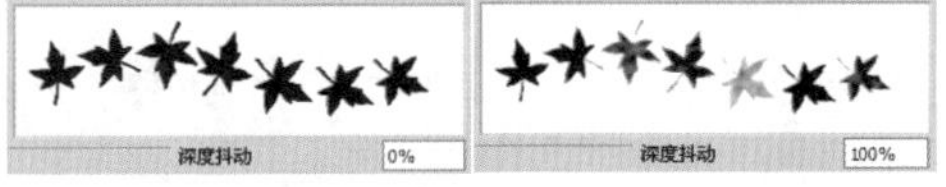

图5-117

5.3.6 双重画笔

启用“双重画笔”选项可以绘制线条呈现出两种画笔的效果。首先设置“画笔笔尖形状”主画笔参数属性，然后启用“双重画笔”选项，并从“双重画笔”选项中选择另外一个笔尖（即双重画笔）。

双重画笔的参数非常简单，大多与其他选项中的参数相同。最顶部的“模式”是指选择从主画笔和双重画笔组合画笔笔迹时要使用的混合模式，如图5-118～图5-120所示。

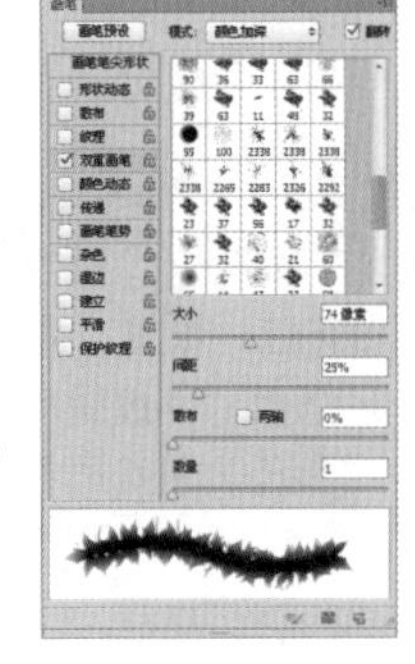

图5-118

图5-119

图5-120

5.3.7 颜色动态

选中"颜色动态"复选框，可以通过设置选项绘制出颜色变化的效果，如图5-121～图5-123所示。

- 前景/背景抖动/控制：用来指定前景色和背景色之间的油彩变化方式。数值越小，变化后的颜色越接近前景色；数值越大，变化后的颜色越接近背景色。如果要指定如何控制画笔笔迹的颜色变化，可以在下面的"控制"数值框中进行选择，如图5-124和图5-125所示。
- 色相抖动：设置颜色变化范围。数值越小，颜色越接近前景色；数值越高，色相变化越丰富，如图5-126所示。

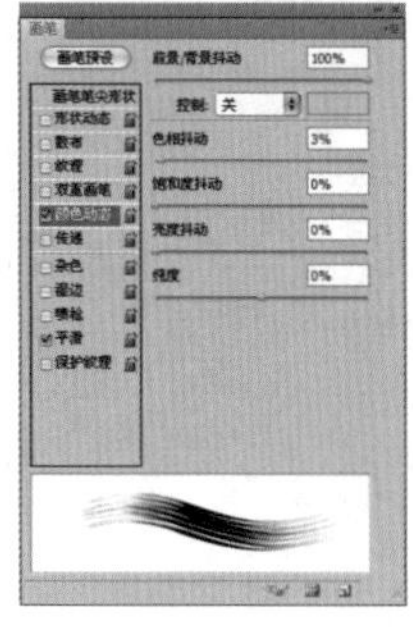

图5-121

图5-122

图5-123

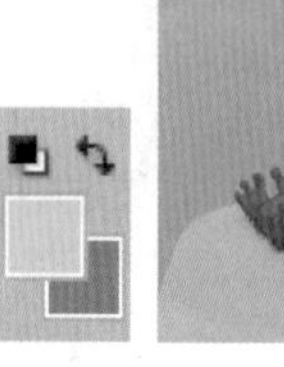

图5-124

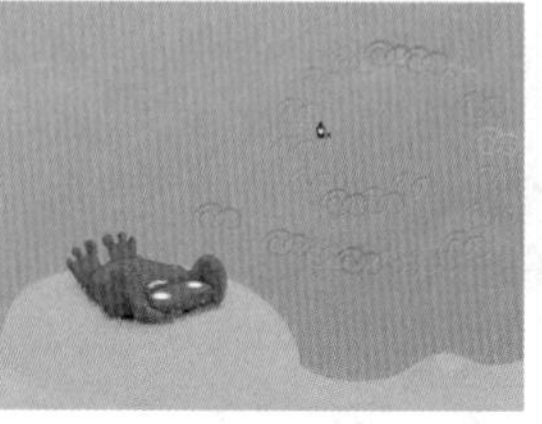

图5-125

图5-126

- 饱和度抖动：设置颜色的饱和度变化范围。数值越小，饱和度越接近前景色；数值越大，色彩的饱和度越高，如图5-127所示。
- 亮度抖动：设置颜色的亮度变化范围。数值越小，亮度越接近前景色；数值越大，颜色的亮度值越大，如图5-128所示。
- 纯度：用来设置颜色的纯度。数值越小，笔迹的颜色越接近于黑白色；数值越大，颜色饱和度越高。如图5-129和图5-130所示分别为纯度为-100%和纯度为100%的效果。

图5-127

图5-128

图5-129

图5-130

实例练习——使用颜色动态制作多彩花蕊

案例文件	实例练习——使用颜色动态制作多彩花蕊.psd
视频教学	实例练习——使用颜色动态制作多彩花蕊.flv
难易指数	★★★★★
技术要点	画笔工具

案例效果

本例最终效果如图5-131所示。

图5-131

图5-132

操作步骤

步骤01 打开本书配套光盘中的素材文件，如图5-132所示。

步骤02 单击工具箱中的"画笔工具"按钮，设置前景色为深粉，背景色为浅粉色，按F5键快速打开"画笔"面板，单击"画笔笔尖形状"，选择一种合适的花纹，设置"大小"为66像素，"间距"为25%，如图5-133所示。

步骤03 选中"形状动态"复选框，设置其"角度抖动"为100%，"圆度抖动"为61%，"最小圆度"为25%，如图5-134所示。

步骤04 选中"散布"复选框，选中"两轴"复选框并设置"两轴"为1000%，"数量抖动"为100%，如图5-135所示。

步骤05 选中"颜色动态"复选框，设置其"前景/背景抖动"为100%，"色相抖动"为5%，如图5-136所示。新建图层，多次单击制作右侧花纹，最终效果如图5-137所示。

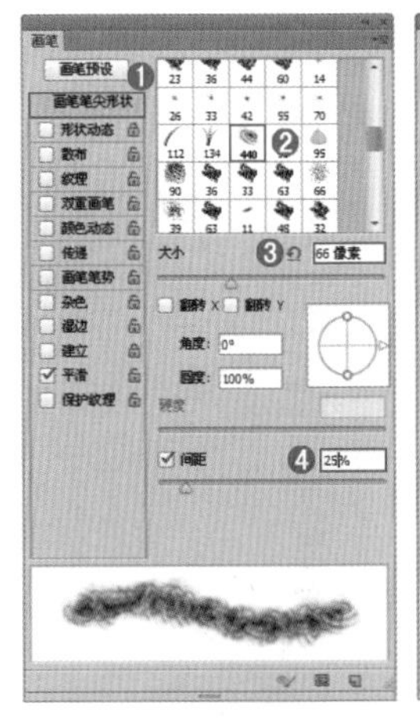
图5-133

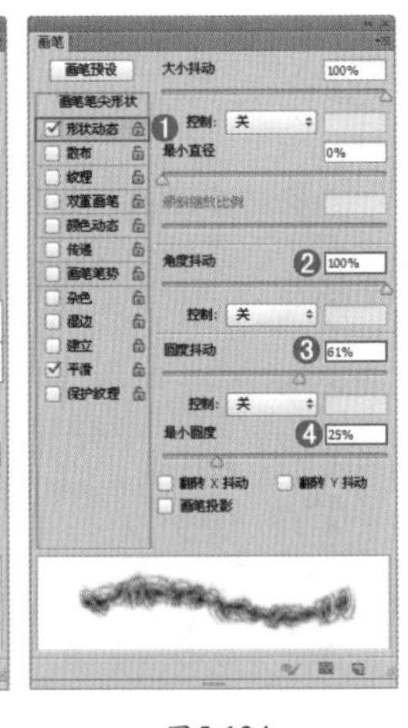
图5-134

图5-135

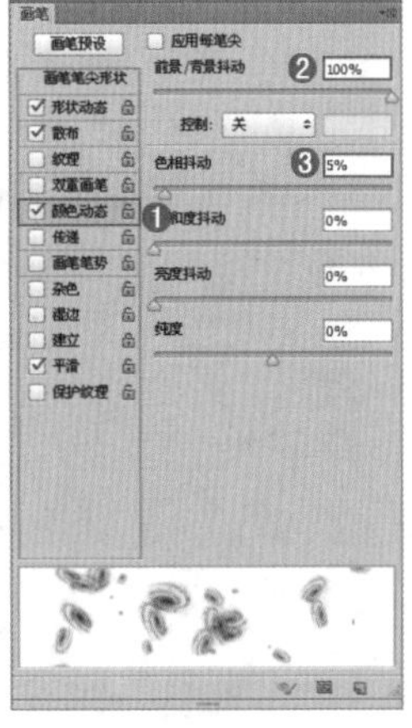
图5-136

图5-137

5.3.8 传递

“传递”选项中包含不透明度、流量、湿度、混合等抖动的控制，可以用来确定油彩在描边路线中的改变方式，如图5-138～图5-140所示。

- 不透明度抖动/控制：指定画笔描边中油彩不透明度的变化方式，最大值是选项栏中指定的不透明度值。如果要指定如何控制画笔笔迹的不透明度变化，可以从下面的“控制”数值框中进行选择。
- 流量抖动/控制：用来设置画笔笔迹中油彩流量的变化程度。如果要指定如何控制画笔笔迹的流量变化，可以从下面的“控制”数值框中进行选择。
- 湿度抖动/控制：用来控制画笔笔迹中油彩湿度的变化程度。如果要指定如何控制画笔笔迹的湿度变化，可以从下面的“控制”数值框中进行选择。
- 混合抖动/控制：用来控制画笔笔迹中油彩混合的变化程度。如果要指定如何控制画笔笔迹的混合变化，可以从下面的“控制”数值框中进行选择。

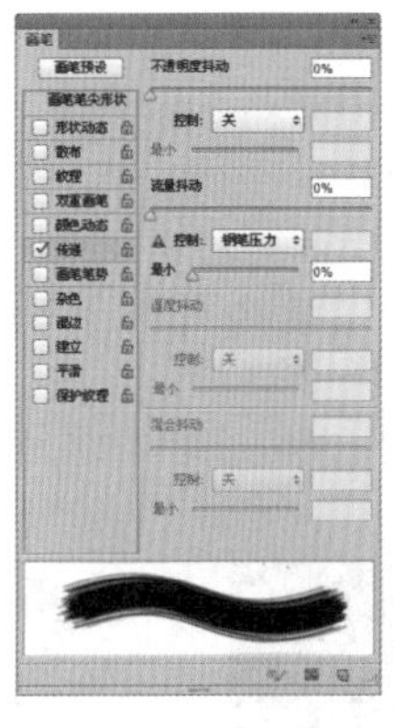
图5-138

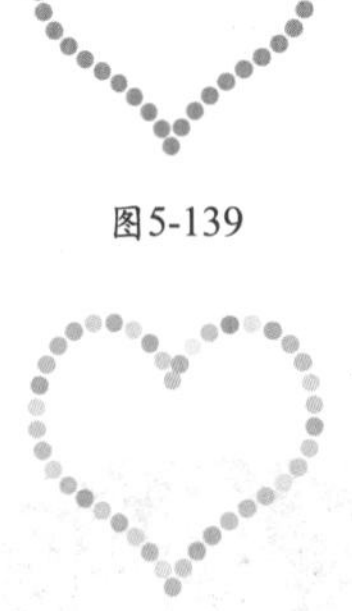
图5-139

图5-140

实例练习——使用画笔制作唯美散景效果

案例文件	实例练习——使用画笔制作唯美散景效果.psd
视频教学	实例练习——使用画笔制作唯美散景效果.flv
难易指数	★★★★★
技术要点	形状动态、散布、颜色动态、传递、湿边等选项的设置

案例效果

原图如图5-141所示。最终效果如图5-142所示。

图5-141

图5-142

图5-143

操作步骤

步骤01 打开本书配套光盘中的素材文件，如图5-143所示。

步骤02 设置前景色为紫色，背景色为粉红，如图5-144所示。单击工具箱中的“画笔工具”按钮，在其选项栏中选择一种柔圆边画笔，设置其“不透明度”为40%，“流量”为40%，如图5-145所示。按F5键快速打开“画笔”面板，单击“画笔笔尖形状”，选择一种圆形的花纹，设置“大小”为94像素，“硬度”为100%，“间距”为293%，如图5-146所示。

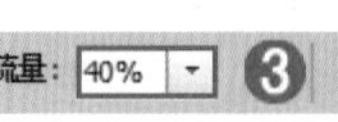

图5-144

图5-145

步骤03 选中“形状动态”复选框，设置其“大小抖动”为100%，“最小直径”为1%，“控制”为“钢笔压力”，如图5-147所示。

步骤04 选中“散布”复选框，选中“两轴”复选框并设置其值为1000%，“数量”为1，如图5-148所示。

步骤05 选中“颜色动态”复选框，设置“前景/背景抖动”为100%，如图5-149所示。

步骤06 选中“传递”复选框，设置“不透明度抖动”为100%，如图5-150所示。

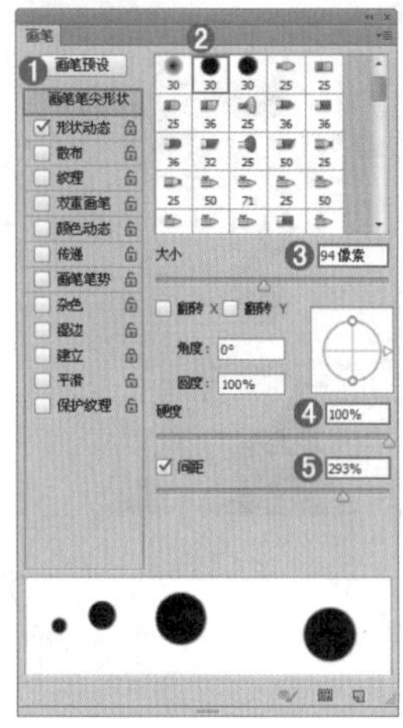
图5-146

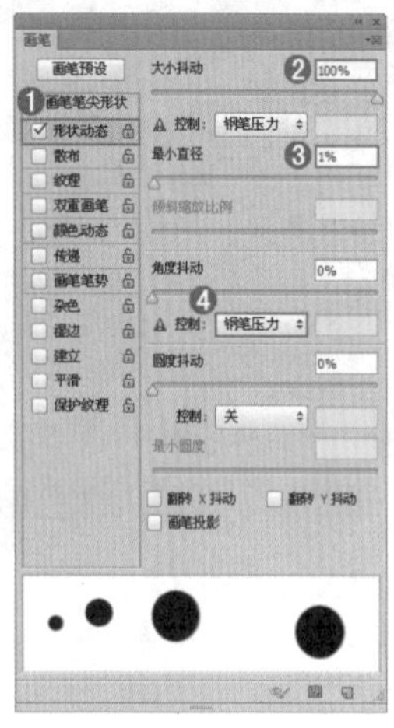
图5-147

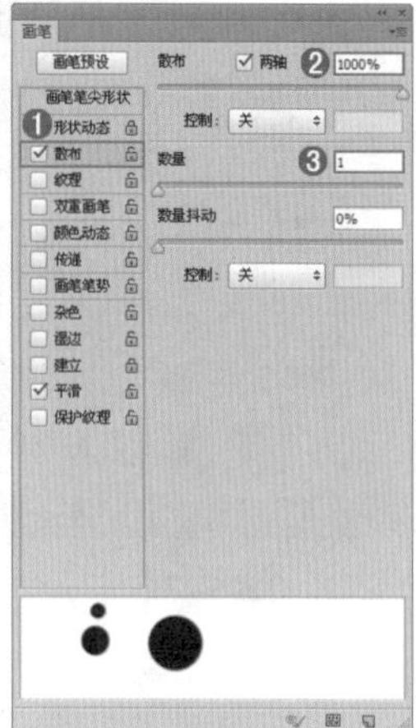
图5-148

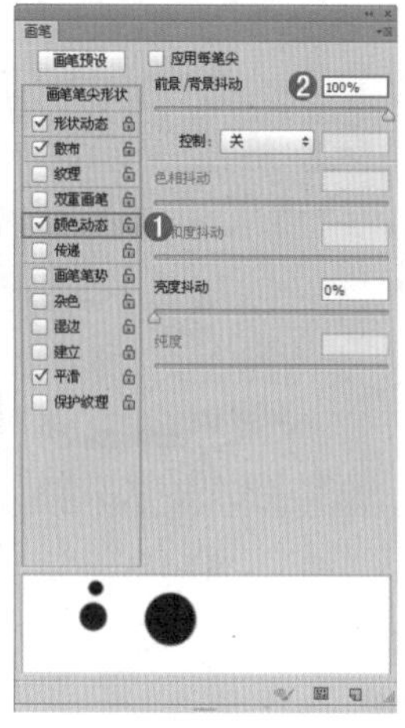
图5-149

图5-150

步骤07 分别选中“平滑”和“湿边”复选框，新建图层，多次单击制作人像周围的光斑，最终效果如图5-151所示。

步骤08 新建图层，增大画笔大小，绘制较大的光斑，如图5-152所示。

步骤09 对该图层执行“滤镜>模糊>高斯模糊”命令，在弹出的对话框中设置“半径”为4像素，如图5-153和图5-154所示。

步骤10 置入前景素材，执行“图层>栅格化>智能对象”命令。最终效果如图5-155所示。

图5-151

图5-152

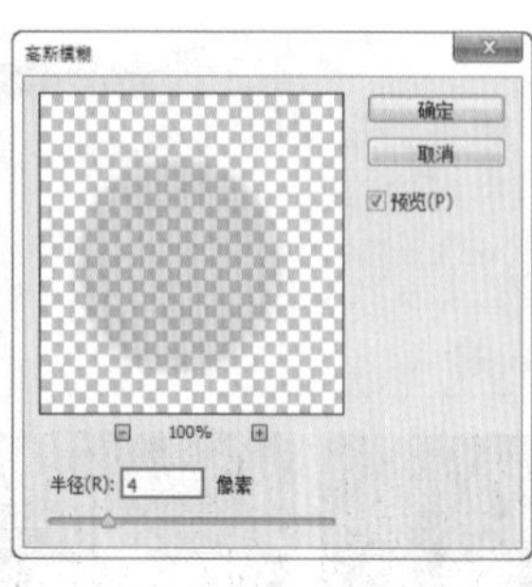
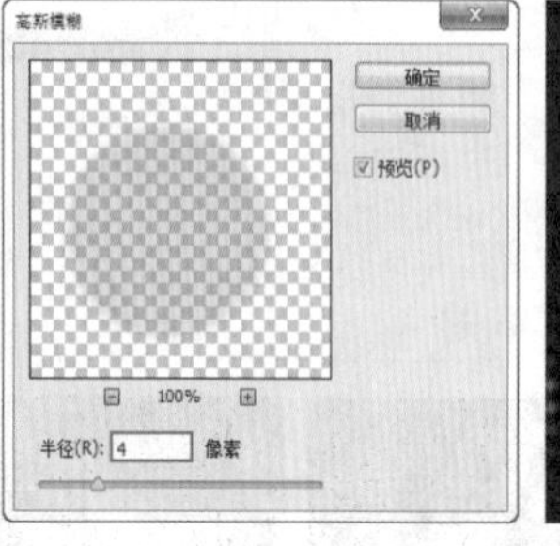

图5-153

图5-154

图5-155

5.3.9 画笔笔势

“画笔笔势”选项用于调整毛刷画笔笔尖、侵蚀画笔笔尖的角度，如图5-156所示。

- 倾斜X/倾斜Y：使笔尖沿X轴或Y轴倾斜。
- 旋转：设置笔尖旋转效果。
- 压力：压力数值越大绘制速度越快，线条效果越粗犷。

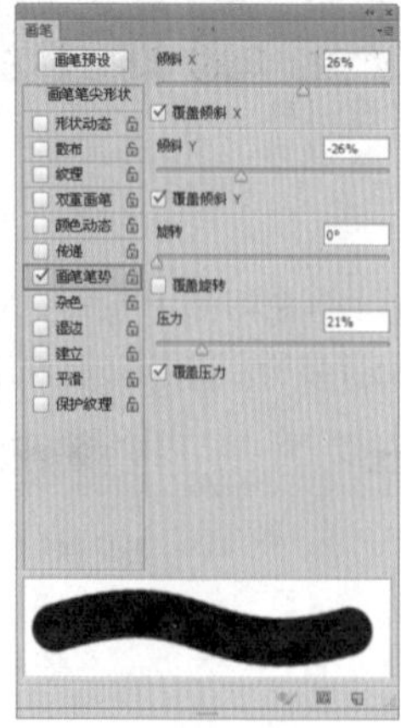
图5-156

5.3.10 其他选项

“画笔”面板中还有“杂色”、“湿边”、“建立”、“平滑”和“保护纹理”5个选项，如图5-157所示。这些选项不能调整参数，如果要启用其中某个选项，将其选中即可。

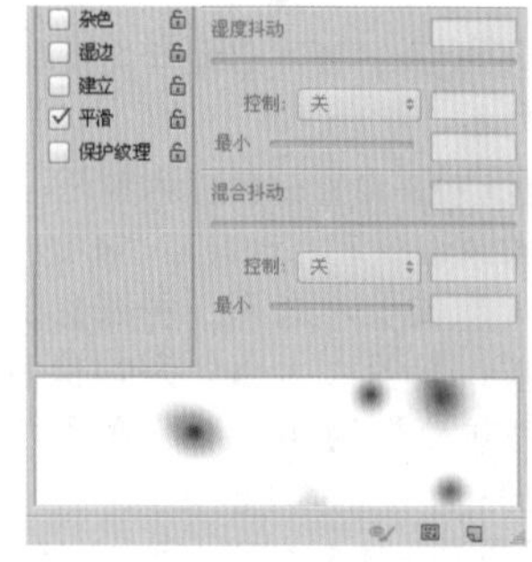
图5-157

- 杂色：为个别画笔笔尖增加额外的随机性。如图5-158和图5-159所示分别为取消选中与选中“杂色”复选框时的笔迹效果。当使用柔边画笔时，该选项最能出效果。
- 湿边：沿画笔描边的边缘增大油彩量，从而创建出水彩效果。如图5-160和图5-161所示分别为取消选中与选中“湿边”复选框时的笔迹效果。

图5-158

图5-159

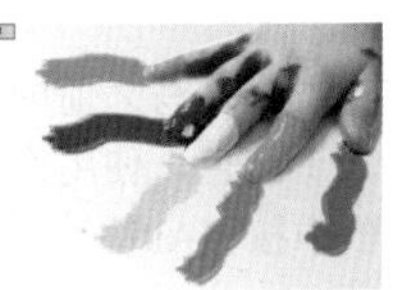
图5-160

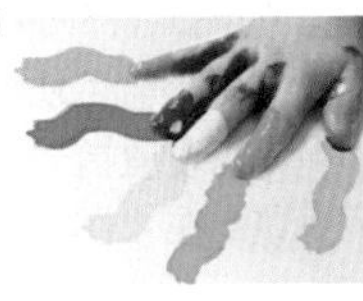
图5-161

- 建立：模拟传统的喷枪技术，根据鼠标按键的单击程度确定画笔线条的填充数量。
- 平滑：在画笔描边中生成更加平滑的曲线。当使用压感笔进行快速绘画时，该选项最有效。
- 保护纹理：将相同图案和缩放比例应用于具有纹理的所有画笔预设。选中该复选框后，在使用多个纹理画笔绘画时，可以模拟出一致的画布纹理。

实例练习——使用“画笔”面板制作多彩版式

案例文件	实例练习——使用“画笔”面板制作多彩版式.psd
视频教学	实例练习——使用“画笔”面板制作多彩版式.flv
难易指数	★★★★★
技术要点	“画笔”面板，自由变换

案例效果

本例最终效果如图5-162所示。

操作步骤

步骤01 按Ctrl+O组合键创建新的空白文件，设置前景色为很浅的肉色，按Alt+Delete组合键填充背景，如图5-163所示。

步骤02 设置前景色为绿色，背景色为黄色，如图5-164所示。按F5键打开“画笔”面板，首先选择一个圆形画笔，设置“大小”为20像素，“硬度”为100%，“间距”为109%，如图5-165所示；选中“形状动态”复选框，设置“大小抖动”为100%，如图5-166所示；选中“颜色动态”复选框，设置“前景/背景抖动”为100%，如图5-167所示。

图5-162

图5-163

图5-164

图5-165

图5-166

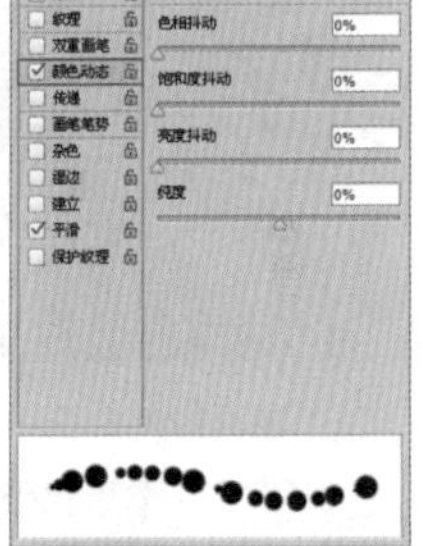
图5-167

步骤03 画笔属性设置完成后，新建图层，单击工具箱中的“画笔工具”按钮，在图像中按住Shift键绘制水平的线，此时可以看到绘制出的是有间隙的大小不一的黄绿色圆形组成的线段，如图5-168所示。

图5-168

步骤04 按Ctrl+T组合键，沿竖直的方向拉长，水平方向缩小，如图5-169所示。

步骤05 完成后单击工具箱中的“矩形选框工具”按钮，框选中间一段，如图5-170所示；然后复制粘贴为一个独立的图层，如图5-171所示。

步骤06 对复制出的彩色矩形进行自由变换，按住Shift键将其旋转45°，如图5-172所示。

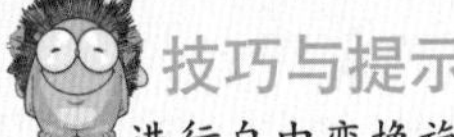

技巧与提示

进行自由变换旋转时，按住Shift键将以每隔15°的方式进行旋转。

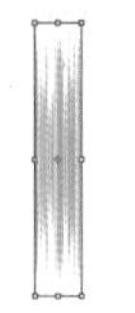
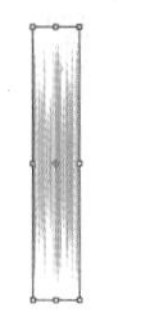
图5-169

图5-170

图5-171

图5-172

步骤07 按Ctrl+J组合键复制当前图层并向右上方移动，摆放在如图5-173所示的位置。

步骤08 设置前景色为橙色，背景色为浅绿色，如图5-174所示。使用同样的方法制作出另外一个彩色矩形，并摆放在合适位置，如图5-175所示。

步骤09 其他色块的制作方法均与之前的方法相同，只需切换前景色和背景色即可，如图5-176所示。

步骤10 设置前景色为浅土红色，使用横排文字工具输入三组文字，如图5-177所示。

步骤11 在“图层”面板中按住Alt键选中这些文字图层，按Ctrl+T组合键，如图5-178所示。将文字逆时针旋转45°，如图5-179所示。

图5-173

图5-174

图5-175

图5-176

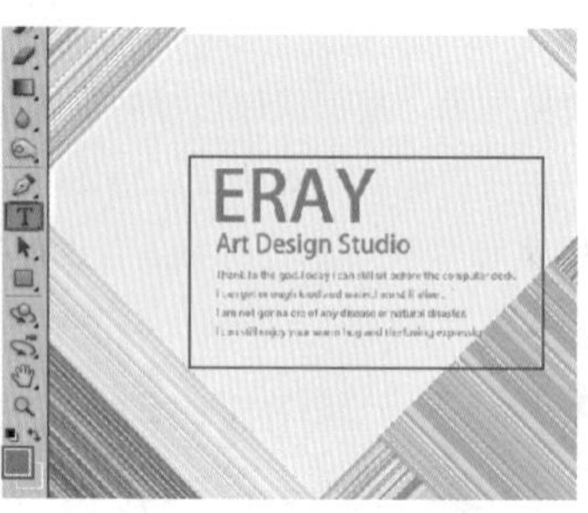

图5-177

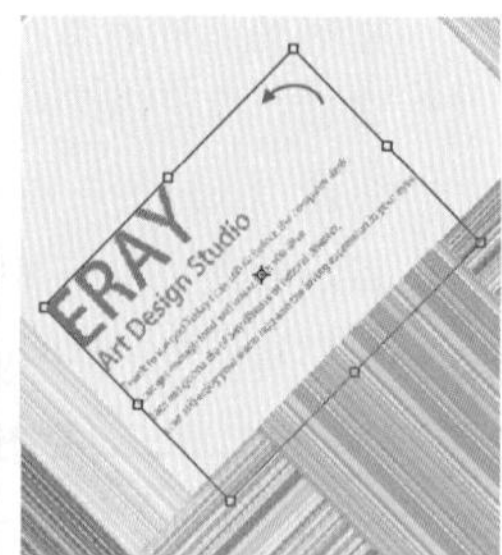

图5-178

步骤12 单击工具箱中的“矩形工具”按钮，在图中绘制矩形，然后右击，在弹出的快捷菜单中选择“选择反向”命令，如图5-180所示。效果如图5-181所示。

步骤13 新建图层，单击工具箱中的“吸管工具”按钮，吸取背景上的颜色作为前景色，按Alt+Delete组合键填充前景色，如图5-182所示。

步骤14 创建一个曲线调整图层，调整曲线形状，如图5-183所示。使图像变暗一些，最终效果如图5-184所示。

图5-179

图5-180

图5-181

图5-182

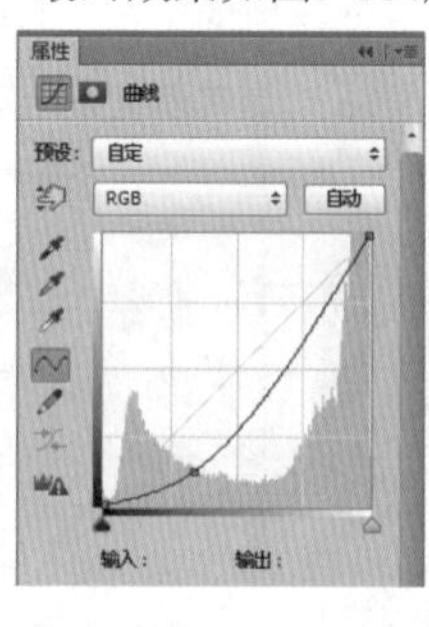

图5-183

图5-184

5.4 修饰工具

Photoshop中包含多种用于修饰修复的工具，如仿制图章工具、污点修复画笔工具、修复画笔工具、修补工具、红眼工具等工具。使用这些工具不仅能够方便快捷地解决照片中的瑕疵（例如人像面部的斑点、皱纹、红眼、环境中多余的人以及不合理的杂物等问题），还能够制造出很多意想不到的效果，如图5-185～图5-187所示。

图5-185

图5-186

图5-187

5.4.1 “仿制源”面板

使用图章工具或图像修复工具时，都可以通过“仿制源”面板来设置不同的样本源（最多可以设置5个样本源），并且可以查看样本源的叠加，以便在特定位置进行仿制。另外，通过“仿制源”面板还可以缩放或旋转样本源，以更好地匹配仿制目标的大小和方向。执行“窗口>仿制源”命令，打开“仿制源”面板，如图5-188所示。

技巧与提示

对于基于时间轴的动画，“仿制源”面板还可以用于设置样本源视频/动画帧与目标视频/动画帧之间的帧关系。

- 仿制源：激活“仿制源”按钮以后，按住Alt键的同时使用图章工具或图像修复工具在图像中单击，可以设置取样点，如图5-189所示。单击下一个“仿制源”按钮，还可以继续取样。
- 位移：指定X轴和Y轴的像素位移，可以在相对于取样点的精确位置进行仿制。
- W/H：输入W（宽度）或H（高度）值，可以缩放所仿制的源，如图5-190所示。

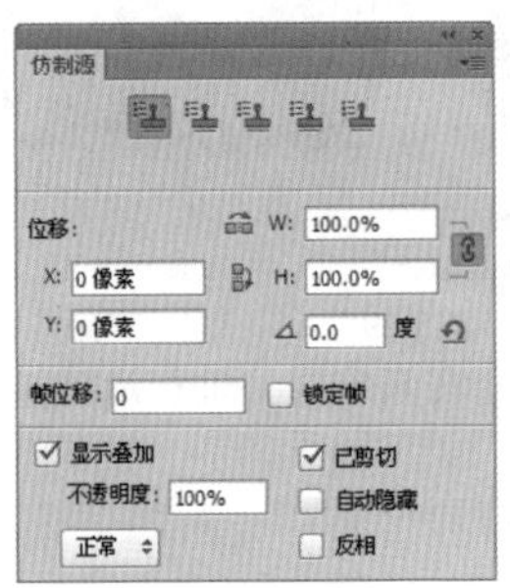

图5-188

图5-189

图5-190

- 旋转：在文本框中输入旋转角度，可以旋转仿制的源，如图5-191所示。
- 翻转：单击“水平翻转”按钮，可以水平翻转仿制源，如图5-192所示；单击“垂直翻转”按钮，可垂直翻转仿制源，如图5-193所示。

图5-191

图5-192

图5-193

- “复位变换”按钮：将W、H、角度值和翻转方向恢复到默认的状态。
- 帧位移/锁定帧：在“帧位移”文本框中输入帧数，可以使用与初始取样的帧相关的特定帧进行仿制，输入正值时，要使用的帧在初始取样的帧之后；输入负值时，要使用的帧在初始取样的帧之前。如果选中“锁定帧”复选框，则总是使用初始取样的相同帧进行仿制。
- 显示叠加：选中“显示叠加”复选框，并设置了叠加方式以后，可以在使用图章工具或修复工具时，更好地查看叠加以及下面的图像，如图5-194所示。“不透明度”用来设置叠加图像的不透明度；“自动隐藏”选项可以在应用绘画描边时隐藏叠加；“已剪切”选项可将叠加剪切到画笔大小；如果要设置叠加的外观，可以从下面的叠加下拉列表中进行选择；“反相”选项可反相叠加中的颜色。

图5-194

实例练习——使用“仿制源”面板与仿制图章工具

案例文件	实例练习——使用“仿制源”面板与仿制图章工具.psd
视频教学	实例练习——使用“仿制源”面板与仿制图章工具.flv
难易指数	★★★★★
技术要点	仿制图章工具

案例效果

本例最终效果如图5-195所示。

图5-195

操作步骤

步骤01 打开素材文件，单击工具箱中的“仿制图章工具”按钮。执行“窗口>仿制源”命令，如图5-196所示。单击“仿制源”的图章按钮，单击“水平翻转”按钮，设置其为80%，如图5-197所示。

步骤02 在选项栏中设置图章大小，按住Alt键，右击采集左边像素，如图5-198所示。在画面右侧单击并进行涂抹绘制出右边，最终效果如图5-199所示。

图5-196

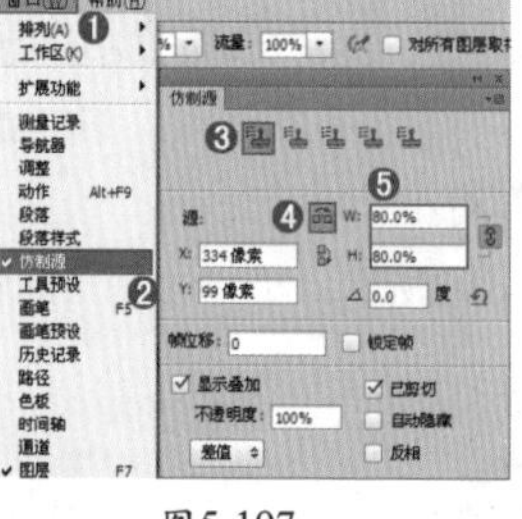

图5-197

图5-198

图5-199

5.4.2 仿制图章工具

仿制图章工具可以将图像的一部分绘制到同一图像的另一个位置上，或绘制到具有相同颜色模式的任何打开的文档的另一部分，当然也可以将一个图层的一部分绘制到另一个图层上。仿制图章工具对于复制对象或修复图像中的缺陷非常有用。单击该工具，在仿制的样本区域按住Alt键并单击，进行取样。然后到需要绘制的区域按住鼠标左键并拖动，刚刚取样区域的像素会被绘制到当前位置，其选项栏如图5-200所示。

模式：正常　不透明度：100%　流量：100%　对齐　样本：当前图层

图5-200

- “切换画笔面板”按钮：打开或关闭“画笔”面板。
- “切换仿制源面板”按钮：打开或关闭“仿制源”面板。
- 对齐：选中该复选框后，可以连续对像素进行取样，即使是释放鼠标以后，也不会丢失当前的取样点。
- 样本：从指定的图层中进行数据取样。

> **技巧与提示**
>
> 如果取消选中“对齐”复选框，则会在每次停止并重新开始绘制时使用初始取样点中的样本像素。

实例练习——使用仿制图章工具修补天空

案例文件	实例练习——使用仿制图章工具修补天空.psd
视频教学	实例练习——使用仿制图章工具修补天空.flv
难易指数	★★★★★
技术要点	仿制图章工具

案例效果

原图如图5-201所示。最终效果如图5-202所示。

操作步骤

步骤01 打开素材文件，如图5-203所示。单击工具箱中的“仿制图章工具”按钮，在其选项栏中设置一种柔边圆图章，设置其“大小”为100，“模式”为“正常”，“不透明度”为100%，“流量”为100%，选中“对齐”复选框，设置“样本”为“当前图层”，如图5-204所示。

图5-201

图5-202

图5-203

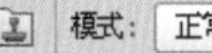
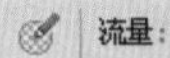

图5-204

步骤02 按住Alt键，单击吸取天空部分，在右部单击，遮盖椰树，如图5-205所示。

步骤03 最终涂抹效果如图5-206所示。

图5-205

图5-206

5.4.3 图案图章工具

图案图章工具可以使用预设图案或载入的图案进行绘画，首先在选项栏中选择一种合适的图案，并设置混合模式以及画笔的不透明度，接着在画面中按住鼠标左键并拖动即可绘制出图案，其选项栏如图5-207所示。

图5-207

- 对齐：选中该复选框以后，可以保持图案与原始起点的连续性，即使多次单击鼠标也不例外，如图5-208所示；取消选中该复选框时，则每次单击鼠标都重新应用图案，如图5-209所示。
- 印象派效果：选中该复选框以后，可以模拟出印象派效果的图案。如图5-210和图5-211所示分别为取消选中和选中“印象派效果”复选框时的效果。

图5-208

图5-209

图5-210

图5-211

5.4.4 污点修复画笔工具

使用污点修复画笔工具可以消除图像中的污点和某个对象，如图5-212和图5-213所示。“污点修复画笔工具”不需要设置取样点，它可以通过在瑕疵处单击，并自动从所修饰区域的周围进行取样来修复单击的区域，其选项栏如图5-214所示。

图5-212

图5-213

图5-214

- 模式：用来设置修复图像时使用的混合模式。除“正常”“正片叠底”等常用模式以外，还有一个“替换”模式，该模式可以保留画笔描边的边缘处的杂色、胶片颗粒和纹理。
- 类型：用来设置修复的方法。选中“近似匹配”单选按钮时，可以使用选区边缘周围的像素来查找要用作选定区域修补的图像区域；选中“创建纹理”单选按钮时，可以使用选区中的所有像素创建一个用于修复该区域的纹理；选中“内容识别”单选按钮时，可以使用选区周围的像素进行修复。

实例练习——使用污点修复画笔工具去除美女面部斑点

案例文件	实例练习——使用污点修复画笔工具去除美女面部斑点.psd
视频教学	实例练习——使用污点修复画笔工具去除美女面部斑点.flv
难易指数	★★★★★
技术要点	污点修复画笔工具

案例效果

本例最终效果如图5-215所示。

操作步骤

步骤01 打开素材文件，单击工具箱中的“污点修复画笔工具”按钮，在人像左边面部有斑点的地方单击进行修复，如图5-216和图5-217所示。

步骤02 同样在人像右边面部有斑点的地方单击进行修复，最终效果如图5-218所示。

图5-215

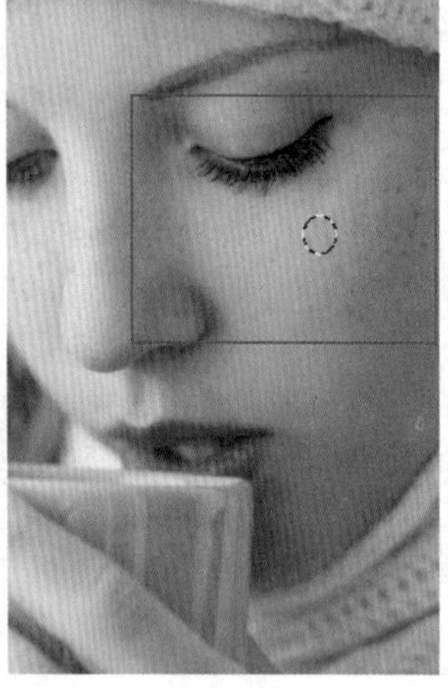

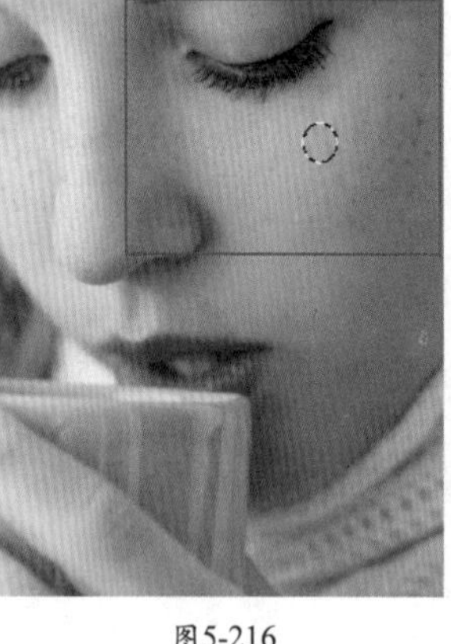

图5-216

图5-217

图5-218

5.4.5 修复画笔工具

与仿制图章工具的使用方法相同，修复画笔工具可以修复图像的瑕疵，也可以用图像中的像素作为样本进行绘制。不同的是，修复画笔工具还可将样本像素的纹理、光照、透明度和阴影与所修复的像素进行匹配，从而使修复后的像素不留痕迹地融入图像的其他部分，如图5-219和图5-220所示，其选项栏如图5-221所示。

图5-219

图5-220

- 源：设置用于修复像素的源。选中“取样”单选按钮时，可以使用当前图像的像素来修复图像；选中“图案”单选按钮时，可以使用某个图案作为取样点。
- 对齐：选中该复选框后，可以连续对像素进行取样，即使释放鼠标也不会丢失当前的取样点；取消选中“对齐”复选框后，则会在每次停止并重新开始绘制时使用初始取样点中的样本像素。

图5-221

实例练习——使用修复画笔工具去除面部细纹

案例文件	实例练习——使用修复画笔工具去除面部细纹.psd
视频教学	实例练习——使用修复画笔工具去除面部细纹.flv
难易指数	★★★★★
技术要点	修复画笔工具

案例效果

本例主要使用修复画笔工具去除人像眼部的细纹以及脖子部分的皱纹，如图5-222所示。效果如图5-223所示。

图5-222

图5-223

操作步骤

步骤01 打开素材文件，可以看到下眼袋和嘴角处有明显的细纹，使人像显得有些苍老，如图5-224所示。

步骤02 单击工具箱中的“修复画笔工具”按钮，执行“窗口>仿制源”命令。单击“仿制源”的图章按钮，设置“源”的X为1901像素，Y为1595像素，如图5-225所示。

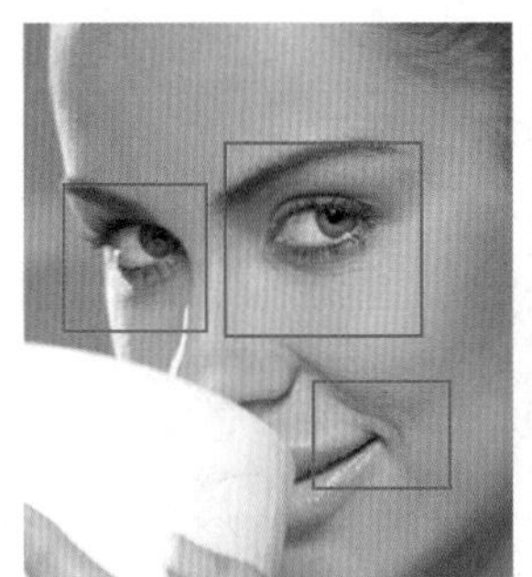

图5-224

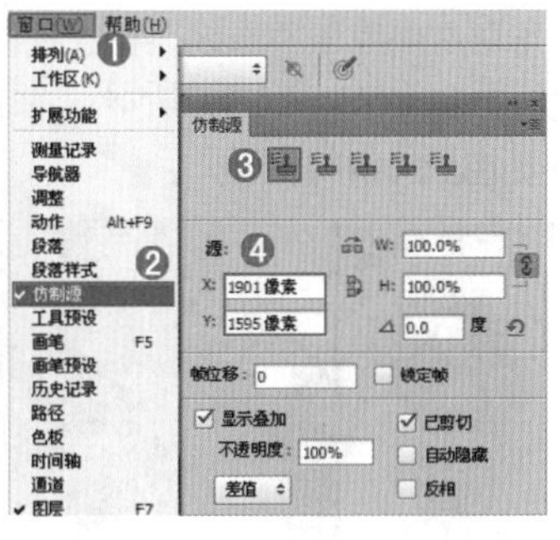

图5-225

步骤03 在选项栏中适当选择画笔大小，按住Alt键，单击吸取眼部周围的皮肤，在眼部皱纹处单击，遮盖细纹，如图5-226所示。效果如图5-227所示。

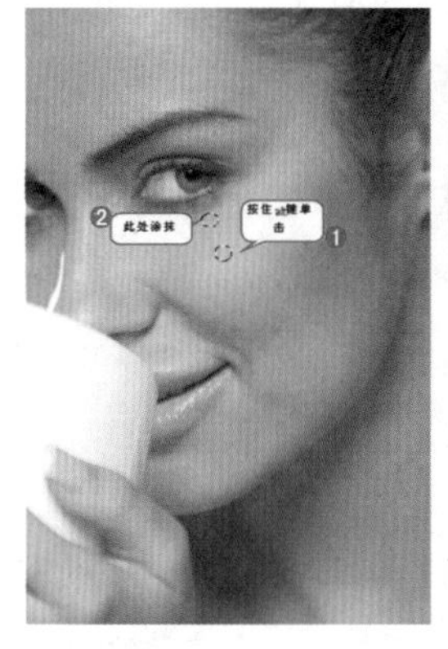

图5-226

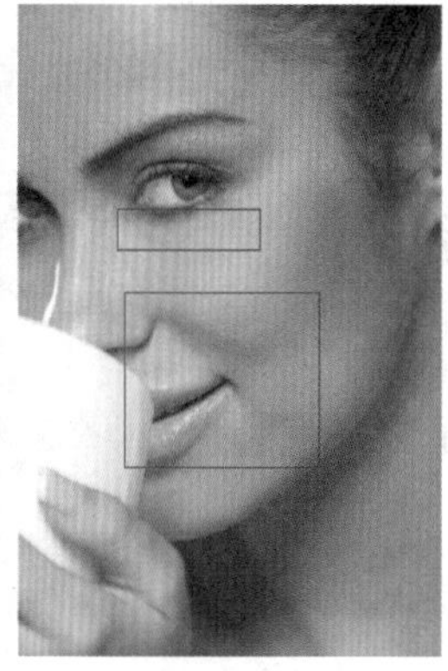

图5-227

步骤04 同样按住Alt键，单击吸取颈部周围的皮肤，在颈部皱纹处单击，遮盖细纹，如图5-228所示。效果如图5-229所示。最终效果如图5-230所示。

图5-228

图5-229

图5-230

5.4.6 修补工具

修补工具可以利用样本或图案来修复所选图像区域中不理想的部分，如图5-231所示。使用方法比较简单，使用修补工具在画面中需要去除的区域绘制出选区，然后将光标定位到选区中央，按住鼠标左键并拖动到目标区域，松开光标后，目标区域的内容会自动覆盖到当前位置并且与之融合，其选项栏如图5-232所示。

图5-231

- 选区创建方式：激活“新选区”按钮，可以创建一个新选区（如果图像中存在选区，则原始选区将被新选区替代）；激活“添加到选区”按钮，可以在当前选区的基础上添加新的选区；激活“从选区减去”按钮，可以在原始选区中减去当前绘制的选区；激活“与选区交叉”按钮，可以得到原始选区与当前创建的选区相交的部分。

修补：正常 源 目标 透明 使用图案

图5-232

技巧与提示

添加到选区的快捷键为Shift键；从选区减去的快捷键为Alt键；与选区交叉的快捷键为Shift+Alt组合键。

- 修补：创建选区以后，如图5-233所示，选中“源”单选按钮时，将选区拖曳到要修补的区域以后，释放鼠标左键就会用当前选区中的图像修补原来选中的内容，如图5-234所示；选中“目标”单选按钮时，则会将选中的图像复制到目标区域，如图5-235所示。
- 透明：选中该复选框后，可以使修补的图像与原始图像产生透明的叠加效果，该选项适用于修补具有清晰分明的纯色背景或渐变背景。
- 使用图案：使用修补工具创建选区以后，单击“使用图案”按钮，可以使用图案修补选区内的图像，如图5-236所示。效果如图5-237所示。

图5-233

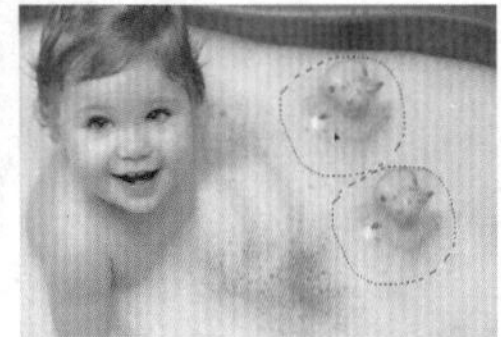
图5-234

图5-235

图5-236

图5-237

实例练习——使用修补工具去除多余物体

案例文件	实例练习——使用修补工具去除多余物体.psd
视频教学	实例练习——使用修补工具去除多余物体.flv
难易指数	★★★★★
技术要点	修补工具

案例效果

本例主要使用修补工具去除图像右侧多余的人像部分，如图5-238所示。最终效果如图5-239所示。

操作步骤

步骤01 打开本书配套光盘中的素材文件，如图5-240所示。

步骤02 单击工具箱中的“修补工具”按钮，在其选项栏中单击“新选区”按钮，选中“源”单选按钮，拖曳鼠标绘制右侧牌子的选区，按住鼠标左键向上拖曳，如图5-241所示。效果如图5-242所示。

步骤03 释放鼠标能够看到墙壁部分与底图进行了混合，最终效果如图5-243所示。

图5-238

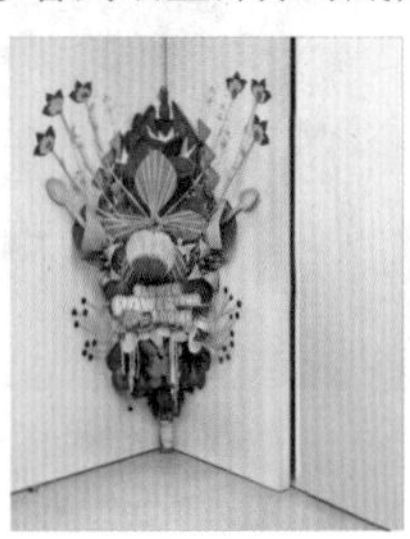
图5-239

图5-240

图5-241

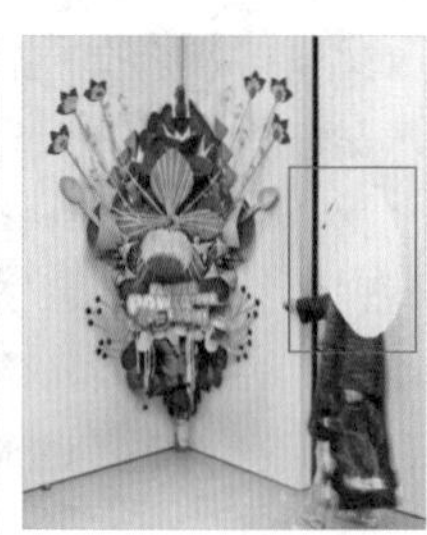
图5-242

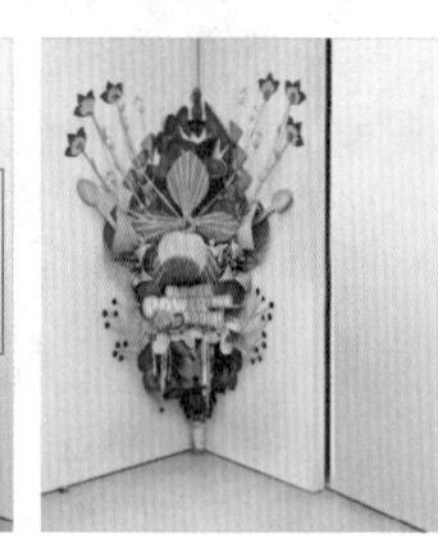
图5-243

5.4.7 内容感知移动工具

使用内容感知移动工具可以在无须复杂图层或慢速精确地选择选区的情况下快速地重构图像。内容感知移动工具的选项栏与修补工具的选项栏用法相似，如图5-244所示。首先单击工具箱中的“内容感知移动工具”按钮，在图像上绘制区域，并将影像任意地移动到指定的区块中，这时Photoshop就会自动将影像与四周的影物融合在一块，而原始的区域则会进行智能填充，如图5-245～图5-247所示。

模式：移动 适应：中 ☑对所有图层取样

图5-244

图5-245

图5-246

图5-247

5.4.8 红眼工具

在光线较暗的环境中照相时，由于主体的虹膜张开得很宽，经常会出现“红眼”现象。使用红眼工具在瞳孔处单击，即可去除由闪光灯导致的红色反光，如图5-248和图5-249所示。其选项栏如图5-250所示。

图5-248

图5-249

- 瞳孔大小：用来设置瞳孔的大小，即眼睛暗色中心的大小。
- 变暗量：用来设置瞳孔的暗度。

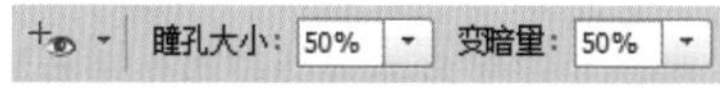

图5-250

答疑解惑——如何避免“红眼”的产生？

“红眼”是由于相机闪光灯在主体视网膜上反光引起的。为了避免出现红眼，除了可以在Photoshop中进行矫正以外，还可以使用相机的红眼消除功能来消除红眼。

5.4.9 历史记录画笔工具

历史记录画笔工具可以根据某一条历史记录的状态，理性、真实地还原某一区域的某一步操作。历史记录画笔工具就是“历史记录”面板中标记的历史记录状态或快照用作源数据，对图像进行修改。历史记录画笔工具的选项与画笔工具的选项基本相同，因此这里不再进行讲解。如图5-251和图5-252所示分别为原始图像以及使用历史记录画笔工具还原“拼贴”的效果图像。

图5-251

图5-252

技巧与提示

历史记录画笔工具通常是与“历史记录”面板一起使用，关于“历史记录”面板的内容请参考前面章节中的相关部分。

实例练习——使用历史记录画笔工具还原局部效果

案例文件	实例练习——使用历史记录画笔工具还原局部效果.psd
视频教学	实例练习——使用历史记录画笔工具还原局部效果.flv
难易指数	★★★★★
技术要点	历史记录画笔工具

案例效果

本例最终效果如图5-253所示。

图5-253

图5-254

操作步骤

步骤01 打开素材文件，如图5-254所示。执行“图像>调整>色相/饱和度”命令。

步骤02 在弹出的“色相/饱和度”对话框中设置“色相”为-157，如图5-255所示。效果如图5-256所示。

步骤03 进入“历史记录”面板，在最后一步“色相/饱和度”前的方框中进行单击，标记该步骤，并选择上一步“打开”，如图5-257所示。回到图像中，此时可以看到图像还原到原始效果，单击工具箱中的“历史记录画笔工具”按钮，适当调整画笔大小，对衣服部分进行适当涂抹，如图5-258所示。最终效果如图5-259所示。

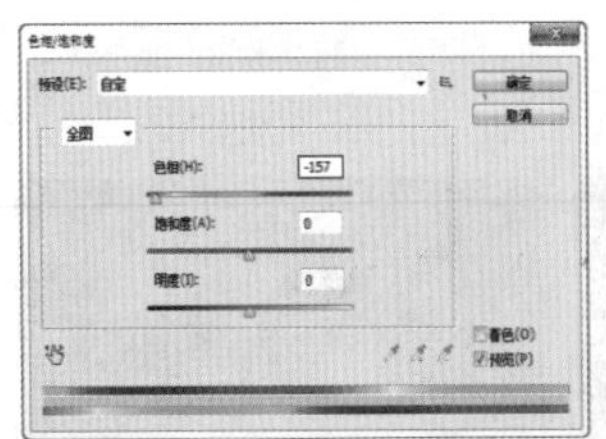
图5-255

图5-256

图5-257

图5-258

图5-259

5.4.10 历史记录艺术画笔工具

与历史记录画笔工具相似，历史记录艺术画笔工具也可以将标记的历史记录状态或快照用作源数据对图像进行修改。不同的是历史记录艺术画笔工具在使用原始数据的同时，还可以为图像创建不同的颜色和艺术风格，其选项栏如图5-260所示。该工具使用效果如图5-261和图5-262所示。

21 模式：正常 不透明度：100% 样式：绷紧短 区域：50 像素 容差：0%

图5-260

- 样式：选择一个选项来控制绘画描边的形状，包括“绷紧短”、“绷紧中”和“绷紧长”等。
- 区域：用来设置绘画描边所覆盖的区域。数值越大，覆盖的区域越大，描边的数量也越多。
- 容差：限定可应用绘画描边的区域。低容差可以用于在图像中的任何地方绘制无数条描边；高容差会将绘画描边限定在与源状态或快照中的颜色明显不同的区域。

图5-261

图5-262

5.5 图像擦除工具

Photoshop提供了3种擦除工具，分别是橡皮擦工具、背景橡皮擦工具和魔术橡皮擦工具。

5.5.1 橡皮擦工具

使用橡皮擦工具在画面中按住鼠标左键并拖动，可以将像素更改为背景色或透明。使用该工具在“背景”图层或锁定了透明像素的图层中进行擦除，则擦除的像素将变成背景色，如图5-263所示；在普通图层中进行擦除，则擦除的像素将变成透明，如图5-264所示。如图5-265所示为橡皮擦工具的选项栏。

图5-263

图5-264

100 模式：画笔 不透明度：100% 流量：45% 抹到历史记录

图5-265

- 模式：选择橡皮擦的种类。选择“画笔”选项时，可以创建柔边擦除效果；选择“铅笔”选项时，可以创建硬边擦除效果；选择“块”选项时，擦除的效果为块状。

- 不透明度：用来设置橡皮擦工具的擦除强度。设置为100%时，可以完全擦除像素。当设置“模式”为“块”时，该选项将不可用。
- 流量：用来设置橡皮擦工具的涂抹速度，如图5-266和图5-267所示分别为设置“流量”为35%和100%的擦除效果。
- 抹到历史记录：选中该复选框后，橡皮擦工具的作用相当于历史记录画笔工具。

图5-266

图5-267

实例练习——制作斑驳的涂鸦效果

案例文件	实例练习——制作斑驳的涂鸦效果.psd
视频教学	实例练习——制作斑驳的涂鸦效果.flv
难易指数	★★★★★
技术要点	文字工具，橡皮擦工具

案例效果

本例最终效果如图5-268所示。

图5-268

操作步骤

步骤01 打开素材文件，如图5-269所示。

步骤02 单击工具箱中的“横排文字工具”按钮T，设置前景色为白色，选择合适的字体及大小，输入文字并调整位置，如图5-270所示。

步骤03 在复制出的文字图层上右击，在弹出的快捷菜单中选择“栅格化文字”命令使其转化为普通图层，如图5-271所示。

图5-269

图5-270

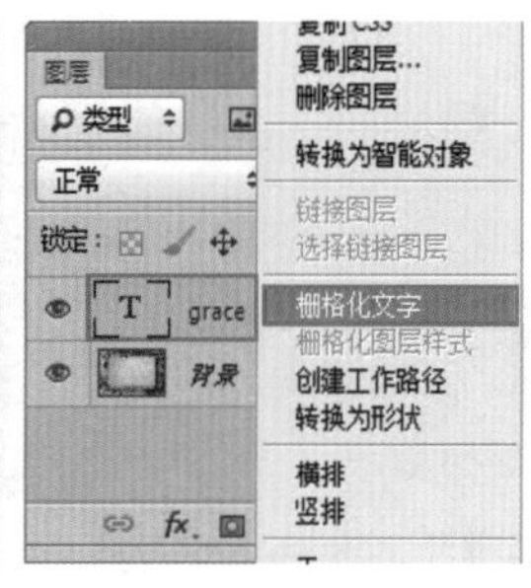

图5-271

步骤04 单击工具箱中的“橡皮擦工具”按钮，并在画布中右击，在弹出的快捷菜单中选择“干画笔”笔刷，并设置“大小”为39像素，在字母“S”顶部边缘以及底部进行擦除，如图5-272所示。

步骤05 此时文字出现斑驳的破旧效果，如图5-273所示。

步骤06 使用同样的方法对其他字母进行擦除，最终效果如图5-274所示。

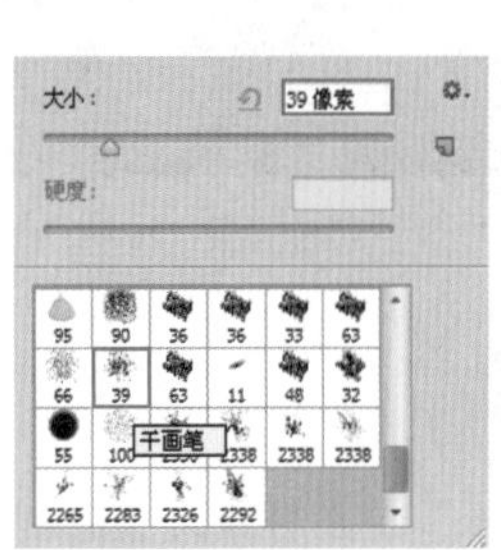

图5-272

图5-273

图5-274

5.5.2 背景橡皮擦工具

图5-275　　图5-276

背景橡皮擦工具是一种基于色彩差异的智能化擦除工具。它的功能非常强大，除了可以使用它来擦除图像以外，最重要的方面主要运用在抠图中。设置好背景色以后，使用该工具可以在抹除背景的同时保留前景对象的边缘，如图5-275所示。效果如图5-276所示。

- 取样：用来设置取样的方式。激活“取样:连续”按钮，在拖曳鼠标时可以连续对颜色进行取样，凡是出现在光标中心十字线以内的图像都将被擦除，如图5-277所示；激活“取样:一次”按钮，只擦除包含第1次单击处颜色的图像，如图5-278所示；激活“取样:背景色板”按钮，只擦除包含背景色的图像，如图5-279所示。如图5-280所示为选项栏中的参数设置。

图5-277　　图5-278　　图5-279

- 限制：设置擦除图像时的限制模式。选择“不连续”选项时，可以擦除出现在光标下任何位置的样本颜色；选择“连续”选项时，只擦除包含样本颜色并且相互连接的区域；选择“查找边缘”选项时，可以擦除包含样本颜色的连接区域，同时更好地保留形状边缘的锐化程度。
- 容差：用来设置颜色的容差范围。
- 保护前景色：选中该复选框后，可以防止擦除与前景色匹配的区域。

图5-280

实例练习——使用背景橡皮擦工具快速擦除背景

案例文件	实例练习——使用背景橡皮擦工具快速擦除背景.psd
视频教学	实例练习——使用背景橡皮擦工具快速擦除背景.flv
难易指数	★★★★★
技术要点	背景橡皮擦工具

案例效果

本例最终效果如图5-281所示。

图5-281

操作步骤

步骤01 打开素材文件，按住Alt键双击“背景”图层将其转换为普通图层。单击工具箱中的“吸管工具”按钮，单击采集帘子边缘的颜色为前景色，并按住Alt键单击绿色部分作为背景色，如图5-282所示。效果如图5-283所示。

图5-282　　图5-283

技巧与提示

如果不将“背景”图层转换为普通图层，那么使用背景橡皮擦工具擦除后该图层也会自动转换为普通图层。

步骤02 单击工具箱中的“背景橡皮擦工具”按钮，单击选项栏中的画笔预设下拉箭头，设置“大小”为246像素，“硬度”为0，单击“取样:背景色板”按钮，设置其“容差”为50%，选中“保护前景色”复选框。

步骤03 回到图像中从右上角框边缘区域开始涂抹，可以看到背景部分变为透明，如图5-284所示。而框部分完全被保留下来。置入背景素材放置在最底层，执行“图层>栅格化>智能对象”命令。最终效果如图5-285所示。

图5-284

图5-285

技巧与提示

擦除过程中画笔笔尖中心的十字不要移动到需保留的区域内，否则前景部分的像素也会被擦除。

5.5.3 魔术橡皮擦工具

魔术橡皮擦工具在图像中单击时，可以将所有相似的像素更改为透明（如果在已锁定了透明像素的图层中工作，这些像素将更改为背景色），魔术橡皮擦工具非常适合于为单一色调背景的图像抠图，如图5-286所示。效果如图5-287所示。其选项栏如图5-288所示。

图5-286 　　图5-287

- 容差：用来设置可擦除的颜色范围。
- 消除锯齿：可以使擦除区域的边缘变得平滑。
- 连续：选中该复选框时，只擦除与单击点像素邻近的像素；取消选中该复选框时，可以擦除图像中所有相似的像素。
- 不透明度：用来设置擦除的强度。值为100%时，将完全擦除像素；较小的值可以擦除部分像素。

容差：32　消除锯齿　连续　对所有图层取样　不透明度：100%

图5-288

实例练习——使用魔术橡皮擦工具去除背景

案例文件	实例练习——使用魔术橡皮擦工具去除背景.psd
视频教学	实例练习——使用魔术橡皮擦工具去除背景.flv
难易指数	★★★★★
技术要点	魔术橡皮擦工具

案例效果

魔术橡皮擦工具在图像中单击时，可以将所有相似的像素更改为透明，使用魔术橡皮擦工具去除背景，如图5-289所示。最终效果如图5-290所示。

图5-289

图5-290

图5-291

操作步骤

步骤01 打开本书配套光盘中的素材文件，如图5-291所示。

步骤02 单击工具箱中的“魔术橡皮擦工具”按钮，在其选项栏中设置“容差”为15，选中“消除锯齿”和“连续”复选框，如图5-292所示。在图像顶部单击，可以看到顶部的天空被去除，如图5-293所示。

图5-292

图5-293

步骤03 以同样的方法依次在背景处单击，即可去除所有背景部分，如图5-294所示。

步骤04 置入背景素材，栅格化后将其放置在最底层位置，如图5-295所示。

步骤05 再次置入前景素材，执行“图层>栅格化>智能对象”命令，如图5-296所示。

图5-294

图5-295

图5-296

5.6 图像填充工具

Photoshop提供了两种图像填充工具，分别是渐变工具和油漆桶工具。通过这两种填充工具可在指定区域或整个图像中填充纯色、渐变或者图案等。

5.6.1 渐变工具

渐变工具可以在整个文档或选区内填充渐变色，并且可以创建多种颜色间的混合效果，它不仅可以填充图像，还可以用来填充图层蒙版、快速蒙版和通道等。其选项栏如图5-297所示。单击工具箱中的“渐变工具”按钮，在选项栏中单击“渐变颜色条”，在弹出的“渐变编辑器”中编辑渐变颜色，接着在选项栏中设置合适的渐变类型以及模式、不透明度等参数，设置完毕后在画面中按住鼠标左键并拖曳，松开光标后即可在画面中填充渐变。

图5-297

技巧与提示

渐变工具不能用于位图或索引颜色图像。在切换颜色模式时，有些方式观察不到任何渐变效果，此时就需要将图像再切换到可用模式下进行操作。

- 渐变颜色条（以下简称渐变条）：显示了当前的渐变颜色。单击右侧的下拉按钮，可以打开“渐变”拾色器，如图5-298所示。如果直接单击渐变颜色条，则会弹出“渐变编辑器”对话框，在该对话框中可以编辑渐变颜色，或者保存渐变等，如图5-299所示。

图5-298

图5-299

- 渐变类型：激活“线性渐变”按钮，可以以直线方式创建从起点到终点的渐变，如图5-300所示；激活“径向渐变”按钮，可以以圆形方式创建从起点到终点的渐变，如图5-301所示；激活“角度渐变”按钮，可以创建围绕起点以逆时针扫描方式的渐变，如图5-302所示；激活“对称渐变”按钮，可以使用均衡的线性渐变在起点的任意一侧创建渐变，如图5-303所示；激活“菱形渐变”按钮，可以以菱形方式从起点向外产生渐变，终点定义菱形的一个角，如图5-304所示。
- 模式：用来设置应用渐变时的混合模式。

图5-300

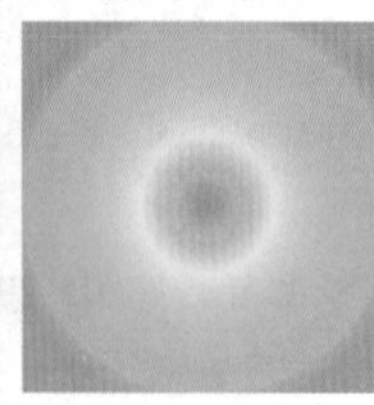

图5-301

图5-302

图5-303

图5-304

- 反向：转换渐变中的颜色顺序，得到反方向的渐变结果。如图5-305和图5-306所示分别为正常渐变和反向渐变效果。
- 仿色：选中该复选框时，可以使渐变效果更加平滑。主要用于防止打印时出现条带化现象，但在计算机屏幕上并不能明显地体现出来。
- 透明区域：选中该复选框时，可以创建包含透明像素的渐变，如图5-307所示。

图5-305

图5-306

图5-307

技术拓展：渐变编辑器详解

“渐变编辑器”对话框主要用来创建、编辑、管理、删除渐变，如图5-308所示。

- 预设：显示Photoshop预设的渐变效果。单击⚙图标，可以载入Photoshop预设的一些渐变效果，如图5-309所示；单击“载入”按钮可以载入外部的渐变资源；单击“存储”按钮可以将当前选择的渐变存储起来，以备以后调用。

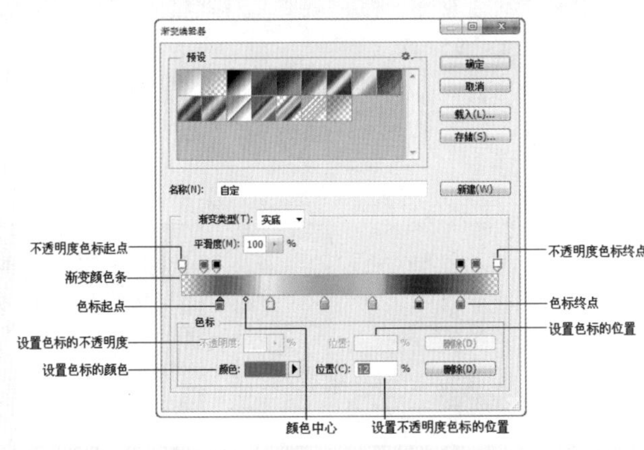

图5-308

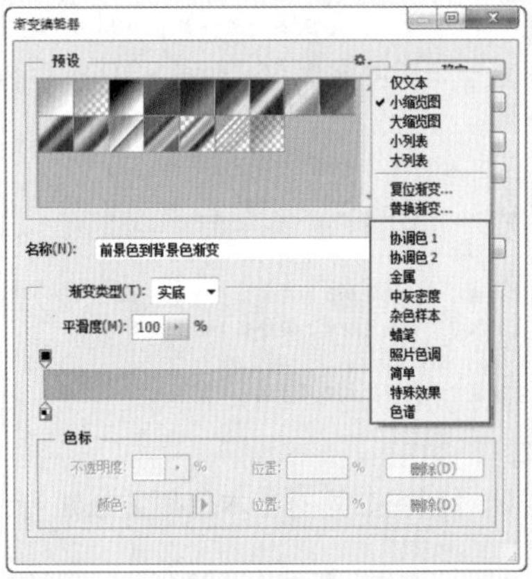

图5-309

- 名称：显示当前渐变色名称。
- 渐变类型：包含“实底”和“杂色”两种。“实底”渐变是默认的渐变色；“杂色”渐变包含了在指定范围内随机分布的颜色，其颜色变化效果更加丰富。
- 平滑度：设置渐变色的平滑程度。
- 不透明度色标：拖曳不透明度色标可以移动它的位置。在“色标”选项组中可以精确设置色标的不透明度和位置，如图5-310所示。
- 不透明度中点：用来设置当前不透明度色标的中心点位置。也可以在“色标”选项组中进行设置，如图5-311所示。
- 色标：拖曳色标可以移动它的位置。在“色标”选项组中可以精确设置色标的颜色和位置，如图5-312所示。
- 删除：删除不透明度色标或者色标。

下面讲解“杂色”渐变。设置“渐变类型”为“杂色”，如图5-313所示。

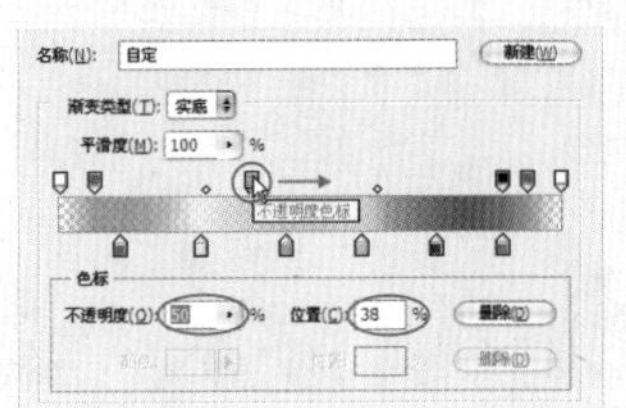

图5-310

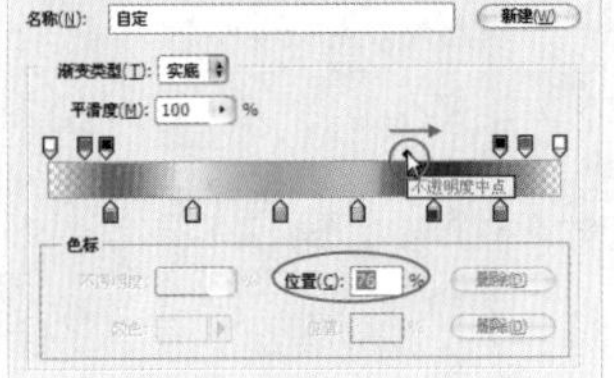

图5-311

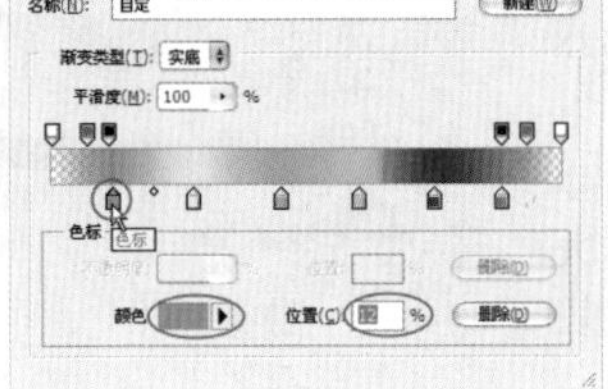

图5-312

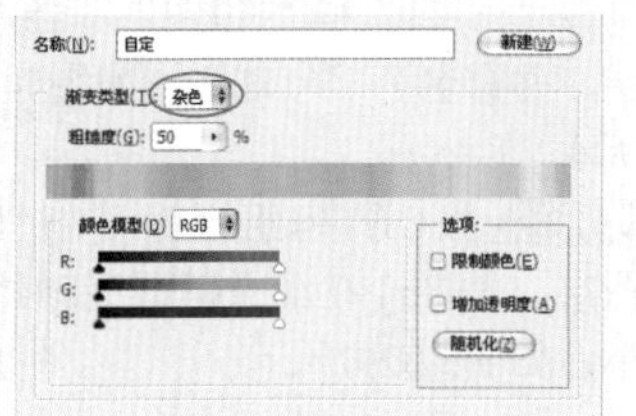

图5-313

- **粗糙度**：控制渐变中的两个色带之间逐渐过渡的方式。
- **颜色模型**：选择一种颜色模型来设置渐变色，包含RGB、HSB和Lab，如图5-314～图5-316所示。

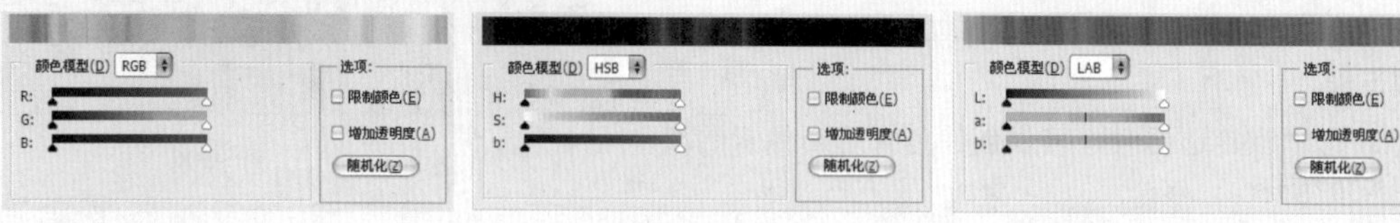

图5-314　　图5-315　　图5-316

- **限制颜色**：将颜色限制在可以打印的范围以内，以防止颜色过于饱和。
- **增加透明度**：选中该复选框后，可以增加随机颜色的透明度，如图5-317所示。
- **随机化**：每单击一次该按钮，Photoshop就会随机生成一个新的渐变色，如图5-318所示。

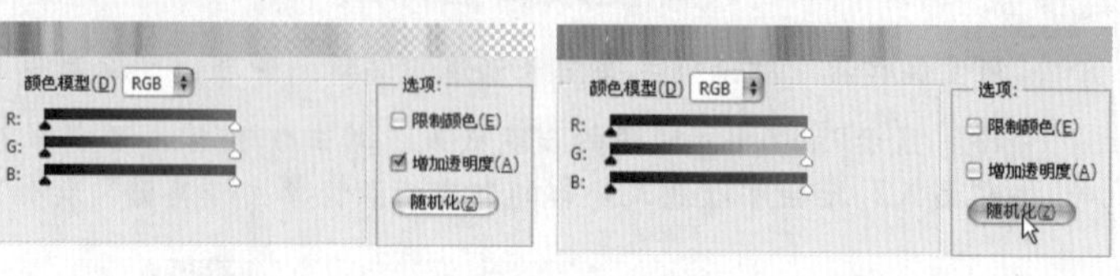

图5-317　　图5-318

实例练习——使用渐变工具绘制卡通气球

案例文件	实例练习——使用渐变工具绘制卡通气球.psd
视频教学	实例练习——使用渐变工具绘制卡通气球.flv
难易指数	★★★★★
技术要点	掌握渐变工具的基本使用方法

案例效果

本例主要针对渐变工具的基本使用方法进行练习，如图5-319所示。

图5-319

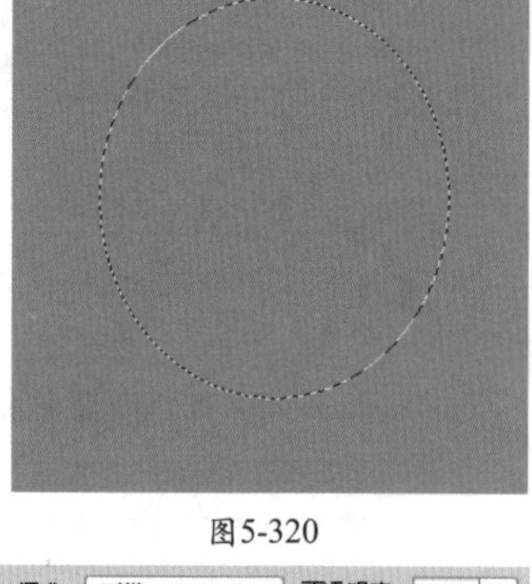

图5-320

操作步骤

步骤01 按Ctrl+N组合键，在弹出的“新建”对话框中设置单位为“像素”，填充背景色为灰色。下面选择椭圆选框工具绘制椭圆，如图5-320所示。

步骤02 选择渐变工具，设置类型为径向渐变，如图5-321所示。打开渐变拾色器，设置渐变颜色（颜色需要从白色到红色渐变），如图5-322所示。

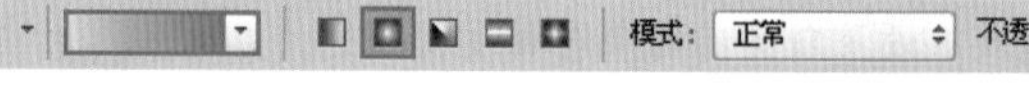

图5-321

步骤03 从斜上方向下拖曳，如图5-323所示。绘制出的效果如图5-324所示。

步骤04 再次打开本书配套光盘中的背景素材文件，如图5-325所示。把气球图层拖曳至“背景”图层上，如图5-326所示。

步骤05 创建新“图层2”，使用钢笔工具绘制气球底部系绳子的部分，如图5-327所示。然后按住Ctrl键单击“图层1”和“图层2”，合并图层，并命名为“气球”，如图5-328所示。

步骤06 按Ctrl+J组合键复制气球图层，按Ctrl+T组合键调整球体大小，如图5-329所示。

图5-322

图5-323

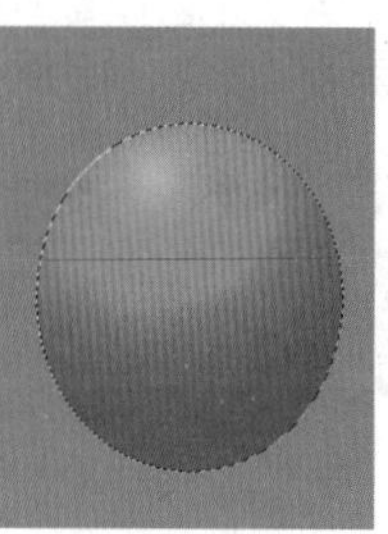

图5-324

图5-325

图5-326

图5-327

图5-328

图5-329

步骤07 按Ctrl+U组合键进行“色相/饱和度”调整，使第2个气球偏向蓝色即可，如图5-330所示。效果如图5-331所示。

步骤08 同理按Ctrl+J组合键多次复制气球，进行大小、方向、颜色的调整，效果如图5-332所示。

步骤09 使用白色画笔工具绘制绳子，最终效果如图5-333所示。

图5-330

图5-331

图5-332

图5-333

5.6.2 油漆桶工具

油漆桶工具可以在图像中填充前景色或图案，如果创建了选区，填充的区域为当前选区，如图5-334所示；如果没有创建选区，填充的就是与鼠标单击处颜色相近的区域，如图5-335所示。

图5-334 　图5-335

油漆桶工具的选项栏如图5-336所示。

- 填充模式：选择填充的模式，包含“前景”和“图案”两种模式。
- 模式：用来设置填充内容的混合模式。
- 不透明度：用来设置填充内容的不透明度。
- 容差：用来定义必须填充的像素的颜色的相似程度。设置较小的“容差”值会填充颜色范围内与鼠标单击处像素非常相似的像素；设置较大的“容差”值会填充更大范围的像素。
- 消除锯齿：平滑填充选区的边缘。

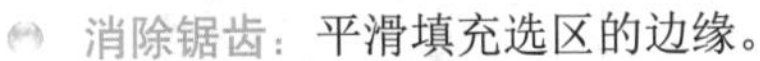

- 连续的：选中该复选框后，只填充图像中处于连续范围内的区域；取消选中该复选框后，可以填充图像中的所有相似像素。
- 所有图层：选中该复选框后，可以对所有可见图层中的合并颜色数据填充像素；取消选中该复选框后，仅填充当前选择的图层。

图5-336

实例练习——定义图案预设并填充背景

案例文件	实例练习——定义图案预设并填充背景.psd
视频教学	实例练习——定义图案预设并填充背景.flv
难易指数	★★★★★
技术要点	油漆桶工具

案例效果

本例最终效果如图5-337所示。

图5-337

图5-338

操作步骤

步骤01 选择一个图案或选区中的图像以后，如图5-338所示。执行“编辑>定义图案”命令，就可以将其定义为预设图案，如图5-339所示。

图5-339

步骤02 执行“编辑>填充”命令可以用定义的图案填充画布，然后在弹出的“填充”对话框中设置“使用”为“图案”，接着在“自定图案”选项后面单击倒三角形图标，最后在弹出的“图案”拾色器中选择自定义的图案，单击“确定”按钮，如图5-340所示。即可用自定义的图案填充整个画布，如图5-341所示。

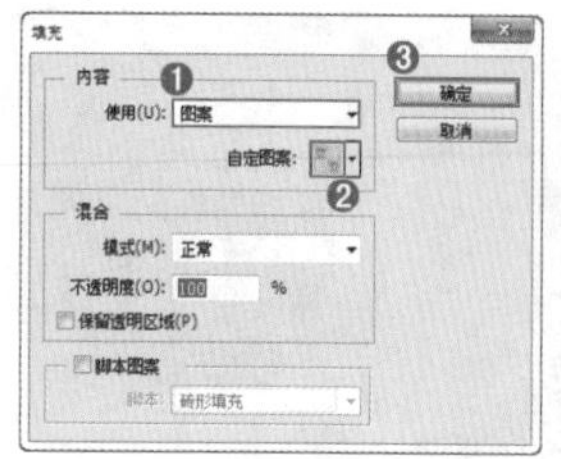

图5-340

图5-341

实例练习——使用油漆桶工具填充图案

案例文件	实例练习——使用油漆桶工具填充图案.psd
视频教学	实例练习——使用油漆桶工具填充图案.flv
难易指数	★★★★★
技术要点	油漆桶工具

案例效果

原图如图5-342所示。最终效果如图5-343所示。

图5-342

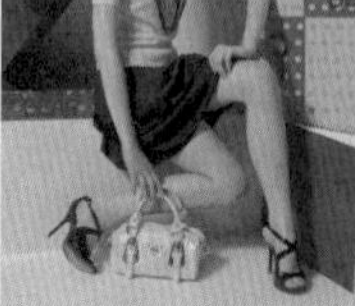

图5-343

图5-344

操作步骤

步骤01 打开本书配套光盘中的素材文件，如图5-344所示。

步骤02 执行“编辑>预设管理器”命令，在打开的“预设管理器”对话框中设置“预设类型”为“图案”，单击“载入”按钮，选择图案素材，如图5-345所示。

步骤03 首先制作黄色的背景，单击工具箱中的“油漆桶工具”按钮，在其选项栏中设置一种适当的图案，设置“模式”为“正片叠底”，“容差”为30，如图5-346所示。

步骤04 在黄色的区域进行单击，即可以当前图案填充黄色区域，如图5-347所示。

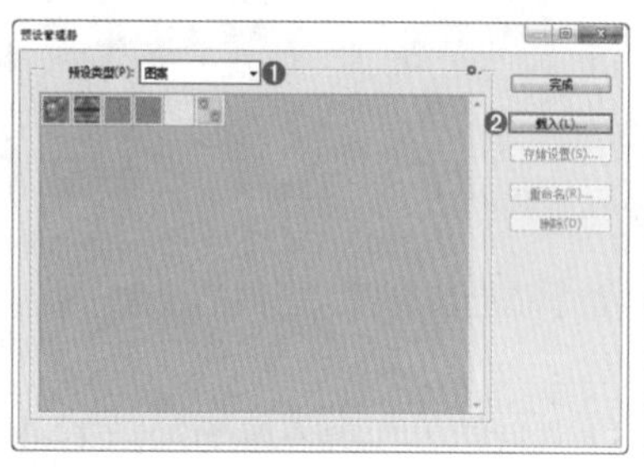

图5-345

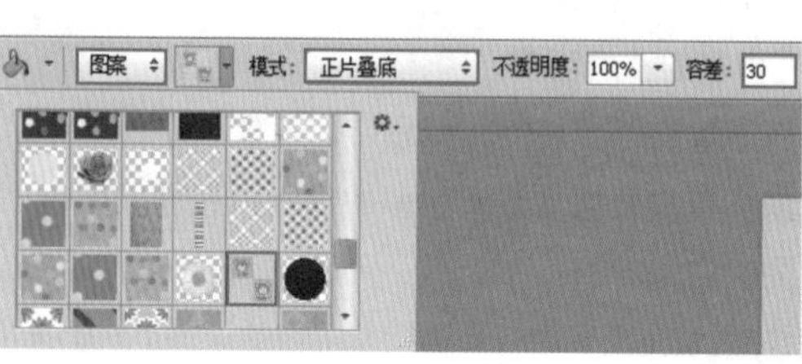

图5-346

图5-347

步骤05 制作蓝色背景的图案，更换一种图案，如图5-348所示。进行单击填充，如图5-349所示。

步骤06 最终效果如图5-350所示。

图5-348

图5-349

图5-350

5.7 图像润饰工具

图像润饰工具组包括两组6个工具：模糊工具、锐化工具和涂抹工具可以对图像进行模糊、锐化和涂抹处理；减淡工具、加深工具和海绵工具可以对图像局部的明暗、饱和度等进行处理。

5.7.1 模糊工具

模糊工具可柔化硬边缘或减少图像中的细节。使用该工具在画面中按住鼠标左键并拖动即可使该区域模糊，绘制的次数越多，该区域就越模糊，如图5-351所示。效果如图5-352所示。模糊工具的选项栏如图5-353所示。

- 模式：用来设置模糊工具的混合模式，包括“正常”、“变暗”、“变亮”、“色相”、“饱和度”、“颜色”和“明度”。
- 强度：用来设置模糊工具的模糊强度。

图5-351

图5-352

图5-353

实例练习——使用模糊工具制作景深效果

案例文件	实例练习——使用模糊工具制作景深效果.psd
视频教学	实例练习——使用模糊工具制作景深效果.flv
难易指数	★★★★★
技术要点	模糊工具

案例效果

原图如图5-354所示。最终效果如图5-355所示。

图5-354

图5-355

图5-356

操作步骤

步骤01 打开本书配套光盘中的素材文件，如图5-356所示。

步骤02 单击工具栏中的“模糊工具”按钮，在其选项栏中选择比较大的圆形柔角笔刷，设置“强度”为100%，在图像中单击并拖动绘制较远处的天空及草地部分，如图5-357所示。

步骤03 为了模拟真实的景深效果，降低选项栏中画笔强度为50%，然后绘制人像边缘草地的部分，如图5-358所示。

步骤04 添加艺术文字素材，最终效果如图5-359所示。

图5-357

图5-358

图5-359

技术拓展：景深的作用与形成原理

景深是指拍摄主题前后在一张照片上成像的空间层次的深度。简单地说，景深就是聚焦清晰的焦点前后“可接受的清晰区域”。景深在实际工作中的使用频率非常高，常用于突出画面重点。图5-360的背景非常模糊，则显得前景的鸟和花朵非常突出。

下面讲解景深形成的原理。

（1）焦点

与光轴平行的光线射入凸透镜时，理想的镜头应该是所有的光线聚集在一点后，再以锥状的形式扩散开来，这个聚集所有光线的点就称为“焦点”，如图5-361所示。

（2）弥散圆

在焦点前后，光线开始聚集和扩散，点的影像会变得模糊，从而形成一个扩大的圆，这个圆就称为“弥散圆”，如图5-362所示。

图5-360

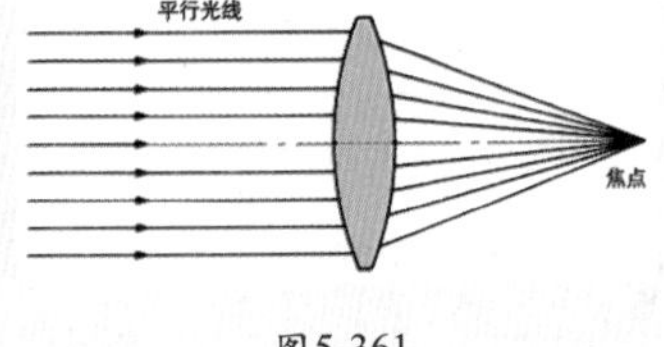

图5-361

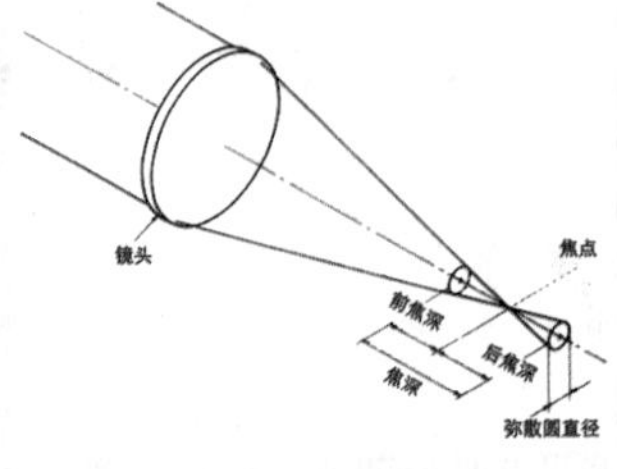

图5-362

每张照片都有主题和背景之分，景深和相机的距离、焦距和光圈之间存在着以下3种关系（这3种关系可用图来表示）。

- 光圈越大，景深越小；光圈越小，景深越大。
- 镜头焦距越长，景深越小；焦距越短，景深越大。
- 距离越远，景深越大；距离越近，景深越小，如图5-363所示。

景深可以很好地突出画面的主题，不同的景深效果也是不相同的。如图5-364所示突出的是右边的人物，而图5-365突出的就是左边的人物。

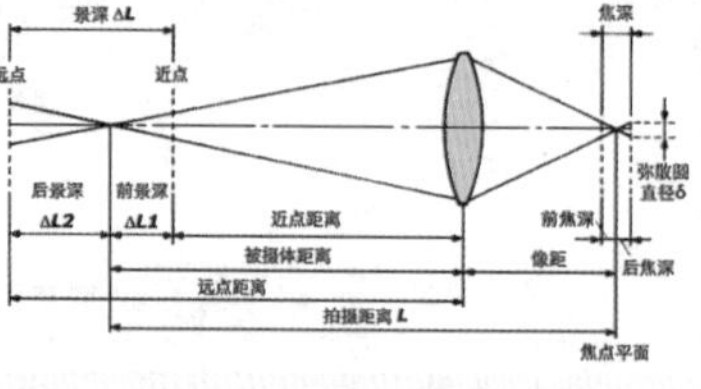

图5-363

图5-364

图5-365

5.7.2 锐化工具

锐化工具与模糊工具相反，可以通过在画面中涂抹增强图像中相邻像素之间的对比，以提高图像的清晰度，如图5-366所示。效果如图5-367所示。

锐化工具与模糊工具的大部分选项相同。选中“保护细节”复选框后，如图5-368所示。在进行锐化处理时，将对图像的细节进行保护。

图5-368

图5-366

图5-367

实例练习——使用锐化工具使人像五官更清晰

案例文件	实例练习——使用锐化工具使人像五官更清晰.psd
视频教学	实例练习——使用锐化工具使人像五官更清晰.flv
难易指数	★★★★★
技术要点	锐化工具

案例效果

原图如图5-369所示。最终效果如图5-370所示。

图5-369

图5-370

操作步骤

步骤01 打开本书配套光盘中的素材文件，如图5-371所示。

图5-371

步骤02 单击工具箱中的“锐化工具”按钮，在其选项栏中选择一个圆形柔角画笔，设置合适的大小，设置“强度”为50%，如图5-372所示。然后对眼睛、鼻子和嘴的部分进行涂抹，如图5-373所示。

图5-372

图5-373

步骤03 增大画笔大小，增大强度为80%，如图5-374所示。然后涂抹锐化头发和场景的部分，如图5-375所示。

图5-374

技巧与提示

锐化工具在使用时需要适度涂抹，如果涂抹强度过大，可能会出现像素杂色，影响画面效果。

图5-375

5.7.3 涂抹工具

使用涂抹工具[icon]在画面中按住鼠标左键并拖动，可以模拟手指划过湿油漆时所产生的效果。该工具可以拾取鼠标单击处的颜色，并沿着拖曳的方向展开这种颜色，如图5-376所示。选项栏如图5-377所示。

- 模式：用来设置涂抹工具的混合模式，包括“正常”、“变暗”、“变亮”、“色相”、“饱和度”、“颜色”和“明度”。
- 强度：用来设置涂抹工具的涂抹强度。
- 手指绘画：选中该复选框后，可以使用前景色进行涂抹绘制。

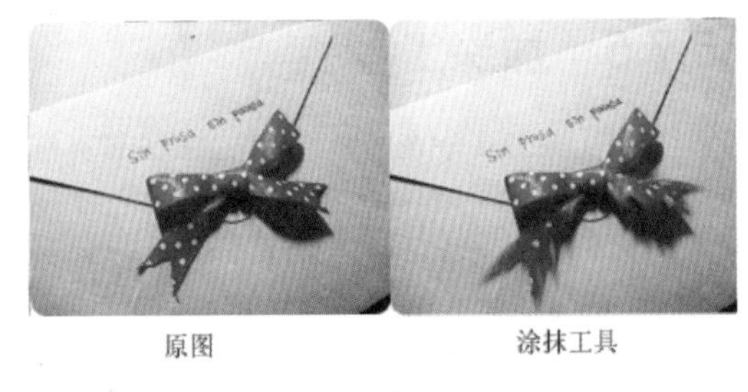

图5-376

图5-377

5.7.4 减淡工具

减淡工具[icon]可以通过在画面中按住鼠标左键并涂抹对图像“亮部”、“中间调”和“暗部”分别进行减淡处理，绘制的次数越多，该区域就会变得越亮。选项栏如图5-378所示。

图5-378

- 范围：选择要修改的色调。选择“中间调”选项时，可以更改灰色的中间范围；选择“阴影”选项时，可以更改暗部区域；选择“高光”选项时，可以更改亮部区域，如图5-379所示。
- 曝光度：用于设置减淡的强度。
- 保护色调：可以保护图像的色调不受影响，如图5-380所示。

原图

减淡中间调部分

减淡阴影部分

减淡高光部分

图5-379

原图

选中“保护色调”复选框

未选中“保护色调”复选框

图5-380

实例练习——使用减淡工具净化背景

案例文件	实例练习——使用减淡工具净化背景.psd
视频教学	实例练习——使用减淡工具净化背景.flv
难易指数	★★★★★
技术要点	减淡工具

案例效果

原图如图5-381所示。最终效果如图5-382所示。

操作步骤

步骤01 打开本书配套光盘中的素材文件，如图5-383所示。

步骤02 单击工具箱中的“仿制图章工具”按钮[icon]，按Alt键并单击，吸取附近干净的墙面，在下面脏的地方单击进行涂抹，如图5-384所示。

步骤03 单击工具箱中的“减淡工具”按钮[icon]，在其选项栏中适当选择画笔大小，设置“范围”为“中间调”，在图像背景上单击进行适当涂抹，如图5-385所示。

图5-381

图5-382

图5-383

图5-384

图5-385

5.7.5 加深工具

使用加深工具在画面中按住鼠标左键并拖动可以对图像进行加深处理。在某个区域上方绘制的次数越多，该区域就会变得越暗，如图5-386所示。

图5-386

技巧与提示

加深工具的选项栏与减淡工具的选项栏完全相同，因此这里不再讲解，如图5-387所示。

范围：中间调　曝光度：50%　保护色调

图5-387

实例练习——使用加深工具使人像焕发神采

案例文件	实例练习——使用加深工具使人像焕发神采.psd
视频教学	实例练习——使用加深工具使人像焕发神采.flv
难易指数	★★★★★
技术要点	加深工具

案例效果

本例最终效果如图5-388所示。

图5-388

操作步骤

步骤01 打开本书配套光盘中的素材文件，人像颜色较浅，眉毛和睫毛颜色也都比较浅，显得目光有些涣散，如图5-389所示。

步骤02 单击工具箱中的“加深文字工具”按钮，在其选项栏中打开画笔笔尖预设面板，设置合适的大小，选择一个圆形柔角画笔。然后设置加深工具的“范围”为“阴影”，“曝光度”为22%。

步骤03 使用较大的画笔笔尖在人像左眼部分进行适当的涂抹，使人像眼睛的暗部加深，以增加眼睛的神采，如图5-390所示。

步骤04 减小画笔笔尖大小，在眉毛和睫毛处涂抹，可以看到人像左眼非常有神，非常深邃，如图5-391所示。

步骤05 以同样的方法处理右眼，效果如图5-392所示。

图5-389

图5-390

图5-391

图5-392

步骤06 创建一个“可选颜色”调整图层，在其“属性”面板中设置“颜色”为“黑色”，“黄色”为-26%，“黑色”为3%，如图5-393所示。使画面中暗部加深倾向于紫色，最终效果如图5-394所示。

图5-393

图5-394

5.7.6 海绵工具

使用海绵工具在画面中按住鼠标左键并拖动，可以增加或降低图像中某个区域的饱和度。如果是灰度图像，该工具将通过灰阶远离或靠近中间灰色来增加或降低对比度。其选项栏如图5-395所示。

- 模式：选择“饱和”选项时，可以增加色彩的饱和度；选择“降低饱和度”选项时，可以降低色彩的饱和度，如图5-396所示。

图5-395

- 流量：可以为海绵工具指定流量。数值越大，海绵工具的强度越大，效果越明显，如图5-397所示分别为是“流量”为30%和80%时的涂抹效果。
- 自然饱和度：选中该复选框后，可以在增加饱和度的同时防止颜色过度饱和而产生溢色现象。

原图　饱和度　降低饱和度

图5-396

流量为30%　流量为80%

图5-397

实例练习——使用海绵工具制作突出的主体

案例文件	实例练习——使用海绵工具制作突出的主体.psd
视频教学	实例练习——使用海绵工具制作突出的主体.flv
难易指数	★★★★★
技术要点	海绵工具

案例效果

原图如图5-398所示。最终效果如图5-399所示。

操作步骤

步骤01 打开素材文件，如图5-400所示。单击工具箱中的“海绵工具”按钮，在其选项栏中选择柔角圆形画笔，设置较大的笔刷大小，并设置其“模式”为“降低饱和度”，“流量”为100%，取消选中“自然饱和度”复选框，如图5-401所示。

图5-398

图5-399

图5-400

图5-401

步骤02 调整完毕之后对图像左侧比较大的背景区域进行多次涂抹降低饱和度，如图5-402所示。

步骤03 可以适当减小画笔大小，对人像边缘部分的细节进行精细的涂抹，如图5-403所示。

图5-402

图5-403

文字的艺术

本章学习要点：

- 掌握文字工具的使用方法
- 掌握路径文字与变形文字的制作方法
- 掌握段落版式的设置方法
- 掌握文字特效制作思路与技巧

6.1 认识文字工具组

文字工具不只应用于排版方面，在平面设计与图像编辑中也占有非常重要的地位，Photoshop中的文字工具由基于矢量的文字轮廓组成。对已有的文字对象进行编辑时，任意缩放文字或调整文字大小都不会产生锯齿现象，如图6-1～图6-3所示。

Photoshop提供了4种创建文字的工具。横排文字工具T和直排文字工具IT主要用来创建点文字、段落文字和路径文字；横排文字蒙版工具T和直排文字蒙版工具IT主要用来创建文字选区，如图6-4所示。

图6-1 图6-2 图6-3 图6-4

6.1.1 文字工具

Photoshop中包括两种文字的工具，分别是横排文字工具T和直排文字工具IT。横排文字工具可以用来输入横向排列的文字；直排文字工具可以用来输入竖向排列的文字，如图6-5所示。

图6-5

横排文字工具与直排文字工具的选项栏参数相同，下面以横排文字工具为例来讲解文字工具的参数选项。在文字工具选项栏中可以设置字体的系列、样式、大小、颜色和对齐方式等，如图6-6所示。

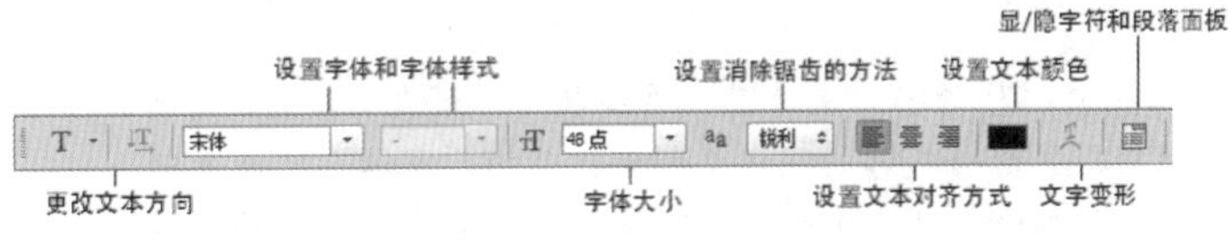

图6-6

理论实践——更改文本方向

（1）单击工具箱中的“横排文字工具”按钮T，在其选项栏中设置合适的字体，设置字号为150点，字体颜色为粉红色，并在视图中单击输入字母，输入完毕之后单击工具箱中的“提交当前编辑”按钮✓或按Ctrl+Enter组合键完成当前操作，如图6-7所示。

（2）在选项栏中单击“切换文本取向”按钮，可以将横向排列的文字更改为直向排列的文字，如图6-8所示。

（3）单击工具箱中的“移动工具”按钮，调整直排文字的位置，如图6-9所示。

图6-7

图6-8

图6-9

理论实践——更改文字字体

（1）在文档中输入文字以后，如果要更改整个文字图层的字体，可以在“图层”面板中选中该文字图层，在选项栏的字体下拉列表框中选择合适的字体，如图6-10所示。

（2）或者执行“窗口>字符”命令，打开“字符”面板，并在该面板中选择合适的字体，如图6-11和图6-12所示。

图6-10

图6-11

图6-12

（3）若要改变一个文字图层中的部分字符，可以使用文字工具在需要更改的字符后方单击并向前拖动选择需要更改的字符，如图6-13所示。

（4）选中需要更改的字符后可以按照步骤（1）或（2）进行字体的更改，如图6-14所示。

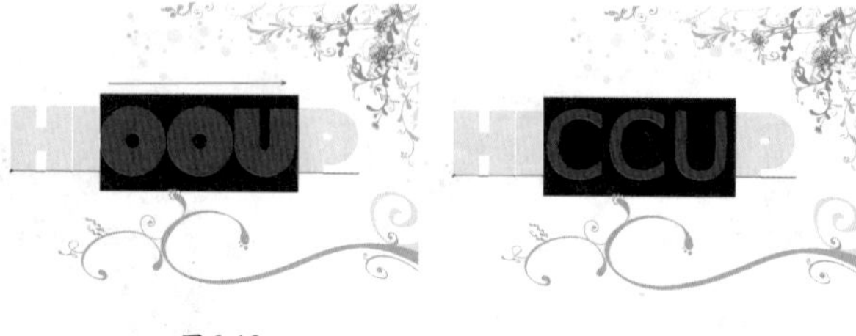

图6-13　　图6-14

答疑解惑——如何为Photoshop添加其他字体？

在实际工作中，为了达到特殊效果经常需要使用到各种各样的字体，这时就需要用户自己安装额外的字体。Photoshop中所使用的字体其实是调用操作系统中的系统字体，所以用户只需要把字体文件安装在操作系统的字体文件夹下即可。目前比较常用的字体安装方法基本上有以下几种。

- **光盘安装**：打开光驱，放入字体光盘，光盘会自动运行安装字体程序，选中所需要安装的字体，按照提示即可安装到指定目录下。
- **自动安装**：很多时候我们使用到的字体文件是EXE格式的可执行文件，这种字库文件安装比较简单，双击运行并按照提示进行操作即可。
- **手动安装**：当遇到没有自动安装程序的字体文件时，需要执行“开始>设置>控制面板”命令，打开“控制面板”窗口，然后双击“字体”项目，接着将外部的字体复制到打开的“字体”文件夹中。

安装好字体以后，重新启动Photoshop即可在选项栏的字体系列中查找到安装的字体。

理论实践——设置字体样式

字体样式只针对部分英文字体有效。输入字符后，可以在选项栏中设置字体的样式，包含Regular（规则）、Italic（斜体）、Bold（粗体）和Bold Italic（粗斜体），如图6-15所示。如图6-16～图6-19所示分别为Regular（规则）、Italic（斜体）、Bold（粗体）、Bold Italic（粗斜体）的效果。

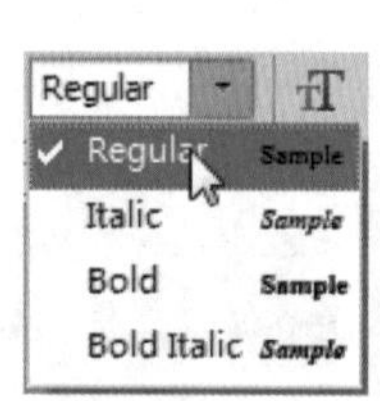

图6-15

图6-16

图6-17

图6-18

图6-19

理论实践——设置字体大小

输入文字以后，如果要更改字体的大小，可以直接在选项栏中输入数值，也可以在下拉列表框中选择预设的字体大小，如图6-20所示。

若要改变部分字符的大小，则需要选中需要更改的字符后进行设置，如图6-21所示。

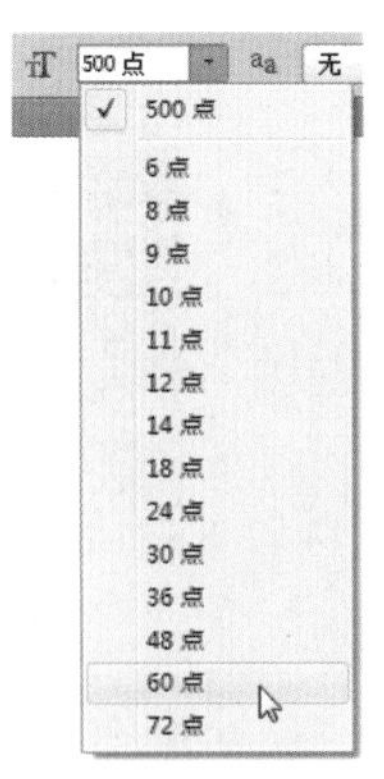

图6-20

需要改写的字符

更改字符大小

图6-21

理论实践——消除锯齿

输入文字以后，可以在选项栏中为文字指定一种消除锯齿的方式，如图6-22所示。

（1）选择“无”方式时，Photoshop不会应用消除锯齿，如图6-23所示。

（2）选择“锐利”方式时，文字的边缘最为锐利，如图6-24所示。

（3）选择“犀利”方式时，文字的边缘就比较锐利，如图6-25所示。

（4）选择“浑厚”方式时，文字会变粗一些，如图6-26所示。

（5）选择“平滑”方式时，文字的边缘会非常平滑，如图6-27所示。

图6-22

图6-23

图6-24

图6-25

图6-26

图6-27

理论实践——设置文本对齐

文本对齐方式是根据输入字符时光标的位置来设置文本对齐方式。在文字工具的选项栏中提供了3种设置文本段落对齐方式的按钮，选择文本以后，单击所需要的对齐按钮，就可以使文本按指定的方式对齐，如图6-28～图6-30所示分别为左对齐文本、居中对齐文本和右对齐文本的光标位置。

图6-28

图6-29

图6-30

对于多行的文本进行对齐设置效果比较明显，多用于文字排版的设置，如图6-31～图6-33所示分别为左对齐文本、 居中对齐文本和右对齐文本。

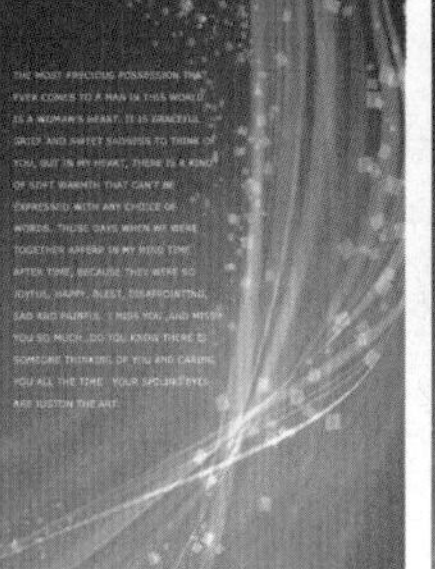

图6-31

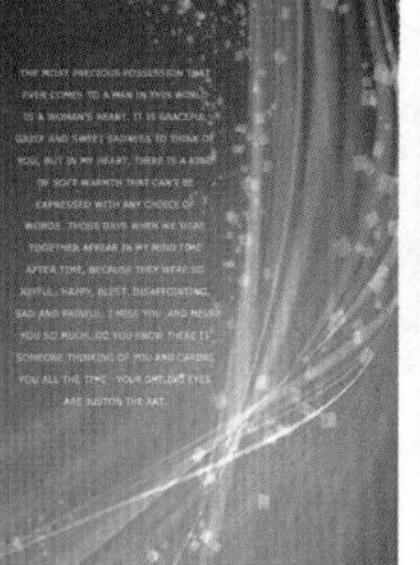

图6-32

图6-33

技巧与提示

如果当前使用的是直排文字工具，那么对齐按钮分别会变成“顶对齐文本”按钮、“居中对齐文本”按钮和“底对齐文本”按钮，如图6-34所示。顶对齐文本、居中对齐文本、底对齐文本这3种对齐方式的效果分别如图6-35～图6-37所示。

图6-34

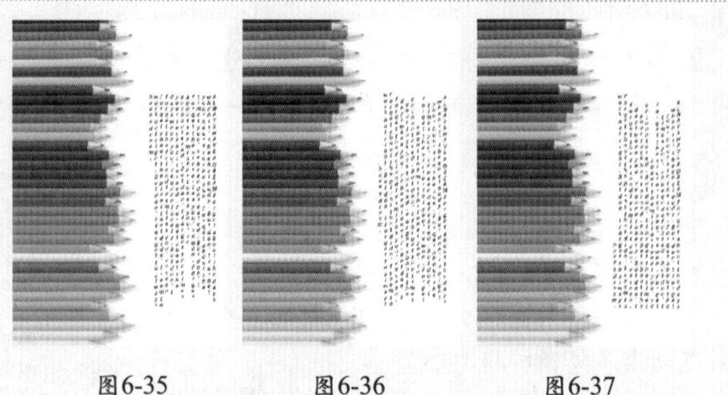

图6-35　图6-36　图6-37

理论实践——设置文本颜色

输入文本时，文本颜色默认为前景色。如果要修改文字颜色，可以先在文档中选择文本，然后在选项栏中单击颜色块，接着在弹出的“选择文本颜色”对话框中设置所需要的颜色。如图6-38和图6-39所示分别为更改文本颜色效果。

图6-38　图6-39

6.1.2 文字蒙版工具

使用文字蒙版工具可以创建文字选区，其中包含横排文字蒙版工具和直排文字蒙版工具两种。使用文字蒙版工具输入文字以后，文字将以选区的形式出现，如图6-40和图6-41所示。在文字选区中，可以填充前景色、背景色以及渐变色等，如图6-42所示。

图6-40　图6-41　图6-42

技巧与提示

在使用文字蒙版工具输入文字时，当鼠标移动到文字以外区域时，光标会变为移动状态，这时单击并拖曳可以移动文字蒙版的位置，如图6-43所示。

按住Ctrl键，如图6-44所示。文字蒙版四周会出现类似自由变换的定界框，可以对该文字蒙版进行移动、旋转、缩放、斜切等操作，如图6-45～图6-47所示。

图6-43

图6-44　图6-45　图6-46　图6-47

实例练习——使用文字蒙版工具制作公益海报

案例文件	实例练习——使用文字蒙版工具制作公益海报.psd
视频教学	实例练习——使用文字蒙版工具制作公益海报.flv
难易指数	★★★★★
技术要点	文字蒙版工具

案例效果

本例最终效果如图6-48所示。

操作步骤

步骤01 新建空白文件，置入动物素材并栅格化，将其放在图像居中偏上的位置，如图6-49所示。

步骤02 单击工具箱中的“横排文字蒙版工具”按钮，在其选项栏中设置合适的字体及字号，如图6-50所示。在视图中单击，画面变为半透明的红色，输入文字，如图6-51和图6-52所示。

步骤03 调整字体大小继续输入文字，如图6-53所示。

步骤04 单击选项栏最右侧的“提交当前所有编辑”按钮✓，此时文字蒙版变为文字的选区，如图6-54所示。

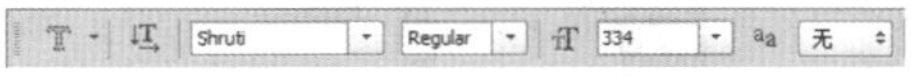

图6-50

图6-48

图6-49

图6-51

图6-52

图6-53

图6-54

步骤05 选择动物素材图层，单击“图层”面板中的“添加图层蒙版”按钮，如图6-55所示。可以看到文字选区内部的图像部分被保留了下来，如图6-56所示。

步骤06 单击“横排文字工具”按钮，设置合适的大小及字体，在单词下方输入英文，置入地球素材，执行“图层>栅格化>智能对象”命令。最终效果如图6-57所示。

图6-55

图6-56

图6-57

6.2 创建文字

在平面设计中经常会用到多种版式类型的文字，在Photoshop中将文字分为几个类型，如点文字、段落文字、路径文字和变形文字等。如图6-58～图6-61所示为一些包含多种文字类型的平面设计作品。

图6-58

图6-59

图6-60

图6-61

6.2.1 点文字

点文字是一个水平或垂直的文本行，每行文字都是独立的。行的长度随着文字的输入而不断增加，不会进行自动换行，需要手动使用Enter键进行换行，如图6-62～图6-65所示。

图6-62

图6-63

图6-64

图6-65

实例练习——创建点文字制作手写签名

案例文件	实例练习——创建点文字制作手写签名.psd
视频教学	实例练习——创建点文字制作手写签名.flv
难易指数	★★★★★
技术要点	文字工具

案例效果

本例最终效果如图6-66所示。

操作步骤

步骤01 打开本书配套光盘中的素材文件，调整大小，摆放在合适的位置，如图6-67所示。

步骤02 单击工具箱中的“横排文字工具”按钮T，设置前景色为棕色，选择一种手写签名效果文字，输入文字，按Ctrl+T组合键进行适当旋转，如图6-68所示。

步骤03 最终效果如图6-69所示。

图6-66

图6-67

图6-68

图6-69

6.2.2 段落文字

段落文字在平面设计中应用得非常广泛，由于具有自动换行、可调整文字区域大小等优势，所以常用于大量的文本排版中，如海报、画册、杂志排版等，如图6-70～图6-73所示。

图6-70

图6-71

图6-72

图6-73

实例练习——创建段落文字

案例文件	实例练习——创建段落文字.psd
视频教学	实例练习——创建段落文字.flv
难易指数	★★★★★
技术要点	段落文字的使用

案例效果

本例最终效果如图6-74所示。

操作步骤

步骤01 打开本书配套光盘中的素材文件，如图6-75所示。

步骤02 单击工具箱中的“横排文字工具”按钮T，设置前景色为白色，设置合适的字体及大小，输入“I&U”，如图6-76所示。

步骤03 同样使用横排文字工具，设置前景色为白色，设置合适的字体及大小，在操作界面中按住鼠标左键并拖曳创建出文本框，如图6-77所示。

图6-74

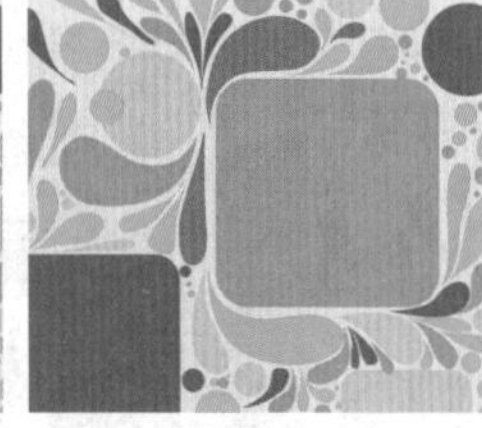

图6-75

图6-76

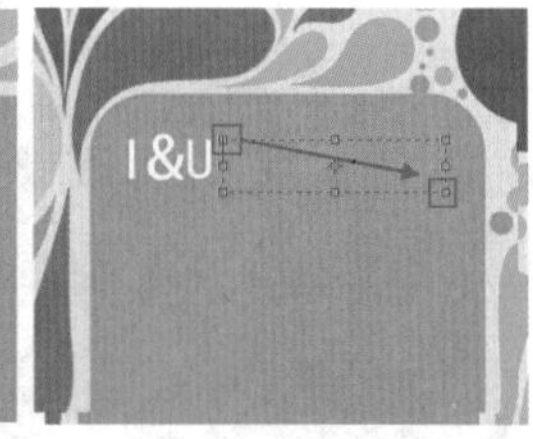

图6-77

步骤04 输入所需英文，完成后选择该文字图层，打开“段落”面板，设置对齐方式为“全部对齐”，如图6-78和图6-79所示。

步骤05 继续在下方绘制较大的文本框，并输入文字，如图6-80所示。

步骤06 以同样的方法制作出左下角的段落文字，最终效果如图6-81所示。

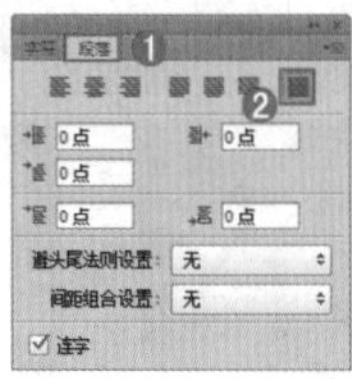

图6-78

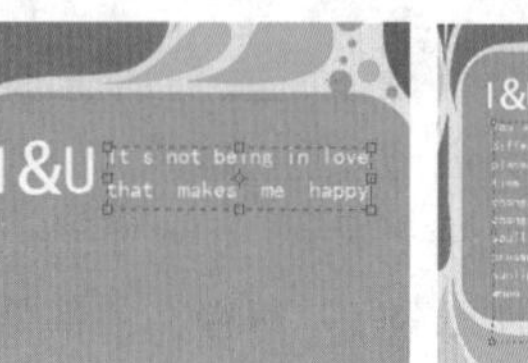

图6-79

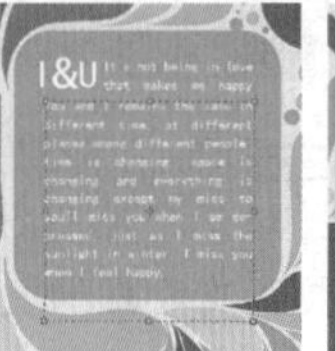

图6-80

图6-81

6.2.3 路径文字

路径文字常用于创建走向不规则的文字行，在Photoshop中为了制作路径文字需要先绘制路径，然后将文字工具指定到路径上，创建的文字会沿着路径排列。改变路径形状时，文字的排列方式也会随之发生改变，如图6-82～图6-85所示。

图6-82

图6-83

图6-84

图6-85

实例练习——创建路径文字

案例文件	实例练习——创建路径文字.psd
视频教学	实例练习——创建路径文字.flv
难易指数	★★★★★
技术要点	文字工具，钢笔工具

案例效果

本例最终效果如图6-86所示。

操作步骤

步骤01 打开素材文件，如图6-87所示。

图6-86

图6-87

步骤02 单击工具箱中的“钢笔工具”按钮，在图像左下方的位置沿盘子边缘绘制一段弧形路径，如图6-88所示。

步骤03 单击工具箱中的“横排文字工具”按钮，选择合适的字体及大小，将鼠标移动到路径的一端上，当光标变为时，输入文字，如图6-89所示。

图6-88

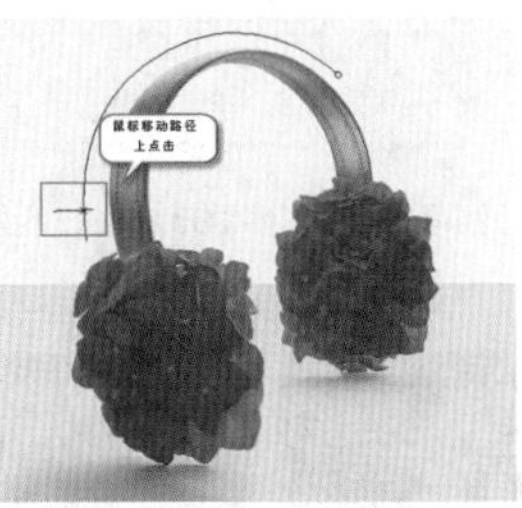

图6-89

步骤04 输入文字之后能够发现字符显示不全，这时需要将鼠标移动到路径上并按住Ctrl键，当光标变为时，单击并向路径的另一端拖曳，随着光标移动，字符会逐个显现出来，如图6-90和图6-91所示。

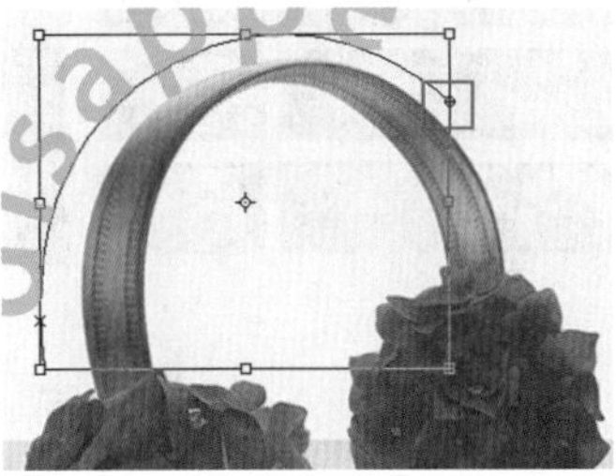

图6-90

图6-91

步骤05 用同样的办法制作另一侧的文字，如图6-92所示。

步骤06 如果想要更改某个路径文字的颜色只需打开“字符”面板，并在“图层”面板中选中该文字图层，如图6-93所示。此时“字符”面板会显示相应的文字属性参数，单击“字符”面板的颜色，如图6-94所示。将光标移动到画面中，此时可以看到光标变为颜色吸管的效果，单击画面中的颜色，文字颜色也会相应地发生变化，如图6-95所示。

步骤07 以同样的方法更改另外的路径文字颜色，最终效果如图6-96所示。

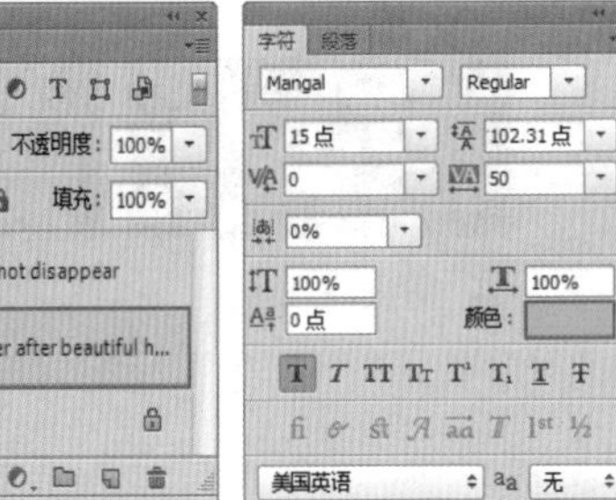

图6-92

图6-93

图6-94

图6-95

图6-96

6.2.4 变形文字

在Photoshop中，文字对象可以进行一系列内置的变形效果，通过这些变形操作可以在不栅格化文字图层的状态下制作多种变形文字，如图6-97～图6-99所示。

输入文字以后，在文字工具的选项栏中单击“创建文字变形”按钮，打开“变形文字”对话框，如图6-100所示。在该对话框中可以选择变形文字的方式，如图6-101所示为这些变形文字的效果。

图6-97

图6-98

图6-99

创建变形文字后，可以调整其他参数选项来调整变形效果。每种样式都包含相同的参数选项。下面以“鱼形”样式为例来介绍变形文字的各项功能，如图6-102和图6-103所示。

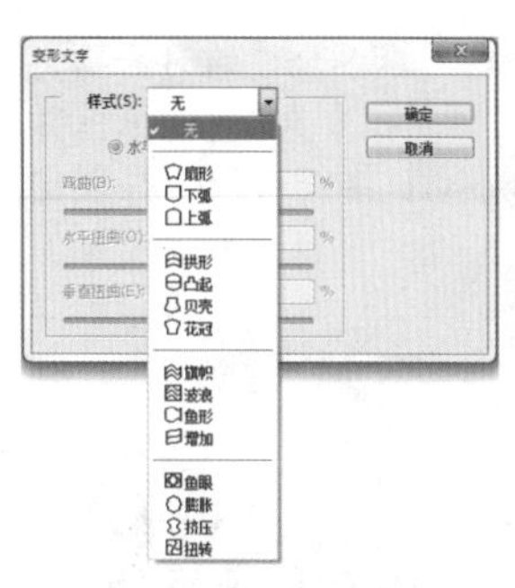

图6-100

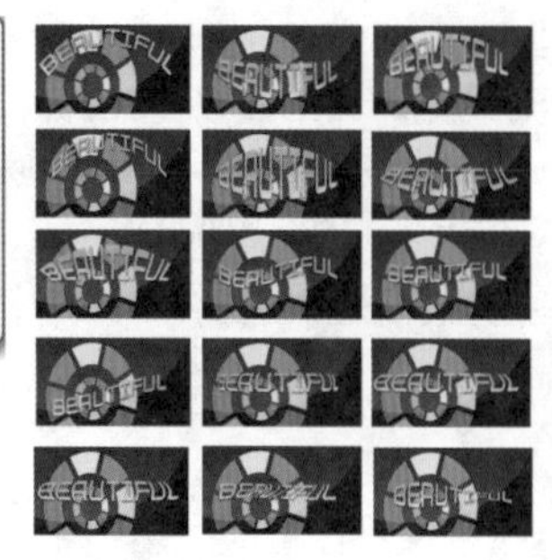

图6-101

图6-102

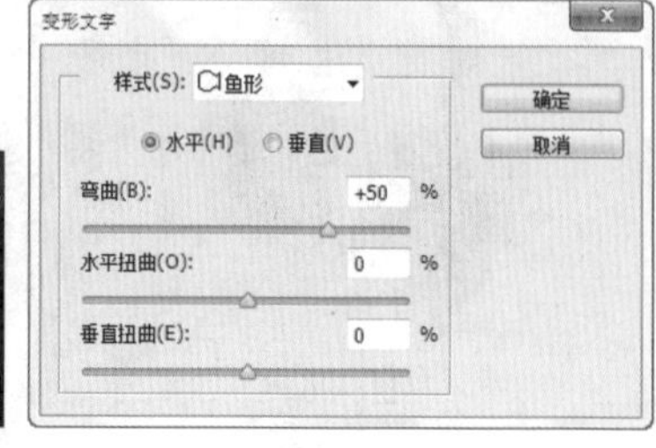

图6-103

技巧与提示

对带有“仿粗体”样式的文字进行变形会弹出如图6-104所示的对话框，单击“确定”按钮将去除文字的“仿粗体”样式，并且经过变形操作的文字不能添加“仿粗体”样式。

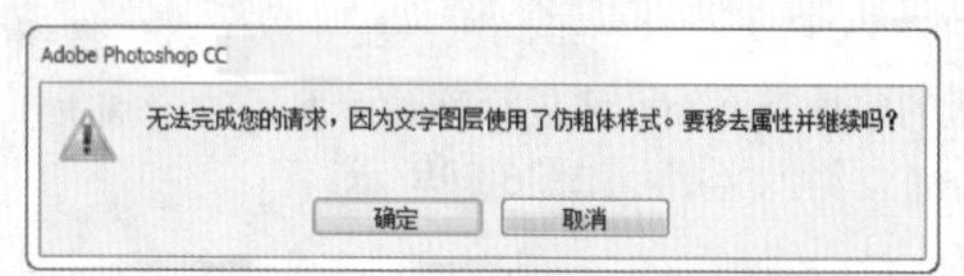

图6-104

- 水平/垂直：选中“水平”单选按钮时，文本扭曲的方向为水平方向，如图6-105所示；选中“垂直”单选按钮时，文本扭曲的方向为垂直方向，如图6-106所示。
- 弯曲：用来设置文本的弯曲程度，如图6-107和图6-108所示分别为“弯曲”为-50%和100%时的效果。

图6-105

图6-106

图6-107

图6-108

- 水平扭曲：设置水平方向的透视扭曲变形的程度，如图6-109所示。
- 垂直扭曲：用来设置垂直方向的透视扭曲变形的程度。如图6-110和图6-111所示分别为“垂直扭曲”为-60%和60%时的扭曲效果。

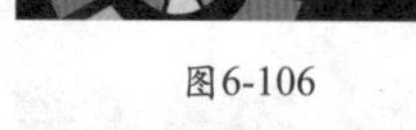

图6-109

图6-110

图6-111

实例练习——使用文字变形制作立体文字

案例文件	实例练习——使用文字变形制作立体文字.psd
视频教学	实例练习——使用文字变形制作立体文字.flv
难易指数	★★★★★
技术要点	文字工具

案例效果

本例最终效果如图6-112所示。

图6-112

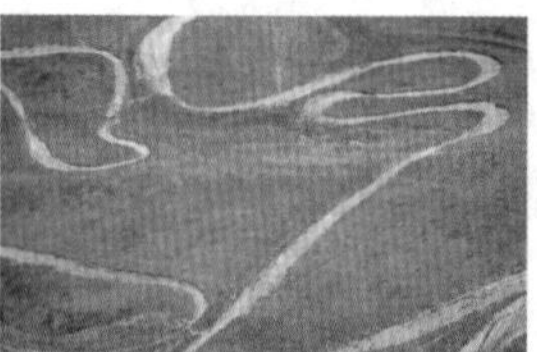

图6-113

操作步骤

步骤01 打开本书配套光盘中的背景素材文件，如图6-113所示。

步骤02 单击工具箱中的“横排文字工具”按钮T，调整合适的字体及大小，输入单词“SUPER”，如图6-114所示。

步骤03 复制文字图层，并将原图层隐藏。单击文字工具选项栏中的“创建文字变形”按钮，设置其“样式”为“下弧”，“弯曲”为50%，“水平扭曲”为0，“垂直扭曲”为-16%，单击“确定”按钮结束操作，如图6-115和图6-116所示。

图6-114

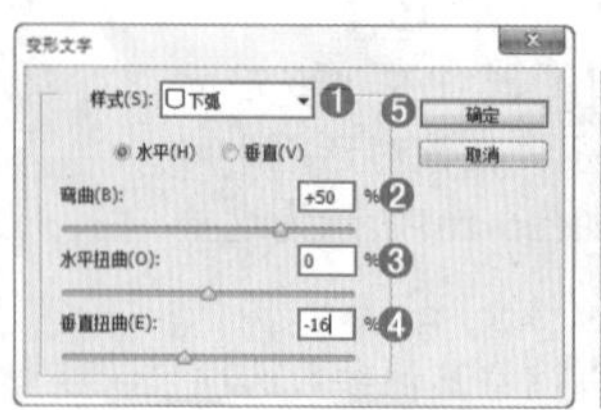

图6-115

图6-116

步骤04 为了增强文字立体感，需要为文字添加图层样式，单击“图层”面板中的“添加图层样式”按钮，在弹出的菜单中选择“渐变叠加”命令，如图6-117所示。在弹出的对话框中设置其“渐变”为一种黄色系渐变，“角度”为0度，如图6-118所示。

步骤05 选中“描边”样式，设置“大小”为6像素，“颜色”为白色，单击“确定”按钮结束操作，如图6-119和图6-120所示。

步骤06 选择原文字图层，右击，在弹出的快捷菜单中选择“栅格化文字”命令，作为阴影图层。按Ctrl+T组合键进行自由变换，右击，在弹出的快捷菜单中选择 “透视”命令，如图6-121所示。

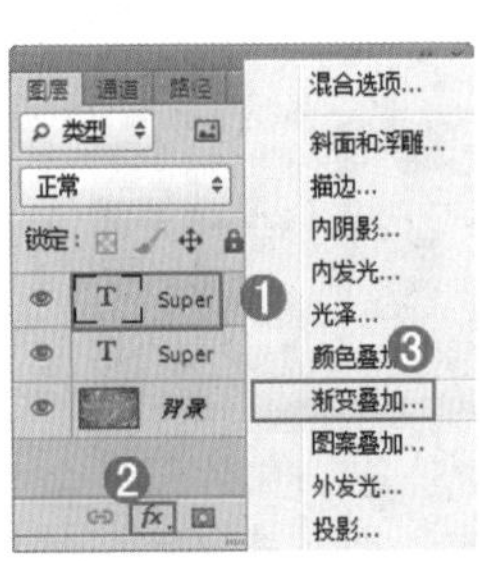

图6-117

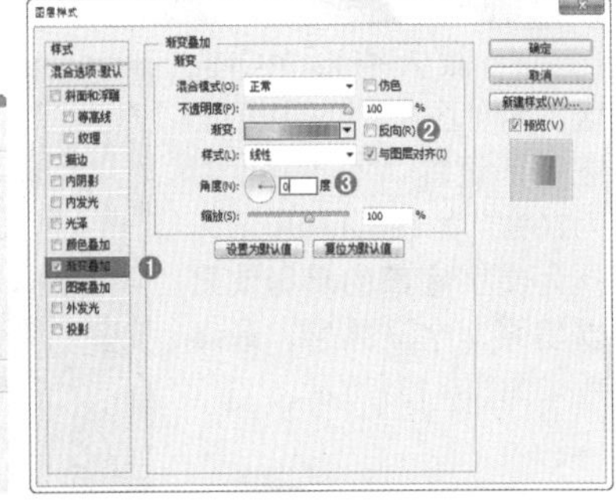

图6-118

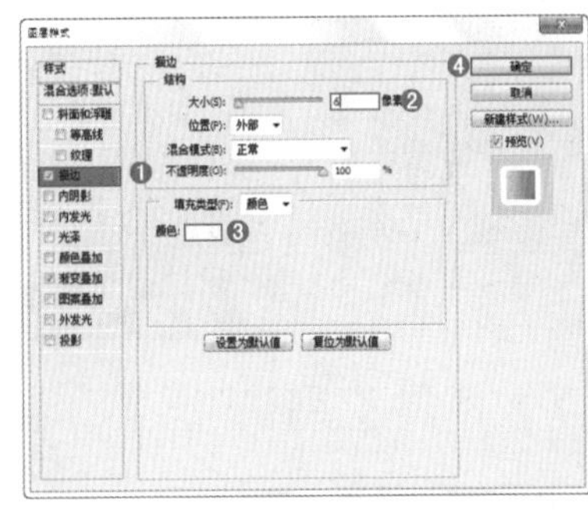

图6-119

图6-120

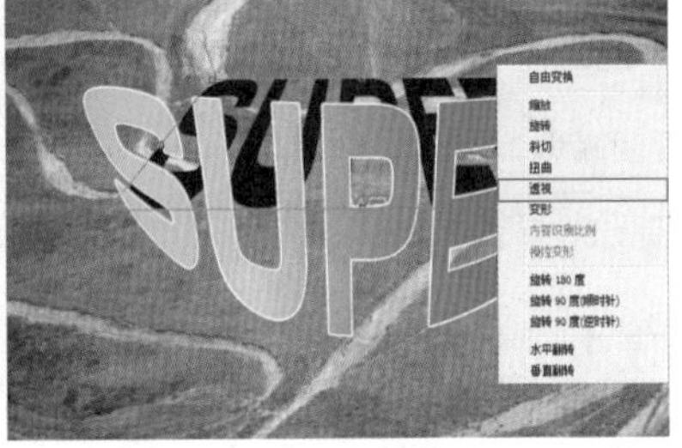

图6-121

步骤07 右击，在弹出的快捷菜单中选择“变形”命令，适当调整文字形状，如图6-122所示。

步骤08 按Enter键结束自由变换之后，单击工具栏中的“滤镜”按钮，执行“滤镜>模糊>高斯模糊”命令，在弹出的对话框中设置“半径”为8像素，如图6-123所示。单击“确定”按钮结束操作，如图6-124所示。

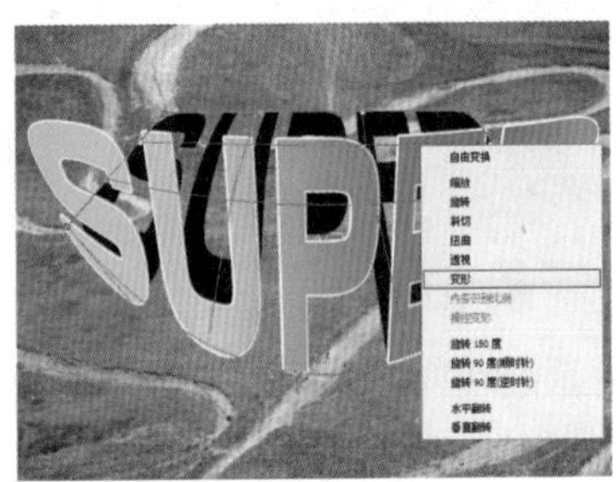

图6-122

图6-123

图6-124

步骤09 选择该图层，调整“图层”面板中的“不透明度”为70%，如图6-125和图6-126所示。

步骤10 新建图层，使用矩形选框工具绘制一个矩形选框。单击工具箱中的“渐变工具”按钮，在其选项栏中单击“线性渐变”按钮，编辑一种黑色到透明的渐变，单击“确定”按钮结束操作，如图6-127所示。由下向上拖曳并进行填充，如图6-128所示。

图6-125

图6-126

图6-127

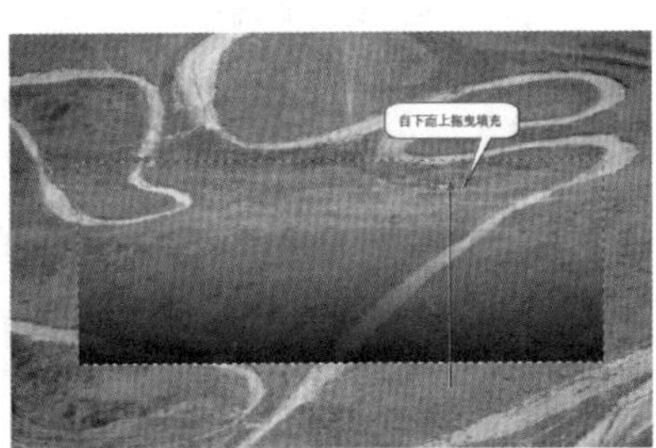

图6-128

步骤11 填充完毕之后，右击，在弹出的快捷菜单中选择“变形”命令，使其形状与文字部分的弧度相匹配，如图6-129所示。

步骤12 载入变形文字选区，为“图层1”添加图层蒙版，设置“不透明度”为20%，如图6-130所示，作为文字底部的暗影效果以增强文字立体感。最终效果如图6-131所示。

图6-129

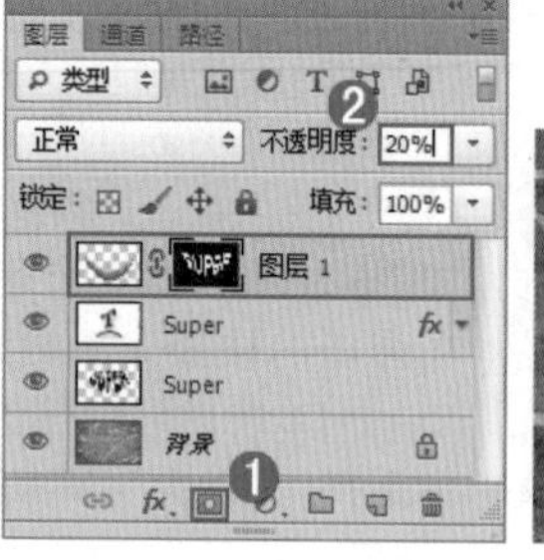

图6-130

图6-131

6.3 编辑文本

Photoshop的文字编辑与Microsoft Office Word有些相似，不仅可以对文字的大小写、颜色、行距等参数进行修改，还可以检查和更正拼写、查找和替换文本、更改文字的方向等。

6.3.1 修改文本属性

使用文字工具输入文字以后，在“图层”面板中选中文字图层，对文字的大小、大小写、行距、字距、水平/垂直缩放等进行设置。

（1）使用横排文字工具T在操作区域中输入字符，如图6-132所示。

（2）如果要修改文本内容，可以在“图层”面板中双击文字图层，如图6-133所示。此时该文字图层的文本处于全部选择的状态，如图6-134所示。

（3）将光标放置在要修改内容的前面单击并向后拖曳选中需要更改的字符，如将ENOUGH修改为SHINES，需要将光标放置在ENOUGH前单击并向后拖曳选中ENOUGH，如图6-135和图6-136所示。接着输入SHINES即可，如图6-137所示。

图6-132

图6-133

图6-134

技巧与提示

在文本输入状态下，鼠标左键单击3次可以选择一行文字；鼠标左键单击4次可以选择整个段落的文字；按Ctrl+A组合键可以选择所有的文字。

图6-135

图6-136

图6-137

（4）如果要修改字符的颜色，可以选择要修改颜色的字符，如图6-138所示。然后在“字符”面板中修改字号以及颜色，如图6-139所示。可以看到只有选中的文字发生了变化，如图6-140所示。

（5）以同样的方法修改其他文字的属性，最终效果如图6-141所示。

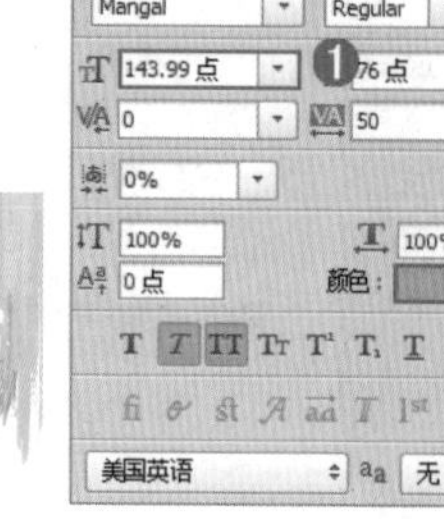

图6-138

图6-139

图6-140

图6-141

6.3.2 拼写检查

如果要检查当前文本中的英文单词拼写是否有错误，可以先选择文本，如图6-142所示，然后执行“编辑>拼写检查”命令，打开“拼写检查”对话框，Photoshop会提供修改建议，如图6-143所示。

- 不在词典中：在这里显示错误的单词。
- 更改为/建议：在“建议”列表中选择单词以后，“更改为”文本框中就会显示选中的单词。
- 忽略：继续拼写检查而不更改文本。
- 全部忽略：在剩余的拼写检查过程中忽略有疑问的字符。
- 更改：单击该按钮可以校正拼写错误的字符。

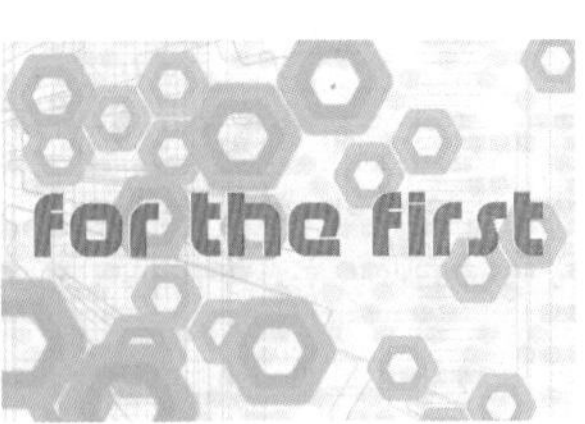

图6-142

图6-143

- 更改全部：校正文档中出现的所有拼写错误。
- 添加：可以将无法识别的正确单词存储在词典中，这样后面再次出现该单词时，就不会被检查为拼写错误。
- 检查所有图层：选中该复选框后，可以对所有文字图层进行拼写检查。

6.3.3 查找和替换文本

使用“查找和替换文本”命令能够快速地查找和替换指定的文字，执行“编辑>查找和替换文本”命令，打开“查找和替换文本”对话框，如图6-144和图6-145所示。

- 查找内容：在这里输入要查找的内容。
- 更改为：在这里输入要更改的内容。
- 查找下一个：单击该按钮即可查找到需要更改的内容。
- 更改：单击该按钮即可将查找到的内容更改为指定的文字内容。
- 更改全部：若要替换所有要查找的文本内容，可以单击该按钮。
- 完成：单击该按钮可以关闭“查找和替换文本”对话框，完成查找和替换文本的操作。

图6-144

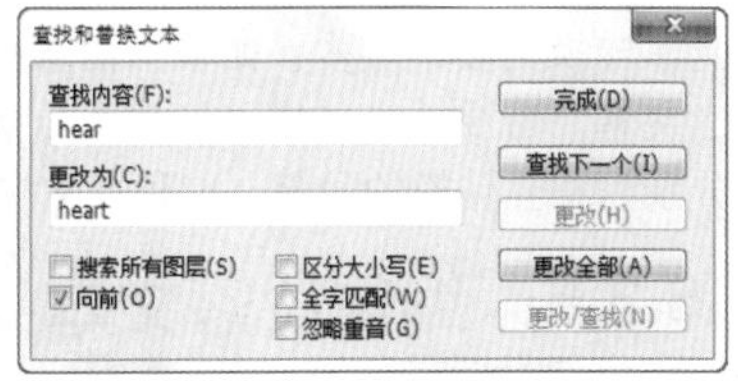

图6-145

- 搜索所有图层：选中该复选框后，可以搜索当前文档中的所有图层。
- 向前：从文本中的插入点向前搜索。如果取消选中该复选框，不管文本中的插入点在任何位置，都可以搜索图层中的所有文本。
- 区分大小写：选中该复选框后，可以搜索与“查找内容”文本框中的文本大小写完全匹配的一个或多个文字。
- 全字匹配：选中该复选框后，可以忽略嵌入在更长字中的搜索文本。

实例练习——使用编辑命令校对文档

案例文件	实例练习——使用编辑命令校对文档.psd
视频教学	实例练习——使用编辑命令校对文档.flv
难易指数	★★★★★
技术要点	“查找和替换文本”命令

案例效果

本例最终效果如图6-146所示。

操作步骤

步骤01 打开素材文件，如图6-147所示。

步骤02 使用直排文字工具T，在操作界面单击并拖曳创建出文本框，嵌入文字，如图6-148和图6-149所示。

步骤03 如需将部分文本进行替换，执行“编辑>查找和替换文本”命令，打开“查找和替换文本”对话框，在“查找内容”文本框中输入“破”，在“更改为”文本框中输入“坡”，单击“更改全部”按钮，如图6-150所示。

步骤04 最终效果如图6-151所示。

图6-146

图6-147

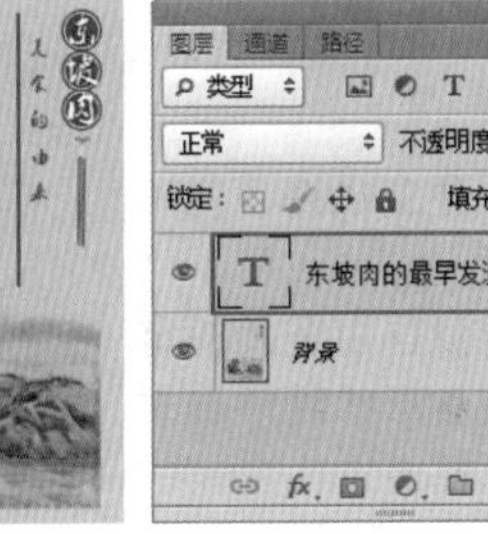

图6-148

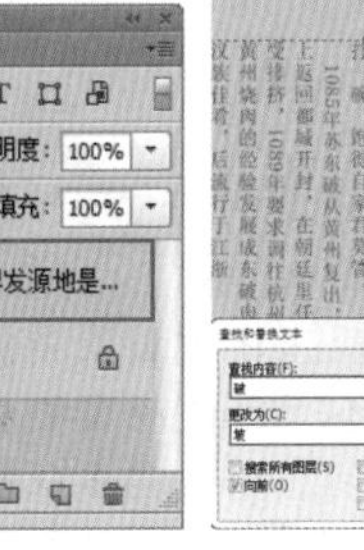

图6-149

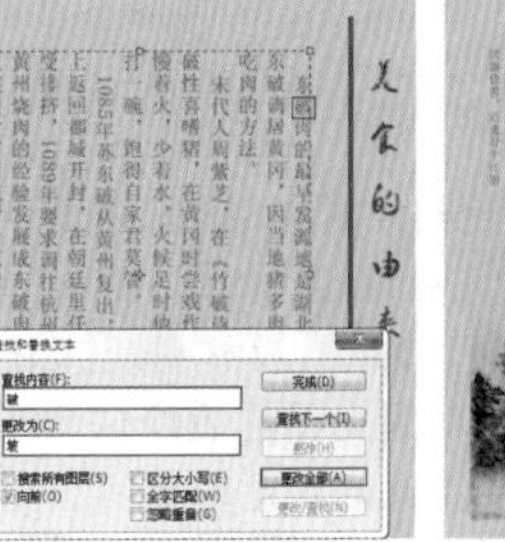

图6-150

图6-151

6.3.4 更改文字方向

如果当前选择的文字是横排文字，执行“类型>文本排列方向>垂直”命令，可以将其更改为直排文字。反之如果当前选择的文字是直排文字，执行“类型>文本排列方向>水平”命令，可以将其更改为横排文字，如图6-152和图6-153所示。

图6-152

图6-153

技巧与提示

在使用文字工具状态下，单击选项栏中的按钮，也可以更改文字的方向。

6.3.5 点文本和段落文本的转换

与更改文字的方向相同，点文本与段落文字也是可以相互转换的，如果当前选择的是点文本，执行“类型>转换为段落文本”命令，可以将点文本转换为段落文本；如果当前选择的是段落文本，执行“类型>转换为点文本”命令，可以将段落文本转换为点文本。如图6-154和图6-155所示分别为相互转换的段落文字和点文字。

图6-154

图6-155

6.3.6 编辑段落文本

创建段落文本以后，可以根据实际需求来调整文本框的大小，文字会自动在调整后的文本框内重新排列。另外，通过文本框还可以旋转、缩放和斜切文字，如图6-156～图6-158所示。

（1）使用横排文字工具在段落文字中单击显示出文字的定界框，如图6-159所示。

（2）拖动控制点调整定界框的大小，文字会在调整后的定界框内重新排列，如图6-160所示。

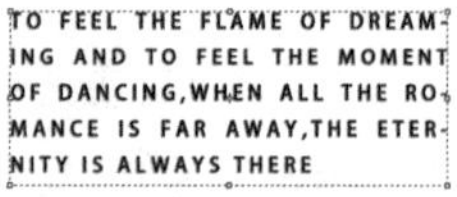

图6-156

图6-157

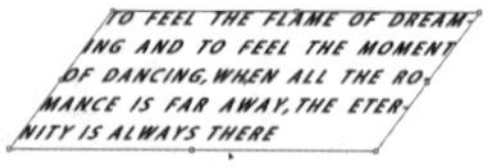

图6-158

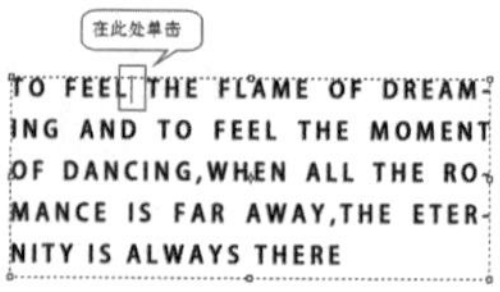

图6-159

图6-160

（3）当定界框较小而不能显示全部文字时，它右下角的控制点会变为形状，如图6-161所示。

（4）如果按住Ctrl键拖动控制点，可以等比缩放文字，如图6-162和图6-163所示。

（5）将光标移至定界框外，当指针变为弯曲的双向箭头时拖动鼠标可以旋转文字，如图6-164所示。

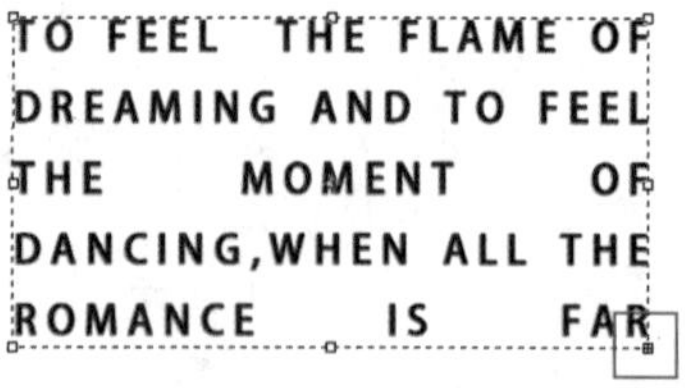

图6-161

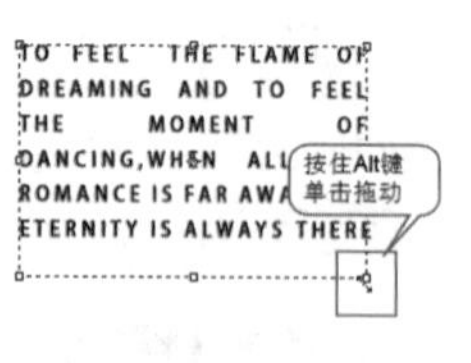

图6-162

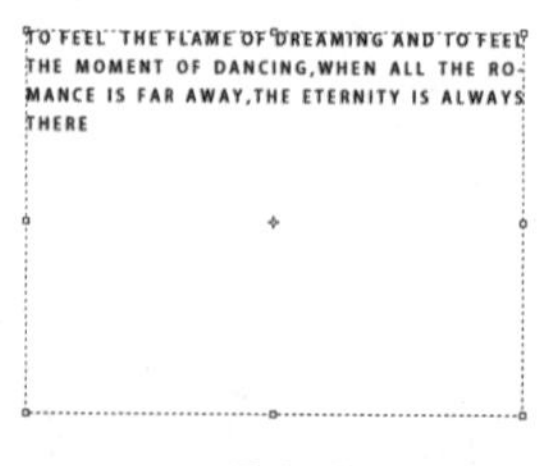

图6-163

图6-164

（6）与旋转其他对象相同，在旋转过程中按住Shift键，能够以15°角为增量进行旋转，如图6-165所示。

（7）在进行编辑的过程中按住Ctrl键出现类似自由变换的定界框，将光标移动到定界框边缘位置当光标变为形状时单击并拖动即可，需要注意的是此时定界框与文字本身都会发生变换，如图6-166所示。

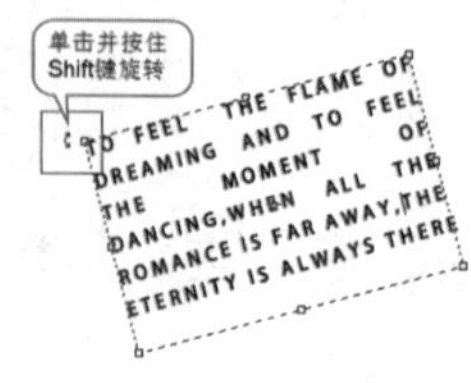

图6-165

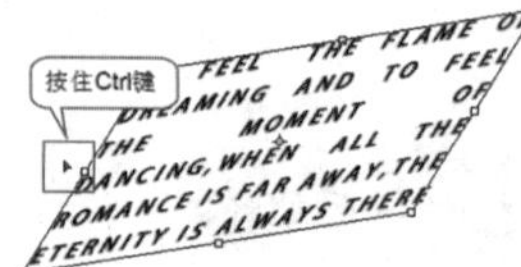

图6-166

（8）如果想要完成对文本的编辑操作，可以单击工具选项栏中的✓按钮或者按Ctrl+Enter组合键。如果要放弃对文字的修改，可以单击工具选项栏中的⊘按钮或者按Esc键。

6.4 “字符”/“段落”面板

在文字工具的选项栏中，可以快捷地对文本的部分属性进行修改。如果要对文本进行更多的设置，就需要使用到“字符”面板和“段落”面板。

6.4.1 “字符”面板

在“字符”面板中，除了包括常见的字体系列、字体样式、字体大小、文字颜色和消除锯齿等设置，还包括例如行距、字距等常见设置，如图6-167所示。

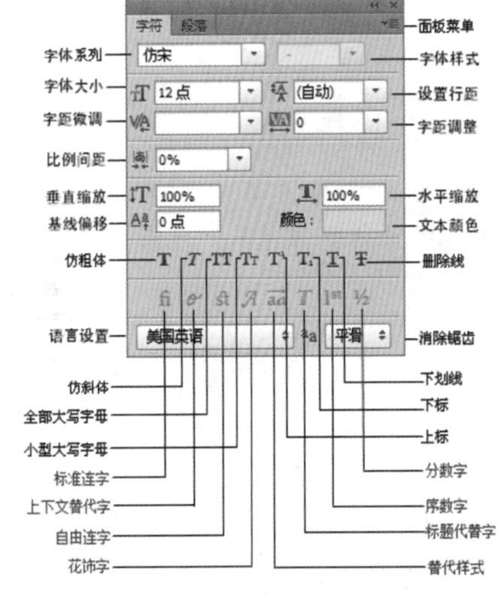

图6-167

- 字体大小：在该下拉列表框中选择预设数值，或者输入自定义数值即可更改字符大小。
- 设置行距：用于设置上一行文字基线与下一行文字基线之间的距离。选择需要调整的文字图层，然后在“设置行距”下拉列表框中输入行距数值或在选择预设的行距值，接着按Enter键即可。
- 字距微调VA：用于设置两个字符之间的字距微调。在设置时先要将光标插入到需要进行字距微调的两个字符之间；然后在数值框中输入所需的字距微调数量。输入正值时，字距会扩大；输入负值时，字距会缩小。
- 字距调整VA：用于设置文字的字符间距。输入正值时，字距会扩大；输入负值时，字距会缩小。
- 比例间距：是按指定的百分比来减少字符周围的空间。因此，字符本身并不会被伸展或挤压，而是字符之间的间距被伸展或挤压了。
- 垂直缩放IT：用于设置文字的垂直缩放比例，以调整文字的高度。
- 水平缩放T：用于设置文字的水平缩放比例，以调整文字的宽度。
- 基线偏移A：用于设置文字与文字基线之间的距离。输入正值时，文字会上移；输入负值时，文字会下移。
- 颜色 颜色：单击色块，即可在弹出的拾色器中选取字符的颜色。
- 文字样式 T T TT Tт T¹ T₁ T T：设置文字的效果，共有仿粗体、仿斜体、全部大写字母、小型大写字母、上标、下标、下划线和删除线8种。
- Open Type功能 fi ơ st A ad T 1st ½：标准连字fi、上下文替代字ơ、自由连字st、花饰字A、替代样式ad、标题代替字T、序数字1st、分数字½。
- 美国英语 语言设置：用于设置文本连字符和拼写的语言类型。
- aa 锐利 消除锯齿方式：输入文字以后，可以在选项栏中为文字指定一种消除锯齿的方式。

6.4.2 “段落”面板

“段落”面板提供了用于设置段落编排格式的所有选项。通过“段落”面板，可以设置段落文本的对齐方式和缩进量等参数，如图6-168所示。

- 左对齐文本：文字左对齐，段落右端参差不齐，如图6-169所示。
- 居中对齐文本：文字居中对齐，段落两端参差不齐，如图6-170所示。

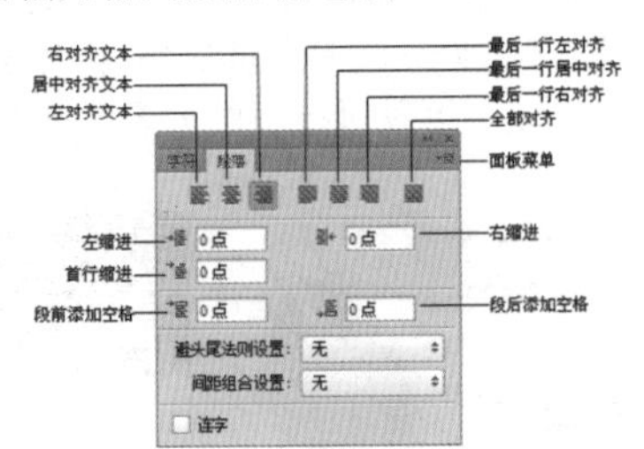

图6-168

图6-169

图6-170

- 右对齐文本▤：文字右对齐，段落左端参差不齐，如图6-171所示。
- 最后一行左对齐▤：最后一行左对齐，其他行左右两端强制对齐，如图6-172所示。
- 最后一行居中对齐▤：最后一行居中对齐，其他行左右两端强制对齐，如图6-173所示。
- 最后一行右对齐▤：最后一行右对齐，其他行左右两端强制对齐，如图6-174所示。
- 全部对齐▤：在字符间添加额外的间距，使文本左右两端强制对齐，如图6-175所示。

图6-171

图6-172

图6-173

图6-174

技巧与提示

当文字为直排列方式时，对齐按钮会发生一些变化，如图6-176所示。

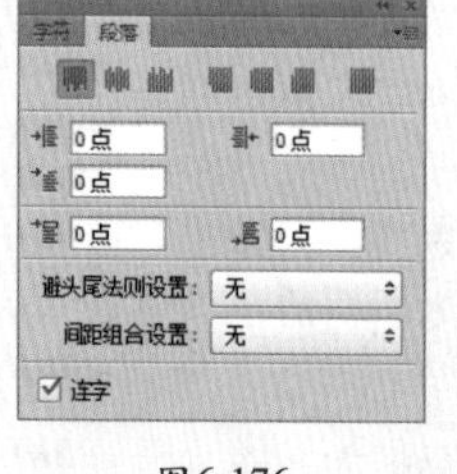

图6-176

图6-175

- 左缩进⇥：用于设置段落文本向右（横排文字）或向下（直排文字）的缩进量。如图6-177所示为设置“左缩进”为6点时的段落效果。
- 右缩进⇤：用于设置段落文本向左（横排文字）或向上（直排文字）的缩进量。如图6-178所示为设置“右缩进”为6点时的段落效果。
- 首行缩进⇥：用于设置段落文本中每个段落的第1行向右（横排文字）或第1列文字向下（直排文字）的缩进量。如图6-179所示为设置“首行缩进”为10点时的段落效果。

图6-177

图6-178

图6-179

- 段前添加空格⇥：设置光标所在段落与前一个段落之间的间隔距离。如图6-180所示为设置“段前添加空格”为10点时的段落效果。
- 段后添加空格：设置当前段落与另外一个段落之间的间隔距离。如图6-181所示为设置“段后添加空格”为10点时的段落效果。
- 避头尾法则设置：不能出现在一行的开头或结尾的字符称为避头尾字符，Photoshop提供了基于标准JIS的宽松和严格的避头尾集，宽松的避头尾设置忽略长元音字符和小平假名字符。选择“JIS宽松”或“JIS严格”选项时，可以防止在一行的开头或结尾出现不能使用的字母。
- 间距组合设置：间距组合是为日语字符、罗马字符、标点和特殊字符在行开头、行结尾和数字的间距指定日语文本编排。选择“间距组合1”选项，可以对标点使用半角间距；选择“间距组合2”选项，可以对行中除最后一个字符外的大多数字符使用全角间距；选择“间距组合3”选项，可以对行中的大多数字符和最后一个字符使用全角间距；选择“间距组合4”选项，可以对所有字符使用全角间距。
- 连字：选中“连字”复选框后，在输入英文单词时，如果段落文本框的宽度不够，英文单词将自动换行，并在单词之间用连字符连接起来，如图6-182所示。

图6-180

图6-181

图6-182

6.4.3 “字符样式”面板

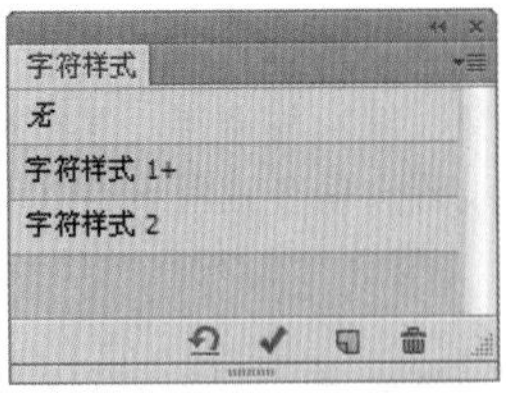

在进行例如书籍、报纸、杂志等的包含大量文字排版的任务时，经常会需要为多个文字图层赋予相同的样式，而在Photoshop中提供的“字符样式”面板功能为此类操作提供了便利的操作方式。在“字符样式”面板中可以创建字符样式，更改字符属性，并将字符属性存储在“字符样式”面板中。在需要使用时，只需要选中文字图层，并单击相应字符样式即可，如图6-183所示。

图6-183

- 清除覆盖：单击即可清除当前字体样式。
- 通过合并覆盖重新定义字符样式：单击该按钮即可以所选文字合并覆盖当前字符样式。
- 创建新样式：单击该按钮可以创建新的样式。
- 删除选项样式/组：单击该按钮可以将当前选中的新样式或新样式组删除。

在“字符样式”面板中单击“创建新样式”按钮，然后双击新创建出的字符样式，即可弹出“字符样式选项”对话框，在这里包含3组设置页面：“基本字符格式”、“高级字符格式”和“OpenType功能”，可以对字符样式进行详细的编辑。“字符样式选项”对话框中的选项与“字符”面板中的设置选项基本相同，这里不做重复讲解，如图6-184～图6-186所示。

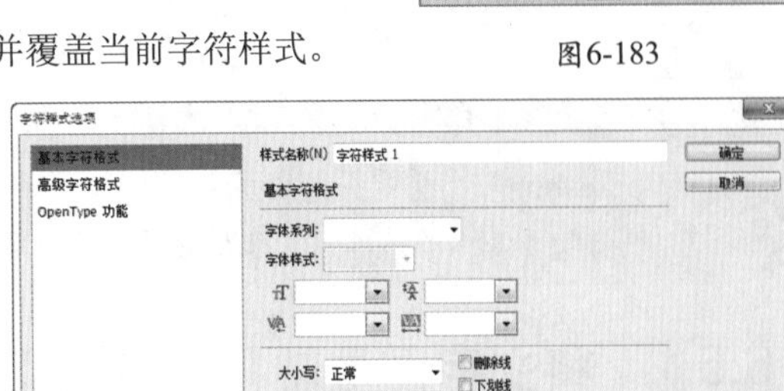

图6-184

如果需要将当前文字样式定义为可以调用的字符样式，那么可以在“字符样式”面板中单击“创建新样式”按钮，创建一个新的样式，如图6-187所示。选中所需文字图层，并在“字符样式”面板中选中新建的样式，在该样式名称的后方会出现“+”，单击“通过合并覆盖重新定义字符样式”按钮即可，如图6-188所示。

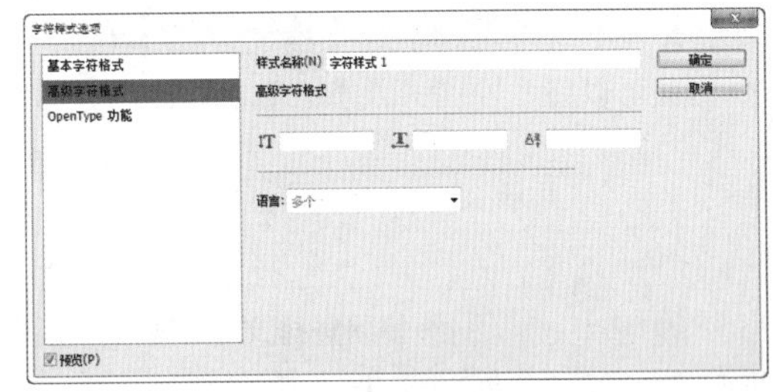

图6-185

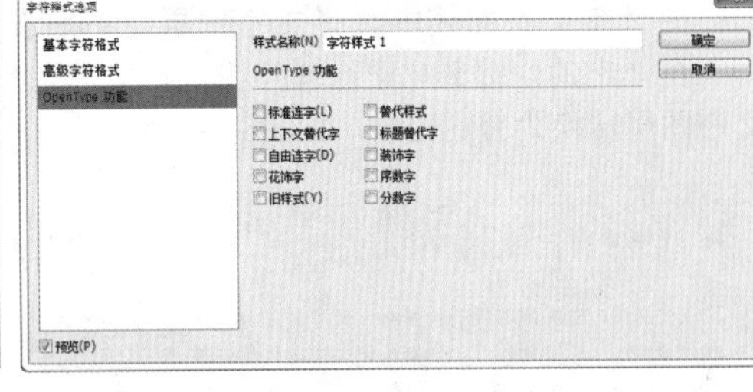

图6-186

如果需要为某个文字使用新定义的字符样式，则需要选中该文字图层，如图6-189所示。然后在“字符样式”面板中单击所需样式即可，如图6-190所示。

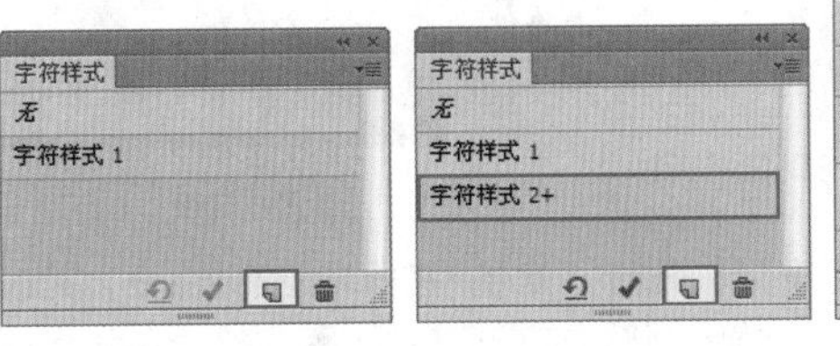

图6-187

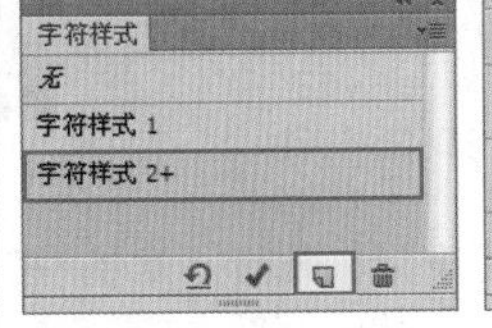

图6-188

图6-189

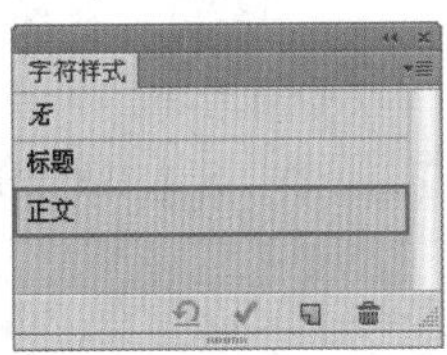

图6-190

如果需要去除当前文字图层的样式，可以选中该文字图层，并单击“字符样式”面板中的“无”即可，如图6-191所示。

可以将另一个PSD文档的字符样式置入当前文档中。打开“字符样式”面板，在该面板菜单中选择“载入字符样式”命令，弹出“载入”对话框，找到需要置入的素材，双击即可将该文件包含的样式置入当前文档中，如图6-192所示。

如果需要复制或删除某一字符样式，只需在“字符样式”面板中选中某一项，并在菜单中选择“复制样式”或“删除样式”命令即可，如图6-193所示。

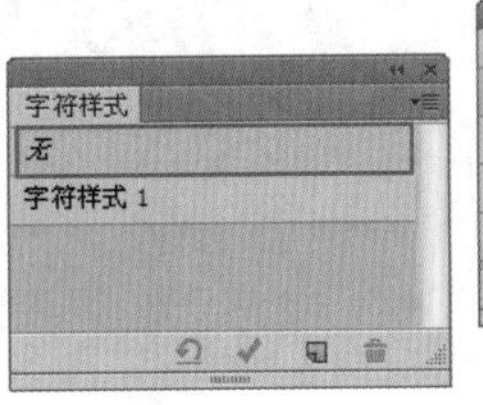

图6-191

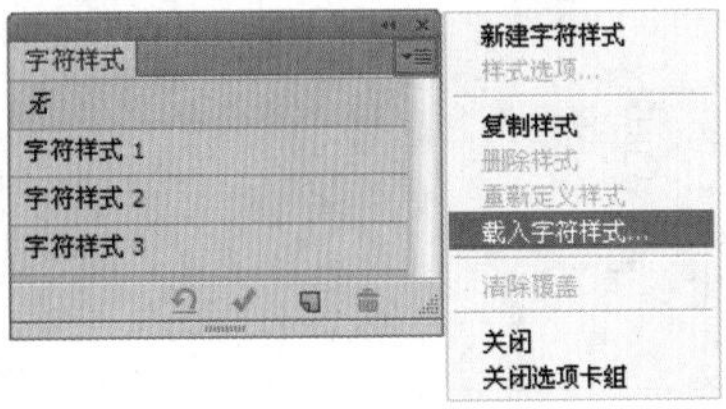

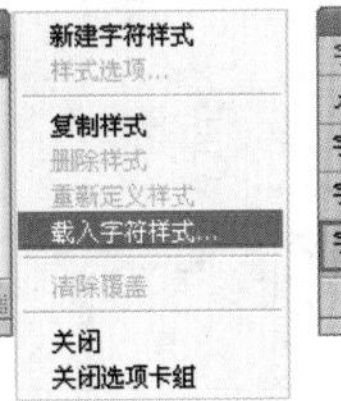

图6-192

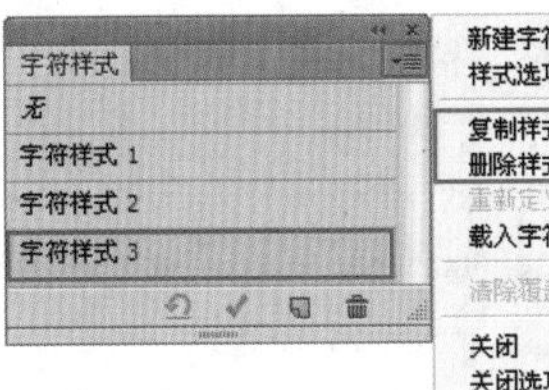

图6-193

6.4.4 “段落样式”面板

“段落样式”面板与“字符样式”面板的使用方法相同，都可以进行样式的定义、编辑与调用。字符样式主要用于类似标题文字的较少文字的排版，而段落样式的设置选项多应用于类似正文的大段文字的排版，如图6-194所示。

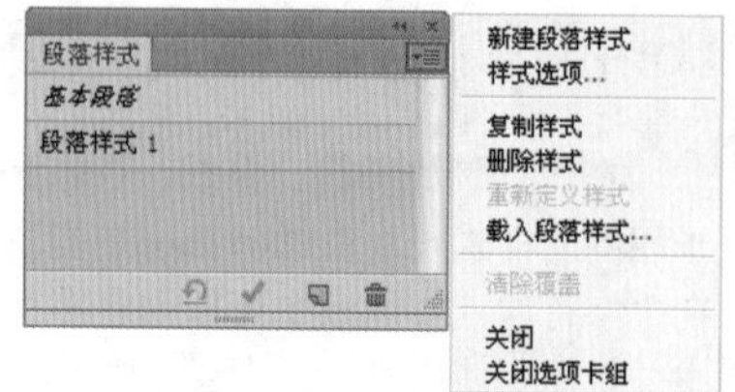

图6-194

6.5 转换文字图层

在Photoshop中，文字图层作为特殊的矢量对象，不能像普通图层一样进行编辑。因此为了进行更多操作，可以在编辑和处理文字时就将文字图层转换为普通图层，或将文字转换为形状、路径。

6.5.1 将文字图层转换为普通图层

Photoshop中的文字图层不能直接应用滤镜或进行涂抹绘制等变换操作，若要对文本应用这些滤镜或变换，就需要将其转换为普通图层，使矢量文字对象变成像素图像。

在“图层”面板中选择文字图层，然后在图层名称上右击，在弹出的快捷菜单中选择“栅格化文字”命令，就可以将文字图层转换为普通图层，如图6-195所示。

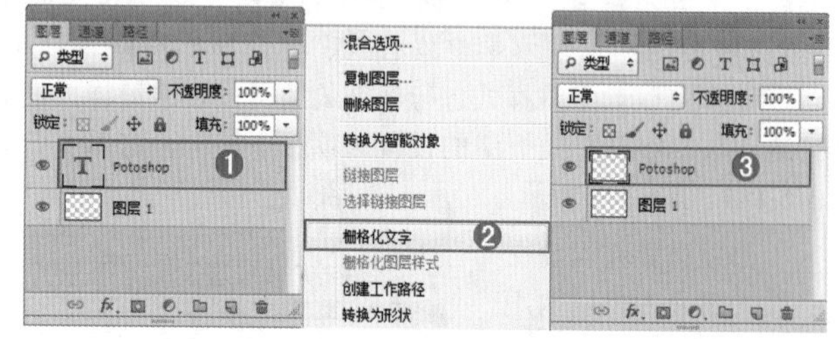

图6-195

实例练习——栅格化文字并进行编辑

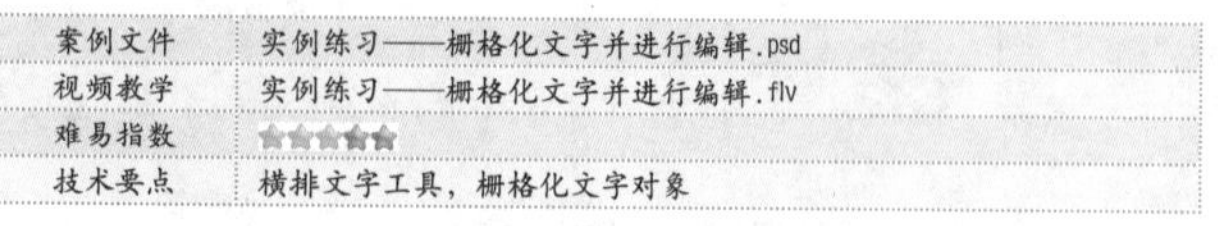

案例文件	实例练习——栅格化文字并进行编辑.psd
视频教学	实例练习——栅格化文字并进行编辑.flv
难易指数	★★★★★
技术要点	横排文字工具，栅格化文字对象

案例效果

本例最终效果如图6-196所示。

操作步骤

步骤01 打开本书配套光盘中的背景素材文件，如图6-197所示。

步骤02 使用竖排文字工具 T 在图像的右下角输入文字，如图6-198所示。

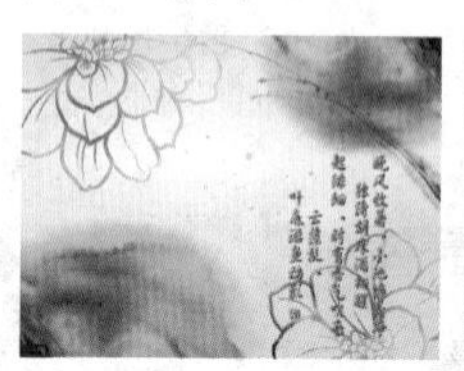

图6-196

图6-197

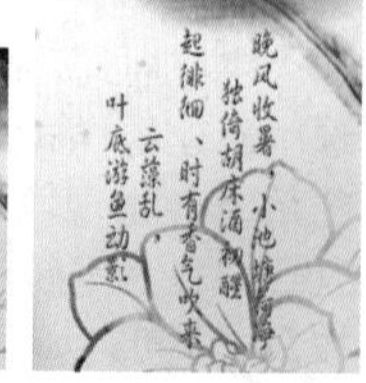

图6-198

步骤03 为了模拟书法效果，需要将文字进行变形。执行“滤镜>扭曲>波纹”命令，此时会弹出一个警告对话框，提醒用户是否栅格化文字，单击“确定”按钮即可将文字栅格化，如图6-199所示。然后在弹出的“波纹”对话框中设置“数量”为61%，如图6-200和图6-201所示。

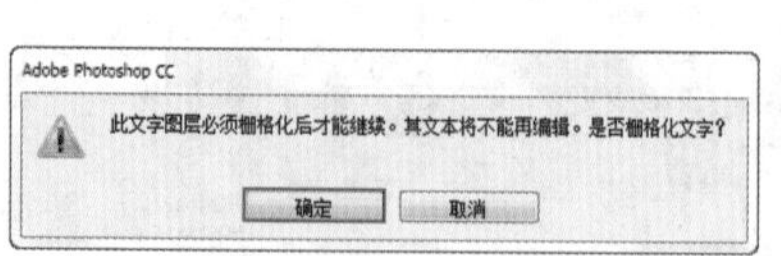

图6-199

图6-200

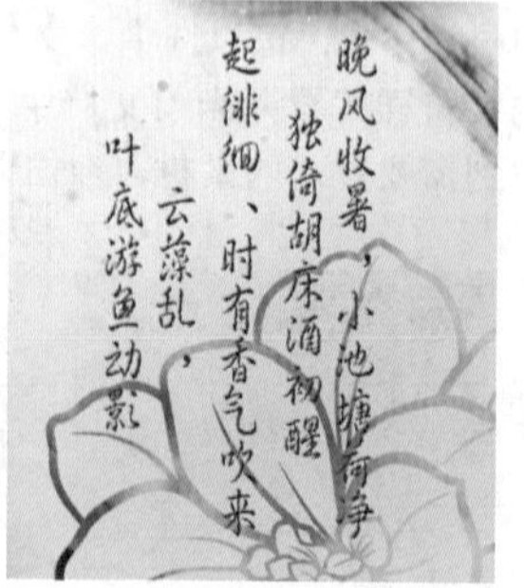

图6-201

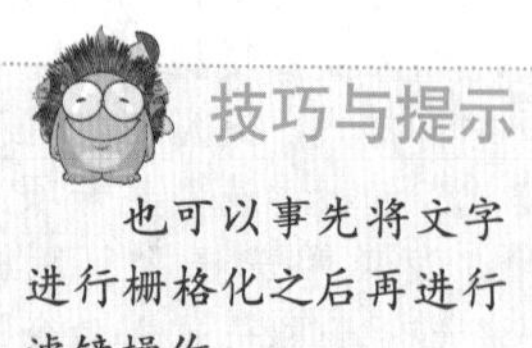

技巧与提示

也可以事先将文字进行栅格化之后再进行滤镜操作。

步骤04 执行滤镜命令以后，在“图层”面板中就可以观察到文字图层已经被栅格化。执行“图层>图层样式>投影”命令，打开“图层样式”对话框，设置“混合模式”为“正常”，“不透明度”为75%，“角度”为30度，“距离”为16像素，“大小”为10像素，如图6-202和图6-203所示。

步骤05 在“图层样式”对话框中选中“外发光”样式，设置“混合模式”为“滤色”，“不透明度”为75%，黄色到透明渐变，如图6-204所示。置入印章素材，执行“图层>栅格化>智能对象”命令。最终效果如图6-205所示。

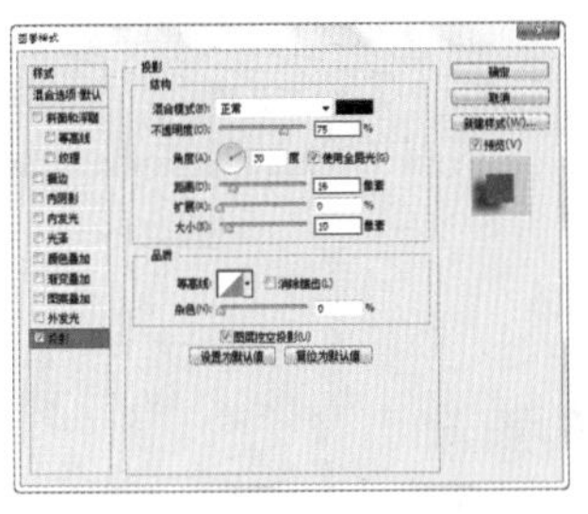
图6-202

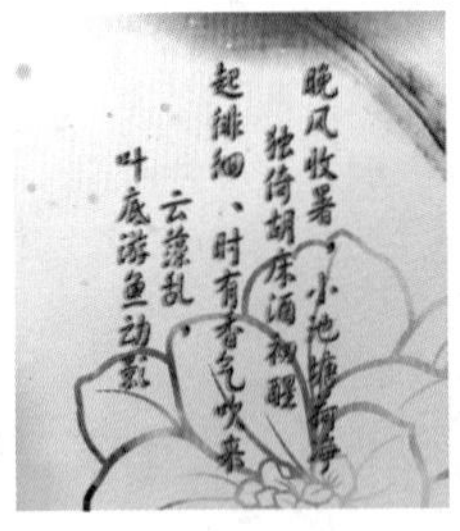
图6-203

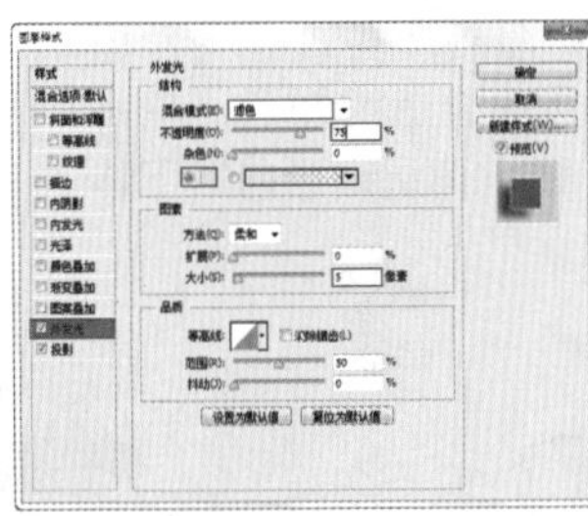
图6-204

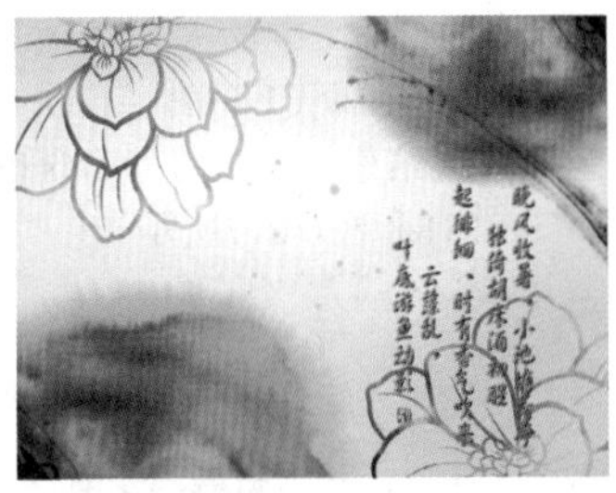
图6-205

6.5.2 将文字图层转换为形状

选择文字图层，然后在图层名称上右击，在弹出的快捷菜单中选择“转换为形状”命令，可以将文字图层转换为带有矢量蒙版的形状图层。执行“转换为形状”命令以后，不会保留文字图层，如图6-206所示。

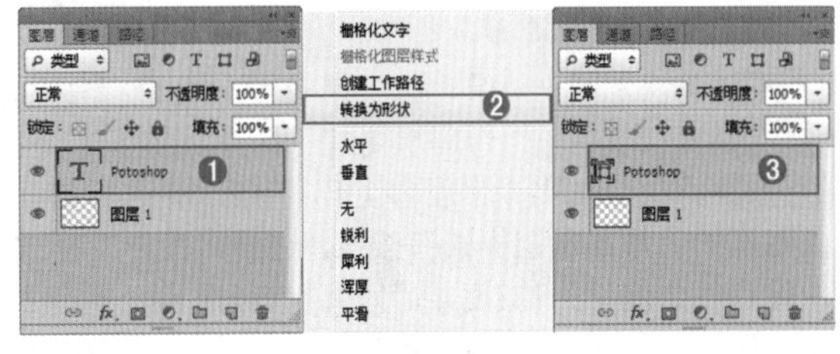

图6-206

实例练习——制作艺术变形广告字

案例文件	实例练习——制作艺术变形广告字.psd
视频教学	实例练习——制作艺术变形广告字.flv
难易指数	★★★★★
技术要点	文字工具、将文字图层转换为形状

案例效果

本例最终效果如图6-207所示。

操作步骤

步骤01 打开背景素材文件，如图6-208所示。

图6-207

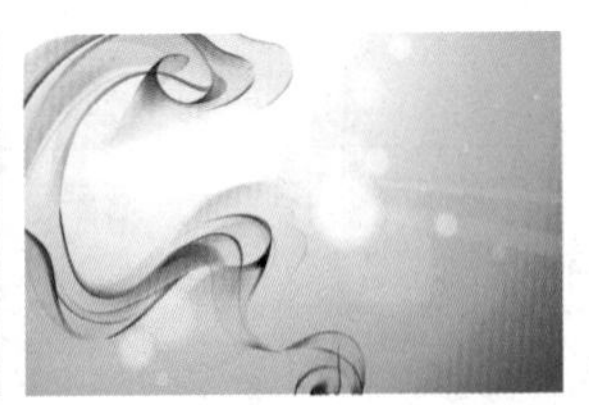
图6-208

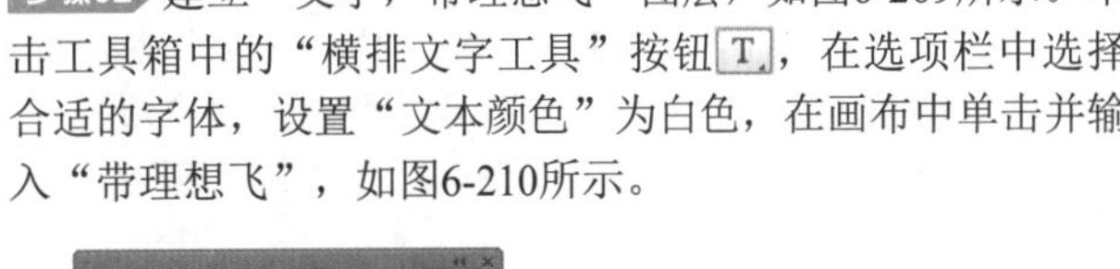

步骤02 建立“文字，带理想飞”图层，如图6-209所示。单击工具箱中的“横排文字工具”按钮，在选项栏中选择合适的字体，设置“文本颜色”为白色，在画布中单击并输入“带理想飞”，如图6-210所示。

图6-209

图6-210

步骤03 在“带理想飞”图层上右击，在弹出的快捷菜单中选择“转换为形状”命令，如图6-211所示。可以看到当前文字图层变为形状图层，单击工具箱中的“直接选择工具”按钮，对文字进行调点，如图6-212所示。

步骤04 调整文字形状，按Ctrl+T组合键调整文字角度，如图6-213所示。

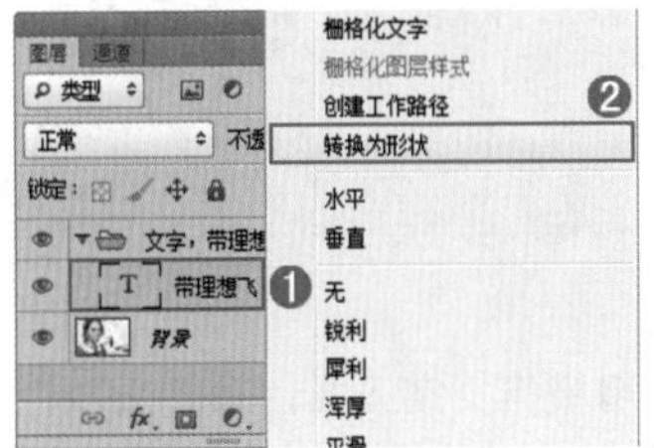

图6-211

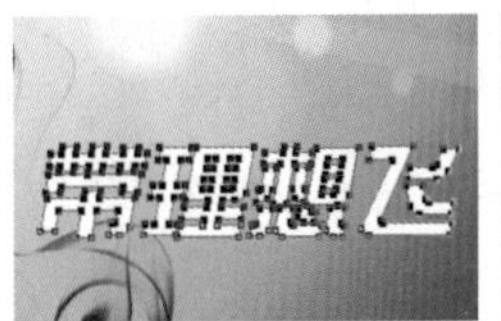
图6-212

图6-213

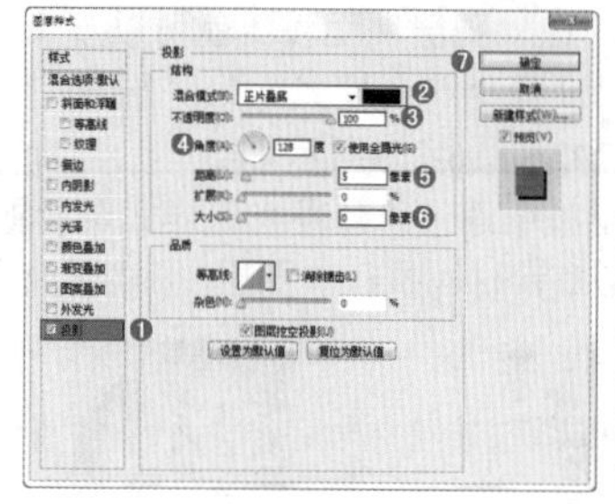

图6-214

图6-215

步骤05 选择“带理想飞”图层，单击“图层”面板底部的“添加图层样式”按钮，选择“投影”样式，在弹出的对话框中设置“混合模式”为“正片叠底”，颜色为深蓝色，“不透明度”为100%，“角度”为128度，“距离”为5像素，“大小”为0像素，单击“确定”按钮结束操作，如图6-214和图6-215所示。

步骤06 为了制作文字的多层次效果，复制“带理想飞”图层，双击“带理想飞1”图层色块，选取合适的颜色，单击“确定”按钮结束操作，将“带理想飞1”图层适当向右下移动，如图6-216和图6-217所示。

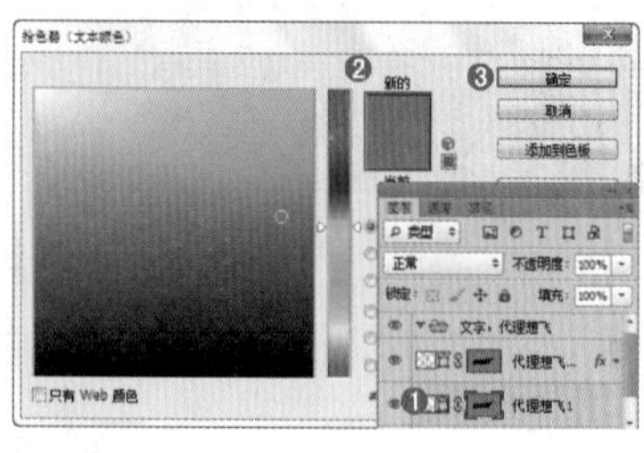

图6-216

图6-217

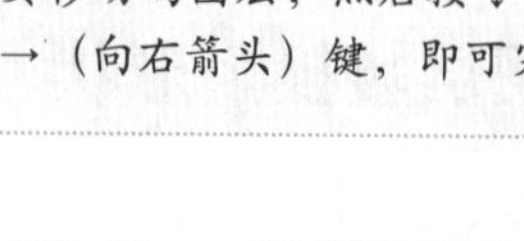

技巧与提示

单击工具箱中的“移动工具”按钮，选中需要移动的图层，然后按↓（向下箭头）键，再按→（向右箭头）键，即可完成向右下的移动。

步骤07 再次复制出“带理想飞2”图层，并进行移动，如图6-218所示。

步骤08 再次复制出“带理想飞3”图层，并进行移动，如图6-219所示。

步骤09 再次复制出“带理想飞4”图层，并进行移动，单击“图层”面板底部的“添加图层样式”按钮，选择“投影”样式，在弹出的对话框中设置“角度”为128度，“距离”为2像素，单击“确定”按钮结束操作，如图6-220和图6-221所示。

图6-218

图6-219

步骤10 在底部新建图层，单击工具箱中的“钢笔工具”按钮，绘制出外形轮廓并填充浅蓝色，如图6-222所示。单击“图层”面板底部的“添加图层样式”按钮，选择“投影”样式，在弹出的对话框中设置“混合模式”为“正片叠底”，颜色为浅灰色，“不透明度”为70%，“角度”为128度，“距离”为8像素，“大小”为29像素，如图6-223所示；选择“斜面和浮雕”样式，设置其“大小”为8像素，“软化”为16像素，“角度”为128度，单击“确定”按钮结束操作，如图6-224所示。

步骤11 调整“文字，带理想飞”图层组的整体位置，如图6-225所示。

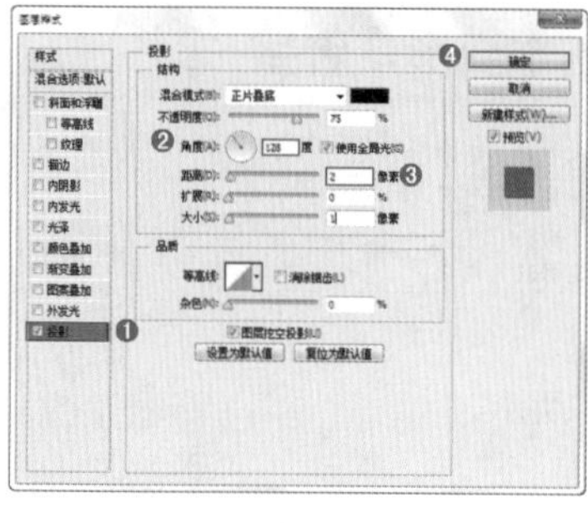

图6-220

图6-221

图6-222

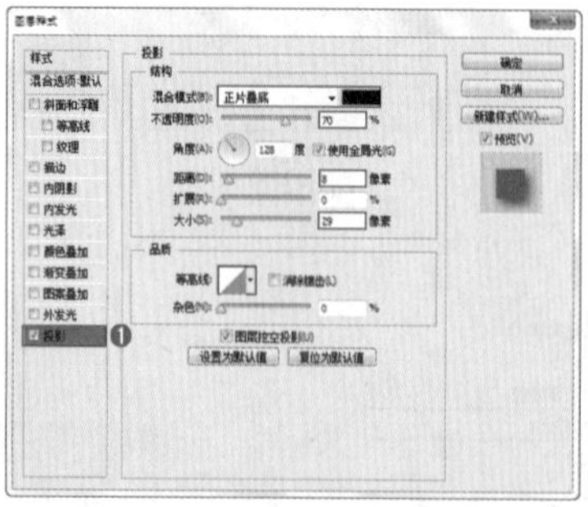

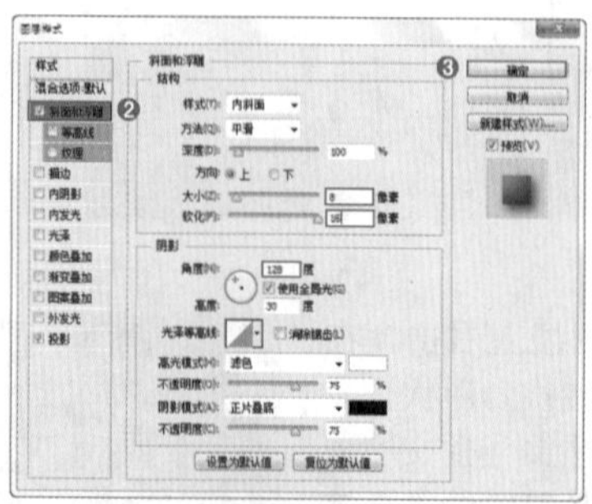

图6-223

图6-224

图6-225

步骤12 建立“文字，魅力四射”图层，同样使用横排文字工具，在其选项栏中选择合适的字体，设置“文本颜色”为蓝色，输入“魅力四射”，单击“图层”面板底部的“添加图层样式”按钮，选择“斜面和浮雕”样式，在弹出的对话框中设置“角度”为128度，“阴影模式”颜色为浅蓝色，单击“确定”按钮结束操作，如图6-226所示。

步骤13 复制“魅力四射”图层，选择“魅力四射1”图层，将其栅格化后右击，在弹出的快捷菜单中选择“清除图层样式”命令，如图6-227所示。按住Ctrl键单击鼠标左键载入字体选区，填充浅蓝色并调整位置，如图6-228所示。

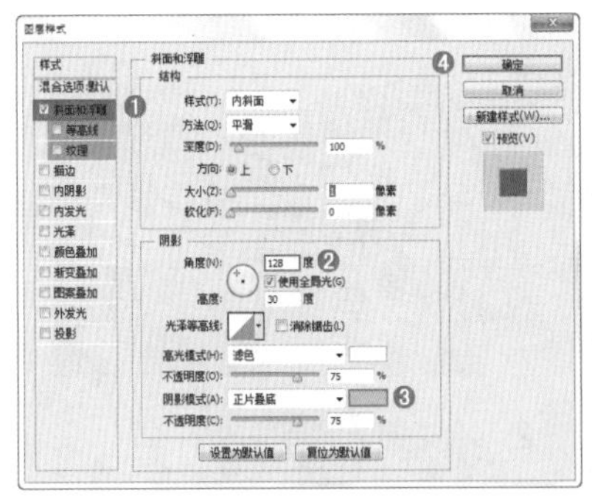

图6-226

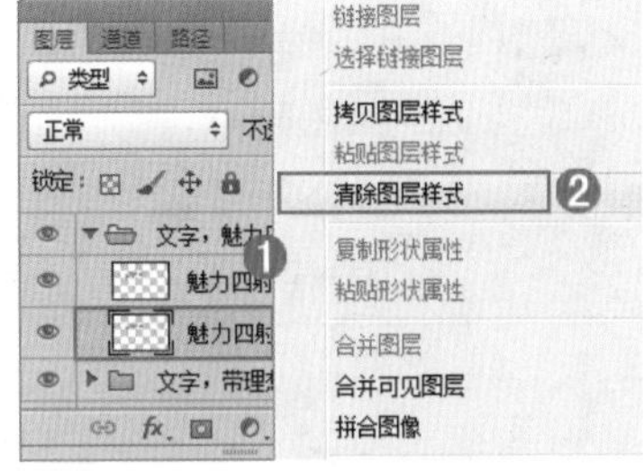

图6-227

图6-228

步骤14 同样使用横排文字工具，在其选项栏中选择合适的字体，输入“世界”，单击“图层”面板底部的“添加图层样式”按钮，选择“投影”样式，在弹出的对话框中设置颜色为棕红色，“不透明度”为100%，“角度”为128度，“距离”为5像素，“大小”为2像素，如图6-229所示；选择“斜面和浮雕”样式，设置其“软化”为3像素，“角度”为128度，“阴影模式”为棕红色，如图6-230所示。

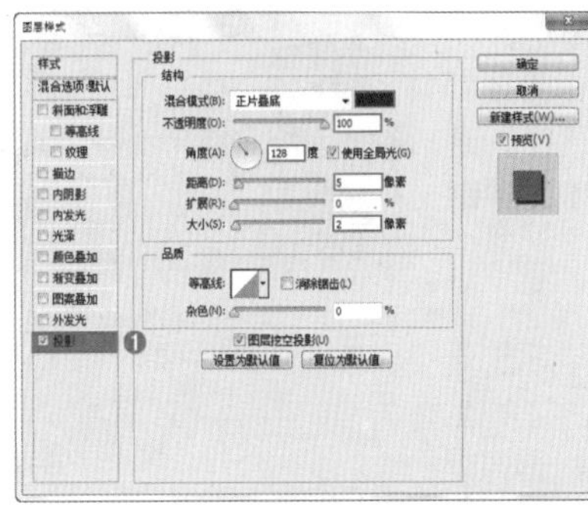

图6-229

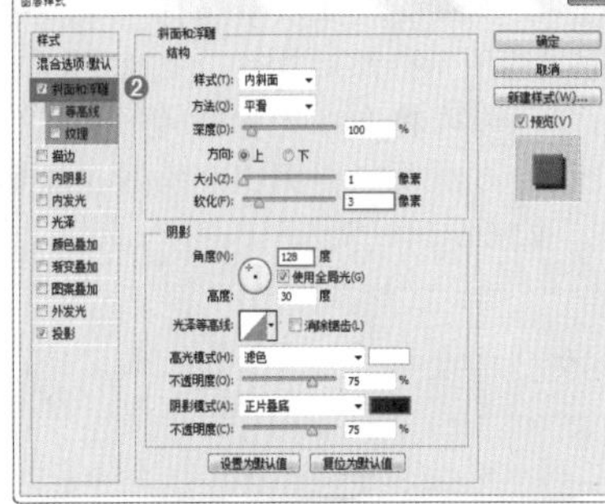

图6-230

步骤15 选择“渐变叠加”样式，设置其“渐变”颜色为橘色到黄色的渐变，单击“确定”按钮结束操作，如图6-231～图6-233所示。

步骤16 使用同样的办法制作“最强人”图层，如图6-234所示。

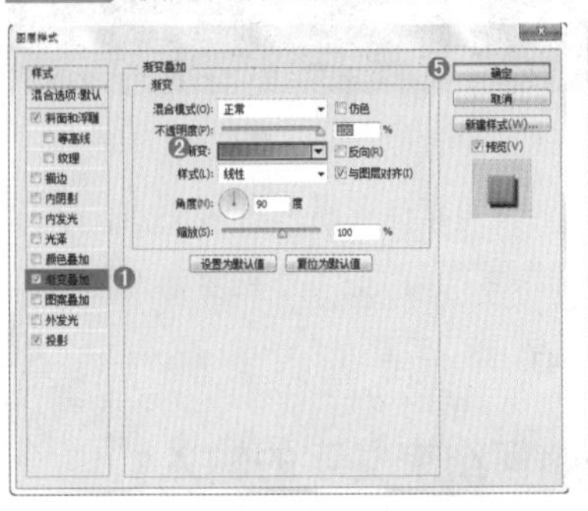

图6-231

图6-232

图6-233

图6-234

步骤17 在“背景”图层上方新建图层，使用钢笔工具绘制底部形状的闭合路径，按Ctrl+Enter组合键将其转换为选区后为其填充白色，如图6-235所示。

步骤18 单击“图层”面板底部的“添加图层样式”按钮，选择“投影”样式，在弹出的对话框中设置“混合模式”为“正片叠底”，颜色为浅灰色，“不透明度”为100%，“角度”为128度，“距离”为17像素，“大小”为25像素，如图6-236所示；选择“斜面和浮雕”样式，设置“大小”为8像素，“软化”为16像素，“角度”为128度，单击“确定”按钮结束操作，如图6-237所示。

步骤19 最终效果如图6-238所示。

图6-235

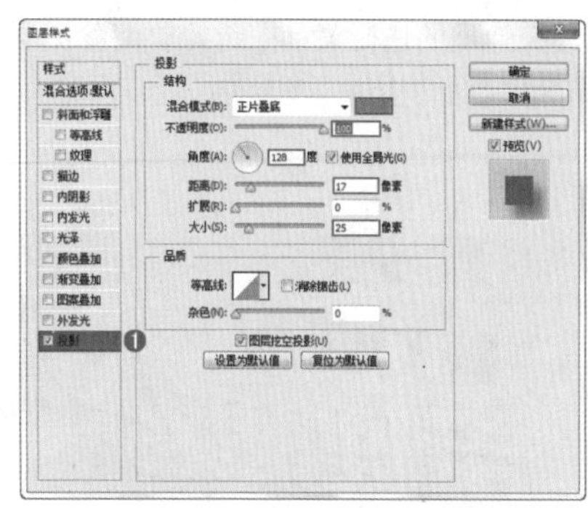
图6-236

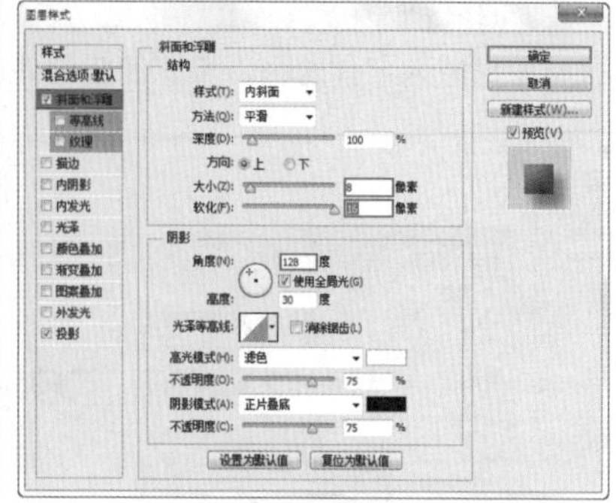
图6-237

图6-238

6.5.3 创建文字的工作路径

在“图层”面板中选择一个文字图层，如图6-239所示，然后执行“类型>创建工作路径”命令，可以将文字的轮廓转换为工作路径。通过这种方法既能得到文字路径又不破坏文字图层，如图6-240所示。

图6-239

图6-240

实例练习——制作反光感多彩文字

案例文件	实例练习——制作反光感多彩文字.psd
视频教学	实例练习——制作反光感多彩文字.flv
难易指数	★★★★★
技术要点	自定形状工具、图层蒙版、添加图层样式、滤镜动感模糊

案例效果

本例最终效果如图6-241所示。

操作步骤

步骤01 执行“文件>打开”命令，然后在弹出的对话框中选择本书配套光盘中的背景素材文件，如图6-242所示。

图6-241

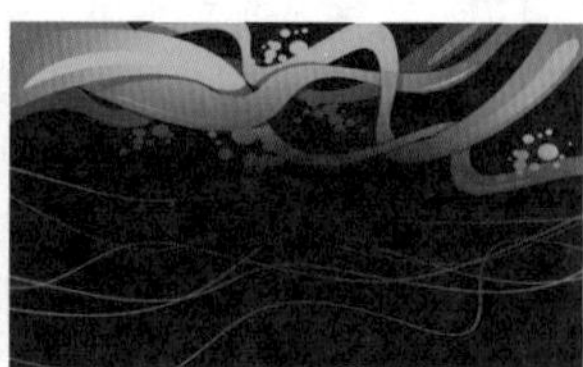
图6-242

步骤02 在工具箱中单击“横排文字工具”按钮，在其选项栏中选择一种较粗的字体，并设置字体大小为3876.55点，字体颜色为白色，如图6-243所示，最后在画布中间输入英文ERAY STUDIO，如图6-244所示。

图6-243

图6-244

答疑解惑——如何结束文字的输入？

第1种：按主键盘上的Ctrl+Enter组合键。

第2种：直接按小键盘上的Enter键。

第3种：在工具箱中单击其他工具。

步骤03 在“图层”面板中双击文字图层的缩览图，选择所有的文本，然后单独选择E字母，接着在选项栏中单击颜色块，并在弹出的“拾色器”对话框中设置颜色为（R:179，G:34，B:239），如图6-245和图6-246所示。

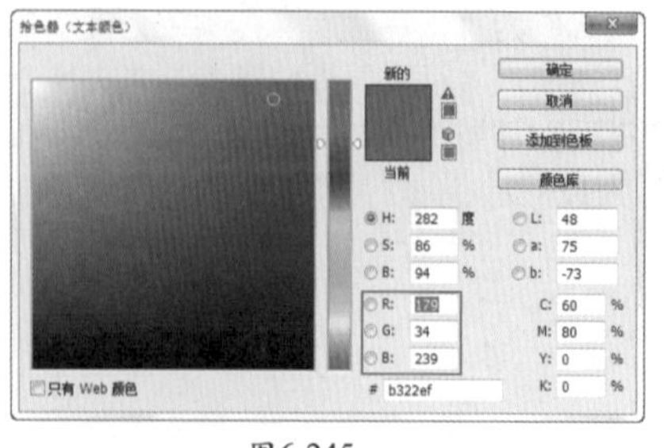
图6-245

图6-246

技巧与提示

在“字符”面板中也可以设置文本的颜色，如图6-247所示。“字符”面板将在下面的内容中进行讲解。

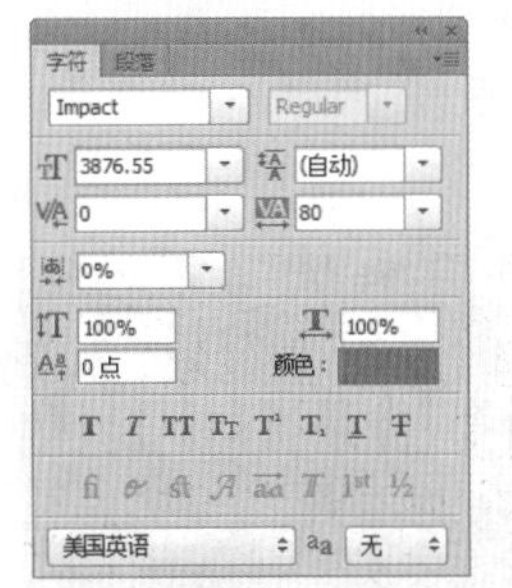

图6-247

步骤04 采用相同的方法将其他字母更改为如图6-248所示的颜色。

步骤05 按Ctrl+J组合键复制一个文字副本图层，然后在副本图层的名称上右击，在弹出的快捷菜单中选择“栅格化文字”命令，如图6-249所示。

图6-248

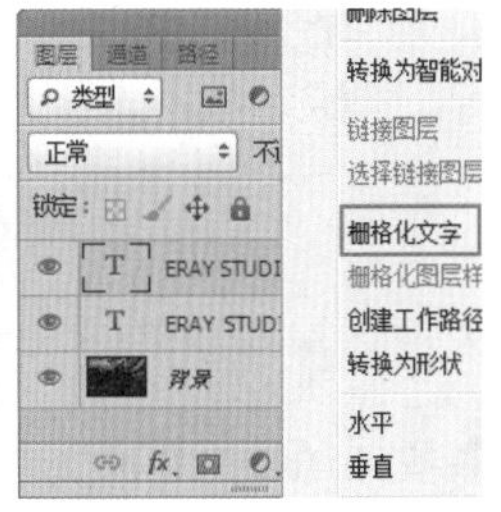

图6-249

技巧与提示

如果不栅格化文字，很多编辑操作都不能够对文字图层进行操作，例如不能对其进行调色，或利用选区删除其中某个部分等操作。栅格化文字图层以后，就可以像操作普通图层一样编辑文字，但是栅格化之后的文字图层变为普通图层，不再具备更改字体、改变字号的属性。

步骤06 载入文字选区，在工具箱中设置前景色为白色，按Alt+Delete组合键为其填充白色。设置其“不透明度”为35%，如图6-250所示。然后使用矩形选框工具绘制一个矩形选区，如图6-251所示。

步骤07 在“图层”面板中单击“添加图层蒙版”按钮，为副本图层添加一个图层蒙版，如图6-252和图6-253所示。

图6-250

图6-251

图6-252

图6-253

步骤08 选择文字图层，为文字制作描边效果，单击“图层”面板下方的“添加图层样式”按钮 fx，在弹出的“图层样式”对话框中选择“描边”样式。设置“大小”为5像素，“位置”为“外部”，“颜色”为白色，如图6-254和图6-255所示。

步骤09 再次使用横排文字工具，利用文字键输入英文字母，如图6-256所示。

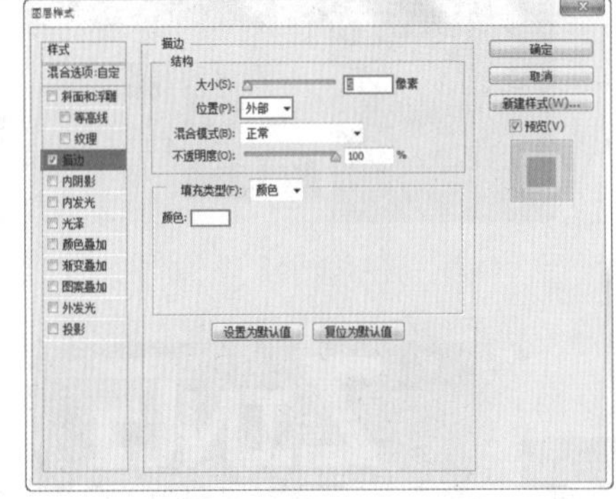

图6-254

图6-255

图6-256

步骤10 下面为底部文字制作渐变叠加效果。单击“图层”面板下方的“添加图层样式”按钮 fx，在弹出的“图层样式”对话框中选中“渐变叠加”样式，如图6-257所示。设置渐变类型为线性渐变，然后单击渐变条，在弹出的“渐变编辑器”对话框中调整渐变颜色，如图6-258和图6-259所示。

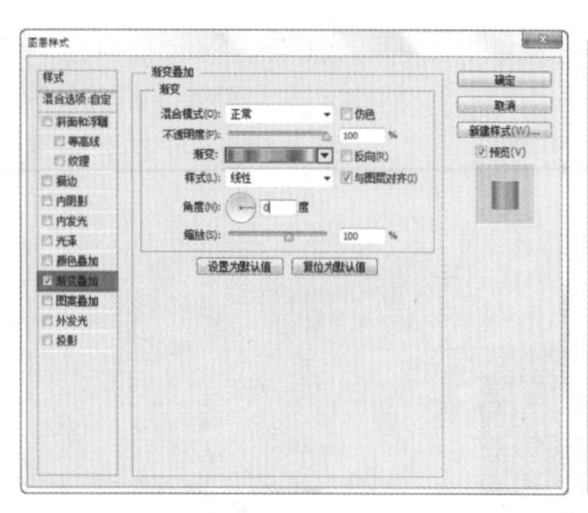

图6-257

图6-258

图6-259

技巧与提示

为了与上面的文字颜色统一起来，所以底部的小字颜色最好选用一种与大字颜色比较接近的渐变色。

步骤11 按Shift键选择原文字图层与副本图层，然后再次复制一个副本图层，并按Ctrl+E组合键进行合并，并将其放置在原始文字图层的下一层，如图6-260所示。

步骤12 将合并的图层进行垂直翻转，并为图层添加一个“图层蒙版”，在图层蒙版中使用黑色画笔绘制底部区域。设置其图层的“不透明度”为48%，如图6-261所示。模拟出倒影效果，最终效果如图6-262所示。

图6-260

图6-261

图6-262

实例练习——插画感拼贴多彩字

案例文件	实例练习——插画感拼贴多彩字.psd
视频教学	实例练习——插画感拼贴多彩字.flv
难易指数	★★★★★
技术要点	横排文字工具，钢笔工具，渐变工具，图层样式，矩形选框工具

案例效果

本例最终效果如图6-263所示。

操作步骤

步骤01 按Ctrl+N组合键，新建一个大小为3000×2000像素的文档，如图6-264所示。

步骤02 设置前景色为深紫色（R:17，G:0，B:43），按Alt+Delete组合键填充“背景”图层，如图6-265所示。

步骤03 新建一个“文字”图层组。使用横排文字工具T输入“ZING”文字，然后选择“IN”两个字母调整为较小的字号，如图6-266所示。

图6-263

图6-264

图6-265

图6-266

步骤04 继续嵌入其他文字，如图6-267所示。

步骤05 新建图层，单击工具箱中的“多边形套索工具”按钮，在其选项栏中单击“添加到选区”按钮，并绘制选区，如图6-268所示。为其填充白色，如图6-269所示。

图6-267

图6-268

图6-269

步骤06 选择“文字”组，将其拖曳到“创建新图层”按钮中建立副本。然后按Ctrl+E组合键合并当前组为一个图层，如图6-270所示。

步骤07 新建一个“彩色”图层组，然后将合层后的图层拖曳到组中。使用多边形套索工具在字母转角处绘制选区，并按Delete键，删除掉选区部分，使文字中圆形的转角变为折线的转角，如图6-271所示。

步骤08 使用魔棒工具，设置“容差”为25，选中“消除锯齿”和“连续”复选框，如图6-272所示。选择两个横条的选区，然后创建新图层。设置前景色为蓝绿色（R:0，G:255，B:204），按Alt+Delete组合键填充选区，如图6-273所示。

图6-270

图6-271

图6-272

步骤09 创建新图层。使用钢笔工具绘制出一个闭合路径，如图6-274所示。右击，在弹出的快捷菜单中选择“建立选区”命令，并将选区填充为紫色，如图6-275所示。

步骤10 选择载入“合并”图层的选区，按Shift+Ctrl+I组合键选择反向的选区。再选择刚绘制的紫色图层，按Delete键删除文字选区以外的多余部分，如图6-276所示。

图6-273

图6-274

图6-275

图6-276

步骤11 继续使用钢笔工具绘制闭合路径，建立选区后填充深紫色。同样载入文字选区并删除多余部分，如图6-277所示。

步骤12 使用同样的方法继续制作出文字上剩余的彩色效果，如图6-278所示。

步骤13 置入星形素材文件并栅格化，放在顶部，调整好大小和位置，如图6-279所示。

图6-277

图6-278

图6-279

步骤14 选择“彩色”组，拖曳到“创建新图层”按钮中建立副本。然后按Ctrl+E组合键合并为一个图层。接着执行“图层>图层样式>描边”命令，在弹出的对话框中设置“大小”为6像素，“位置”为“外部”，“颜色”为渐变，单击渐变调整渐变颜色为彩色渐变，如图6-280～图6-282所示。

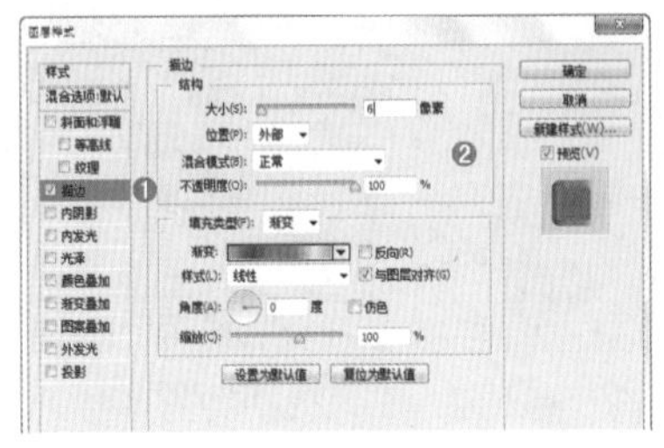

图6-280

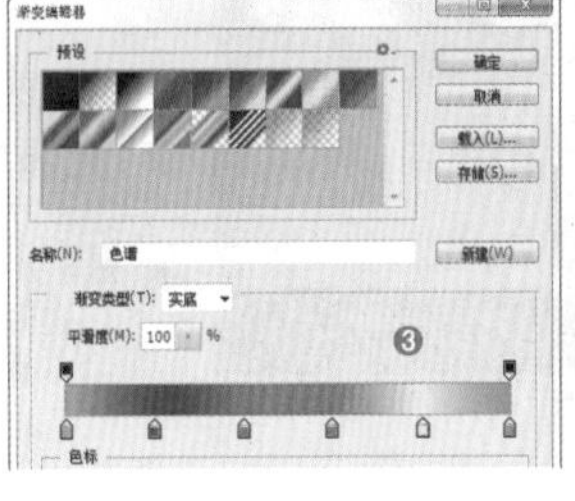

图6-281

图6-282

步骤15 按Ctrl键将文字载入选区，然后创建新图层。右击，在弹出的快捷菜单中选择“描边”命令，在打开的对话框中设置“宽度”为30像素，“颜色”为紫色，并将图层放置在下一层中，如图6-283所示。

步骤16 使用同样的方法在底部创建两个更粗的描边，颜色依次加深，如图6-284所示。

步骤17 置入前景素材，最终效果如图6-285所示。

图6-283

图6-284

图6-285

实例练习——钢铁质感文字

案例文件	实例练习——钢铁质感文字.psd
视频教学	实例练习——钢铁质感文字.flv
难易指数	★★★★★
技术要点	文字工具

案例效果

本例最终效果如图6-286所示。

操作步骤

步骤01 打开本书配套光盘中的背景素材文件，如图6-287所示。

步骤02 设置前景色为白色，选择一种比较特殊的字体，然后使用横排文字工具在操作界面中输入“TRANSFORMERS”，如图6-288 所示。

步骤03 置入本书配套光盘中的金属质感文件，执行“图层>栅格化>智能对象”命令，如图6-289所示。

图6-286

图6-287

图6-288

图6-289

步骤04 按住Ctrl键，单击“图层”面板中文字图层的缩览图载入选区，如图6-290所示。然后选中“图层1”，如图6-291所示。

步骤05 单击“图层”面板底部的“添加图层蒙版”按钮，如图6-292所示。此时金属素材只显示出文字选区内的部分，如图6-293所示。

图6-290

图6-291

图6-292

图6-293

步骤06 选中金属素材的图层蒙版，单击工具箱中的“矩形选框工具”按钮▢，将第一个字母“T”的下半部分框选，如图6-294所示。再按Ctrl+T组合键自由变换，向下拉长笔画。按Enter键确定，如图6-295所示。

技巧与提示

此时对图层蒙版进行操作能够影响金属图层显示的内容，如果只针对金属图层进行拉伸，则不会观察到文字外形的变化。

图6-294

图6-295

步骤07 同理，把“F”也略微加长，如图6-296所示。

步骤08 执行“图层>图层样式>斜面和浮雕”命令，打开“图层样式”对话框，然后设置“样式”为“内斜面”，“方法”为“雕刻清晰”，“深度”为103%，“大小”为3像素，“角度”为30度，“高度”为30度，“高光模式”为“滤色”，“不透明度”为75%，“阴影模式”为“正片叠底”，如图6-297所示。

图6-296

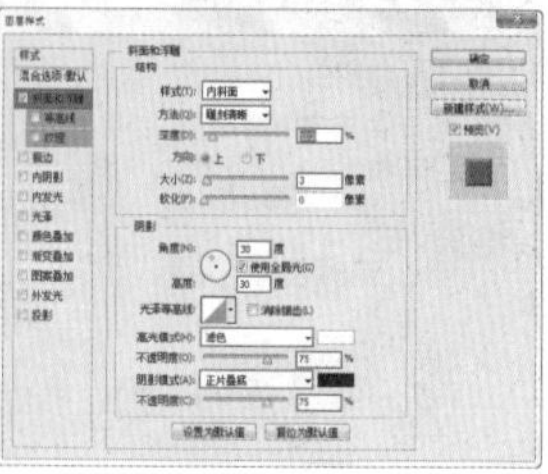
图6-297

步骤09 继续选中“等高线”样式，然后设置“范围”为15%，如图6-298所示；选中“纹理”样式，设置“缩放”为146%，“深度”为508%，如图6-299和图6-300所示。

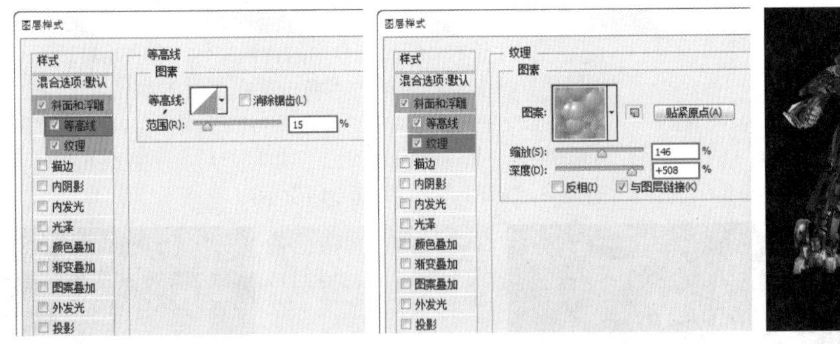

图6-298　　图6-299

图6-300

步骤10 设置前景色为白色，然后使用横排文字工具在偏下的位置输入文字，如图6-301所示。

步骤11 选中“图层”面板中的“图层1”，然后在图层样式上右击，在弹出的快捷菜单中选择“拷贝图层样式”命令，如图6-302所示。再回到文字层，右击，在弹出的快捷菜单中选择“粘贴图层样式”命令，如图6-303所示。可以看到底部较小的文字也出现了相同的图层样式，如图6-304所示。

步骤12 单击工具箱中的“矩形选框工具”按钮，在金属字母图层上框选一部分，如图6-305所示。执行“编辑>定义图案”命令，打开“图案名称”对话框，如图6-306所示。

图6-301　　图6-302

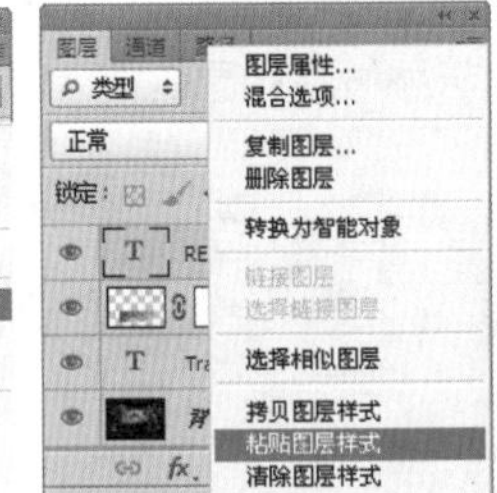

图6-303

图6-304

图6-305

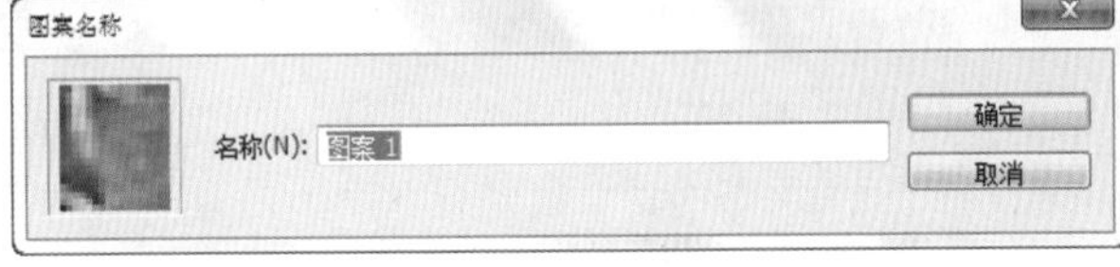

图6-306

步骤13 选择底部较小的文字图层，双击该图层，打开“图层样式”对话框，选中“图案叠加”样式，选择新定义的图案，然后设置“混合模式”为“正常”，“不透明度”为100%，如图6-307所示。

步骤14 在“图层”面板中右击底部文字图层样式的位置，在弹出的快捷菜单中选择“缩放效果”命令，如图6-308所示。打开“缩放图层效果”对话框，设置“缩放”为50%，如图6-309所示。最终效果如图6-310所示。

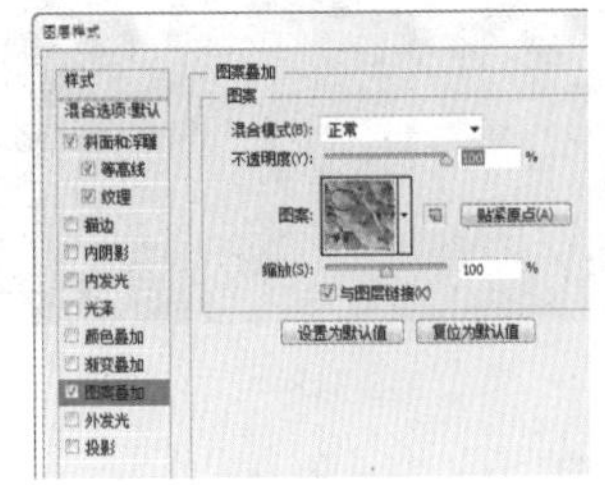

图6-307

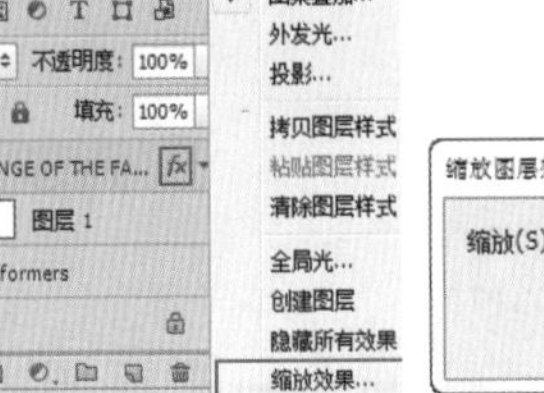

图6-308

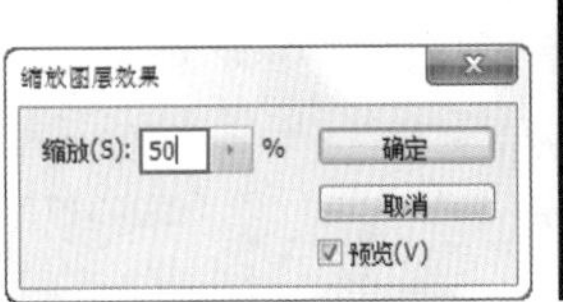

图6-309

图6-310

实例练习——火焰文字的制作

案例文件	实例练习——火焰文字的制作.psd
视频教学	实例练习——火焰文字的制作.flv
难易指数	★★★★★
技术要点	文字工具、图层样式、液化滤镜的使用

案例效果

本例最终效果如图6-311所示。

操作步骤

步骤01 打开本书配套光盘中的背景文件，如图6-312所示。

步骤02 在工具箱中单击“横排文字工具”按钮T，在“字符”面板中选择一种字体为Adobe黑体Std，设置字号为690.94点，字体颜色为红色，如图6-313所示。在图像中单击并输入“FIRE”，如图6-314所示。

图6-311

图6-312

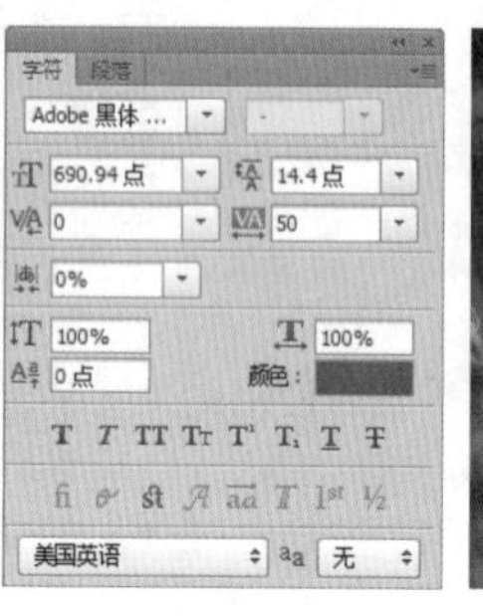

图6-313

图6-314

技巧与提示

不同字体所显示的外形及长宽比例各不相同，实际制作时可选择一种高度大于宽度的字体进行制作。

步骤03 在“图层”面板中单击“添加图层样式”按钮fx，在弹出的菜单中选择“投影”命令，在弹出的“图层样式”对话框中调节混合颜色为红色（R:255，G:0，B:0），设置“不透明度”为75%，“角度”为108度，“距离”为0像素，“扩展”为36%，“大小”为16像素，如图6-315和图6-316所示。

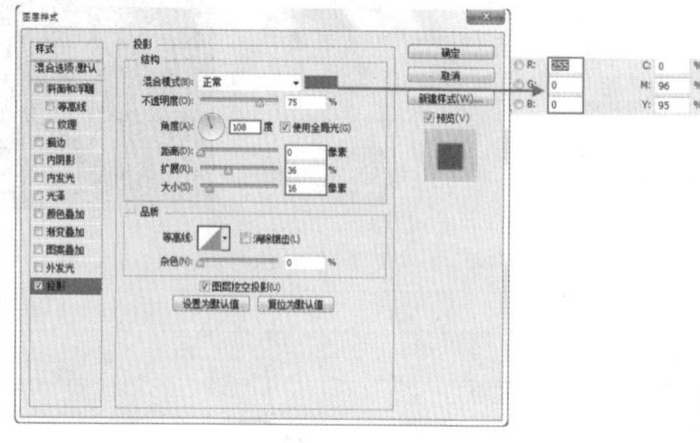

图6-315

图6-316

步骤04 继续在“图层样式”对话框中选中“内发光”样式，设置“不透明度”为100%，“杂色”为（R:255，G:186，B:0），“方法”为“精确”，“阻塞”为60%，“大小”为10像素，“范围”为50%，如图6-317和图6-318所示。

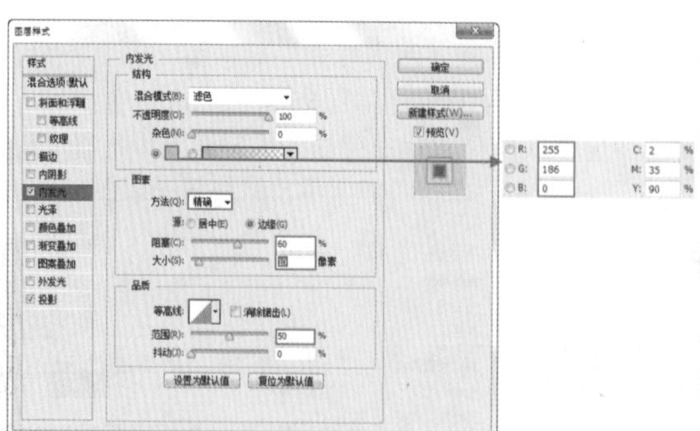

图6-317

图6-318

步骤05 在“图层样式”对话框中选中“颜色叠加”样式，设置“混合模式”后面的颜色为（R:183，G:0，B:0），如图6-319和图6-320所示。

步骤06 在“图层样式”对话框中选中“光泽”样式，设置“混合模式”为“正片叠底”，颜色为（R:164，G:0，B:0），“不透明度”为50%，“角度”为19度，“距离”为11像素，“大小”为14像素，设置“等高线”为如图6-321所示的样式。效果如图6-322所示。

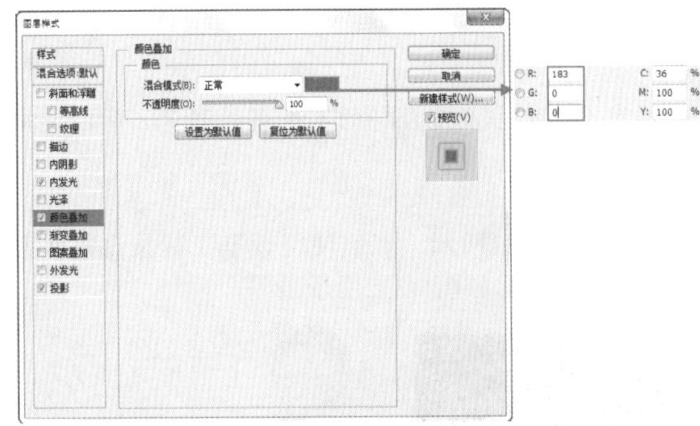

图6-319

图6-320

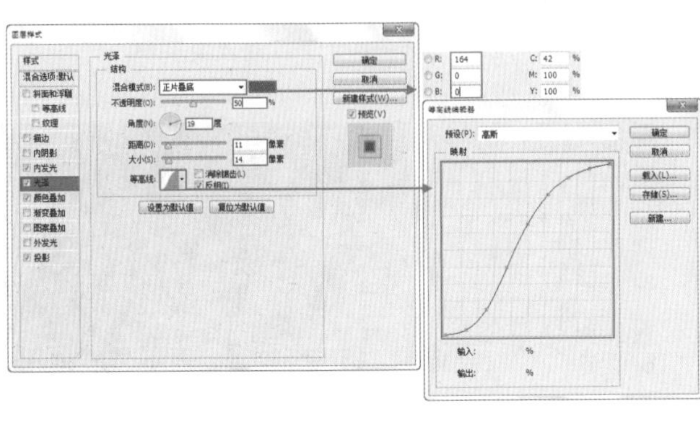

图6-321

图6-322

技巧与提示

本例中“图层样式”命令的使用主要是为了模拟出物体燃烧时所呈现的由橙黄色到红色的渐变效果。有关“图层样式”的具体内容将在第8章进行详细讲解。

步骤07 继续使用文字工具在主体文字下方输入一行较小的文字，如图6-323所示。复制FIRE图层的图层样式，如图6-324所示，并在该图层中粘贴图层样式，如图6-325和图6-326所示。

步骤08 隐藏除FIRE图层以外的其他图层，新建图层命名为“火焰文字”，按Shift+Ctrl+Alt+E组合键盖印当前图像，并隐藏原文字图层，如图6-327和图6-328所示。

图6-323

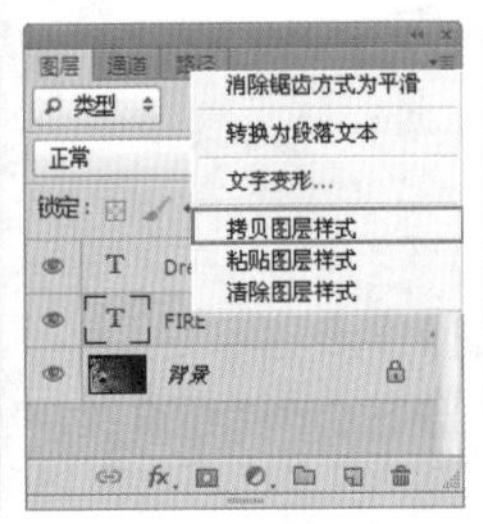

图6-324

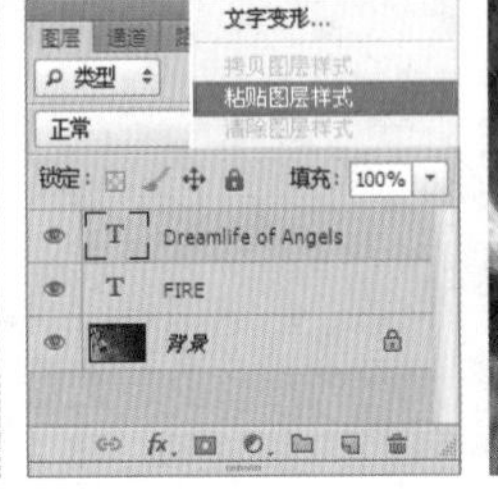

图6-325

图6-326

图6-327

步骤09 对“火焰文字”图层执行“滤镜>液化”命令，在弹出的“液化”对话框中使用向前变形工具以及顺时针旋转扭曲工具在字体上操作，使文字产生燃烧后融化变形的效果，如图6-329和图6-330 所示。

图6-328

图6-329

图6-330

技巧与提示

本例中使用"液化"滤镜主要是为了使文字产生奇特的不规则的形变，所以使用"液化"滤镜时可以适当灵活地应用。"液化"滤镜将在第12章进行详细讲解。

步骤10 为"火焰文字"图层添加蒙版，如图6-331所示。然后使用画笔工具并设置前景色为深灰色，在图层蒙版中文字的顶部区域进行适当绘制，制作出顶部半透明的效果，如图6-332所示。

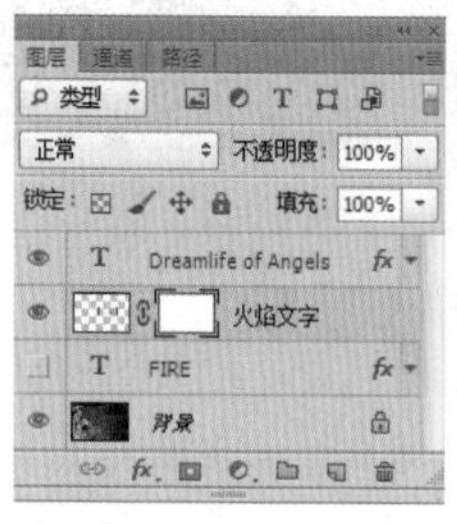

图6-331

图6-332

技巧与提示

本步骤中为了制造出顶部燃烧程度较高而渐渐消失的效果使用到了图层蒙版工具，也可以直接使用橡皮擦工具擦除。需要注意的是，擦除的程度要低一些，并且过渡要柔和。

步骤11 置入火焰的背景透明的素材文件，执行"图层>栅格化>智能对象"命令。将火苗一部分一部分地贴附在字体上，并创建新组，命名为"火焰"。再单独对每个字母建一个新组，如图6-333所示。总体降低"不透明度"为70%，如图6-334所示。

图6-333

图6-334

技巧与提示

制作文字上贴附的火苗可以将火图像多次复制并进行大小的调整。

步骤12 复制"火焰"组，设置"混合模式"为"叠加"，增强火焰效果，如图6-335和图6-336所示。

图6-335

图6-336

实例练习——3D立体效果文字

案例文件	实例练习——3D立体效果文字.psd
视频教学	实例练习——3D立体效果文字.flv
难易指数	★★★★★
技术要点	文字工具的使用，3D功能的使用

案例效果

本例最终效果如图6-337所示。

图6-337

操作步骤

步骤01 按Ctrl+N组合键新建一个宽度为2000像素，高度为1500像素的文档。

步骤02 在"图层"面板中单击"创建新组"按钮，新建一个图层组，然后将其命名为"文字"，如图6-338所示。

图6-338

步骤03 使用横排文字工具T在其选项栏中选择一个较粗的字体，并设置字体大小为680点，字体颜色为黑色，如图6-339所示。最后在画布中间输入文字"亿瑞"，如图6-340所示。

图6-339

步骤04 复制文字图层，右击，在弹出的快捷菜单中选择“栅格化文字”命令，将文字图层转换为普通图层，如图6-341所示。选择“亿瑞”图层，单击拖动到“创建新图层”按钮上建立“亿瑞 副本”图层。使用矩形选框工具，在视图中框选“亿”文字左侧底部。按Ctrl+T组合键，然后单独对“亿”字做文字变形调整，如图6-342所示。

图6-340

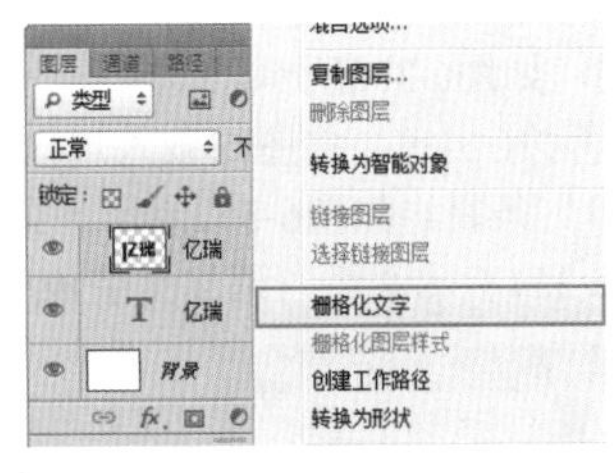

图6-341

图6-342

步骤05 对该图层执行“图层>图层样式>外发光”命令，打开“图层样式”对话框。然后在“结构”选项组中设置“颜色”为红色（R:149，G:0，B:0）；在“图素”选项组中设置“方法”为“柔和”，“扩展”为100%，“大小”为43像素，如图6-343～图6-345所示。

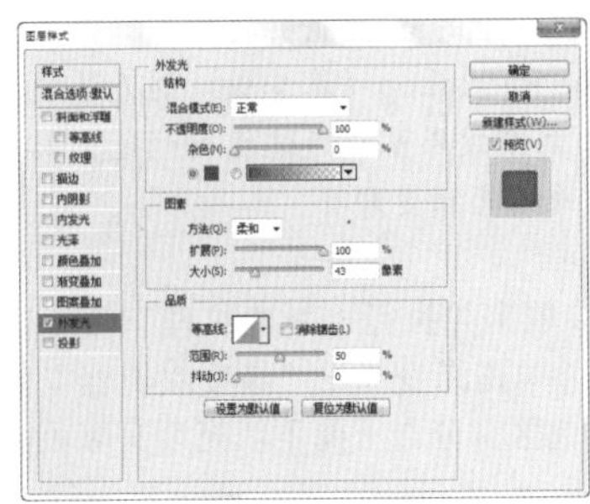

图6-343

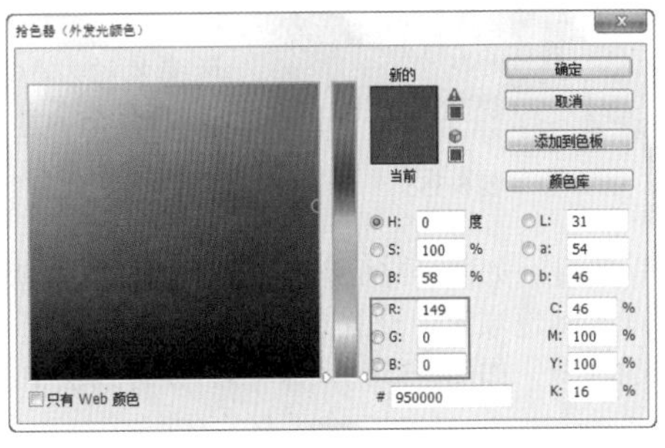

图6-344

图6-345

步骤06 在“图层样式”对话框左侧选中“渐变叠加”样式，然后设置渐变颜色，单击渐变弹出“渐变编辑器”对话框，选择滑块调整渐变颜色为蓝色渐变，设置“样式”为“线性”，“角度”为98度，“缩放”为124%，如图6-346～图6-348所示。

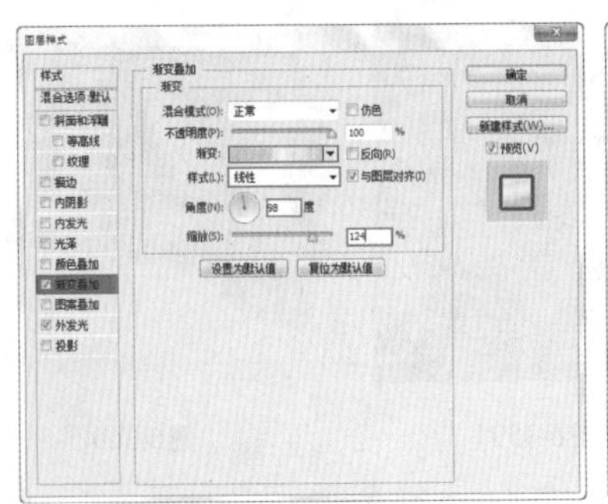

图6-346

图6-347

图6-348

步骤07 在“图层样式”对话框左侧选中“描边”样式，如图6-349所示。然后设置“大小”为3像素，“位置”为“外部”，“颜色”为红色，如图6-350和图6-351所示。

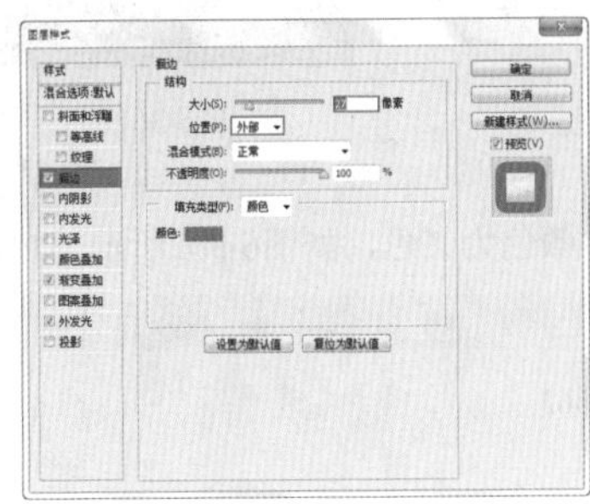

图6-349

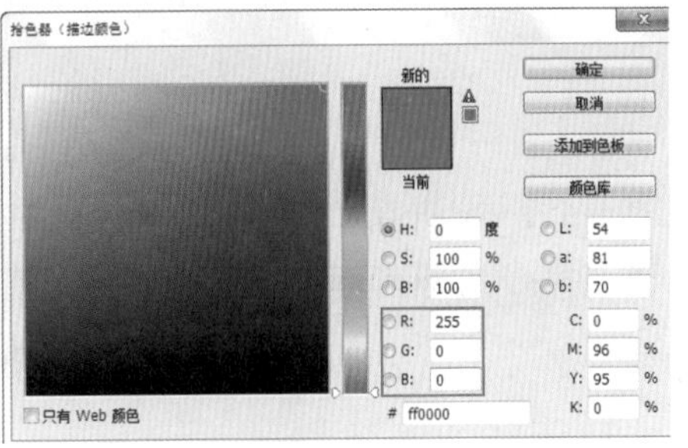

图6-350

图6-351

步骤08 创建新图层，在“图层”面板中单击“隐藏”按钮，将其他图层隐藏。按Shift+Ctrl+Alt+E组合键盖印文字层，如图6-352所示。

图6-352

步骤09 选择“图层1”再按Ctrl键，将图层载入选区。执行“3D>从所选图层新建3D模型”命令，在3D面板中单击“图层1”条目，如图6-353所示。在“属性”面板中单击“网格”按钮，设置“凸出深度”为-888，如图6-354所示。适当调整文字角度，如图6-355所示。

图6-353

图6-354

图6-355

技巧与提示

本例中文字的立体效果是通过Adobe Photoshop Extended（扩展版）中的3D功能实现的，如果用户所安装的为Adobe Photoshop（基本版）则无法使用该3D命令。那么立体效果可以通过使用钢笔工具绘制立体轮廓形状并填充渐变即可。

步骤10 单击3D面板中的“图层1凸出材质”条目，如图6-356所示。在“属性”面板中单击并执行“新建纹理”命令，如图6-357所示。在新文档中使用渐变工具，在其选项栏中设置渐变类型为线性渐变，并单击渐变弹出“渐变编辑器”对话框，单击滑块调整渐变颜色为从浅红到深红的渐变，如图6-358所示。然后在背景层中的选区部分自上而下填充渐变颜色，如图6-359所示。

步骤11 选择回到文字图层面板，制作完成的3D文字效果如图6-360所示。

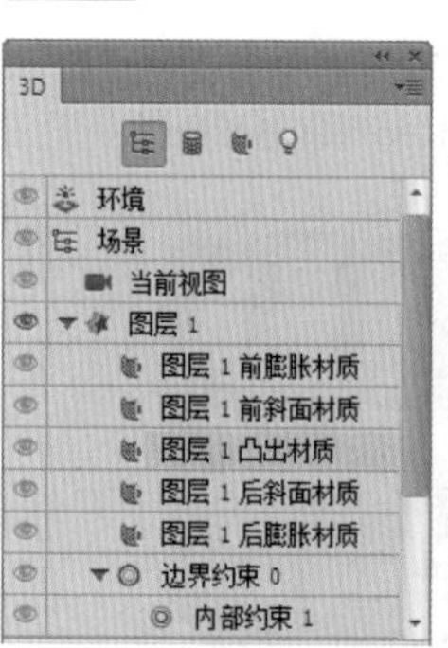
图6-356

图6-357

图6-358

图6-359

图6-360

技巧与提示

为了避免3D文字制作完成后出现白边效果，可以单击“图层”面板中的按钮，展开3D文字面板，单击“图层1”，在弹出的面板中选择和文字边缘同样的颜色，选择“图层1”后按Ctrl键，将文字载入选区。按Shift+Ctrl+I组合键反向选择背景区域，按Alt+Delete组合键填充颜色，如图6-361所示。

图6-361

步骤12 使用横排文字工具在选项栏中选择一个字体，并设置字体大小为90点，字体颜色为红色，如图6-362所示。然后在画布上面输入小文字“ERAY STUDIO”，按Ctrl+T组合键调整文字角度，如图6-363所示。

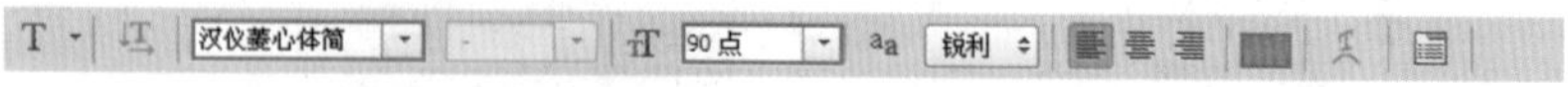

图6-362

步骤13 以同样的方法制作出小文字的文字效果，如图6-364所示。

步骤14 单击“图层”面板中的“创建新组”按钮，创建一个新的组，并命名为“星光”。使用钢笔工具绘制出一个闭合路径并右击，在弹出的快捷菜单中选择“建立选区”命令，设置前景色为白色，按Alt+Delete组合键填充白色。设置其图层的“不透明度”为69%，如图6-365所示。

图6-363

图6-364

图6-365

步骤15 选择“图层6”，多次单击拖动到“创建新图层”按钮上建立副本。按Ctrl+T组合键调整位置。将制作完成的星光放置在文字上，并在该图层中添加一个图层蒙版，在图层组蒙版中使用黑色画笔涂抹去除多余区域。效果如图6-366和图6-367所示。

步骤16 置入背景素材文件，执行“图层>栅格化>智能对象”命令。将素材放置在最底层，最终效果如图6-368所示。

图6-366

图6-367

图6-368

实例练习——清新自然风艺术字

案例文件	实例练习——清新自然风艺术字.psd
视频教学	实例练习——清新自然风艺术字.flv
难易指数	★★★★★
技术要点	文字工具，图层蒙版

案例效果

本例最终效果如图6-369所示。

操作步骤

步骤01 打开本书配套光盘中的背景素材文件，如图6-370所示。

步骤02 新建“文字”图层组，单击工具箱中的“横排文字工具”按钮T，在其选项栏中选择一种卡通字体，设置合适的大小，“文本颜色”为黑色，输入“春”，调整位置和角度，如图6-371所示。

步骤03 使用同样的办法分别输入文字“明”“媚”，并对其进行位置的调整，如图6-372所示。

图6-369

图6-370

图6-371

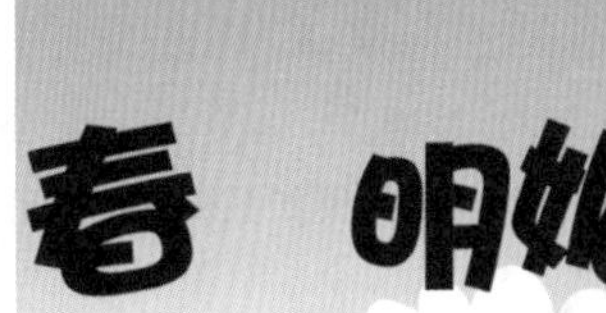
图6-372

步骤04 使用横排文字工具输入“光”，在“图层”面板中右击，在弹出的快捷菜单中选择“转换为形状”命令，如图6-373所示。单击工具箱中的“直接选择工具”按钮，对文字进行调点改变形状，如图6-374所示。

步骤05 复制“文字”图层组并合并图层组，载入该图层选区，隐藏“文字”图层组，如图6-375所示。

步骤06 置入青草素材并栅格化，选择该图层，如图6-376所示。单击“添加图层蒙版”按钮，如图6-377所示。

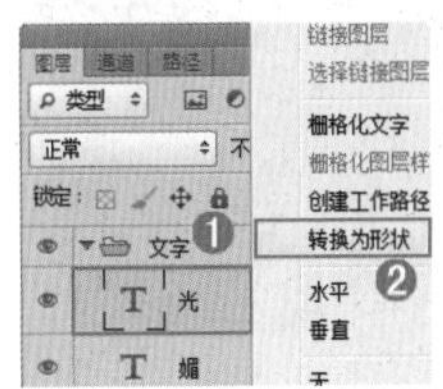
图6-373

图6-374

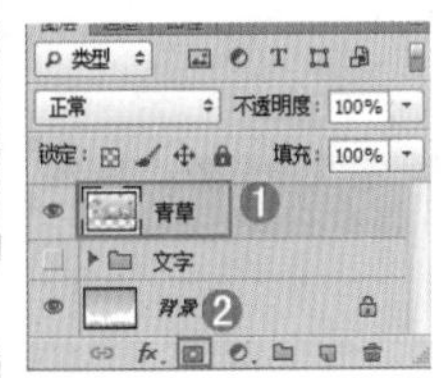
图6-375

图6-376

图6-377

步骤07 单击“图层”面板中的“添加图层样式”按钮，选中“外发光”样式，设置其颜色为蓝色，渐变方式为一种由蓝色到透明的渐变，“扩展”为15%，“大小”为90像素，如图6-378所示；选中“内发光”样式，设置其“不透明度”为52%，“杂色”为13%，颜色为黄色，渐变方式为一种黄色到透明的渐变，“阻塞”为2%，“大小”为18像素，如图6-379所示。

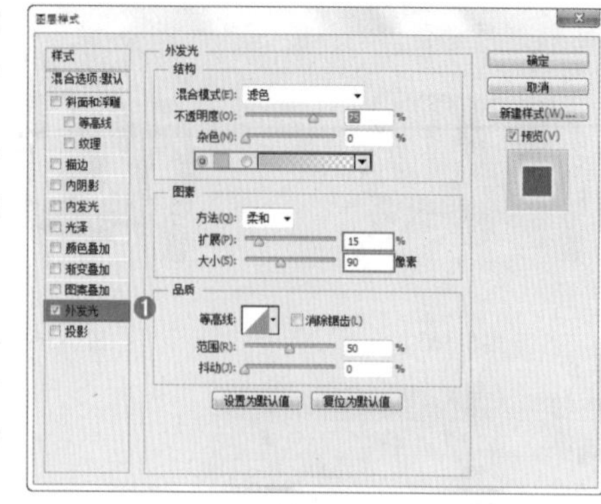

图6-378

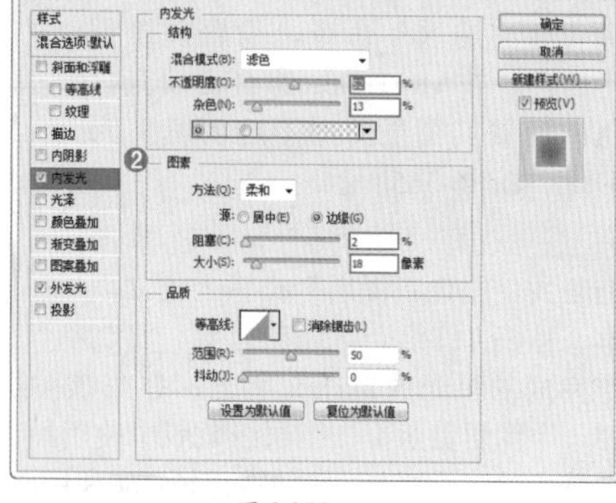

图6-379

步骤08 选中“描边”样式，设置其“大小”为7像素，“颜色”为一种深绿，单击“确定”按钮结束操作，如图6-380和图6-381所示。

步骤09 置入前景素材，执行“图层>栅格化>智能对象”命令。调整位置及大小，最终效果如图6-382所示。

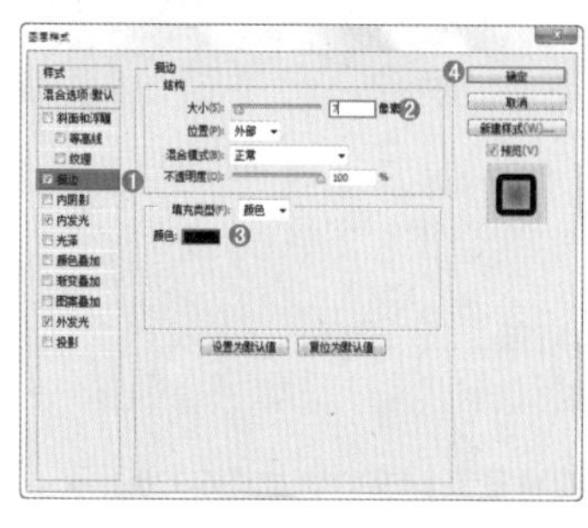

图6-380

图6-381

图6-382

实例练习——使用文字工具制作茶庄招贴

案例文件	实例练习——使用文字工具制作茶庄招贴.psd
视频教学	实例练习——使用文字工具制作茶庄招贴.flv
难易指数	★★★★★
技术要点	文字工具，图层蒙版

案例效果

本例最终效果如图6-383所示。

操作步骤

步骤01 新建空白文件，单击工具箱中的“渐变工具”按钮，单击选项栏中的“径向渐变”按钮，在“渐变编辑器”对话框中编辑一种深绿色到黑色的渐变，单击“确定”按钮结束操作，如图6-384所示。在图像中从中心向外拖曳填充，如图6-385所示。

步骤02 置入花纹素材，执行“图层>栅格化>智能对象”命令。在“图层”面板中设置混合模式为“正片叠底”，“不透明度”为45%，如图6-386和图6-387所示。

图6-383

图6-384

图6-385

图6-386

图6-387

步骤03 选择该图层，单击“图层”面板中的“添加图层蒙版”按钮，单击工具箱中的“画笔工具”按钮，在其选项栏中选择一种“大小”为350像素的柔边圆画笔，设置“不透明度”为80%，“流量”为80，如图6-388所示。在花纹素材图层蒙版中进行适当的涂抹，如图6-389和图6-390所示。

图6-388

步骤04 置入祥云花纹，执行“图层>栅格化>智能对象”命令。调整大小及位置，设置模式为“划分”，“不透明度”为35%，如图6-391和图6-392所示。

步骤05 新建“右上”图层组，单击工具箱中的“横排文字工具”按钮[T]，设置合适的字体及大小，输入“鼎丰轩”，使用同样的方法输入英文，置入标志，执行“图层>栅格化>智能对象”命令。调整位置和大小，如图6-393所示。

步骤06 新建“轩”图层组，使用横排文字工具，设置前景色为白色，输入一种书法字体。在画面中间的位置单击并输入“轩”字，如图6-394所示。

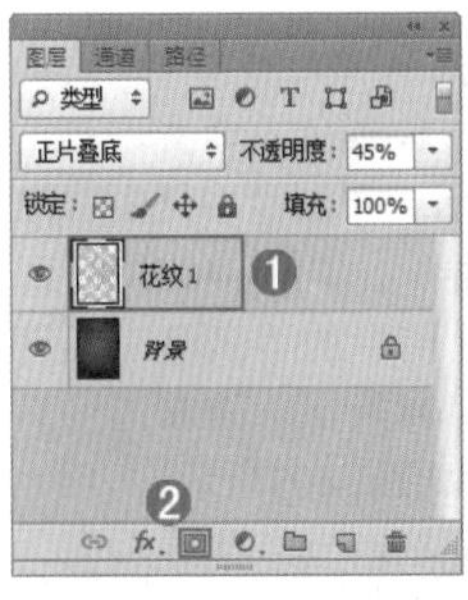
图6-389

图6-390

图6-391

图6-392

图6-393

图6-394

步骤07 按住Ctrl键，单击“轩”图层，载入文字选区，置入古典素材文件，执行“图层>栅格化>智能对象”命令。将其摆放在居中的位置，单击“图层”面板中的“添加图层蒙版”按钮，如图6-395和图6-396所示。

步骤08 单击“图层”面板中的“添加图层样式”按钮，选中“投影”样式，设置其“不透明度”为100%，“距离”为2像素，“扩展”为7%，“大小”为54像素，如图6-397所示；选中“内阴影”样式，设置其“距离”为12像素，“大小”为65像素，如图6-398所示。

图6-395

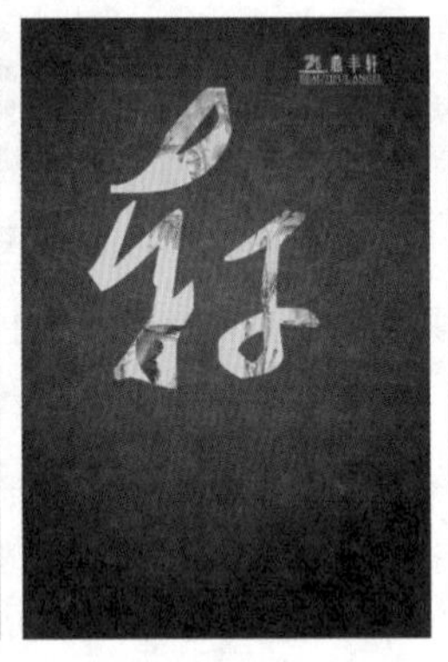
图6-396

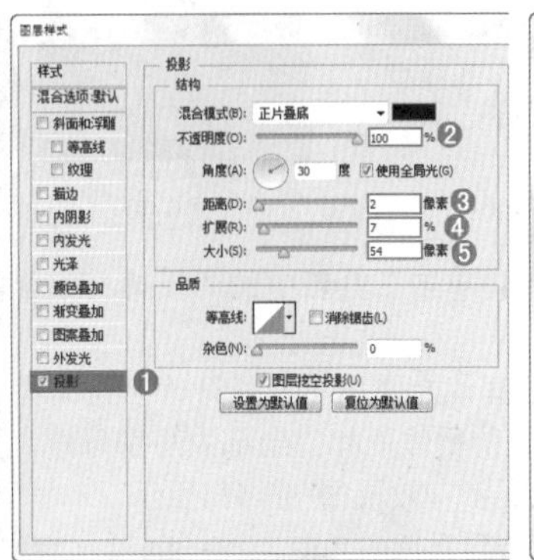
图6-397

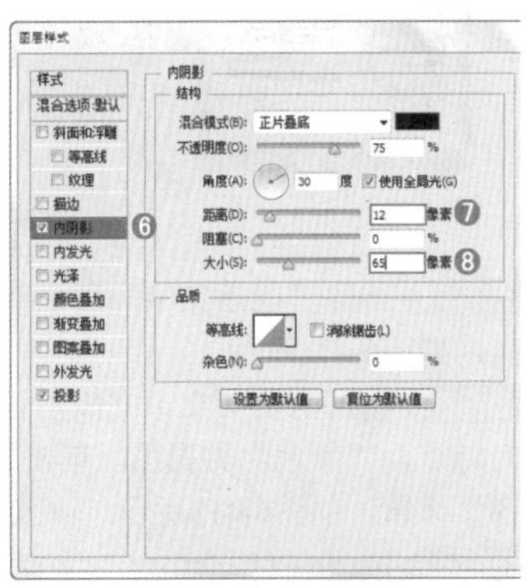
图6-398

步骤09 选中“斜面和浮雕”样式，设置其“大小”为40像素，单击“确定”按钮结束操作，如图6-399和图6-400所示。

步骤10 置入茶杯素材，执行“图层>栅格化>智能对象”命令。设置大小及位置，复制茶杯图层并命名为“倒影”，单击“图层”面板中的“添加图层蒙版”按钮，再使用渐变工具，在其选项栏中设置“线性渐变”，渐变颜色设置为由黑色到白色的渐变，在蒙版中进行适当的拖曳，制造投影效果，如图6-401所示。

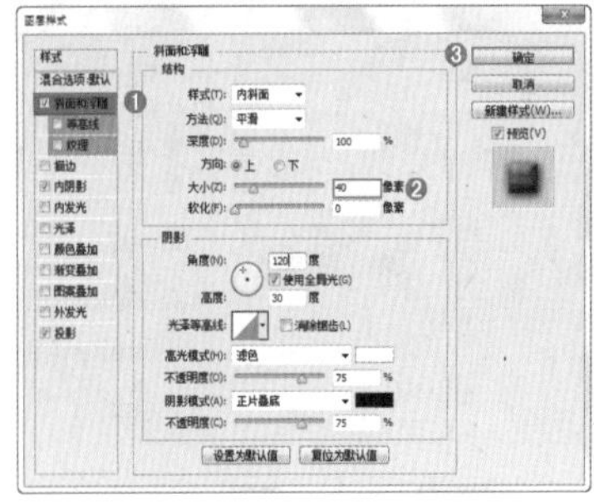
图6-399

图6-400

步骤11 新建"文字"图层组，单击"横排文字工具"按钮，设置前景色为浅黄色，然后设置大小及字体，输入文字，如图6-402所示。

步骤12 新建"圆"图层，单击工具箱中的"椭圆选框工具"按钮，在文字下方绘制适合大小的圆形选区，并填充红色，复制另外7个圆形图层，分别摆放在每个文字的正下方，如图6-403所示。

步骤13 置入标志素材并栅格化，使用横排文字工具输入其他文字，并调整位置和大小，最终效果如图6-404所示。

图6-401

图6-402

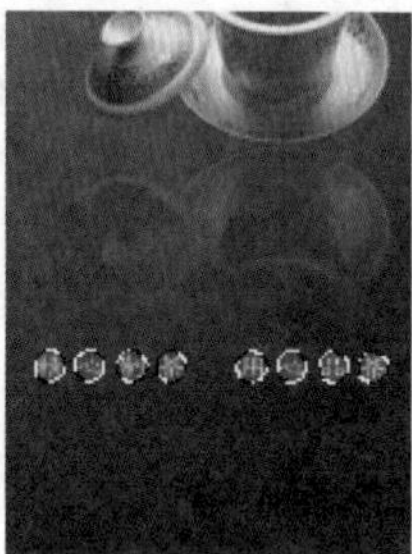
图6-403

图6-404

实例练习——欧美风格招贴排版

案例文件	实例练习——欧美风格招贴排版.psd
视频教学	实例练习——欧美风格招贴排版.flv
难易指数	★★★★★
技术要点	段落文字的创建，"字符"面板，"段落"面板

案例效果

本例最终效果如图6-405所示。

操作步骤

步骤01 新建空白文件，新建"背景"图层组，单击工具箱中的"渐变工具"按钮，单击选项栏中的"径向渐变"按钮，在"渐变编辑器"对话框中编辑一种蓝色系渐变，单击"确定"按钮结束操作，如图6-406所示。在图像中从中心向外拖曳填充，并命名图层为"蓝色渐变"，如图6-407所示。

步骤02 新建"条纹"图层，单击工具箱中的"钢笔工具"按钮，绘制出条纹的轮廓，如图6-408所示。建立选区后填充白色，调整"不透明度"为5%，如图6-409所示。

步骤03 置入皱纸张素材和喷溅素材并栅格化，放入相应位置，如图6-410所示。

图6-405

图6-406

图6-407

图6-408

图6-409

图6-410

步骤04 新建"段落文字"图层组，单击工具箱中的"横排文字工具"按钮，在操作界面中单击鼠标左键并拖曳创建出文本框，如图6-411所示。

步骤05 输入所需英文，完成后选择该文字图层，打开"字符"面板，并设置合适的字体，设置"大小"为35点，"间距"为65点，"颜色"为黑色，单击"仿粗体"和"全部大写字母"，如图6-412所示；打开"段落"面板，单击"最后一行左对齐"按钮，如图6-413所示。输入文字，效果如图6-414所示。

步骤06 按Ctrl+T组合键将文字旋转到合适的角度，按Enter键结束操作，如图6-415所示。

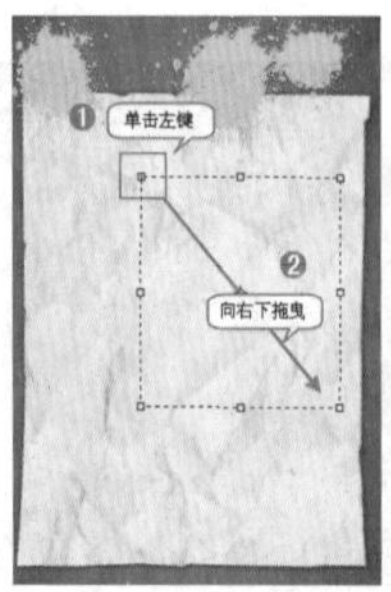

图6-411

图6-412

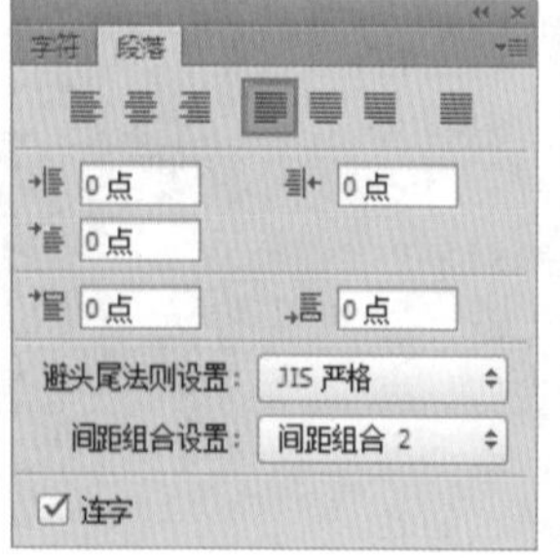

图6-413

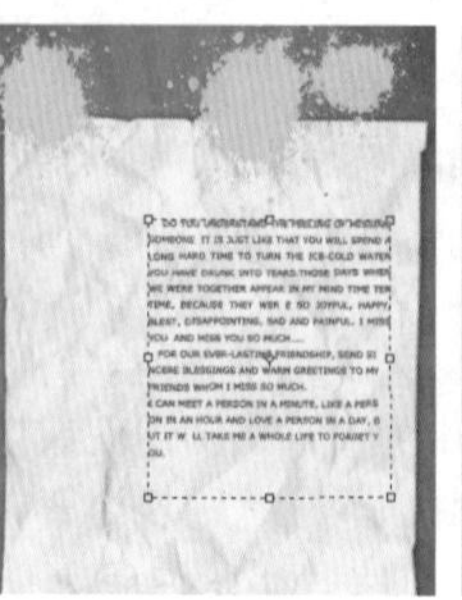
图6-414

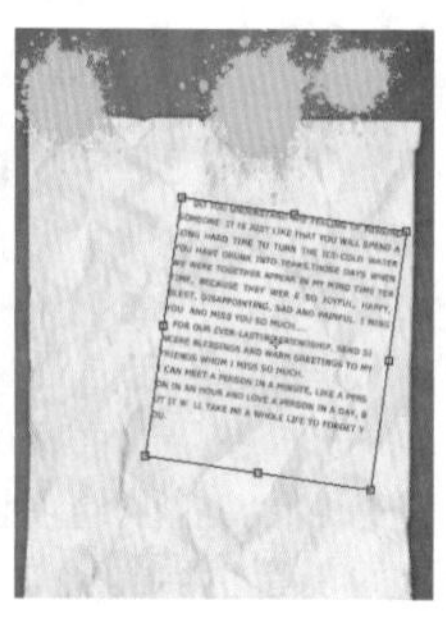
图6-415

步骤07 使用同样的方法输入其他段落文字，如图6-416和图6-417所示。

步骤08 新建“照片”图层组，新建“照片1”图层，单击工具箱中的“矩形选框工具”按钮，在左下角绘制合适大小的矩形选框并填充白色，如图6-418所示。按Ctrl+T组合键旋转角度，如图6-419所示。

步骤09 单击“图层”面板底部的“添加图层样式”按钮，在弹出的“图层样式”对话框中选中“投影”样式，设置其“不透明度”为85%，“距离”为5像素，“大小”为29像素，单击“确定”按钮结束操作，如图6-420和图6-421所示。

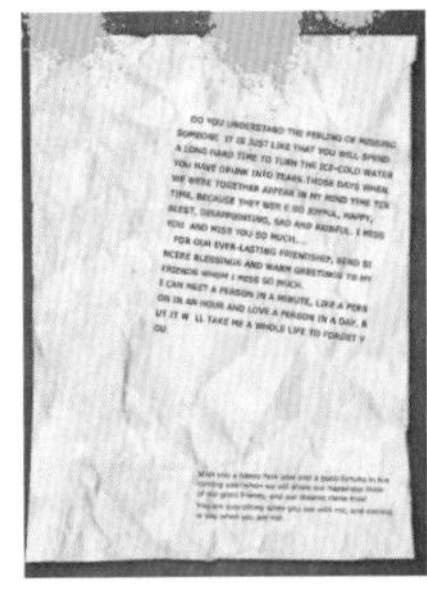

图6-416

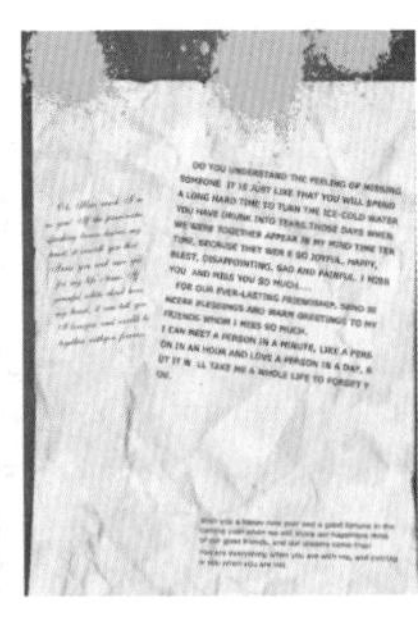

图6-417

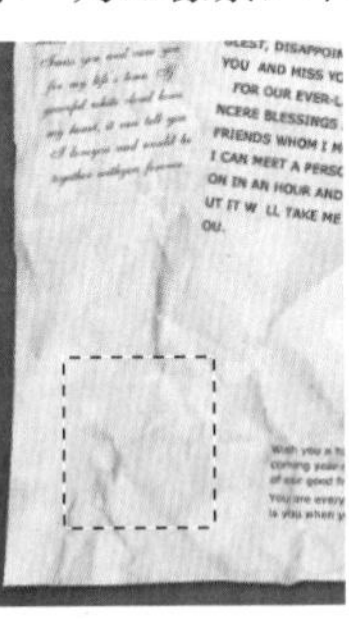

图6-418

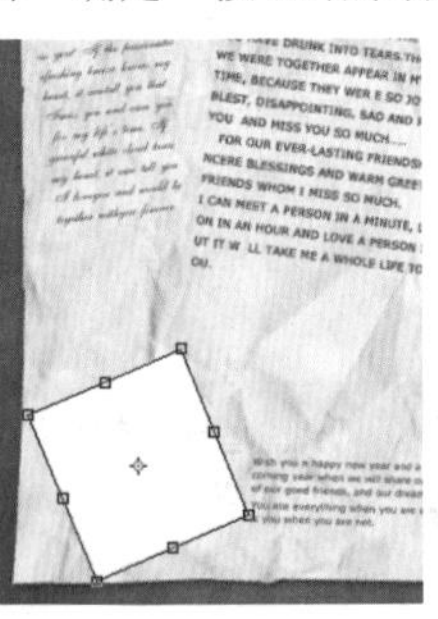

图6-419

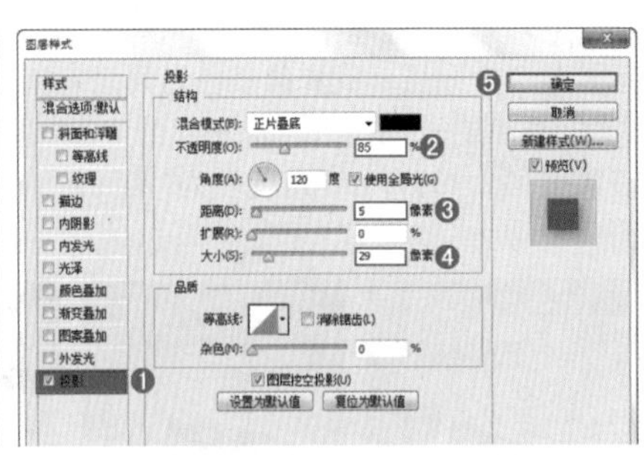

图6-420

步骤10 置入照片素材，执行“图层>栅格化>智能对象”命令。调整大小及角度，摆放合适位置，如图6-422所示。

步骤11 使用同样的方法制作其他小照片，并摆放在不同的位置，如图6-423所示。

步骤12 新建“圆”图层组，单击“椭圆选框工具”按钮，按住Shift键拖曳绘制正圆，填充黄色，如图6-424所示。

步骤13 单击“图层”面板底部的“添加图层样式”按钮，在弹出的“图层样式”对话框中选中“投影”样式，设置其“不透明度”为100%，“距离”为7像素，“大小”为70像素，如图6-425所示；选中“描边”样式，设置其“大小”为21像素，“颜色”为白色，单击“确定”按钮结束操作，如图6-426所示。

图6-421

图6-422

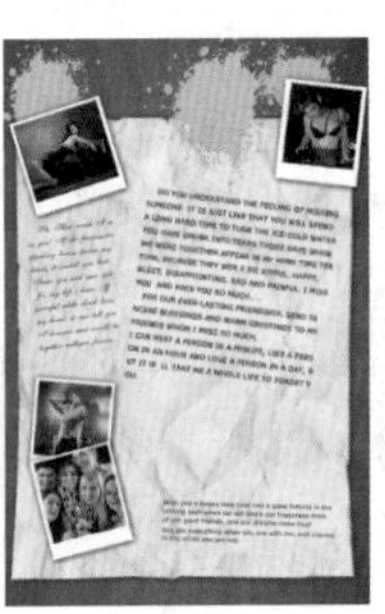

图6-423

图6-424

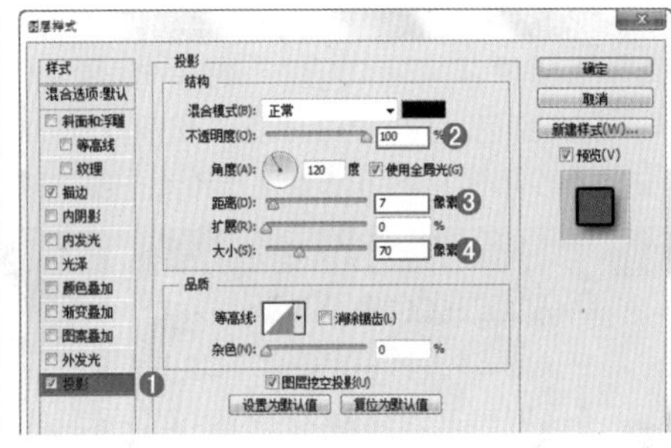

图6-425

步骤14 使用同样的方法分别绘制蓝色圆和白色圆，调整其位置及大小，如图6-427所示。

步骤15 单击“横排文字工具”按钮，选择合适的大小和字体，输入单词，如图6-428所示。

步骤16 使用同样的方法分别在黄色圆和蓝色圆中输入合适的文字，如图6-429所示。

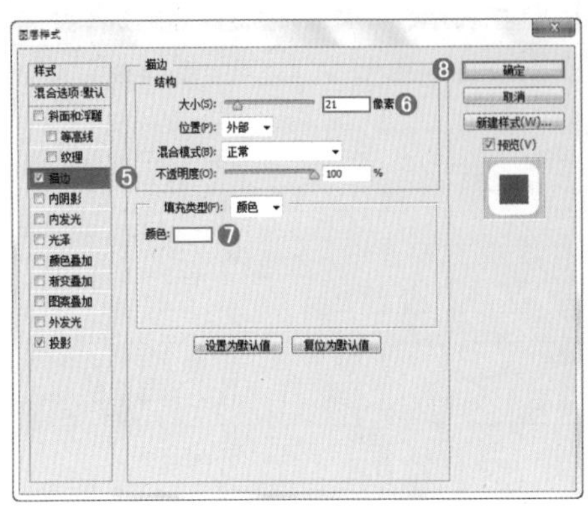

图6-426

图6-427

图6-428

图6-429

步骤17 新建“文字条”图层组，设置前景色为白色，单击“横排文字工具”按钮，调整合适的字体与大小，在左上角输入文字并调整角度，如图6-430所示。

步骤18 在文字图层下新建“黑框”图层，使用矩形选框工具绘制合适大小的选区并填充黑色，调整其位置和角度，如图6-431所示。

步骤19 使用同样的方法在不同位置输入文字绘制黑框，调整角度和大小，如图6-432所示。

步骤20 新建“标题”图层组，使用钢笔工具绘制3个不规则的矩形，右击，在弹出的快捷菜单中选择“建立选区”命令，新建“黄色”图层，设置前景色为黄色并填充，如图6-433所示。

步骤21 单击“图层”面板底部的“添加图层样式”按钮，在弹出的“图层样式”对话框中选择“投影”样式，设置其“不透明度”为100%，“角度”为120度，“距离”为15像素，“大小”为103像素，单击“确定”按钮结束操作，如图6-434和图6-435所示。

图6-430

图6-431

图6-432

图6-433

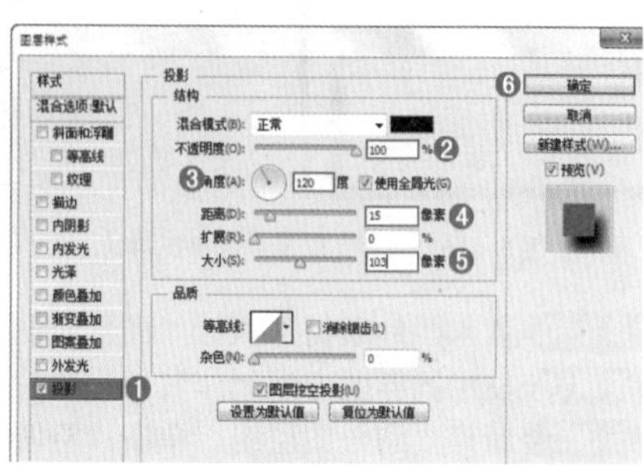

图6-434

步骤22 分别新建“白色”和“黑色”图层，使用同样的方法分别绘制白色矩形和黑色矩形，如图6-436所示。

步骤23 新建“阴影”图层，单击工具箱中的“画笔工具”按钮，设置一种“圆边”画笔，调整画笔“大小”为500，“不透明度”为65%，“流量”为40。绘制阴影部分，如图6-437所示。

步骤24 设置前景色为白色，单击“横排文字工具”按钮，选择合适的字体和大小，输入文字“TK”，调整其行间距，使文字分别在黄色和白色的矩形上，然后框选字母“K”，在“字符”面板中设置颜色为黑色，如图6-438所示。

步骤25 使用同样的方法分别在矩形中输入“I、C、L、E”，调整合适的字体及大小，最终效果如图6-439所示。

图6-435

图6-436

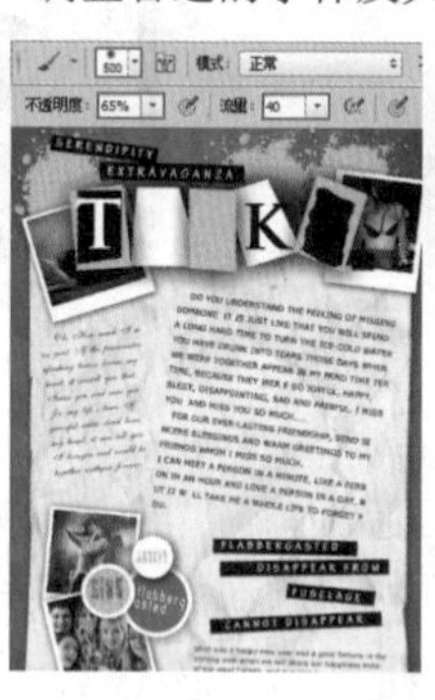

图6-437

图6-438

图6-439

读书笔记

路径与矢量工具

本章学习要点：

- 熟练掌握钢笔工具的使用方法
- 掌握路径的操作与编辑方法
- 掌握形状工具的使用方法
- 掌握路径与选区相互转化的方法

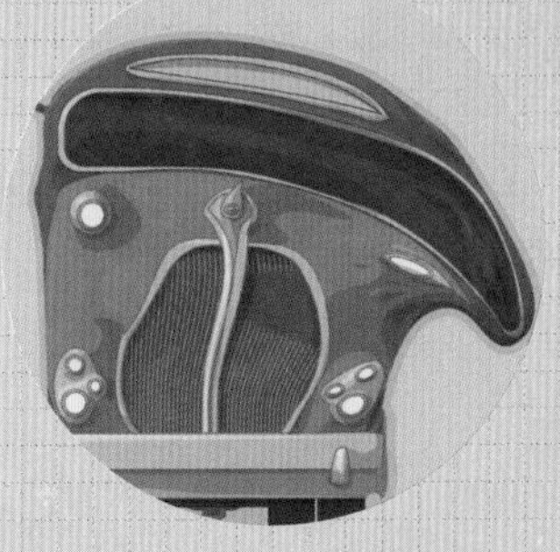

7.1 熟悉矢量绘图

在平面设计中经常会使用到矢量工具，例如绘制矢量图形、获得选区、抠图等方面。Photoshop中的矢量工具主要包括钢笔工具以及形状工具。钢笔工具主要用于绘制不规则的图形，而形状工具则是通过选取内置的图形样式绘制较为规则的图形。与画笔工具不同，使用钢笔工具和形状工具绘图主要是通过调整路径和锚点进行控制的，如图7-1～图7-4所示为一些应用到矢量工具的作品。

图7-1

图7-2

图7-3

图7-4

7.1.1 了解绘图模式

Photoshop的矢量绘图工具包括钢笔工具和形状工具。钢笔工具主要用于绘制不规则的图形，而形状工具则是通过选取内置的图形样式绘制较为规则的图形。在绘图前首先要在工具选项栏中选择绘图模式：形状、路径和像素3种类型，如图7-5和图7-6所示。

图7-5

图7-6

理论实践——创建形状

（1）在工具箱中单击“自定形状工具”按钮，然后设置绘制模式为“形状”后，可以在选项栏中设置填充类型，单击“填充”按钮，在弹出的“填充”窗口中可以从“无颜色”“纯色”“渐变”“图案”4个类型中选择一种，如图7-7所示。

图7-7

（2）单击“无颜色”按钮即可取消填充。单击“纯色”按钮，可以从颜色列表中选择预设颜色，或单击“拾色器”按钮可以在弹出的拾色器中选择所需颜色。单击“渐变”按钮即可设置渐变效果的填充。单击“图案”按钮，可以选择某种图案，并设置合适的缩放数值，如图7-8～图7-11所示。

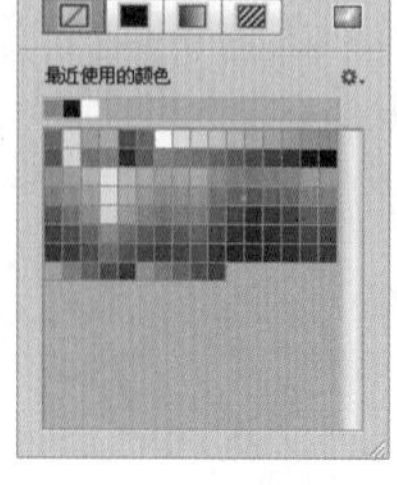

图7-8

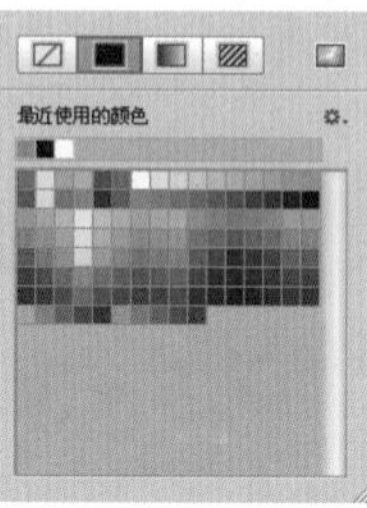

图7-9

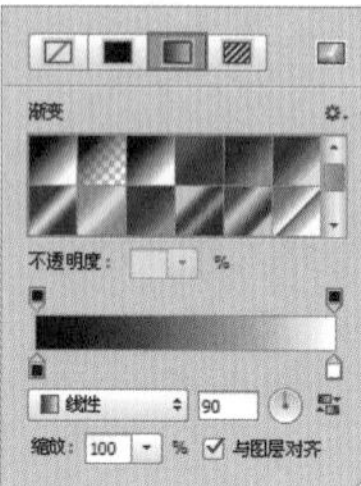

图7-10

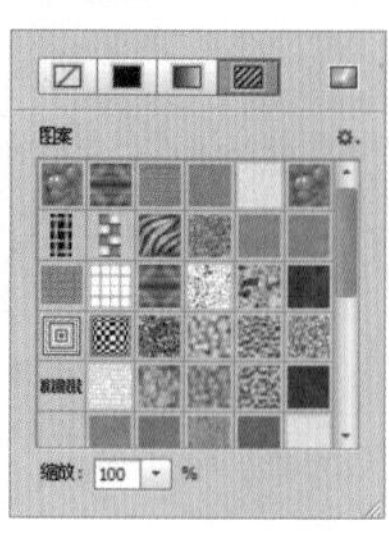

图7-11

（3）描边也可以进行“无颜色”“纯色”“渐变”“图案”4种类型的设置。在颜色设置的右侧可以进行描边粗细的设置，如图7-12所示。

（4）还可以对形状描边类型进行设置，单击下拉列表，在弹出的窗口中可以选择预设的描边类型；还可以对描边的对齐方式、端点类型以及角点类型进行设置，如图7-13所示。单击“更多选项”按钮，可以在弹出的“描边”窗口中创建新的描边类型，如图7-14所示。

（5）设置了合适的选项后，在画布中进行拖曳即可出现形状，绘制形状可以在单独的一个图层中创建形状，在“路径”面板中显示了这一形状的路径，如图7-15所示。

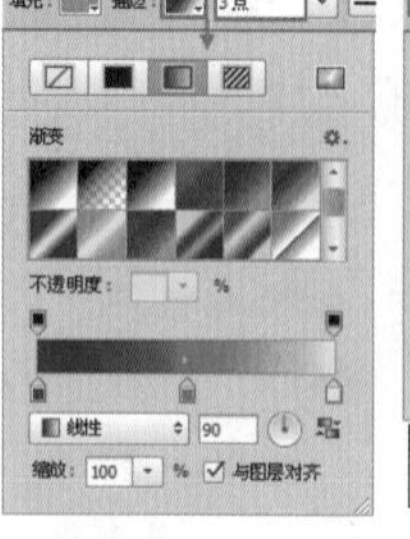

图7-12

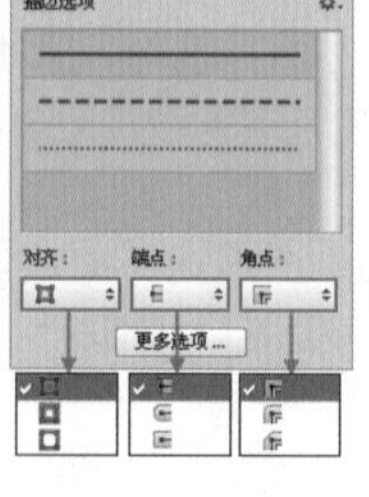

图7-13

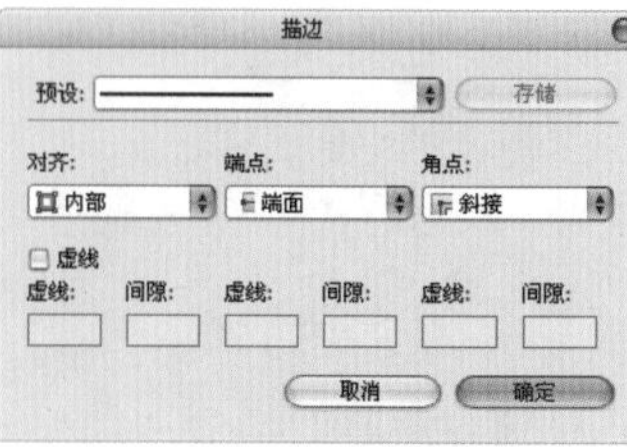

图7-14

理论实践——创建路径

单击工具箱中的形状工具，然后在选项栏中单击“路径”选项，可以创建工作路径。工作路径不会出现在“图层”面板中，只出现在“路径”面板中，如图7-16和图7-17所示。绘制完毕后可以在选项栏中快速地将路径转换为选区、蒙版或形状，如图7-18所示。

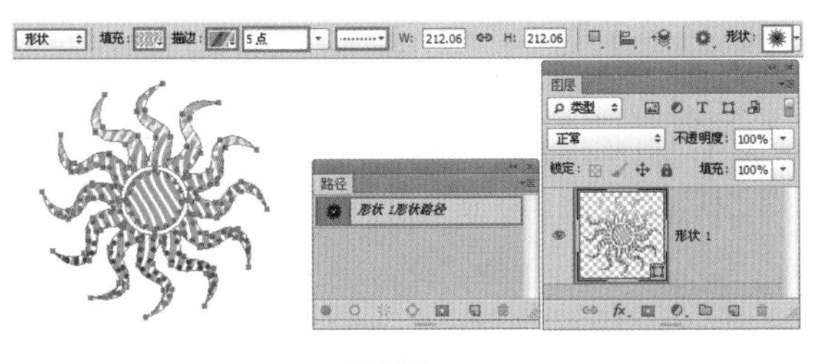

图7-15

图7-16

图7-17

图7-18

理论实践——创建像素

在使用形状工具状态下可以选择“像素”方式，在选项栏中设置绘制模式为“像素”，设置合适的混合模式与不透明度，如图7-19所示。这种绘图模式会以当前前景色在所选图层中进行绘制，如图7-20和图7-21所示。

图7-19

图7-20

图7-21

7.1.2 认识路径与锚点

1．路径

路径是一种不包含像素的轮廓，但是可以使用颜色填充或描边路径。路径可以作为矢量蒙版来控制图层的显示区域。路径可以被保存在“路径”面板中或者转换为选区。使用钢笔工具和形状工具都可以绘制路径，而且绘制的路径可以是开放式、闭合式或组合式，如图7-22所示。

图7-22

2．锚点

路径由一个或多个直线段或曲线段组成，锚点标记路径段的端点。在曲线段上，每个选中的锚点显示一条或两条方向线，方向线以方向点结束，方向线和方向点的位置共同决定了曲线段的大小和形状。如图7-23所示A表示曲线段；B表示方向点；C表示方向线；D表示选中的锚点；E表示未选中的锚点。

锚点分为平滑点和角点两种类型。由平滑点连接的路径段可以形成平滑的曲线，如图7-24所示；由角点连接起来的路径段可以形成直线或转折曲线，如图7-25所示。

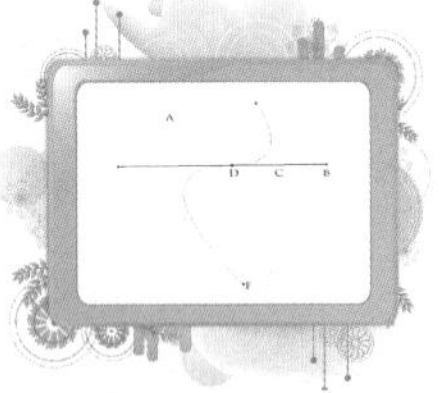

图7-23

图7-24

图7-25

7.2 钢笔工具组

钢笔工具组包括钢笔工具、自由钢笔工具、添加锚点工具、删除锚点工具和转换为点工具5种工具，自由钢笔工具又可以扩展为磁性钢笔工具。使用钢笔工具组可以绘制多种多样的矢量图形，如图7-26～图7-29所示为一些可以使用钢笔工具组制作的作品。

图7-26

图7-27

图7-28

图7-29

7.2.1 钢笔工具

钢笔工具是最基本、最常用的路径绘制工具，使用该工具可以绘制任意形状的直线或曲线路径，其选项栏如图7-30所示。钢笔工具的选项栏中有一个“橡皮带”选项，选中该复选框以后，可以在移动指针时预览两次单击之间的路径段，如图7-31所示。

选中“自动添加/删除”复选框后将钢笔工具定位到所选路径上方时，它会变成添加锚点工具；当将钢笔工具定位到锚点上方时，它会变成删除锚点工具，如图7-32所示。

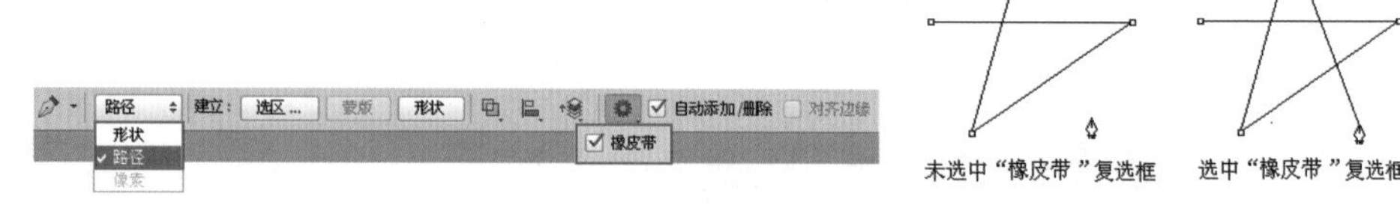

图7-30 图7-31

图7-32

选择路径区域选项以确定重叠路径组件如何交叉。在使用形状工具绘制时，按住Shift 键可临时选择“合并形状”选项；按住Alt键可临时选择“减去顶层形状”选项，如图7-33所示。

- **合并形状**：将新区域添加到重叠路径区域。
- **减去顶层形状**：将新区域从重叠路径区域移去。
- **与形状区域相交**：将路径限制为新区域和现有区域的交叉区域。
- **排除重叠形状**：从合并路径中排除重叠区域。

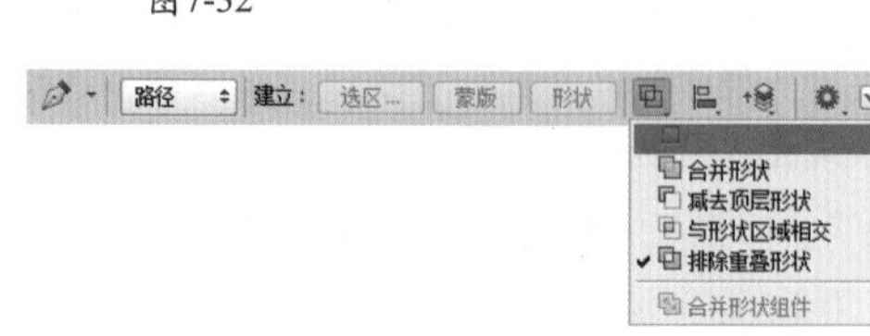

图7-33

理论实践——使用钢笔工具绘制直线

（1）单击工具箱中的“钢笔工具”按钮，在其选项栏中单击“路径”按钮，将光标移至画面中，单击可创建一个锚点，如图7-34所示。

（2）释放鼠标，将光标移至下一处位置单击创建第2个锚点，两个锚点会连接成一条由角点定义的直线路径，如图7-35和图7-36所示。

图7-34

图7-35

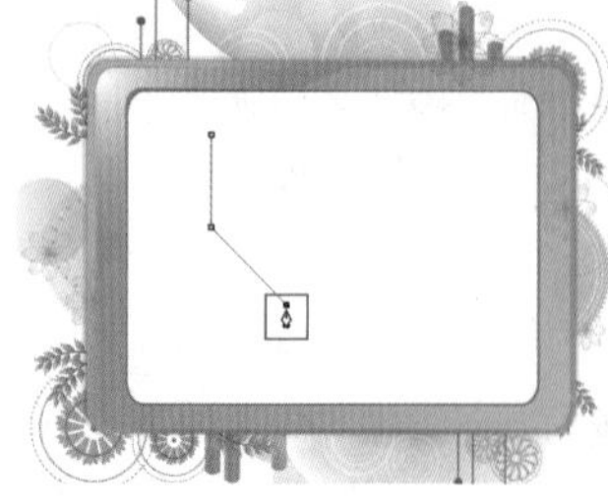

图7-36

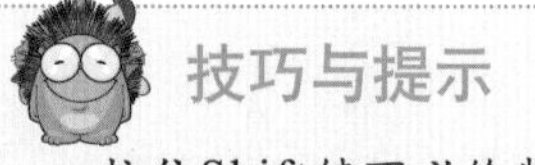

技巧与提示

按住Shift键可以绘制水平、垂直或以45° 角为增量的直线。

（3）将光标放在路径的起点，当光标变为形状时，单击即可闭合路径，如图7-37所示。

（4）如果要结束一段开放式路径的绘制，可以按住Ctrl键并在画面的空白处单击，单击其他工具，或者按Esc键也可以结束路径的绘制，如图7-38所示。

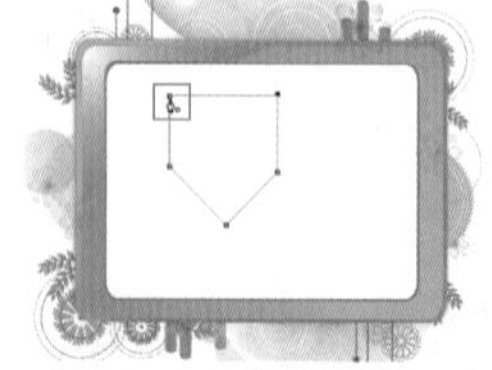

图7-37

图7-38

理论实践——使用钢笔工具绘制波浪曲线

（1）单击“钢笔工具”按钮，然后在其选项栏中单击“路径”按钮，此时绘制出的将是路径。在画布中单击鼠标即可出现一个锚点，释放鼠标后移动光标到另外的位置单击并拖动即可创建一个平滑点，如图7-39所示。

（2）将光标放置在下一个位置，然后单击并拖曳光标创建第2个平滑点，注意要控制好曲线的走向，如图7-40所示。

（3）继续绘制出其他的平滑点，如图7-41所示。

（4）选择直接选择工具后，选择各个平滑点，并调节好其方向线，使其生成平滑的曲线，如图7-42所示。

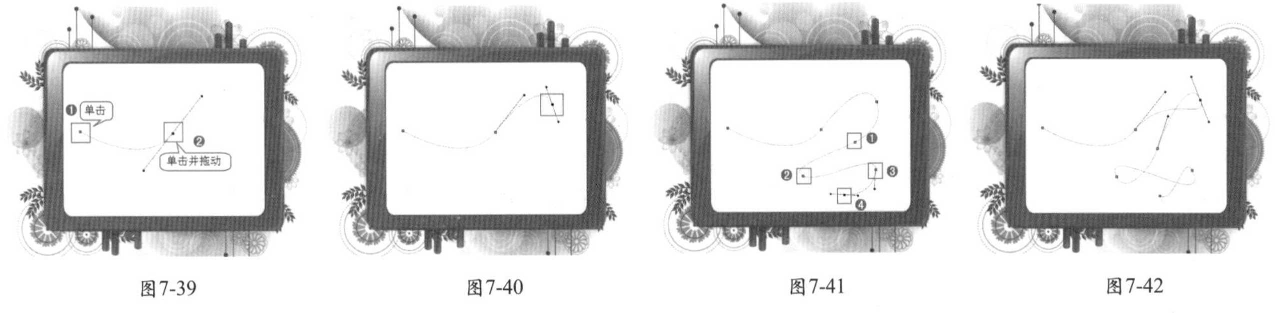

图7-39　　图7-40　　图7-41　　图7-42

理论实践——使用钢笔工具绘制多边形

（1）选择钢笔工具，在其选项栏中单击“路径”按钮，接着将光标放置在一个网格上，当光标变成形状时单击鼠标左键，确定路径的起点，如图7-43所示。

（2）将光标移动到下一个网格处，然后单击创建一个锚点，两个锚点之间会出现一条直线路径，如图7-44所示。

（3）继续在其他网格上创建出锚点，如图7-45所示。

（4）将光标放置在起点上，当光标变成形状时，单击鼠标左键闭合路径，取消网格，绘制的多边形如图7-46所示。

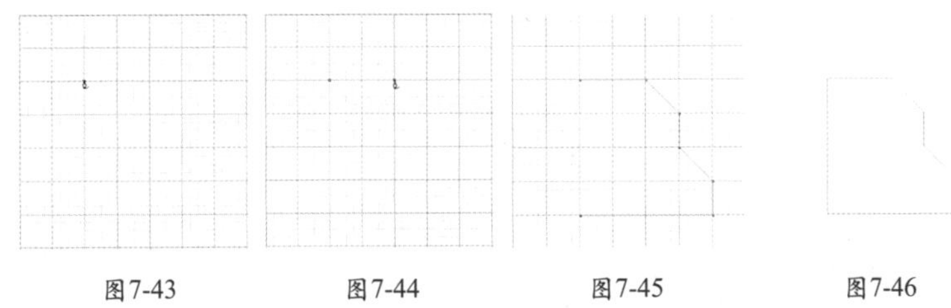

图7-43　　图7-44　　图7-45　　图7-46

7.2.2 自由钢笔工具

使用自由钢笔工具绘图时，在画布中单击确定路径的起点，按住鼠标左键的同时拖动光标，画布中会自动以光标滑动的轨迹创建路径，其间将在路径上自动添加锚点。自由钢笔工具比较适合绘制随意的图形，就像用铅笔在纸上绘图一样，绘制完成后，可以对路径进行进一步的调整，如图7-47和图7-48所示。

在自由钢笔选项中包含“曲线拟合”参数的控制，该数值越大，创建的路径锚点越少，路径越简单；该数值越小，创建的路径锚点越多，路径细节越多，如图7-49和图7-50所示。

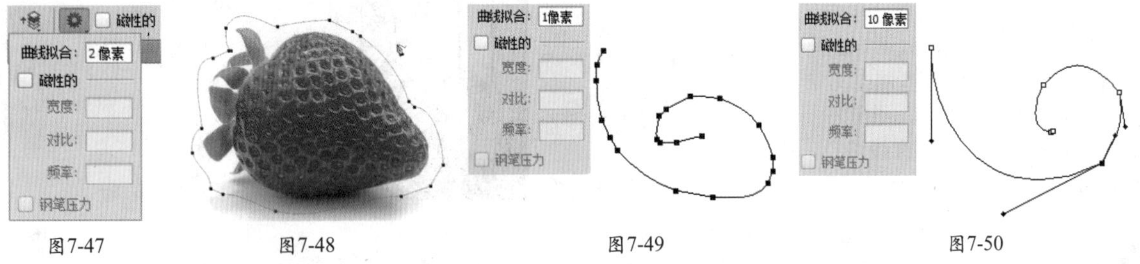

图7-47　　图7-48　　图7-49　　图7-50

7.2.3 磁性钢笔工具

在自由钢笔工具的选项栏中有一个“磁性的”选项，选中该复选框后，自由钢笔工具将切换为磁性钢笔工具，使用该工具可以像使用磁性套索工具一样快速勾勒出对象的轮廓路径。两者都是常用的抠图工具，不过磁性钢笔工具优于磁性套索工具在于使用磁性钢笔工具绘制出的路径还可以通过调整锚点的方式快速调整形状，而磁性套索工具则不具备这种功能，如图7-51所示。在选项栏中单击图标，打开磁性钢笔工具的选项，这同时也是自由钢笔工具的选项，如图7-52所示。

图7-51　　图7-52

7.2.4 添加锚点工具

使用添加锚点工具可以直接在路径上添加锚点。或者在使用钢笔工具的状态下，将光标放在路径上，当光标变成形状时，在路径上单击也可添加一个锚点，如图7-53和图7-54所示。

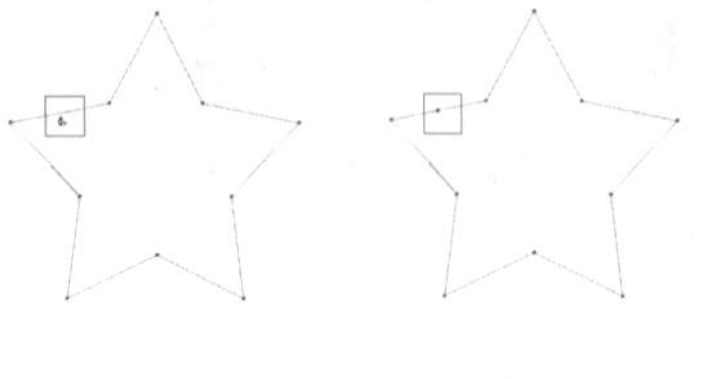

图7-53　　图7-54

7.2.5 删除锚点工具

使用删除锚点工具可以删除路径上的锚点。将光标放在锚点上，如图7-55所示，当光标变成形状时，单击鼠标左键即可删除锚点。或者在使用钢笔工具的状态下直接将光标移动到锚点上，光标也会变为形状，如图7-56所示。

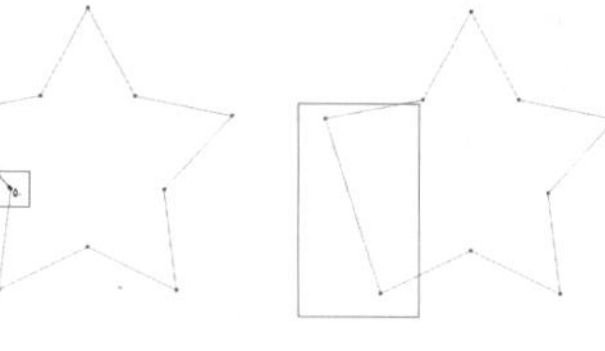

图7-55　　图7-56

7.2.6 使用转换为点工具调整路径弧度

转换为点工具主要用来转换锚点的类型。

（1）在角点上单击，可以将角点转换为平滑点，如图7-57和图7-58所示。

（2）在平滑点上单击，可以将平滑点转换为角点，如图7-59和图7-60所示。

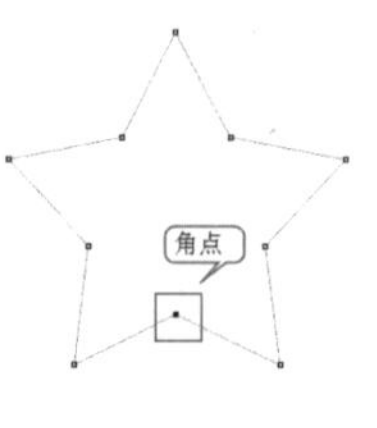

图7-57

图7-58

图7-59

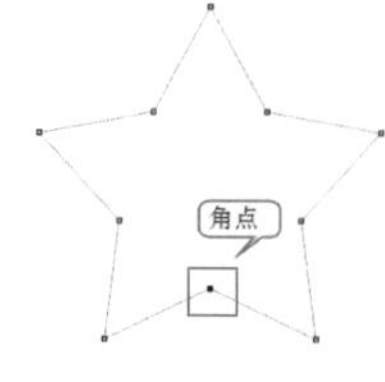

图7-60

实例练习——使用钢笔工具绘制复杂的人像选区

案例文件	实例练习——使用钢笔工具绘制复杂的人像选区.psd
视频教学	实例练习——使用钢笔工具绘制复杂的人像选区.flv
难易指数	★★★★★
技术要点	钢笔工具，添加与删除锚点，转换为点工具，直接选择工具

案例效果

本例主要使用钢笔工具绘制出人像精细路径，并通过转换为选区的方式去除背景，对比效果如图7-61和图7-62所示。

操作步骤

步骤01 打开人像素材，按住Alt键双击“背景”图层将其转换为普通图层，单击工具箱中的“钢笔工具”按钮，如图7-63所示。

步骤02 首先从人像面部与胳膊部分开始绘制，单击即可添加一个锚点，继续在另一处单击添加锚点即可出现一条直线路径，多次沿人像转折处单击，如图7-64所示。

图7-61

图7-62

图7-63

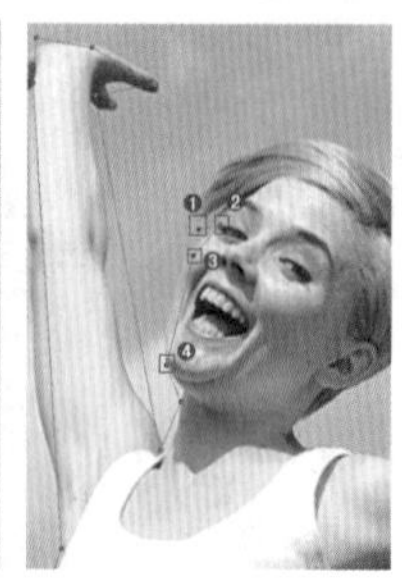

图7-64

技巧与提示

在绘制复杂路径时，经常会为了绘制得更加精细而绘制很多锚点。但是路径上的锚点越多，编辑调整时就越麻烦。所以在绘制路径时可以先在转折处添加尖角锚点绘制出大体形状，之后再使用添加锚点工具增加细节或使用转换锚点工具调整弧度。

步骤03 继续使用同样的方法从左侧手臂绘制到右侧手臂并沿底部边缘绘制，最终回到起始点处并单击闭合路径，如图7-65所示。

步骤04 路径闭合之后需要调整路径细节处的弧度，例如肩部的边缘在前面绘制的是直线路径，为了将路径变为弧线形需要在直线路径的中间处单击添加一个锚点，并使用直接选择工具调整新添加锚点的位置，如图7-66和图7-67所示。

步骤05 此处新添加的锚点即为平滑的锚点，所以直接拖曳调整两侧控制棒的长度即可调整这部分路径的弧度，如图7-68所示。

步骤06同样的方法，缺少锚点的区域很多，可以继续使用钢笔工具移动到没有锚点的区域单击即可添加锚点，并且使用直接选择工具[图标]调整锚点的位置，如图7-69和图7-70所示。

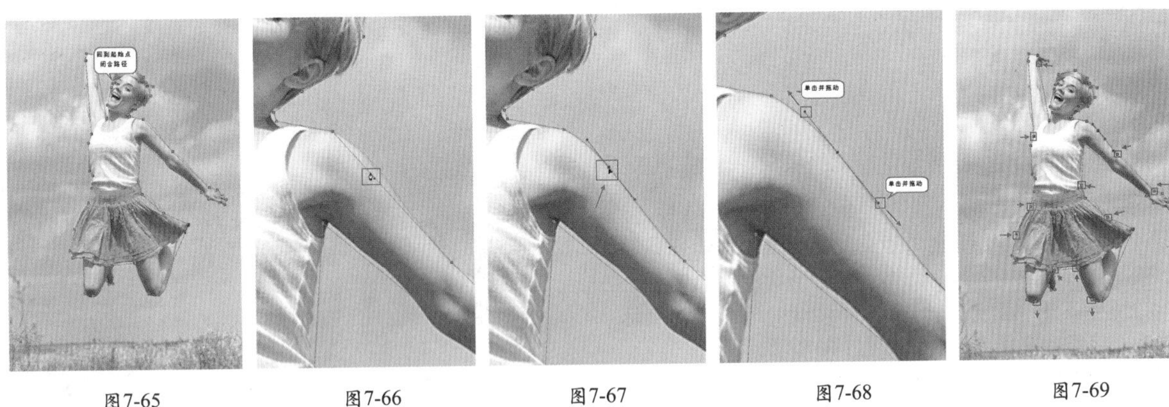

图7-65　图7-66　图7-67　图7-68　图7-69

步骤07大体形状调整完成，下面需要放大图像显示比例仔细观察细节部分。以右侧额头边缘为例，额头边缘呈现些许的S形，而之前绘制的路径则为倒C形，所以仍然需要添加锚点，并调整锚点位置，如图7-71和图7-72所示。

步骤08继续观察右侧腰部边缘，虽然路径形状大体匹配，但是“角点”类型的锚点导致转折过于强烈，这里需要使用转换为点工具[图标]单击该锚点并向下拖动鼠标调出控制棒，然后单击一侧控制棒拖动这部分路径的弧度，如图7-73和图7-74所示。

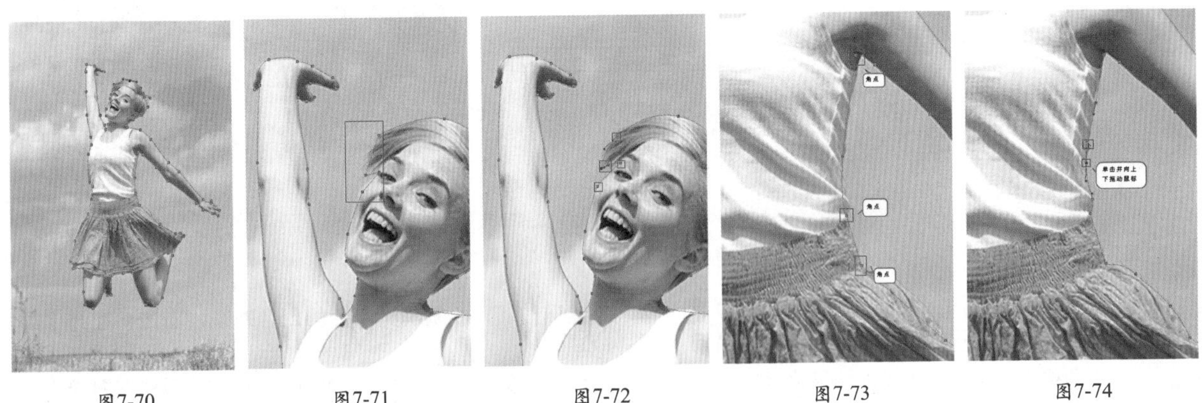

图7-70　图7-71　图7-72　图7-73　图7-74

步骤09在左侧腿部可以看到多余一个锚点，这时可以使用删除锚点工具[图标]或者直接使用钢笔工具移动到多余的锚点上单击删除，然后分别调整相邻的两个锚点的控制棒，如图7-75和图7-76所示。

步骤10路径全部调整完毕之后可以右击，在弹出的快捷菜单中选择“建立选区”命令，或按Ctrl+Enter组合键打开“建立选区”对话框，设置“羽化半径”为0像素，单击“确定”按钮建立当前选区，如图7-77所示。

步骤11由于当前选区为人像部分，所以需要按Shift+Ctrl+I组合键制作出背景部分选区，如图7-78所示。

步骤12按Delete键删除背景，然后调整好大小和位置，如图7-79所示。置入背景素材，执行“图层>栅格化>智能对象”命令。放在人像图层底部，如图7-80所示。

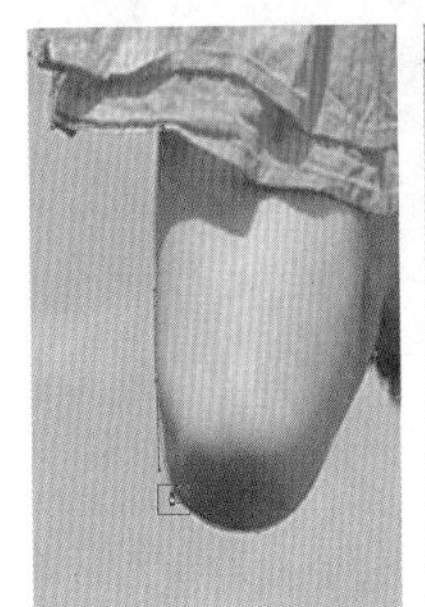

图7-75　图7-76

图7-77

图7-78

图7-79

图7-80

实例练习——绘制质感彩色苹果

案例文件	实例练习——绘制质感彩色苹果.psd
视频教学	实例练习——绘制质感彩色苹果.flv
难易指数	★★★★★
技术要点	钢笔工具，渐变工具

案例效果

本例最终效果如图7-81所示。

图7-81

操作步骤

步骤01 新建空白文件，新建“苹果”图层组，单击工具箱中的“钢笔工具”按钮，绘制出苹果形状的闭合路径，如图7-82所示。右击，在弹出的快捷菜单中选择“建立选区”命令，将路径转换为选区，如图7-83所示。

步骤02 新建“主体”图层，单击工具箱中的“渐变工具”按钮，在其选项栏中单击“径向渐变”按钮，设置一种绿色系渐变，单击“确定”按钮结束操作，如图7-84所示。进行拖曳填充，如图7-85所示。

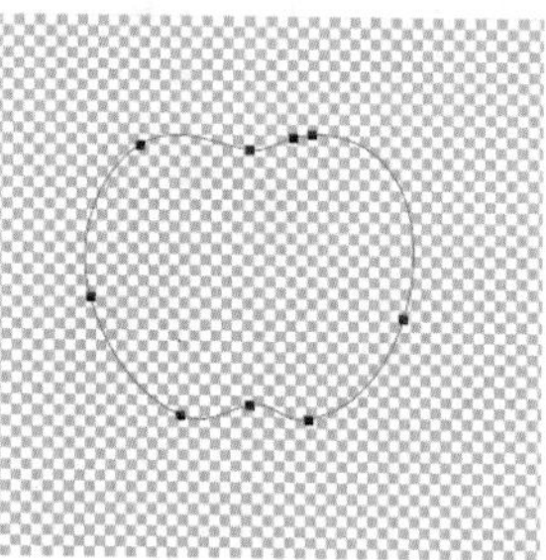

图7-82

图7-83

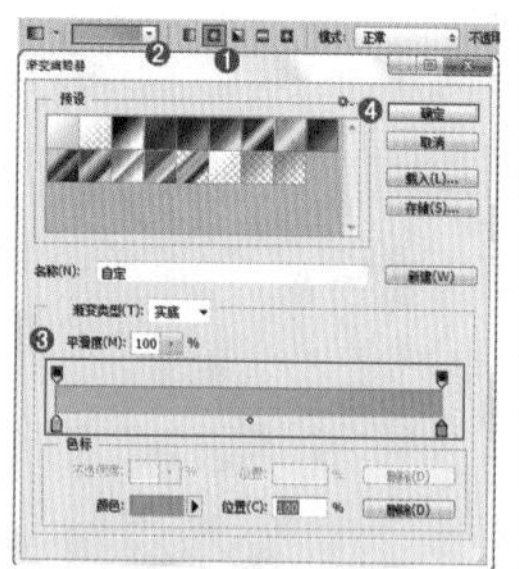

图7-84

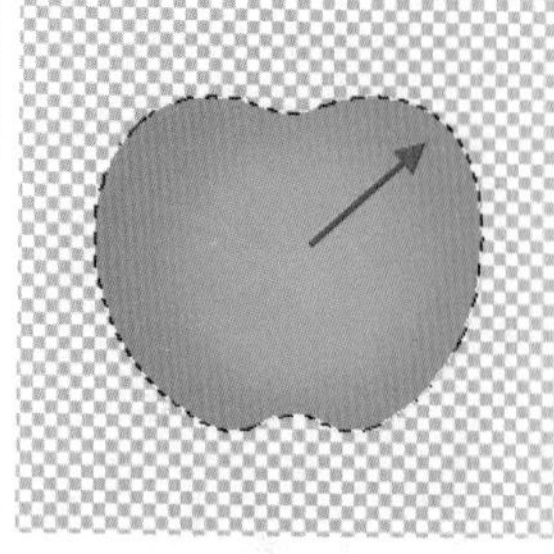

图7-85

步骤03 新建“高光”图层组，新建“上”图层，单击“钢笔工具”按钮，绘制高光部分的闭合路径，右击，在弹出的快捷菜单中选择“建立选区”命令，并填充淡绿色，如图7-86所示。

步骤04 单击“图层”面板中的“添加图层蒙版”按钮，并设置其“不透明度”为40%，如图7-87所示。单击工具箱中的“画笔工具”按钮，适当调整画笔大小及不透明度，在高光中间部分进行适当涂抹，如图7-88所示。

步骤05 新建“左”图层，使用钢笔工具绘制出苹果左侧的高光部分的闭合路径，右击，在弹出的快捷菜单中选择“建立选区”命令，单击“渐变工具”按钮，在选项栏中单击“线性渐变”按钮，设置一种白色到透明的渐变，单击“确定”按钮结束操作，如图7-89所示。从左向右进行拖曳填充，在“图层”面板中设置“不透明度”为85%，如图7-90所示。

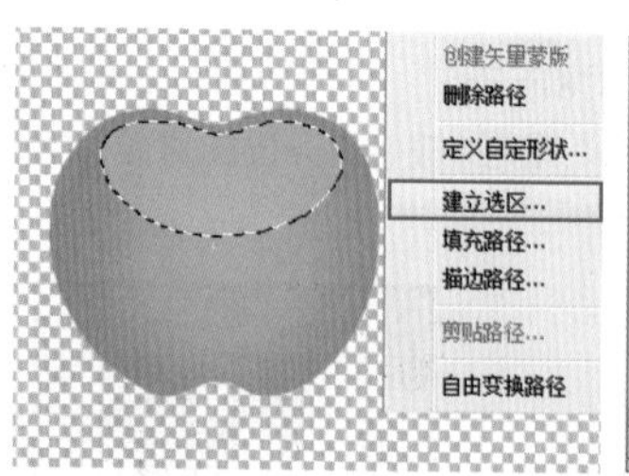

图7-86

图7-87

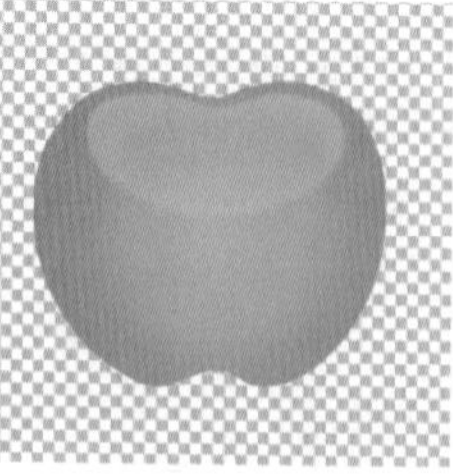

图7-88

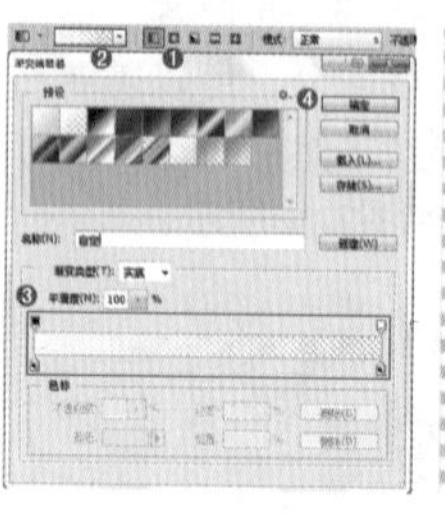

图7-89

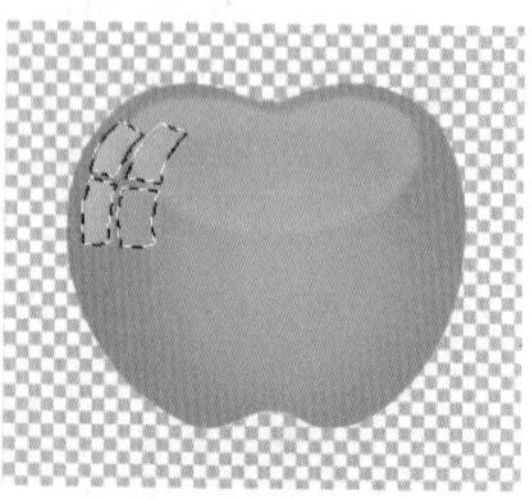

图7-90

步骤06 新建图层，使用钢笔工具绘制左下方的高光闭合路径，填充白色，在“图层”面板中设置“不透明度”为85%，如图7-91和图7-92所示。

步骤07 使用同样的方法分别制作右侧和右上方高光位置，如图7-93所示。

步骤08 新建图层使用钢笔工具绘制底部阴影部分，右击，在弹出的快捷菜单中选择“建立选区”命令，填充深绿色，单击“添加图层蒙版”按钮，接着使用渐变工具，单击选项栏中的“线性渐变”按钮，设置一种由黑色到白色的渐变，单击“确定”按钮结束操作，如图7-94所示。选中该图层的蒙版，由上到下进行拖曳填充，效果如图7-95所示。

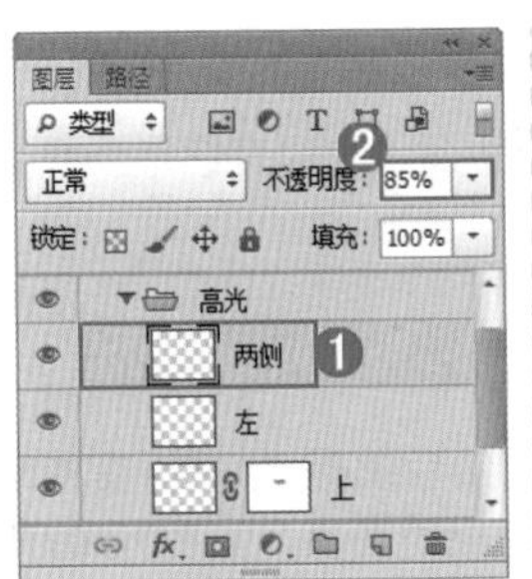

图7-91

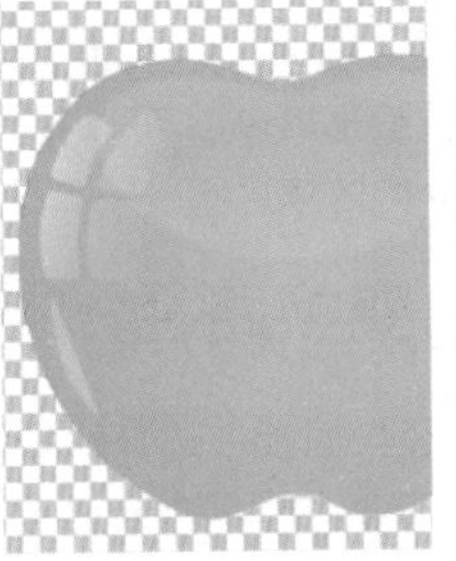

图7-92

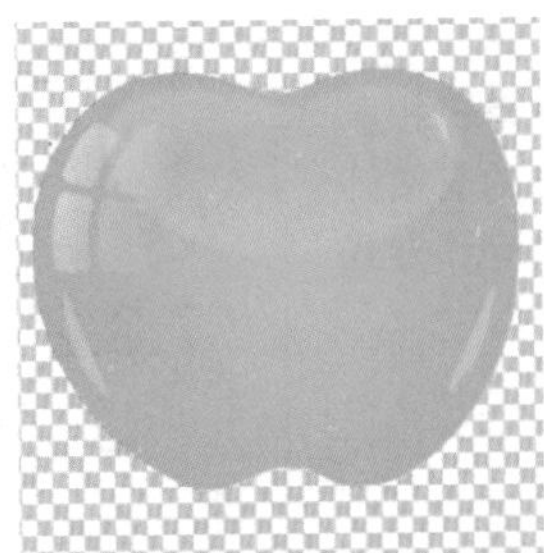

图7-93

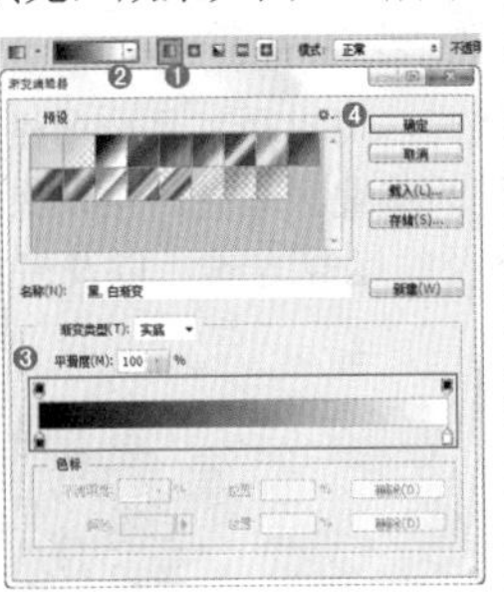

图7-94

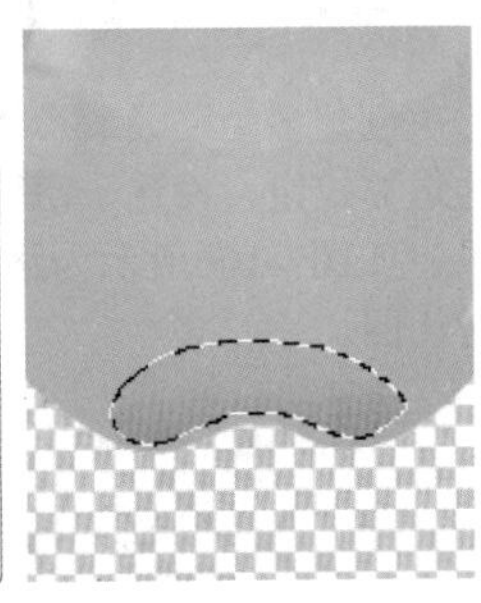

图7-95

步骤09 新建“叶子”图层组，使用钢笔工具绘制出苹果梗的闭合路径，右击，在弹出的快捷菜单中选择“建立选区”命令，填充棕色，单击工具栏中的“滤镜”按钮，执行“滤镜>杂色>添加杂色”命令，在弹出的对话框中设置“数量”为3.6%，单击“确定”按钮结束操作，如图7-96和图7-97所示。

步骤10 新建图层，同样使用钢笔工具填充白色，适当设置其不透明度，制作苹果梗的高光效果，如图7-98所示。

步骤11 新建图层，使用钢笔工具绘制叶子形状的闭合路径，右击，在弹出的快捷菜单中选择“建立选区”命令，填充绿色，如图7-99所示。

步骤12 使用同样的方法制作叶脉，并填充浅绿色，如图7-100所示。新建图层，按住Ctrl键载入叶脉选区，填充深绿色，制作叶脉阴影部分，如图7-101所示。

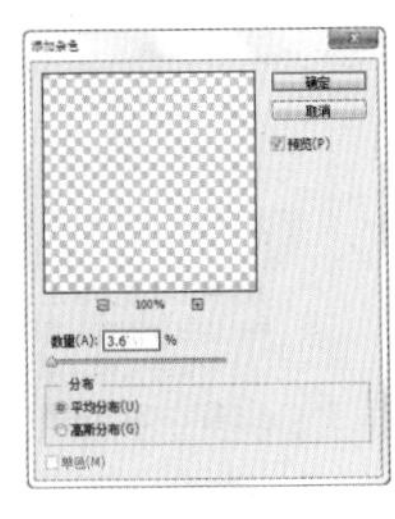

图7-96

图7-97

图7-98

图7-99

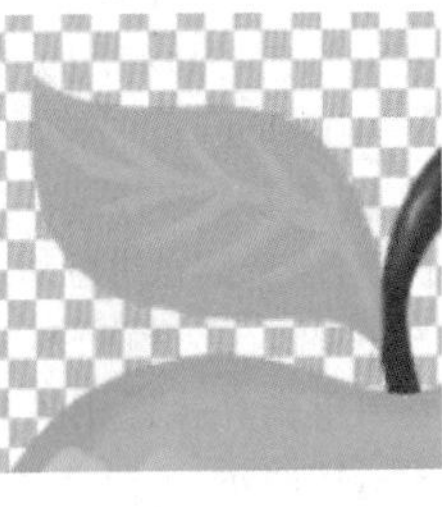

图7-100

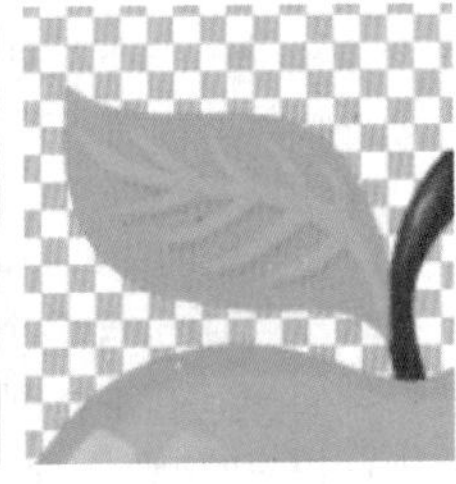

图7-101

步骤13 新建“弧”图层，使用钢笔工具绘制出苹果底部，单击“径向渐变”按钮，设置一种棕色系渐变，进行拖曳填充，如图7-102所示。

步骤14 复制所有图层并合并，按Ctrl+T组合键，右击，在弹出的快捷菜单中选择“垂直翻转”命令，调整其位置，单击“添加图层蒙版”按钮，使用渐变工具，设置由黑色到白色的“线性渐变”，自下而上拖曳填充，制作阴影效果，如图7-103所示。

步骤15 使用同样的方法分别制作黄色和红色的苹果，调整其位置，如图7-104所示。置入背景素材文件，执行“图层>栅格化>智能对象”命令。调整大小及位置，最终效果如图7-105所示。

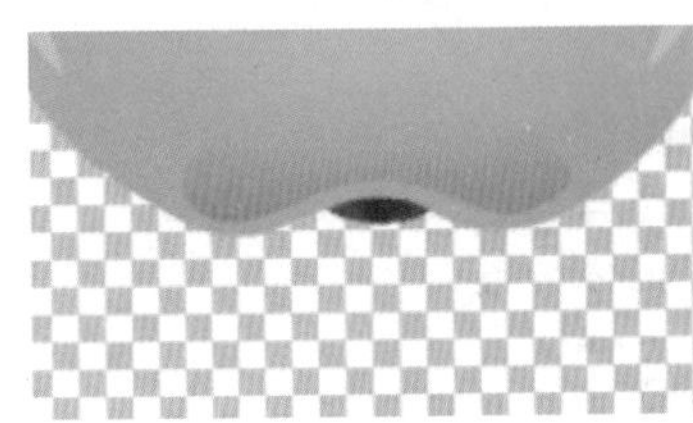

图7-102

图7-103

图7-104

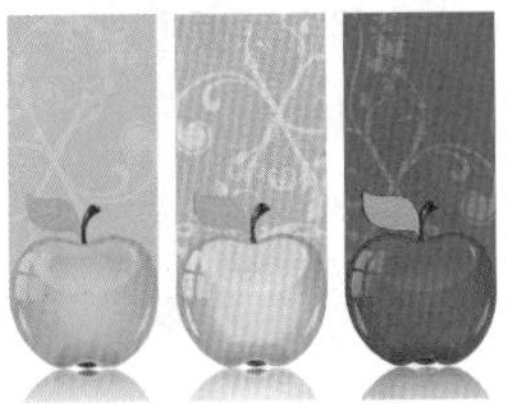

图7-105

7.3 路径的基本操作

路径可以进行变换、定义为形状、建立选区以及描边等操作，还可以像选区运算一样进行“运算”。

7.3.1 路径的运算

创建多个路径或形状时，可以在工具选项栏中单击相应的运算按钮，设置子路径的重叠区域会产生什么样的交叉结果，如图7-106所示为路径的运算方式，以及多种运算方式对比图。

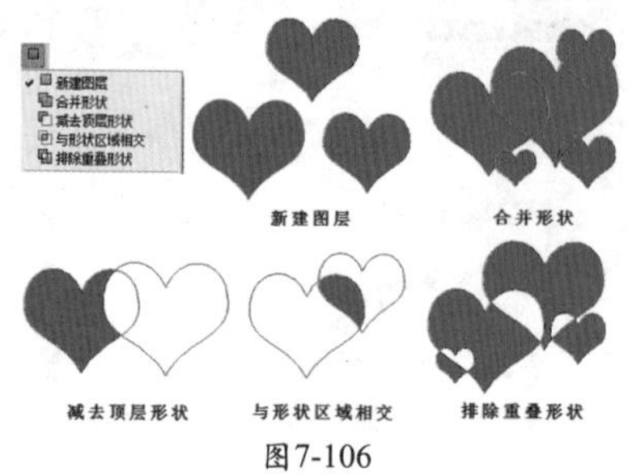

图7-106

- **新建图层**：新绘制的图形与之前图形不进行运算。
- **合并形状**：新绘制的图形将添加到原有的图形中。
- **减去顶层形状**：从原图形中减去新绘制的图形。
- **与形状区域交叉**：可得到新图形与原图形的交叉区域。
- **排除重叠形状**：可以得到新图形与原有图形重叠部分以外的区域。

7.3.2 变换路径

在“路径”面板中选择路径，然后执行“编辑>变换路径”菜单下的命令即可对其进行相应的变换，如图7-107所示。变换路径与变换图像的方法完全相同，这里不再进行重复讲解。

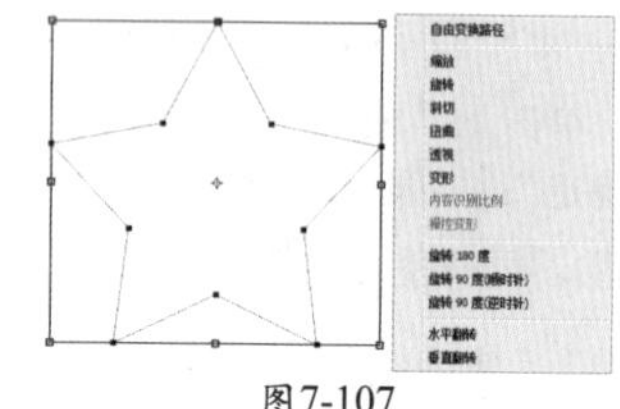

图7-107

7.3.3 排列、对齐与分布路径

当文件中包含多个路径时，选择路径，单击属性栏中的“路径排列方法”按钮，在下拉列表中单击并执行相关命令，可以将选中路径的层级关系进行相应的排列，如图7-108所示。

使用路径选择工具选择多个路径，在选项栏中单击“路径对齐方式”按钮，在弹出的菜单中可以对所选路径进行对齐、分布，如图7-109所示。

当文件中包含多个路径时，选择路径，单击属性栏中的“路径排列方法”按钮，在下拉列表中单击并执行相关命令，可以将选中路径的层级关系进行相应的排列，如图7-110所示。

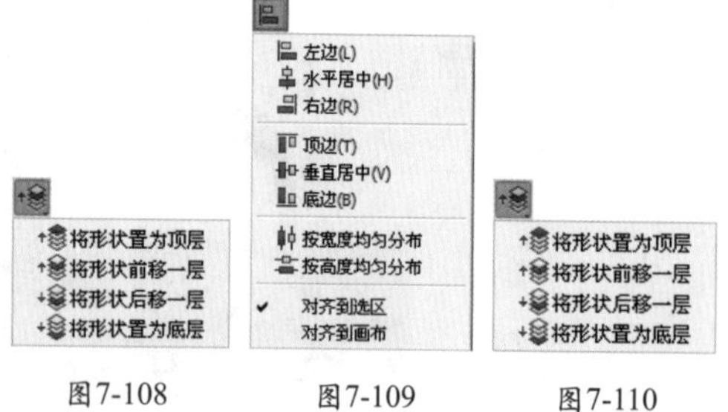

图7-108　图7-109　图7-110

7.3.4 定义为自定形状

绘制路径以后，执行“编辑>定义自定形状”命令可以将其定义为形状。

（1）选择路径，如图7-111所示。

（2）执行“编辑>定义自定形状”命令。

（3）在弹出的“形状名称”对话框中为形状取一个名字，如图7-112所示。

（4）在工具箱中单击“自定形状工具”按钮，在其选项栏中单击“形状”选项后面的倒三角形图标，接着在弹出的“自定形状”面板中即可进行选择，如图7-113所示。

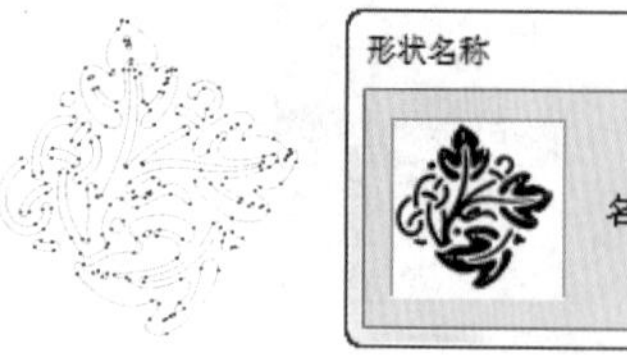

图7-111

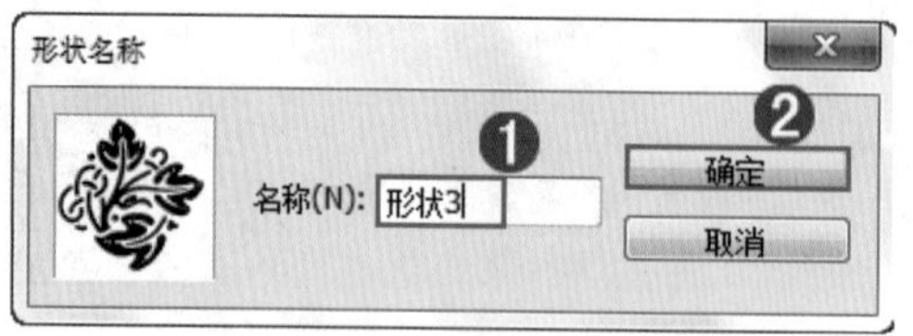

图7-112

图7-113

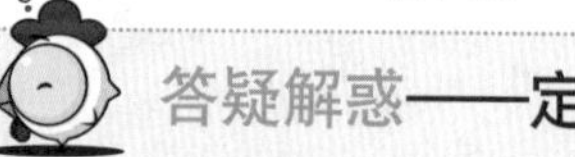

答疑解惑——定义为自定形状有什么用处？

定义形状与定义图案、样式画笔类似，可以保存到自定形状工具的形状预设中，如果需要绘制相同的形状，可以直接调用自定的形状。

7.3.5 将路径转换为选区

将路径转换为选区有以下3种方式。

（1）在路径上右击，在弹出的快捷菜单中选择“建立选区”命令，在弹出的“建立选区”对话框中可以进行选区羽化值的设置。使用这种方法可以得到带有羽化效果的选区，如图7-114所示。

（2）按住Ctrl键在“路径”面板中单击路径的缩览图，或单击“将路径作为选区载入”按钮，如图7-115所示。

（3）或直接按Ctrl+Enter组合键，也可以快速将路径转换为选区，如图7-116所示。

图7-114

图7-115

图7-116

7.3.6 填充路径

（1）使用钢笔工具或形状工具（自定形状工具除外）状态下，在绘制完成的路径上右击，在弹出的快捷菜单中选择“填充路径”命令，打开“填充路径”对话框，如图7-117所示。

（2）在“填充子路径”对话框中可以对填充内容进行设置，这里包含多种类型的填充内容，并且可以设置当前填充内容的混合模式以及不透明度等属性，如图7-118所示。

（3）可以尝试使用“颜色”与“图案”填充路径，效果如图7-119和图7-120所示。

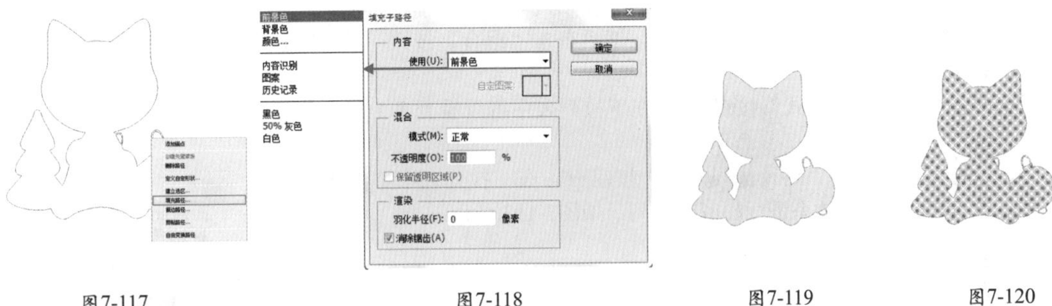

图7-117　图7-118　图7-119　图7-120

7.3.7 描边路径

“描边路径”命令能够以当前所使用的绘画工具沿任何路径创建描边。在Photoshop中可以使用多种工具进行描边路径，如画笔、铅笔、橡皮擦、仿制图章等，如图7-121所示。选中“模拟压力”复选框可以模拟手绘描边效果，取消选中该复选框，描边为线性、均匀的效果，如图7-122和图7-123所示。

（1）在描边之前需要先设置好描边工具的参数。使用钢笔工具或形状工具绘制出路径，如图7-124所示。

（2）在路径上右击，在弹出的快捷菜单中选择“描边路径”命令，在打开的“描边路径”对话框中可以选择描边的工具，如图7-125所示。如图7-126所示为使用画笔描边路径的效果。

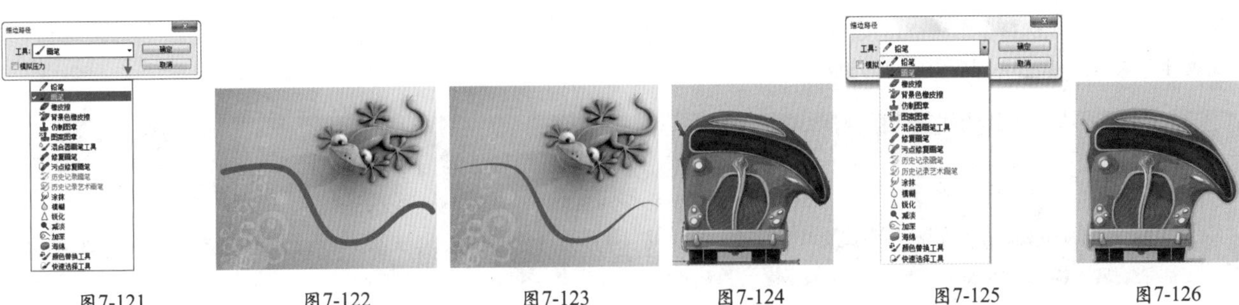

图7-121　图7-122　图7-123　图7-124　图7-125　图7-126

技巧与提示

设置好画笔的参数以后，在使用画笔状态下按Enter键可以直接为路径描边。

路径选择工具组

路径选择工具组主要用来选择和调整路径的形状，包括路径选择工具和直接选择工具。

7.4.1 路径选择工具

使用路径选择工具单击路径上的任意位置可以选择单个的路径，按住Shift键单击可以选择多个路径，同时它还可以用来组合、对齐和分布路径，其选项栏如图7-127所示。按住Ctrl键并单击可以将当前工具转换为直接选择工具。

图7-127

- **合并形状**：选择两个或多个路径，然后单击“组合”按钮，可以将当前路径添加到原有的路径中，如图7-128所示。
- **减去顶层形状**：选择两个或多个路径，然后单击“组合”按钮，可以从原有的路径中减去当前路径，如图7-129所示。
- **与形状区域交叉**：选择两个或多个路径，然后单击“组合”按钮，可以得到当前路径与原有路径的交叉区域，如图7-130所示。
- **重叠形状区域除外**：选择两个或多个路径，然后单击“组合”按钮，可以得到当前路径与原有路径重叠部分以外的区域，如图7-131所示。

在选项栏中单击“路径对齐方式”按钮，在下拉列表中可以看到多个对齐与分布的选项，可以单击相应的选项，如图7-132所示。

选择路径，单击属性栏中的“路径排列方法”按钮，在下拉列表中单击并执行相关命令，可以将选中路径的层级关系进行相应的排列，如图7-133所示。

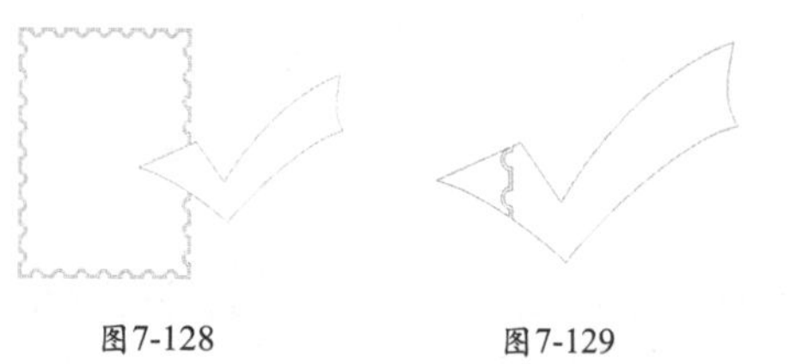

图7-128　图7-129 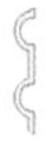　图7-130 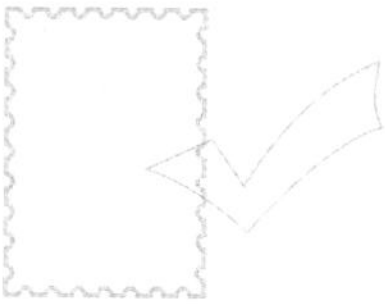　图7-131

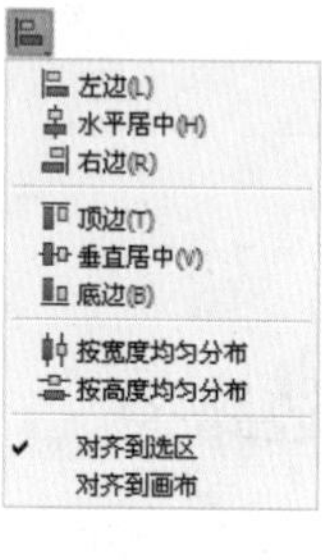

左边(L)
水平居中(H)
右边(R)
顶边(T)
垂直居中(V)
底边(B)
按宽度均匀分布
按高度均匀分布
对齐到选区
对齐到画布

图7-132

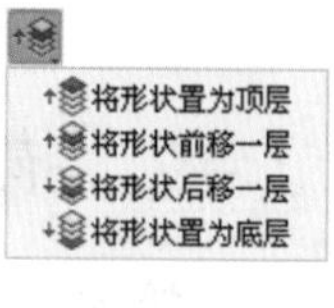

将形状置为顶层
将形状前移一层
将形状后移一层
将形状置为底层

图7-133

7.4.2 直接选择工具

直接选择工具主要用来选择路径上的单个或多个锚点，可以移动锚点、调整方向线。单击可以选中其中某一个锚点，框选可以选中多个锚点；按住Shift键单击可以选择多个锚点；按住Ctrl键并单击可以将当前工具转换为路径选择工具，如图7-134和图7-135所示。

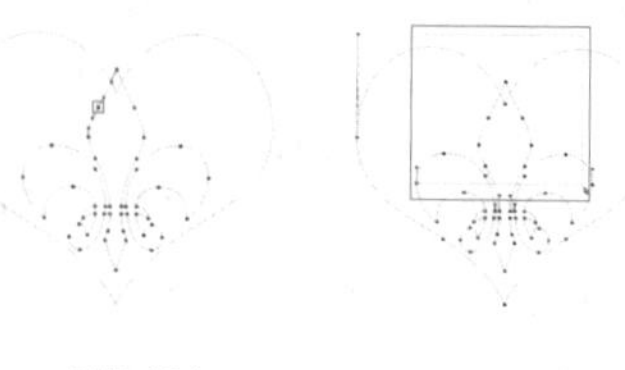

图7-134　图7-135

“路径”面板

“路径”面板主要用来存储、管理以及调用路径，在面板中显示了存储的所有路径、工作路径和矢量蒙版的名称和缩览图。

7.5.1 “路径”面板概述

执行“窗口>路径”命令，打开“路径”面板，如图7-136所示。其面板菜单如图7-137所示。

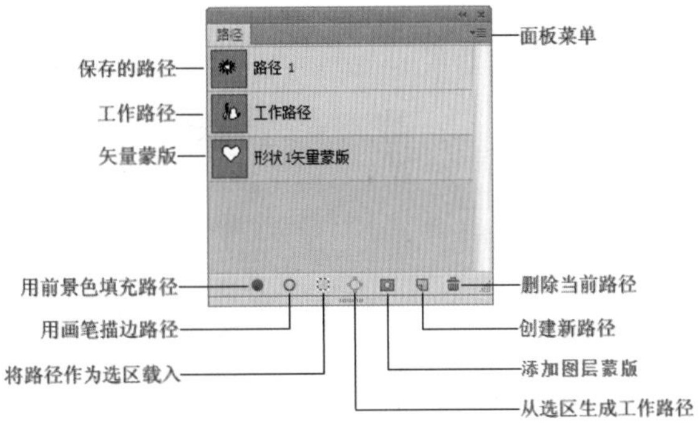

- 用前景色填充路径●：单击该按钮，可以用前景色填充路径区域。
- 用画笔描边路径○：单击该按钮，可以用设置好的画笔工具对路径进行描边。
- 将路径作为选区载入⁙：单击该按钮，可以将路径转换为选区。
- 从选区生成工作路径◇：如果当前文档中存在选区，单击该按钮，可以将选区转换为工作路径。
- 添加图层蒙版◘：单击该按钮，即可以当前选区为图层添加图层蒙版。

路径
保存的路径—— 路径 1
工作路径—— 工作路径
矢量蒙版—— 形状 1矢量蒙版
——面板菜单
用前景色填充路径
用画笔描边路径
将路径作为选区载入
删除当前路径
创建新路径
添加图层蒙版
从选区生成工作路径

图7-136

图7-137

- 创建新路径◘：单击该按钮，可以创建一个新的路径。按住Alt键的同时单击“创建新路径”按钮◘，可以弹出“新建路径”对话框，并进行名称的设置。拖曳需要复制的路径到“路径”面板下的“创建新路径”按钮◘上，可以复制出路径的副本。
- 删除当前路径🗑：将路径拖曳到该按钮上，可以将其删除。

7.5.2 存储工作路径

工作路径是临时路径，是在没有新建路径的情况下使用钢笔等工具绘制的路径，一旦重新绘制了路径，原有的路径将被当前路径所替代，如图7-138所示。

如果不想工作路径被替换掉，可以双击其缩览图，打开“存储路径”对话框，如图7-139所示。将其保存起来，如图7-140所示。

图7-138

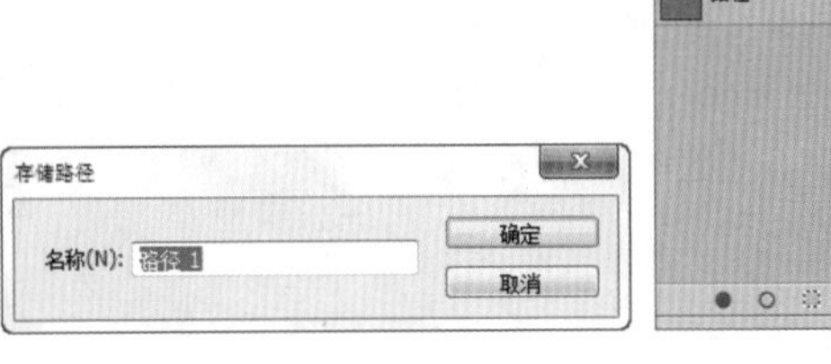

图7-139

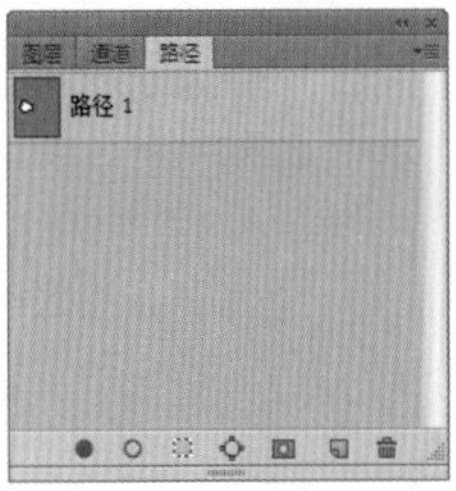

图层 通道 路径
路径 1

图7-140

7.5.3 新建路径

在“路径”面板中单击“创建新路径”按钮◘，可以创建一个新路径层，此后使用钢笔等工具绘制的路径都将包含在该路径层中，如图7-141所示。

按住Alt键的同时单击“创建新路径”按钮◘，可以弹出“新建路径”对话框，并进行名称的设置，如图7-142所示。

图7-141

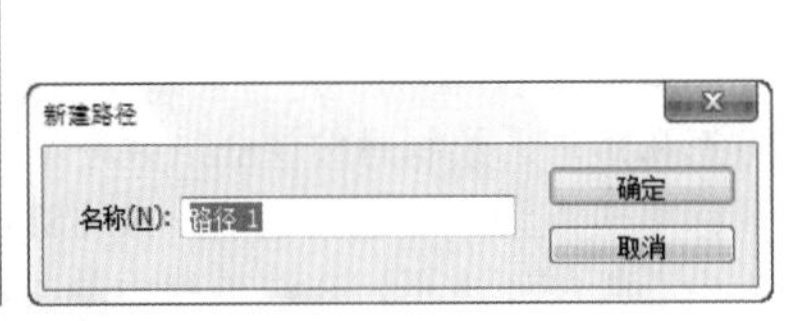

图7-142

7.5.4 复制/粘贴路径

如果要复制路径，在“路径”面板中拖曳需要复制的路径到“路径”面板下的“创建新路径”按钮◘上，复制出路径的副本，如图7-143所示。

如果要将当前文档中的路径复制到其他文档中，可以执行“编辑>拷贝”命令，然后切换到其他文档，接着执行“编辑>粘贴”命令即可，如图7-144所示。

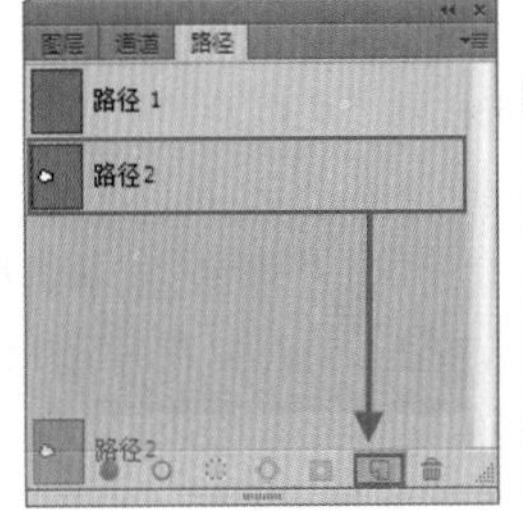

图7-143

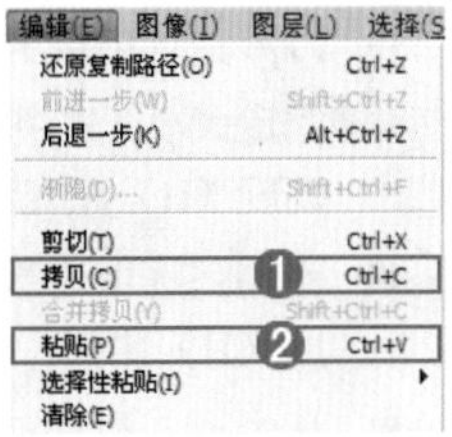

编辑(E) 图像(I) 图层(L) 选择(S)
还原复制路径(O) Ctrl+Z
前进一步(W) Shift+Ctrl+Z
后退一步(K) Alt+Ctrl+Z
渐隐(D)... Shift+Ctrl+F
剪切(T) Ctrl+X
拷贝(C) ❶ Ctrl+C
合并拷贝(Y) Shift+Ctrl+C
粘贴(P) ❷ Ctrl+V
选择性粘贴(I)
清除(E)

图7-144

7.5.5 删除路径

如果要删除某个不需要的路径，可以将其拖曳到“路径”面板下面的“删除当前路径”按钮上，或者直接按Delete键将其删除。

7.5.6 显示/隐藏路径

理论实践——显示路径

如果要将路径在文档窗口中显示出来，可以在“路径”面板中单击该路径，如图7-145所示。

图7-145

理论实践——隐藏路径

在“路径”面板中单击路径以后，文档窗口中就会始终显示该路径，如果不希望它妨碍我们的操作，可以在“路径”面板的空白区域单击，即可取消对路径的选择，将其隐藏起来，如图7-146所示。

图7-146

技巧与提示

按Ctrl+H组合键也可以切换路径显示与隐藏状态。

7.6 形状工具组

Photoshop中的形状工具包含多种矢量形状，如矩形工具、圆角矩形工具、椭圆工具、多边形工具、直线工具和自定形状工具，而自定形状工具中又包含非常多的形状，并且用户可以自行定义其他形状，如图7-147所示。如图7-148～图7-151所示为使用形状工具可以制作出的图形。

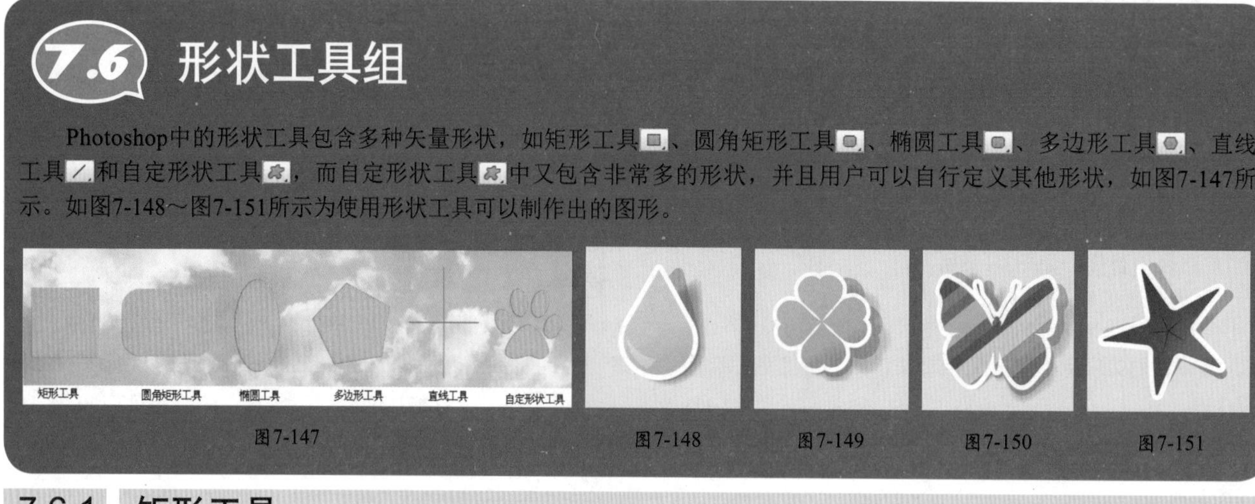

图7-147　图7-148　图7-149　图7-150　图7-151

7.6.1 矩形工具

矩形工具的使用方法与矩形选框工具类似，可以绘制出正方形和矩形。绘制时按住Shift键可以绘制出正方形；按住Alt键可以以鼠标单击点为中心绘制矩形；按住Shift+Alt组合键可以以鼠标单击点为中心绘制正方形，在选项栏中单击图标，打开矩形工具的设置选项，如图7-152和图7-153所示。

图7-152　图7-153

- **不受约束**：选中该单选按钮，可以绘制出任何大小的矩形。
- **方形**：选中该单选按钮，可以绘制出任何大小的正方形。
- **固定大小**：选中该单选按钮后，可以在其后面的数值框中输入宽度（W）和高度（H），然后在图像上单击即可创建出矩形，如图7-154所示。
- **比例**：选中该单选按钮后，可以在其后面的数值框中输入宽度（W）和高度（H）比例，此后创建的矩形始终保持这个比例，如图7-155所示。
- **从中心**：以任何方式创建矩形时，选中该复选框，鼠标单击点即为矩形的中心。

图7-154

图7-155

- 对齐边缘：选中该复选框后，可以使矩形的边缘与像素的边缘相重合，这样图形的边缘就不会出现锯齿。

7.6.2 圆角矩形工具

圆角矩形工具可以创建出具有圆角效果的矩形，其创建方法和选项与矩形完全相同。在选项栏中可以对“半径”数值进行设置，“半径”选项用来设置圆角的半径，数值越大，圆角越大，如图7-156和图7-157所示。

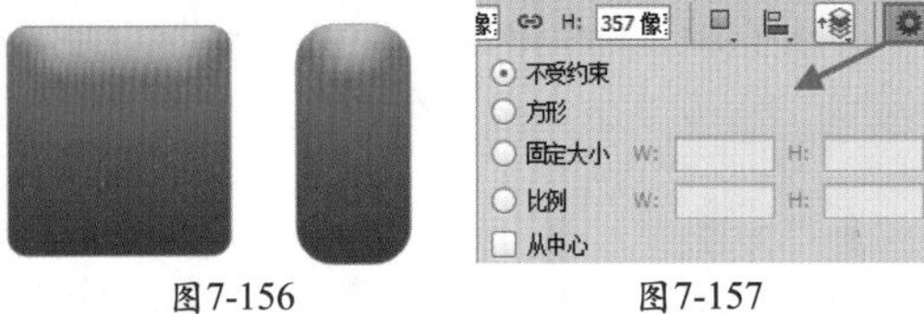

图7-156 图7-157

7.6.3 椭圆工具

使用椭圆工具可以创建出椭圆和圆形，设置选项与矩形工具相似，如图7-158所示。如果要创建椭圆，可以拖曳鼠标进行创建；如果要创建圆形，可以按住Shift键或Shift+Alt组合键（以鼠标单击点为中心）进行创建，如图7-159所示。

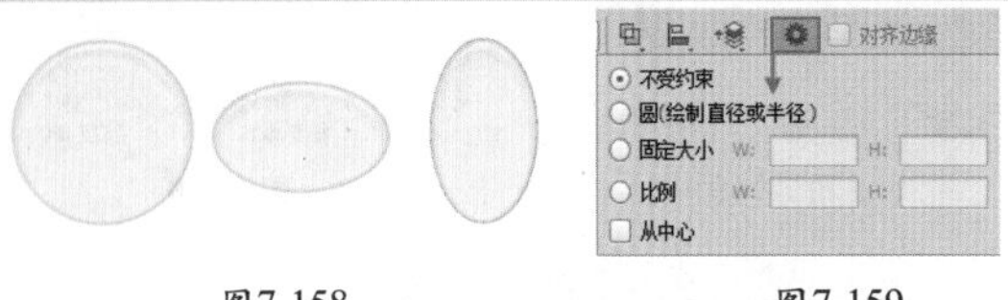

图7-158 图7-159

7.6.4 多边形工具

使用多边形工具可以创建出正多边形（最少为3条边）和星形，其设置选项如图7-160和图7-161所示。

- 边：设置多边形的边数，设置为3时，可以创建出正三角形；设置为4时，可以绘制出正方形；设置为5时，可以绘制出正五边形，如图7-162所示。
- 半径：用于设置多边形或星形的半径长度（单位为cm），设置好半径以后，在画面中拖曳鼠标即可创建出相应半径的多边形或星形。
- 平滑拐角：选中该复选框后，可以创建出具有平滑拐角效果的多边形或星形，如图7-163所示。

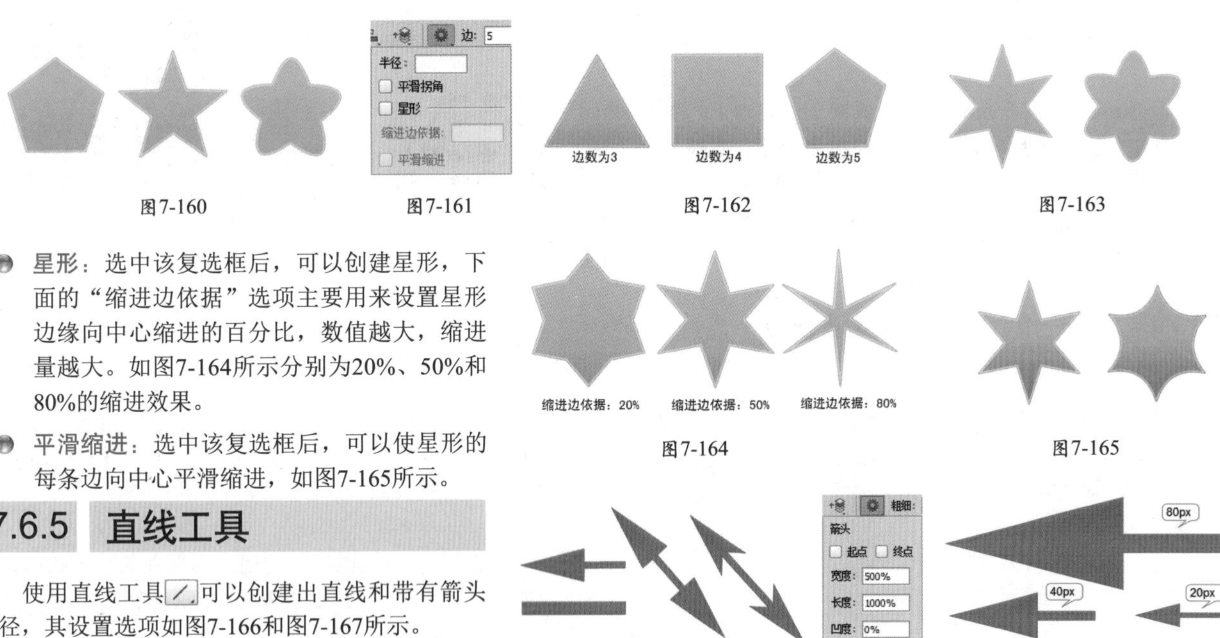

图7-160 图7-161 图7-162 图7-163

- 星形：选中该复选框后，可以创建星形，下面的“缩进边依据”选项主要用来设置星形边缘向中心缩进的百分比，数值越大，缩进量越大。如图7-164所示分别为20%、50%和80%的缩进效果。
- 平滑缩进：选中该复选框后，可以使星形的每条边向中心平滑缩进，如图7-165所示。

图7-164 图7-165

7.6.5 直线工具

使用直线工具可以创建出直线和带有箭头路径，其设置选项如图7-166和图7-167所示。

图7-166 图7-167 图7-168

- 粗细：设置直线或箭头线的粗细，单位为“像素”，如图7-168所示。
- 起点/终点：选中“起点”复选框，可以在直线的起点处添加箭头；选中“终点”复选框，可以在直线的终点处添加箭头；同时选中“起点”和“终点”复选框，则可以在两头都添加箭头，如图7-169所示。
- 宽度：用来设置箭头宽度与直线宽度的百分比，范围为10%～1000%，如图7-170所示分别为使用200%、800%和1000%创建的箭头。

- 长度：用来设置箭头长度与直线宽度的百分比，范围为10%～5000%。如图7-171所示分别为使用100%、500%和1000%创建的箭头。
- 凹度：用来设置箭头的凹陷程度，范围为-50%～50%。值为0时，箭头尾部平齐；值大于0时，箭头尾部向内凹陷；值小于0时，箭头尾部向外凸出，如图7-172所示。

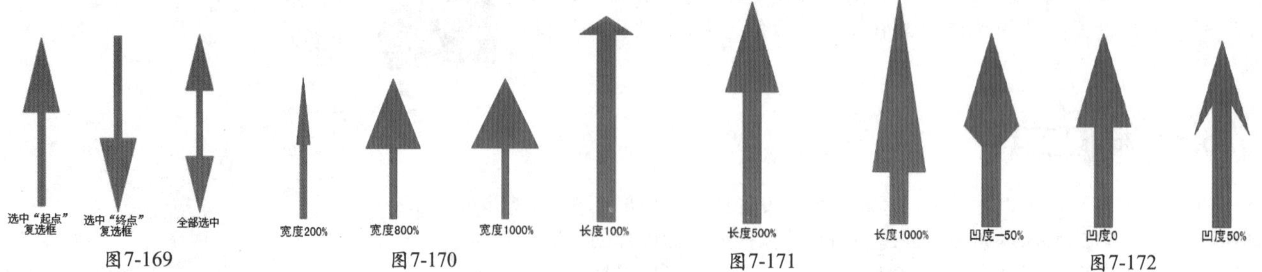

图7-169 图7-170 图7-171 图7-172

7.6.6 自定形状工具

使用自定形状工具可以创建出非常多的形状，其选项设置如图7-173所示。这些形状既可以是Photoshop的预设，也可以是用户自定义或加载的外部形状，如图7-174所示。

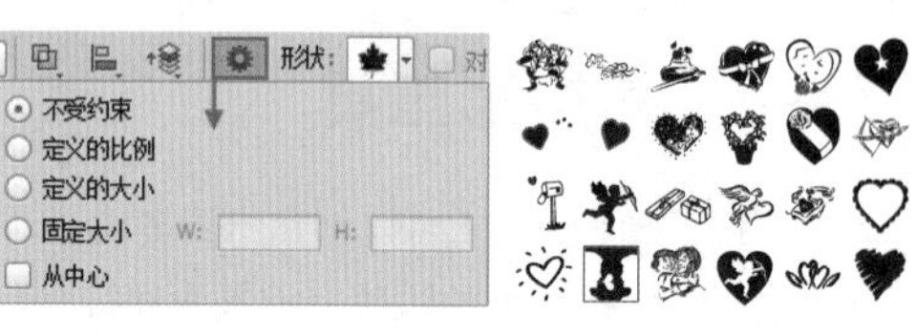

图7-173 图7-174

答疑解惑——如何加载Photoshop预设形状和外部形状？

在选项栏中单击图标，打开"自定形状"选取器，可以看到Photoshop只提供了少量的形状，这时我们可以单击图标，然后在弹出的菜单中选择"全部"命令，如图7-175所示，这样可以将Photoshop预设的所有形状都加载到"自定形状"拾色器中，如图7-176所示。如果要加载外部的形状，可以在拾色器菜单中选择"载入形状"命令，然后在弹出的"载入"对话框中选择形状即可（形状的格式为.csh格式）。

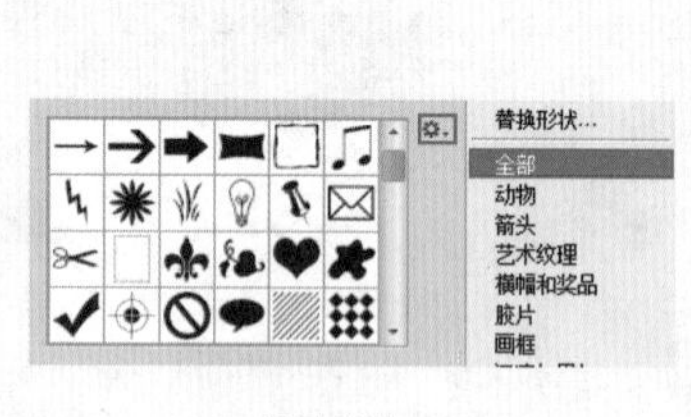

图7-175

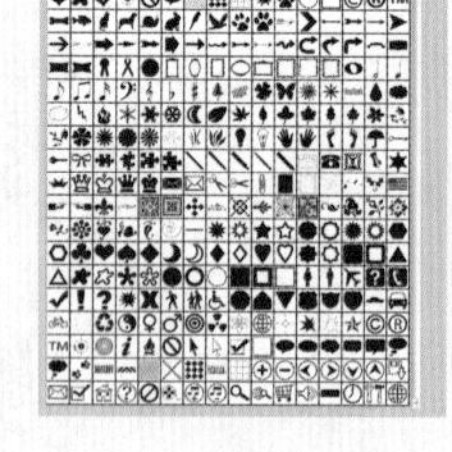
图7-176

实例练习——制作趣味输入法皮肤

案例文件	实例练习——制作趣味输入法皮肤.psd
视频教学	实例练习——制作趣味输入法皮肤.flv
难易指数	★★★★★
技术要点	圆角矩形工具，图层样式，横排文字工具

案例效果

本例最终效果如图7-177所示。

操作步骤

步骤01 打开本书配套光盘中的背景文件，创建新图层，选择画笔工具，设置"大小"为620像素，"硬度"为100%，如图7-178所示。在图像中单击绘制一个圆形，如图7-179所示。

步骤02 隐藏"背景"图层，使用矩形选框工具单独框选圆点，如图7-180所示。执行"编辑>定义图案"命令，打开"图案名称"对话框，如图7-181所示。

图7-177

图7-178

图7-179

图7-180

图7-181

步骤03创建新图层，使用圆角矩形工具，设置“类型”为“形状”，圆角“半径”为50像素，颜色为黄色，如图7-182所示。在视图中绘制一个圆角矩形，如图7-183所示。

图7-182

图7-183

步骤04为选框添加图层样式，选中“图案叠加”样式，设置“混合模式”为“减去”，“不透明度”为100%，单击图案中的下拉箭头，找到刚刚定义的圆点图像，接着设置“缩放”为9%，选中“与图层链接”复选框，如图7-184～图7-186所示。

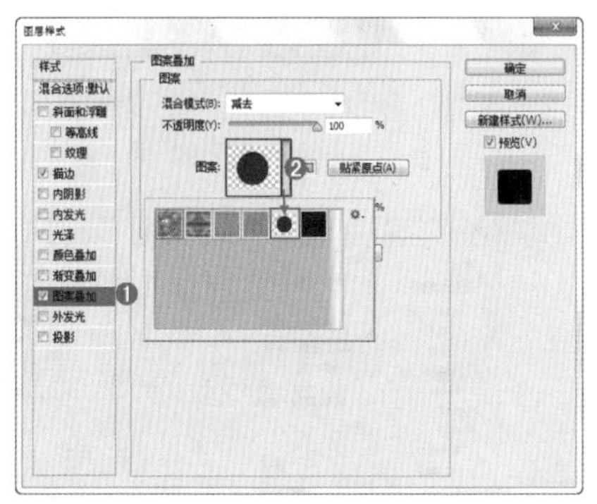

图7-184

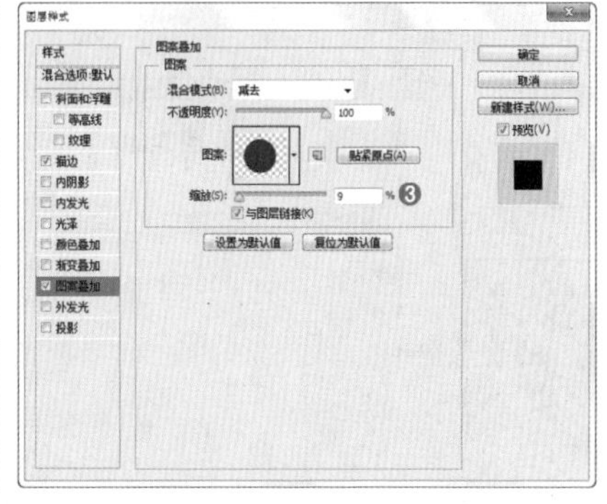

图7-185

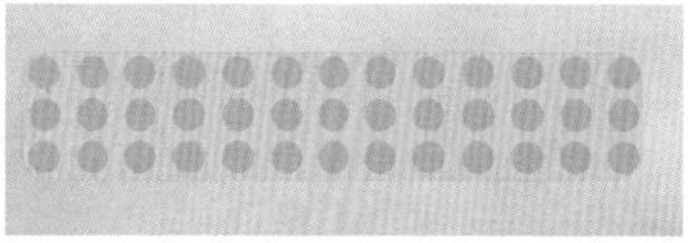

图7-186

步骤05选中“描边”样式，设置“大小”为9像素，“位置”为“外部”，“混合模式”为“正常”，“不透明度”为100%，“填充类型”为“颜色”，“颜色”为黑色，如图7-187和图7-188所示。

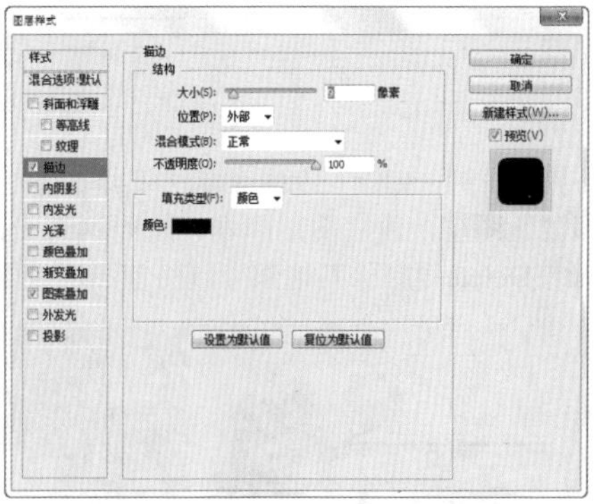

图7-187

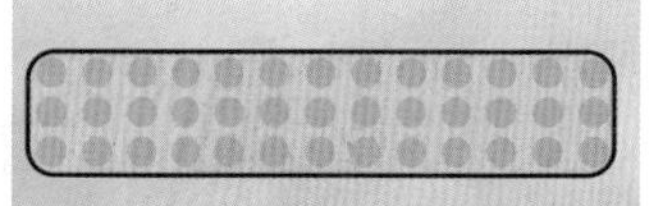

图7-188

步骤06复制“外框”图层，建立副本，命名为“内框”，右键清除复制出的图层样式，按Ctrl+T组合键调整位置，按住Shift键等比例缩小图层，如图7-189所示。

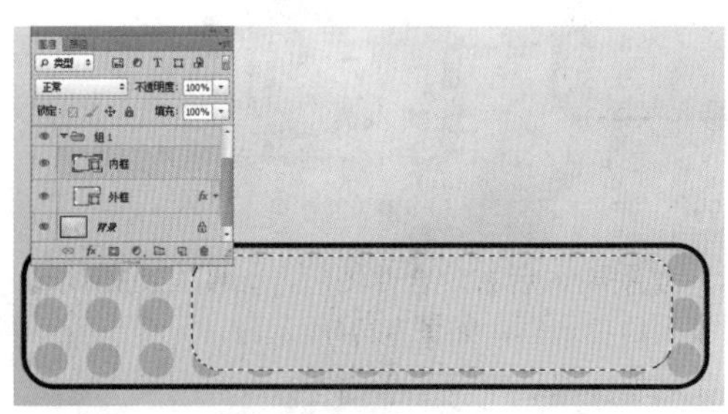

图7-189

技巧与提示

如果要清除一个图层中所包含的图层样式效果，可以在该图层的名称上右击，在弹出的快捷菜单中选择“清除图层样式”命令即可。

步骤07为内框添加图层样式，选中“投影”样式，设置“混合模式”为“正常”，“不透明度”为58%，“角度”为59度，“距离”为12像素，“扩展”为8%，“大小”为24像素，如图7-190所示。

步骤08为选框添加图层样式，选中“图案叠加”样式，设置“混合模式”为“划分”，“不透明度”为80%，单击图案中的下拉箭头，找到定义圆点图像，接着设置“缩放”为8%，选中“与图层链接”复选框，如图7-191和图7-192所示。

步骤09创建新图层，使用矩形选框工具绘制细长条矩形，设置前景色为棕色，填充颜色，如图7-193所示。执行“滤镜>模糊>高斯模糊”命令，在弹出的对话框中设置“半径”为4像素，如图7-194和图7-195所示。

步骤10置入企鹅素材，执行“图层>栅格化>智能对象”命令，放在左侧。添加图层样式，选中“描边”样式，设置“大小”为3像素，“位置”为“外部”，“混合模式”为“正常”，“不透明度”为100%，“填充类型”为“颜色”，“颜色”为白色，如图7-196和图7-197所示。

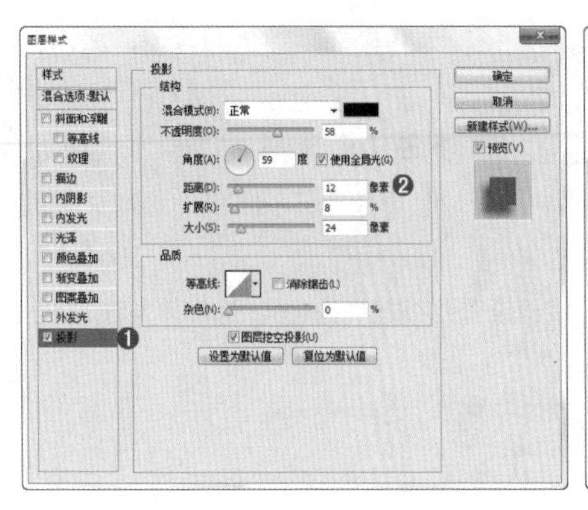

图7-190

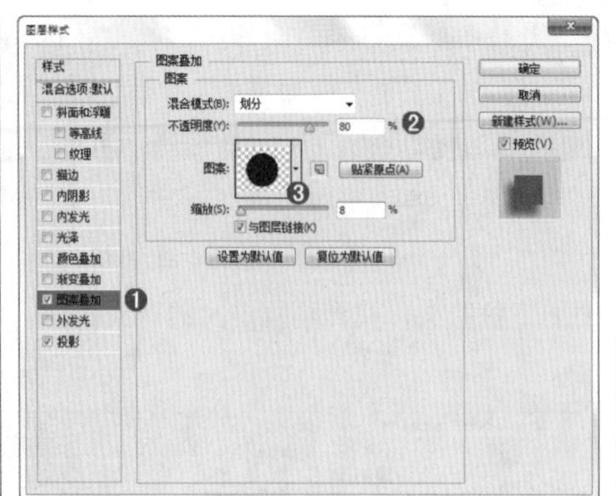

图7-191

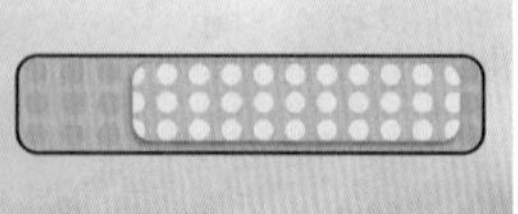

图7-192

图7-193

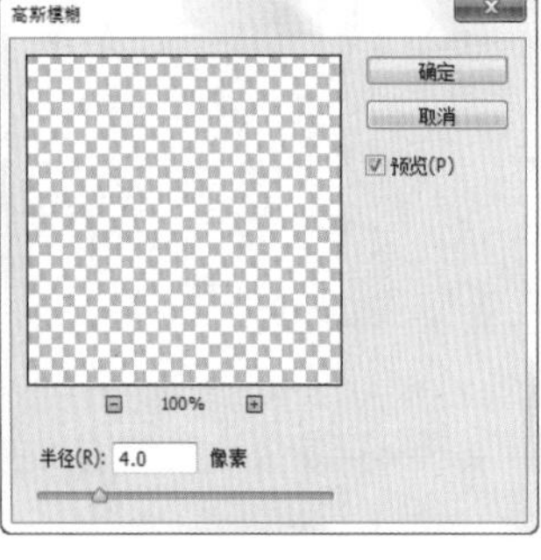

图7-194

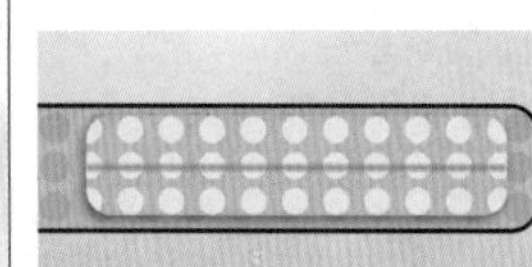

图7-195

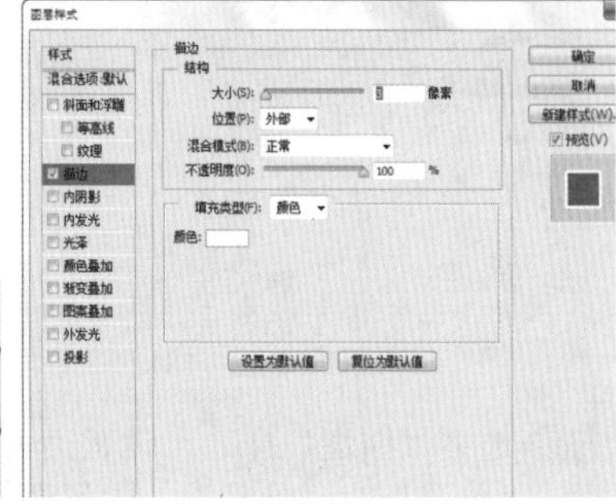

图7-196

步骤11 置入企鹅2素材，栅格化后放在右侧，如图7-198所示。为其添加图层蒙版使用黑色画笔擦除身体部分，如图7-199所示。

步骤12 按Ctrl+J组合键复制“企鹅2”图层，建立图层副本，使用钢笔工具勾勒出企鹅脚部，建立选区，如图7-200所示。按Shift+Ctrl+I组合键反向选择，然后按Delete键删除其他部分。将该图层放置在外框图层下面，如图7-201所示。

图7-197

图7-198

图7-199

图7-200

步骤13 复制除了“背景”和“企鹅2”图层以外的所有图层，如图7-202所示。复制副本后右键合并图层，如图7-203所示。载入副本图层选区，填充白色，按Ctrl+T组合键调整位置，按住Shift键等比例放大白色边框，如图7-204所示。

步骤14 输入前景文字，并置入背景素材，执行“图层>栅格化>智能对象”命令。最终效果如图7-205所示。

图7-201

图7-202

图7-203

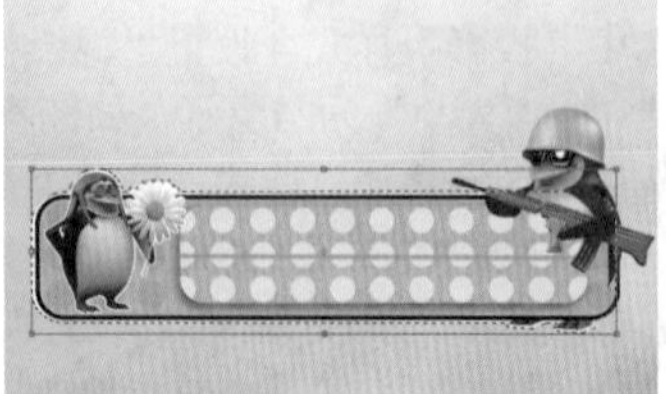

图7-204

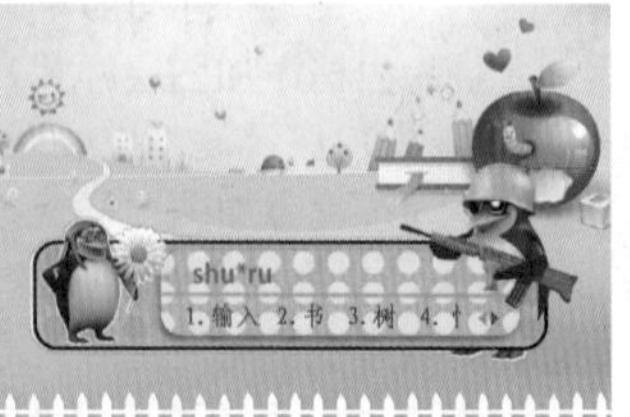

图7-205

实例练习——交互界面设计

案例文件	实例练习——交互界面设计.psd
视频教学	实例练习——交互界面设计.flv
难易指数	★★★★★
技术要点	圆角矩形工具，文字工具，描边，图层样式

案例效果

本例最终效果如图7-206所示。

图7-206

操作步骤

步骤01 打开背景素材文件，如图7-207所示。

步骤02 创建新组并命名为“右”，新建图层，设置前景色为蓝色，单击“圆角矩形工具”按钮，在其选项栏中单击“形状”按钮，设置“半径”为30像素，在画面偏右的位置绘制一个圆角矩形，如图7-208所示。

技巧与提示

背景部分的制作也很简单，首先填充蓝色系渐变背景，左上角的多个圆角矩形底纹可以使用圆角矩形工具绘制一个浅蓝色的圆角矩形，多次复制并排列成整齐的一组后适当旋转以及扭曲即可。

步骤03 继续使用圆角矩形工具，设置“半径”为80像素，在下方绘制一个圆角矩形，如图7-209所示。

步骤04 合并两个形状，如图7-210所示。设置“不透明度”为40%，如图7-211所示。

图7-207

图7-208

图7-209

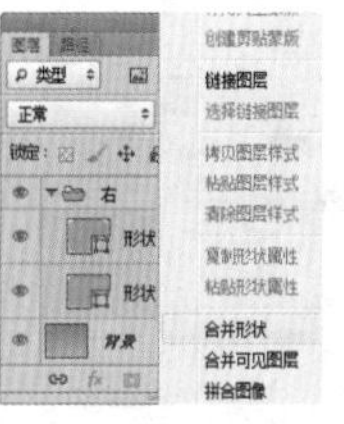
图7-210

图7-211

步骤05 同理，继续使用圆角矩形工具和椭圆工具绘制在原图像上新的矩形和圆形部分，如图7-212所示。

步骤06 执行“图层>图层样式>描边”命令，在弹出的对话框中设置“大小”为1像素，“位置”为“外部”，“混合模式”为“正常”，“不透明度”为100%，“颜色”为黑色，如图7-213和图7-214所示。

步骤07 创建新图层，使用钢笔工具在画面中绘制如图7-215所示的闭合路径。按Ctrl+Enter组合键将其转换为选区，并填充浅蓝色，如图7-216所示。

图7-212

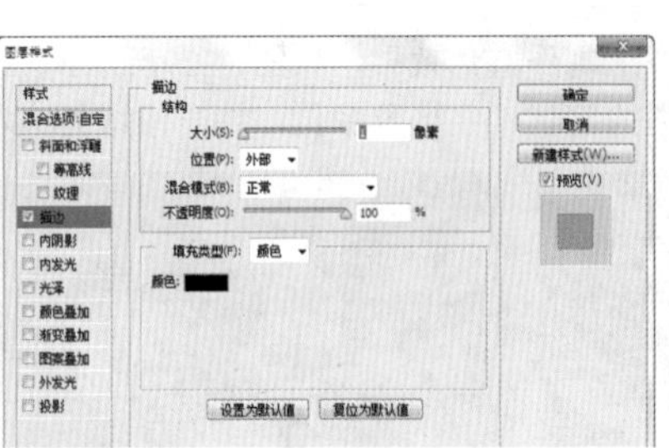
图7-213

图7-214

图7-215

步骤08 选择圆角矩形工具，在其选项栏中单击“路径”按钮，设置“半径”为80像素，绘制闭合路径，如图7-217所示。

步骤09 新建图层，按Ctrl+Enter组合键快速转换为选区，执行“编辑>描边”命令，在弹出的对话框中设置“宽度”为“5像素”，“颜色”为白色，“位置”为“居外”，如图7-218和图7-219所示。

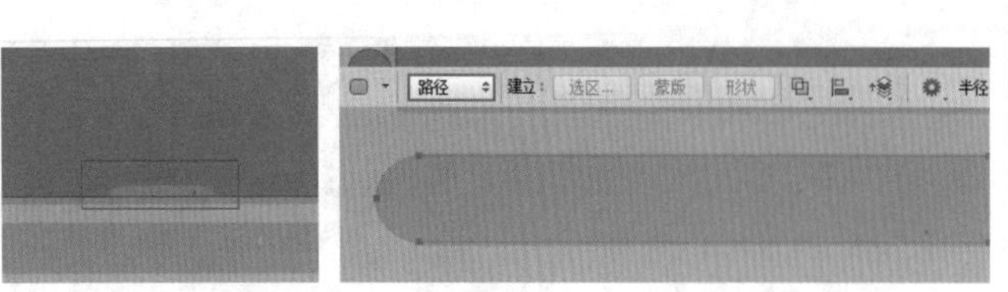
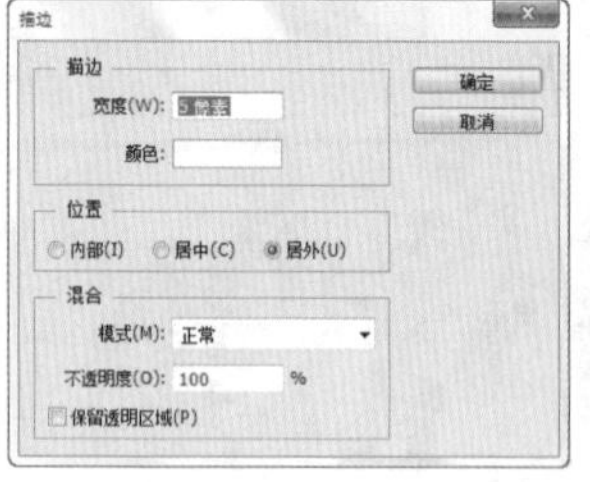

图7-216　　图7-217　　图7-218　　图7-219

步骤10 同理，绘制另一个圆角矩形，如图7-220所示。

步骤11 使用矩形选框工具，单击“添加到选区”按钮，绘制选区，按Delete键删除选框内容，如图7-221所示。同理将另一个圆角矩形也制作成虚线框效果，如图7-222所示。

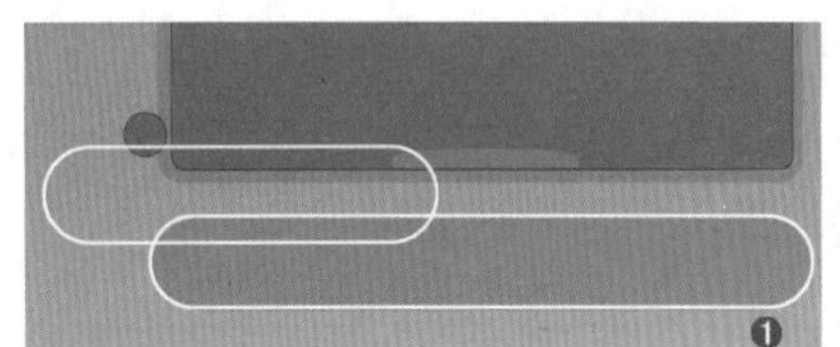
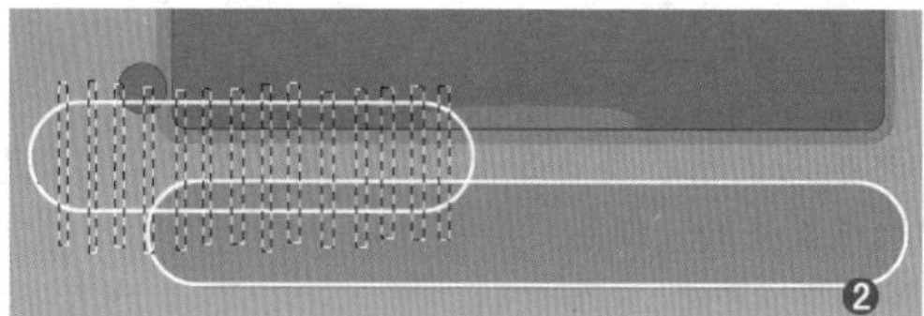

图7-220　　图7-221　　图7-222

步骤12 继续绘制一个较小的圆角矩形作为按钮，执行“图层>图层样式>投影”命令，并继续选中“渐变叠加”和“描边”两个样式，使按钮呈现突起的效果，具体参数如图7-223～图7-225所示。效果如图7-226所示。

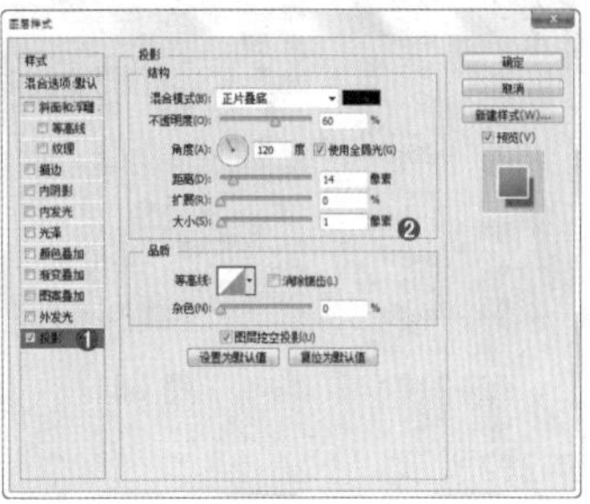
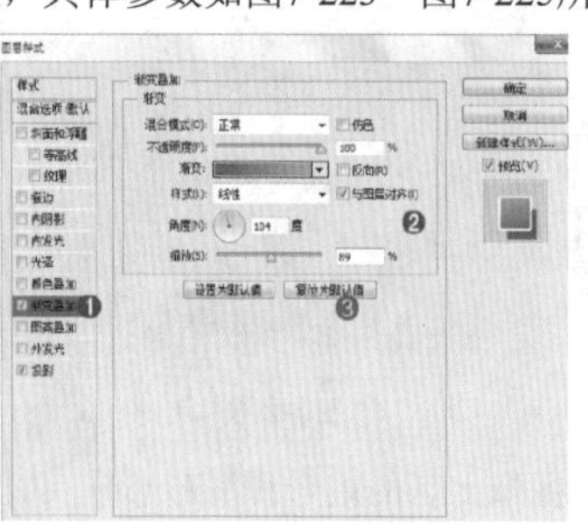
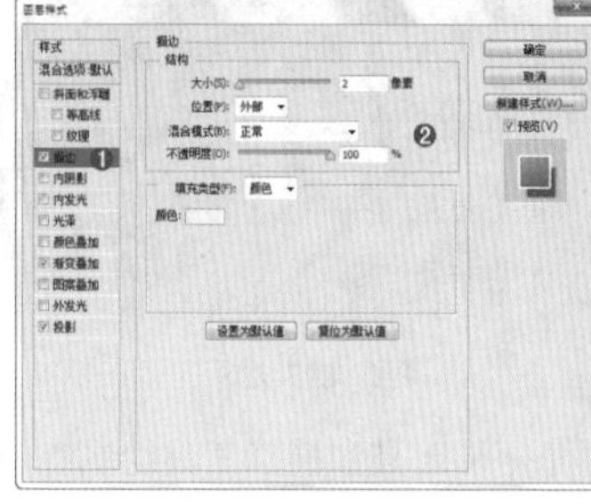
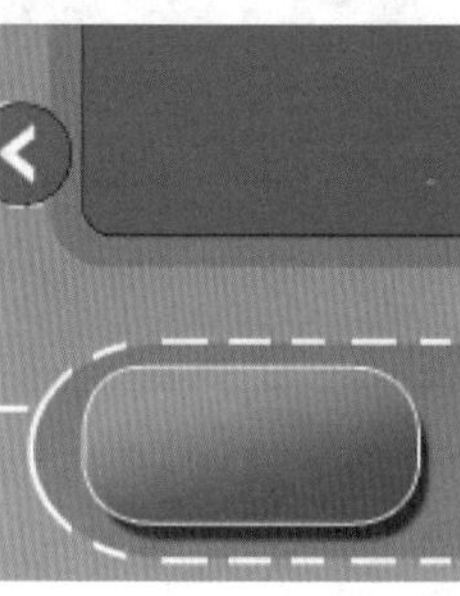

图7-223　　图7-224　　图7-225　　图7-226

步骤13 使用同样的方法制作出另外的按钮，如图7-227所示。

步骤14 置入图片素材，执行“图层>栅格化>智能对象”命令。使用圆角矩形工具绘制路径，并按Ctrl+Eenter组合键转换为选区。以当前选区为图片添加图层蒙版，使选区以外部分隐藏，如图7-228所示。

步骤15 同理置入其他图片素材，栅格化后并按照同样的方法制作圆角效果，如图7-229所示。

步骤16 单击工具箱中的“横排文字工具”按钮，设置合适的字体、字号及颜色，并在按钮上输入文字，如图7-230所示。

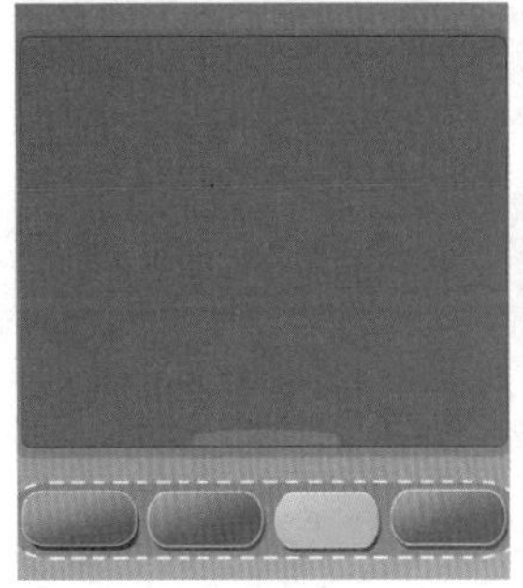
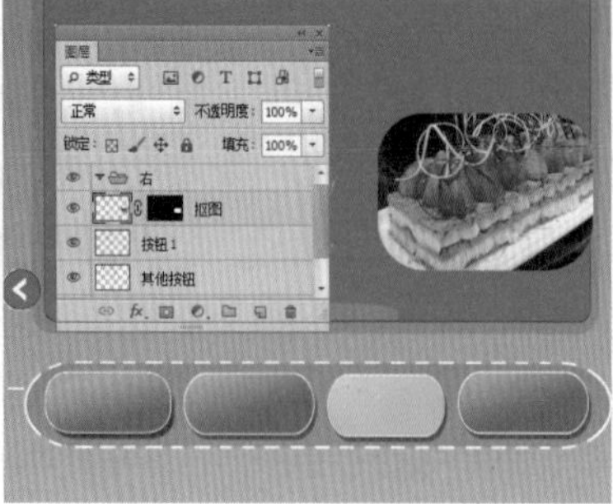

图7-227　　图7-228　　图7-229　　图7-230

技巧与提示

为了使所有按钮在同一水平线上可以将4个按钮分别合并，然后选中这4个图层，可以执行“图层>分布”和“图层>对齐”命令。

步骤17 创建新组并命名为“左”，新建图层。设置前景色为蓝色，单击“圆角矩形工具”按钮，设置“半径”为30像素，绘制两个圆角矩形，如图7-231所示。降低“不透明度”为40%，如图7-232所示。

步骤18 单击工具箱中的“钢笔工具”按钮，新建图层绘制如图7-233所示的形状，将其转换为选区后填充灰色，如图7-234所示。

步骤19 置入前景卡通图标素材，执行“图层>栅格化>智能对象”命令。放在左上角，如图7-235所示。

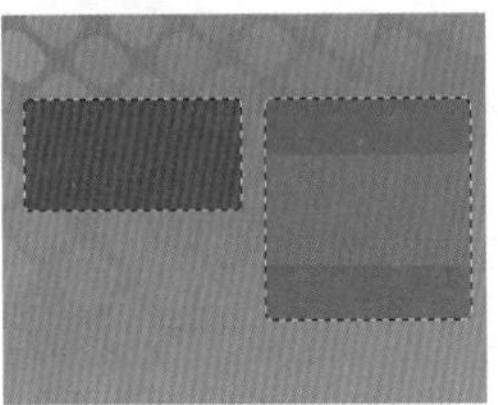
图7-231

图7-232

图7-233

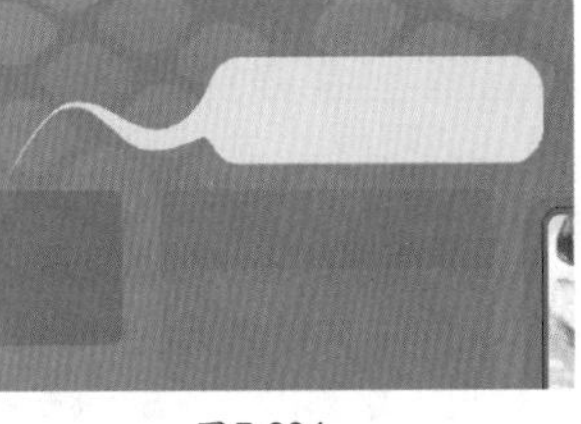
图7-234

图7-235

步骤20 输入文字“KAMA”，执行“图层>图层样式>投影”命令，为其添加“投影”和“内阴影”样式，具体参数如图7-236和图7-237所示。效果如图7-238所示。

步骤21 输入其他文字，摆放好文字位置，最终效果如图7-239所示。

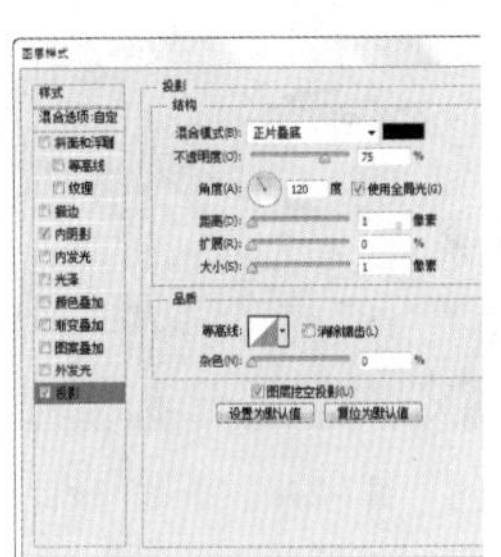
图7-236

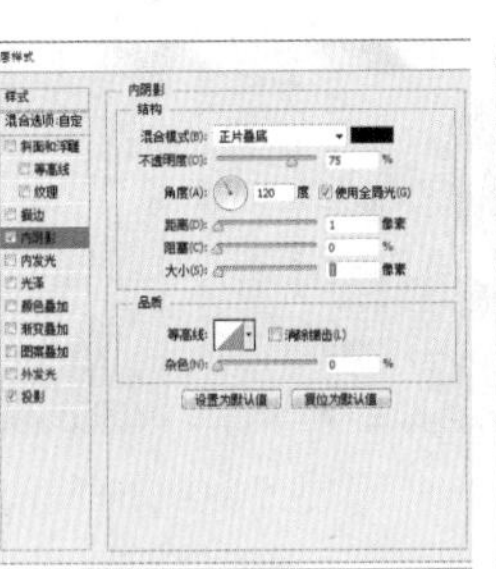
图7-237

图7-238

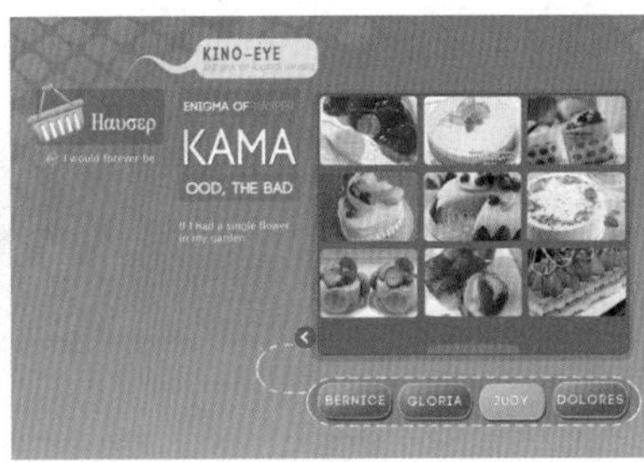

图7-239

实例练习——使用矢量工具制作卡通风格招贴

案例文件	实例练习——使用矢量工具制作卡通风格招贴.psd
视频教学	实例练习——使用矢量工具制作卡通风格招贴.flv
难易指数	★★★★★
技术要点	钢笔工具、圆角矩形工具、图层样式、横排文字工具

案例效果

本例最终效果如图7-240所示。

图7-240

操作步骤

步骤01 按Ctrl+N组合键新建一个大小为2900×1800像素的文档。

步骤02 在工具箱中单击“渐变工具”按钮，在其选项栏中设置渐变类型为径向，然后单击渐变条，在弹出的“渐变编辑器”对话框中拖动滑块将渐变颜色调整为从蓝色到浅蓝色渐变，如图7-241所示。在背景中拖曳，为其填充渐变色，如图7-242所示。

步骤03 新建一个“卡通”图层组，置入云朵素材文件，执行“图层>栅格化>智能对象”命令，如图7-243所示。

步骤04 按Ctrl+J组合键两次，复制出另外两个云朵图层，分别使用移动工具将其移动到如图7-244所示的位置。

图7-241

图7-242

图7-243

图7-244

步骤05 分别选中每个云朵图层，依次缩放，如图7-245所示。

步骤06 置入卡通素材文件，执行“图层>栅格化>智能对象”命令。放在画布中央，单击工具箱中的“钢笔工具”按钮，沿卡通形象外轮廓进行绘制，绘制出外轮廓的完整闭合路径，如图7-246所示。

步骤07 按Ctrl+Enter组合键将路径快速转换为选区，单击“图层”面板底部的“添加图层蒙版”按钮为图层添加蒙版，卡通形象的图像被完整抠出来了，如图7-247所示。

步骤08 置入食物素材文件，执行“图层>栅格化>智能对象”命令。放在卡通形象图层的下方，如图7-248所示。

图7-245

图7-246

图7-247

图7-248

步骤09 设置前景色为白色，创建新图层，使用钢笔工具绘制出一个闭合路径，如图7-249所示。右击，在弹出的快捷菜单中选择“建立选区”命令，为其填充白色，如图7-250所示。

步骤10 执行“图层>图层样式>内发光”命令，在弹出的对话框中设置“混合模式”为“正常”，“不透明度”为75%，“颜色”为浅黄色，“方法”为“柔和”，“大小”为18像素，如图7-251所示。将该层放置在组的最底层，如图7-252所示。

图7-249

图7-250

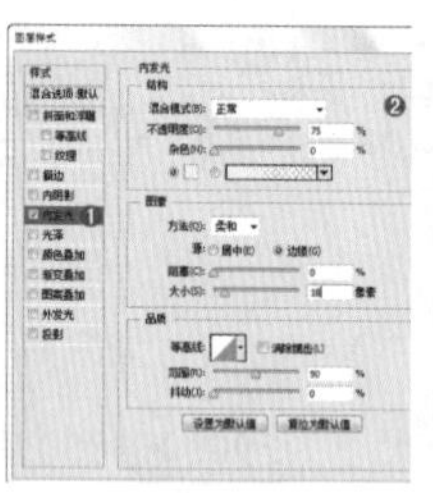

图7-251

图7-252

步骤11 创建新图层，单击工具箱中的“自定形状工具”按钮，在其选项栏中设置类型为“像素”，并选择一个合适的形状，在画面中绘制合适大小的矩形，如图7-253所示。

步骤12 创建新图层，使用圆角矩形工具，在其选项栏中设置“半径”为300像素，绘制出一个圆角矩形路径，右击，在弹出的快捷菜单中选择“建立选区”命令。使用渐变工具，在其选项栏中设置渐变类型为对称，然后单击渐变编辑器图标，在弹出的“渐变编辑器”对话框中调整渐变颜色为从蓝色到浅蓝色渐变，如图7-254所示。拖曳为选区绘制出渐变，如图7-255所示。

图7-253

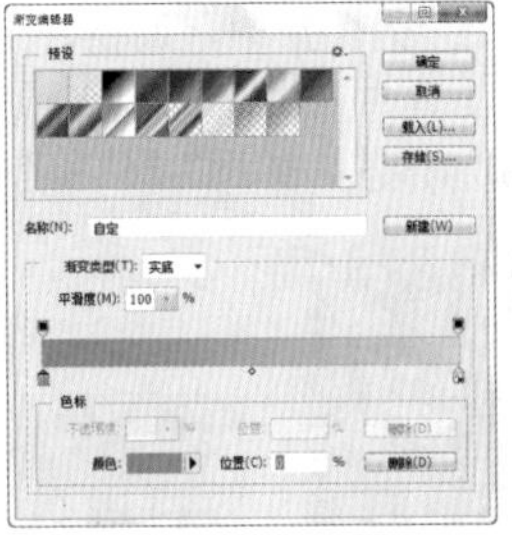

图7-254

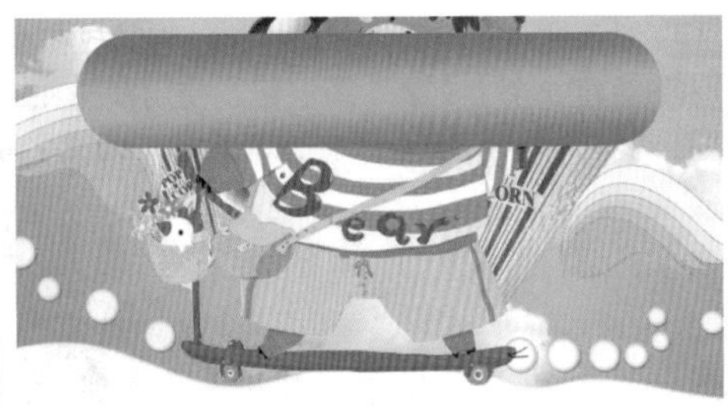

图7-255

步骤13 按Ctrl键载入选区，右击，在弹出的快捷菜单中选择“描边”命令，在弹出的对话框中设置“宽度”为20像素，“颜色”为浅蓝色。执行“图层>图层样式>描边”命令，在弹出的对话框中设置“大小”为18像素，“位置”为“外部”，“颜色”为白色，如图7-256所示。按Ctrl+T组合键调整大小和位置，如图7-257所示。

步骤14 创建新图层，单击工具箱中的“椭圆选框工具”按钮在圆角矩形中间绘制一个圆形选区，如图7-258所示。

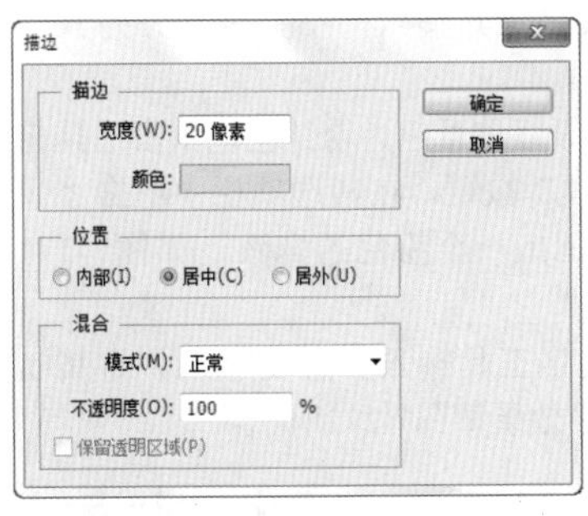

图7-256

图7-257

图7-258

步骤15 单击工具箱中的“渐变工具”按钮，设置渐变类型为线性渐变，编辑一种浅蓝色到深蓝色的渐变，新建图层并拖曳填充，如图7-259所示。

步骤16 载入圆形选区，新建图层并命名为“描边”，对该图层执行“编辑>描边”命令，在弹出的对话框中设置“描边数量”为30像素，颜色为浅蓝色，“位置”为“居外”，效果如图7-260所示。

步骤17 置入礼品盒素材文件，栅格化后按Ctrl键载入圆形选区，为礼品盒素材图层添加图层蒙版，使其只保留选区以内部分，如图7-261所示。

图7-259

图7-260

图7-261

步骤18 使用自定形状工具，在其选项栏形状选择一个形状，在左上角拖曳进行绘制。执行“图层>图层样式>内发光”命令，在弹出的对话框中设置“混合模式”为“正常”，“不透明度”为45%，“颜色”为蓝色，“方法”为“柔和”，“大小”为18像素，如图7-262所示；选中“斜面和浮雕”样式，设置“样式”为“外斜面”，“方法”为“平滑”，“深度”为100%，“大小”为5像素，“角度”为120度，“高度”为30度，高光的“不透明度”为75%，阴影的“不透明度”为75%，如图7-263和图7-264所示。

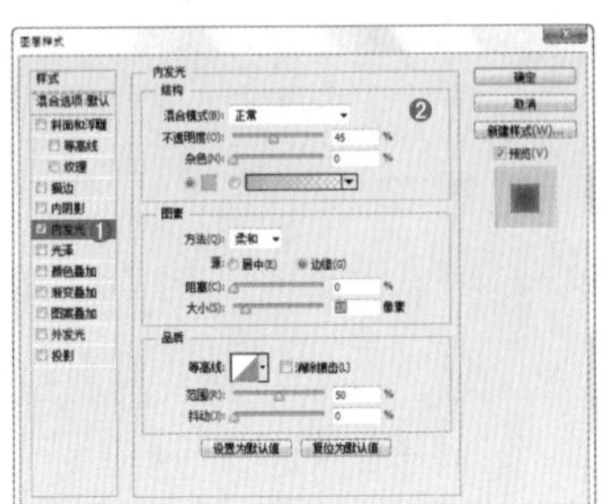

图7-262

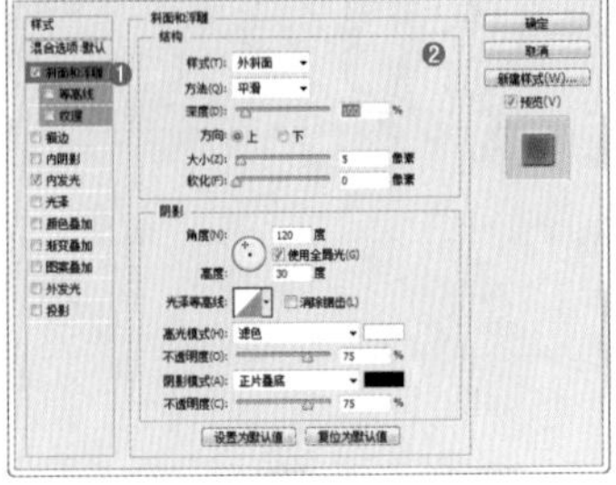

图7-263

图7-264

步骤19 置入饮品素材文件并栅格化，将其放在左上角的图形中，调整好大小和位置，如图7-265所示。

步骤20 新建一个“文字”图层组。使用横排文字工具T嵌入“阳光”文字，如图7-266所示。执行“窗口>样式”命令，打开“样式”面板，单击一个样式缩览图，为文字添加样式，如图7-267和图7-268所示。

图7-265

图7-266

图7-267

图7-268

技巧与提示

在“样式”面板中单击小三角号，在弹出的菜单中选择“载入样式”命令，并选择相应素材文件，如图7-269所示。

图7-269

步骤21 使用横排文字工具输入“站”字，并为其添加样式，如图7-270所示。

步骤22 新建图层，设置前景色为粉红色，单击工具箱中的“椭圆选框工具”按钮，在其选项栏中单击“像素”按钮，拖曳绘制出一个粉色的椭圆，如图7-271所示。

步骤23 使用横排文字工具输入剩余文字，并将其摆放到合适位置，最终效果如图7-272所示。

图7-270

图7-271

图7-272

读书笔记

图层

本章学习要点：

- 掌握各种图层的创建和编辑方法
- 掌握图层样式的使用方法
- 掌握图层混合模式的使用方法
- 了解智能对象的运用

8.1 图层基础知识

相对于传统绘画的"单一平面操作"模式而言，以Photoshop为代表的"多图层"模式数字制图大大地拓展了图像编辑的空间。在使用Photoshop制图时，有了"图层"这一功能，不仅能够更加快捷地达到目的，更能够制作出众多意想不到的效果。在Photoshop中，图层是处理图像时必备的承载元素，通过图层的堆叠与混合可以制作出多种多样的效果，如图8-1～图8-4所示。

图8-1

图8-2

图8-3

图8-4

8.1.1 图层的原理

图层的原理其实非常简单，就像分别在多块透明的玻璃上绘画一样，在"玻璃1"上进行绘画不会影响到其他玻璃上的图像；移动"玻璃2"的位置时，那么"玻璃2"上的对象也会跟着移动；将"玻璃3"放在"玻璃2"上，那么"玻璃2"上的对象将被"玻璃3"覆盖；将所有玻璃叠放在一起，即可显现出图像的最终效果，如图8-5～图8-7所示。

图8-5

图8-6

图8-7

技巧与提示

在编辑图层之前，首先需要在"图层"面板中单击该图层将其选中，所选图层将成为当前图层。需要注意的是，绘画以及色调调整只能在一个图层中进行，而移动、对齐、变换或应用"样式"面板中的样式等可以一次性处理所选的多个图层。

8.1.2 认识"图层"面板

"图层"面板是用于创建、编辑和管理图层以及图层样式的一种直观的"控制器"。在"图层"面板中，图层名称的左侧是图层的缩览图，它显示了图层中包含的图像内容，而缩览图中的棋盘格代表图像的透明区域，如图8-8所示。

- 锁定透明像素：将编辑范围限制为只针对图层的不透明部分。
- 锁定图像像素：防止使用绘画工具修改图层的像素。
- 锁定位置：防止图层的像素被移动。
- 锁定全部：锁定透明像素、图像像素和位置，处于这种状态下的图层将不能进行任何操作。

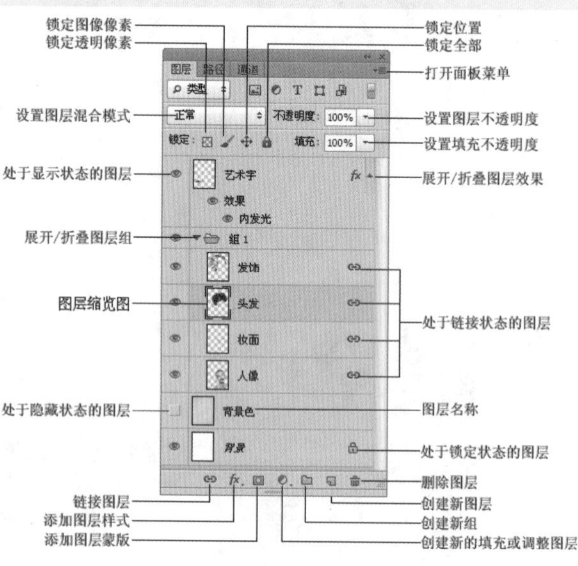

图8-8

技巧与提示

对于文字图层和形状图层，"锁定透明像素"按钮和"锁定图像像素"按钮在默认情况下处于激活状态，而且不能更改，只有将其栅格化以后才能解锁透明像素和图像像素。

- 设置图层混合模式：用来设置当前图层的混合模式，使之与下面的图像产生混合。
- 设置图层不透明度：用来设置当前图层的不透明度。
- 设置填充不透明度：用来设置当前图层的填充不透明度。该选项与“不透明度”选项类似，但是不会影响图层样式效果。
- 处于显示/隐藏状态的图层：当该图标显示为眼睛形状时表示当前图层处于可见状态，而显示为空白时则表示处于不可见状态。单击该图标，可以在显示与隐藏之间进行切换。
- 展开/折叠图层组：单击该图标，可以展开或折叠图层组。
- 展开/折叠图层效果：单击该图标，可以展开或折叠图层效果，以显示/隐藏当前图层所添加的所有效果的名称。
- 图层缩览图：显示图层中所包含的图像内容。其中棋盘格区域表示图像的透明区域，非棋盘格区域表示像素区域（即具有图像的区域）。

技术拓展：更改图层缩览图的显示方式

在默认状态下，缩览图的显示方式为小缩览图，如图8-9所示。在不同的操作情况下，可以更改不同的图层显示方式以更好地配合操作。

在图层缩览图上右击，在弹出的快捷菜单中选择相应的显示方式即可。如图8-10和图8-11所示为缩览图显示方式。

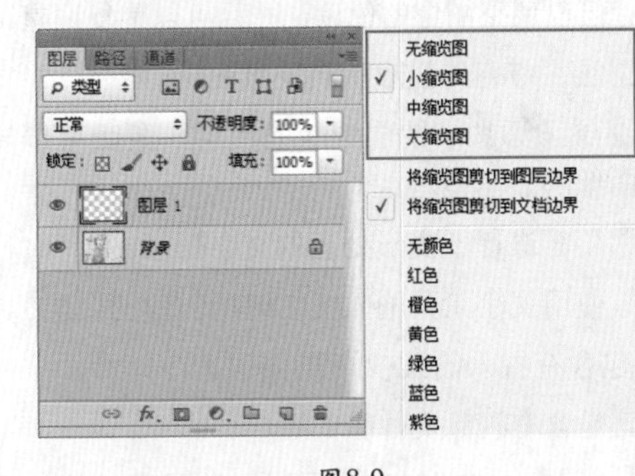

图8-9

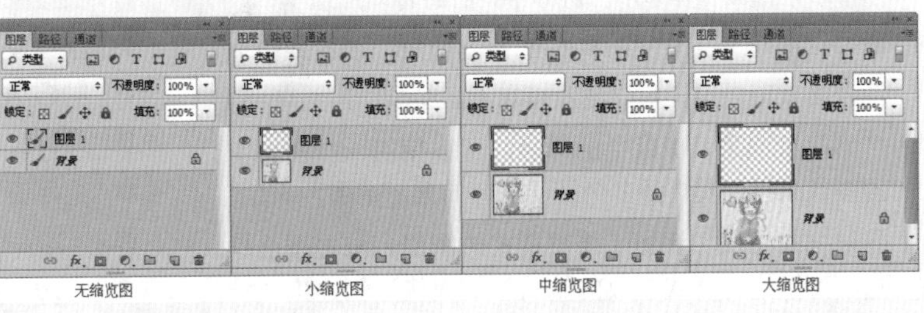

图8-10　图8-11

- 链接图层：用来链接当前选择的多个图层。
- 处于链接状态的图层：当链接好两个或两个以上的图层以后，图层名称的右侧就会显示出链接标志。

技巧与提示

被链接的图层可以在选中其中某一图层的情况下进行共同移动或变换等操作。

- 添加图层样式：单击该按钮，在弹出的菜单中选择一种样式，可以为当前图层添加该图层样式。
- 添加图层蒙版：单击该按钮，可以为当前图层添加一个蒙版。
- 创建新的填充或调整图层：单击该按钮，在弹出的菜单中执行相应的命令，可以创建填充图层或调整图层。
- 创建新组：单击该按钮（或按Ctrl+G组合键），可以新建一个图层组。
- 创建新图层：单击该按钮（或按Shift+Ctrl+N组合键），可以新建一个图层。
- 删除图层：单击该按钮，可以删除当前选择的图层或图层组，也可以直接在选中图层或图层组的状态下按Delete键进行删除。
- 处于锁定状态的图层：当图层缩览图右侧显示有该图标时，表示该图层处于锁定状态。
- 打开面板菜单：单击该图标，可以打开“图层”面板的设置菜单。

8.1.3 图层的类型

Photoshop中有多种类型的图层，如“视频图层”“智能图层”“3D图层”等，而每种图层都有不同的功能和用途；也有处于不同状态的图层，如“选中状态”“锁定状态”“链接状态”等，当然它们在“图层”面板中的显示状态也不相同，如图8-12所示。

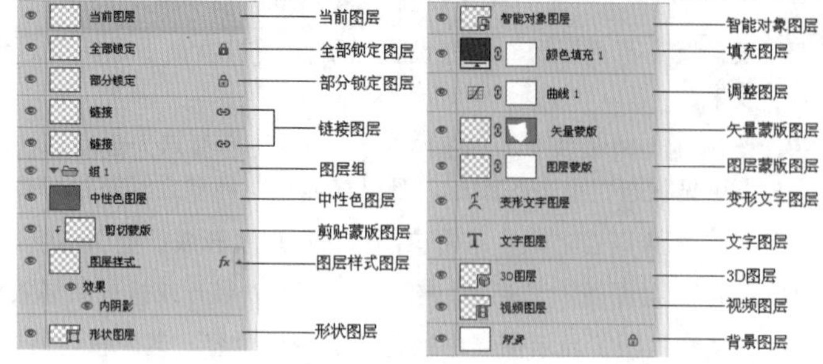

图8-12

- 当前图层：当前所选择的图层。
- 全部锁定图层：锁定了“透明像素”、“图像像素”和“位置”全部属性。
- 部分锁定图层：锁定了“透明像素”、“图像像素”“位置”中的一种或两种属性。
- 链接图层：保持链接状态的多个图层。
- 图层组：用于管理图层，以便于随时查找和编辑图层。
- 中性色图层：填充了中性色的特殊图层，结合特定的混合模式可以用来承载滤镜或在上面绘画。
- 剪贴蒙版图层：蒙版中的一种，可以使用一个图层中的图像来控制其上面多个图层内容的显示范围。
- 图层样式图层：添加了图层样式的图层。双击图层样式，可以进行样式参数的编辑，从而快速创建出各种特效。
- 形状图层：使用形状工具或钢笔工具可以创建形状图层。形状中会自动填充当前的前景色，也可以很方便地改用其他颜色、渐变或图案来进行填充。
- 智能对象图层：包含有智能对象的图层。
- 填充图层：通过填充纯色、渐变或图案来创建具有特殊效果的图层。
- 调整图层：可以调整图像的色调，并且可以重复调整。
- 矢量蒙版图层：带有矢量形状的蒙版图层。
- 图层蒙版图层：添加了图层蒙版的图层，蒙版可以控制图层中图像的显示范围。
- 变形文字图层：进行了变形处理的文字图层。
- 文字图层：使用文字工具输入文字时所创建的图层。
- 3D图层：包含有置入的3D文件的图层。
- 视频图层：包含有视频文件帧的图层。
- 背景图层：新建文档时创建的图层。该图层始终位于面板的最底部，名称为“背景”，且为斜体。

8.2 新建图层/图层组

新建图层/图层组的方法有很多种，如执行“图层”菜单中的命令、单击“图层”面板中的相应按钮，以及按相应的快捷键等。当然，也可以通过复制已有的图层来创建新的图层，还可以将图像中的局部创建为新的图层。

8.2.1 创建新图层

理论实践——在“图层”面板中创建图层

（1）在“图层”面板底部单击“创建新图层”按钮，即可在当前图层上一层新建一个图层，如图8-13所示。

（2）如果要在当前图层的下一层新建一个图层，可以按住Ctrl键单击“创建新图层”按钮，如图8-14所示。

图8-13

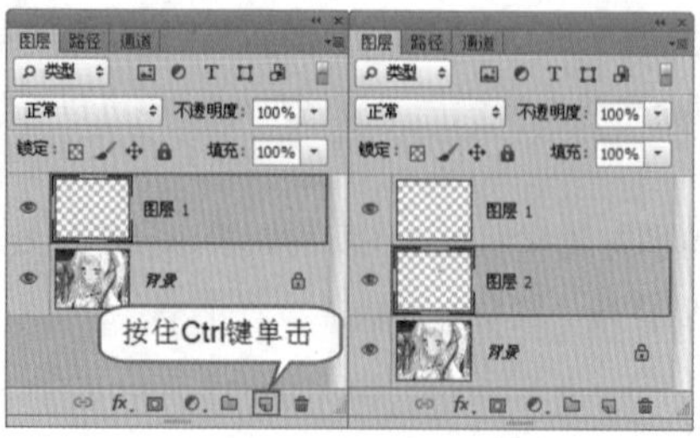

图8-14

“背景”图层永远处于“图层”面板的最下方，即使按住Ctrl键也不能在其下方新建图层。

理论实践——使用“新建”命令新建图层

如果要在创建图层的同时设置图层的属性，可以执行“图层>新建>图层”命令，在弹出的“新建图层”对话框中可以设置图层的名称、颜色、混合模式和不透明度等，如图8-15所示。

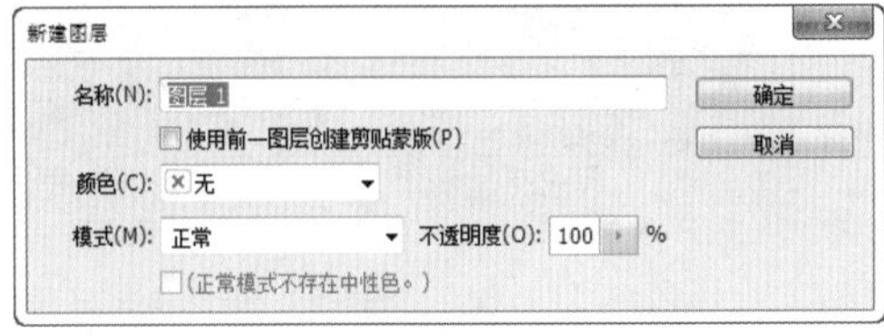

图8-15

技术拓展：标记图层颜色

在图层过多的时候，为了便于区分、查找，可以在“新建图层”对话框中设置图层的颜色。例如，设置“颜色”为“绿色”（如图8-16所示），那么新建出来的图层就会被标记为绿色，如图8-17所示。

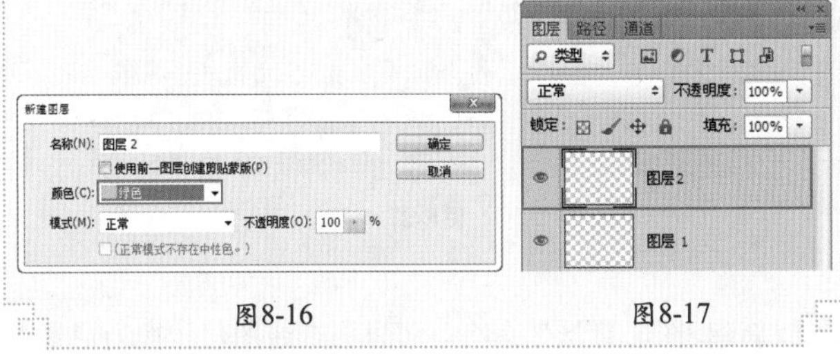

图8-16　图8-17

8.2.2 创建图层组

理论实践——创建图层组

单击“图层”面板底部的“创建新组”按钮，即可在“图层”面板中出现新的图层组，如图8-18所示。

图8-18

理论实践——从图层建立“图层组”

在“图层”面板中，按住Alt键选择需要的图层（如图8-19所示），然后按住鼠标左键将其拖曳至“创建新组”按钮上，如图8-20所示。

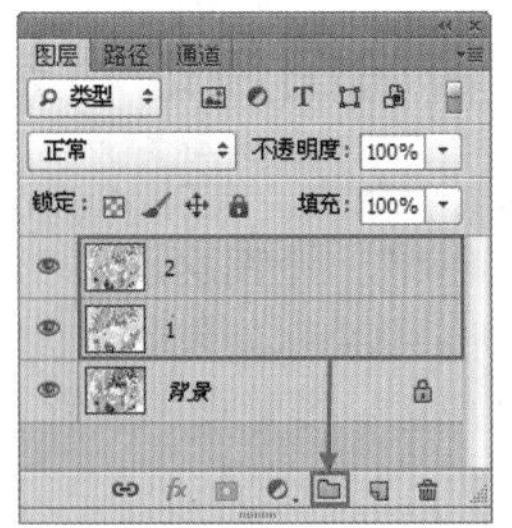

图8-19　图8-20

8.2.3 通过拷贝/剪切创建图层

在对图像进行编辑的过程中，经常需要将图像中的某一部分去除、复制或作为一个新的图层进行编辑。在这种情况下，就可以针对选区内的图像进行拷贝/剪切，并进行粘贴，粘贴之后的内容将作为一个新的图层出现。

理论实践——使用“通过拷贝的图层”命令创建图层

（1）选择一个图层以后，执行“图层>新建>通过拷贝的图层”命令或按Ctrl+J组合键，可以将当前图层复制一份。

（2）如果当前图像中存在选区，进行“复制”“粘贴”操作或者执行“通过拷贝的图层”命令都可以将选区中的图像复制到一个新的图层中，如图8-21和图8-22所示。

图8-21　图8-22

理论实践——使用“通过剪切的图层”命令创建图层

如果在图像中创建了选区，执行“图层>新建>通过剪切的图层”命令或按Shift+Ctrl+J组合键，可以将选区内的图像剪切到一个新的图层中，如图8-23和图8-24所示。

图8-23　图8-24

8.2.4 背景图层与普通图层的转换

对于背景图层，相信大家并不陌生。在Photoshop中打开一幅图像时，“图层”面板中通常只有一个图层，即“背景”。该图层始终处于锁定（无法移动）的状态，如果要对它进行操作，必须先将其转换为普通图层（也可以将普通图层转换为背景图层），如图8-25所示。

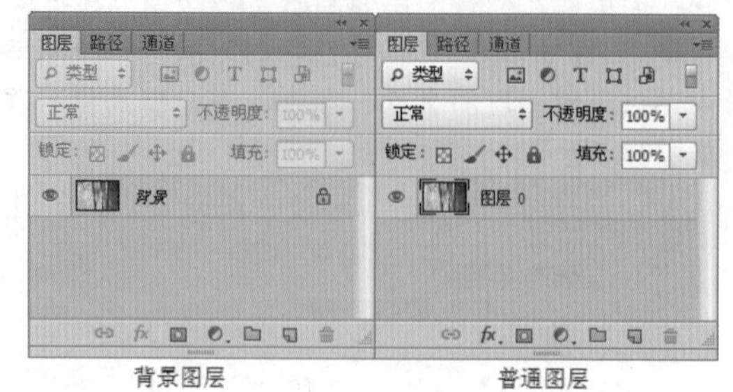

图8-25

理论实践——将背景图层转换为普通图层

（1）在背景图层上右击，在弹出的快捷菜单中选择“背景图层”命令，在弹出的“新建图层”对话框中单击“确定”按钮，即可将其转换为普通图层，如图8-26所示。

（2）在背景图层的缩览图上双击，也可以打开“新建图层”对话框，如图8-27所示。进行设置后单击“确定”按钮即可。

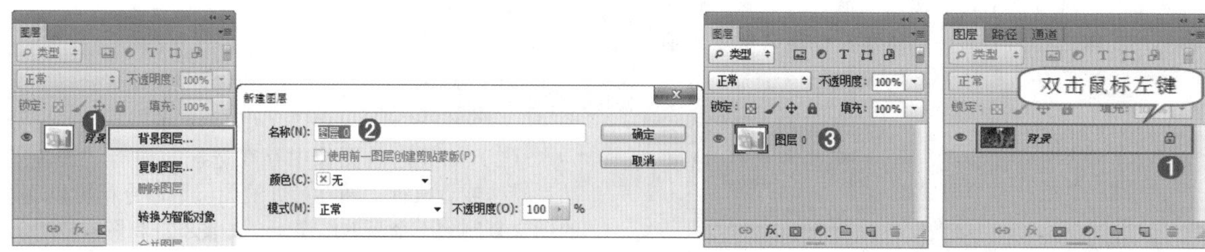

图8-26　　图8-27

理论实践——将普通图层转换为背景图层

当一个文档中没有背景图层时，选择一个普通图层，执行“图层>新建>图层背景”命令，可以将普通图层转换为背景图层。在将图层转换为背景时，图层中的任何透明像素都会被转换为背景色，并且该图层将放置到图层堆栈的最底部。

8.3 编辑图层

图层是Photoshop的核心功能之一，具有很强的可编辑性。例如，选择某一图层、复制图层、删除图层、显示与隐藏图层以及栅格化图层内容等。下面将对图层的编辑进行详细的讲解。

8.3.1 选择/取消选择图层

如果要对文档中的某个图层进行操作，首先必须选中该图层。在Photoshop中，可以选择单个图层，也可以选择连续或非连续的多个图层。

理论实践——在“图层”面板中选择一个图层

在“图层”面板中单击该图层，即可将其选中，如图8-28所示。

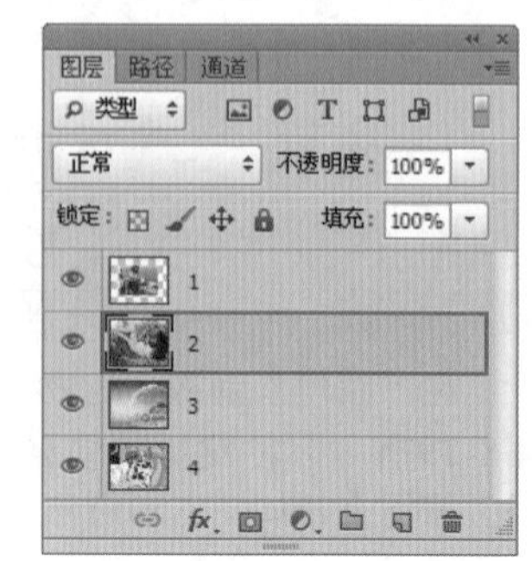

图8-28

技巧与提示

选择一个图层后，按Alt+]组合键可以将当前图层切换为与之相邻的上一个图层，按Alt+[组合键可以将当前图层切换为与之相邻的下一个图层。

理论实践——在“图层”面板中选择多个连续图层

如果要选择多个连续的图层，可以先选择位于连续顶端的图层，然后按住Shift键单击位于连续底端的图层，即可选择这些连续的图层，如图8-29和图8-30所示。当然，也可以先选择位于连续底端的图层，然后按住Shift键单击位于连续顶端的图层。

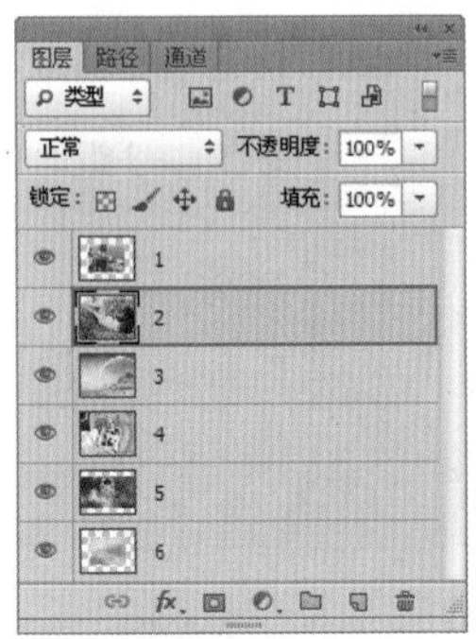

图8-29

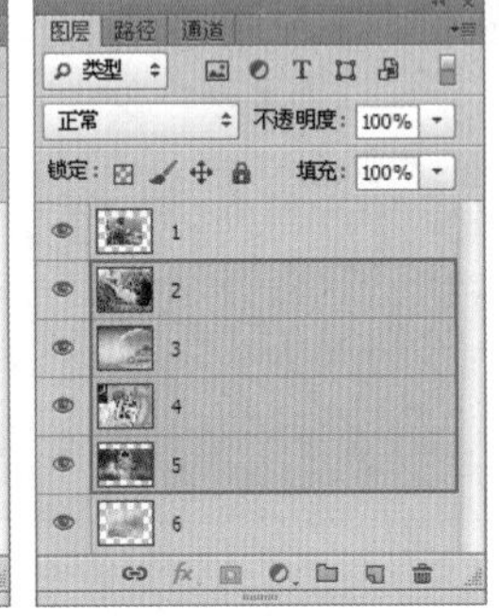

图8-30

技巧与提示

在选中多个图层时，可以对多个图层进行删除、复制、移动、变换等，但是类似绘画以及调色等操作是不能进行的。

理论实践——在“图层”面板中选择多个非连续图层

如果要选择多个非连续的图层，可以先选择其中一个图层，然后按住Ctrl键单击其他图层的名称，如图8-31和图8-32所示。

图8-31

图8-32

技巧与提示

如果按住Ctrl键连续选择多个图层，只能单击其他图层的名称，绝对不能单击图层缩览图，否则会载入图层的选区。

理论实践——选择所有图层

如果要选择所有图层，可以执行“选择>所有图层”命令或按Ctrl+Alt+A组合键。使用该命令只能选择“背景”图层以外的图层，如果要选择包含“背景”图层在内的所有图层，可以按住Ctrl键单击“背景”图层的名称，如图8-33所示。

理论实践——在画布中快速选择某一图层

当画布中包含很多相互重叠的图层，难以在“图层”面板中辨别某一图层时，可以在使用移动工具状态下右击目标图像的位置，在显示出的当前重叠图层列表中选择需要的图层，如图8-34所示。

图8-33

图8-34

技巧与提示

在使用其他工具状态下，按住Ctrl键暂时切换到“移动工具”状态下，然后右击，同样可以显示当前位置重叠的图层列表。

理论实践——取消选择图层

如果不想选择任何图层，执行“选择>取消选择图层”命令，或者在“图层”面板最下面的空白处单击鼠标左键，即可取消选择所有图层，如图8-35和图8-36所示。

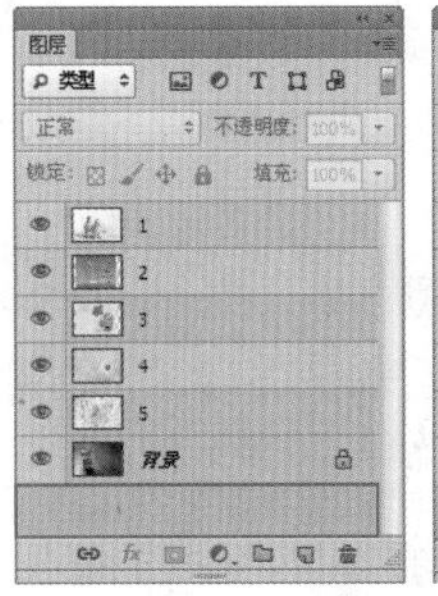

图8-35

图8-36

8.3.2 复制图层

在进行平面设计时，画面中经常会出现多个重复的对象。如果逐一绘制，无疑劳心费力，这时复制图层功能就派上了用场。另外，在进行图像调整时，为了避免破坏原始图像，也经常会复制出一个图层后再进行调整。

选择要进行复制的图层，然后在其名称上右击，在弹出的快捷菜单中选择“复制图层”命令（如图8-37所示），在弹出的“复制图层”对话框中单击“确定”按钮即可，如图8-38所示。

图8-37　　图8-38

选择要进行复制的图层，然后直接按Ctrl+J组合键，即可复制出所选图层，如图8-39和图8-40所示。

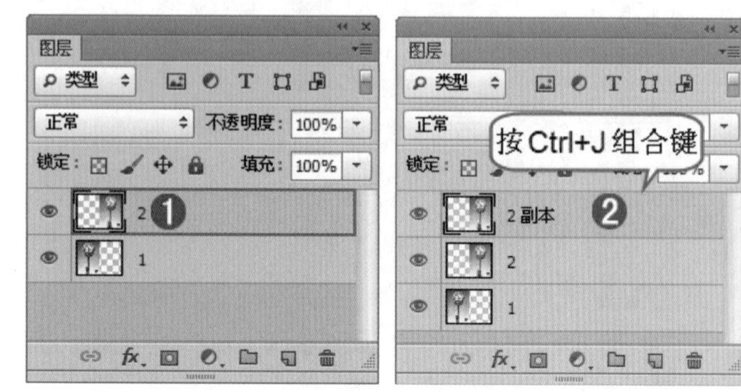

图8-39　　图8-40

8.3.3 删除图层

如果要删除一个或多个图层，先选中该图层，将其拖曳到“删除图层”按钮上，也可以直接按Delete键，如图8-41和图8-42所示。

执行“图层>删除>隐藏图层”命令，可以删除所有隐藏的图层。

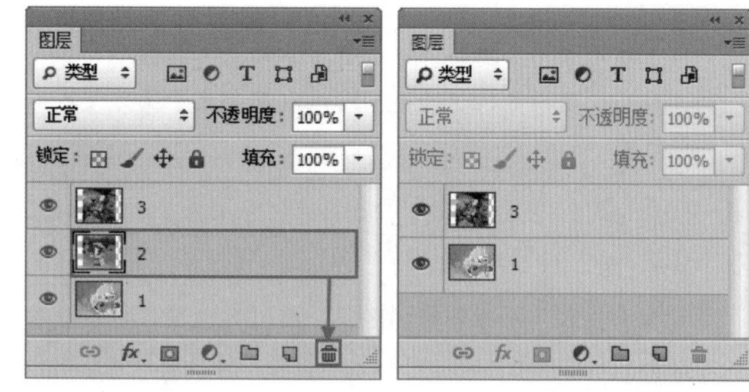

图8-41　　图8-42

8.3.4 显示与隐藏图层/图层组

图层缩览图左侧的方形区域用来控制图层的可见性。

图标出现时，代表该图层处于可见状态，如图8-43和图8-44所示。图标出现时，代表该图层处于隐藏状态，如图8-45和图8-46所示。单击该方块区域，可以在图层的显示与隐藏之间进行切换。

如果同时选择了多个图层，执行“图层>隐藏图层”命令，可以将这些选中的图层隐藏起来。

图8-43

图8-44

图8-45

图8-46

答疑解惑——如何快速隐藏多个图层？

将光标放在一个图层的眼睛图标上，然后按住鼠标左键垂直向上或垂直向下拖曳，可以快速隐藏多个相邻的图层（这种方法也可以用来快速显示隐藏的图层），如图8-47所示。

如果文档中存在两个或两个以上的图层，按住Alt键单击眼睛图标，可以快速隐藏该图层以外的所有图层；按住Alt键再次单击眼睛图标，则可显示被隐藏的图层。

图8-47

8.3.5 链接图层与取消链接

在编辑过程中，经常要对某几个图层同时进行移动、应用变换或创建剪贴蒙版等操作（如Logo的文字和图形部分、包装盒的正面和侧面部分等）。如果每次操作都必须选中这些图层将会很麻烦，取而代之的是将这些图层“链接”在一起，如图8-48和图8-49所示。

选择要链接的图层（两个或多个图层），然后执行“图层>链接图层”命令或单击“图层”面板底部的“链接图层”按钮，即可将这些图层链接起来，如图8-50和图8-51所示。

图8-48

图8-49

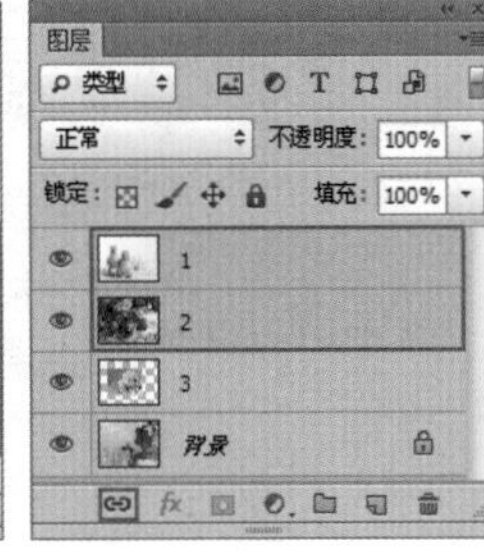

图8-50

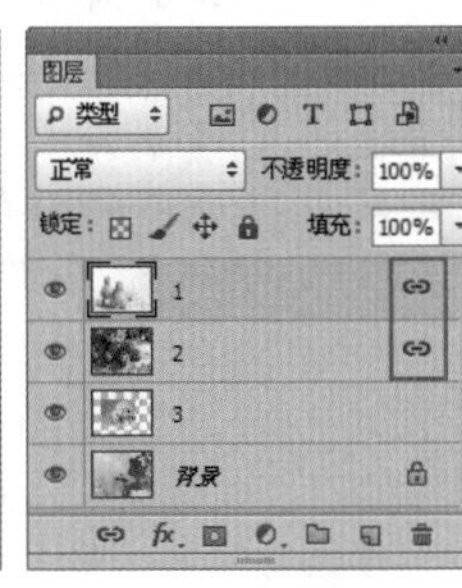

图8-51

如果要取消某一图层的链接，可以选中该图层，然后单击“链接图层”按钮；若要取消全部图层的链接，需要选中全部链接图层并单击“链接图层”按钮。

8.3.6 修改图层的名称与颜色

在图层较多的文档中，修改图层名称及其颜色有助于快速找到相应的图层。执行“图层>重命名图层”命令，在弹出的对话框中进行相应的设置，然后单击“确定”按钮，即可修改图层名称。此外，在图层名称上双击鼠标左键，激活名称输入框，然后输入名称，也可以修改图层名称，如图8-52所示。

更改图层颜色也是一种便于快速找到图层的方法。在图层上右击，在弹出的快捷菜单的下半部分可以看到多种颜色名称，单击其中一种即可更改当前图层前方的色块效果，选择“无颜色”则可去除颜色效果，如图8-53所示。

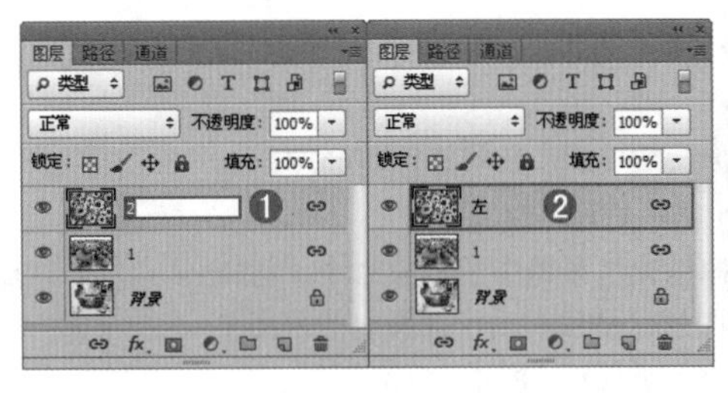

图8-52

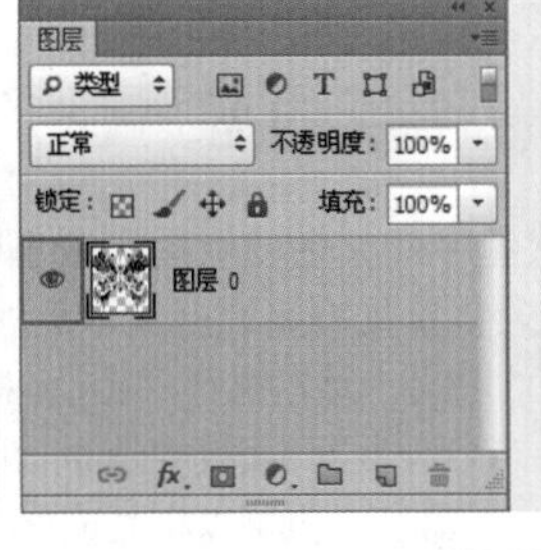

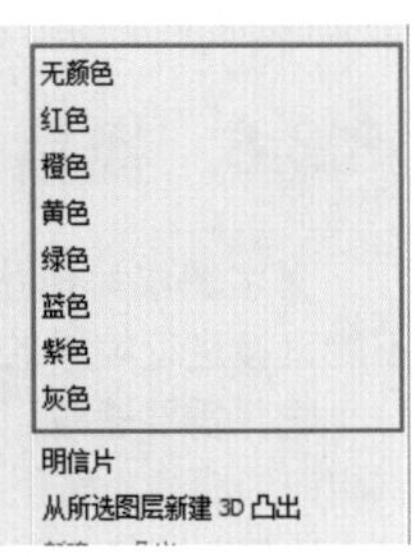

图8-53

8.3.7 锁定图层

在“图层”面板的上半部分有多个锁定按钮（“锁定透明像素”按钮、“锁定图像像素”按钮、“锁定位置”按钮和“锁定全部”按钮），通过这些按钮可以根据需要完全锁定或部分锁定图层，以免因操作失误而对图层的内容造成破坏，如图8-54所示。

- 锁定透明像素：激活“锁定透明像素”按钮后，可以将编辑范围限定在图层的不透明区域，图层的透明区域会受到保护。锁定图层的透明像素后，使用画笔工具在图像上涂抹时，只能在含有图像的区域进行绘画，如图8-55～图8-57所示。

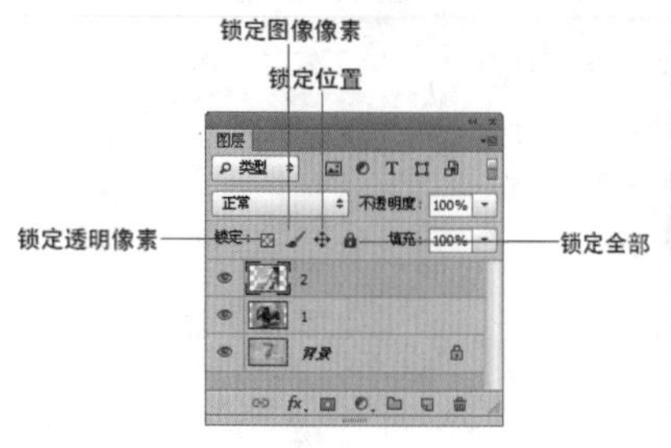

图8-54

图8-55

图8-56

图8-57

答疑解惑——为什么锁定状态有空心的和实心的？

当图层被完全锁定之后，图层名称的右侧会出现一个实心的锁；当图层只有部分属性被锁定时，图层名称的右侧会出现一个空心的锁，如图8-58所示。

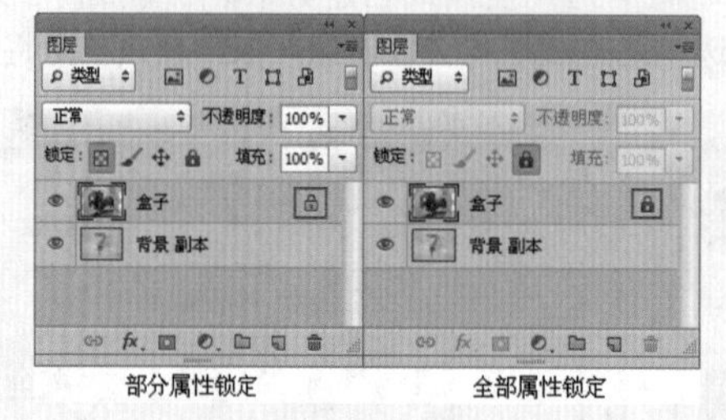

图8-58

- 锁定图像像素：激活“锁定图像像素”按钮后，只能对图层进行移动或变换操作，不能在图层上绘画、擦除或应用滤镜。
- 锁定位置：激活“锁定位置”按钮后，图层将不能移动。这一功能对于设置了精确位置的图像非常有用。
- 锁定全部：激活“锁定全部”按钮后，图层将不能进行任何操作。

技术拓展：锁定图层组内的图层

在“图层”面板中选择图层组（如图8-59所示），然后执行“图层>锁定组内的所有图层”命令，在弹出的“锁定组内的所有图层”对话框中可以选择需要锁定的属性，如图8-60所示。

图8-59

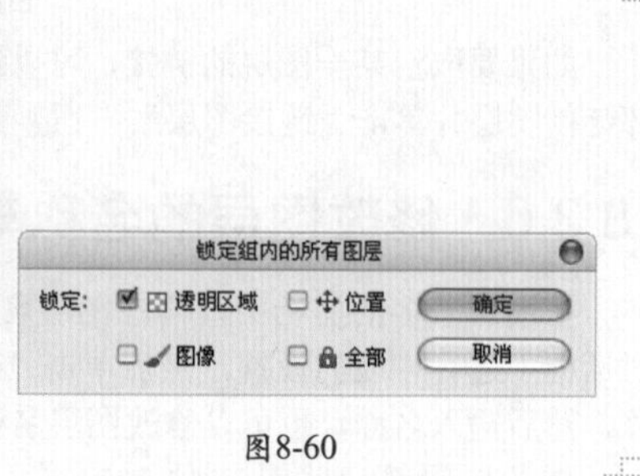

图8-60

8.3.8 栅格化图层内容

文字图层、形状图层、矢量蒙版图层或智能对象等包含矢量数据的图层是不能直接进行编辑的，需要先将其栅格化以后才能进行相应的编辑。

选择需要栅格化的图层，然后执行“图层>栅格化”菜单中的相应命令，可以将相应的图层栅格化；在“图层”面板中选中该图层，然后右击，在弹出的快捷菜单中选择“栅格化图层”命令，也可以将其栅格化，如图8-61所示。

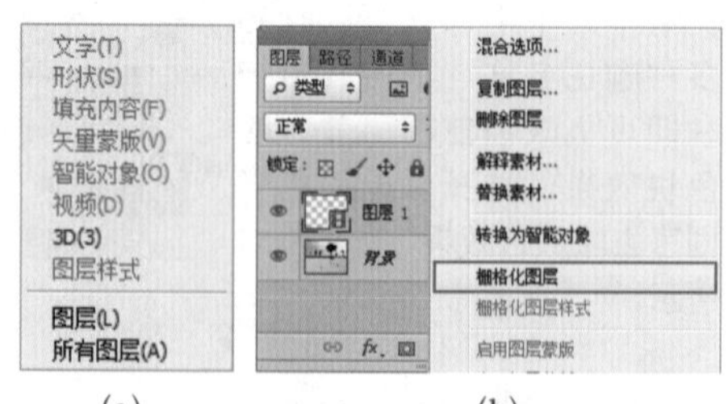

(a) (b)

图8-61

- 文字：栅格化文字图层，使文字变为光栅图像，文字内容将不能再修改。
- 形状：执行“图层>栅格化>形状”命令，可以栅格化形状图层。
- 填充内容：执行“图层>栅格化>填充内容”命令，可以栅格化形状图层的填充内容，但会保留矢量蒙版。
- 矢量蒙版：执行“图层>栅格化>矢量蒙版”命令，可以栅格化形状图层的矢量蒙版，同时将其转换为图层蒙版。
- 智能对象：执行“图层>栅格化>智能对象”命令，可以栅格化智能对象图层，使其转换为像素。

- 视频：执行“图层>栅格化>视频图层”命令，可以栅格化视频图层，选定的图层将拼合到“动画”面板中选定的当前帧的复合中。
- 3D：执行“图层>栅格化>3D”命令，可以栅格化3D图层，使3D图层变为普通像素图层。
- 图层样式：执行“图层>栅格化>图层样式”命令，可以将当前图层的图层样式栅格化到当前图层中，栅格化的样式部分可以像普通图层的其他部分一样进行编辑处理，但是不再具有调整图层参数的功能。
- 图层/所有图层：执行“图层>栅格化>图层”命令，可以栅格化当前选定的图层；执行“图层>栅格化>所有图层”命令，可以栅格化包含矢量数据、智能对象和生成的数据的所有图层。

8.3.9 清除图像的杂边

在抠图过程中，尤其是针对人像头发部分的抠图，经常会残留一些多余的与前景色差异较大的像素。执行“图层>修边”菜单中的相应命令（如图8-62所示），可以去除这些多余的像素，如图8-63和图8-64所示。

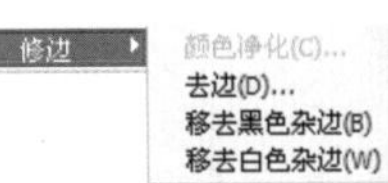

图8-62

图8-63

图8-64

- 颜色净化：去除一些彩色杂边。
- 去边：用包含纯色（不包含背景色的颜色）的邻近像素的颜色替换任何边缘像素的颜色。
- 移去黑色杂边：如果将黑色背景上创建的消除锯齿的选区图像粘贴到其他颜色的背景上，该命令可消除黑色杂边。
- 移去白色杂边：如果将白色背景上创建的消除锯齿的选区图像粘贴到其他颜色的背景上，该命令可消除白色杂边。

8.3.10 导出图层

执行“文件>脚本>将图层导出到文件”命令，可以将图层作为单个文件进行导出。在弹出的“将图层复合导出到文件”对话框中可以设置图层的保存路径、文件前缀名、保存类型等，同时还可以只导出可见图层，如图8-65所示。

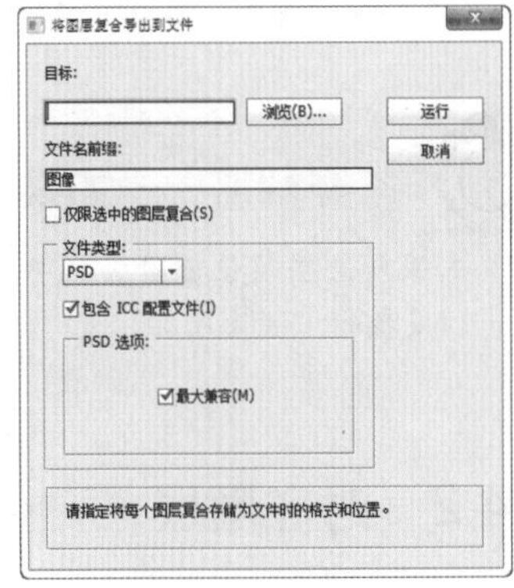

图8-65

技巧与提示

如果要在导出的文件中嵌入工作区配置文件，可以选中“包含ICC配置文件”复选框。对于有色彩管理的工作流程，这一点很重要。

8.4 图层的排列、分布与对齐

在“图层”面板中排列着很多图层，排列位置靠上的图层优先显示，而排列在后面的图层则可能被遮盖住。因此，在操作的过程中经常需要调整“图层”面板中图层的顺序以配合操作需要，如图8-66和图8-67所示。

如果将图层排列顺序的调整看作是“纵向调整”，那么图层的对齐与分布则可以看作是“横向调整”。如图8-68和图8-69所示为将分布不均匀的卡通形象进行底部对齐并均匀分布的效果。

图8-66

图8-67

图8-68

图8-69

8.4.1 调整图层的排列顺序

理论实践——在“图层”面板中调整图层的排列顺序

在一个包含多个图层的文档中，可以通过改变图层在堆栈中所处的位置来改变图像的显示效果。如果要改变某一图层的排列顺序，将该图层拖曳到另外一个图层的上面或下面，即可调整图层的排列顺序，如图8-70～图8-73所示。

图8-70

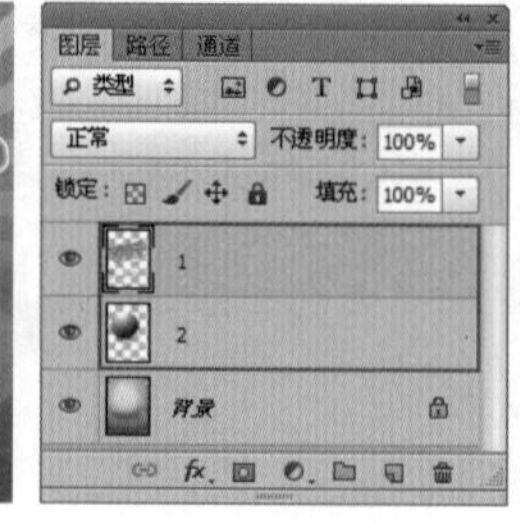
图8-71

图8-72

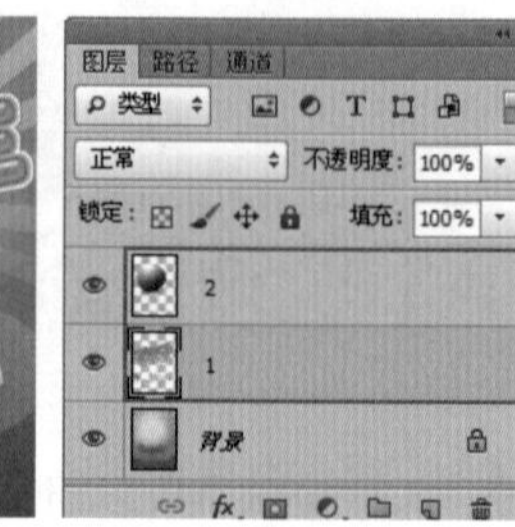
图8-73

理论实践——使用“排列”命令调整图层的排列顺序

选择一个图层，然后执行“图层>排列”菜单中的相应命令，即可调整图层的排列顺序，如图8-74所示。

图8-74

- 置为顶层：将所选图层调整到最顶层，快捷键为Shift+Ctrl+]。
- 前移一层/后移一层：将所选图层向上或向下移动一个堆叠顺序，快捷键分别为Ctrl+]和Ctrl+[。
- 置为底层：将所选图层调整到最底层，快捷键为Shift+Ctrl+[。
- 反向：在“图层”面板中选择多个图层，执行该命令可以反转所选图层的排列顺序。

答疑解惑——如果图层位于图层组中，排列顺序会是怎样？

如果所选图层位于图层组中，执行“前移一层”、“后移一层”和“反向”命令时，与图层不在图层组中没有区别；但是执行“置为顶层”或“置为底层”命令时，所选图层将被调整到当前图层组的最顶层或最底层。

8.4.2 对齐图层

在“图层”面板中选择多个图层，然后执行“图层>对齐”菜单下的命令，可以将这些图层以不同的方式对齐，如图8-75所示。

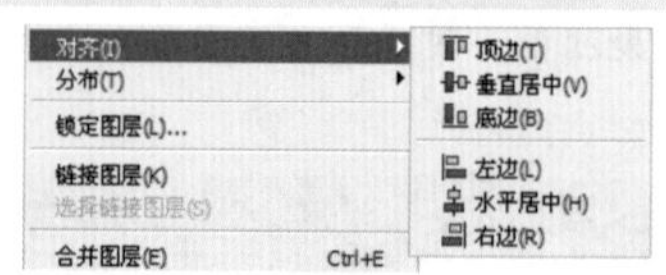

图8-75

技巧与提示

在使用移动工具状态下，选项栏中有一排对齐按钮分别与“图层>对齐”菜单下的命令相对应，如图8-76所示。

图8-76

（1）在“图层”面板中选中需要对齐的图层，然后执行“图层>对齐>顶边”命令（如图8-77所示），可以将选定图层的顶端像素进行对齐，如图8-78所示。

（2）执行“垂直居中”命令（如图8-79所示），可以将每个选定图层上的垂直中心像素进行对齐，如图8-80所示。

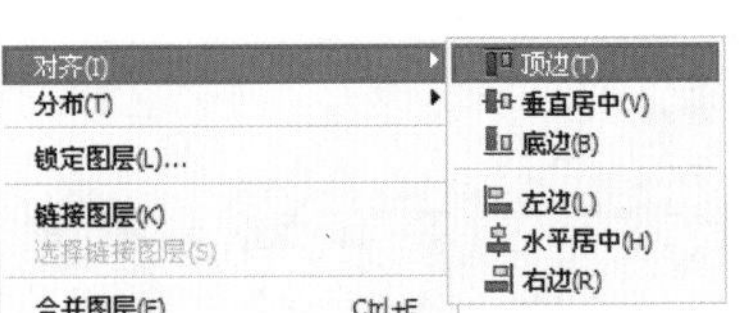

图8-77

图8-78

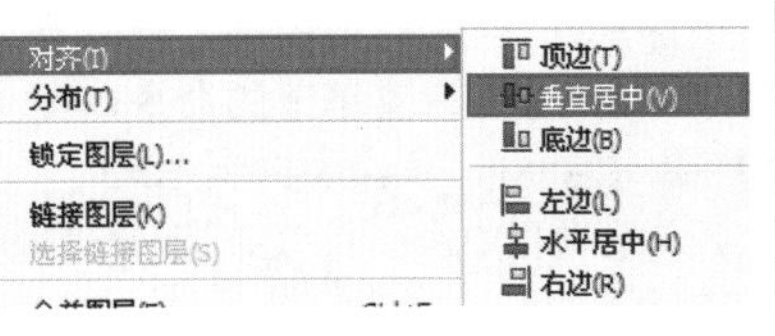

图8-79

图8-80

（3）执行“底边”命令（如图8-81所示），可以将选定图层上的底端像素进行对齐，如图8-82所示。

（4）执行“左边”命令（如图8-83所示），可以将选定图层上的左端像素进行对齐，如图8-84所示。

图8-81

图8-82

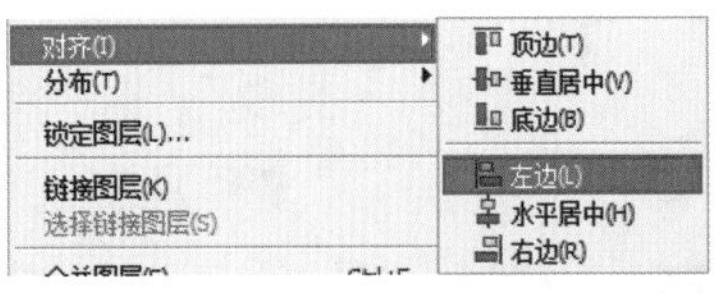

图8-83

图8-84

（5）执行“水平居中”命令（如图8-85所示），可以将选定图层上的水平中心像素进行对齐，如图8-86所示。

（6）执行“右边”命令（如图8-87所示），可以将选定图层上的右端像素进行对齐，如图8-88所示。

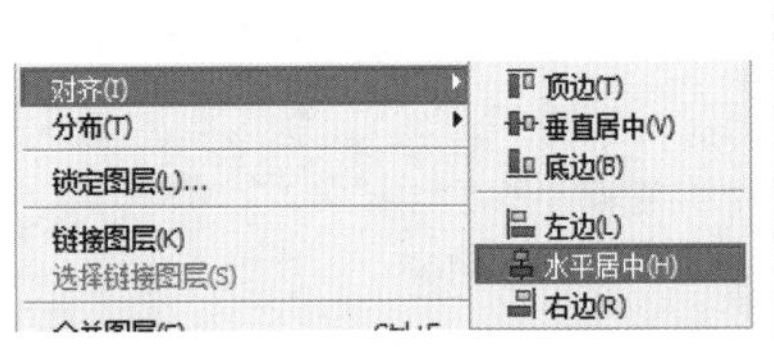

图8-85

图8-86

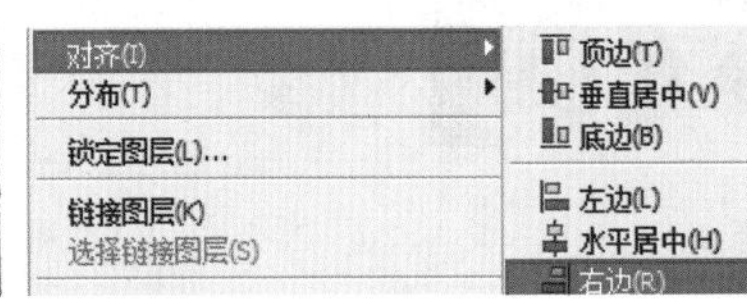

图8-87

图8-88

答疑解惑——如何以某个图层为基准来对齐图层？

如果要以某个图层为基准来对齐图层，首先要链接好这些需要对齐的图层，如图8-89所示；然后选择需要作为基准的图层，如图8-90所示；接着执行“图层>对齐”菜单下的命令，如图8-91所示为执行“底边”命令后的对齐效果。

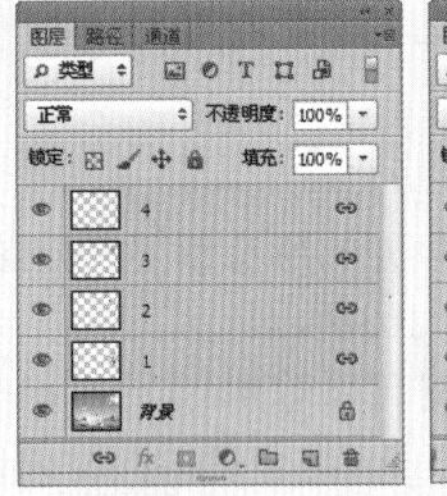

图8-89

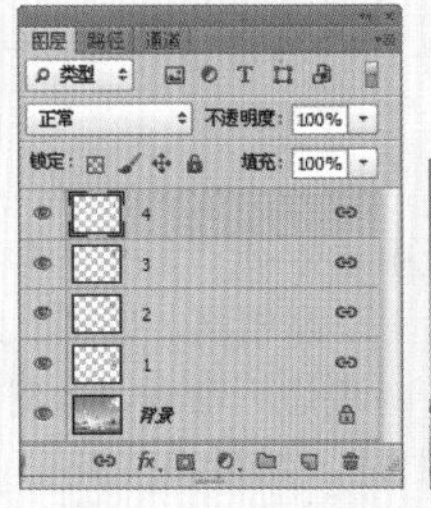

图8-90

图8-91

8.4.3 将图层与选区对齐

当画面中存在选区时（如图8-92所示），选择一个图层（如图8-93所示），然后执行“图层>将图层与选区对齐”命令，在弹出的子菜单中选择一种对齐方法（如图8-94所示），所选图层即可以选择的方法进行对齐，如图8-95所示。

图8-92

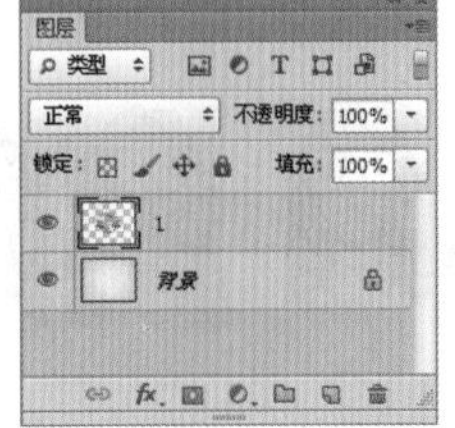

图8-93

图8-94

图8-95

8.4.4 分布图层

当一个文档中包含多个图层（至少为3个图层，且“背景”图层除外）时，执行“图层>分布”菜单下的命令，可以将这些图层按照一定的规律均匀分布，如图8-96所示。

在使用移动工具状态下，选项栏中有一排分布按钮分别与“图层>分布”菜单下的命令相对应，如图8-97所示。

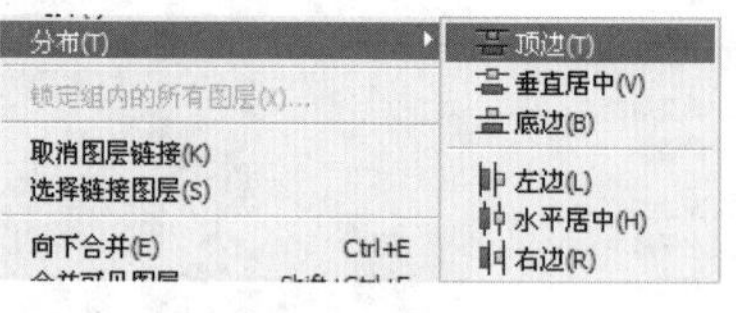

图8-96

图8-97

实例练习——使用“对齐”与“分布”命令制作标准照

案例文件	实例练习——使用“对齐”与“分布”命令制作标准照.psd
视频教学	实例练习——使用“对齐”与“分布”命令制作标准照.flv
难易指数	★★★★★
技术要点	“对齐”命令，“分布”命令

案例效果

本例最终效果如图8-98所示。

操作步骤

步骤01 按Ctrl+N组合键，在弹出的“新建”对话框中设置“宽度”为5英寸，“高度”为3.5英寸，如图8-99所示。

步骤02 置入照片素材，执行“图层>栅格化>智能对象”命令。然后将其放置在界面的左上角，如图8-100所示。

图8-98

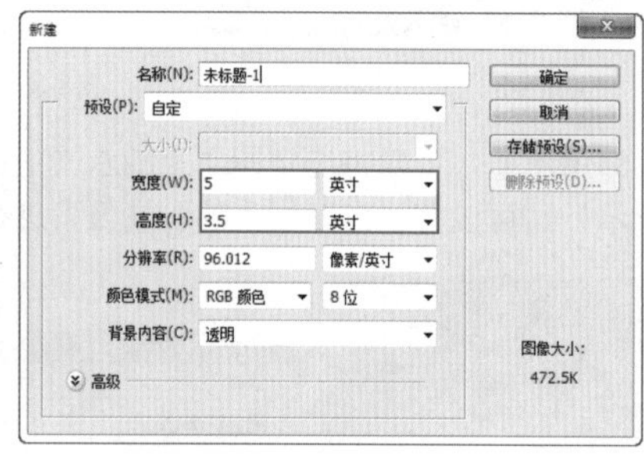

图8-99

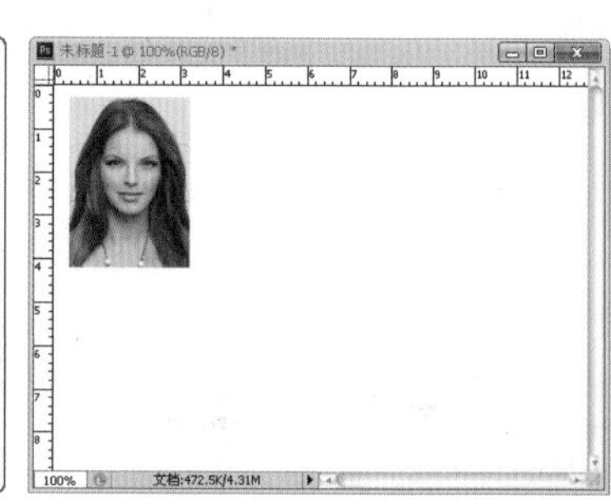

图8-100

步骤03 按住Shift+Alt组合键的同时使用移动工具水平向右移动，复制出3张照片，如图8-101所示。

技巧与提示

执行“视图>对齐”命令后进行移动式复制，能够更容易地将复制出的图层对齐到同一水平线上。

图8-101

步骤04 在“图层”面板中选中除“背景”以外的所有图层（如图8-102所示），然后执行“图层>分布>水平居中”命令，此时可以看到这4张照片的间距都相同，如图8-103所示。

步骤05 执行“图层>对齐>顶边”命令，此时可以看到4张照片已经排列整齐了，如图8-104所示。

步骤06 同时选择这4张照片，然后按住Shift+Alt组合键的同时使用移动工具向下移动，复制出4张照片。至此完成证件照的制作，最终效果如图8-105所示。

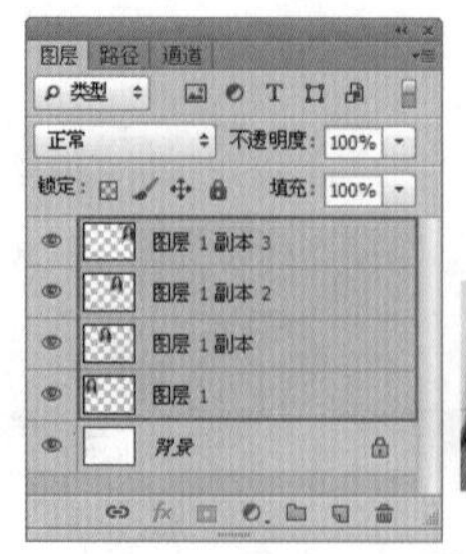

图8-102

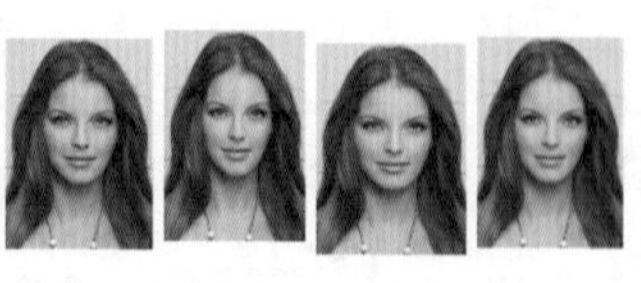

图8-103

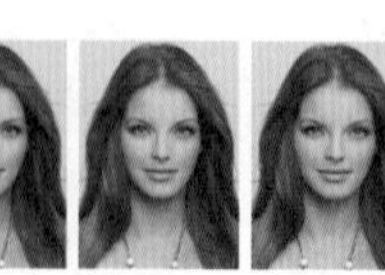

图8-104

图8-105

8.5 图层过滤

“图层过滤”主要是通过对图层进行多种方法的分类、过滤与检索，帮助用户在复杂的文件中迅速地找到某个图层。在“图层”面板中打开左上角的下拉列表框，其中提供了“类型”、“名称”、“效果”、“模式”、“属性”和“颜色”6种过滤方式，如图8-106所示。在使用某种图层过滤方式时，单击右侧的“打开或关闭图层过滤”按钮▮，即可显示出所有图层，如图8-107所示。

设置过滤方式为“类型”时，可以从像素图层滤镜🖼、调整图层滤镜◐、文字图层滤镜T、形状图层滤镜⌑、智能对象滤镜🗎中选择一种或多种图层滤镜。此时可以看到“图层”面板中所选图层滤镜类型以外的图层全部被隐藏了，如图8-108所示。如果没有该类型的图层，则不显示任何图层，如图8-109所示。

设置过滤方式为“名称”时，在右侧的文本框中输入关键字，所有包含该关键字的图层都会被显示出来，如图8-110所示。

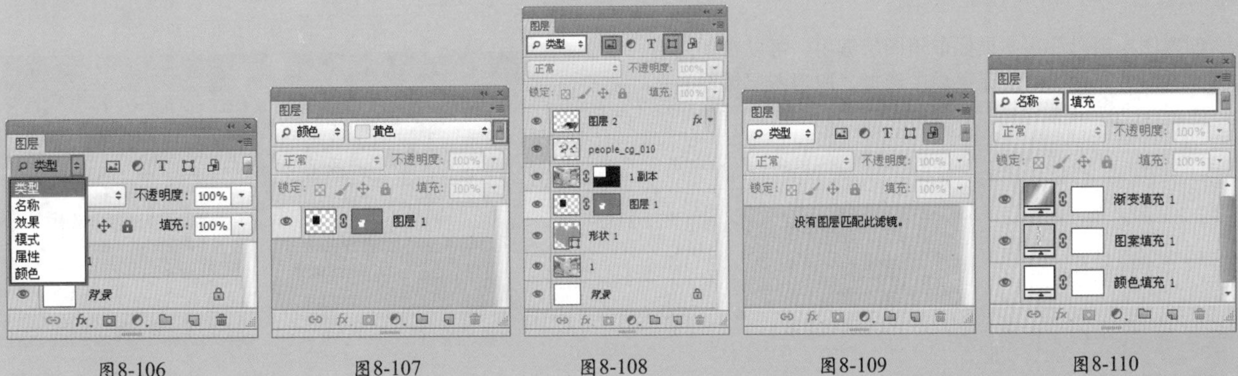

图8-106　图8-107　图8-108　图8-109　图8-110

设置过滤方式为“效果”时，在右侧的下拉列表框中选择某种效果，包含该效果的图层就会被显示出来，如图8-111所示。

设置过滤方式为“模式”时，在右侧的下拉列表框中选中某种模式，使用该模式的图层就会被显示出来，如图8-112所示。

设置过滤方式为“属性”时，在右侧的下拉列表框中选择某种属性（如图8-113所示），含有该属性的图层就会被显示出来，如图8-114所示。

设置过滤方式为“颜色”时，在右侧的下拉列表框中选择某种颜色，该颜色的图层就会被显示出来，如图8-115所示。

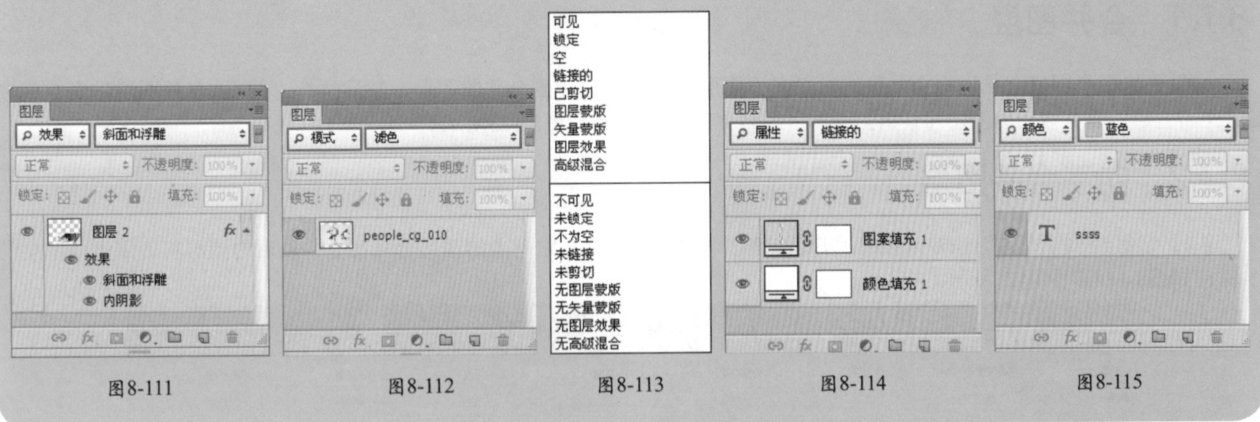

图8-111　图8-112　图8-113　图8-114　图8-115

8.6 使用图层组管理图层

在进行一些比较复杂的合成时，图层的数量往往会越来越多。要在如此之多的图层中找到需要的图层，将会是一件非常麻烦的事情。此时将这些图层分门别类地放在不同的图层组中进行管理就会更加有条理，寻找起来也更加方便、快捷。

理论实践——将图层移入或移出图层组

（1）选择一个或多个图层，然后将其拖曳到图层组内，就可以将其移入到该组中，如图8-116和图8-117所示。

（2）将图层组中的图层拖曳到组外，就可以将其从图层组中移出，如图8-118和图8-119所示。

图8-116

图8-117

图8-118

图8-119

理论实践——取消图层编组

创建图层组以后，如果要取消图层编组，可以在图层组名称上右击，在弹出的快捷菜单中选择“取消图层编组”命令，如图8-120和图8-121所示。

图8-120　　图8-121

8.7 合并与盖印图层

在编辑过程中经常会将几个图层进行合并编辑或将文件进行整合以减少内存的浪费，这时就要用到合并与盖印图层功能。

8.7.1 合并图层

如果要将多个图层合并为一个图层，可以在“图层”面板中选择要合并的图层，然后执行“图层>合并图层”命令或按Ctrl+E组合键，合并以后的图层将使用上面图层的名称，如图8-122和图8-123所示。

8.7.2 向下合并图层

执行“图层>向下合并”命令或按Ctrl+E组合键，可将一个图层与它下面的图层合并，合并以后的图层将使用下面图层的名称，如图8-124和图8-125所示。

图8-122

图8-123

图8-124

图8-125

8.7.3 合并可见图层

执行“图层>合并可见图层”命令或按Shift+Ctrl+E组合键，可以合并“图层”面板中的所有可见图层，如图8-126和图8-127所示。

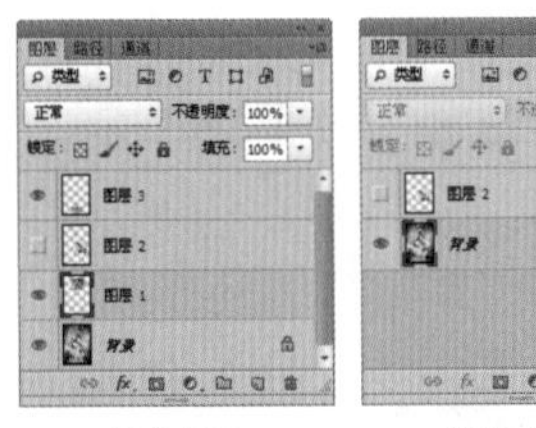

图8-126　　图8-127

8.7.4 拼合图像

执行“图层>拼合图像”命令，可以将所有图层都拼合到“背景”图层中。如果有隐藏的图层，则会弹出一个提示对话框，询问用户是否要扔掉隐藏的图层，如图8-128所示。

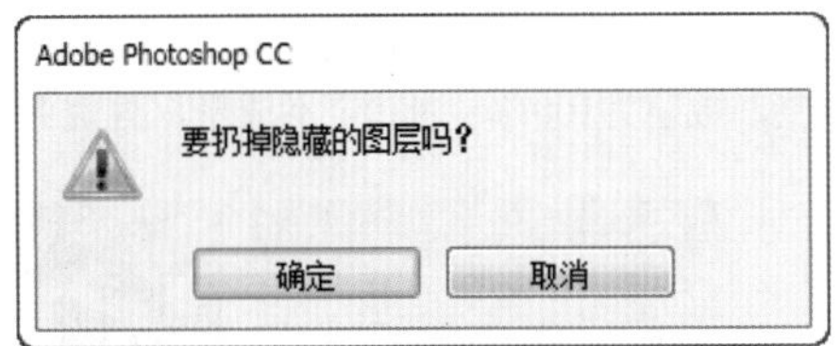

图8-128

8.7.5 盖印图层

“盖印”是一种合并图层的特殊方法，可以将多个图层的内容合并到一个新的图层中，同时保持原始图层的内容不变，如图8-129～图8-131所示。盖印图层在实际工作中经常会用到，是一种很实用的图层合并方法。

图8-129　　图8-130

图8-131

理论实践——向下盖印图层

选择一个图层，然后按Ctrl+Alt+E组合键，可以将该图层中的图像盖印到下面的图层中，原始图层的内容保持不变，如图8-132和图8-133所示。

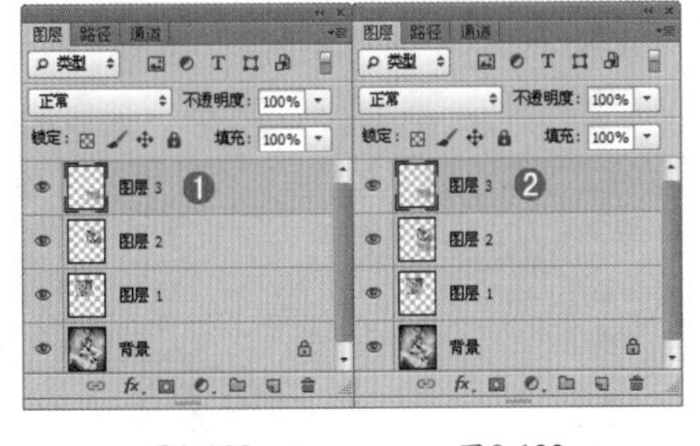

图8-132　　图8-133

理论实践——盖印多个图层

选择多个图层，然后按Ctrl+Alt+E组合键，可以将这些图层中的图像盖印到一个新的图层中，原始图层的内容保持不变，如图8-134和图8-135所示。

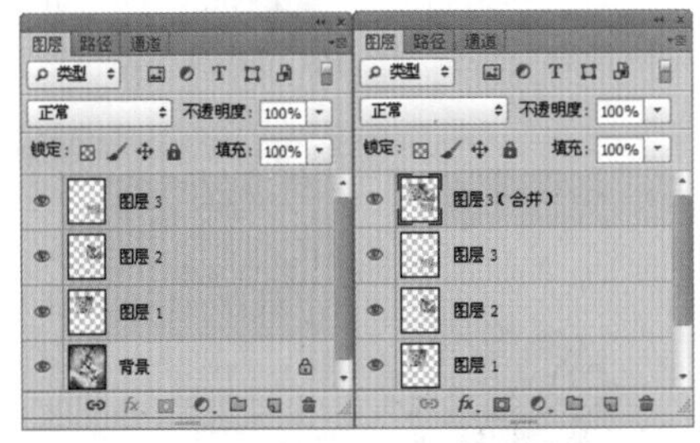

图8-134　　图8-135

理论实践——盖印可见图层

按Shift+Ctrl+Alt+E组合键，可以将所有可见图层盖印到一个新的图层中，如图8-136所示。

理论实践——盖印图层组

选择图层组，然后按Ctrl+Alt+E组合键，可以将组中所有图层内容盖印到一个新的图层组中，原始图层组中的内容保持不变，如图8-137和图8-138所示。

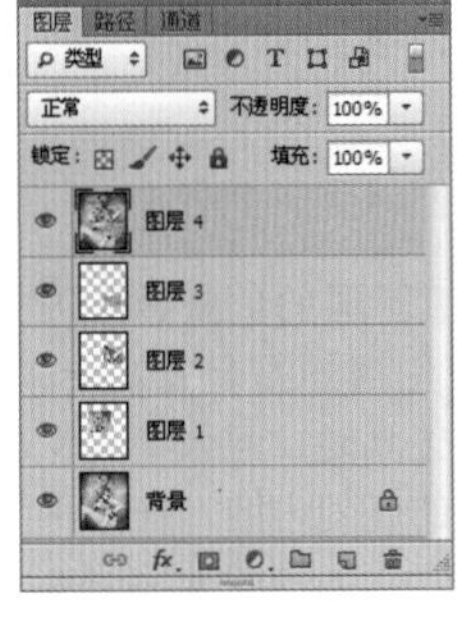

图8-136

图8-137

图8-138

8.8 不透明度与混合模式

8.8.1 图层的不透明度

“图层”面板中有专门针对图层的不透明度与填充进行调整的选项，如图8-139所示。在一定程度上，两者都是针对透明度进行调整，数值为100%时为完全不透明，数值为50%时为半透明，数值为0时为完全透明，如图8-140所示。

图8-139

图8-140

技巧与提示

按键盘上的数字键，可以快速修改图层的不透明度。例如，按7键，不透明度会变为70%；如果按两次7键，不透明度会变成77%。

“不透明度”选项控制着整个图层的透明属性，包括图层中的形状、像素以及图层样式，而“填充”选项只影响图层中绘制的像素和形状的不透明度。

以下面的图为例，文档中包含一个“背景”图层与一个“图层0”，“图层0”包含“投影”、“外发光”与“描边”样式，如图8-141和图8-142所示。

如果将“不透明度”调整为50%，可以看到整个图层以及图层样式都变为半透明的效果，如图8-143和图8-144所示。

与“不透明度”选项不同，将“填充”数值调整为50%，可以看到图层内容部分变成了半透明效果，而外发光和描边效果则没有发生任何变化，如图8-145和图8-146所示。

图8-141

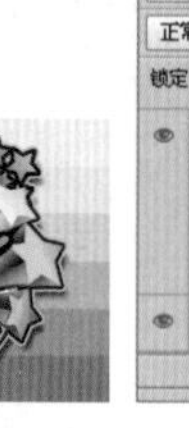

图8-142

图8-143

图8-144

图8-145

图8-146

8.8.2 图层的混合模式

所谓图层混合模式，是指一个图层与其下图层的色彩叠加方式。通常情况下，新建图层的混合模式为“正常”。除了“正常”以外，还有很多种混合模式，可以产生迥异的合成效果。图层的混合模式是Photoshop中一项非常重要的功能，它不仅仅存在于“图层”面板中，甚至在使用绘画工具时，混合模式也决定了当前图像的像素与下面图像的像素的混合效果，可以用它来创建各种特效，并且不会损坏原始图像的任何内容。在绘画工具和修饰工具的选项栏，以及“渐隐”“填充”“描边”命令和“图层样式”对话框中都包含有混合模式。如图8-147和图8-148所示为可以使用混合模式制作的作品。

图8-147

图8-148

在“图层”面板中选择一个图层，打开混合模式下拉列表框，从中可以选择一种混合模式。图层的混合模式分为6组，共27种，如图8-149所示。

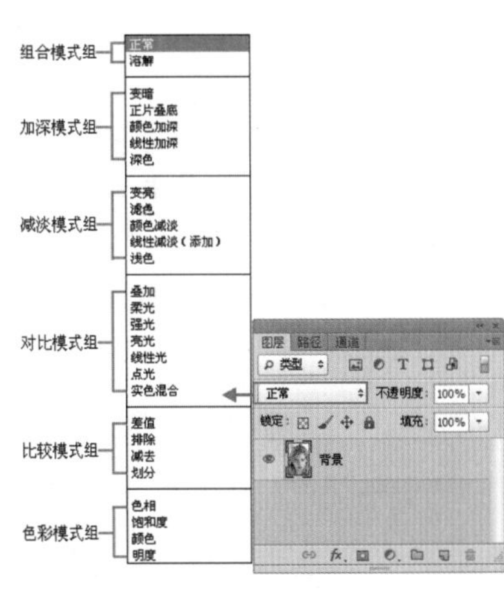

图8-149

- 组合模式组：该组中的混合模式需要降低图层的“不透明度”或“填充”数值才能起作用，这两个参数的数值越小，就越能看到下面的图像。
- 加深模式组：该组中的混合模式可以使图像变暗。在混合过程中，当前图层的白色像素会被下层较暗的像素替代。
- 减淡模式组：该组与加深模式组产生的混合效果完全相反，它们可以使图像变亮。在混合过程中，图像中的黑色像素会被较亮的像素替换，而任何比黑色亮的像素都可能提亮下层图像。
- 对比模式组：该组中的混合模式可以增强图像的对比效果。在混合时，50%的灰色会完全消失，任何亮度值大于50%灰色的像素都可能提亮下层的图像，而亮度值小于50%灰色的像素则可能使下层图像变暗。
- 比较模式组：该组中的混合模式可以比较当前图像与下层图像，将相同的区域显示为黑色，不同的区域显示为灰色或彩色。如果当前图层中包含白色，那么白色区域会使下层图像反相，而黑色不会对下层图像产生影响。
- 色彩模式组：使用该组中的混合模式时，Photoshop会将色彩分为色相、饱和度和亮度3种成分，然后再将其中的一种或两种应用在混合后的图像中。

技术拓展：详解各种混合模式

下面以包含上下两个图层的文档来讲解图层的各种混合模式的特点，当前人像图层混合模式为正常，如图8-150所示。

- 正常：这种模式是Photoshop默认的混合模式。在正常情况下（不透明度为100%），上层图像将完全遮盖住下层图像，只有减小“不透明度”数值以后才能与下层图像相混合，如图8-151所示。
- 溶解：在“不透明度”和“填充”数值为100%时，该模式不会与下层图像相混合；只有当这两个数值中的任何一个小于100%时才能产生效果，使透明区域上的像素离散，如图8-152所示。
- 变暗：比较每个通道中的颜色信息，并选择基色或混合色中较暗的颜色作为结果色，同时替换比混合色亮的像素，而比混合色暗的像素保持不变，如图8-153所示。

图8-150

图8-151

图8-152

图8-153

- **正片叠底**：任何颜色与黑色混合产生黑色，任何颜色与白色混合保持不变，如图8-154所示。
- **颜色加深**：通过增加上下层图像之间的对比度来使像素变暗，与白色混合后不产生变化，如图8-155所示。
- **线性加深**：通过减小亮度使像素变暗，与白色混合不产生变化，如图8-156所示。
- **深色**：比较两个图像的所有通道的数值的总和，然后显示数值较小的颜色，如图8-157所示。

图8-154

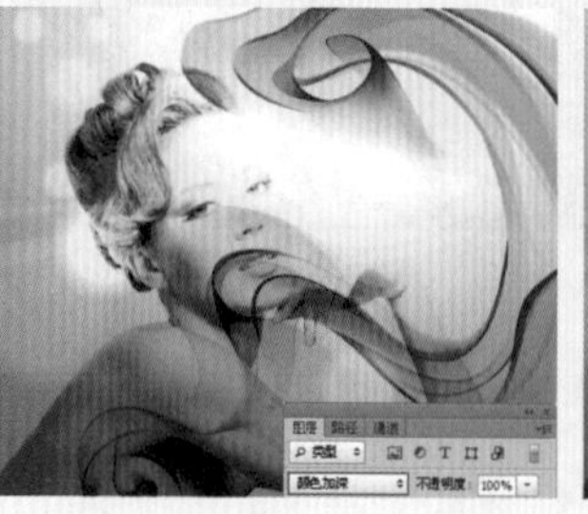
图8-155

图8-156

图8-157

- **变亮**：比较每个通道中的颜色信息，并选择基色或混合色中较亮的颜色作为结果色，同时替换比混合色暗的像素，而比混合色亮的像素保持不变，如图8-158所示。
- **滤色**：与黑色混合时颜色保持不变，与白色混合时产生白色，如图8-159所示。
- **颜色减淡**：通过减小上下层图像之间的对比度来提亮底层图像的像素，如图8-160所示。
- **线性减淡（添加）**：与“线性加深”模式产生的效果相反，可以通过提高亮度来减淡颜色，如图8-161所示。

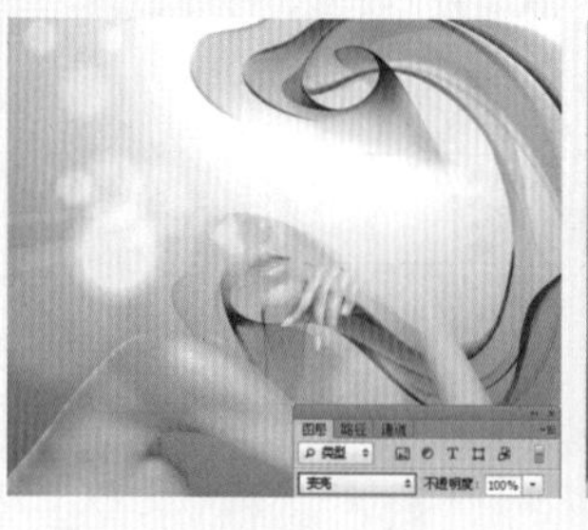
图8-158

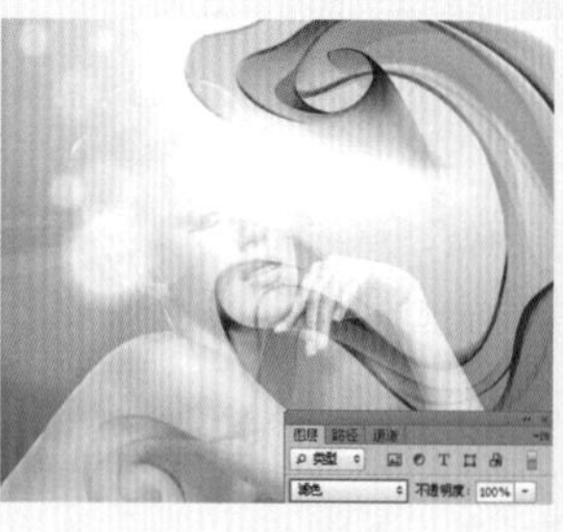
图8-159

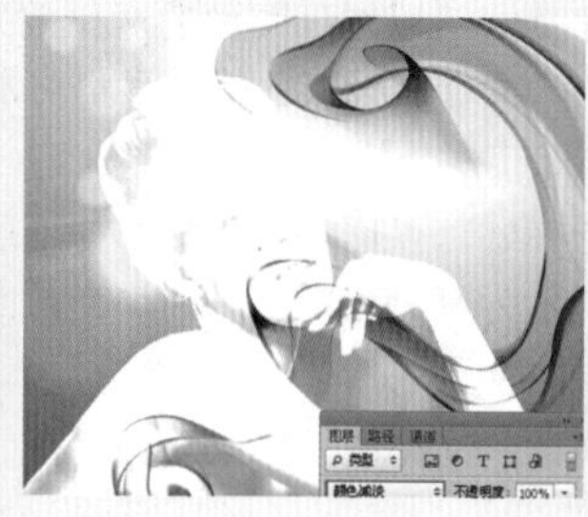
图8-160

图8-161

- **浅色**：通过比较两个图像的所有通道的数值的总和，然后显示数值较大的颜色，如图8-162所示。
- **叠加**：对颜色进行过滤并提亮上层图像，具体取决于底层颜色，同时保留底层图像的明暗对比，如图8-163所示。
- **柔光**：使颜色变暗或变亮，具体取决于当前图像的颜色。如果上层图像比50%灰色亮，则图像变亮；如果上层图像比50%灰色暗，则图像变暗，如图8-164所示。
- **强光**：对颜色进行过滤，具体取决于当前图像的颜色。如果上层图像比50%灰色亮，则图像变亮；如果上层图像比50%灰色暗，则图像变暗，如图8-165所示。

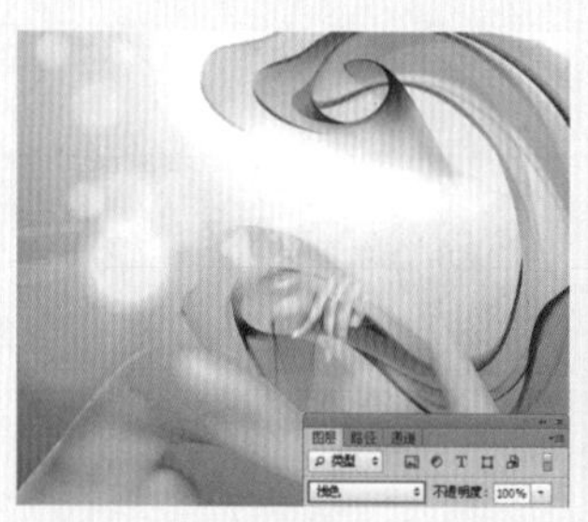
图8-162

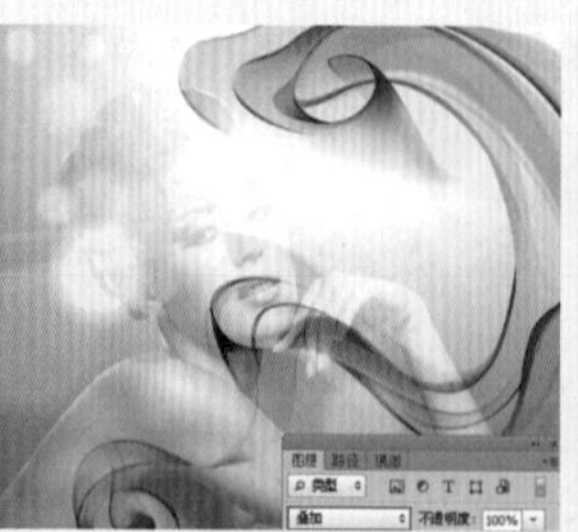
图8-163

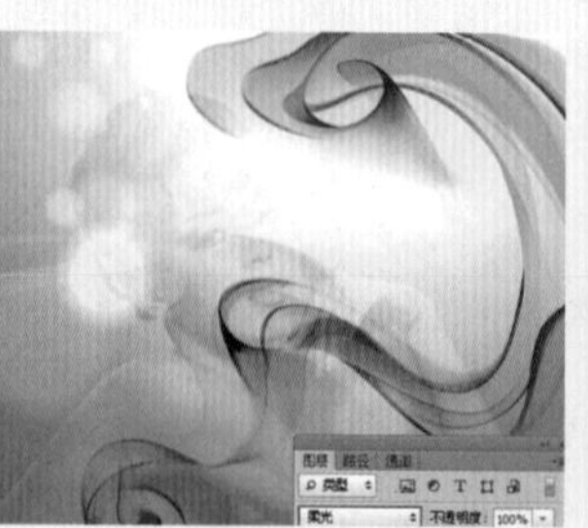
图8-164

图8-165

- **亮光**：通过增加或减小对比度来加深或减淡颜色，具体取决于上层图像的颜色。如果上层图像比50%灰色亮，则图像变亮；如果上层图像比50%灰色暗，则图像变暗，如图8-166所示。

- 线性光：通过减小或增加亮度来加深或减淡颜色，具体取决于上层图像的颜色。如果上层图像比50%灰色亮，则图像变亮；如果上层图像比50%灰色暗，则图像变暗，如图8-167所示。
- 点光：根据上层图像的颜色来替换颜色。如果上层图像比50%灰色亮，则替换比较暗的像素；如果上层图像比50%灰色暗，则替换较亮的像素，如图8-168所示。
- 实色混合：将上层图像的RGB通道值添加到底层图像的RGB值。如果上层图像比50%灰色亮，则使底层图像变亮；如果上层图像比50%灰色暗，则使底层图像变暗，如图8-169所示。

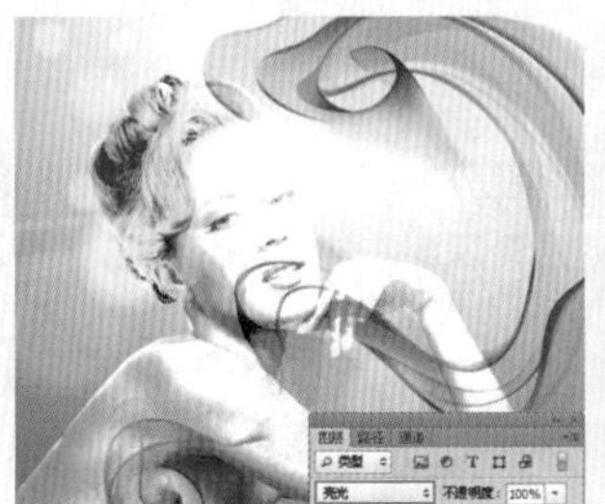
图8-166

图8-167

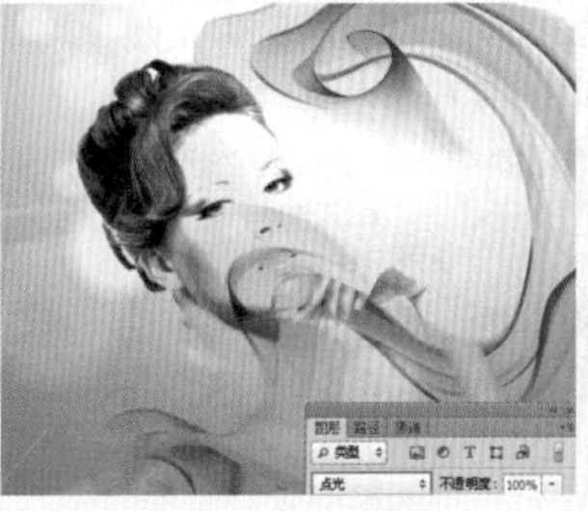
图8-168

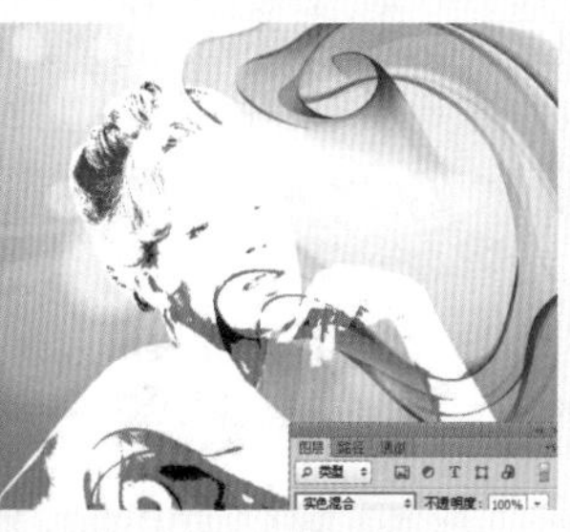
图8-169

- 差值：上层图像与白色混合将反转底层图像的颜色，与黑色混合则不产生变化，如图8-170所示。
- 排除：创建一种与“差值”模式相似，但对比度更低的混合效果，如图8-171所示。
- 减去：从目标通道中相应的像素上减去源通道中的像素值，如图8-172所示。
- 划分：比较每个通道中的颜色信息，然后从底层图像中划分上层图像，如图8-173所示。

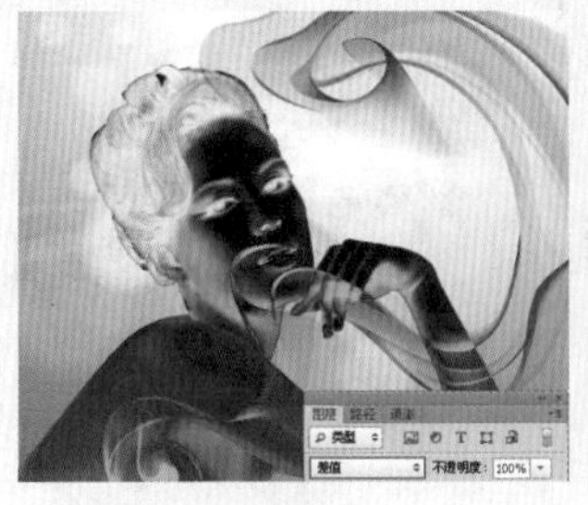
图8-170

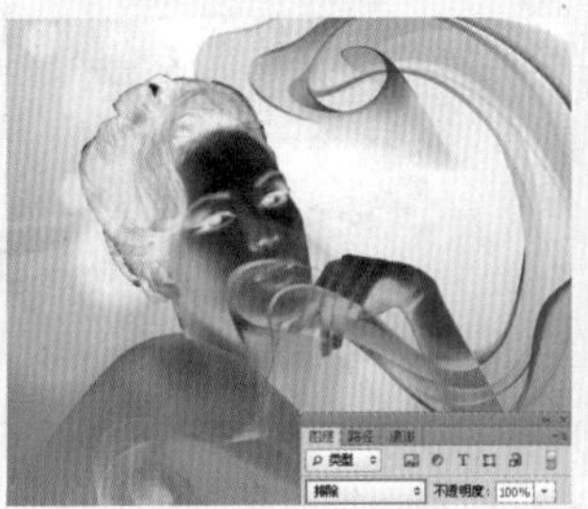
图8-171

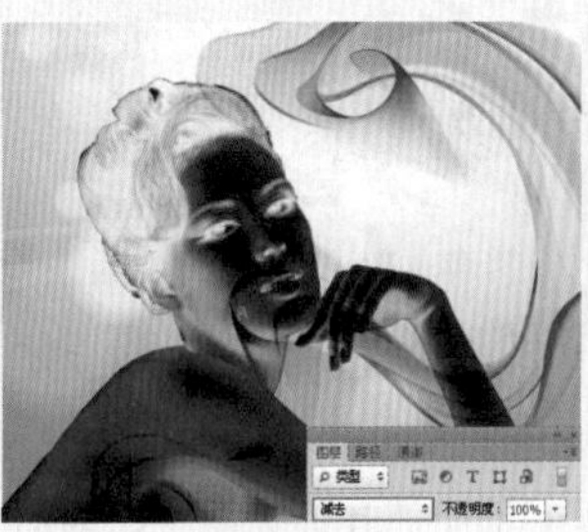
图8-172

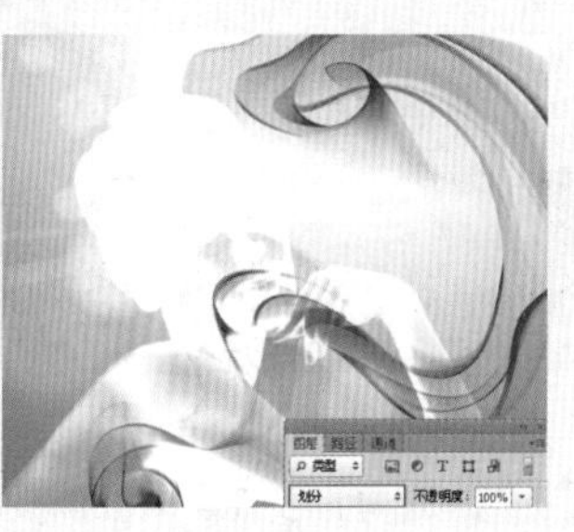
图8-173

- 色相：用底层图像的亮度和饱和度以及上层图像的色相来创建结果色，如图8-174所示。
- 饱和度：用底层图像的亮度和色相以及上层图像的饱和度来创建结果色，如图8-175所示。在饱和度为0的灰度区域应用该模式不会产生任何变化。
- 颜色：用底层图像的亮度以及上层图像的色相和饱和度来创建结果色，如图8-176所示。这样可以保留图像中的灰阶，对于为单色图像上色或给彩色图像着色非常有用。
- 明度：用底层图像的色相和饱和度以及上层图像的亮度来创建结果色，如图8-177所示。

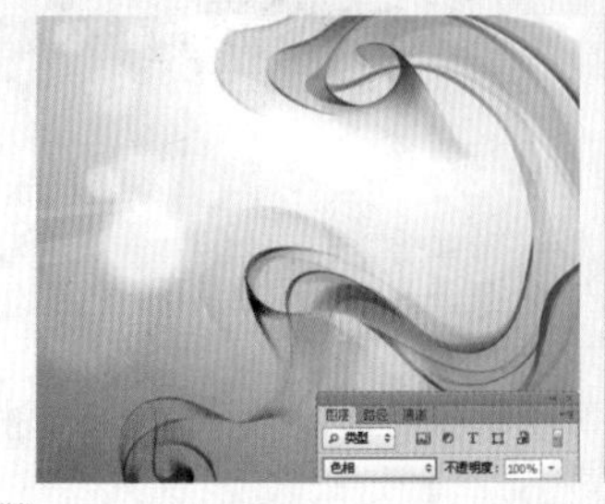
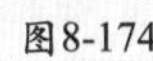
图8-174

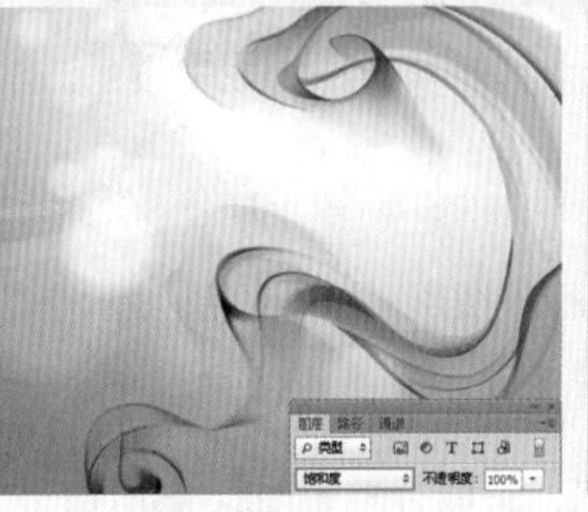
图8-175

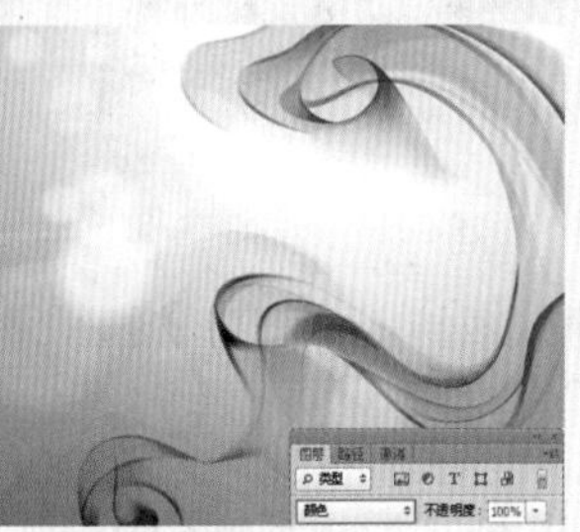
图8-176

图8-177

实例练习——使用混合模式制作车体彩绘

案例文件	实例练习——使用混合模式制作车体彩绘.psd
视频教学	实例练习——使用混合模式制作车体彩绘.flv
难易指数	★★★★★
技术要点	掌握混合模式和渐变工具的使用方法

案例效果

车体彩绘主要是把图案喷绘在车漆上，达到浑然一体的效果。在Photoshop中如果想要使花纹与车体融合，使用图层混合模式是个不错的选择。本例使用混合模式和渐变工具制作前后的效果对比如图8-178和图8-179所示。

操作步骤

步骤01 打开汽车素材文件，如图8-180所示。

步骤02 新建图层，开始进行彩带部分的制作。单击工具箱中的“钢笔工具”按钮，绘制如图8-181所示的闭合路径。

步骤03 按Ctrl+Enter组合键将路径转换为选区，并为其填充深绿色到浅绿色的渐变，如图8-182所示。

图8-178

图8-179

图8-180

图8-181

图8-182

步骤04 使用同样的方法制作另外3条颜色较浅的绿色系彩带，如图8-183所示。

步骤05 设置该图层的混合模式为“正片叠底”，如图8-184所示。

步骤06 使用同样的方法再次绘制较细的彩带，并设置其混合模式为“正片叠底”，如图8-185所示。效果如图8-186所示。

步骤07 创建新组，选择矩形选框工具，按住Shift键框选出多个大小不一的矩形选框，如图8-187所示。

图8-183

图8-184

图8-185

图8-186

图8-187

步骤08 选择渐变工具，在渐变编辑器中选择黄绿渐变，如图8-188所示。然后在图像上斜向下拖曳，绘制出彩块，如图8-189所示。

步骤09 置入车头部分的花纹素材，执行“图层>栅格化>智能对象”命令，如图8-190所示。设置其混合模式为“正片叠底”，效果如图8-191所示。

图8-188

图8-189

图8-190

图8-191

步骤10 此时可以看到车灯部分被花纹挡住。选择该图层，执行“图层>图层蒙版>显示全部”命令，在蒙版中使用黑色画笔绘制车灯部分的花纹，如图8-192和图8-193所示。

步骤11 单击工具箱中的“横排文字工具”按钮，设置前景色为绿色，选择一种涂鸦风格的英文字体，输入“SPEED”，然后设置该图层的混合模式为“正片叠底”，效果如图8-194所示。最终效果如图8-195所示。

图8-192

图8-193

图8-194

图8-195

实例练习——使用混合模式点燃蜡烛

案例文件	实例练习——使用混合模式点燃蜡烛.psd
视频教学	实例练习——使用混合模式点燃蜡烛.flv
难易指数	★★★★★
技术要点	混合模式的使用

案例效果

本例处理前后的对比效果如图8-196和图8-197所示。

操作步骤

步骤01 打开素材文件，可以看到在画面的右侧虽然有烛台和蜡烛，但是蜡烛并未被点燃，使画面稍显呆板，如图8-198所示。

步骤02 单击工具箱中的“画笔工具”按钮，选择一个圆形画笔，设置“大小”为“2像素”，“硬度”为50%，然后在蜡烛上绘制黑色的绳子效果，如图8-199所示。

步骤03 置入黑色背景的烛火素材，执行“图层>栅格化>智能对象”命令，如图8-200所示。按下自由变换快捷键Ctrl+T，将烛火缩小到合适大小并旋转，如图8-201所示。

图8-196

图8-197

图8-198

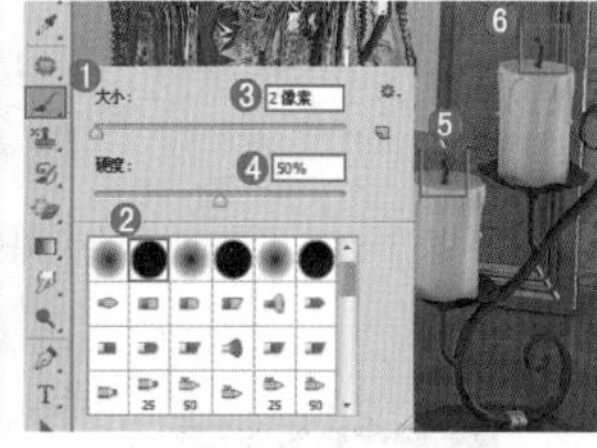

图8-199

图8-200

步骤04 设置烛火图层的混合模式为“滤色”，如图8-202所示。此时可以看到黑色部分被完全隐藏了，如图8-203所示。

步骤05 复制烛火图层，将其移动到另外的蜡烛上。同样需要对其进行适当的自由变换，右击，在弹出的快捷菜单中选择“变形”命令（如图8-204所示），调整火焰的形状，如图8-205所示。

图8-201

图8-202

图8-203

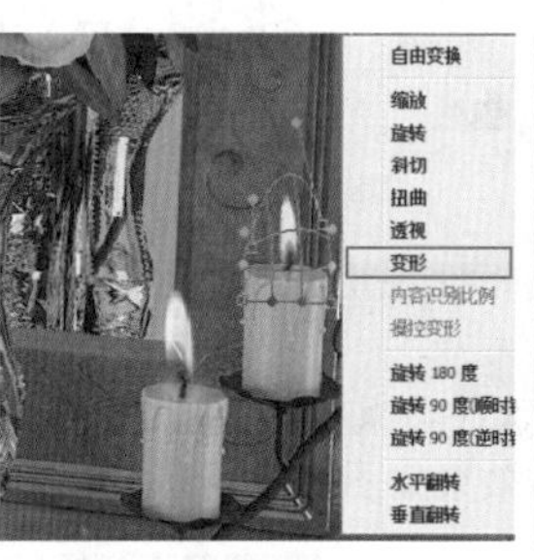

图8-204

图8-205

步骤06 有了火焰，为了更真实地模拟蜡烛光照的感觉，需要制作出周围黄色的光晕。设置前景色为黄色，新建图层，然后选择画笔工具，在其选项栏中打开“画笔预设”选取器，从中选择一个圆形柔角画笔，设置“大小”为“230像素”，接着在烛火上单击绘制出黄色光晕，如图8-206所示。

步骤07 设置该图层的混合模式为“叠加”，“不透明度”为80%，如图8-207所示。光晕更加柔和了一些，如图8-208所示。

步骤08 复制光晕图层，适当缩放并摆放到另外的蜡烛上，如图8-209所示。

步骤09 最终效果如图8-210所示。

图8-206

图8-207

图8-208

图8-209

图8-210

实例练习——使用混合模式制作柔美人像

案例文件	实例练习——使用混合模式制作柔美人像.psd
视频教学	实例练习——使用混合模式制作柔美人像.flv
难易指数	★★★★★
技术要点	“滤色”模式

案例效果

本例处理前后的对比效果如图8-211和图8-212所示。

操作步骤

步骤01 执行“文件>新建”命令，新建一个空白文件。设置前景色为粉色（R:201，G:165，B:180），然后单击工具箱中的“画笔工具”按钮，在其选项栏中打开“画笔预设”选取器，从中选择一个较大的圆形柔角画笔，并设置其“不透明度”为40%。完成设置后，在画布中绘制如图8-213所示的效果。

步骤02 置入人像素材文件，执行“图层>栅格化>智能对象”命令，如图8-214所示。为人像添加图层蒙版，在图层蒙版中使用黑色画笔涂抹背景部分，效果如图8-215所示。

图8-211

图8-212

图8-213

图8-214

图8-215

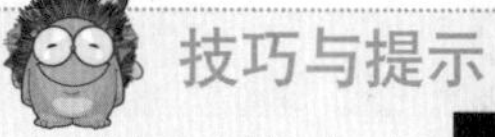

技巧与提示

由于人像裙子边缘是透明的薄纱，所以在蒙版中可以使用灰色柔角画笔进行适当涂抹，模拟半透明效果，如图8-216所示。

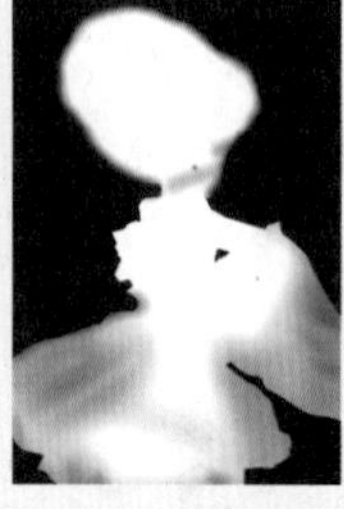

图8-216

步骤03 新建一个“色相/饱和度”调整图层，在其“属性”面板的下拉列表框中选择“全图”，设置“饱和度”为-25，如图8-217所示。效果如图8-218所示。

步骤04 新建一个图层，然后设置前景色为红色（R:255，G:6，B:6），接着按Alt+Delete组合键用前景色填充该图层，如图8-219所示。设置该图层的混合模式为“滤色”，“不透明度”为40%，此时人像整体呈现朦胧的粉色效果，如图8-220所示。

图8-217

图8-218

步骤05 为红色图层添加一个图层蒙版，然后使用黑色画笔在蒙版中涂掉影响背景以及人像的眼睛部分，如图8-221和图8-222所示。

步骤06 置入前景光效素材，执行“图层>栅格化>智能对象”命令。将其放置在人像的上面，并设置其混合模式为“滤色”，如图8-223所示。效果如图8-224所示。最后置入艺术字素材文件并栅格化，最终效果如图8-225所示。

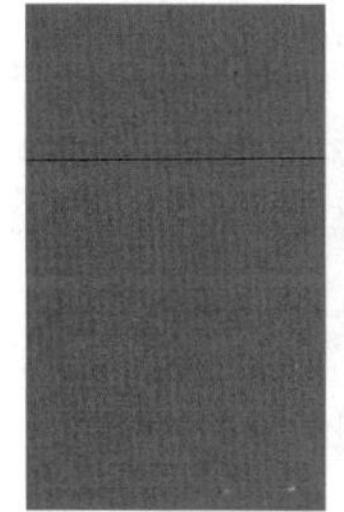

图8-219

图8-220

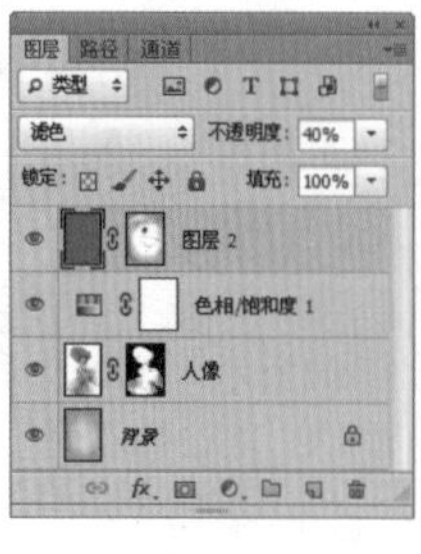

图8-221

图8-222

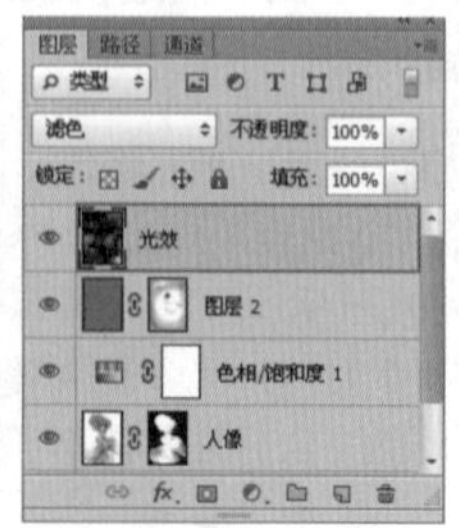

图8-223

图8-224

图8-225

实例练习——使用混合模式制作水珠光效啤酒

案例文件	实例练习——使用混合模式制作水珠光效啤酒.psd
视频教学	实例练习——使用混合模式制作水珠光效啤酒.flv
难易指数	★★★★★
技术要点	"叠加"混合模式，"滤色"混合模式

案例效果

本例最终效果如图8-226所示。

图8-226

操作步骤

步骤01 打开酒瓶素材文件，如图8-227所示。

步骤02 为了模拟酒瓶上的水珠效果，首先需要置入一幅水珠素材，执行"图层>栅格化>智能对象"命令，如图8-228所示。设置该图层的混合模式为"叠加"，如图8-229所示。此时可以看到水珠素材与酒瓶出现了叠加的混合效果，但是由于水珠素材的颜色导致酒瓶表面呈现不正常的蓝色，如图8-230所示。

图8-227

图8-228

图8-229

图8-230

步骤03 选择"水珠1"图层，按Ctrl+U组合键，打开"色相/饱和度"对话框，设置"饱和度"为-100，如图8-231所示。将水珠素材变为黑白图像后，可以看到混合在酒瓶表面的蓝色消失了，如图8-232所示。

步骤04 单击工具箱中的"磁性套索工具"按钮，沿着瓶身移动绘制封闭选区。选择"水珠1"图层，单击"图层"面板底部的"添加图层蒙版"按钮，如图8-233所示。此时可以看到多余的部分都被隐藏了，如图8-234所示。

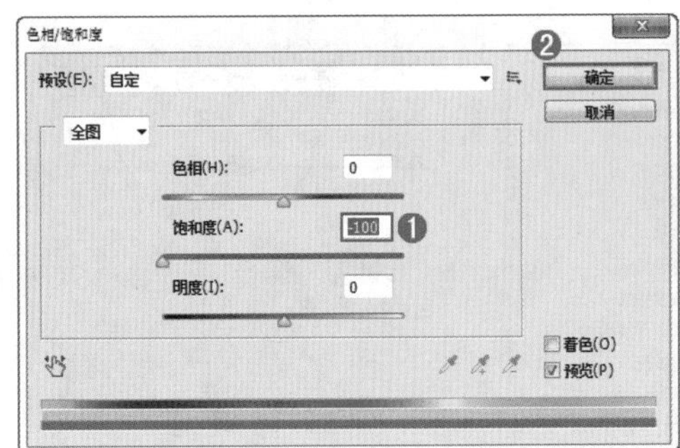

图8-231

图8-232

图8-233

图8-234

步骤05 新建“水珠2”图层。单击工具箱中的“仿制图章工具”按钮，按住Alt键在“水珠1”图层上单击进行水珠取样，然后在“水珠2”图层瓶身处涂抹绘制出水珠，并设置该图层的混合模式为“叠加”，如图8-235所示。此时可以看到瓶身从上到下都出现了水珠效果，如图8-236所示。

步骤06 置入光效素材文件，执行“图层>栅格化>智能对象”命令。将其放置在酒瓶的位置上，如图8-237所示。然后设置该图层的混合模式为“滤色”，如图8-238所示。最终效果如图8-239所示。

图8-235

图8-236

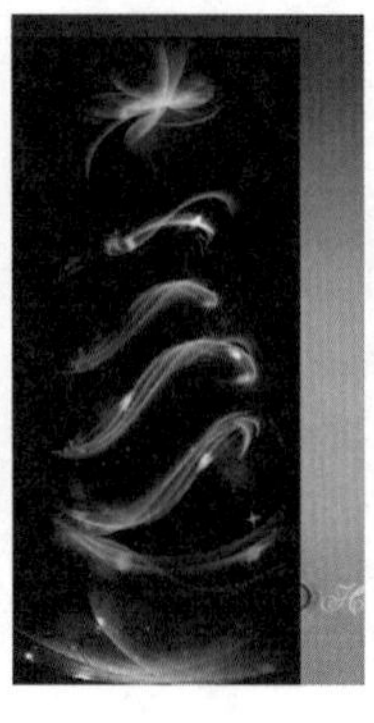

图8-237

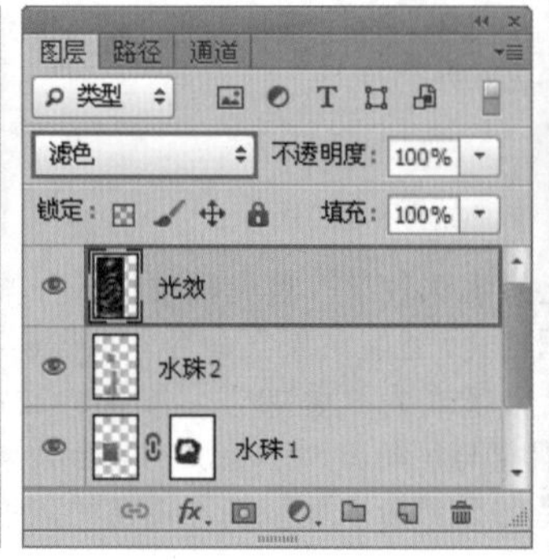

图8-238

图8-239

8.9 使用图层样式

图层样式和效果的出现，是Photoshop一个划时代的进步。在Photoshop中，图层样式几乎是制作质感效果的“绝对利器”。Photoshop中的图层样式以其使用简单、修改方便的特性广受用户的青睐，尤其是涉及创意文字或是LOGO设计时，图层样式更是必不可少的工具。使用多种图层样式制作的作品如图8-240～图8-243所示。

图8-240

图8-241

图8-242

图8-243

8.9.1 添加图层样式

如果要为一个图层添加图层样式，可以使用以下3种方法来完成。

（1）执行“图层>图层样式”菜单下的命令（如图8-244所示），在弹出的“图层样式”对话框中进行相应的设置，然后单击“确定”按钮即可，如图8-245所示。

（2）在“图层”面板底部单击“添加图层样式”按钮，在弹出的菜单中选择一种样式，即可打开“图层样式”对话框，如图8-246所示。

（3）在“图层”面板中双击要添加样式的图层缩览图，也可打开“图层样式”对话框，如图8-247所示。

图8-244

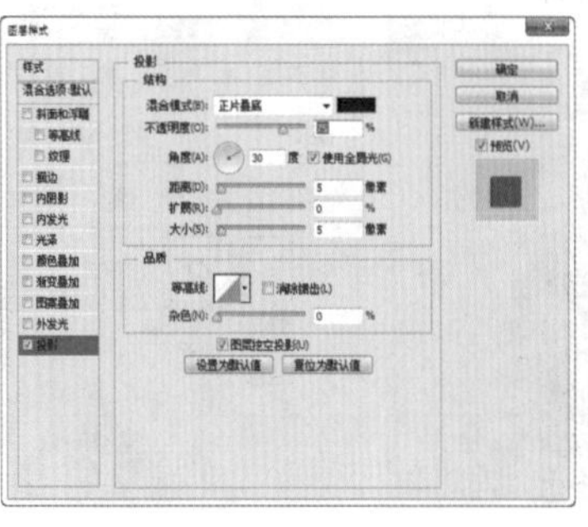

图8-245

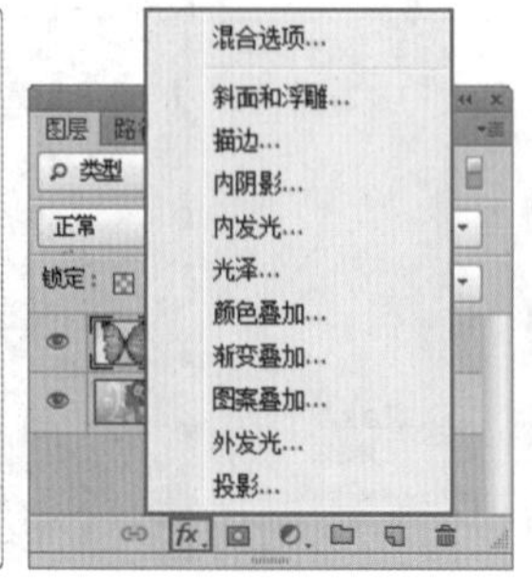

图8-246

图8-247

8.9.2 “图层样式”对话框

在“图层样式”对话框的左侧列出了10种样式。如果某一样式名称前面的复选框内带有☑标记，则表示在图层中添加了该样式，如图8-248所示。

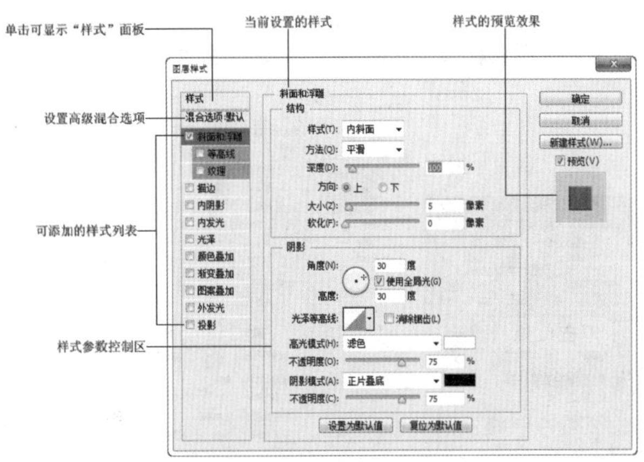

图8-248

技巧与提示

如果单击样式名称前面的复选框，则可以应用该样式，但不会显示样式设置界面。

单击某一样式的名称，即可选中该样式，同时切换到该样式的设置界面，如图8-249和图8-250所示。

在“图层样式”对话框中设置好样式参数以后，单击“确定”按钮即可为图层添加样式，添加了样式的图层的右侧会出现一个fx图标，如图8-251所示。

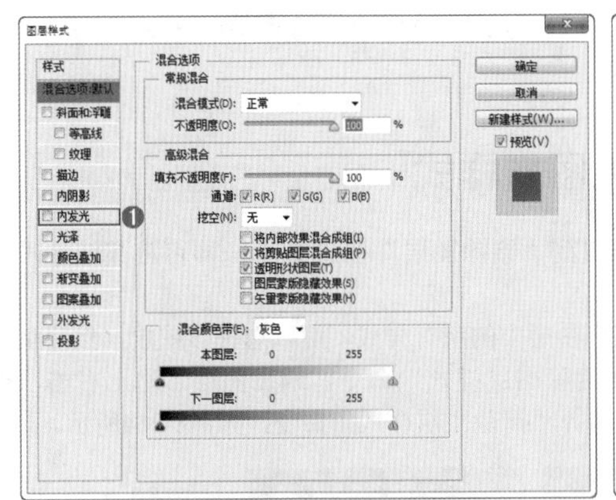

图8-249

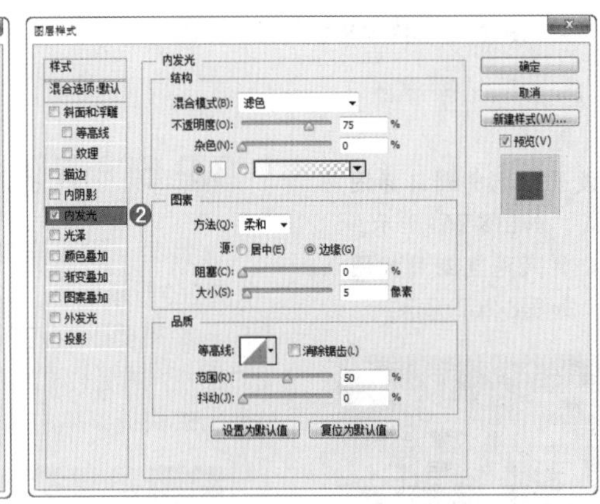

图8-250

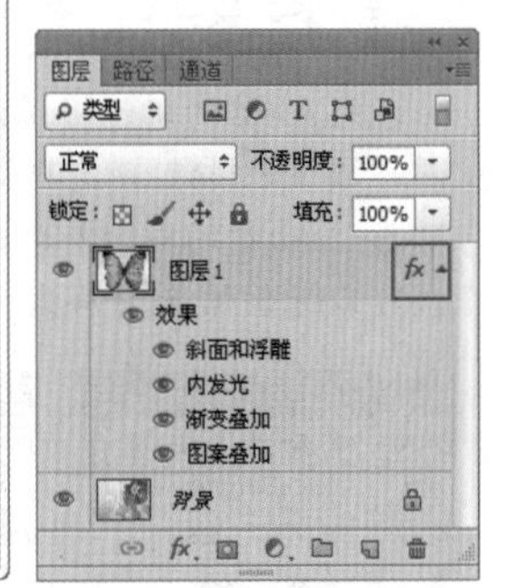

图8-251

8.9.3 显示与隐藏图层样式

如果要隐藏某一样式，可以在“图层”面板中单击该样式前面的眼睛图标👁，如图8-252～图8-255所示。

如果要隐藏某个图层中的所有样式，可以单击“效果”前面的眼睛图标👁，如图8-256和图8-257所示。

图8-252

图8-253

图8-254

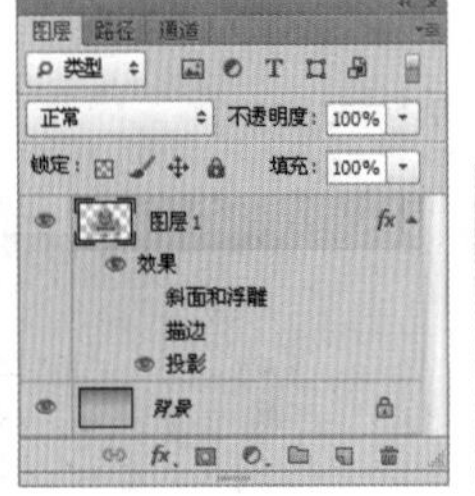

图8-255

图8-256

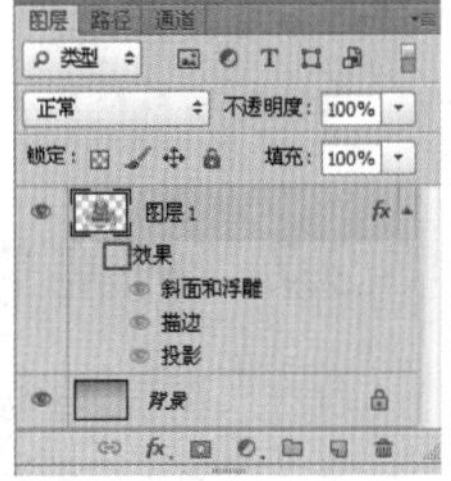

图8-257

答疑解惑——怎样隐藏所有图层中的图层样式？

如果要隐藏整个文档中所有图层的图层样式，可以执行“图层>图层样式>隐藏所有效果”命令。

8.9.4 修改图层样式

再次对图层执行“图层>图层样式”命令或在“图层”面板中双击该样式的名称，在弹出的“图层样式”对话框中修改相应的参数设置，即可修改图层样式，如图8-258和图8-259所示。

图8-258

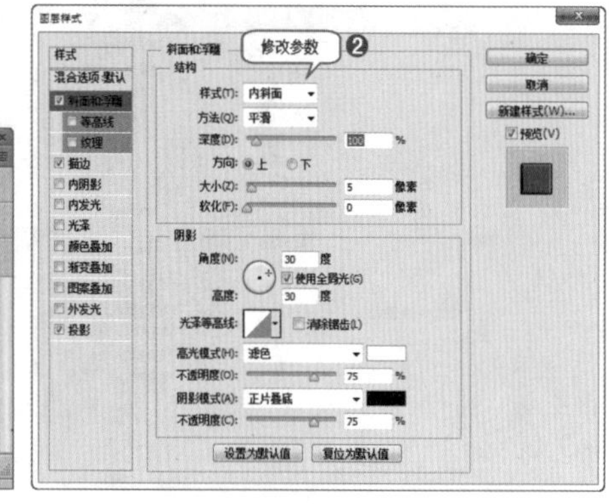

图8-259

8.9.5 复制/粘贴图层样式

当文档中有多个需要使用同样样式的图层时，可以进行图层样式的复制。选择要复制样式的图层，然后执行“图层>图层样式>拷贝图层样式”命令，或者在图层名称上右击，在弹出的快捷菜单中选择“拷贝图层样式”命令，接着选择目标图层，再选择“图层>图层样式>粘贴图层样式”命令，或者在目标图层的名称上右击，在弹出的快捷菜单中选择“粘贴图层样式”命令，如图8-260所示。

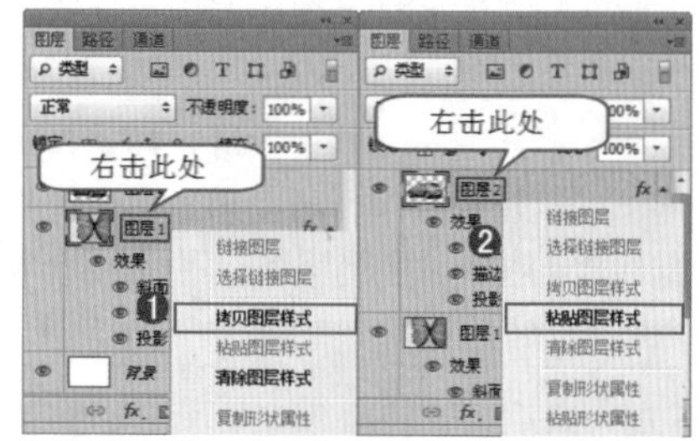

图8-260

技巧与提示

按住Alt键的同时将“效果”拖曳到目标图层上，可以复制/粘贴所有样式，如图8-261所示。

按住Alt键的同时将单个样式拖曳到目标图层上，可以复制/粘贴该样式，如图8-262所示。

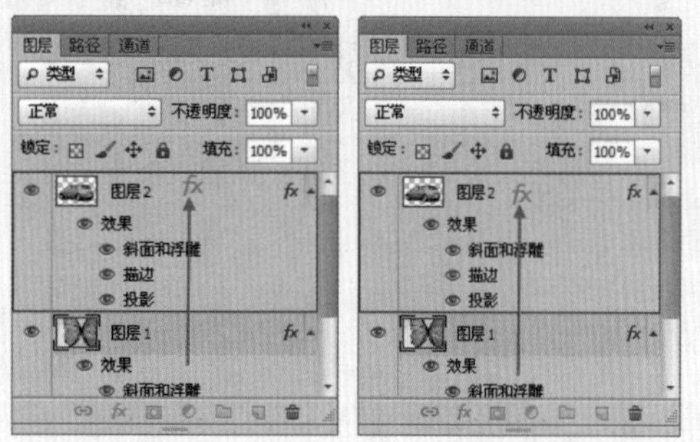

图8-261　　图8-262

需要注意的是，如果没有按住Alt键，则是将样式移动到目标图层中，原始图层不再有样式。

8.9.6 清除图层样式

将某一样式拖曳到“删除图层”按钮上，即可将其删除，如图8-263所示。

如果要删除某个图层中的所有样式，可以选择该图层，然后执行“图层>图层样式>清除图层样式”命令，或在图层名称上右击，在弹出的快捷菜单中选择“清除图层样式”命令，如图8-264所示。

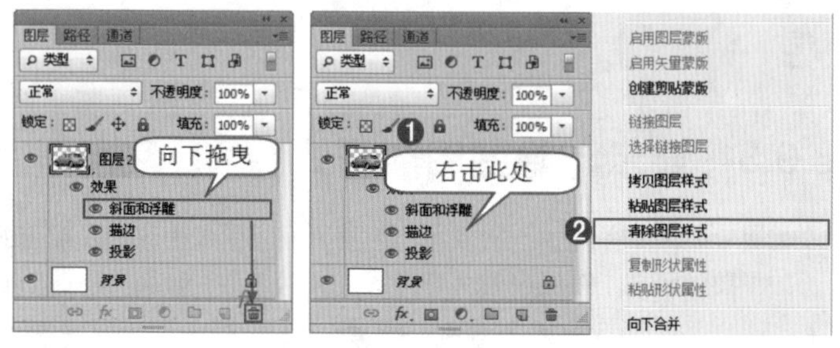

图8-263　　图8-264

8.9.7 栅格化图层样式

执行“图层>栅格化>图层样式”命令，即可将当前图层的图层样式栅格化到当前图层中，栅格化的样式部分可以像普通图层的其他部分一样进行编辑处理，但是不再具有调整图层参数的功能，如图8-265～图8-267所示。

图8-265

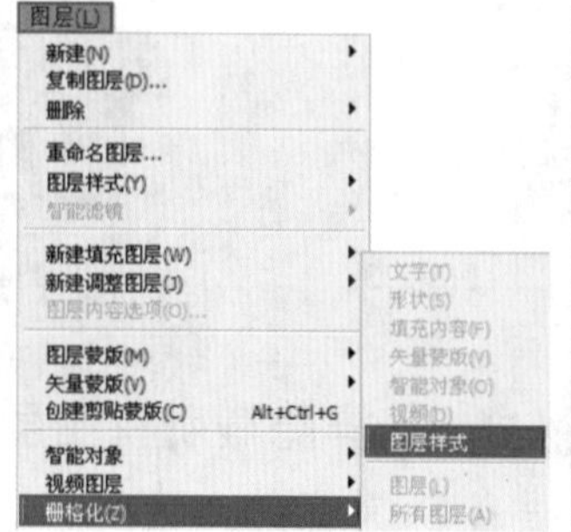

图8-266

图8-267

8.10 图层样式详解

在Photoshop中包含10种图层样式，即投影、内阴影、外发光、内发光、斜面和浮雕、光泽、颜色叠加、渐变叠加、图案叠加与描边效果，如图8-268和图8-269所示。从每种图层样式的名称上就能够了解这些“图层样式”基本包括“阴影”、“发光”、“突起”、“光泽”、“叠加”和“描边”这几种属性。当然，除了以上的属性，多种“图层样式”共同使用还可以制作出更加丰富的奇特效果。

图8-268

图8-269

8.10.1 斜面和浮雕

“斜面和浮雕”样式可以为图层添加高光与阴影，使图像产生立体的浮雕效果，常用于立体文字的模拟。如图8-270～图8-272所示分别为原始图像、添加了“斜面和浮雕”样式以后的图像效果以及“斜面和浮雕”样式的参数设置界面。

图8-270

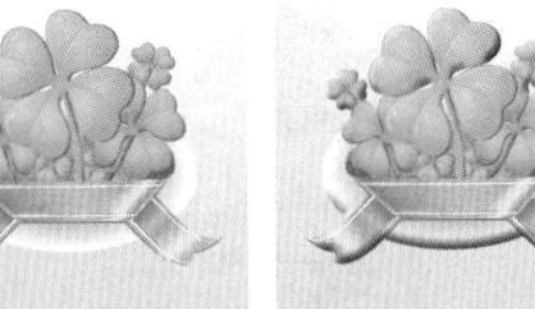
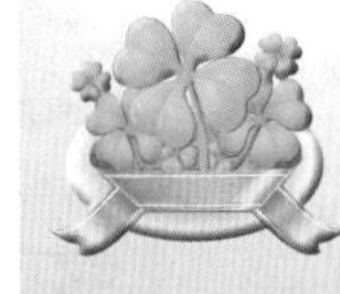

图8-271

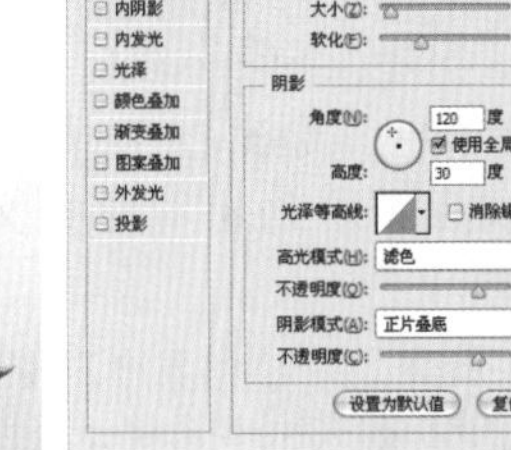

图8-272

 1．设置“斜面和浮雕”

- 样式：用于选择斜面和浮雕的样式。选择“外斜面”，可以在图层内容的外侧边缘创建斜面；选择“内斜面”，可以在图层内容的内侧边缘创建斜面；选择“浮雕效果”，可以使图层内容相对于下面图层产生浮雕状的效果；选择“枕状浮雕”，可以模拟图层内容的边缘嵌入到下面图层中的效果；选择“描边浮雕”，可以将浮雕应用于图层的“描边”样式的边界（注意，如果图层没有“描边”样式，则不会产生效果），如图8-273所示。

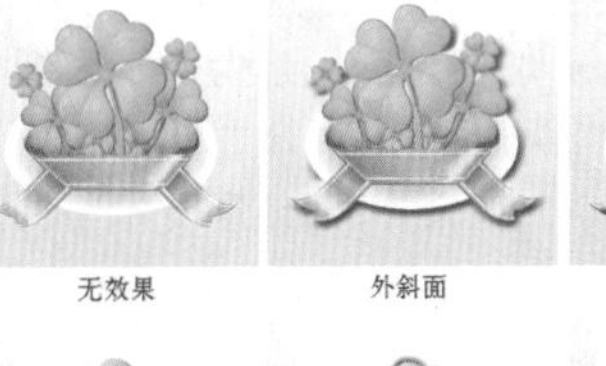

图8-273

- 方法：用来选择创建浮雕的方法。选择“平滑”，可以得到比较柔和的边缘，如图8-274所示；选择“雕刻清晰”，可以得到最精确的浮雕边缘，如图8-275所示；选择“雕刻柔和”，可以得到中等水平的浮雕效果，如图8-276所示。
- 深度：用来设置浮雕斜面的应用深度，该值越大，浮雕的立体感越强。
- 方向：用来设置高光和阴影的位置。该选项与光源的角度有关，如设置“角度”为90°时，选择“上”方向，那么阴影位置就位于下面，如图8-277所示；选择“下”方向，阴影位置则位于上面，如图8-278所示。

图8-274

图8-275

图8-276

图8-277

图8-278

- 大小：用来设置斜面和浮雕的阴影面积大小。
- 软化：用来设置斜面和浮雕的平滑程度。
- 角度/高度："角度"选项用来设置光源的发光角度；"高度"选项用来设置光源的高度。
- 使用全局光：如果选中该复选框，那么所有浮雕样式的光照角度都将保持在同一方向。
- 光泽等高线：选择不同的等高线样式，可以为斜面和浮雕的表面添加不同的光泽质感。此外，用户也可以自己编辑等高线样式。
- 消除锯齿：当设置了光泽等高线时，斜面边缘可能会产生锯齿。选中该复选框，可以消除锯齿。
- 高光模式/不透明度：这两个选项用来设置高光的混合模式和不透明度，后面的色块用于设置高光的颜色。
- 阴影模式/不透明度：这两个选项用来设置阴影的混合模式和不透明度，后面的色块用于设置阴影的颜色。

2. 设置"等高线"

选中"斜面和浮雕"样式下的"等高线"复选框，切换到"等高线"设置界面，如图8-279所示。使用"等高线"可以在浮雕中创建凹凸起伏的效果，如图8-280和图8-281所示。

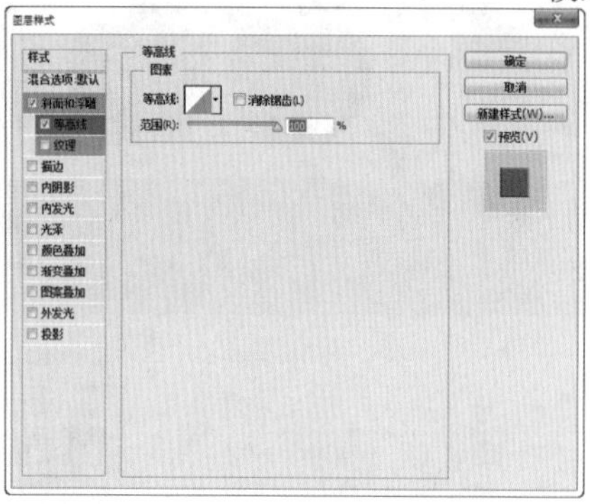

图8-279

图8-280

图8-281

3. 设置"纹理"

选中"斜面和浮雕"样式下的"纹理"复选框，切换到"纹理"设置界面，如图8-282所示。使用"纹理"可以在浮雕中创建不同的纹理效果，如图8-283所示。

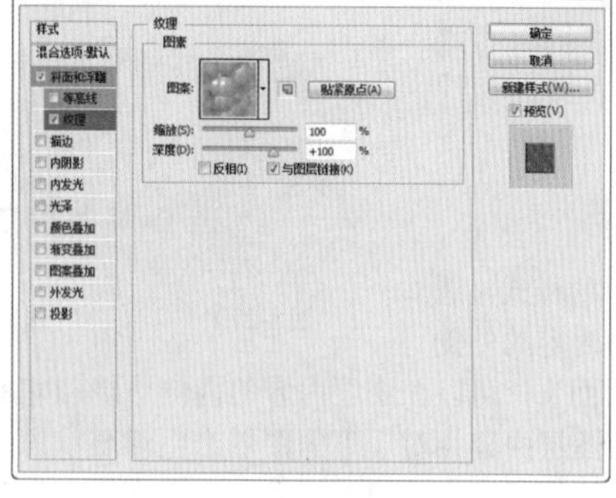
图8-282

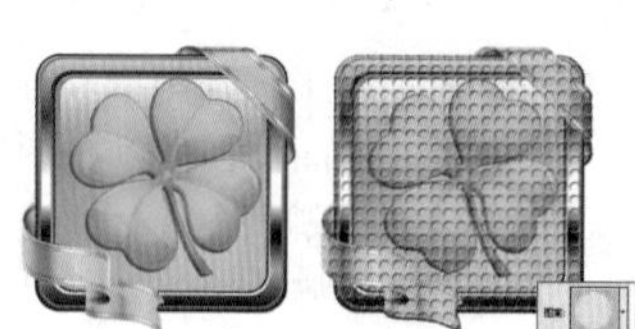
图8-283

- 图案：单击"图案"下拉列表框右侧的按钮，在弹出的下拉列表框中选择一个图案，即可将其应用到斜面和浮雕上。
- 从当前图案创建新的预设：单击该按钮，可以将当前设置的图案创建为一个新的预　设图案，同时新图案会保存在"图案"拾色器中。
- 贴紧原点：将原点对齐图层或文档的左上角。
- 缩放：用来设置图案的大小。
- 深度：用来设置图案纹理的应用程度。
- 反相：选中该复选框以后，可以反转图案纹理的凹凸方向。
- 与图层链接：选中该复选框后，可以将图案和图层链接在一起，这样在对图层进行变换等操作时，图案也会跟着一同变换。

实例练习——利用"斜面和浮雕"样式制作浮雕文字

案例文件	实例练习——利用"斜面和浮雕"样式制作浮雕文字.psd
视频教学	实例练习——利用"斜面和浮雕"样式制作浮雕文字.flv
难易指数	★★★★★
技术要点	掌握如何使用"斜面和浮雕"样式制作浮雕文字

案例效果

本例将使用"斜面和浮雕"样式制作浮雕文字，最终效果如图8-284所示。

操作步骤

步骤01 执行"文件>新建"命令，新建一个文档。打开空白图层，使用渐变工具绘制蓝色渐变，如图8-285所示。

图8-284

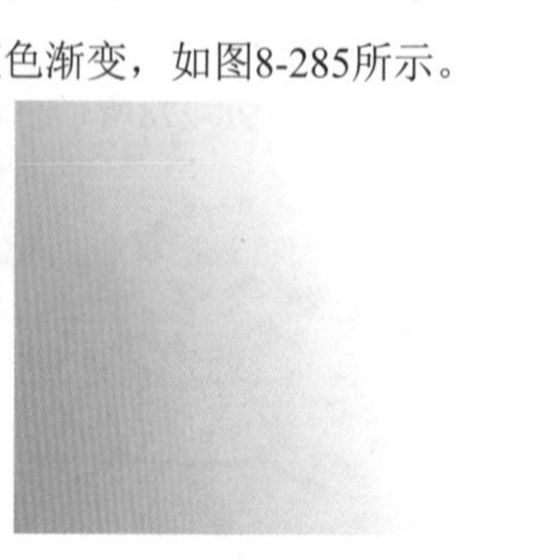

图8-285

步骤02 使用横排文字工具 T 在图像上输入“ICE CUBE”，如图8-286所示。

步骤03 右击，在弹出的快捷菜单中选择“栅格化文字”命令，载入文字选区。然后给文字添加渐变，如图8-287所示。文字效果如图8-288所示。

步骤04 执行“滤镜>扭曲>波浪”命令，在弹出的“波浪”对话框中设置波长最小值为86、最大值为271，波幅最小值为5、最大值为35，如图8-289所示。文字效果如图8-290所示。

图8-286

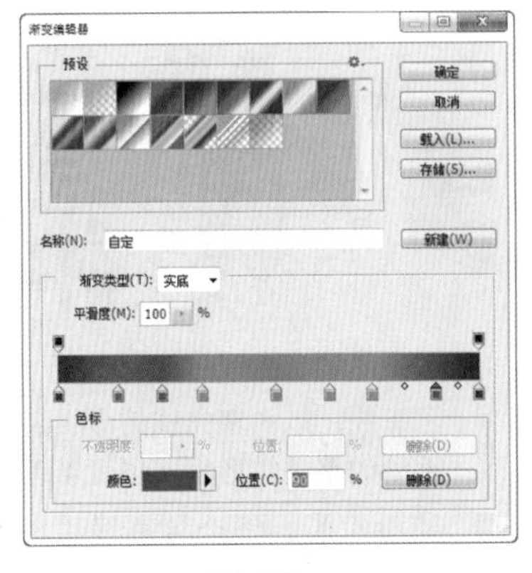

图8-287

图8-288

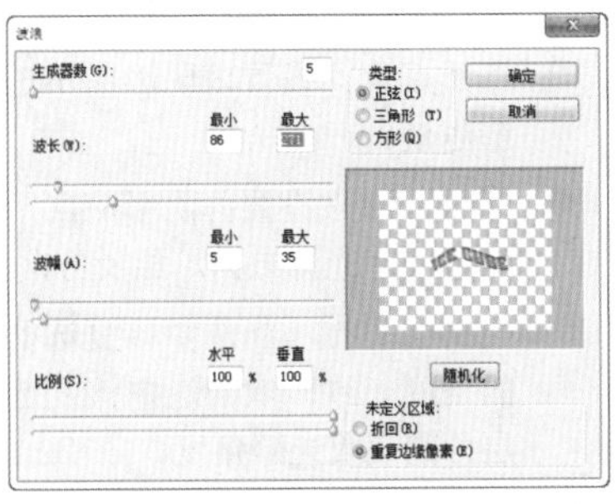

图8-289

步骤05 执行“图层>图层样式>投影”命令，打开“图层样式”对话框，设置“角度”为90度，“距离”为3像素，“大小”为3像素，如图8-291所示。

步骤06 选中“内发光”样式，设置“混合模式”为“颜色减淡”，“不透明度”为30%，发光颜色为白色，“大小”为3像素，如图8-292所示。

步骤07 选中“斜面和浮雕”样式，设置“深度”为351%，“大小”为81像素，“角度”为90度，“高度”为30度，高光的“不透明度”为50%，阴影的“不透明度”为80%，如图8-293所示。

图8-290

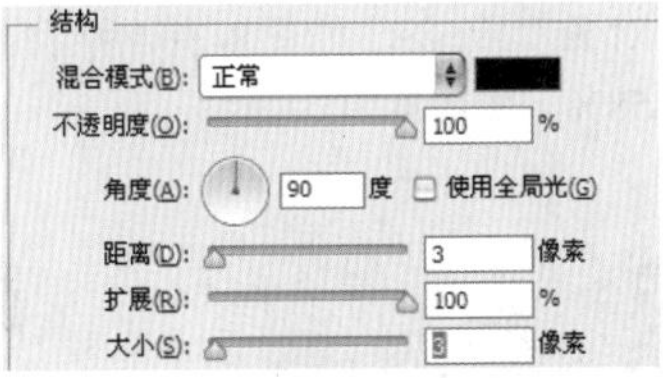

图8-291

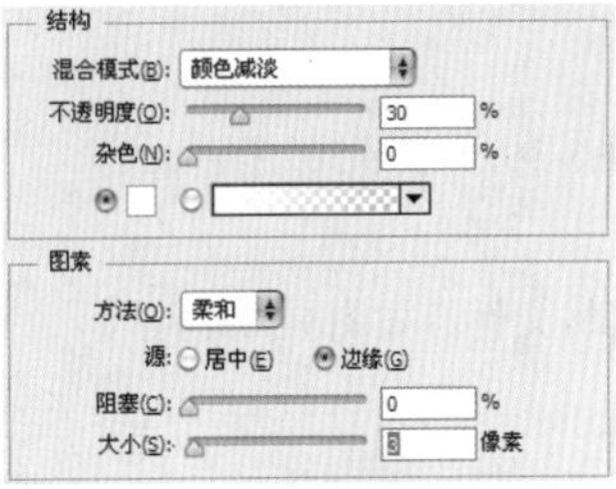

图8-292

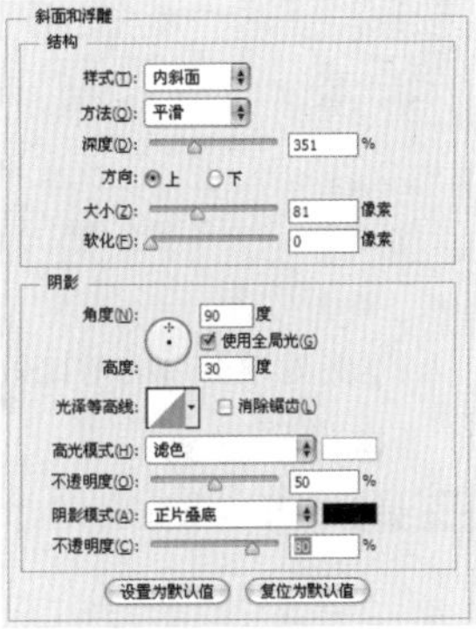

图8-293

步骤08 选中“斜面和浮雕”样式，在其下选中“纹理”复选框，在“图案”下拉列表框中选择一种合适的图案，设置“深度”为-380%，如图8-294所示。文字效果如图8-295所示。

步骤09 置入背景素材文件并栅格化，最终效果如图8-296所示。

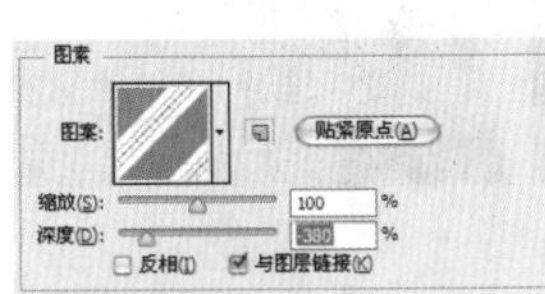

图8-294

图8-295

图8-296

8.10.2 描边

“描边”样式可以使用颜色、渐变以及图案来描绘图像的轮廓边缘。如图8-297所示为颜色描边、渐变描边、图案描边效果。

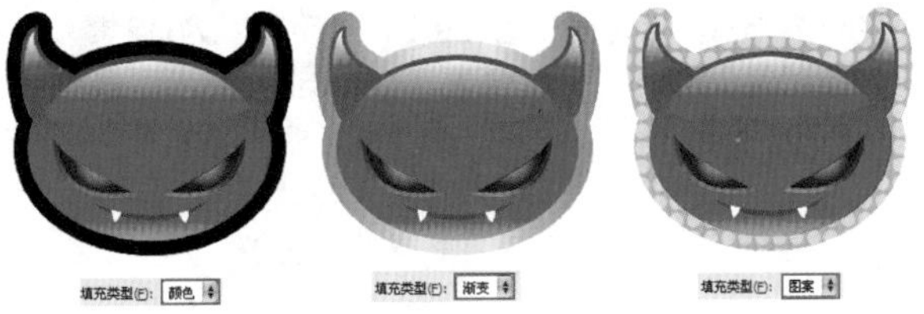

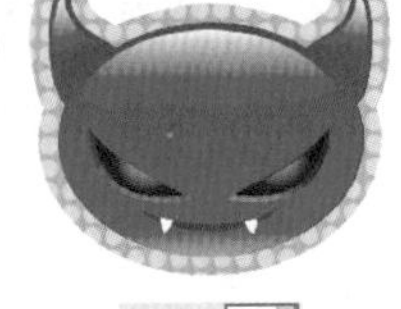

图8-297

8.10.3 内阴影

"内阴影"样式可以在紧靠图层内容的边缘向内添加阴影，使图层内容产生凹陷效果。如图8-298～图8-300所示分别为原始图像、添加了"内阴影"样式以后的图像以及"内阴影"样式的参数设置界面。

- 混合模式：用来设置内阴影与图层的混合方式，默认设置为"正片叠底"模式。
- 阴影颜色：单击"混合模式"下拉列表框右侧的色块，可以设置内阴影的颜色。
- 不透明度：设置内阴影的不透明度。数值越小，内阴影越淡。
- 角度：用来设置内阴影应用于图层时的光照角度，指针方向为光源方向，相反方向为投影方向。
- 使用全局光：当选中该复选框时，可以保持所有光照的角度一致；取消选中该复选框时，可以为不同的图层分别设置光照角度。
- 距离：用来设置内阴影偏移图层内容的距离。
- 大小：用来设置投影的模糊范围。该值越大，模糊范围越广；反之内阴影越清晰。

图8-298

图8-299

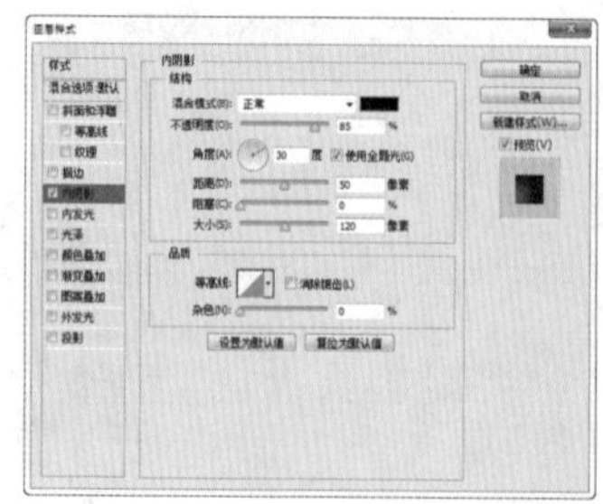
图8-300

- 等高线：以调整曲线的形状来控制内阴影的形状。可以手动调整曲线形状，也可以选择内置的等高线预设。
- 消除锯齿：混合等高线边缘的像素，使投影更加平滑。该选项对于尺寸较小且具有复杂等高线的内阴影比较实用。
- 杂色：用来在投影中添加杂色的颗粒感效果，数值越大，颗粒感越强。

实例练习——使用"内阴影"样式模拟皮具压花

案例文件	实例练习——使用"内阴影"样式模拟皮具压花.psd
视频教学	实例练习——使用"内阴影"样式模拟皮具压花.flv
难度指数	★★★★★
技术要点	"内阴影"样式

案例效果

本例处理前后的对比效果如图8-301和图8-302所示。

操作步骤

步骤01 打开本书配套光盘中的素材文件，如图8-303所示，皮具上的压花效果通常是具有凹陷效果的，为了使花纹更加真实地贴合在皮质表面，需要对花纹图层进行图层样式的调整。

步骤02 置入花纹素材文件，执行"图层>栅格化>智能对象"命令，如图8-304所示。设置该图层的"填充"为58%，如图8-305所示。

图8-301

图8-302

图8-303

图8-304

图8-305

> **技巧与提示**
>
> 调整图层的"填充"数值，只影响原始像素的不透明度，而不会影响其图层样式的不透明度。

步骤03 执行"图层>图层样式>内阴影"命令，打开"图层样式"对话框，设置"混合模式"为"正片叠底"，"不透明度"为75%，"角度"为120度，"距离"为1像素，"阻塞"为0%，"大小"为1像素，如图8-306所示。最终效果如图8-307所示。

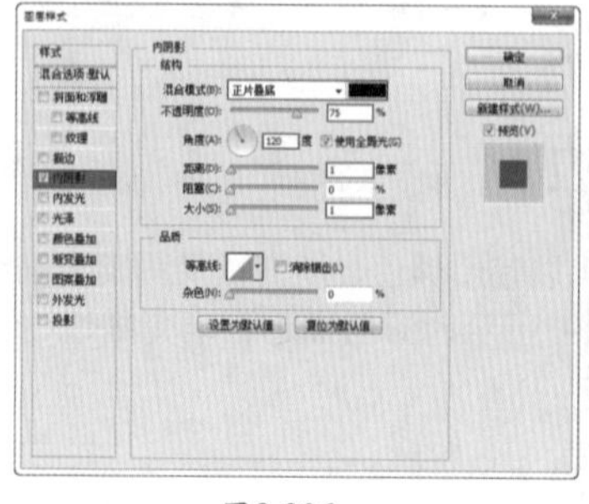
图8-306

图8-307

8.10.4 内发光

“内发光”样式可以沿图层内容的边缘向内创建发光效果，使对象出现些许的“凸起感”。如图8-308～图8-310所示分别为原始图像、添加了“内发光”样式以后的图像效果以及“内发光”样式的参数设置界面。

> **技巧与提示**
>
> 在“内发光”样式的参数设置中，除了“源”和“阻塞”外，其他选项都与“外发光”样式相同。“源”选项用来控制光源的位置；“阻塞”选项用来在模糊之前收缩内发光的杂边边界。

图8-308

图8-309

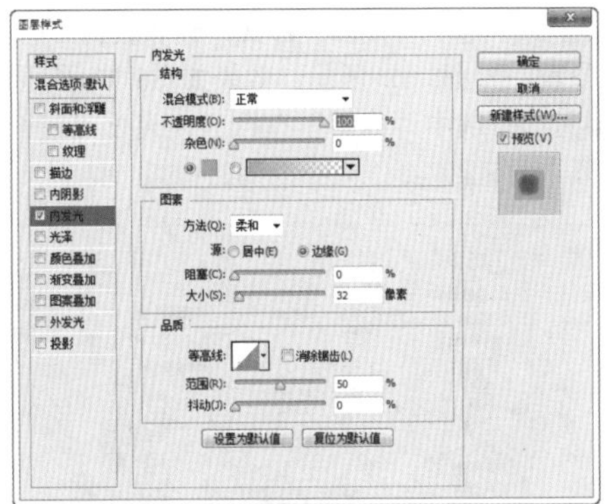

图8-310

8.10.5 光泽

“光泽”样式可以为图像添加光滑的具有光泽的内部阴影，通常用来制作具有光泽质感的按钮和金属，如图8-311～图8-313所示为原始图像、添加了“光泽”样式以后的图像效果以及“光泽”样式的参数设置界面。“光泽”样式的参数没有特别的选项，这里就不再重复讲解。

图8-311

图8-312

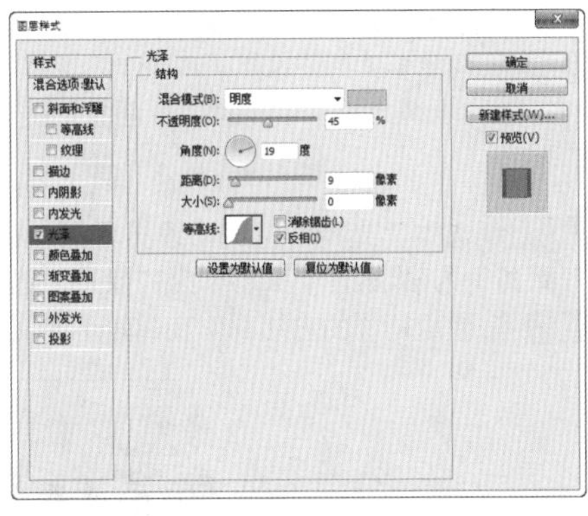

图8-313

实例练习——使用“光泽”样式制作荧光效果

案例文件	实例练习——使用“光泽”样式制作荧光效果.psd
视频教学	实例练习——使用“光泽”样式制作荧光效果.flv
难易指数	★★★★★
技术要点	“光泽”样式

案例效果

本例主要针对“光泽”样式的使用方法进行练习，最终效果如图8-314所示。

图8-314

图8-315

图8-316

操作步骤

步骤01 打开本书配套光盘中的背景素材文件，如图8-315所示。

步骤02 单击工具箱中的“横排文字工具”按钮，选择一种可爱的字体，设置合适的字号，颜色设置为白色，输入文字，栅格化之后使用钢笔工具在附近绘制出心形形状，如图8-316所示。

步骤03 执行“图层>图层样式>渐变叠加”命令，在弹出的“图层样式”对话框中设置“混合模式”为“正常”，“不透明度”为52%，“渐变”为七色渐变，“样式”为“对称的”，“角度”为166度，“缩放”为10%，如图8-317和图8-318所示。文字效果如图8-319所示。

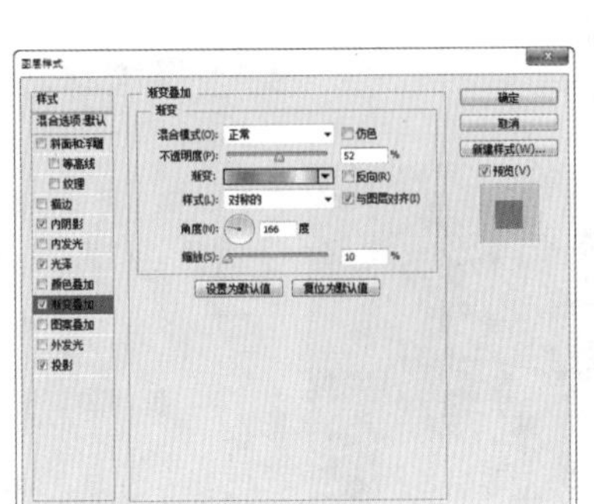

图8-317

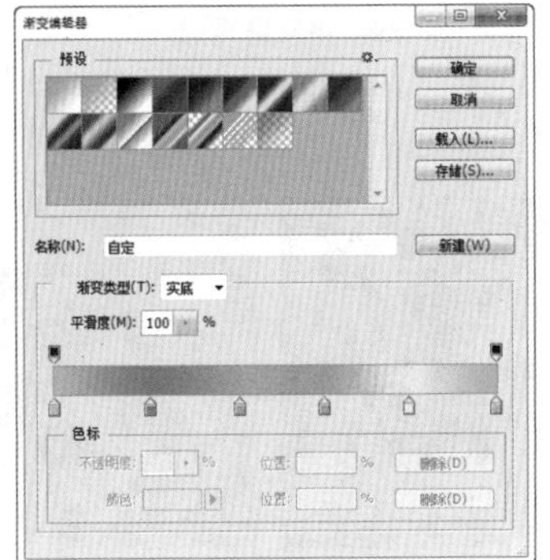

图8-318

图8-319

步骤04 选中“投影”样式，设置投影颜色为黑色，“不透明度”为75%，“角度”为120度，“距离”为4像素，“大小”为4像素，如图8-320所示。效果如图8-321所示。

步骤05 选中“内阴影”样式，设置“混合模式”为“亮光”，颜色为黑色，“不透明度”为75%，“角度”为120度，“距离”为5像素，“大小”为21像素，选择一种合适的等高线，如图8-322所示。效果如图8-323所示。

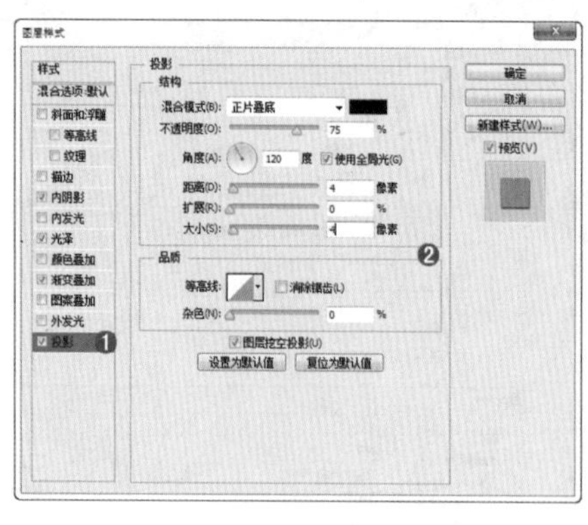

图8-320

图8-321

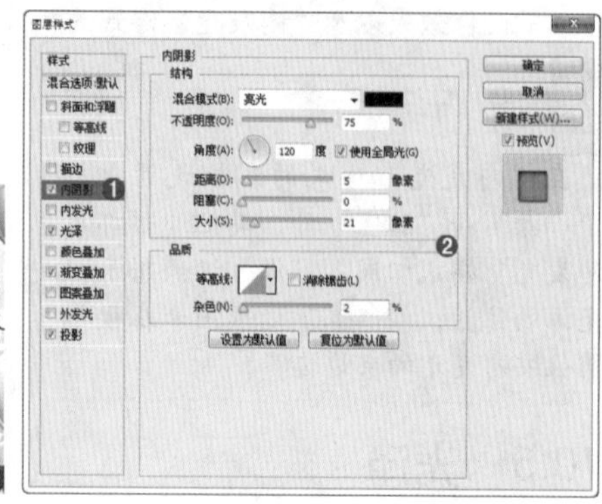

图8-322

步骤06 选中“光泽”样式，设置“混合模式”为“颜色加深”，颜色为黑色，“不透明度”为56%，“角度”为-39度，“距离”为6像素，“大小”为17像素，选择一种合适的等高线，如图8-324所示。效果如图8-325所示。

步骤07 使用同样的方法制作底部较小的文字，最终效果如图8-326所示。

图8-323

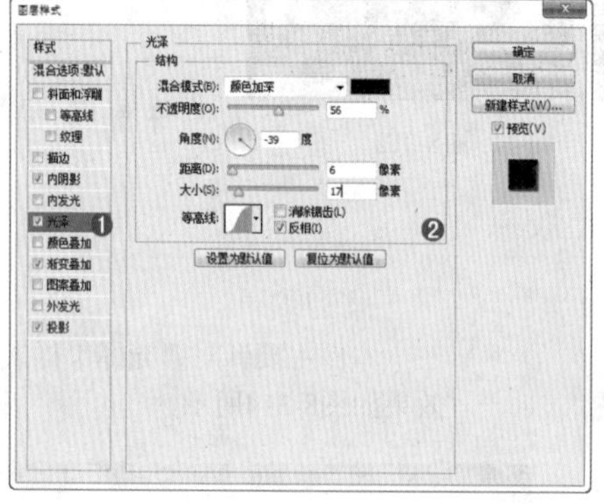

图8-324

图8-325

图8-326

8.10.6 颜色叠加

“颜色叠加”样式可以在图像上叠加设置的颜色，并且可以通过混合模式的修改调整图像与颜色的混合效果。如图8-327～图8-329所示分别为原始图像、添加了“颜色添加”样式以后的图像效果以及“颜色叠加”样式的参数设置界面。

图8-327

图8-328

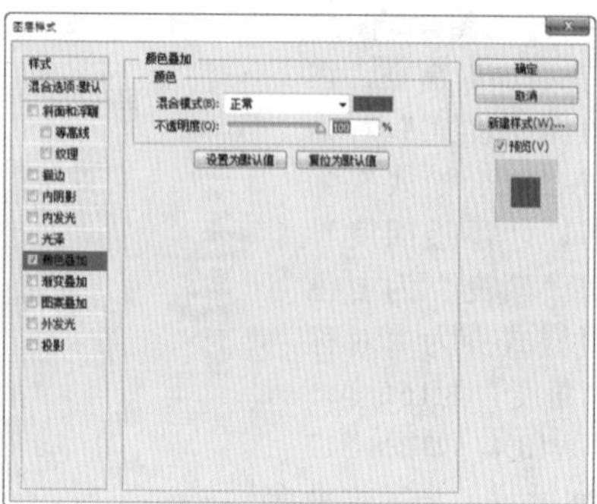

图8-329

技巧与提示

这里的混合模式与“图层”面板中的混合模式相同，具体内容参见8.8.2节。

8.10.7 渐变叠加

“渐变叠加”样式可以在图层上叠加指定的渐变色，不仅能够制作带有多种颜色的对象，更能够通过巧妙的渐变颜色设置制作出突起、凹陷等三维效果以及带有反光的质感效果。如图8-330～图8-332所示分别为原始图像、添加了“渐变叠加”样式以后的图像效果以及“渐变叠加”样式的参数设置界面。

图8-330

图8-331

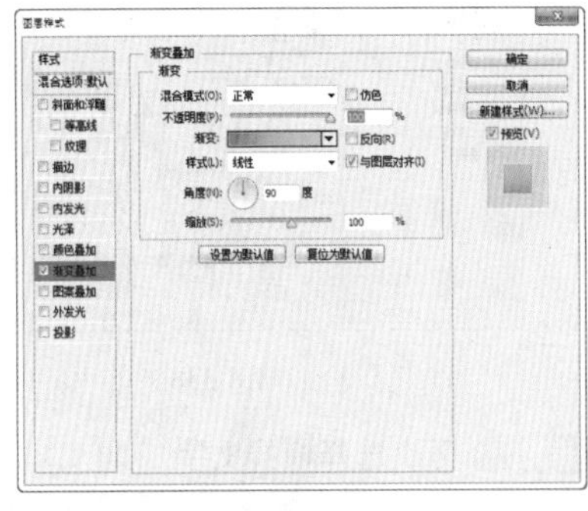

图8-332

实例练习——制作水润气泡文字

案例文件	实例练习——制作水润气泡文字.psd
视频教学	实例练习——制作水润气泡文字.flv
难易指数	★★★★★
技术要点	掌握多种图层样式的使用方法

案例效果

本例主要针对多种图层样式的使用方法进行练习（同时涉及制作气泡知识），最终效果如图8-333所示。

图8-333

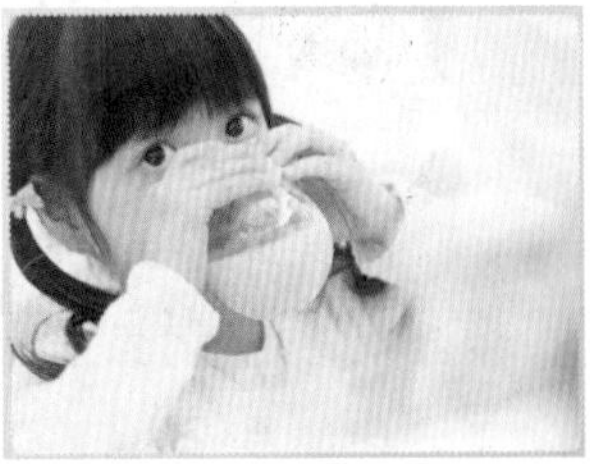

图8-334

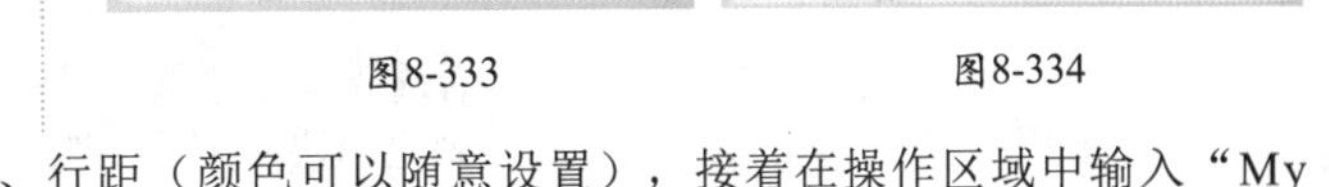

操作步骤

步骤01 打开背景素材文件，如图8-334所示。

步骤02 按F5键打开“字符”面板，然后设置字体、大小、行距（颜色可以随意设置），接着在操作区域中输入“My Baby”，如图8-335所示。

步骤03 执行“图层>图层样式>投影”命令，打开“图层样式”对话框，设置“混合模式”为“正片叠底”，“不透明度”为75%，“角度”为-58度，“距离”为13像素，“大小”为9像素，如图8-336所示。

步骤04 执行“图层>图层样式>外发光”命令，打开“图层样式”对话框，设置“混合模式”为“正常”，“不透明度”为75%，颜色为绿色到透明的渐变，“方法”为“柔和”，“大小”为13像素，“范围”为50%，如图8-337所示。

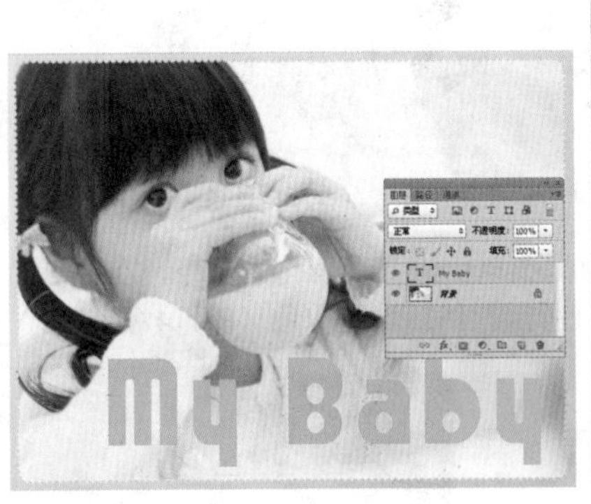

图8-335

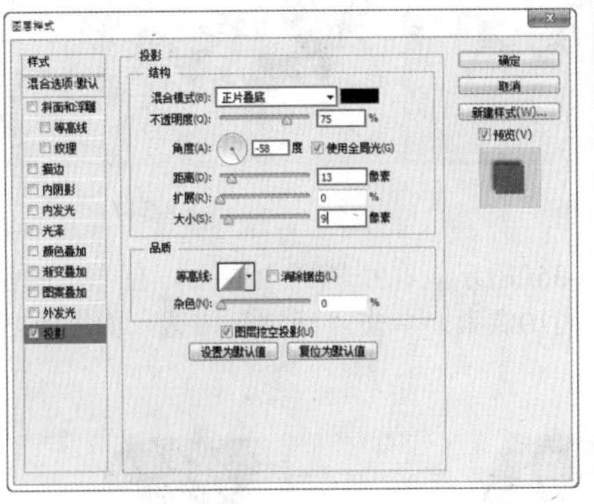

图8-336

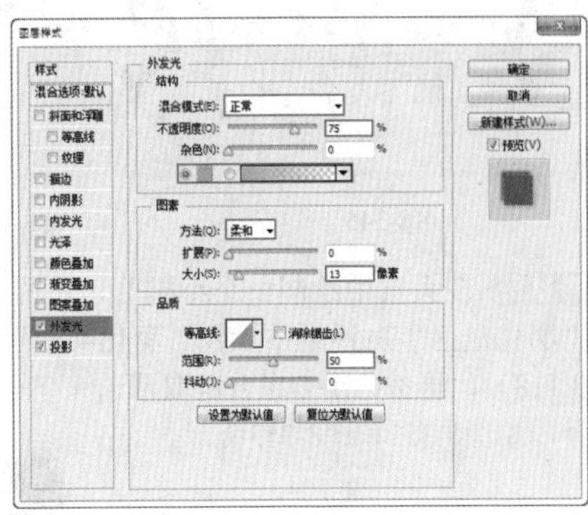

图8-337

步骤05 执行“图层>图层样式>内发光”命令，打开“图层样式”对话框，设置“混合模式”为“滤色”，“不透明度”为75%，颜色为淡黄色到透明的渐变，“方法”为“柔和”，“大小”为32像素，如图8-338所示。

步骤06 执行“图层>图层样式>渐变叠加”命令，打开“图层样式”对话框，设置“混合模式”为“正常”，“不透明度”为100%，“渐变”为黄绿色渐变，“样式”为“线性”，“角度”为90度，如图8-339和图8-340所示。效果如图8-341所示。

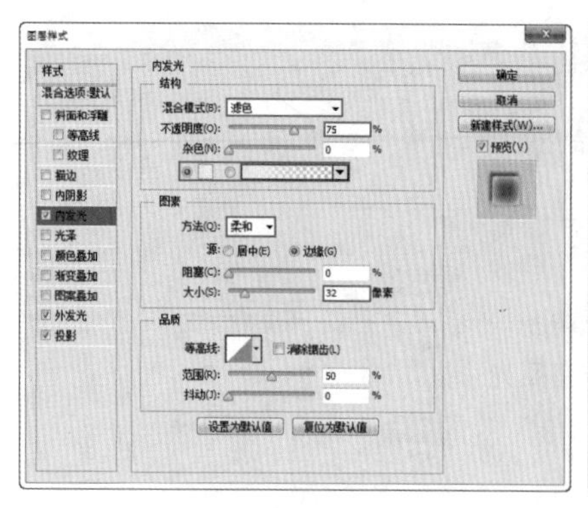
图8-338

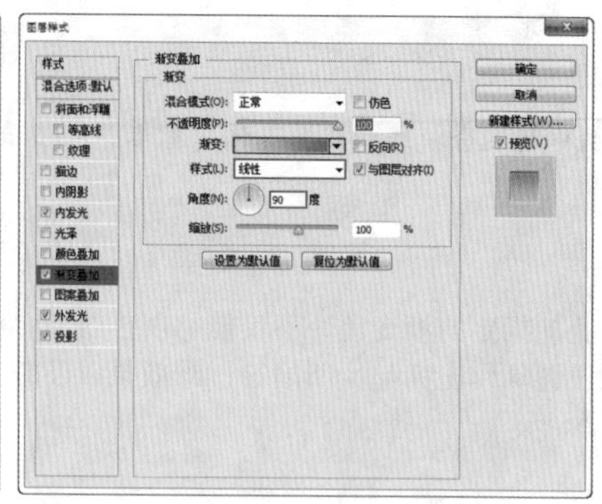
图8-339

图8-340

步骤07 再次选择横排文字工具T，在其选项栏中单击“切换字符和段落面板”按钮，在打开的“字符”面板中设置字体、大小、行距（颜色可以随意设置），然后输入“OH”，如图8-342所示。

步骤08 在“图层”面板中选中My Baby文字图层，然后右击，在弹出的快捷菜单中选择“拷贝图层样式”命令，如图8-343所示。回到OH文字图层，右击，在弹出的快捷菜单中选择“粘贴图层样式”命令，如图8-344所示。效果如图8-345所示。

图8-341

图8-342

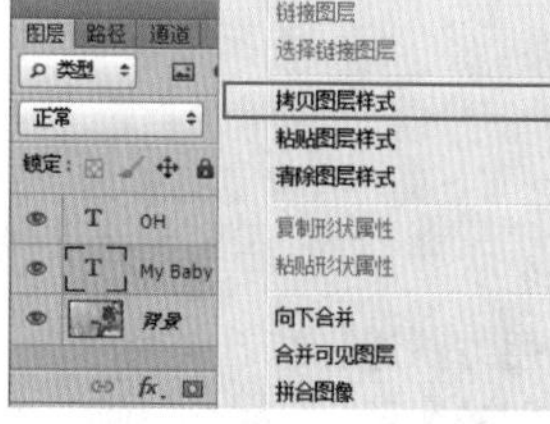
图8-343

图8-344

步骤09 为图片添加气泡。新建图层，然后选择椭圆选框工具，按住Shift键绘制正圆选区，并填充为白色，如图8-346所示。在白色正圆选区上单击鼠标右键，在弹出的快捷菜单中选择“羽化”命令，如图8-347所示。打开“羽化选区”对话框，设置“羽化半径”为20像素，如图8-348所示。最后按Delete键删除，再按Ctrl+D组合键取消选择，如图8-349所示。

图8-345

图8-346

图8-347

图8-348

步骤10 在大圆中绘制一个小椭圆，如图8-350所示。在小椭圆上右击，在弹出的快捷菜单中选择“羽化”命令，在弹出的“羽化选区”对话框中设置“羽化半径”为10像素，单击“确定”按钮，如图8-351所示。然后填充灰色（R:114，G:118，B:118），再按Ctrl+D组合键取消选择，如图8-352和图8-353所示。

图8-349

图8-350

图8-351

步骤11 在灰色圆中再绘制一个小椭圆，接着右击，在弹出的快捷菜单中选择“羽化”命令，在弹出的“羽化选区”对话框中设置“羽化半径”为5像素，单击“确定”按钮，如图8-354所示。然后填充白色，再按Ctrl+D组合键取消选择，如图8-355所示。

步骤12 单击“图层”面板中的“创建新组”按钮，新建一个图层组，并命名为“气泡”。为了复制更多气泡，需要在“图层”面板中拖曳刚制作完成的“气泡”图层到面板底部的“创建新图层”按钮上，这样就可以复制无数个气泡副本，如图8-356所示。

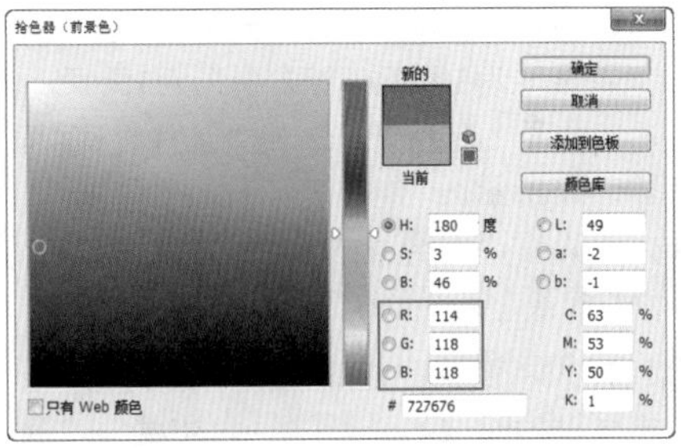

步骤13 每复制一个图层气泡，都需要对其执行自由变换（按Ctrl+T组合键调整位置和大小），最终效果如图8-357所示。

图8-352

图8-353

图8-354

图8-355

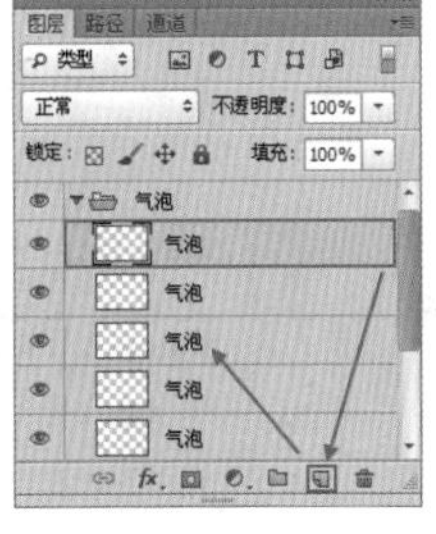

图8-356

图8-357

8.10.8 图案叠加

“图案叠加”样式可以在图像上叠加图案。此外，与“颜色叠加”和“渐变叠加”相同，它也可以通过混合模式的设置使叠加的“图案”与原图像进行混合。如图8-358～图8-360所示分别为原始图像、添加了“图案叠加”样式以后的图像效果以及“图案叠加”样式的参数设置界面。

图8-358

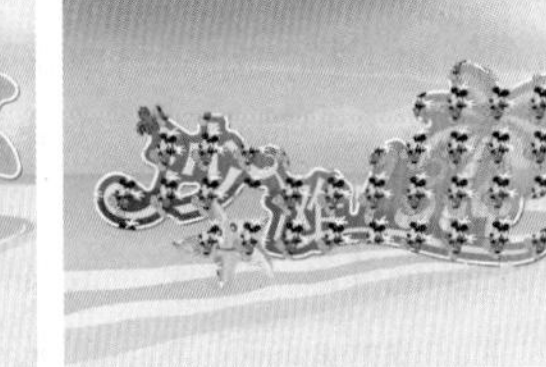

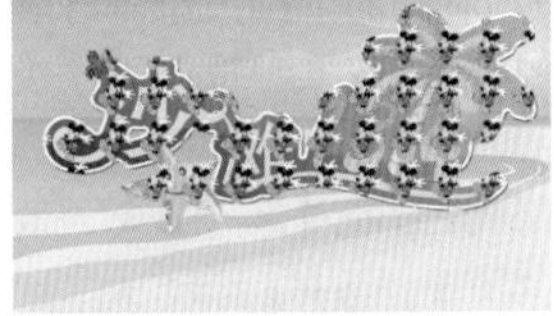

图8-359

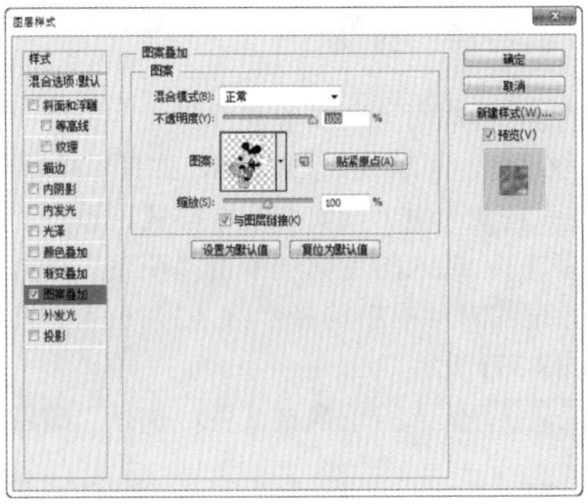

图8-360

实例练习——利用“图案叠加”样式制作彩条文字

案例文件	实例练习——利用“图案叠加”样式制作彩条文字.psd
视频教学	实例练习——利用“图案叠加”样式制作彩条文字.flv
难易指数	★★★★★
技术要点	掌握“图案叠加”样式的使用方法

案例效果

本例主要针对“图案叠加”样式的使用方法进行练习，最终效果如图8-361所示。

操作步骤

步骤01 打开光盘中的背景素材文件，如图8-362所示。

步骤02 使用横排文字工具在图像的左下角输入“CANDY”，如图8-363所示。

步骤03 执行“编辑>预设>预设管理器”命令，打开“预设管理器”对话框，设置“预设类型”为“图案”，然后单击“载入”按钮载入图案素材文件，如图8-364所示。

图8-361

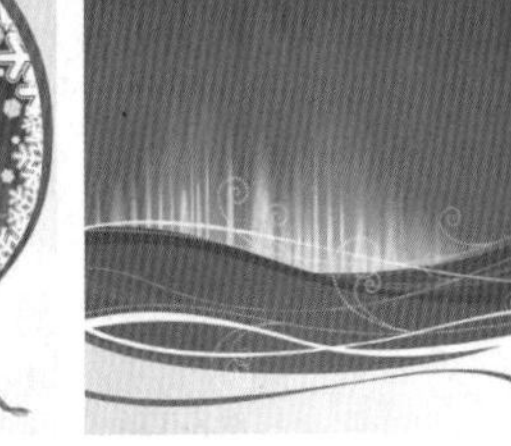

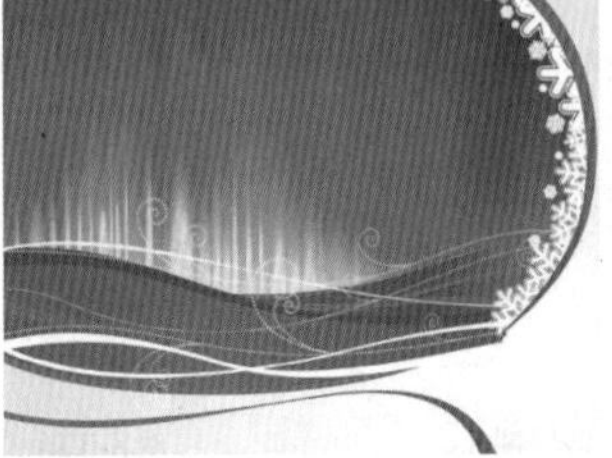

图8-362

图8-363

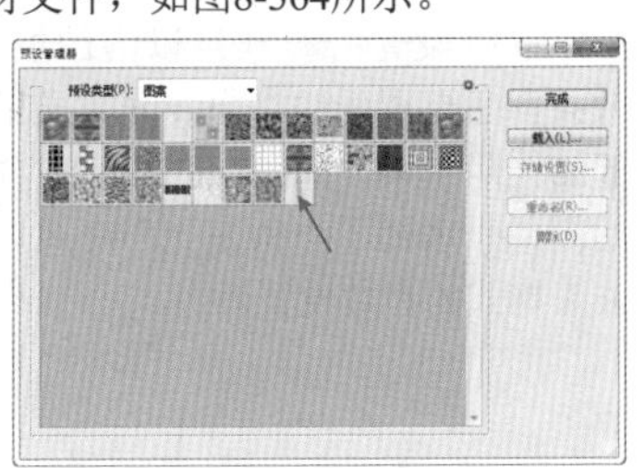

图8-364

步骤04 执行“图层>图层样式>投影”命令，在弹出的“图层样式”对话框中设置“混合模式”为“正常”，“不透明度”为30%，“角度”为90度，“距离”为3像素，“大小”为3像素，如图8-365所示。

步骤05 选中“内阴影”样式，设置“混合模式”为“正片叠底”，“不透明度”为90%，“角度”为172度，“距离”为5像素，“大小”为5像素，如图8-366所示。

步骤06 选中“内发光”样式，设置“混合模式”为“颜色减淡”，“不透明度”为31%，颜色为黄色到透明的渐变，“方法”为“柔和”，“大小”为7像素，如图8-367所示。

步骤07 选中“斜面和浮雕”样式，设置“样式”为“内斜面”，“方法”为“平滑”，“深度”为72%，“大小”为6像素，“软化”为1像素，“角度”为90度，“高度”为80度。“高光模式”为“线性减淡（添加）”，“阴影模式”为“颜色减淡”，如图8-368所示。

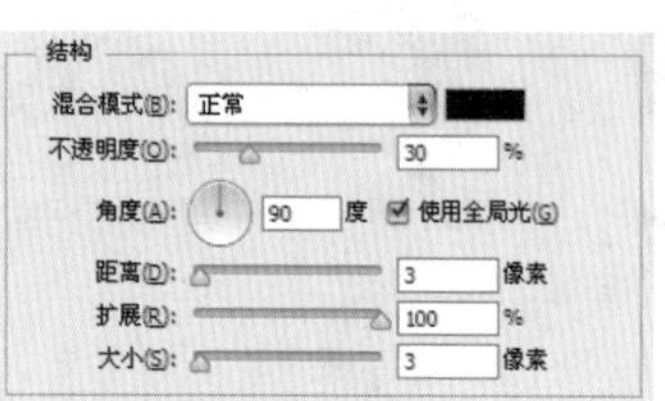

图8-365

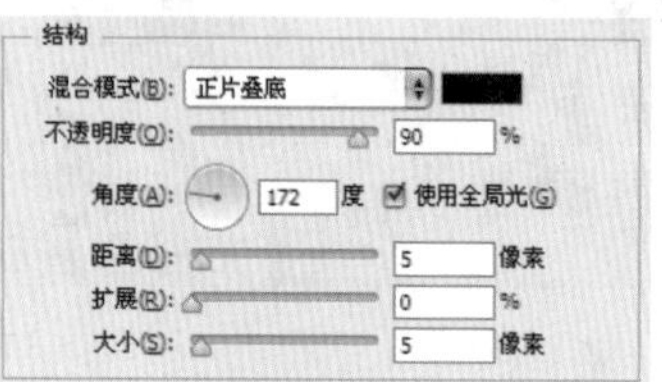

图8-366

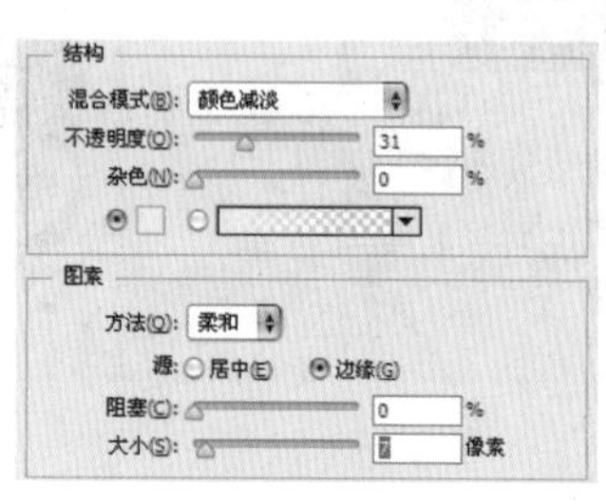

图8-367

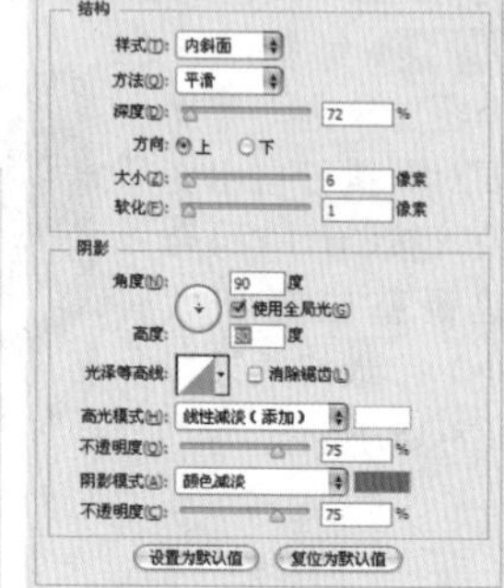

图8-368

步骤08 选中“渐变叠加”样式，设置“混合模式”为“正片叠底”，“不透明度”为89%，“样式”为“线性”，“角度”为90度，“缩放”为150%，如图8-369所示。

步骤09 选中“图案叠加”样式，设置“混合模式”为“正常”，“不透明度”为57%，然后在“图案”下拉列表框中选择步骤（3）载入的图案（单击“图案”下拉列表框右侧的下拉按钮，再单击按钮，在弹出的菜单中选择“载入图案”命令，在弹出的对话框中选择步骤（3）载入的图案，单击“载入”按钮），接着设置“缩放”为499%，如图8-370所示。文字效果如图8-371所示。

步骤10 置入前景素材文件，执行“图层>栅格化>智能对象”命令。最终效果如图8-372所示。

图8-369

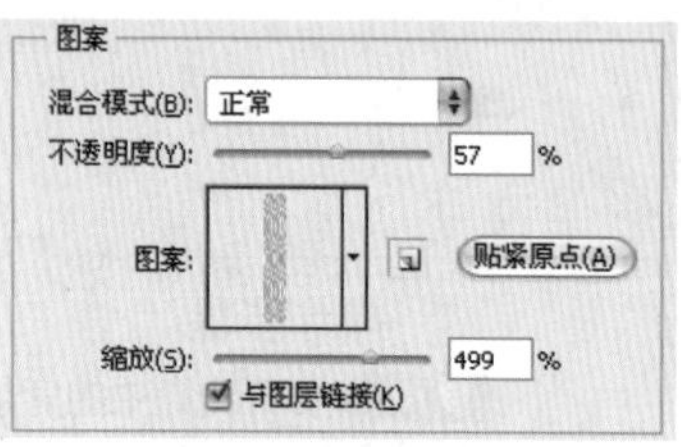

图8-370

图8-371

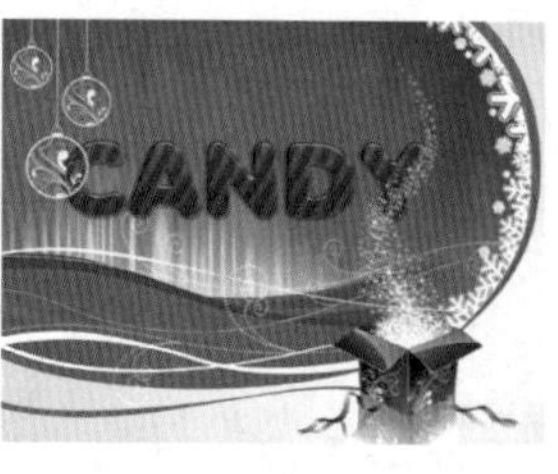

图8-372

8.10.9 外发光

“外发光”样式可以沿图层内容的边缘向外创建发光效果，主要用于制作自发光效果以及人像或者其他对象梦幻般的光晕效果。如图8-373、图8-374和图8-375所示分别为原始图像、添加了“外发光”样式以后的图像效果以及“外发光”样式的参数设置界面。

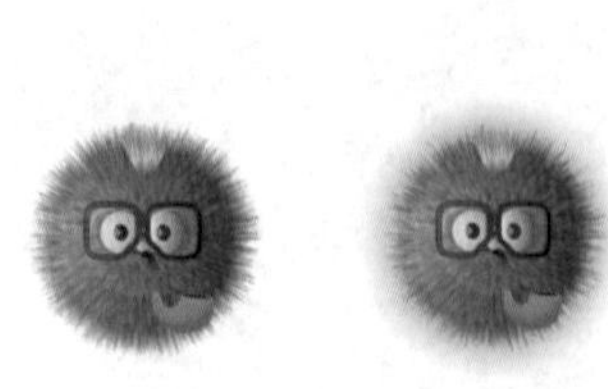

图8-373 图8-374

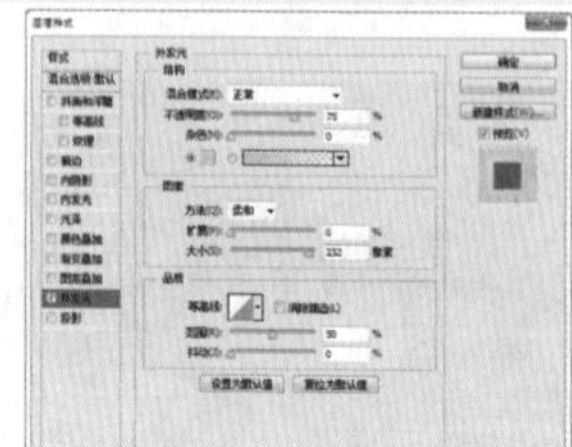

图8-375

- 混合模式/不透明度：“混合模式”选项用来设置发光效果与下面图层的混合方式；“不透明度”选项用来设置发光效果的不透明度。
- 杂色：在发光效果中添加随机的杂色效果，使光晕产生颗粒感。
- 发光颜色：单击“杂色”选项下面的色块，可以设置发光颜色；单击色块后面的渐变条，可以在“渐变编辑器”对话框中选择或编辑渐变色，如图8-376所示。
- 方法：用来设置发光的方式。选择“柔和”选项，发光效果比较柔和，如图8-377所示；选择“精确”选项，可以得到精确的发光边缘，如图8-378所示。
- 扩展/大小：“扩展”选项用来设置发光范围的大小；“大小”选项用来设置光晕范围的大小。

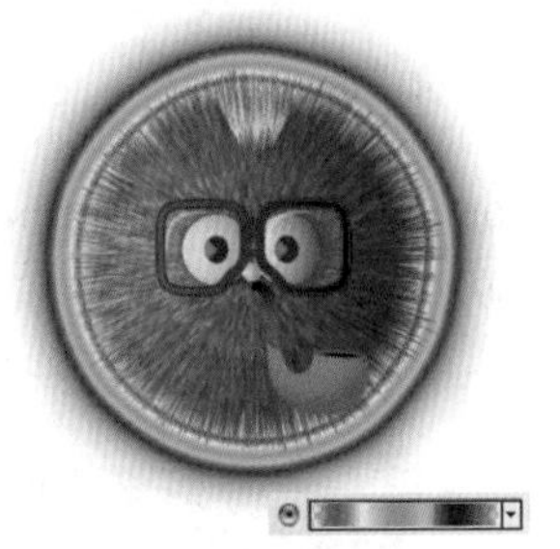
图8-376

图8-377

图8-378

实例练习——使用“外发光”样式制作发光文字

案例文件	实例练习——使用“外发光”样式制作发光文字.psd
视频教学	实例练习——使用“外发光”样式制作发光文字.flv
难易指数	★★★★★
技术要点	掌握“外发光”样式的使用方法

案例效果

本例主要针对“外发光”样式的使用方法进行练习，最终效果如图8-379所示。

图8-379

操作步骤

步骤01 按Ctrl+N组合键，在弹出的“新建”对话框中按照图8-380所示进行设置，然后单击“确定”按钮，新建一个文档。

步骤02 在工具箱中选择横排文字工具T，在其选项栏中选择一种合适的字体，设置字号大小为183.75点，字体颜色为白色。在画布中输入英文ERAY，如图8-381所示。

步骤03 执行“图层>图层样式>外发光”命令，打开“图层样式”对话框。在“结构”选项组中，设置“混合模式”为“滤色”，“不透明度”为75%，颜色为蓝色（R:0，G:102，B:255）；在“图素”选项组中，设置“方法”为“柔和”，“扩展”为16%，“大小”为24像素，如图8-382所示。效果如图8-383所示。

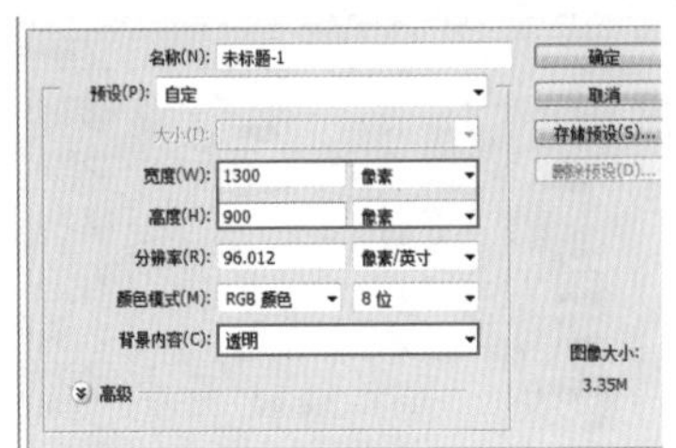

图8-380

图8-381

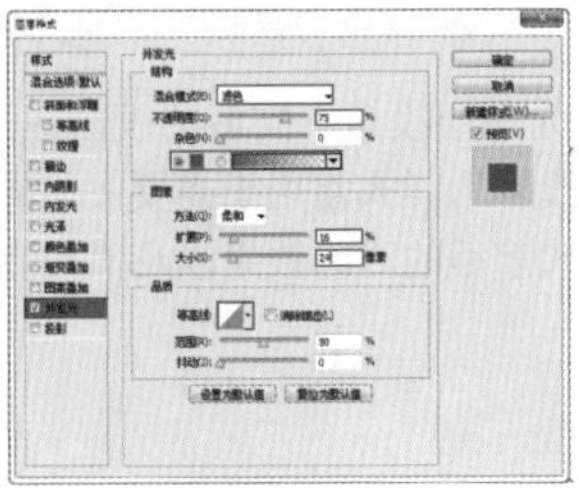

图8-382

图8-383

步骤04 选中“渐变叠加”样式，设置“渐变”为蓝色渐变，“样式”为“线性”，如图8-384所示。效果如图8-385所示。

步骤05 选中“描边”样式，设置“大小”为3像素，“位置”为“外部”，“颜色”为白色，如图8-386所示。效果如图8-387所示。

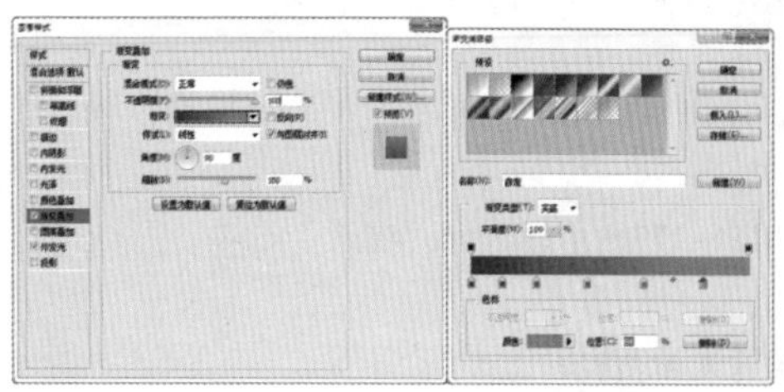
图8-384

图8-385

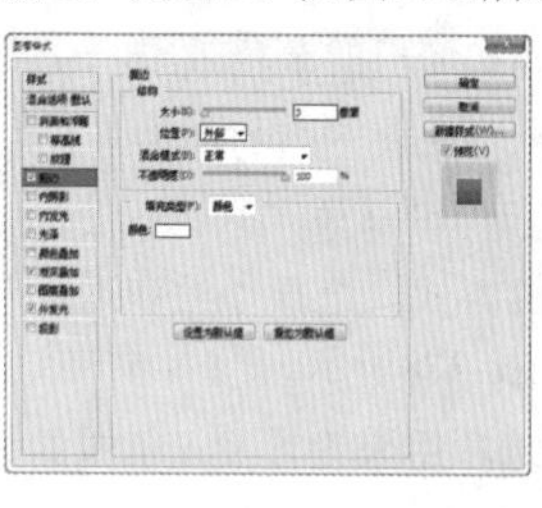
图8-386

图8-387

步骤06 使用横排文字工具T在英文ERAY的右侧输入较小的英文STUDIO作为装饰，如图8-388所示。

步骤07 在“图层”面板中，在ERAY图层上右击，在弹出的快捷菜单中选择“拷贝图层样式”命令，如图8-389所示。在STUDIO图层上右击，在弹出的快捷菜单中选择“粘贴图层样式”命令，如图8-390所示。效果如图8-391所示。

步骤08 再次使用横排文字工具T在英文ERAY的右侧输入较小的英文，如图8-392所示。

图8-388

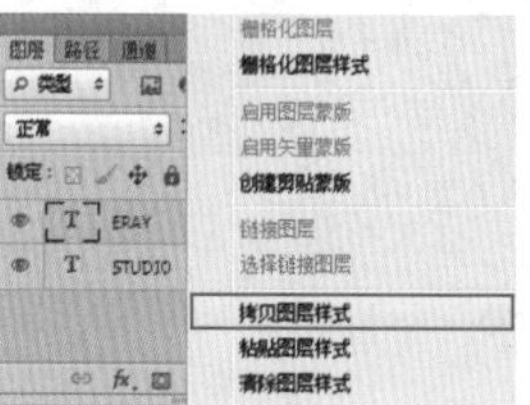

图8-389

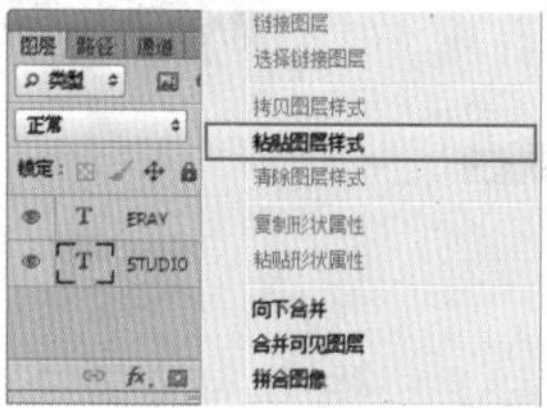

图8-390

图8-391

图8-392

步骤09 执行“图层>图层样式>外发光”命令，打开“图层样式”对话框。在“结构”选项组中，设置“混合模式”为“滤色”，“不透明度”为45%，颜色为蓝色（R:18，G:0，B:255）；在“图素”选项组中设置“扩展”为16%，“大小”为16像素，如图8-393所示。效果如图8-394所示。

步骤10 置入背景素材文件，执行“图层>栅格化>智能对象”命令，将其放置在最底层。最终效果如图8-395所示。

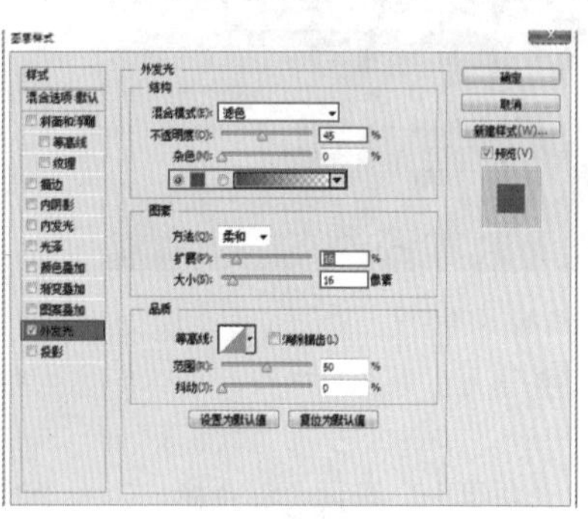
图8-393

图8-394

图8-395

8.10.10 投影

使用“投影”样式可以为图层模拟出向后的投影效果，增强某部分的层次感以及立体感。在平面设计中，“投影”样式常用于需要突显的文字中。如图8-396～图8-398所示分别为添加“投影”样式前后的对比效果以及“投影”样式的参数设置界面。

图8-396　图8-397

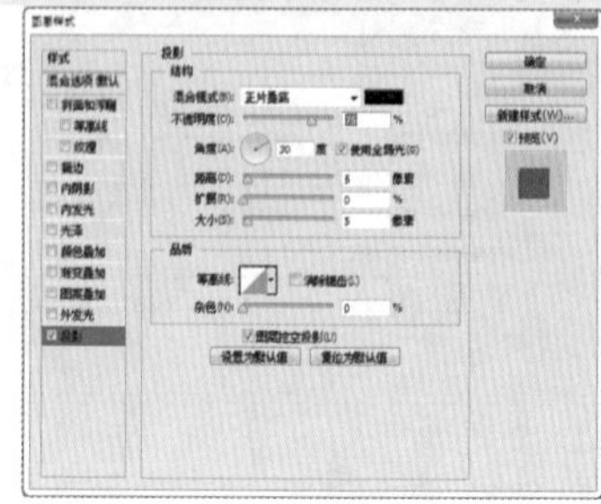
图8-398

技巧与提示

这里的投影与现实中的投影有些差异。现实中的投影通常产生在物体的后方或者下方，并且随着光照方向的不同会产生透视的不同，而这里的投影只在后方产生，并且不具备真实的透视感。如图8-399和图8-400所示分别为模拟真实的投影效果与应用“投影”样式的效果。

图8-399

图8-400

- 混合模式：用来设置投影与下面图层的混合方式，默认设置为“正片叠底”模式。
- 阴影颜色：单击“混合模式”下拉列表框右侧的色块，可以设置阴影的颜色。
- 不透明度：设置投影的不透明度。数值越小，投影越淡。
- 角度：用来设置投影应用于图层时的光照角度，指针方向为光源方向，相反方向为投影方向。如图8-401和图8-402所示分别为设置“角度”为47度和144度时的投影效果。
- 使用全局光：当选中该复选框时，可以保持所有光照的角度一致；取消选中该复选框时，可以为不同的图层分别设置光照角度。
- 距离：用来设置投影偏移图层内容的距离。
- 大小：用来设置投影的模糊范围。该值越大，模糊范围越广；反之投影越清晰。
- 扩展：用来设置投影的扩展范围。注意，该值会受到“大小”选项的影响。
- 等高线：以调整曲线的形状来控制投影的形状。可以手动调整曲线形状，也可以选择内置的等高线预设。
- 消除锯齿：混合等高线边缘的像素，使投影更加平滑。该选项对于尺寸较小且具有复杂等高线的投影比较实用。
- 杂色：用来在投影中添加杂色的颗粒感效果，数值越大，颗粒感越强，如图8-403所示。
- 图层挖空投影：用来控制半透明图层中投影的可见性。选中该复选框后，如果当前图层的“填充”数值小于100%，则半透明图层中的投影不可见。如图8-404和图8-405所示分别为图层“填充”数值为60%时，选中与取消选中“图层挖空投影”复选框的投影效果。

图8-401

图8-402

图8-403

图8-404

图8-405

实例练习——利用“投影”样式制作可爱人像

案例文件	实例练习——利用“投影”样式制作可爱人像.psd
视频教学	实例练习——利用“投影”样式制作可爱人像.flv
难易指数	★★★★★
技术要点	掌握“投影”样式的使用方法

案例效果

本例将使用“投影”样式制作可爱的人像，效果如图8-406所示。

图8-406

操作步骤

步骤01 打开本书配套光盘中的背景素材文件，如图8-407所示。

图8-407

步骤02 置入本书配套光盘中的人像素材文件，执行“图层>栅格化>智能对象”命令。然后调整好其位置，如图8-408所示。

图8-408

步骤03 执行“图层>图层样式>投影”命令，打开“图层样式”对话框，然后设置“混合模式”为“正片叠底”，颜色为深红色，“不透明度”为70%，“角度”为-125度，“距离”为4像素，“大小”为7像素，如图8-409所示。单击“确定”按钮，效果如图8-410所示。

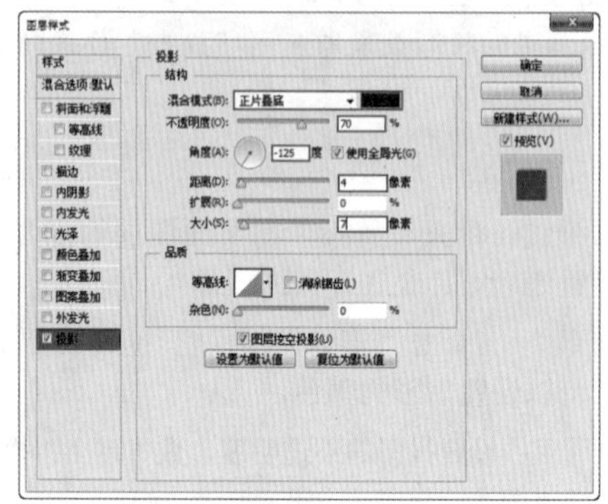

图8-409

图8-410

实例练习——使用图层样式制作质感晶莹文字

案例文件	实例练习——使用图层样式制作质感晶莹文字.psd
视频教学	实例练习——使用图层样式制作质感晶莹文字.flv
难易指数	★★★★★
技术要点	图层样式的使用方法

案例效果

本例最终效果如图8-411所示。

图8-411

操作步骤

步骤01 打开素材文件，如图8-412所示。

步骤02 在横排文字工具 T 的选项栏中选择合适的字体，设置字号大小为7点，消除锯齿方式为“锐利”，字体颜色为黑色，如图8-413所示。

步骤03 在画布中单击鼠标左键定位插入点，然后输入文字，接着按小键盘上的Enter键确认操作，如图8-414所示。

技巧与提示

如果要在输入文字时移动文字的位置，可以将光标放置在文字输入区域以外，按住鼠标左键拖曳即可移动文字。

图8-412

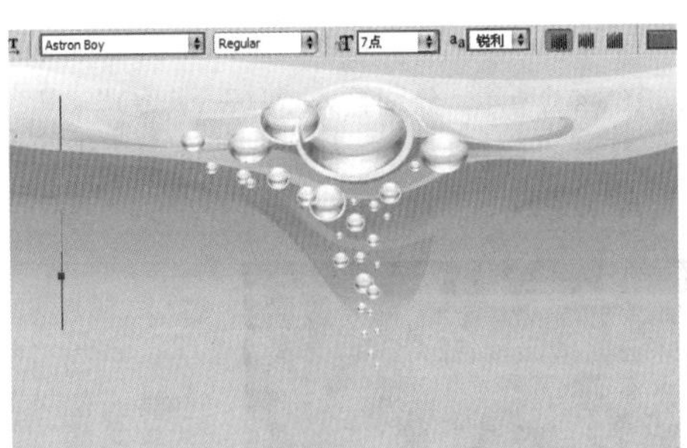

图8-413

图8-414

步骤04 选择Blue图层，单击“图层”面板底部的“添加图层样式”按钮，打开“图层样式”对话框，选中“内阴影”样式，设置其“混合模式”为蓝色强光，“不透明度”为71%，“距离”为6像素，“阻塞”为26%，“大小”为7像素，如图8-415所示。选中“外发光”样式，设置其“不透明度”为44%，颜色为黄色到透明的渐变，“扩展”为10%，“大小”为13像素，如图8-416所示。选中“内发光”样式，设置其“混合模式”为“叠加”，“不透明度”为100%，颜色为蓝色到透明的渐变，“源”为“居中”，“阻塞”为6%，“大小”为13像素，如图8-417所示。

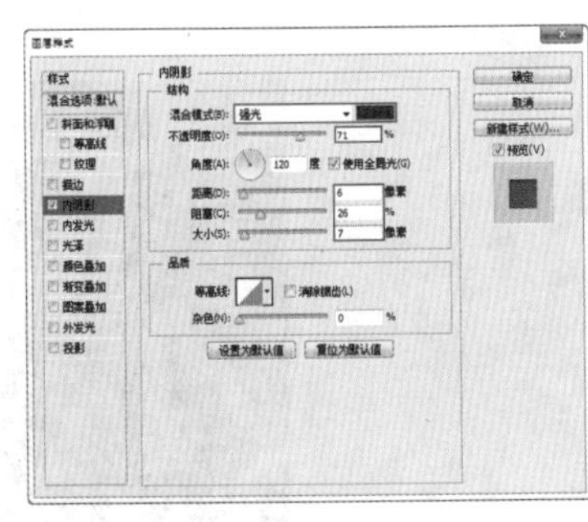

图8-415

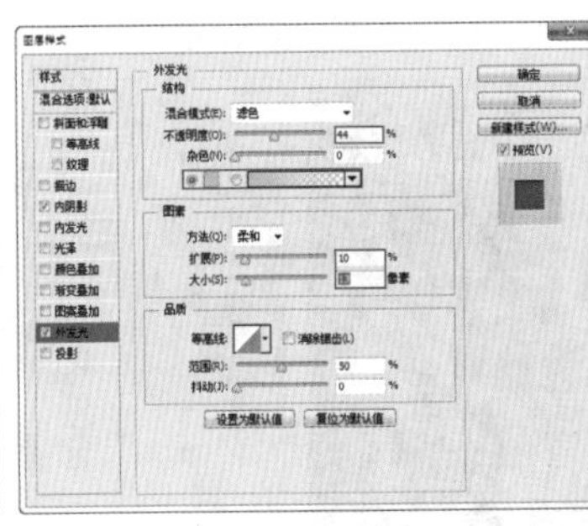

图8-416

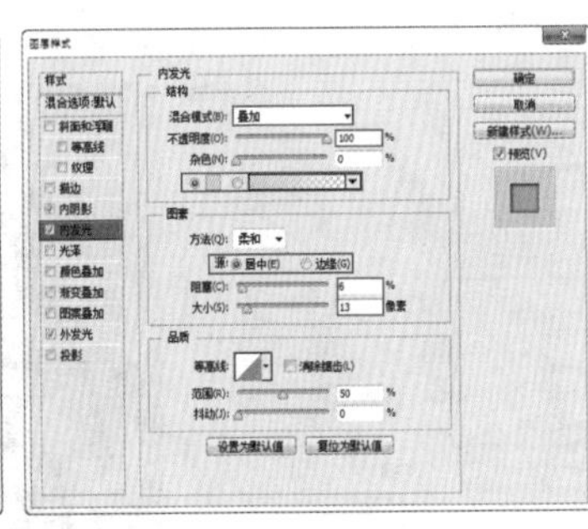

图8-417

步骤05 选中“斜面和浮雕”样式，设置其“大小”为4像素，取消选中“使用全局光”复选框，设置“高度”为30度，“不透明度”为100%，“阴影模式”为“颜色加深”，“不透明度”为19%，然后单击“确定”按钮结束操作，如图8-418所示。

步骤06 文字Blue应用图层样式后的效果如图8-419所示。

步骤07 打开本书配套光盘中的素材文件，将其调整至适当位置，最终效果如图8-420所示。

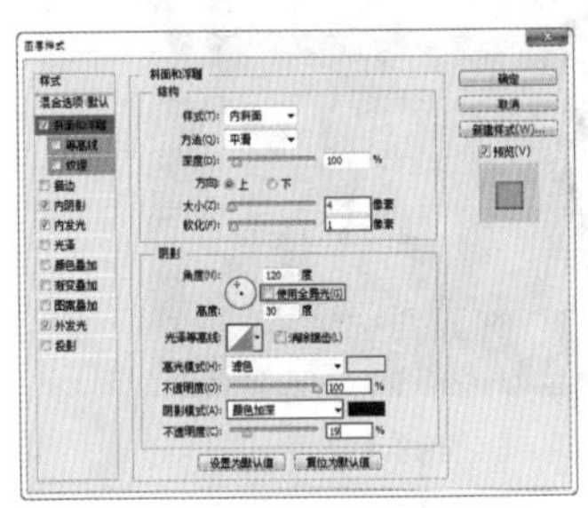

图8-418

图8-419

图8-420

实例练习——立体效果卡通字

案例文件	实例练习——立体效果卡通字.psd
视频教学	实例练习——立体效果卡通字.flv
难易指数	★★★★★
技术要点	文字工具，图层样式

案例效果

本例最终效果如图8-421所示。

图8-421

操作步骤

步骤01 打开本书配套光盘中的背景素材文件，如图8-422所示。分别输入“H”、“O”、“T”和“!”，如图8-423所示。

步骤02 首先选中H图层，为其添加图层样式。打开“图层样式”对话框，选中“内阴影”样式，设置参数如图8-424所示。效果如图8-425所示。

图8-422

图8-423

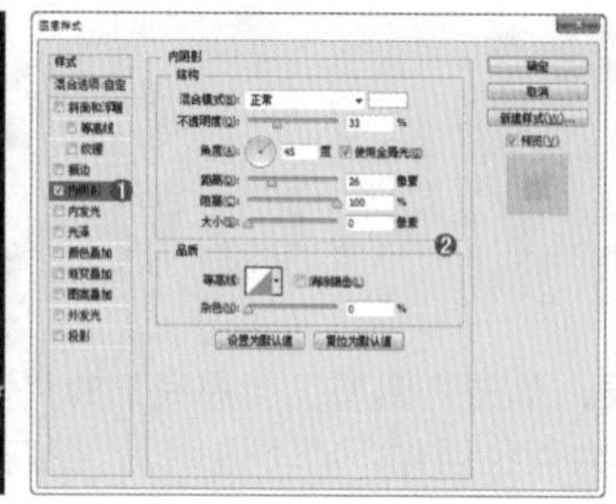

图8-424

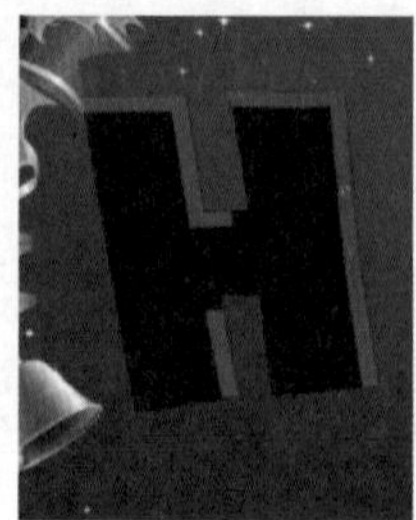

图8-425

步骤03 选中“斜面和浮雕”样式，设置参数如图8-426所示。效果如图8-427所示。选中“光泽”样式，设置参数如图8-428所示。效果如图8-429所示。

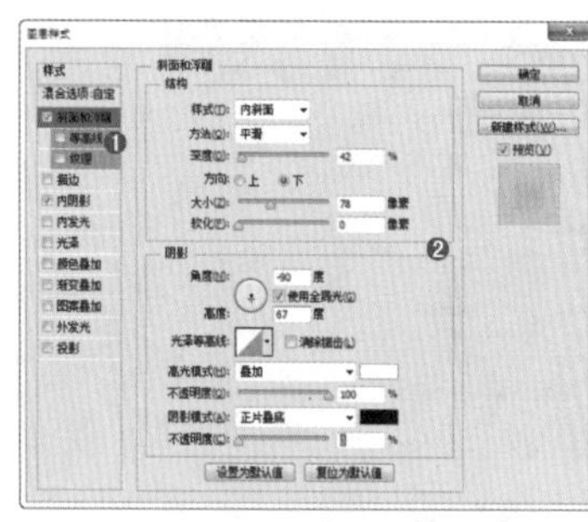

图8-426

图8-427

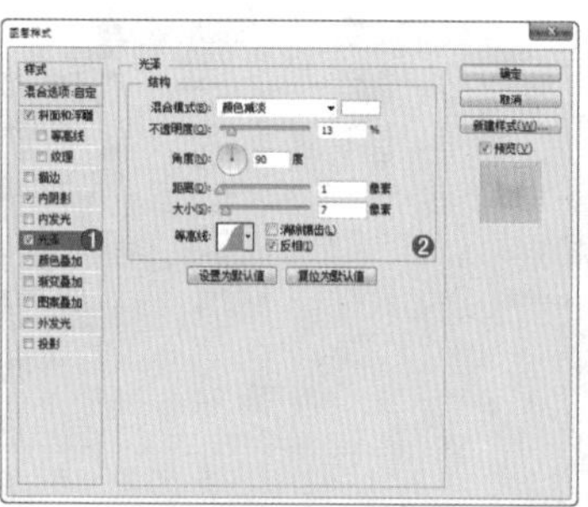

图8-428

图8-429

步骤04 选中“渐变叠加”样式，设置参数如图8-430和图8-431所示。效果如图8-432所示。

图8-430

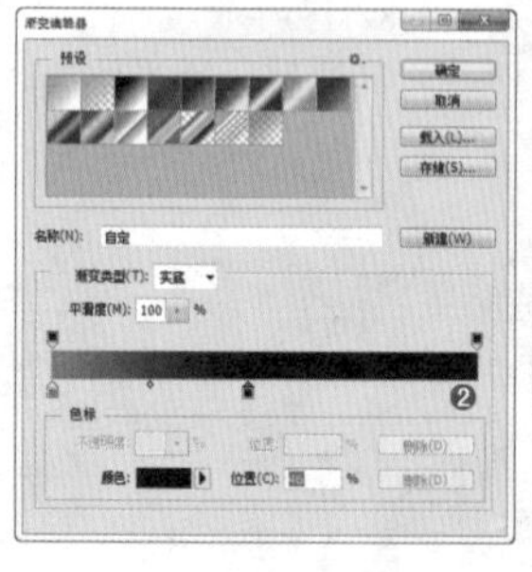

图8-431

图8-432

步骤05 选中“描边”样式，设置参数如图8-433和图8-434所示。效果如图8-435所示。

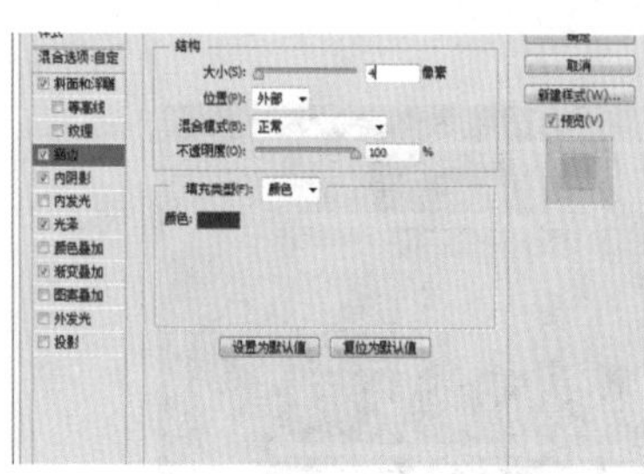

图8-433

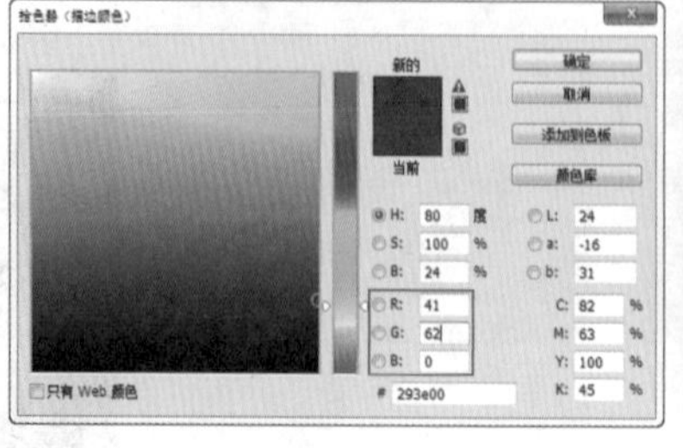

图8-434

图8-435

步骤06 使用同样的方法制作其他文字。在“O”、“T”和“！”图层样式中重新设置“渐变叠加”和“描边”，参数及其效果如图8-436～图8-444所示。

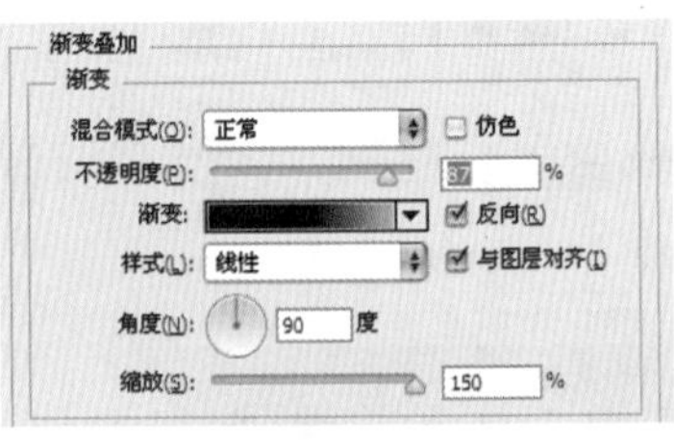

图8-436

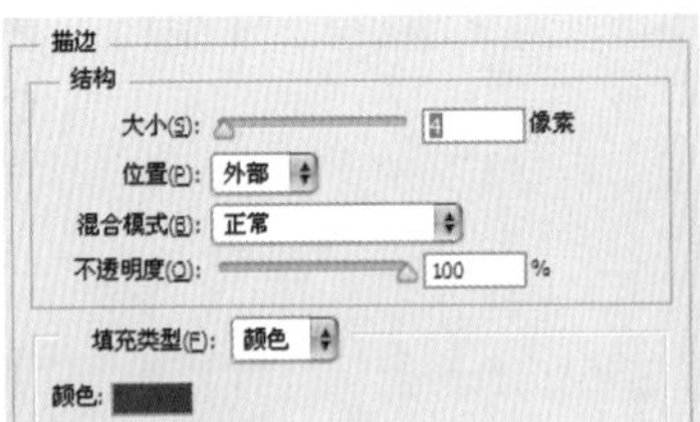

图8-437

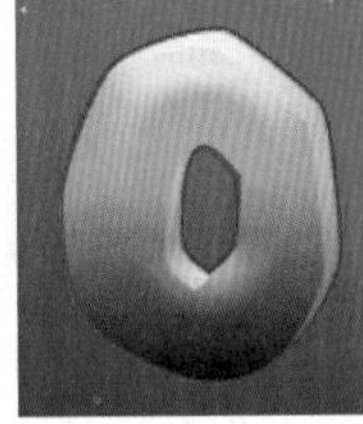

图8-438

图8-439

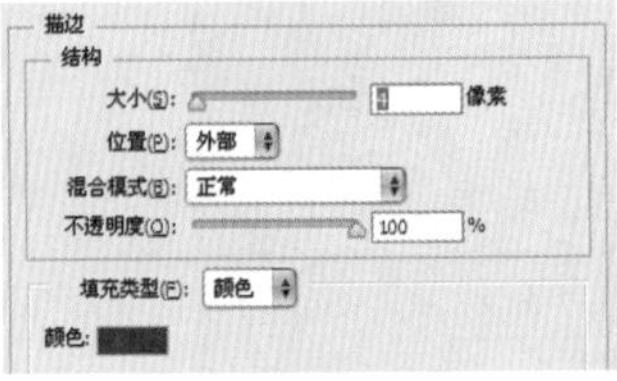

图8-440

图8-441

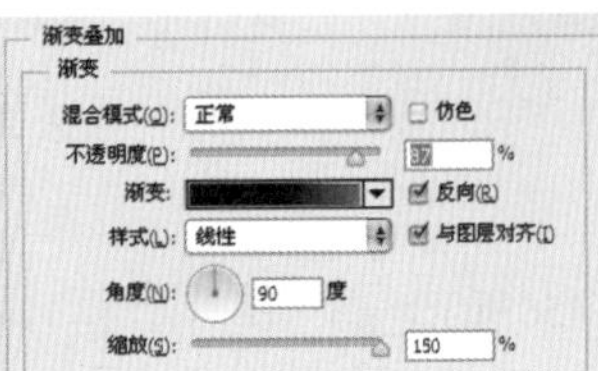

图8-442

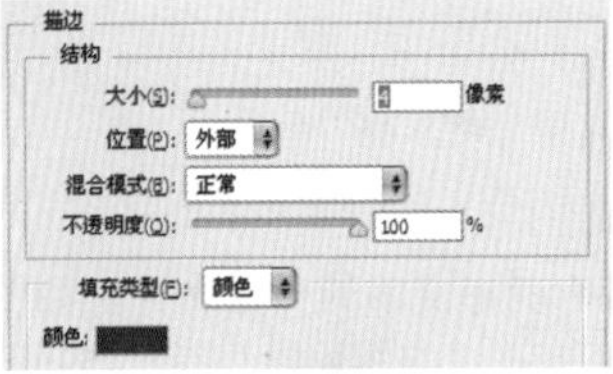

图8-443

图8-444

答疑解惑——如何拷贝、粘贴图层样式？

右击已有图层样式的图层，在弹出的快捷菜单中选择“拷贝图层样式”命令，如图8-445所示；然后右击要添加图层样式的图层，在弹出的快捷菜单中选择“粘贴图层样式”命令即可，如图8-446所示。

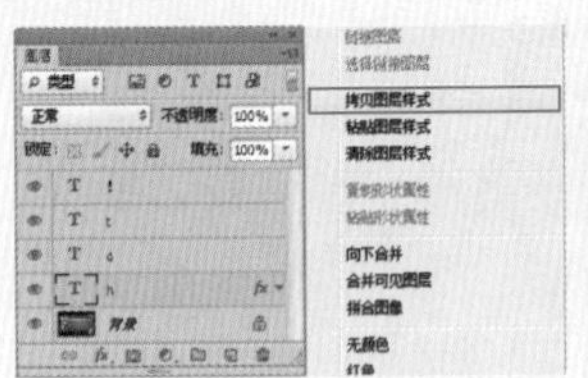

图8-445

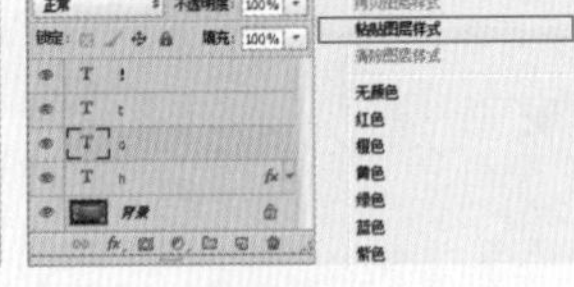

图8-446

步骤07 最终效果如图8-447所示。

图8-447

8.11 使用“样式”面板管理图层样式

在Photoshop中，可以将创建好的图层样式存储为一个独立的文件，以便于调用和传输；同样，图层样式也可以进行载入、删除、重命名等操作，如图8-448～图8-455所示。

图8-448

图8-449

图8-450

图8-451

图8-452

图8-453

图8-454

图8-455

8.11.1 使用已有的图层样式

执行“窗口>样式”命令，在打开的“样式”面板中可以清除为图层添加的样式，也可以新建和删除样式，如图8-456所示。

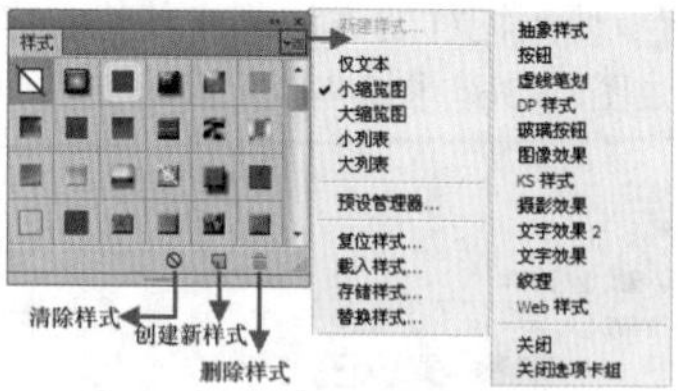

清除样式 创建新样式 删除样式

图8-456

实例练习——快速为艺术字添加样式

案例文件	实例练习——快速为艺术字添加样式.psd
视频教学	实例练习——快速为艺术字添加样式.flv
难易指数	★★★★★
技术要点	样式的使用方法

案例效果

本例最终效果如图8-457所示。

图8-457

操作步骤

步骤01 打开带有变形文字的分层文件，如图8-458所示。在“图层”面板中选择变形文字图层，如图8-459所示。

步骤02 执行“窗口>样式”命令，在打开的“样式”面板中单击要应用的样式，如图8-460所示。

图8-458

图8-459

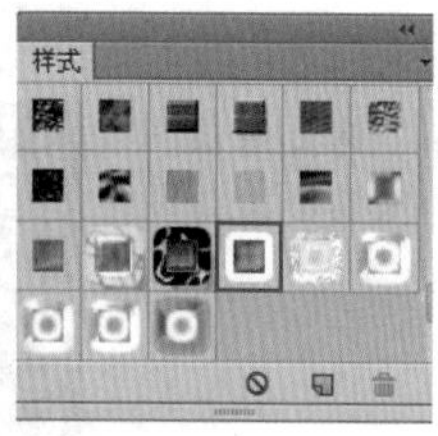
图8-460

步骤03 此时可以看到“图层”面板中的变形文字图层上出现了多种图层样式，如图8-462所示。最终效果如图8-463所示。

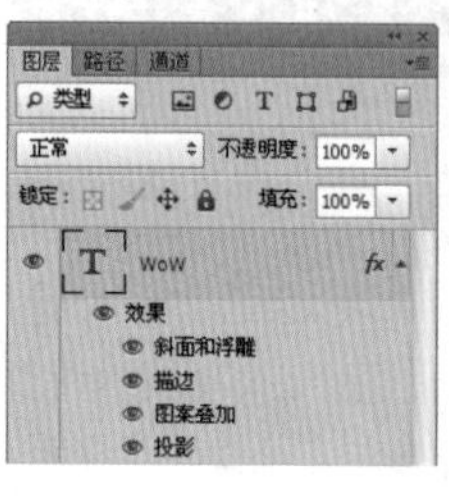

图8-462

图8-463

答疑解惑——如何载入外挂样式？

执行“编辑>预设>预设管理器”命令，在弹出的“预设管理器”对话框中设置“预设类型”为“样式”，单击“载入”按钮，选择样式文件，然后单击“完成”按钮，如图8-461所示。

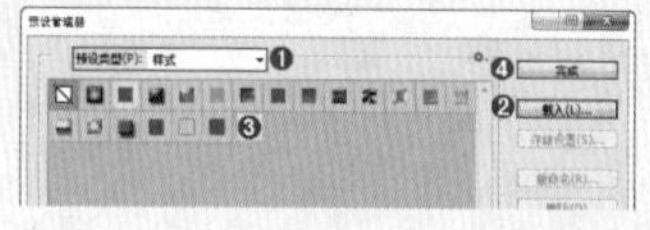
图8-461

技巧与提示

有时使用外挂样式会出现与预期效果相差甚远的情况，这时可以检查当前参数是否并不适合当前图像。可以在图层样式上右击，在弹出的快捷菜单中选择“缩放样式”命令进行调整。

8.11.2 将当前图层的样式创建为预设

在“图层”面板中选择一个应用了样式的图层，然后在“样式”面板底部单击“创建新样式”按钮，在弹出的“新建样式”对话框中为样式设置一个名称，单击“确定”按钮，即可将当前图层的样式创建为预设（新建的样式会保存在“样式”面板的末尾），如图8-464所示。如果在“新建样式”对话框中选中“包含图层混合选项”复选框，创建的样式将具有图层中的混合模式。

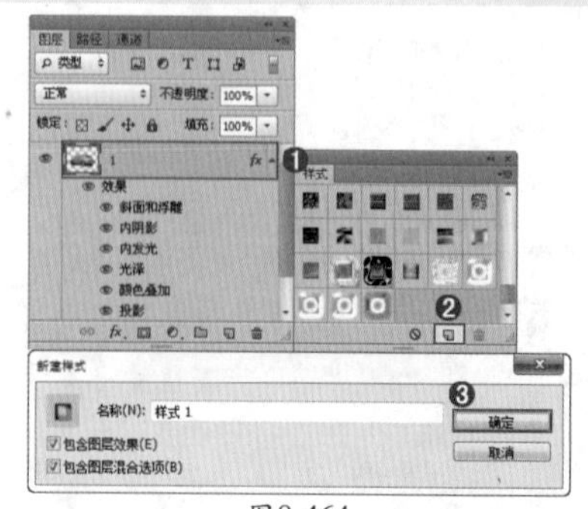

图8-464

8.11.3 删除样式

如果要删除某一样式，将该样式拖曳到“样式”面板底部的“删除样式”按钮上即可；也可以在“样式”面板中按住Alt键，当光标变为剪刀形状时单击要删除的样式，即可将其删除，如图8-465所示。

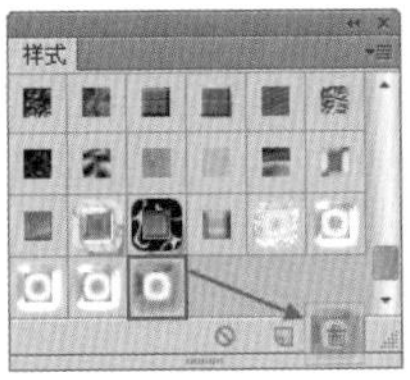

图8-465

8.11.4 存储样式库

用户可以将设置好的样式保存到“样式”面板中；也可以在面板菜单中选择“存储样式”命令（如图8-466所示），在弹出的“存储”对话框中设置一个名称，将其保存为一个单独的样式库，如图8-467所示。

技巧与提示

如果将样式库保存在Photoshop安装程序的Presets>Styles文件夹中，那么在重启Photoshop后，该样式库的名称会出现在“样式”面板菜单的底部。

8.11.5 载入样式库

“样式”面板菜单的下半部分是Photoshop提供的预设样式库，从中选择一种样式库，系统会弹出一个提示对话框。如果单击“确定”按钮，可以载入样式库并替换掉“样式”面板中的所有样式；如果单击“追加”按钮（如图8-468所示），则该样式库会添加到原有样式的后面，如图8-469所示。

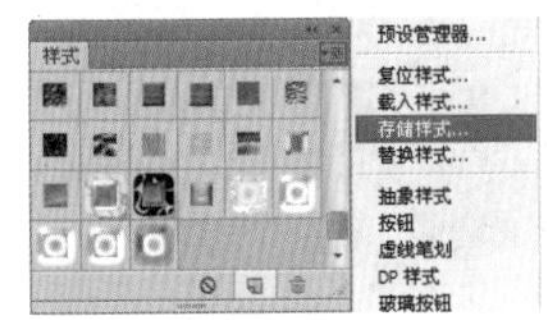

图8-466

8.11.6 将“样式”面板中的样式恢复默认

如果要将“样式”面板中的样式恢复为默认，可以在“样式”面板菜单中执行“复位样式”命令（如图8-470所示），在弹出的提示对话框中单击“确定”按钮，如图8-471所示。

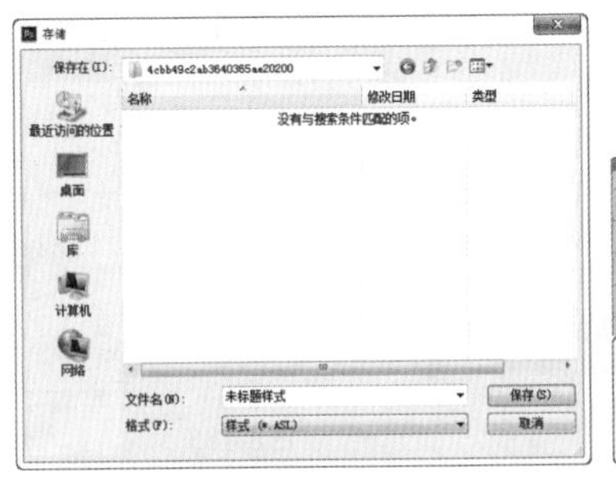

图8-467

图8-468

图8-469

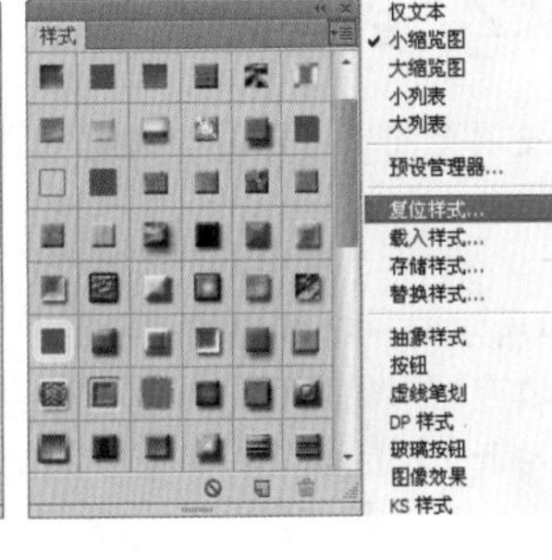

图8-470

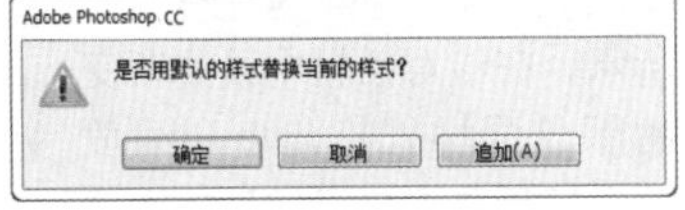

图8-471

8.12 创建和使用填充图层

填充图层是一种比较特殊的图层，它可以使用纯色、渐变或图案填充图层。与普通图层相同，填充图层也可以设置混合模式、不透明度、图层样式以及编辑蒙版等。

8.12.1 创建纯色填充图层

纯色填充图层可以用一种颜色填充图层，并带有一个图层蒙版。

（1）执行“图层>新建填充图层>纯色”命令（如图8-472所示），在弹出的“新建图层”对话框中可以设置纯色填充图层的名称、颜色、混合模式和不透明度，并且可以为下一图层创建剪贴蒙版，如图8-473所示。

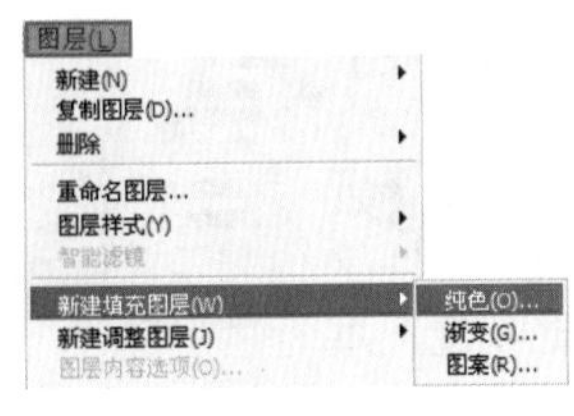

图8-472

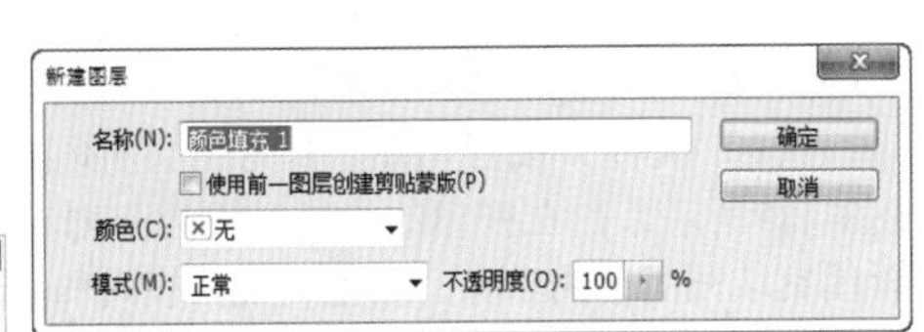

图8-473

第8章 图层

（2）在“新建图层”对话框中设置好相关选项以后，单击“确定”按钮，打开“拾色器（前景色）”对话框，如图8-474所示。在该对话框中拾取一种颜色，然后单击“确定”按钮，即可创建一个纯色填充图层，如图8-475所示。

（3）创建好纯色填充图层以后，可以对其进行混合模式、不透明度的调整，编辑其蒙版，以及为其添加图层样式等，如图8-476～图8-483所示。

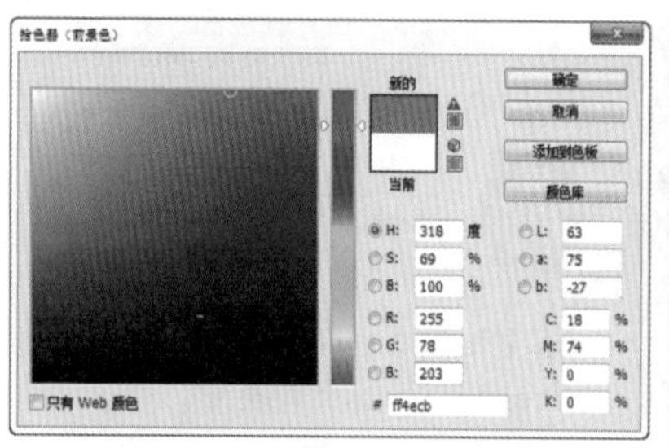

图8-474

图8-475

图8-476

图8-477

图8-478

图8-479

图8-480

图8-481

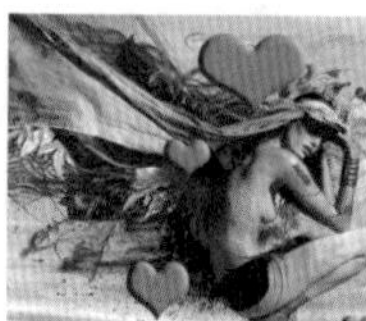
图8-482

图8-483

8.12.2 创建渐变填充图层

渐变填充图层可以用一种渐变色填充图层，并带有一个图层蒙版。

（1）执行“图层>新建填充图层>渐变”命令（如图8-484所示），在弹出的“新建图层”对话框中可以设置渐变填充图层的名称、颜色、混合模式和不透明度，并且可以为下一图层创建剪贴蒙版，如图8-485所示。

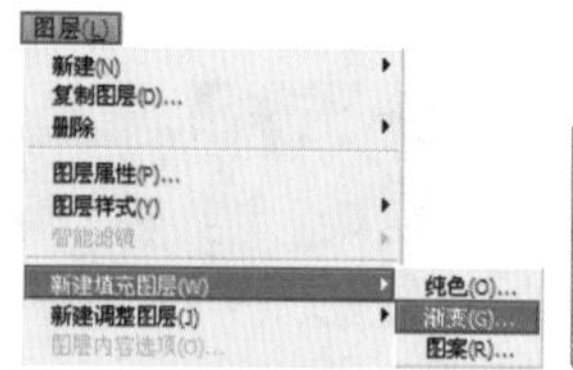

图8-484

图8-485

（2）在“新建图层”对话框中设置好相关选项以后，单击“确定”按钮，打开“渐变填充”对话框，如图8-486所示。在该对话框中设置渐变的颜色、样式、角度和缩放等，然后单击“确定”按钮，即可创建一个渐变填充图层，如图8-487和图8-488所示。

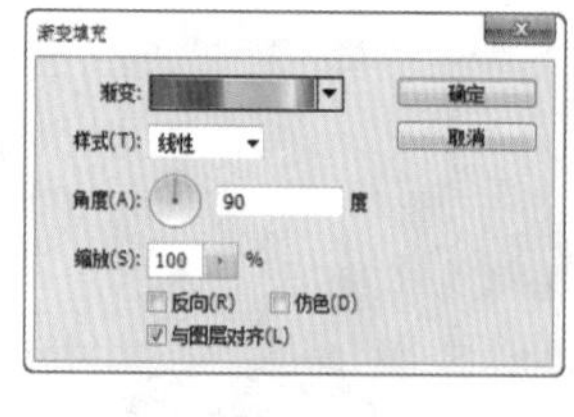

图8-486

图8-487

图8-488

8.12.3 创建图案填充图层

图案填充图层可以用一种图案填充图层，并带有一个图层蒙版。

（1）执行“图层>新建填充图层>图案”命令（如图8-489所示），在弹出的“新建图层”对话框中可以设置图案填充图层的名称、颜色、混合模式和不透明度，并且可以为下一图层创建剪贴蒙版，如图8-490所示。

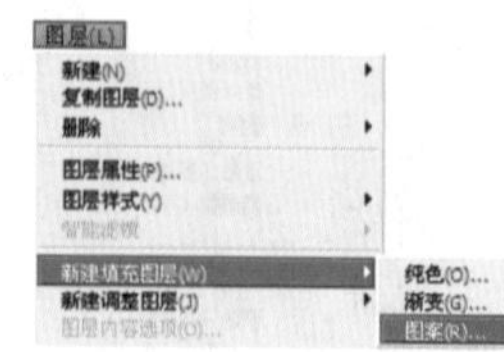

图8-489

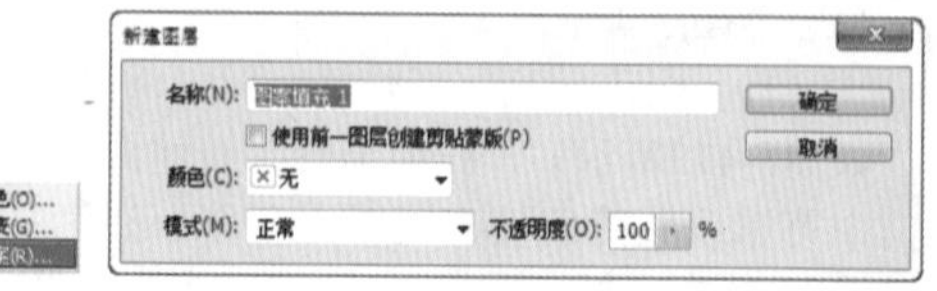

图8-490

（2）在“新建图层”对话框中设置好相关选项以后，单击“确定”按钮，打开“图案填充”对话框，如图8-491所示。在该对话框中选择一种图案，然后设置图案的缩放比例等，单击“确定”按钮即可创建一个图案填充图层，如图8-492所示。

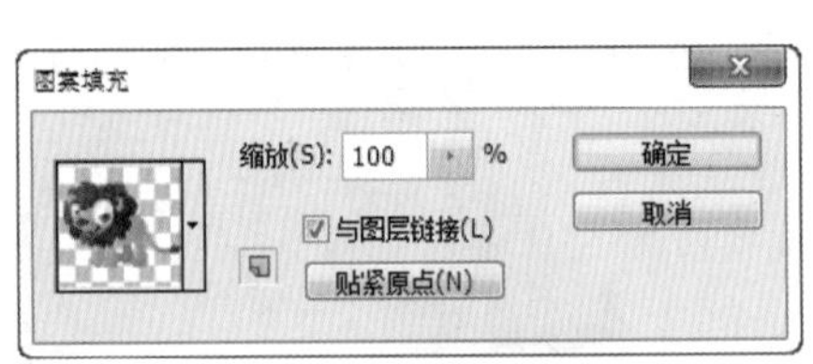

图8-491

图8-492

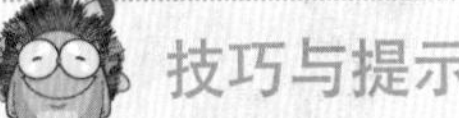

技巧与提示

也可以直接在“图层”面板中创建填充图层，单击“图层”面板底部的“创建新的填充或调整图层”按钮，在弹出的菜单中执行相应的命令即可，如图8-493所示。

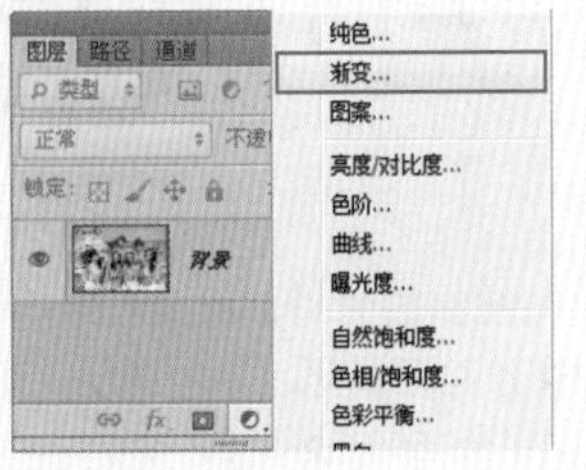

图8-493

实例练习——制作环保主题招贴

案例文件	实例练习——制作环保主题招贴.psd
视频教学	实例练习——制作环保主题招贴.flv
难易指数	★★★★★
技术要点	混合模式，图层蒙版，自由变换工具

案例效果

本例最终效果如图8-494所示。

操作步骤

步骤01 打开本书配套光盘中的背景素材文件，如图8-495所示。

步骤02 置入沙漏素材，执行“图层>栅格化>智能对象”命令，如图8-496所示。使用钢笔工具沿着沙漏外轮廓绘制选区，添加图层蒙版，如图8-497所示。

步骤03 设置该图层的混合模式为“滤色”，如图8-498所示。

步骤04 新建一个图层组，并命名为“下”。置入地球素材，执行“图层>栅格化>智能对象”命令。放在沙漏的底部；然后使用魔棒工具单击白色背景部分，建立背景选区；接着按Delete键删除背景，保留地球部分，如图8-499所示。

图8-494

图8-495

图8-496

图8-497

图8-498

图8-499

步骤05 置入公路素材文件，执行“图层>栅格化>智能对象”命令。然后按Ctrl+T组合键，右击调整框，在弹出的快捷菜单中选择“扭曲”命令，使公路沿地球轮廓弯曲，如图8-500所示。添加图层蒙版，然后使用画笔擦除多余部分，如图8-501所示。此时画面更加融合，如图8-502所示。

图8-500

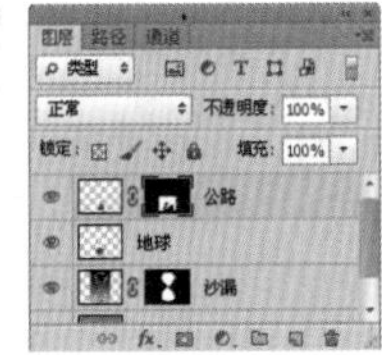

图8-501

图8-502

步骤06 置入建筑素材文件并栅格化，摆放在地球的顶部。执行“图层>图层样式>投影”命令，在“图层样式”对话框中设置“混合模式”为“正片叠底”，“不透明度”为75%，“角度”为82度，“距离”为5像素，“大小”为4像素，如图8-503所示。效果如图8-504所示。

步骤07 置入在路面上行驶的汽车素材，执行“图层>栅格化>智能对象”命令。然后按Ctrl+T组合键。右击调整框，在弹出的快捷菜单中选择“变形”命令，使车和公路的透视关系吻合，如图8-505所示。 添加图层蒙版，然后使用画笔擦除多余部分，如图8-506所示。

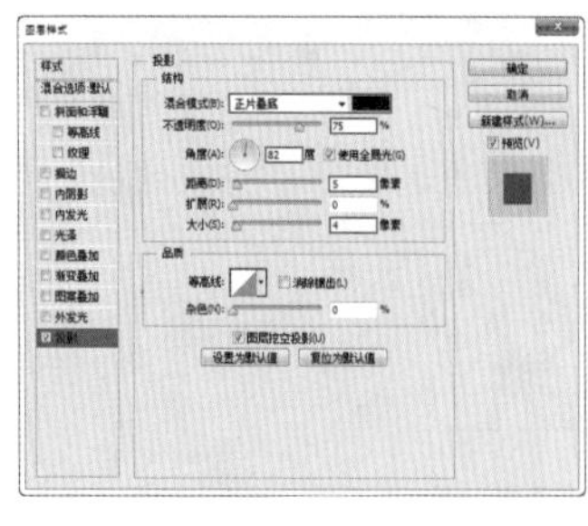
图8-503

图8-504

图8-505

图8-506

步骤08 置入前景飞鸟与植物的素材，如图8-507所示。

步骤09 置入波纹素材文件并栅格化，添加图层蒙版，使用画笔适当涂抹，模拟出水波围绕地球的效果，如图8-508所示。设置其混合模式为“亮光”，如图8-509所示。

图8-507

图8-508

图8-509

步骤10 置入底部水素材文件，执行“图层>栅格化>智能对象”命令。设置其混合模式为“正片叠底”，如图8-510所示。

步骤11 新建图层，在沙漏的中间部分使用套索工具绘制水滴形状，如图8-511所示。在选区内使用蓝色画笔绘制水滴效果（绘制时需要注意颜色变化和水滴的体积感），如图8-512所示。

图8-510

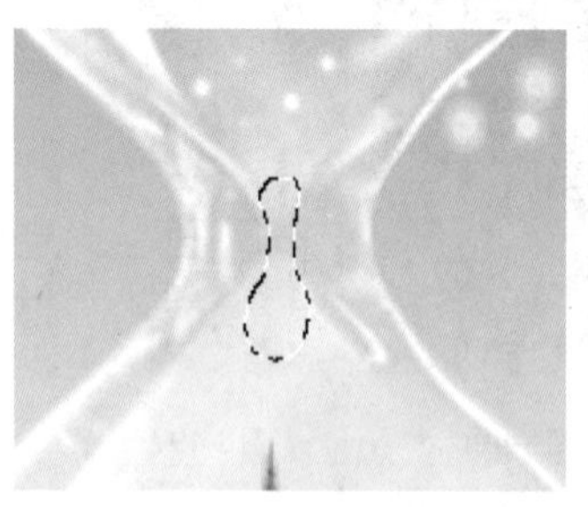
图8-511

图8-512

步骤12 新建一个图层组，并命名为“上面”。置入冰山素材，执行“图层>栅格化>智能对象”命令。使用钢笔工具勾勒出冰山的大致外框，然后添加图层蒙版，使多余的部分隐藏，如图8-513所示。

步骤13 置入蓝色水素材，执行“图层>栅格化>智能对象”命令。然后添加图层蒙版，使用黑色画笔绘制露在沙漏外面的部分。设置该图层的混合模式为“正片叠底”，如图8-514所示。

步骤14 复制“波纹”图层建立波纹副本，设置其混合模式为“柔光”，如图8-515所示。

步骤15 使用画笔工具绘制白色波纹（适当降低画笔不透明度和流量），如图8-516所示。

图8-513

图8-514

图8-515

图8-516

步骤16 置入冰山2素材，执行“图层>栅格化>智能对象”命令。然后添加图层蒙版，使用画笔适当擦除多出沙漏的部分，模拟出远处冰山的效果，如图8-517所示。创建“可选颜色”调整图层，分别对“青色”、“蓝色”、“白色”和“中性色”进行调整，设置参数如图8-518～图8-521所示。右击，在弹出的快捷菜单中选择“创建剪贴蒙版”命令，如图8-522所示。

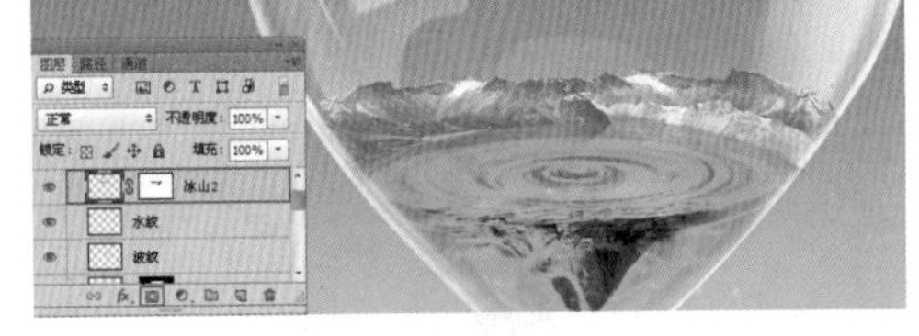

图8-517

图8-518

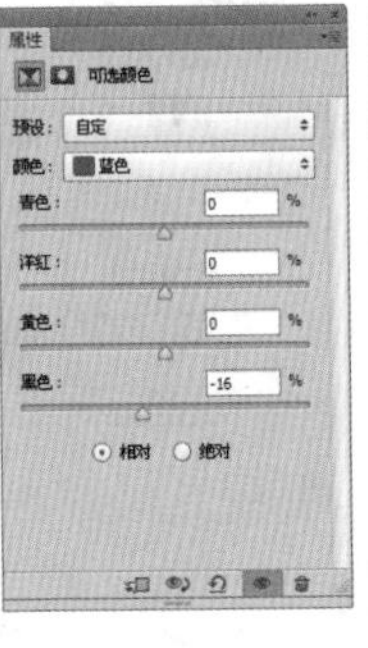

图8-519

图8-520

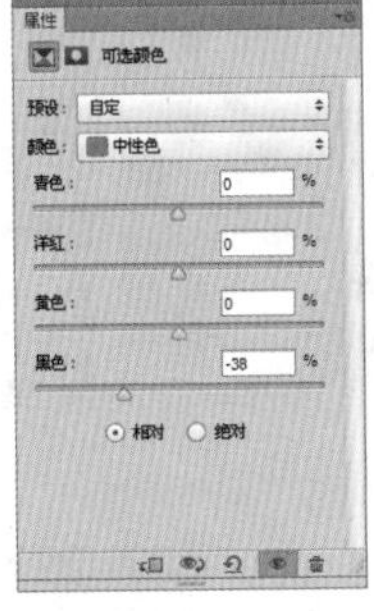

图8-521

图8-522

步骤17 置入漂浮的冰块素材并栅格化，将其放在顶部的水中央，如图8-523所示。

步骤18 新建一个“可选颜色”调整图层，在其“属性”面板的“颜色”下拉列表框中选择“中性色”，设置参数如图8-524所示。右击，在弹出的快捷菜单中选择“创建剪贴蒙版”命令，效果如图8-525所示。使用横排文字工具在顶部输入文字，最终效果如图8-526所示。

图8-523

图8-524

图8-525

图8-526

实例练习——制作彩妆杂志封面

案例文件	实例练习——制作彩妆杂志封面.psd
视频教学	实例练习——制作彩妆杂志封面.flv
难易指数	★★★★★
技术要点	钢笔工具，“液化”滤镜，画笔工具，混合模式

案例效果

本例最终效果如图8-527所示。

图8-527

图8-528

图8-529

图8-530

操作步骤

步骤01 打开背景素材文件，如图8-528所示。

步骤02 置入人像素材，执行“图层>栅格化>智能对象”命令，如图8-529所示。使用钢笔工具勾勒出人像轮廓，然后按Ctrl+Enter组合键载入路径的选区，再按Shift+Ctrl+I组合键进行反向，接着按Delete键，人像就被抠出来了，如图8-530所示。

技巧与提示

为了更好地与背景素材相结合，在人像素材底部可以绘制与背景素材中的圆形弧度相近的边缘。

步骤03 调整脸颊。执行“滤镜>液化”命令，在弹出的“液化”对话框中单击“向前变形工具”按钮，设置“画笔大小”为200，“画笔压力”为100，然后在两个脸颊上涂抹调整脸形，如图8-531所示。调整完成后单击“确定”按钮，效果如图8-532所示。

步骤04 新建一个“色相/饱和度”调整图层，在其“属性”面板中设置“色相”为-24，“饱和度”为+62，如图8-533所示。在图层蒙版中填充黑色，使用白色画笔涂抹出面颊区域。在该图层上右击，在弹出的快捷菜单中选择“创建剪贴蒙版”命令，使其只针对“人像”图层进行调整；同时调整该图层的“不透明度”为71%，如图8-534所示。效果如图8-535所示。

图8-531

图8-532

图8-533

图8-534

图8-535

步骤05 对人像的局部进行提亮。新建一个“曲线”调整图层，在其“属性”面板中调整曲线形状，如图8-536所示。在图层蒙版中，使用黑色画笔涂抹面部和手部区域。在“图层”面板中右击“曲线”调整图层，在弹出的快捷菜单中选择“创建剪贴蒙版”命令，如图8-537所示。效果如图8-538所示。

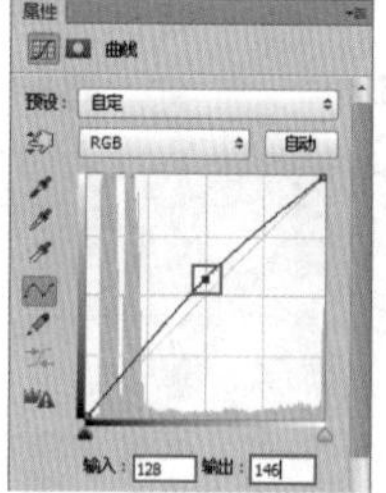

图8-536

图8-537

图8-538

步骤06 新建“妆面”图层组，在其中创建一个新图层。设置前景色为灰紫色，然后单击工具箱中的“画笔工具”按钮，在其选项栏中打开“画笔预设”选取器，从中选择一个圆形柔角画笔，然后设置其“不透明度”为50%，在上眼睑处进行涂抹，如图8-539和图8-540所示。

步骤07 将该图层的混合模式设置为“颜色加深”，如图8-541所示。效果如图8-542所示。

步骤08 创建新的图层，然后在工具箱中选择画笔工具，设置前景色为黑色。在选项栏中打开“画笔预设”选取器，选择一种夸张的羽毛形状的睫毛笔刷，设置“大小”为“650像素”，如图8-543所示。在人像眼睛处绘制羽毛状睫毛，并调整好大小和角度，如图8-544所示。

图8-539

图8-540

图8-541

图8-542

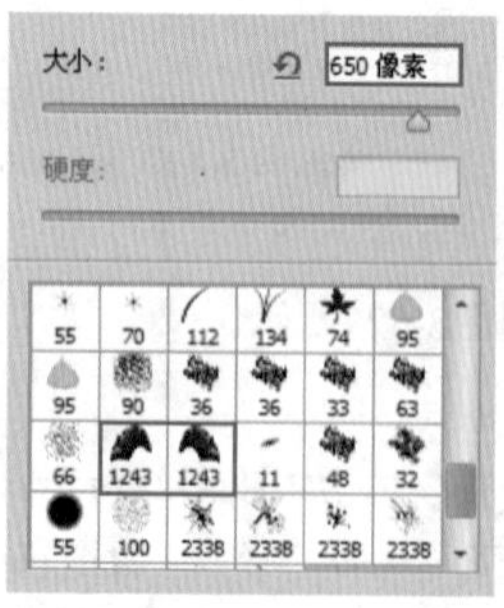

图8-543

图8-544

步骤09 置入孔雀毛素材文件并栅格化，将其放置在羽毛状睫毛上，载入睫毛图层，如图8-545所示。以该选区为“孔雀羽毛”图层添加一个图层蒙版，并设置“孔雀羽毛”图层的混合模式为“滤色”，如图8-546所示。

步骤10 置入花朵素材并栅格化，将其放在头部，如图8-547所示。使用魔棒工具选择背景区域，然后按Shift+Ctrl+I组合键进行反向，为花朵图层添加蒙版，如图8-548所示。此时花朵被完整抠出来了，如图8-549所示。

步骤11 载入花朵图层选区，设置前景色为黑色，然后按Alt+Delete组合键将选区填充为黑色。执行“滤镜>模糊>高斯模糊”命令，在弹出的“高斯模糊”对话框中设置“半径”为15像素，如图8-550所示。设置该图层的“不透明度”为85%，再将其放置在“头饰”的下一层中，并添加图层蒙版，然后使用黑色画笔涂抹多余部分（该图层作为花朵的阴影），如图8-551所示。

图8-545

图8-546

图8-547

图8-548

图8-549

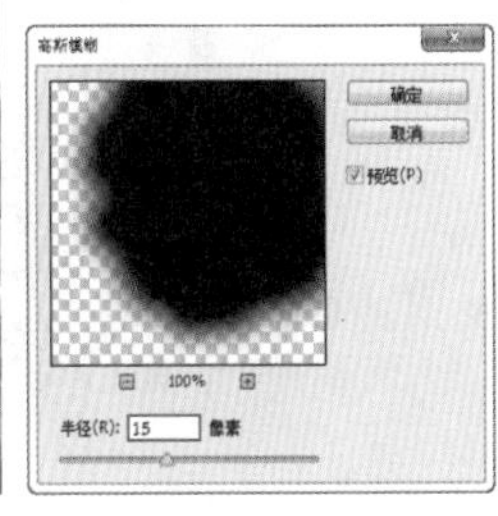

图8-550

步骤12 使用钢笔工具在眼角处绘制花纹形状，建立选区后填充白色，如图8-552所示。

步骤13 置入紫色美瞳素材并栅格化，将其放在眼球的位置，调整好大小并擦去多余部分，如图8-553所示。

步骤14 创建新图层，然后使用钢笔工具绘制出左眼的眼影路径，如图8-554所示。建立选区，填充为紫色，如图8-555所示。

步骤15 执行“滤镜>模糊>高斯模糊”命令，在弹出的“高斯模糊”对话框中设置“半径”为50像素，如图8-556所示。采用同样的方法绘制出右眼，如图8-557所示。

图8-551

图8-552

图8-553

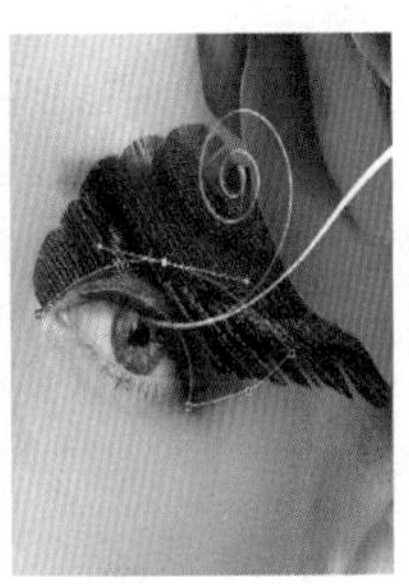

图8-554

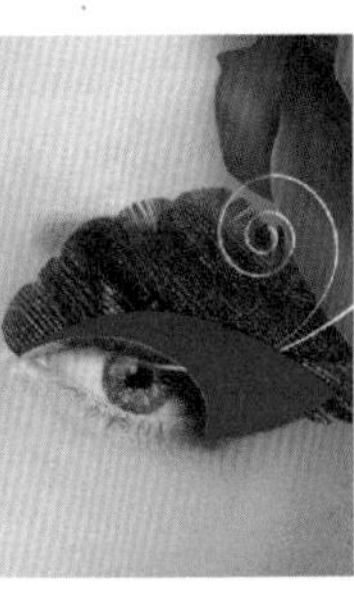

图8-555

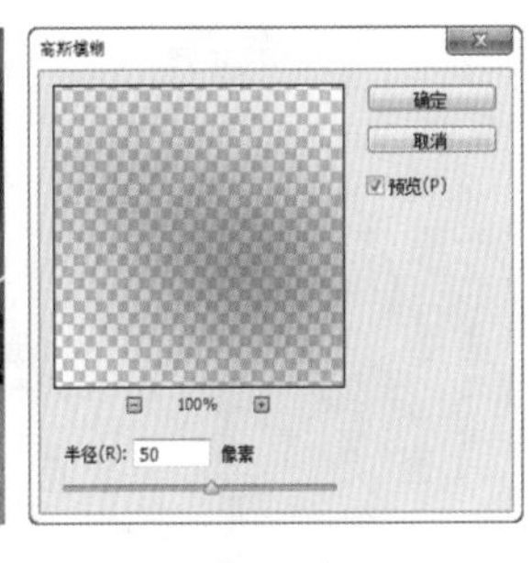

图8-556

步骤16 置入眼影素材文件，执行“图层>栅格化>智能对象”命令。复制一份摆放到另外一侧，然后将该图层的混合模式设置为“强光”，如图8-558所示。效果如图8-559所示。

步骤17 创建新的图层，然后在工具箱中选择画笔工具，设置前景色为黑色。在选项栏中打开“画笔预设”选取器，选择睫毛图案，设置“大小”为“257像素”，如图8-560所示。完成设置后，为人像眼睛绘制上睫毛，并调整好大小和角度，如图8-561所示。置入前景素材，最终效果如图8-562所示。

图8-557

图8-558

图8-559

图8-560

图8-561

图8-562

第8章 图层

图像颜色调整

本章学习要点：

- 熟悉色彩的相关知识
- 掌握矫正问题图像的方法
- 熟练掌握常用调整命令
- 掌握多种风格化调色技巧

9.1 色彩与调色

调色技术是指将特定的色调加以改变，形成不同感觉的另一色调图片。这正是平面设计师中必不可少的重要技能，没有好的色彩就不会有好的设计。无论是对照片进行调色，还是修改素材中某一局部的颜色，以及在作品完成后整体颜色的修改都离不开调色技术，可以说调色技术更是贯穿于使用Photoshop进行设计的整个过程，如图9-1～图9-4所示。

图9-1

图9-2

图9-3

图9-4

调色技术在实际应用中又分为两个方面：校正错误色彩和创造风格化色彩。虽然调色技术纷繁复杂，但也是具有一定规律性的，主要涉及色彩构成理论、颜色模式转换理论、通道理论。例如冷暖对比、近实远虚等。在Photoshop中比较常用的工具包括色阶、曲线、色彩平衡、色相/饱和度、可选颜色、通道混合器、渐变映射、信息面板、拾色器等这样一些最重要的基本调色工具。

9.1.1 了解色彩

色彩在物理学中是由不同波段的光在眼中的映射，对于人类而言，色彩是人的眼睛所感观的色的元素。而在计算机中则是用红、绿、蓝3种基色的相互混合来表现所有彩色。

色彩主要分为两类：无彩色和有彩色。无彩色包括白、灰、黑；有彩色则是灰、白、黑以外的颜色，分为彩色和其他一般色彩。色彩包含色相、明度、纯度3个方面的性质，又称色彩的3要素。当色彩间发生作用时，除了色相、明度、纯度这3个基本条件以外，各种色彩彼此间会形成色调，并显现出自己的特性。因此，色相、明度、纯度、色性及色调5项就构成了色彩的要素，如图9-5和图9-6所示。

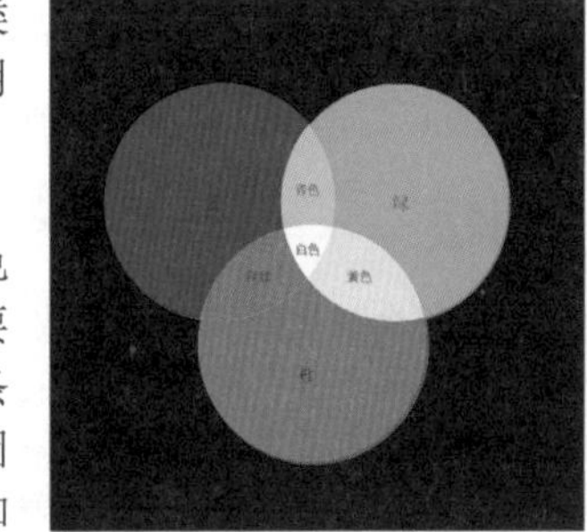
图9-5

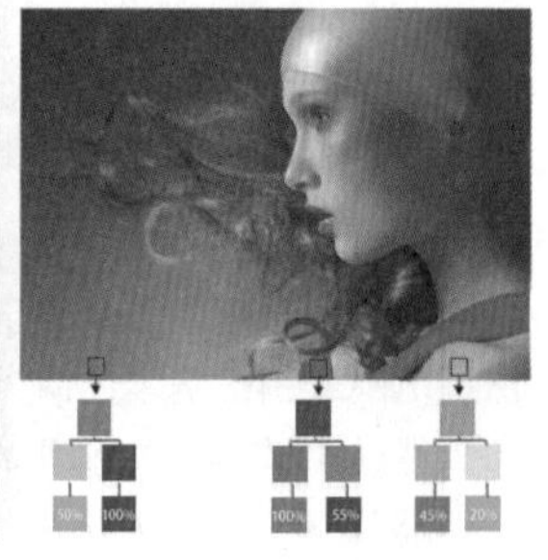
图9-6

- 色相：色彩的相貌，是区别色彩种类的名称，如图9-7所示。
- 明度：色彩的明暗程度，即色彩的深浅差别。明度差别即指同色的深浅变化，又指不同色相之间存在的明度差别，如图9-8所示。

图9-7

图9-8

- 纯度：色彩的纯净程度，又称彩度或饱和度。某一纯净色加上白色或黑色，可以降低其纯度，或趋于柔和，或趋于沉重，如图9-9所示。
- 色性：指色彩的冷暖倾向，如图9-10所示。
- 色调：画面中总是由具有某种内在联系的各种色彩组成一个完整统一的整体，形成画面色彩总的趋向就称为色调，如图9-11所示。

图9-9

图9-10

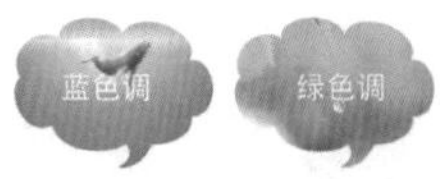

图9-11

9.1.2 调色中常用的色彩模式

在前面的章节中讲解过图像的颜色模式，而并不是所有的颜色模式都适合在后期软件中处理数码照片时使用。在处理数码照片时一般比较常用RGB颜色模式，涉及需要印刷的产品时需要使用CMYK颜色模式，而Lab颜色模式是色域最宽的色彩模式，也是最接近真实世界颜色的一种色彩模式。如图9-12～图9-14所示分别为RGB、CMYK、Lab模式图像。

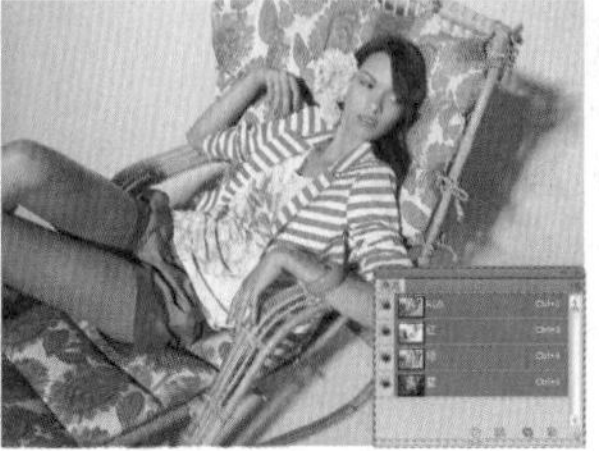
图9-12

图9-13

图9-14

9.1.3 “信息”面板

在“信息”面板中可以快速准确地查看多种信息，例如，光标所处的坐标、颜色信息（RGB颜色值和CMYK颜色的百分比数值）、选区大小、定界框的大小和文档大小等信息。执行“窗口>信息”命令，打开“信息”面板。在该面板的菜单中选择“面板选项”命令，在打开的“信息面板选项”对话框中可以设置更多的颜色信息和状态信息，如图9-15和图9-16所示。

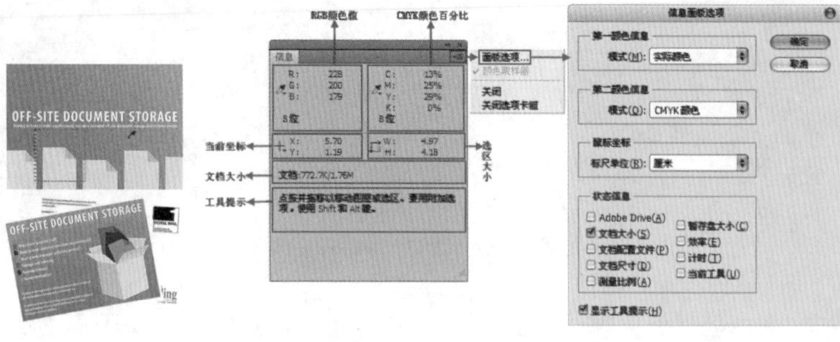

图9-15　　图9-16

“信息面板选项”对话框中各选项的含义介绍如下。

- 第一颜色信息/第二颜色信息：设置第1个/第2个吸管显示的颜色信息。选择“实际颜色”选项，将显示图像当前颜色模式下的颜色值；选择“校样颜色”选项，将显示图像的输出颜色空间的颜色值；选择“灰度”、“RGB颜色”、“Web颜色”、“HSB颜色”、“CMYK颜色”和“Lab颜色”选项，可以显示与之对应的颜色值；选择“油墨总量”选项，可以显示当前颜色所有CMYK油墨的总百分比；选择“不透明度”选项，可以显示当前图层的不透明度。
- 鼠标坐标：设置当前鼠标所处位置的度量单位。
- 状态信息：选中相应的复选框，可以在“信息”面板中显示出相应的状态信息。
- 显示工具提示：选中该复选框以后，可以显示出当前工具的相关使用方法。

9.1.4 “直方图”面板

直方图是用图形来表示图像的每个亮度级别的像素数量，展示像素在图像中的分布情况。通过直方图可以快速浏览图像色调范围或图像基本色调类型。而色调范围有助于确定相应的色调校正，如图9-17～图9-19所示的3张图分别是曝光过度、曝光正常以及曝光不足的图像，在直方图中可以清晰地看出差别。

低色调图像的细节集中在阴影处，高色调图像的细节集中在高光处，而平均色调图像的细节集中在中间调处，全色调范围的图像在所有区域中都有大量的像素。执行“窗口>直方图”命令，打开“直方图”面板，如图9-20所示。

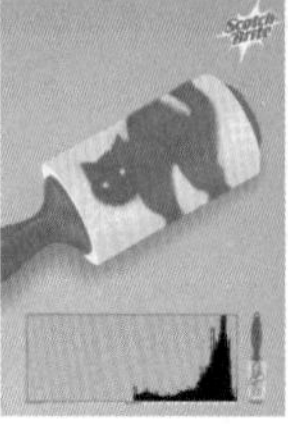

图9-17

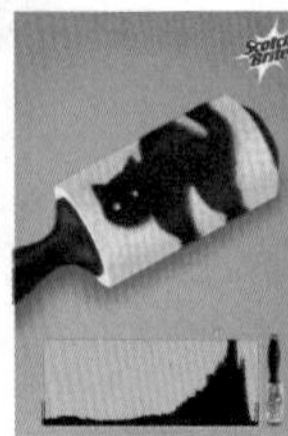

图9-18

图9-19

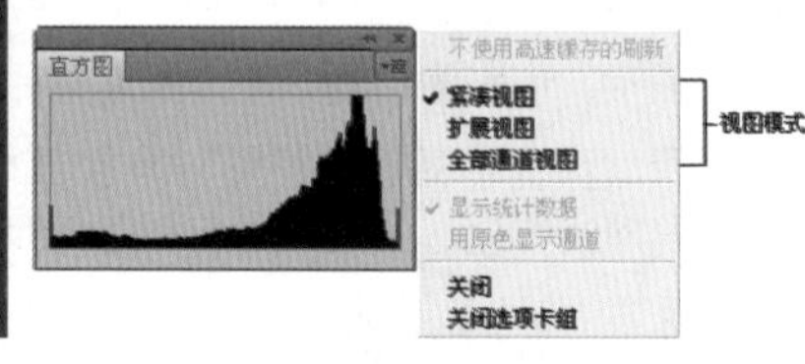

图9-20

技巧与提示

在“直方图”菜单中有3种视图模式可以进行选择。

- 紧凑视图：这是默认的显示模式，显示不带控件或统计数据的直方图。该直方图代表整个图像，如图9-21所示。
- 扩展视图：显示有统计数据的直方图，如图9-22所示。
- 全部通道视图：除了显示“扩展视图”的所有选项外，还显示各个通道的单个直方图，如图9-23所示。

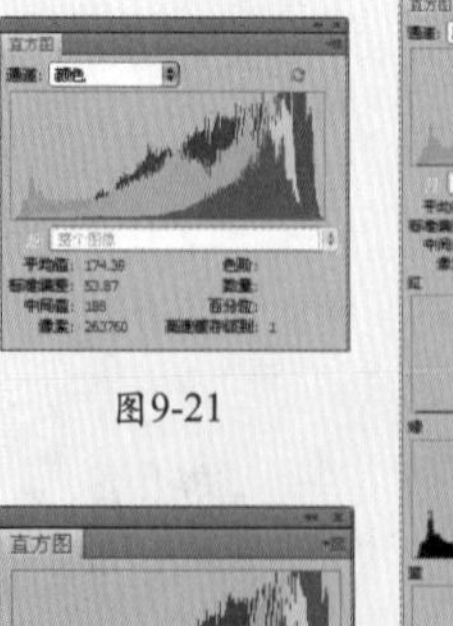

图9-21

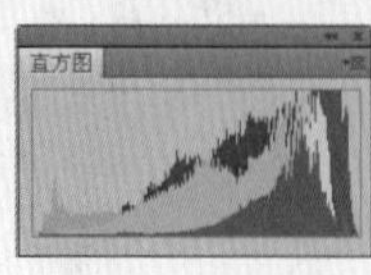

图9-22

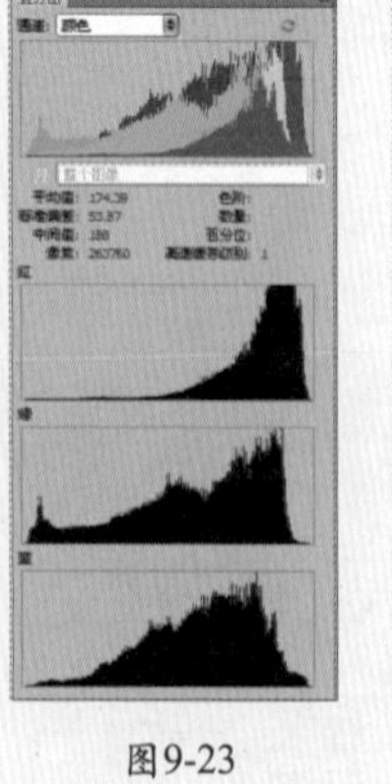

图9-23

当“直方图”面板视图方式为“扩展视图”时，可以看到“直方图”面板上显示的多种选项。

- 通道：包含RGB、红、绿、蓝、明度和颜色6个通道。选择相应的通道以后，在面板中就会显示该通道的直方图。
- 不使用高速缓存的刷新：单击该按钮，可以刷新直方图并显示当前状态下的最新统计数据。
- 源：可以选择当前文档中的整个图像、图层和复合图像，选择相应的图像或图层后，在面板中就会显示出其直方图。

- 平均值：显示像素的平均亮度值（从0～255之间的平均亮度）。直方图的波峰偏左，表示该图偏暗，如图9-24所示；直方图的波峰偏右，表示该图偏亮，如图9-25所示。
- 标准偏差：这里显示出了亮度值的变化范围。数值越小，表示图像的亮度变化不明显；数值越大，表示图像的亮度变化很强烈。
- 中间值：这里显示出了图像亮度值范围以内的中间值，图像的色调越亮，其中间值就越大。
- 像素：这里显示出了用于计算直方图的像素总量。
- 色阶：显示当前光标下的波峰区域的亮度级别，如图9-26所示。
- 数量：显示当前光标下的亮度级别的像素总数，如图9-27所示。
- 百分比：显示当前光标所处的级别或该级别以下的像素累计数。
- 高速缓存级别：显示当前用于创建直方图的图像高速缓存的级别。

图9-24

图9-25

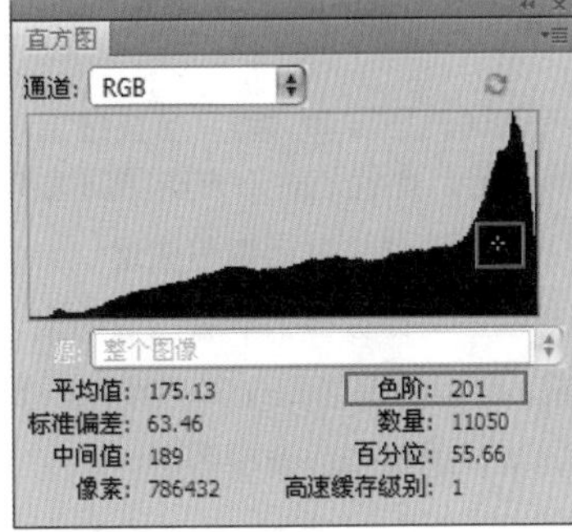

图9-26

图9-27

9.1.5 使用调整图层

调整图层在Photoshop中既是一种非常重要的工具，又是一种特殊的图层。作为“工具”，它可以调整当前图像显示的颜色和色调，并且不会破坏文档中的图层，可以重复修改。作为“图层”，调整图层还具备图层的一些属性，如不透明度、混合模式、图层蒙版、剪贴蒙版等属性的可调性。

在Photoshop中，图像色彩的调整共有两种方式。一种是直接执行“图像>调整”菜单下的调色命令进行调节，这种方式属于不可修改方式，也就是说，一旦调整了图像的色调，就不可以再重新修改调色命令的参数；另外一种方式就是使用调整图层，这种方式属于可修改方式，也就是说，如果对调色效果不满意，还可以重新对调整图层的参数进行修改，直到满意为止，如图9-28～图9-31所示。

图9-28

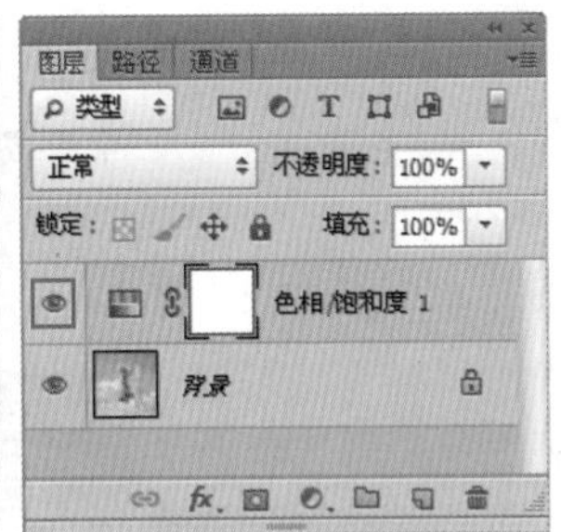

图9-29

图9-30

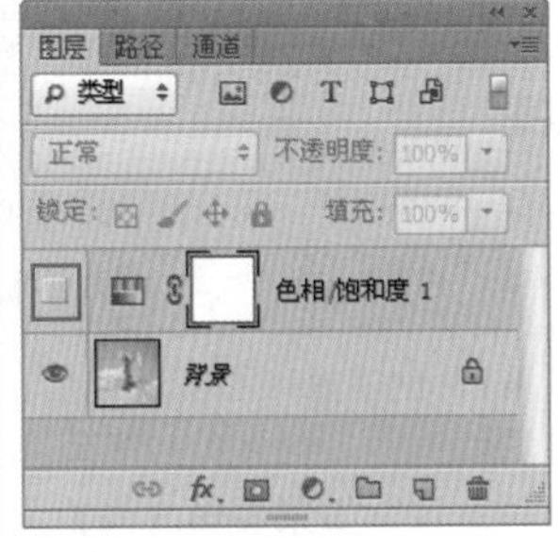

图9-31

调整图层具有以下优点。

- 使用调整图层不会对其他图层造成破坏。
- 可以随时修改调整图层的相关参数值。
- 可以修改其“混合模式”与“不透明度”。
- 在调整图层的蒙版上绘画，可以将调整应用于图像的一部分。
- 创建剪贴蒙版时调整图层可以只对一个图层产生作用。
- 不创建剪贴蒙版时，则可以对下面的所有图层产生作用。

执行“窗口>调整”命令，在打开的“调整”面板中提供了调整颜色和色调的相关工具，其面板菜单如图9-32所示。单击一个调整图层图标，可以切换到“属性”面板中进行相应参数设置，并创建一个相应的调整图层，如图9-33所示。

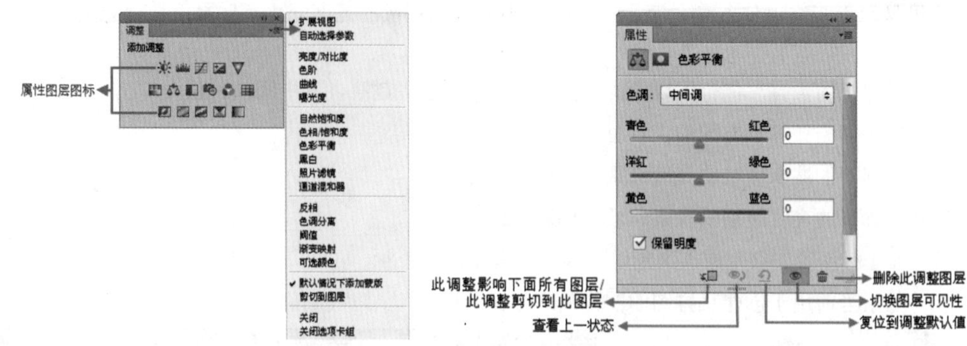

图9-32　　图9-33

- 此调整影响下面所有图层/此调整剪切到此图层：当按钮显示时，该调整图层是对下方所有图层起作用。当按钮显示时，只对下方一个图层起作用，也就是对下方图层创建剪贴蒙版。
- 切换图层可见性：单击该按钮，可以隐藏或显示调整图层。
- 查看上一状态：单击该按钮，可以在文档窗口中查看图像的上一个调整效果，以比较两种不同的调整效果。
- 复位到调整默认值：单击该按钮，可以将调整参数恢复到默认值。
- 删除此调整图层：单击该按钮，可以删除当前调整图层。

理论实践——新建调整图层

新建调整图层的方法共有以下3种。

（1）执行“图层>新建调整图层”菜单下的调整命令，如图9-34所示。

（2）在“图层”面板下面单击“创建新的填充或调整图层”按钮，然后在弹出的菜单中选择相应的调整命令，如图9-35所示。

（3）在“调整”面板中单击调整图层图标，如图9-36所示。

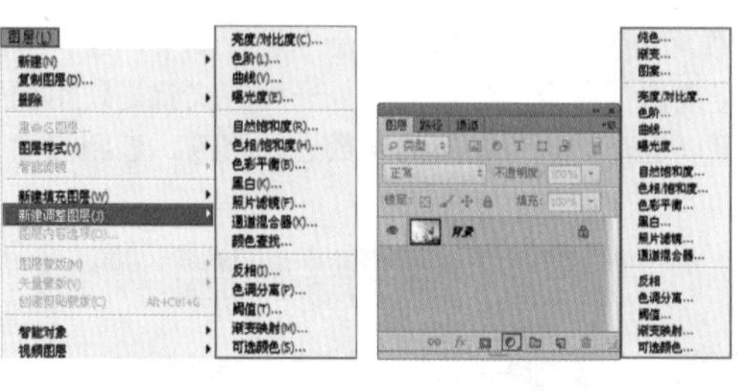

图9-34　　图9-35

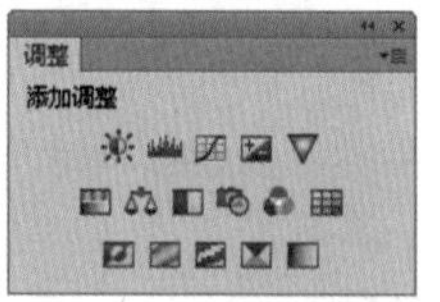

图9-36

技巧与提示

因为调整图层包含的是调整数据而不是像素，所以它们增加的文件大小远小于标准像素图层。如果要处理的文件非常大，可以将调整图层合并到像素图层中来减少文件的大小。

理论实践——修改调整参数

（1）创建好调整图层以后，在“图层”面板中单击调整图层的缩览图，如图9-37所示。在“属性”面板中可以显示其相关参数。如果要修改调整参数，重新输入相应的数值即可，如图9-38所示。

（2）在“属性”面板没有打开的情况下，双击“图层”面板中的调整图层也可打开“属性”面板进行参数修改，如图9-39所示。

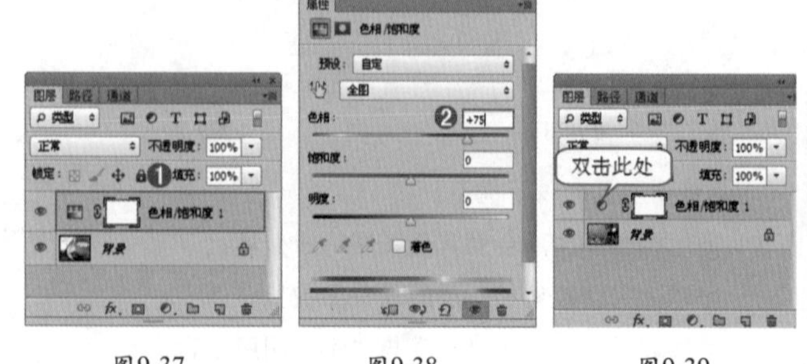

图9-37　　图9-38　　图9-39

理论实践——删除调整图层

（1）如果要删除调整图层，可以直接按Delete键，也可以将其拖曳到“图层”面板下的“删除图层”按钮上，如图9-40所示。

（2）也可以在“属性”面板中单击“删除此调整图层”按钮，如图9-41所示。

（3）如果要删除调整图层的蒙版，可以将蒙版缩览图拖曳到“图层”面板下面的“删除图层”按钮上，如图9-42所示。

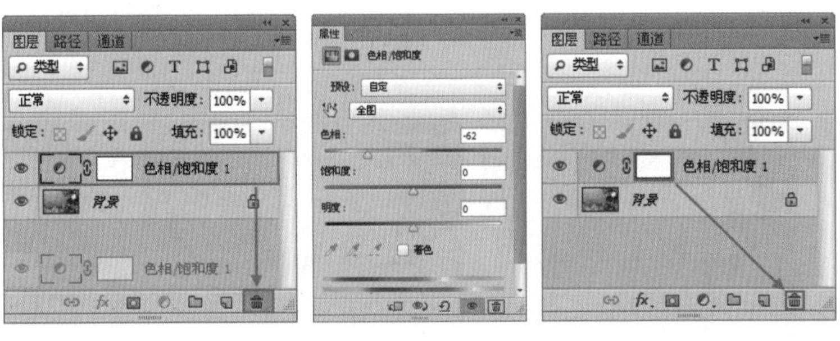

图9-40　　图9-41　　图9-42

9.2 渐隐颜色调整结果

执行“编辑>渐隐”命令可以修改操作结果的不透明度和混合模式，该操作的效果相当于“图层”面板中包含“原始效果”与“调整后效果”两个图层（“调整后效果”图层在顶部）。“渐隐”命令就相当于修改“调整后效果”图层的不透明度与混合模式后得到的效果，如图9-43和图9-44所示。

当使用画笔、滤镜编辑图像，或进行了填充、颜色调整、图层样式添加等操作以后，“编辑>渐隐”菜单命令才可用。如图9-45所示为“渐隐”对话框。

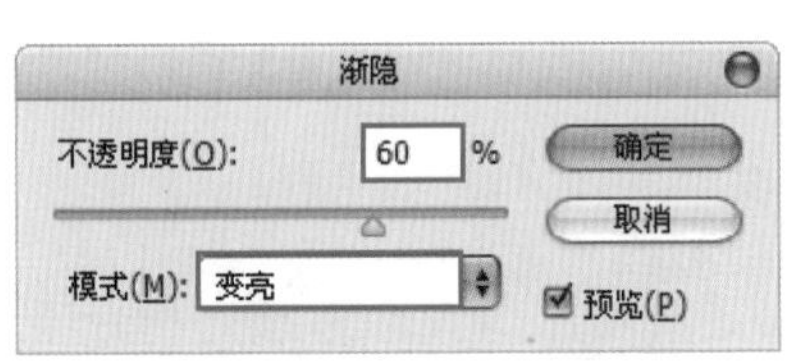

图9-43

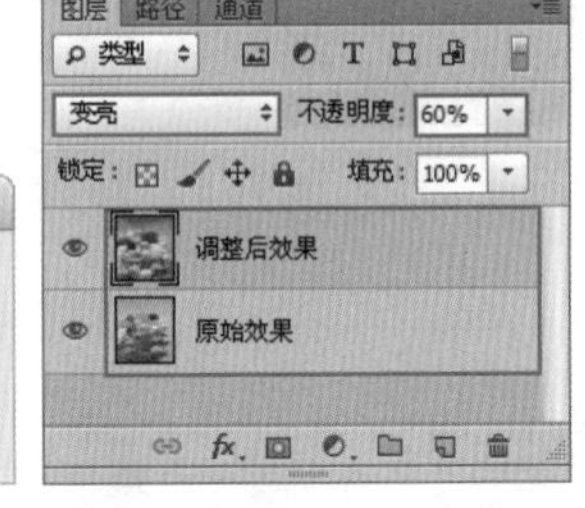

图9-44

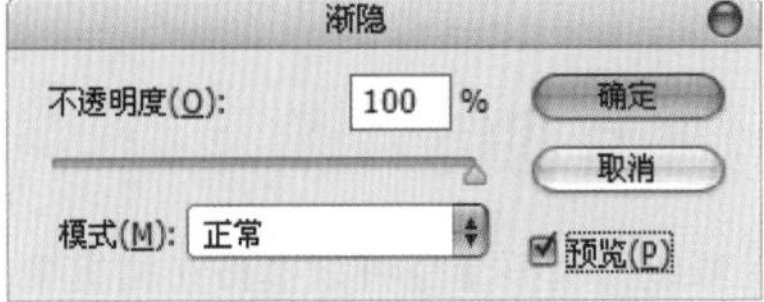

图9-45

9.3 图像快速调整命令

“图像”菜单中包含大量与调色相关的命令，其中包含多个可以快速调整图像的颜色和色调的命令，如“自动色调”、“自动对比度”、“自动颜色”、“照片滤镜”、“变化”、“去色”和“色彩均化”等命令。

9.3.1 自动调整色调/对比度/颜色

“自动色调”、“自动对比度”和“自动颜色”命令不需要进行参数设置，通常主要用于校正数码相片出现的明显的偏色、对比过低、颜色暗淡等常见问题。如图9-46和图9-47所示分别为“发灰的图像”与“偏色图像”的校正效果。

图9-46

图9-47

实例练习——快速校正偏色照片

案例文件	实例练习——快速校正偏色照片.psd
视频教学	实例练习——快速校正偏色照片.flv
难易指数	★★★★★
技术要点	掌握“自动颜色”命令的使用方法

案例效果

本例主要针对“自动颜色”命令的使用方法进行练习，对比效果如图9-48和图9-49所示。

操作步骤

步骤01 打开素材文件，如图9-50所示。从图像中能够直观地感受到图像整体明显偏色，观察皮肤和牙齿部分，洋红的成分偏多，如图9-51所示。再观察本应是黑色的头发部分也明显偏向于紫色，如图9-52所示。

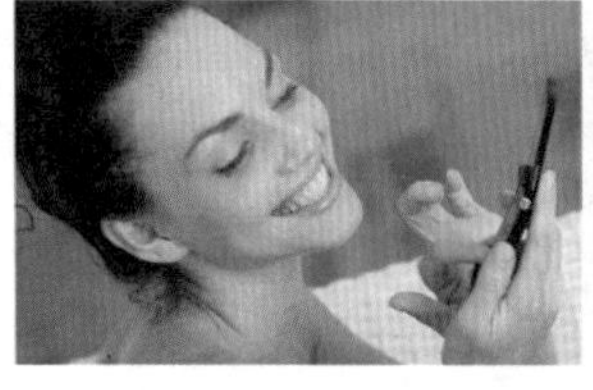
图9-48

图9-49

图9-50

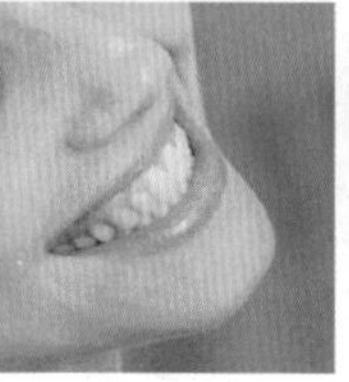
图9-51

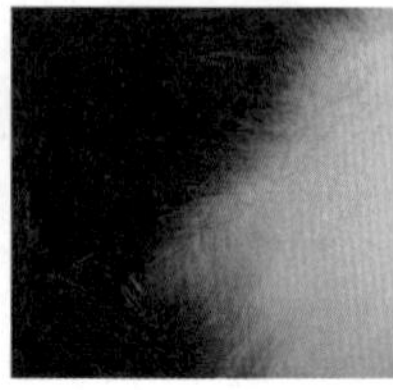
图9-52

步骤02 进行整体颜色调整。执行“图像>自动颜色”命令，Photoshop会自动进行处理，如图9-53所示。

步骤03 处理完成后观察皮肤、牙齿和头发部分颜色恢复正常，如图9-54和图9-55所示。最终效果如图9-56所示。

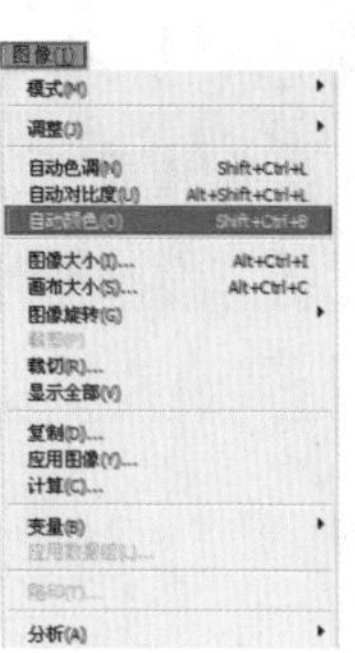

图9-53

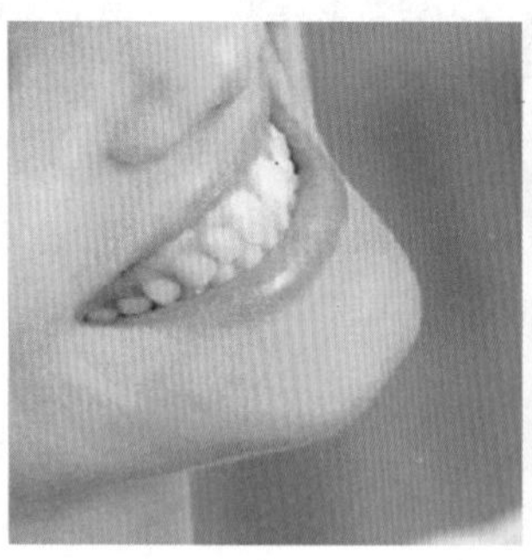
图9-54

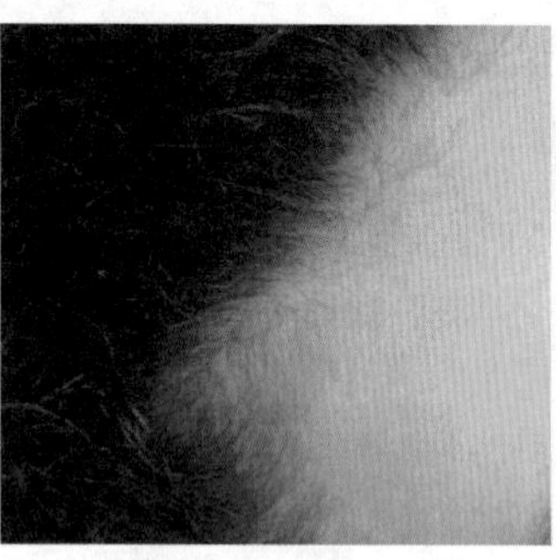
图9-55

图9-56

9.3.2 照片滤镜

“照片滤镜”调整命令可以模仿在相机镜头前面添加彩色滤镜的效果，使用该命令可以快速调整通过镜头传输的光的色彩平衡、色温和胶片曝光，以改变照片颜色倾向。执行“图像>调整>照片滤镜”命令，打开“照片滤镜”对话框，如图9-57和图9-58所示。

图9-57

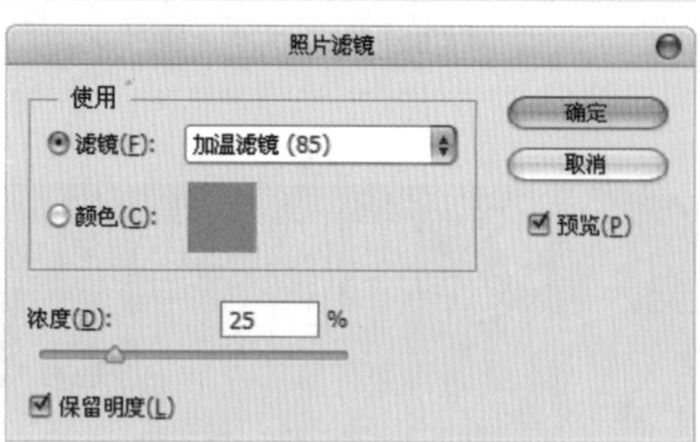

图9-58

技巧与提示

在调色命令的对话框中，如果对参数的设置不满意，可以按住Alt键，此时“取消”按钮将变成“复位”按钮，单击该按钮可以将参数设置恢复到默认值，如图9-59所示。

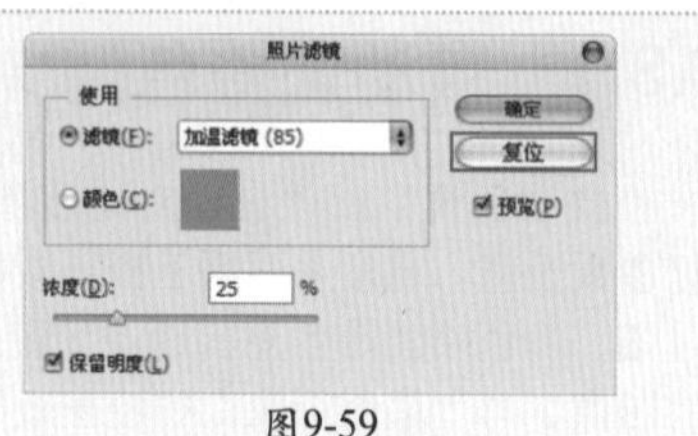

图9-59

如图9-60和图9-61所示分别为调整过的滤镜和调整后的效果。

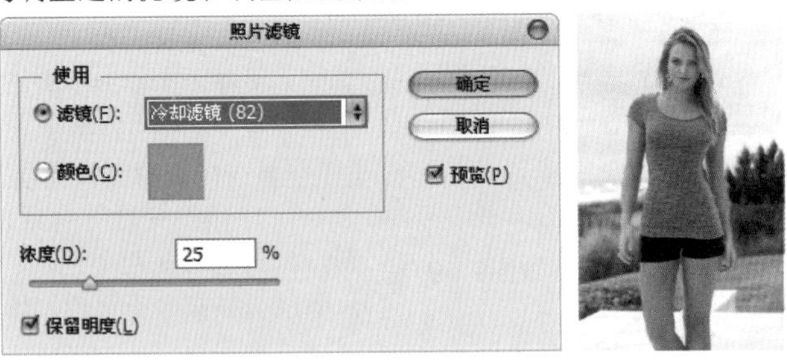

图9-60　　图9-61

- 颜色：选中该单选按钮后，可以自行设置颜色，如图9-62和图9-63所示。
- 浓度：设置滤镜颜色应用到图像中的颜色百分比。数值越大，应用到图像中的颜色浓度就越高，如图9-64所示；数值越小，应用到图像中的颜色浓度就越低，如图9-65所示。
- 保留明度：选中该复选框后，可以保留图像的明度不变。

图9-62　　图9-63　　图9-64　　图9-65

9.3.3 变化

“变化”命令提供了多种可供挑选的效果，通过简单的单击即可调整图像的色彩、饱和度和明度，同时还可以预览调色的整个过程，是一个非常简单直观的调色命令。在使用“变化”命令时，单击调整缩览图产生的效果是累积性的。执行“图像>调整>变化”命令，打开“变化”对话框，如图9-66和图9-67所示。

- 原稿/当前挑选：“原稿”缩览图显示的是原始图像；“当前挑选”缩览图显示的是图像调整结果。
- 阴影/中间调/高光：可以分别对图像的阴影、中间调和高光进行调节。
- 饱和度/显示修剪：专门用于调节图像的饱和度。选中“饱和度”复选框后，在对话框的下面会显示出“减少饱和度”、“当前挑选”和“增加饱和度”3个缩览图，如图9-68所示，单击“减少饱和度”缩览图可以减少图像的饱和度，单击“增加饱和度”缩览图可以增加图像的饱和度。另外，选中“显示修剪”复选框，可以警告超出了饱和度范围的最大限度。
- 精细-粗糙：用来控制每次进行调整的量。特别注意，每移动一个滑块，调整数量会双倍增加。
- 各种调整缩览图：单击相应的缩览图，可以进行相应的调整，如单击“加上颜色”缩览图，可以应用一次加深颜色效果。

图9-66　　图9-67　　图9-68

实例练习——使用“变化”命令制作视觉杂志

案例文件	实例练习——使用“变化”命令制作视觉杂志.psd
视频教学	实例练习——使用“变化”命令制作视觉杂志.flv
难易指数	★★★★★
技术要点	掌握“变化”命令的使用方法

案例效果

本例使用“变化”命令制作视觉杂志，效果如图9-69所示。

操作步骤

步骤01 打开素材文件，如图9-70所示。接着置入照片素材文件，执行“图层>栅格化>智能对象”命令。然后调整好大小和位置，如图9-71所示。

步骤02 选择素材照片图层，然后执行“图像>调整>变化”命令，打开“变化”对话框，单击两次“加深黄色”缩览图，将黄色加深两个色阶，如图9-72所示。此时可以看到照片颜色明显倾向于黄色，如图9-73所示。

图9-69　图9-70　图9-71　图9-72

步骤03 置入第二张照片素材，执行“图层>栅格化>智能对象”命令。然后执行“图像>调整>变化”命令，打开“变化”对话框，单击两次“加深蓝色”缩览图，将青色加深两个色阶，如图9-74所示。效果如图9-75所示。

步骤04 置入第三张照片文件，执行“图层>栅格化>智能对象”命令。执行“图像>调整>变化”命令，然后单击两次“加深红色”缩览图（如图9-76所示），将红色加深两个色阶，最终效果如图9-77所示。

图9-73

图9-74

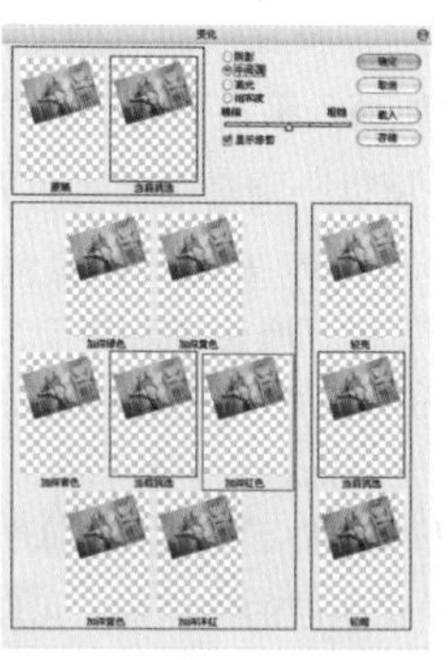

图9-75

图9-76

图9-77

9.3.4 去色

对图像使用“去色”命令可以将图像中的颜色去掉，使其成为灰度图像。打开一张图像，如图9-78所示，然后执行“图像>调整>去色”命令或按Shift+Ctrl+U组合键，可以将其调整为灰度效果，如图9-79所示。

图9-78

图9-79

9.3.5 色调均化

"色调均化"命令是将图像中像素的亮度值进行重新分布，图像中最亮的值将变成白色，最暗的值将变成黑色，中间的值将分布在整个灰度范围内，使其更均匀地呈现所有范围的亮度级，如图9-80和图9-81所示。

如果图像中存在选区，则执行"色调均化"命令时会弹出一个"色调均化"对话框，如图9-82和图9-83所示。

- 仅色调均化所选区域：仅均化选区内的像素，如图9-84所示。
- 基于所选区域色调均化整个图像：可以按照选区内的像素均化整个图像的像素，如图9-85所示。

图9-80

图9-81

图9-82

图9-83

图9-84

图9-85

9.4 图像的影调调整命令

"影调"是指画面的明暗层次、虚实对比和色彩的色相明暗等之间的关系。通过这些关系，使欣赏者感到光的流动与变化。而图像影调的调整主要是针对图像的明暗、曝光度、对比度等属性的调整。在"图像"菜单下的"色阶"、"曲线"和"曝光度"等命令都可以对图像的影调进行调整，如图9-86和图9-87所示。

图9-86　图9-87

9.4.1 亮度/对比度

"亮度/对比度"命令可以对图像的色调范围进行简单的调整，是非常常用的影调调整命令，能够快速地校正图像"发灰"的问题。执行"图像>调整>亮度/对比度"命令，或者按Ctrl+/组合键，打开"亮度/对比度"对话框，如图9-88～图9-90所示。

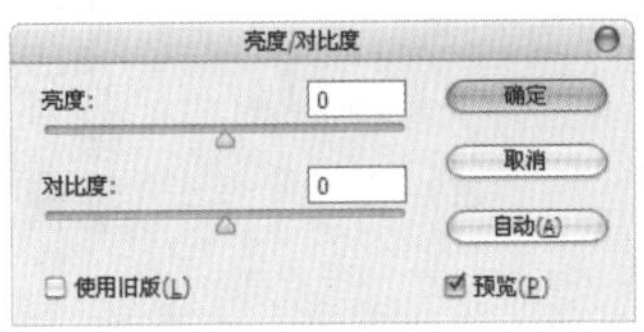

图9-88

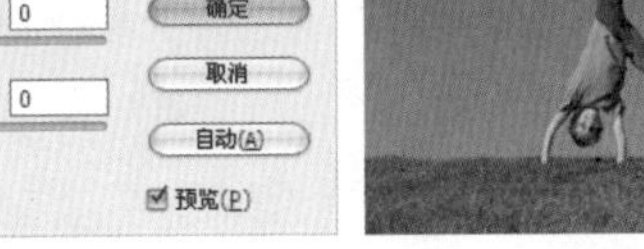
图9-89

图9-90

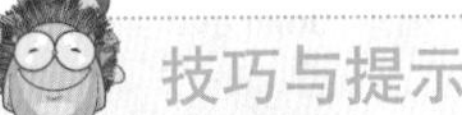
技巧与提示

图像调整菜单命令，在修改参数之后如果需要还原成原始参数，可以按住Alt键，对话框中的"取消"按钮会变为"复位"按钮，单击该"复位"按钮即可还原原始参数，如图9-91所示。

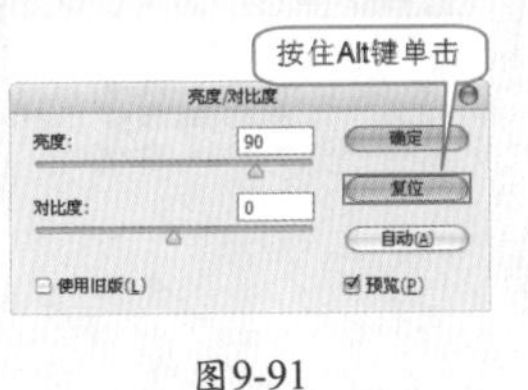

图9-91

- 亮度：用来设置图像的整体亮度。数值为负值时，表示降低图像的亮度，如图9-92所示；数值为正值时，表示提高图像的亮度，如图9-93所示。

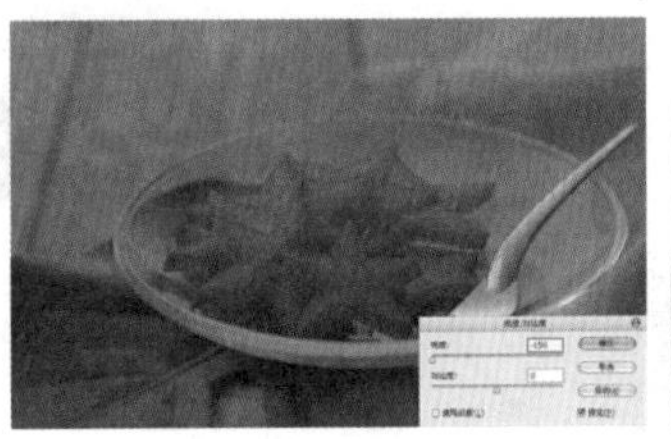
图9-92

图9-93

- 对比度：用于设置图像亮度对比的强烈程度，如图9-94和图9-95所示。
- 预览：选中该复选框后，在“亮度/对比度”对话框中调节参数时，可以在文档窗口中观察到图像的亮度变化。
- 使用旧版：选中该复选框后，可以得到与Photoshop CS3以前的版本相同的调整结果。
- 自动：单击该按钮，Photoshop会自动根据画面进行调整。

图9-94

图9-95

实例练习——使用亮度/对比度校正偏灰的图像

案例文件	实例练习——使用亮度/对比度校正偏灰的图像.psd
视频教学	实例练习——使用亮度/对比度校正偏灰的图像.flv
难易指数	★★★★★
技术要点	调整图层

案例效果

对比效果如图9-96和图9-97所示。

操作步骤

步骤01 打开素材文件，如图9-98所示。

步骤02 执行“图像>调整>亮度/对比度”命令，打开“亮度/对比度”对话框，设置“亮度”为73，“对比度”为59，如图9-99和图9-100所示。

图9-96

图9-97

图9-98

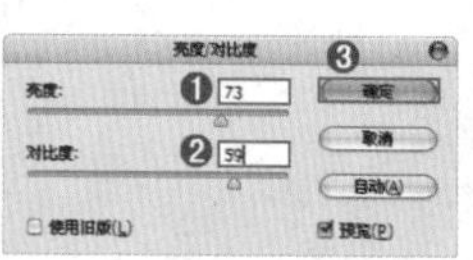

图9-99

图9-100

技巧与提示

除了执行菜单命令，还可以在“图层”面板底部单击“创建新的填充或调整图层”按钮，并选择“亮度/对比度”命令，在弹出的窗口中进行参数设置，如图9-101和图9-102所示。

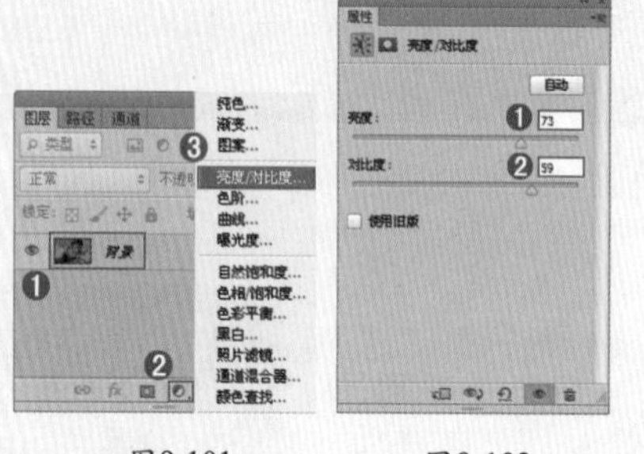
图9-101　图9-102

9.4.2 色阶

“色阶”命令是一个非常强大的调整工具，不仅可以针对图像进行明暗对比的调整，还可以对图像的阴影、中间调和高光强度级别进行调整，以及分别对各个通道进行调整，以调整图像明暗对比或者色彩倾向，对比效果如图9-103和图9-104所示。执行“图像>调整>色阶”命令或按Ctrl+L组合键，打开“色阶”对话框，如图9-105所示。

- 预设/预设选项：在“预设”下拉列表框中可以选择一种预设的色阶调整选项来对图像进行调整；单击“预设选项”按钮，可以对当前设置的参数进行保存，或载入一个外部的预设调整文件。
- 通道：在“通道”下拉列表框中可以选择一个通道来对图像进行调整，以校正图像的颜色，如图9-106所示。

图9-103

图9-104

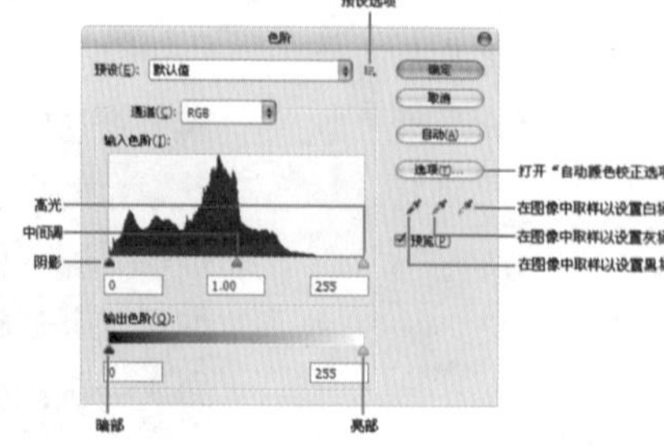

图9-105

图9-106

- 输入色阶：这里可以通过拖曳滑块来调整图像的阴影、中间调和高光，同时也可以直接在对应的输入框中输入数值。将滑块向左拖曳，可以使图像变暗，如图9-107所示；将滑块向右拖曳，可以使图像变亮，如图9-108所示。
- 输出色阶：这里可以设置图像的亮度范围，从而降低对比度，如图9-109所示。
- 自动：单击该按钮，Photoshop会自动调整图像的色阶，使图像的亮度分布更加均匀，从而达到校正图像颜色的目的。
- 选项：单击该按钮，在打开的“自动颜色校正选项”对话框中可以设置单色、每通道、深色和浅色的算法等，如图9-110所示。
- 在图像中取样以设置黑场：使用该吸管在图像中单击取样，可以将单击点处的像素调整为黑色，同时图像中比该单击点暗的像素也会变成黑色，如图9-111所示。

图9-107

图9-108

图9-109

图9-110

图9-111

- 在图像中取样以设置灰场：使用该吸管在图像中单击取样，可以根据单击点像素的亮度来调整其他中间调的平均亮度，如图9-112所示。
- 在图像中取样以设置白场：使用该吸管在图像中单击取样，可以将单击点处的像素调整为白色，同时图像中比该单击点亮的像素也会变成白色，如图9-113所示。

图9-112

图9-113

9.4.3 曲线

“曲线”功能非常强大，不单单可以进行图像明暗的调整，更加具备了“亮度/对比度”、“色彩平衡”、“阈值”和“色阶”等命令的功能。通过调整曲线的形状，可以对图像的色调进行非常精确的调整，对比效果如图9-114和图9-115所示。执行“曲线>调整>曲线”命令或按Ctrl+M组合键，打开“曲线”对话框，如图9-116所示。

图9-114

图9-115

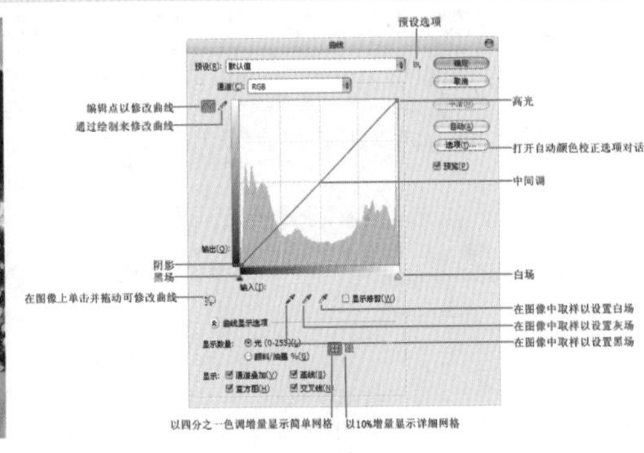

图9-116

1. 曲线基本选项

- 预设/预设选项：在“预设”下拉列表框中共有9种曲线预设效果；单击“预设选项”按钮，可以对当前设置的参数进行保存，或载入一个外部的预设调整文件。如图9-117和图9-118所示分别为原图与预设效果。
- 通道：在“通道”下拉列表框中可以选择一个通道来对图像进行调整，以校正图像的颜色。
- 编辑点以修改曲线：使用该工具在曲线上单击，可以添加新的控制点，通过拖曳控制点可以改变曲线的形状，从而

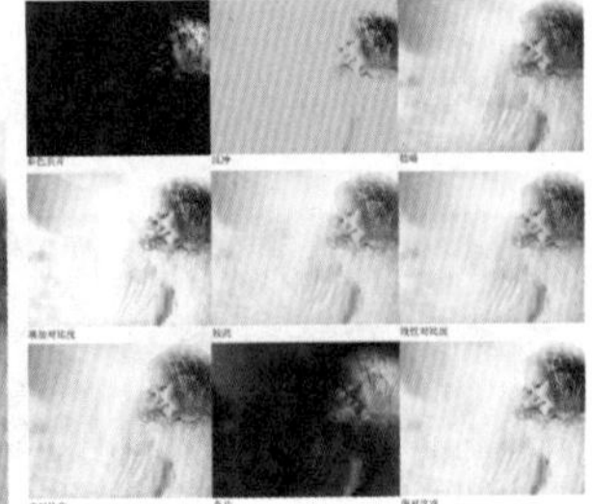
图9-118

图9-117

达到调整图像的目的，如图9-119所示。

- 通过绘制来修改曲线：使用该工具可以以手绘的方式自由绘制出曲线，绘制好曲线以后单击“编辑点以修改曲线”按钮，可以显示出曲线上的控制点，如图9-120所示。
- 平滑：使用通过绘制来修改曲线绘制出曲线以后，单击“平滑”按钮，可以对曲线进行平滑处理，如图9-121所示。
- 在曲线上单击并拖动可修改曲线：选择该工具以后，将光标放置在图像上，曲线上会出现一个圆圈，表示光标处的色调在曲线上的位置，如图9-122所示。在图像上单击并拖曳鼠标左键可以添加控制点以调整图像的色调，如图9-123所示。

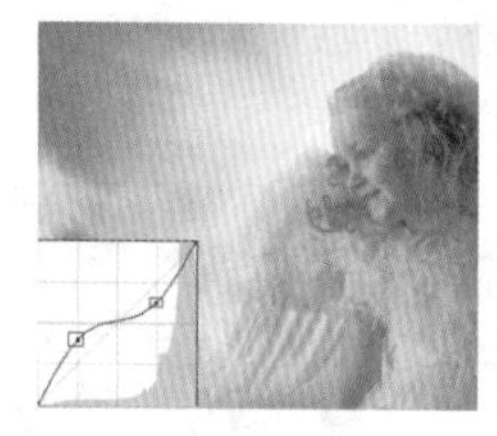

图9-119　图9-120

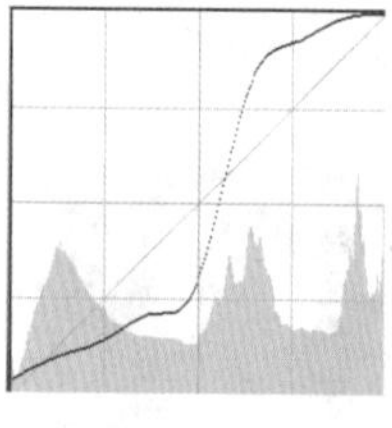

图9-121

图9-122

图9-123

- 输入/输出：“输入”即“输入色阶”，显示的是调整前的像素值；“输出”即“输出色阶”，显示的是调整以后的像素值。
- 自动：单击该按钮，可以对图像应用“自动色调”、“自动对比度”或“自动颜色”校正。
- 选项：单击该按钮，在打开的“自动颜色校正选项”对话框中可以设置单色、每通道、深色和浅色的算法等。

2．曲线显示选项

- 显示数量：包含“光（0～255）”和“颜料/油墨%”两种显示方式。
- 以四分之一色调增量显示简单网格/以10%增量显示详细网格：单击“以四分之一色调增量显示简单网格”按钮，可以以1/4（即25%）的增量来显示网格，这种网格比较简单，如图9-124所示；单击“以10%增量显示详细网格”按钮，可以以 10% 的增量来显示网格，这种更加精细，如图9-125所示。
- 通道叠加：选中该复选框，可以在复合曲线上显示颜色通道。
- 基线：选中该复选框，可以显示基线曲线值的对角线。
- 直方图：选中该复选框，可以在曲线上显示直方图以作为参考。
- 交叉线：选中该复选框，可以显示用于确定点的精确位置的交叉线。

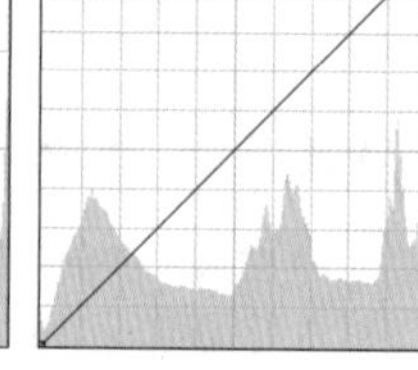

图9-124　图9-125

实例练习——使用曲线提亮图像

案例文件	实例练习——使用曲线提亮图像.psd
视频教学	实例练习——使用曲线提亮图像.flv
难易指数	★★★★★
技术要点	“曲线”命令

案例效果

对比效果如图9-126和图9-127所示。

操作步骤

步骤01 观察到图像整体颜色偏暗，需要对整体颜色进行亮度的调整。打开“原图.jpg ”素材文件，如图9-128所示。

步骤02 进行整体亮度的调整。执行“图像>调整>曲线”命令，在弹出“曲线”对话框的曲线上单击创建一个控制点设置“输出”为98，“输入”为45，如图9-129所示。此时可以看到图像整体明显变亮，但是亮部区域有些曝光，如图9-130所示。

图9-126

图9-127

图9-128

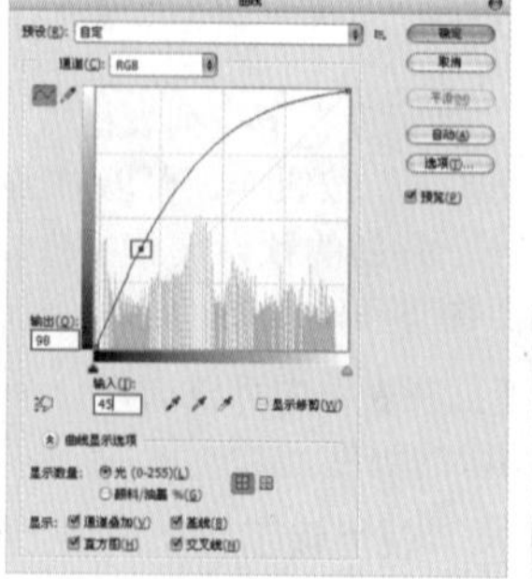

图9-129

图9-130

步骤03 在曲线上半部分再次单击创建一个控制点，设置“输出”为211，“输入”为173，如图9-131所示。此时可以看到亮部区域曝光程度有所缓和，如图9-132所示。

步骤04 此时图像亮度恢复正常，最终效果如图9-133所示。

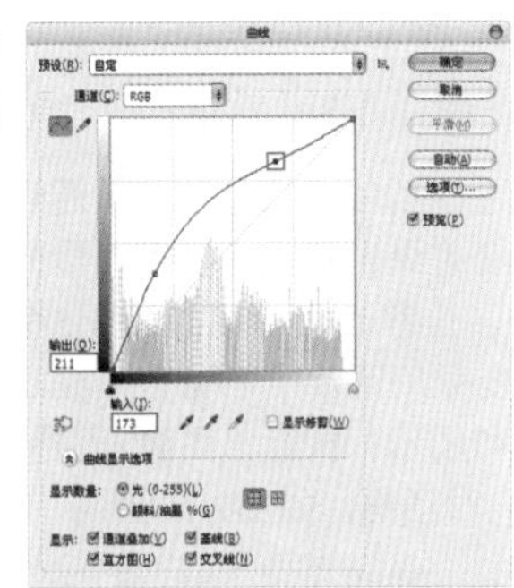

图9-131

图9-132

图9-133

实例练习——使用曲线打造负片正冲的效果

案例文件	实例练习——使用曲线打造负片正冲的效果.psd
视频教学	实例练习——使用曲线打造负片正冲的效果.flv
难易指数	★★★★★
技术要点	“曲线”命令

案例效果

对比效果如图9-134和图9-135所示。

图9-134

图9-135

图9-136

操作步骤

步骤01 打开素材文件，本例将要模拟的是冲击强、色彩感强的反冲效果，如图9-136所示。

步骤02 执行“图像>调整>曲线”命令，弹出“曲线”对话框，首先设置通道为“红”。在曲线上创建两个控制点，设置第1个控制点的“输出”为20，“输入”为62；设置第2个控制点的“输出”为207，“输入”为193，如图9-137和图9-138所示。效果如图9-139所示。

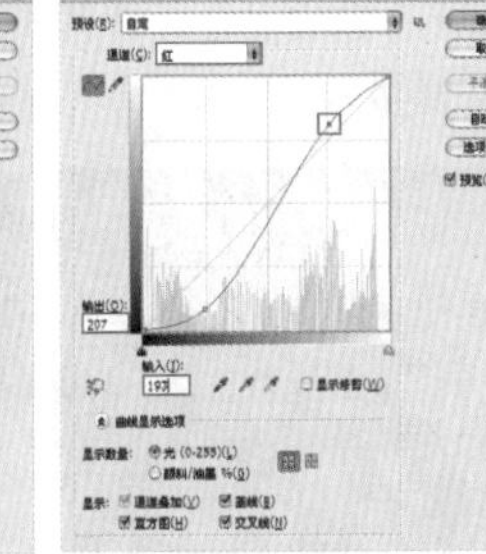

图9-137

图9-138

图9-139

步骤03 继续设置通道为“绿”，在曲线上创建两个控制点，设置第1个控制点的“输出”为34，“输入”为69；设置第2个控制点的“输出”为233，“输入”为192，如图9-140和图9-141所示。效果如图9-142所示。

步骤04 设置通道为“蓝”，在曲线上创建两个控制点，设置第1个控制点的“输出”为67，“输入”为82；设置第2个控制点“输出”为212，“输入”为194，如图9-143和图9-144所示。效果如图9-145所示。

步骤05 使用矩形工具在顶部和底部绘制矩形选区，填充黑色并使用文字工具输入底部文字，最终效果如图9-146所示。

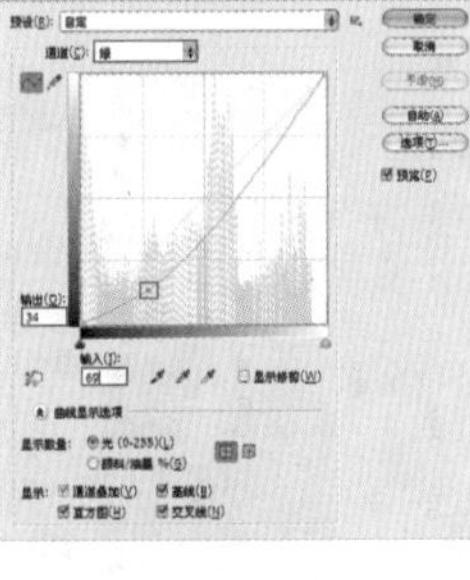

图9-140

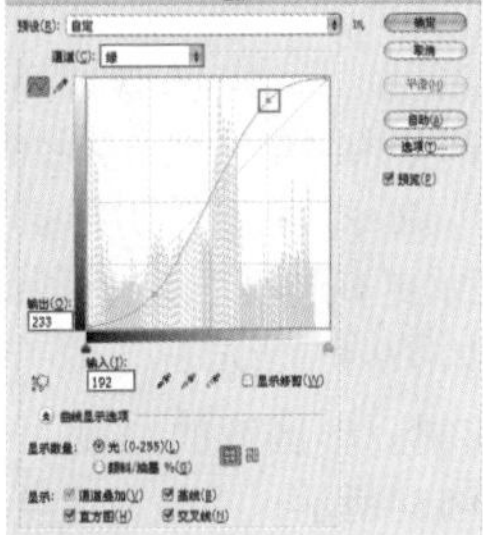

图9-141

图9-142

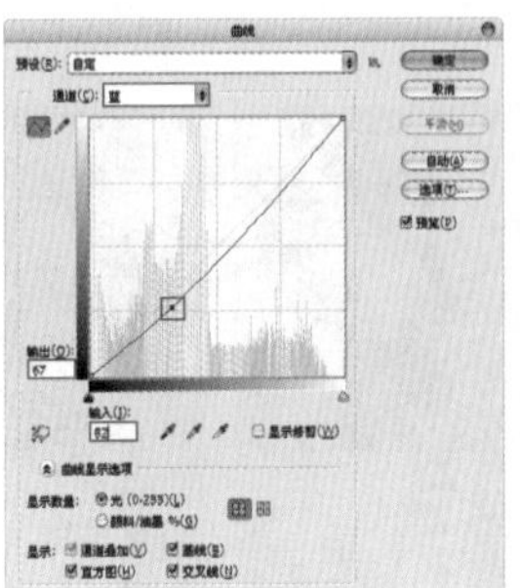

图9-143

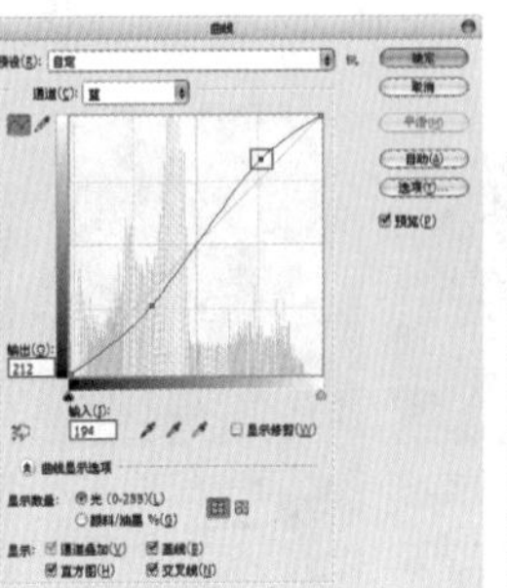

图9-144

图9-145

图9-146

9.4.4 曝光度

“曝光度”命令不是通过当前颜色空间而是通过在线性颜色空间执行计算而得出的曝光效果。使用“曝光度”命令可以通过调整曝光度、位移、灰度系数校正3个参数调整照片的对比反差，修复数码照片中常见的曝光过度与曝光不足等问题，如图9-147所示。执行“图像>调整>曝光度”命令，打开“曝光度”对话框，如图9-148所示。

图9-147

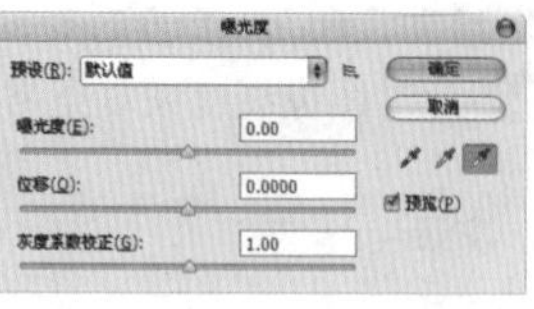

图9-148

- 预设/预设选项：Photoshop预设了4种曝光效果，分别是“减1.0”、“减2.0”、“加1.0”和“加2.0”；单击“预设选项”按钮，可以对当前设置的参数进行保存，或载入一个外部的预设调整文件。
- 曝光度：向左拖曳滑块，可以降低曝光效果；向右拖曳滑块，可以增强曝光效果。
- 位移：该选项主要对阴影和中间调起作用，可以使其变暗，但对高光基本不会产生影响。
- 灰度系数校正：使用一种乘方函数来调整图像灰度系数。

9.4.5 阴影/高光

“阴影/高光”命令常用于还原图像阴影区域过暗或高光区域过亮造成的细节损失。在调整阴影区域时，对高光区域的影响很小；而调整高光区域又对阴影区域的影响很小。“阴影/高光”命令可以基于阴影/高光中的局部相邻像素来校正每个像素。如图9-149和图9-150所示分别为还原暗部细节与还原亮部细节的对比效果。

图9-149

原图
效果图
图9-150

打开一张图像，从图像中可以直观地看出，人像面部以及天空云朵的部分为高光区域，头发部分为阴影区域，如图9-151所示。执行“图像>调整>阴影/高光”命令，打开“阴影/高光”对话框，如图9-152所示。选中“显示更多选项”复选框后，可以显示“阴影/高光”的完整选项，如图9-153所示。

- 阴影：“数量”选项用来控制阴影区域的亮度，值越大，阴影区域就越亮，如图9-154所示；“色调宽度”选项用来控制色调的修改范围，值越小，修改的范围就只针对较暗的区域，如图9-155所示；“半径”选项用来控制像素是在阴影中还是在高光中。

图9-151

图9-152

图9-153

- 高光：“数量”选项用来控制高光区域的黑暗程度，值越大，高光区域越暗，如图9-156所示；“色调宽度”选项用来控制色调的修改范围，值越小，修改的范围只针对较亮的区域，如图9-157所示；“半径”选项用来控制像素是在阴影中还是在高光中。
- 调整：“颜色校正”选项用来调整已修改区域的颜色；“中间调对比度”选项用来调整中间调的对比度；“修剪黑色”和“修剪白色”决定了在图像中将多少阴影和高光剪到新的阴影中。

图9-154

图9-155

图9-156

图9-157

- 存储为默认值：如果要将对话框中的参数设置存储为默认值，可以单击该按钮。存储为默认值以后，再次打开“阴影/高光”对话框时，就会显示该参数。

技巧与提示

如果要将存储的默认值恢复为Photoshop的默认值，可以在“阴影/高光”对话框中按住Shift键，此时“存储为默认值”按钮会变成“复位默认值”按钮，单击即可复位为Photoshop的默认值。

实例练习——使用阴影/高光处理逆光图像

案例文件	实例练习——使用阴影/高光处理逆光图像.psd
视频教学	实例练习——使用阴影/高光处理逆光图像.flv
难易指数	★★★★★
技术要点	掌握“阴影/高光”命令的使用方法

案例效果

本例主要是针对“阴影/高光”命令的使用方法进行练习，对比效果如图9-158和图9-159所示。

图9-158

图9-159

图9-160

操作步骤

步骤01 打开素材文件，为了避免破坏原图像，按Ctrl+J组合键复制背景图层，作为“图层1”，如图9-160所示。

步骤02 执行“图像>调整>阴影/高光”命令（如图9-161所示），打开“阴影/高光”对话框。

步骤03 设置阴影“数量”为35%，如图9-162所示。此时可以看到照片中暗部区域明显变亮了很多，而且细节也清晰了。最终效果如图9-163所示。

图9-161

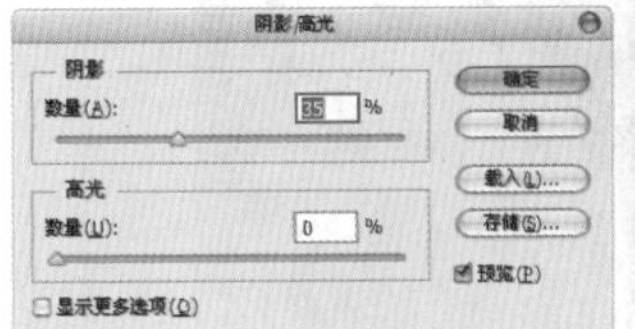

图9-162

图9-163

9.5 图像的色调调整命令

9.5.1 自然饱和度

“自然饱和度”是Adobe Photoshop CS4及之后的版本中出现的调整命令。与“色相/饱和度”命令相似，都是可以针对图像饱和度进行调整，但是使用“自然饱和度”命令可以在增加图像饱和度的同时有效地防止颜色过于饱和而出现溢色现象。如图9-164～图9-166所示分别为原图、使用“自然饱和度”、使用“色相/饱和度”命令的对比效果。

图9-164

图9-165

图9-166

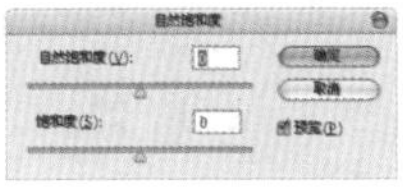

图9-167

执行“图像>调整>自然饱和度”命令，打开“自然饱和度”对话框，如图9-167所示。

- 自然饱和度：向左拖曳滑块，可以降低颜色的饱和度；向右拖曳滑块，可以增加颜色的饱和度，如图9-168和图9-169所示。

图9-168

图9-169

- 饱和度：向左拖曳滑块，可以增加所有颜色的饱和度；向右拖曳滑块，可以降低所有颜色的饱和度，如图9-170和图9-171所示。

> **技巧与提示**
>
> 调节“自然饱和度”选项，不会生成饱和度过高或过低的颜色，画面始终会保持一个比较平衡的色调，对于调节人像非常有用。

图9-170

图9-171

实例练习——自然饱和度打造高彩外景

案例文件	实例练习——自然饱和度打造高彩外景.psd
视频教学	实例练习——自然饱和度打造高彩外景.flv
难易指数	★★★★★
技术要点	调整图层，画笔工具

案例效果

对比效果如图9-172和图9-173所示。

图9-172

图9-173

操作步骤

步骤01 打开素材文件，复制背景图层，如图9-174所示。

步骤02 按Ctrl+M组合键适当调整RGB曲线，将图像提亮，单击“确定”按钮结束操作，如图9-175所示。提亮画面，如图9-176所示。

步骤03 单击“图层”面板中的“调整图层”按钮，选择“自然饱和度”选项，如图9-177所示。设置“自然饱和度”为100，“饱和度”为17，如图9-178和图9-179所示。

步骤04 添加了自然饱和度调整图层之后可以发现图像中小狗的颜色有些过于鲜艳，下面需要设置前景色为黑色，单击工具箱中的“画笔工具”按钮，选择圆形柔角画笔，设置合适的画笔大小，在调整图层蒙版中涂抹小狗的区域，使其不受自然饱和度调整图层影响，如图9-180所示。

图9-174

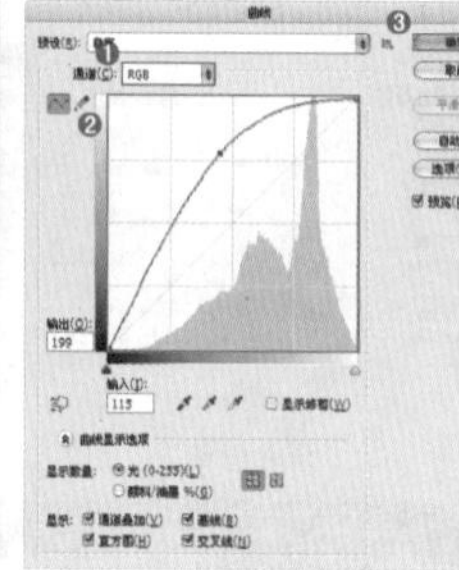
图9-175

图9-176

步骤05 新建图层，制作白色边框。单击工具箱中的“圆角矩形工具”按钮，在其选项栏中单击“路径”按钮，设置“半径”为30像素，绘制适当大小的圆角矩形，右击，在弹出的快捷菜单中选择“建立选区”命令，然后按Shift+Ctrl+I组合键选择反向，并填充白色，如图9-181所示。

图9-177

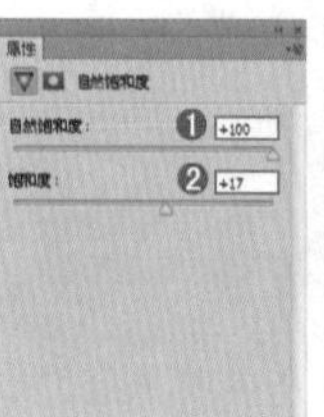
图9-178

图9-179

图9-180

图9-181

步骤06 选择白色边框，单击“图层”面板中的“添加图层样式”按钮，选中“外发光”样式，如图9-182所示。设置其“大小”为59像素，单击“确定”按钮结束操作，如图9-183和图9-184所示。

步骤07 使用画笔工具绘制一些可爱的前景装饰，最终效果如图9-185所示。

图9-182

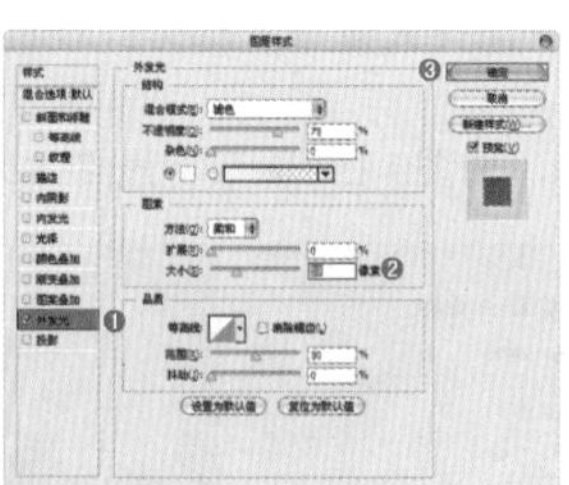

图9-183

图9-184

图9-185

9.5.2 色相/饱和度

执行“图像>调整>色相/饱和度”命令或按Ctrl+U组合键打开“色相/饱和度”对话框，在这里可以进行色相、饱和度、明度的调整，同时也可以在“色相/饱和度”菜单中选择某一单个通道进行调整，如图9-186和图9-187所示。

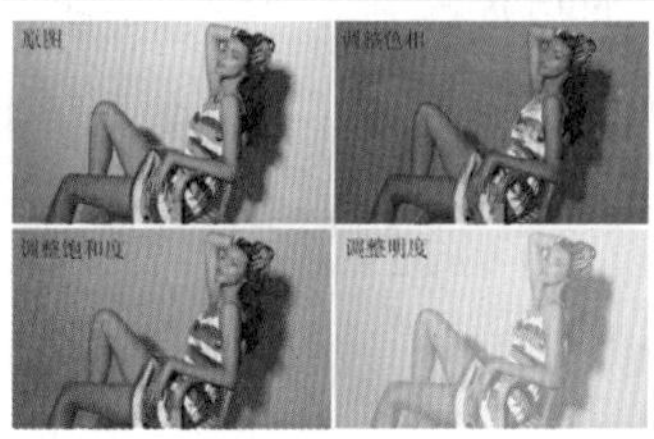

图9-186

图9-187

- 预设/预设选项：在“预设”下拉列表框中提供了8种色相/饱和度预设，如图9-188所示；单击“预设选项”按钮，可以对当前设置的参数进行保存，或载入一个外部的预设调整文件。
- 通道下拉列表框：在“通道”下拉列表框中可以选择全图、红色、黄色、绿色、青色、蓝色和洋红通道进行调整。选择好通道以后，拖曳下面的“色相”、“饱和度”和“明度”的滑块，可以对该通道的色相、饱和度和明度进行调整。
- 在图像上单击并拖动可修改饱和度：使用该工具在图像上单击设置取样点以后，向右拖曳鼠标可以增加图像的饱和度，向左拖曳鼠标可以降低图像的饱和度，如图9-189～图9-191所示。
- 着色：选中该复选框后，图像会整体偏向于单一的红色调，还可以通过拖曳3个滑块来调节图像的色调，如图9-192所示。

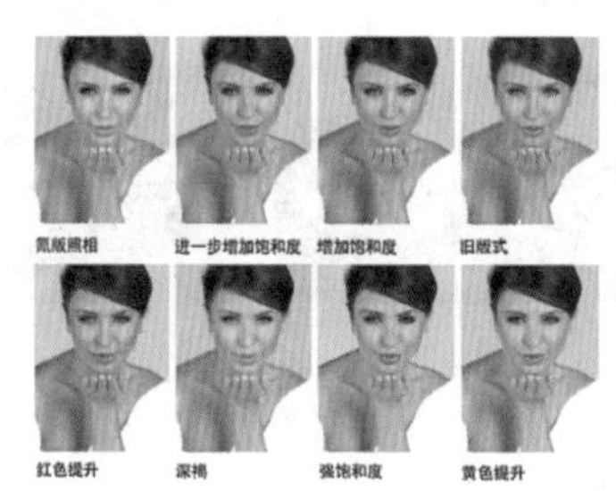

图9-188

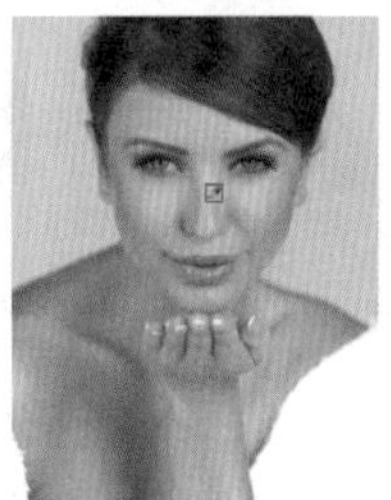

图9-189

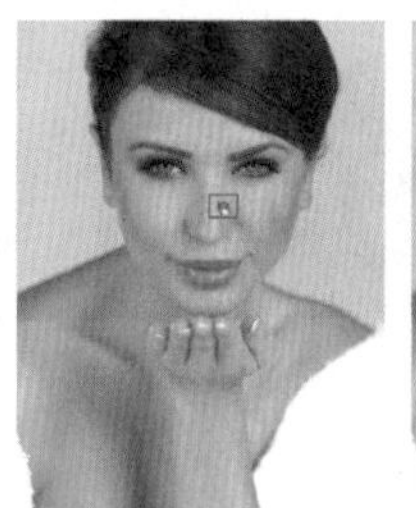

图9-190

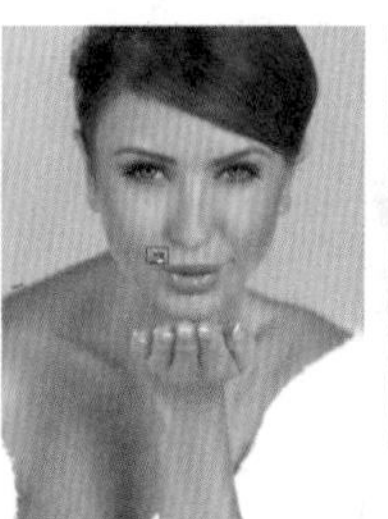

图9-191

图9-192

实例练习——使用色相/饱和度改变背景颜色

案例文件	实例练习——使用色相/饱和度改变背景颜色.psd
视频教学	实例练习——使用色相/饱和度改变背景颜色.flv
难易指数	★★★★★
技术要点	色相/饱和度中通道的使用

案例效果

对比效果如图9-193和图9-194所示。

图9-193

图9-194

操作步骤

步骤01 由于本例选取的素材文件整体色调非常统一，所以可以使用“色相/饱和度”命令更改背景颜色，打开素材文件，如图9-195所示。

步骤02 创建新的“色相/饱和度”调整图层，在图层的蒙版上使用黑色画笔涂抹人像皮肤部分。设置颜色为黄色，“色相”为+80，如图9-196和图9-197所示。

步骤03 再次创建一个“自然饱和度”调整图层，设置“自然饱和度”为60，如图9-198所示。最终效果如图9-199所示。

图9-195

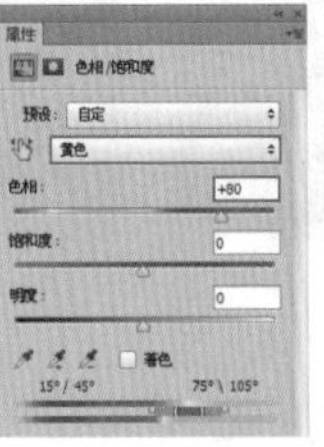
图9-196

图9-197

图9-198

图9-199

实例练习——使用“色相/饱和度”命令突出图像重点

案例文件	实例练习——使用“色相/饱和度”命令突出图像重点.psd
视频教学	实例练习——使用“色相/饱和度”命令突出图像重点.flv
难易指数	★★★★★
技术要点	“色相/饱和度”命令的使用

案例效果

对比效果如图9-200和图9-201所示。

图9-200

图9-201

操作步骤

步骤01 在一张包含多个人物的照片中，如果想要重点突出其中一个人像，除了模拟景深效果外，在饱和度上进行适当修改也能够达到强化主体的目的。置入素材图像，执行“图层>栅格化>智能对象”命令，如图9-202所示。

步骤02 打开调整图层面板，单击“色相/饱和度”按钮创建新的“色相/饱和度”调整图层，设置“饱和度”为-75，如图9-203所示。此时可以看到图像整体饱和度降低了很多，如图9-204所示。

步骤03 由于本图像只想让背景饱和度降低，而靠近最前面的第一个人像需要有色彩的感觉，因此使用黑色画笔在图层蒙版中的左侧人像的位置进行涂抹，如图9-205和图9-206所示。置入前景素材并栅格化，最终效果如图9-207所示。

图9-202

图9-203

图9-204

图9-205

图9-206

图9-207

实例练习——打造纯美可爱色调

案例文件	实例练习——打造纯美可爱色调.psd
视频教学	实例练习——打造纯美可爱色调.flv
难易指数	★★★★★
技术要点	色相/饱和度，曲线

案例效果

原图是以颜色粉红色系为主，那么就继续沿用粉色色调风格进行制作，打造出唯美可爱色调的效果。效果如图9-208所示。

图9-208

操作步骤

步骤01 按Ctrl+N组合键新建一个大小为2000像素×1280像素的文档，然后置入素材文件并栅格化，将其放置在界面中，如图9-209所示。

步骤02 进行色调调整。创建新的“色相/饱和度”调整图层，设置“饱和度”为+34，如图9-210所示。

步骤03 创建新的“曲线”调整图层，然后调整好曲线的样式，如图9-211所示。

步骤04 置入光效文件，执行“图层>栅格化>智能对象”命令。将该图层的混合模式设置为“滤色”，并添加一个图层蒙版，使用黑色画笔绘制涂抹兔子部分，如图9-212所示。嵌入艺术字，最终效果如图9-213所示。

图9-209

图9-210

图9-211

图9-212

图9-213

9.5.3 色彩平衡

使用“色彩平衡”命令调整图像的颜色时根据颜色的补色原理，要减少某个颜色就增加这种颜色的补色。该命令可以控制图像的颜色分布，使图像整体达到色彩平衡，对比效果如图9-214和图9-215所示。执行“图像>调整>色彩平衡”命令或按Ctrl+B组合键，打开“色彩平衡”对话框，如图9-216所示。

- 色彩平衡：用于调整“青色-红色”、“洋红-绿色”以及“黄色-蓝色”在图像中所占的比例，可以手动输入，也可以拖曳滑块来进行调整。例如，向左拖曳“青色-红色”滑块，可以在图像中增加青色，同时减少其补色红色，如图9-217所示；向右拖曳“青色-红色”滑块，可以在图像中增加红色，同时减少其补色青色，如图9-218所示。

图9-214

图9-215

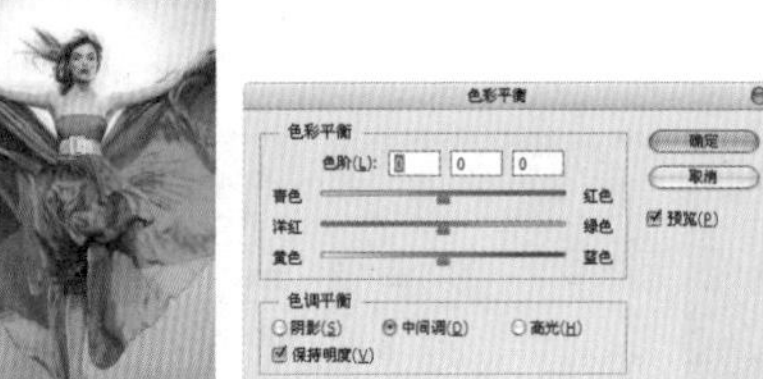

图9-216

图9-217

图9-218

- 色调平衡：选择调整色彩平衡的方式，包含“阴影”、“中间调”和“高光”3个选项，如图9-219～图9-221所示分别为向“阴影”、“中间调”和“高光”添加蓝色以后的效果。如果选中“保持明度”复选框，还可以保持图像的色调不变，以防止亮度值随着颜色的改变而改变。

图9-219

图9-220

图9-221

实例练习——使用色彩平衡打造青红色调

案例文件	实例练习——使用色彩平衡打造青红色调.psd
视频教学	实例练习——使用色彩平衡打造青红色调.flv
难易指数	★★★★☆
技术要点	“色彩平衡”命令

案例效果

对比效果如图9-222和图9-223所示。

图9-222

图9-223

图9-224

操作步骤

步骤01 打开本书配套光盘中的素材文件，如图9-224所示。

步骤02 按Shift+Ctrl+Alt+2组合键将亮部载入选区，接着创建新的“曲线”调整图层，只对亮部进行调整，调整好曲线的样式，如图9-225所示。

步骤03 创建新的“可选颜色”调整图层，选择“红色”，设置“洋红”为-3%，“黄色”为-33%，如图9-226所示。选择“黄色”，设置“青色”为-3%，“洋红”为+6%，“黄色”为-42%，“黑色”为-11%，如图9-227和图9-228所示。

步骤04 再次创建新的“可选颜色”调整图层，选择“绿色”，调节“青色”为+100%，如图9-229所示。选择“黑色”，设置“青色”为+100%，如图9-230所示。在图层蒙版中使用黑色画笔绘制涂抹脸部，去除对面部颜色的影响，如图9-231所示。

图9-225

图9-226

图9-227

图9-228

图9-229

图9-230

步骤05 创建新的“色彩平衡”调整图层，分别对阴影、中间调、高光设置参数，具体数值如图9-232～图9-234所示。然后在图层蒙版中使用黑色画笔涂抹脸部，如图9-235所示。

步骤06 创建新的“曲线”调整图层，将画面提亮，并且在曲线蒙版中使用黑色画笔涂抹脸部，如图9-236～图9-238所示。

步骤07 置入艺术文字和光斑素材，执行“图层>栅格化>智能对象”命令。最终效果如图9-239所示。

图9-231

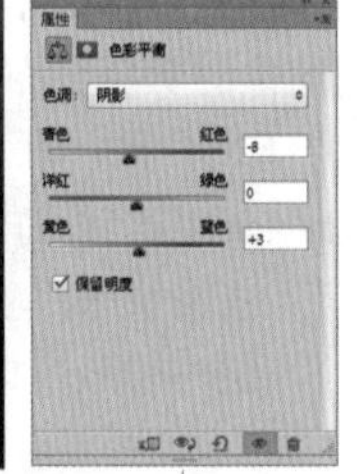

图9-232

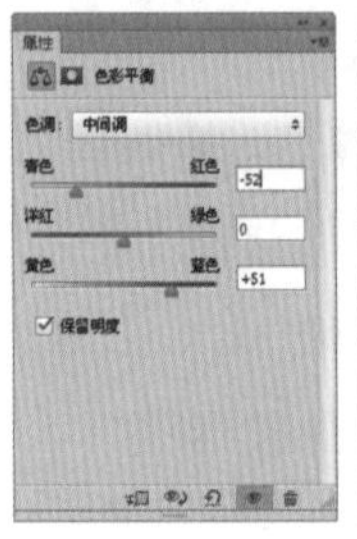

图9-233

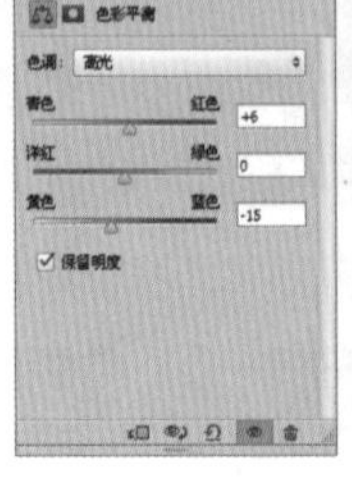

图9-234

图9-235

图9-236

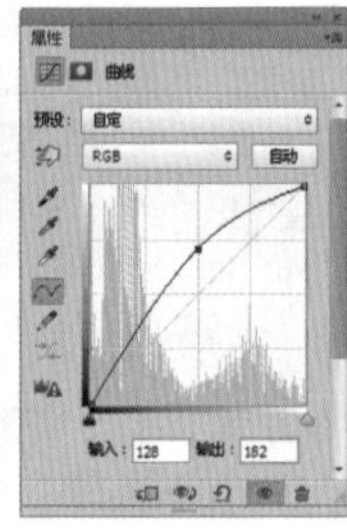

图9-237

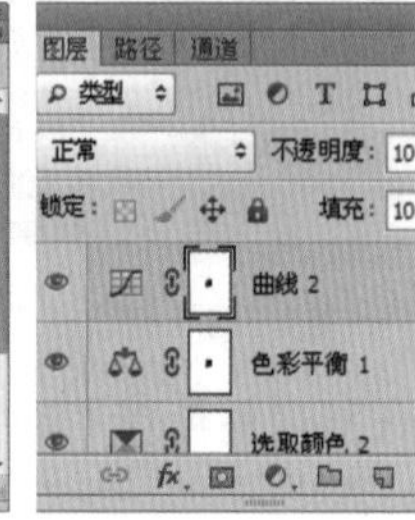

图9-238

图9-239

9.5.4 黑白

“黑白”命令具有两项功能：“黑白”命令可把彩色图像转换为黑色图像的同时还可以控制每种色调的量；“黑白”命令还可以将黑白图像转换为带有颜色的单色图像。执行“图像>调整>黑白”命令或按Shift+Ctrl+Alt+B组合键，打开“黑白”对话框，如图9-240和图9-241所示。

答疑解惑——“去色”命令与“黑白”命令有什么不同?

“去色”命令只能简单地去掉所有颜色，只保留原图像中单纯的黑白灰关系，并且将丢失很多细节。而“黑白”命令则可以通过参数的设置调整各个颜色在黑白图像中的亮度，这是“去色”命令所不能够达到的，所以如果想要制作高质量的黑白照片则需要使用“黑白”命令。

图9-240

图9-241

- 预设：在该下拉列表框中提供了12种黑色效果，可以直接选择相应的预设来创建黑白图像。
- 颜色：这6个选项用来调整图像中特定颜色的灰色调。例如，在这张图像中，向左拖曳“红色”滑块，可以使由红色转换而来的灰度色变暗，如图9-242所示；向右拖曳，则可以使灰度色变亮，如图9-243所示。
- 色调/色相/饱和度：选中“色调”复选框，可以为黑色图像着色，以创建单色图像，另外还可以调整单色图像的色相和饱和度，如图9-244所示。

图9-242

图9-243

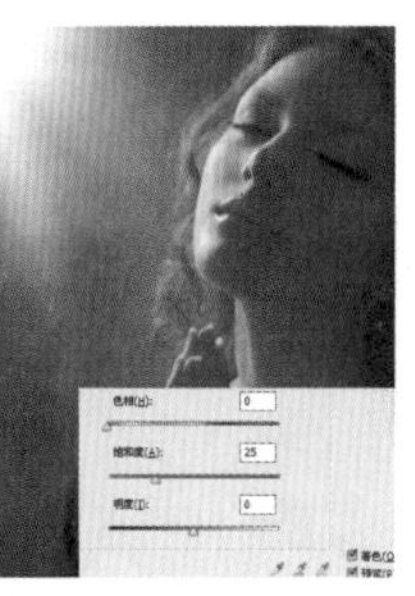

图9-244

实例练习——制作层次丰富的黑白照片

案例文件	实例练习——制作层次丰富的黑白照片.psd
视频教学	实例练习——制作层次丰富的黑白照片.flv
难易指数	★★★★★
技术要点	“黑白”命令

案例效果

对比效果如图9-245和图9-246所示。

操作步骤

步骤01 打开背景文件，置入照片素材，执行“图层>栅格化>智能对象”命令，并摆放到合适的位置，如图9-247所示。

步骤02 执行“图像>调整>黑白”命令，如图9-248所示。在弹出的“黑白”对话框中设置“红色”为140%，“黄色”为119%，“绿色”为40%，“青色”为12%，“蓝色”为7%，“洋红”为-200%，如图9-249所示。

步骤03 此时可以看到彩色照片变为黑白照片，最终效果如图9-250所示。

图9-245

图9-246

图9-247

图9-248

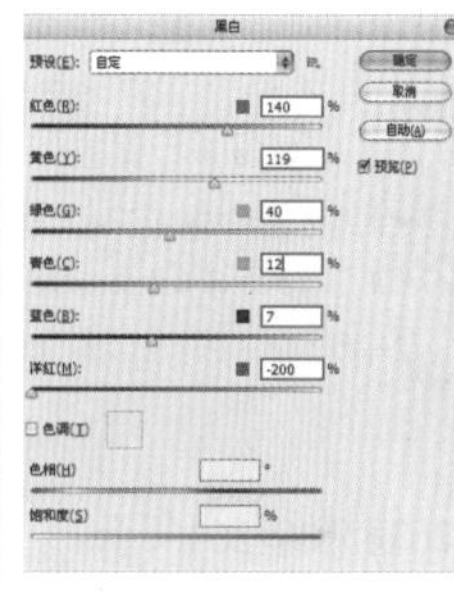

图9-249

图9-250

9.5.5 通道混合器

对图像执行“图像>调整>通道混合器”命令可以对图像的某一个通道的颜色进行调整，以创建出各种不同色调的图像。同时也可以用来创建高品质的灰度图像，执行“通道混合器”命令，如图9-251和图9-252所示。

- 预设/预设选项：Photoshop提供了6种制作黑白图像的预设效果；单击“预设选项”按钮，可以对当前设置的参数进行保存，或载入一个外部的预设调整文件。
- 输出通道：在该下拉列表框中可以选择一种通道来对图像的色调进行调整。
- 源通道：用来设置源通道在输出通道中所占的百分比。将一个源通道的滑块向左拖曳，可以减小该通道在输出通道中所占的百分比，如图9-253所示；向右拖曳，则可以增加百分比，如图9-254所示。

图9-251

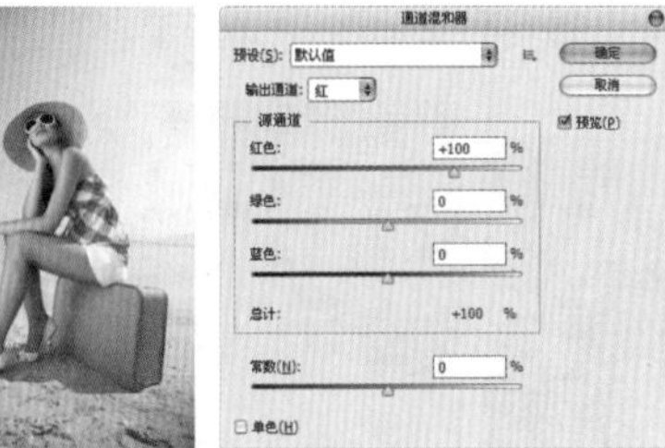

图9-252

图9-253

图9-254

- 总计：显示源通道的计数值。如果计数值大于100%，则有可能会丢失一些阴影和高光细节。
- 常数：用来设置输出通道的灰度值，负值可以在通道中增加黑色，正值可以在通道中增加白色。
- 单色：选中该复选框后，图像将变成黑白效果。

实例练习——使用通道混合器打造复古紫色调

案例文件	实例练习——使用通道混合器打造复古紫色调.psd
视频教学	实例练习——使用通道混合器打造复古紫色调.flv
难易指数	★★★★★
技术要点	通道混合器

案例效果

对比效果如图9-255和图9-256所示。

操作步骤

步骤01 打开素材图像，如图9-257所示。执行“窗口>调整”命令，在弹出的“调整”面板中创建新的“通道混合器”调整图层，如图9-258所示。

步骤02 设置“输出通道”为“绿色”，调整“红色”值为-7%，“绿色”值为+100%，“蓝色”值为+20%，如图9-259和图9-260所示。

步骤03 设置“输出通道”为“蓝”，调整“红色”值为+20%，“绿色”值为-14%，“蓝色”值为+14%，“常数”值为+47%，如图9-261所示。效果如图9-262所示。

图9-255

图9-256

图9-257

图9-258

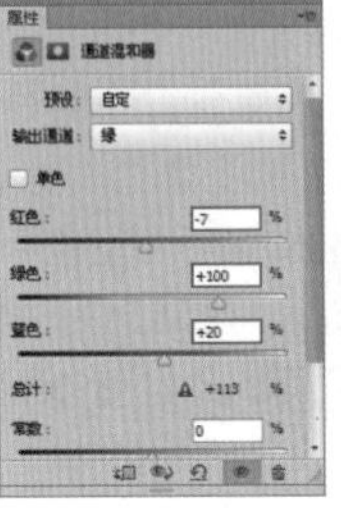

图9-259

图9-260

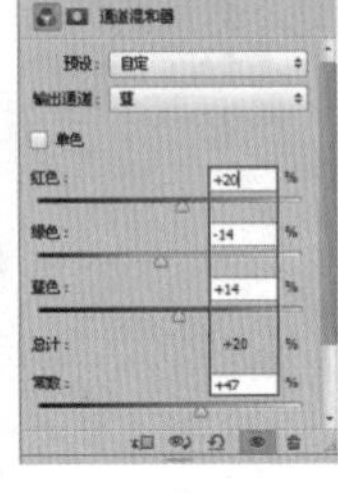

图9-261

图9-262

实例练习——使用通道混合器制作金色田野

案例文件	实例练习——使用通道混合器制作金色田野.psd
视频教学	实例练习——使用通道混合器制作金色田野.flv
难易指数	★★★★★
技术要点	通道混合器

案例效果

对比效果如图9-263和图9-264所示。

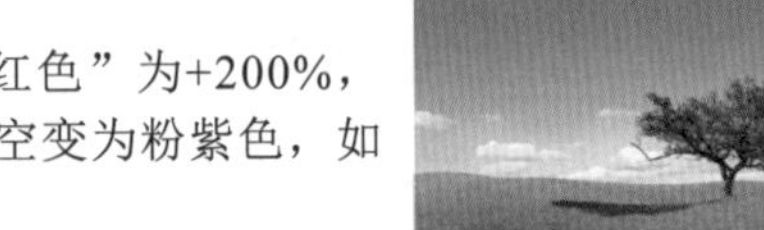

图9-263 图9-264

操作步骤

步骤01 打开素材文件，如图9-265所示。

步骤02 创建新的“通道混合器”调整图层，设置“输出通道”为“红”，“红色”为+200%，“绿色”为+43%，如图9-266所示。此时可以看到图像中草地变成金色，而天空变为粉紫色，如图9-267所示。

步骤03 为了还原天空和树的颜色，需要使用黑色画笔工具在通道混合器中涂抹天空部分和树的区域，如图9-268和图9-269所示。

步骤04 使用文字工具输入艺术文字，最终效果如图9-270所示。

图9-265

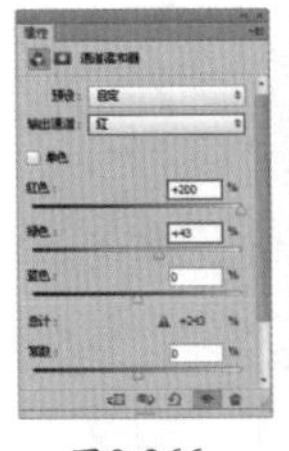

图9-266

图9-267

图9-268

图9-269

图9-270

9.5.6 颜色查找

执行“图像>调整>颜色查找”命令，在弹出的对话框中可以从以下方式中选择用于颜色查找的方式：3DLUT文件、摘要和设备链接。在每种方式的下拉列表中选择合适的类型，选择完成后可以看到图像整体颜色发生了风格化的效果，如图9-271～图9-273所示。

图9-271

图9-272

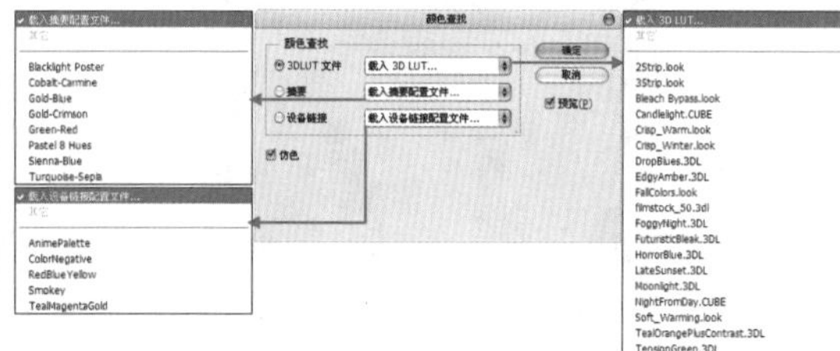
图9-273

9.5.7 可选颜色

图9-274

图9-275

图9-276

“可选颜色”命令可以在图像中的每个主要原色成分中更改印刷色的数量，也可以在不影响其他主要颜色的情况下有选择地修改任何主要颜色中的印刷色数量。打开一张图像，如图9-274所示。执行“图像>调整>可选颜色”命令，打开“可选颜色”对话框，如图9-275所示。调整效果如图9-276所示。

- 颜色：在该下拉列表框中选择要修改的颜色，然后在下面的颜色中进行调整，可以调整该颜色中青色、洋红、黄色和黑色所占的百分比。
- 方法：选择“相对”方式，可以根据颜色总量的百分比来修改青色、洋红、黄色和黑色的数量；选择“绝对”方式，可以采用绝对值来调整颜色。

实例练习——使用可选颜色打造怀旧暗调

案例文件	实例练习——使用可选颜色打造怀旧暗调.psd
视频教学	实例练习——使用可选颜色打造怀旧暗调.flv
难易指数	★★★★★
技术要点	使用“可选颜色”调整色彩，使用“曲线”制作暗角

案例效果

本例最终效果如图9-277所示。

图9-277

图9-278

操作步骤

步骤01 打开本书配套光盘中的素材文件，如图9-278所示。

步骤02 创建新的“可选颜色”调整图层。选择红色，设置“青色”值为+100%，“黑色”值为-66%，如图9-279所示；选择白色，设置“黑色”值为-51%，如图9-280所示；选择中性色，设置“青色”值为+13%，“洋红”值为+11%，“黄色”值为-25%，如图9-281所示；选择黑色，设置“青色”值为+26%，“洋红”值为+10%，“黄色”值为-17%，如图9-282和图9-283所示。

步骤03 创建新的“曲线”调整图层，调整曲线形状，如图9-284所示。在“曲线”调整图层蒙版上进行适当的绘制，如图9-285所示。绘制暗角效果，如图9-286所示。

图9-279

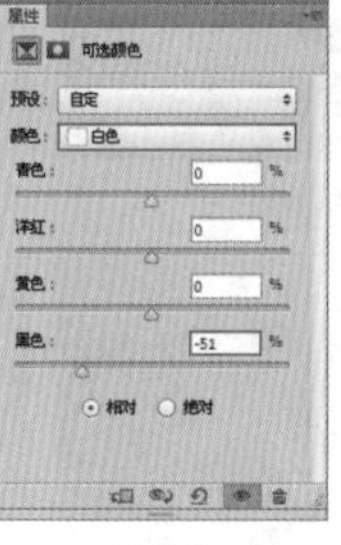
图9-280

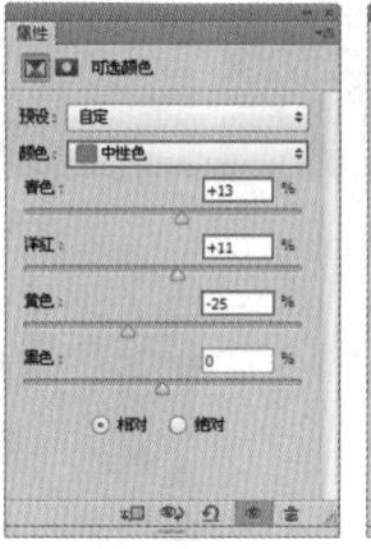
图9-281

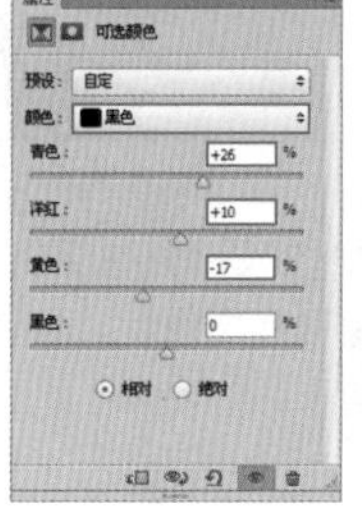
图9-282

图9-283

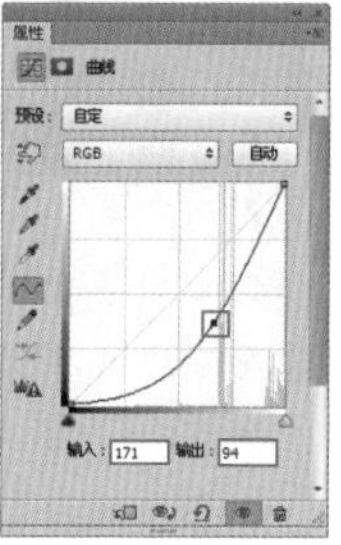
图9-284

步骤04 再次创建新的“曲线”调整图层，调整曲线形状，如图9-287所示。在图层蒙版中使用黑色画笔绘制4个边角区域，如图9-288所示。为图像中间提亮调整，最终效果如图9-289所示。

图9-285

图9-286

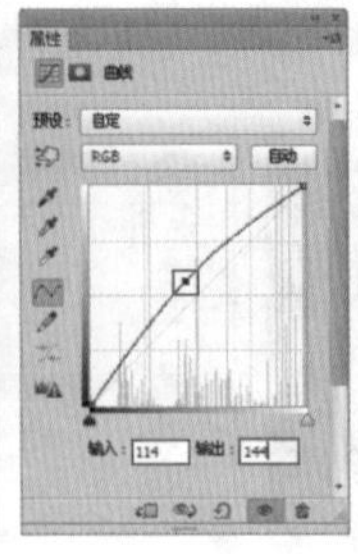

图9-287

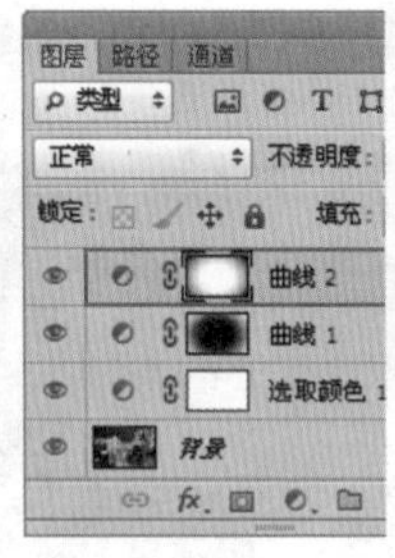

图9-288

图9-289

9.5.8 匹配颜色

“匹配颜色”命令的原理是：将一个图像作为源图像，另一个图像作为目标图像。然后以源图像的颜色与目标图像的颜色进行匹配。源图像和目标图像可以是两个独立的文件，也可以匹配同一个图像中不同图层之间的颜色。

打开两张图像，如图9-290和图9-291所示。选中其中一个文档，执行“图像>调整>匹配颜色”命令，打开“匹配颜色”对话框，如图9-292所示。

图9-290

图9-291

图9-292

- 目标：这里显示要修改的图像的名称以及颜色模式。
- 应用调整时忽略选区：如果目标图像（即被修改的图像）中存在选区，选中该复选框，Photoshop将忽视选区的存在，会将调整应用到整个图像，如图9-293所示；如果不选中该复选框，那么调整只针对选区内的图像，如图9-294所示。
- 明亮度：用来调整图像匹配的明亮程度。
- 颜色强度：相当于图像的饱和度，用来调整图像的饱和度。如图9-295和图9-296所示分别为设置该值为1和200时的颜色匹配效果。

图9-293

图9-294

图9-295

图9-296

- 渐隐：有点类似于图层蒙版，它决定了有多少源图像的颜色匹配到目标图像的颜色中。如图9-297和图9-298所示分别为设置该值为50和100（不应用调整）时的匹配效果。
- 中和：主要用来去除图像中的偏色现象，如图9-299所示。
- 使用源选区计算颜色：可以使用源图像中的选区图像的颜色来计算匹配颜色，如图9-300和图9-301所示。

图9-297

图9-298

图9-299

图9-300

图9-301

- 使用目标选区计算调整：可以使用目标图像中选区图像的颜色来计算匹配颜色（注意，这种情况必须选择源图像为目标图像），如图9-302和图9-303所示。
- 源：用来选择源图像，即将颜色匹配到目标图像的图像。
- 图层：用来选择需要用来匹配颜色的图层。
- 载入数据统计/存储数据统计：主要用来载入已存储的设置与存储当前的设置。

图9-302

图9-303

实例练习——使用匹配颜色模拟广告大片色调

案例文件	实例练习——使用匹配颜色模拟广告大片色调.psd
视频教学	实例练习——使用匹配颜色模拟广告大片色调.flv
难易指数	★★★★★
技术要点	掌握“匹配颜色”命令的使用方法

案例效果

本例最终效果如图9-304所示。

操作步骤

步骤01 打开需要修改的素材文件，如图9-305所示。另外再打开用于匹配颜色的素材文件，如图9-306所示。

步骤02 选择人像照片文件，执行“图像>调整>匹配颜色”命令，如图9-307所示。在弹出的“匹配颜色”对话框中，设置图像选项的“明亮度”为100，“颜色强度”为103，“渐稳”为8，选中“中和”复选框，“源”选择原图图片，“图层”为“目标颜色”，如图9-308所示。

图9-304

图9-305

图9-306

图9-307

步骤03 此时可以看到人像照片整体呈现与素材照片接近的色调，如图9-309所示。

步骤04 需要对整体亮度调整。创建新的“曲线”调整图层，设置“输出”为143，“输入”为102，如图9-310和图9-311所示。

步骤05 置入前景素材，执行“图层>栅格化>智能对象”命令。最终效果如图9-312所示。

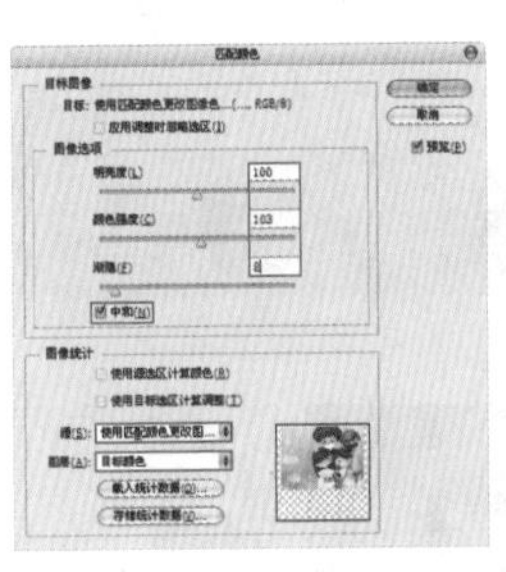

图9-308

图9-309

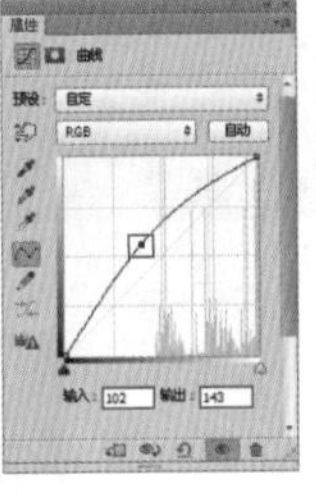

图9-310

图9-311

图9-312

9.5.9 替换颜色

“替换颜色”命令可以修改图像中选定颜色的色相、饱和度和明度，从而将选定的颜色替换为其他颜色。打开一张图像，如图9-313所示。然后执行“图像>调整>替换颜色”命令，打开“替换颜色”对话框，如图9-314所示。

- 吸管：使用吸管工具在图像上单击，可以选中单击点处的颜色，同时在“选区”缩览图中也会显示出选中的颜色区域（白色代表选中的颜色，黑色代表未选中的颜色），如图9-315所示；使用添加到取样在图像上单击，可以将单击点处的颜色添加到选中的颜色中，如图9-316所示；使用从取样中减去在图像上单击，可以将单击点处的颜色从选定的颜色中减去，如图9-317所示。

图9-313

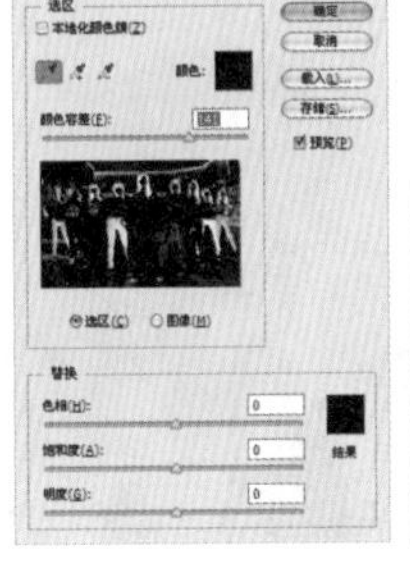

图9-314

图9-315

- 本地化颜色簇：该选项主要用来在图像上选择多种颜色。例如，如果要选中图像中的红色和黄色，可以先选中该复选框，然后使用吸管工具在红色上单击，再使用添加到取样在黄色上单击，同时选中这两种颜色（如果继续单击其他颜色，还可以选中多种颜色），如图9-318所示，这样就可以同时调整多种颜色的色相、饱和度和明度，如图9-319所示。

图9-316

图9-317

图9-318

- 颜色：显示选中的颜色。
- 颜色容差：该选项用来控制选中颜色的范围。数值越大，选中的颜色范围越广。
- 选区/图像：选择“选区”方式，可以以蒙版方式进行显示，其中白色表示选中的颜色，黑色表示未选中的颜色，灰色表示只选中了部分颜色，如图9-320所示；选择“图像”方式，则只显示图像，如图9-321所示。
- 色相/饱和度/明度：这3个选项与“色相/饱和度”命令的3个选项相同，可以调整选定颜色的色相、饱和度和明度。

图9-319

图9-320

图9-321

9.6 特殊色调调整的命令

9.6.1 反相

“反相”命令可以将图像中的某种颜色转换为它的补色，即将原来的黑色变成白色，将原来的白色变成黑色，从而创建出负片效果。执行“图层>调整>反相”命令或按Ctrl+I组合键，即可得到反相效果。“反相”命令是一个可以逆向操作的命令，如对一张图像执行“反相”命令，创建出负片效果，再次对负片图像执行“反相”命令，又会得到原来的图像，如图9-322～图9-325所示。

图9-322

图9-323

图9-324

图9-325

9.6.2 色调分离

“色调分离”命令可以指定图像中每个通道的色调级数目或亮度值，然后将像素映射到最接近的匹配级别。在“色调分离”对话框中可以进行“色阶”数量的设置，设置的“色阶”值越小，分离的色调越多；“色阶”值越大，保留的图像细节就越多，如图9-326～图9-329所示。

图9-326

图9-327

图9-328

图9-329

实例练习——使用色调分离制作时尚插画

案例文件	实例练习——使用色调分离制作时尚插画.psd
视频教学	实例练习——使用色调分离制作时尚插画.flv
难易指数	★★★★★
技术要点	"阈值"命令，"高反差保留"滤镜

案例效果

对比效果如图9-330和图9-331所示。

操作步骤

步骤01 打开素材图像，如图9-332所示。

步骤02 创建新的"色调分离"调整图层，设置"色阶"为2，如图9-333所示。可以看到照片中色调分离的效果，如图9-334所示。

步骤03 新建图层，按Shift+Ctrl+Alt+E组合键盖印当前图像效果，如图9-335所示。

图9-330

图9-331

图9-332

图9-333

图9-334

步骤04 使用魔棒工具，在图像背景的白色部分单击载入选区，如图9-336所示。删掉背景，如图9-337所示。

步骤05 置入前景和背景素材，执行"图层>栅格化>智能对象"命令。最终效果如图9-338所示。

图9-335

图9-336

图9-337

图9-338

9.6.3 阈值

"阈值"是基于图片亮度的一个黑白分界值。在Photoshop中使用"阈值"命令将删除图像中的色彩信息，将其转换为只有黑白两种颜色的图像，并且比阈值亮的像素将转换为白色，比阈值暗的像素将转换为黑色。在"阈值"对话框中拖曳直方图下面的滑块或输入"阈值色阶"数值可以指定一个色阶作为阈值，如图9-339～图9-341所示。

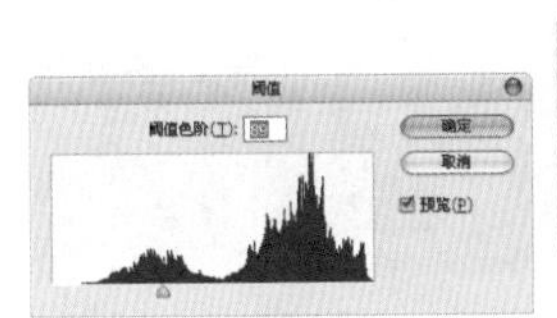
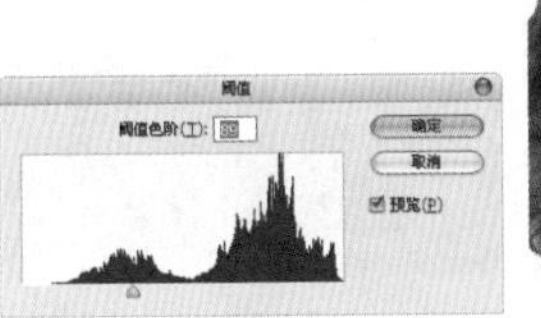

图9-339

图9-340

图9-341

9.6.4 渐变映射

"渐变映射"的工作原理是，先将图像转换为灰度图像，然后将相等的图像灰度范围映射到指定的渐变填充色，就是将渐变色映射到图像上。执行"图像>调整>渐变映射"命令，打开"渐变映射"对话框，如图9-342和图9-343所示。

- 灰度映射所用的渐变：单击下面的渐变条，打开"渐变编辑器"对话框，在该对话框中可以选择或重新编辑一种渐变应用到图像上，如图9-344和图9-345所示。
- 仿色：选中该复选框后，Photoshop会添加一些随机的杂色来平滑渐变效果。
- 反向：选中该复选框后，可以反转渐变的填充方向，映射出的渐变效果也会发生变化。

图9-342

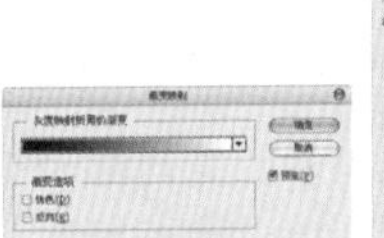

图9-343

图9-344

图9-345

实例练习——使用渐变映射改变礼服颜色

案例文件	实例练习——使用渐变映射改变礼服颜色.psd
视频教学	实例练习——使用渐变映射改变礼服颜色.flv
难易指数	★★★★★
技术要点	调整图层，图层蒙版

案例效果

对比效果如图9-346和图9-347所示。

操作步骤

步骤01 打开素材文件，如图9-348所示。单击“图层”面板中的“调整图层”按钮，执行“渐变映射”命令，如图9-349所示。

步骤02 更改背景部分的颜色，在渐变映射窗口中编辑一种浅蓝灰色系的渐变方式，如图9-350和图9-351所示。

图9-346

图9-347

图9-348

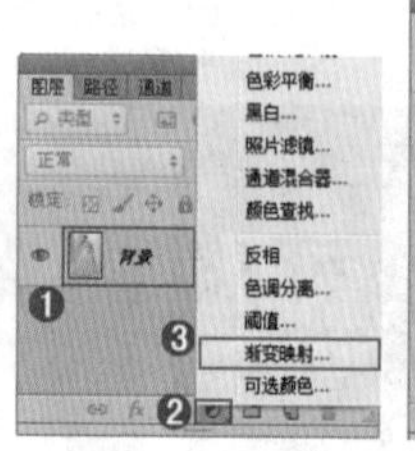

图9-349

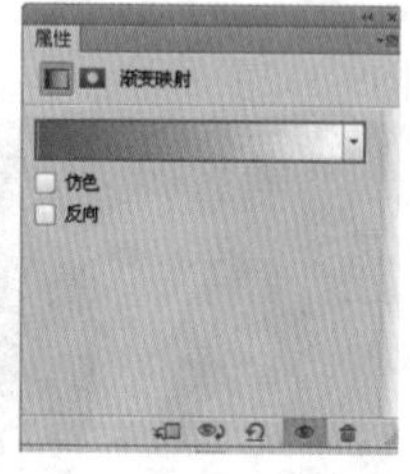

图9-350

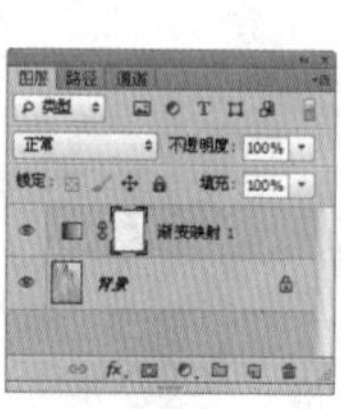

图9-351

步骤03 在图层蒙版中使用黑色画笔绘制人像区域，使该渐变映射只针对背景部分起作用，如图9-352所示。

步骤04 为礼服添加颜色，创建新的“渐变映射”调整图层，在“渐变编辑器”对话框中编辑一种从紫色到粉色再到淡黄色的渐变，如图9-353和图9-354所

步骤05 此时可以看到画面整体呈现被蒙上粉色薄膜的效果，如图9-355所示。

步骤06 单击该调整图层的图层蒙版，填充黑色，如图9-356所示。使用白色画笔绘制裙子区域，使该调整图层只对裙子部分起作用，如图9-357所示。

步骤07 最终效果如图9-358所示。

图9-352

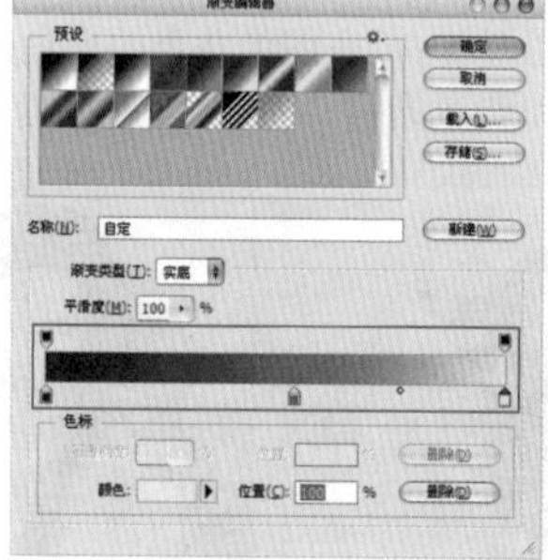

图9-353

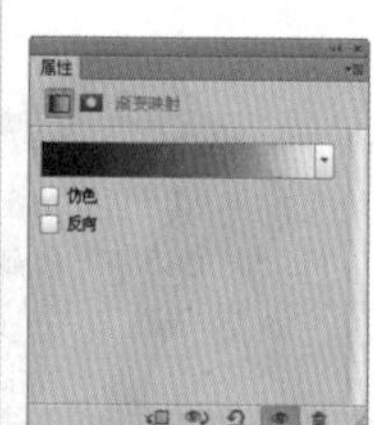

图9-354

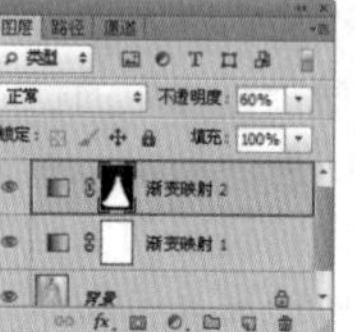

图9-355

图9-356

图9-357

图9-358

9.6.5 HDR色调

HDR的全称是High Dynamic Range，即高动态范围，“HDR色调”命令可以用来修补太亮或太暗的图像，制作出高动态范围的图像效果，对于处理风景图像非常有用。执行“图像>调整>HDR色调”命令，在打开的“HDR色调”对话框中可以使用预设选项，也可以自行设定参数，如图9-359和图9-360所示。

技巧与提示

HDR图像具有几个明显的特征：亮的地方可以非常亮，暗的地方可以非常暗，并且亮暗部的细节都很明显。

图9-359

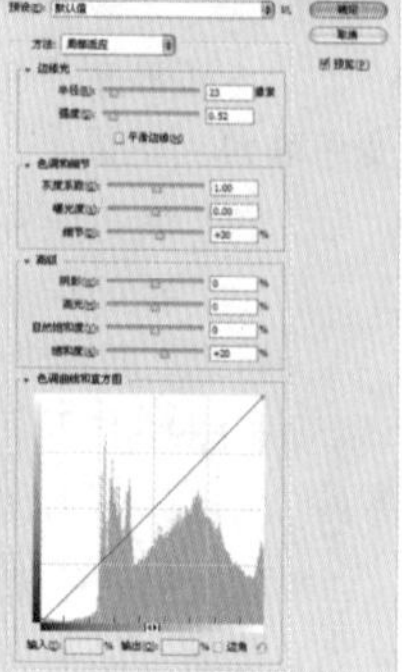

图9-360

- 预设：在该下拉列表框中可以选择预设的HDR效果，既有黑白效果，也有彩色效果。
- 方法：选择调整图像采用何种HDR方法。
- 边缘光：该选项组用于调整图像边缘光的强度，如图9-361所示。
- 色调和细节：调节该选项组中的选项可以使图像的色调和细节更加丰富细腻，如图9-362所示。
- 高级：在该选项组中可以控制画面整体阴影、高光以及饱和度。
- 色调曲线和直方图：该选项组的使用方法与“曲线”命令的使用方法相同。

图9-361

图9-362

实例练习——模拟红外线摄影效果

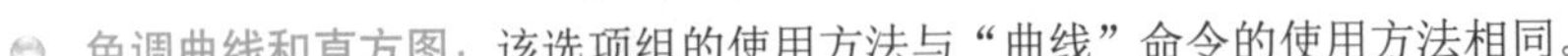

案例文件	实例练习——模拟红外线摄影效果.psd
视频教学	实例练习——模拟红外线摄影效果.flv
难易指数	★★★★★
技术要点	曲线、黑白、色相/饱和度、可选颜色以及颜色替换工具

案例效果

本例主要利用曲线、色相/饱和度、可选颜色以及颜色替换工具制作红外线效果，如图9-363所示。

图9-363

操作步骤

步骤01 打开本书配套光盘中的素材文件，如图9-364所示。

步骤02 创建新的“曲线”调整图层，在弹出的“曲线”对话框中调整曲线形状，如图9-365所示。单击“曲线”图层蒙版，设置蒙版背景为黑色，画笔为白色绘制城堡，加强城堡的对比度，如图9-366所示。

步骤03 创建新的“色相/饱和度”调整图层，在弹出的“色相/饱和度”对话框中设置通道为红色，调整其“明度”为100，如图9-367所示。此时树上的红色花朵变为白色，如图9-368所示。

图9-364

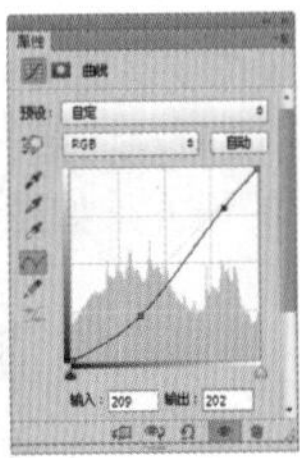
图9-365

图9-366

图9-367

图9-368

步骤04 创建新的“黑白”调整图层，在其“属性”面板中设置“红色”为40，“黄色”为112，“绿色”为300，“青色”为60，“蓝色”为20，“洋红”为80，如图9-369所示。设置该调整图层的“不透明度”为80%，如图9-370和图9-371所示。

步骤05 创建新的“曲线”调整图层，在其“属性”面板中调整参数，如图9-372所示。单击“曲线”图层蒙版，设置蒙版背景为黑色、画笔为白色绘制远处树林，如图9-373所示。

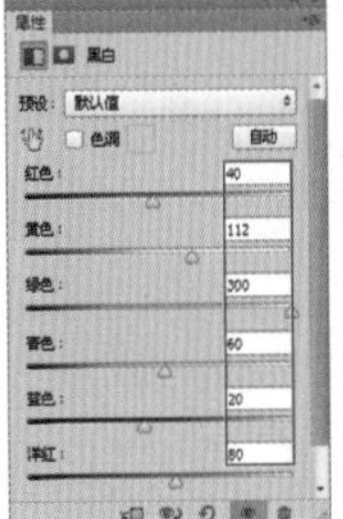

图9-369

图9-370

图9-371

图9-372

图9-373

步骤06 创建新的“色相/饱和度”调整图层，在其“属性”面板中调整颜色参数，如图9-374所示。单击“色相/饱和度”图层蒙版，使用黑色画笔涂抹城堡部分，使草地部分改变颜色，如图9-375所示。

步骤07 对天空进行调色，创建新的“色相/饱和度”调整图层，在其“属性”面板中调整颜色参数，如图9-376和图9-377所示。

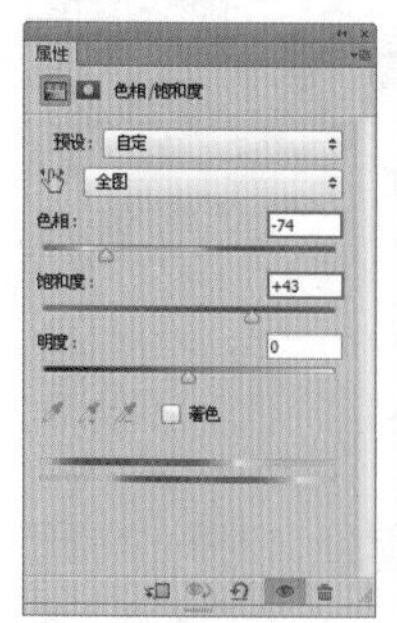

图9-374

图9-375

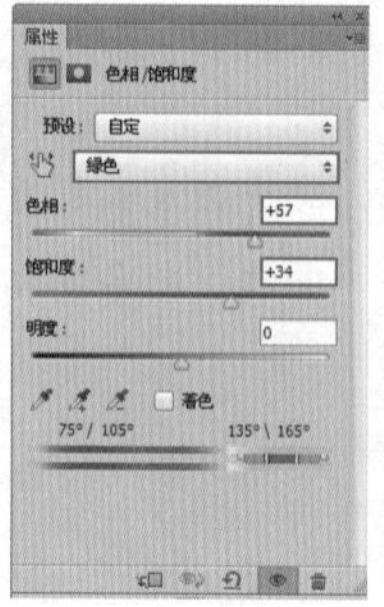

图9-376

图9-377

步骤08 增大对比度，创建新的“曲线”调整图层，在其“属性”面板中调整曲线形状，如图9-378所示。单击“曲线”图层蒙版，设置画笔为黑色，绘制城堡部分，如图9-379所示。

步骤09 创建新的“可选颜色”调整图层，在其“属性”面板中调整颜色参数，如图9-380～图9-382所示。

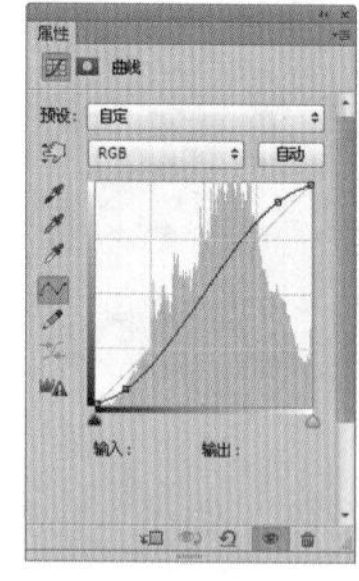

图9-378

图9-379

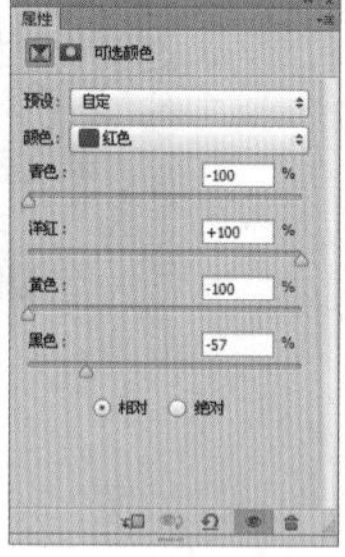

图9-380

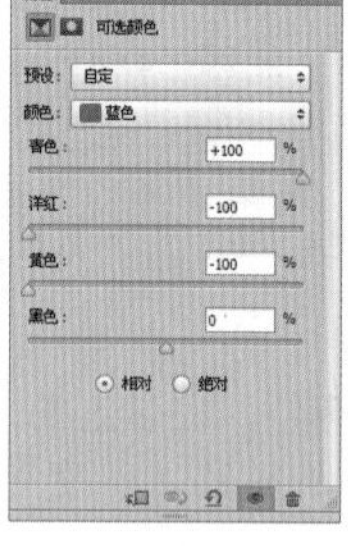

图9-381

图9-382

步骤10 创建新的“色相/饱和度”调整图层，设置“饱和度”为48，此时图像上的颜色变得更加鲜艳，如图9-383和图9-384所示。

步骤11 按Shift+Ctrl+Alt+E组合键盖印当前效果。此时图像颜色基本调整完毕，下面对城堡一些偏色的地方进行绘制。先用吸管工具吸取城堡塔尖的颜色，然后使用颜色替换工具绘制在偏色城堡塔尖的地方，如图9-385所示。使建筑部分的颜色统一，最终效果如图9-386所示。

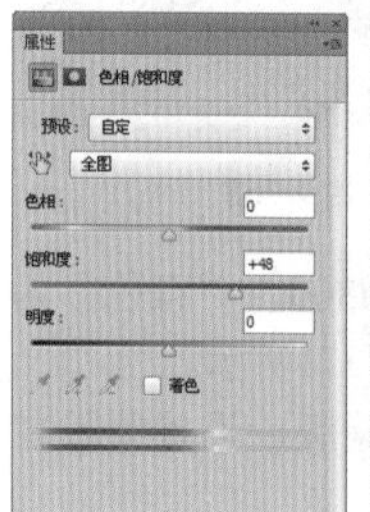

图9-383

图9-384

图9-385

图9-386

蒙版

本章学习要点：

- 掌握快速蒙版的使用方法
- 掌握剪贴蒙版的使用方法
- 掌握矢量蒙版的使用方法
- 掌握图层蒙版的使用方法

10.1 认识蒙版

蒙版原本是摄影术语，是指用于控制照片不同区域曝光的传统暗房技术。在Photoshop中蒙版则是用于合成图像的必备利器，由于蒙版可以遮盖住部分图像，使其避免受到操作的影响。这种隐藏而非删除的编辑方式是一种非常方便的非破坏性编辑方式，如图10-1～图10-4所示。

图10-1　　图10-2　　图10-3　　图10-4

在Photoshop中，蒙版分为快速蒙版、剪贴蒙版、矢量蒙版和图层蒙版。快速蒙版是一种用于创建和编辑选区的功能；剪贴蒙版通过一个对象的形状来控制其他图层的显示区域；矢量蒙版则通过路径和矢量形状控制图像的显示区域；图层蒙版通过蒙版中的灰度信息来控制图像的显示区域。

技巧与提示

使用蒙版编辑图像，不仅可以避免因为使用橡皮擦或剪切、删除等造成的失误操作。另外，还可以对蒙版应用一些滤镜，以得到一些意想不到的特效。

10.2 “属性”面板

在“属性”面板中，可以对所选图层的图层蒙版以及矢量蒙版的不透明度和羽化进行调整。执行“窗口＞蒙版”命令，打开“属性”面板，如图10-5所示。

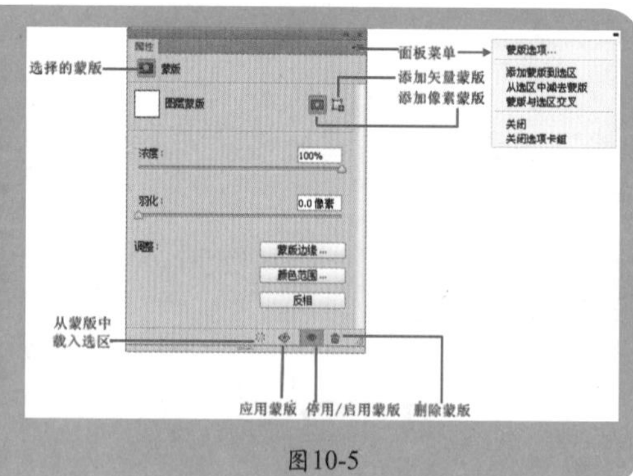

图10-5

- 选择的蒙版：显示了当前在“图层”面板中选择的蒙版，如图10-6所示。
- 添加像素蒙版/添加矢量蒙版：单击“添加像素蒙版”按钮，可以为当前图层添加一个像素蒙版；单击“添加矢量蒙版”按钮，可以为当前图层添加一个矢量蒙版。
- 浓度：该选项类似于图层的“不透明度”，用来控制蒙版的不透明度，也就是蒙版遮盖图像的强度。如图10-7和图10-8所示分别为设置“浓度”为50%和80%时的图像效果。
- 羽化：用来控制蒙版边缘的柔化程度。数值越大，蒙版边缘越柔和；数值越小，蒙版边缘越生硬。

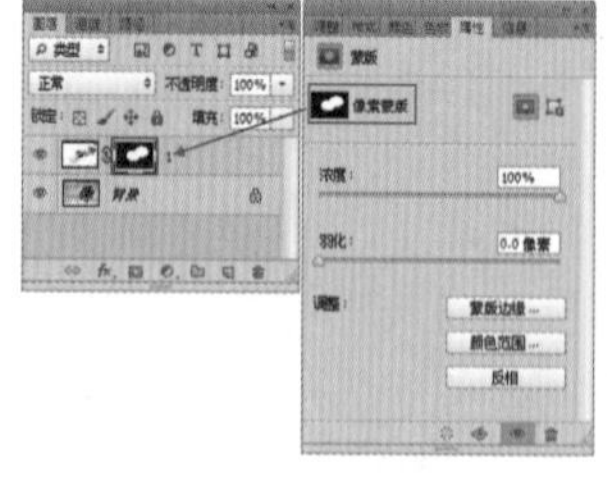

图10-6

图10-7

图10-8

- 蒙版边缘：单击该按钮，可以在打开的“调整蒙版”对话框中修改蒙版边缘，也可以使用不同的背景来查看蒙版，其使用方法与“调整边缘”对话框相同。
- 颜色范围：单击该按钮，在打开的“色彩范围”对话框中可以通过修改“颜色容差”来修改蒙版的边缘范围。
- 反相：单击该按钮，可以反转蒙版的遮盖区域，即蒙版中黑色部分会变成白色，而白色部分会变成黑色，未遮盖的图像将边调整为负片，如图10-9所示。

- 从蒙版中载入选区：单击该按钮，可以从蒙版中生成选区。另外，按住Ctrl键单击蒙版的缩览图，也可以载入蒙版的选区。
- 应用蒙版：单击该按钮可将蒙版应用到图像中，同时删除蒙版以及被蒙版遮盖的区域。如图10-10和图10-11所示为应用蒙版前后的对比。
- 停用/启用蒙版：单击该按钮，可以停用或重新启用蒙版。停用蒙版后，在“属性”面板的缩览图和“图层”面板中的蒙版缩览图中都会出现一个红色的交叉线×，如图10-12和图10-13所示。
- 删除蒙版：单击该按钮，可以删除当前选择的蒙版。

图10-9

图10-10

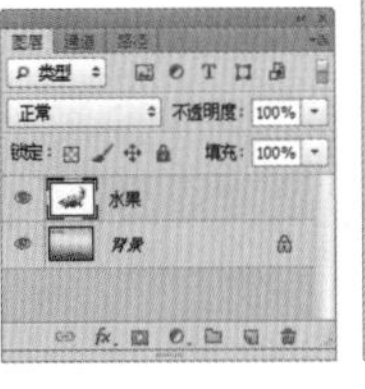
图10-11

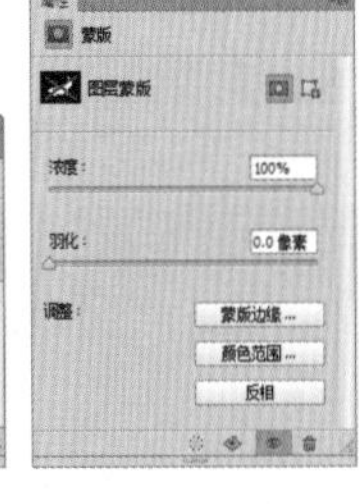
图10-12

图10-13

10.3 快速蒙版

在“快速蒙版”模式下，可以将选区作为蒙版进行编辑，并且可以使用几乎全部的绘画工具或滤镜对蒙版进行编辑。在快速蒙版模式中工作时，“通道”面板中会出现一个临时的快速蒙版通道，如图10-14所示。

图10-14

10.3.1 创建快速蒙版

在工具箱中单击“以快速蒙版模式编辑”按钮或按Q键，可以进入快速蒙版编辑模式，此时在“通道”面板中可以观察到一个快速蒙版通道，如图10-15和图10-16所示。

图10-15

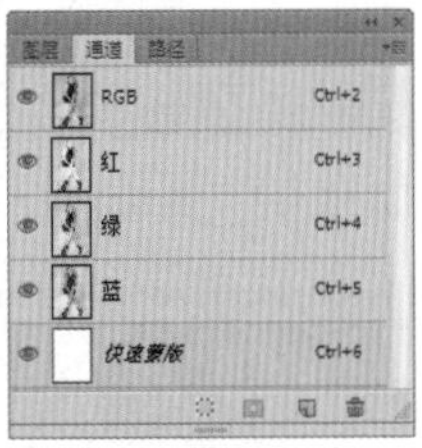

图10-16

10.3.2 编辑快速蒙版

进入快速蒙版编辑模式以后，可以使用绘画工具（如画笔工具）在图像上进行绘制，绘制区域将以红色显示出来，如图10-17所示。红色的区域表示未选中的区域，非红色区域表示选中的区域。

在工具箱中单击“以快速蒙版模式编辑”按钮或按Q键退出快速蒙版编辑模式，可以得到我们想要的选区，如图10-18所示。

在快速蒙版模式下，还可以使用滤镜来编辑蒙版。如图10-19所示为对快速蒙版应用“拼贴”滤镜以后的效果。

按Q键退出快速蒙版编辑模式以后，可以得到具有拼贴效果的选区，如图10-20所示。

图10-17

图10-18

图10-19

图10-20

实例练习——用快速蒙版调整图像局部

案例文件	实例练习——用快速蒙版调整图像局部.psd
视频教学	实例练习——用快速蒙版调整图像局部.flv
难易指数	★★★★★
技术要点	掌握快速蒙版的使用方法

案例效果

本例主要针对快速蒙版的使用方法进行练习，如图10-21所示。

操作步骤

步骤01 打开本书配套光盘中的素材文件，如图10-22所示。按Q键进入快速蒙版编辑模式，设置前景色为黑色，接着使用画笔工具在地面和人像的区域进行绘制，如图10-23所示。

步骤02 绘制完成后按Q键退出快速蒙版编辑模式，得到如图10-24所示的选区。

图10-21

图10-22

图10-23

图10-24

步骤03 按Ctrl+B组合键，在打开的“色彩平衡”对话框中设置“色阶”为“-64，+53，0”，如图10-25所示。效果如图10-26所示。

步骤04 按Q键再次进入快速蒙版编辑模式，然后使用画笔工具（设置较小的“大小”数值）在天空和人像区域进行绘制，如图10-27所示。接着按Q键退出快速蒙版编辑模式得到地面选区，如图10-28所示。

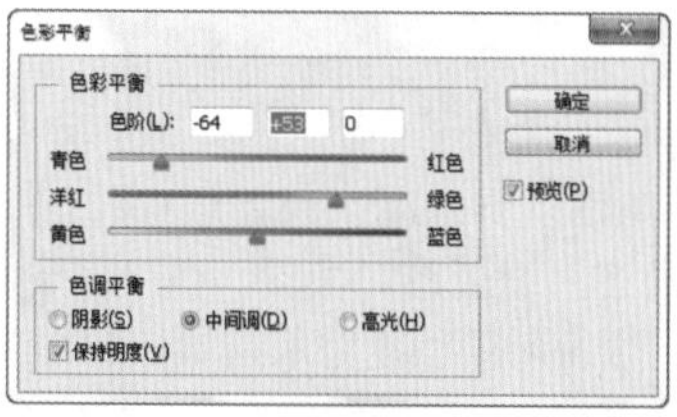

图10-25

图10-26

步骤05 按Ctrl+U组合键，打开“色相/饱和度”对话框，接着设置“色相”为-38，如图10-29所示。然后输入艺术文字，最终效果如图10-30所示。

图10-27

图10-28

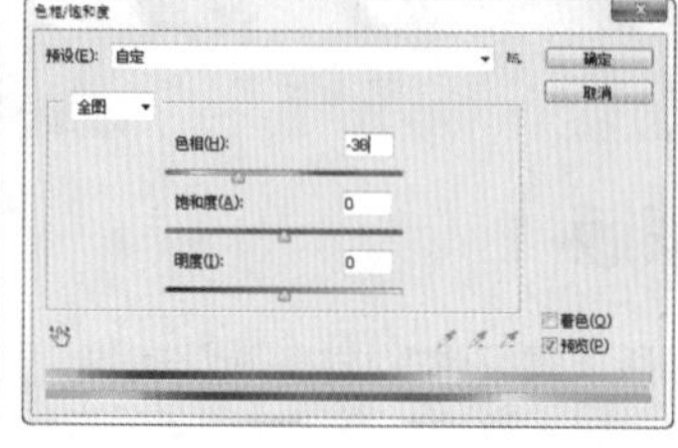

图10-29

图10-30

10.4 剪贴蒙版

剪贴蒙板是由两个部分组成：基底图层和内容图层。基底图层是位于剪贴蒙版最底端的一个图层，内容图层则可以有多个，如图10-31所示。其原理是通过使用处于下方图层的形状来限制上方图层的显示状态，也就是说基底图层用于限定最终图像的形状，而内容图层则用于限定最终图像显示的颜色图案。如图10-32所示为剪贴蒙版的原理图。效果如图10-33所示。

图10-31 图10-32 图10-33

- 基底图层：基底图层只有一个，它决定了位于其上面的图像的显示范围。如果对基底图层进行移动、变换等操作，那么上面的图像也会随之受到影响，如图10-34所示。
- 内容图层：内容图层可以有一个或多个。对内容图层的操作不会影响基底图层，但是对其进行移动、变换等操作时，其显示范围也会随之而改变。需要注意的是，剪贴蒙版虽然可以应用在多个图层中，但是这些图层不能是隔开的，必须是相邻的图层，如图10-35所示。

图10-34

图10-35

技巧与提示

剪贴蒙版的内容图层不仅可以是普通的像素图层，还可以是“调整图层”、“形状图层”和“填充图层”等类型图层，如图10-36所示。

使用“调整图层”作为剪贴蒙版中的内容图层是非常常见的，主要可以用作对某一图层的调整而不影响其他图层，如图10-37和图10-38所示。

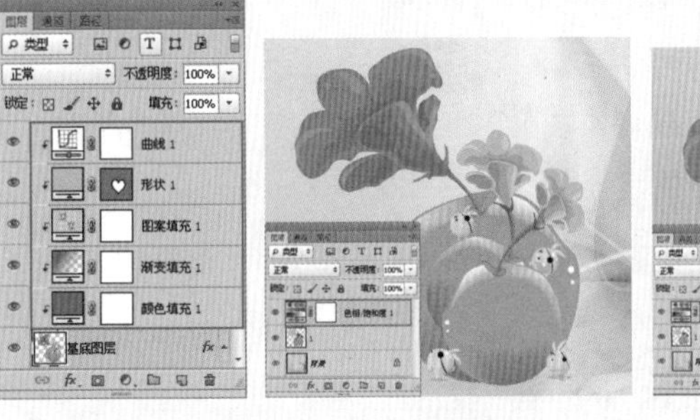

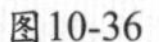

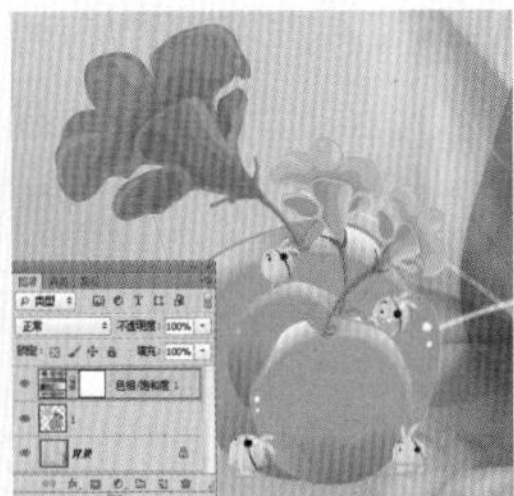

图10-36　图10-37　图10-38

技术拓展：剪贴蒙版与图层蒙版的差别

(1) 从形式上看，普通的图层蒙版只作用于一个图层，给人的感觉好像是在图层上面进行遮挡一样。但剪贴蒙版却是对一组图层进行影响，而且是位于被影响图层的最下面。

(2) 普通的图层蒙版本身不是被作用的对象，而剪贴蒙版本身又是被作用的对象。

(3) 普通的图层蒙版仅仅是影响作用对象的不透明度，而剪贴蒙版除了影响所有顶层的不透明度外，其自身的混合模式及图层样式都将对顶层产生直接影响。

10.4.1 创建剪贴蒙版

图10-39

打开一个包含3个图层的文档，下面以这个文档为例来讲解如何创建剪贴蒙版，如图10-39和图10-40所示。

方法1：首先把“图形”图层放在“人像”图层下面（即背景的左面），然后选择“人像”图层，执行“图层>创建剪贴蒙版”命令或按Ctrl+Alt+G组合键，可以将“人像”图层和“图形”图层创建为一个剪贴蒙版，如图10-41所示。创建剪贴蒙版以后，“人像”图层就只显示“图形”图层的区域，如图10-42所示。

方法2：在“人像”图层的名称上右击，在弹出的快捷菜单中选择“创建剪贴蒙版”命令，即可将“人像”图层和“图形”图层创建为一个剪贴蒙版，如图10-43所示。

方法3：先按住Alt键，然后将光标放置在“人像”图层和“图形”图层之间的分隔线上，待光标变成↓□形状时单击鼠标左键，也可以将“人像”图层和“图形”图层创建为一个剪贴蒙版，如图10-44所示。

图10-40

图10-41

图10-42

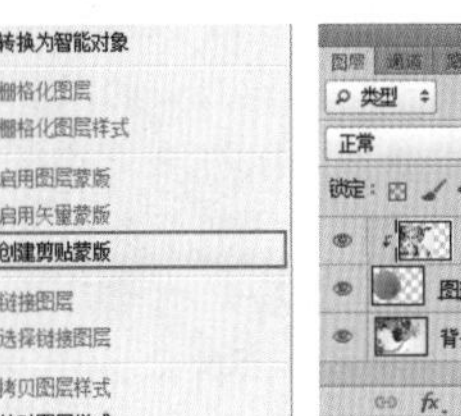

图10-43

图10-44

10.4.2 释放剪贴蒙版

“释放剪贴蒙版”与“创建剪贴蒙版”相似，也有多种方法。

方法1：选择“人像”图层，然后执行“图层>释放剪贴蒙版”命令或按Ctrl+Alt+G组合键，即可释放剪贴蒙版，如图10-45所示。释放剪贴蒙版以后，“人像”图层就不再受“图形”图层的控制，如图10-46所示。

方法2：在“人像”图层的名称上右击，在弹出的快捷菜单中选择“释放剪贴蒙版”命令，如图10-47所示。

方法3：先按住Alt键，然后将光标放置在“人像”图层和“图形”图层之间的分隔线上，待光标变成形状时单击鼠标左键，如图10-48所示。

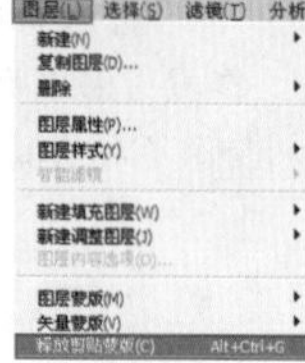

图10-45

图10-46

图10-47

图10-48

10.4.3 编辑剪贴蒙版

剪贴蒙版具有普通图层的属性，如“不透明度”、“混合模式”和“图层样式”等。

理论实践——调整内容图层顺序

与调整普通图层顺序相同，单击并拖动调整即可。需要注意的是，一旦移动到基底图层的下方就相当于释放剪贴蒙版。

理论实践——编辑内容图层

当对内容图层的“不透明度”和“混合模式”进行调整时，只有与基底图层混合效果发生变化，才不会影响到剪贴蒙版中的其他图层，如图10-49和图10-50所示。

图10-49

图10-50

技巧与提示

剪贴蒙版虽然可以存在多个内容图层，但是这些图层不能是隔开的，必须是相邻的图层。

理论实践——编辑基底图层

在对基底图层的“不透明度”和“混合模式”进行调整时，整个剪贴蒙版中的所有图层都会以设置不透明度数值以及混合模式进行混合，如图10-51和图10-52所示。

图10-51

图10-52

技巧与提示

“将剪贴图层混合成组”选项用来控制剪贴蒙版组中基底图层的混合属性，如图10-53所示。

默认情况下，基底图层的混合模式影响整个剪贴蒙版组，取消选中“将剪贴图层混合成组”复选框，则基底图层的混合模式仅影响自身，不会对内容图层产生作用，如图10-54和图10-55所示。

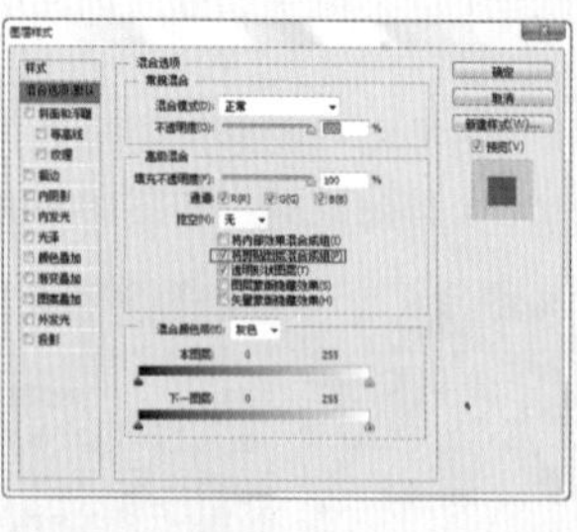

图10-53

图10-54

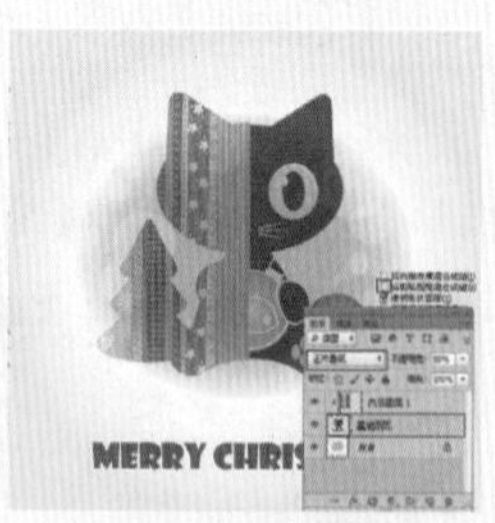

图10-55

实例练习——使用剪贴蒙版制作花纹文字版式

案例文件	实例练习——使用剪贴蒙版制作花纹文字版式.psd
视频教学	实例练习——使用剪贴蒙版制作花纹文字版式.flv
难易指数	★★★★
技术要点	剪贴蒙版，自由变换工具，定义图案

案例效果

本例最终效果如图10-56所示。

操作步骤

步骤01 打开本书配套光盘中的素材文件，如图10-57所示。

步骤02 创建新组，并命名为“文字”，选择横排文字工具，分别输入英文，如图10-58所示。

步骤03 复制“文字”组，建立文字副本，右击，在弹出的快捷菜单中选择“合并组”命令，如图10-59所示。按Ctrl+T组合键调整位置，进行适当旋转，如图10-60所示。

图10-56

图10-57

图10-58

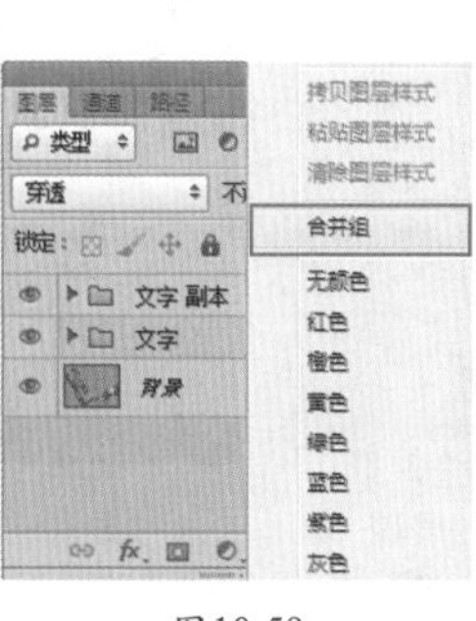

图10-59

图10-60

步骤04 选择椭圆选框工具和矩形选框工具，绘制不规则圆形和方形，如图10-61所示。然后使用椭圆选框工具，框选在已经绘制好的图形上，在选区中按Delete键删除，如图10-62所示。

步骤05 使用矩形选框工具绘制竖条。按住Shift+Ctrl+Alt+T组合键进行多次复制，框选在已经绘制好的图形上，在选区中按Delete键删除，按Ctrl+T组合键向侧面倾斜，如图10-63所示。

步骤06 创建新图层，关闭其他图层，使用白色画笔绘制一个圆点，如图10-64所示。执行“编辑>定义图案”命令，在打开的对话框中设置图层名，如图10-65所示。

图10-61

图10-62

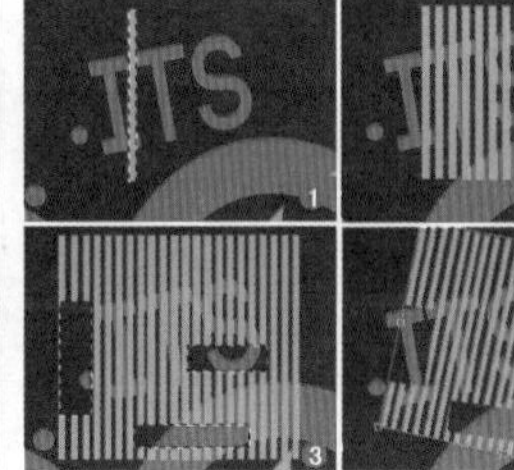
图10-63

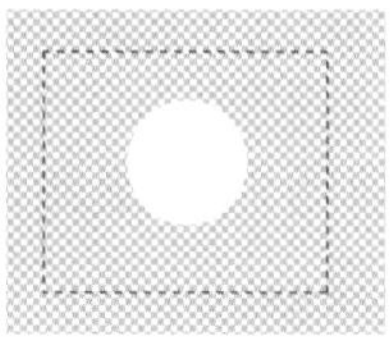
图10-64

图10-65

步骤07 选择图案图章工具，在其选项栏中单击小三角，找到白色圆点图案，如图10-66所示。设置画笔为方形，“大小”为“600像素”，如图10-67所示。打开所有隐藏图层，使用画笔绘制在图像上，如图10-68所示。

图10-66

图10-67

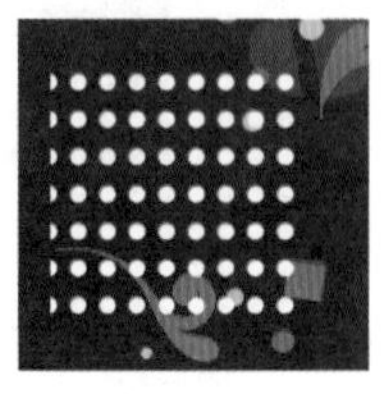
图10-68

步骤08 复制圆点图层，建立选区，填充黑色，如图10-69所示。

步骤09 置入光效素材文件，执行“图层>栅格化>智能对象”命令。设置混合模式为“滤色”，如图10-70所示。

图10-69

图10-70

步骤10 按住Alt键，单击图层中的“光效素材”、“黑色斑点”、“白色斑点”、“线条”和“图形”，右击，在弹出的快捷菜单中选择“创建剪贴蒙版”命令，如图10-71所示。此时可以看到文字图层以外的区域全部被隐藏了起来，如图10-72所示。画面效果恢复正常。最终效果如图10-73所示。

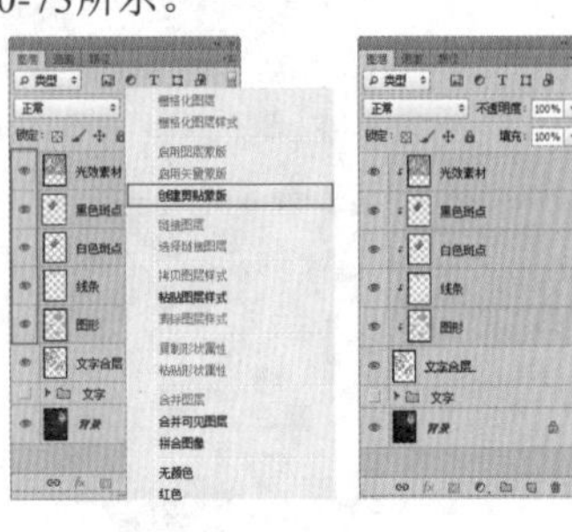
图10-71

图10-72

图10-73

理论实践——为剪贴蒙版添加图层样式

若要为剪贴蒙版添加图层样式，则需要添加在基底图层上，如果错将图层样式添加在内容图层上，那么样式是不会出现在剪贴蒙版形状上的，如图10-74和图10-75所示。

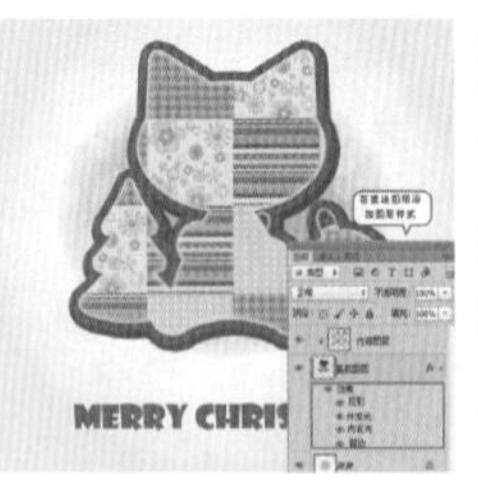

图10-74

图10-75

理论实践——加入剪贴蒙版

在已有剪贴蒙版的情况下，将一个图层拖动到基底图层上方，即可将其加入到剪贴蒙版组中，如图10-76和图10-77所示。

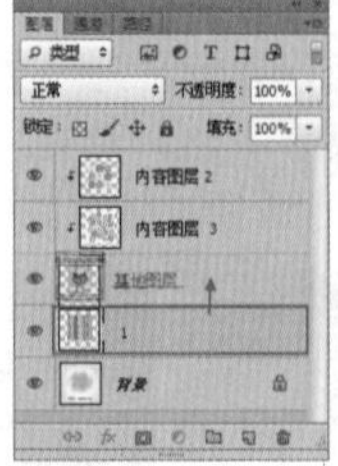
图10-76

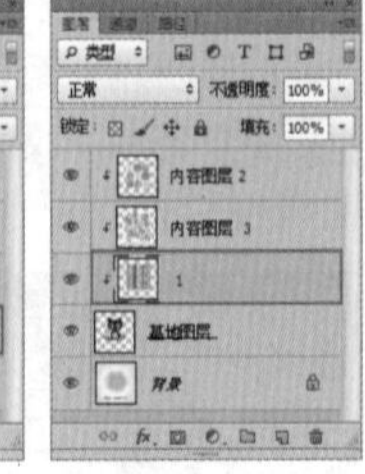
图10-77

理论实践——移出剪贴蒙版

将内容图层移到基底图层的下方就相当于移出剪贴蒙版组，即可释放该图层，如图10-78和图10-79所示。

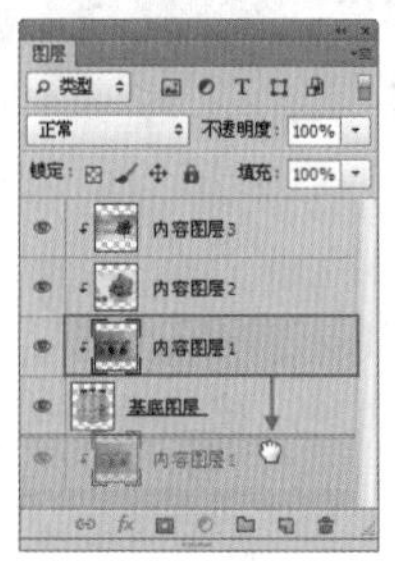
图10-78

图10-79

实例练习——使用剪贴蒙版与调整图层调整颜色

案例文件	实例练习——使用剪贴蒙版与调整图层调整颜色.psd
视频教学	实例练习——使用剪贴蒙版与调整图层调整颜色.flv
难易指数	★★★★★
技术要点	剪贴蒙版，调整图层

案例效果

本例主要针对剪贴蒙版的使用方法进行练习，如图10-80所示。

操作步骤

步骤01 打开背景素材文件，如图10-81所示。

步骤02 创建新组，置入风景素材，执行“图层>栅格化>智能对象”命令。按Ctrl+T组合键调整位置，适当旋转，摆放在合适的位置，如图10-82所示。

图10-80

图10-81

图10-82

步骤03 创建新的“色相/饱和度”调整图层，在弹出的“色相/饱和度”对话框中调整颜色参数。降低图像饱和度，如图10-83和图10-84所示。右击图层，在弹出的快捷菜单中选择“创建剪贴蒙版”命令，如图10-85所示，只对海星图片进行调色，背景画面不会改变颜色，此时效果如图10-86所示。

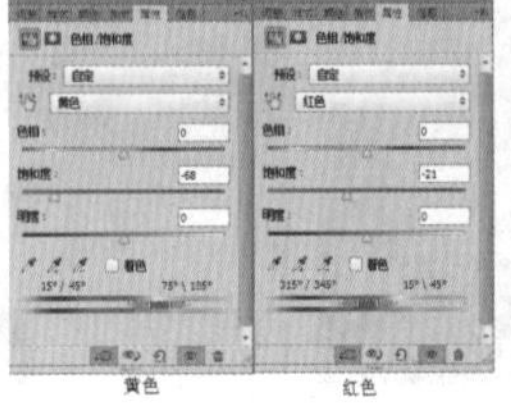

图10-83

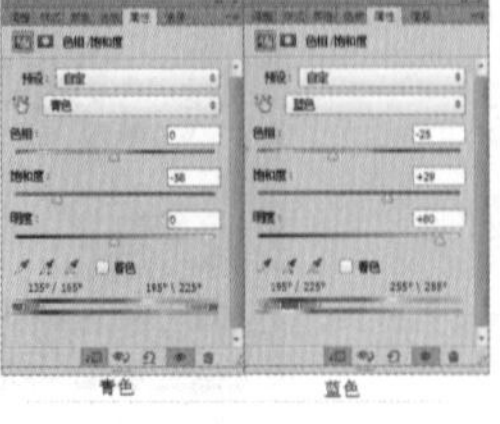

图10-84

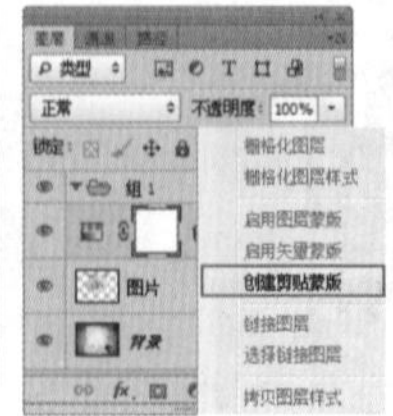
图10-85

图10-86

步骤04 创建新的“照片滤镜”调整图层，在其“属性”面板中调整颜色参数，如图10-87所示。同理，右击图层，在弹出的快捷菜单中选择“创建剪贴蒙版”命令，效果如图10-88所示。

步骤05 创建新的“可选颜色”调整图层，在其“属性”面板中调整颜色参数，对天空进行调整，如图10-89所示。同理，右击图层，在弹出的快捷菜单中选择“创建剪贴蒙版”命令，效果如图10-90所示。

步骤06 再次创建新的“可选颜色”调整图层，在其“属性”面板中调整颜色参数，如图10-91所示。单击“可选颜色”图层蒙版，设置背景色为黑色，画笔为白色，对沙滩和海星进行涂抹。右击图层，在弹出的快捷菜单中选择“创建剪贴蒙版”命令，最终效果如图10-92所示。

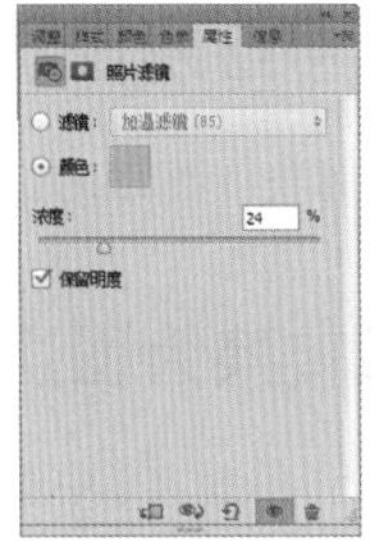

图10-87

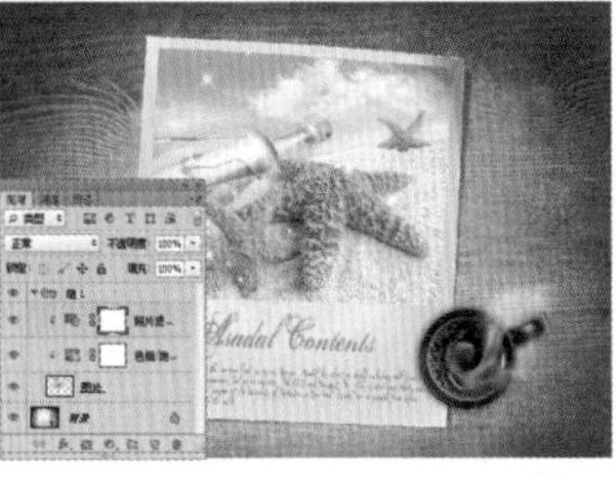

图10-88

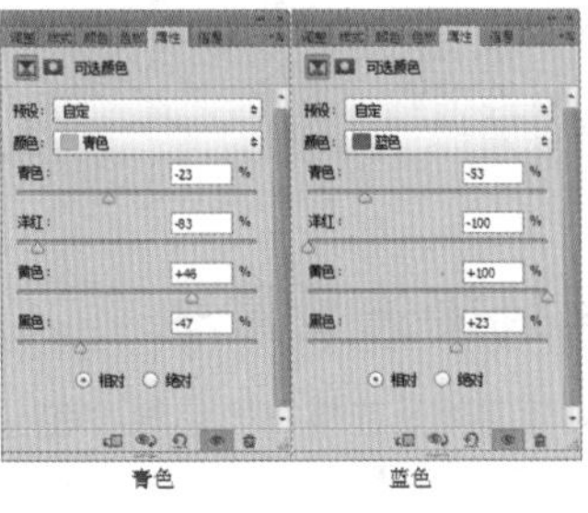

图10-89

图10-90

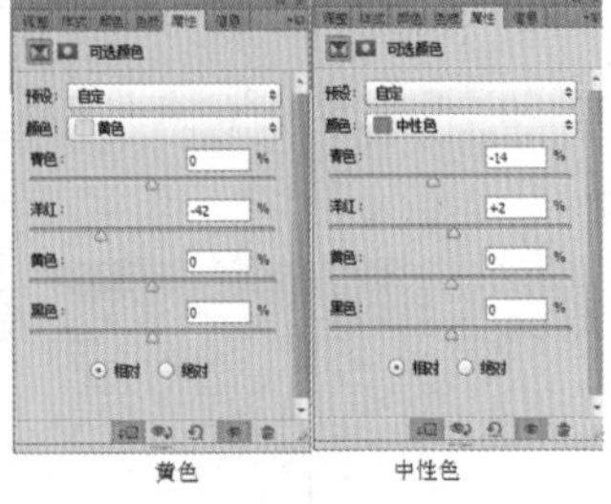

图10-91

图10-92

10.5 矢量蒙版

矢量蒙版是矢量工具，以钢笔或形状工具在蒙版上绘制路径形状控制图像显示隐藏，并且矢量蒙版可以调整路径节点，从而制作出精确的蒙版区域。

10.5.1 创建矢量蒙版

如图10-93所示为一个包含两个图层的文档。下面以这个文档为例来讲解如何创建矢量蒙版，如图10-94所示。

方法1：选择“彩虹”图层，在“属性”面板中单击“添加矢量蒙版”按钮，即可为其添加一个矢量蒙版，如图10-95和图10-96所示。添加矢量蒙版以后，可以使用圆角矩形工具（在其选项栏中单击“路径”按钮）在矢量蒙版中绘制一个圆角矩形路径，如图10-97所示，此时矩形外的图像将被隐藏掉，如图10-98所示。

图10-93

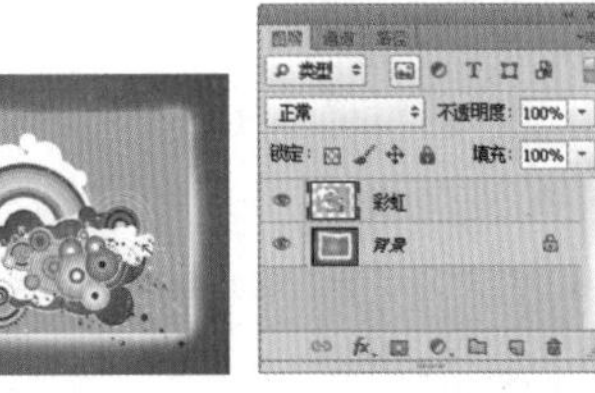

图10-94

图10-95

图10-96

方法2：先使用圆角矩形工具（在其选项栏中单击“路径”按钮）在图像上绘制一个矩形路径，如图10-99所示。然后执行“图层>矢量蒙版>当前路径”命令，如图10-100所示。可以基于当前路径为图层创建一个矢量蒙版，如图10-101所示。

方法3：绘制出路径以后，按住Ctrl键在“图层”面板中单击“添加图层蒙版”按钮，也可以为图层添加矢量蒙版，如图10-102所示。

图10-97

图10-98

图10-99

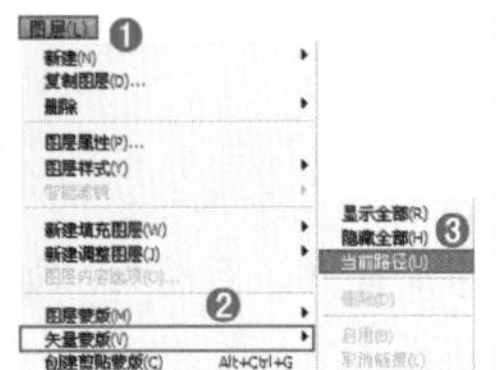

图10-100

图10-101

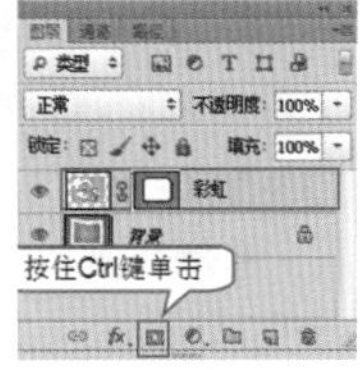

图10-102

10.5.2 在矢量蒙版中绘制形状

创建矢量蒙版以后，可以继续使用钢笔工具或形状工具在矢量蒙版中绘制形状，如图10-103和图10-104所示。

图10-103

图10-104

10.5.3 将矢量蒙版转换为图层蒙版

在蒙版缩览图上右击，在弹出的快捷菜单中选择“栅格化矢量蒙版”命令。栅格化矢量蒙版以后，蒙版就会转换为图层蒙版，不再有矢量形状存在，如图10-105和图10-106所示。

图10-105

图10-106

技巧与提示

也可以先选择图层，然后执行“图层>栅格化>矢量蒙版”命令，还可以将矢量蒙版转换为图层蒙版。

10.5.4 删除矢量蒙版

在蒙版缩览图上右击，然后在弹出的快捷菜单中选择“删除矢量蒙版”命令即可删除矢量蒙版，如图10-107所示。

图10-107

10.5.5 编辑矢量蒙版

针对矢量蒙版的编辑主要是对矢量蒙版中路径的编辑，除了可以使用钢笔、形状工具在矢量蒙版中绘制形状以外，还可以通过调整路径锚点的位置改变矢量蒙版的外形，或者通过变换路径调整其角度大小等。具体路径编辑方法可以参考第7章，如图10-108和图10-109所示。

图10-108

图10-109

10.5.6 链接/取消链接矢量蒙版

在默认状态下，图层与矢量蒙版是链接在一起的（链接处有一个图标）。当移动、变换图层时，矢量蒙版也会跟着发生变化。如果在不想变换图层或矢量蒙版时影响对方，可以单击图标取消链接。如果要恢复链接，可以在取消链接的地方单击鼠标左键，或者执行“图层>矢量蒙版>链接”命令，如图10-110和图10-111所示。

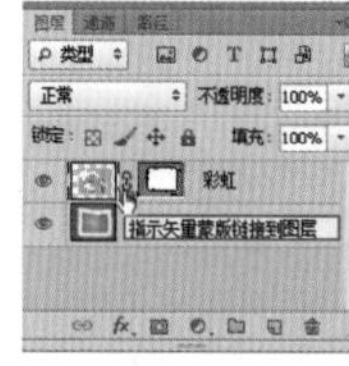
图10-110

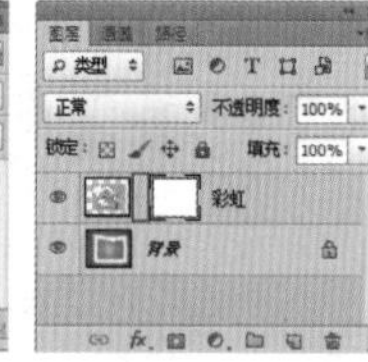
图10-111

10.5.7 为矢量蒙版添加效果

矢量蒙版可以像普通图层一样，可以向其添加图层样式，只不过图层样式只对矢量蒙版中的内容起作用，对隐藏的部分不会有影响，如图10-112和图10-113所示。

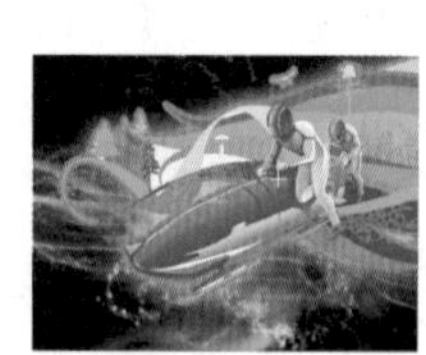
图10-112

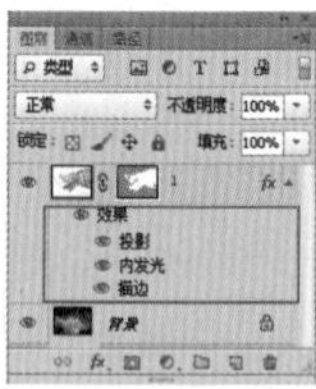
图10-113

实例练习——为矢量蒙版添加样式制作按钮效果

案例文件	实例练习——为矢量蒙版添加样式制作按钮效果.psd
视频教学	实例练习——为矢量蒙版添加样式制作按钮效果.flv
难易指数	★★★★★
技术要点	掌握如何为矢量蒙版添加样式

案例效果

本例主要针对如何为矢量蒙版添加样式进行练习，如图10-114所示。

操作步骤

步骤01 打开素材文件，其中“照片”图层包含矢量蒙版，如图10-115和图10-116所示。

图10-114

图10-115

图10-116

步骤02 选择“照片”图层，然后执行“图层>图层样式>阴影”命令，打开“图层样式”对话框，接着设置“混合模式”为“正片叠底”，“不透明度”为79%，“角度”为51度，“距离”为27像素，“扩展”为3%，“大小”为29像素，如图10-117所示。

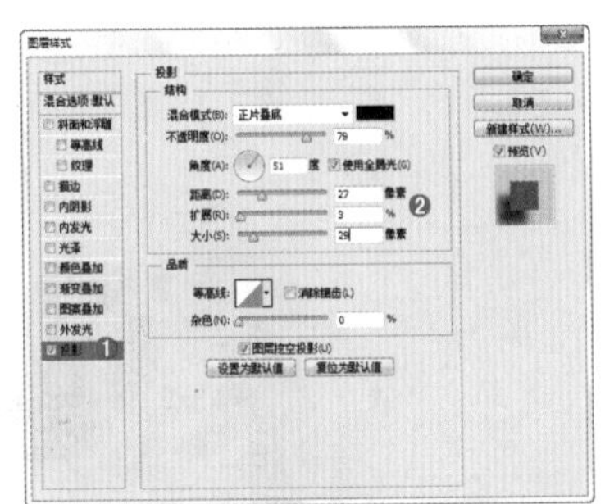

图10-117

技巧与提示

在添加图层样式时，既可以选择图层，也可以选择矢量蒙版进行添加。

步骤03 在“图层样式”对话框左侧选择“斜面和浮雕”样式，然后设置“样式”为“内斜面”，“方法”为“平滑”，“深度”为“100%，“大小”为16像素，“角度”为50度，“高度”为30度，具体参数如图10-118所示。

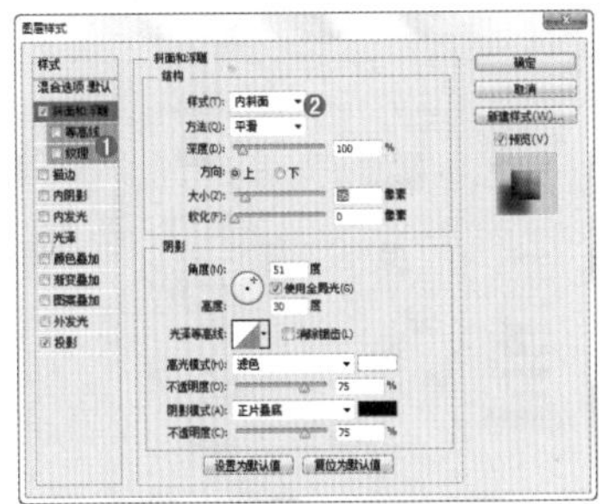

图10-118

步骤04 在“图层样式”对话框左侧选择“描边”样式，然后设置“大小”为3像素，“填充类型”为“渐变”，设置七彩渐变，“角度”为-139度，“缩放”为113%，如图10-119和图10-120所示。最终效果如图10-121所示。

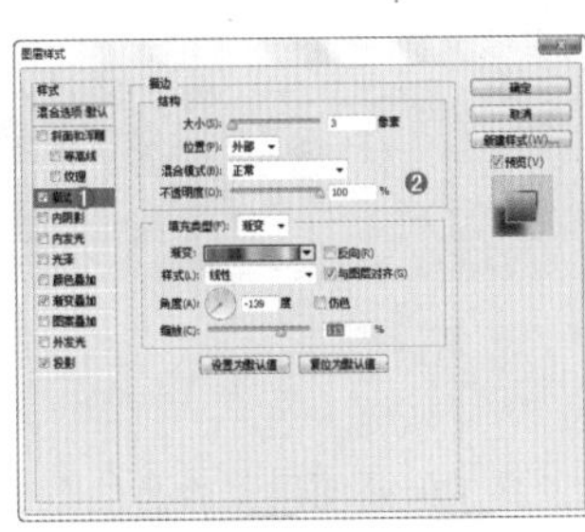

图10-119

图10-120

图10-121

实例练习——使用矢量蒙版制作剪贴画

案例文件	实例练习——使用矢量蒙版制作剪贴画.psd
视频教学	实例练习——使用矢量蒙版制作剪贴画.flv
难易指数	★★★★★
技术要点	矢量蒙版

案例效果

本例主要针对如何为矢量蒙版添加样式进行练习，如图10-122所示。

操作步骤

步骤01 打开背景素材文件，置入照片，执行“图层>栅格化>智能对象”命令。放在“背景”图层上方，如图10-123和图10-124所示。

步骤02 单击工具箱中的“钢笔工具”按钮，在人像周围绘制枫叶花纹的路径，如图10-125所示。

图10-122

图10-123

图10-124

图10-125

步骤03 执行“图层>矢量蒙版>当前路径”命令，如图10-126所示。Photoshop会自动以当前路径为照片图层添加图层蒙版，如图10-127和图10-128所示。

技巧与提示

若想调整矢量蒙版，可以直接使用钢笔等路径矢量工具在矢量蒙版上进行编辑或绘制。

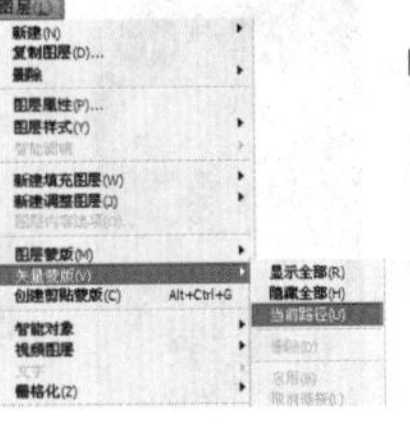

图10-126

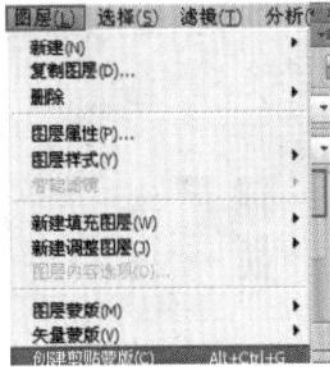

图10-127

图10-128

步骤04 选择“照片”图层，执行“图层>图层样式>投影”命令，打开“图层样式”对话框，设置“混合模式”为“正片叠底”，“不透明度”为75%，“角度”为30度，“距离”为5像素，“大小”为5像素，如图10-129所示。

步骤05 在“图层样式”对话框左侧选择“外发光”样式，然后设置发光颜色为绿色，“不透明度”为75%，“方法”为“柔和”，“大小”为13像素，如图10-130所示。

步骤06 最终效果如图10-131所示。

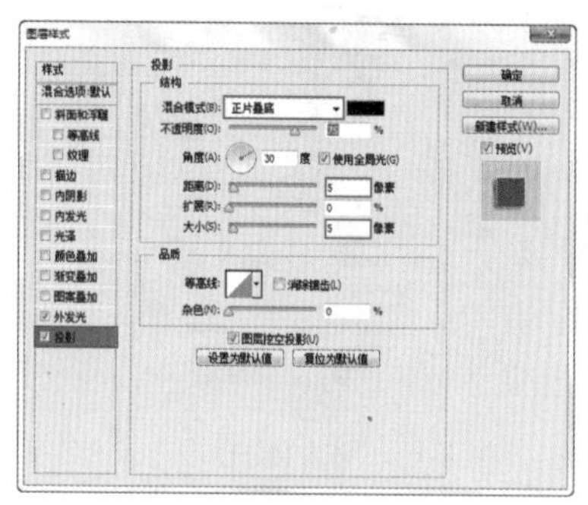
图10-129

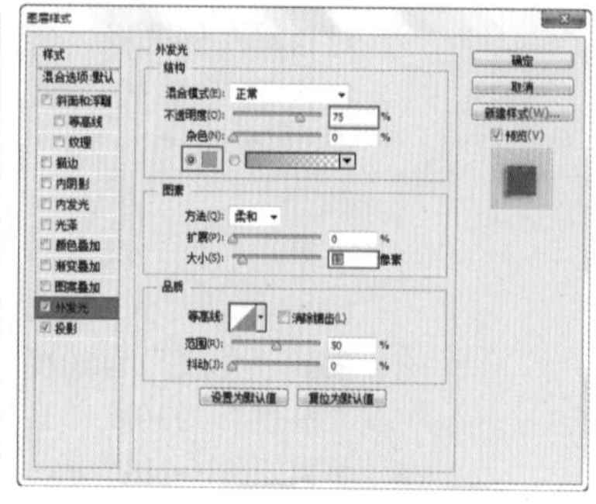
图10-130

图10-131

10.6 图层蒙版

10.6.1 图层蒙版的工作原理

图层蒙版与矢量蒙版相似，都属于非破坏性编辑工具。但是图层蒙版是位图工具，通过使用画笔工具、填充命令等处理蒙版的黑白关系，从而控制图像的显示和隐藏。在创建调整图层、填充图层以及为智能对象添加智能滤镜时，Photoshop会自动为图层添加一个图层蒙版，可以在图层蒙版中对调色范围、填充范围及滤镜应用区域进行调整。在Photoshop中，图层蒙版遵循“黑透、白不透”的工作原理。

打开一个文档，该文档中包含两个图层，其中“图层1”有一个图层蒙版，并且图层蒙版为白色，如图10-132所示。按照图层蒙版“黑透、白不透”的工作原理，此时文档窗口中将完全显示“图层1”的内容，如图10-133所示。

如果要全部显示“背景”图层的内容，可以选择“图层1”的蒙版，然后用黑色填充蒙版，如图10-134和图10-135所示。

如果以半透明方式来显示当前图像，可以用灰色填充“图层1”的蒙版，如图10-136和图10-137所示。

图10-132

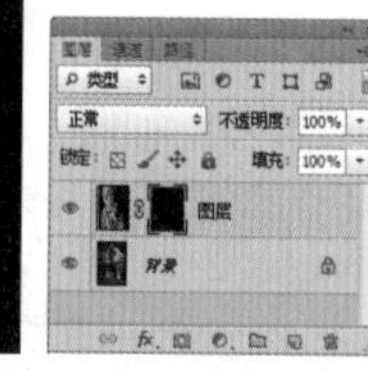
图10-133

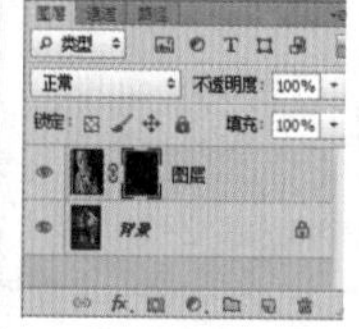
图10-134

图10-135

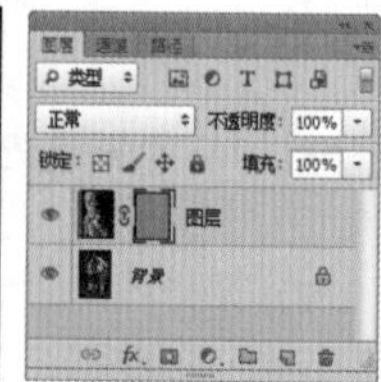
图10-136

图10-137

技巧与提示

除了可以在图层蒙版中填充颜色以外，还可以在图层蒙版中填充渐变，使用不同的画笔工具来编辑蒙版，还可以在图层蒙版中应用各种滤镜。如图10-138～图10-143所示分别为填充渐变、使用画笔以及应用“纤维”滤镜以后的蒙版状态与图像效果。

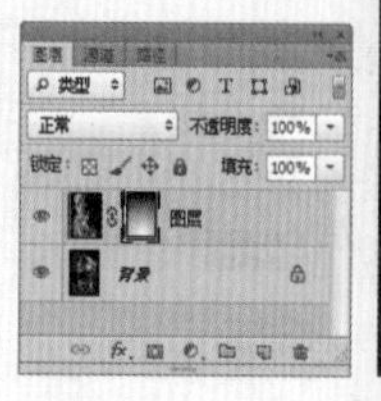
图10-138 图10-139

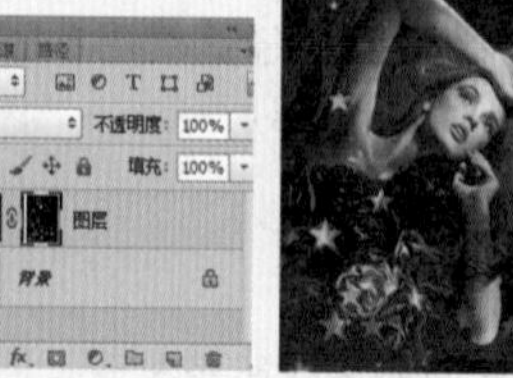
图10-140 图10-141

图10-142 图10-143

10.6.2 创建图层蒙版

创建图层蒙版的方法有很多种，既可以直接在“图层”面板或“属性”面板中进行创建，也可以从选区或图像中生成图层蒙版。

理论实践——在“图层”面板中创建图层蒙版

选择要添加图层蒙版的图层，然后在“图层”面板中单击“添加图层蒙版”按钮，如图10-144所示，可以为当前图层添加一个图层蒙版，如图10-145所示。

图10-144

图10-145

技巧与提示

在“属性”面板中单击“添加像素蒙版”按钮，也可以为当前图层添加一个图层蒙版。

理论实践——从选区生成图层蒙版

如果当前图像中存在选区，如图10-146所示，单击“图层”面板中的“添加图层蒙版”按钮，可以基于当前选区为图像添加图层蒙版，选区以外的图像将被蒙版隐藏，如图10-147和图10-148所示。

图10-146

图10-147

图10-148

技巧与提示

创建选区蒙版以后，可以在“属性”面板中调整“浓度”和“羽化”数值，以制作出朦胧的效果，如图10-149和图10-150所示。

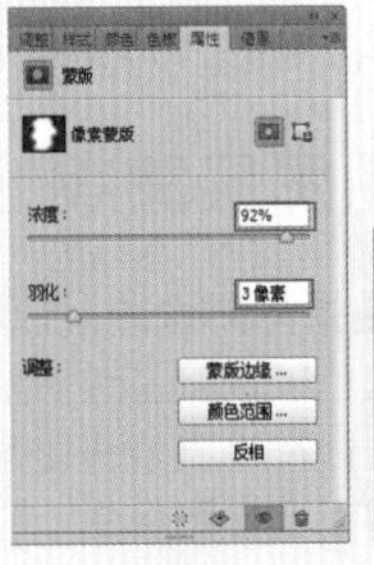
图10-149

图10-150

理论实践——从图像生成图层蒙版

还可以将一张图像作为某个图层的图层蒙版。下面就来讲解如何用第2张图像创建为第1张图像的图层蒙版，如图10-151和图10-152所示。

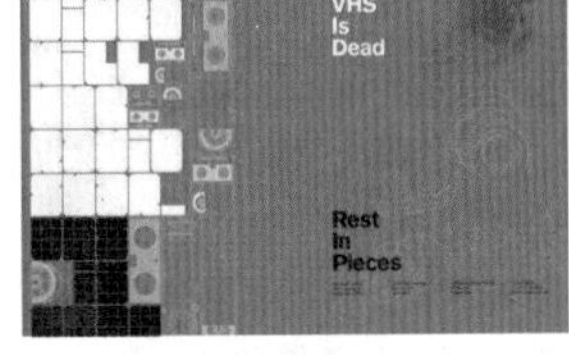

图10-151

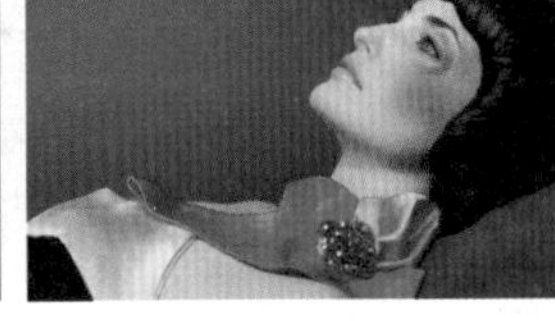
图10-152

（1）创建空白文件，分别置入两张图片到文件中并栅格化，选中“图层2”，按Ctrl+A组合键全选当前图像，继续按Ctrl+C组合键复制，如图10-153和图10-154所示。

（2）复制完毕后将“图层2”隐藏，选择“图层1”，并单击“图层”面板底部的“添加图层蒙版”按钮，为其添加一个图层蒙版，如图10-155所示。

（3）按住Alt键单击蒙版缩览图，如图10-156所示。将图层蒙版在文档窗口中显示出来，此时图层蒙版为空白状态，如图10-157所示。

图10-153

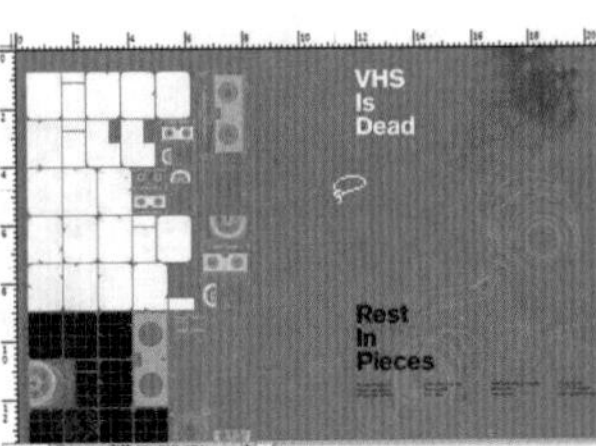

图10-154

图10-155

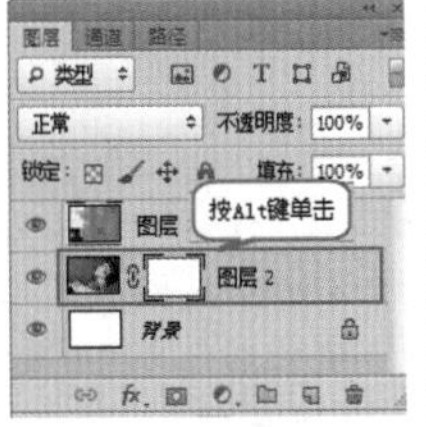

图10-156

图10-157

技巧与提示

这一步骤操作主要是为了更加便捷地显示出图层蒙版，也可以打开“通道”面板，显示出最底部的“图层2蒙版”通道并进行粘贴，如图10-158所示。

图10-158

技巧与提示

由于图层蒙版只识别灰度图像，所以粘贴到图层蒙版中的内容将会自动转换为黑白效果。

（4）按Ctrl+V组合键将刚才复制的“图层2”的内容粘贴到蒙版中，如图10-159和图10-160所示。

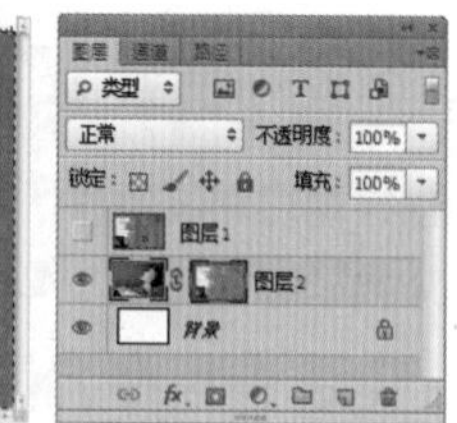

图10-159　图10-160

（5）单击“图层1”缩览图即可显示图像效果，如图10-161和图10-162所示。

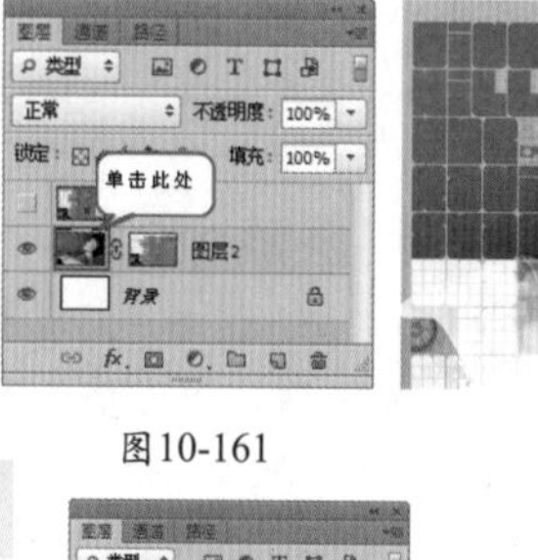

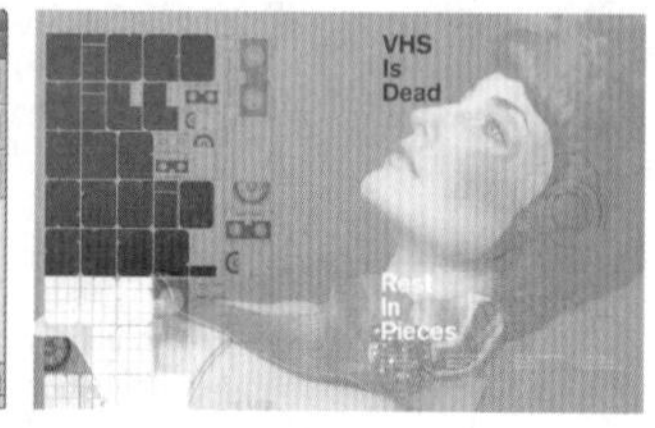

图10-161　图10-162

10.6.3 应用图层蒙版

应用图层蒙版是指将图像中对应蒙版中的黑色区域删除，白色区域保留下来，而灰色区域将呈透明效果，并且删除图层蒙版。在图层蒙版缩览图上右击，在弹出的快捷菜单中选择“应用图层蒙版”命令，可以将蒙版应用在当前图层中。应用图层蒙版以后，蒙版效果将会应用到图像上，如图10-163和图10-164所示。

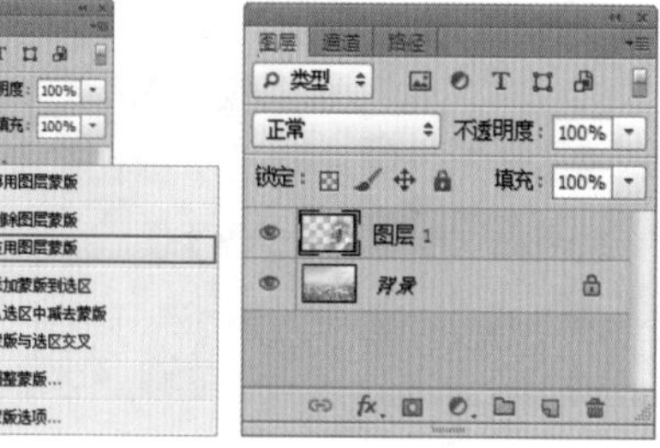

图10-163　图10-164

10.6.4 停用/启用/删除图层蒙版

理论实践——停用图层蒙版

如果要停用图层蒙版，可以采用以下两种方法来完成。

方法1：执行“图层>图层蒙版>停用”命令，或在图层蒙版缩览图上右击，在弹出的快捷菜单中选择“停用图层蒙版”命令，如图10-165和图10-166所示。停用蒙版后，在“属性”面板的缩览图和“图层”面板的蒙版缩览图中都会出现一个红色的交叉线×。

方法2：选择图层蒙版，然后在“属性”面板中单击“停用/启用蒙版”按钮，如图10-167和图10-168所示。

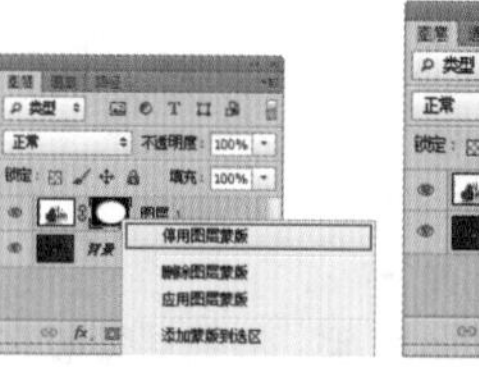

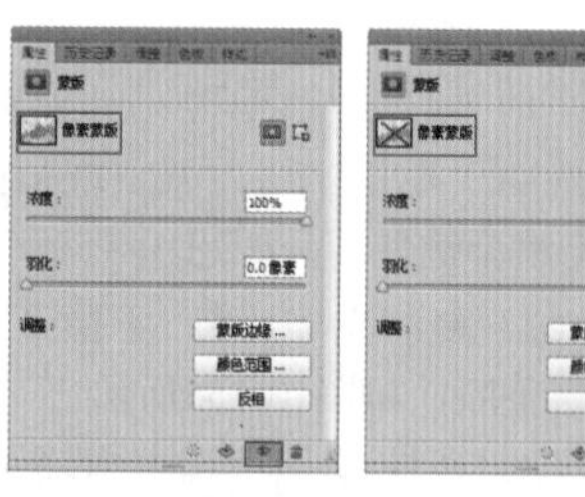

图10-165　图10-166　图10-167　图10-168

技巧与提示

在对带有图层蒙版的图层进行编辑时，初学者经常会忽略当前操作的对象是图层还是蒙版。例如使用第2种方法停用图层蒙版时，如果选择的是“图层1”，那么“属性”面板中的“停用/启用蒙版”按钮将变成不可单击的灰色状态，如图10-169所示，只有选择了“图层1”的蒙版后，才能使用该按钮，如图10-170所示。

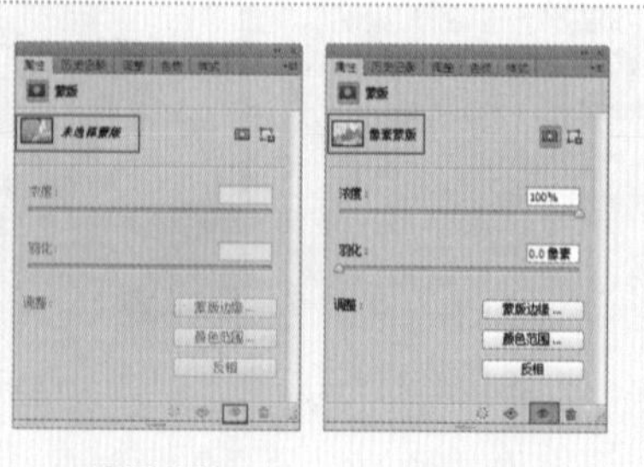

图10-169　图10-170

理论实践——启用图层蒙版

在停用图层蒙版以后，如果要重新启用图层蒙版，可以采用以下3种方法来完成。

方法1：执行“图层>图层蒙版>启用”命令，或在蒙版缩览图上右击，在弹出的快捷菜单中选择“启用图层蒙版”命令，如图10-171和图10-172所示。

方法2：在蒙版缩览图上单击鼠标左键，即可重新启用图层蒙版，如图10-173所示。

方法3：选择蒙版，然后在“属性”面板中单击“停用/启用蒙版”按钮 。

图10-171

图10-172

图10-173

理论实践——删除图层蒙版

如果要删除图层蒙版，可以采用以下4种方法来完成。

方法1：选中图层，执行“图层>图层蒙版>删除”命令，如图10-174所示。

方法2：在蒙版缩览图上右击，在弹出的快捷菜单中选择“删除图层蒙版”命令，如图10-175所示。

方法3：将蒙版缩览图拖曳到“图层”面板下面的“删除图层”按钮 上，然后在弹出的对话框中单击“删除”按钮，如图10-176所示。

方法4：选择蒙版，然后直接在“属性”面板中单击“删除蒙版”按钮 ，如图10-177所示。

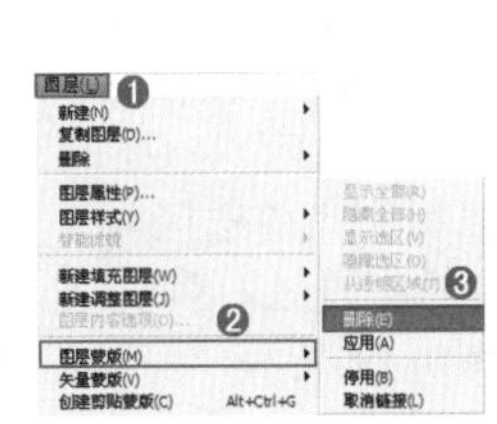

图10-174

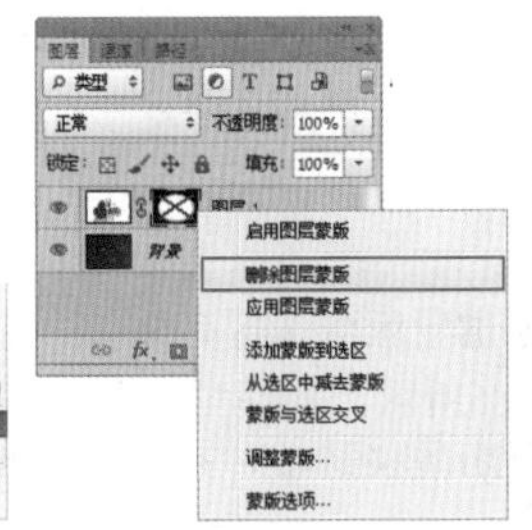

图10-175

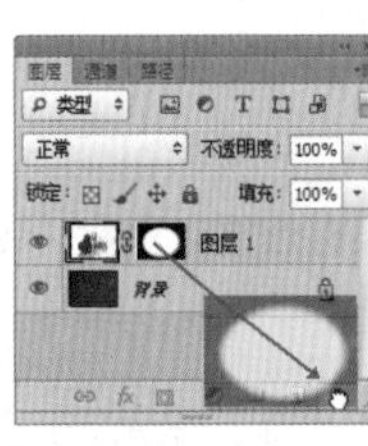

图10-176

图10-177

10.6.5 转移/替换/复制图层蒙版

理论实践——转移图层蒙版

单击选中要转移的图层蒙版缩览图并将蒙版拖曳到其他图层上，即可将该图层的蒙版转移到其他图层上，如图10-178和图10-179所示。

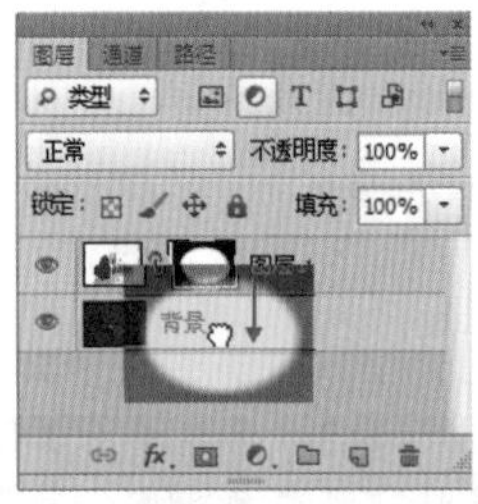

图10-178

图10-179

理论实践——替换图层蒙版

如果要将一个图层的蒙版替换成另外一个图层的蒙版，可以将该图层的蒙版缩览图拖曳到另外一个图层的蒙版缩览图上，然后在弹出的对话框中单击“是”按钮。替换图层蒙版以后，“图层1”的蒙版将被删除，同时“背景”图层的蒙版会被换成“图层1”的蒙版，如图10-180和图10-181所示。

图10-180

图10-181

理论实践——复制图层蒙版

如果要将一个图层的蒙版复制到另外一个图层上，可以按住Alt键将蒙版缩览图拖曳到另外一个图层上，如图10-182和图10-183所示。

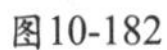

图10-182

图10-183

10.6.6 蒙版与选区的运算

在图层蒙版缩览图上右击，在弹出的快捷菜单中可以看到3个关于蒙版与选区运算的命令，如图10-184和图10-185所示。

图10-184

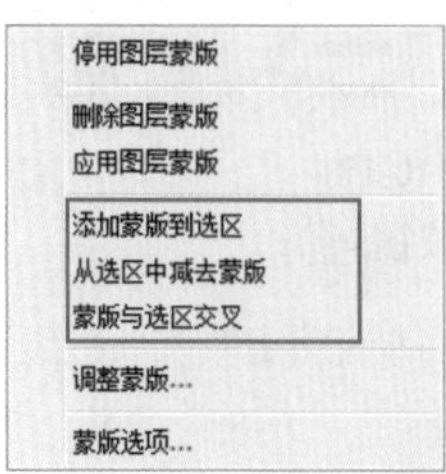

图10-185

技巧与提示

按住Ctrl键单击蒙版的缩览图，可以载入蒙版的选区。

理论实践——添加蒙版到选区

如果当前图像中没有选区，执行“添加蒙版到选区”命令，可以载入图层蒙版的选区，如图10-186所示。

如果当前图像中存在选区，如图10-187所示。执行该命令可以将蒙版的选区添加到当前选区中，如图10-188所示。

图10-186

图10-187

图10-188

理论实践——从选区中减去蒙版

如果当前图像中存在选区，执行“从选区中减去蒙版”命令，可以从当前选区中减去蒙版的选区，如图10-189所示。

理论实践——蒙版与选区交叉

如果当前图像中存在选区，执行“蒙版与选区交叉”命令，可以得到当前选区与蒙版选区的交叉区域，如图10-190所示。

图10-189

图10-190

实例练习——使用蒙版制作中国红版式

案例文件	实例练习——使用蒙版制作中国红版式.psd
视频教学	实例练习——使用蒙版制作中国红版式.flv
难易指数	★★★★★
技术要点	图层蒙版，画笔工具

案例效果

本例最终效果如图10-191所示。

操作步骤

步骤01 新建空白文件，单击工具箱中的“渐变工具”按钮，在其选项栏中设置渐变方式为“径向渐变”，在“渐变编辑器”对话框中编辑一种浅红色到深红色的渐变，单击“确定”按钮结束操作，如图10-192所示。由右向左拖曳填充，如图10-193所示。

步骤02 置入水墨素材，执行“图层>栅格化>智能对象”命令。调整大小摆放在合适位置，在“图层”面板中设置混合模式为“正片叠底”，如图10-194和图10-195所示。

步骤03 置入书法艺术字素材，执行“图层>栅格化>智能对象”命令。调整大小，摆放在合适的位置，如图10-196所示。

步骤04 新建图层，单击工具箱中的“画笔工具”按钮，在其选项栏中设置一种“硬边圆”画笔，适当调整画笔大小，设置前景色为白色，在左侧绘制圆点图案，如图10-197所示。

图10-191

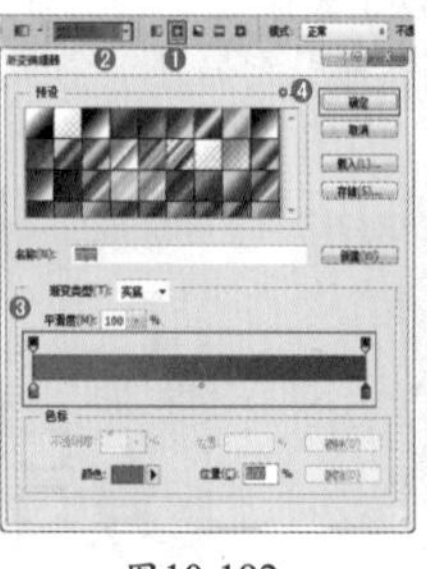
图10-192

图10-193

图10-194

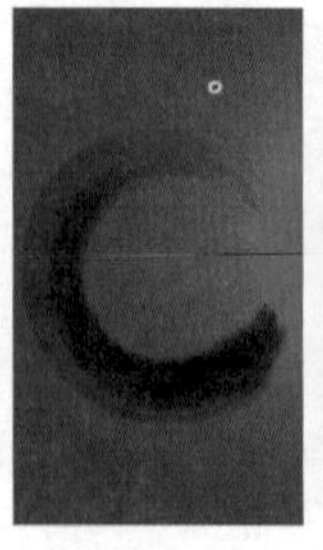
图10-195

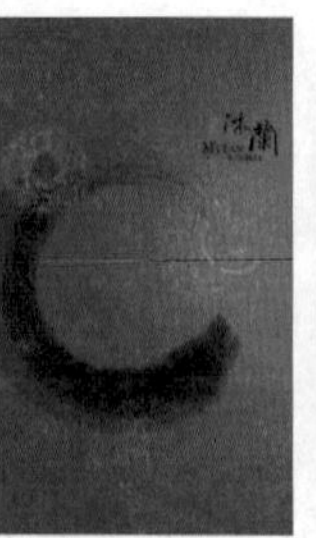
图10-196

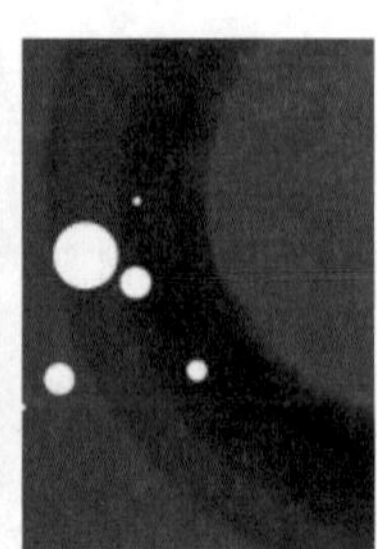
图10-197

步骤05 新建图层，使用同样的方法制作画面中心的大圆，单击工具箱中的“椭圆选框工具”按钮，按住Shift键绘制小一点的正圆，按Delete键删除多余部分，如图10-198所示。

步骤06 置入人像素材文件，执行“图层>栅格化>智能对象”命令。摆放在画布居中的位置，单击工具箱中的“钢笔工具”按钮，绘制出所需形状的闭合路径，右击，在弹出的快捷菜单中选择“建立选区”命令，如图10-199和图10-200所示。

步骤07 单击“图层”面板中的“添加图层蒙版”按钮，以当前选区建立图层蒙版，此时可以看到选区以外的部分被隐藏，如图10-201和图10-202所示。

步骤08 分别置入花朵、祥云以及上下条纹的素材，全部栅格化并调整大小及位置，最终效果如图10-203所示。

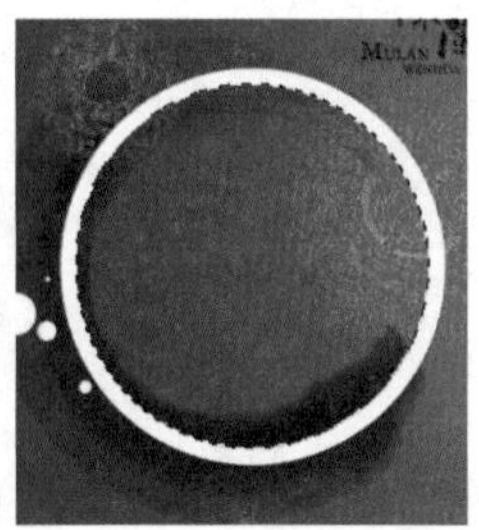

图10-198

图10-199

图10-200

图10-201

图10-202

图10-203

实例练习——图层蒙版配合不同笔刷制作涂抹画

案例文件	实例练习——图层蒙版配合不同笔刷制作涂抹画.psd
视频教学	实例练习——图层蒙版配合不同笔刷制作涂抹画.flv
难易指数	★★★★★
技术要点	自由变换工具，图层蒙版，色相/饱和度

案例效果

本例最终效果如图10-204所示。

操作步骤

步骤01 打开背景素材文件，如图10-205所示。

步骤02 置入人像素材，执行“图层>栅格化>智能对象”命令。调整大小，并放在图像居中的位置，如图10-206所示。

步骤03 单击“图层”面板中的“添加图层蒙版”按钮，如图10-207所示。然后将图层蒙版填充为黑色，单击工具箱中的“画笔工具”按钮，在其选项栏中设置不同笔刷及画笔大小，设置“不透明度”为70%，“流量”为60%，设置前景色为白色，在图中进行适当涂抹，如图10-208所示。

图10-204

图10-205

图10-206

图10-207

步骤04 新建图层“蓝”，同样使用画笔工具选择合适笔刷，设置前景色为蓝色，进行绘制，如图10-209所示。

步骤05 新建图层“粉”，同样使用画笔工具选择合适笔刷，设置前景色为粉色，进行绘制，在“图层”面板中设置混合模式为“柔光”，如图10-210所示。最终效果如图10-211所示。

图10-208

图10-209

图10-210

图10-211

通道

本章学习要点：

- 掌握通道的基本操作方法
- 掌握通道调色思路与技巧
- 熟练掌握通道抠图法

11.1 了解通道的类型

通道是用于存储图像颜色信息和选区信息等不同类型信息的灰度图像。一个图像最多可有 56个通道。所有的新通道都具有与原始图像相同的尺寸和像素数目。在Photoshop中，只要是支持图像颜色模式的格式，都可以保留颜色通道；如果要保存Alpha通道，可以将文件存储为PDF、TIFF、PSB或Raw格式；如果要保存专色通道，可以将文件存储为DCS 2.0 格式。在Photoshop中包含3种类型的通道，分别是颜色通道、Alpha通道和专色通道。

11.1.1 颜色通道

颜色通道是将构成整体图像的颜色信息整理并表现为单色图像的工具。根据图像颜色模式的不同，颜色通道的数量也不同。例如，RGB模式的图像有RGB、红、绿、蓝4个通道，如图11-1所示；CMYK颜色模式的图像有CMYK、青色、洋红、黄色、黑色5个通道，如图11-2所示；Lab颜色模式的图像有Lab、明度、a、b 4个通道，如图11-3所示；而位图和索引颜色模式的图像只有一个位图通道和一个索引通道，如图11-4和图11-5所示。

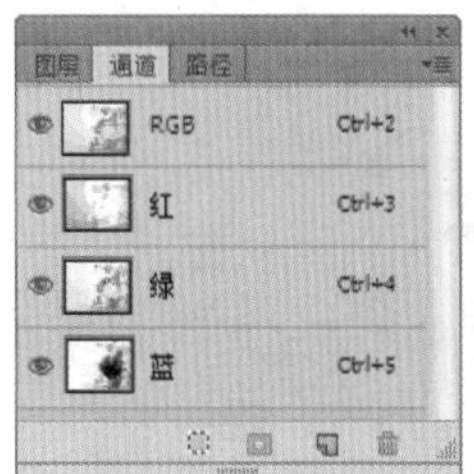

图11-1

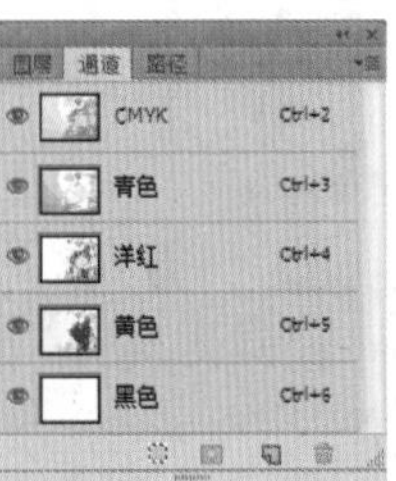

图11-2

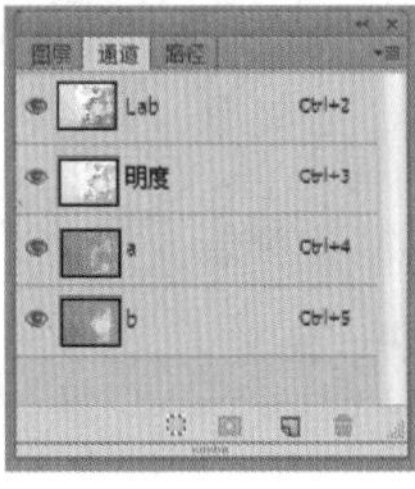

图11-3

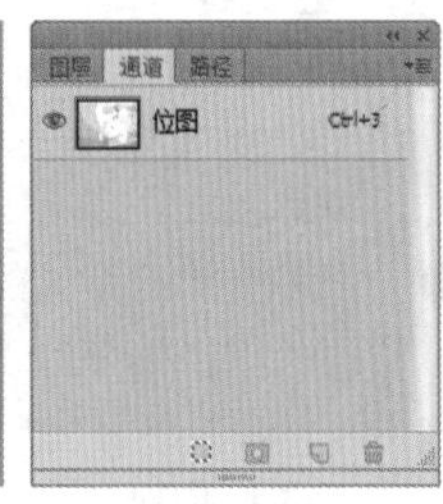

图11-4

图11-5

技术拓展：用彩色显示通道

在默认情况下，“通道”面板中所显示的单通道都为灰色，如果要以彩色来显示单色通道，可以执行“编辑>首选项>界面”命令，然后在打开对话框的“选项”选项组中选中“用彩色显示通道”复选框，如图11-6所示。效果如图11-7所示。

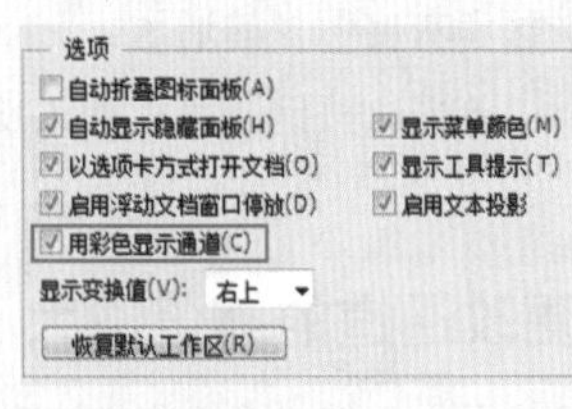

图11-6

图11-7

11.1.2 Alpha通道

Alpha通道主要用于选区的存储编辑与调用。Alpha通道是一个8位的灰度通道，该通道用256级灰度来记录图像中的透明度信息，定义透明、不透明和半透明区域。其中黑色处于未选择的状态，白色处于完全选择状态，灰色则表示部分被选择状态（即羽化区域）。使用白色涂抹Alpha通道可以扩大选区范围；使用黑色涂抹则收缩选区；使用灰色涂抹可以增加羽化范围。图11-8中包含一个蔬菜包的选区，下面以这张图像来讲解Alpha通道的主要功能。

功能1：在“通道”面板下单击“将选区存储为通道”按钮，可以创建一个Alpha1通道，同时选区会存储到通道中，这就是Alpha通道的第1个功能，即存储选区，如图11-9所示。

功能2：单击Alpha1通道，将其单独选择，此时文档窗口中将显示为花朵的黑白图像，就是Alpha通道的第2个功能，即存储黑白图像，如图11-10所示。其中黑色区域表示不能被选择的区域，白色区域表示可以选取的区域（如果有灰色区域，表示可以被部分选择）。

功能3：在“通道”面板中单击“将通道作为选区载入”按钮，可以载入Alpha1通道的选区，这就是Alpha通道的第3个功能，即可以从Alpha通道中载入选区，如图11-11所示。

图11-8

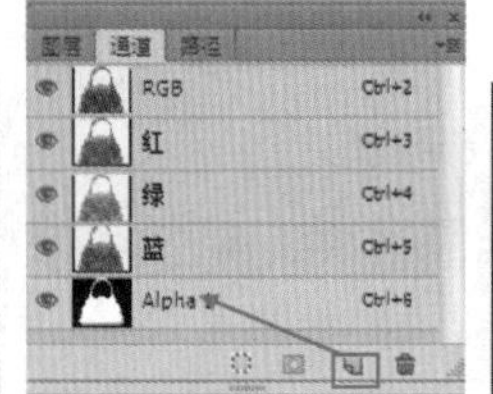

图11-9

图11-10

图11-11

技巧与提示

按住Ctrl键单击通道的缩览图，也可以载入通道的选区。

11.1.3 专色通道

专色通道主要用来指定用于专色油墨印刷的附加印版。它可以保存专色信息，同时也具有Alpha通道的特点。每个专色通道只能存储一种专色信息，而且是以灰度形式来存储的。除了位图模式以外，其余所有的色彩模式图像都可以建立专色通道。

技巧与提示

除了位图模式以外，其余所有的色彩模式图像都可以建立专色通道。

11.2 “通道”面板

打开任意一张图像，如图11-12所示。在“通道”面板中能够看到Photoshop自动为这张图像创建颜色信息通道。“通道”面板主要用于创建、存储、编辑和管理通道。执行“窗口>通道”命令，打开“通道”面板，如图11-13所示。

图11-12

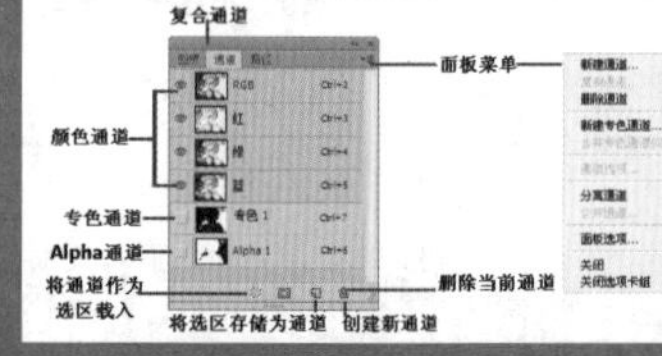

图11-13

- 颜色通道：这4个通道都用来记录图像颜色信息。
- 复合通道：用来记录图像的所有颜色信息。
- Alpha通道：用来保存选区和灰度图像的通道。
- 将通道作为选区载入 ：单击该按钮，可以载入所选通道图像的选区。
- 将选区存储为通道 ：如果图像中有选区，单击该按钮，可以将选区中的内容存储到通道中。
- 创建新通道 ：单击该按钮，可以新建一个Alpha通道。
- 删除当前通道 ：将通道拖曳到该按钮上，可以删除选择的通道。

技术拓展：更改通道的缩览图大小

如果要改变通道缩览图的大小，可以采用以下两种方法来完成。

方法1：在“通道”面板下面的空白处右击，在弹出的快捷菜单中选择相应的命令，即可改变通道缩览图的大小，如图11-14和图11-15所示。

方法2：在面板菜单中选择“面板选项”命令，在弹出的“通道面板选项”对话框中可以修改通道缩览图的大小，如图11-16和图11-17所示。

图11-14

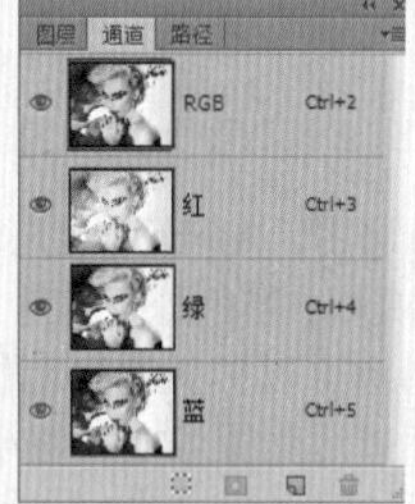

图11-15

图11-16

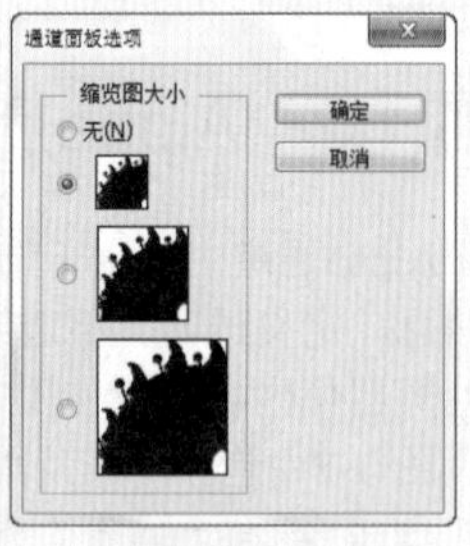

图11-17

11.3 通道的基本操作

在“通道”面板中可以选择某个通道进行单独操作，也可以隐藏/显示已有的通道，或对其位置进行调换、删除、复制、合并等操作。

11.3.1 快速选择通道

在“通道”面板中单击即可选中某一通道，在每个通道后面有对应的“Ctrl+数字”格式快捷键，如在图中“红”通道后面有Ctrl+3组合键，这就表示按Ctrl+3组合键可以单独选择“红”通道，如图11-18和图11-19所示。

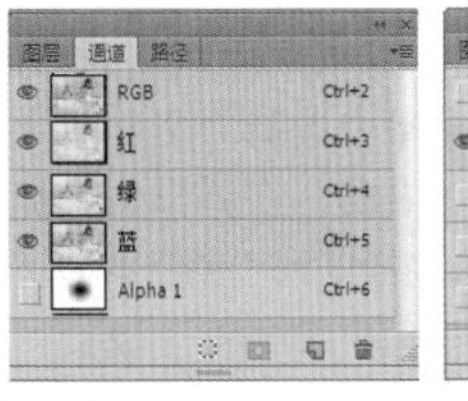
图11-18

图11-19

11.3.2 显示/隐藏通道

通道的显示/隐藏与“图层”面板相同，每个通道的左侧都有一个图标。在通道上单击该图标，可以使该通道隐藏，如图11-20所示。单击隐藏状态的通道右侧的图标，可以恢复该通道的显示，如图11-21所示。

技巧与提示

在任何一个颜色通道隐藏的情况下，复合通道都被隐藏，并且在所有颜色通道显示的情况下，复合通道不能被单独隐藏。

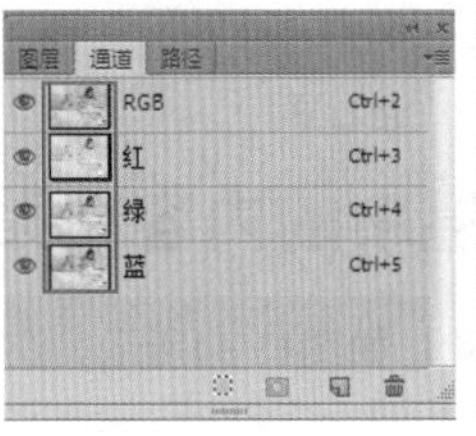
图11-20

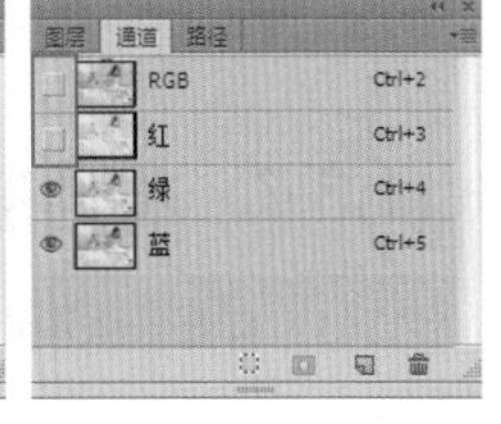
图11-21

11.3.3 排列通道

如果“通道”面板中包含多通道，除去默认的颜色通道的顺序是不能进行调整的以外，其他通道可以像调整图层位置一样调整通道的排列位置，如图11-22和图11-23所示。

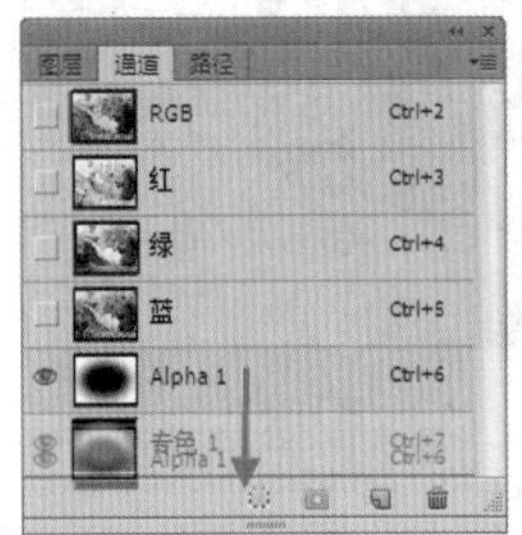
图11-22

图11-23

11.3.4 重命名通道

要重命名Alpha通道或专色通道，可以在“通道”面板中双击该通道的名称，如图11-24所示。激活输入框，然后输入新名称即可，默认的颜色通道的名称是不能进行重命名的，如图11-25所示。

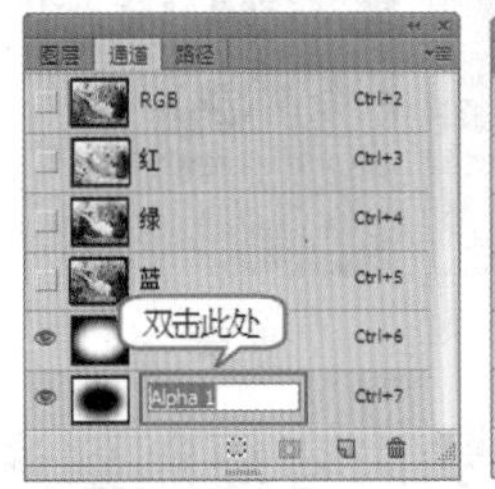

图11-24

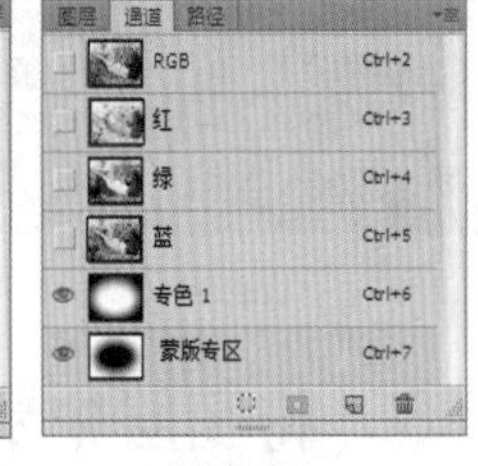
图11-25

11.3.5 新建Alpha/专色通道

理论实践——新建Alpha通道

如果要新建Alpha通道，可以在“通道”面板下面单击“创建新通道”按钮，如图11-26所示。效果如图11-27所示。

图11-26

图11-27

理论实践——新建专色通道

如果要新建专色通道，可以在“通道”面板的菜单中选择“新建专色通道”命令，如图11-28和图11-29所示。

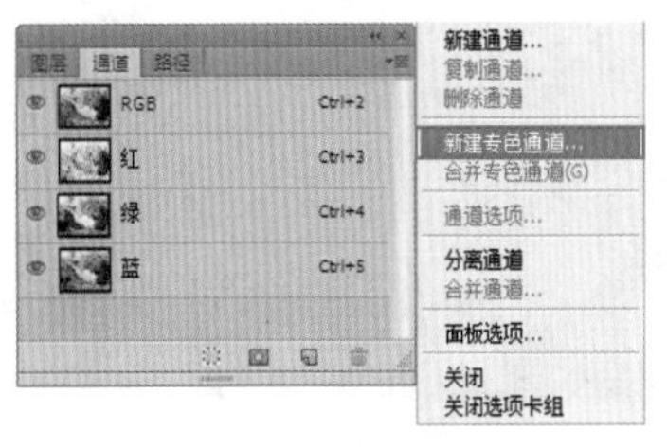

图11-28

图11-29

11.3.6 复制通道

如果要复制通道，可以采用以下3种方法来完成（注意，不能复制复合通道）。

方法1：在面板菜单中选择“复制通道”命令，即可将当前通道复制出一个副本，如图11-30和图11-31所示。

方法2：在通道上右击，在弹出的快捷菜单中选择“复制通道”命令，如图11-32所示。

方法3：直接将通道拖曳到“创建新通道”按钮上，如图11-33所示。

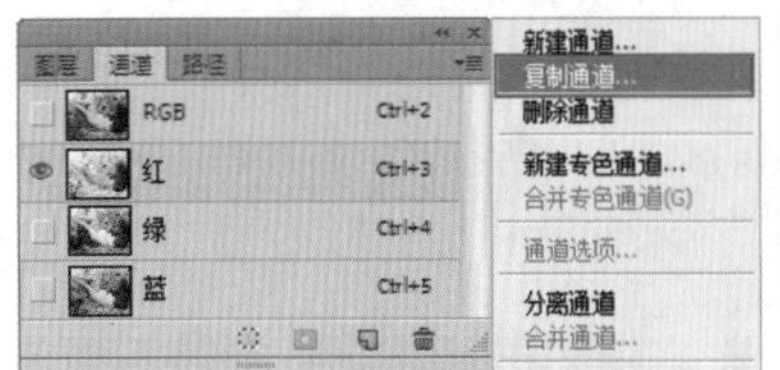

图11-30

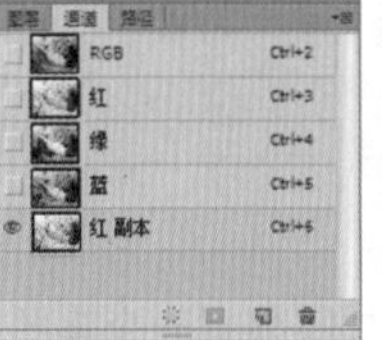

图11-31

图11-32

图11-33

11.3.7 将通道中的内容粘贴到图像中

（1）打开一张图片，如图11-34所示。在“通道”面板中选择“蓝”通道，画面中会显示该通道的灰度图像，如图11-35所示。

（2）按Ctrl+A组合键全选，按Ctrl+C组合键复制，如图11-36所示。

（3）单击RGB复合通道显示彩色的图像，并回到“图层”面板，按Ctrl+V组合键可以将复制的通道粘贴到一个新的图层中，如图11-37所示。

图11-34

图11-35

图11-36

图11-37

11.3.8 将图层中的内容复制到通道中

在Photoshop中打开两张照片文件，在其中一个文档窗口中按Ctrl+A组合键全选图像，然后按Ctrl+C组合键复制图像，如图11-38和图11-39所示。

切换到另一个文件的文档窗口，然后进入“通道”面板，单击“创建新通道”按钮，新建一个Alpha1通道，如图11-40所示。接着按Ctrl+V组合键将复制的图像粘贴到通道中，如图11-41所示。

显示出RGB复合通道，回到“图层”面板中，可以看到当前Alpha通道效果显示在图像中，如图11-42所示。

图11-38

图11-39

图11-40

图11-41

图11-42

11.3.9 删除通道

复杂的Alpha通道会占用很大的磁盘空间，因此在保存图像之前，可以删除无用的Alpha通道和专色通道。如果要删除通道，可以采用以下两种方法来完成。

方法1：将通道拖曳到“通道”面板下面的“删除当前通道”按钮上，如图11-43和图11-44所示。

方法2：在通道上右击，在弹出的快捷菜单中选择“删除通道”命令，如图11-45所示。

图11-43

图11-44

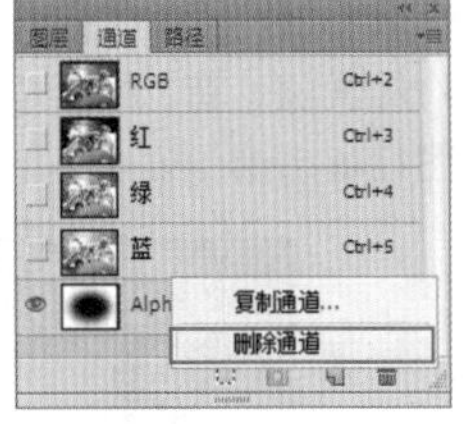

图11-45

技巧与提示

在删除颜色通道时，如果删除的是红、绿、蓝通道中的一个，那么RGB通道也会被删除，如图11-46和图11-47所示；如果删除的是RGB通道，那么将删除Alpha通道和专色通道以外的所有通道，如图11-48所示。

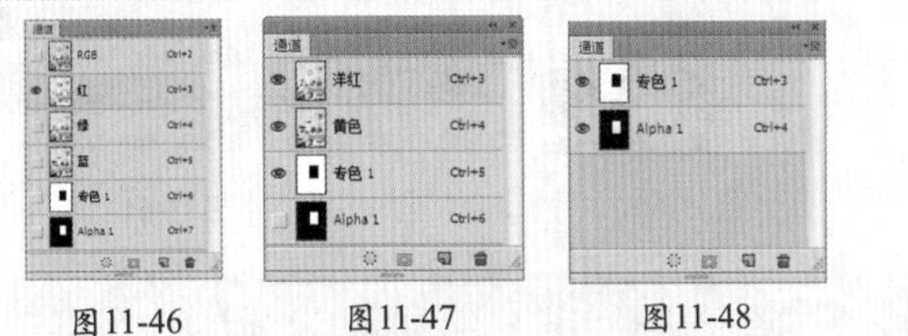

图11-46　图11-47　图11-48

11.3.10 合并通道

可以将多个灰度图像合并为一个图像的通道。要合并的图像必须为打开的已拼合的灰度模式图像，并且像素尺寸相同。不满足以上条件的情况下“合并通道”命令将不可用。已打开的灰度图像的数量决定了合并通道时可用的颜色模式，如4张图像可以合并为一个RGB图像或CMYK图像。

（1）打开3张大小都为1920×1200像素，并且颜色模式都是RGB的图像，如图11-49～图11-51所示。

图11-49

图11-50

图11-51

（2）分别对3张图像都执行“图像>模式>灰度”命令，将其转换为灰度图像，如图11-52～图11-54所示。

（3）在第1张图像的“通道”面板菜单中选择“合并通道”命令，打开“合并通道”对话框，设置“模式”为“RGB颜色”模式，如图11-55和图11-56所示。

图11-52

图11-53

图11-54

图11-55

（4）在“合并通道”对话框中单击“确定”按钮，在打开的“合并RGB通道”对话框中可以选择以哪个图像来作为红色、绿色、蓝色通道，如图11-57所示。选择好通道图像以后单击“确定”按钮，此时在“通道”面板中会出现一个RGB颜色模式的图像，如图11-58所示。效果如图11-59所示。

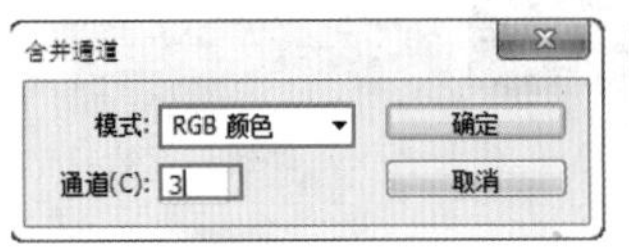

图11-56

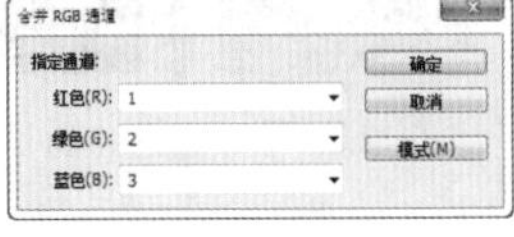

图11-57

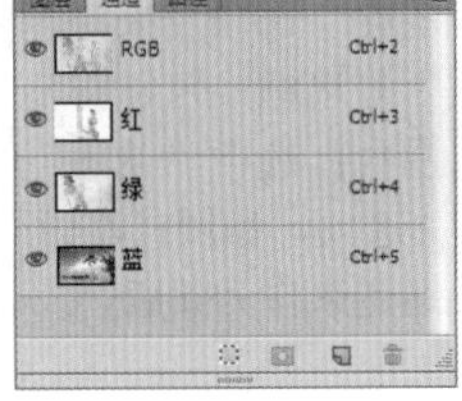

图11-58

图11-59

11.3.11 分离通道

打开一张RGB颜色模式的图像，如图11-60所示。在“通道”面板菜单中选择“分离通道”命令，如图11-61所示。可以将红、绿、蓝3个通道单独分离成3张灰度图像并关闭彩色图像，同时每个图像的灰度都与之前的通道灰度相同，如图11-62～图11-64所示。

图11-60

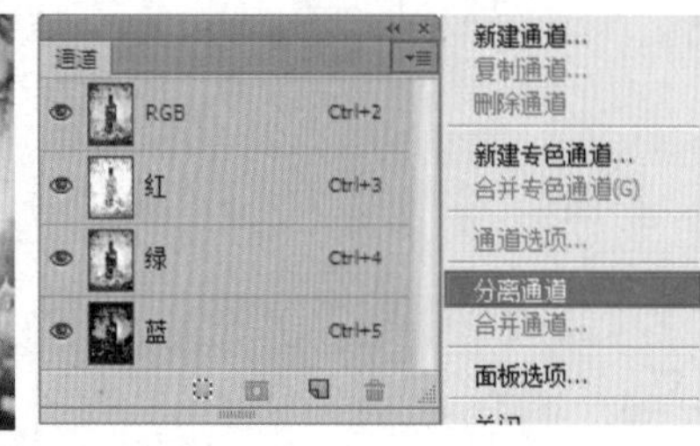

图11-61

图11-62

图11-63

图11-64

11.4 通道的高级操作

在Photoshop中，通道的功能非常强大，它不仅可以用来存储选区，而且在调色、混合图像、抠像以及合成中都起着不可小视的作用。如图11-65～图11-68所示为一些使用到通道操作的作品。

图11-65

图11-66

图11-67

图11-68

11.4.1 用“应用图像”命令混合通道

打开包含人像和光斑图层的文档，如图11-69所示。下面以这个文档为例来讲解如何使用“应用图像”命令来混合通道，如图11-70所示。

选择“光斑”，然后执行“图像>应用图像”命令，打开“应用图像”对话框，如图11-71所示。“应用图像”命令可以将作为“源”的图像的图层或通道与作为“目标”的图像的图层或通道进行混合。

图11-69

图11-70

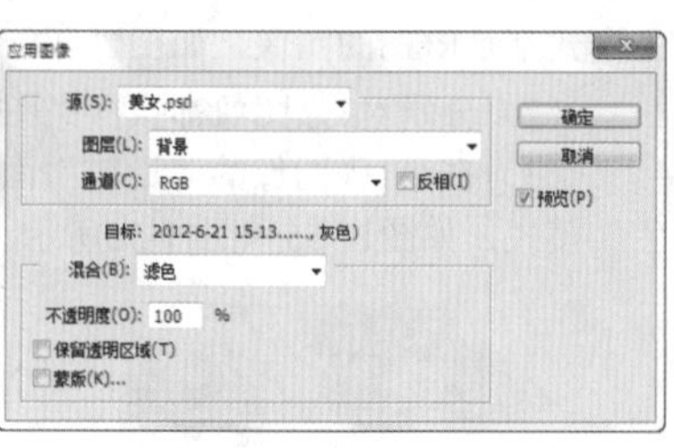

图11-71

- 源：该选项组主要用来设置参与混合的源对象。“源”选项用来选择混合 通道的文件（必须是打开的文档才能进行选择）；“图层”选项用来选择参与混合的图层；“通道”选项用来选择参与混合的通道；“反相”选项可以使通道先反相，然后再进行混合，如图11-72所示。
- 目标：显示被混合的对象。
- 混合：该选项组用于控制“源”对象与“目标”对象的混合方式。“混合”选项用于设置混合模式，如图11-73所示为“滤色”混合效果；“不透明度”选项用来控制混合的程度；选中“保留透明区域”复选框，可以将混合效果限定在图层的不透明区域范围内；选中“蒙版”复选框，可以显示出“蒙版”的相关选项，如图11-74所示，可以选择任何颜色通道和Alpha通道来作为蒙版。

图11-72

图11-73

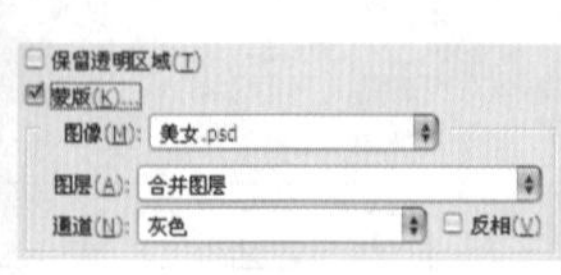

图11-74

技术拓展：通道混合中的相加与减去模式

在“混合”选项中，有两种非常特殊的混合方式，即“相加”与“减去”模式。这两种模式是通道独特的混合模式，“图层”面板中不具备这两种混合模式。

- 相加：这种混合方式可以增加两个通道中的像素值。“相加”模式是在两个通道中组合非重叠图像的好方法，因为较大的像素值代表较亮的颜色，所以向通道添加重叠像素使图像变亮，如图11-75所示。
- 减去：这种混合方式可以从目标通道中相应的像素上减去源通道中的像素值，如图11-76所示。

图11-75

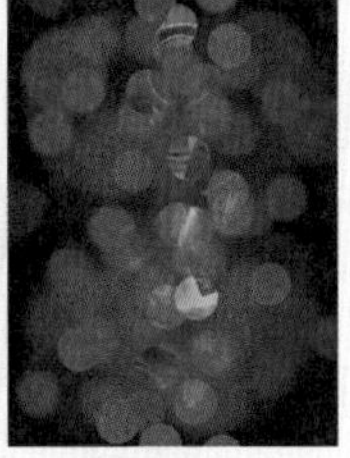
图11-76

11.4.2 用“计算”命令混合通道

“计算”命令可以混合两个来自一个源图像或多个源图像的单个通道，得到的混合结果可以是新的灰度图像或选区、通道。打开一张图像，如图11-77所示，然后执行“图像>计算”命令，打开“计算”对话框，如图11-78所示。

- 源1：用于选择参与计算的第1个源图像、图层及通道。
- 源2：用于选择参与计算的第2个源图像、图层及通道。
- 图层：如果源图像具有多个图层，则可以在这里进行图层的选择。
- 混合：与“应用图像”命令的“混合”选项相同。
- 结果：选择计算完成后生成的结果。选择“新建的文档”方式，可以得到一个灰度图像，如图11-79所示；选择“新建的通道”方式，可以将计算结果保存到一个新的通道中，如图11-80所示；选择“选区”方式，可以生成一个新的选区，如图11-81所示。

图11-77

图11-78

图11-79

图11-80

图11-81

11.4.3 用通道调整颜色

通道调色是一种高级调色技术，可以对一张图像的单个通道应用各种调色命令，从而达到调整图像中单种色调的目的。打开一张图像，下面用这张图像和“曲线”命令来介绍如何用通道调色，如图11-82所示。

单独选择“红”通道，按Ctrl+M组合键，打开“曲线”对话框，将曲线向上调节，可以增加图像中的红色数量，如图11-83所示。效果如图11-84所示；将曲线向下调节，则可以减少图像中的红色数量，如图11-85所示。效果如图11-86所示。

图11-82

图11-83

图11-84

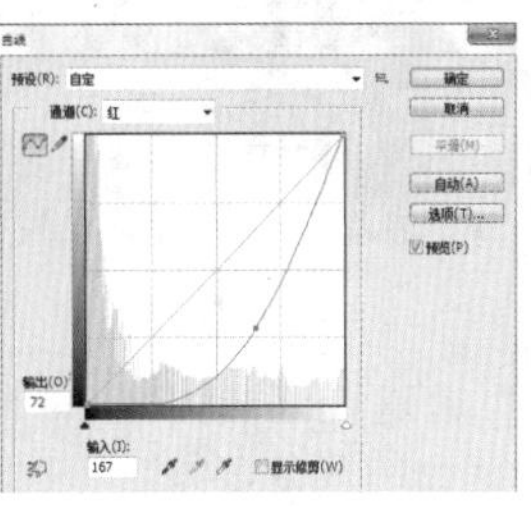
图11-85

图11-86

单独选择“蓝”通道，将曲线向上调节，可以增加图像中的蓝色数量，如图11-87所示。效果如图11-88所示；将曲线向下调节，则可以减少图像中的蓝色数量，如图11-89所示。效果如图11-90所示。

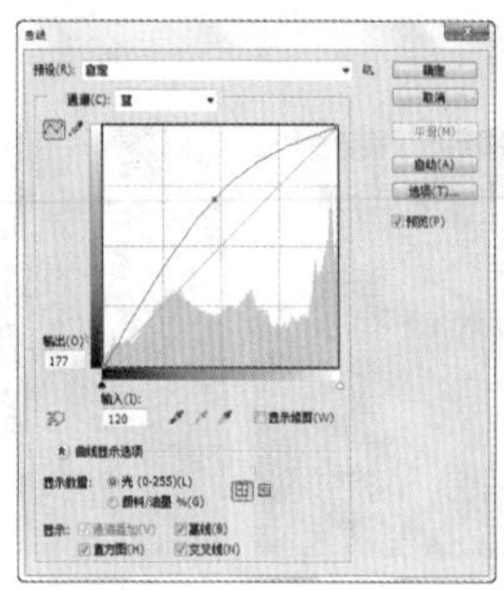

图11-87

图11-88

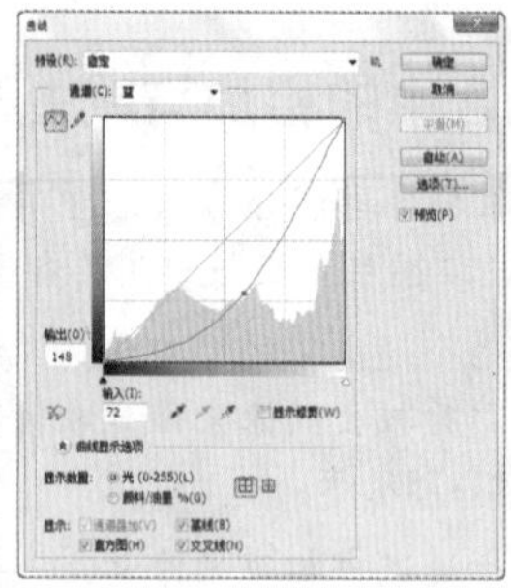

图11-89

图11-90

实例练习——使用通道校正偏色图像

案例文件	实例练习——使用通道校正偏色图像.psd
视频教学	实例练习——使用通道校正偏色图像.flv
难易指数	★★★★★
技术要点	通道中的曲线调整

案例效果

原图如图11-91所示。最终效果如图11-92所示。

操作步骤

步骤01 打开素材图像，从素材中可以看出照片偏色情况比较严重。下面需要进入“通道”面板，单击选择“红”通道（为了便于观察调整效果，可以显示出RGB复合通道），如图11-93所示。

技巧与提示

判断一张图像是否偏色，单纯地用眼睛去看或者凭感觉是不准确的。比较科学的方法是在图像中使用“颜色取样器”工具标记现实中应该是黑色、灰色、白色的像素点，借助Photoshop信息面板中的RGB数值进行判断。完全不偏色的情况下，每个颜色的RGB数值应该相同或者尽可能相近，RGB数值差异越大，则偏色情况越严重。

图11-91

图11-92

图11-93

步骤02 执行“图像>调整>曲线”命令，在打开的对话框中适当将曲线弧度向右下调整，能够看到图像中红色的成分减少了，如图11-94所示。效果如图11-95所示。

步骤03 继续选择“绿”通道，并显示出RGB复合通道，如图11-96所示。在“绿”通道上进行适当压暗，如图11-97所示。降低绿色在图像中的比例，如图11-98所示。

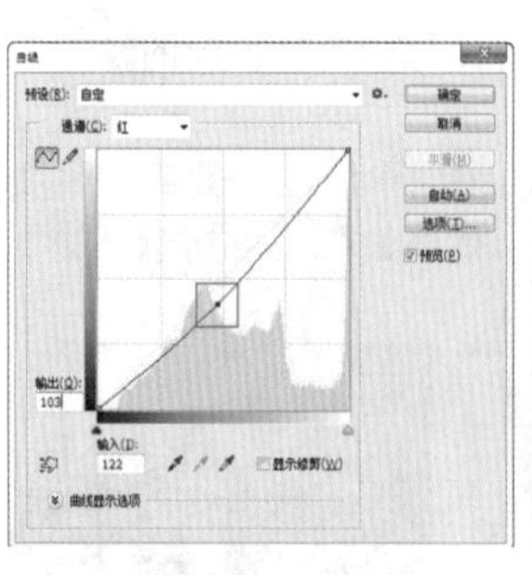

图11-94

图11-95

图11-96

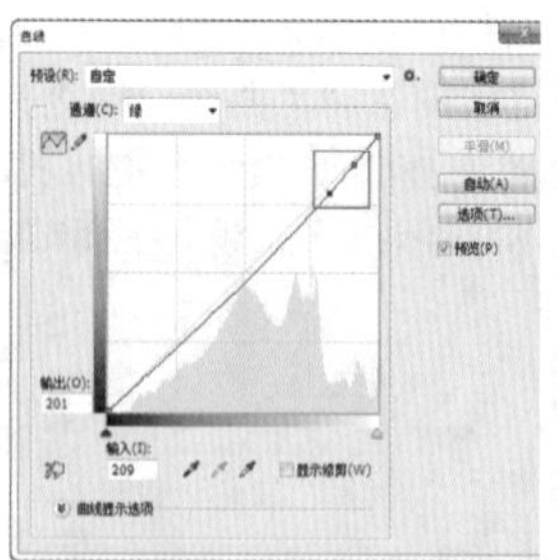

图11-97

图11-98

步骤04 继续选择“蓝”通道，适当提亮蓝通道，增强画面中蓝色的成分，如图11-99所示。效果如图11-100所示。

步骤05 执行“图层>新建调整图层>曲线”命令，调整曲线的形态，使之成为S形，如图11-101所示。画面对比度被增强了，最终效果如图11-102所示。

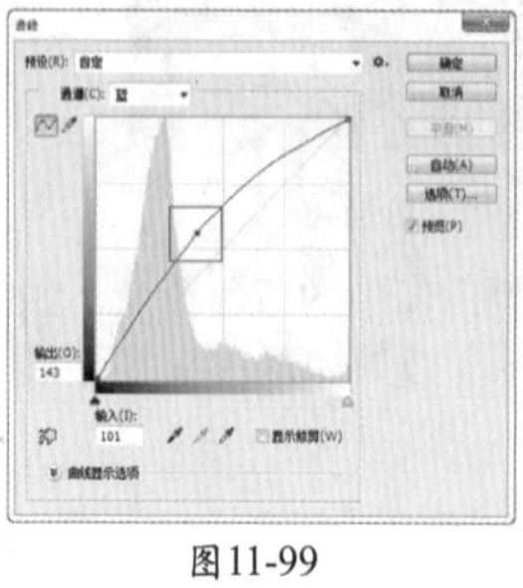

图11-99

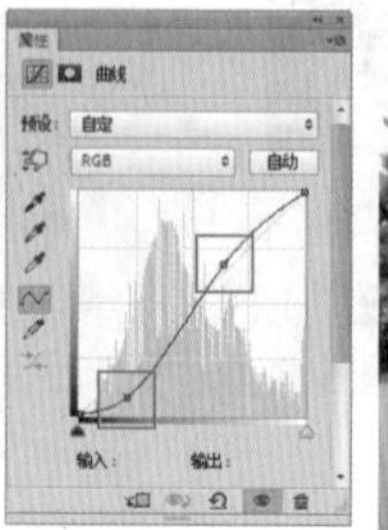

图11-100

图11-101

图11-102

11.4.4 用通道抠图

通道抠图主要是利用图像的色相差别或明度差别来创建选区，在操作过程中可以多次重复使用“亮度/对比度”、“曲线”和“色阶”等调整命令，以及画笔、加深、减淡等工具对通道进行调整，以得到最精确的选区。通道抠图法常用于抠选毛发、云朵、烟雾以及半透明的婚纱等对象。如图11-103～图11-106所示分别为人像照片更换背景后的效果。

图11-103

图11-104

图11-105

图11-106

实例练习——为奔跑的骏马换背景

案例文件	实例练习——为奔跑的骏马换背景.psd
视频教学	实例练习——为奔跑的骏马换背景.flv
难易指数	★★★★★
技术要点	“通道”面板，曲线

案例效果

案例效果如图11-107所示。

操作步骤

步骤01 打开图片素材，按住Alt键双击“背景”图层将其转换为普通图层，如图11-108所示。效果如图11-109所示。

步骤02 进入“通道”面板，可以看出“蓝”通道中动物颜色与天空颜色差异最大，如图11-110所示。在“蓝”通道上右击，在弹出的快捷菜单中选择“复制通道”命令，此时会出现一个“蓝副本”通道，如图11-111所示。

图11-107

图11-108

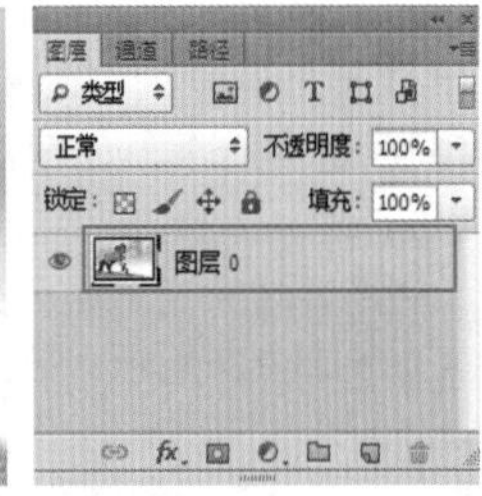

图11-109

图11-110

步骤03 为了选出动物部分的选区，就需要增大该通道中动物与天空的差距。首先使用魔棒工具选出天空选区，按Ctrl+M组合键，在弹出的对话框中调整好曲线形状，如图11-112所示。制作出黑白差距较大的效果，如图11-113所示。

步骤04 按Shift+Ctrl+I组合键进行反向，再使用“曲线”命令将马的颜色压暗，如图11-114所示。效果如图11-115所示。

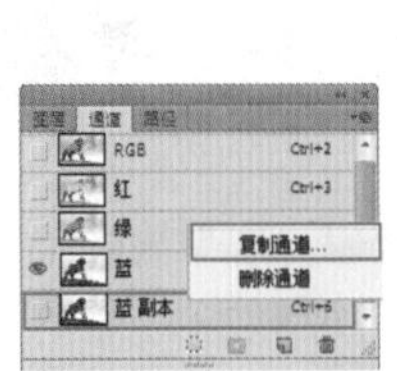

图11-111

图11-112

图11-113

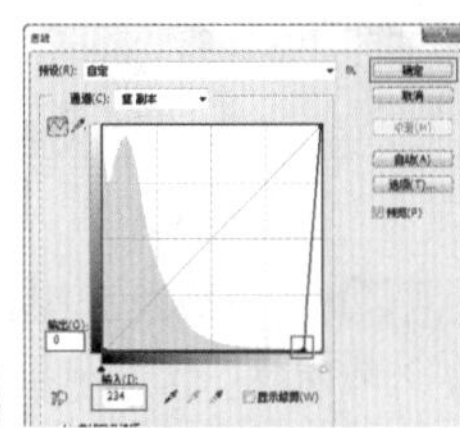

图11-114

步骤05 回到“图层”面板，为图层添加一个图层蒙版，天空部分被完整地去除了，如图11-116所示。效果如图11-117所示。

步骤06 置入背景素材文件，栅格化后放置在“图层”面板最底层位置，效果如图11-118所示。

图11-115

图11-116

图11-117

图11-118

实例练习——使用通道抠出云朵选区

案例文件	实例练习——使用通道抠出云朵选区.psd
视频教学	实例练习——使用通道抠出云朵选区.flv
难易指数	☆☆★★★
技术要点	“通道”面板，减淡工具，曲线

案例效果

案例效果如图11-119所示。

图11-119

操作步骤

步骤01 打开背景素材文件，如图11-120所示。

步骤02 置入天空素材文件，执行“图层>栅格化>智能对象”命令，如图11-121所示。

步骤03 单击“隐藏”图标，先将“背景”图层隐藏，如图11-122所示。效果如图11-123所示。

图11-120

图11-121

图11-122

图11-123

步骤04 从天空中抠出云朵。进入“通道”面板，可以看出“红”通道中云朵颜色与背景色差异最大，在“红”通道上右击，在弹出的快捷菜单中选择“复制通道”命令，如图11-124所示。此时将会出现一个新的“红 副本”通道，如图11-125所示。

步骤05 为了选出云朵部分的选区，就需要增大通道中云朵与背景色的差距，按Ctrl+M组合键，选择黑色吸管，在视图中多次吸取背景色，使背景色变为黑色，如图11-126所示。效果如图11-127所示。

图11-124

图11-125

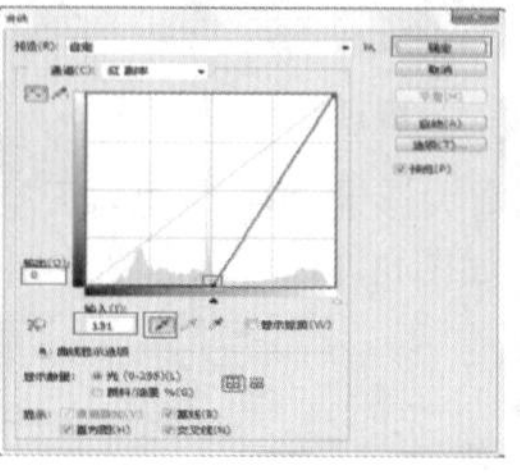

图11-126

图11-127

步骤06 使用减淡工具，在其选项栏中设置“范围”为“高光”，“曝光度”为50%。使用减淡画笔工具，在云朵上面进行绘制涂抹，使云朵减淡。然后按住Ctrl键，单击“红 副本”通道，会出现云朵的选区，如图11-128所示。回到“图层”面板，为天空图层添加一个图层蒙版，如图11-129所示。效果如图11-130所示。

步骤07 单击打开“隐藏”图标的背景图像。按Ctrl+T组合键调整云朵大小和位置，并使用黑色画笔涂抹云朵遮盖人像部分，最终效果如图11-131所示。

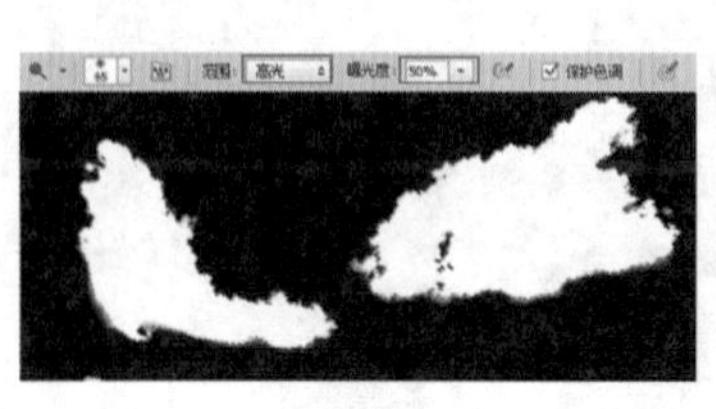

图11-128

图11-129

图11-130

图11-131

实例练习——使用通道为长发美女换背景

案例文件	实例练习——使用通道为长发美女换背景.psd
视频教学	实例练习——使用通道为长发美女换背景.flv
难易指数	★★★★★
技术要点	"通道"面板，减淡工具，曲线

案例效果

案例效果如图11-132所示。

图11-132

操作步骤

步骤01 打开背景素材文件，如图11-133所示。按住Alt键双击"背景"图层将其转换为普通图层，如图11-134所示。

步骤02 进入"通道"面板，使用通道抠图的方法抠出人像。可以看出"蓝"通道人像颜色与背景色差异最大，需要建立副本，在"蓝"通道上右击，在弹出的快捷菜单中选择"复制通道"命令，此时将会出现一个新的"蓝 副本"通道，如图11-135所示。效果如图11-136所示。

步骤03 使用减淡工具，在其选项栏中设置"范围"为"高光"，"曝光度"为50%。使用减淡画笔，在人像头发背景区域进行减淡涂抹。使头发边缘灰色的阴影部分变为白色，如图11-137所示。

图11-133

图11-134

图11-135

图11-136

图11-137

步骤04 增大通道中人像与背景色的差距，执行"图像>调整>曲线"命令，在弹出的对话框中调整好曲线形状，如图11-138所示。将人像区域压暗，如图11-139所示。

步骤05 按住Ctrl键单击"蓝 副本"通道缩览图载入选区，如图11-140所示。

步骤06 由于刚才的"蓝 副本"通道中背景部分为白色，所以载入的选区为背景部分选区，回到"图层"面板，按Shift+Ctrl+I组合键反向，并为图层添加蒙版，如图11-141所示。人像被完整抠出来了，如图11-142所示。

步骤07 置入背景素材与前景素材文件，执行"图层>栅格化>智能对象"命令。最终效果如图11-143所示。

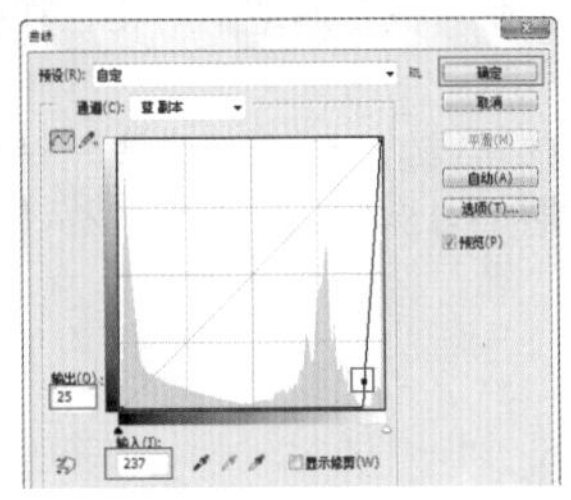

图11-138

图11-139

图11-140

图11-141

图11-142

图11-143

第11章 通道

实例练习——使用通道为婚纱照片换背景

案例文件	实例练习——使用通道为婚纱照片换背景.psd
视频教学	实例练习——使用通道为婚纱照片换背景.flv
难易指数	★★★★★
技术要点	通道抠图

案例效果

原图如图11-144所示。最终效果如图11-145所示。

图11-144

图11-145

操作步骤

步骤01 打开背景素材文件，如图11-146所示。

步骤02 按Ctrl+J组合键复制出一个副本。首先选择原图层，使用钢笔工具勾勒出人像的轮廓，然后按Ctrl+Enter组合键载入路径的选区，然后按Shift+Ctrl+I组合键反向，再按Delete键删除背景部分，如图11-147所示。

步骤03 选择副本图层，使用钢笔工具勾勒出婚纱头饰，按Ctrl+Enter组合键载入选区后右击，在弹出的快捷菜单中选择“选择反向”命令之后删除背景部分，如图11-148所示。

步骤04 由于婚纱头饰部分的纱应该是半透明效果，所以需要对纱的部分进行进一步处理。隐藏其他图层，只留下纱图层，如图11-149所示。效果如图11-150所示。

图11-146

图11-147

图11-148

图11-149

图11-150

步骤05 进入“通道”面板，可以看出“蓝”通道中纱颜色与背景色差异最大，如图11-151所示。在“蓝”通道上右击，在弹出的快捷菜单中选择“复制通道”命令，此时将会出现一个新的通道“蓝 副本”，如图11-152所示。

步骤06 为了使纱部分更加透明，就需要尽量增大该通道中前景色与背景色的差距，按Ctrl+M组合键，打开“曲线”对话框，建立两个控制点，调整好曲线形状，如图11-153所示。此时头纱部分黑白对比非常强烈，如图11-154所示。

步骤07 完成后按住Ctrl键单击“蓝 副本”通道缩览图载入选区，如图11-155所示。

图11-151

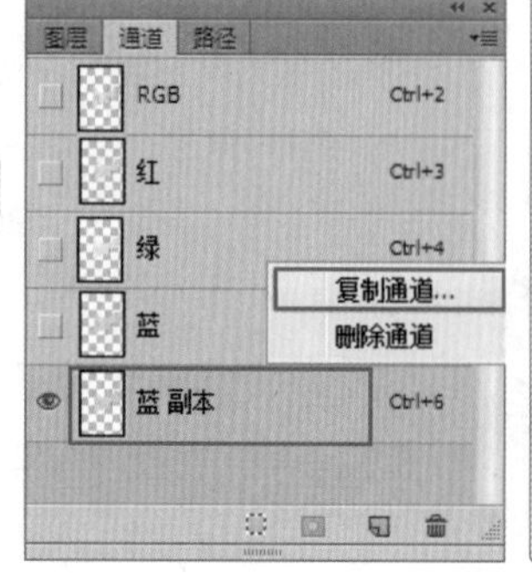

图11-152

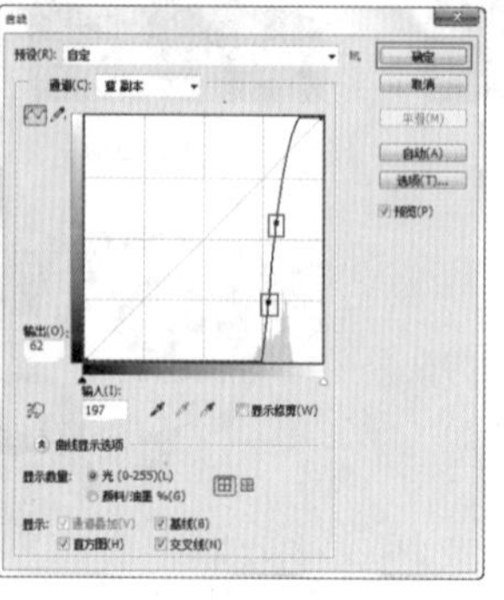

图11-153

图11-154

图11-155

步骤08 选择RGB，再回到“图层”面板，为图层添加一个图层蒙版，如图11-156所示。打开隐藏的人像图层，如图11-157所示。

步骤09 置入背景素材文件，执行“图层>栅格化>智能对象”命令，将其放置在最底层位置。然后创建新图层，使用黑色画笔在婚纱底部进行涂抹，制作出阴影效果，如图11-158所示。

步骤10 创建新的“曲线”调整图层，分别调整“蓝”通道和RGB通道的曲线形状，如图11-159和图11-160所示。使图像整体倾向于梦幻的蓝紫色，如图11-161所示。

图11-156　　图11-157　　图11-158　　图11-159

步骤11 置入光效素材，执行“图层>栅格化>智能对象”命令。设置混合模式为“滤色”，如图11-162所示。最终效果如图11-163所示。

图11-160　　图11-161　　图11-162　　图11-163

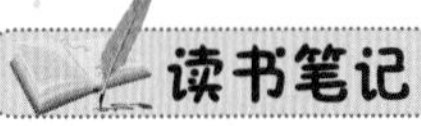

读书笔记

Chapter 12

第12章

滤镜

本章学习要点：

- 掌握智能滤镜的使用方法
- 了解常用滤镜的适用范围
- 了解各个滤镜组的功能与特点
- 了解常用的外挂滤镜的安装与使用方法

12.1 初识滤镜

图12-1　　图12-2

滤镜本身是一种摄影器材，安装在相机上，用于改变光源的色温，以满足摄影及制作特殊效果的需要。在Photoshop中滤镜的功能非常强大，不仅可以制作一些常见的艺术效果（如素描、印象派绘画等），还可以创作出绚丽无比的创意图像，如图12-1和图12-2所示。

Photoshop中的滤镜主要分为内置滤镜和外挂滤镜两大类，如图12-3～图12-6所示。Adobe公司提供的内置滤镜通常显示在“滤镜”菜单的上部，其中“滤镜库”、Camera Raw、“自适应广角”、“镜头校正”、“液化”、“油画”和“消失点”滤镜属于特殊滤镜，“风格化”、“模糊”、“扭曲”、“锐化”、“视频”、“像素化”、“渲染”、“杂色”和“其他”属于滤镜组；而由第三方厂商开发的滤镜（即外挂滤镜）完成安装后，将作为增效工具显示在“滤镜”菜单的底部，如图12-7所示。

图12-3

图12-4

图12-5

图12-6

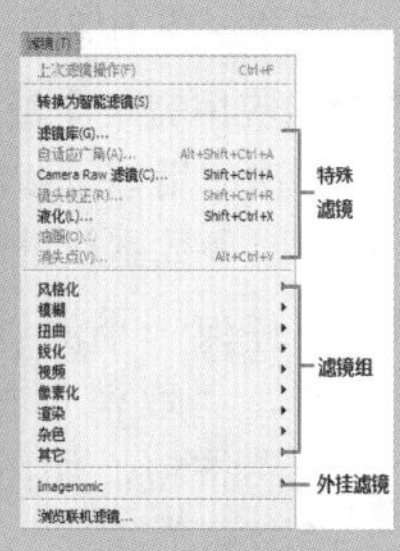

图12-7

12.1.1 滤镜的使用方法

下面举例说明滤镜的使用方法。

（1）打开一幅素材图像，如图12-8所示。执行“滤镜>滤镜库”命令，如图12-9所示。

（2）打开“滤镜库”对话框，从中选择合适的滤镜（本例中选择“染色玻璃”滤镜），然后适当调整参数设置，最后单击“确定”按钮结束操作，如图12-10所示。效果如图12-11所示。

图12-8

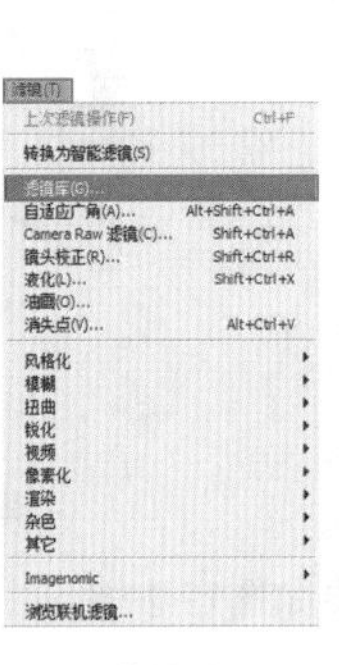

图12-9

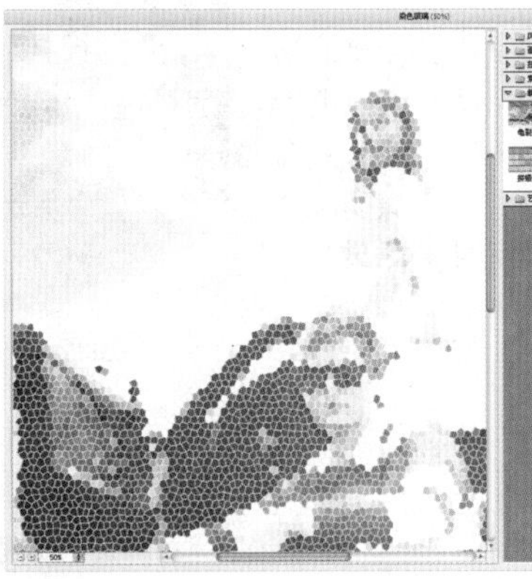

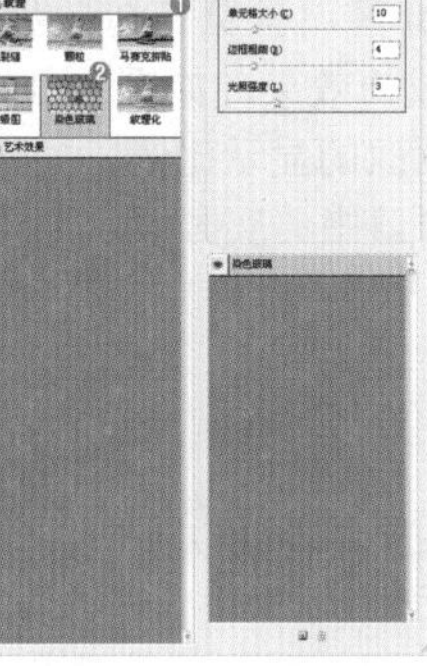

图12-10

图12-11

技巧与提示

滤镜在Photoshop中具有非常神奇的作用。使用时只需要从“滤镜”菜单中选择需要的滤镜，然后适当调整其参数设置即可。通常情况下，滤镜需要配合通道、图层等一起使用，才能获得最佳的艺术效果。

在使用滤镜时，掌握其使用原则和操作技巧，可以大大提高工作效率。

- 使用滤镜处理图层中的图像时，该图层必须是可见图层。

- 如果图像中存在选区，则滤镜效果只应用在选区之内；如果没有选区，则滤镜效果将应用于整个图像，如图12-12所示。
- 滤镜效果以像素为单位进行计算，因此即使采用相同的参数处理不同分辨率的图像，其效果也不一样。
- 只有“云彩”滤镜可以应用在没有像素的区域，其余滤镜都必须应用在包含像素的区域（某些外挂滤镜除外）。
- 滤镜可以用来处理图层蒙版、快速蒙版和通道。
- 在CMYK颜色模式下，某些滤镜将不可用；在索引和位图颜色模式下，所有的滤镜都不可用。如果要对CMYK图像、索引图像和位图图像应用滤镜，可以执行“图像>模式>RGB颜色”命令，将图像转换为RGB颜色模式后，再应用滤镜。

滤镜应用于选区

滤镜应用于整个图像

图12-12

- 当应用完一个滤镜以后，在“滤镜”菜单中的第1行将出现该滤镜的名称。执行该命令或按Ctrl+F组合键，可以按照上一次应用该滤镜的参数设置再次对图像应用该滤镜。另外，按Ctrl+Alt+F组合键，打开相应的滤镜对话框，从中可以对滤镜参数重新进行设置。
- 在任何一个滤镜对话框中按住Alt键，“取消”按钮都将变成“复位”按钮，如图12-13所示。单击“复位”按钮，可以将滤镜参数恢复为默认设置。
- 滤镜的使用顺序对其总体效果有着明显的影响。如图12-14（a）所示为“强化的边缘”滤镜位于“纹理化”滤镜之上，如图12-14（b）所示为“纹理化”滤镜位于“强化的边缘”滤镜之上，其效果有着明显的不同。

图12-13

（a）“强化的边缘”滤镜在上　（b）“纹理化”滤镜在上

图12-14

- 在应用滤镜的过程中，如果要终止处理，可以按Esc键。
- 在应用滤镜时，通常会弹出相应的对话框。在该滤镜对话框中，可以通过预览窗口预览滤镜效果，也可以拖曳图像，以观察其他区域的效果，如图12-15所示。单击-和+按钮，可以缩放图像的显示比例。另外，在图像的某个点上单击，在预览窗口中将实时显示出该区域的效果，如图12-16所示。

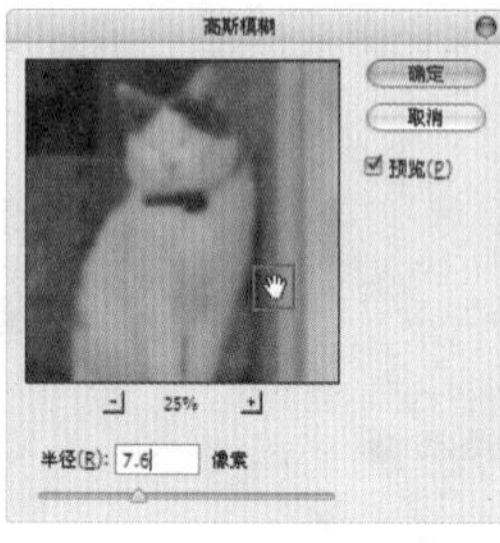

图12-15

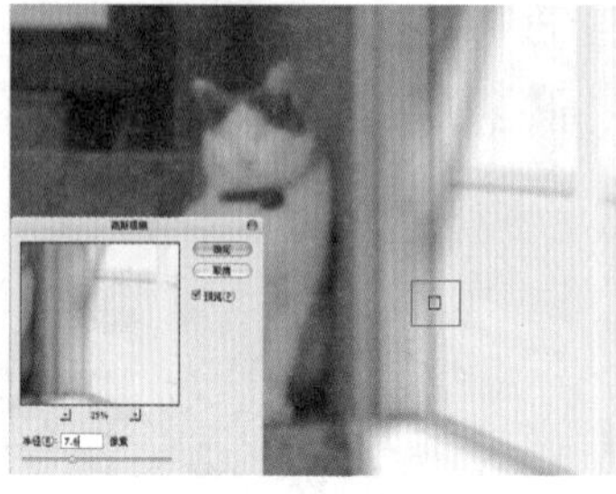

图12-16

实例练习——为图像添加多个滤镜

案例文件	实例练习——为图像添加多个滤镜.psd
视频教学	实例练习——为图像添加多个滤镜.flv
难易指数	★★★★★
技术要点	掌握智能滤镜的使用方法

案例效果

本例最终效果如图12-17所示。

操作步骤

步骤01 打开分层素材文件，如图12-18所示。选择顶层“风景画”图层，执行“滤镜>滤镜库”命令，在弹出的“滤镜库”对话框中打开“扭曲”滤镜组，选择“玻璃”滤镜，设置“纹理”为“磨砂”，“扭曲度”为4，“平滑度”为2，如图12-19所示。

图12-17　图12-18

图12-19

步骤02 单击“新建效果图层”按钮，然后打开“画笔描边”滤镜组，选择“成角的线条”滤镜，设置其“方向平滑”为47，“描边长度”为15，“锐化程度”为2，如图12-20所示。

步骤03 再次单击“新建效果图层”按钮，然后打开“艺术效果”滤镜组，选择“绘画涂抹”滤镜，设置其“画笔大小”为6，“锐化程度”为7，如图12-21所示。

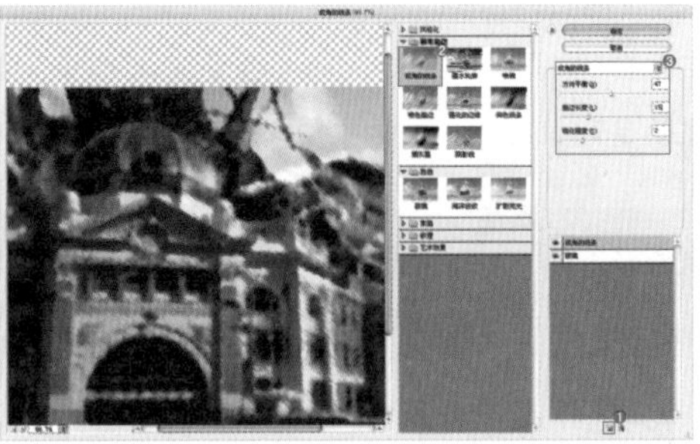

图12-20

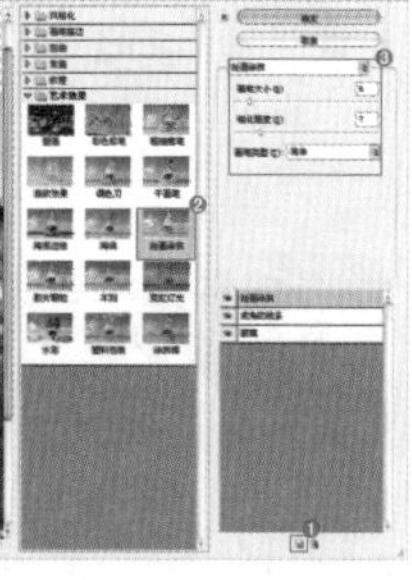

图12-21

步骤04 继续单击“新建效果图层”按钮，然后打开“纹理”滤镜组，选择“纹理化”滤镜，设置其“凸现”为4，单击“确定”按钮结束操作，如图12-22所示。最终效果如图12-23所示。

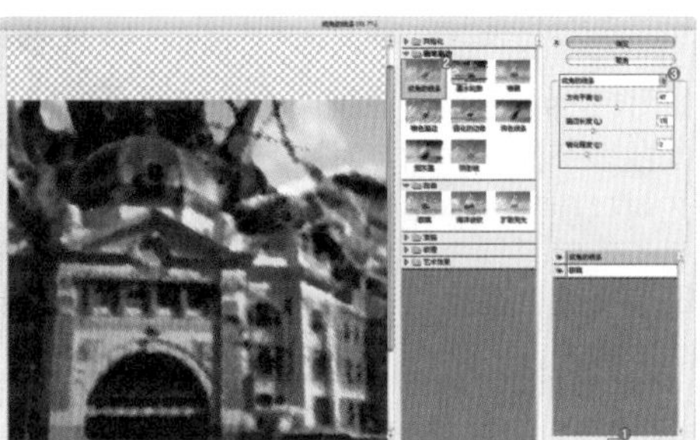

图12-22

图12-23

12.1.2 什么是智能滤镜

应用于智能对象的任何滤镜都是智能滤镜，这种滤镜属于非破坏性滤镜。由于其参数是可以调整的，因此可以调整智能滤镜的作用范围，或对其进行移除、隐藏等操作，如图12-24所示。

要使用智能滤镜，首先需要将普通图层转换为智能对象。在普通图层的缩览图上右击，在弹出的快捷菜单中选择“转换为智能对象”命令，即可将普通图层转换为智能对象，如图12-25所示。

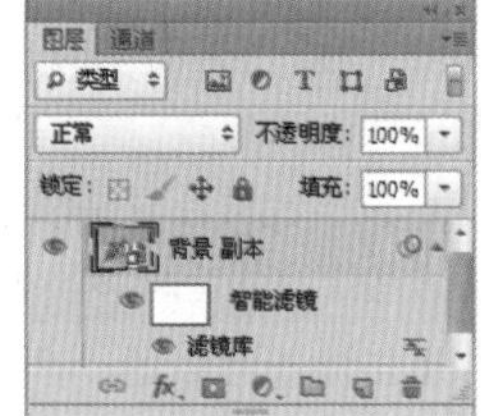

图12-24

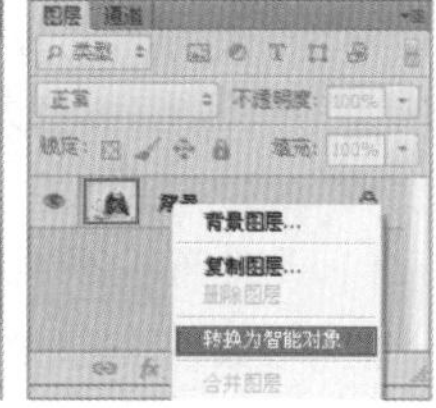

图12-25

答疑解惑——哪些滤镜可以作为智能滤镜使用？

除了“抽出”滤镜、“液化”滤镜和“镜头模糊”滤镜以外，其他滤镜都可以作为智能滤镜使用。当然，也包含支持智能滤镜的外挂滤镜。另外，“图像>调整”菜单下的“阴影/高光”和“变化”命令也可以作为智能滤镜来使用。

智能滤镜包含一个类似于图层样式的列表，从中选择任一滤镜，可以对其进行停用、删除和消除操作，如图12-26所示。另外，还可以设置智能滤镜与图像的混合模式。双击滤镜名称右侧的图标，在弹出的“混合选项”对话框中可以调整滤镜的“模式”和“不透明度”，如图12-27所示。

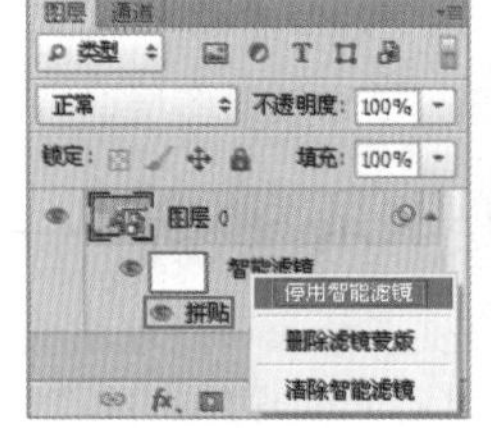

图12-26

图12-27

12.1.3 渐隐滤镜效果

“渐隐”命令可以更改滤镜效果的不透明度和混合模式。这种渐隐就相当于将滤镜效果图层放在原图层的上方，然后调整滤镜图层的混合模式以及不透明度。对图像执行滤镜操作后，执行“编辑>渐隐”命令，在弹出的“渐隐”对话框中设置“不透明度”和“模式”，然后单击“确定”按钮即可，如图12-28所示。

图12-28

技巧与提示

“渐隐”命令必须是在进行了编辑操作之后立即执行，如果这中间又进行了其他操作，则该命令会发生相应的变化。

12.2 特殊滤镜

12.2.1 滤镜库——丰富多彩的滤镜世界

滤镜库通常是以对话框的形式出现，其中集合了大量的常用滤镜。执行“滤镜>滤镜库”命令，打开“滤镜库”对话框，如图12-29所示。在滤镜库中，可以对一幅图像应用一个或多个滤镜，也可对同一图像多次应用同一滤镜，还可以使用其他滤镜替换原有的滤镜。

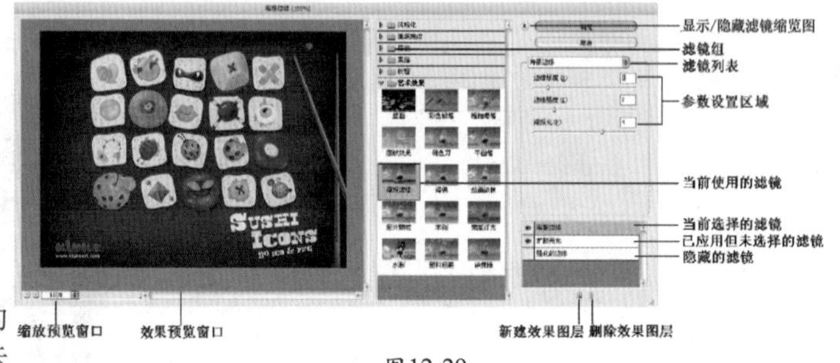

图12-29

- 效果预览窗口：用来预览滤镜的效果。
- 缩放预览窗口：单击⊟按钮，可以缩小预览窗口的显示比例；单击⊞按钮，可以放大预览窗口的显示比例。另外，还可以在缩放下拉列表中选择预设的缩放比例。
- 显示/隐藏滤镜缩览图：单击该按钮，可以隐藏滤镜缩览图，以增大预览窗口。
- 滤镜列表：在该列表中可以选择所需滤镜，这些滤镜都是按其名称汉语拼音的先后顺序排列的。
- 参数设置区域：单击滤镜组中的一个滤镜，可以将该滤镜应用于图像，同时在参数设置区域中会显示该滤镜的参数选项。
- 当前使用的滤镜：显示当前使用的滤镜。
- 滤镜组：滤镜库中共包含6组滤镜，单击滤镜组前面的▶图标，可以展开该滤镜组。
- 新建效果图层：单击该按钮，可以新建一个效果图层，在该图层中可以应用一个滤镜。
- 删除效果图层：选择一个效果图层以后，单击该按钮可以将其删除。
- 当前选择的滤镜：单击某一个滤镜效果图层，可以选择该滤镜。
- 已应用但未选择的滤镜：该滤镜已被应用到图像中，但是未处于被选择的状态。
- 隐藏的滤镜：单击效果图层前面的👁图标，可以隐藏滤镜效果。

技巧与提示

选择一个滤镜效果图层后，按住鼠标左键拖动，可以向上或向下调整该图层的位置，如图12-30所示。效果图层的顺序对图像效果有着很大的影响。

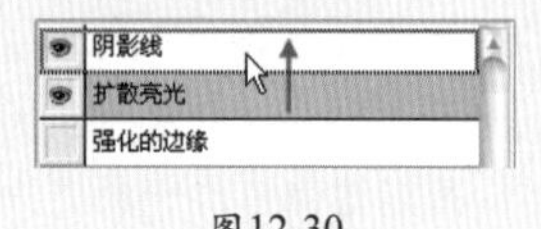

图12-30

12.2.2 Camera Raw滤镜——数码照片处理必备

Camera Raw不但提供了导入和处理相机原始数据文件的功能，并且也可以用来处理JPEG和TIFF文件。在Photoshop中打开一张图片文件，执行“滤镜>Camera Raw滤镜”命令或按Shift+Ctrl+A组合键，即可启动Camera Raw。在这里可以对图像的白平衡、色调、饱和度进行调整，也可以对图像进行修饰、锐化、降噪、镜头校正等操作。

在左上方的工具栏中包含多种工具，可用于画面的局部调整或裁切等操作。右侧的调整窗口主要为大量的颜色调整以及明暗调整选项，通过调整滑块可以轻松观察到画面效果的变化，如图12-31所示。

图12-31

- 缩放工具：单击可以放大窗口中图像的显示比例，按住 Alt 键单击则缩小图像的显示比例。如果要恢复到100%显示，双击即可。
- 抓手工具：放大窗口以后，可使用该工具在预览窗口中移动图像。此外，按住Space键可以切换为该工具。
- 白平衡工具：使用该工具在白色或灰色的图像内容上单击，可以校正照片的白平衡。
- 颜色取样器工具：使用该工具在图像中单击，可以建立颜色取样点，对话框顶部会显示取样像素的颜色值，以便于用户调整时观察颜色的变化情况。
- 目标调整工具：单击该工具，在打开的下拉列表中选择一个选项，包括“参数曲线”、“色相”、“饱和度”和“明亮度”，然后在图像中拖动鼠标即可应用调整。
- 裁剪工具：可用于裁剪图像。初次编辑RAW文件时可用。
- 拉直工具：可用于校正倾斜的照片。初次编辑RAW文件时可用。
- 污点去除：可以使用另一区域中的样本修复图像中选中的区域。
- 红眼去除：与Photoshop中的红眼工具相同，可以去除红眼。
- 调整画笔：处理局部图像的曝光度、亮度、对比度、饱和度、清晰度等。
- 渐变滤镜：以线性渐变的方式用于对图像进行局部处理。
- 径向滤镜：以径向渐变的方式，对图像的局部进行处理。
- 打开首选项对话框：单击该按钮，可打开“Camera Raw首选项”对话框。初次编辑RAW文件时可用。
- 旋转工具：可以逆时针或顺时针旋转照片。初次编辑RAW文件时可用。

12.2.3 “自适应广角”滤镜——校正广角变形

“自适应广角”滤镜可以对广角、超广角及鱼眼效果进行变形校正。执行“滤镜>自适应广角”命令，打开“自适应广角”对话框，如图12-32所示。

- “校正”下拉列表框：用于选择校正的类型，其中包含“鱼眼”、“透视”、“自动”和“完整球面”4种。
- 约束工具：使用该工具在画面中弯曲的部分绘制约束线，即可将弯曲图像拉直。
- 多边形约束工具：单击图像或拖动端点可添加或编辑约束。按住Shift键单击可添加水平/垂直约束，按住Alt键单击可删除约束。
- 移动工具：拖动以在画布中移动内容。
- 抓手工具：放大窗口的显示比例后，可以使用该工具移动画面。

图12-32

- 缩放工具：单击即可放大预览窗口的显示比例，按住Alt键单击则可缩小显示比例。

12.2.4 “镜头校正”滤镜——修复镜头瑕疵

使用数码相机拍摄照片时，经常会出现桶形失真、枕形失真、晕影和色差等问题。“镜头校正”滤镜不仅可以快速修复常见的镜头瑕疵，还可以用来旋转图像，或修复由于相机在垂直或水平方向上倾斜而导致的图像透视错误（该滤镜只能处理 8位/通道和16位/通道的图像）。执行“滤镜>镜头校正”命令，打开“镜头校正”对话框，如图12-33所示。

图12-33

- 移去扭曲工具：使用该工具可以校正镜头桶形失真或枕形失真。
- 拉直工具：绘制一条直线，以将图像拉直到新的横轴或纵轴。
- 移动网格工具：使用该工具可以移动网格，以将其与图像对齐。
- 抓手工具/缩放工具：这两个工具的使用方法与工具箱中的相应工具完全相同。

下面讲解"自定"选项卡中的主要参数，如图12-34所示。

- 几何扭曲：其中"移去扭曲"选项主要用来校正镜头桶形失真或枕形失真。其值为负值时，图像将向中心扭曲，如图12-35所示；其值为正值时，图像将向外扭曲，如图12-36所示。
- 色差：用于校正色边。在进行校正时，放大预览窗口的图像，可以清楚地查看色边校正情况。
- 晕影：校正由于镜头缺陷或遮光处理不当而导致边缘较暗的图像。其中"数量"选项用于设置沿图像边缘变亮或变暗的程度，如图12-37所示；"中点"选项用来指定受"数量"数值影响的区域的宽度，如图12-38所示。
- 变换："垂直透视"选项用于校正由于相机向上或向下倾斜而导致的图像透视错误。例如，一幅正常透视的图像，设置"垂直透视"为-100时，可以将其变换为俯视效果，如图12-39所示；设置"垂直透视"为100时，可以将其变换为仰视效果，如图12-40所示。"水平透视"选项用于校正图像在水平方向上的透视效果，如图12-41和图12-42所示。"角度"选项用于旋转图像，以针对相机歪斜加以校正，如图12-43所示。"比例"选项用来控制镜头校正的比例。

图12-34

图12-35

图12-36

图12-37

图12-38

图12-39

图12-40

图12-41

图12-42

图12-43

12.2.5 “液化”滤镜——强大的变形工具

“液化”滤镜是一种修饰图像和创建艺术效果的变形工具，其使用方法比较简单，但功能相当强大，可以创建推、拉、旋转、扭曲和收缩等变形效果（“液化”滤镜只能应用于8位/通道或16位/通道的图像）。执行“滤镜>液化”命令，打开“液化”对话框，如图12-44所示。

图12-44

1. 工具

在“液化”对话框的左侧排列着多种工具，下面分别介绍。

- 向前变形工具：可以向前推动像素，如图12-45所示。
- 重建工具：用于恢复变形的图像。在变形区域单击或拖曳鼠标进行涂抹，可以使变形区域的图像恢复到原来的效果，如图12-46所示。
- 平滑工具：用来平滑调整后的图像边缘。
- 顺时针旋转扭曲工具：拖曳鼠标可以顺时针旋转像素；如果按住Alt键的同时拖曳鼠标，则可以逆时针旋转像素，如图12-47所示。

图12-45

图12-46

图12-47

- 褶皱工具：可以使像素向画笔区域的中心移动，使图像产生内缩效果，如图12-48所示。
- 膨胀工具：可以使像素向画笔区域中心以外的方向移动，使图像产生向外膨胀的效果，如图12-49所示。
- 左推工具：当向上拖曳鼠标时，像素会向左移动；当向下拖曳鼠标时，像素会向右移动，如图12-50所示。当按住Alt键向上拖曳鼠标时，像素会向右移动；当按住Alt键向下拖曳鼠标时，像素会向左移动。

图12-48

图12-49

图12-50

- 冻结蒙版工具：如果需要对某个区域进行处理，并且不希望操作影响到其他区域，可以使用该工具绘制出冻结区域（该区域将受到保护而不会发生变形）。例如，在图像上绘制出冻结区域，然后使用向前变形工具处理图像，被冻结起来的像素就不会发生变形，如图12-51所示。
- 解冻蒙版工具：使用该工具在冻结区域涂抹，可以将其解冻，如图12-52所示。

图12-51

图12-52

- 抓手工具/缩放工具：这两个工具的使用方法与工具箱中的相应工具完全相同。

2. 工具选项

在“工具选项”选项组中，可以设置当前所用工具的各种属性，如图12-53所示。

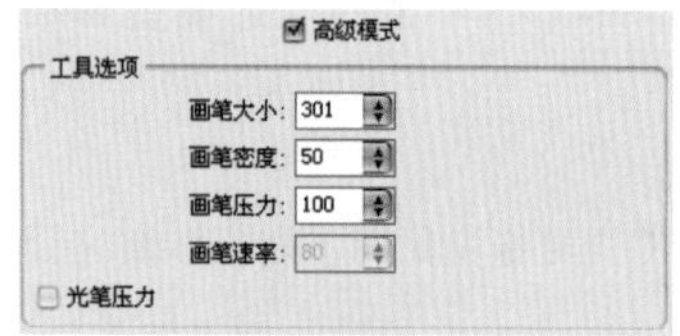

图12-53

- 画笔大小：用来设置扭曲图像的画笔的大小。
- 画笔密度：控制画笔边缘的羽化范围。画笔中心产生的效果最强，边缘处最弱。
- 画笔压力：控制画笔在图像上产生扭曲的速度。
- 画笔速率：设置正在使用的工具（如顺时针旋转扭曲工具）在预览图像中保持静止时扭曲所应用的速度。
- 光笔压力：当计算机配有压感笔或数位板时，选中该复选框，可以通过压感笔的压力来控制工具。

3. 重建选项

“重建选项”选项组中的参数主要用来设置重建方式，以及如何撤销所执行的操作，如图12-54所示。

图12-54

- 模式：设置重建的方式。选择“刚性”选项时，表示在冻结区域和未冻结区域之间边缘处的像素网格中保持直角，可以恢复未冻结的区域，使之近似于原始外观；选择“生硬”选项时，表示在冻结区域和未冻结区域之间的边缘处未冻结区域将采用冻结区域内的扭曲，而扭曲将随着与冻结区域距离的增加而逐渐减弱；选择“平滑”选项时，表示在冻结区域和未冻结区域之间创建平滑、连续的扭曲；选择“松散”选项时，产生的效果类似于“平滑”选项产生的效果，但冻结区域和未冻结区域的扭曲之间的连续性更大；选择“恢复”选项时，表示均匀地消除扭曲，不进行任何平滑处理。
- 重建：单击该按钮，可以应用重建效果。
- 恢复全部：单击该按钮，可以取消所有的扭曲效果。

4. 蒙版选项

如果图像中包含有选区或蒙版，可以通过“蒙版选项”选项组来设置蒙版的保留方式，如图12-55所示。

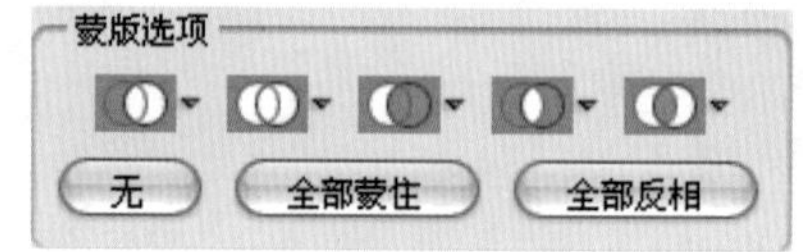

图12-55

- 替换选区：显示原始图像中的选区、蒙版或透明度。
- 添加到选区：显示原始图像中的蒙版，以便可以使用“冻结蒙版工具”添加到选区。
- 从选区中减去：从当前的冻结区域中减去通道中的像素。
- 与选区交叉：只使用当前处于冻结状态的选定像素。
- 反相选区：使用选定像素使当前的冻结区域反相。
- 无：单击该按钮，可以使图像全部解冻。
- 全部蒙住：单击该按钮，可以使图像全部冻结。
- 全部反相：单击该按钮，可以使冻结区域和解冻区域反相。

5. 视图选项

“视图选项”选项组主要用来显示或隐藏图像、网格和背景，设置网格大小和颜色、蒙版颜色、背景模式和不透明度，如图12-56所示。

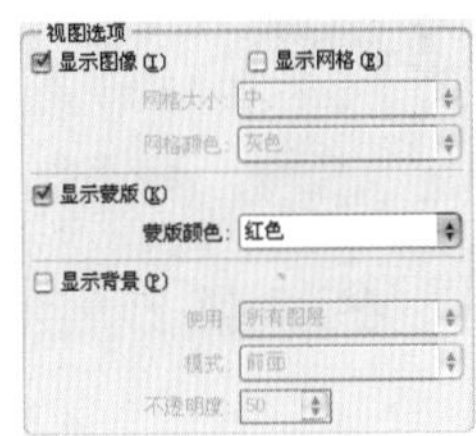

图12-56

- 显示图像：控制是否在预览窗口中显示图像。
- 显示网格：选中该复选框，可以在预览窗口中显示网格，以便更好地查看扭曲。如图12-57和图12-58所示分别为扭曲前的网格和扭曲后的网格。只有在选中“显示网格”复选框后，下面的“网格大小”和“网格颜色”选项才可用（这两个选项主要用来设置网格的密度和颜色）。
- 显示蒙版：控制是否显示蒙版。可以在下面的“蒙版颜色”下拉列表框中修改蒙版的颜色，如图12-59所示为蓝色蒙版效果。
- 显示背景：如果当前文档中包含多个图层，可以在“使用”下拉列表框中选择其他图层来作为查看背景；“模式”选项主要用来设置背景的查看方式；“不透明度”选项主要用来设置背景的不透明度。

图12-57

图12-58

图12-59

实例练习——使用“液化”滤镜雕琢完美五官

案例文件	实例练习——使用“液化”滤镜雕琢完美五官.psd
视频教学	实例练习——使用“液化”滤镜雕琢完美五官.flv
难易指数	★★★★★
技术要点	掌握“液化”滤镜的使用方法

案例效果

本例将使用“液化”滤镜调整面部轮廓，最终效果如图12-60所示。

图12-60

操作步骤

步骤01 打开素材文件，如图12-61所示。

步骤02 执行“滤镜>液化”命令，在弹出的“液化”对话框中单击“向前变形工具”按钮，在“工具选项”选项组中设置“画笔大小”为347，“画笔密度”为50，“画笔压力”为100，然后在人像面部边缘处单击并向内拖动鼠标以达到瘦脸的效果，最后单击“确定”按钮结束操作，如图12-62所示。输入艺术字，最终效果如图12-63所示。

图12-61

图12-62

图12-63

12.2.6 “油画”滤镜——快速打造油画效果

“油画”滤镜可以为普通照片（如图12-64所示）添加油画效果，其最大的特点就是笔触鲜明，整体感觉厚重，有质感。执行“滤镜>油画”命令，打开“油画”对话框，如图12-65所示。

图12-64

图12-65

12.2.7 “消失点”滤镜——修复透视对象

“消失点”滤镜可以在包含透视平面（如建筑物的侧面、墙壁、地面或任何矩形对象）的图像中进行透视校正操作。在修饰、仿制、复制、粘贴或移去图像内容时，Photoshop可以准确地确定这些操作的方向。执行“滤镜>消失点”命令，打开“消失点”对话框，如图12-66所示。

- 编辑平面工具：用于选择、编辑、移动平面的节点以及调整平面的大小。如图12-67所示为一个创建的透视平面，如图12-68所示为使用该工具修改后的透视平面。

图12-66

图12-67

图12-68

- 创建平面工具：用于定义透视平面的4个角节点，如图12-69所示。创建好4个角节点以后，可以使用该工具对节点进行移动、缩放等操作。如果按住Ctrl键拖曳边节点，可以拉出一个垂直平面，如图12-70所示。另外，如果节点的位置不正确，可以按Backspace键删除该节点。

图12-69

图12-70

技巧与提示

如果要结束对角节点的创建，不能按Esc键，否则会直接关闭“消失点”对话框，这样所做的一切操作都将丢失。另外，删除节点也不能按Delete键（不起任何作用），而只能按Backspace键。

- 选框工具[icon]：使用该工具可以在创建好的透视平面上绘制选区，以选中平面上的某个区域，如图12-71所示。建立选区后，将光标放置在选区内，按住Alt键拖曳选区，可以复制图像，如图12-72所示。如果按住Ctrl键拖曳选区，则可以用源图像填充该区域。
- 图章工具[icon]：使用该工具时，按住Alt键在透视平面内单击，可以设置取样点，如图12-73所示；然后在其他区域拖曳鼠标，即可进行仿制操作，如图12-74所示。

图12-71

图12-72

图12-73

图12-74

技巧与提示

选择图章工具[icon]后，在"消失点"对话框的顶部可以设置该工具修复图像的"模式"。如果要绘画的区域不需要与周围的颜色、光照和阴影混合，可以选择"关"选项；如果要绘画的区域需要与周围的光照混合，同时又需要保留样本像素的颜色，可以选择"明亮度"选项；如果要绘画的区域需要保留样本像素的纹理，同时又要与周围像素的颜色、光照和阴影混合，可以选择"开"选项。

- 画笔工具[icon]：该工具主要用来在透视平面上绘制选定的颜色。
- 变换工具[icon]：该工具主要用来变换选区，其功能相当于执行"编辑>自由变换"命令。如图12-75所示为利用选框工具[icon]复制的图像，如图12-76所示为利用变换工具[icon]对选区进行变换以后的效果。
- 吸管工具[icon]：可以使用该工具在图像上拾取颜色，以用作画笔工具[icon]的绘画颜色。
- 测量工具[icon]：使用该工具可以在透视平面中测量项目的距离和角度。

图12-75

图12-76

12.3 "风格化"滤镜组

"风格化"滤镜组可以置换图像像素、查找并增加图像的对比度，使其产生绘画或印象派风格的效果。"风格化"滤镜组中包含8种滤镜：查找边缘、等高线、风、浮雕效果、扩散、拼贴、曝光过度、凸出。

12.3.1 查找边缘

"查找边缘"滤镜可以自动查找图像像素对比度变换强烈的边界，将高反差区变亮，将低反差区变暗，而其他区域则介于两者之间，同时硬边会变成线条，柔边会变粗，从而形成一个清晰的轮廓。如图12-77所示为原始图像与应用"查找边缘"滤镜后的对比效果。

图12-77

实例练习——利用"查找边缘"滤镜制作彩色速写

案例文件	实例练习——利用"查找边缘"滤镜制作彩色速写.psd
视频教学	实例练习——利用"查找边缘"滤镜制作彩色速写.flv
难易指数	★★★★★
技术要点	掌握"查找边缘"滤镜的使用方法

案例效果

本例使用"查找边缘"滤镜制作的速写效果如图12-78所示。

操作步骤

步骤01 打开素材文件，如图12-79所示。

步骤02 按Ctrl+J组合键，复制出一个“背景副本”图层，然后执行“滤镜>风格化>查找边缘”命令，如图12-80所示。

步骤03 再次按Ctrl+J组合键，复制出一个“背景副本2”图层，然后设置该图层的混合模式为“正片叠底”，如图12-81所示。效果如图12-82所示。

图12-78

图12-79

图12-80

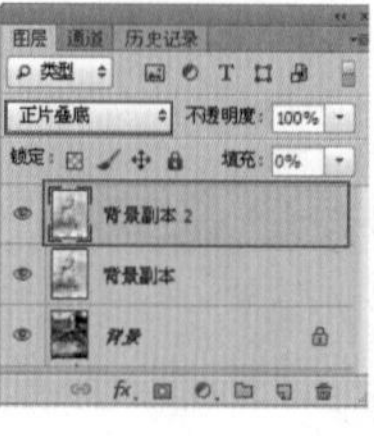

图12-81

图12-82

步骤04 选择“背景”图层，并将其放置在“图层”面板中的最上层；接着单击“添加图层蒙版”按钮，将蒙版填充为黑色，然后使用白色柔边画笔工具在人像上涂抹，如图12-83所示。效果如图12-84所示。

步骤05 在最上层新建一个名为“渐变”的图层；然后选择渐变工具，打开“渐变编辑器”对话框，编辑一种绿棕色系的渐变，如图12-85所示；接着在选项栏中单击“线性渐变”按钮，在图像上从上到下填充渐变，效果如图12-86所示。

步骤06 在“图层”面板中设置“渐变”图层的混合模式为“颜色减淡”，效果如图12-87所示。

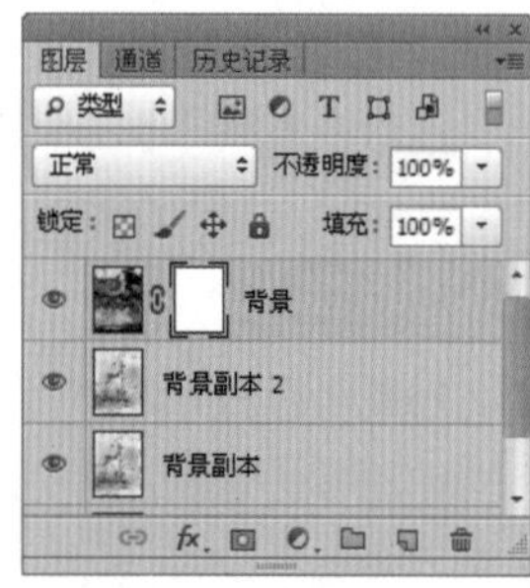

图12-83

图12-84

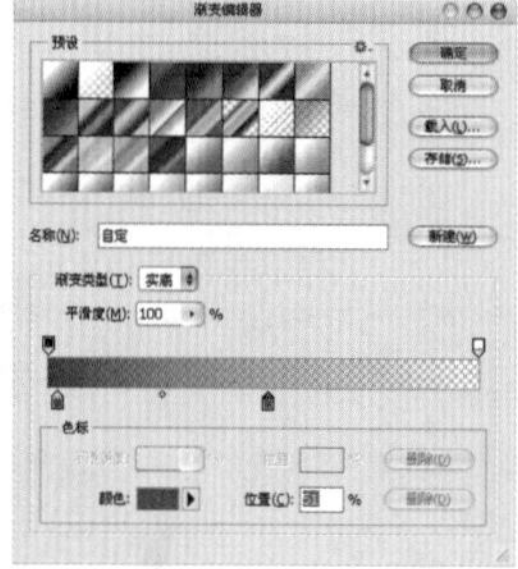

图12-85

图12-86

图12-87

步骤07 在最上层新建一个名为“白边”的图层，设置前景色为白色，然后在渐变工具的选项栏中选择“前景色到透明渐变”，接着单击“径向渐变”按钮，并选中“反向”复选框，如图12-88所示。

步骤08 使用渐变工具从画布中心向边缘处拉出渐变，效果如图12-89所示。

步骤09 为图像添加个性文字，最终效果如图12-90所示。

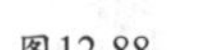

图12-88

图12-89

图12-90

12.3.2 等高线

“等高线”滤镜用于查找主要亮度区域，并为每个颜色通道勾勒主要亮度区域，以获得与等高线图中的线条类似的效果。如图12-91所示为原始图像、应用“等高线”滤镜后的效果以及“等高线”对话框。

- 色阶：用来设置区分图像边缘亮度的级别。
- 边缘：用来设置描边区域。选中“较低”单选按钮时，可以在基准亮度等级以下的轮廓上生成等高线；选中“较高”单选按钮时，可以在基准亮度等级以上的轮廓上生成等高线。

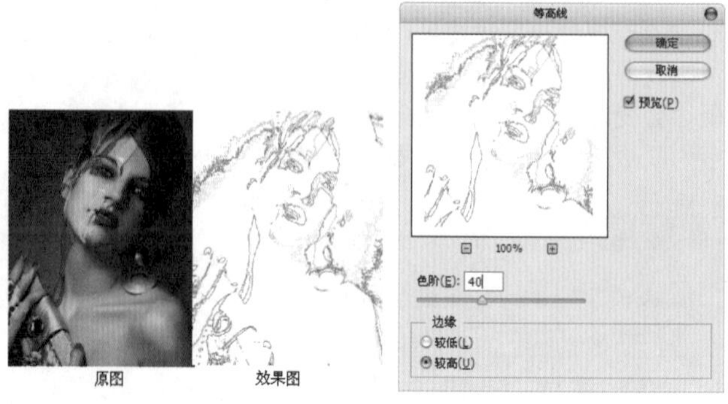

图12-91

12.3.3 风

“风”滤镜通过在图像中放置一些细小的水平线条来模拟被风吹过的效果。如图12-92和图12-93所示为原始图像、应用“风”滤镜后的效果以及“风”对话框。

- 方法：包含“风”、“大风”和“飓风”3个等级，其效果如图12-94所示。

图12-92

图12-93

图12-94

- 方向：用来设置风源的方向，包含“从右”和“从左”两种。

技术拓展：巧妙制作垂直“风”效果

使用“风”滤镜只能向右吹或向左吹。如果要在垂直方向上制作风吹效果，就需要先旋转画布，然后再应用“风”滤镜，最后将画布旋转到原始位置即可，如图12-95所示。

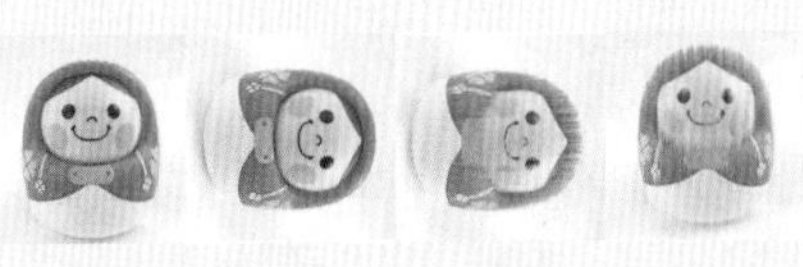

图12-95

12.3.4 浮雕效果

“浮雕效果”滤镜可以通过勾勒图像或选区的轮廓和降低周围颜色值来生成凹陷或凸起的浮雕效果。如图12-96和图12-97所示为原始图像、应用“浮雕效果”滤镜以后的效果以及“浮雕效果”对话框。

- 角度：用于设置浮雕效果的光线方向。光线方向会影响浮雕的凸起位置。
- 高度：用于设置浮雕效果的凸起高度。
- 数量：用于设置“浮雕效果”滤镜的作用范围。数值越大，边界越清晰（小于40%时，图像会变灰）。

图12-96

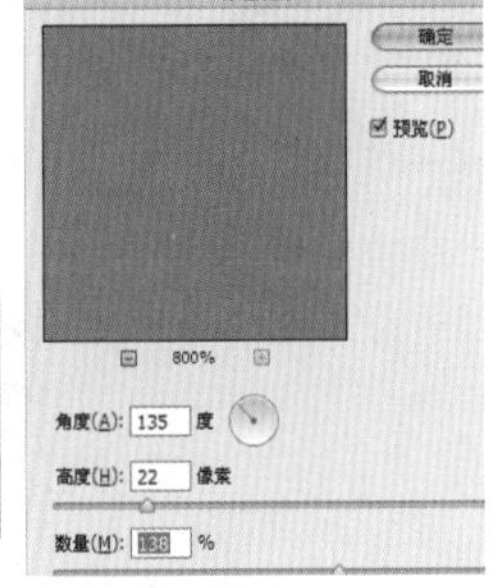

图12-97

12.3.5 扩散

“扩散”滤镜可以按指定的方式移动相邻的像素，使图像形成一种类似于透过磨砂玻璃观察物体时的分离模糊效果。如图12-98所示为原始图像、应用“扩散”滤镜以后的效果以及“扩散”滤镜对话框。

- 正常：使图像的所有区域都进行扩散处理，与图像的颜色值没有任何关系。
- 变暗优先：用较暗的像素替换亮部区域的像素，并且只有暗部像素产生扩散。
- 变亮优先：用较亮的像素替换暗部区域的像素，并且只有亮部像素产生扩散。
- 各向异性：使用图像中较暗和较亮的像素产生扩散效果，即在颜色变化最小的方向上搅乱像素。

图12-98

12.3.6 拼贴

“拼贴”滤镜可以将图像分解为一系列块状，并使其偏离原来的位置，进而产生不规则拼砖的效果。如图12-99和图12-100所示为原始图像、应用“拼贴”滤镜以后的效果以及“拼贴”对话框。

- 拼贴数：用来设置在图像每行和每列中要显示的贴块数。
- 最大位移：用来设置拼贴偏移原始位置的最大距离。
- 填充空白区域用：用来设置填充空白区域的方法。

图12-99

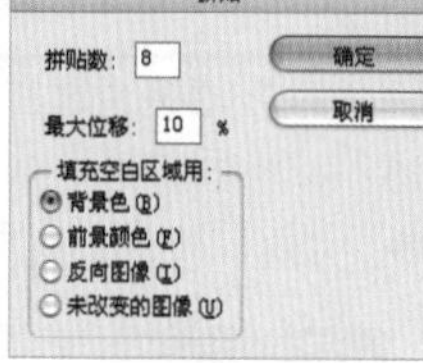

图12-100

实例练习——利用“拼贴”滤镜制作破碎效果

案例文件	实例练习——利用“拼贴”滤镜制作破碎效果.psd
视频教学	实例练习——利用“拼贴”滤镜制作破碎效果.flv
难易指数	★★★★★
技术要点	掌握“拼贴”滤镜的使用方法

案例效果

本例使用“拼贴”滤镜制作的破碎效果如图12-101所示。

图12-101

操作步骤

步骤01 打开素材文件，如图12-102所示。

步骤02 选择“背景”图层，然后使用矩形选框工具创建一个矩形选区，接着按Ctrl+J组合键将选区内的图像复制到一个新的图层——“背景副本”中，并将该图层调整到最上层，如图12-103所示。

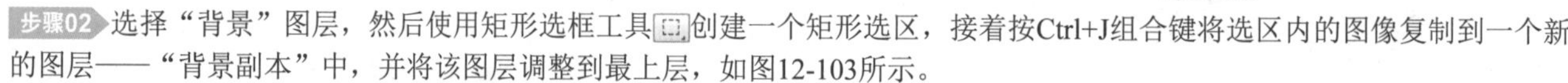

步骤03 按D键恢复默认的前景色和背景色，然后执行“滤镜>风格化>拼贴”命令，在弹出的“拼贴”对话框中设置“填充空白区域用”为“前景颜色”，单击“确定”按钮，如图12-104所示。最终效果如图12-105所示。

图12-102

图12-103

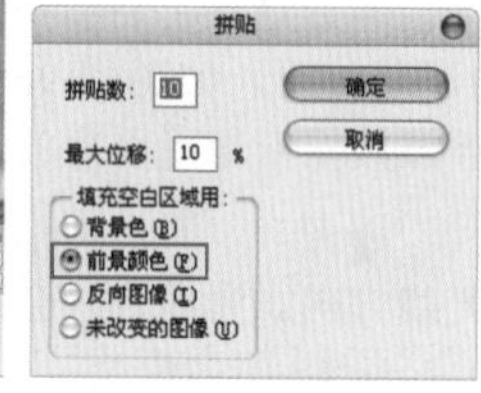

图12-104

图12-105

12.3.7 曝光过度

“曝光过度”滤镜可以混合负片和正片图像，产生类似于显影过程中将摄影照片短暂曝光的效果。如图12-106所示为原始图像及应用“曝光过度”滤镜以后的效果。

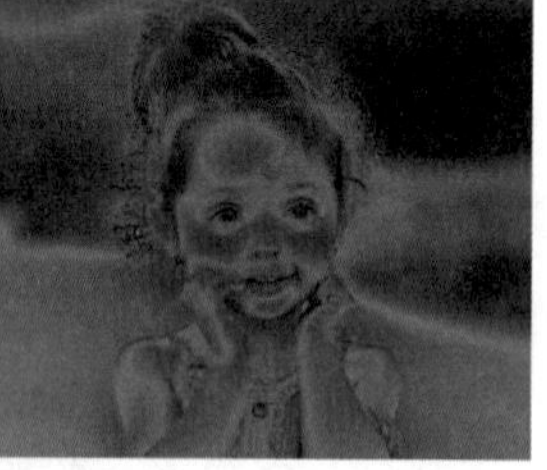
图12-106

12.3.8 凸出

“凸出”滤镜可以将图像分解成一系列大小相同且重叠放置的立方体或椎体，以生成特殊的3D效果。如图12-107和图12-108所示为原始图像、应用“凸出”滤镜以后的效果以及“凸出”对话框。

图12-107

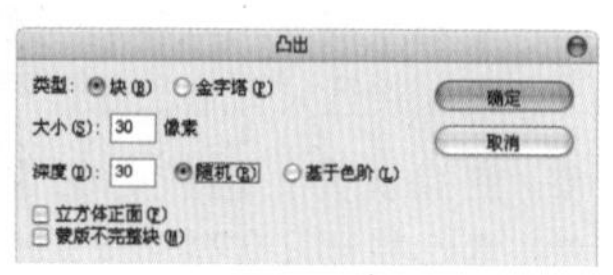

图12-108

- **类型**：用来设置三维方块的形状，包含“块”和“金字塔”两种，如图12-109所示。
- **大小**：用来设置立方体或金字塔底面的大小。
- **深度**：用来设置凸出对象的深度。选中“随机”单选按钮，可以为每个块或金字塔设置一个随机的任意深度；选中“基于色阶”单选按钮，可以使每个对象的深度与其亮度相对应，亮度越高，图像越凸出。
- **立方体正面**：选中该复选框后，将失去图像的整体轮廓，生成的立方体上只显示单一的颜色，如图12-110所示。
- **蒙版不完整块**：使所有图像都包含在凸出的范围之内。

图12-109

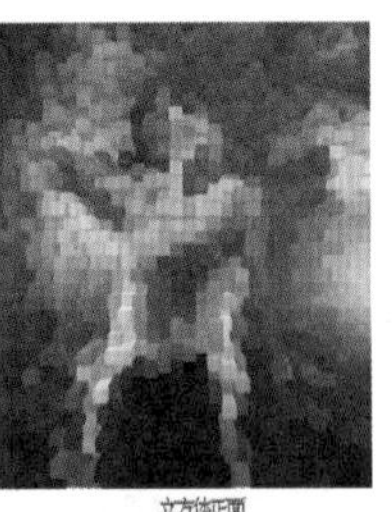

图12-110

12.4 “模糊”滤镜组

12.4.1 场景模糊

应用“场景模糊”滤镜，可以使画面呈现出不同区域不同模糊程度的效果。执行“滤镜>模糊>场景模糊”命令，在弹出窗口的工作区中单击放置多个“图钉”，然后选中每个图钉并调整“模糊”数值，即可使画面产生渐变的模糊效果。模糊调整完成后，在“模糊效果”面板中还可以针对模糊区域的“光源散景”、“散景颜色”和“光照范围”进行调整，如图12-111所示。

- **模糊**：用于设置模糊强度。
- **光源散景**：用于控制光照亮度。该值越大，高光区域的亮度就越高。
- **散景颜色**：用于控制散景区域颜色的程度。
- **光照范围**：通过调整滑块用色阶来控制散景的范围。

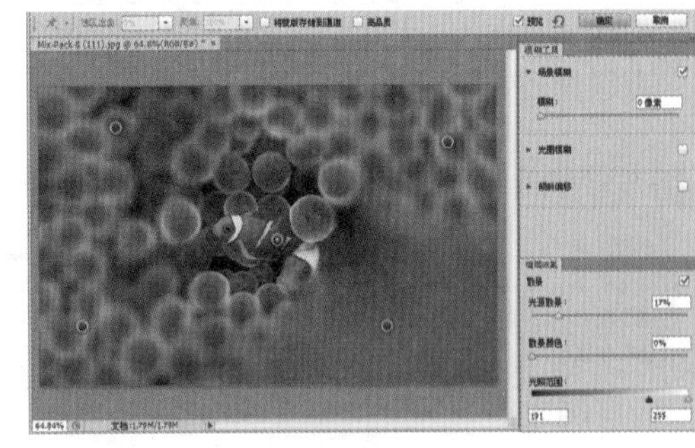

图12-111

12.4.2 光圈模糊

“光圈模糊”滤镜可将一个或多个焦点添加到图像中，用户可以根据不同的要求对焦点的大小与形状、图像其余部分的模糊数量以及清晰区域与模糊区域之间的过渡效果进行相应的设置。执行“滤镜>模糊>光圈模糊”命令，在弹出窗口的“模糊工具”面板中可以对“光圈模糊”的数值进行设置，数值越大，模糊程度也越大；在“模糊效果”面板中还可以针对模糊区域的“光源散景”、“散景颜色”和“光照范围”进行调整，如图12-112所示。也可以将光标定位到控制框上，调整控制框的大小以及圆度，然后单击选项栏中的“确定”按钮，即可完成调整，如图12-113所示。

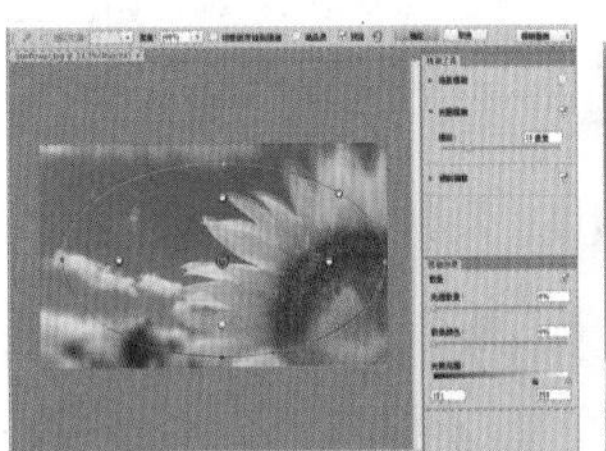

图12-112

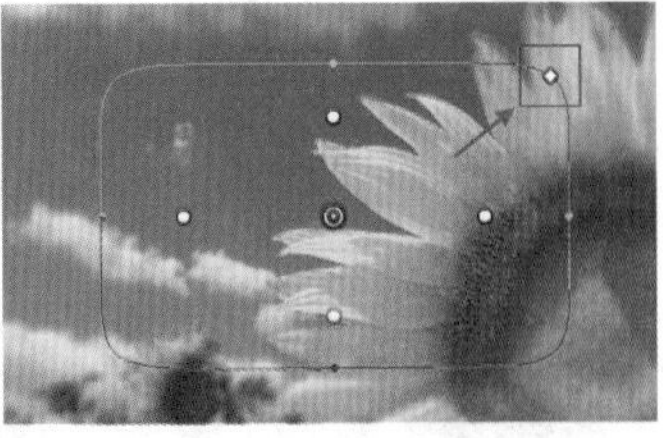

图12-113

12.4.3 移轴模糊

移轴摄影，即移轴镜摄影，泛指利用移轴镜头进行拍摄，照片效果就像是缩微模型一样，非常特别，如图12-114和图12-115所示。

图12-114

图12-115

对于没有昂贵移轴镜头的摄影爱好者来说，如果要实现移轴效果，可以使用“移轴模糊”滤镜轻松地模拟移轴摄影。执行“滤镜>模糊>移轴模糊”命令，通过调整中心点的位置可以调整清晰区域的位置，调整控制框可以调整清晰区域的大小，如图12-116所示。

- 模糊：用于设置模糊强度。
- 扭曲度：用于控制模糊扭曲的形状。
- 对称扭曲：选中该复选框，可以从两个方向应用扭曲。

图12-116

12.4.4 表面模糊

“表面模糊”滤镜可以在保留边缘的同时模糊图像。如果要创建特殊效果并消除杂色或粒度，可以使用该滤镜来实现。如图12-117和图12-118所示为原始图像、应用“表面模糊”滤镜以后的效果以及“表面模糊”对话框。

- 半径：用于设置模糊取样区域的大小。
- 阈值：控制相邻像素色调值与中心像素值相差多大时才能成为模糊的一部分，色调值差小于阈值的像素将被排除在模糊之外。

原图　　效果图

图12-117

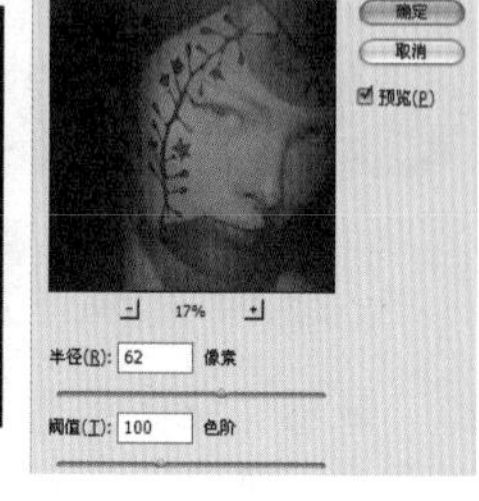

图12-118

实例练习——使用“表面模糊”滤镜制作水彩效果

案例文件	实例练习——使用“表面模糊”滤镜制作水彩效果.psd
视频教学	实例练习——使用“表面模糊”滤镜制作水彩效果.flv
难易指数	★★★★★
技术要点	“表面模糊”滤镜，画笔工具

案例效果

原始图像如图12-119所示，处理后的最终效果如图12-120所示。

操作步骤

步骤01 打开本书配套光盘中的素材文件，如图12-121所示。

图12-119

图12-120

图12-121

步骤02 执行“滤镜>模糊>表面模糊”命令，在弹出的“表面模糊”对话框中设置“半径”为13像素，“阈值”为8色阶，如图12-122所示。单击“确定”按钮，效果如图12-123所示。

步骤03 新建图层组，并命名为“雾”，然后在其中首先创建新图层。使用白色画笔（适当降低画笔不透明度和流量）绘制背景，如图12-124所示。

步骤04 同理绘制紫色、青色、肉色，如图12-125所示。

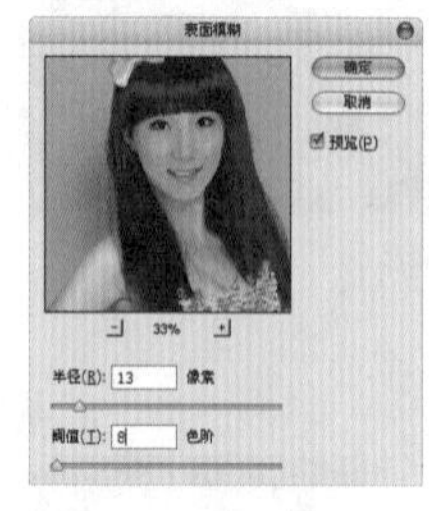

图12-122

图12-123

图12-124

图12-125

步骤05 新建图层组，并命名为“妆面”，然后将前景色设置为粉色（R:205，G:100，B:125），绘制出眼影，如图12-126所示。

步骤06 选择画笔工具，设置画笔“大小”为3像素，“硬度”为0，然后使用钢笔工具绘制左侧眼线形状，再右击，在弹出的快捷菜单中选择“描边路径”命令，在弹出的对话框中单击“确定”按钮，绘制出黑色眼线，如图12-127所示。同理绘制右侧眼线，如图12-128所示。

步骤07 绘制腮红。再次设置前景色为粉色（R:205，G:100，B:125），然后在脸颊两侧进行绘制，如图12-129所示。设置图层的“不透明度”为25%，如图12-130所示。

图12-126

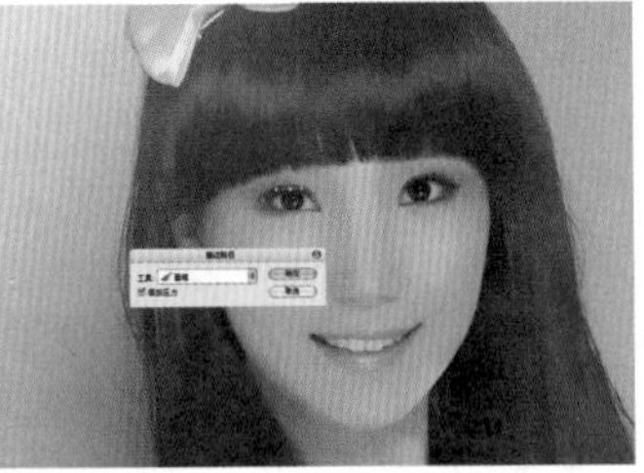
图12-127

图12-128

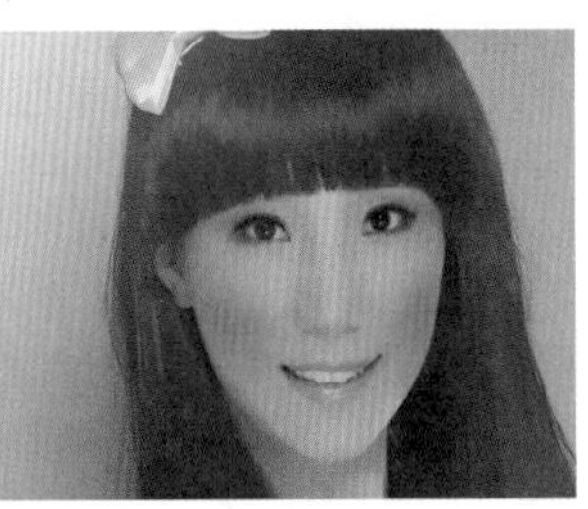
图12-129

步骤08 新建一个“曲线”调整图层，在其“属性”面板的“曲线类型”下拉列表框中选择RGB选项，设置“输出”为162，“输入”为128，如图12-131所示。单击“曲线”图层蒙版，填充黑色，然后使用白色画笔绘制人像，如图12-132所示。

步骤09 新建一个“可选颜色”调整图层，在其“属性”面板的“颜色”下拉列表框中分别选择“白色”、“中性色”和“黑色”，设置参数如图12-133～图12-135所示。效果如图12-136所示。

图12-130

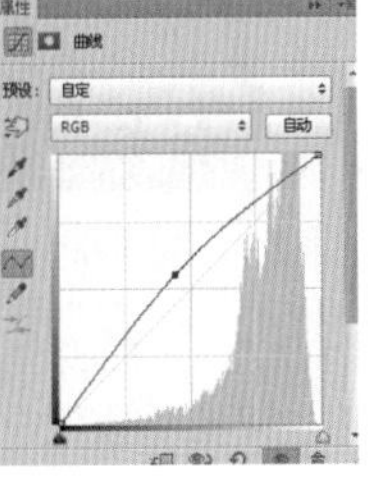

图12-131

图12-132

图12-133

图12-134

步骤10 新建一个“色阶”调整图层，在其“属性”面板中设置输入色阶为19、1.00、243，如图12-137所示。单击“色阶”图层蒙版，填充黑色，然后使用白色画笔绘制人像，如图12-138所示。

步骤11 最终效果如图12-139所示。

图12-135

图12-136

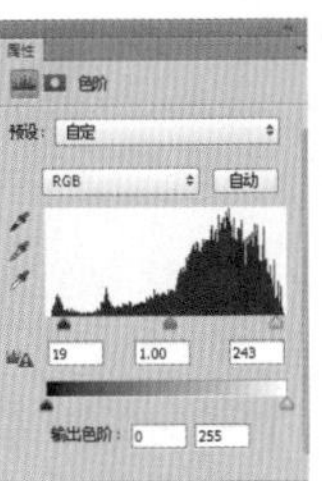

图12-137

图12-138

图12-139

实例练习——模糊滤镜磨皮法

案例文件	实例练习——模糊滤镜磨皮法.psd
视频教学	实例练习——模糊滤镜磨皮法.flv
难易指数	★★★★★
技术要点	掌握“表面模糊”滤镜的使用方法

案例效果

模糊滤镜磨皮法是一种常见的磨皮方法，其原理主要是通过将皮肤部分模糊来虚化细节瑕疵，使皮肤呈现光滑的质感。其中用到的模糊滤镜并不局限于“表面模糊”滤镜。本例处理前后的对比效果如图12-140和图12-141所示。

操作步骤

步骤01 打开素材文件，按Ctrl+J组合键复制“背景”图层，如图12-142所示。

图12-140

图12-141

图12-142

步骤02 执行“滤镜>模糊>表面模糊”命令，在弹出的“表面模糊”对话框中设置“半径”为15像素，“阈值”为50色阶，然后单击“确定”按钮，如图12-143所示。效果如图12-144所示。

步骤03 此时可以看到该图层出现了模糊效果。在“图层”面板中为其添加图层蒙版，填充为黑色，图像模糊效果消失，如图12-145所示。设置前景色为白色，在工具箱中选择画笔工具，在选项栏中打开“画笔预设”选取器，从中选择一个圆形柔角画笔，并设置较大的画笔“大小”（本例中设置为200像素），“硬度”为0，然后设置“不透明度”与“流量”均为50%，如图12-146所示。

步骤04 画笔设置完成后，在人像面部大块区域进行涂抹，例如两侧颧骨部分（注意不要涂抹到转折明显的部分），如图12-147所示。

步骤05 经过大块区域的涂抹，皮肤整体呈现出柔和的光滑效果。继续减小画笔大小，涂抹皮肤的细节区域，如图12-148所示。

步骤06 在绘制过程中画笔的大小需要随着绘制区域的不同进行修改，而画笔的不透明度和流量保持在50%左右可以避免一次性涂抹强度过大。为了使皮肤不至于太过平滑而缺少细节，可以降低该图层的不透明度到80%，如图12-149所示。效果如图12-150所示。

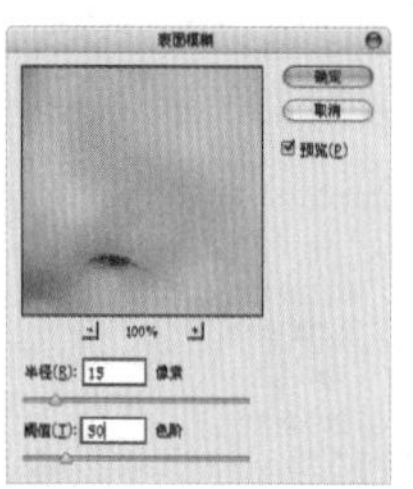

图12-143

图12-144

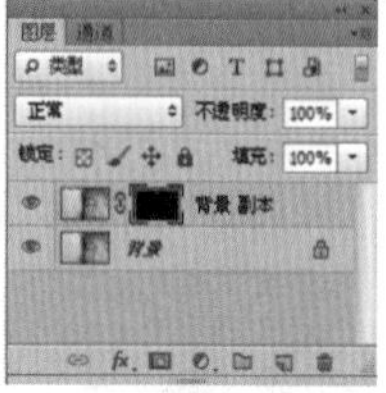

图12-145

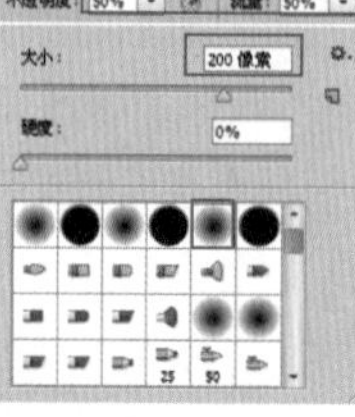

图12-146

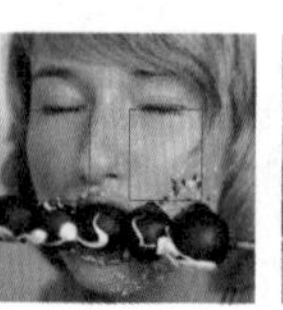

图12-147

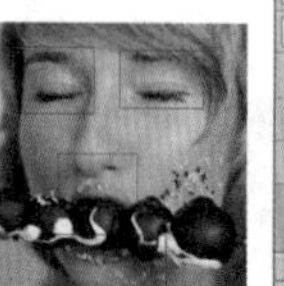

图12-148

图12-149

步骤07 盖印当前效果，使用修复画笔工具修复细节处的斑点。执行“滤镜>锐化>智能锐化”命令，在弹出的“智能锐化”对话框中设置“数量”为130%，“半径”为1.5像素，如图12-151所示。单击“确定”按钮，效果如图12-152所示。

步骤08 新建一个“亮度/对比度”调整图层，在其“属性”面板中设置“亮度”为12，“对比度”为19，如图12-153所示。最终效果如图12-154所示。

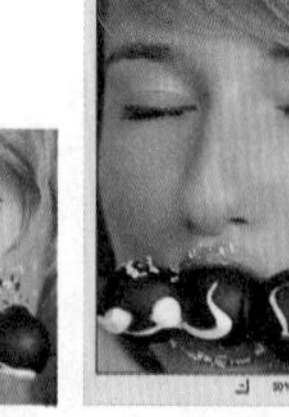

图12-150

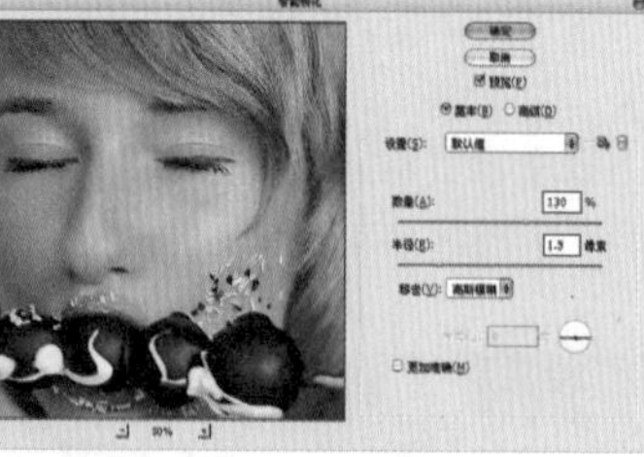

图12-151

图12-152

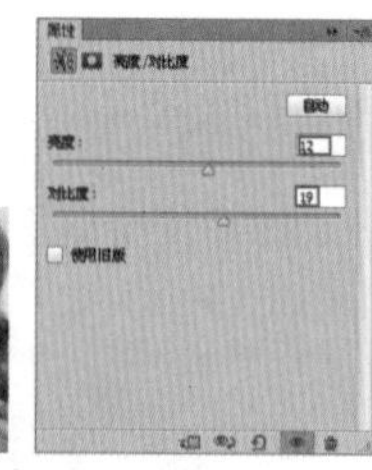

图12-153

图12-154

12.4.5 动感模糊

“动感模糊”滤镜可以沿指定的方向（-360°～360°），以指定的距离（1～999）进行模糊，所产生的效果类似于在固定的曝光时间拍摄一个高速运动的对象。如图12-155和图12-156所示为原始图像、应用“动感模糊”滤镜以后的效果以及“动感模糊”对话框。

图12-155

图12-156

- **角度**：用来设置模糊的方向。
- **距离**：用来设置像素模糊的程度。

实例练习——打造雨天效果

案例文件	实例练习——打造雨天效果.psd
视频教学	实例练习——打造雨天效果.flv
难易指数	★★★★★
技术要点	“动感模糊”滤镜

案例效果

本例主要是针对“动感模糊”滤镜的使用方法进行练习，处理前后的对比效果如图12-157所示。

操作步骤

步骤01 打开本书配套光盘中的素材文件，如图12-158所示。

步骤02 新建“图层1”。在工具箱中单击“画笔工具”按钮，在其选项栏中打开“画笔预设”选取器，从中选择一个柔角画笔，设置“大小”为“8像素”，如图12-159所示。设置前景色为白色，使用画笔工具在图像上单击，绘制多个白色的点，如图12-160所示。

图12-157

图12-158

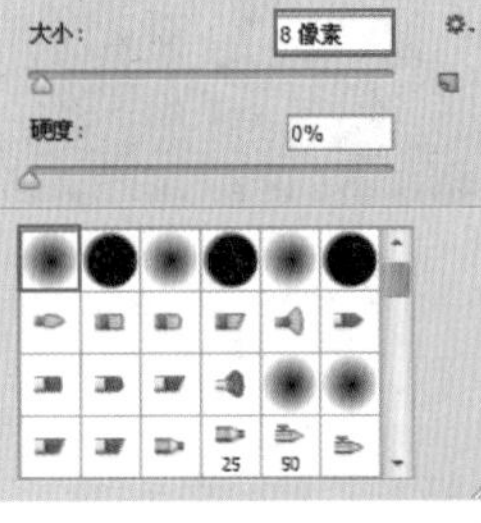

图12-159

图12-160

步骤03 在“图层1”中，执行“滤镜>模糊>动感模糊”命令（如图12-161所示），在弹出的“动感模糊”对话框中设置“角度”为51度，“距离”为182像素，如图12-162所示。单击“确定”按钮，效果如图12-163所示。

技巧与提示

为了打造出层次感较强的雨天效果，在“图层1”中将动感模糊的参数值设置得较大。在这里，该图层作为最底层。

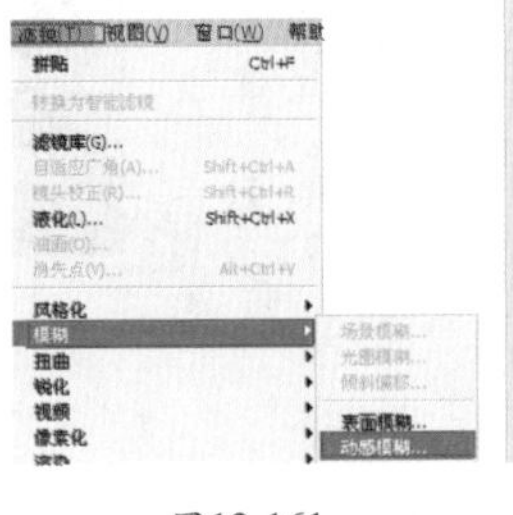

图12-161

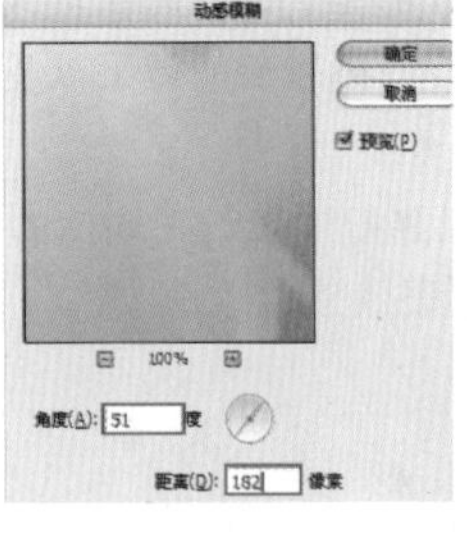

图12-162

图12-163

步骤04 新建“图层2”，使用同样的方法绘制雨点（设置画笔“大小”为10像素），如图12-164所示。执行“滤镜>模糊>动感模糊”命令，在弹出的“动感模糊”对话框中设置“角度”为51度，“距离”为90像素，如图12-165所示。单击“确定”按钮，效果如图12-166所示。

图12-164

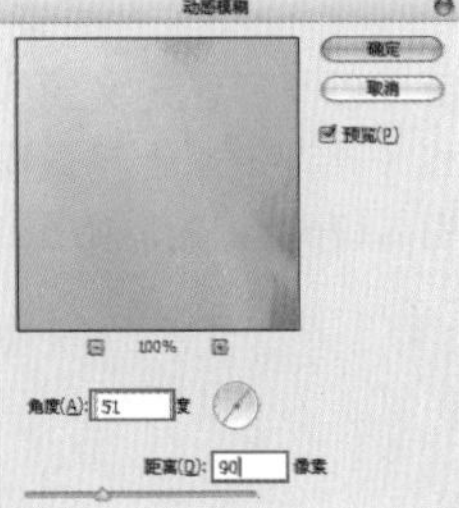

图12-165

图12-166

步骤05 新建“图层3”，继续使用同样的方法绘制近处雨点（设置画笔“大小”为12像素），如图12-167所示。执行“滤镜>模糊>动感模糊”命令，在弹出的“动感模糊”对话框中设置“角度”为51度，“距离”为57像素，如图12-168所示。单击“确定”按钮，效果如图12-169所示。

步骤06 最终效果如图12-170所示。

图12-167

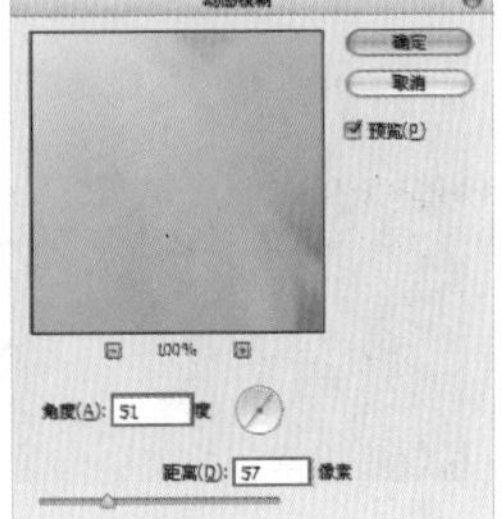

图12-168

图12-169

图12-170

12.4.6 方框模糊

“方框模糊”滤镜可以基于相邻像素的平均颜色值来模糊图像，生成模糊的马赛克效果。如图12-171和图12-172所示为原始图像、应用“方框模糊”滤镜以后的效果以及“方框模糊”对话框。

- 半径：调整用于计算指定像素平均值的区域大小。数值越大，产生的模糊效果越好。

图12-171

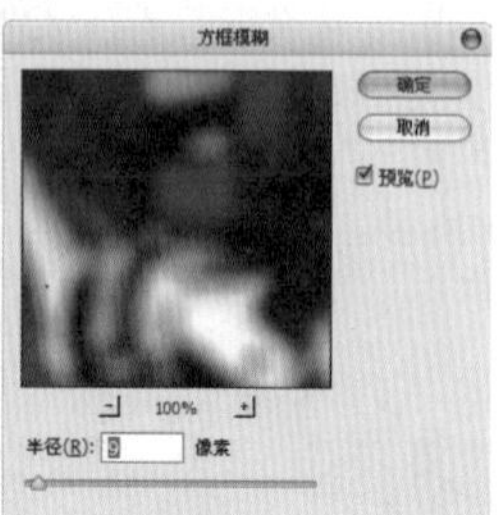

图12-172

12.4.7 高斯模糊

“高斯模糊”滤镜可以向图像中添加低频细节，使其产生一种朦胧的模糊效果。如图12-173和图12-174所示为原始图像、应用“高斯模糊”滤镜以后的效果以及“高斯模糊”对话框。

- 半径：调整用于计算指定像素平均值的区域大小。数值越大，产生的模糊效果越好。

图12-173

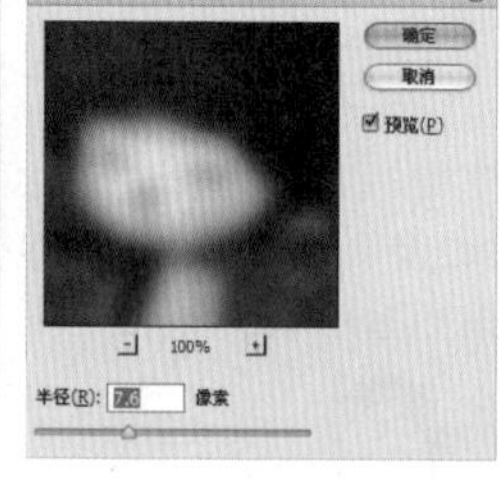

图12-174

12.4.8 进一步模糊

“进一步模糊”滤镜可以平衡已定义的线条和遮蔽区域的清晰边缘旁边的像素，使变化显得柔和（该滤镜属于轻微模糊滤镜，并且没有参数设置对话框）。如图12-175和图12-176所示为原始图像以及应用“进一步模糊”滤镜以后的效果。

图12-175

图12-176

12.4.9 径向模糊

应用“径向模糊”滤镜，可以产生图像旋转或者放射状的柔化模糊效果。如图12-177和图12-178所示为原始图像、应用“径向模糊”滤镜以后的效果以及“径向模糊”对话框。

图12-177

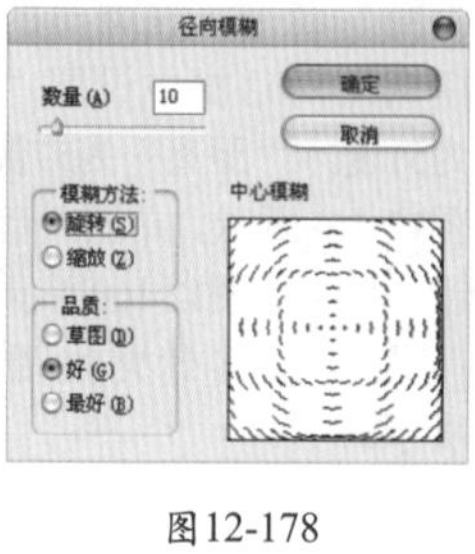

图12-178

- 数量：用于设置模糊的强度。该值越大，模糊效果越明显。
- 模糊方法：选中“旋转”单选按钮时，图像可以沿同心圆环线产生旋转的模糊效果；选中“缩放”单选按钮时，可以从中心向外产生反射模糊效果，如图12-179所示。
- 中心模糊：将光标放置在设置框中，按住鼠标左键拖曳可以定位模糊的原点。原点位置不同，模糊中心也不同。如图12-180所示为不同原点的旋转模糊效果。

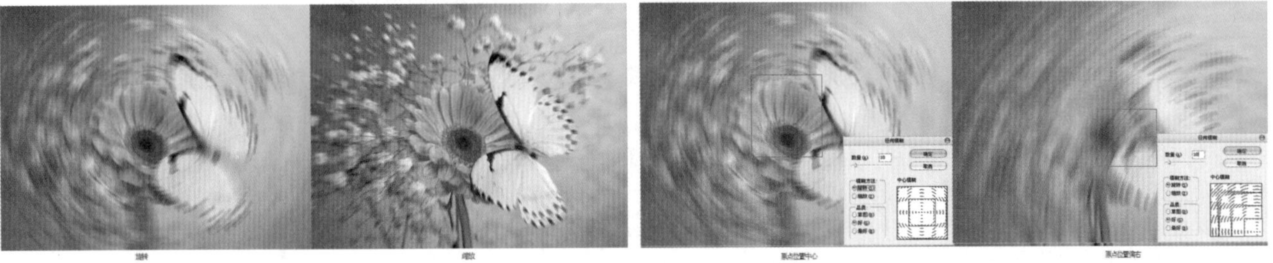

图12-179　　图12-180

- 品质：用来设置模糊效果的质量。“草图”的处理速度较快，但会产生颗粒效果；“好”和“最好”的处理速度较慢，但是生成的效果比较平滑。

12.4.10 镜头模糊

“镜头模糊”滤镜可以向图像中添加模糊，模糊效果取决于模糊的“源”设置。如果图像中存在Alpha通道或图层蒙版，则可以为图像中的特定对象创建景深效果，使这个对象在焦点内，而使另外的区域变得模糊。如图12-181所示为一张普通人物照片，图像中没有景深效果，如果要模糊背景区域，就可以将这个区域存储为选区蒙版或Alpha通道，如图12-182和图12-183所示。

图12-181

图12-182

图12-183

这样在应用“镜头模糊”滤镜时，将“源”设置为“图层蒙版”或Alpha1通道（如图12-184所示），就可以模糊选区中的图像，即模糊背景区域，如图12-185所示。

执行“滤镜>模糊>镜头模糊”命令，打开“镜头模糊”对话框，如图12-186所示。

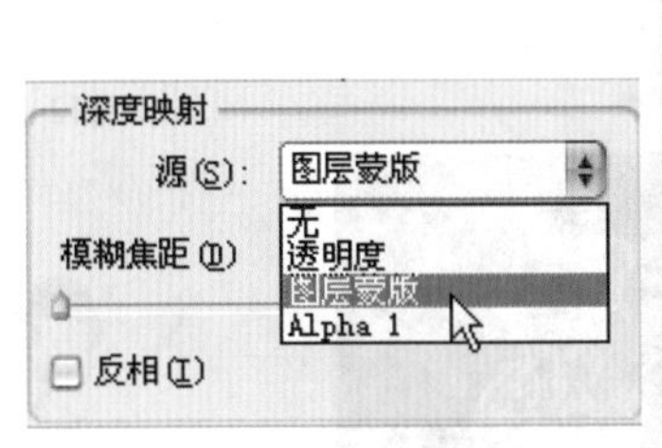

图12-184

图12-185

图12-186

- 预览：用来设置预览模糊效果的方式。选中“更快”单选按钮，可以提高预览速度；选中“更加准确”单选按钮，可以查看模糊的最终效果，但生成的预览时间更长。
- 深度映射：从“源”下拉列表框中可以选择使用Alpha通道或图层蒙版来创建景深效果（前提是图像中存在Alpha通道或图层蒙版），其中通道或蒙版中的白色区域将被模糊，而黑色区域则保持原样；“模糊焦距”选项用来设置位于角点内的像素的深度；“反相”选项用来反转Alpha通道或图层蒙版。

- 光圈：该选项组用来设置模糊的显示方式。“形状”选项用来选择光圈的形状；“半径”选项用来设置模糊的数量；“叶片弯度”选项用来设置对光圈边缘进行平滑处理的程度；“旋转”选项用来设置光圈的旋转角度。
- 镜面高光：该选项组用来设置镜面高光的范围。“亮度”选项用来设置高光的亮度；“阈值”选项用来设置亮度的停止点，比停止点值亮的所有像素都被视为镜面高光。
- 杂色：“数量”选项用来在图像中添加或减少杂色；“分布”栏用来设置杂色的分布方式，包含“平均分布”和“高斯分布”两种；如果选中“单色”单选按钮，则添加的杂色为单一颜色。

12.4.11 模糊

“模糊”滤镜用于在图像中颜色变化显著的地方消除杂色，它可以通过平衡已定义的线条和遮蔽区域的清晰边缘旁边的像素来使图像变得柔和（该滤镜没有参数设置对话框）。如图12-187所示为原始图像以及应用“模糊”滤镜以后的效果。

图12-187

技巧与提示

“模糊”滤镜与“进一步模糊”滤镜都属于轻微模糊滤镜。相对于“进一步模糊”滤镜，“模糊”滤镜的模糊效果要低3～4倍。

12.4.12 平均

“平均”滤镜可以查找图像或选区的平均颜色，再用该颜色填充图像或选区，以创建平滑的外观效果。如图12-188所示为原始图像以及应用“平均”滤镜以后的效果。

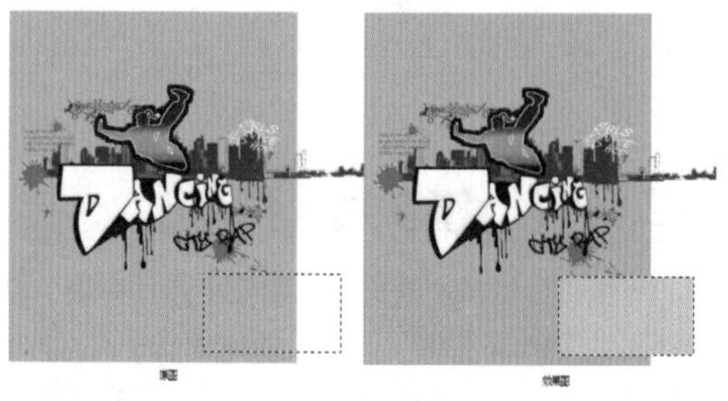

图12-188

12.4.13 特殊模糊

“特殊模糊”滤镜可以精确地模糊图像。如图12-189和图12-190所示为原始图像、应用“特殊模糊”滤镜以后的效果以及“特殊模糊”对话框。

图12-189

图12-190

- 半径：用来设置要应用模糊的范围。
- 阈值：用来设置像素具有多大差异后才会被模糊处理。
- 品质：设置模糊效果的质量，包含“低”、“中等”和“高”3种。
- 模式：选择“正常”选项，不会在图像中添加任何特殊效果，如图12-191所示；选择“仅限边缘”选项，将以黑色显示图像，以白色描绘出图像边缘像素亮度值变化强烈的区域，如图12-192所示；选择“叠加边缘”选项，将以白色描绘出图像边缘像素亮度值变化强烈的区域，如图12-193所示。

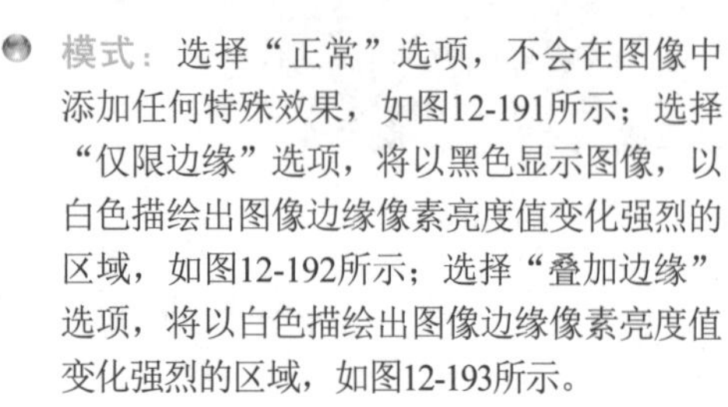

图12-191

图12-192

图12-193

12.4.14 形状模糊

"形状模糊"滤镜可以用设置的形状来创建特殊的模糊效果。如图12-194和图12-195所示为原始图像、应用"形状模糊"滤镜以后的效果以及"形状模糊"对话框。

- 半径：用来调整形状的大小。数值越大，模糊效果越好。
- 形状列表：从中选择一个形状，可以使用该形状来模糊图像。单击形状列表右侧的图标，可以载入预设的形状或外部的形状，如图12-196所示。

图12-194

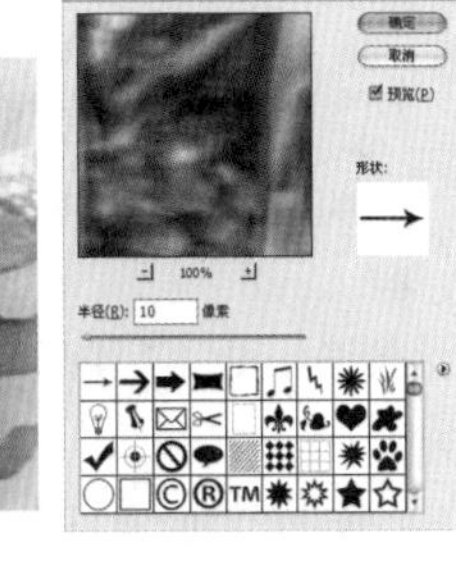

图12-195

图12-196

12.5 "扭曲"滤镜组

12.5.1 波浪

"波浪"滤镜可以在图像上创建类似于波浪起伏的效果。如图12-197和图12-198所示为原始图像、应用"波浪"滤镜以后的效果以及"波浪"对话框。

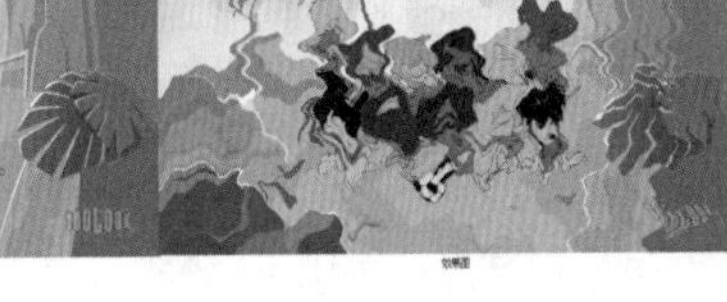

图12-197

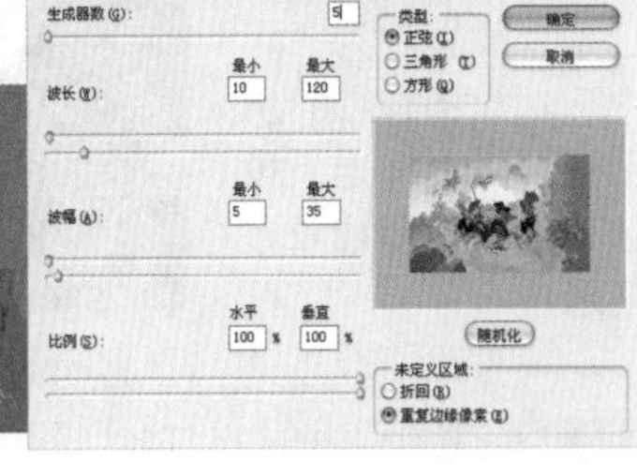

图12-198

- 生成器数：用来设置波浪的强度。
- 波长：用来设置相邻两个波峰之间的水平距离，包含"最小"和"最大"两个选项，其中"最小"数值不能超过"最大"数值。
- 波幅：用来设置波浪的宽度（最小）和高度（最大）。
- 比例：用来设置波浪在水平方向和垂直方向上的波动幅度。
- 类型：用来选择波浪的形态，包括"正弦"、"三角形"和"方形"3种，如图12-199～图12-201所示。
- 随机化：如果对波浪效果不满意，可以单击该按钮，以重新生成波浪效果。
- 未定义区域：用来设置空白区域的填充方式。选中"折回"单选按钮，可以在空白区域填充溢出的内容；选中"重复边缘像素"单选按钮，可以填充扭曲边缘的像素颜色。

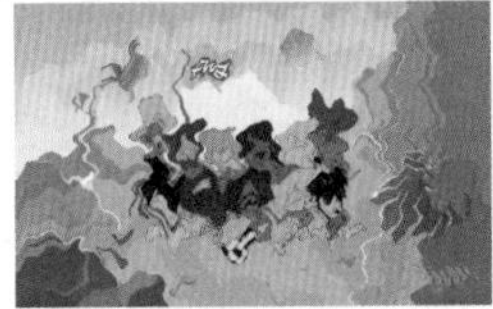

图12-199

图12-200

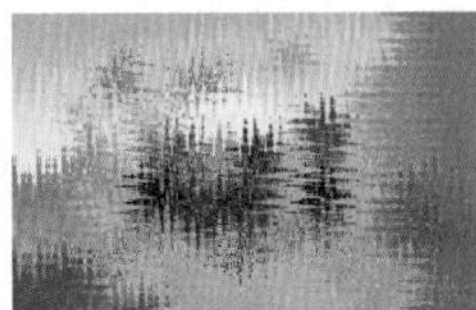

图12-201

12.5.2 波纹

"波纹"滤镜与"波浪"滤镜类似，但只能控制波纹的数量和大小。如图12-202和图12-203所示为原始图像、应用"波纹"滤镜以后的效果以及"波纹"对话框。

图12-202

图12-203

- **数量**：用于设置产生波纹的数量。
- **大小**：用于选择所产生的波纹的大小。

实例练习——使用滤镜制作饼干文字

案例文件	实例练习——使用滤镜制作饼干文字.psd
视频教学	实例练习——使用滤镜制作饼干文字.flv
难易指数	★★★★★
技术要点	"波纹"滤镜，"添加杂色"滤镜，图层样式

案例效果

本例最终效果如图12-204所示。

图12-204

图12-205

操作步骤

步骤01 打开配书光盘中的素材文件，如图12-205所示。

步骤02 创建新组，然后在工具箱中单击"文字工具"按钮T，设置一种比较圆滑的字体后输入单词"COOL"，接着在"字符"面板中调整文字的字体和大小，再右击，在弹出的快捷菜单中选择"栅格化文字"命令，效果如图12-206所示。

步骤03 执行"滤镜>扭曲>波纹"命令，在弹出的"波纹"对话框中设置"数量"为100%，如图12-207所示。

步骤04 为图像添加描边。单击文字图层载入选区，然后右击，在弹出的快捷菜单中选择"建立描边"命令，在弹出的对话框中设置"宽度"为30像素，"颜色"为白色，"位置"为"居中"，如图12-208所示。单击"确定"按钮，效果如图12-209所示。

图12-206

图12-207

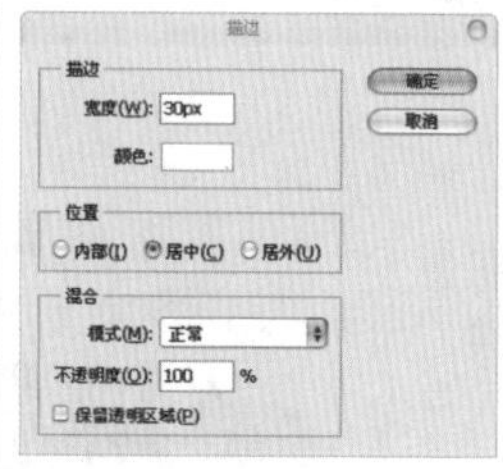

图12-208

图12-209

步骤05 添加图层样式。打开"图层样式"对话框，选中"投影"、"斜面和浮雕"和"颜色叠加"样式，设置参数如图12-210~图12-212所示。此时效果如图12-213所示。

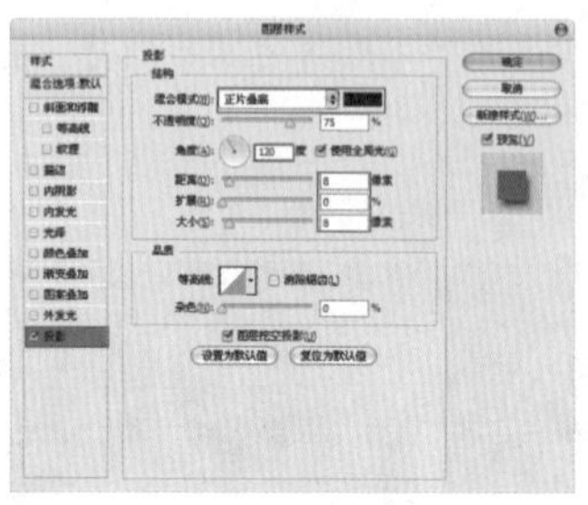

图12-210

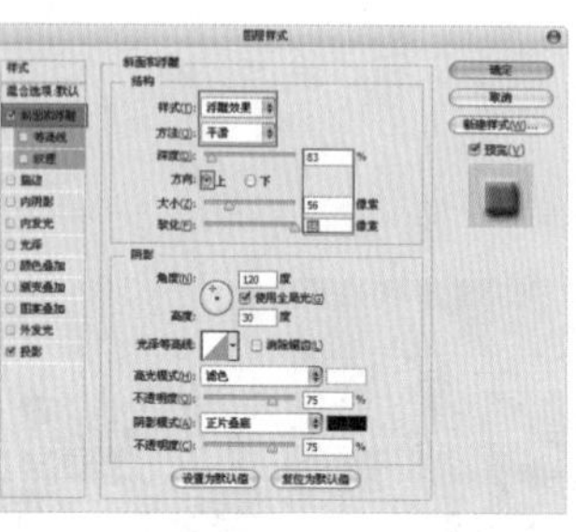

图12-211

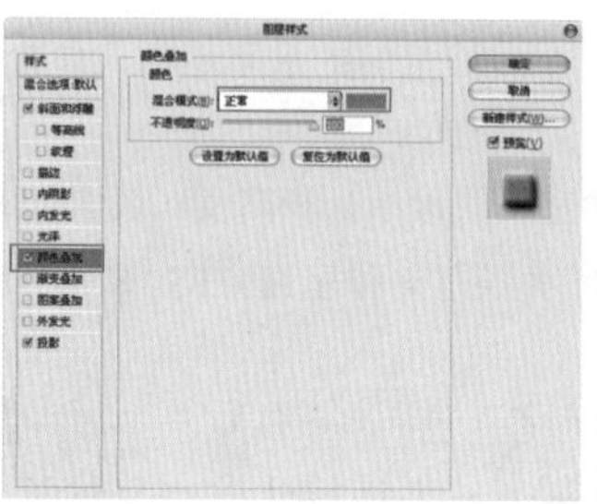

图12-212

图12-213

步骤06 制作饼体上的不规则颗粒。新建一个图层，填充为白色。执行"滤镜>杂色>添加杂色"命令，在弹出的"添加杂色"对话框中设置"数量"为30%，"分布"为"高斯分布"，选中"单色"复选框，如图12-214所示。

步骤07 通过色阶调整到大小不均的样子。按Ctrl+L组合键，在弹出的色阶"属性"面板中设置输入色阶为120、1.00、255，如图12-215所示。

步骤08 打开"通道"面板，复制蓝色通道，载入通道选区，如图12-216所示。再回到图层中，按Delete键删除，只保留白色斑点部分，效果如图12-217所示。

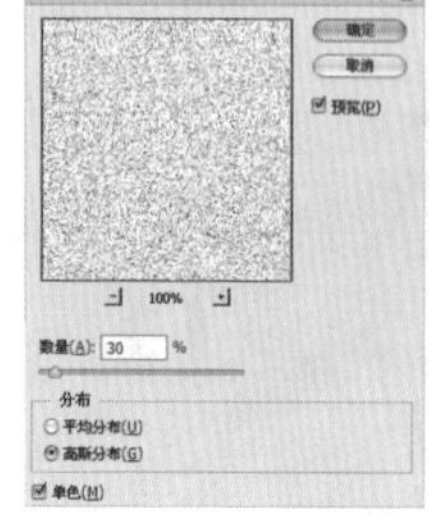

图12-214

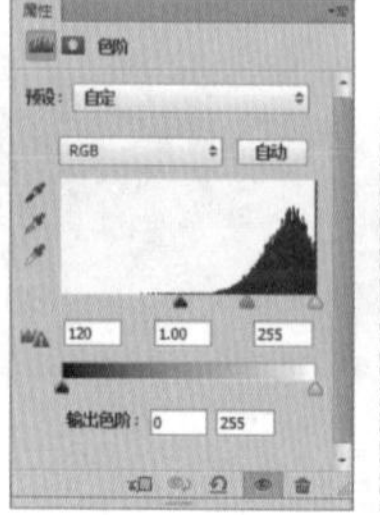

图12-215

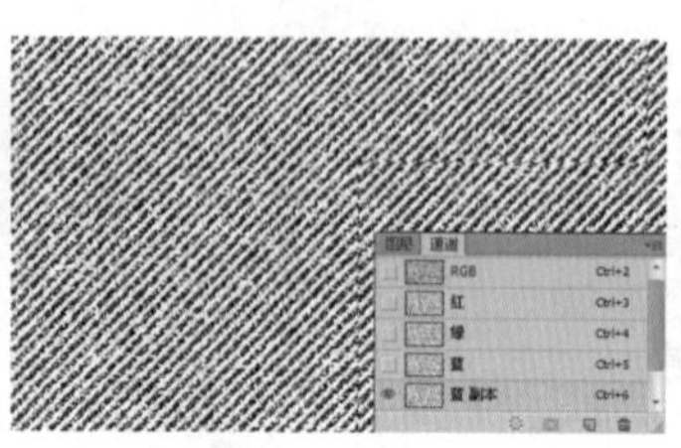

图12-216

图12-217

步骤09 按住Ctrl键单击波纹“文字”图层，建立选区。再回到刚制作完成的“杂点”图层，添加图层蒙版，则文字效果出现，如图12-218所示。

步骤10 创建新图层，填充颜色（R:183，G:131，B:81），如图12-219所示。设置其混合模式为“叠加”，按住Ctrl键单击波纹文字图层，建立选区；再回到新建图层，添加图层蒙版，抠出饼干底色，如图12-220所示。

图12-218

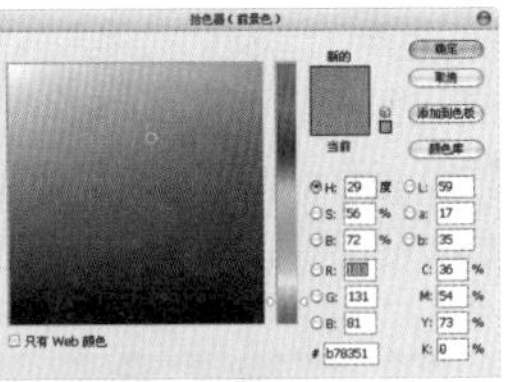

图12-219

图12-220

步骤11 执行“滤镜>液化”命令，在弹出的“液化”对话框中选择向前变形工具，适当调整画笔大小后绘制文字，然后单击“确定”按钮，如图12-221所示。效果如图12-222所示。

步骤12 为文字添加图层样式。在“图层样式”对话框中选中“斜面和浮雕”和“颜色叠加”样式，设置参数如图12-223和图12-224所示。效果如图12-225所示。

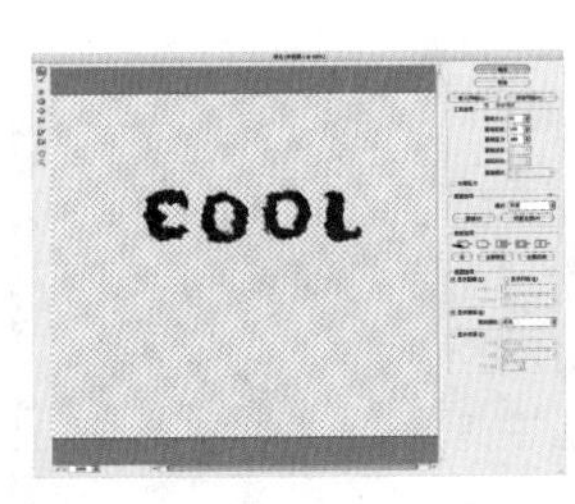

图12-221

图12-222

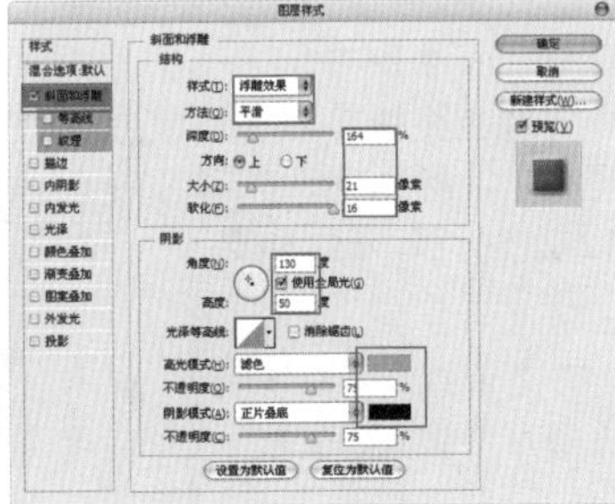

图12-223

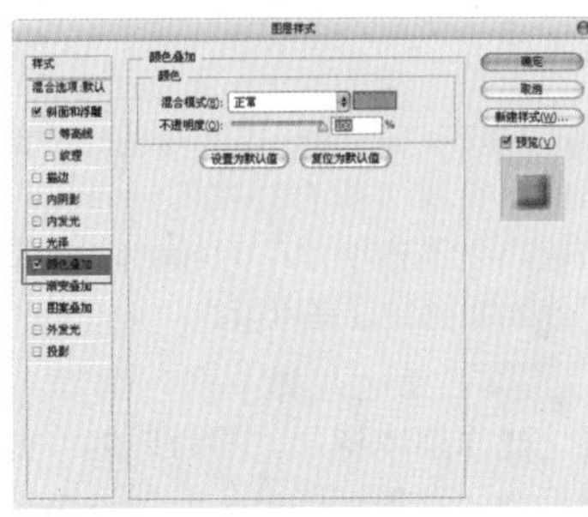

图12-224

步骤13 复制“杂点”图层，建立“杂点副本2”。右击图层蒙版，在弹出的快捷菜单中选择“删除图层蒙版”命令，然后设置“不透明度”为58%，如图12-226所示。按住Ctrl键单击“COOL副本2”图层缩览图，建立选区。回到“杂点副本2”图层，添加图层蒙版，则显示出第二层杂点，如图12-227所示。

图12-225

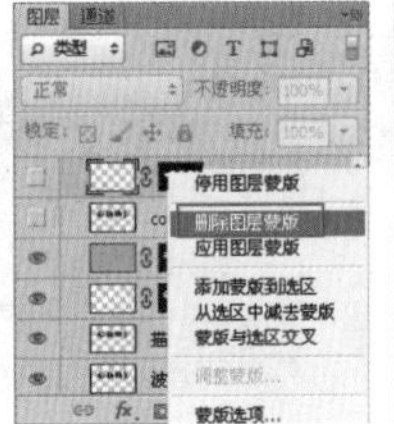

图12-226

图12-227

步骤14 复制“COOL 副本 2”图层，建立图层副本，并命名为“COOL 副本3”。按Ctrl+T组合键，缩小文字。双击图层样式，在弹出的“图层样式”对话框中选中“斜面和浮雕”和“颜色叠加”样式，设置参数如图12-228和图12-229所示。效果如图12-230所示。

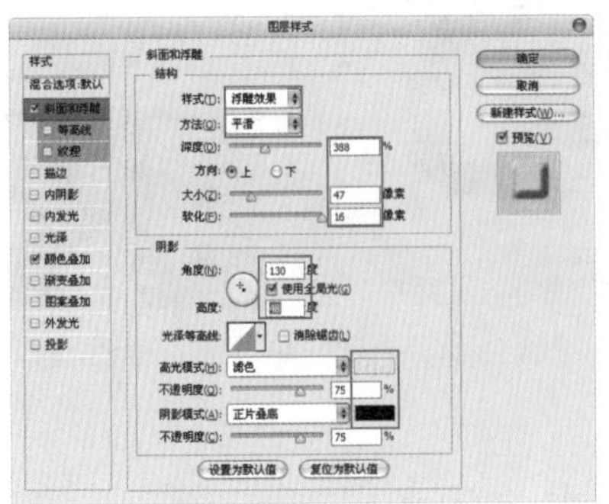

图12-228

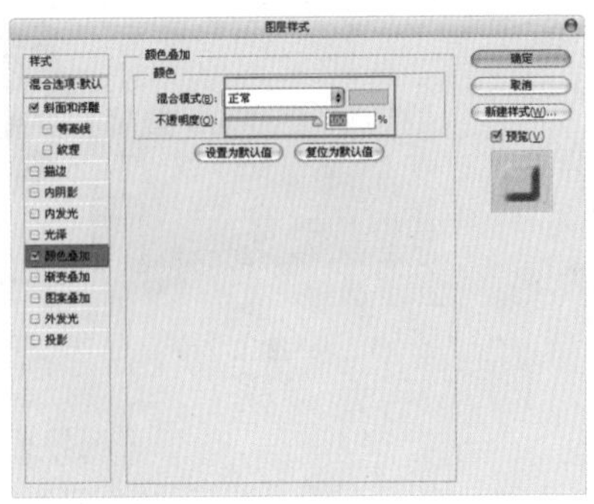

图12-229

图12-230

步骤15 制作最顶层杂点。同理，复制“杂点副本2”图层，建立“杂点副本3”。右击图层蒙版，在弹出的快捷菜单中选择

“删除图层蒙版”命令，然后设置“不透明度”为40%。按住Ctrl键单击“COOL副本3”图层缩览图，建立选区。回到“杂点副本3”图层，添加图层蒙版，则显示出第三层杂点，如图12-231所示。

步骤16 在最顶层添加芝麻点。复制“杂点”图层，右击图层蒙版，在弹出的快捷菜单中选择“删除图层蒙版”命令。框选一小块杂点，先后按Ctrl+C、Ctrl+V组合键复制杂点，并重命名为“芝麻点”。按Ctrl+T组合键放大图像，如图12-232所示。

步骤17 由于芝麻点图像很模糊，因此执行“图像>调整>阈值”命令，在弹出的对话框中设置“阈值色阶”为170，如图12-233所示。接着按住Ctrl键单击COOL图层缩览图，建立选区。回到“芝麻点”图层，添加图层蒙版，效果如图12-234所示。

图12-231

图12-232

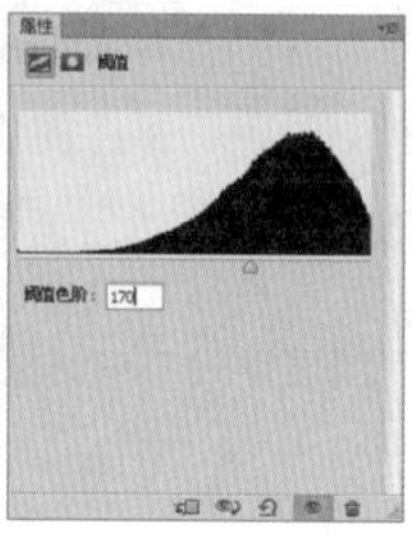

图12-233

图12-234

步骤18 在“图层样式”对话框中选中“颜色叠加”样式，设置“混合模式”为“正片叠底”，颜色为棕色，“不透明度”为100%，如图12-235所示。此时效果如图12-236所示。

步骤19 在最上层撒上白色杂点。复制“杂点”图层，建立副本图层，并命名为“白色杂点”。建立杂点选区，填充为白色，然后添加图层蒙版，设置背景色为黑色，使用白色画笔绘制文字，如图12-237所示。

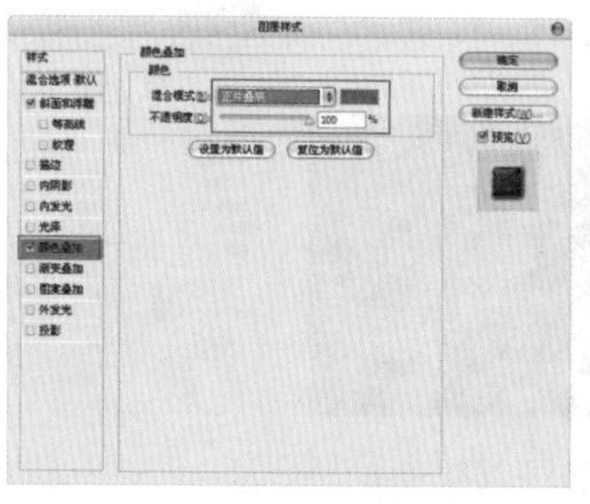

图12-235

图12-236

步骤20 在图层组“组1”中添加图层蒙版，使用画笔擦除文字“C”边角处，显示出咖啡杯的图像，如图12-238所示。最终效果如图12-239所示。

图12-237

图12-238

图12-239

12.5.3 极坐标

“极坐标”滤镜可以将图像从平面坐标转换到极坐标，或从极坐标转换到平面坐标。如图12-240和图12-241所示为原始图像以及“极坐标”对话框。

- **平面坐标到极坐标：** 使矩形图像变为圆形图像，如图12-242所示。
- **极坐标到平面坐标：** 使圆形图像变为矩形图像，如图12-243所示。

图12-240

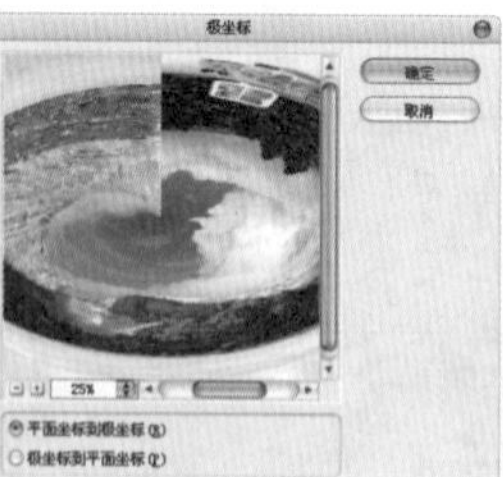

图12-241

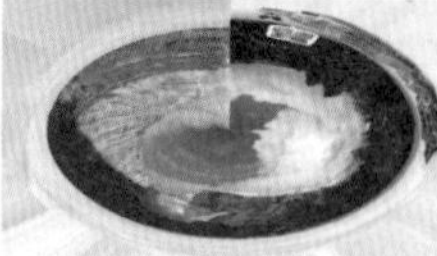
图12-242

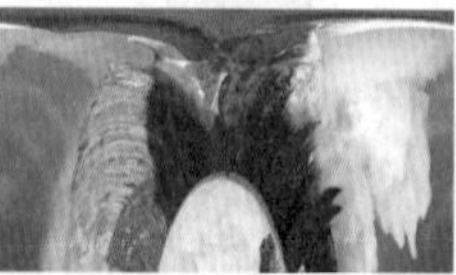
图12-243

实例练习——制作极坐标特效

案例文件	实例练习——制作极坐标特效.psd
视频教学	实例练习——制作极坐标特效.flv
难易指数	★★★★★
技术要点	极坐标

案例效果

本例最终效果如图12-244所示。

操作步骤

步骤01 打开配书光盘中的素材文件，如图12-245所示。

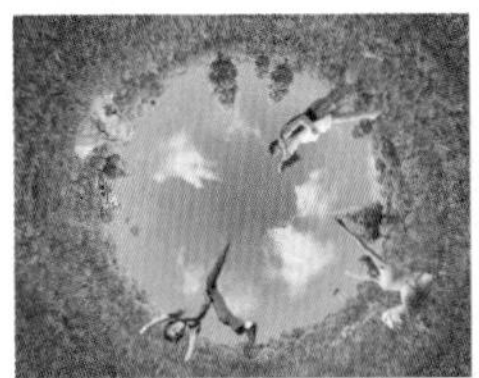

图12-244

图12-245

技巧与提示

制作极坐标特效时，需要很合适的图片才能做出好看的效果来。

步骤02 执行“滤镜>扭曲>极坐标”命令，在弹出的“极坐标”对话框中选中“平面坐标到极坐标”单选按钮，如图12-246所示。单击“确定”按钮，效果如图12-247所示。

步骤03 按Ctrl+T组合键横向缩进，形成圆形地球形状，如图12-248所示。

步骤04 执行“滤镜>液化”命令，调整中心人物形态，如图12-249和图12-250所示。

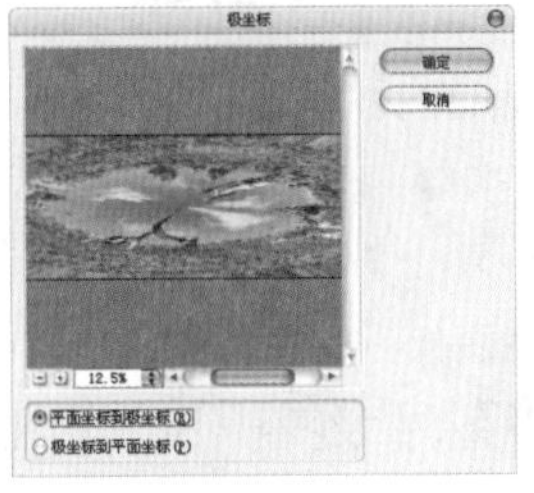

图12-246

图12-247

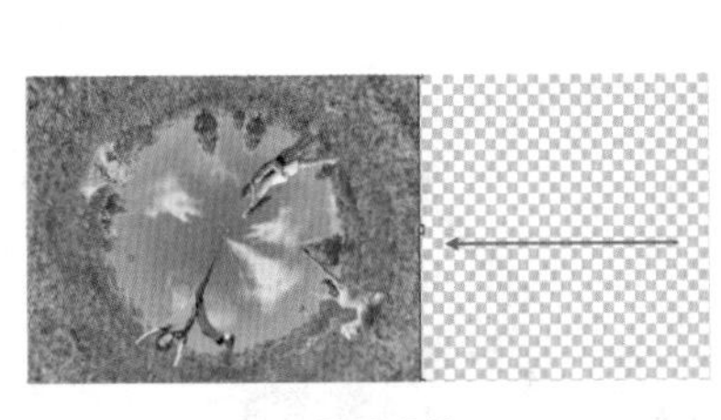

图12-248

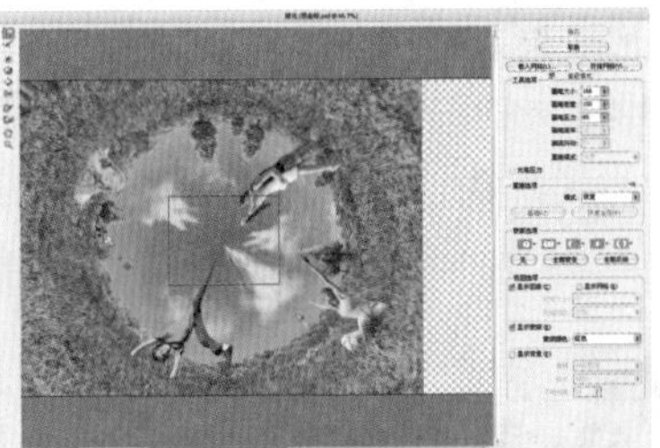

图12-249

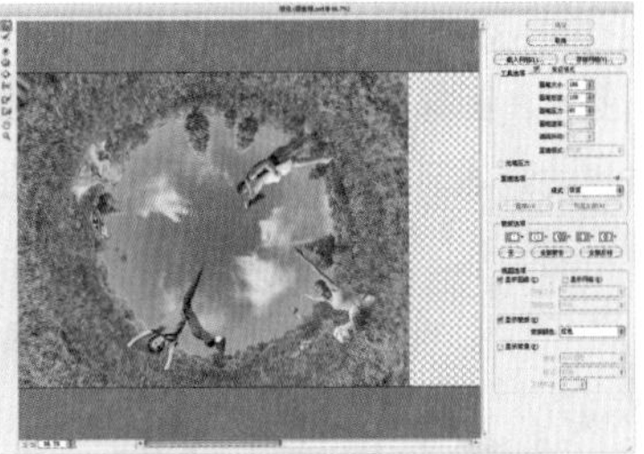

图12-250

步骤05 选择仿制图章工具，按住Alt键单击一部分平坦的草地，仿制在模糊的四周，如图12-251所示。效果如图12-252所示。

步骤06 新建“曲线”调整图层，在其“属性”面板中的第2个下拉列表框中选择RGB，然后设置曲线“输出”为155，“输入”为127，如图12-253所示。单击“曲线”图层蒙版，然后使用黑色画笔绘制四周，提亮中间部分，如图12-254所示。

步骤07 再次新建“曲线”调整图层，在其“属性”面板中的第2个下拉列表框中选择RGB选项，然后设置曲线“输出”为155，“输入”为127，如图12-255所示。单击“曲线”图层蒙版，填充黑色，然后使用白色画笔绘制四周，压暗四周部分，最终效果如图12-256所示。

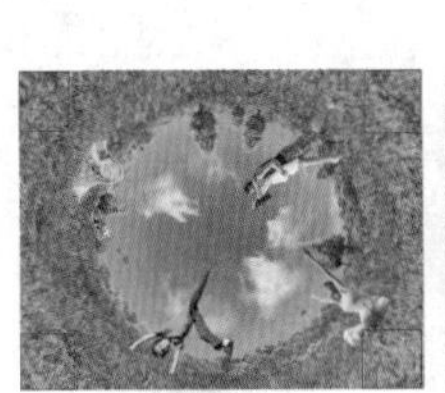

图12-251

图12-252

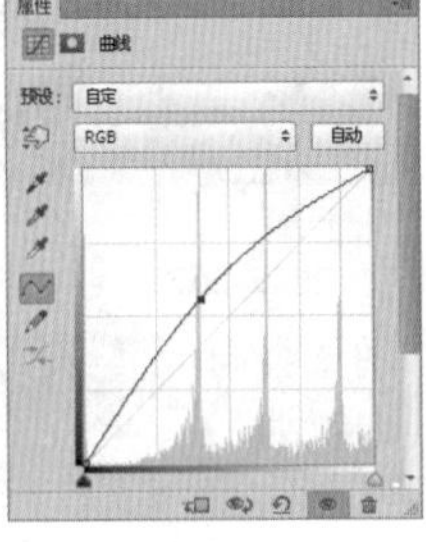

图12-253

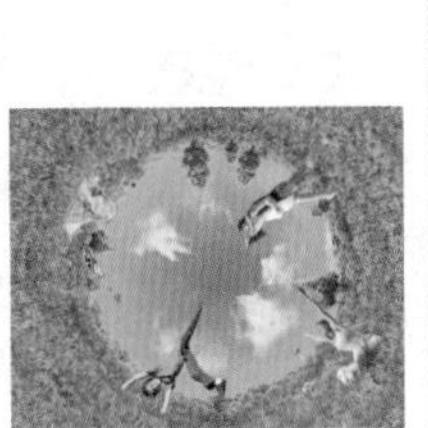

图12-254

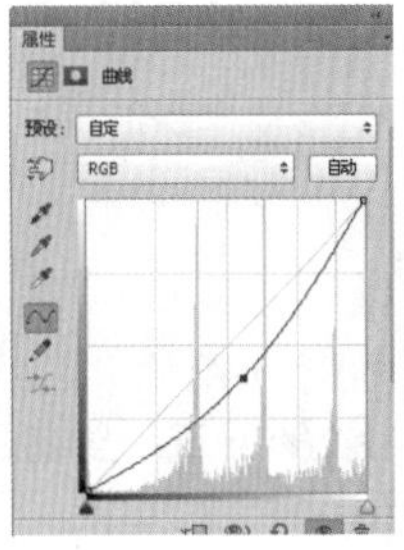

图12-255

图12-256

12.5.4 挤压

“挤压”滤镜可以将选区内的图像或整个图像向外或向内挤压。如图12-257和图12-258所示为原始图像以及“挤压”对话框。

- 数量：用来控制挤压图像的程度。当该值为负值时，图像会向外挤压，如图12-259所示；当该值为正值时，图像会向内挤压，如图12-260所示。

图12-257

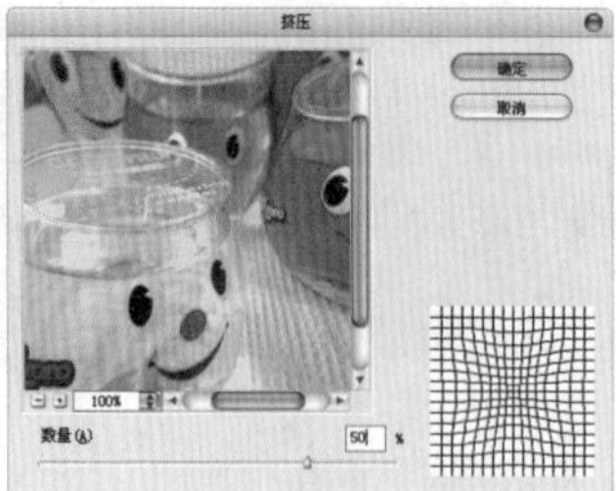

图12-258

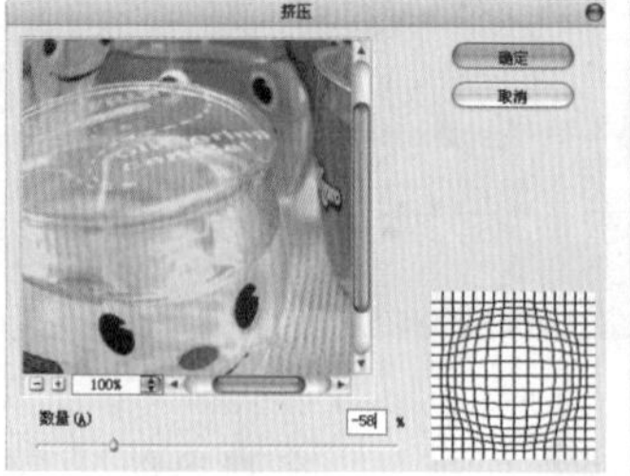

图12-259

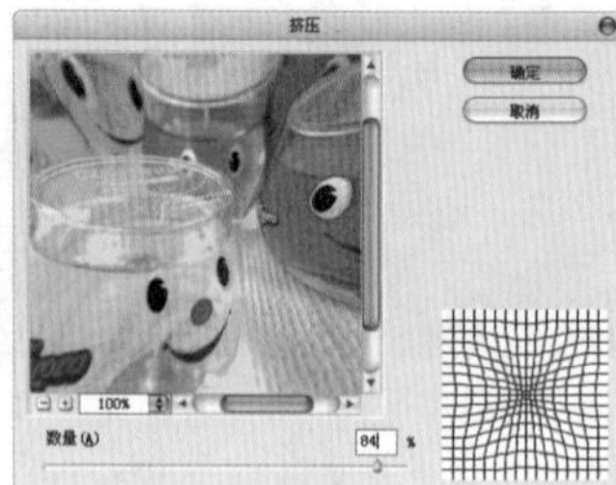

图12-260

12.5.5 切变

“切变”滤镜可以沿一条曲线扭曲图像，通过拖曳调整框中的曲线可以应用相应的扭曲效果。如图12-261和图12-262所示为原始图像以及“切变”对话框。

图12-261

图12-262

- 曲线调整框：可以通过控制曲线的弧度来控制图像的变形效果。如图12-263和图12-264所示为不同的变形效果。
- 折回：在图像的空白区域中填充溢出图像之外的图像内容，如图12-265所示。
- 重复边缘像素：在图像边界不完整的空白区域填充扭曲边缘的像素颜色，如图12-266所示。

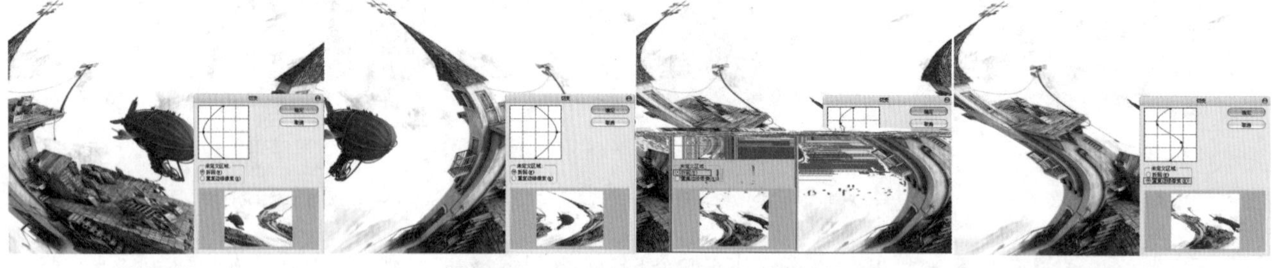

图12-263 图12-264 图12-265 图12-266

12.5.6 球面化

“球面化”滤镜可以将选区内的图像或整个图像扭曲为球形。如图12-267和图12-268所示为原始图像、应用“球面化”滤镜以后的效果以及“球面化”对话框。

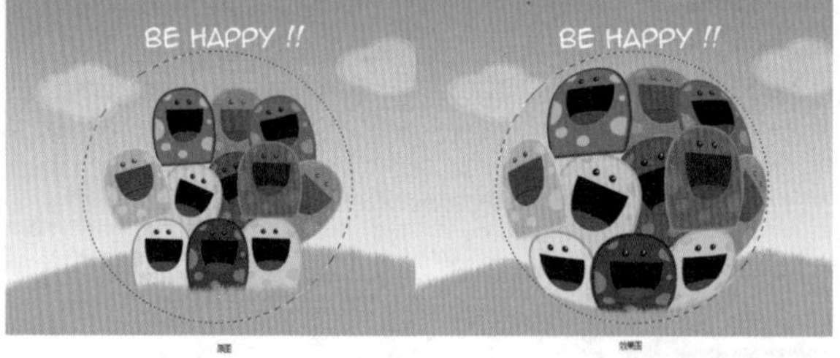

图12-267

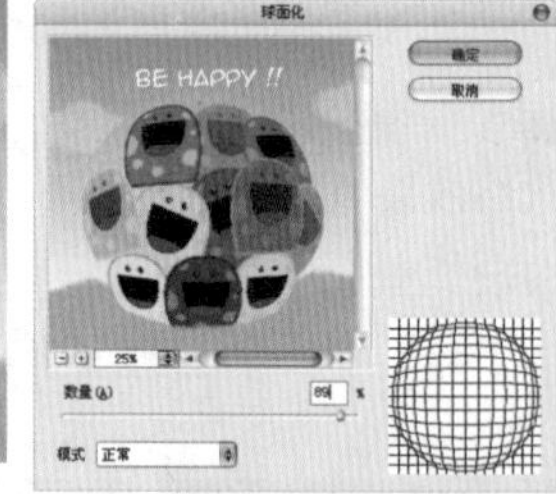

图12-268

- 数量：用来设置图像球面化的程度。当设置为正值时，图像会向外凸起，如图12-269所示；当设置为负值时，图像会向内收缩，如图12-270所示。
- 模式：用来选择图像的挤压方式，包含“正常”、“水平优先”和“垂直优先”3种。

图12-269

图12-270

12.5.7 水波

“水波”滤镜可以使图像产生真实的水波波纹效果。如图12-271和图12-272所示为原始图像（创建了一个选区）以及“水波”对话框。

- 数量：当设置为负值时，将产生下凹的波纹，如图12-273所示；当设置为正值时，将产生上凸的波纹，如图12-274所示。

图12-271

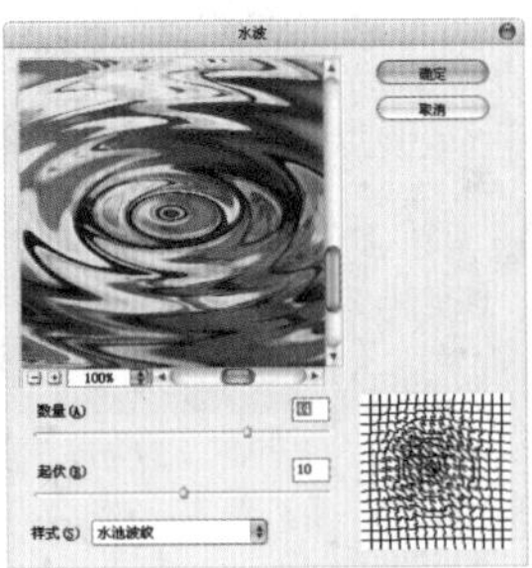

图12-272

图12-273

图12-274

- 起伏：数值越大，波纹越多。
- 样式：用来选择生成波纹的方式。选择“围绕中心”选项时，可以围绕图像或选区的中心产生波纹；选择“从中心向外”选项时，波纹将从中心向外扩散；选择“水池波纹”选项时，可以产生同心圆形状的波纹，如图12-275～图12-277所示。

图12-275

图12-276

图12-277

12.5.8 旋转扭曲

“旋转扭曲”滤镜可以顺时针或逆时针旋转图像，使其产生旋涡的效果。如图12-278和图12-279所示为原始图像以及“旋转扭曲”对话框。

- 角度：用来设置旋转扭曲方向。当设置为正值时，会沿顺时针方向进行扭曲，如图12-280所示；当设置为负值时，会沿逆时针方向进行扭曲，如图12-281所示。

图12-278

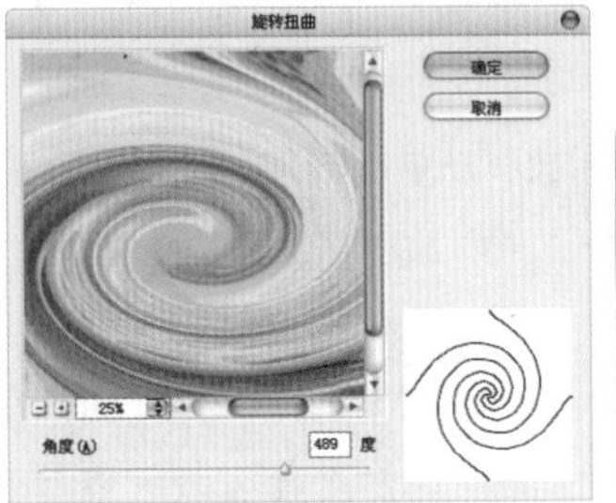

图12-279

图12-280

图12-281

12.5.9 置换

“置换”滤镜可以用另外一幅图像（必须为PSD文件）的亮度值替换当前图像的亮度值，使当前图像的像素重新排列，产生位移的效果。如图12-282所示为“置换”对话框。

- 水平比例/垂直比例：用来设置水平方向/垂直方向所移动的距离。
- 置换图：用来设置置换图像的方式，包括“伸展以适合”和“拼贴”两种。

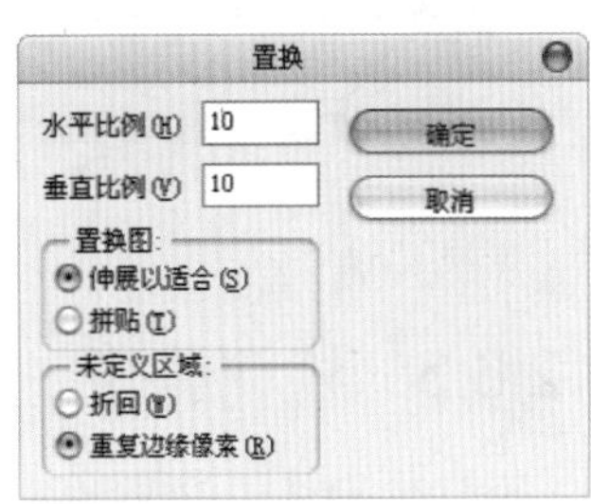

图12-282

12.6 "锐化"滤镜组

"锐化"滤镜组可以通过增强相邻像素之间的对比度来聚集模糊的图像。"锐化"滤镜组中包含6种滤镜："USM锐化"、"防抖"、"进一步锐化"、"锐化"、"锐化边缘"和"智能锐化"。

12.6.1 USM锐化

"USM锐化"滤镜可以查找图像颜色发生明显变化的区域，然后将其锐化。如图12-283和图12-284所示为原始图像、应用"USM锐化"滤镜以后的效果以及"USM锐化"对话框。

图12-283

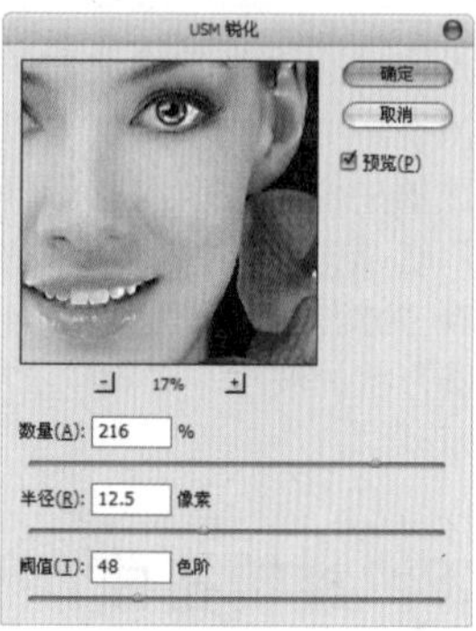

图12-284

- 数量：用来设置锐化效果的精细程度。
- 半径：用来设置图像锐化的半径范围大小。
- 阈值：只有相邻像素之间的差值达到所设置的"阈值"时才会被锐化。该值越大，被锐化的像素就越少。

12.6.2 防抖

"防抖"滤镜可以弥补由于使用相机拍摄时抖动而产生的图像抖动虚化问题。如图12-285所示为滤镜参数窗口。

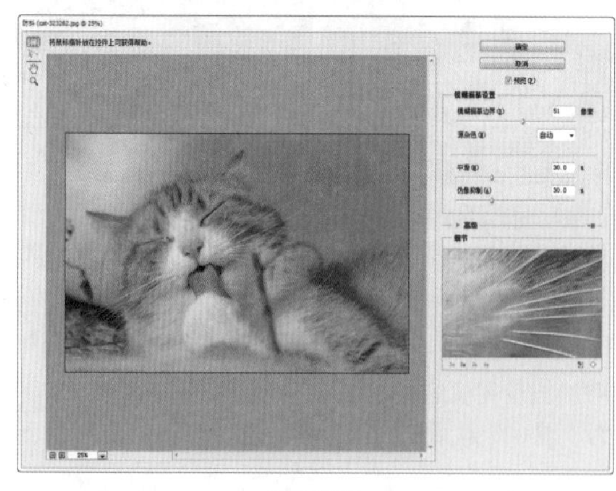

图12-285

- 模糊评估工具：使用该工具在需要锐化的位置进行绘制。
- 模糊方向工具：手动指定直接模糊描摹的方向和长度。
- 抓手工具：拖动图像在窗口中的位置。
- 缩放工具：放大或缩小图像显示的大小。
- 模糊描摹边界：用来指定模糊描摹边界的大小。
- 源杂色：指定源的杂色。分为"自动"、"低"、"中"和"高"。
- 平滑：用来平滑锐化导致的杂色。
- 伪像抑制：用来抑制由于锐化而产生的较大伪像。

12.6.3 锐化、进一步锐化

"锐化"滤镜可以通过增加像素之间的对比度而使图像变得清晰，但是其锐化效果没有"进一步锐化"滤镜那么明显，应用一次"进一步锐化"滤镜，相当于应用了3次"锐化"滤镜。

12.6.4 锐化边缘

"锐化边缘"滤镜只锐化图像的边缘，同时会保留图像整体的平滑度（该滤镜没有参数设置对话框）。如图12-286所示为原始图像及应用"锐化边缘"滤镜以后的效果。

图12-286

12.6.5 智能锐化

"智能锐化"滤镜的功能比较强大，它具有独特的锐化选项，可以设置锐化算法、控制阴影和高光区域的锐化量。如图12-287和图12-288所示为原始图像与"智能锐化"对话框。

图12-287

图12-288

1. 设置基本选项

在"智能锐化"对话框中选中"基本"单选按钮，可以设置"智能锐化"滤镜的基本锐化功能。

- 设置：单击"存储当前设置的拷贝"按钮，可以将当前设置的锐化参数存储为预设；单击"删除当前设置"按钮，可以删除当前选择的自定义锐化设置。
- 数量：用来设置锐化的精细程度。数值越大，越能强化边缘之间的对比度。如图12-289和图12-290所示分别为设置"数量"为100%和500%时的锐化效果。
- 半径：用来设置受锐化影响的边缘像素的数量。数值越大，受影响的边缘就越宽，锐化的效果也越明显。如图12-291和图12-292所示分别为设置"半径"为3像素和6像素时的锐化效果。

图12-289

图12-290

图12-291

图12-292

- 移去：选择锐化图像的算法。选择"高斯模糊"选项，可以使用"USM锐化"滤镜的方法锐化图像；选择"镜头模糊"选项，可以查找图像中的边缘和细节，并对细节进行更加精细的锐化，以减少锐化的光晕；选择"动感模糊"选项，可以激活下面的"角度"选项，通过设置"角度"值可以减少由于相机或对象移动而产生的模糊效果。
- 更加准确：选中该复选框，可以使锐化效果更加精确。

2. 设置高级选项

在"智能锐化"对话框中选中"高级"单选按钮，可以设置"智能锐化"滤镜的高级锐化功能。高级锐化功能包含"锐化"、"阴影"和"高光"3个选项卡，如图12-293～图12-295所示。其中"锐化"选项卡中的参数与基本锐化选项完全相同。

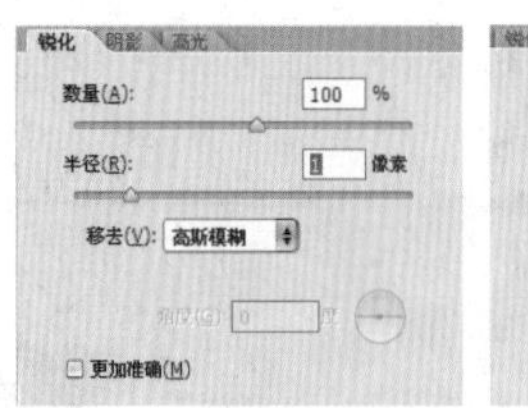

图12-293

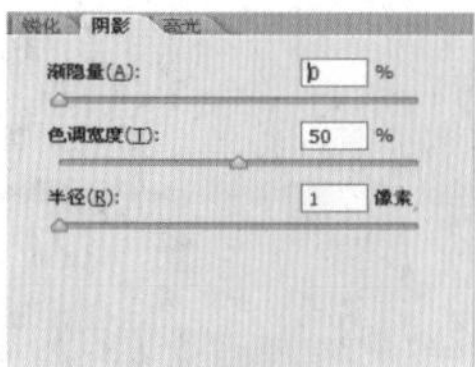

图12-294

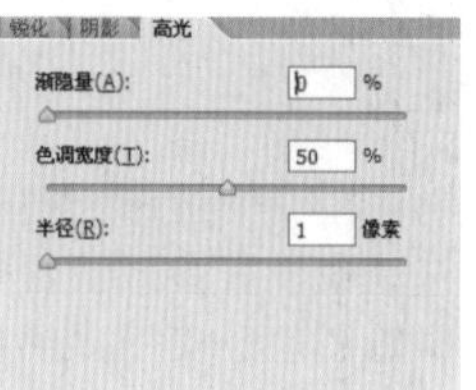

图12-295

- 渐隐量：用于设置阴影或高光中的锐化程度。
- 色调宽度：用于设置阴影和高光中色调的修改范围。
- 半径：用于设置每个像素周围区域的大小。

12.7 “视频”滤镜组

“视频”滤镜组中包含两种滤镜：“NTSC颜色”和“逐行”，如图12-296所示。这两个滤镜可以处理以隔行扫描方式运行的设备中提取的图像。

NTSC 颜色
逐行...

图12-296

12.7.1 NTSC颜色

“NTSC颜色”滤镜可以将色域限制在电视机重现可接受的范围内，以防止过饱和颜色渗到电视扫描行中。

12.7.2 逐行

“逐行”滤镜可以消除视频图像中的奇数或偶数隔行线，使在视频上捕捉的运动图像变得平滑。如图12-297所示为“逐行”对话框。

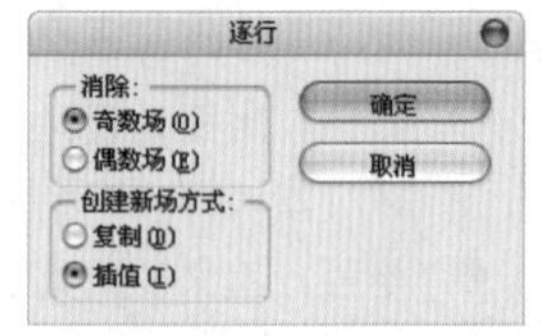

图12-297

- 消除：用来选择消除逐行的方式，包括“奇数场”和“偶数场”两种。
- 创建新场方式：用来设置消除场以后用何种方式来填充空白区域。选中“复制”单选按钮，可以复制被删除部分周围的像素来填充空白区域；选中“插值”单选按钮，可以利用被删除部分周围的像素，通过插值的方法进行填充。

12.8 “像素化”滤镜组

“像素化”滤镜组可以将图像进行分块或平面化处理。“像素化”滤镜组中包含7种滤镜：“彩块化”、“彩色半调”、“点状化”、“晶格化”、“马赛克”、“碎片”和“铜版雕刻”，如图12-298所示。

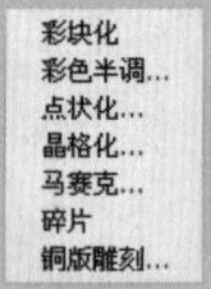

彩块化
彩色半调...
点状化...
晶格化...
马赛克...
碎片
铜版雕刻...

图12-298

12.8.1 彩块化

“彩块化”滤镜无须设置参数就可以将纯色或相近色的像素结成相近颜色的像素块，常用来制作手绘图像、抽象派绘画等艺术效果。如图12-299所示为应用“彩块化”滤镜前后的对比效果。

图12-299

12.8.2 彩色半调

“彩色半调”滤镜可以模拟在图像的每个通道上使用放大的半调网屏的效果。如图12-300和图12-301所示为原始图像、应用“彩色半调”滤镜以后的效果以及“彩色半调”对话框。

图12-300

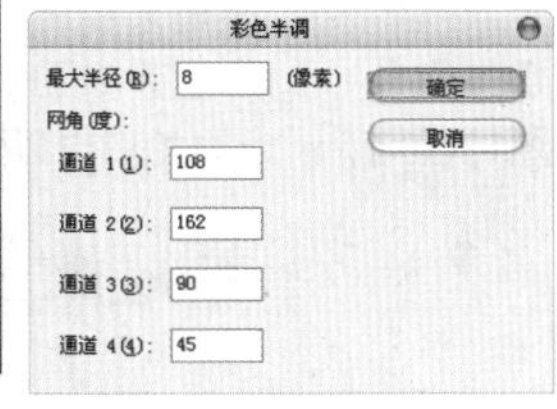

图12-301

- **最大半径**：用来设置生成的最大网点的半径。
- **网角（度）**：用来设置图像各个原色通道的网点角度。

12.8.3 点状化

“点状化”滤镜可以将图像中的颜色分解成随机分布的网点，并使用背景色作为网点之间的画布区域。如图12-302和图12-303所示为原始图像、应用“点状化”滤镜以后的效果以及“点状化”对话框。

原图　效果图

图12-302

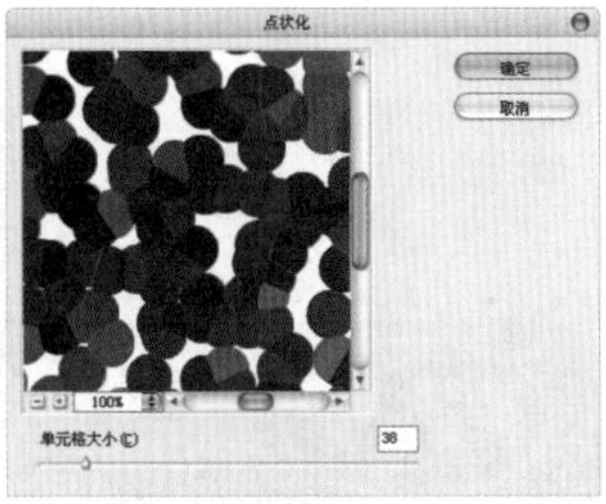

图12-303

- **单元格大小**：用来设置每个多边形色块的大小。

12.8.4 晶格化

“晶格化”滤镜可以使图像中颜色相近的像素结块，形成多边形纯色。如图12-304和图12-305所示为原始图像、应用“晶格化”滤镜以后的效果以及“晶格化”对话框。

- **单元格大小**：用来设置每个多边形色块的大小。

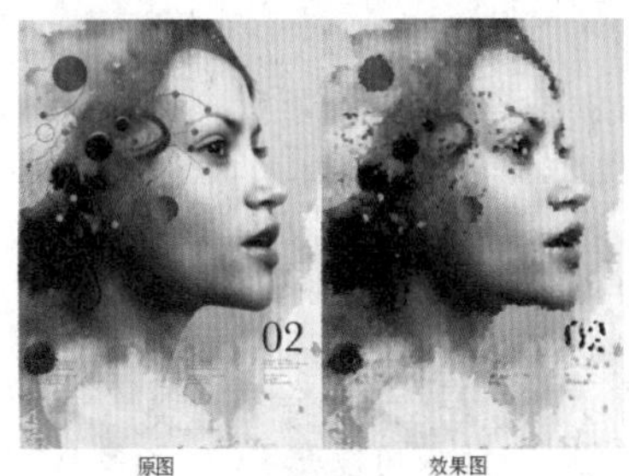

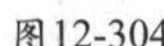

原图　效果图

图12-304

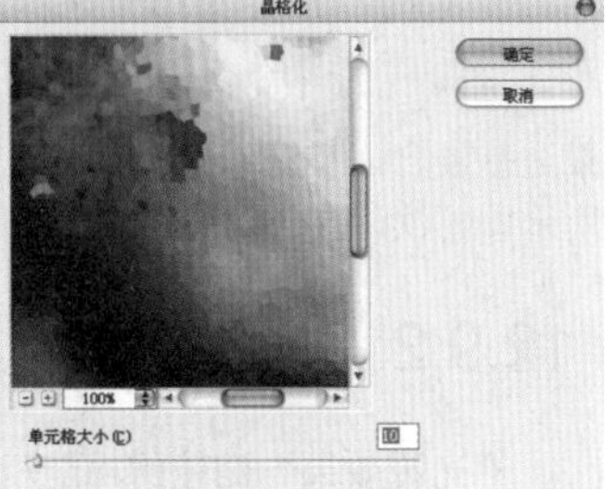

图12-305

12.8.5 马赛克

“马赛克”滤镜可以使像素结为方形色块，创建出类似于马赛克的效果。如图12-306和图12-307所示为原始图像、应用“马赛克”滤镜以后的效果以及“马赛克”对话框。

- **单元格大小**：用来设置每个多边形色块的大小。

原图　效果图

图12-306

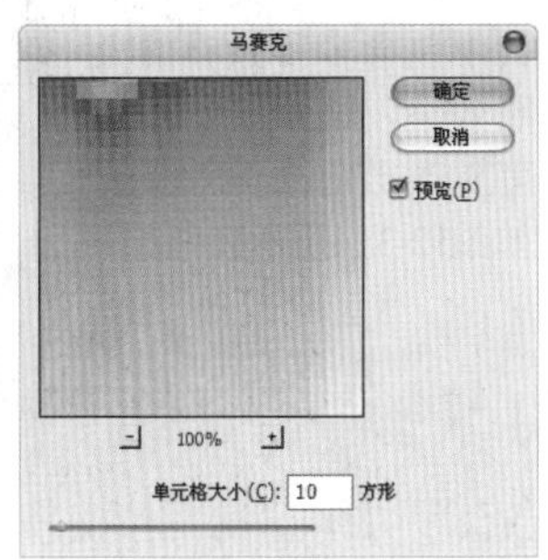

图12-307

12.8.6 碎片

“碎片”滤镜可以将图像中的像素复制4次，然后将复制的像素平均分布，并使其相互偏移（该滤镜没有参数设置对话框）。如图12-308所示为原始图像以及应用“碎片”滤镜以后的效果。

原图　　效果图

图12-308

12.8.7 铜版雕刻

“铜版雕刻”滤镜可以将图像转换为黑白区域中的随机图案或彩色图像中完全饱和颜色的随机图案。如图12-309和图12-310所示为原始图像、应用“铜版雕刻”滤镜以后的效果以及“铜版雕刻”对话框。

原图　　效果图

图12-309　　图12-310

- 类型：用于选择铜版雕刻的类型，其中包含“精细点”、“中等点”、“粒状点”、“粗网点”、“短直线”、“中长直线”、“长直线”、“短描边”、“中长描边”和“长描边”10种。

12.9 “渲染”滤镜组

“渲染”滤镜组可以在图像中创建云彩图案、3D形状、折射图案和模拟的光反射效果等。“渲染”滤镜组中包含5种滤镜：“分层云彩”、“光照效果”、“镜头光晕”、“纤维”和“云彩”。

12.9.1 分层云彩

“分层云彩”滤镜可以将云彩数据与现有的像素以“差值”方式进行混合（该滤镜没有参数设置对话框），如图12-311和图12-312所示。首次应用该滤镜时，图像的某些部分会被反相成云彩图案。

原图　　效果图

图12-311　　图12-312

12.9.2 光照效果

“光照效果”滤镜的功能相当强大，不仅可以在RGB图像上产生多种光照效果，还可以使用灰度文件的凹凸纹理图产生类似3D的效果，并存储为自定义样式以在其他图像中使用。执行“滤镜>渲染>光照效果”命令，打开“光照效果”窗口，如图12-313所示。

在选项栏中打开“预设”下拉列表框，其中包含多种预设的光照效果，选中某一项即可更改当前画面效果，如图12-314所示。

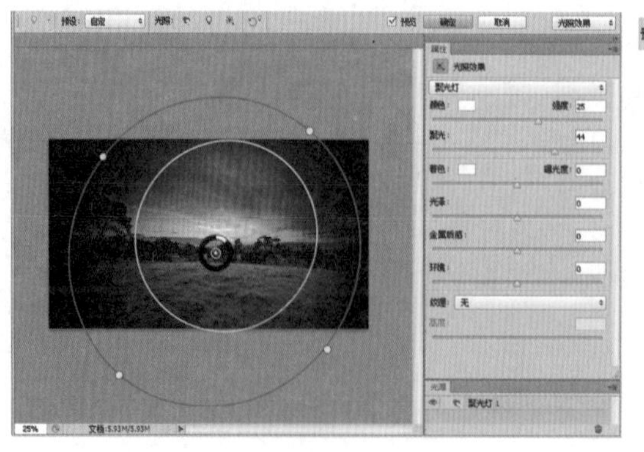

图12-313　　图12-314

- 两点钟方向点光：即具有中等强度（17）和宽焦点（91）的黄色点光。
- 蓝色全光源：即具有全强度（85）和没有焦点的高处蓝色全光源。
- 圆形光：4个点光，“白色”为全强度（100）和集中焦点（8）的点光；“黄色”为强度（88）和集中焦点（3）的点光；“红色”为中等强度（50）和集中焦点（0）的点光；“蓝色”为全强度（100）和中等焦点（25）的点光。
- 向下交叉光：即具有中等强度（35）和宽焦点（100）的两种白色点光。
- 交叉光：即具有中等强度（35）和宽焦点（69）的白色点光。
- 默认：即具有中等强度（35）和宽焦点（69）的白色点光。
- 五处下射光/五处上射光：即具有全强度（100）和宽焦点（60）的下射或上射的5个白色点光。
- 手电筒：即具有中等强度（46）的黄色全光源。
- 喷涌光：即具有中等强度（35）和宽焦点（69）的白色点光。
- 平行光：即具有全强度（98）和没有焦点的蓝色平行光。
- RGB 光：即具有中等强度（60）和宽焦点（96）的红色、蓝色与绿色光。
- 柔化直接光：即两种不聚焦的白色和蓝色平行光。其中白色光为柔和强度（20），而蓝色光为中等强度（67）。
- 柔化全光源：即中等强度（50）的柔和全光源。
- 柔化点光：即具有全强度（98）和宽焦点（100）的白色点光。
- 三处下射光：即具有柔和强度（35）和宽焦点（96）的右边中间白色点光。
- 三处点光：即具有轻微强度（35）和宽焦点（100）的3个点光。
- 存储：若要存储预设，需要选择该选项，在弹出的对话框中选择存储位置并命名，然后单击“确定”按钮。存储的预设包含每种光照的所有设置，并且无论何时打开图像，存储的预设都会出现在“预设”下拉列表框中。
- 载入：若要载入预设，需要选择该选项，在弹出的对话框中选择文件，然后单击“确定”按钮。
- 删除：若要删除某一预设，需要选择该预设，然后在“预设”下拉列表框中选择“删除”选项。
- 自定：若要创建光照预设，需要选择该选项，然后单击“光照”图标以添加聚光灯、点光和无限光类型。按需要重复，最多可获得16种光照。

在选项栏中单击“光源”栏中的按钮，可以快速在画面中添加光源；单击“重置当前光照”按钮，可以对当前光源进行重置。如图12-315～图12-317所示分别为3种光源（“聚光灯”、“点光”和“无限光”）的对比效果。

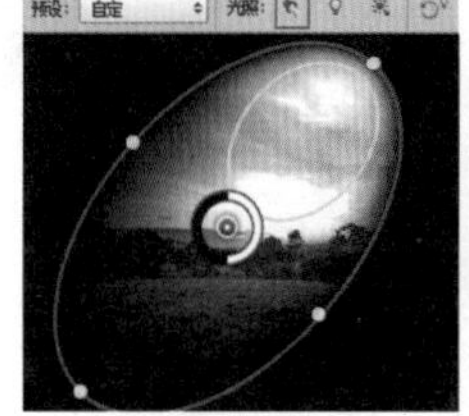
图12-315

图12-316

图12-317

- 聚光灯：投射一束椭圆形的光柱。预览窗口中的线条用于定义光照方向和角度，而手柄用于定义椭圆边缘。若要移动光源，需要在外部椭圆内拖动光源。若要旋转光源，需要在外部椭圆外拖动光源。若要更改聚光角度，需要拖动内部椭圆的边缘。若要扩展或收缩椭圆，需要拖动4个外部手柄中的一个。按住 Shift 键并拖动，可使角度保持不变而只更改椭圆的大小。按住 Ctrl 键并拖动，可保持大小不变并更改光照的角度或方向。若要更改椭圆中光源填充的强度，可拖动中心部位强度环的白色部分。
- 点光：像灯泡一样，使光在图像正上方的各个方向照射。若要移动光源，可将其拖动到画布上的任何地方；若要更改光的分布（通过移动光源使其更近或更远来反射光），可拖动中心部位强度环的白色部分。
- 无限光：像太阳一样，使光照射在整个平面上。若要更改方向，可拖动线段末端的手柄；若要更改亮度，可拖动光照控件中心部位强度环的白色部分。

创建光源后，在“属性”面板中即可对该光源的各项参数进行相应的设置，如图12-318所示。

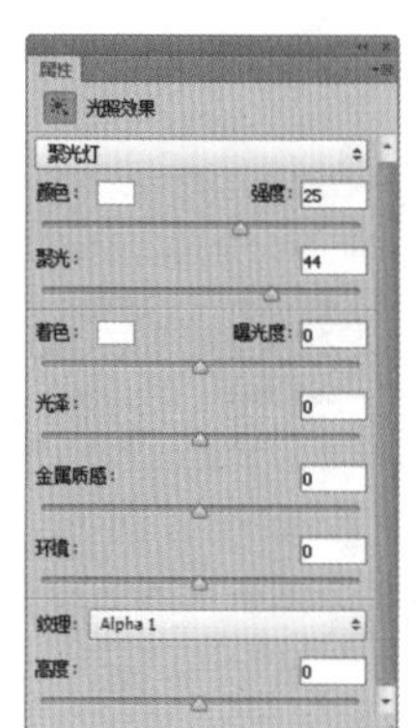

图12-318

- 灯光类型：在该下拉列表框中可选择光源的类型。
- 强度：用来设置灯光的光照大小。
- 颜色：单击色块，可以在弹出的“选择光照颜色”对话框中设置灯光的颜色。
- 聚光：用来控制灯光的光照范围。该选项只能用于聚光灯。
- 着色：单击色块，可以填充整体光照。

- 曝光度：用来控制光照的曝光效果。该值为负值时，可以减少光照；该值为正值时，可以增加光照。
- 光泽：用来设置灯光的反射强度。
- 金属质感：用来设置反射的光线是光源色彩，还是图像本身的颜色。该值越大，反射光越接近反射体本身的颜色；该值越小，反射光越接近光源颜色。
- 环境：漫射光，使该光照如同与室内的其他光照（如日光或荧光）相结合一样。该值为100时，表示只使用此光源；该值为-100时，表示移去此光源。

在"光照效果"工作区中，使用"纹理通道"可以将Alpha 通道添加到图像中的灰度图像来控制光照效果，如图12-320所示。从"属性"面板的"纹理"下拉列表框中选择一种通道，然后拖动"高度"滑块，即可看到画面将按纹理所选通道的黑白关系发生从"平滑"（0）到"凸起"（100）的变化，如图12-321和图12-322所示。

- 纹理：可以在该下拉列表框中选择通道，为图像应用纹理通道。
- 高度：启用"纹理"后，该选项才可用。可以通过它控制应用纹理后凸起的高度。该值为0时代表"平滑"；该值为100时代表"凸起"。

"光源"面板中显示了当前场景中包含的光源，如果需要删除某个光源，只需单击面板右下角的"回收站"即可，如图12-319所示。

图12-319

图12-320

图12-321

图12-322

12.9.3 镜头光晕

"镜头光晕"滤镜可以模拟亮光照射到相机镜头所产生的折射效果。如图12-323和图12-324所示为原始图像以及"镜头光晕"对话框。

- 预览窗口：在该窗口中可以通过拖曳十字线来调节光晕的位置，如图12-325所示。
- 亮度：用来控制镜头光晕的亮度，其取值范围为10%～300%。如图12-326所示分别为设置"亮度"值为100%和200%时的效果。
- 镜头类型：用来选择镜头光晕的类型，包括"50-300毫米变焦"、"35毫米聚焦"、"105毫米聚焦"和"电影镜头"4种，如图12-327所示。

图12-323

图12-324

图12-325

图12-326

图12-327

实例练习——制作阳光沙滩效果

案例文件	实例练习——制作阳光沙滩效果.psd
视频教学	实例练习——制作阳光沙滩效果.flv
难易指数	★★★★★
技术要点	掌握"镜头光晕"滤镜的使用方法

案例效果

本例最终效果如图12-328所示。

操作步骤

步骤01 打开配书光盘中的素材文件，如图12-329所示。

图12-328

图12-329

步骤02 首先对整体颜色进行调整。新建一个“色相/饱和度”调整图层，在其“属性”面板中设置“饱和度”为24，如图12-330所示。效果如图12-331所示。

步骤03 创建新图层。在工具箱中选择渐变工具，在其选项栏中设置渐变类型为线性渐变，如图12-332所示。单击渐变条，弹出“渐变编辑器”对话框，在“预设”选项组中选择白色到透明的渐变，如图12-333所示。完成设置后，在图像中自上而下填充渐变颜色，如图12-334所示。

步骤04 在“图层”面板中，设置“图层1”的“不透明度”为100%，如图12-335所示。效果如图12-336所示。

图12-330

图12-331

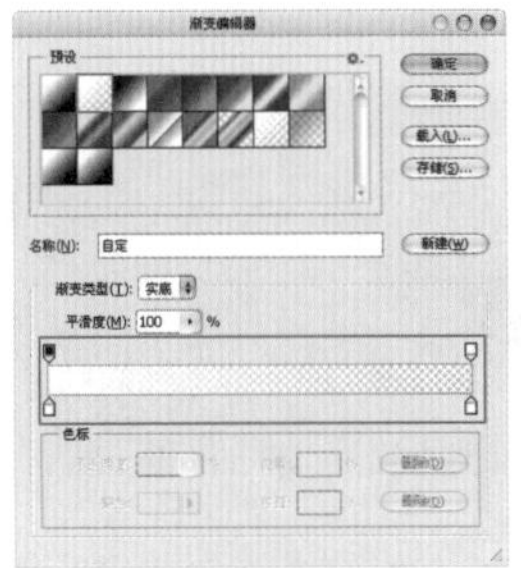

图12-332

图12-333

图12-334

图12-335

步骤05 创建新图层，设置前景色为黑色，然后按Alt+Delete组合键填充。执行“滤镜>渲染>镜头光晕”命令，在弹出的“镜头光晕”对话框中设置“镜头类型”为“105毫米聚焦”，如图12-337所示。将光斑拖动到左上角位置，如图12-338所示。

步骤06 在“图层”面板中，将该图层的混合模式设置为“滤色”，如图12-339所示。效果如图12-340所示。

步骤07 为了加强光斑效果，选择完成制作的“图层2”，将其拖曳到“创建新图层”按钮上，建立一个副本，如图12-341所示。效果如图12-342所示。

图12-336

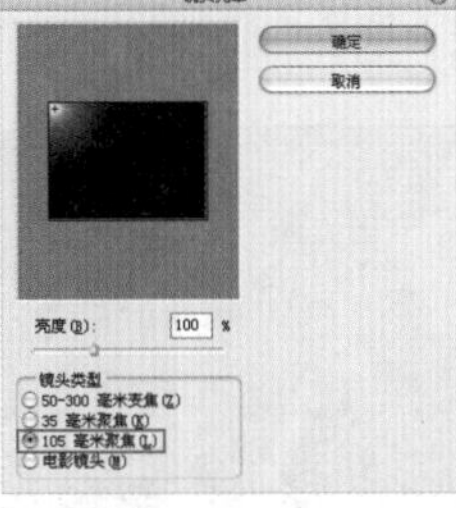

图12-337

图12-338

图12-339

图12-340

图12-341

图12-342

12.9.4 纤维

“纤维”滤镜可以根据前景色和背景色来创建类似编织的纤维效果。如图12-343～图12-345所示分别为前景色和背景色、应用“纤维”滤镜以后的效果以及“纤维”对话框。

- 差异：用来设置颜色变化的方式。较小的数值可以生成较长的颜色条纹；较大的数值可以生成较短且颜色分布变化更大的纤维，如图12-346所示。

图12-343 图12-344

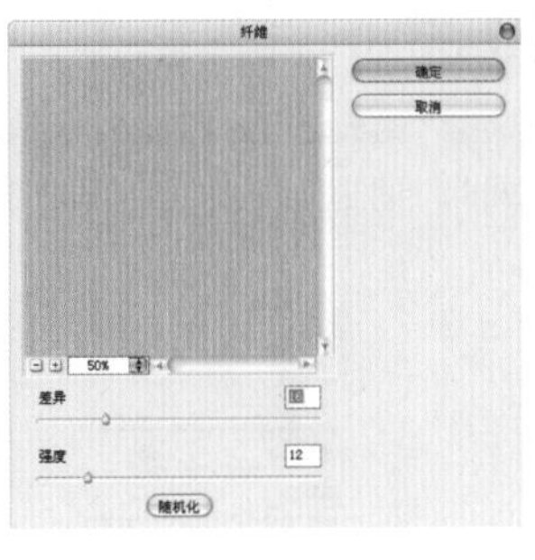

图12-345

图12-346

- 强度：用来设置纤维外观的明显程度。
- 随机化：单击该按钮，可以随机生成新的纤维。

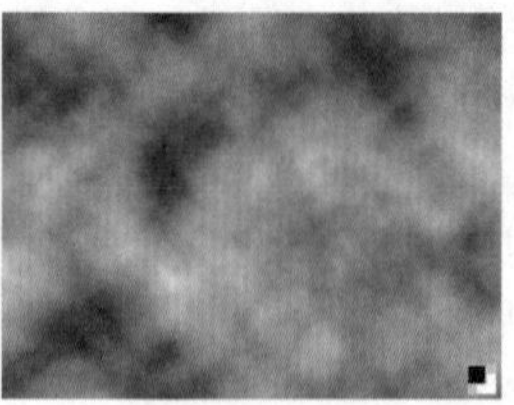
图12-347

12.9.5 云彩

“云彩”滤镜可以根据前景色和背景色随机生成云彩图案（该滤镜没有参数设置对话框）。如图12-347所示为应用“云彩”滤镜以后的效果。

12.10 “杂色”滤镜组

“杂色”滤镜组可以添加或移去图像中的杂色，这样有助于将选择的像素混合到周围的像素中。“杂色”滤镜组中包含5种滤镜：“减少杂色”、“蒙尘与划痕”、“去斑”、“添加杂色”和“中间值”。

12.10.1 减少杂色

“减少杂色”滤镜可以基于影响整个图像或各个通道的参数设置来保留边缘并减少图像中的杂色。如图12-348和图12-349所示为原始图像、应用“减少杂色”滤镜以后的效果以及“减少杂色”对话框。

原图

效果图

图12-348

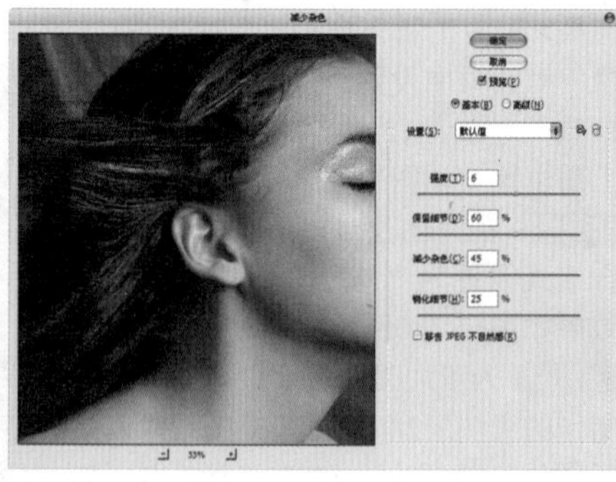
图12-349

1．设置基本参数

在“减少杂色”对话框中选中“基本”单选按钮，可以设置“减少杂色”滤镜的基本参数。

- 强度：用来设置应用于所有图像通道的明亮度杂色的减少量。
- 保留细节：用来控制保留图像的边缘和细节（如头发）的程度。数值为100%时，可以保留图像的大部分细节，但是会将明亮度杂色减少到最低。
- 减少杂色：移去随机的颜色像素。数值越大，减少的杂色越多。
- 锐化细节：用来设置移去图像杂色时锐化图像的程度。
- 移除JPEG不自然感：选中该复选框后，可以移去因JPEG压缩而产生的不自然块。

2．设置高级参数

在“减少杂色”对话框中选中“高级”单选按钮，可以设置“减少杂色”滤镜的高级参数。其中“整体”选项卡与基本参数完全相同，如图12-350所示；“每通道”选项卡可以基于红、绿、蓝通道来减少通道中的杂色，如图12-351所示。

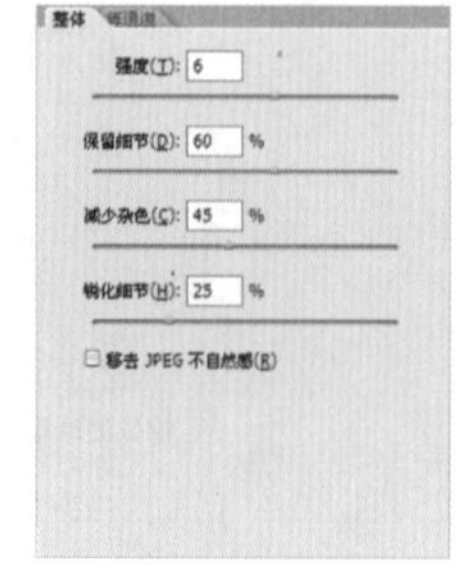
图12-350

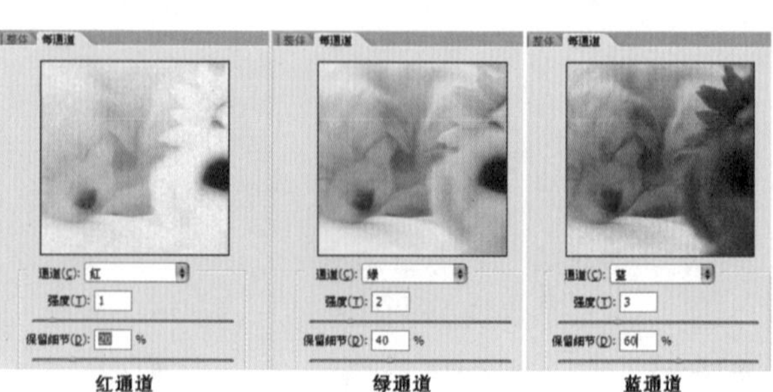

图12-351

12.10.2 蒙尘与划痕

“蒙尘与划痕”滤镜可以通过修改具有差异的像素来减少杂色，有效地去除图像中的杂点和划痕。如图12-352和图12-353所示为原始图像、应用“蒙尘与划痕”滤镜以后的效果以及“蒙尘与划痕”对话框。

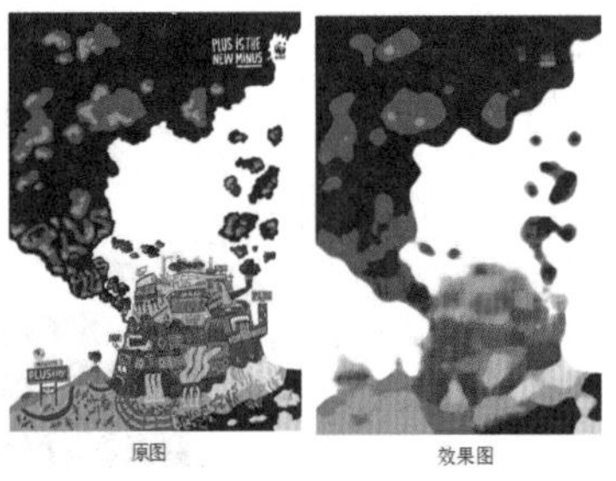
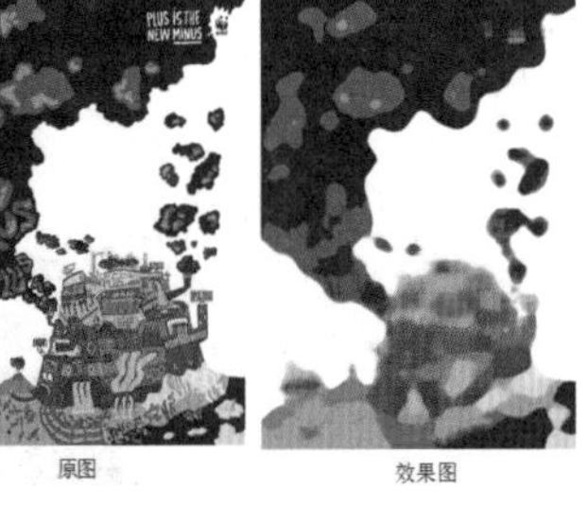
原图　效果图

图12-352

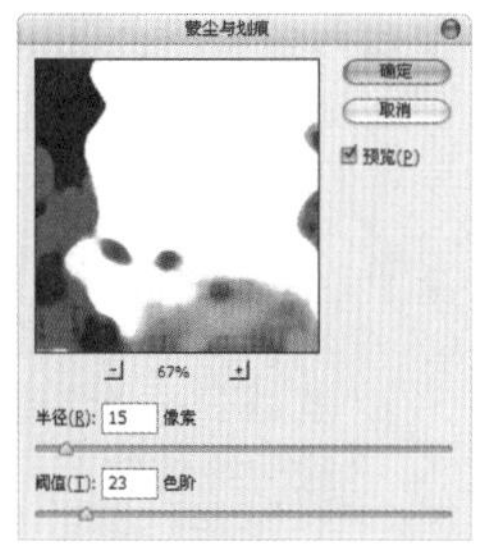

图12-353

- 半径：用来设置柔化图像边缘的范围。
- 阈值：用来定义像素的差异有多大才被视为杂点。数值越大，消除杂点的能力越弱。

12.10.3 去斑

“去斑”滤镜可以检测图像的边缘（颜色发生显著变化的区域），并模糊那些边缘外的所有区域，同时会保留图像的细节（该滤镜没有参数设置对话框）。如图12-354所示为原始图像以及应用“去斑”滤镜以后的效果。

原图

效果图

图12-354

12.10.4 添加杂色

“添加杂色”滤镜可以在图像中随机添加像素，也可以用来修缮图像中经过重大编辑的区域。如图12-355和图12-356所示为原始图像、应用“添加杂色”滤镜以后的效果以及“添加杂色”对话框。

原图

效果图

图12-355

图12-356

- 数量：用来设置添加到图像中的杂点的数量。
- 分布：选中“平均分布”单选按钮，可以随机向图像中添加杂点，效果比较柔和；选中“高斯分布”单选按钮，可以沿一条钟形曲线分布杂色的颜色值，以获得斑点状的杂点效果。
- 单色：选中该复选框后，杂点只影响原有像素的亮度，并且像素的颜色不会发生改变。

12.10.5 中间值

“中间值”滤镜可以混合选区中像素的亮度来减少图像的杂色。该滤镜会搜索像素选区的半径范围以查找亮度相近的像素，并且会扔掉与相邻像素差异太大的像素，然后用搜索到的像素的中间亮度值来替换中心像素。如图12-357和图12-358所示为原始图像、应用“中间值”滤镜以后的效果以及“中间值”对话框。

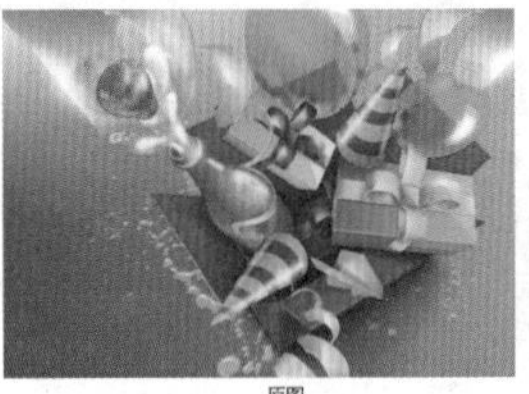
原图

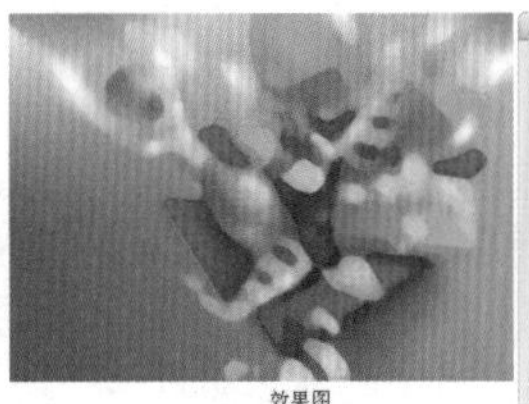
效果图

图12-357

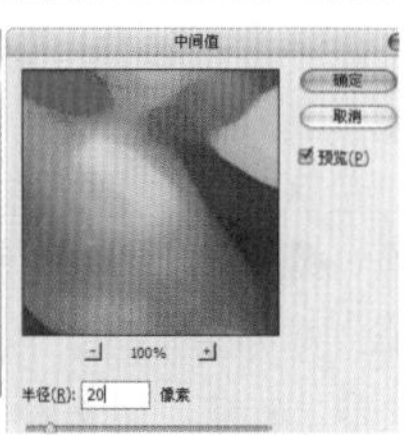

图12-358

- 半径：用于设置搜索像素选区的半径范围。

12.11 “其他”滤镜组

“其他”滤镜组中的滤镜，有的允许用户自定义滤镜效果，有的可以修改蒙版、在图像中使选区发生位移，以及快速调整图像颜色。“其他”滤镜组中包含5种滤镜：“高反差保留”、“位移”、“自定”、“最大值”和“最小值”。

12.11.1 高反差保留

“高反差保留”滤镜可以在具有强烈颜色变化的地方按指定的半径来保留边缘细节，并且不显示图像的其余部分。如

图12-359和图12-360所示为原始图像、应用“高反差保留”滤镜以后的效果以及“高反差保留”对话框。

- 半径：用来设置滤镜分析处理图像像素的范围。该值越大，所保留的原始像素就越多；当该值为0.1像素时，仅保留图像边缘的像素。

原图

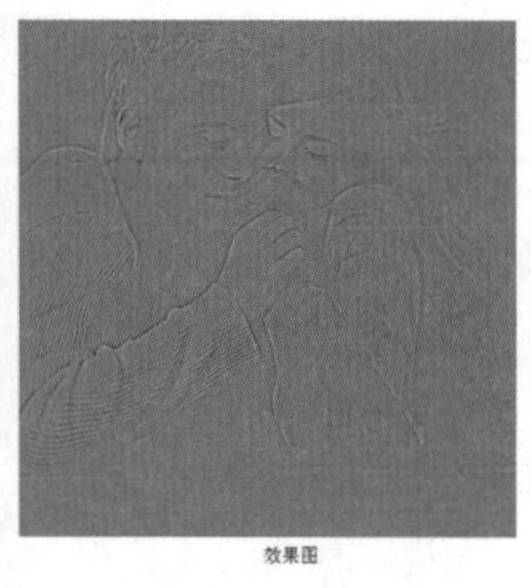
效果图

图12-359

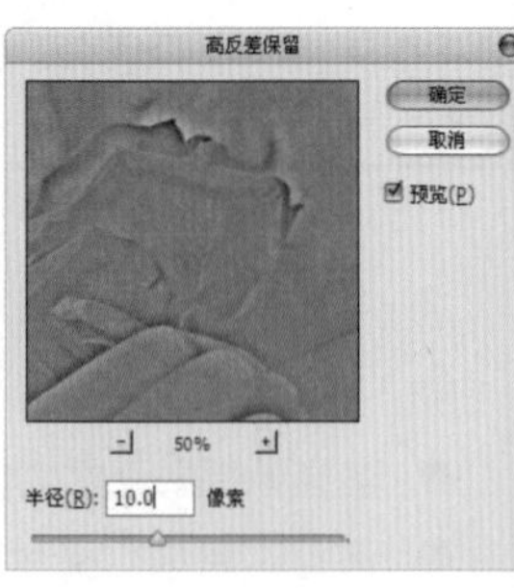

图12-360

12.11.2 位移

“位移”滤镜可以在水平或垂直方向上偏移图像。如图12-361和图12-362所示为原始图像、应用“位移”滤镜以后的效果以及“位移”对话框。

- 水平：用来设置图像像素在水平方向上的偏移距离。数值为正值时，图像会向右偏移，同时左侧会出现空缺。

原图

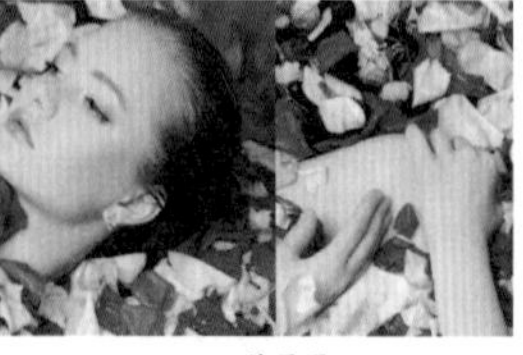
效果图

图12-361

图12-362

- 垂直：用来设置图像像素在垂直方向上的偏移距离。数值为正值时，图像会向下偏移，同时上方会出现空缺。
- 未定义区域：用来选择图像发生偏移后填充空白区域的方式。选中“设置为背景”单选按钮时，可以用背景色填充空缺区域；选中“重复边缘像素”单选按钮时，可以在空缺区域填充扭曲边缘的像素颜色；选中“折回”单选按钮时，可以在空缺区域填充溢出图像之外的图像内容。

12.11.3 自定

“自定”滤镜用来设计用户自己的滤镜效果。该滤镜可以根据预定义的“卷积”数学运算来更改图像中每个像素的亮度值。如图12-363所示为“自定”对话框。

图12-363

12.11.4 最大值

“最大值”滤镜对于修改蒙版非常有用。该滤镜可以在指定的半径范围内，用周围像素的最高亮度值替换当前像素的亮度值。“最大值”滤镜具有阻塞功能，可以展开白色区域，而阻塞黑色区域。如图12-364和图12-365所示为原始图像、应用“最大值”滤镜以后的效果以及“最大值”对话框。

- 半径：用于设置用周围像素的最大亮度值来替换当前像素的亮度值的范围。

原图

效果图

图12-364

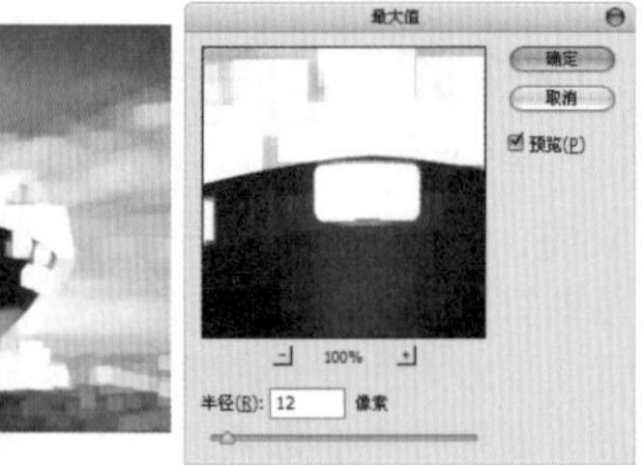

图12-365

12.11.5 最小值

“最小值”滤镜对于修改蒙版非常有用。该滤镜具有伸展功能，可以扩展黑色区域，而收缩白色区域。如图12-366和图12-367所示为原始图像、应用“最小值”滤镜以后的效果以及“最小值”对话框。

- 半径：用于设置滤镜扩展黑色区域、收缩白色区域的范围。

原图

效果图

图12-366

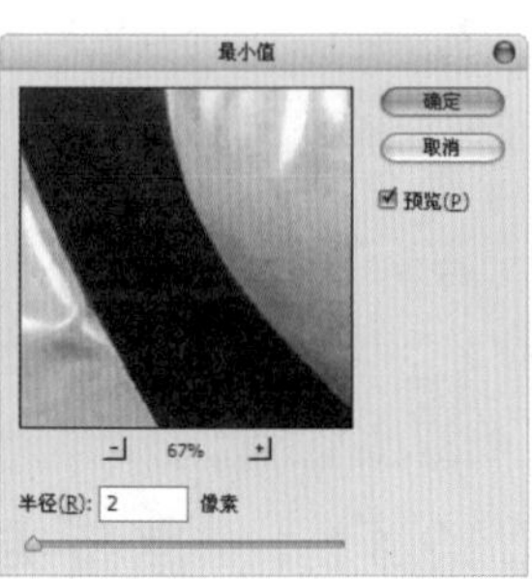

图12-367

12.12 外挂滤镜

外挂滤镜也就是通常所说的第三方滤镜，是由第三方厂商或个人开发的一类增效工具。外挂滤镜以其种类繁多、效果明显而备受Photoshop用户的喜爱。

12.12.1 安装外挂滤镜

外挂滤镜与内置滤镜不同，它需要用户自己手动安装。根据外挂滤镜的不同类型，可以选用下面两种方法中的一种来进行安装。

第1种：如果是封装的外挂滤镜，可以直接按正常方法进行安装。

第2种：如果是普通的外挂滤镜，则需要将其安装到Photoshop安装文件下的Plug-in目录下。

安装完成后，在“滤镜”菜单的最底部就可以看到外挂滤镜，如图12-368所示。

Eye Candy 4000 Demo
DCE Tools
Digimarc
KPT effects
Nik Software

图12-368

技巧与提示

后文中将以目前应用比较广泛的Nik Color Efex Pro 3.0滤镜、Imagenomic Portraiture滤镜、KPT 7.0滤镜、Eye Candy 4000滤镜和Alien Skin Xenofex滤镜为例进行介绍。

12.12.2 专业调色滤镜——Nik Color Efex Pro 3.0

Nik Color Efex Pro 3.0是由美国Nik Multimedia公司出品的一套针对Photoshop的滤镜插件，可以很轻松地制作出彩色转黑白效果、反转负冲效果以及各种暖调镜、颜色渐变镜、天空镜、日出日落镜等特殊效果，如图12-369所示。

图12-369

如果要使用Nik Color Efex Pro 3.0制作各种特殊效果，只需在Color Efex Pro 3.0窗口左侧内置的滤镜库中选择相应的滤镜即可，如图12-370所示。同时，每个滤镜都有很强的可控性，可以任意调节方向、角度、强度、位置，从而得到更精确的效果。

从细微的图像修正到颠覆性的视觉效果，Nik Color Efex Pro 3.0滤镜都提供了一套相当完整的插件。Nik Color Efex Pro 3.0滤镜允许用户为照片加上原来所没有的东西，如“岱赭”滤镜可以将白天拍摄的照片变成夜晚背景，如图12-371所示。

图12-370

图12-371

第12章 滤镜

技巧与提示

Nik Color Efex Pro 3.0滤镜的种类非常多（其Complete版本提供了75种不同效果的滤镜），并且大部分滤镜都包含多种预设效果，这里就不过多讲解了。下面列出了一些不错的滤镜效果，如图12-372～图12-381所示。

图12-372

图12-373

图12-374

图12-375

图12-376

图12-377

图12-378

图12-379

图12-380

图12-381

12.12.3 智能磨皮滤镜——Imagenomic Portraiture

Imagenomic Portraiture是一款Photoshop的插件，主要用于人像的润色。它大大减少了人工选择图像区域的重复劳动，能够智能地对人像中的皮肤材质、头发、眉毛、睫毛等部位进行平滑和减少疵点处理，如图12-382所示。

图12-382

12.12.4 位图特效滤镜——KPT 7.0

KPT滤镜的全称为Kai`s Power Tools，由Metacreations公司开发。作为Photoshop第三方滤镜的佼佼者，KPT系列滤镜一直受到广大用户的青睐。KPT系列滤镜经历了KPT 3.0、KPT 5.0、KPT 6.0等几个版本的升级，如今其最新版本为KPT 7.0。成功安装KPT 7.0滤镜之后，在“滤镜”菜单的底部即可看到KPT effects滤镜组。该滤镜组中，包含9种滤镜，如图12-383所示。

- KPT Channel Surfing：该滤镜允许用户单独对图像中的各个通道进行处理（如模糊或锐化所选中的通道），也可以调整色彩的对比度、色彩数、透明度等属性。如图12-384和图12-385所示分别为原始图像和应用KPT Channel Surfing滤镜后的效果。
- KPT Fluid：该滤镜可以在图像中加入模拟液体流动的效果，如扭曲变形等，如图12-386所示。
- KPT FraxFlame Ⅱ：该滤镜可以捕捉图像中不规则的几何形状，并且能够改变选中的几何形状的颜色、对比度、扭曲等，如图12-387所示。
- KPT Gradient Lab：使用该滤镜可以创建不同形状、不同水平高度、不同透明度的复杂的色彩组合并运用在图像中，如图12-388所示。
- KPT Hyper Tiling：该滤镜可以将相似或相同的图像元素组合成一个可供反复调用的对象，制作出类似于瓷砖贴墙的效果，如图12-389所示。

KPT Channel Surfing...
KPT Fluid...
KPT FraxFlame II...
KPT Gradient Lab...
KPT Hyper Tiling...
KPT Ink Dropper...
KPT Lightning...
KPT Pyramid Paint...
KPT Scatter...

图12-383

图12-384

图12-385

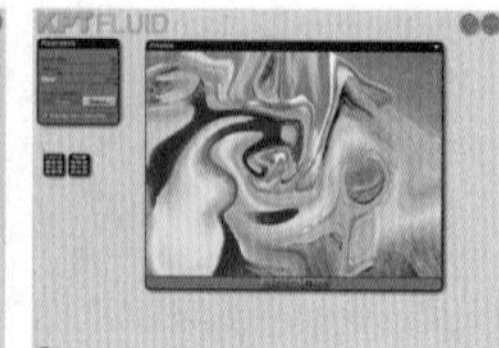

图12-386

图12-387

- KPT Ink Dropper：该滤镜可以在图像中绘制出墨水滴入静水中的效果，如图12-390所示。
- KPT Lightning：该滤镜可以通过简单的设置在图像中创建出惟妙惟肖的闪电效果，如图12-391所示。
- KPT Pyramid Paint：该滤镜可以将图像转换为手绘感较强的绘画效果，如图12-392所示。
- KPT Scatter：该滤镜可以去除图像表面的污点或在图像中创建各种微粒运动的效果，同时还可以控制每个质点的具体位置、颜色、阴影等，如图12-393所示。

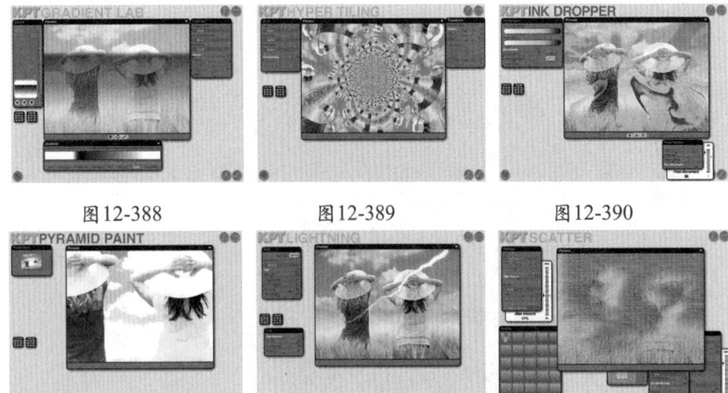

图12-388　图12-389　图12-390

图12-391　图12-392　图12-393

12.12.5 位图特效滤镜——Eye Candy 4000

Eye Candy 4000滤镜是Alien Skin公司出品的一组极为强大的、非常经典的Photoshop外挂滤镜。Eye Candy 4000滤镜的功能千变万化，拥有极为丰富的特效。其中包含23种滤镜，可以模拟出反相、铬合金、闪耀、发光、阴影、HSB 噪点、水滴、水迹、挖剪、玻璃、斜面、烟幕、旋涡、毛发、木纹、编织、星星、斜视、大理石、摇动、运动痕迹、溶化、火焰等效果。如图12-394～图12-397所示为部分滤镜效果。

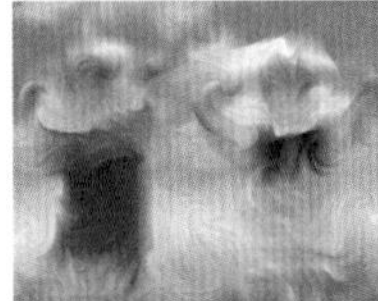
图12-394

图12-395

图12-396

图12-397

12.12.6 位图特效滤镜——Alien Skin Xenofex

Xenofex是Alien Skin公司推出的最新滤镜套件之一，具有操作简单、效果精彩的特点。其提供的特效滤镜多达16种，包括Baked Earth（龟裂）、Constellation（星化）、Crumple（褶皱）、Distress（挤压）、Electrify（电火花）、Flag（旗飘）、Lightning（闪电）、Little Fluffy Clouds（云霭）、Origami（结晶）、Puzzle（拼图）、Rounded Rectangle（圆角）、Shatter（爆炸）、Shower Door（毛玻璃）、Stain（上釉）、Stamper（邮图）、Television（电视）等。如图12-398～图12-401所示为部分滤镜效果。

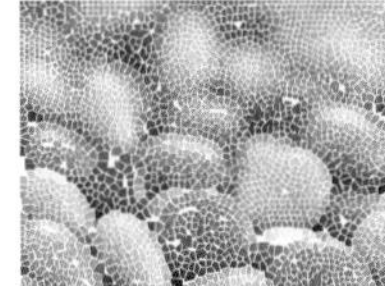
图12-398

图12-399

图12-400

图12-401

读书笔记

Web图形处理与自动化操作

本章学习要点：

- 认识Web安全色
- 掌握切片工具的使用方法
- 掌握创建、编辑切片的方法
- 掌握Web图形的优化和输出
- 掌握使用动作实现自动化操作的方法
- 掌握批处理文件的方法

13.1 了解Web安全色

Photoshop在网页制作中是必不可少的工具，不仅可以用于制作页面广告、边框、装饰等，还能够通过Web工具进行设计和优化Web图形或页面元素，以及制作交互式按钮图形和Web照片画廊。如图13-1～图13-3所示为部分优秀网页作品。

图13-1

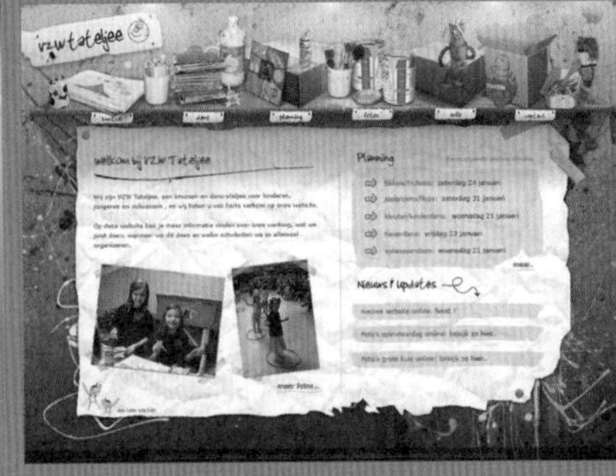

图13-2

图13-3

由于网页会在不同的操作系统下或在不同的显示器中浏览，而不同操作系统的颜色都有一些细微的差别，不同的浏览器对颜色的编码显示也不同，确保制作出的网页颜色能够在所有显示器中显示相同的效果是非常重要的，所以在制作网页时就需要使用Web安全色。Web安全色是指能在不同操作系统和不同浏览器之中同时正常显示颜色，如图13-4所示。

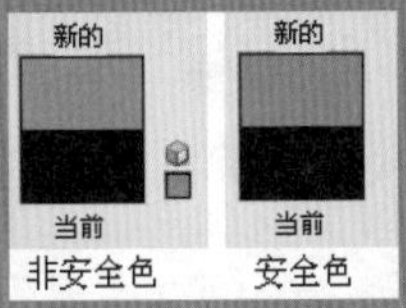

新的 当前 非安全色 | 新的 当前 安全色

图13-4

理论实践——将非安全色转化为安全色

在“拾色器”对话框中选择颜色时，在所选颜色右侧出现警告图标，就说明当前选择的颜色不是Web安全色，如图13-5所示。单击该图标，即可将当前颜色替换为与其最接近的Web安全色，如图13-6所示。

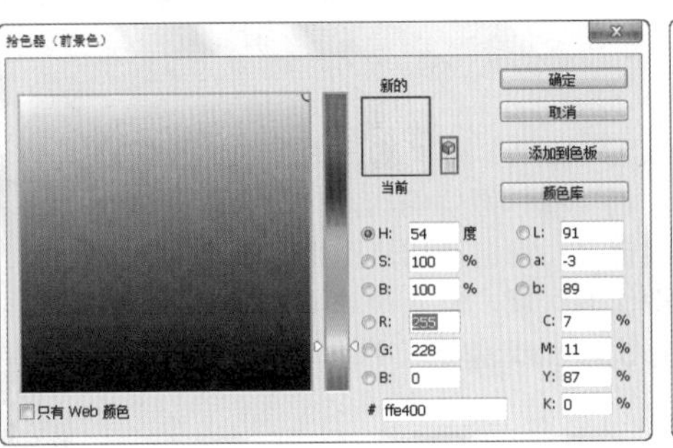

图13-5

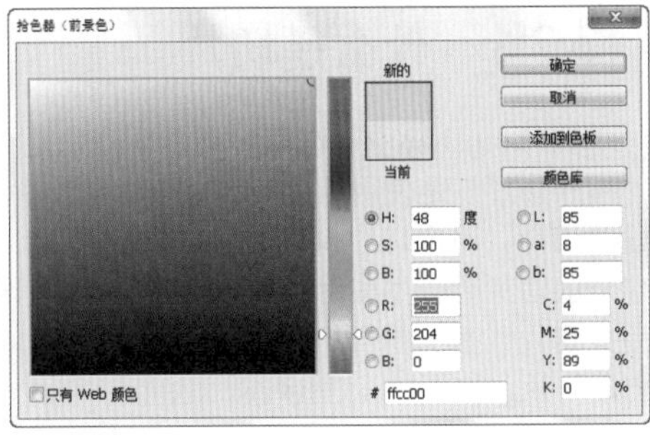

图13-6

理论实践——在安全色状态下工作

（1）在“拾色器”对话框中选择颜色时，可以选中底部的“只有Web颜色”复选框，选中之后可以始终在Web安全色下工作，如图13-7所示。

（2）在使用“颜色”面板设置颜色时，可以在其菜单中选择“Web颜色滑块”命令，“颜色”面板会自动切换为“Web颜色滑块”模式，并且可选颜色数量明显减少，如图13-8～图13-10所示。

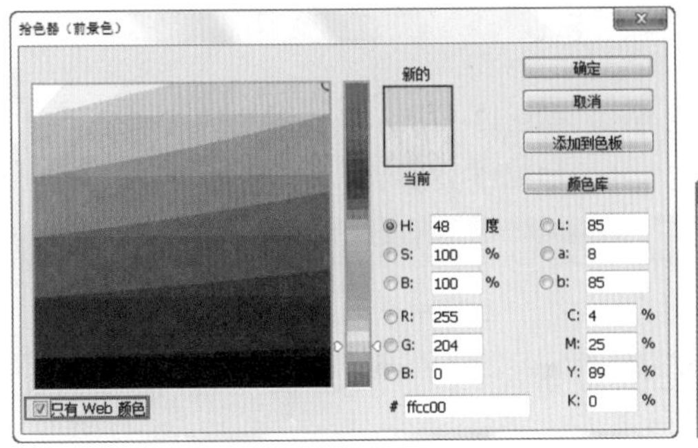

图13-7

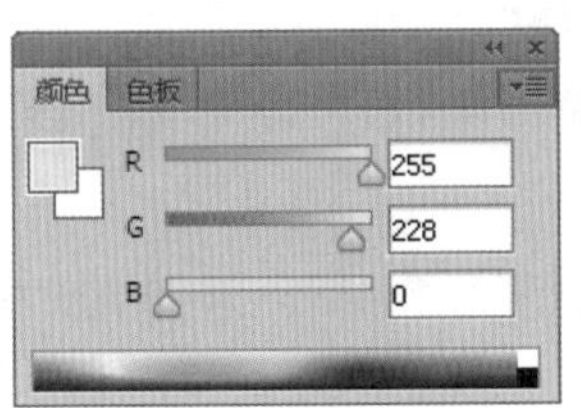

图13-8

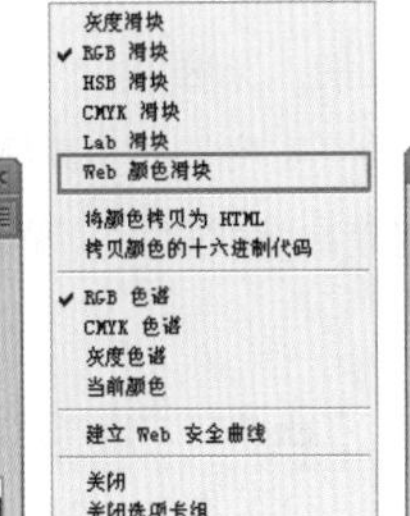

图13-9

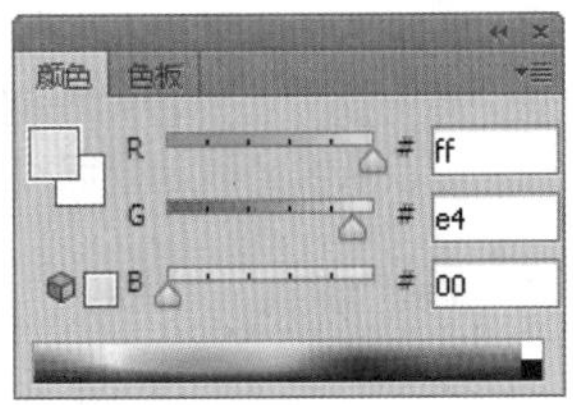

图13-10

（3）也可以在其菜单中选择“建立Web安全曲线”命令，之后能够发现底部的四色曲线图出现明显的“阶梯”效果，并且可选颜色数量同样减少了很多，如图13-11～图13-13所示。

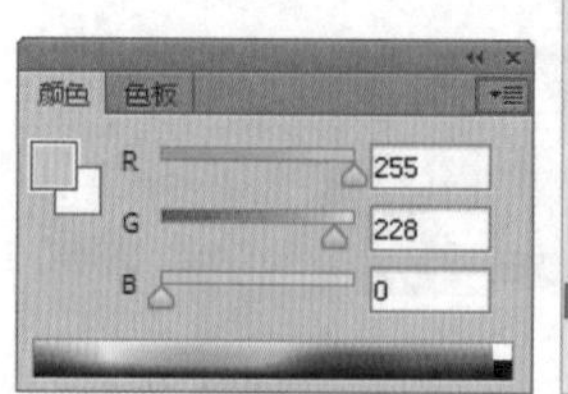

图13-11

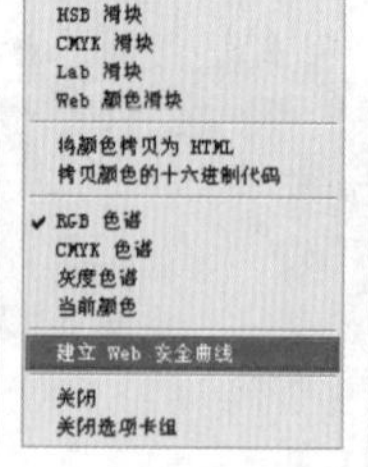

图13-12

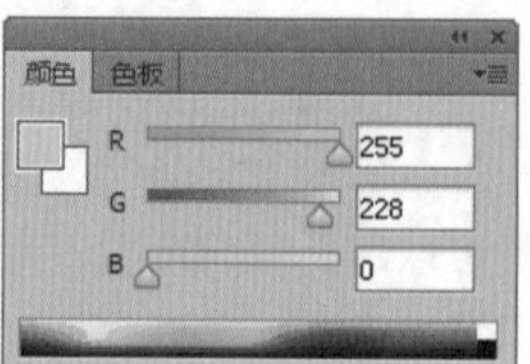

图13-13

13.2 切片的创建与编辑

为了使网页浏览的流畅，在网页制作中往往不会直接使用整张大尺寸的图像。通常情况下都会将整张图像“分割”为多个部分，这就需要使用到“切片技术”。“切片技术”就是将一整张图切割成若干小块，并以表格的形式加以定位和保存，如图13-14所示。

图13-14

13.2.1 什么是切片

在Photoshop中存在两种切片，分别是“用户切片”和“基于图层的切片”。“用户切片”是使用切片工具创建的切片；而“基于图层的切片”是通过图层创建的切片。用户切片和基于图层的切片由实线定义，而自动切片则由虚线定义。创建新的切片时会生成附加的自动切片来占据图像的区域，自动切片可以填充图像中用户切片或基于图层的切片未定义的空间。每次添加或编辑切片时，都会重新生成自动切片，如图13-15所示。

图13-15

技巧与提示

如果切片处于隐藏状态，执行“视图>显示>切片”命令可以显示切片。

13.2.2 切片工具

使用切片工具创建切片时，可以在其选项栏中设置切片的创建样式。

- 正常：可以通过拖曳鼠标来确定切片的大小，如图13-16所示。
- 固定长宽比：可以在后面的“宽度”和“高度”文本框中设置切片的宽高比，如图13-17所示。
- 固定大小：可以在后面的“宽度”和“高度”文本框中设置切片的固定大小，如图13-18所示。
- 基于参考线的切片：创建参考线以后，单击该按钮可以从参考线创建切片。

图13-16

样式：固定长宽比 宽度：1 高度：1 基于参考线的切片

图13-17

样式：固定大小 宽度：64 像素 高度：64 像素 基于参考线的切片

图13-18

13.2.3 创建切片

创建切片的方法有3种，可以使用切片工具直接创建切片，另外还可以基于参考线或者图层创建切片。

理论实践——利用切片工具创建切片

（1）打开图片文件，选择切片工具，然后在其选项栏中设置“样式”为“正常”，如图13-19所示。效果如图13-20所示。

图13-19

（2）与绘制选区的方法相似，在图像中单击鼠标左键并拖曳鼠标创建一个矩形选框，释放鼠标左键后就可以创建一个用户切片，而用户切片以外的部分将生成自动切片，如图13-21所示。效果如图13-22所示。

图13-20

图13-21

图13-22

技巧与提示

切片工具与矩形选框工具有很多相似之处，例如使用切片工具创建切片时，按住Shift键可以创建正方形切片，如图13-23所示；按住Alt键可以从中心向外创建矩形切片，如图13-24所示；按住Shift+Alt组合键，可以从中心向外创建正方形切片，如图13-25所示。

图13-23

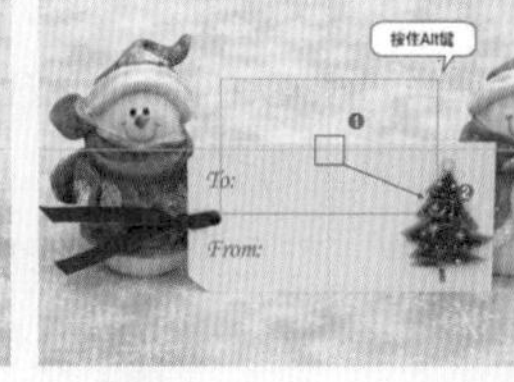

图13-24

图13-25

理论实践——基于参考线创建切片

（1）在包含参考线的文件中可以创建基于参考线的切片，打开图片文件，按Ctrl+R组合键显示出标尺，然后分别从水平标尺和垂直标尺上拖曳出参考线，以定义切片的范围，如图13-26所示。

（2）单击工具箱中的“切片工具”按钮，然后在其选项栏中单击“基于参考线的切片”按钮，即可基于参考线的划分方式创建出切片，如图13-27所示。

（3）切片效果如图13-28所示。

图13-26

图13-27

图13-28

理论实践——基于图层创建切片

（1）打开背景图片文件，然后将草莓图片拖曳到背景文件中，如图13-29和图13-30所示。

（2）选择“图层1”，执行“图层>新建基于图层的切片”命令，就可以创建包含该图层所有像素的切片，如图13-31所示。

（3）基于图层创建切片以后，当对图层进行移动、缩放、变形等操作时，切片会跟随该图层进行自动调整。如图13-32所示为移动和缩放图层后切片的变化效果。

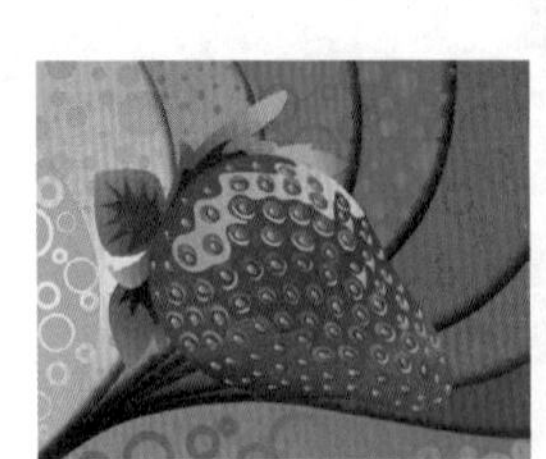

图13-29

图13-30

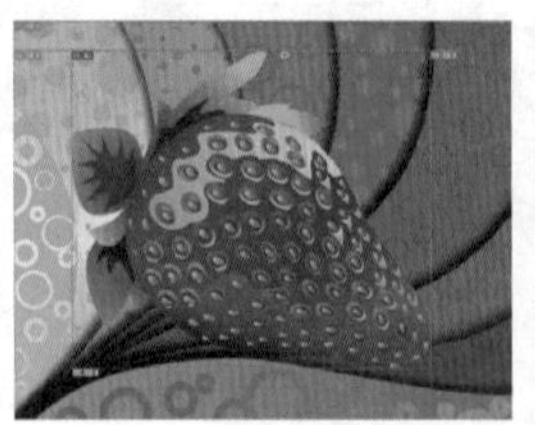

图13-31

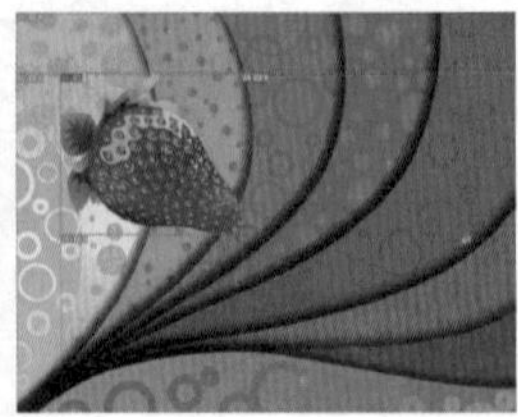

图13-32

13.2.4 选择和移动切片

使用切片选择工具可以对切片进行选择、调整堆叠顺序、对齐与分布等操作。在工具箱中单击“切片选择工具”按钮，其选项栏如图13-33所示。

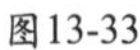

图13-33

- 调整切片堆叠顺序：创建切片以后，最后创建的切片处于堆叠顺序中的最顶层。如果要调整切片的堆叠顺序，可以利用“置为顶层”按钮、“前移一层”按钮、“后移一层”按钮和“置为底层”按钮来完成。
- 提升：单击该按钮，可以将所选的自动切片或图层切片提升为用户切片。
- 划分：单击该按钮，可以打开“划分切片”对话框，在该对话框中可以对所选切片进行划分。
- 对齐与分布切片：选择多个切片后，可以单击相应的按钮来对齐或分布切片。
- 隐藏自动切片：单击该按钮，可以隐藏自动切片。
- 为当前切片设置选项：单击该按钮，可在弹出的“切片选项”对话框中设置切片的名称、类型、指定URL地址等，如图13-34所示。

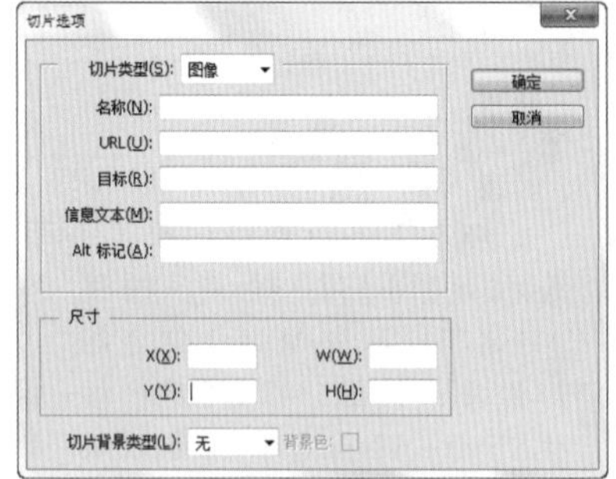

图13-34

理论实践——选择、移动与调整切片

（1）使用切片工具在图像上创建两个用户切片，如图13-35所示。效果如图13-36所示。

（2）单击工具箱中的“切片选择工具”按钮，在图像中单击选中一个切片，如图13-37所示。

（3）按住Shift键的同时单击其他切片进行加选，如图13-38所示。

（4）如果要移动切片，可以先选择切片，然后拖曳鼠标即可，如图13-39所示。

图13-35

图13-36

图13-37

按住Shift键加选

图13-38

图13-39

技巧与提示

如果在移动切片时按住Shift键，可以在水平、垂直或45°角方向进行移动。

（5）如果要调整切片的大小，可以拖曳切片定界点进行调整，如图13-40所示。

（6）如果要复制切片，可以按住Alt键的同时拖曳切片进行复制，如图13-41所示。

图13-40

图13-41

13.2.5 删除切片

（1）执行“视图>清除切片”命令可以删除所有的用户切片和基于图层的切片。

（2）选择切片以后，右击，在弹出的快捷菜单中选择“删除切片”命令也可以删除切片，如图13-42所示。

（3）若要删除单个或多个切片可以使用切片选择工具选择一个或多个切片以后，按Delete键或Backspace键删除切片。

图13-42

技巧与提示

删除了用户切片或基于图层的切片后，将会重新生成自动切片以填充文档区域。

删除基于图层的切片并不会删除相关图层，但是删除与基于图层的切片相关的图层会删除该基于图层的切片（无法删除自动切片）。

如果删除一个图像中的所有用户切片和基于图层的切片，将会保留一个包含整个图像的自动切片。

13.2.6 锁定切片

执行“视图>锁定切片”命令，可以锁定所有的用户切片和基于图层的切片。锁定切片以后，将无法对切片进行移动、缩放或其他更改。再次执行“视图>锁定切片”命令即可取消锁定，如图13-43所示。

图13-43

13.2.7 转换为用户切片

要为自动切片设置不同的优化设置，则必须将其转换为用户切片。使用切片选择工具选择需要转换的自动切片，然后在其选项栏中单击“提升”按钮即可将其转换为用户切片，如图13-44和图13-45所示。

图13-44

图13-45

13.2.8 划分切片

“划分切片”命令可以沿水平方向、垂直方向或同时沿这两个方向划分切片。不论原始切片是用户切片还是自动切片，划分后的切片总是用户切片。在切片选择工具的选项栏中单击“划分”按钮，打开“划分切片”对话框，如图13-46所示。

- 水平划分为：选中该复选框后，可以在水平方向上划分切片。
- 垂直划分为：选中该复项框后，可以在垂直方向上划分切片。
- 预览：在画面中预览切片的划分结果。

图13-46

13.2.9 设置切片选项

切片选项主要包括对切片名称、尺寸、URL、目标等属性的设置。在使用切片工具状态下双击某一切片或选择某一切片并在其选项栏中单击“为当前切片设置选项”按钮，可以打开“切片选项”对话框，如图13-47所示。

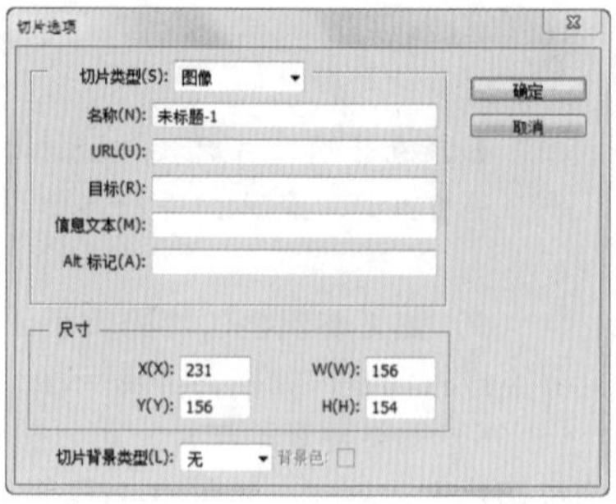

切片选项
切片类型(S): 图像
名称(N): 未标题-1
URL(U):
目标(R):
信息文本(M):
Alt 标记(A):
尺寸
X(X): 231 W(W): 156
Y(Y): 156 H(H): 154
切片背景类型(L): 无 背景色:
确定
取消

图13-47

- 切片类型：设置切片输出的类型，即在与HTML文件一起导出时，切片数据在Web中的显示方式。选择“图像”选项时，切片包含图像数据；选择“无图像”选项时，可以在切片中输入HTML文本，但无法导出图像，也无法在Web中浏览；选择“表”选项时，切片导出时将作为嵌套表写入HTML文件中。
- 名称：用来设置切片的名称。
- URL：设置切片链接的Web地址（只能用于“图像”切片），在浏览器中单击切片图像时，即可链接到这里设置的网址和目标框架。
- 目标：设置目标框架的名称。
- 信息文本：设置哪些信息出现在浏览器中。
- Alt标记：设置选定切片的Alt标记。Alt文本在图像下载过程中取代图像，并在某些浏览器中作为工具提示出现。
- 尺寸：X、Y选项用于设置切片的位置，W、H选项用于设置切片的大小。
- 切片背景类型：选择一种背景色来填充透明区域（用于“图像”切片）或整个区域（用于“无图像”切片）。

13.2.10 组合切片

使用“组合切片”命令，Photoshop会通过连接组合切片的外边缘创建的矩形来确定所生成切片的尺寸和位置，将多个切片组合成一个单独的切片。使用切片选择工具选择多个切片，右击，在弹出的快捷菜单中选择“组合切片”命令，所选的切片即可组合为一个切片，如图13-48和图13-49所示。

图13-48

图13-49

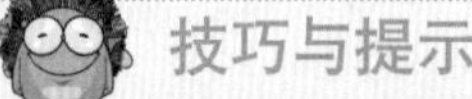

技巧与提示

组合切片时，如果组合切片不相邻，或者比例、对齐方式不同，则新组合的切片可能会与其他切片重叠。组合切片将采用选定的切片系列中的第1个切片的优化设置，并且始终为用户切片，而与原始切片是否包含自动切片无关。

理论实践——组合切片

（1）打开图片文件，使用切片工具创建两个切片，如图13-50所示。

（2）使用切片选择工具选择其中一个切片，如图13-51所示。

（3）按住Shift键加选另一个切片，接着右击，在弹出的快捷菜单中选择“组合切片”命令，如图13-52所示。

（4）此时这两个切片会组合成一个单独的切片，如图13-53所示。

图13-50

图13-51

图13-52

图13-53

13.2.11 导出切片

使用“存储为Web所用格式”命令可以导出和优化切片图像。该命令会将每个切片存储为单独的文件并生成显示切片所需的HTML或CSS代码。执行“文件>存储为Web所用格式”命令，在打开的对话框中设置参数并单击“存储”按钮，选择存储位置及类型，如图13-54～图13-56所示。

图13-54

图13-55

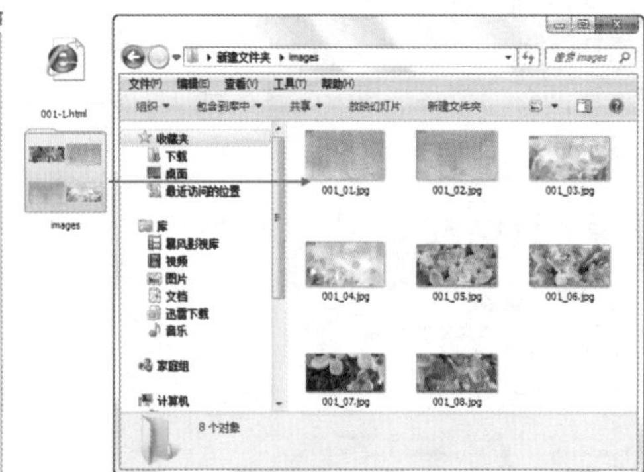

图13-56

13.3 制作网页翻转按钮

在网页中按钮的使用非常常见，并且按钮“按下”、“弹起”或将光标放在按钮上都会出现不同的效果，这就是“翻转”。要创建翻转，至少需要两个图像，一个用于表示处于正常状态的图像，另一个用于表示处于更改状态的图像。如图13-57和图13-58所示为播放器中按钮翻转的效果。

图13-57

图13-58

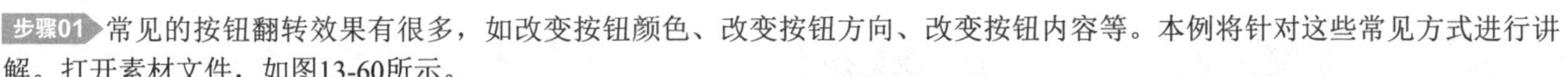

实例练习——创建网页翻转按钮

案例文件	实例练习——创建网页翻转按钮.psd
视频教学	实例练习——创建网页翻转按钮.flv
难易指数	★★★★★
技术要点	掌握如何创建网页翻转按钮

案例效果

本例最终效果如图13-59所示。

图13-59

操作步骤

步骤01 常见的按钮翻转效果有很多，如改变按钮颜色、改变按钮方向、改变按钮内容等。本例将针对这些常见方式进行讲解。打开素材文件，如图13-60所示。

步骤02 制作主图像，即翻转前的图像。使用横排文字工具T在图像上输入“START”，栅格化文字图层，然后按Ctrl+T组合键进入自由变换状态，调整好文字与按钮之间的透视关系，如图13-61所示。效果如图13-62所示。

步骤03 在“图层”面板中设置文字图层的混合模式为“叠加”，效果如图13-63所示。

步骤04 主按钮制作完成，执行“文件>存储为”命令将该按钮存储为“按钮1.png”。

步骤05 制作次图像，即翻转后的图像。同样使用之前的素材，执行“编辑>变换>水平翻转”命令，如图13-64所示。

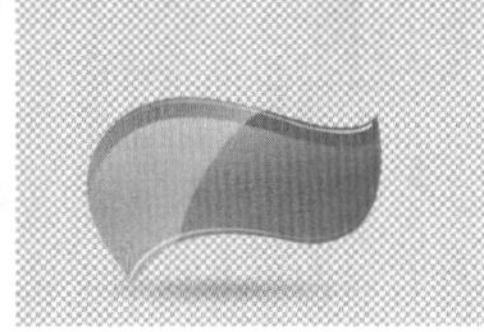

图13-60

图13-61

图13-62

图13-63

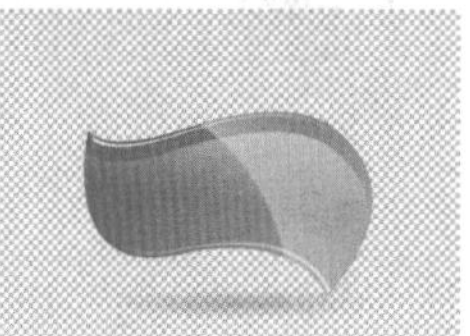

图13-64

步骤06 为了使翻转效果更加直观，执行“图像>调整>色相/饱和度”命令，在弹出的“色相/饱和度”对话框中设置“色相”为29，使按钮由橙色变为金黄色，如图13-65所示。效果如图13-66所示。

步骤07 同样使用横排文字工具T在图像上输入字母，进行变换后设置文字图层的混合模式为“叠加”，如图13-67所示。

步骤08 执行“文件>存储为”命令将该按钮存储为“按钮2.png”。两个按钮制作完成，翻转按钮创建完成后需要在Dreamweaver中将按钮图像置入到网页内，并自动为翻转动作添加JavaScript代码以后才能翻转。按钮效果如图13-68所示。

图13-65

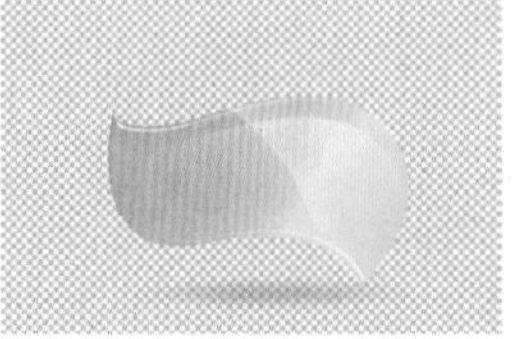

图13-66

图13-67

图13-68

13.4 Web图形输出

13.4.1 存储为Web所用格式

创建切片后对图像进行优化可以减小图像的大小，而较小的图像可以使Web服务器更加高效地存储、传输和下载图像。执行“文件>存储为Web所用格式”命令，在打开的“存储为Web所用格式”对话框中可以对图像进行优化和输出，如图13-69所示。

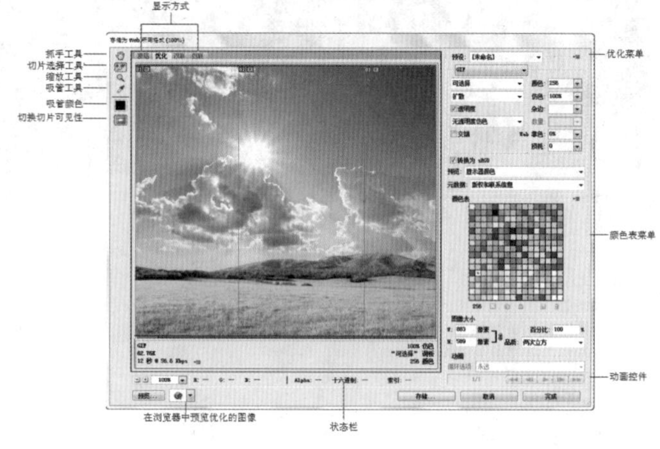

图13-69

- 显示方式：选择“原稿”选项卡，窗口只显示没有优化的图像，如图13-70所示；选择“优化”选项卡，窗口只显示优化的图像，如图13-71所示；选择“双联”选项卡，窗口会显示优化前和优化后的图像，如图13-72所示；选择“四联”选项卡，窗口会显示图像的4个版本，除了原稿以外的3个图像可以进行不同的优化，如图13-73所示。

图13-70

图13-71

图13-72

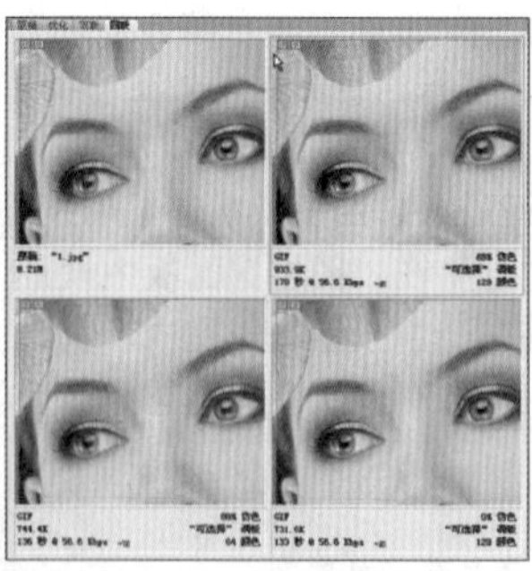

图13-73

- 抓手工具/缩放工具：使用抓手工具可以移动查看图像；使用缩放工具可以放大图像窗口，按住Alt键单击窗口则会缩小显示比例。
- 切片选择工具：当一张图像上包含多个切片时，可以使用该工具选择相应的切片，以进行优化。

- 吸管工具 /吸管颜色：使用吸管工具 在图像上单击，可以拾取单击处的颜色，并显示在“显示颜色”图标中。
- 切换切片可见性：激活该按钮，在窗口中才能显示出切片。
- 优化菜单：在该菜单中可以存储优化设置、设置优化文件大小等，如图13-74所示。

图13-74

- 颜色表：将图像优化为GIF、PNG-8、WBMP格式时，可以在颜色表中对图像的颜色进行优化设置。
- 颜色表菜单：该菜单下包含与颜色表相关的一些命令，可以删除颜色、新建颜色、锁定颜色或对颜色进行排序等。
- 图像大小：将图像大小设置为指定的像素尺寸或原稿大小的百分比。
- 状态栏：这里显示光标所在位置的图像的颜色值等信息。
- 在浏览器中预览优化的图像：单击 按钮，可以在Web浏览器中预览优化后的图像。

13.4.2 Web图形优化格式详解

不同格式的图像文件其质量与大小也不同，合理选择优化格式，可以有效地控制图形的质量。可供选择的Web图形的优化格式包括GIF格式、JPEG格式、PNG-8格式、PNG-24和WBMP格式。

1. 优化为GIF格式

GIF是用于压缩具有单调颜色和清晰细节的图像的标准格式，它是一种无损的压缩格式。GIF文件支持8位颜色，因此它可以显示多达256种颜色，如图13-75所示为GIF格式的设置选项。

图13-75

- 设置文件格式：设置优化图像的格式。
- 减低颜色深度算法/颜色：设置用于生成颜色查找表的方法，以及在颜色查找表中使用的颜色数量。如图13-76所示分别为设置“颜色”为8和128时的优化效果。
- 仿色算法/仿色：“仿色”是指通过模拟计算机的颜色来显示提供的颜色的方法。较高的仿色百分比可以使图像生成更多的颜色和细节，但是会增加文件的大小。
- 透明度/杂边：设置图像中的透明像素的优化方式。如图13-77所示分别为背景透明的图像；选中“透明度”复选框，并设置“杂边”颜色为橘黄色时的图像效果；选中“透明度”复选框，但没有设置“杂边”颜色时的图像效果；取消选中“透明度”复选框，并设置“杂边”颜色为橘黄色时的图像效果。

图13-76

图13-77

- 交错：当正在下载图像文件时，在浏览器中显示图像的低分辨率版本。

- Web靠色：设置将颜色转换为最接近Web面板等效颜色的容差级别。数值越大，转换的颜色越多，如图13-78所示为设置"Web靠色"为80%和20%时的图像效果。
- 损耗：扔掉一些数据来减小文件的大小，通常可以将文件减小5%～40%，设置5～10的"损耗"值不会对图像产生太大的影响。如果设置的"损耗"值大于10，文件虽然会变小，但是图像的质量会下降。如图13-79所示为设置"损耗"值为10与60时的图像效果。

图13-78

图13-79

2. 优化为JPEG格式

JPEG格式是用于压缩连续色调图像的标准格式。将图像优化为JPEG格式的过程中，会丢失图像的一些数据，如图13-80所示为JPEG格式的参数选项。

- 压缩方式/品质：选择压缩图像的方式。后面的"品质"数值越大，图像的细节越丰富，但文件也越大。如图13-81所示为设置"品质"数值分别为0和100时的图像效果。
- 连续：在Web浏览器中以渐进的方式显示图像。
- 优化：创建更小但兼容性更低的文件。
- 嵌入颜色配置文件：在优化文件中存储颜色配置文件。
- 模糊：创建类似于"高斯模糊"滤镜的图像效果。数值越大，模糊效果越明显，但会减小图像的大小，在实际工作中，"模糊"值最好不要超过0.5。如图13-82所示分别为设置"模糊"为1和6时的图像效果。

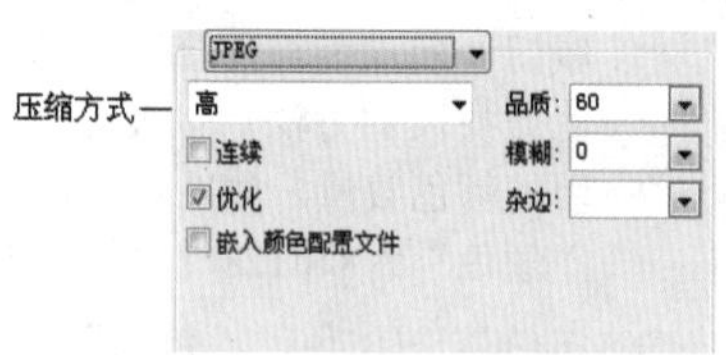

图13-80

图13-81

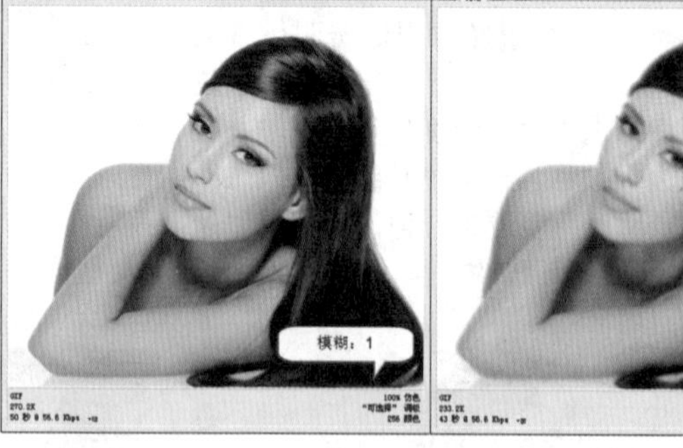

图13-82

- 杂边：为原始图像的透明像素设置一个填充颜色。

3. 优化为PNG-8格式

PNG-8格式与GIF格式一样，可以有效地压缩纯色区域，同时保留清晰的细节。PNG-8格式也支持8位颜色，因此它可以显示多达256种颜色。如图13-83所示为PNG-8格式的参数选项。

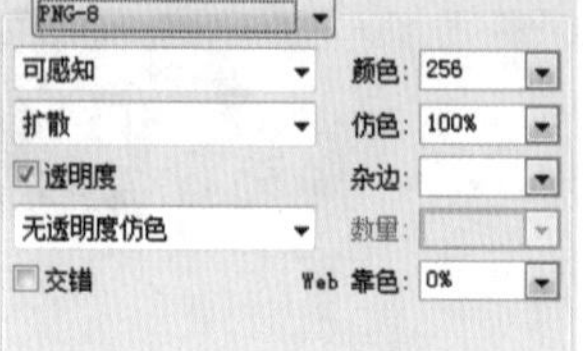

图13-83

4. 优化为PNG-24格式

PNG-24格式可以在图像中保留多达256个透明度级别，适合于压缩连续色调图像，但它所生成的文件比JPEG格式生成的文件要大得多，如图13-84所示。

5. 优化为WBMP格式

WBMP格式是用于优化移动设备图像的标准格式，其参数选项如图13-85所示。WBMP格式只支持1位颜色，即WBMP图像只包含黑色和白色像素，如图13-86和图13-87所示分别为原始图像和WBMP图像。

图13-84

图13-85

图13-86

图13-87

13.4.3 Web图形输出设置

在“存储为Web所用格式”对话框右上角的优化菜单中选择“编辑输出设置”命令，打开“输出设置”对话框，在这里可以对Web图形进行输出设置。直接在“输出设置”对话框中单击“确定”按钮即可使用默认的输出设置，也可以再选择其他预设进行输出，如图13-88和图13-89所示。

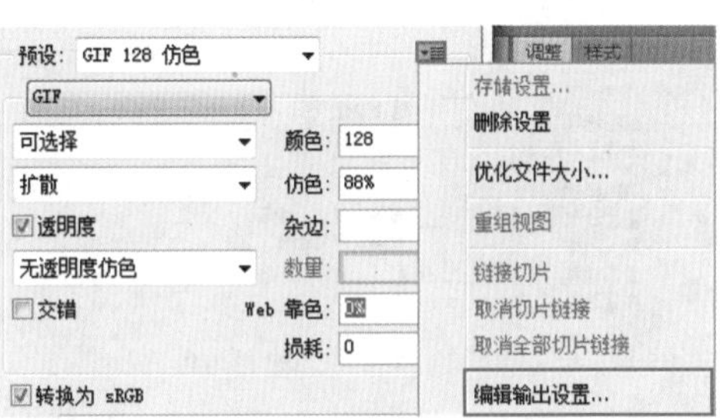

图13-88

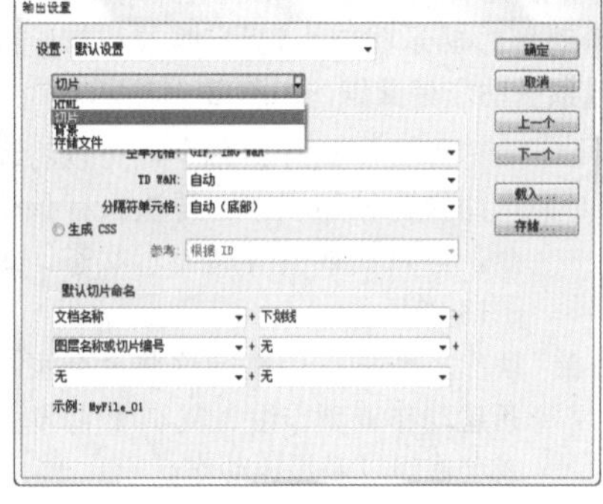

图13-89

13.5 文件的自动化操作

在实际操作中，很多时候会需要对大量的图像进行同样的处理，例如，调整多张数码照片的尺寸、统一调整色调、制作大量的证件照等。这时就可以通过使用Photoshop中的批处理功能来完成大量重复的操作，提高工作效率并实现图像处理的自动化。在进行批处理功能之前必须对即将进行的操作进行记录，这就需要使用到“动作”面板。

Photoshop中的“动作”用于对一个或多个文件执行一系列命令的操作。使用其相关功能可以记录下使用过的操作，然后快速地对某个文件进行指定操作或者对一批文件进行同样处理。使用“动作”进行自动化处理不仅能够确保操作结果的一致性，而且避免重复的操作步骤，从而节省了处理大量文件的时间。

13.5.1 认识“动作”面板

执行“窗口>动作”命令或按Alt+F9组合键，可以打开“动作”面板。“动作”面板是进行文件自动化处理的核心工具之一，在“动作”面板中可以进行“动作”的记录、播放、编辑等操作。“动作”面板的布局与“图层”面板很相似，同样可以对动作进行重新排列、复制、删除、重命名、分类管理等操作，如图13-90所示。

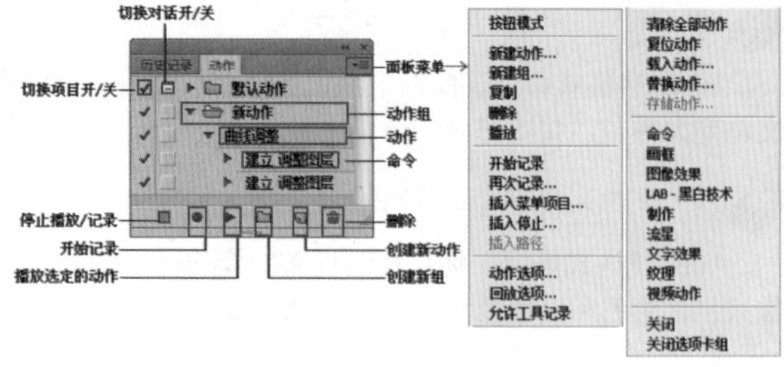

图13-90

- 切换项目开/关☑：如果动作组、动作和命令前显示有该图标，代表该动作组、动作和命令可以执行；如果没有该图标，代表不可以被执行。
- 切换对话开/关▭：如果命令前显示该图标，表示动作执行到该命令时会暂停，并打开相应命令的对话框，此时可以修改命令的参数，单击“确定”按钮可以继续执行后面的动作；如果动作组和动作前出现该图标，并显示为红色▭，则表示该动作中有部分命令设置了暂停。
- 动作组/动作/命令：动作组是一系列动作的集合，而动作是一系列操作命令的集合。
- 停止播放/记录■：用来停止播放动作和停止记录动作。
- 开始记录●：单击该按钮，可以开始录制动作。
- 播放选定的动作▶：选择一个动作后，单击该按钮可以播放该动作。
- 创建新组▭：单击该按钮，可以创建一个新的动作组，以保存新建的动作。
- 创建新动作▭：单击该按钮，可以创建一个新的动作。
- 删除🗑：选择动作组、动作和命令后单击该按钮，可以将其删除。

单击“动作”面板右上角的▭图标，在打开的“动作”面板菜单中可以切换动作的显示状态、记录/插入动作、加载预设动作等操作，如图13-91所示。

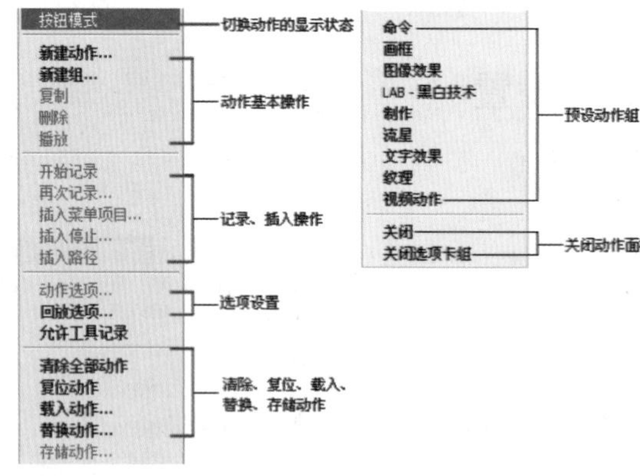

图13-91

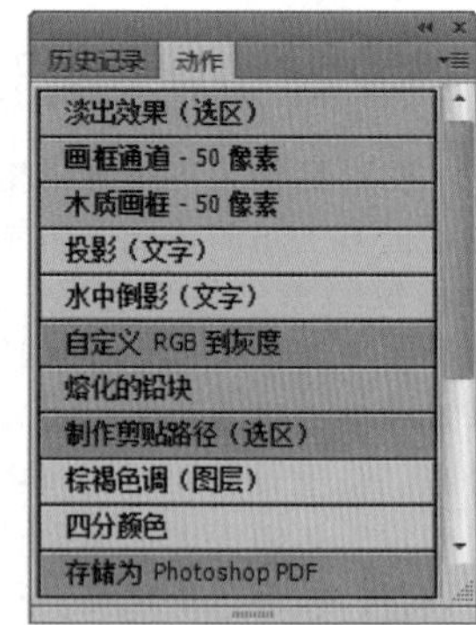

图13-92

- 按钮模式：执行该命令，可以将动作切换为按钮状态。再次执行该命令，可以切换到普通显示状态，如图13-92所示。
- 动作基本操作：执行这些命令可以新建动作或动作组、复制/删除动作或动作组以及播放动作。
- 记录、插入操作：执行这些命令可以记录动作、插入菜单项目、插入停止以及插入路径。
- 选项设置：设置动作和回放的相关选项。
- 清除、复位、载入、替换、存储动作：执行这些命令可以清除全部动作、复位动作、载入动作、替换和存储动作。
- 预设动作组：执行这些命令可以将预设的动作组添加到“动作”面板中。

13.5.2 录制与应用动作

在Photoshop中并不是所有工具和命令操作都能够被直接记录下来，使用选框工具、套索工具、魔棒工具、裁剪、切片、魔术橡皮擦、渐变、油漆桶、文字、形状、注释、吸管和颜色取样器等工具进行操作时，都可以将这些操作记录下来。“历史记录”面板、“色板”面板、“颜色”面板、“路径”面板、“通道”面板、“图层”面板和“样式”面板中的操作也可以记录为动作。

（1）打开图片文件，如图13-93所示。执行“窗口>动作”命令或按Alt+F9组合键，打开“动作”面板。

图13-93

（2）在“动作”面板中单击“创建新组”按钮，如图13-94所示。然后在弹出的“新建组”对话框中设置“名称”为“新动作”，如图13-95所示。效果如图13-96所示。

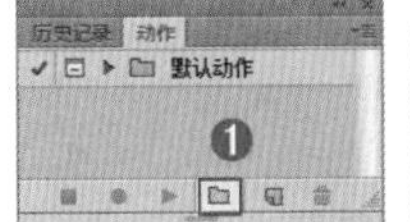

图13-94

图13-95

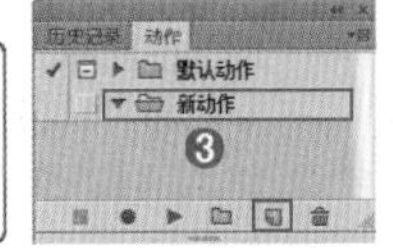

图13-96

（3）在“动作”面板中单击“创建新动作”按钮，如图13-97所示。然后在弹出的“新建动作”对话框中设置“名称”为“曲线调整”，为了便于查找可以将“颜色”设置为“蓝色”，最后单击“记录”按钮，开始记录操作，如图13-98所示。

（4）按Ctrl+M组合键，打开“曲线”对话框，然后在“预设”下拉列表框中选择“反冲”效果，如图13-99所示。此时在“动作”面板中会自动记录当前进行的“曲线”动作，如图13-100所示。

图13-97

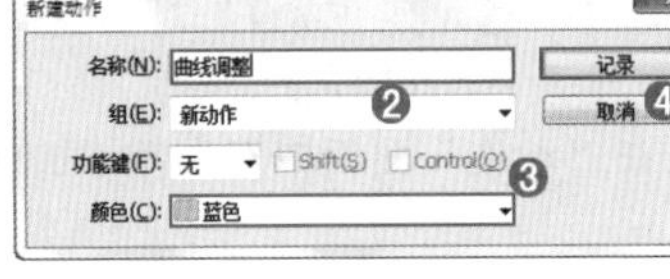

图13-98

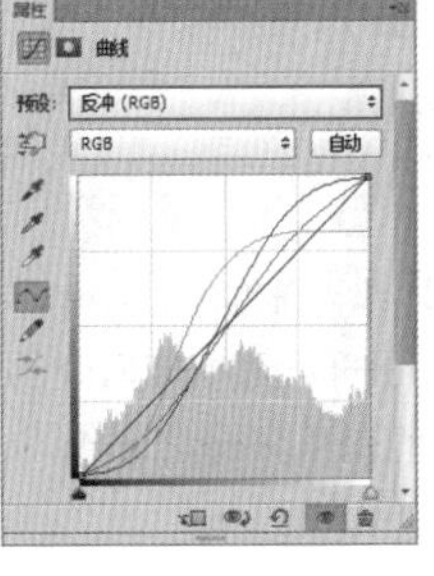

图13-99

图13-100

（5）按Ctrl+U组合键，打开“色相/饱和度”对话框，然后在“全图”选项组中设置“色相”为-19，“饱和度”为22，如图13-101所示。然后在“青色”选项组中设置“色相”为111，“饱和度”为-40，如图13-102所示。

（6）按Shift+Ctrl+S组合键存储文件，在“动作”面板中单击“停止播放/记录”按钮，停止记录，如图13-103所示。

图13-101

图13-102

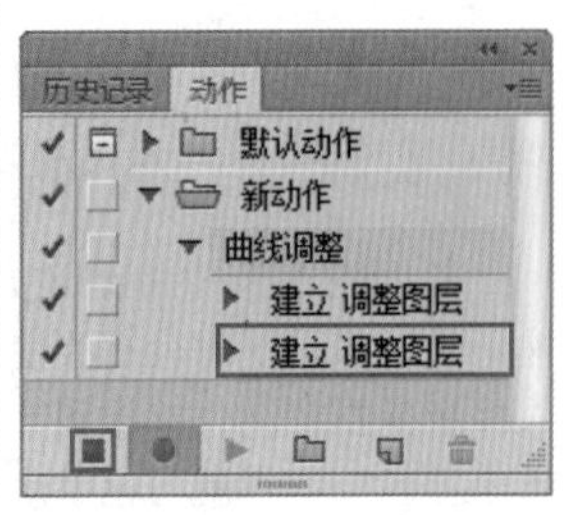

图13-103

（7）关闭当前文档，然后打开照片图片文件，如图13-104所示。

（8）在“动作”面板中选择“曲线”动作，并单击“播放”按钮，如图13-105所示。此时Photoshop会按照前面记录的动作处理图像，最终效果如图13-106所示。

图13-104

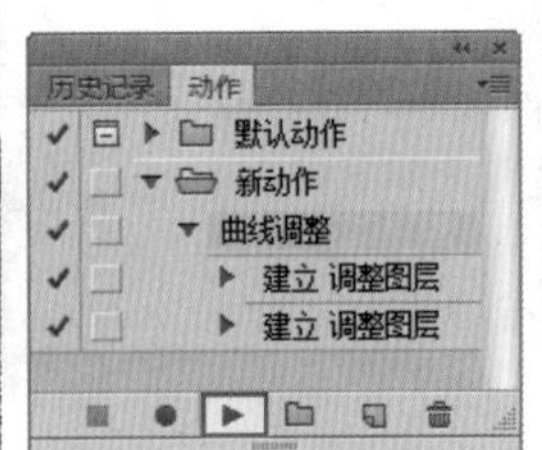

图13-105

图13-106

13.5.3 在动作中插入项目

记录完成的动作也可以进行调整，例如删除多余的动作、向动作中插入菜单项目、停止和路径。

理论实践——插入菜单项目

插入菜单项目是指在动作中插入菜单中的命令，这样可以将很多不能录制的命令插入动作中。

（1）如要在“曲线”命令后面插入“曝光度”命令，可以选择该命令，然后在面板菜单中选择“插入菜单项目”命令，如图13-107所示。

（2）打开“插入菜单项目”对话框，如图13-108所示。

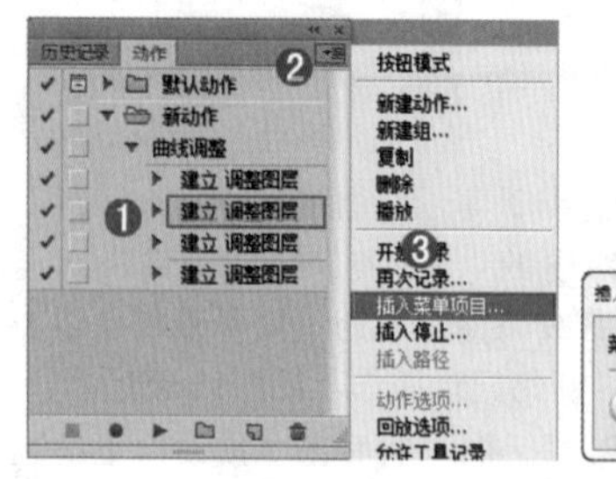

图13-107

图13-108

（3）执行“图像>调整>曝光度”命令，在“插入菜单项目”对话框中单击“确定”按钮，如图13-109所示。这样就可以将“曝光度”命令插入到相应命令的后面，如图13-110所示。

（4）添加新的菜单命令之后可以通过在“动作”面板中双击新添加的菜单命令，并设置弹出窗口中的参数即可，如图13-111和图13-112所示。

图13-109

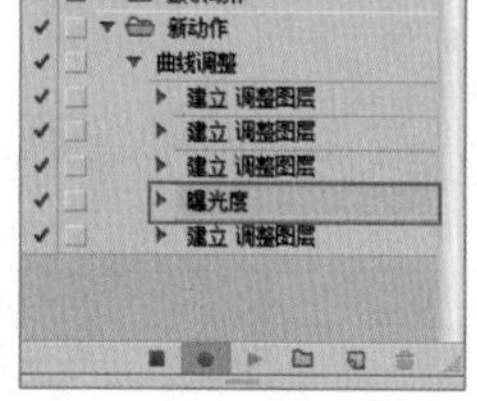

图13-110

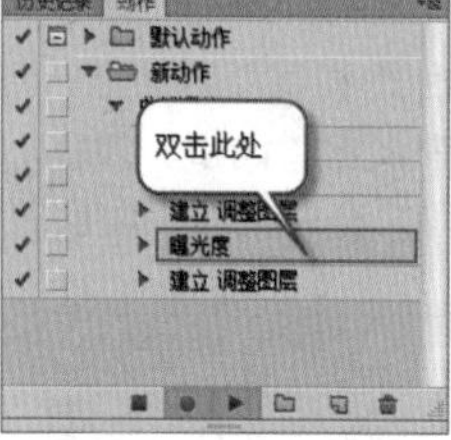

图13-111

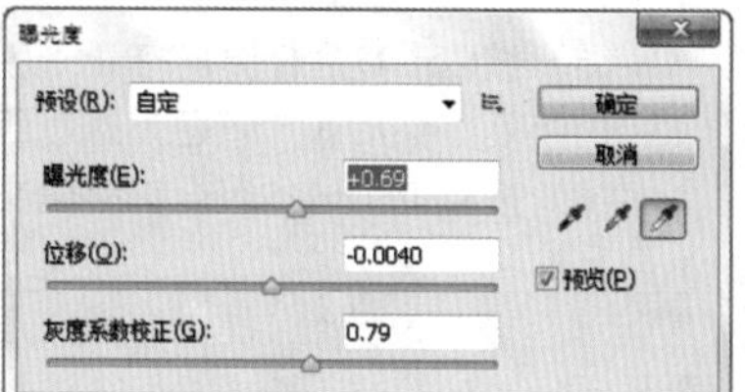

图13-112

理论实践——插入停止

前面的章节中提到过并不是所有的操作都能够被记录下来，这时就需要使用“插入停止”命令。插入停止是指让动作播放到某一个步骤时自动停止，并弹出提示。这样就可以手动执行无法记录为动作的操作，例如使用画笔工具绘制或者使用加深减淡、锐化模糊等工具。

（1）选择一个命令，然后在面板菜单中选择“插入停止”命令，如图13-113所示。

（2）在弹出的“记录停止”对话框中输入提示信息，并选中“允许继续”复选框，单击“确定”按钮，如图13-114所示。

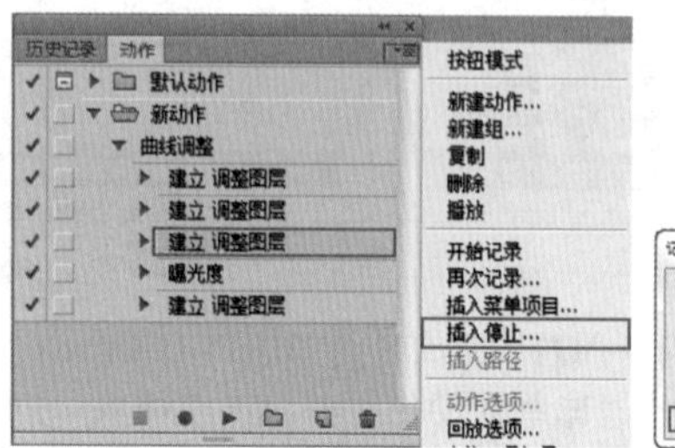

图13-113

图13-114

（3）此时“停止”动作就会插入“动作”面板中。在“动作”面板中播放选定的动作后播放到“停止”动作时，如图13-115所示。Photoshop会弹出一个“信息”对话框，如果单击“继续”按钮，则不会停止，并继续播放后面的动作；单击“停止”按钮则会停止播放当前动作，如图13-116所示。

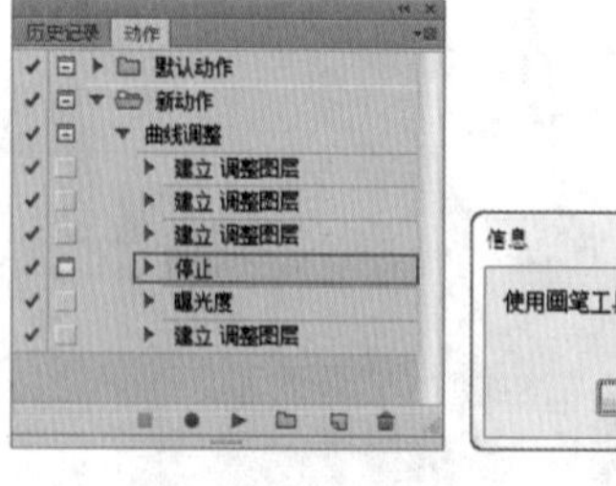

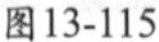

图13-115

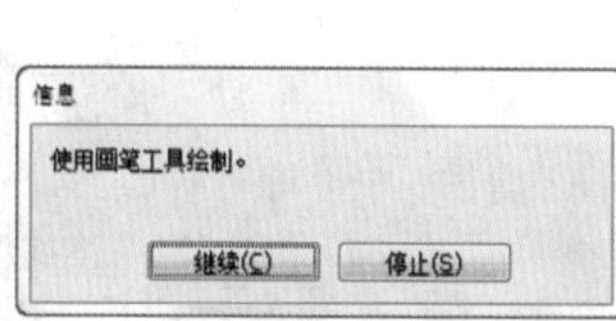

图13-116

理论实践——插入路径

由于在自动记录时，路径形状是不能够被记录的，使用“插入路径”可以将路径作为动作的一部分包含在动作中。插入的路径可以是钢笔和形状工具创建的路径，也可以是从Illustrator中粘贴的路径。

（1）在文件中绘制需要使用的路径，如图13-117所示。然后在“动作”面板中选择一个命令，执行“动作”面板菜单中的“插入路径”命令，如图13-118所示。

（2）在“动作”面板中出现“设置工作路径”命令，在对文件执行动作时会自动添加该路径，如图13-119所示。

图13-117

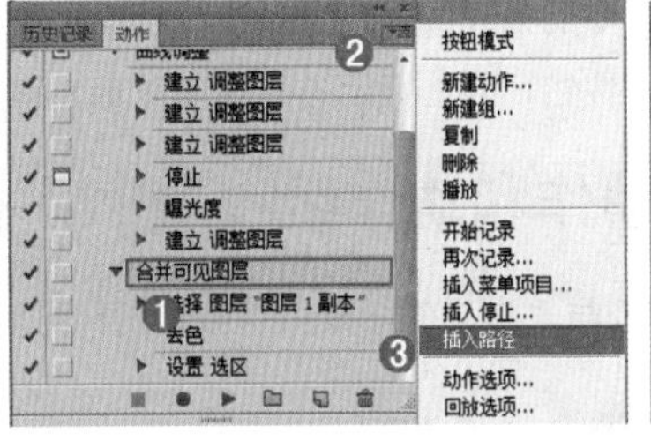
图13-118

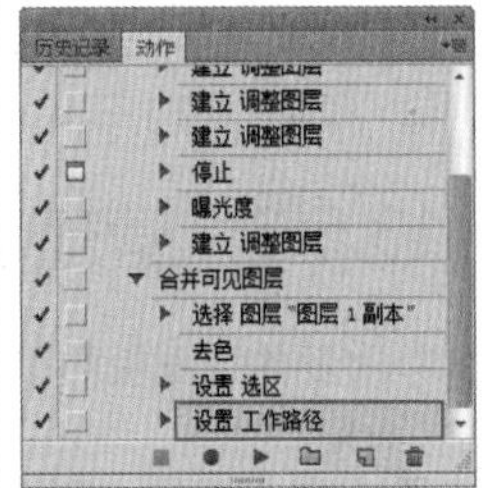
图13-119

技巧与提示

如果记录下的一个动作会被用于不同的画布大小，为了确保所有的命令和画笔描边能够按相关的画布大小比例而不是基于特定的像素坐标记录，可以在标尺上右击，在弹出的快捷菜单中选择“百分比”命令，如图13-120所示。将标尺单位转变为百分比，如图13-121所示。

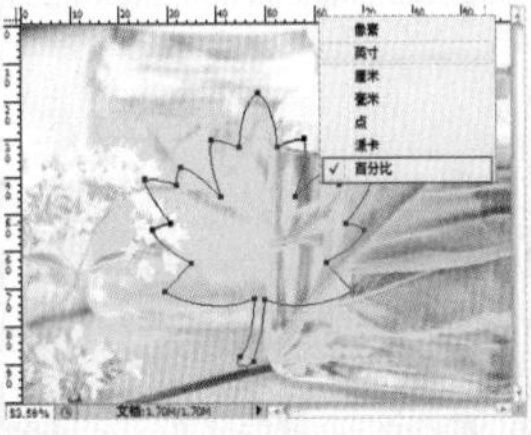
图13-120

图13-121

13.5.4 播放动作

“播放动作”就是对图像应用所选动作或者动作中的一部分。如果要对文件播放整个动作，可以选择该动作的名称，然后在“动作”面板中单击“播放选定的动作”按钮▶，或从面板菜单中选择“播放”命令。如果为动作指定了快捷键，则可以按该快捷键自动播放动作，如图13-122所示。

如果要对文件播放动作的一部分，可以选择要开始播放的命令，然后在“动作”面板中单击“播放选定的动作”按钮▶，或从面板菜单中选择“播放”命令，如图13-123所示。

如果要对文件播放单个命令，可以选择该命令，然后按住Ctrl键的同时在“动作”面板中单击“播放选定的动作”按钮▶，或按住Ctrl键双击该命令。

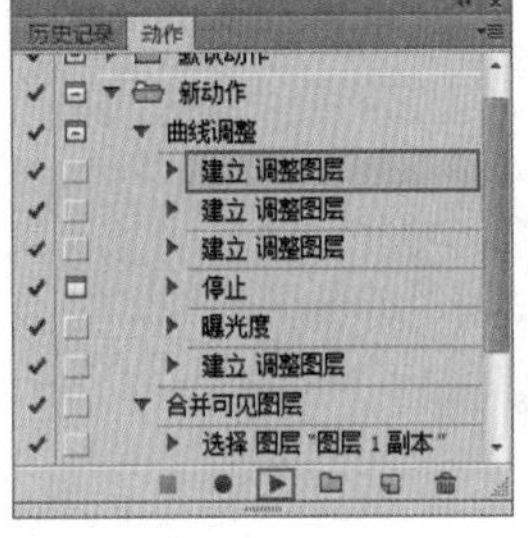
图13-122

图13-123

技巧与提示

为了避免使用动作后得到不满意的结果而多次撤销，可以在运行一个动作之前打开“历史记录”面板，创建一个当前效果的快照。如果需要撤销操作，只需要单击之前创建的快照即可快速还原使用动作之前的效果。

13.5.5 指定回放速度

在“回放选项”对话框中可以设置动作的播放速度，也可以将其暂停，以便对动作进行调试。在“动作”面板的菜单中选择“回放选项”命令，打开“回放选项”对话框，如图13-124和图13-125所示。

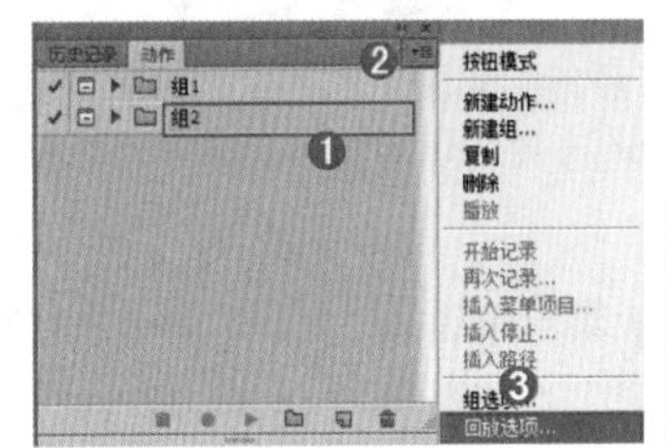
图13-124

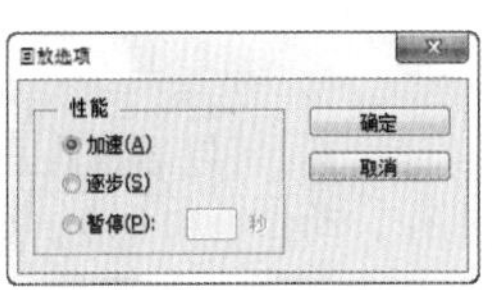
图13-125

- 加速：以正常的速度播放动作。在加速播放动作时，计算机屏幕可能不会在动作执行的过程中更新（即不出现应用动作的过程，而直接显示结果）。

- 逐步：显示每个命令的处理结果，然后再执行动作中的下一个命令。
- 暂停：选中该单选按钮，并在后面设置时间以后，可以指定播放动作时各个命令的间隔时间。

13.5.6 管理动作和动作组

"动作"面板的布局与"图层"面板很相似，同样可以对动作进行重新排列、复制、删除、重命名、分类管理等操作。

> **技巧与提示**
>
> 在"动作"面板中也可以使用Shift键来选择连续的动作步骤，或者使用Ctrl键来将非连续的动作步骤列入选择范围，接着可以对选中动作进行移动、复制、删除等操作。需要注意的是，选择多个步骤仅能在一个动作中实现。

理论实践——调整动作排列顺序

使用鼠标左键单击选中动作或动作组并将其拖曳到合适的位置上，释放鼠标即可移动动作排列顺序，如图13-126和图13-127所示。

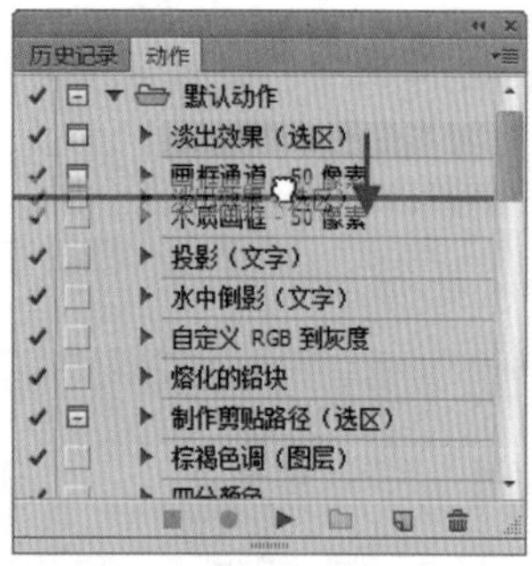

图13-126

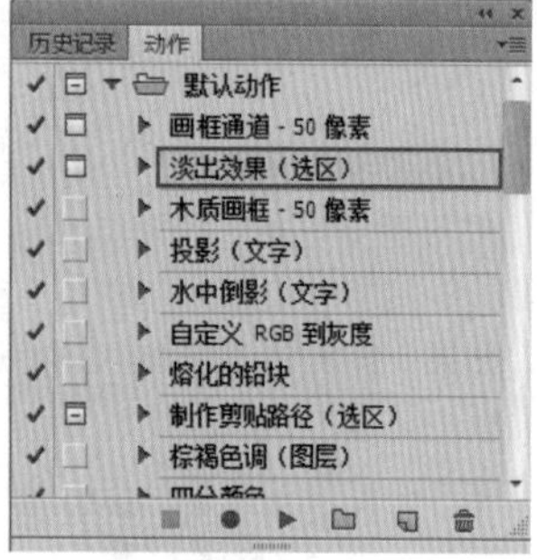

图13-127

理论实践——复制动作

（1）将动作或命令拖曳到"动作"面板下面的"创建新动作"按钮上，即可复制动作或命令，如图13-128所示。

（2）如果要复制动作组，可以将动作组拖曳到"动作"面板下面的"创建新组"按钮上，如图13-129所示。

图13-128

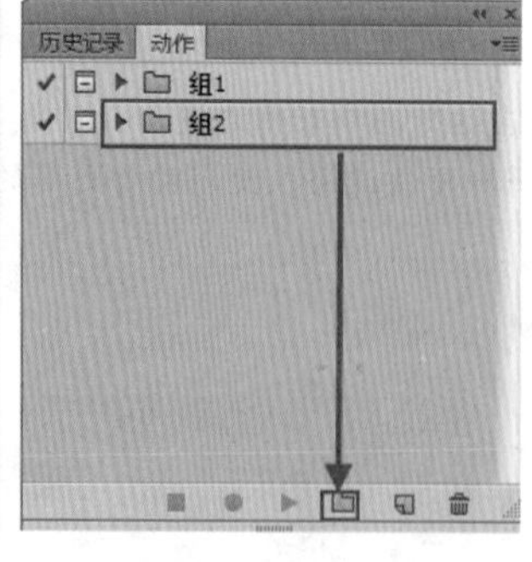

图13-129

（3）可以通过在面板菜单中选择"复制"命令来复制动作、动作组和命令，如图13-130所示。

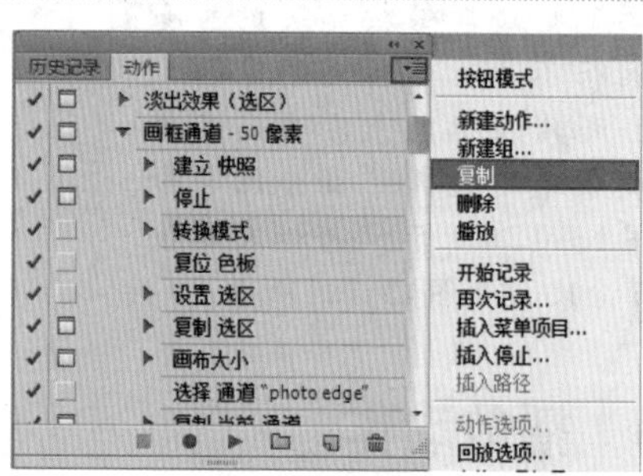

图13-130

> **技巧与提示**
>
> 在"动作"面板中按Alt键选择一个动作并进行拖动也能够复制该动作。

理论实践——删除动作

选中要删除的动作、动作组或命令，将其拖曳到"动作"面板下面的"删除"按钮上，或是在面板菜单中选择"删除"命令，如图13-131所示。

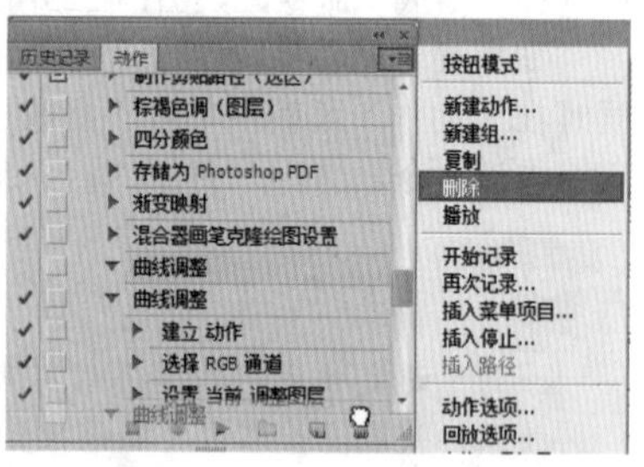

图13-131

如果要删除"动作"面板中的所有动作，可以在面板菜单中选择"清除全部动作"命令，如图13-132所示。

图13-132

理论实践——重命名动作

如果要重命名某个动作或动作组的名称，可以双击该动作或动作组的名称，然后重新输入名称即可，如图13-133所示。还可以在面板菜单中选择“动作选项”或“组选项”命令来重命名名称，如图13-134～图13-136所示。

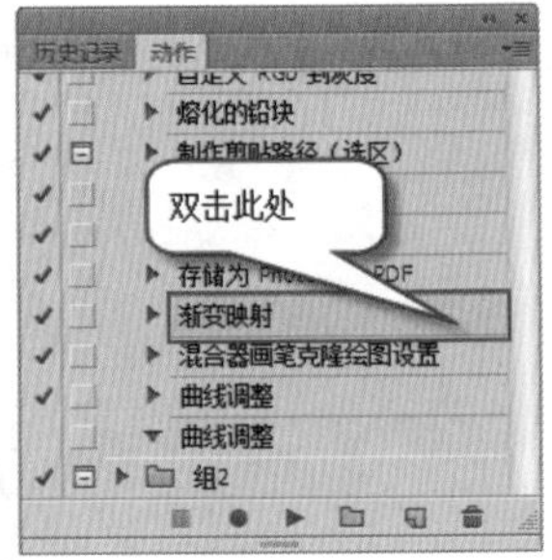

图13-133

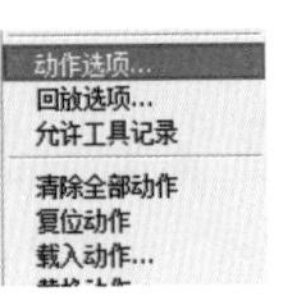

图13-134

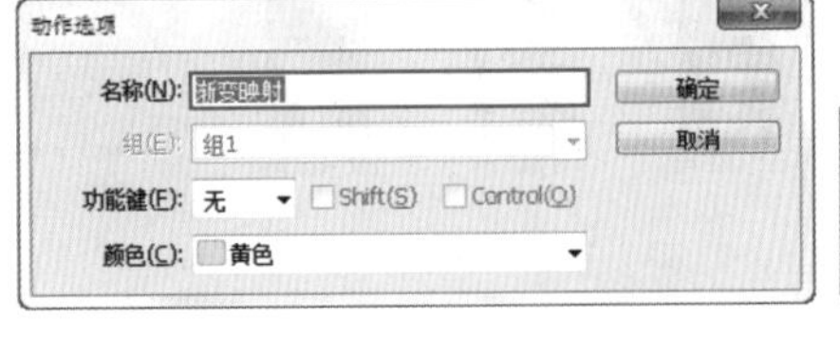

图13-135

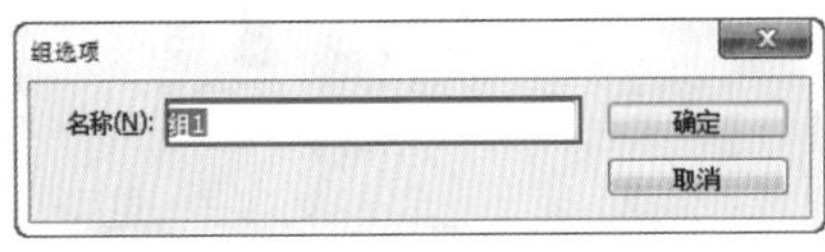

图13-136

理论实践——存储动作组

如果要将记录的动作存储起来，可以在面板菜单中选择“存储动作”命令，如图13-137和图13-138所示。然后将动作组存储为ATN格式的文件，如图13-139所示。

技巧与提示

按Ctrl+Alt组合键的同时选择“存储动作”命令，可以将动作存储为TXT文本，在该文本中可以查看动作的相关内容，但是不能载入Photoshop中。

图13-137

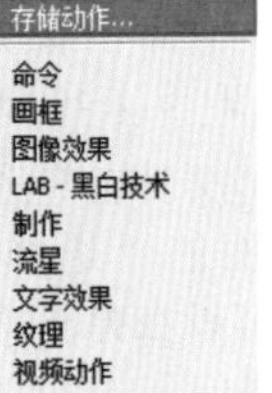

图13-138

图13-139

理论实践——载入动作组

为了快速地制作某些特殊效果，可以在网站上下载相应的动作库，下载完毕后需要将其载入Photoshop中。在面板菜单中选择“载入动作”命令，然后选择硬盘中的动作组文件即可，如图13-140和图13-141所示。

图13-140　图13-141

理论实践——复位动作

在面板菜单中选择“复位动作”命令，可以将“动作”面板中的动作恢复到默认的状态，如图13-142和图13-143所示。

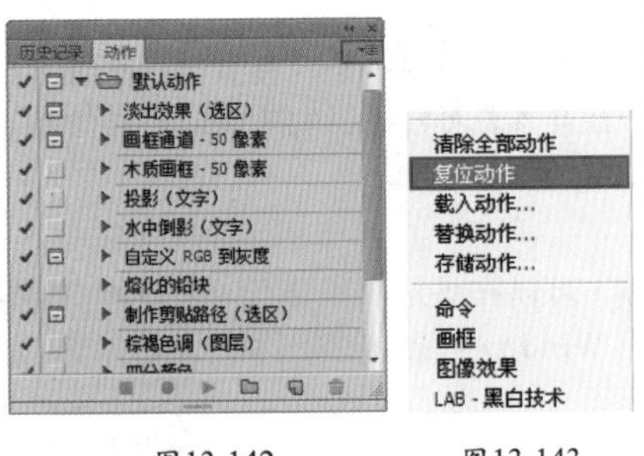

图13-142　图13-143

理论实践——替换动作

在面板菜单中选择“替换动作”命令，可以将“动作”面板中的所有动作替换为硬盘中的其他动作，如图13-144和图13-145所示。

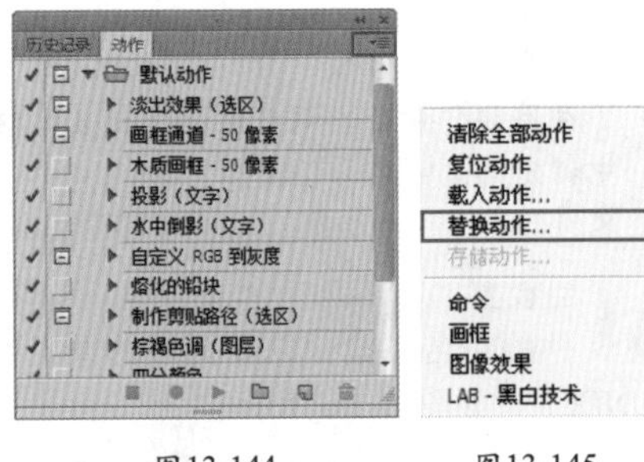

图13-144　图13-145

13.6 自动化处理大量文件

“批处理”命令可以对一个文件夹中的所有文件运行动作，如可以使用“批处理”命令处理一个文件夹下的所有照片的大小和分辨率。执行“文件>自动>批处理”命令，打开“批处理”对话框，如图13-146和图13-147所示。

图13-146　　图13-147

- "播放"选项组：选择要用来处理文件的动作，如图13-148所示。

图13-148

- "源"选项组：选择要处理的文件，如图13-149所示。

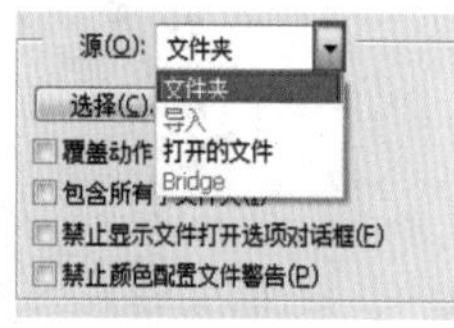

图13-149

  - 选择"文件夹"选项并单击下面的"选择"按钮时，可以在弹出的对话框中选择一个文件夹。
  - 选择"导入"选项时，可以处理来自扫描仪、数码相机、PDF文档的图像。
  - 选择"打开的文件"选项时，可以处理当前所有打开的文件。
  - 选择Bridge选项时，可以处理Adobe Bridge中选定的文件。
  - 选中"覆盖动作中的'打开'命令"复选框时，在批处理时可以忽略动作中记录的"打开"命令。
  - 选中"包含所有子文件夹"复选框时，可以将批处理应用到所选文件夹中的子文件夹。
  - 选中"禁止显示文件打开选项对话框"复选框时，在批处理时不会打开文件选项对话框。
  - 选中"禁止颜色配置文件警告"复选框时，在批处理时会关闭颜色方案信息的显示。
- "目标"选项组：设置完成批处理以后文件的保存位置，如图13-150所示。

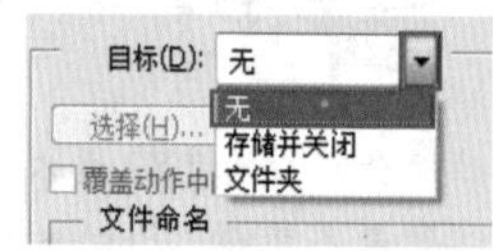

图13-150

  - 选择"无"选项时，表示不保存文件，文件仍处于打开状态。
  - 选择"存储并关闭"选项时，可以将文件保存在原始文件夹中，并覆盖原始文件。
  - 选择"文件夹"选项并单击下面的"选择"按钮时，可以指定用于保存文件的文件夹。

技巧与提示

当设置"目标"为"文件夹"选项时，下面将出现一个"覆盖动作中的'存储为'命令"复选框。如果动作中包含"存储为"命令，则应该选中该复选框，这样在批处理时，动作中的"存储为"命令将引用批处理的文件，而不是动作中指定的文件名和位置。

当设置"目标"为"文件夹"选项时，可以在该选项组下设置文件的命名格式，以及文件的兼容性（Windows、Mac OS和UNIX），如图13-151所示。

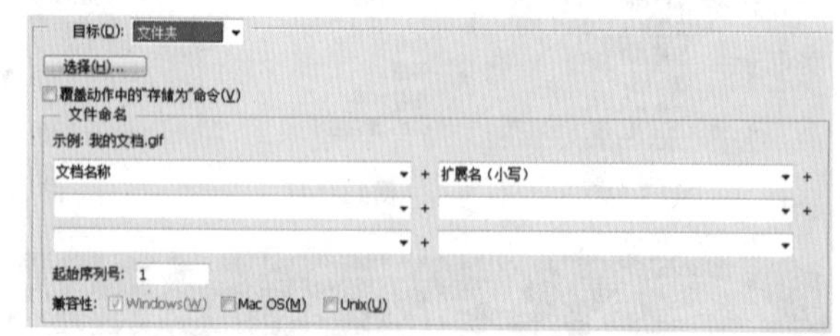

图13-151

理论实践——批处理图像文件

本例将对4张图像进行批处理。对多个图像文件进行批处理首先需要创建或载入相关"动作"，然后执行"文件>自动>批处理"命令进行相应设置即可。原图如图13-152所示。效果如图13-153所示。

（1）无须打开图像，但是需要载入已有的动作文件，在"动作"面板的菜单中选择"载入动作"命令，然后在弹出的"载入"对话框中选择已有的动作文件，如图13-154～图13-156所示。

图13-152

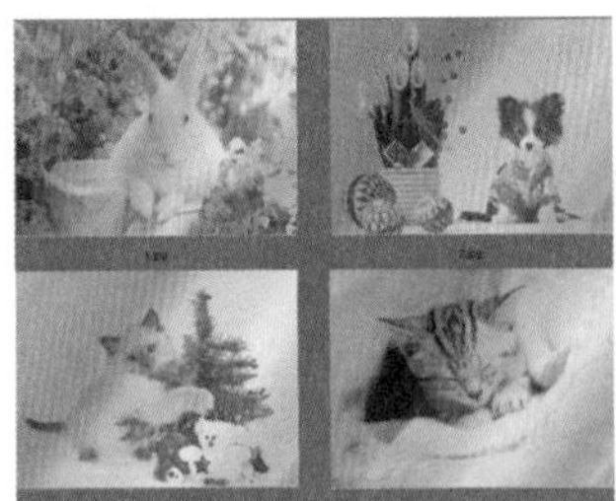

图13-153

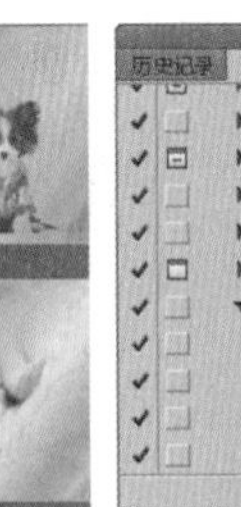

图13-154

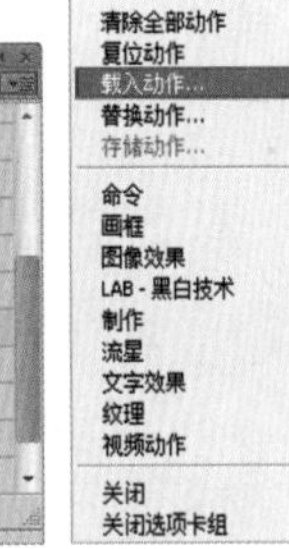

图13-155

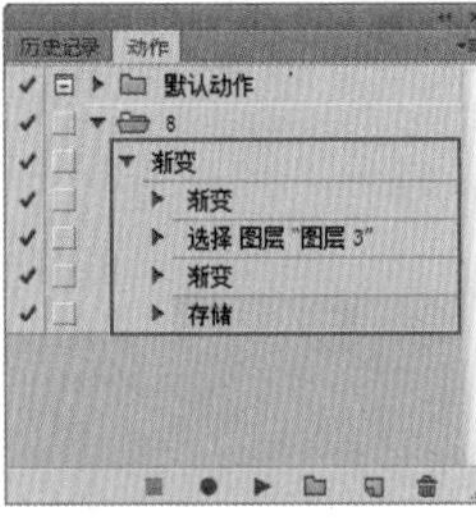

图13-156

（2）执行“文件>自动>批处理”命令，打开“批处理”对话框，然后在“播放”选项组中选择前面载入的“彩色渐变”动作，并设置“源”为“文件夹”，接着单击下面的“选择”按钮，最后在弹出的对话框中选择本书配套光盘中的系列照文件夹，如图13-157所示。

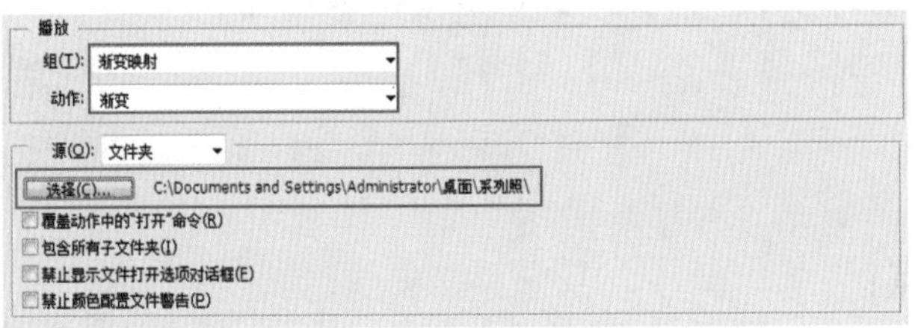

图13-157

（3）设置“目标”为“文件夹”，然后单击下面的“选择”按钮，接着设置好文件的保存路径，最后选中“覆盖动作中的‘打开’命令”复选框，如图13-158所示。

（4）在“批处理”对话框中单击“确定”按钮，Photoshop会自动处理文件夹中的图像，并将其保存到设置好的文件夹中，如图13-159所示。

源(O): 文件夹
选择(C)...
覆盖动作中的"打开"命令(R)
包含所有子文件夹(I)
禁止显示文件打开选项对话框(F)
禁止颜色配置文件警告(P)

图13-158

图13-159

标志设计&特效文字

本章学习要点：

- 了解标志设计的相关知识
- 掌握多种特效广告文字的制作方法
- 掌握立体文字的制作与合成方法

14.1 标志设计相关知识

标志是表明事物特征的记号，具有象征功能和识别功能，是企业形象、特征、信誉和文化的浓缩。标志的风格类型主要有几何型、自然型、动物型、人物型、汉字型、字母型和花木型等。标志主要包括商标、徽标和公共标志。按内容进行分类又可以分为商业性标志和非商业性标志。一个要具备塑造品牌形象功能成功的标志必须具备以下几个特点。

- 准确的意念：通过视觉形象传达思想，运用象征性、图形化、人性化符号去引导大众，获取清晰的理念感受。无论抽象图形还是具象符号，应该把准确表达标志理念始终放在第一位，而且内容与形式必须在标志的意念中协调、统一。
- 记忆与识别：标志的记忆性在很大程度上取决于符号的筛选和贴切表达的结果。识别性是标志创意特征所决定的，在强化共性的同时，仅标志识别而言，突出理念与个性尤为重要，否则它不会强化人们的记忆。
- 视觉美感：标志的视觉美感随着时代变化而升华，它源于人类文化现象及意识形态的转变，并体现着世界标志多元化所带来的视觉时尚潮流，体现着国家、民族、历史、传统、地域及文化特征，在更大程度上决定了人们的审美特点。

如图14-1～图14-6所示为一些优秀的标志设计作品。

图14-1

图14-2

图14-3

图14-4

图14-5

图14-6

14.1.1 标志的类型

标志按表现形式可以分为文字标志、图形标志和图文结合的标志。

- 文字标志：文字是一种带有很强约定性的记号，同时具有一定的视觉性，而文字标志并不仅仅是以单纯即视性功能出现的，我们更多地把它看作图形或符号。文字标志又包括汉字标志、拉丁字母标志和数字标志，如图14-7～图14-9所示。
- 图形标志：以图形构成的标志，包括具象图形和抽象图形。图形标志注重图形、结构的创新与美感，以视觉感染力强、形式多样、形象生动为特点。具象图形标志即是运用某一具体形象直接体现设计主题。直接地表现人们熟悉的具象形象。抽象图形标志即是以一些完全抽象的几何图形、文字或符号来表现的，使抽象图形形象化、趣味化，是抽象图形标志的特征。这类标志具有较强的艺术审美性，容易给人产生深刻的印象，如图14-10～图14-12所示。
- 图文结合的标志：对于较单纯的文字或图形标志来说，图文组合的标志表现机能更强，印象和识别性也随之得到了提高。既克服了图形容易产生歧义的缺点，又弥补了文字表述的单一性，如图14-13～图14-15所示。

图14-7

图14-8

图14-9

图14-10

图14-11

图14-12

图14-13

图14-14

图14-15

14.1.2 标志与色彩

色彩作为标志最显著的外貌特征，能够首先引起消费者的关注。色彩表达着人们的信念、期望和对未来生活的预测。“色彩就是个性”“色彩就是思想”，色彩在标志设计中作为一种设计语言，在某种意义上可以说是标志的“标志”。在色彩的世界中，要使某一标志具有明显区别于其他标志的视觉特征，达到更富有诱惑消费者的魅力，刺激和引导消费的目的，这都离不开色彩的运用，如图14-16～图14-18所示。

图14-16

图14-17

图14-18

不同的颜色给人类带来的生理反应不同，其象征意义也各不相同，不同颜色的相互搭配也会激发人类不同的情感反应。所以，明确了每种颜色的含义才能更好地设计出成功的标志。下面介绍一些常用颜色的含义以及相关的三色搭配方案。

- 红色代表着吉祥、喜气、热烈、奔放、激情、斗志、革命。在中国表示吉利、幸福、兴旺；在西方则有邪恶、禁止、停止、警告、兴奋、幸运、小心、忠心、火热、洁净、感恩，如图14-19所示。

图14-19

相关配色方案如图14-20和图14-21所示。

图14-20 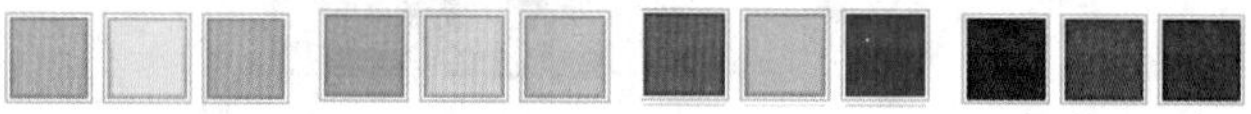　　图14-21

- 橙色是介于红色和黄色之间的混合色，又称橘黄或橘色。在自然界中，橙柚、玉米、鲜花果实、霞光、灯彩都有丰富的橙色。因其具有明亮、华丽、健康、兴奋、温暖、欢乐、辉煌，以及容易动人的色感，所以人们喜欢以此色作为装饰色，表示温暖、幸福，如图14-22所示。

图14-22

相关配色方案如图14-23和图14-24所示。

图14-23　　图14-24

- 黄色给人以轻快、透明、辉煌，充满希望的色彩印象。由于此色过于明亮，被认为轻薄、冷淡；性格非常不稳定，容易发生偏差，稍添加别的色彩就容易失去本来的面貌。酸甜的食欲感，如图14-25所示。

图14-25

相关配色方案如图14-26和图14-27所示。

图14-26　　图14-27

- 绿色代表着和平、宁静、自然、环保、生命、成长、生机、希望、青春，如图14-28所示。

图14-28

相关配色方案如图14-29和图14-30所示。

图14-29　　图14-30

- 蓝色是永恒的象征。它是最冷的色彩。蓝色非常纯净，通常让人联想到海洋、天空、水、宇宙。纯净的蓝色表现出一种美丽、冷静、理智、安详与广阔，由于蓝色沉稳的特性，具有理智、准确的意象，在商业设计中，强调科技、效率的商品或企业形象，大多选用蓝色作为标准色、企业色，如计算机、汽车、影印机、摄影器材等。另外，蓝色也代表忧郁，这是受了西方文化的影响，这个意象也运用在文学作品或感性诉求的商业设计中，如图14-31所示。

图14-31

相关配色方案如图14-32和图14-33所示。

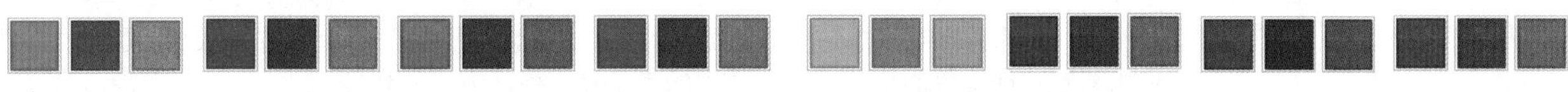

图14-32　　图14-33

- 紫色有着豪华、美丽、忧心、平安、爱、悔改、谦卑、仰望、热情、热忱的感觉，如图14-34所示。

图14-34

相关配色方案如图14-35和图14-36所示。

图14-35 　　图14-36

14.2 VI设计相关知识

14.2.1 什么是VI

VI全称为Visual Identity，即视觉识别，是企业形象设计的重要组成部分。VI是以标志、标准字、标准色为核心展开的完整的、系统的视觉表达体系。将上述的企业理念、企业文化、服务内容、企业规范等抽象概念转换为具体记忆和可识别的形象符号，从而塑造出排他性的企业形象。一套VI设计的主要内容可以分为基本要素系统和应用系统两大类。

基本要素系统包括以下几方面。

- 标志。
- 标准字。
- 标准色。
- 标志和标准字的组合。

应用系统包括以下几方面。

- 办公用品：信封、信纸、便笺、名片、徽章、工作证、请柬、文件夹、介绍信、账票、备忘录、资料袋、公文表格等。
- 企业外部建筑环境：建筑造型、公司旗帜、企业门面、企业招牌、公共标志牌、路标指示牌、广告塔、霓虹灯广告、庭院美化等。
- 企业内部建筑环境：企业内部各部门标志牌、常用标志牌、楼层标志牌、企业形象牌、旗帜、广告牌、POP广告、货架标牌等。
- 交通工具：轿车、面包车、大巴士、货车、工具车、油罐车、轮船、飞机等。
- 服装服饰：经理制服、管理人员制服、员工制服、礼仪制服、文化衫、领带、工作帽、纽扣、肩章、胸卡等。
- 广告媒体：电视广告、杂志广告、报纸广告、网络广告、路牌广告、招贴广告等。

- 产品包装：纸盒包装、纸袋包装、木箱包装、玻璃容器包装、塑料袋包装、金属包装、陶瓷包装、包装纸。
- 公务礼品：T恤衫、领带、领带夹、打火机、钥匙牌、雨伞、纪念章、礼品袋等。
- 陈列展示：橱窗展示、展览展示、货架商品展示、陈列商品展示等。
- 印刷品：企业简介、商品说明书、产品简介、年历等。

14.2.2 VI设计的一般原则

VI设计的一般原则包括统一性的原则、差异性的原则和民族性的原则。

- 统一性的原则：为了达成企业形象对外传播的一致性与一贯性，应该运用统一设计和统一大众传播，用完美的视觉一体化设计，将信息与认识个性化、明晰化、有序化，把各种形式与传播媒体上的形象统一，创造能存储与传播的统一的企业理念与视觉形象，这样才能集中与强化企业形象，使信息传播更为迅速有效，给社会大众留下强烈的印象与影响力。
- 差异性的原则：企业形象为了能获得社会大众的认同，必须是个性化的、与众不同的，因此差异性的原则十分重要。
- 民族性的原则：企业形象的塑造与传播应该依据不同的民族文化，美国、日本等许多企业的崛起和成功，民族文化是其根本的驱动力。美国企业文化研究专家秋尔和肯尼迪指出：“一个强大的文化几乎是美国企业持续成功的驱动力。”驰名于世的“麦当劳”和“肯德基”独具特色的企业形象，展现的就是美国生活方式的快餐文化。

14.3 特效文字

文字在平面设计中主要用于传达信息，但是如果文字的样式太过于单一也会影响平面作品的整体效果。所以特效文字经常会出现在平面设计作品中，通常情况下所说的特效文字是指将文字与图像或者图层样式相结合，模拟出其他物体所具有的特性（如皮革质感、自发光感、立体效果、反射属性等）。在制作过程中应用的技术比较多，最常用的是图层样式、混合模式、图层蒙版、3D等命令，如图14-37～图14-42所示。

图14-37

图14-38

图14-39

图14-40

图14-41

图14-42

14.4 实战练习

14.4.1 卡通风格——沙滩浴场LOGO

案例文件	14.4.1卡通风格——沙滩浴场LOGO.psd
视频教学	14.4.1卡通风格——沙滩浴场LOGO.flv
难易指数	★★★★★
技术要点	文字工具，形状，钢笔工具，直接选择工具

案例效果

本例最终效果如图14-43所示。

图14-43

操作步骤

步骤01 打开本书配套光盘中的背景素材文件，然后双击背景图层解锁，如图14-44和图14-45所示。隐藏背景图层，如图14-46所示。

图14-44

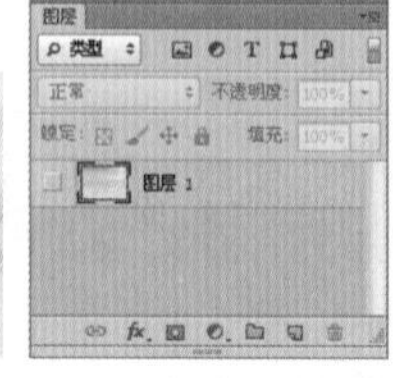

图14-45

图14-46

步骤02 进行文字制作，创建一个“文字”组。单击工具箱中的“横排文字工具”按钮T，在其选项栏中选择合适的字体，分别输入“沙”“滩”两个字，调整好文字位置。选择“沙”字图层，在“图层”面板中右击，在弹出的快捷菜单中选择“转换为形状”命令，如图14-47所示。此时文字图层转换为形状图层，如图14-48所示。

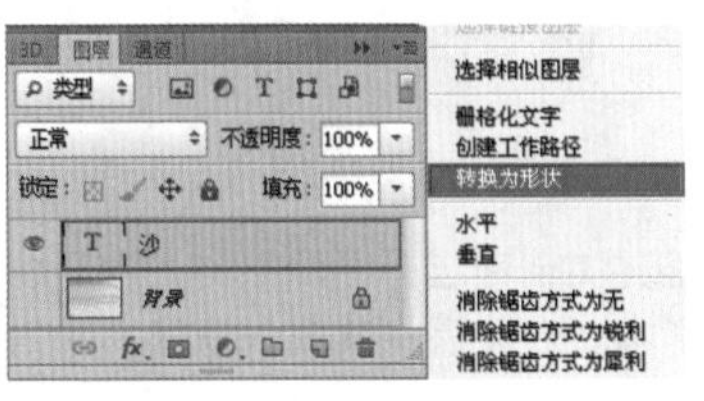

图14-47

图14-48

步骤03 将文字图层转换为形状图层后，就可以使用矢量工具对形状图层的矢量蒙版进行调整以改变文字形状，如图14-49所示。单击工具箱中的“直接选择工具”按钮，框选“沙”字左侧的两个锚点向左进行移动，但是可进行调整的控制点明显不足，所以需要使用钢笔工具，在路径上进行单击添加控制点，将其制作成一个弧形，如图14-50所示。

图14-49

图14-50

步骤04 选择右侧的点，向右移动，制作出弧形效果，如图14-51所示。

图14-51

步骤05 以同样的方法选择“滩”字并将其转换为形状，如图14-52所示。对“滩”字底部笔画进行调整，使用直接选择工具选择锚点，调整位置使文字形状发生改变，如图14-53所示。

图14-52

图14-53

步骤06 调整“滩”字左侧三点水笔画形状，如图14-54所示，并调整底部曲线笔画，将其拖曳拉长。效果如图14-55所示。

图14-54

图14-55

步骤07 单击工具箱中的“横排文字工具”按钮T，输入“134”。然后在“字符”面板中设置文字大小为180点，文字颜色为黑色，字体为斜体，如图14-56和图14-57所示。

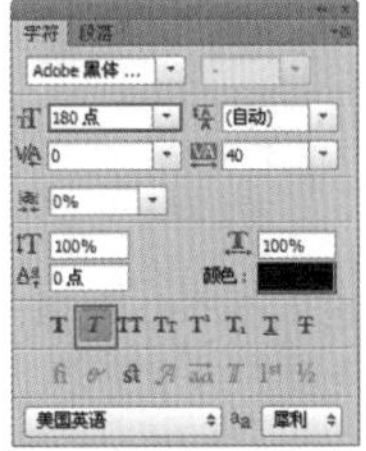

图14-56

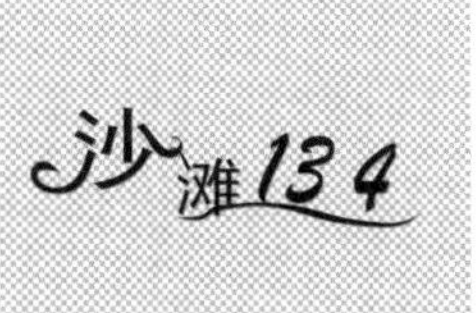

图14-57

步骤08 对数字执行“图层>图层样式>渐变叠加”命令，打开“图层样式”对话框，如图14-58所示。设置“渐变”为黄色到橘色渐变，“样式”为“线性”，“角度”为90度，如图14-59所示。

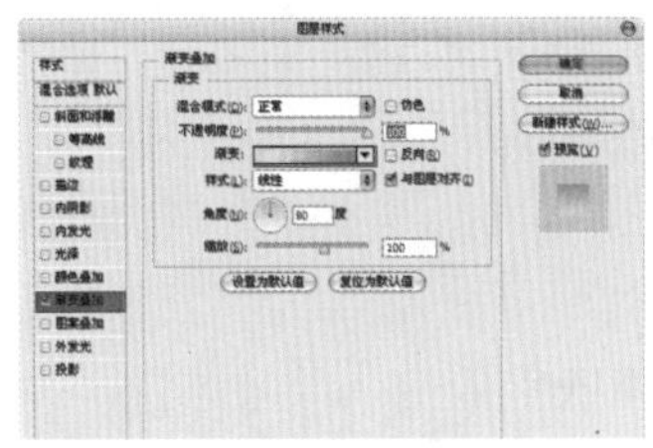

图14-58

图14-59

步骤09 置入椰树卡通素材文件，执行“图层>栅格化>智能对象”命令。将椰树放置在数字中间位置，如图14-60所示。

图14-60

步骤10 按Shift+Ctrl+Alt+E组合键盖印当前图层效果，载入盖印后的选区，如图14-61所示。执行“选择>修改>扩展”命令，在弹出的对话框中设置“扩展量”为50像素，如图14-62所示。

图14-61

图14-62

步骤11 使用渐变工具，在其选项栏中单击渐变，弹出"渐变编辑器"对话框，单击滑块调整渐变颜色为从深蓝色到蓝色。设置类型为线性，如图14-63所示。拖曳填充渐变颜色，如图14-64所示。

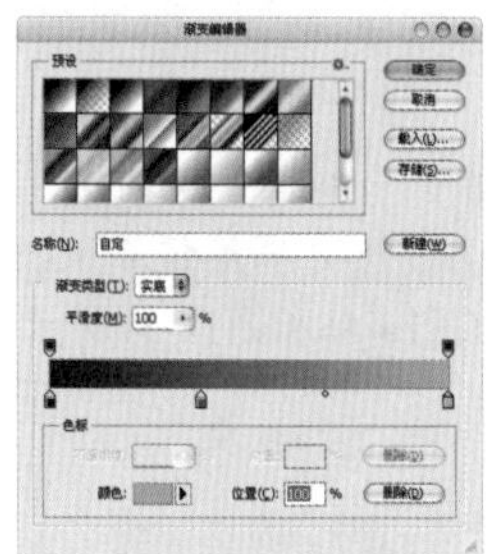

图14-63

图14-64

步骤12 执行"图层>图层样式>投影"命令，在弹出的对话框中设置"混合模式"为"正片叠底"，"不透明度"为75%，"角度"为120度，"距离"为5像素，"大小"为5像素，具体参数设置如图14-65所示。

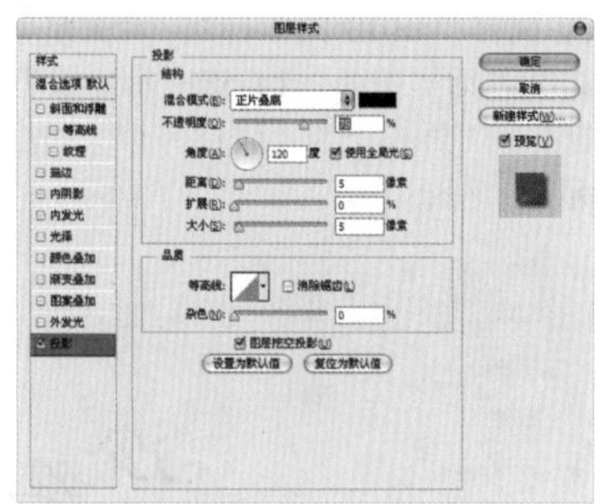

图14-65

步骤13 在"图层样式"对话框左侧选中"描边"样式，然后设置"大小"为13像素，"位置"为"内部"，"颜色"为白色，如图14-66所示。效果如图14-67所示。

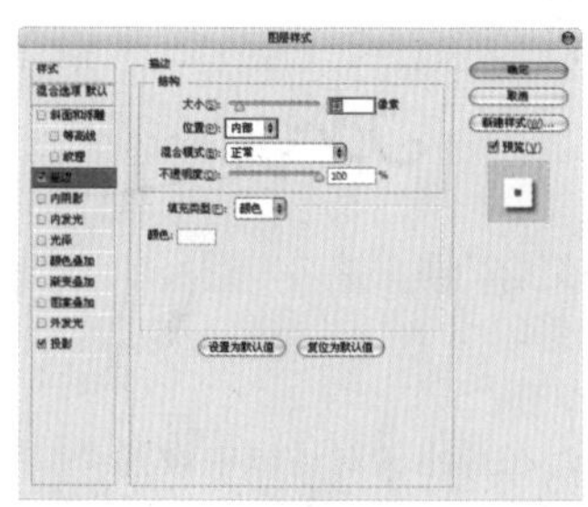

图14-66

图14-67

步骤14 将该图层放置在"文字"组的下一层中，如图14-68所示。然后打开隐藏的背景图层，如图14-69所示。

图14-68

图14-69

步骤15 在"图层"面板中按住Ctrl键选择"沙"与"滩"图层，复制两个文字的图层副本。合并后将其载入选区，并为选区填充蓝色，如图14-70所示。

步骤16 置入前景矢量卡通素材并栅格化，如图14-71所示。

图14-70

图14-71

步骤17 创建新图层，使用钢笔工具勾勒出标志上半部分的轮廓路径，如图14-72所示。然后右击，在弹出的快捷菜单中选择"建立选区"命令，在弹出的对话框中设置"羽化半径"为4像素，将选区填充为白色，如图14-73所示。在"图层"面板中调整图层的"不透明度"为21%，如图14-74所示。

步骤18 最终效果如图14-75所示。

图14-72

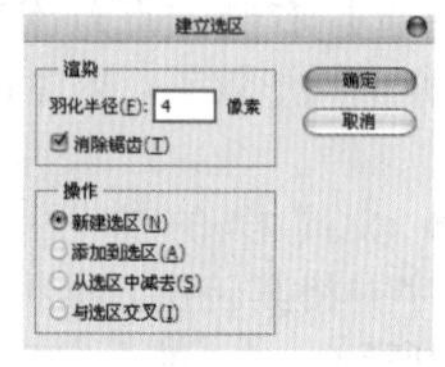

图14-73

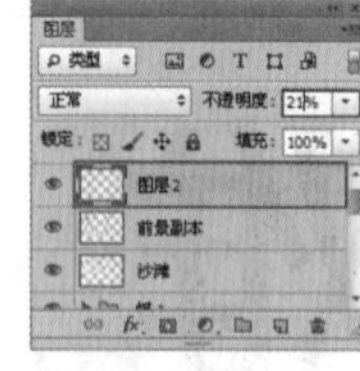

图14-74

图14-75

14.4.2 中式水墨——温泉酒店LOGO

案例文件	14.4.2中式水墨——温泉酒店LOGO.psd
视频教学	14.4.2中式水墨——温泉酒店LOGO.flv
难易指数	★★★★★
技术要点	文字工具，形状，矢量工具

案例效果

本例最终效果如图14-76所示。

操作步骤

步骤01 按Ctrl+N组合键，打开"新建"对话框，设置合适的像素大小，背景设置为透明，如图14-77所示。创建新文件，如图14-78所示。

步骤02 创建一个“文字”组。单击工具箱中的“横排文字工具”按钮T，在选项栏中选择合适的书法风格字体，分别输入“清”、“泉”、“故”和“乡”，调整好4个文字图层位置，如图14-79所示。

步骤03 选择“清”字图层，在“图层”面板中右击，在弹出的快捷菜单中选择“转换为形状”命令，如图14-80所示。此时文字图层转换为形状图层，如图14-81所示。效果如图14-82所示。

图14-76

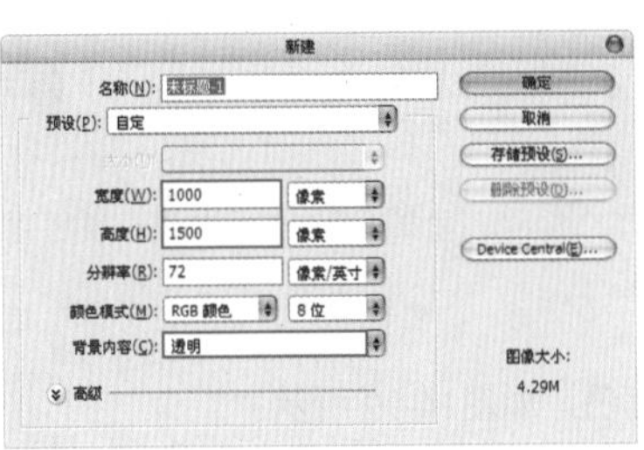

图14-77

图14-78

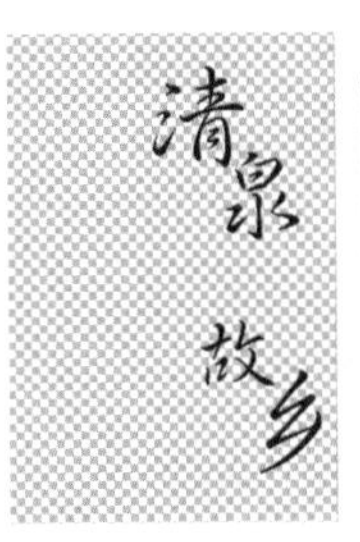

图14-79

图14-80

图14-81

步骤04 为了让字体笔画更流畅，单击工具箱中的“直接选择工具”按钮，单击“清”字左侧偏旁的锚点，单击锚点向下拖曳进行连接，使三点连接在一起，如图14-83和图14-84所示。

步骤05 再次选择“泉”字，使用同样的方法在“图层”面板中右击该图层，在弹出的快捷菜单中选择“转换为形状”命令，如图14-85所示。对“泉”字底部笔画进行调整，使用直接选择工具，选择底部笔画的锚点拖曳拉长，让左右笔画连接到一起，如图14-86所示。

步骤06 使用同样的方法再制作出“故”字，如图14-87和图14-88所示。

图14-82

图14-83

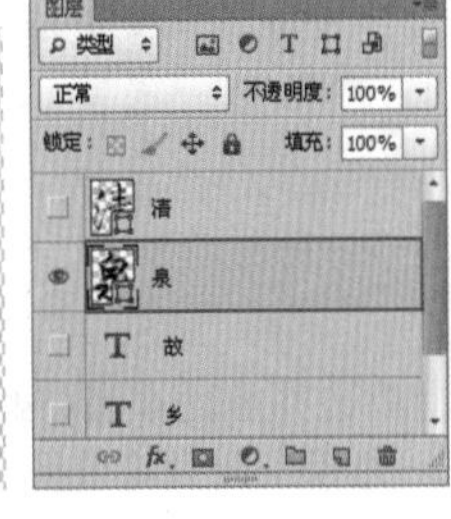

图14-84

图14-85

图14-86

图14-87

步骤07 对“乡”字底部笔画锚点向外拖曳拉长，但是可进行调整的控制点明显不足，所以需要使用添加锚点工具在路径上进行单击添加控制点，并对“乡”字的笔画进行拖曳制作，如图14-89和图14-90所示。

步骤08 置入背景素材文件并栅格化，如图14-91所示。

步骤09 继续使用横排文字工具与竖排文字工具输入其他装饰文字，最终效果如图14-92所示。

图14-88

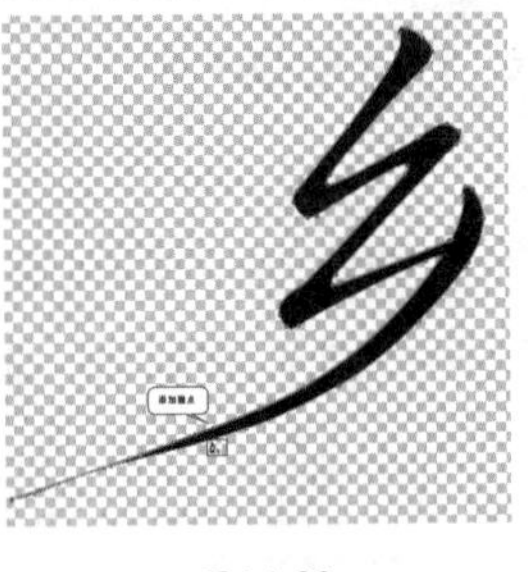

图14-89

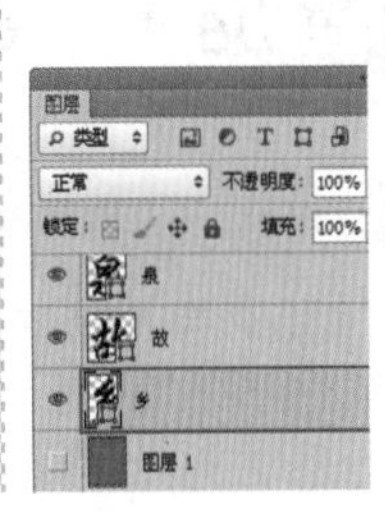

图14-90

图14-91

图14-92

14.4.3 VI设计——设计公司视觉识别系统

案例文件	14.4.3 VI设计——设计公司视觉识别系统.psd
视频教学	14.4.3 VI设计——设计公司视觉识别系统.flv
难易指数	★★★★★
技术要点	文字工具，钢笔工具，图层样式，图层蒙版，图层样式

案例效果

本例最终效果如图14-93和图14-94所示。

1. 制作公司标志

步骤01 制作公司标志，为了便于观察，打开背景素材文件，如图14-95所示。

步骤02 新建图层，单击工具箱中的“钢笔工具”按钮，在画布中绘制如图14-96所示的闭合路径。

步骤03 设置前景色为浅绿色，按Ctrl+Enter组合键将路径转换为选区后按Ctrl+Delete组合键为当前选区填充前景色，如图14-97所示。

图14-93

图14-94

图14-95

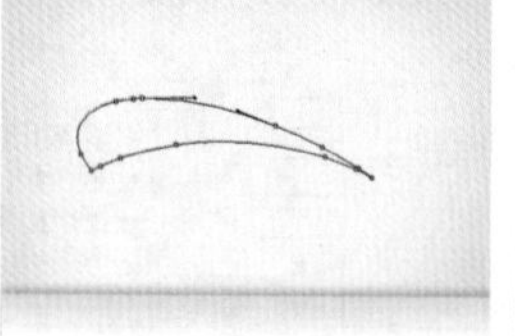

图14-96

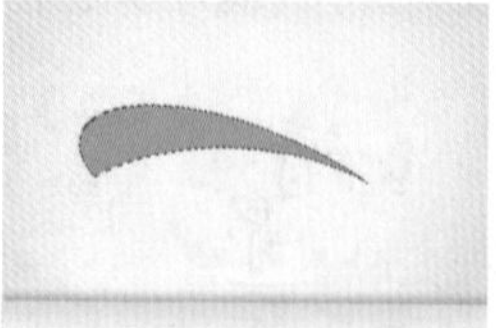

图14-97

步骤04 继续新建图层，绘制路径，如图14-98所示。转换为选区后填充蓝色，如图14-99 所示。

步骤05 使用同样的方法制作其他色块，并选择合适的颜色进行填充，如图14-100所示。

步骤06 单击工具箱中的“横排文字工具”按钮，在其选项栏中设置字体为Adobe 黑体Std，字号为241点，颜色为黑色，在画布中单击并输入文字，如图14-101所示。

步骤07 打开“字符”面板，设置垂直缩放数值为127%，水平缩放数值为110%，字间距为-20，单击加粗和倾斜按钮，如图14-102所示。效果如图14-103所示。

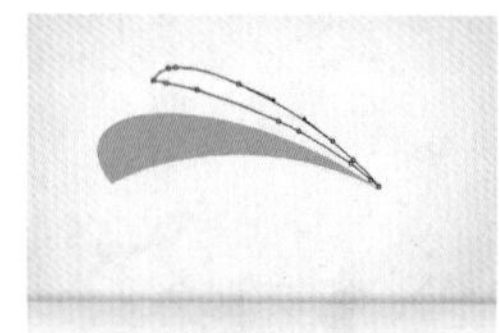

图14-98

图14-99

图14-100

图14-101

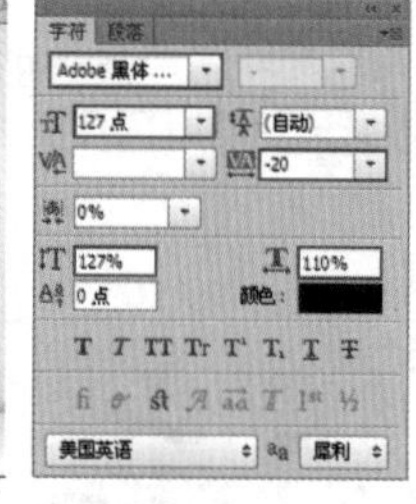

图14-102

步骤08 再次使用横排文字工具在文字上单击并拖动选择前4个按钮，如图14-104所示。单击选项栏中的颜色设置按钮，随后弹出“拾色器”，将光标移动到画布中，光标变为吸管效果，吸取其中一个色块的颜色，如图14-105所示。

步骤09 继续对后两个字母颜色进行修改，如图14-106和图14-107所示。

图14-103

图14-104

图14-105

图14-106

图14-107

步骤10 在文字图层上方新建图层，并命名为“光泽”，载入文字图层选区，如图14-108所示。单击工具箱中的“矩形选框工具”按钮，在其选项栏中单击“从选区中减去”按钮，并框选文字的下半部分，此时可以得到文字上半部分的选区，如图14-109所示。

步骤11 单击工具箱中的“渐变工具”按钮，在其选项栏中编辑一种白色到透明的渐变，设置渐变类型为线性渐变，并在“光泽”图层中自下而上填充，如图14-110所示。

图14-108

图4-109

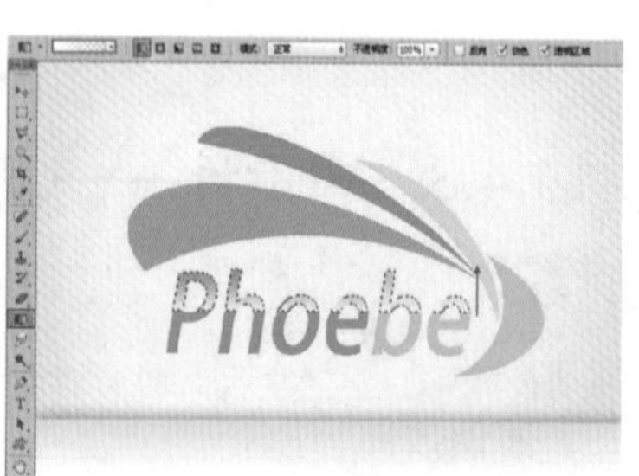

图14-110

步骤12 设置“光泽”图层的“不透明度”为30%，如图14-111和图14-112所示。

图14-111

图14-112

步骤13 再次在文字图层上方新建图层“暗部”，为了使文字部分更具有立体感，载入选区需要为其填充黑色到透明的渐变，如图14-113所示。

图14-113

步骤14 设置“暗部”图层的混合模式为“叠加”，如图14-114和图14-115所示。

图14-114

图14-115

步骤15 在标志的底部使用横排文字工具输入剩余的文字，如图14-116所示。

图14-116

技巧与提示

在调整完LOGO每个部分的位置之后可以选中所有的LOGO图层并执行“图层>链接图层”命令，链接之后的图层可以一起移动和缩放。

步骤16 复制并合并所有LOGO部分的图层，载入选区并填充为黑色，如图14-117所示。

图14-117

步骤17 由于这部分需要作为阴影效果，所以将该图层放置在LOGO图层的下方，设置其“不透明度”为30%，如图14-118所示。然后向右下角移动一个像素的位置，如图14-119所示。

图14-118

图14-119

步骤18 复制“阴影”图层，缩放到合适大小摆放在右下角，并设置其“不透明度”为70%，如图14-120所示。LOGO效果如图14-121所示。

图14-120

图14-121

2. 制作信纸

步骤01 制作信纸。创建一个新图层“底色”，使用矩形选框工具绘制一个矩形选框并填充白色，如图14-122所示。执行“图层>图层样式>投影”命令，设置投影颜色为黑色，“不透明度”为75%，“角度”为129度，“距离”为5像素，“大小”为5像素，如图14-123所示。此时信纸出现投影效果，如图14-124所示。

图14-122

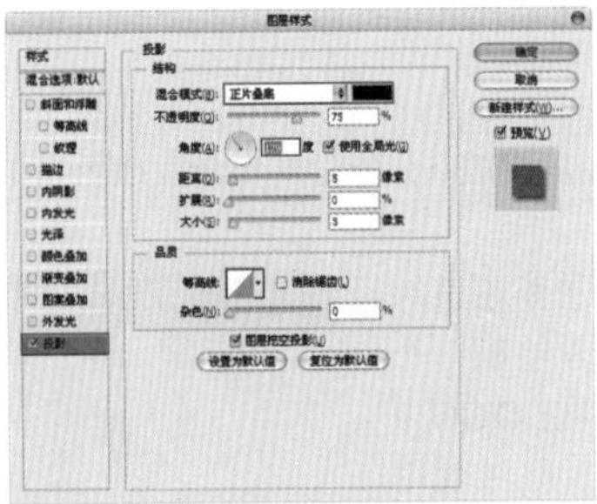

图14-123

图14-124

步骤02 继续新建图层，在信纸的顶部使用矩形选框工具绘制一个较宽的选区并填充青色，如图14-125所示。执行“图层>图层样式>渐变叠加”命令，在弹出的对话框中编辑一种青绿色系的渐变，如图14-126和图14-127所示。

图14-125

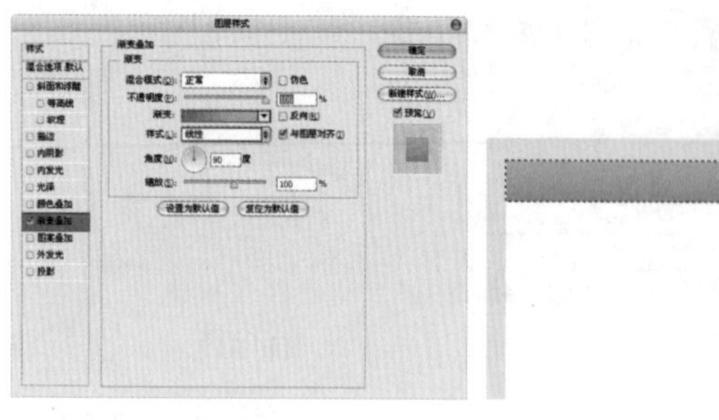

图14-126　　图14-127

步骤03 复制前面制作的LOGO文件中的花纹部分，合并为一个图层后调整为白色，摆放在信纸的顶部，如图14-128所示。载入顶部青绿色图层选区并为“花纹”图层添加图层蒙版，使选区以外的部分隐藏，如图14-129所示。

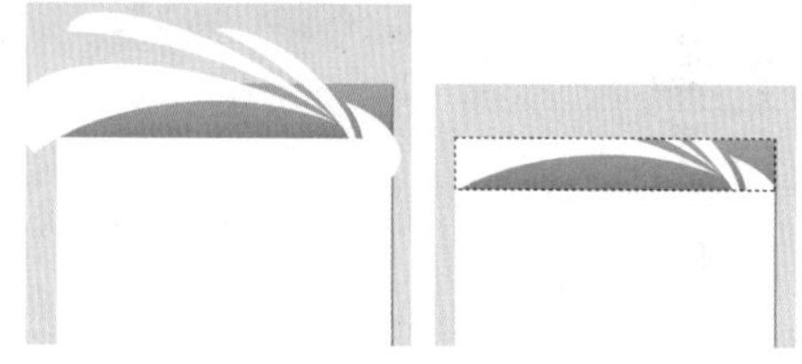

图14-128　　图14-129

步骤04 设置该图层的“不透明度”为50%，混合模式为“柔光”，效果如图14-130和图14-131所示。

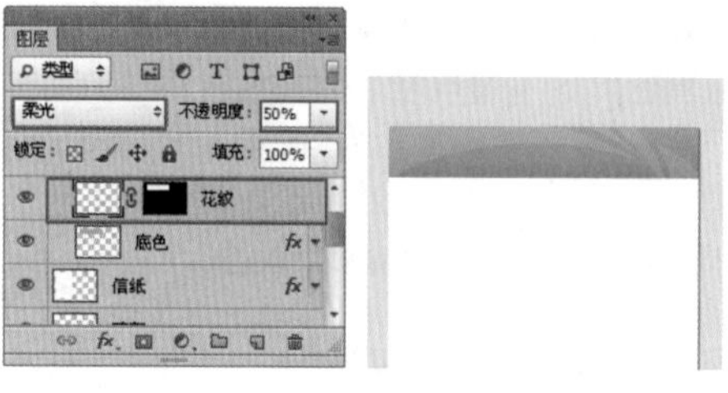

图14-130　　图14-131

步骤05 复制白色LOGO图层摆放在信纸的右上角，如图14-132所示。

步骤06 单击工具箱中的“矩形选框工具”按钮，在顶栏下方绘制一个矩形选区并使用吸管吸取LOGO中的黄绿色填充当前选区，继续使用矩形选框工具绘制较细的选区并依次填充黄绿色，效果如图14-133和图14-134所示。

图14-132

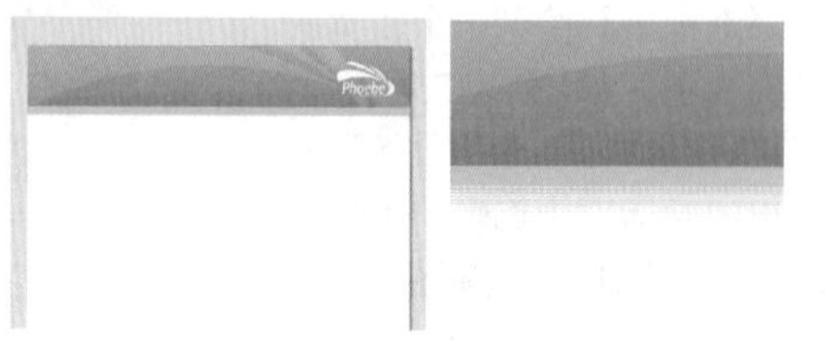

图14-133　　图14-134

步骤07 复制顶部的彩色图层，移动到信纸底部，适当缩放后摆放到合适位置，如图14-135所示。

步骤08 再次复制白色LOGO，摆放在左下角并使用横排文字工具输入公司网站信息，如图14-136所示。

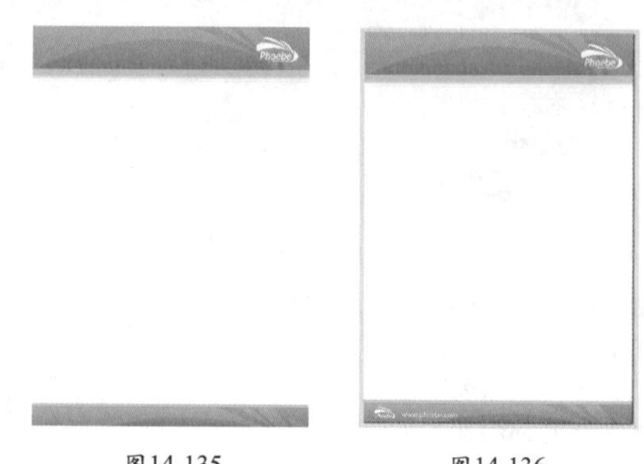

图14-135　　图14-136

3. 制作名片

步骤01 由于VI设计具有统一性，所以名片部分与信纸部分的色调与花纹的使用均相同，可以直接从信纸图层组中复制底色图层，并进行自由变换，缩放为名片大小，如图14-137所示。

步骤02 复制信纸顶栏部分，摆放到名片顶部并适当进行缩放，如图14-138所示。

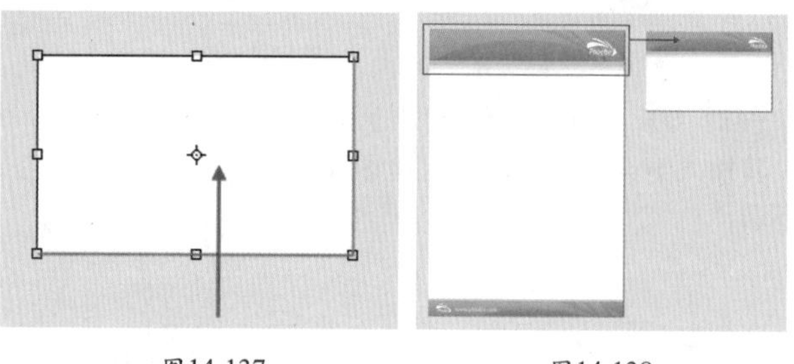

图14-137　　图14-138

步骤03 单击工具箱中的“横排文字工具”按钮，在“字符”面板中选择一个合适字体，字符大小为9点，设置字体垂直缩放为127%，水平缩放数值为110%，字间距为-20，字体颜色为黑色，单击加粗和斜体按钮。设置完毕后在名片上单击并输入文字，如图14-139和图14-140所示。

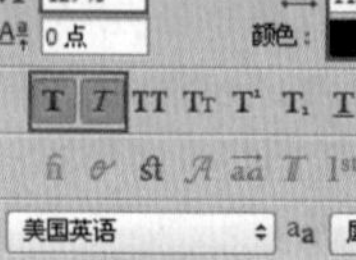

图14-139　　图14-140

步骤04 使用横排文字工具输入剩余文字，如图14-141所示。

步骤05 在人名和职位中间使用矩形选框工具绘制一个高度为2像素的选区并填充黑色，名片正面部分制作完成，如图14-142所示。

图14-141　　图14-142

步骤06 下面开始制作名片背面，复制名片中除文字以外的所有图层并移动到右侧，如图14-143所示。

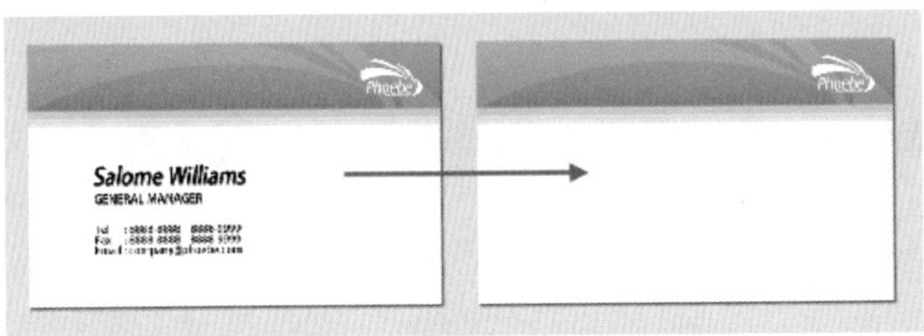

图14-143

步骤07 选择顶部的青色渐变图层，执行“编辑>自由变换”命令，将其纵向拉伸，使之与整个名片大小相同，如图14-144所示。

步骤08 选择黄绿色图层，使用矩形选框工具框选下半部分选区并按Delete键删除，如图14-145所示。

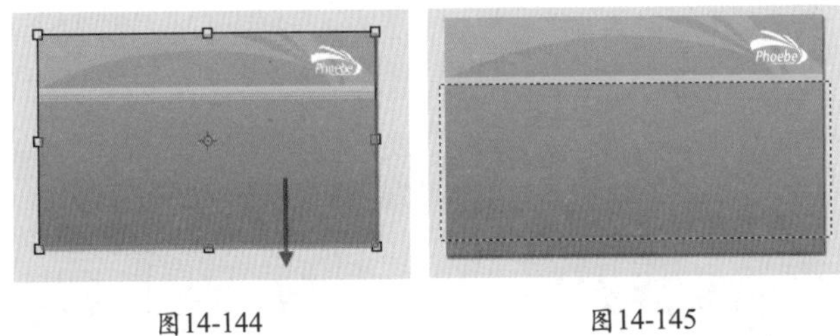

图14-144　　图14-145

步骤09 继续使用横排文字工具输入文字信息，名片背面效果如图14-146所示。

图14-146

4. 制作信封

步骤01 制作信封部分。单击工具箱中的“圆角矩形工具”按钮，在其选项栏中设置绘制方式为路径，“半径”为150像素，在图中绘制一个圆角矩形，如图14-147所示。

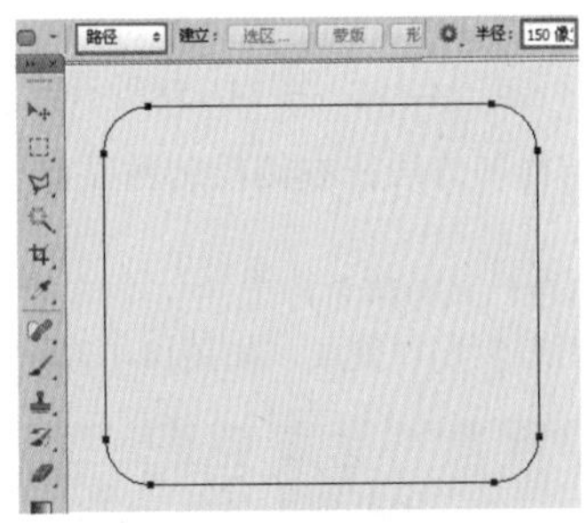

图14-147

步骤02 按Ctrl+Enter组合键将路径转换为选区后填充白色，然后使用矩形选框工具框选底部区域并删除，如图14-148和图14-149所示。

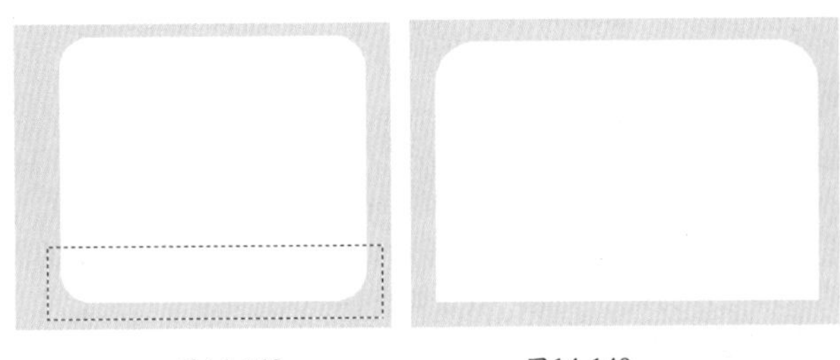

图14-148　　图14-149

步骤03 回到信纸图层组中，在信纸底色图层样式上右击，在弹出的快捷菜单中选择“拷贝图层样式”命令，回到新绘制的信封底色图层上右击，在弹出的快捷菜单中选择“粘贴图层样式”命令，此时可以看到信封底色上出现了相同的阴影效果，如图14-150所示。

步骤04 再次复制信纸顶部的区域，摆放到信封上并缩放到合适大小。载入信封底色选区，并为顶部区域图层组添加图层蒙版使多余部分隐藏，如图14-151和图14-152所示。

步骤05 再次复制LOGO，摆放在信封顶部，执行“编辑>自由变换”命令，右击，在弹出的快捷菜单中选择“水平翻转”和“垂直翻转”命令，如图14-153所示。

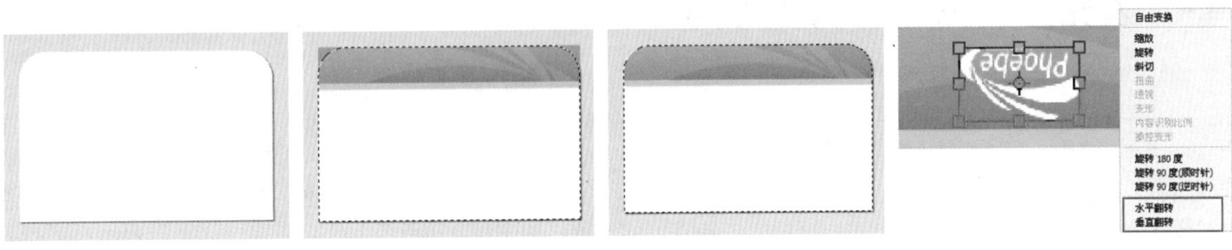

图14-150　　图14-151　　图14-152　　图14-153

步骤06 下面开始制作信封上的邮编框，新建图层，使用矩形选框工具绘制一个较小的矩形选区，右击，在弹出的快捷菜单中选择“描边”命令，在弹出的对话框中设置描边“宽度”为3像素，“颜色”为灰色，“位置”为“居中”，此时可以看到当前选区出现描边效果，如图14-154和图14-155所示。

步骤07 单击工具箱中的“移动工具”按钮，按Alt键进行移动复制出多个矩形边框，为了使这些边框在同一条水平线上并且均匀分布，需要在“图层”面板中选中这些图层并单击移动工具选项栏中的“顶对齐”和“水平居中分布”按钮，如图14-156～图14-158所示。

步骤08 使用同样的方法在右侧绘制粘贴邮票的框，如图14-159所示。

步骤09 复制彩色LOGO和名片上的文字信息摆放在信封的左下角，此时信封制作完成，如图14-160所示。

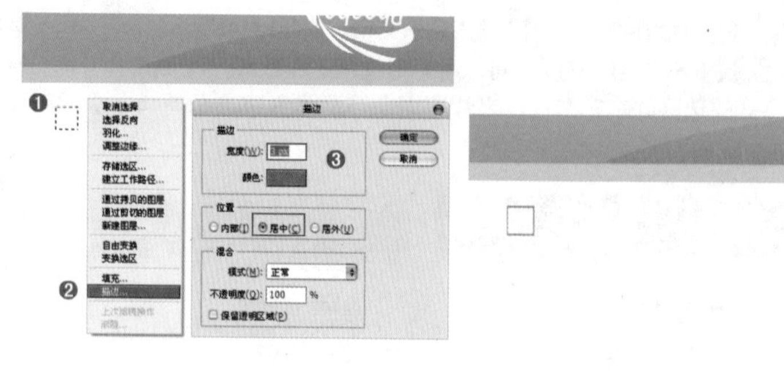

图14-154　图14-155

图14-156

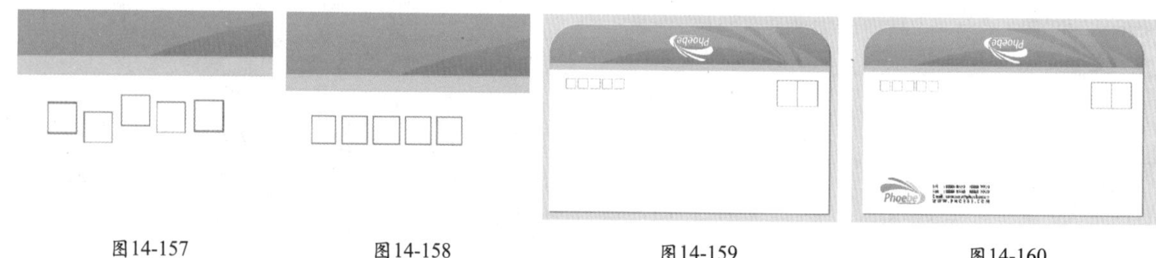

图14-157　图14-158　图14-159　图14-160

5. 制作笔

步骤01 置入“笔”素材并栅格化，如图14-161所示。复制LOGO中的文字部分，缩放到合适大小并摆放在笔杆上，如图14-162所示。右击，在弹出的快捷菜单中选择“旋转90度（逆时针）”命令，如图14-163所示。

步骤02 为了使LOGO融入笔杆中，需要设置LOGO图层的混合模式为“正片叠底”，如图14-164和图14-165所示。使用同样的方法制作另外一支笔，效果如图14-166所示。

步骤03 最终效果如图14-167所示。

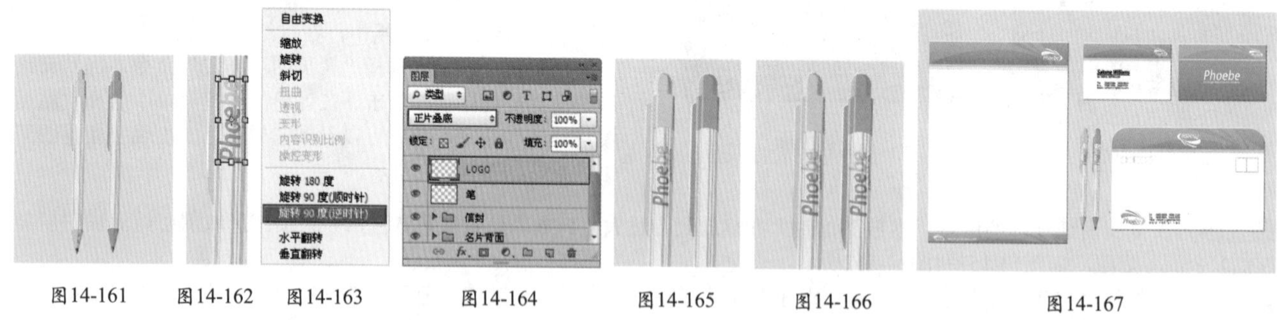

图14-161　图14-162　图14-163　图14-164　图14-165　图14-166　图14-167

14.4.4 发光文字——荧光霓虹文字

案例文件	14.4.4发光文字——荧光霓虹文字.psd
视频教学	14.4.4发光文字——荧光霓虹文字.flv
难易指数	★★★★★
技术要点	“减去”混合模式，“内发光”样式的使用方法

案例效果

本例最终效果如图14-168所示。

操作步骤

步骤01 打开背景素材文件，如图14-169所示。单击工具箱中的“横排文字工具”按钮T，在其选项栏中选择合适的字体，设置文本颜色为黑色，输入英文单词，将背景图层隐藏，如图14-170所示。

步骤02 选择文字图层，设置其混合模式为“减去”，如图14-171所示。此时可以看到文字被隐藏。单击“图层”面板底部的“添加图层样式”按钮，在弹出的对话框中选择“内发光”样式，设置“混合模式”为“颜色减淡”，“不透明度”为55%，颜色为白色，“大小”为5像素，如图14-172所示。单击“确定”按钮结束操作，此时文字边缘出现微弱的霓虹光感，如图14-173所示。

图14-168

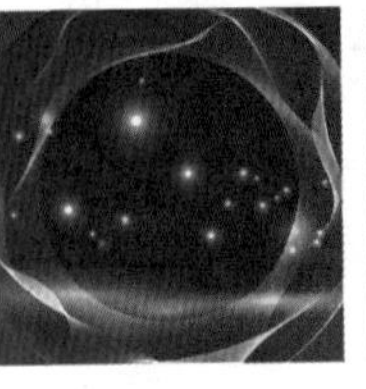

图14-169

图14-170

图14-171

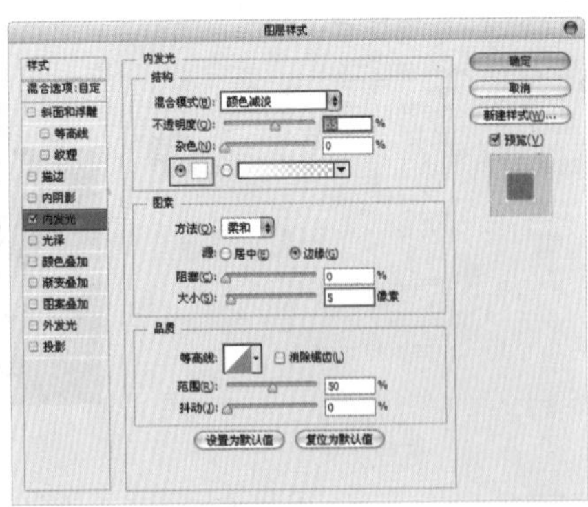

图14-172

步骤03 建立图层组，将文字图层放在其中，并复制文字图层使其与原图层重叠，此时可以看到文字的光感加强，如图14-174所示。

步骤04 制作出层次丰富并且光感较强的效果，需要多次复制该文字层。可以选中文字图层，使用移动工具，并按住Alt键，当鼠标变为双箭头的形状时，单击并拖动即可复制出新的图层。重复多次操作，并且每次都将文字进行适当的移动，最终效果如图14-175所示。

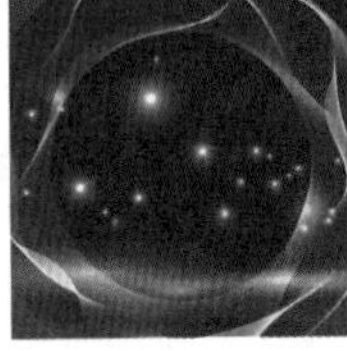

图14-173

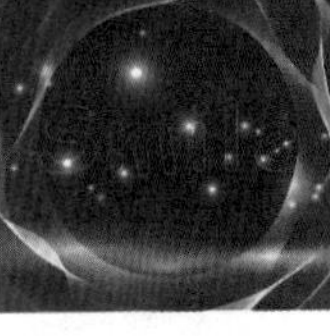

图14-174

图14-175

14.4.5 金属文字——电影海报风格金属质感文字

案例文件	14.4.5金属文字——电影海报风格金属质感文字.psd
视频教学	14.4.5金属文字——电影海报风格金属质感文字.flv
难易指数	★★★★★
技术要点	图层样式的使用方法

案例效果

本例最终效果如图14-176所示。

操作步骤

步骤01 打开背景素材文件，单击工具箱中的“横排文字工具”按钮T，在其选项栏中选择合适的字体及字号，在面板底部输入单词，如图14-177所示。

图14-176

图14-177

步骤02 金属质感的制作可以使用金属的位图贴图进行制作，但是这种方法得到的金属文字往往会受到素材图像质量的制约而难以达到预期的效果，本例将使用图层样式进行模拟，使用图层样式不仅不需要素材图像，而且当一个文件中包含多个相同质感的文字时，只需复制粘贴样式即可。对文字图层执行“图层>图层样式>投影”命令，在打开的对话框中设置“混合模式”为“正常”，“不透明度”为100%，“角度”为145度，“距离”为14像素，“扩展”为26%，“大小”为29像素，如图14-178所示。效果如图14-179所示。

步骤03 选中“外发光”样式，设置“混合模式”为“正常”，“不透明度”为50%，由黑色到透明渐变，“方法”为“柔和”，“扩展”为0，“大小”为18像素，“范围”为40%，如图14-180和图14-181所示。

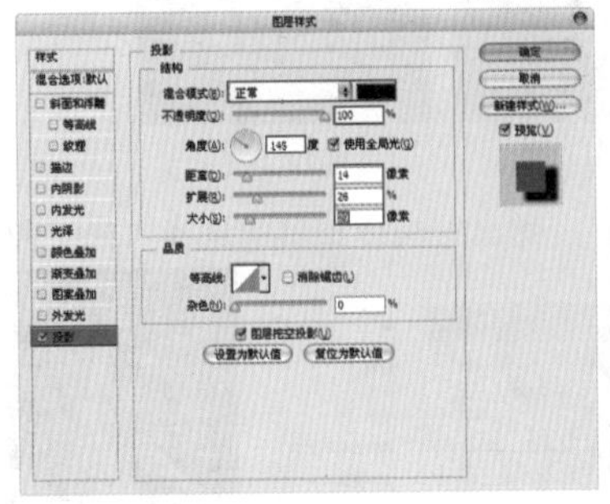

图14-178

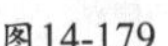

图14-179

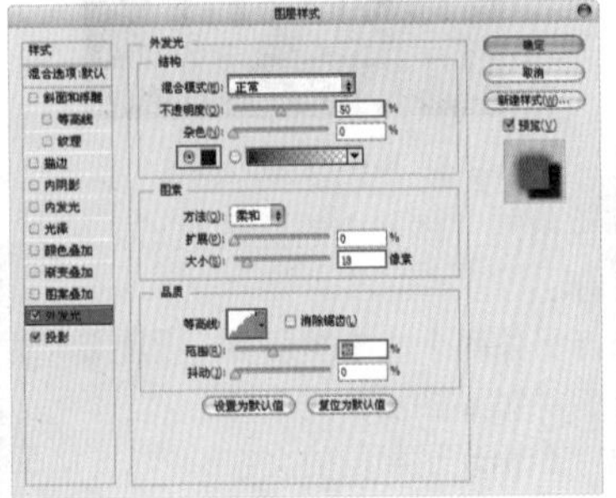

图14-180

图14-181

步骤04 选中“内发光”样式，设置“混合模式”为“颜色减淡”，“不透明度”为20%，由白色到透明渐变，“方法”为“柔和”，“大小”为11像素，如图14-182和图14-183所示。

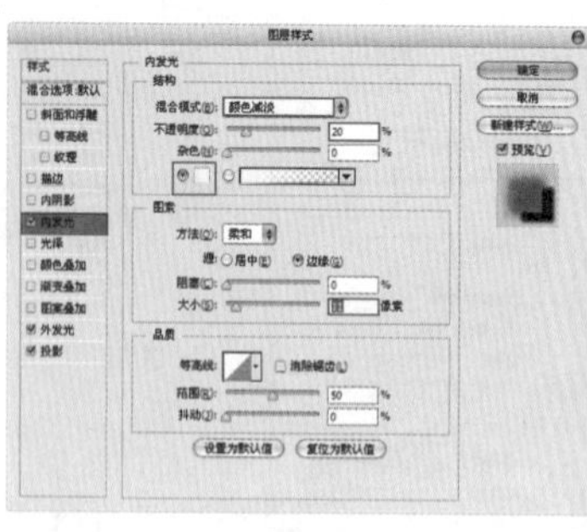

图14-182

图14-183

步骤05 选中“斜面和浮雕”样式，设置“样式”为“内斜面”，“方法”为“平滑”，“深度”为351%，“大小”为194像素，“软化”为0像素，“角度”为90度，“高度”为30度。设置“高光模式”为“颜色减淡”，“不透明度”为50%，“阴影模式”为“颜色减淡”，“不透明度”为80%，如图14-184和图14-185所示。

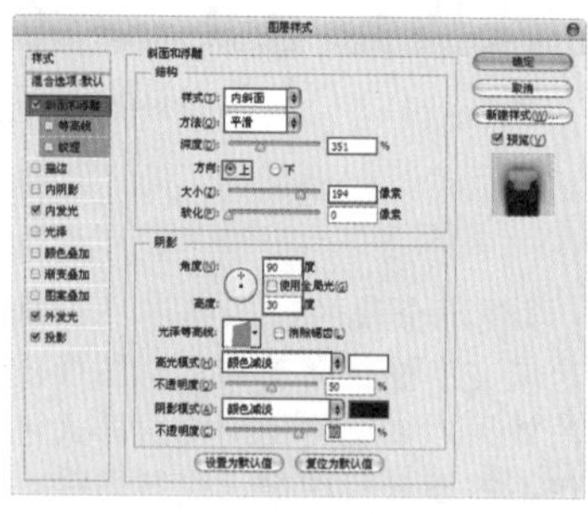

图14-184

图14-185

步骤06 选中“光泽”样式，设置“混合模式”为“颜色减淡”，“不透明度”为30%，“角度”为90度，“距离”为58像素，“大小”为58像素，如图14-186和图14-187所示。

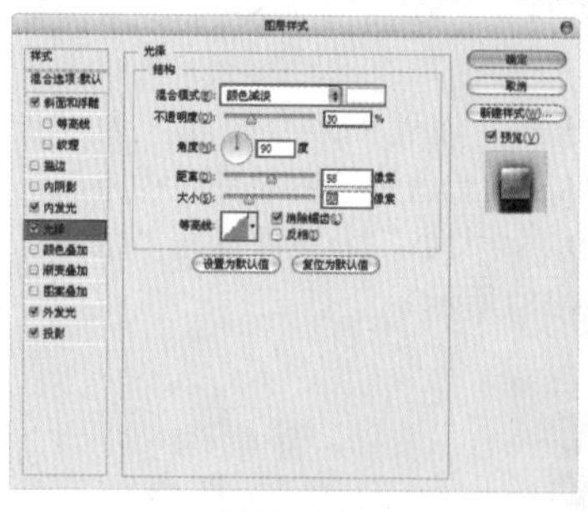

图14-186

图14-187

步骤07 选中“渐变叠加”样式，设置“混合模式”为“正常”，“不透明度”为100%，“样式”为“线性”，“角度”为-90度，“缩放”为100%，如图14-188和图14-189所示。

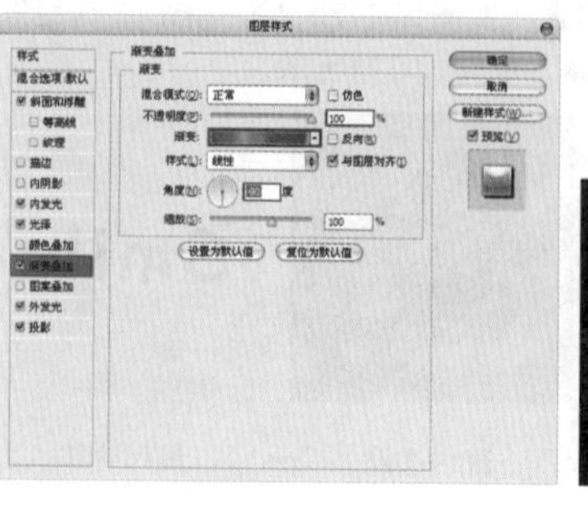

图14-188

图14-189

步骤08 选中“描边”样式，设置“大小”为7像素，“位置”为“外部”，“混合模式”为“正常”，“不透明度”为100%，“填充类型”为“渐变”，“样式”为“线性”，“角度”为90度，“缩放”为100%。调整完成后单击“确定”按钮完成操作，此时文字效果如图14-190和图14-191所示。

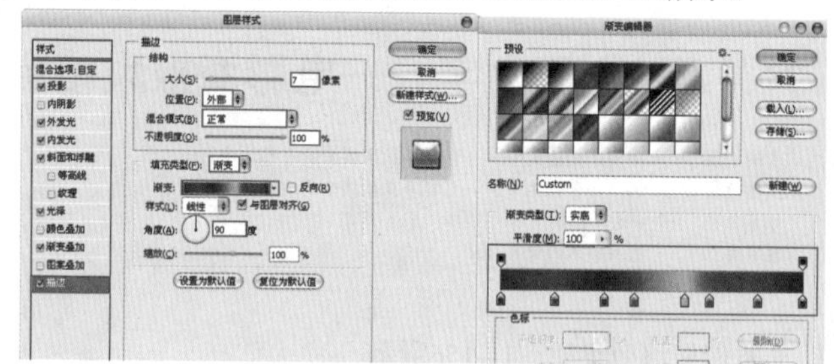

图14-190

步骤09 再次使用横排文字工具输入其他文字，摆放在顶部和底部，如图14-192所示。

图14-191

图14-192

步骤10 为了使另外两组文字也出现主体文字的金属质感，所以需要在金属文字上右击，在弹出的快捷菜单中选择“拷贝图层样式”命令，如图14-193所示。

步骤11 在“图层”面板中选择另外两个文字图层并右击，在弹出的快捷菜单中选择“粘贴图层样式”命令，此时可以看到另外两组文字也出现了相同的文字样式，但是由于另外两组文字与主体文字的大小相差太多，所以金属效果在这两组文字上显示的比例有些问题，如图14-194和图14-195所示。

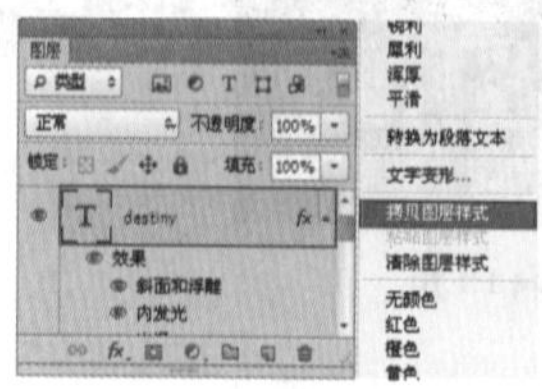

图14-193

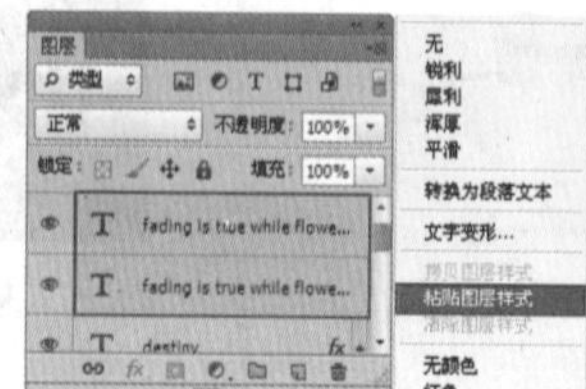

图4-194

图14-195

步骤12 为了解决这个问题，需要在需要修改的文字样式上右击，在弹出的快捷菜单中选择“缩放效果”命令。在弹出的对话框中设置“缩放”为20%，此时可以看到底部文字样式恢复正常，如图14-196～图14-198所示。

步骤13 使用同样的方法修改顶部文字样式的缩放数值，最终效果如图14-199所示。

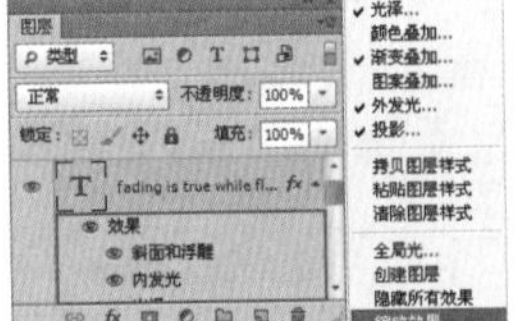
图14-196

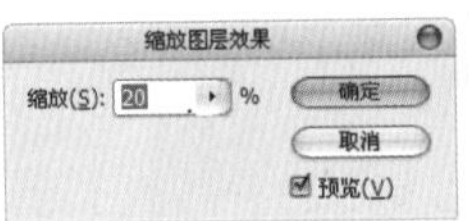

图14-197

图14-198

图14-199

14.4.6 特效文字——飞溅水花效果文字

案例文件	14.4.6特效文字——飞溅水花效果文字.psd
视频教学	14.4.6特效文字——飞溅水花效果文字.flv
难易指数	★★★★★
技术要点	文字工具，图层样式，图层蒙版

案例效果

本例最终效果如图14-200所示。

操作步骤

步骤01 按Ctrl+N组合键，新建一个大小为1000×1000像素的文档，为了便于观察设置前景色为灰色，按Alt+Delete组合键填充背景为灰色，如图14-201和图14-202所示。

图14-200

图14-201

图14-202

步骤02 在工具箱中单击“横排文字工具”按钮T，在其选项栏中选择一种字体，然后设置字体大小为744.59点，字体颜色为深红色，在画布嵌入“A”，如图14-203所示。效果如图14-204所示。

图14-203

步骤03 将图层“填充”设置为0，如图14-205所示。

步骤04 执行“图层>图层样式>投影”命令，打开“图层样式”对话框，然后设置颜色为蓝色，“角度”为90度，“距离”为7像素，“大小”为8像素，如图14-206和图14-207所示。

图14-204

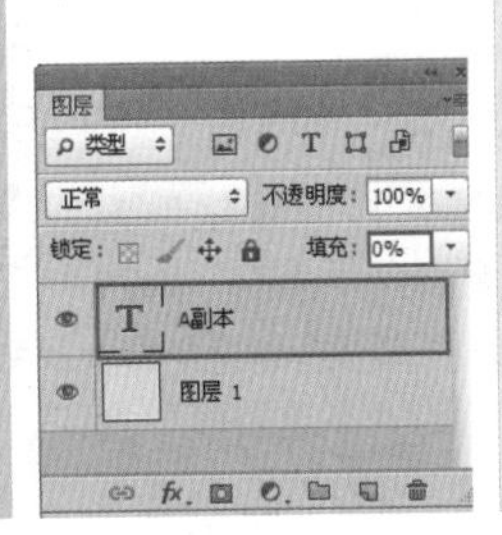

图14-205

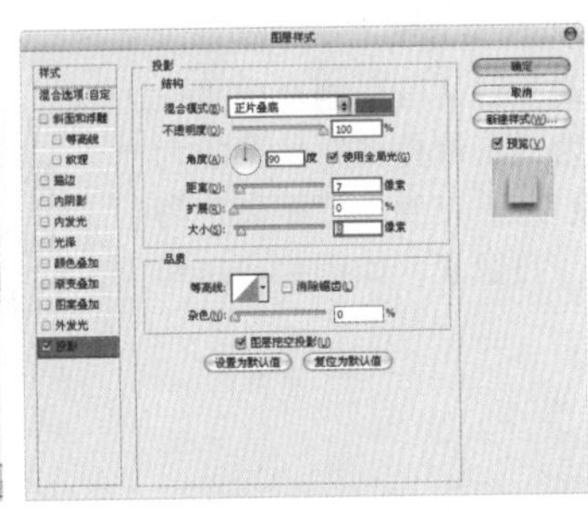
图14-206

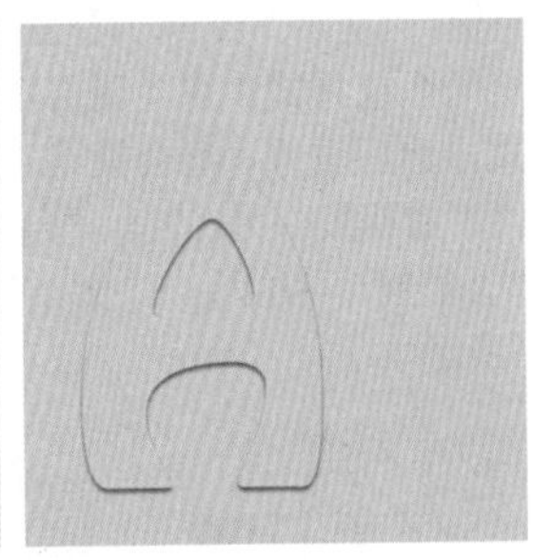
图14-207

步骤05 在“图层样式”对话框左侧选中“斜面和浮雕”样式，然后在“结构”选项组中设置“样式”为“内斜面”，“方法”为“平滑”，“深度”为100%，“大小”为36像素，“软化”为7像素；接着在“阴影”选项组中设置“角度”为90度，“高度”为67度，“高光模式”为“滤色”，高光颜色为白色，“阴影模式”为“正片叠底”，阴影颜色为黑色，如图14-208和图14-209所示。

步骤06 在“图层样式”对话框左侧选中“光泽”样式，设置“混合模式”为“叠加”，颜色为蓝色，“角度”为162度，“距离”为14像素，“大小”为29像素，如图14-210和图14-211所示。

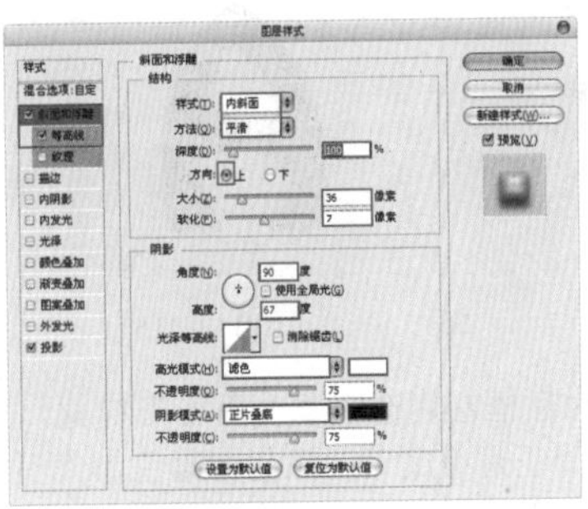
图14-208

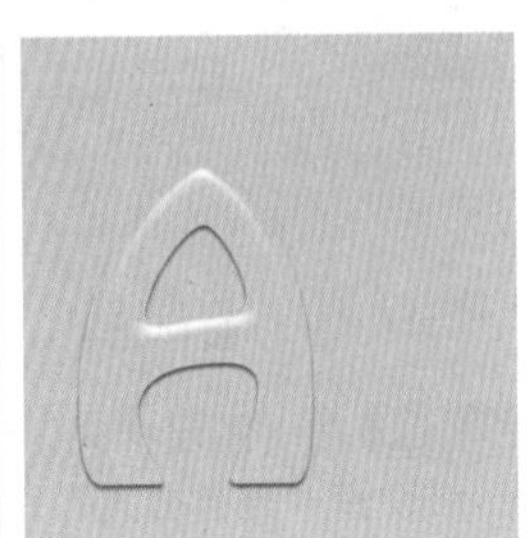
图14-209

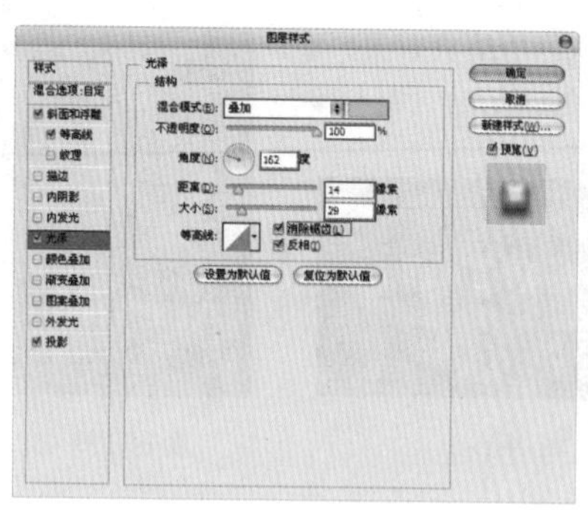

图14-210

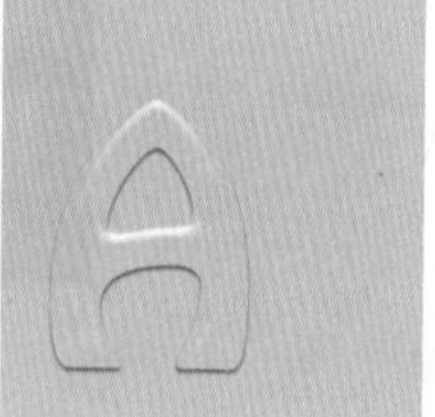

图14-211

步骤07 在“图层样式”对话框左侧选中“描边”样式，然后设置“大小”为3像素，“位置”为“内部”，“不透明度”为48%，“颜色”为蓝色，此时文字出现了玻璃制品的透明效果，如图14-212和图14-213所示。

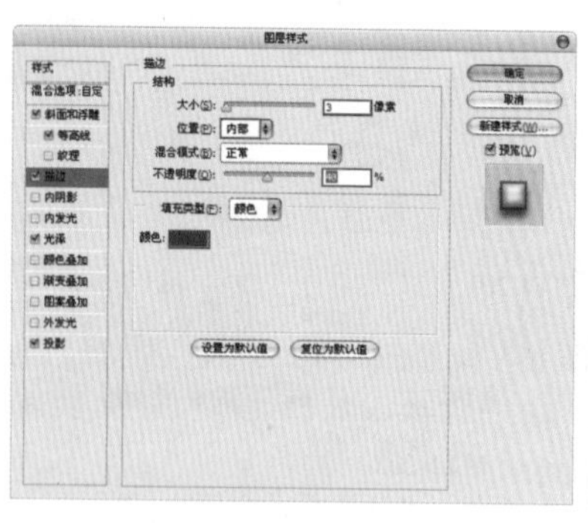

图14-212

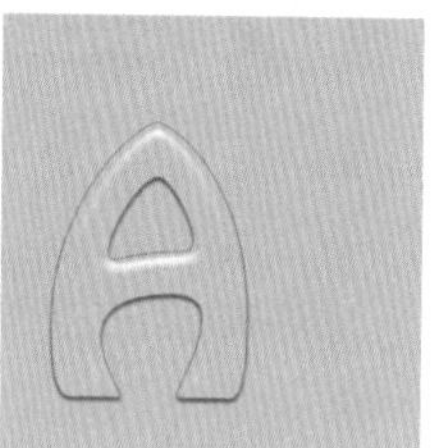

图14-213

步骤08 选择“文字”图层，按Ctrl+J组合键复制出一个副本，清除之前的图层样式。在“图层样式”对话框左侧选中“投影”样式，然后设置“混合模式”为“正片叠底”，颜色为蓝色，“不透明度”为75%，“角度”为-75度，“距离”为3像素，“扩展”为12%，“大小”为3像素，如图14-214和图14-215所示。

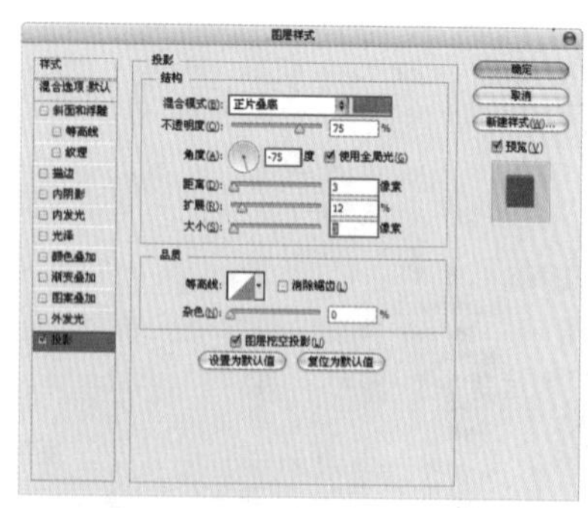

图14-214

图14-215

步骤09 在“图层样式”对话框左侧选中“内阴影”样式，然后设置“混合模式”为“正片叠底”，颜色为蓝色，“不透明度”为75%，“角度”为90度，“大小”为10像素，如图14-216和图14-217所示。

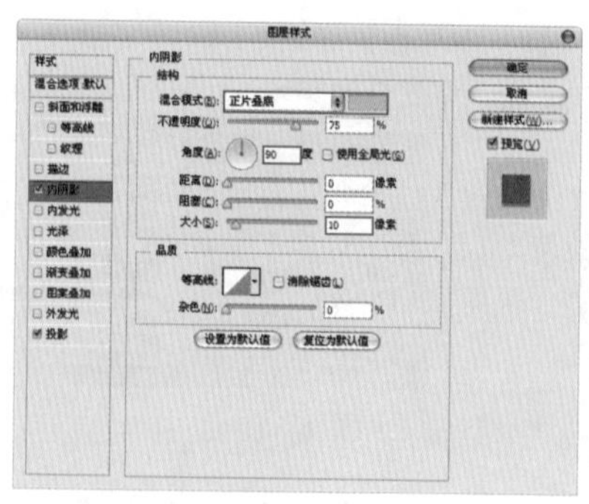

图14-216

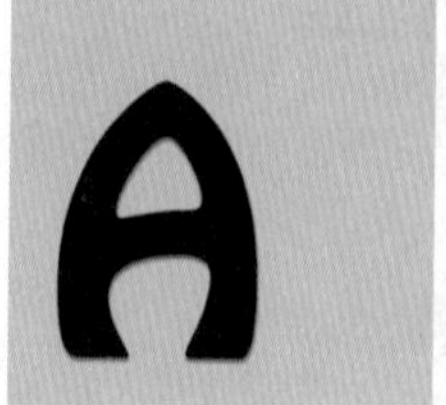

图14-217

步骤10 在“图层样式”对话框左侧选中“内发光”样式，然后设置“不透明度”为80%，颜色为白色，“大小”为54像素，如图14-218和图14-219所示。

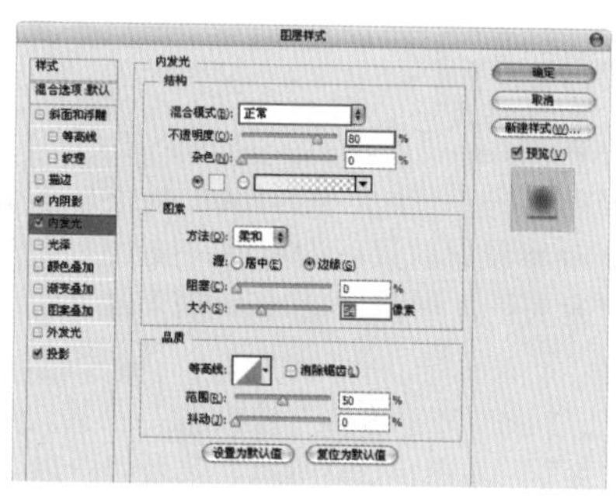

图14-218

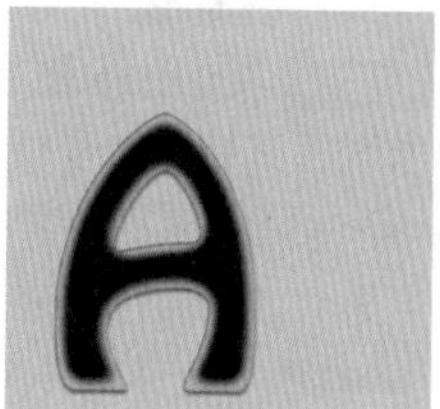

图14-219

步骤11 在“图层样式”对话框左侧选中“斜面和浮雕”样式，然后设置“样式”为“内斜面”，“方法”为“平滑”，“深度”为144%，“大小”为46像素，“软化”为11像素，“角度”为29度，“高度”为21度，高光的“不透明度”为31%，阴影的“不透明度”为82%，如图14-220所示。

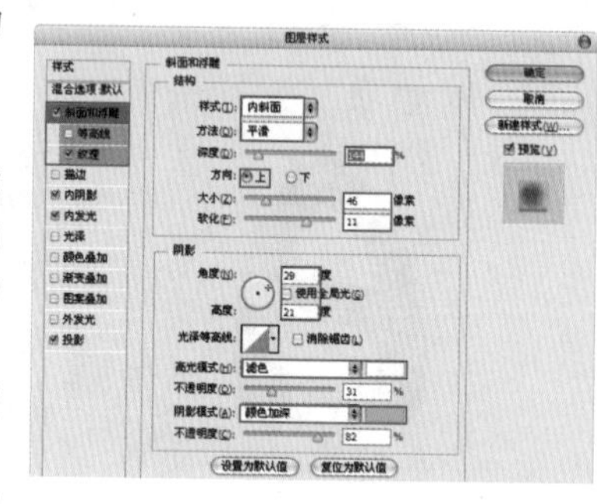

图14-220

步骤12 选中“纹理”样式，在“图案”下拉列表框中选择一个图案，设置“缩放”为351%，“深度”为38%，如图14-221和图14-222所示。

步骤13 在“图层样式”对话框左侧选中“光泽”样式，设置“混合模式”为“正片叠底”，颜色为蓝色，“不透明度”为50%，“角度”为32度，“距离”为14像素，“大小”为29像素，如图14-223和图14-224所示。

步骤14 在“图层样式”对话框左侧选中“颜色叠加”样式，设置“混合模式”为“强光”，颜色为蓝色，“不透明度”为100%，这部分文字出现了蓝色液体效果，如图14-225和图14-226所示。

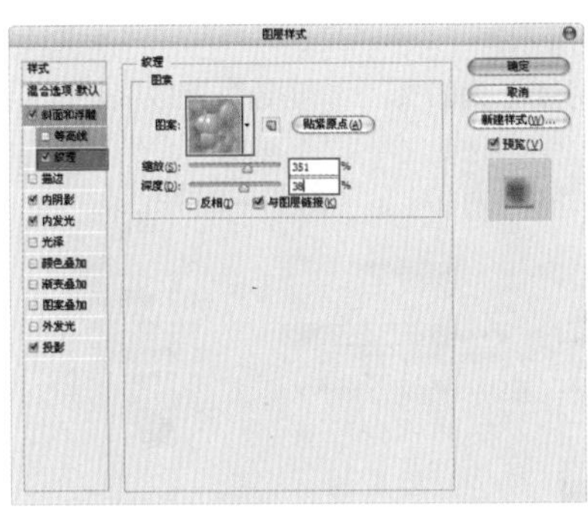

图14-221

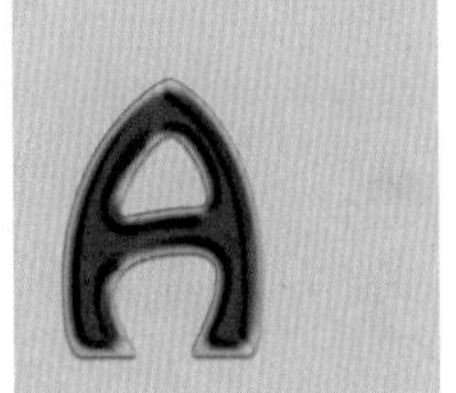

图14-222

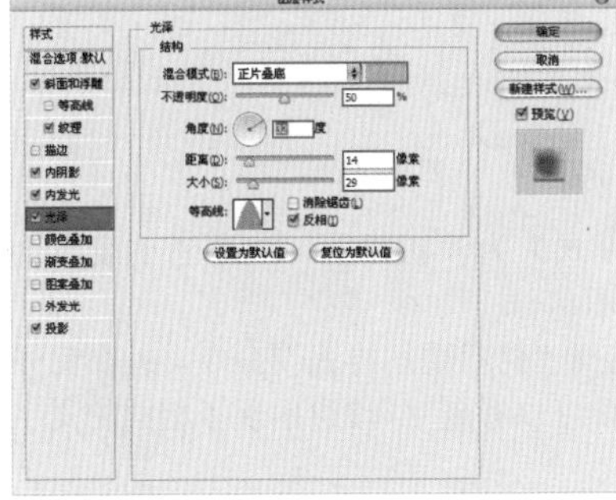

图14-223

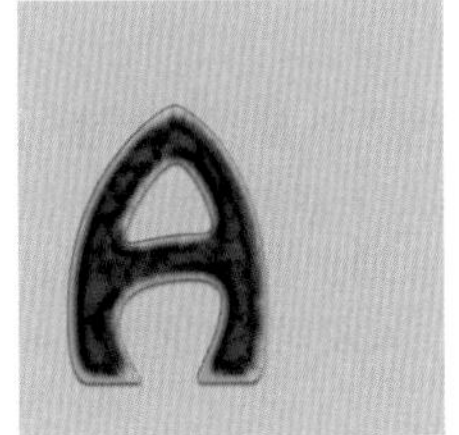

图14-224

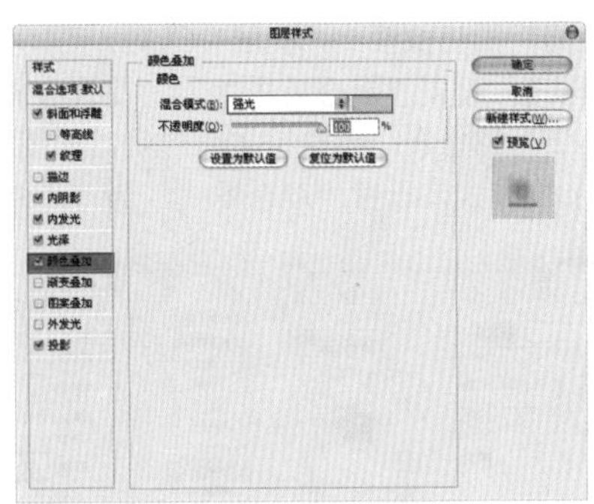

图14-225

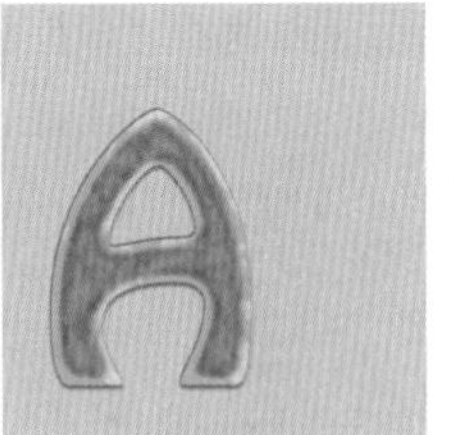

图14-226

步骤15 使用钢笔工具勾勒出一个轮廓，然后按Ctrl+Enter组合键载入路径的选区，接着为其添加一个选区蒙版，如图14-227和图14-228所示。

图14-227

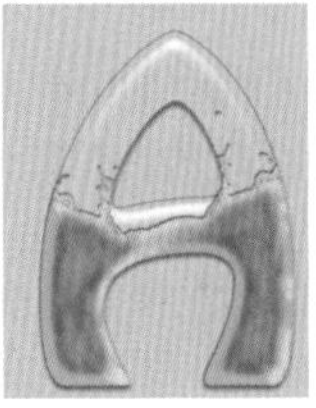

图14-228

步骤16 置入水花素材文件并栅格化，调整好水的位置，然后为图层添加一个"图层蒙版"，使用黑色画笔涂抹多余部分，如图14-229和图14-230所示。

步骤17 在"A副本"图层上右击，在弹出的快捷菜单中选择"拷贝图层样式"命令，在"水"图层上右击，在弹出的快捷菜单中选择"粘贴图层样式"命令，此时水花素材出现了与蓝色液体部分相同的样式效果，如图14-231所示。

步骤18 置入背景素材并栅格化，最终效果如图14-232所示。

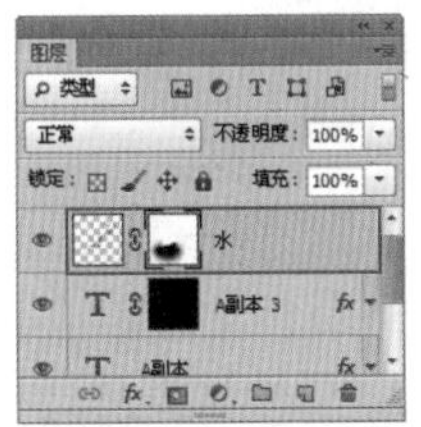

图14-229

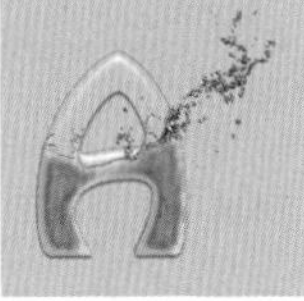

图14-230

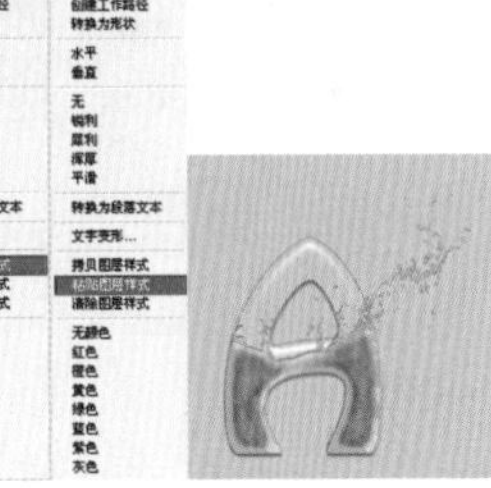

图14-231

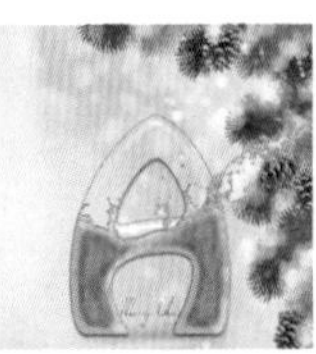

图14-232

14.4.7 描边文字——剪贴画风格招贴文字

案例文件	14.4.7描边文字——剪贴画风格招贴文字.psd
视频教学	14.4.7描边文字——剪贴画风格招贴文字.flv
难易指数	★★★★★
技术要点	文字工具，图层样式

案例效果

本例最终效果如图14-233所示。

操作步骤

步骤01 创建空白文件，单击工具箱中的"横排文字工具"按钮，选择合适的字体及字号，在画面中输入字母，如图14-234所示。

步骤02 按Ctrl+T组合键，将文字适当旋转，如图14-235所示。

步骤03 使用同样的方法输入其他字母，并一一进行旋转，如图14-236所示。

图14-233

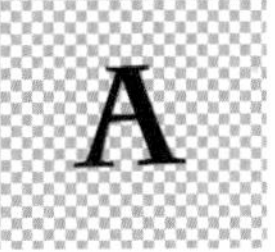

图14-234

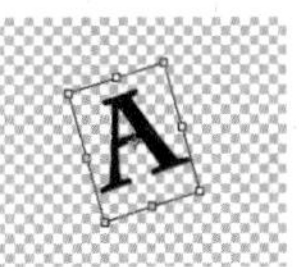

图14-235

图14-236

步骤04 为文字添加图层样式，选中字母A图层，执行"图层>图层样式>投影"命令，在弹出的对话框中设置颜色为黑色，

“角度”为42度，“距离”为15像素，“扩展”为39%，“大小”为4像素，如图14-237所示。

步骤05 选中“光泽”样式，设置“混合模式”为“正片叠底”，颜色为黑色，“不透明度”为27%，“角度”为19度，“距离”为33像素，“大小”为13像素，调整等高线形状，如图14-238所示。

步骤06 选中“颜色叠加”样式，设置“混合模式”为“正常”，颜色为红色，“不透明度”为100%，如图14-239所示。

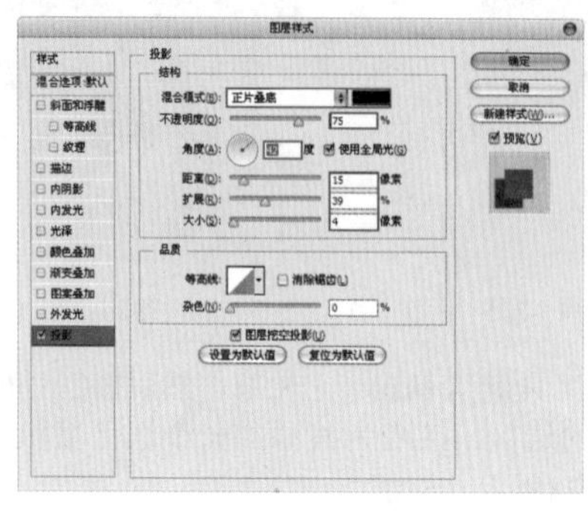

图14-237

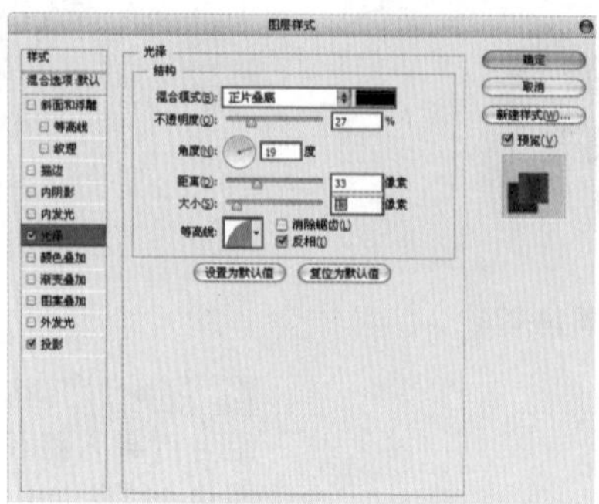

图14-238

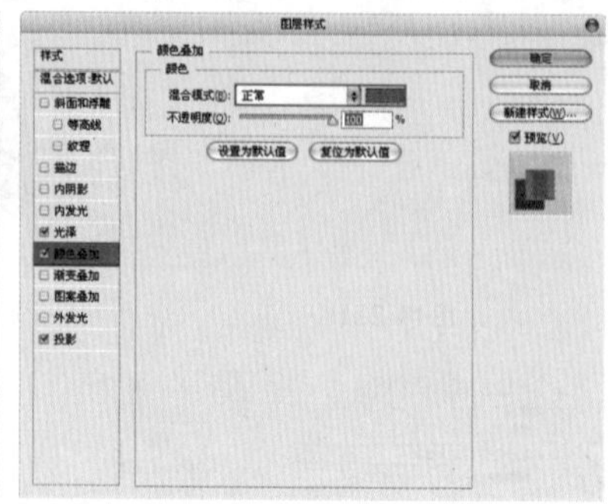

图14-239

步骤07 选中“描边”样式，设置“大小”为9像素，“位置”为“外部”，“混合模式”为“正常”，“不透明度”为100%，“颜色”为白色。调整完成后单击“确定”按钮结束，如图14-240和图14-241所示。

步骤08 其他文字也需要使用该样式，在文字A图层样式上右击，在弹出的快捷菜单中选择“拷贝图层样式”命令，并在另外的字母上右击，在弹出的快捷菜单中选择“粘贴图层样式”命令，如图14-242所示。此时可以看到字母P也出现了相同的文字样式，如图14-243和图14-244所示。

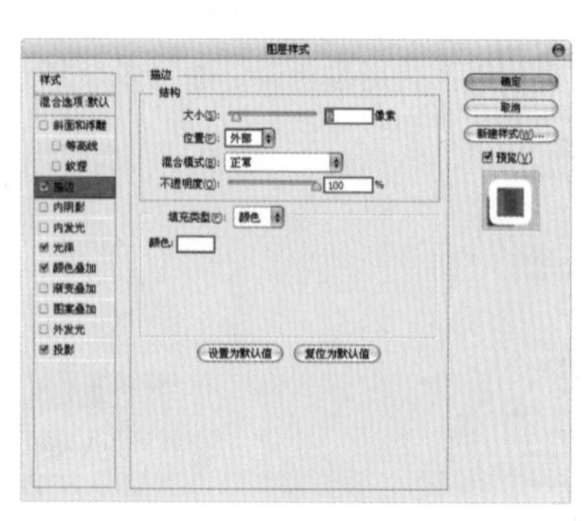

图14-240

图14-241

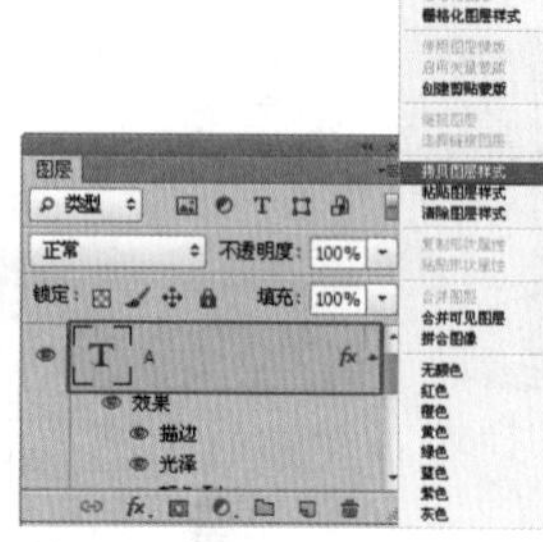

图14-242

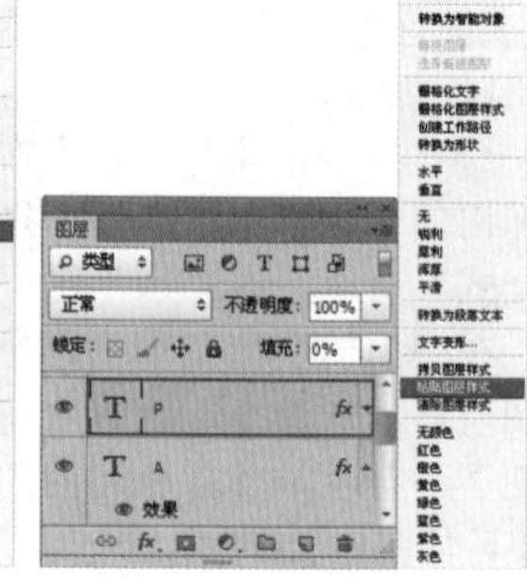

图14-243

步骤09 如果想要更改P文字的颜色，可以双击该字母的图层样式，选中“颜色叠加”样式，设置颜色为青色，此时字母颜色发生变化，如图14-245和图14-246所示。

步骤10 使用同样的方法制作其他文字，效果如图14-247所示。

步骤11 下面开始制作文字顶部的图钉效果，新建图层，单击工具箱中的“椭圆选框工具”按钮，绘制一个圆形选区，如图14-248所示。

图14-244

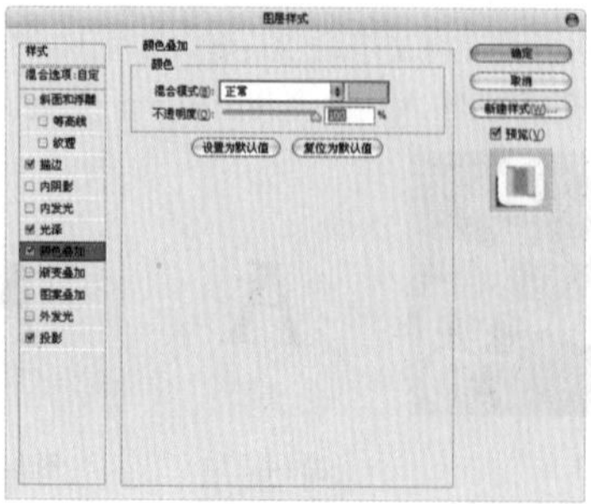

图14-245

图14-246

图14-247

图14-248

步骤12 单击“渐变工具”按钮，在其选项栏中编辑渐变颜色为黄色系渐变，设置渐变类型为放射性渐变，选中“反向”复选框，并在圆形选区内拖曳填充出具有立体感的球体效果，如图14-249和图14-250所示。

图14-249

步骤13 为了使图钉效果更真实，需要为其添加投影样式，选择“图层>图层样式>投影”样式，在弹出的对话框中设置“混合模式”为“正片叠底”，颜色为黑色，“角度”为42度，“距离”为5像素，“大小”为5像素，如图14-251和图14-252所示。

步骤14 使用同样的方法制作其他图钉，如图14-253所示。

步骤15 继续制作出另外一组英文单词，如图14-254所示。

步骤16 置入前景与背景素材并栅格化，效果如图14-255所示。

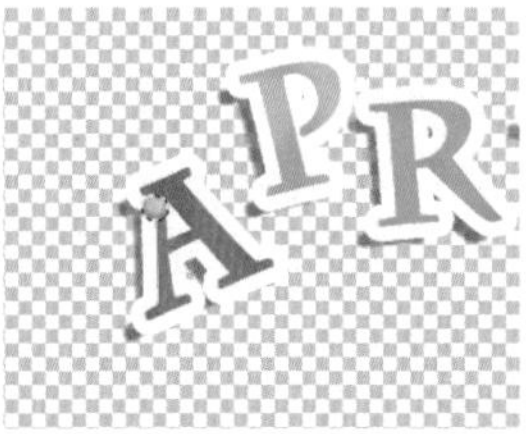

图14-252

图14-253

图14-250

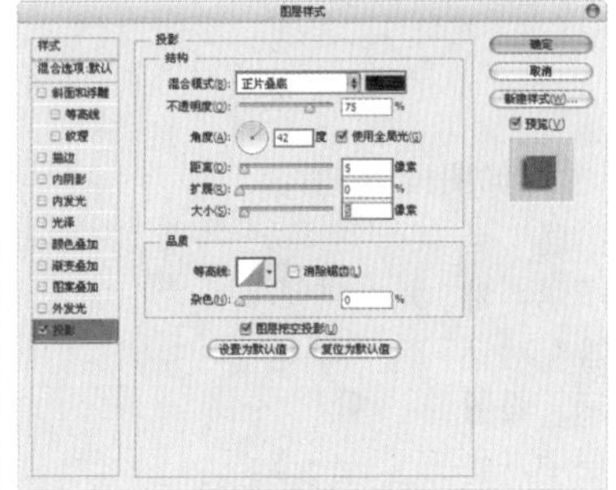

图14-251

图14-254

图14-255

14.4.8 广告文字——给力圣诞夜

案例文件	14.4.8广告文字——给力圣诞夜.psd
视频教学	14.4.8广告文字——给力圣诞夜.flv
难易指数	★★★★★
技术要点	椭圆选框工具，文字工具，钢笔工具，直接选择工具

案例效果

本例最终效果如图14-256所示。

操作步骤

步骤01 本案例中所要制作的是平面广告以及影视包装中非常常见的艺术文字，主要是通过文字变形、字体样式以及素材的搭配制作出活泼动感的效果，首先打开背景素材文件，然后双击背景图层解锁。隐藏背景图层，如图14-257和图14-258所示。

图14-256

图14-257

图14-258

步骤02 创建一个“给力”组，单击工具箱中的“横排文字工具”按钮T，在其选项栏中选择合适的字体，输入文字“给力”，然后在“图层”面板中右击，在弹出的快捷菜单中选择“转换为形状”命令，此时文字图层转换为形状图层，如图14-259和图14-260所示。

步骤03 单击工具箱中的“直接选择工具”按钮，再单击“给”字左侧偏旁的锚点，并向下移动拖曳拉长变形，使用添加锚点工具添加多个锚点，并调整弧度，如图14-261和图14-262所示。

步骤04 对文字进行进一步的变形，但是可进行调整的控制点明显不足，所以需要使用添加锚点工具，在路径上单击添加控制点，继续使用直接选择工具调整点的位置，并配合“转换点工具”调整路径弧度，将文字转角处都制作成带有弧度的圆角效果，如图14-263所示。

图14-259

图14-260

图14-261

图14-262

图14-263

步骤05 执行“图层>图层样式>投影”命令，在弹出的对话框中设置“混合模式”为“正片叠底”，颜色为深红色，“不透明度”为75%，“角度”为145度，“距离”为23像素，具体参数设置如图14-264所示。

步骤06 在“图层样式”对话框左侧选中“渐变叠加”样式，“渐变”为白色到黄色渐变，“样式”为“线性”，“角度”为90度，具体参数设置如图14-265所示。

步骤07 在“图层样式”对话框左侧选中“描边”样式，然后设置“大小”为5像素，“位置”为“外部”，“颜色”为红色，如图14-266和图14-267所示。

步骤08 按住Ctrl键将文字载入选区，然后创建新图层。使用画笔工具设置前景色为橘色，在其选项栏中调整“不透明度”为50%，“流量”为50%。在文字选区进行涂抹，使文字表面颜色丰富一些，如图14-268所示。

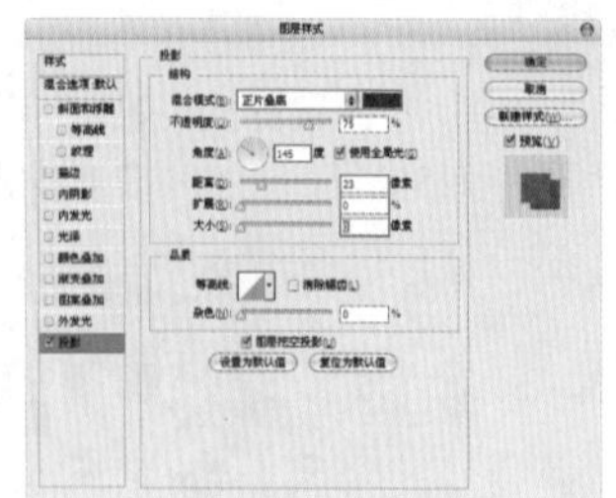

图14-264

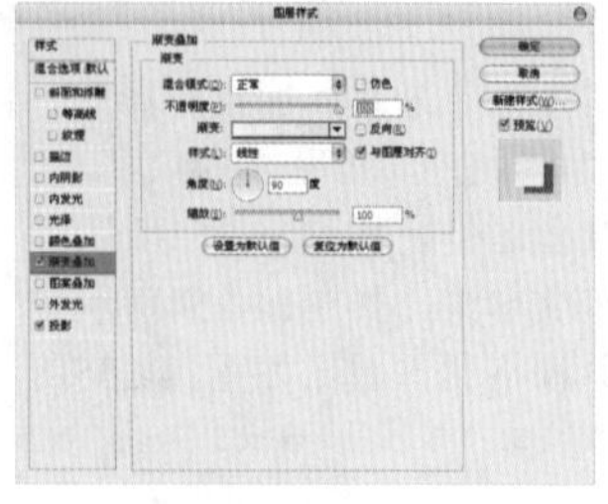

图14-265

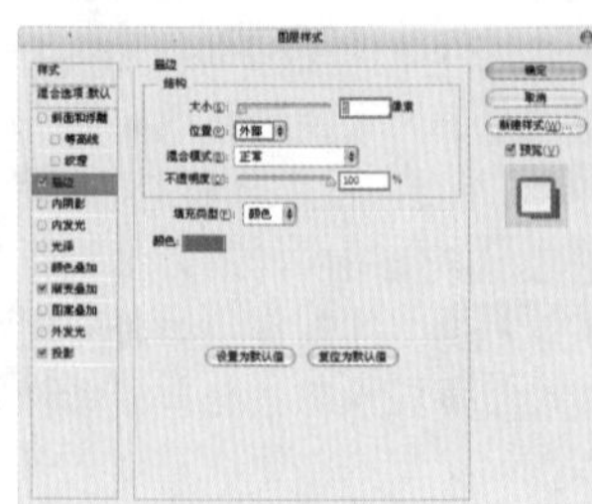

图14-266

步骤09 再次载入文字选区，创建新图层，执行“选择>修改>扩展”命令，在弹出的对话框中设置“扩展量”为30像素，如图14-269所示。然后使用渐变工具，在其选项栏中单击渐变弹出“渐变编辑器”对话框，单击滑块调整渐变颜色为从深红色到红色，如图14-270所示。设置类型为线性，拖曳渐变填充选区，并将该层放置在文字的下一层中，如图14-271和图14-272所示。

图14-267

图14-268

步骤10 创建一个“圣诞夜”组。再次使用横排文字工具，嵌入文字“圣诞夜”，然后在文字图层上右击，在弹出的快捷菜单中选择“转换为形状”命令，此时文字图层转换为形状图层，并单击工具箱中的“直接选择工具”按钮，单击“圣”字，对其变形调整，如图14-273和图14-274所示。

图14-269

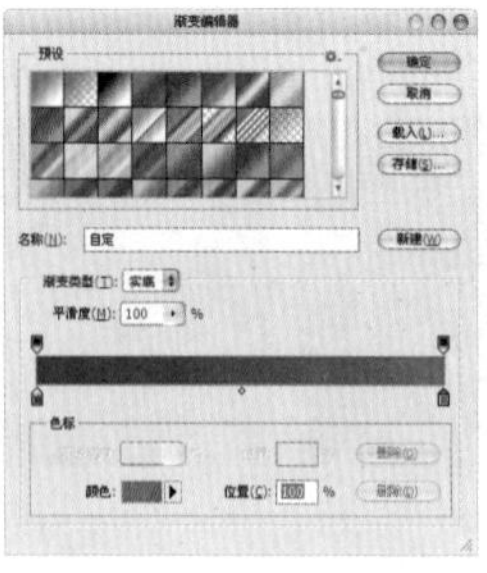

图14-270

图14-271

图14-272

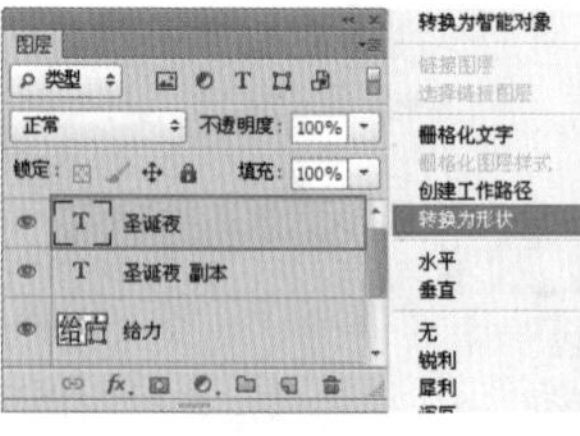

图14-273

步骤11 对“夜”字底部笔画进行调整，使用直接选择工具选择锚点并向右移动调整形状，使用钢笔工具在底部笔画添加锚点，将其拖曳拉长。效果如图14-275所示。

步骤12 使用同样的方法，为“圣诞夜”文字制作出渐变投影等文字样式以及描边效果，如图14-276所示。

步骤13 置入前景装饰素材，执行“图层>栅格化>智能对象”命令。将其摆放在合适的位置，如图14-277所示。

步骤14 按Shift+Ctrl+Alt+E组合键盖印当前图层效果，然后置入底纹素材，执行“图层>栅格化>智能对象”命令。放置在文字组的下一层中，如图14-278和图14-279所示。

图14-274

图14-275

图14-276

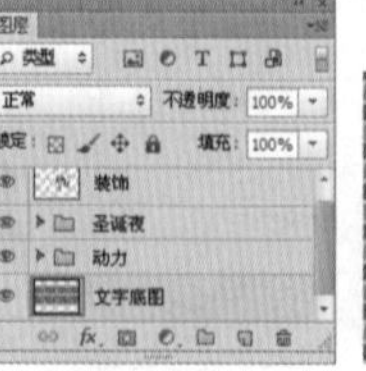

图14-277

图14-278

图14-279

步骤15 选择盖印的文字图层，载入图层选区，执行“选择>修改>扩展”命令，在弹出的对话框中设置“扩展量”为50像素。此时出现比原选区大很多的选区，选择“底图”图层，为该图层添加一个图层蒙版，使选区以外的部分隐藏，如图14-280和图14-281所示。

步骤16 执行“图层>图层样式>描边”命令，在弹出的对话框中设置“大小”为29像素，“位置”为“外部”，“颜色”为白色，并且打开隐藏的“背景”图层。效果如图14-282～图14-284所示。

步骤17 在顶部置入前景素材，执行“图层>栅格化>智能对象”命令。最终效果如图14-285所示。

图14-280

图14-281

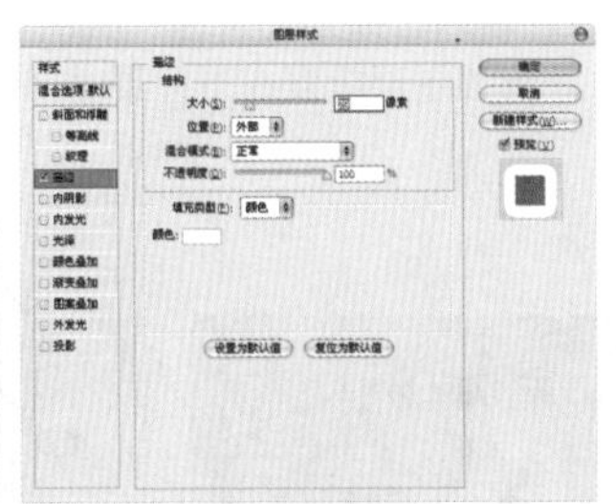
图14-282

图14-283

图14-284

图14-285

14.4.9 立体文字——复古潮流3D文字

案例文件	14.4.9立体文字——复古潮流3D文字.psd
视频教学	14.4.9立体文字——复古潮流3D文字.flv
难易指数	★★★★★
技术要点	文字工具、3D功能、图层样式、图层蒙版

案例效果

本例最终效果如图14-286所示。

操作步骤

步骤01 打开本书配套光盘中的背景素材文件，如图14-287所示。

步骤02 创建一个新smile组。使用横排文字工具T，在其选项栏中选择一种字体，设置字体大小，利用文字键在画布上输入“smile”文字，如图14-288所示。

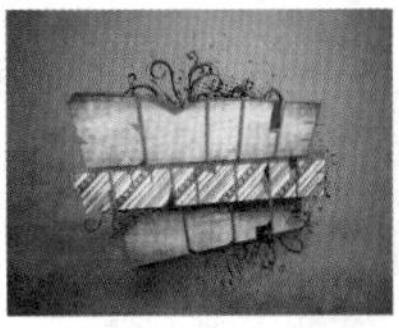
图14-286

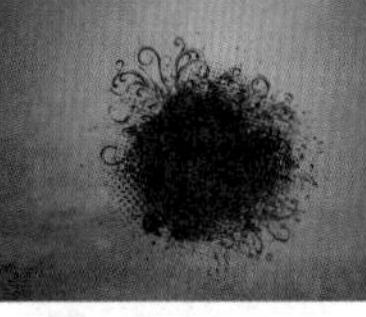
图14-287

图14-288

步骤03 在smile图层上右击，在弹出的快捷菜单中选择“栅格化文字”命令。然后按Ctrl+T组合键调整文字角度和透视。再按Ctrl+J组合键复制出一个“smile副本”图层，如图14-289和图14-290所示。

步骤04 选择smile图层，执行“3D>从所选图层新建3D模型”命令，此时画面中出现3D效果，使用旋转3D对象工具对文字进行适当旋转，如图14-291和图14-292所示。

图14-289

图14-290

技巧与提示

从Photoshop CS3版本开始，Photoshop开始分为两个版本：标准版和扩展版（Extended），在扩展版中包含了3D功能。在平面设计中Photoshop的3D功能并不常用，但是用于制作立体文字则是比较方便的。

步骤05 在3D面板中展开smile材质，单击选择“smile前膨胀材质”条目，在“属性”面板中单击漫射的下拉菜单按钮，执行“新建纹理”命令，如图14-293所示。在新文档中置入一张纹理素材，执行“图层>栅格化>智能对象”命令，如图14-294所示。再回到原始文件中，文字正面自动生成墙壁效果，如图14-295所示。

图14-291

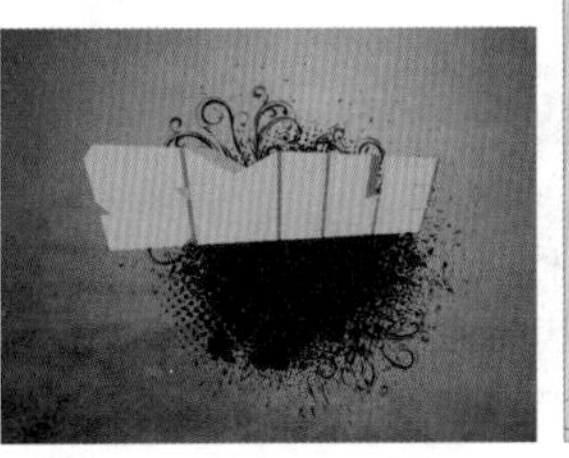
图14-292

图14-293

图14-294

图14-295

步骤06 继续在3D面板中展开的smile材质中选择“smile凸出材质”条目，如图14-296所示。同样在“属性”面板中单击漫射的下拉菜单按钮，执行“新建纹理”命令。再次选择置入墙壁纹理素材，执行“图层>栅格化>智能对象”命令，如图14-297所示。再回到源文件中，文字侧面自动生成墙壁效果，如图14-298所示。

步骤07 选择smile图层，按Ctrl+J组合键复制一个相同的图层，载入这部分文字选区，并为其填充黑色。然后执行“滤镜>模糊>高斯模糊”命令，在弹出的对话框中设置“半径”为20像素，并将该图层放置在下一层中，作为阴影，如图14-299～图14-301所示。

图14-296

图14-297

图14-298

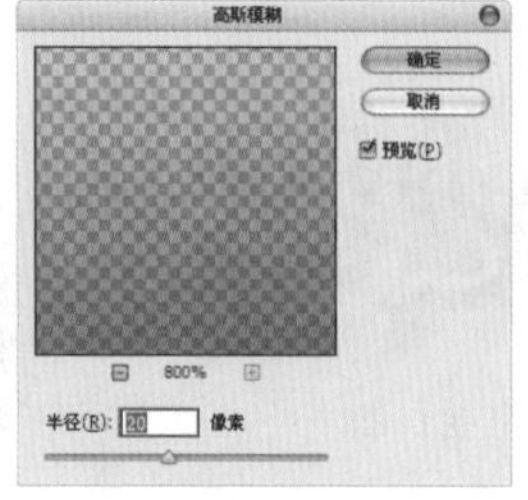
图14-299

图14-300

步骤08 置入彩色质感纹理素材并栅格化，载入smile图层选区，为彩色质感纹理素材添加一个图层蒙版，如图14-302和图14-303所示。

步骤09 执行“图层>图层样式>内阴影”命令，在弹出的对话框中设置“混合模式”为“正片叠底”，颜色为深蓝色，“不透明度”为75%，“角度”为120度，“距离”为4像素，“阻塞”为41%，“大小”为10像素，如图14-304所示。

步骤10 在“图层样式”对话框左侧选中“描边”样式，然后设置“大小”为3像素，“位置”为“外部”，“填充类型”为“颜色”，“颜色”为灰色，如图14-305和图14-306所示。

图14-301

图14-302

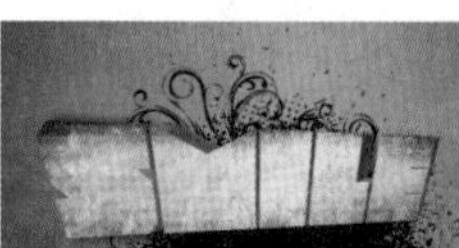
图14-303

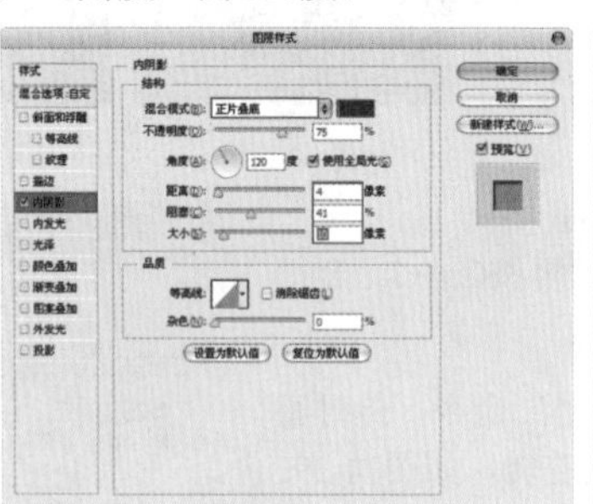
图14-304

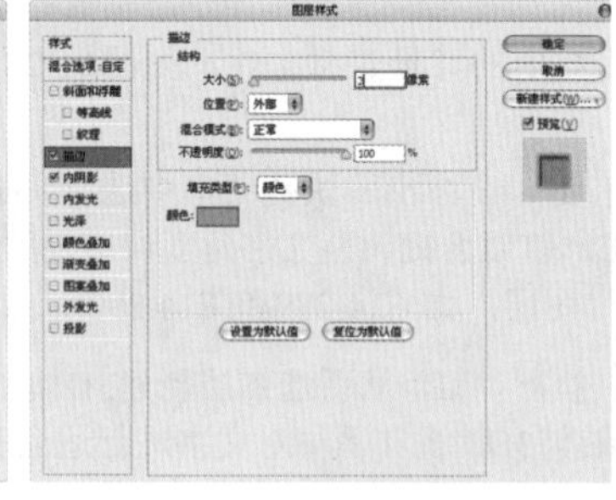
图14-305

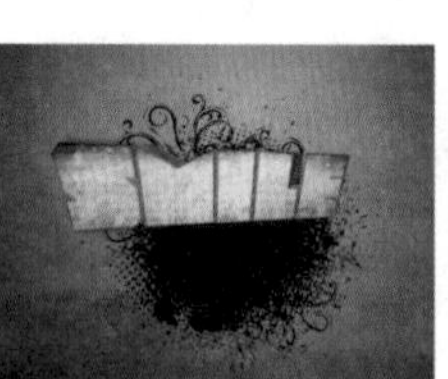
图14-306

步骤11 采用同样的方法制作出其他文字组，如图14-307和图14-308所示。

技巧与提示

为了使三组文字的上下层次关系明确，可以在下层的文字上适当添加一些阴影效果。

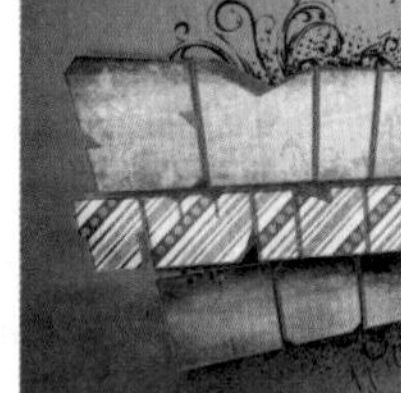
图14-307

图14-308

步骤12 置入花纹素材文件并栅格化，放在中间的文字下方，并为图层添加图层蒙版，使用黑色画笔涂抹多余区域，使之模拟出穿插的效果，如图14-309和图14-310所示。

步骤13 创建新的“色相/饱和度”调整图层，设置“色相”为-6，“饱和度”为21，如图14-311所示。最终效果如图14-312所示。

图14-309

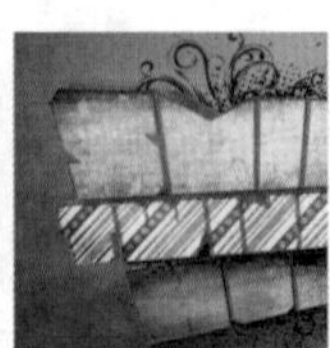
图14-310

图14-311

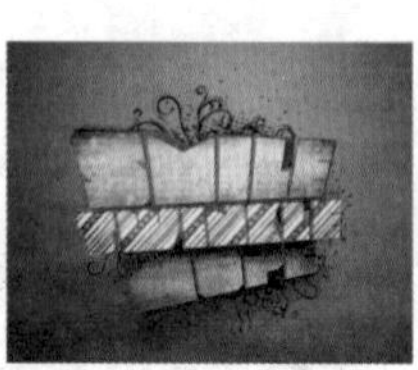
图14-312

14.4.10 文字合成——立体文字海岛

案例文件	14.4.10文字合成——立体文字海岛.psd
视频教学	14.4.10文字合成——立体文字海岛.flv
难易指数	★★★★★
技术要点	文字工具，3D功能，图层样式，图层蒙版

案例效果

本例最终效果如图14-313所示。

操作步骤

步骤01 执行"文件>新建"命令，在弹出的对话框中设置参数，单击"确定"按钮，如图14-314所示。

步骤02 创建新组并命名为"文字"，在"文字"组中再次创建"组1"。使用横排文字工具输入第一排英文"WATER"，如图14-315所示。

图14-313

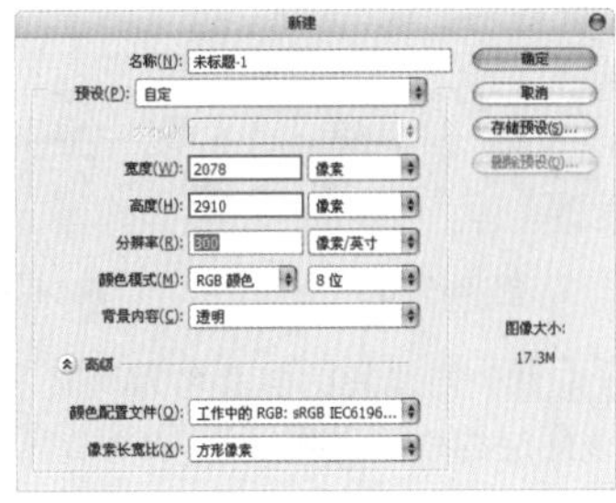

图14-314

步骤03 执行"3D>从所选图层新建3D模型"命令，此时在画面中出现3D网格效果，使用旋转3D对象工具适当旋转文字角度，如图14-316所示。

步骤04 复制3D文字图层，执行"图层>栅格化>3D"命令。然后使用加深减淡工具涂抹文字立面，增加立体文字表面的细节，为了便于观察可以置入背景素材，执行"图层>栅格化>智能对象"命令，如图14-317所示。

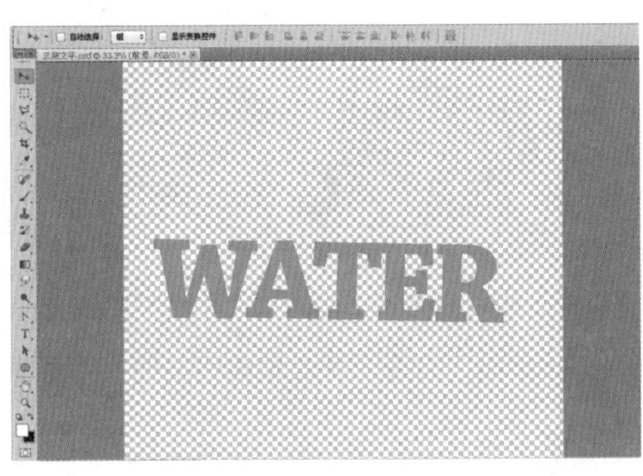

图14-315

图14-316

图14-317

步骤05 使用同样的方法制作出其他立体文字，并依次摆放在第一组文字上方，如图14-318所示。

步骤06 复制"文字"组，并在复制出的文字组副本上右击，在弹出的快捷菜单中选择"合并组"命令，并命名为"3D文字合层"，隐藏原"文字组"，如图14-319所示。

> **技巧与提示**
>
> 在Photoshop运行过程中，如果文件中包含多个3D图层，可能会占用比较多的计算机资源，可以在不需要进行调整3D效果时将其栅格化或者隐藏、删除。

图14-318

图14-319

步骤07 创建新的"色相/饱和度"调整图层，在其"属性"面板中调整颜色参数，如图14-320～图14-322所示。然后右击该调整图层，在弹出的快捷菜单中选择"创建剪贴蒙版"命令，使该调整图层只针对文字图层起作用，效果如图14-323所示。

步骤08 继续创建新的"曲线"调整图层，右击该调整图层，在弹出的快捷菜单中选择"创建剪贴蒙版"命令，使该调整图层只针对文字图层起作用，调整曲线形状，如图14-324所示。使文字图层变暗，如图14-325所示。

步骤09 单击工具箱中的"魔棒工具"按钮，在其选项栏中单击"添加到选区"按钮，并设置"容差"为15，选中"连续"和"对所有图层取样"复选框，如图14-326所示。设置完毕后在画面中依次单击载入所有文字的正面部分的选区，并在曲线调整图层蒙版中填充黑色，使曲线调整图层不影响文字的正面，如图14-327～图14-329所示。

图14-320

图14-321

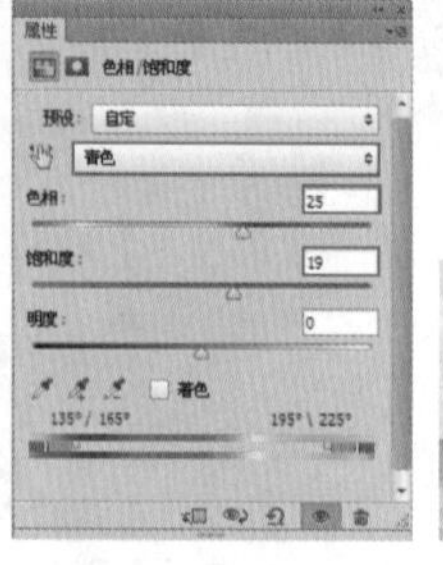
图14-322

图14-323

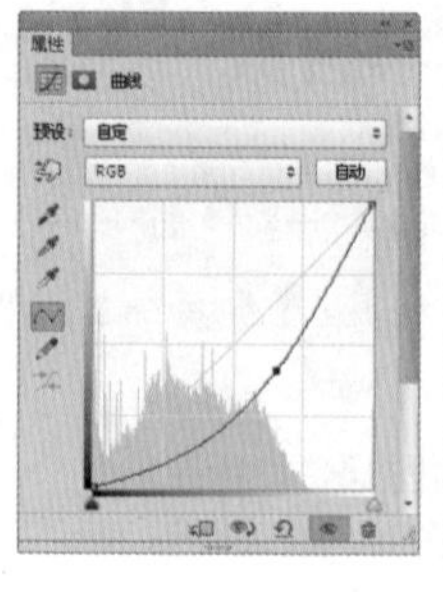
图14-324

图14-325

步骤10 创建新图层命名为“文字阴影”，并放在“3D文字合层”图层下面，使用黑色画笔绘制文字下面的一层阴影。设置该图层的“不透明度”为50%，如图14-330所示。

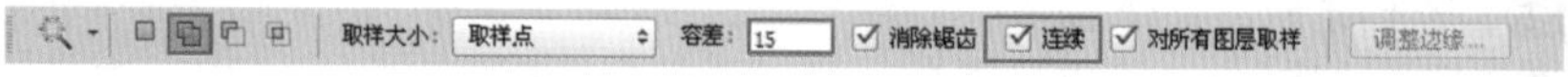

取样大小： 取样点 容差： 15 消除锯齿 连续 对所有图层取样 调整边缘...

图14-326

步骤11 在“文字”组中拖曳“组1”建立副本，合并为一个图层后，放在图层“文字阴影”下面，并命名为“文字倒影”。创建新的“色相/饱和度”调整图层，在其“属性”面板中调整“色相”为9，“饱和度”为83，并将该“色相/饱和度”调整图层与“文字倒影”图层合并，如图14-331～图14-333所示。

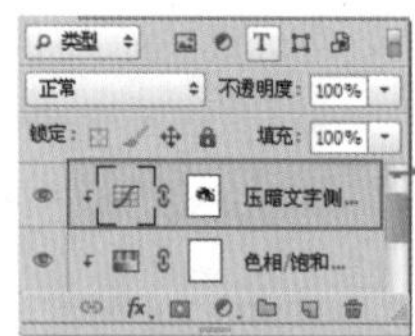
图14-327

图14-328

图14-329

图14-330

图14-331

步骤12 对“文字倒影”图层按Ctrl+T组合键，右击，在弹出的快捷菜单中选择“垂直翻转”命令，并设置该图层的“不透明度”为51%，如图14-334所示。

步骤13 执行“滤镜>扭曲>波浪”命令，在弹出的“波浪”对话框中设置参数，使倒影呈现在水中的效果，如图14-335所示。

步骤14 为文字倒影图层添加图层蒙版，使用黑色柔边圆画笔擦除文字倒影边缘，如图14-336所示。

图14-332

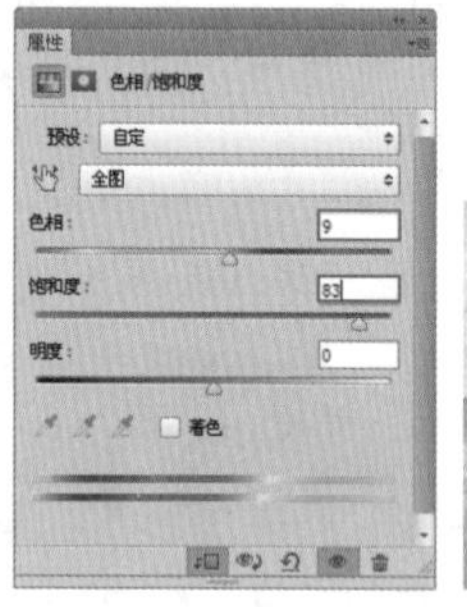
图14-333

图14-334

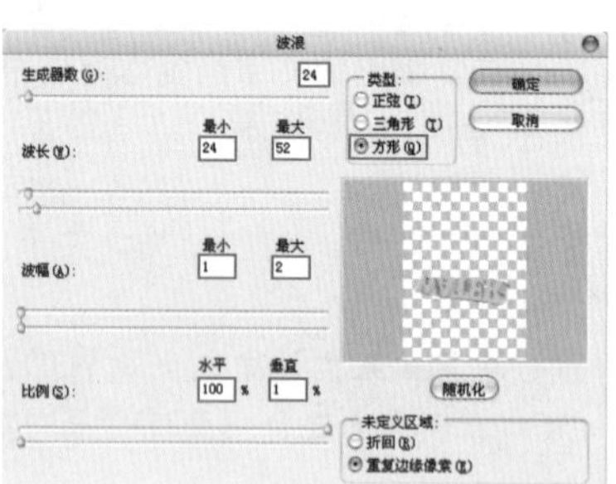
图14-335

图14-336

步骤15 置入用于模拟文字表面反光的素材图片并栅格化，将其放在文字的位置，降低“不透明度”为32%，如图14-337所示。

步骤16 制作文字反光。再次使用魔棒工具单击文字正面的颜色部分，建立选区，然后为文字反光图层添加图层蒙版，则文字正面会留下反光后的透明图像，如图14-338所示。

步骤17 置入椰岛风景素材文件，执行“图层>栅格化>智能对象”命令。最终效果如图14-339所示。

图14-337

图14-338

图14-339

招贴海报设计

本章学习要点：

- 了解招贴海报的相关知识
- 掌握在招贴海报设计中图片的使用方法
- 掌握招贴设计中文字常用效果的制作

15.1 关于招贴海报设计

招贴，又名“海报”或宣传画，属于户外广告，是广告艺术中比较大众化的一种体裁，用来完成一定的宣传任务，主要为报道、广告、劝喻和教育服务，分布于各处街道、影（剧）院、展览会、商业区、机场、码头、车站、公园等公共场所。虽然在广告业飞速发展、新的媒体形式不断涌现的今天，招贴海报这种传统的宣传形式也仍无法被取代，如图15-1～图15-4所示。

图15-1

图15-2

图15-3

图15-4

15.1.1 招贴海报的分类

招贴海报的分类方式很多，通常可以分为非营利性的社会公共招贴、营利性的商业招贴与艺术招贴三大类，如果按照招贴海报的应用可将其分为商业海报、公益海报、电影海报、文化海报、体育招贴、活动招贴、艺术招贴、观光招贴、出版招贴等。

- **商业海报**：商业海报是以促销商品、满足消费者需要等内容为题材，例如产品宣传、品牌形象宣传、企业形象宣传、产品信息等，如图15-5～图15-8所示。

图15-5

图15-6

图15-7

图15-8

- **公益海报**：公益海报带有一定思想性，它有特定的公众教育意义，其海报主题包括各种社会公益、道德宣传、政治思想宣传、弘扬爱心奉献以及共同进步精神等，如 图15-9～图15-12所示。
- **电影海报**：电影海报是海报的分支，主要起到吸引观众注意力与刺激电影票房收入的作用，与戏剧海报和文化海报有几分类似，如图15-13～图15-16所示。

图15-9

图15-10

图15-11

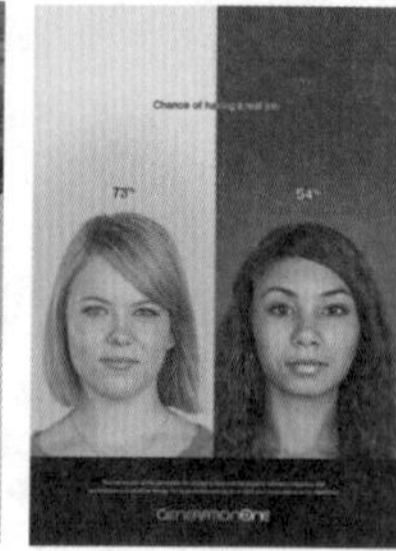

图15-12

图15-13

图15-14

图15-15

图15-16

- **文化海报**：文化海报是指各种社会文化娱乐活动及各类展览的宣传海报，展览的种类多种多样，不同的展览都有它各自的特点，设计师需要了解展览活动的内容才能运用恰当的方法来表现其内容和风格，如图15-17～图15-20所示。
- **艺术招贴**：以招贴形式传达纯美术创新观念的艺术品。其设计方式不受限制，如图15-21～图15-24所示。

图15-17

图15-18

图15-19

图15-20

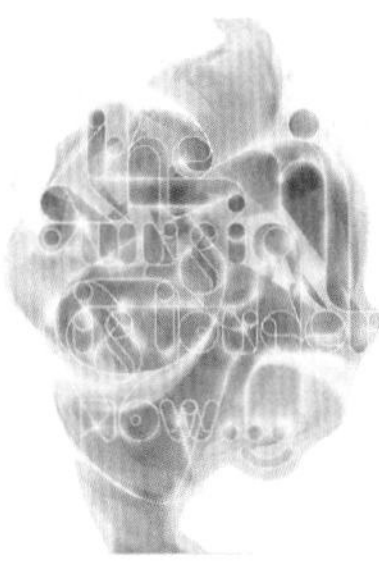

图15-21

图15-22

- **体育招贴**：是体育活动的广告。视觉传达力高，幅面大，内容多表现充满青春、朝气、强劲等气氛，如图15-25和图15-26所示。

图15-23

图15-24

图15-25

图15-26

15.1.2 招贴海报设计表现技法

由于招贴海报通常需要张贴于公共场所，为了使来去匆忙的人们加深视觉印象，所以招贴海报必须具备尺寸大、远视强、艺术性高3个特点。当然，招贴海报设计必须有相当的号召力与艺术感染力，要调动形象、色彩、构图、形式感等因素形成强烈的视觉效果；它的画面应有较强的视觉中心，应力求新颖、单纯，还必须具有独特的艺术风格和设计特点。下面介绍几种招贴海报设计中常用的表现技法。

- **直接展示法**：这是一种最常见的表现手法，主要是通过充分运用摄影或绘画等技巧的写实表现能力将主题直接展示在画面中，如图15-27和图15-28所示。
- **突出特征法**：通过强调主题本身与众不同的特征，把主题鲜明地表现出来，使观众在接触言辞画面的瞬间即很快感受到，对其产生注意和发生视觉兴趣的目的，如图15-29和图15-30所示。

图15-27

图15-28

图15-29

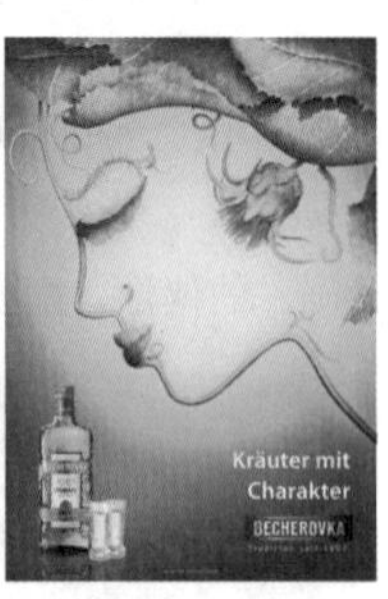

图15-30

- **对比衬托法**：对比是一种趋向于对立冲突的艺术美中最突出的表现手法。它把作品中所描绘的事物的性质和特点放在鲜明的对照和直接对比中来表现，借彼显此，互比互衬，从对比所呈现的差别中，达到集中、简洁、曲折变化的表现，如图15-31和图15-32所示。
- **合理夸张法**：借助想象，对广告作品中所宣传的对象的品质或特性的某个方面进行相当明显的过分夸大，以加深或扩大这些特征的认识，如图15-33和图15-34所示。

- 以小见大法：在广告设计中对立体形象进行强调、取舍、浓缩，以独到的想象抓住一点或一个局部加以集中描写或延伸放大，以更充分地表达主题思想，如图15-35和图15-36所示。

图15-31

图15-32

图15-33

图15-34

图15-35

- 运用联想法：在审美的过程中通过丰富的联想，能突破时空的界限，扩大艺术形象的容量，加深画面的意境，如图15-37和图15-38所示。

图15-36

图15-37

图15-38

- 富于幽默法：幽默法是指广告作品中巧妙地再现喜剧性特征，抓住生活现象中局部性的东西，通过人们的性格、外貌和举止的某些可笑的特征表现出来，如图15-39和图15-40所示。
- 以情托物法：在表现手法上侧重选择具有感情倾向的内容，以美好的感情来烘托主题，真实而生动地反映这种审美感情就能获得以情动人、发挥艺术感染人的力量，这是现代广告设计的文学侧重和美的意境与情趣的追求，如图15-41和图15-42所示。

图15-39

图15-40

图15-41

图15-42

- 悬念安排法：悬念手法有相当高的艺术价值，它首先能加深矛盾冲突，吸引观众的兴趣和注意力，造成一种强烈的感受，产生引人入胜的艺术效果，如图15-43和图15-44所示。
- 选择偶像法：这种手法是针对人们的这种心理特点运用的，它抓住人们对名人偶像仰慕的心理，选择观众心目中崇拜的偶像，配合产品信息传达给观众，如图15-45和图15-46所示。

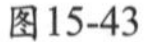

图15-43

图15-44

图15-45

图15-46

实战练习

15.2.1 矢量风格户外招募广告

案例文件	15.2.1矢量风格户外招募广告.psd
视频教学	15.2.1矢量风格户外招募广告.flv
难易指数	★★★★★
技术要点	图层样式，钢笔工具

案例效果

本例最终效果如图15-47所示。

操作步骤

步骤01 按Ctrl+N组合键新建一个大小为3000×2000像素的文档，然后新建一个“背景”图层组，在其中创建新图层。选择渐变工具，在其选项栏中设置类型为对称渐变，在“渐变编辑器”对话框中单击滑块调整渐变颜色为从蓝色到浅蓝色的渐变，如图15-48所示。在图层中自上而下填充渐变颜色，如图15-49所示。

图15-47

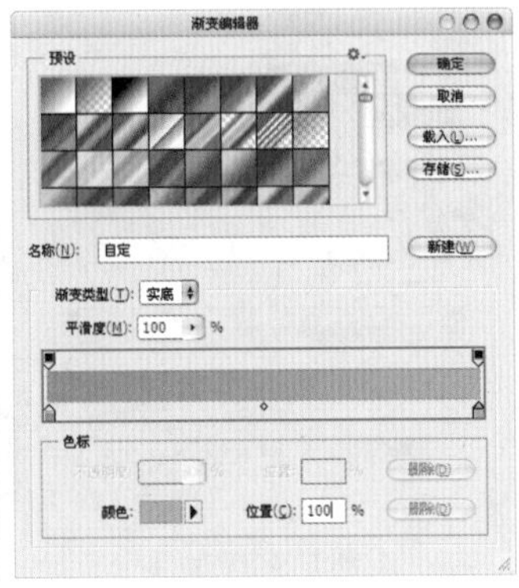

图15-48

图15-49

步骤02 新建图层，按F5键，打开“画笔”面板，选择一个圆形画笔，设置“大小”为“25像素”，“硬度”为100%，“间距”为400%，如图15-50所示。

步骤03 设置前景色为浅蓝色，单击“画笔工具”按钮，在其选项栏中设置不透明度与流量均为50%，回到图像中在新建的图层中按住Shift键沿水平方向绘制，可以绘制出完全水平的虚线效果，如图15-51所示。

步骤04 单击工具箱中的“移动工具”按钮，按住Alt键移动复制出另外一些虚线，如图15-52所示。

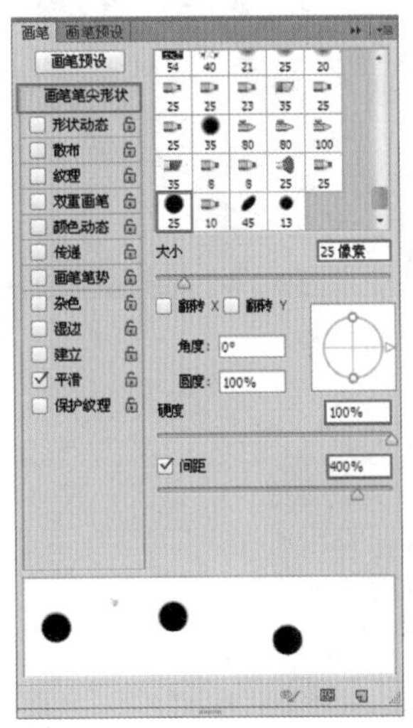

图15-50

图15-51

图15-52

步骤05 由于当前复制出的多条虚线分布得非常不均匀，所以需要在“图层”面板中选中这些图层，然后执行“图层>对齐>左边”和“图层>分布>垂直居中”命令，可以看到图像中出现均匀排列的圆点背景效果，为了便于管理，按Ctrl+E组合键将这些图层合并为一个图层，如图15-53所示。

技巧与提示

在“图层”面板中按住Shift键可以选择连续的图层，按住Ctrl键则可以选择不连续的图层。

图15-53

步骤06 创建新图层，使用钢笔工具绘制出一个闭合路径，右击，在弹出的快捷菜单中选择“建立选区”命令，如图15-54所示。接着选择渐变工具，在其选项栏中设置类型为线性，编辑一种蓝色到浅蓝色的渐变，如图15-55所示。为选区填充渐变颜色，如图15-56所示。

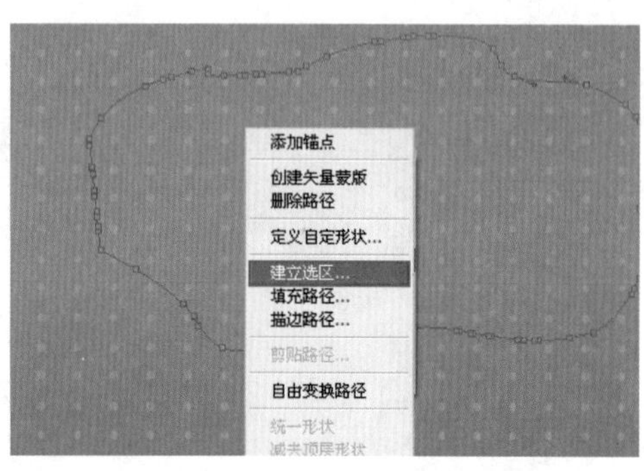

图15-54

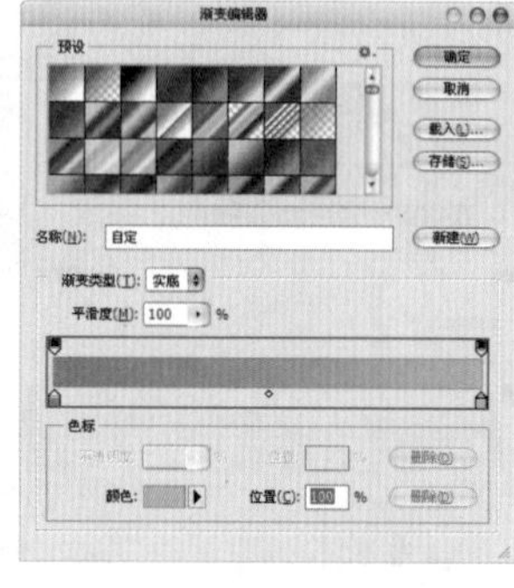

图15-55

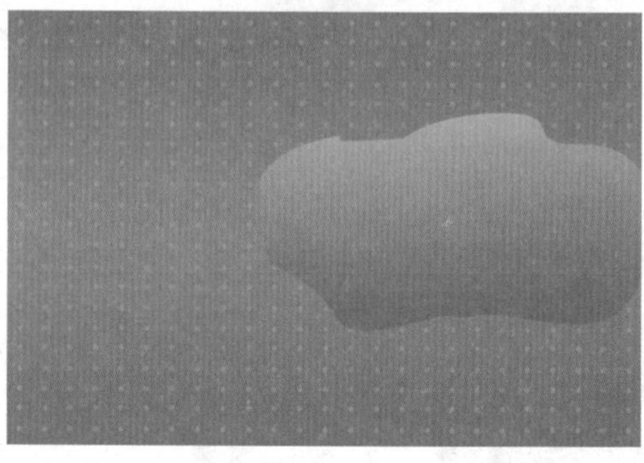

图15-56

步骤07 对该图层执行“图层>图层样式>投影”命令，打开“图层样式”对话框，然后设置“混合模式”为“正片叠底”，颜色为深蓝色，“不透明度”为75%，“角度”为120度，“距离”为1像素，“大小”为81像素，此时图形出现蓝色的阴影效果，如图15-57和图15-58所示。

步骤08 创建新图层，使用钢笔工具绘制出一个闭合路径，右击，在弹出的快捷菜单中选择“建立选区”命令。单击工具箱中的“渐变工具”按钮，编辑一种白色到透明的渐变，设置方式为线性渐变，“不透明度”为35%，在选区中进行拖曳填充可以出现半透明的光泽效果，如图15-59和图15-60所示。

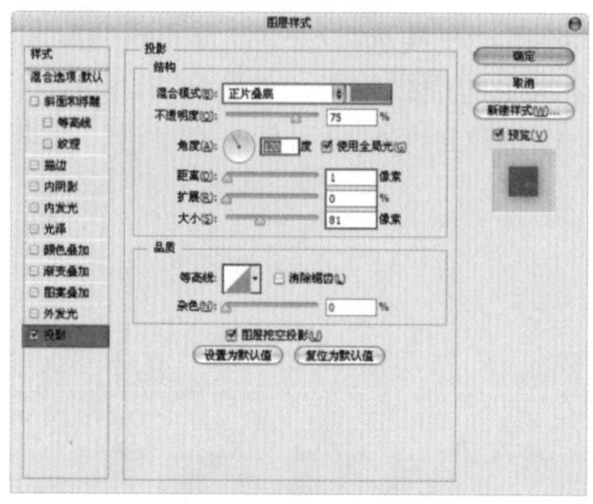

图15-57

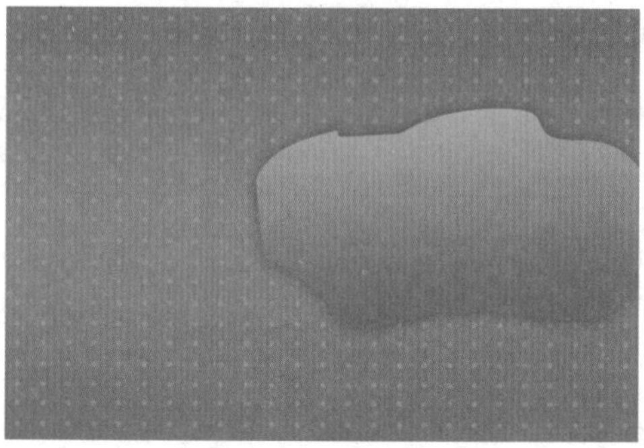

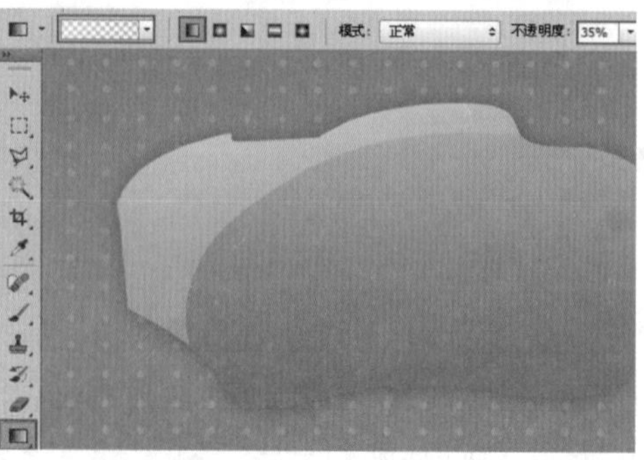

图15-58

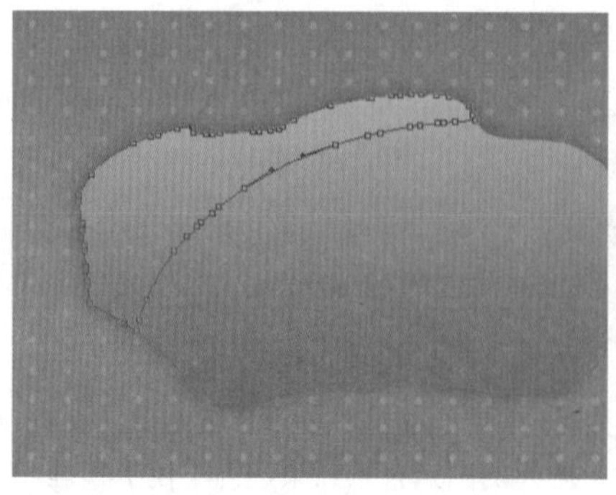

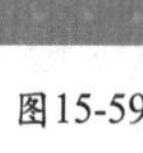

图15-59

图15-60

技巧与提示

光泽部分的选区也可以通过载入原图形选区，然后在工具箱中单击“椭圆选框工具”按钮，在其选项栏中单击“从选区中减去”按钮，然后使用椭圆选框工具框选多余的部分即可得到光泽选区，如图15-61所示。

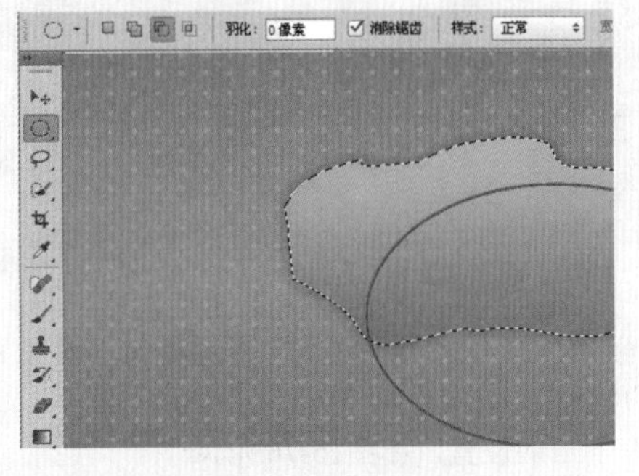

图15-61

步骤09 新建一个“文字”图层组。选择横排文字工具T，然后在其选项栏中选择一个字体，设置字体大小为290点，字体颜色为白色，最后在画布中间输入英文ALICE DAY，如图15-62所示。

图15-62

步骤10 执行“窗口>样式”命令，然后打开“样式”面板，选择找到载入的样式单击，如图15-63所示。此时可以看到文字上快速地出现了相应的样式，如图15-64所示。

图15-63

图15-64

技巧与提示

若本身“样式”面板中没有所要样式，可以单击按钮选择“载入样式”选项，在弹出的对话框中选择找到样式，添加所需要的文字样式素材，如图15-65和图15-66所示。

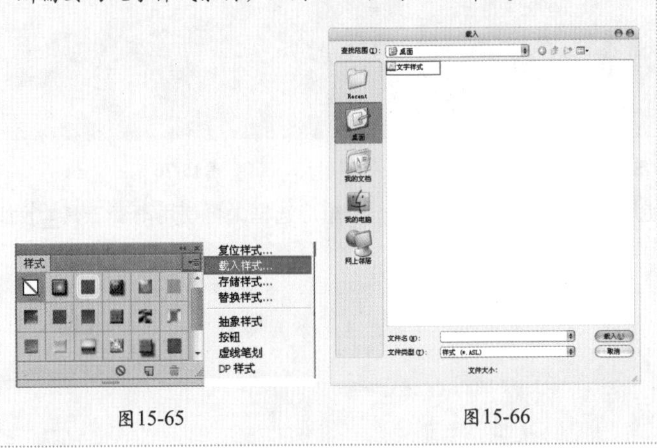

图15-65　　图15-66

步骤11 继续使用横排文字工具T在画布上输入“Short Cuts”文字。然后在“样式”面板中选择另外一种黄色的样式单击赋予这部分文字，如图15-67和图15-68所示。

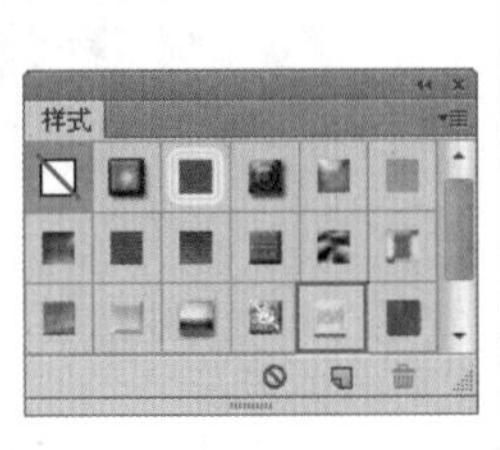

图15-67

图15-68

技巧与提示

有的时候使用现有的样式可能会由于尺寸的因素导致样式在文字上显示过大或者过小，此时需要在需要修改的文字样式上右击，在弹出的快捷菜单中选择“缩放效果”命令，在弹出的对话框中设置相应的“缩放”为20%，即可看到文字样式恢复正常，如图15-69和图15-70所示。

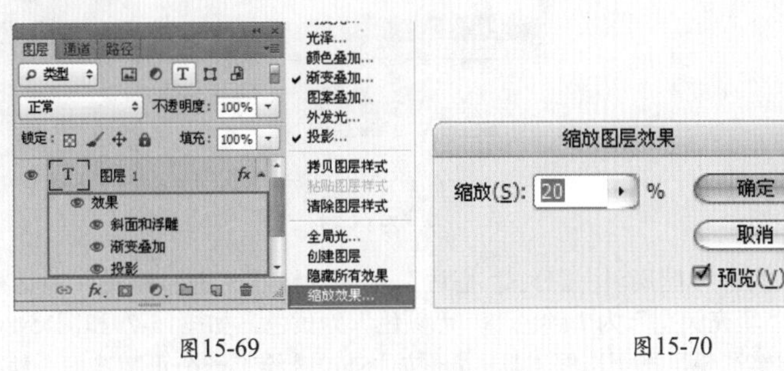

图15-69　　图15-70

步骤12 继续使用横排文字工具 T 在顶部输入装饰文字。执行“图层>图层样式>描边”命令，打开“图层样式”对话框，然后设置“大小”为4像素，“位置”为“外部”，“填充类型”为“颜色”，“颜色”为蓝色，如图15-71和图15-72所示。

步骤13 使用横排文字工具 T 在英文Short Cuts的底部输入较小的英文作为装饰，如图15-73所示。

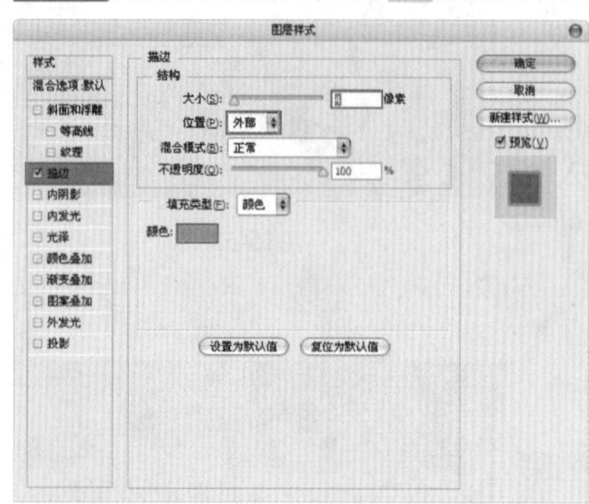

图15-71

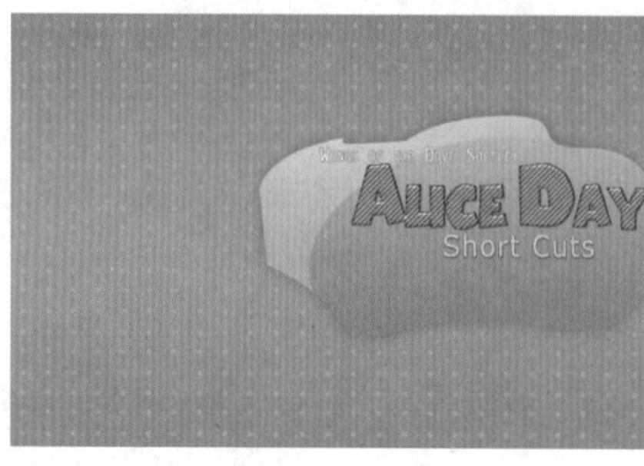

图15-72

图15-73

步骤14 使用横排文字工具 T 在顶部输入文字。执行“图层>图层样式>描边”命令，打开“图层样式”对话框，然后设置“大小”为1像素，“位置”为“外部”，“填充类型”为“颜色”，“颜色”为黑色，如图15-74和图15-75所示。

步骤15 置入卡通素材文件，执行“图层>栅格化>智能对象”命令。将其摆放在右下角的位置，如图15-76所示。

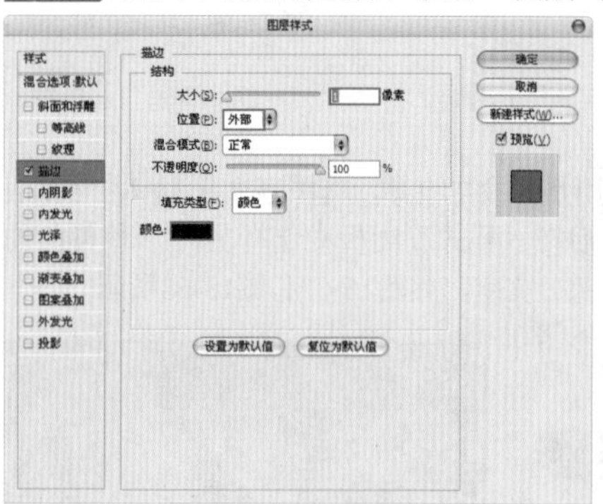

图15-74

图15-75

图15-76

步骤16 新建一个“人像”图层组。首先在其中新建图层，使用椭圆选框工具 ◯ 绘制一个矩形选框。再使用渐变工具 ■ 为该选区填充紫色系的渐变，如图15-77和图15-78所示。

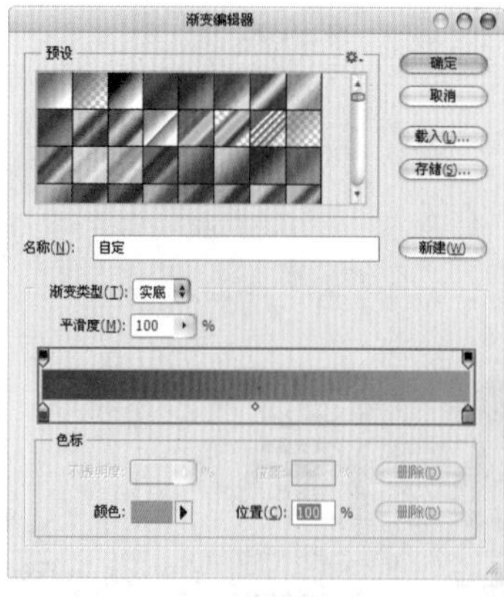

图15-77

图15-78

步骤17 执行“图层>图层样式>描边”命令，打开“图层样式”对话框，然后设置“大小”为166像素，“位置”为“外部”，“填充类型”为“颜色”，“颜色”为黄色，如图15-79和图15-80所示。

步骤18 继续使用椭圆选框工具 ◯，按住Shift键绘制一个正圆选框。执行“选择>修改>边界”命令，在弹出的对话框中设置“宽度”为100像素，如图15-81所示。单击“确定”按钮完成操作后可以得到一个圆环的选区，如图15-82所示。

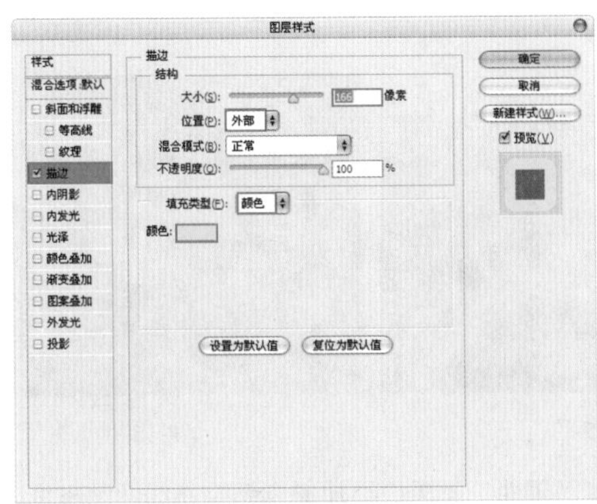

图15-79　　图15-80

步骤19 使用渐变工具，在其选项栏中设置类型为线性，单击渐变弹出“渐变编辑器”对话框，单击滑块调整渐变颜色为金色系渐变，并填充到圆环选区内，如图15-83和图15-84所示。

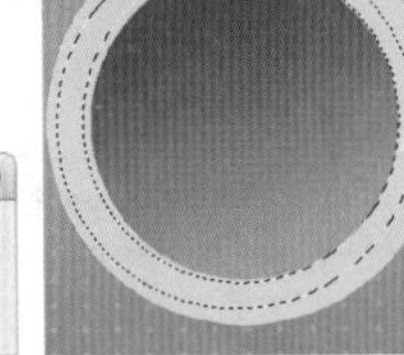

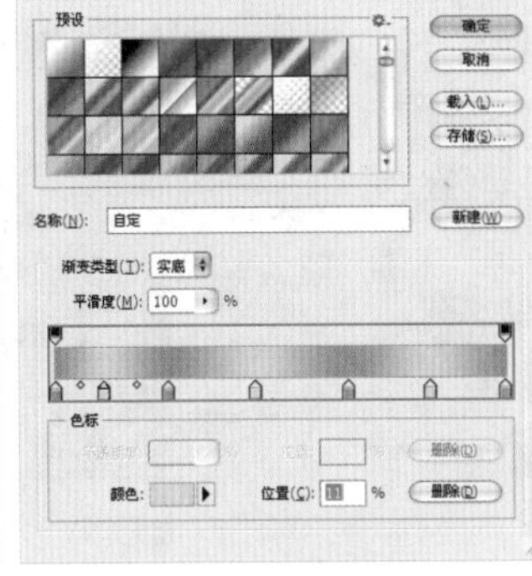

图15-81　　图15-82　　图15-83　　图15-84

步骤20 使用同样的方法制作出底部另外两个红色的圆环，效果如图15-85所示。

步骤21 置入一张人像素材文件，执行“图层>栅格化>智能对象”命令。放在偏左侧的位置，单击工具箱中的“钢笔工具”按钮，沿人像外轮廓进行绘制，注意底部需要以圆环弧度为主，如图15-86所示。按Ctrl+Enter组合键将路径转换为选区，然后以当前选区为人像图层添加图层蒙版，使选区以外的部分被隐藏，如图15-87所示。

图15-85　　图15-86　　图15-87

步骤22 使用同样的方法置入另外一个人像素材，执行“图层>栅格化>智能对象”命令，并去除背景，如图15-88所示。

步骤23 继续新建图层，单击工具箱中的“钢笔工具”按钮，在左下角绘制一个曲线形状的闭合路径，按Ctrl+Enter组合键将路径转换为选区，并填充白色，如图15-89和图15-90所示。

图15-88

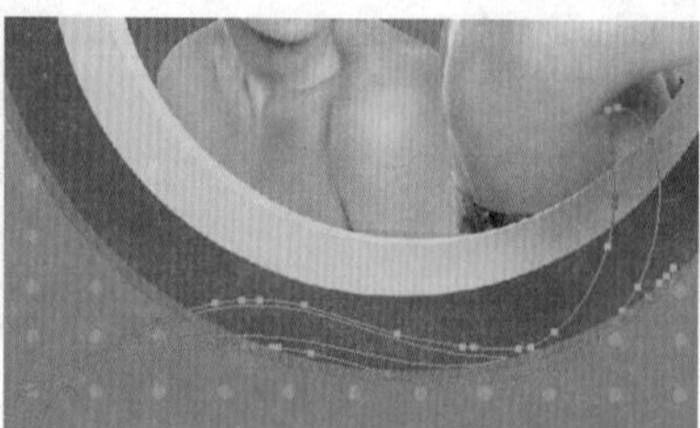

图15-89

图15-90

步骤24 将画面整体提亮，创建新的“曲线”调整图层，在其“属性”面板中添加锚点调整曲线弯曲程度，如图15-91所示。由于人像部分有些曝光，需要在图层蒙版中使用黑色画笔涂抹出左侧人像区域，如图15-92和图15-93所示。

步骤25 最终效果如图15-94所示。

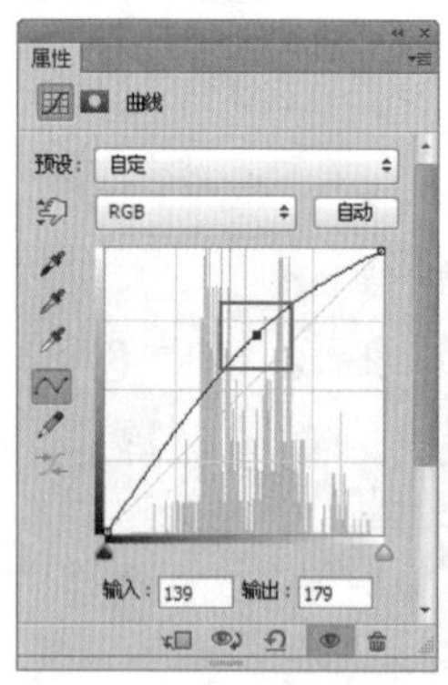

图15-91

图15-92

图15-93

图15-94

15.2.2 化妆品平面广告

案例文件	15.2.2化妆品平面广告.psd
视频教学	15.2.2化妆品平面广告.flv
难易指数	★★★★★
技术要点	掌握“调整图层”、“混合模式”与“魔棒工具”的设置方法

案例效果

本例最终效果如图15-95所示。

图15-95

操作步骤

步骤01 打开本书配套光盘中的背景素材文件，如图15-96所示。

图15-96

步骤02 置入人像素材到当前文档中，执行“图层>栅格化>智能对象”命令。由于人像背景为白色，所以使用魔棒工具可以快速地选出背景部分的选区，在其选项栏中设置“容差”为20，选中“连续”复选框，并在背景处单击选择背景区域。然后按Shift+Ctrl+I组合键进行反向，并为人像图层添加蒙版，如图15-97和图15-98所示。此时人像背景被完全隐藏了。下面需要在图层蒙版中使用黑色柔角画笔绘制涂抹头饰部分，如图15-99所示。

图15-97　　图15-98　　图15-99

步骤03 颜色调整。创建新的“色相/饱和度”调整图层，如图15-100所示。右击，在弹出的快捷菜单中选择“创建剪贴蒙版”命令，使其只对人像图层调整，如图15-101所示。设置通道为红色，“色相”为-5，“饱和度”为-10，如图15-102所示。

图15-100　　图15-101　　图15-102

步骤04 创建新的“曲线”调整图层，如图15-103所示。右击，在弹出的快捷菜单中选择“创建剪贴蒙版”命令，使其只对人像图层调整，如图15-104所示。在RGB曲线上，添加锚点调整曲线弯曲程度，如图15-105所示。

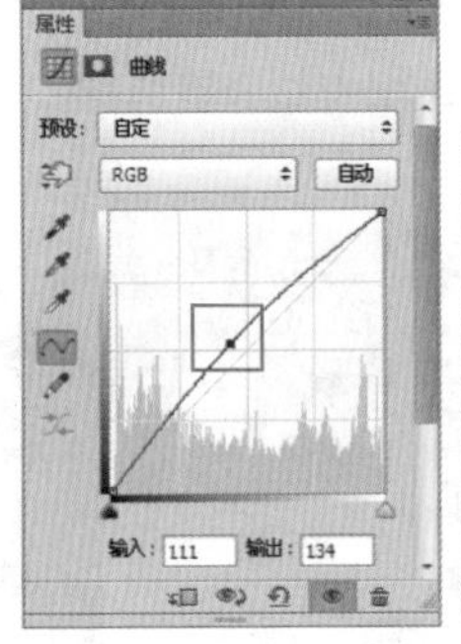

图15-103　　图15-104　　图15-105

步骤05 置入前景化妆品素材，执行“图层>栅格化>智能对象”命令。同样使用魔棒工具选择背景区域。按Shift+Ctrl+I组合键进行反向，并为图层添加蒙版，图像被完整抠出来，如图15-106和图15-107所示。

图15-106　　图15-107

步骤06 创建新的“色相/饱和度”调整图层。右击，在弹出的快捷菜单中选择“创建剪贴蒙版”命令，首先选择全图，设置“饱和度”为42；再次选择红色通道，设置“饱和度”为34，“明度”为-9，如图15-108和图15-109所示。在图层蒙版上使用黑色画笔涂抹彩妆金属壳部分，如图15-110和图15-111所示。

步骤07 创建新的“可选颜色”调整图层。在图层蒙版中填充黑色，使用白色画笔涂抹需要调整的部分。设置“颜色”为红色，调节“青色”为-58%，“洋红”为100%，“黄色”为-17%，并右击，在弹出的快捷菜单中选择“创建剪贴蒙版”命令，如图15-112～图15-114所示。

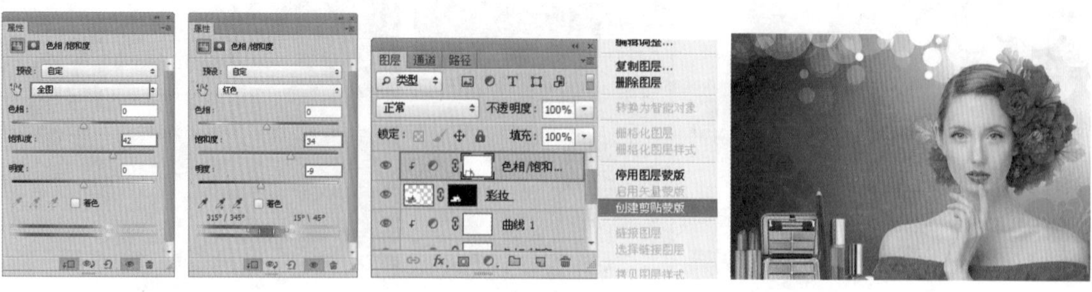

图15-108　图15-109　图15-110　图15-111

图15-112

图15-113

图15-114

步骤08 置入星光素材，执行“图层>栅格化>智能对象”命令。将新生成的图层命名为“星星”，放在右下角的位置，并设置该图层的混合模式为“叠加”，如图15-115和图15-116所示。

步骤09 再次置入化妆品素材，执行“图层>栅格化>智能对象”命令。按Ctrl+T组合键调整化妆品大小和位置，并将该图层的混合模式设置为“正片叠底”，如图15-117和图15-118所示。

图15-115

图15-116

图15-117

图15-118

步骤10 制作底部反光效果，选择“化妆品”图层，单击拖曳到“创建新图层”按钮上建立副本。右击，在弹出的快捷菜单中选择“垂直翻转”命令将其向下位移。然后为图层添加一个图层蒙版，在图层蒙版中使用黑色画笔绘制涂抹多余区域，并设置其图层的“不透明度”为65%，如图15-119所示。效果如图15-120所示。

步骤11 使用横排文字工具 T. 在画布左上角输入两组文字。效果如图15-121所示。

图15-119

图15-120

图15-121

15.2.3 华丽珠宝创意广告

案例文件	15.2.3华丽珠宝创意广告.psd
视频教学	15.2.3华丽珠宝创意广告.flv
难易指数	★★★★★
技术要点	渐变工具，钢笔工具，画笔工具，曲线，可选颜色，色相/饱和度

案例效果

本例最终效果如图15-122所示。

操作步骤

步骤01 按Ctrl+N组合键新建一个大小为2700×1800像素的文档。新建一个“背景”图层组，在其中创建新图层。单击“渐变工具”按钮，在其选项栏中单击渐变弹出“渐变编辑器”对话框，单击滑块调整渐变为从黑色到黄色。设置渐变类型为线性，拖曳绘制渐变，如图15-123和图15-124所示。

图15-122

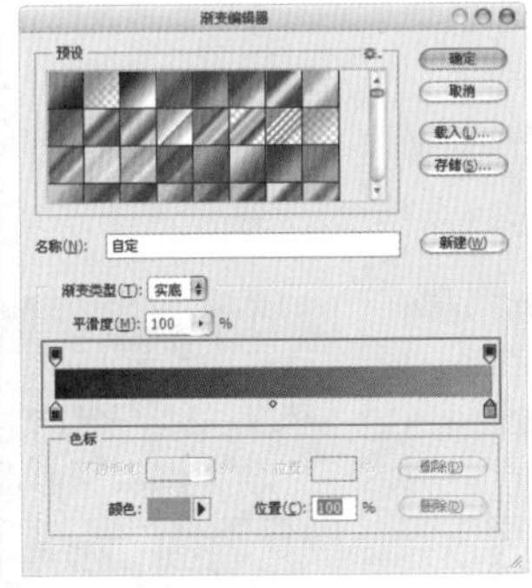

图15-123

图15-124

步骤02 制作底纹。新建图层，使用钢笔工具勾勒出花纹路径，右击，在弹出的快捷菜单中选择“建立选区”命令，然后设置前景色为灰色，按Alt+Delete组合键填充选区，如图15-125所示。

步骤03 单击“选择工具”按钮，按住Alt键拖曳复制出副本，如图15-126所示。

步骤04 摆放横向的一排花纹，然后在“图层”面板中选择所有花纹图层，并执行“图层>对齐>顶边”和“图层>分布>水平居中”命令，使水平方向的花纹均匀分布，并合并为一个图层，如图15-127所示。

图15-125

图15-126

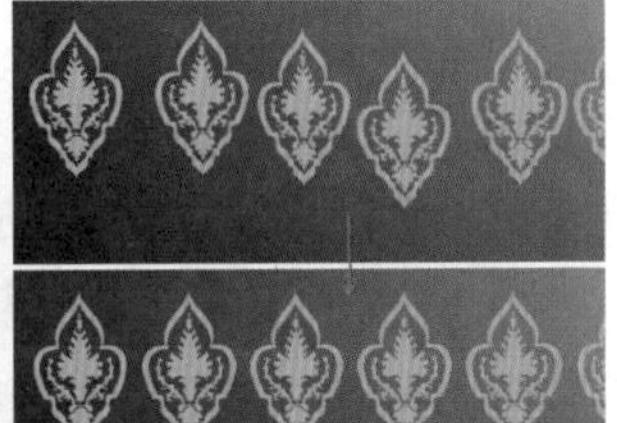
图15-127

步骤05 将这些花纹合并为一个图层，然后使用同样的方法沿垂直方向进行复制。然后在“图层”面板中选择这些图层，执行“图层>分布>垂直居中”命令，将花纹在画布中均匀摆放，如图15-128所示。

步骤06 将所有“花纹”图层选中，按Ctrl+E组合键合并成一个图层，作为底纹。将该图层的混合模式设置为“颜色加深”，设置其图层的“不透明度”为30%，如图15-129所示。效果如图15-130所示。

图15-128

图15-129

图15-130

步骤07 置入花纹素材文件，执行“图层>栅格化>智能对象”命令。将其放置在界面中，如图15-131所示。

步骤08 新建一个“人像”图层组，接着置入人像素材文件，执行“图层>栅格化>智能对象”命令。使用钢笔工具勾勒出人像的轮廓，然后按Ctrl+Enter组合键将路径转换为选区，接着以当前选区为素材添加一个选区蒙版，并使用画笔工具，选择黑色柔角画笔在图层蒙版中涂抹胳膊和腿部分，如图15-132所示。效果如图15-133所示。

图15-131

图15-132

图15-133

步骤09 创建新的“曲线”调整图层，建立两个控制点，调整曲线形状以增强人像素材对比度，如图15-134所示。然后在曲线图层上右击，在弹出的快捷菜单中选择“创建剪贴蒙版”命令，使其只对人像图层做调整，如图15-135和图15-136所示。

步骤10 创建新的“可选颜色”调整图层，右击，在弹出的快捷菜单中选择“创建剪贴蒙版”命令。选择红色，设置“黄色”为+3%，如图15-137所示；选择黄色，设置“洋红”为-13%，“黄色”为31%，如图15-138所示；选择白色，设置“青色”为-100%，“洋红”为-100%，“黄色”为+100%，如图15-139所示。效果如图15-140所示。

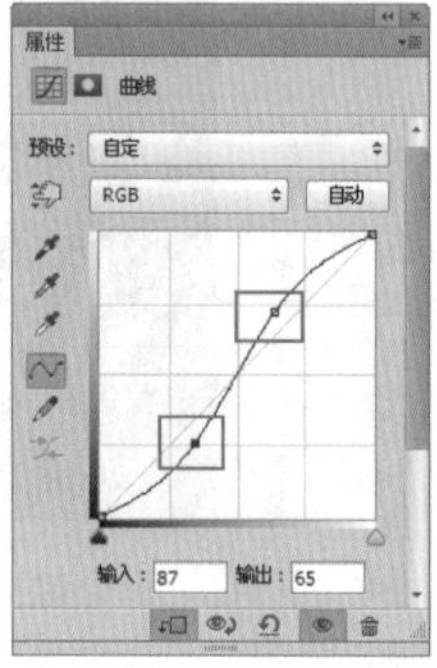

图15-134

图15-135

图15-136

图15-137

图15-138

图15-139

图15-140

步骤11 使用钢笔工具在右眼绘制出一个闭合的眼影路径，如图15-141所示。右击，在弹出的快捷菜单中选择“建立选区”命令，在弹出的“建立选区”对话框中设置“羽化半径”为5像素，设置前景色为粉色，如图15-142所示。按Alt+Delete组合键为眼影填充粉色，使用同样的方法绘制出左眼眼影，如图15-143所示。

图15-141

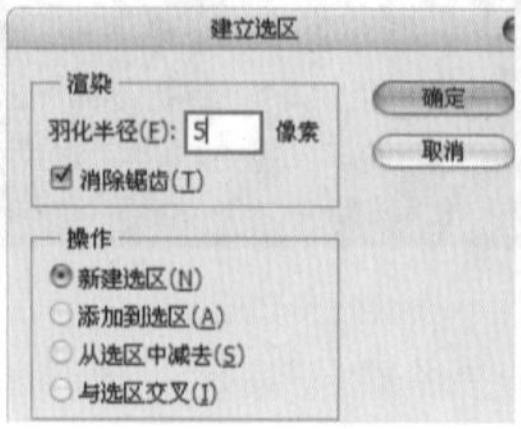

图15-142

图15-143

步骤12 设置前景色为黑色，继续使用画笔工具，在画笔预设面板中找到睫毛图案，设置“大小”为“200像素”。为人像眼部绘制上睫毛，并按Ctrl+T组合键调整睫毛的大小和角度，如图15-144和图15-145所示。

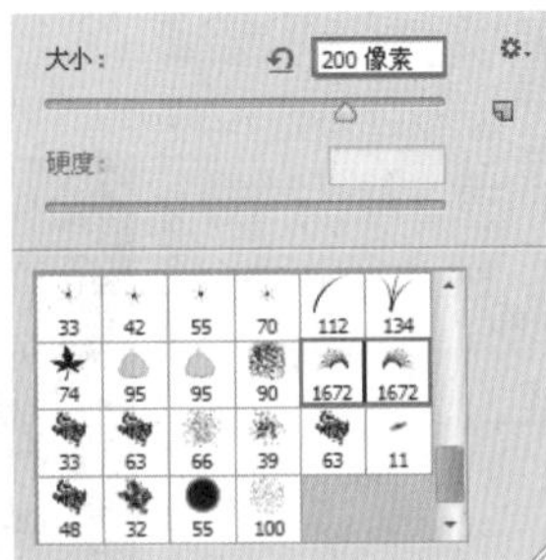

图15-144

图15-145

技巧与提示

想要载入睫毛笔刷素材文件，可在画笔预设面板中单击三角按钮，在弹出的菜单中选择“载入画笔”命令，并在弹出的窗口中选择睫毛笔刷，如图15-146所示。

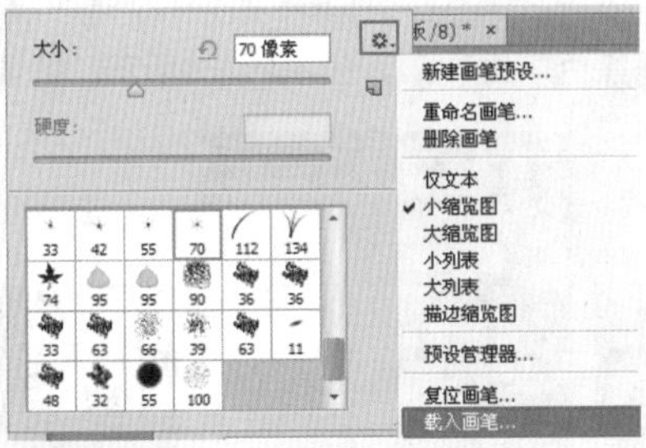

图15-146

步骤13 新建一个“前景”图层组，接着置入蓝色飘带素材文件，栅格化后放在人像上面，如图15-147所示。

图15-147

步骤14 按Ctrl+J组合键复制出一个飘带副本，如图15-148所示。将其旋转到合适角度后执行“编辑>操控变形”命令，在飘带上添加控制点，对飘带副本进行变形调整，如图15-149所示。然后将变形后的副本放置在顶部，并添加图层蒙版，在图层蒙版中使用黑色画笔涂抹底部区域，如图15-150所示。

图15-148

图15-149

图15-150

步骤15 使用同样的方法，再次制作一个飘带放置在两个飘带中间部分，使其能够很好地衔接。变形完成后选择3个飘带图层，按Ctrl+E组合键将3个图层合并为一个图层，如图15-151和图15-152所示。

步骤16 创建新的“色相/饱和度”调整图层，在其“属性”面板中设置“色相”为-157，并在曲线图层上右击，在弹出的快捷菜单中选择“创建剪贴蒙版”命令，使其只对飘带图层做调整，如图15-153和图15-154所示。效果如图15-155所示。

步骤17 继续创建新的“曲线”调整图层，调整RGB通道和红色通道曲线形状，如图15-156和图15-157所示。然后在该调整图层上右击，在弹出的快捷菜单中选择“创建剪贴蒙版”命令，如图15-158所示。

图15-151

图15-152

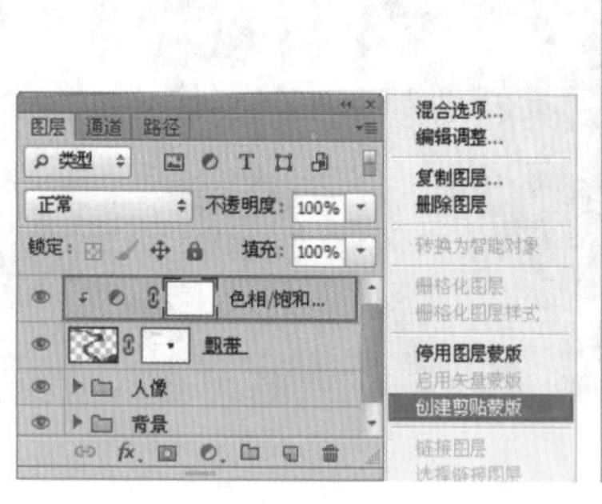

图15-153

图15-154

图15-155

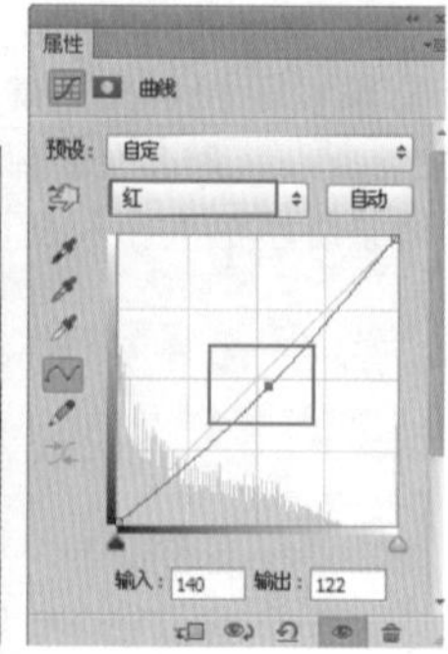

图15-156

步骤18 创建新的“可选颜色”调整图层，并在该调整图层上右击，在弹出的快捷菜单中选择“创建剪贴蒙版”命令，选择黑色，设置“青色”为0，“洋红”为34%，“黄色”为37%，“黑色”为-11%，如图15-159所示。效果如图15-160所示。

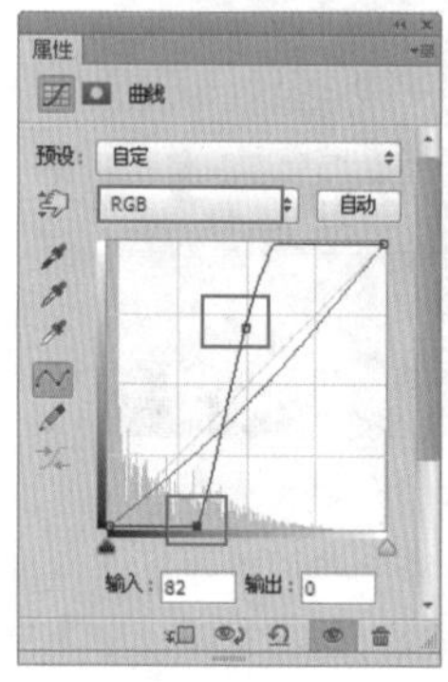

图15-157

图15-158

图15-159

图15-160

步骤19 在“图层”面板中将调整图层和飘带图层一起选中，按Ctrl+E组合键合并为一个图层，然后添加图层蒙版，在图层蒙版中使用黑色画笔涂抹遮盖人像头部的飘带部分，如图15-161所示。效果如图15-162所示。

步骤20 执行“图层>图层样式>外发光”命令，打开“图层样式”对话框，设置“混合模式”为“滤色”，“不透明度”为35%，颜色为橘色，“方法”为“柔和”，“大小”为79像素，如图15-163所示。效果如图15-164所示。

步骤21 置入前景珠宝素材文件，执行“图层>栅格化>智能对象”命令。将其放置在飘带上面，如图15-165所示。

图15-161

图15-162

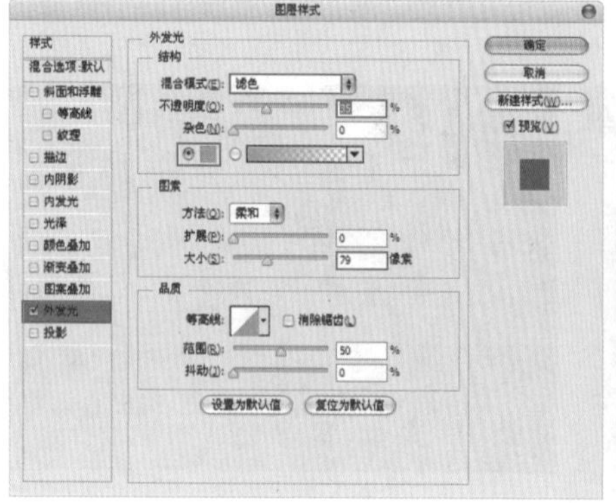

图15-163

图15-164

图15-165

技巧与提示

为了防止这些素材在飘带上显得有些杂乱，在摆放时需要注意远近大小关系，位置处于飘带上暗部区域的素材需要适当调暗，而摆放在受光处的素材则应该适当提亮。

步骤22 设置前景色为黄色，使用画笔工具选择一个柔角画笔，设置较低的不透明度和流量。在画布右上角以及飘带上绘制大小不同的光斑效果，如图15-166和图15-167所示。

步骤23 使用横排文字工具T在左侧输入文字，并为文字添加样式，最终效果如图15-168所示。

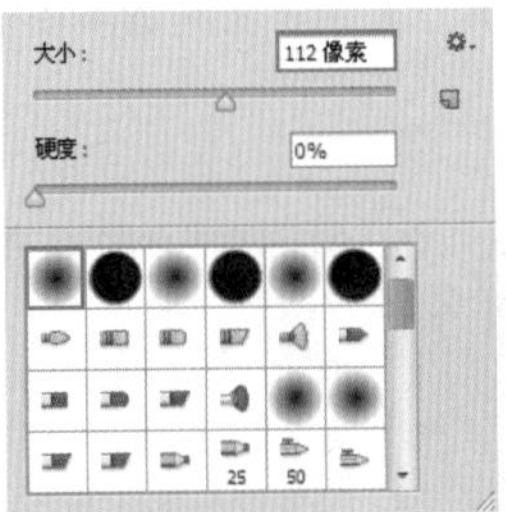

图15-166

图15-167

图15-168

15.2.4 手机创意广告

案例文件	15.2.4手机创意广告.psd
视频教学	15.2.4手机创意广告.flv
难易指数	★★★★★
技术要点	钢笔工具，渐变工具

案例效果

本例最终效果如图15-169所示。

操作步骤

步骤01 按Ctrl+O组合键打开人像素材，如图15-170所示。

图15-169

图15-170

步骤02 为了制作出人像从手机中“飞出”的效果，需要将人像腿部“隐藏”起来，单击工具箱中的“套索工具”按钮，在其选项栏中设置“羽化”为“15像素”，在腿部左侧背景区域绘制选区，如图15-171所示。

步骤03 绘制完成后按Ctrl+C与Ctrl+V组合键，复制并粘贴当前选区内的背景部分，并将其移动到人像腿部的位置，将腿部覆盖起来。按Ctrl+T组合键适当调整覆盖物的宽度，如图15-172所示。

图15-171

图15-172

步骤04 由于光照关系使照片中人像的背景部分颜色并不完全相同，所以需要使用加深、减淡工具涂抹复制出的遮盖物部分使之与两侧背景部分颜色能够衔接起来，如图15-173所示。

图15-173

技巧与提示

由于本例中要去除的腿部区域占整个画面比例较大，如果使用仿制图章等修复工具进行修补可能会造成颜色不均匀的结果。而本例中使用的方法则有效地避免了这种问题的发生。

步骤05 绘制底部的五线谱效果，单击工具箱中的“单行选区工具”按钮，在其选项栏中单击“添加到选区”按钮，在图像中绘制5个单行选区，如图15-174所示。

步骤06 新建图层，并为其填充黑色，如图15-175所示。

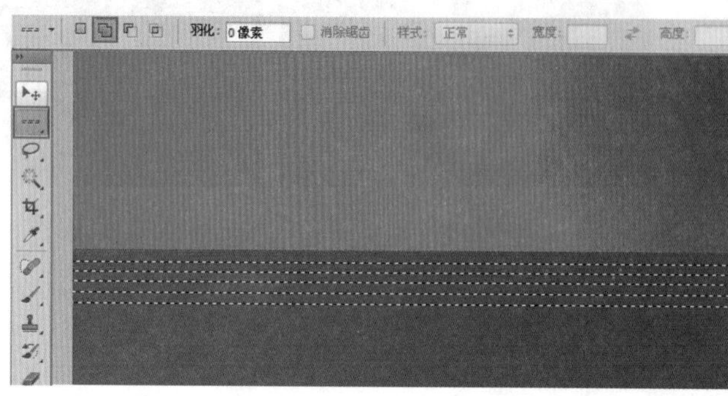

图15-174

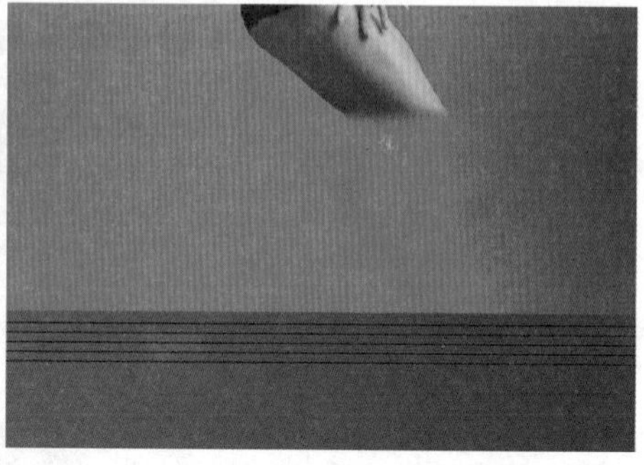

图15-175

步骤07 新建图层，并命名为“音符”，单击工具箱中的“钢笔工具”按钮，在五线谱上绘制音符形状，如图15-176所示。按Ctrl+Enter组合键建立选区，设置前景色为深灰色，按Alt+Delete组合键为当前选区填充前景色，如图15-177所示。

步骤08 继续使用钢笔工具绘制音符上的高光区域，转换为选区后填充灰色，如图15-178和图15-179所示。

步骤09 使用同样的方法绘制其他音符，摆放在五线谱上，如图15-180所示。

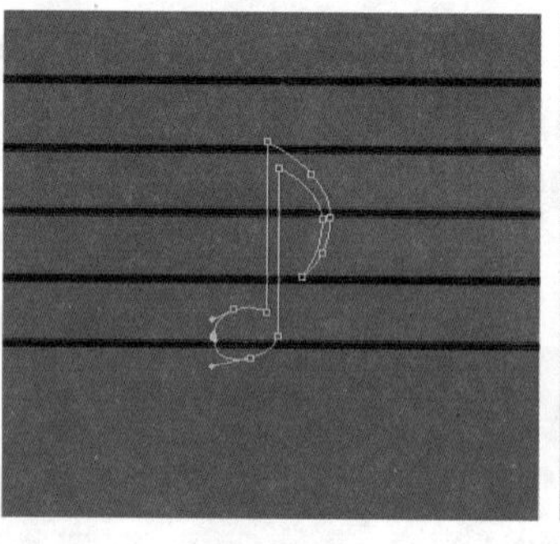

图15-176

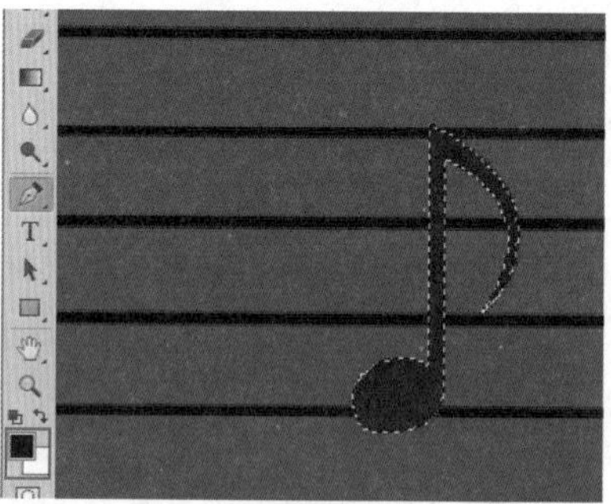

图15-177

图15-178

图15-179

图15-180

步骤10 置入手机素材，执行“图层>栅格化>智能对象”命令。将其摆放在腿部以下的位置，如图15-181所示。

步骤11 选中手机素材图层，按Ctrl+J组合键复制一个手机素材的副本图层，并命名为“手机阴影”，适当向右下进行移动，如图15-182所示。

步骤12 载入手机素材副本图层选区，并为其填充黑色，用于模拟投影效果，如图15-183所示。

步骤13 对“手机阴影”图层执行“滤镜>模糊>高斯模糊”命令，在弹出的对话框中设置“半径”为10像素，可以看到阴影部分边缘变模糊，如图15-184和图15-185所示。

步骤14 设置“手机阴影”图层的“不透明度”为50%，此时阴影效果更自然，如图15-186和图15-187所示。

图15-181

图15-182

图15-183

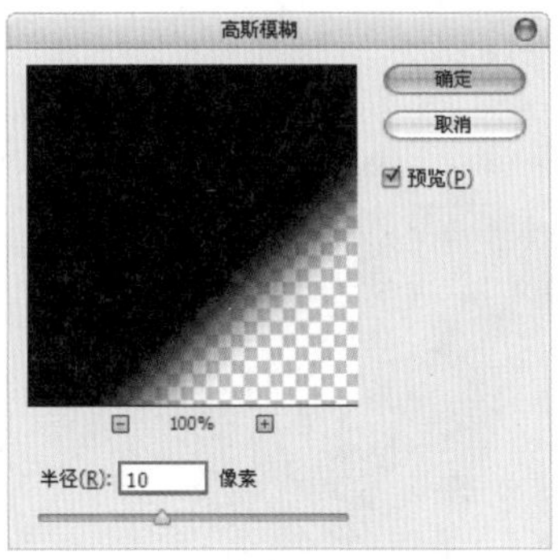

图15-184

图15-185

图15-186

图15-187

步骤15 使用椭圆选框工具在图像中绘制椭圆选区，右击，在弹出的快捷菜单中选择“变换选区”命令，将选区适当旋转，如图15-188和图15-189所示。

步骤16 新建图层，单击工具箱中的“渐变工具”按钮，设置渐变为灰色系的渐变，单击“线性渐变”按钮，在椭圆选区中进行填充，如图15-190所示。

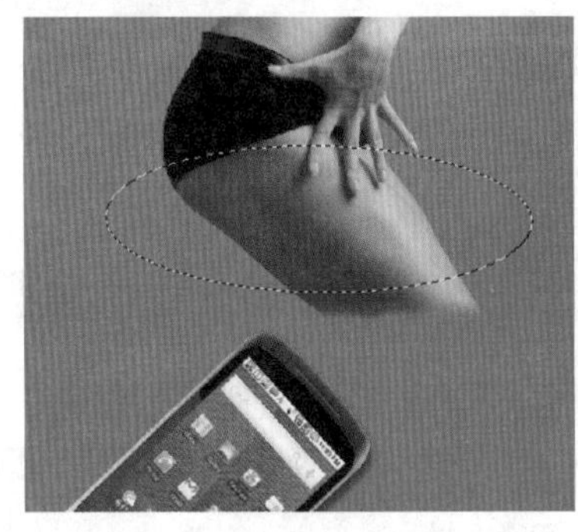

图15-188

图15-189

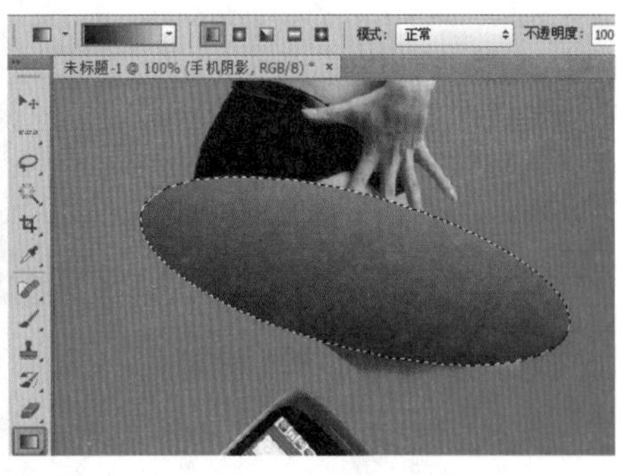

图15-190

步骤17 由于灰色椭圆形遮挡住了人像部分，所以首先将椭圆隐藏，单击工具箱中的“快速选择工具”按钮，在其选项栏中单击“添加到选区”按钮，并在人像上选择大腿以及手指的选区，如图15-191所示。

步骤18 以当前选区为灰色椭圆形图层添加图层蒙版，此时可以看到只有选区内部的灰色椭圆被保留下来，这与预期效果正好相反，所以需要选择灰色椭圆图层的图层蒙版，执行“图像>调整>反向”命令，此时蒙版黑白关系反向，可以看到人像以外的区域显示出来，如图15-192和图15-193所示。

步骤19 制作人像底部的阴影效果，新建图层，单击工具箱中的“画笔工具”按钮，在其选项栏中设置“不透明度”与“流量”均为30%，并选择一种圆形柔角画笔，设置画笔“大小”为“140像素”，“硬度”为0，在人像底部绘制黑色半透明阴影，如图15-194所示。

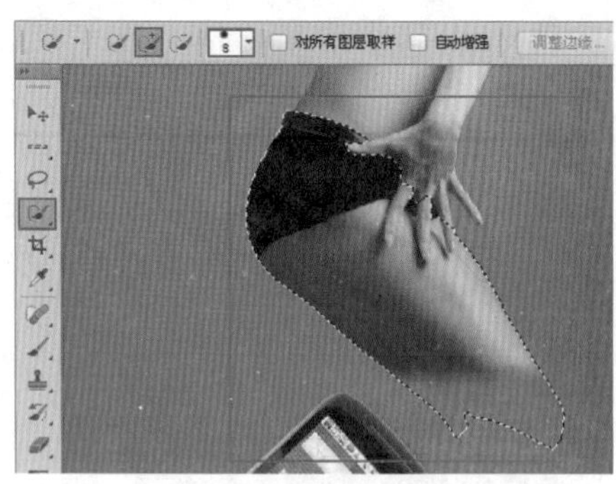
图15-191

图15-192

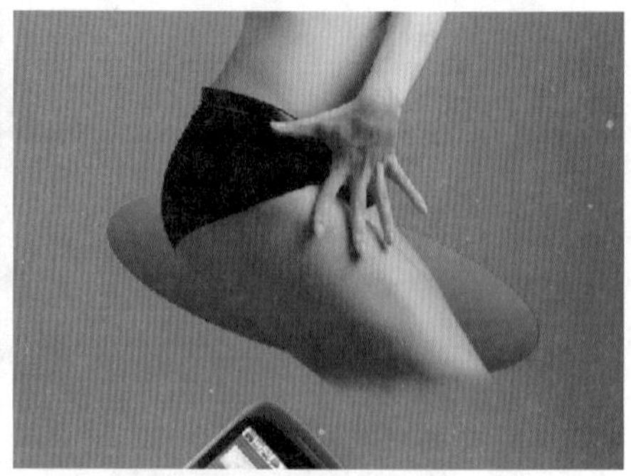
图15-193

步骤20 置入器材花纹素材，执行“图层>栅格化>智能对象”命令。为了便于观察，首先将其他图层全部隐藏，按Ctrl+T组合键，并右击，在弹出的快捷菜单中选择“变形”命令，适当调整该图层形状，如图15-195和图15-196所示。

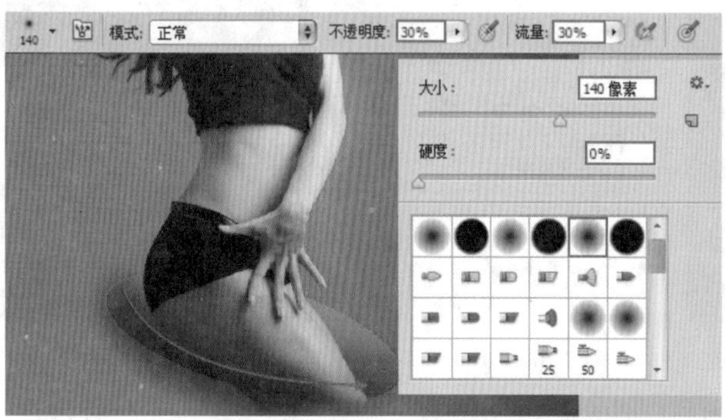

图15-194

图15-195

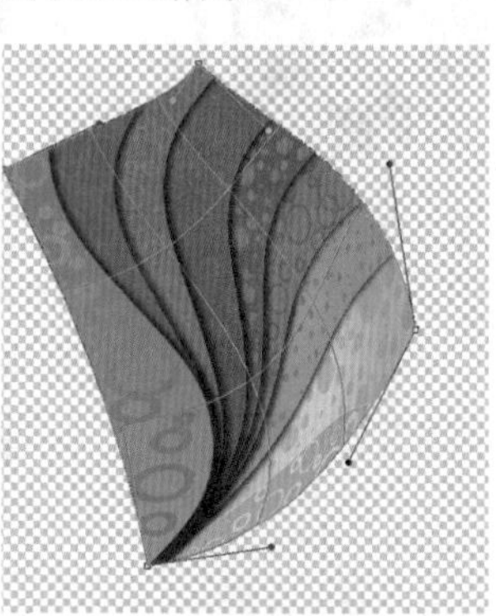
图15-196

步骤21 调整完成后按Enter键，单击工具箱中的“钢笔工具”按钮，在素材的下半部分绘制如图15-197所示的闭合路径。

步骤22 按Ctrl+Enter组合键将路径转换为选区，并为该图层添加图层蒙版，使选区以外的部分隐藏，如图15-198和图15-199所示。

步骤23 新建图层，并命名为“阴影”，单击工具箱中的“画笔工具”按钮，选择一个圆形柔角画笔，设置“不透明度”及“流量”为30%，在彩色旋涡边缘处涂抹绘制出阴影效果，使彩色旋涡出现立体效果，如图15-200所示。

步骤24 继续使用钢笔工具，绘制出螺旋线效果的旋涡，绘制完成后右击，在弹出的快捷菜单中选择“建立选区”命令，如图15-201所示。

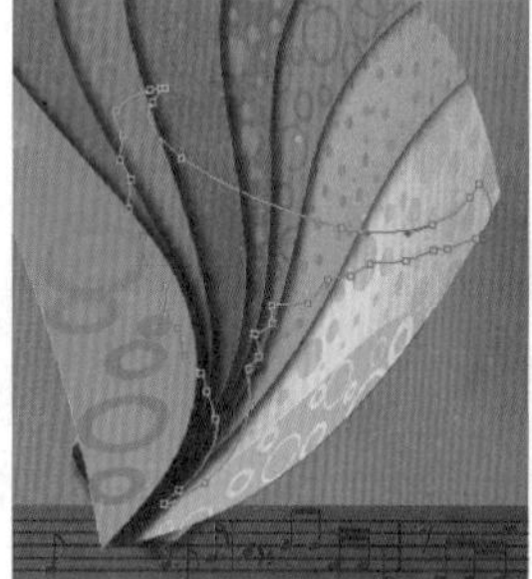
图15-197

图15-198

图15-199

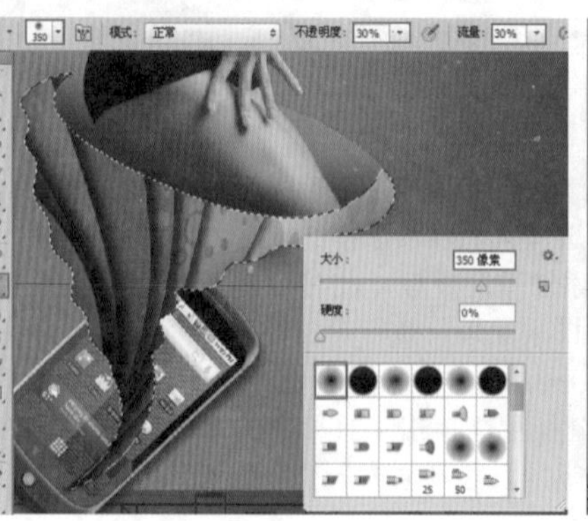
图15-200

图15-201

步骤25 转换为选区后为其填充灰色，如图15-202所示。

步骤26 由于灰色旋涡遮挡住了人像部分，需要使用橡皮擦工具擦除多余部分，如图15-203所示。

步骤27 绘制彩色的音符，这部分绘制同样需要使用钢笔工具；绘制完成路径后将其转换为选区并填充红色，如图15-204所示；继续使用钢笔工具绘制高光选区填充为白色，如图15-205所示；最后复制音符，填充黑色并放在红色音符的底部，向右下进行移动模拟出阴影效果，如图15-206所示。

步骤28 使用同样的方法绘制出其他音符，多次复制并变换颜色，调整位置后摆放在灰色旋涡上，如图15-207所示。

图15-202

图15-203

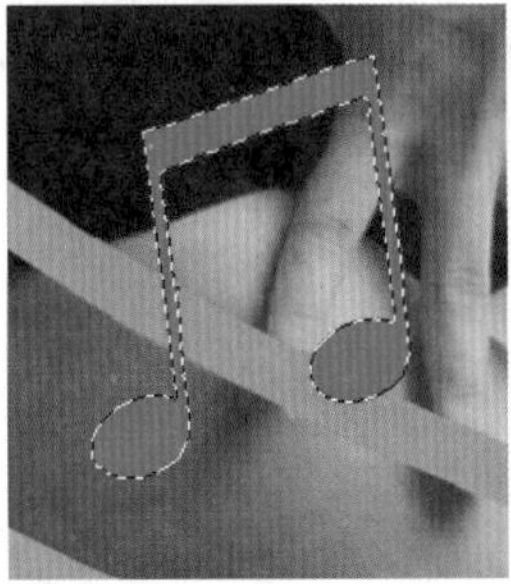

图15-204

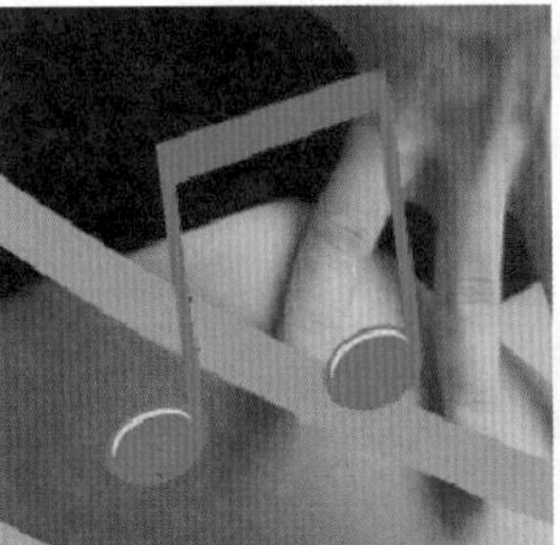

图15-205

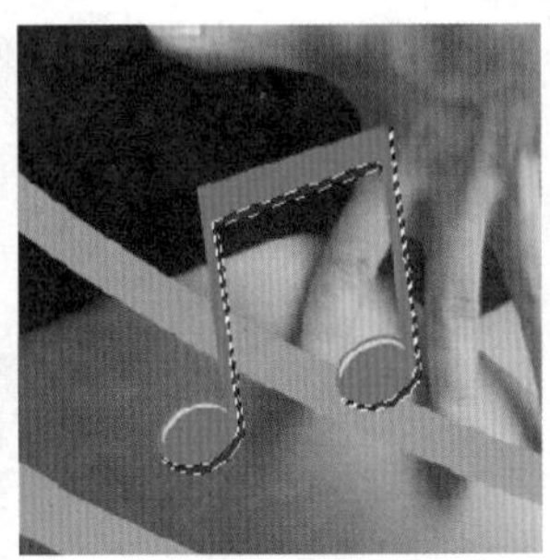

图15-206

图15-207

步骤29 置入按钮素材文件并栅格化，如图15-208所示。

步骤30 绘制紫色按钮，为了便于后期管理，可以在“图层”面板中新建图层组“紫色按钮”，新建图层，单击工具箱中的“钢笔工具”按钮，绘制出气泡形状的闭合路径，如图15-209所示。

步骤31 按Ctrl+Enter组合键将路径转换为选区后为其填充黑色，如图15-210所示。

步骤32 继续新建图层，使用同样的方法绘制较小的气泡选区，并为其填充银色系渐变，如图15-211所示。

步骤33 载入银色气泡选区，右击，在弹出的快捷菜单中选择“变换选区”命令，将选区缩放，然后使用渐变工具为其填充紫色系渐变，如图15-212所示。

图15-208

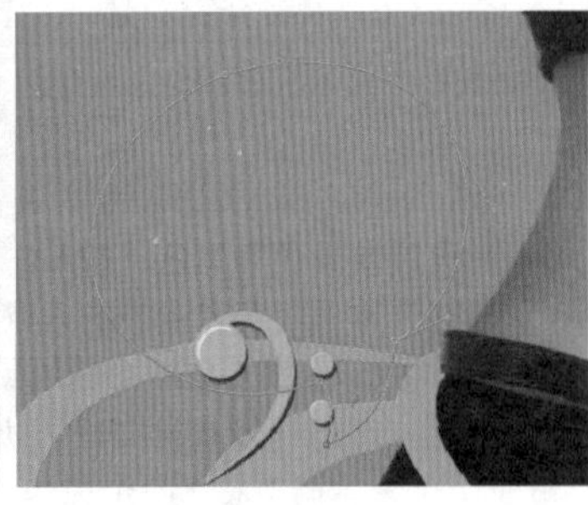

图15-209

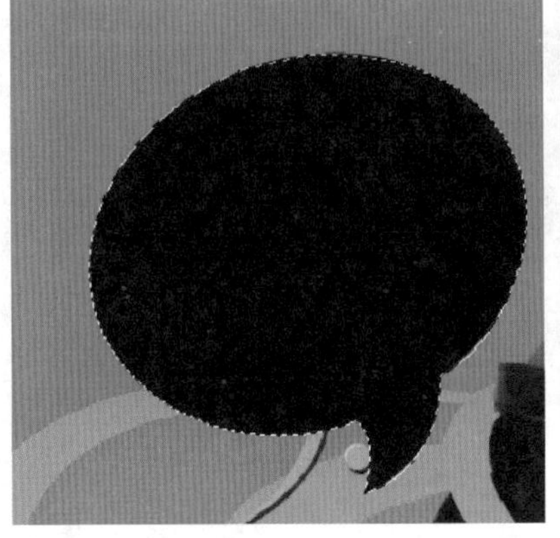

图15-210

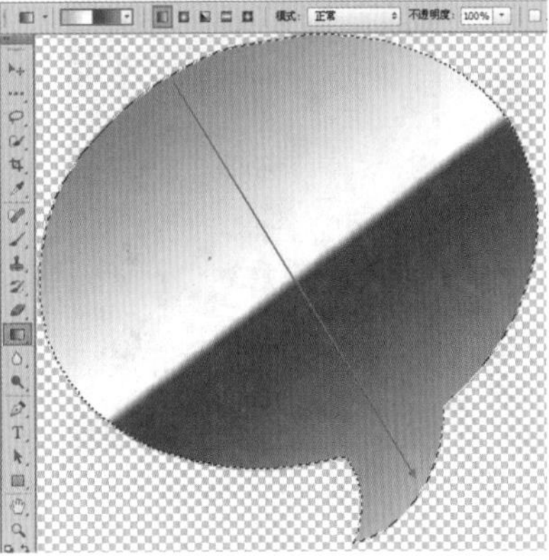

图15-211

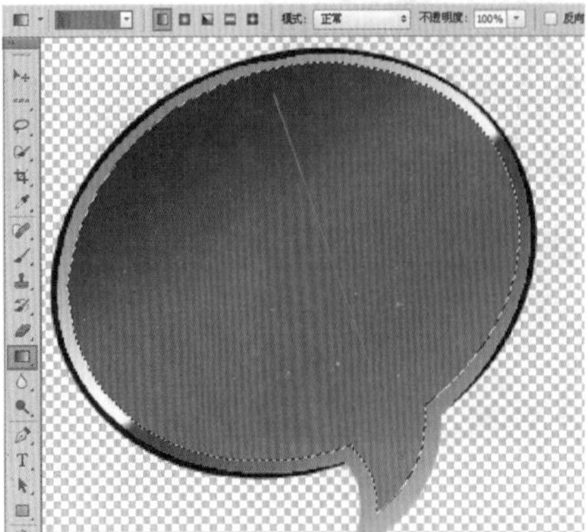

图15-212

步骤34继续使用钢笔工具绘制出高光区域的闭合路径，转换为选区后为其填充白色到透明的渐变，如图15-213和图15-214所示。

步骤35使用文字工具输入3组字体，并适当倾斜摆放到按钮上，如图15-215所示。

步骤36使用同样的方法制作另外一个黄色的按钮，摆放在人像右上角的位置，如图15-216所示。

步骤37最终效果如图15-217所示。

图15-213

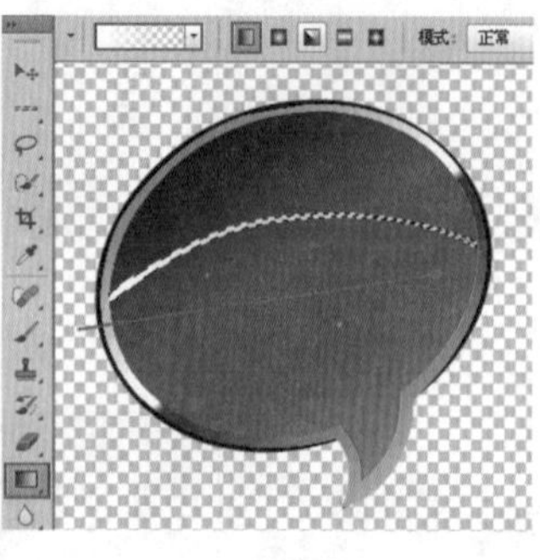

图15-214

图15-215

图15-216

图15-217

15.2.5 奇幻电影海报

案例文件	15.2.5奇幻电影海报.psd
视频教学	15.2.5奇幻电影海报.flv
难易指数	★★★★★
技术要点	图层蒙版，混合模式，钢笔工具，图层样式

案例效果

本例最终效果如图15-218所示。

图15-218

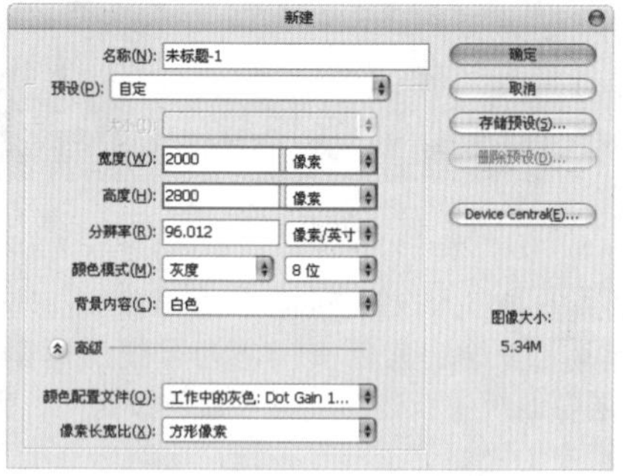

图15-219

操作步骤

步骤01按Ctrl+N组合键新建一个文档，具体参数设置如图15-219所示。

步骤02设置前景色为黑色，按Alt+Delete组合键填充背景色为黑色，如图15-220所示。

步骤03打开本书配套光盘中的人像素材文件，然后将其拖曳到当前文档中，并将新生成的图层更名为“人像”，为图层添加一个图层蒙版，在图层蒙版中使用黑色画笔绘制涂抹背景区域，如图15-221所示。使人像融入黑色背景中，如图15-222所示。

步骤04置入奇幻环境素材文件，执行“图层>栅格化>智能对象”命令。按Ctrl+T组合键，右击，在弹出的快捷菜单中选择“扭曲”命令，调整右侧两个控制点的位置，使素材产生透视效果，如图15-223所示。

图15-220

图15-221

图15-222

图15-223

步骤05为该图层添加一个图层蒙版，在图层蒙版中使用黑色柔角画笔涂抹边缘部分，并设置其图层的“不透明度”为85%，如图15-224所示。效果如图15-225所示。

步骤06 置入一个马赛克素材并栅格化，将新生成的图层命名为“马赛克”，为图层添加一个图层蒙版，在图层蒙版中使用黑色画笔 绘制涂抹多余区域。设置其图层的“不透明度”为30%，并将该层放置在“人像”图层的下面，如图15-226所示。背景如图15-227所示。

图15-224

图15-225

图15-226

图15-227

步骤07 单击“图层”面板中的“创建新组”按钮，创建一个新的组，并命名为“前景”。新建图层，使用矩形选框工具在左上角绘制一个矩形选区并填充为黑色，执行“滤镜>渲染>镜头光晕”命令，在弹出的对话框中设置“亮度”为130%，“镜头类型”为“105毫米聚焦”，如图15-228所示。效果如图15-229所示。

步骤08 将该图层的混合模式设置为“滤色”，为图层添加一个图层蒙版，在图层蒙版中使用黑色画笔绘制涂抹多余区域，如图15-230所示。效果如图15-231所示。

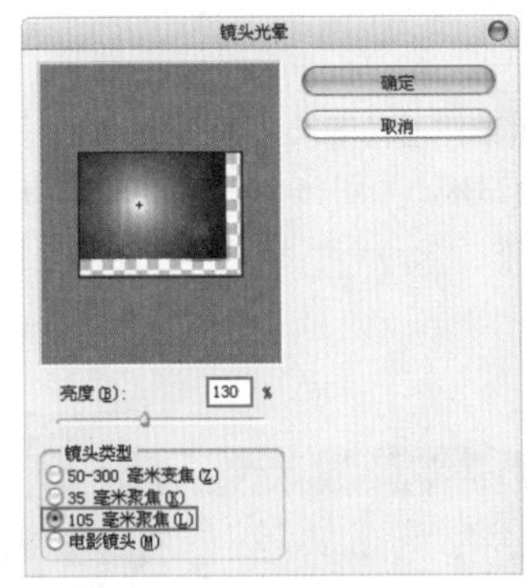

图15-228

图15-229

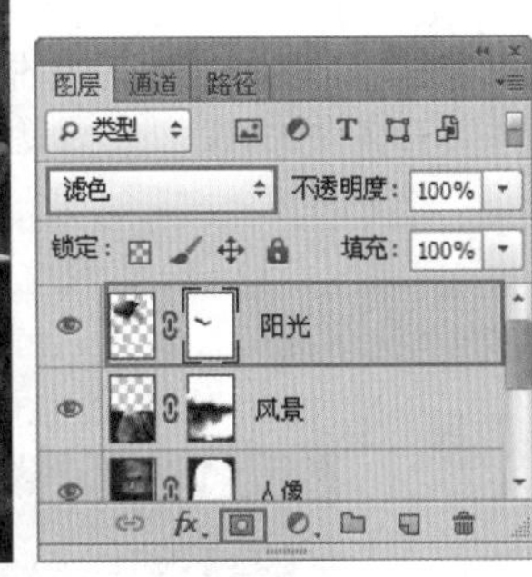

图15-230

图15-231

步骤09 新建图层，并命名为“雾”，设置前景色为白色，单击工具箱中的“画笔工具”按钮，选择一个较小的白色柔角画笔，在右侧绘制出斑点效果，如图15-232所示。

步骤10 继续使用画笔工具，设置画笔“不透明度”及“流量”均为10%，在书本上方绘制白色雾状效果，如图15-233所示。

步骤11 绘制眼镜框周围的光线效果，按F5键，打开“画笔”面板，选择一个圆形硬角画笔，设置“大小”为“1像素”，“硬度”为100%，选中“形状动态”复选框，设置“控制”为“钢笔压力”，如图15-234和图15-235所示。

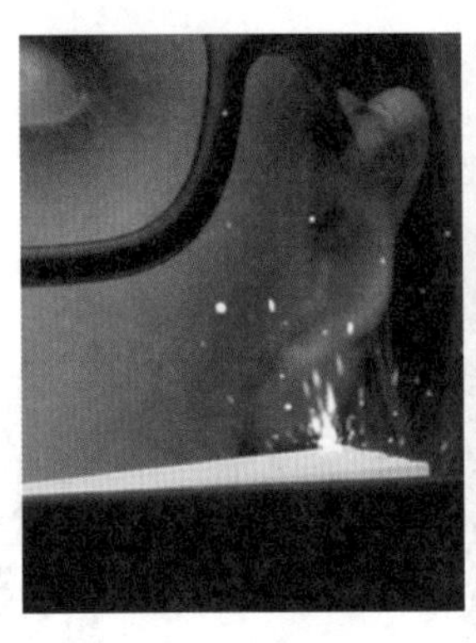

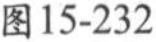

图15-232

图15-233

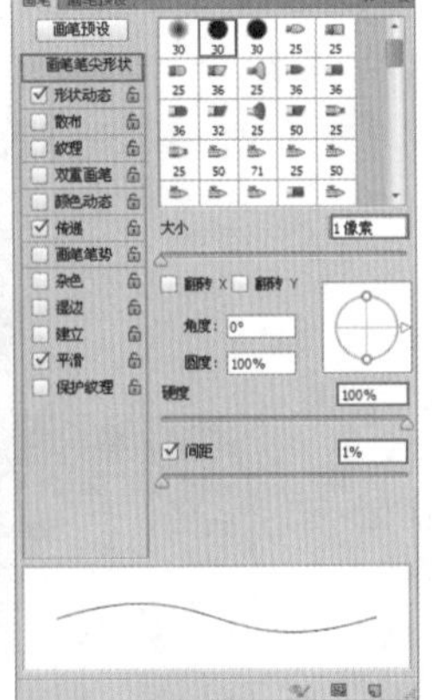

图15-234

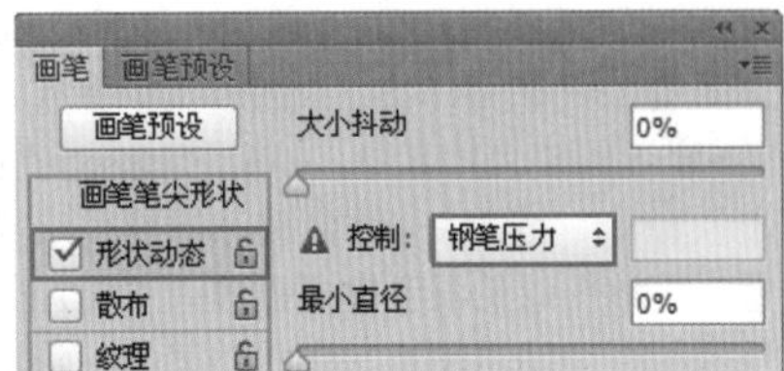

图15-235

步骤12 设置前景色为白色，单击工具箱中的“钢笔工具”按钮，在眼镜框周围绘制曲线路径，如图15-236所示。右击，在弹出的快捷菜单中选择“描边路径”命令，在弹出的对话框中设置“工具”为“画笔”，选中“模拟压力”复选框，如图15-237所示。单击“确定”按钮后可以看到眼睛周围出现白色光线，如图15-238所示。

步骤13 使用同样的方法绘制其他光线，并使用画笔工具在周围单击绘制一些小光斑，如图15-239所示。

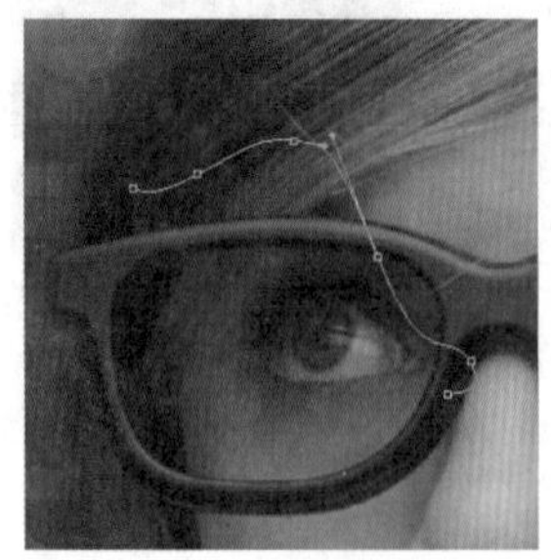

图15-236

图15-237

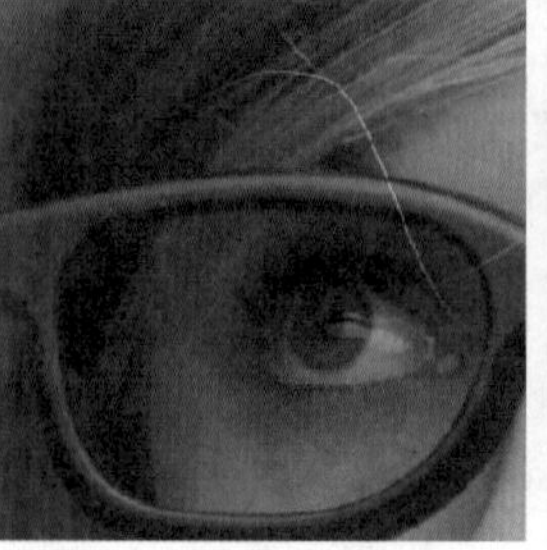

图15-238

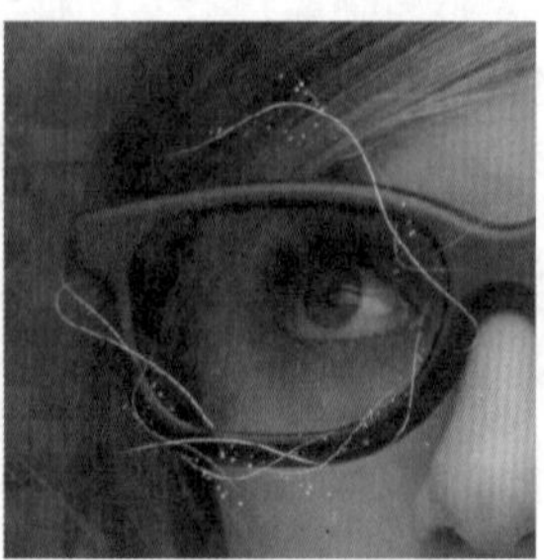

图15-239

步骤14 为光线图层添加外发光图层样式，执行“图层>图层样式>外发光”命令，在弹出的对话框中设置颜色为蓝色，“混合模式”为“滤色”，“不透明度”为75%，此时可以看到光线周围出现蓝色光晕，如图15-240和图15-241所示。

步骤15 置入绿色美瞳素材，执行“图层>栅格化>智能对象”命令。将其放置在左侧眼睛位置，按Ctrl+T组合键，右击，在弹出的快捷菜单中选择“变形”命令，将置入的美瞳与眼睛内的瞳孔角度与位置对齐，如图15-242所示。为图层添加一个图层蒙版，在图层蒙版中使用黑色画笔绘制涂抹多余区域。然后设置其图层的“不透明度”为23%，如图15-243和图15-244所示。

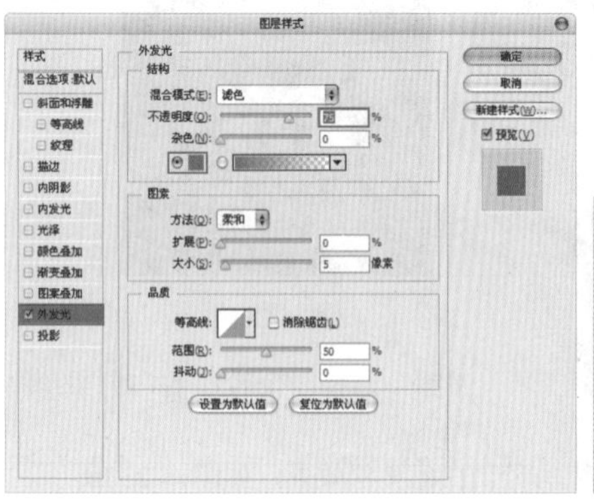

图15-240

图15-241

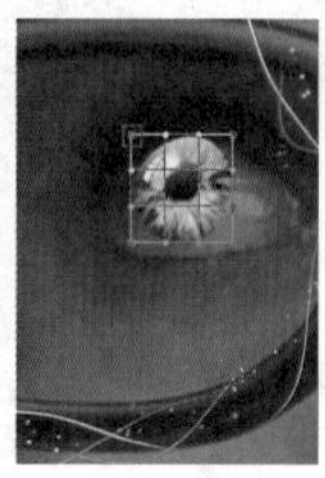

图15-242

图15-243

图15-244

技巧与提示

在使用自由变换调整美瞳角度时，可以先将美瞳的不透明度降低，可以透过美瞳看到瞳孔位置与大小，这时再使用自由变换进行准确调整。

步骤16 选择绘制完成的“瞳孔”图层，单击拖曳到“创建新图层”按钮上建立副本。将瞳孔副本放置在右侧眼睛上，如图15-245和图15-246所示。

步骤17 置入裂痕墙壁素材，执行“图层>栅格化>智能对象”命令。按Ctrl+T组合键，调整裂痕墙壁大小与位置。将该图层的混合模式设置为“正片叠底”，为图层添加一个图层蒙版，在图层蒙版中使用黑色画笔绘制涂抹多余区域，如图15-247和图15-248所示。效果如图15-249所示。

图15-245

图15-246

图15-247

步骤18 创建一个新的组，并命名为“裂痕”。再创建新“图层1”，使用钢笔工具绘制出一个裂痕的闭合路径。右击，在弹出的快捷菜单中选择“建立选区”命令，设置前景色为灰色（R:133，G:133，B:137），按Alt+Delete组合键为选区填充灰色，如图15-250所示。效果如图15-251所示。

步骤19 置入旧纸张素材并栅格化，将新生成的图层命名为“纸”。然后载入裂痕“图层1”选区，再次选择“纸”图层，为图层添加一个图层蒙版，设置其图层的“不透明度”为70%，如图15-252所示。效果如图15-253所示。

图15-248

图15-249

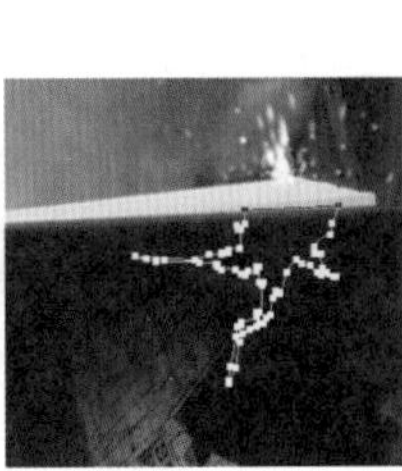

图15-250

图15-251

图15-252

图15-253

步骤20 创建新“图层2”，使用画笔工具，设置前景色为白色。在其选项栏中单击“画笔预设”拾取器，选择找到柔角画笔图案。设置“大小”为162像素，如图15-254所示。在“图层”面板中，将“图层2”的“不透明度”设置为85%，如图15-255所示。模拟出爆炸产生的雾效，如图15-256所示。

步骤21 置入光效素材，执行“图层>栅格化>智能对象”命令。按Ctrl+T组合键调整光效大小和位置。将该图层的混合模式设置为“滤色”，设置其图层的“不透明度”为50%，并为图层添加一个图层蒙版，在图层蒙版中使用黑色画笔绘制涂抹边缘区域，如图15-257所示。效果如图15-258所示。

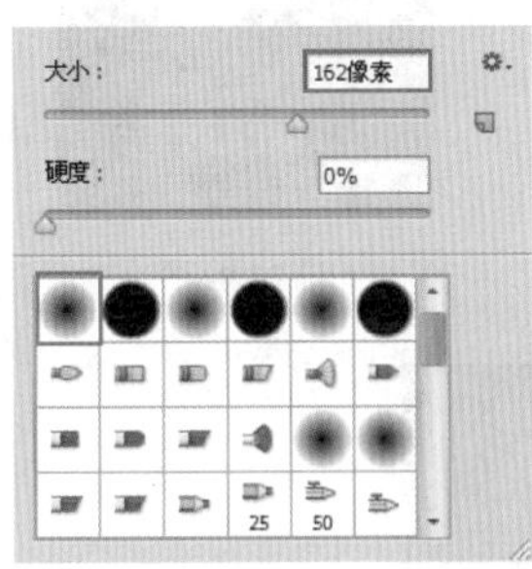

图15-254

图15-255

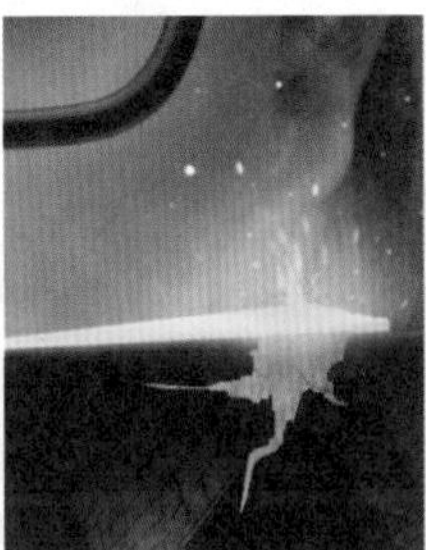

图15-256

图15-257

图15-258

步骤22 创建新的“曲线”调整图层，压暗曲线，并在曲线图层的蒙版上使用黑色画笔涂抹中心的位置，使曲线调整图层只对四周起作用，如图15-259～图15-261所示。

步骤23 创建一个新的组，并命名为“文字”。使用横排文字工具，在其选项栏中选择一个合适的字体，并设置合适大小，设置字体颜色为白色，在画布中输入英文，如图15-262所示。

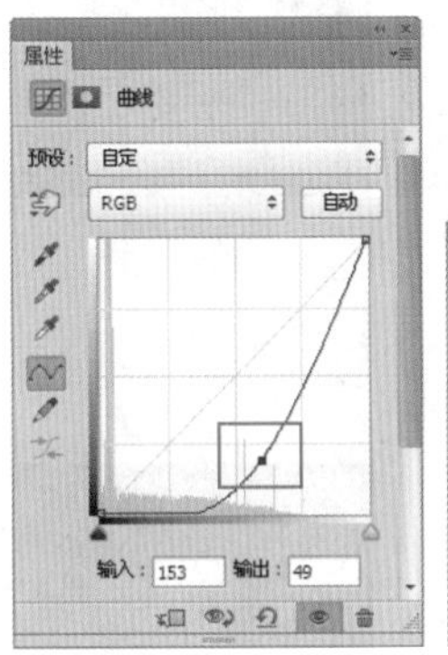

图15-259

图15-260

图15-261

图15-262

步骤24 执行“图层>图层样式>投影”命令，打开“图层样式”对话框，然后设置“混合模式”为“滤色”，颜色为紫色（R:179，G:136，B:183），“不透明度”为38%，“角度”为152度，“扩展”为20%，“大小”为35像素，如图15-263所示。效果如图15-264所示。

第15章 招贴海报设计

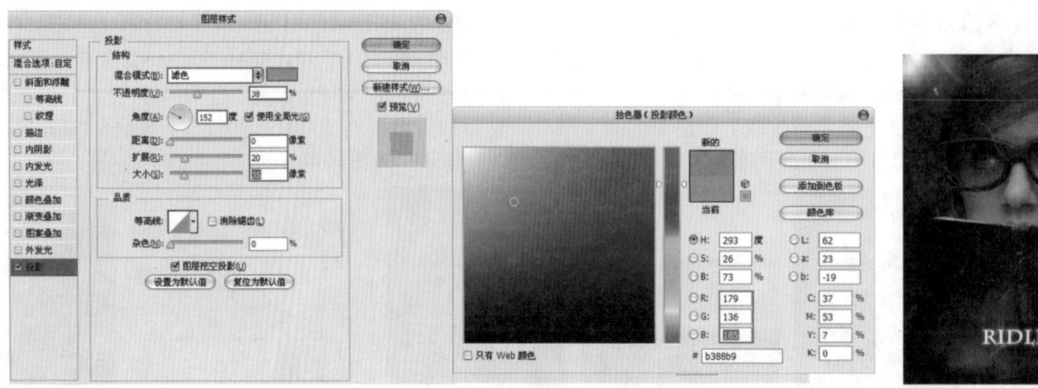

图15-263

图15-264

步骤25 在“图层样式”对话框左侧选中“外发光”样式，然后设置“混合模式”为“点光”，“不透明度”为33%，颜色为白色，“方法”为“柔和”，“大小”为17像素，如图15-265所示。效果如图15-266所示。

步骤26 为文字加上花纹效果。选择英文中的R，然后置入花纹素材并栅格化，按Ctrl+T组合键，调整花纹大小并将其放置在英文R上的位置，如图15-267所示。效果如图15-268所示。

步骤27 复制花纹素材，并使用同样的方法为其他文字添加花纹效果，如图15-269所示。

步骤28 使用横排文字工具 T 输入其他文字，效果如图15-270所示。

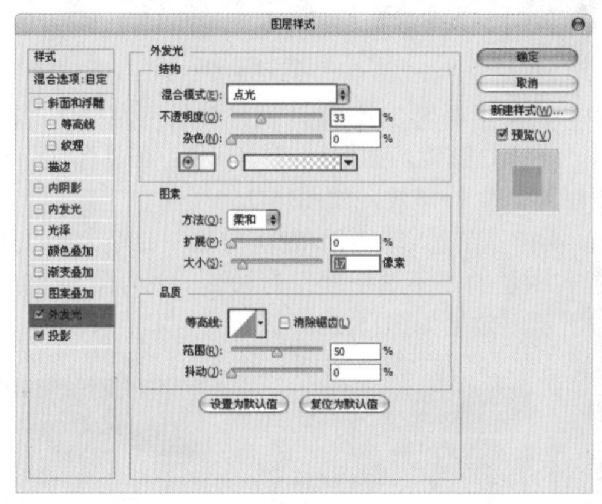

图15-265

图15-266

图15-267

图15-268

图15-269

图15-270

15.2.6 主题公园宣传招贴

案例文件	15.2.6主题公园宣传招贴.psd
视频教学	15.2.6主题公园宣传招贴.flv
难易指数	★★★★★
技术要点	图层样式，钢笔工具，文字工具，自由变换工具，渐变工具

案例效果

本例最终效果如图15-271所示。

操作步骤

步骤01 按Ctrl+N组合键，在弹出的“新建”对话框中设置“宽度”为1341像素，“高度”为1000像素，如图15-272所示。

图15-271

图15-272

步骤02 单击工具箱中的“渐变工具”按钮，在其选项栏中单击打开“渐变编辑器”对话框，编辑一种紫色系渐变，在画布上由上向下进行拖曳，如图15-273和图15-274所示。

步骤03 置入带有云朵的天空素材，执行“图层>栅格化>智能对象”命令。想要将云朵从蓝色的天空背景中分离出来，需要使用通道抠图法，如图15-275所示。

步骤04 进入“通道”面板，可以看出红通道黑白关系最明显，复制一个“红 副本”通道，如图15-276和图15-277所示。

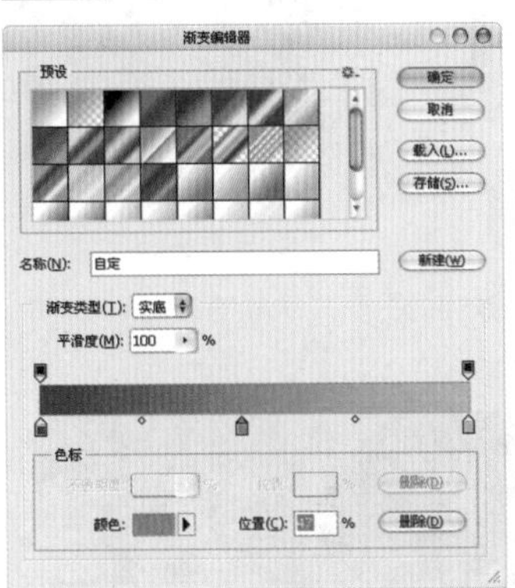

图15-273

图15-274

图15-275

图15-276

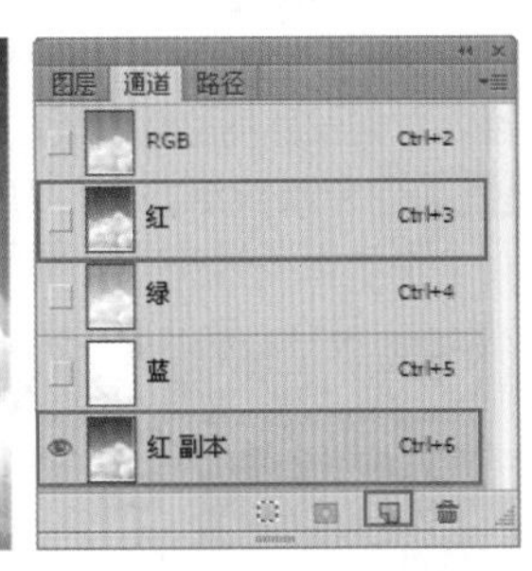

图15-277

步骤05 对“红 副本”通道执行“图像>调整>曲线”命令，压暗曲线，可以看到背景部分完全变黑，此时可以载入选区，单击RGB复合通道回到“图层”面板中，如图15-278和图15-279所示。

步骤06 以当前选区为云图层添加图层蒙版，此时可以看到蓝色的天空部分被隐藏，但是云朵上还残留蓝色像素，如图15-280和图15-281所示。

步骤07 创建一个“色相/饱和度”调整图层，右击，在弹出的快捷菜单中选择“创建剪贴蒙版”命令，如图15-282所示。设置“色相”为180，“饱和度”为-40，此时可以看到云朵部分颜色倾向于粉色，与背景色基本协调，如图15-283和图15-284所示。

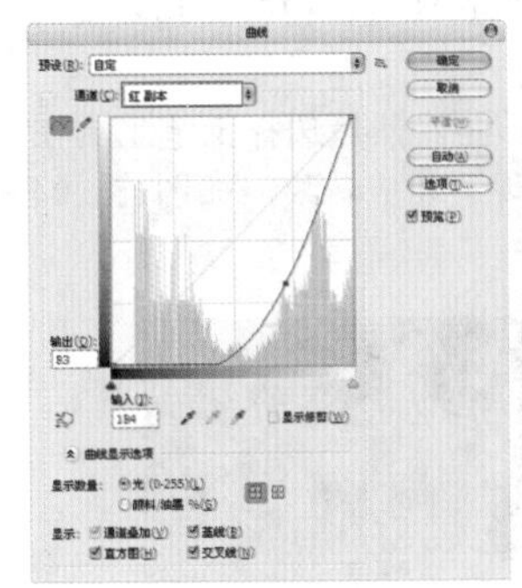

图15-278

图15-279

图15-280

图15-281

图15-282

步骤08 继续置入黑色背景的烟花素材，执行“图层>栅格化>智能对象”命令。将其放在顶部的位置，并设置混合模式为“滤色”，可以看到黑色背景部分被完全隐藏，如图15-285～图15-287所示。

图15-283

图15-284

图15-285

图15-286

图15-287

步骤09 置入山体素材，执行“图层>栅格化>智能对象”命令。将其摆放在画面中央的位置，如图15-288所示。

步骤10 继续置入前景的卡通动物素材，执行“图层>栅格化>智能对象”命令。这部分素材的提取主要使用钢笔工具进行抠取，具体钢笔抠图的流程在前面的案例中已经多次讲解，这里不再重复叙述。只需注意在素材的选择上风格要统一，色调光感要匹配，如图15-289所示。

步骤11 置入海浪素材，栅格化后放在右侧，按Ctrl+J组合键，复制一个海浪图层，并对其进行自由变换，右击，在弹出的快捷菜单中选择“水平翻转”命令，摆放在左侧位置。然后合并海浪图层，并擦除多余部分，置入过山车素材并栅格化，放在海浪上，如图15-290和图15-291所示。

步骤12 创建新组并命名为“嘉年华”，创建新图层，使用钢笔工具绘制一个不规则形状并填充紫色，如图15-292所示。

图15-288

图15-289

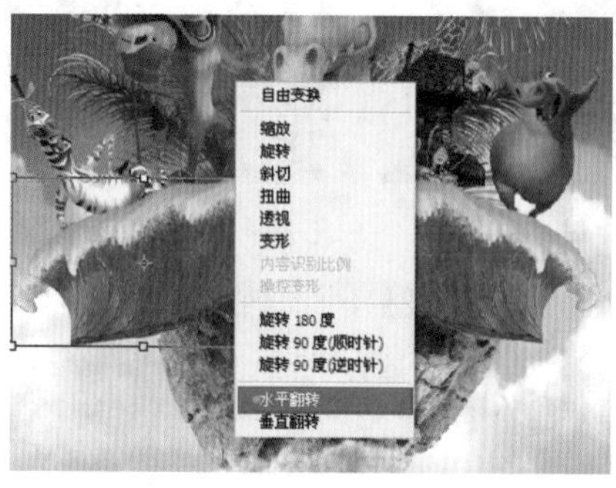

图15-290

图15-291

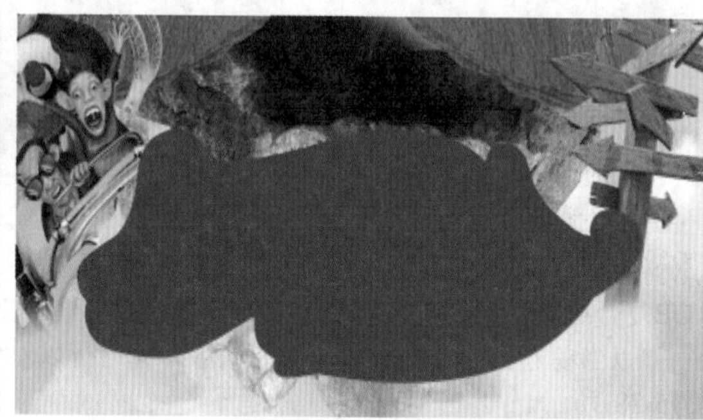

图15-292

步骤13 在紫色图形上再次使用钢笔工具绘制一个不规则形状，填充灰色，并使用减淡工具涂抹边缘处，模拟突起效果，如图15-293所示。

步骤14 设置前景色为浅紫色，首先在“画笔”面板中设置画笔“大小”为8像素，“硬度”为0。然后选择钢笔工具在灰色图像上绘制线段，右击，在弹出的快捷菜单中选择“描边路径”命令，可以看到路径上出现了相应花纹，如图15-294和图15-295所示。

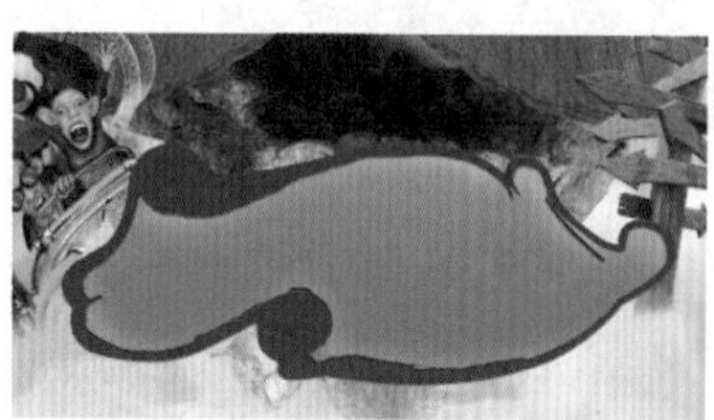

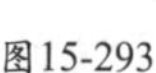

图15-293

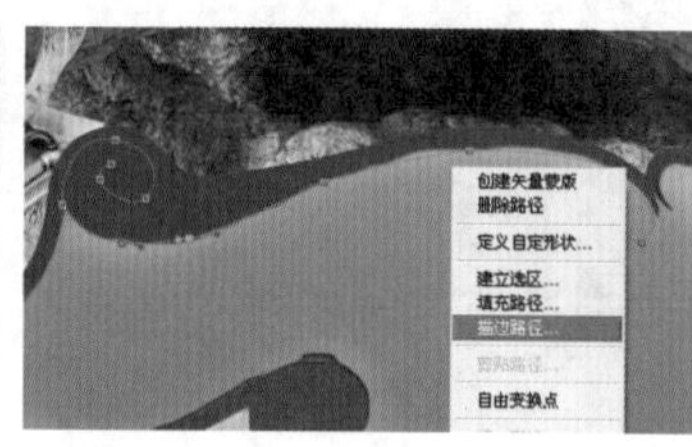

图15-294

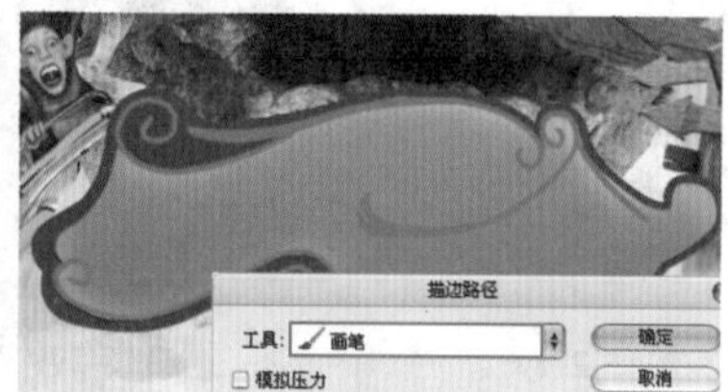

图15-295

步骤15 执行“图层>图层样式>投影”命令，在弹出的对话框中设置颜色为黑色，“不透明度”为75%，“角度”为60度，“距离”为5像素，“扩展”为0，“大小”为5像素，如图15-296和图15-297所示。

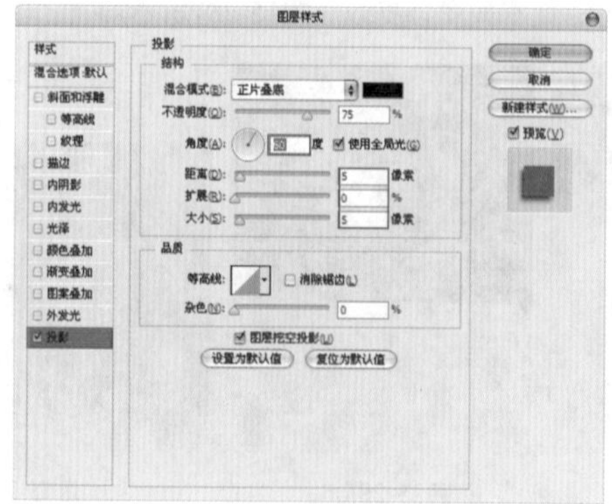

图15-296

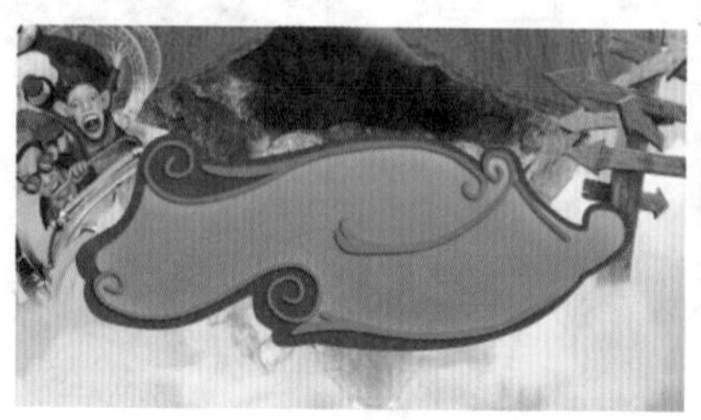

图15-297

步骤16 输入文字“嘉年华”，如图15-298所示。复制两次文字副本图层，分别栅格化文字，首先为第一个文字副本制作描边效果。执行“编辑>描边”命令，在弹出的对话框中设置“宽度”为50像素，“颜色”为橘色，“位置”为“居中”，如图15-299和图15-300所示。

图15-298

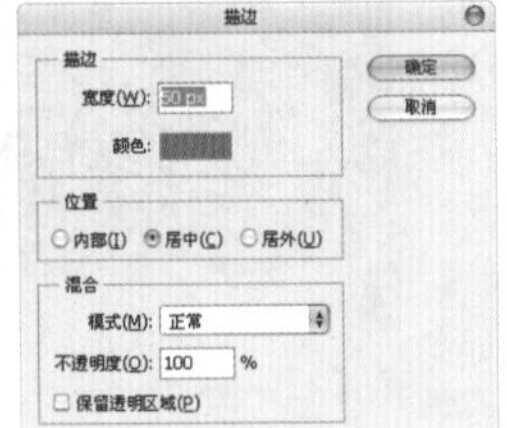

图15-299

图15-300

步骤17 为另一个文字副本添加图层样式，在弹出的“图层样式”对话框中选中“渐变叠加”和“描边”样式，设置参数如图15-301和图15-302所示。效果如图15-303所示。

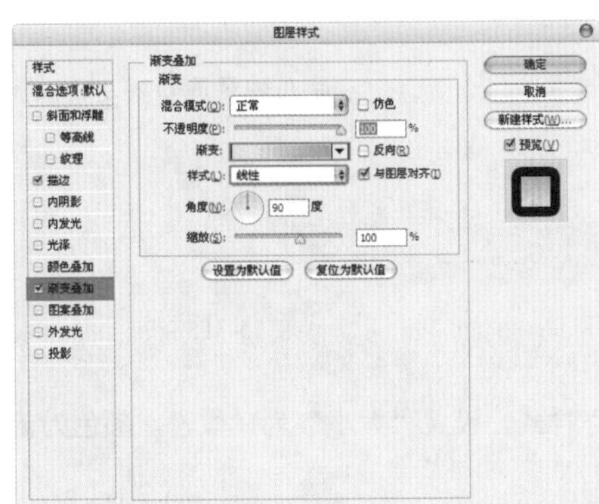

图15-301

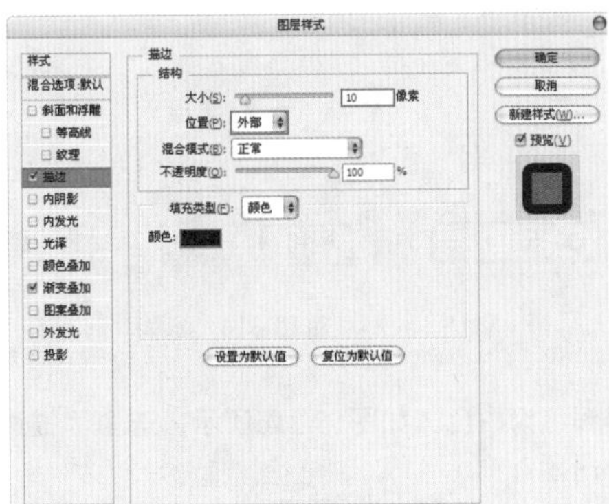

图15-302

图15-303

步骤18 使用同样的方法制作文字“与您共游”，放在下方，如图15-304所示。

步骤19 合并“嘉年华”两个副本图层以及“与您共游”两个图层，如图15-305所示。然后按Ctrl+T组合键，并右击对文字进行“透视”和“变形”操作，如图15-306～图15-308所示。

图15-304

图15-305

图15-306

步骤20 创建新图层，使用圆形硬角画笔在文字上单击绘制出一些白色斑点，如图15-309和图15-310所示。

图15-307

图15-308

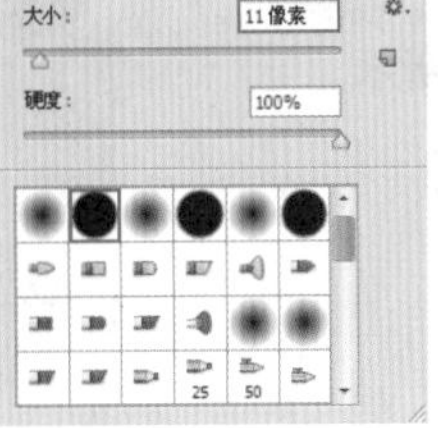

图15-309

图15-310

步骤21 继续输入弧形文字，摆放在海浪中间，执行“图层>图层样式>斜面和浮雕”命令，在弹出的对话框中设置“样式”为“内斜面”，“方法”为“平滑”，“深度”为100%，“大小”为5像素，“角度”为60度，“高度”为30度，如图15-311和图15-312所示。

图15-311

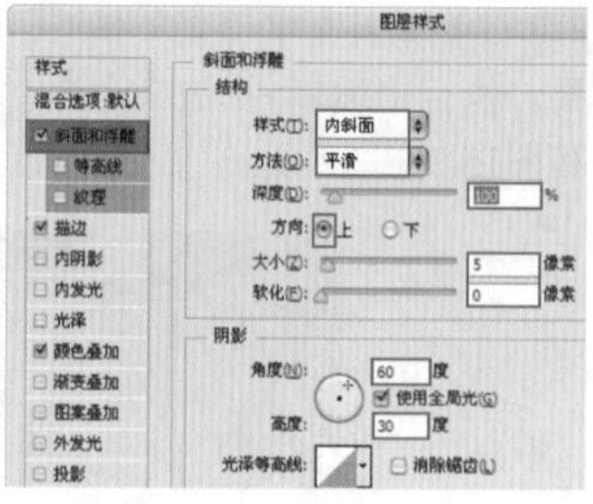

图15-312

答疑解惑——如何制作等比例弯曲的文字？

制作弯曲文字时，如果使用自由变换工具进行扭曲，文字可能会上下不齐，弯曲的弧度也会不对称。因此此处可使用创建文字变形工具。选择文字工具，在其选项栏中选择创建文字变形工具，在打开的对话框中设置所需样式即可，如图15-313～图15-315所示。

图15-313　　图15-314　　图15-315

步骤22 选中“颜色叠加”样式，设置颜色为白色，如图15-316所示；选中“描边”样式，设置“大小”为18像素，颜色为蓝色，如图15-317所示。效果如图15-318所示。

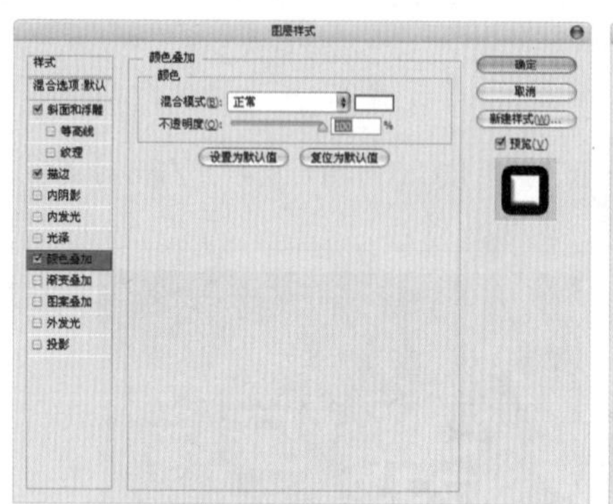

图15-316

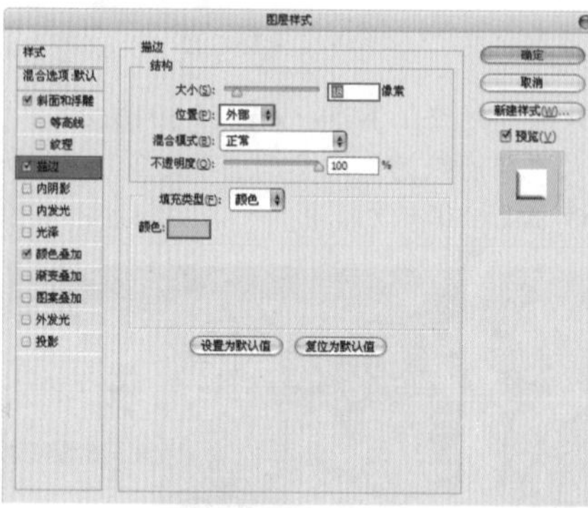

图15-317

图15-318

步骤23 使用同样的方法制作其他文字，添加的图层效果如图15-319所示。

步骤24 置入前景素材文件，执行“图层>栅格化>智能对象”命令。添加图层蒙版。擦除挡住文字的部分，最终效果如图15-320所示。

图15-319

图15-320

创意特效&视觉艺术

本章学习要点：

- 掌握多种素材的组合与搭配使用方法
- 熟练掌握光效元素的运用方法
- 掌握3D技术的应用方法

16.1 创意特效&视觉艺术概述

为了吸引人们的眼球，单一的、局限于浅显的、直白的画面表达很难达到预期目的，越来越多的平面作品都加入了创意特效的元素。特效在平面设计中指的是通过多种技术实现在现实中不存在的视觉效果的一种表现形式，这种表现手法广泛应用在平面设计的各个领域中，极大地提高了作品的视觉冲击力，如图16-1～图16-6所示。

图16-1

图16-2

视觉艺术是近年来比较流行的一种创意表现形态，可以作为平面设计的一个分支，此类设计通常没有非常明显的商业目的，但由于它为广大设计爱好者提供了无限的设计空间，因此越来越多的设计爱好者都开始注重视觉创意，并逐渐形成属于自己的一套创作风格，如图16-7～图16-10所示。

图16-3

图16-4

图16-5

图16-6

制作创意特效与视觉艺术作品可以归为合成类创作，在制作上通常会应用到多方面的技术，甚至可以多种软件共同创作（例如Photoshop与Illustrator、3ds Max等软件结合使用）。而且合成作品很多时候会应用到大量的位图素材，这就需要熟练掌握抠图技术；另外获取到的素材也需要进行颜色和形状的调整操作，也就需要使用到调色、变形、绘制等技术。这些基础技术在前面的章节中进行过详细讲解，这里不再重复叙述。下面以多个实战案例解读创意特效与视觉艺术作品的制作流程。

图16-7

图16-8

图16-9

图16-10

16.2 实战练习

16.2.1 果汁饮料创意广告

案例文件	16.2.1果汁饮料创意广告.psd
视频教学	16.2.1果汁饮料创意广告.flv
难易指数	★★★★★
技术要点	渐变工具，混合模式，图层样式

案例效果

本例最终效果如图16-11所示。

操作步骤

步骤01 按Ctrl+N组合键新建一个文档，具体参数设置如图16-12所示。

步骤02 使用渐变工具，在其选项栏中设置渐变类型为径向渐变，并在“渐变编辑器”对话框中编辑一种从褐色到橘黄色的渐变，然后在图层中填充渐变，如图16-13所示。

步骤03 使用椭圆选框工具，在底部绘制一个椭圆选框， 设置前景色为白色，按Alt+Delete组合键为选框填充白色，如图16-14所示。执行“滤镜>模糊>高斯模糊”命令，在弹出的“高斯模糊”对话框中设置“半径”为250像素，如图16-15所示。效果如图16-16所示。

图16-11

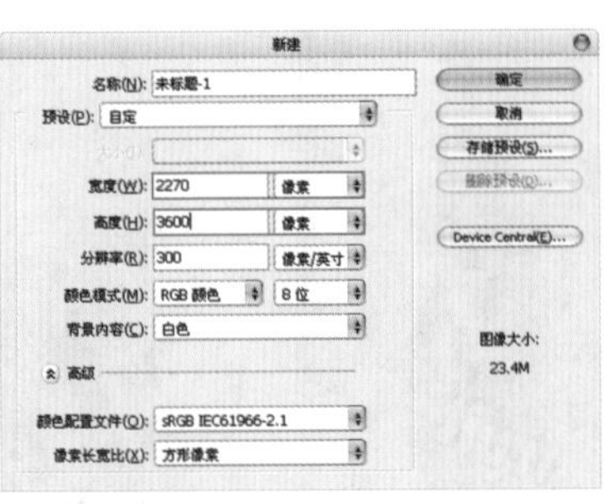

图16-12

图16-13

图16-14

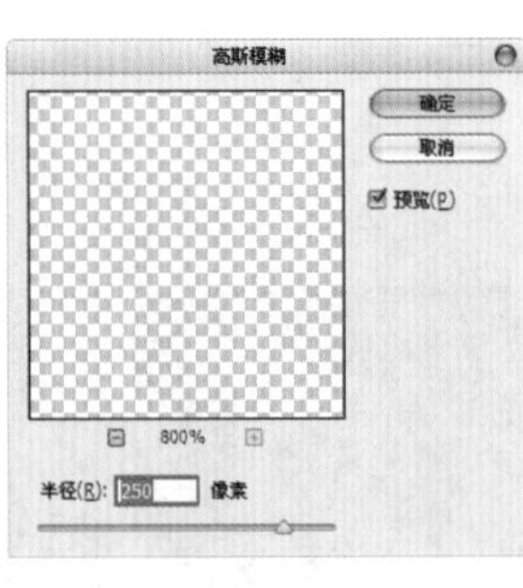

图16-15

步骤04 创建新图层，在画布中间位置绘制一个矩形选框。使用同样的方法制作出选框效果。然后设置其图层的“不透明度”为75%，如图16-17和图16-18所示。效果如图16-19所示。

步骤05 单击“图层”面板中的“创建新组”按钮，创建一个新的组，并命名为“背景”，置入卡通太阳素材并栅格化，按Ctrl+T组合键，调整太阳大小和位置，摆放在画布中央，设置其图层的“不透明度”为48%，如图16-20和图16-21所示。

图16-16

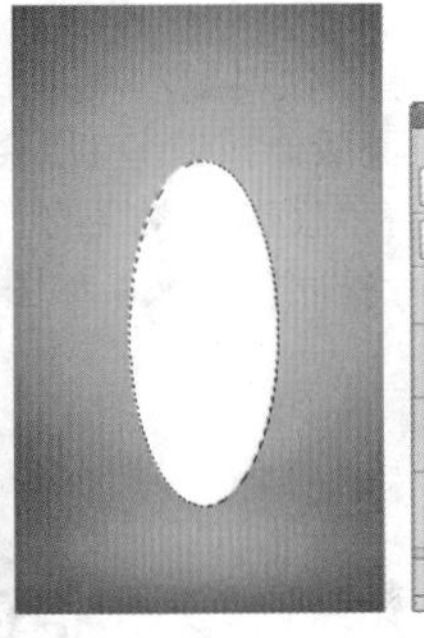
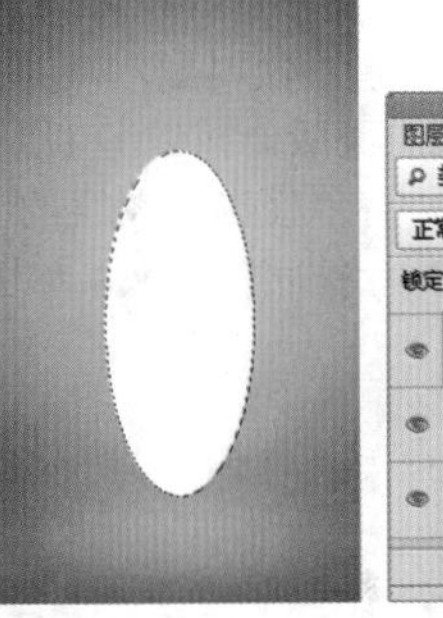
图16-17

图16-18

图16-19

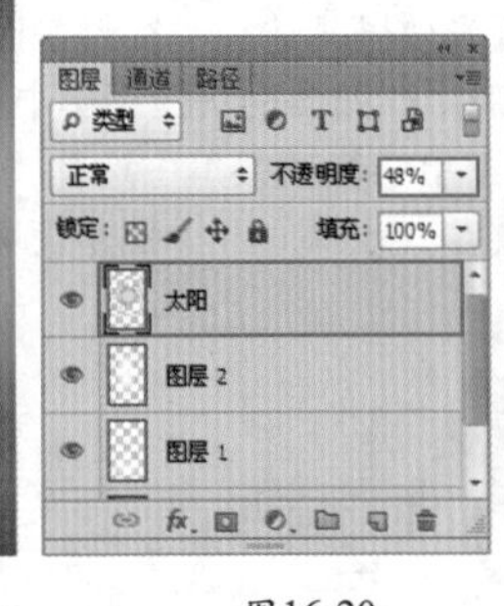

图16-20

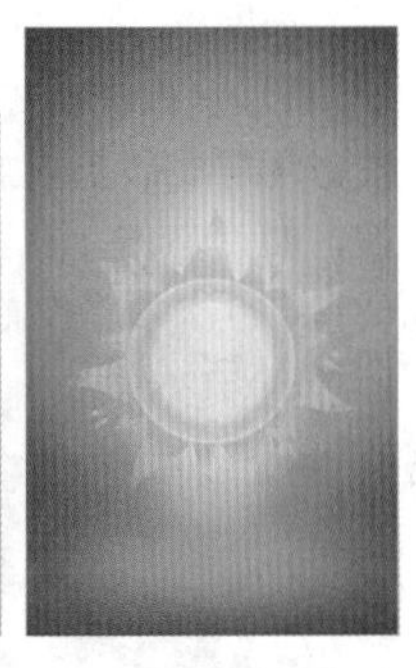
图16-21

步骤06 置入水花素材，执行“图层>栅格化>智能对象”命令。将其摆放在画布中下方，在“图层”面板中设置其混合模式为“正片叠底”，“不透明度”为75%。可以看到白色背景部分被隐藏了，如图16-22～图16-24所示。

步骤07 继续新建图层，单击工具箱中的“画笔工具”按钮，设置画笔的“不透明度”为60%，在水花上绘制部分白色区域，如图16-25所示。设置该图层的混合模式为“叠加”，作为水花上的高光部分，如图16-26所示。效果如图16-27所示。

图16-22

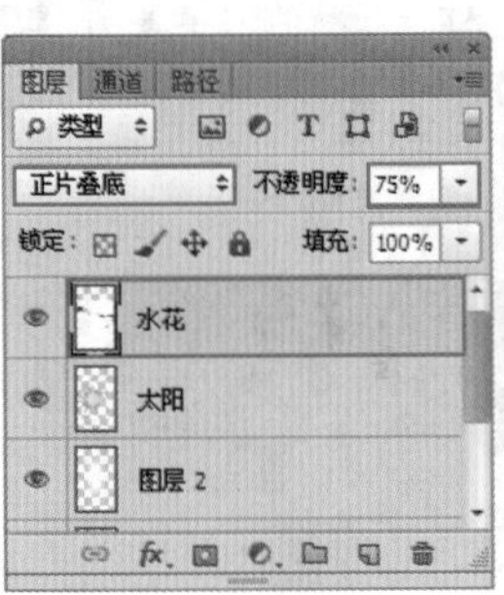

图16-23

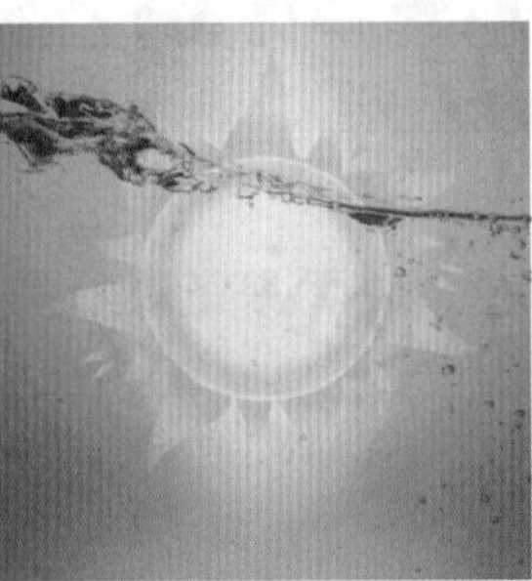
图16-24

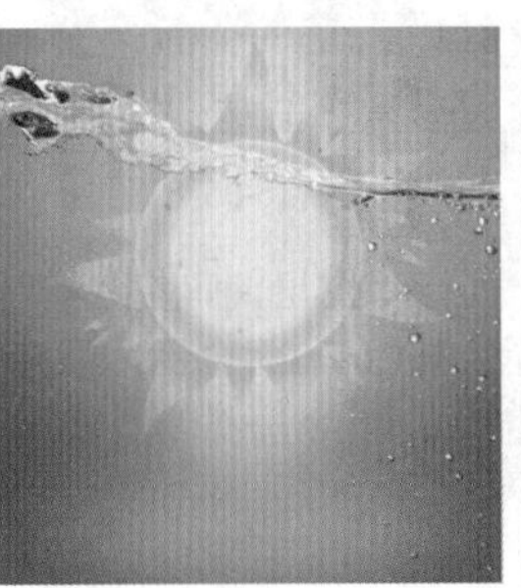
图16-25

图16-26

步骤08 继续置入橙子花朵和小号素材，执行“图层>栅格化>智能对象”命令，摆放在画布中，如图16-28所示。

步骤09 置入饮料素材，执行“图层>栅格化>智能对象”命令。首先需要去除背景，单击工具箱中的“魔棒工具”按钮，在其选项栏中单击“添加到选区”按钮，设置“容差”为50，选中“连续”复选框，在白色背景处单击，然后在底部瓶子阴影处单击得到选区，如图16-29和图16-30所示。

步骤10 由于瓶子上的商标部分也有白色区域被载入选区，所以需要使用钢笔工具绘制这两个区域的路径，右击，在弹出的快捷菜单中选择“建立选区”命令，在弹出的对话框中选中“从选区中减去”单选按钮，得到完整的背景选区，如图16-31所示。右击，在弹出的快捷菜单中选择“选择反向”命令即可得到瓶子部分的选区，如图16-32所示。

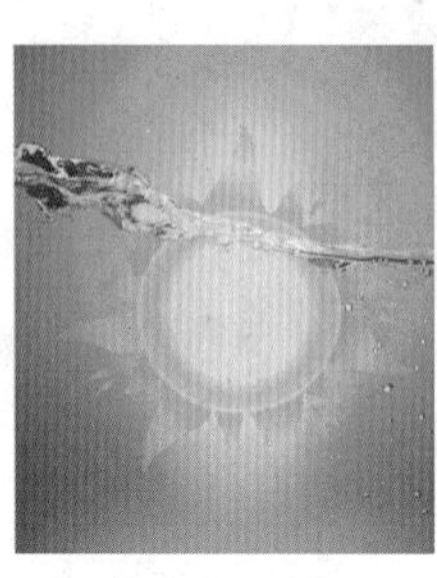
图16-27

图16-28

图16-29

图16-30

图16-31

步骤11 保留当前瓶子的选区，在“图层”面板中单击“添加图层蒙版”按钮为饮料图层添加图层蒙版，使背景部分完全隐藏，如图16-33和图16-34所示。

步骤12 制作饮料投影效果，选择“饮料”图层，将其拖曳到“创建新图层”按钮上建立饮料副本，并命名为“投影”，在投影图层蒙版上右击，在弹出的快捷菜单中选择“应用蒙版”命令，应用之前的图层蒙版。按Ctrl+T组合键对其进行自由变换，然后右击，在弹出的快捷菜单中选择“垂直翻转”命令，然后垂直向下拖曳。将“投影”图层的“不透明度”设置为68%。再次为“投影”图层添加一个图层蒙版，在图层蒙版中使用黑色柔角画笔绘制涂抹底部区域，如图16-35所示。效果如图16-36所示。

图16-32

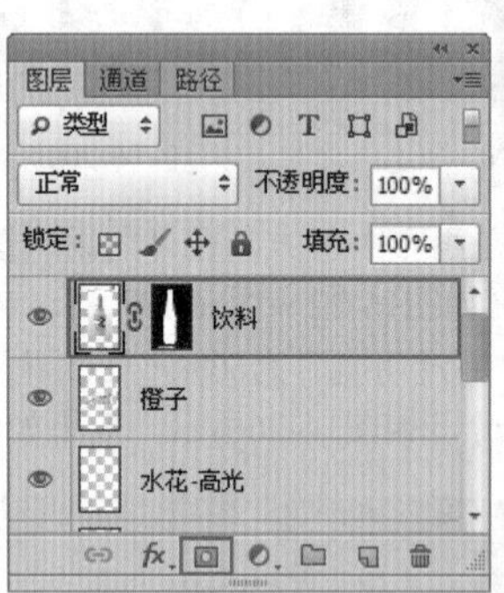

图16-33

图16-34

图16-35

图16-36

步骤13 置入橙子素材，执行“图层>栅格化>智能对象”命令，如图16-37所示。按Ctrl+T组合键，调整橙子大小放在右下角。使用魔棒工具选择背景区域。按Shift+Ctrl+I组合键进行反向，并为图层添加蒙版，图像被完整抠出来。然后使用与制作饮料投影的方法制作出橙子的投影效果，如图16-38和图16-39所示。

图16-37

图16-38

图16-39

步骤14 置入音符素材，执行“图层>栅格化>智能对象”命令。将其摆放在橙子附近，如图16-40所示。执行“图层>图层样式>投影”命令，打开“图层样式”对话框，然后设置“混合模式”为“正片叠底”，“不透明度”为8%，“角度”为100度，“距离”为95像素，“扩展”为20%，“大小”为6像素，如图16-41和图16-42所示。

图16-40

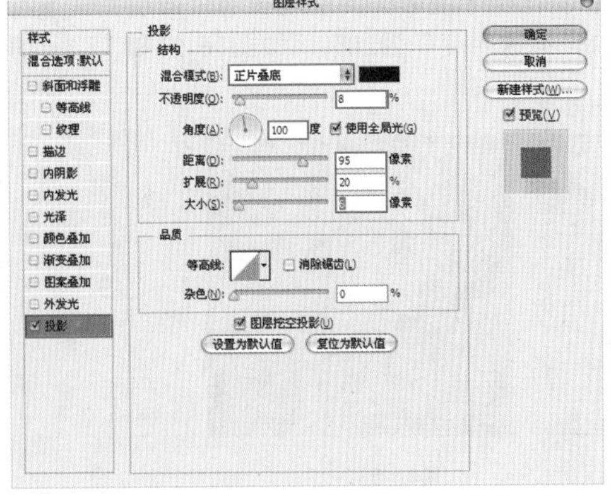

图16-41

图16-42

步骤15 按Ctrl+J组合键，复制出另外两个音符图层，对其进行适当缩放与旋转，摆放在瓶子右侧，如图16-43和图16-44所示。

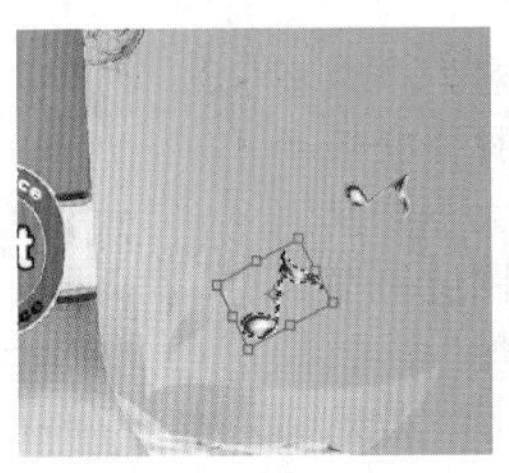

图16-43

图16-44

技巧与提示

复制出的音符不需要图层样式，可以在“图层”面板的该图层上右击，在弹出的快捷菜单中选择“清除图层样式”命令即可。

步骤16 置入橙子素材并栅格化，放在饮料的左下角，由于这部分橙子也需要制作倒影效果，而这部分橙子不处在同一水平线上，直接复制并垂直翻转会造成原物体与倒影位置不符合的情况，如图16-45和图16-46所示。

步骤17 制作这部分橙子的倒影需要逐个进行制作，首先使用快速选择工具选择出右侧半个橙子的选区，如图16-47所示。执行复制、粘贴命令，将这部分橙子复制为一个新的图层，执行“自由变换>垂直翻转”命令之后摆放在底部，如图16-48所示。

图16-45

图16-46

图16-47

图16-48

步骤18 使用同样的方法载入左侧橙子的选区，复制为新图层后发现橙子右侧有缺失的部分，这部分需要使用旁边的像素进行修补，如图16-49～图16-51所示。

技巧与提示

橙子的修复可以框选正确的橙子边缘部分，复制并粘贴为新的图层，移动到缺口的位置适当旋转变形，并使用柔角橡皮擦工具擦除边缘多余部分即可。

图16-49

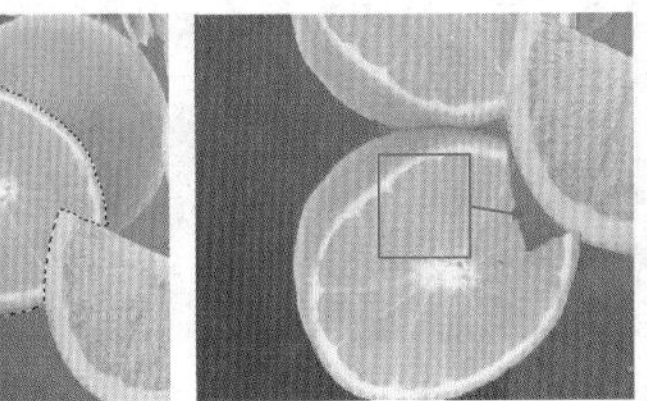

图16-50

图16-51

步骤19 将复制出的用于制作橙子倒影的图层放在一个图层组中，设置该图层组的“不透明度”为20%，如图16-52和图16-53所示。

图16-52

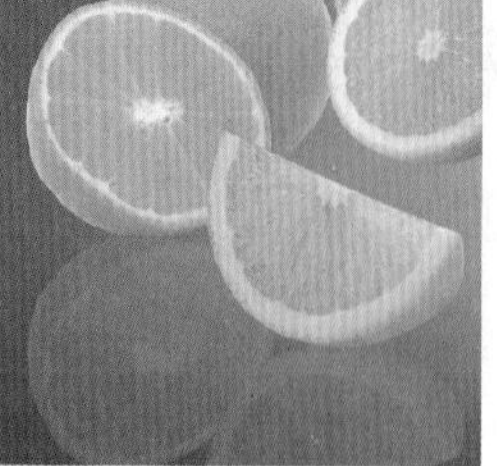

图16-53

步骤20 为该组添加图层蒙版，在蒙版中使用半透明的黑色柔角画笔涂抹底部，使投影呈现柔和过渡的效果，如图16-54和图16-55所示。

图16-54

图16-55

步骤21 利用制作投影的方法制作后面几个橙子的倒影，效果如图16-56所示。

步骤22 置入小提琴、花朵、水珠等装饰素材，执行“图层>栅格化>智能对象”命令，摆放在饮料瓶附近，如图16-57所示。

步骤23 单击“图层”面板中的“创建新组”按钮，创建一个新的组，并命名为“光效”，置入光效素材并栅格化，然后调整光效大小放置在饮料上面，将该图层的混合模式设置为“叠加”，如图16-58和图16-59所示。效果如图16-60所示。

图16-56

图16-57

图16-58

图16-59

图16-60

步骤24 置入水泡素材并栅格化，然后调整水泡大小放置在饮料上面，如图16-61所示。将该图层的混合模式设置为“滤色”，如图16-62和图16-63所示。

步骤25 单击“图层”面板中的“创建新组”按钮，创建一个新的组，并命名为“文字”。使用横排文字工具T，在其选项栏中选择一个字体，并设置字体大小为36点，字体颜色为白色，如图16-64所示。最后在画布中间输入英文ANGLE OF FRUITS，如图16-65所示。

步骤26 使用横排文字工具T继续输入较小的文字作为装饰。效果如图16-66所示。

步骤27 选择一个与饮品瓶身上文字相同的字体，在右下角输入白色文字，并对其进行适当旋转，如图16-67和图16-68所示。

图16-61

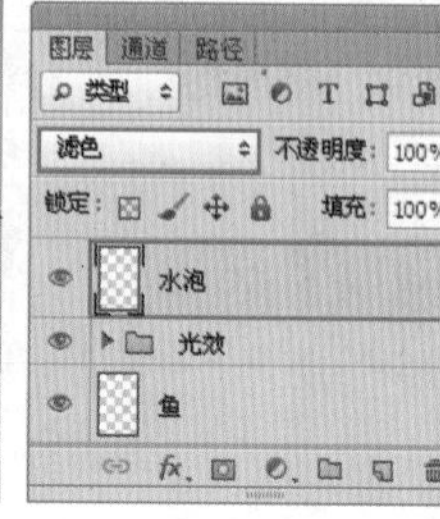

图16-62

图16-63

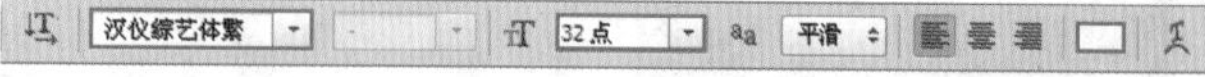

图16-64

图16-65

图16-66

图16-67

图16-68

步骤28 对该文字图层执行“图层>图层样式>外发光”命令，在弹出的对话框中设置“混合模式”为“正常”，“不透明度”为100%，颜色为黑色，“扩展”为100%，“大小”为16像素，如图16-69所示；继续选中“描边”样式，设置“大小”为8像素，“位置”为“外部”，“颜色”为棕色，如图16-70所示。效果如图16-71所示。

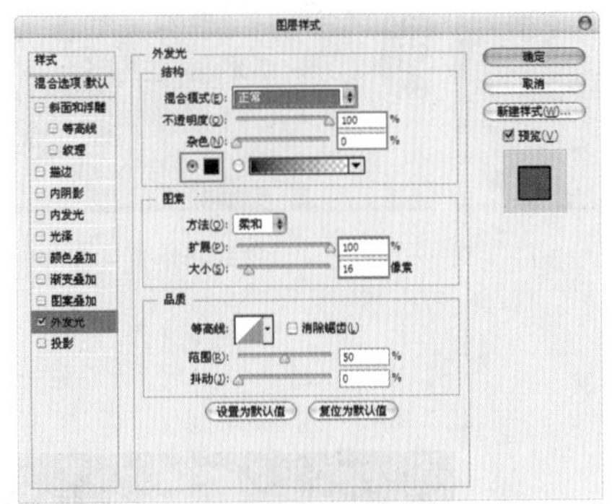

图16-69

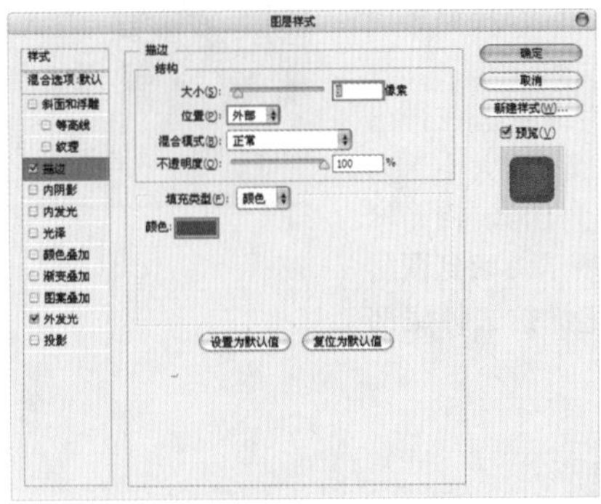

图16-70

图16-71

步骤29 再次置入一个橙子素材，执行“图层>栅格化>智能对象”命令，摆放在文字附近，效果如图16-72所示。

步骤30 使用横排文字工具 T 在底部输入英文，如图16-73所示。在“图层”面板中右击，在弹出的快捷菜单中选择“删格化文字”命令，如图16-74所示。按Ctrl+T组合键对其进行自由变换，然后右击，在弹出的快捷菜单中选择“透视”命令，调整控制点，制作透视效果，如图16-75所示。

图16-72

图16-73

图16-74

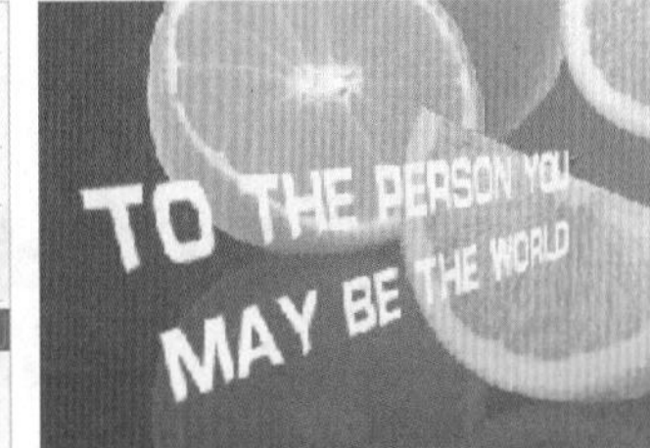

图16-75

步骤31 执行“图层>图层样式>投影”命令，打开“图层样式”对话框，然后设置“混合模式”为“正片叠底”，“不透明度”为75%，“角度”为100度，“距离”为5像素，“大小”为5像素，如图16-76和图16-77所示。

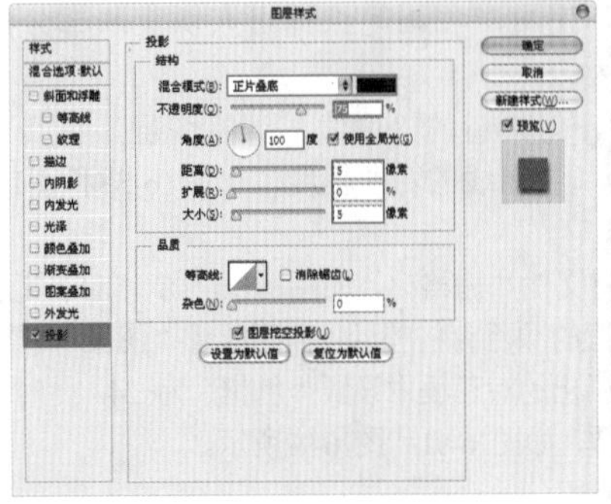

图16-76

图16-77

16.2.2 奢侈品购物创意招贴

案例文件	16.2.2奢侈品购物创意招贴.psd
视频教学	16.2.2奢侈品购物创意招贴.flv
难易指数	★★★★★
技术要点	曲线，蒙版，钢笔工具，快速选择工具，文字工具

案例效果

本例最终效果如图16-78所示。

图16-78

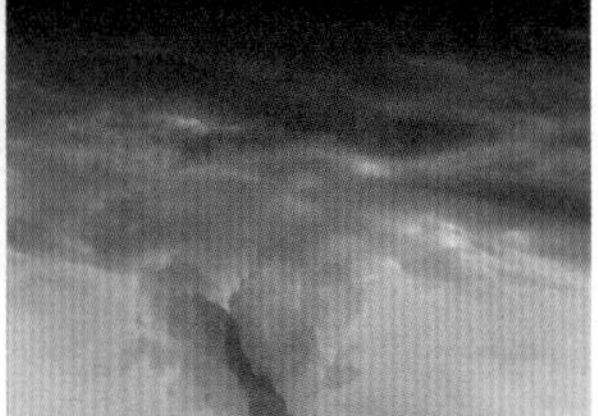

图16-79

操作步骤

步骤01 打开天空背景素材文件，如图16-79所示。

步骤02 新建一个"人像"图层组，置入人像素材文件并栅格化，如图16-80所示。使用钢笔工具勾勒出人像轮廓，然后按Ctrl+Enter组合键将路径转换为选区，按Shift+Ctrl+I组合键进行反向，并按Delete键，人像被抠出来，如图16-81所示。

图16-80

图16-81

步骤03 对人像调整，执行"滤镜>液化"命令，在弹出的对话框中选择向前变形工具，设置"画笔大小"为200，"画笔密度"为80，"画笔压力"为100，将光标向内拖曳调整人像，如图16-82和图16-83所示。回到图层中，再添加一个图层蒙版，使用黑色画笔涂抹去掉底部区域，如图16-84所示。

图16-82

图16-83

图16-84

步骤04 提亮肤色，创建新的"曲线"调整图层，在其"属性"面板中添加锚点调整曲线的弯曲程度，如图16-85所示。在图层蒙版中填充黑色，使用白色画笔涂抹出人像皮肤部分，如图16-86和图16-87所示。

步骤05 对整体提亮，创建新的"曲线"调整图层，在其"属性"面板中添加锚点调整曲线的弯曲程度，如图16-88和图16-89所示。

步骤06 置入礼服素材文件并栅格化，如图16-90所示。由于礼服素材颜色与本案例中衣服的颜色有些差异，需要执行"图像>调整>色相/饱和度"命令，在弹出的对话框中设置"色相"为-24，此时可以看到衣服颜色基本一致，如图16-91和图16-92所示。

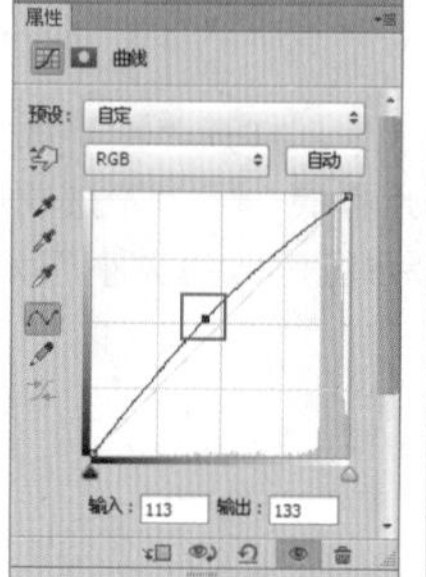

图16-85

图16-86

图16-87

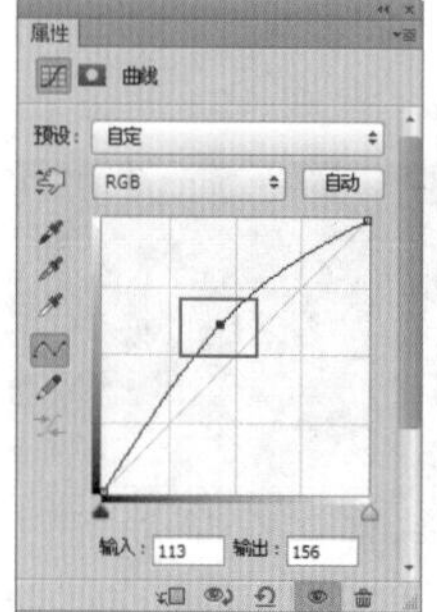

图16-88

图16-89

图16-90

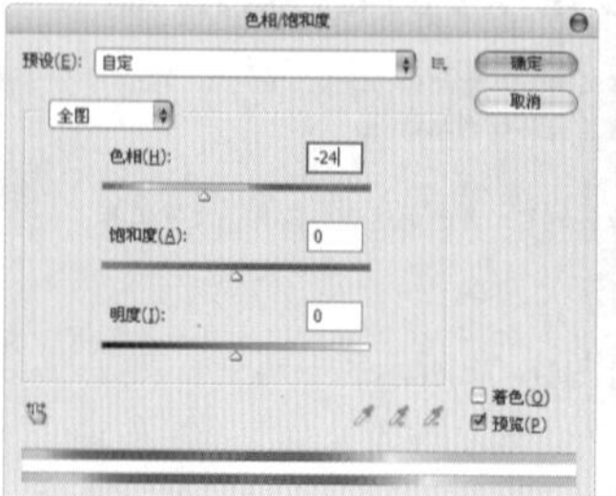

图16-91

图16-92

技巧与提示

本案例需要对人像服装部分进行再造，通常情况下想要对服装部分进行再次创造可以使用复制原始人像上的服装元素并进行多次拼接。如果原始人像素材的服装部分不适合拼接，则需要寻找其他的服装素材，而且找到合适的素材后仍需要调整衣服素材的形状、质感、受光、颜色，使之与原始人像相匹配。

步骤07 按Ctrl+J组合键复制出一个副本图层并命名为“裙子1”。使用钢笔工具绘制出一个闭合路径，如图16-93所示。按Ctrl+Enter组合键载入路径的选区，按Shift+Ctrl+I组合键进行反向，再按Delete键，删除裙子多余部分，如图16-94所示。

步骤08 由于裙子素材与模特衣服的质地不太相同，可以使用较大的柔角半透明橡皮擦工具涂抹礼服的上半部分，使之与原始衣服进行融合，如图16-95所示。

步骤09 由于裙子素材部分遮挡住了人像的手臂部分，所以需要去除这部分的裙子，将“裙子1”图层不透明度降低，这样便于观察到手臂的位置，使用钢笔工具绘制出手臂部分的路径，如图16-96所示。右击，在弹出的快捷菜单中选择“建立选区”命令，然后按Delete键删除这部分裙子，如图16-97所示。

图16-93

图16-94

图16-95

图16-96

图16-97

步骤10 再次复制出一个礼服的副本作为“裙子2”图层，下面需要再次从中提取部分裙子，单击工具箱中的“快速选择工具”按钮，在其选项栏中单击“添加到选区”按钮，设置合适的画笔大小，在裙子上单击并拖动光标载入如图16-98所示的选区。

步骤11 按Shift+Ctrl+I组合键选择反向的选区，然后按Delete键删除多余的裙子部分，并使用橡皮擦工具擦除遮挡住手臂的部分，如图16-99所示。

步骤12 对“裙子2”图层执行“自由变换>变形”操作，调整裙子形状，如图16-100所示。

图16-98

图16-99

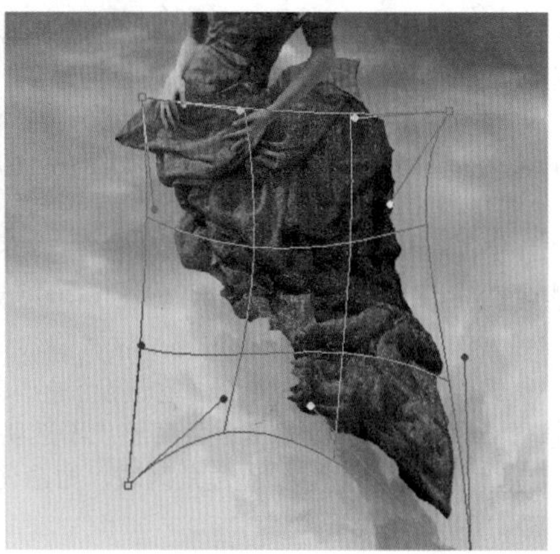

图16-100

步骤13 执行“滤镜>液化”命令，在弹出的对话框中选择向前变形工具，设置“画笔大小”为200，“画笔密度”为80，“画笔压力”为100，将光标向内拖曳调整裙尾的形状。使之与裙子的另外一部分形状相吻合，如图16-101和图16-102所示。

步骤14 新建一个“装饰”图层组，置入部分用于装饰的素材，执行“图层>栅格化>智能对象”命令。调整好大小和位置，如图16-103和图16-104所示。

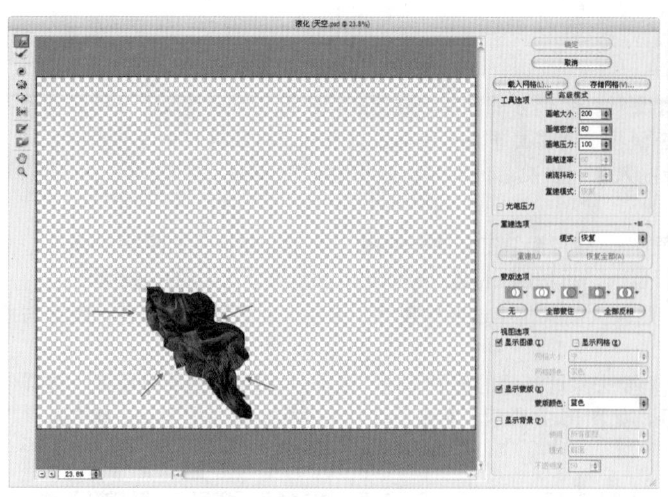

图16-101

图16-102

步骤15 新建一个“前景”图层组，新建“烟雾”图层，单击“画笔工具”按钮，在其选项栏中单击画笔预设下拉按钮，在弹出的“画笔”面板中单击菜单按钮，执行“混合画笔”命令，在弹出的对话框中单击“追加”按钮，此时可以在“画笔”面板中看到载入的混合画笔，选择一个合适的笔刷，设置“大小”为“60像素”，如图16-105所示。

步骤16 设置前景色为浅灰色，画笔“不透明度”与“流量”均为30%，在画面底部绘制出烟雾效果，如图16-106所示。

图16-103

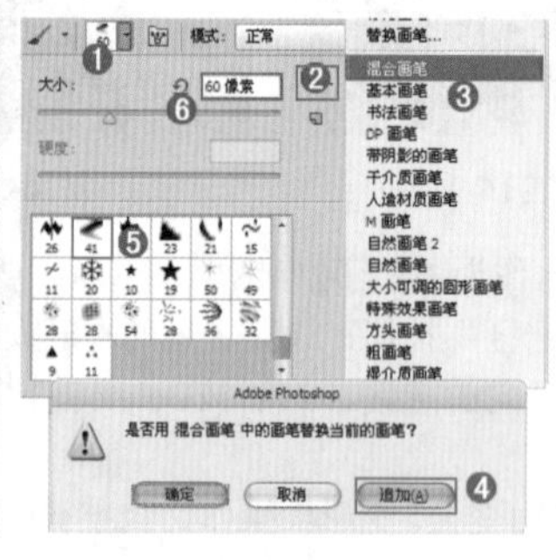

图16-104

图16-105

图16-106

步骤17 继续使用画笔工具，设置前景色为黑色。在其选项栏中单击“画笔预设”拾取器，选择一个圆形柔角画笔。设置大小为197像素，并调整“不透明度”为50%，“流量”为50%。在底部沙尘区域进行涂抹，如图16-107所示。效果如图16-108所示。

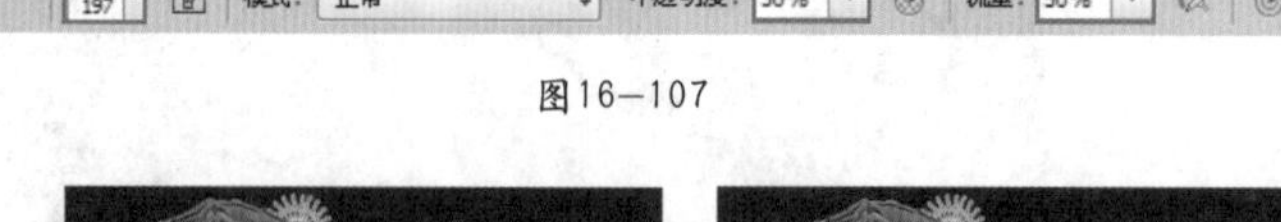

图16—107

步骤18 再次置入一些化妆品装饰素材，执行“图层>栅格化>智能对象”命令。将其放在底部，如图16-109所示。

步骤19 创建新图层“暗角”，使用画笔工具，设置前景色为黑色。在其选项栏中单击“画笔预设”拾取器，选择柔角画笔。设置大小为494像素，并调整“不透明度”为20%，“流量”为20%，进行绘制边角区域，如图16-110所示。效果如图16-111所示。

图16-108

图16-109

图16-110

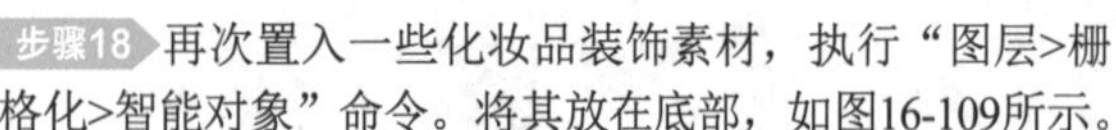

步骤20 继续新建图层“多边形”，设置前景色为紫色，单击工具箱中的“多边形工具”按钮，在其选项栏中单击“像素填充”按钮，设置“边”为6，在画面偏右的位置绘制一个紫色六边形，如图16-112所示。

步骤21 使用横排文字工具[T]，在画布上输入文字。执行“图层>图层样式>投影”命令，打开“图层样式”对话框，然后在“结构”选项组中设置“混合模式”为“正片叠底”，颜色为黑色，“不透明度”为75%，“角度”为120度，“距离”为1像素，“大小”为10像素，如图16-113所示。效果如图16-114所示。

图16-111

图16-112

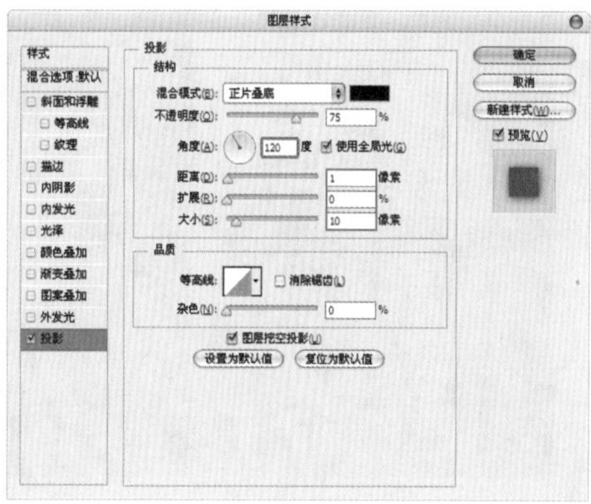
图16-113

步骤22 继续使用横排文字工具输入另外两组装饰文字，如图16-115所示。

步骤23 创建一个“曲线”调整图层，调整曲线形状，增强图像对比度，如图16-116所示。最终效果如图16-117所示。

图16-114

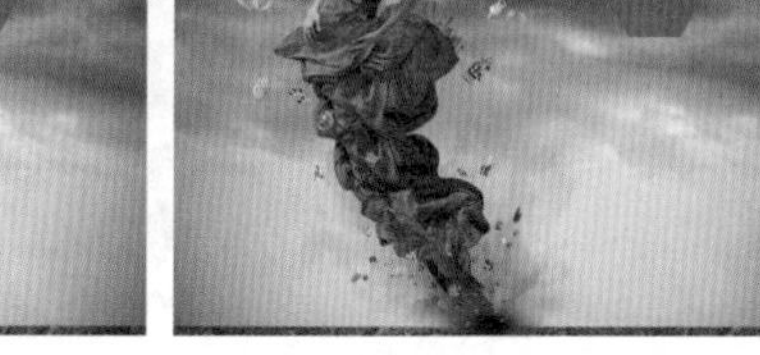

图16-115

图16-116

图16-117

16.2.3 可爱立体卡通效果创意招贴

案例文件	16.2.3可爱立体卡通效果创意招贴.psd
视频教学	16.2.3可爱立体卡通效果创意招贴.flv
难易指数	★★★★★
技术要点	钢笔工具，图层样式

案例效果

本例最终效果如图16-118所示。

操作步骤

步骤01 新建空白文件，单击工具箱中的“渐变工具”按钮，在其选项栏中设置渐变方式为线性渐变，在“渐变编辑器”对话框中设置一种蓝色系渐变，如图16-119所示。单击“确定”按钮结束操作，在画布中水平方向拖曳填充，如图16-120所示。

图16-118

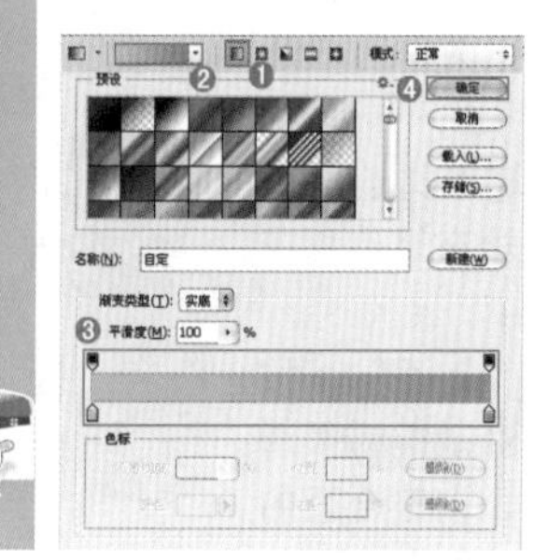
图16-119

图16-120

步骤02 新建图层组“兔子”，新建图层，单击工具箱中的“钢笔工具”按钮，绘制出兔子的外轮廓，右击，在弹出的快捷菜单中选择“建立选区”命令，填充白色，如图16-121和图16-122所示。

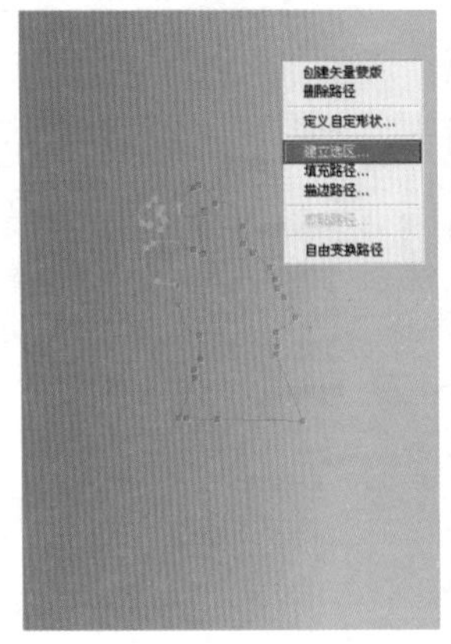

图16-121

图16-122

步骤03 再次新建图层，使用钢笔工具绘制出兔子身形的轮廓，填充浅粉色，如图16-123和图16-124所示。

图16-123

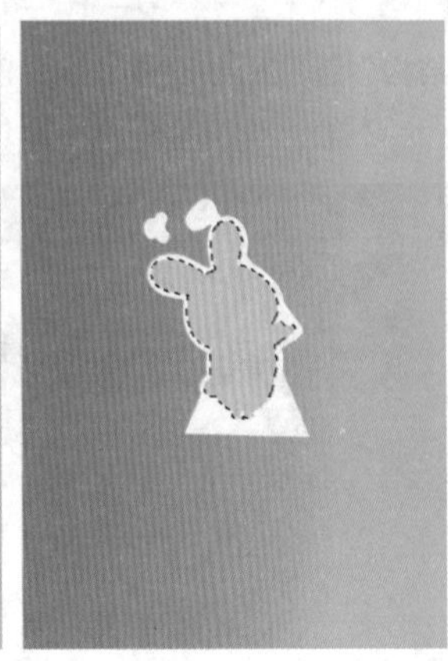

图16-124

技巧与提示

为了便于修改，每次绘制的部分都需要新建图层后进行绘制，后面也是如此，不再重复叙述。

步骤04 使用钢笔工具绘制出兔子的耳朵和脸颊轮廓，填充深一点的粉色，如图16-125和图16-126所示。

步骤05 单击工具箱中的“椭圆选框工具”按钮，绘制一个椭圆形选区，如图16-127所示。右击，在弹出的快捷菜单中选择“变换选区”命令，适当旋转并填充白色作为嘴巴的部分，如图16-128所示。使用黑色画笔绘制两条弧线，如图16-129所示。

图16-125

图16-126

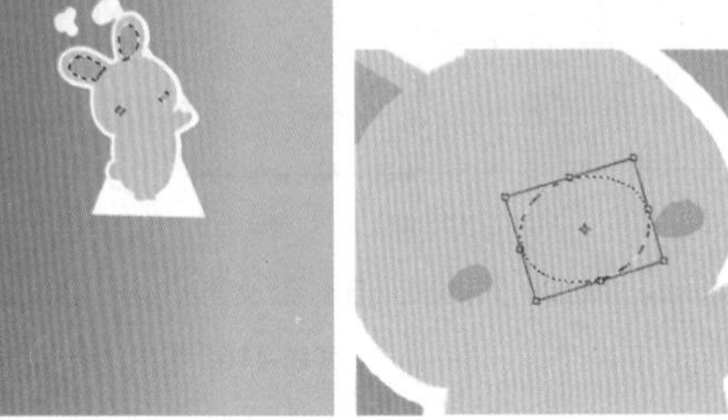

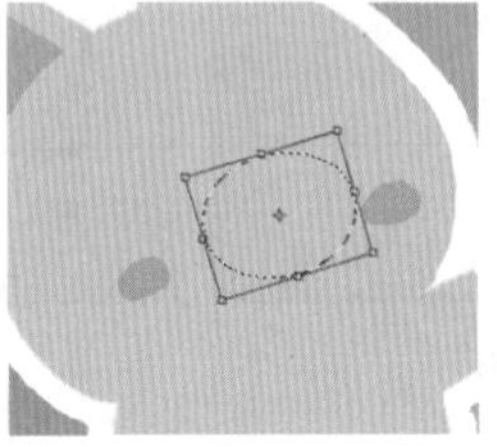

图16-127

图16-128

图16-129

步骤06 设置前景色为黑色，使用椭圆形状工具，在其选项栏中设置绘制模式为“像素填充”，并按住Shift键绘制3个黑色正圆作为眼睛和鼻子，如图16-130所示。

步骤07 继续使用钢笔工具绘制出球杆和细节部分，并填充黑色和灰色，如图16-131所示。

步骤08 选择图层组“兔子”，按Ctrl+T组合键，按住Shift键将卡通兔子进行等比例缩放，调整合适的大小及位置，放在画面的左下角，如图16-132 所示。

图16-130

图16-131

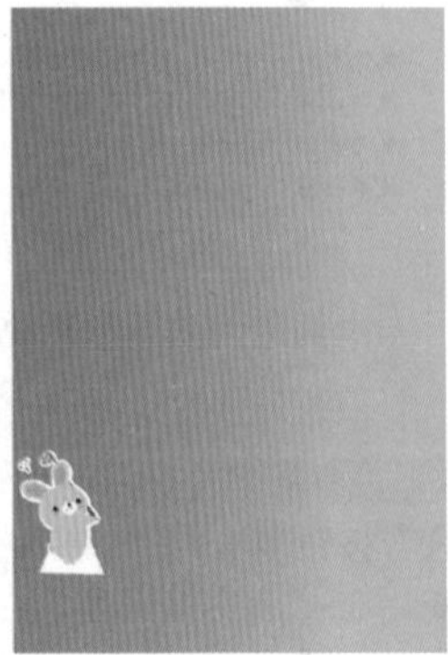

图16-132

步骤09 复制图层组“兔子”并合并图层组，命名为“投影”，载入选区并将其填充为黑色，对“投影”图层使用自由变换命令，调整角度和透视感，如图16-133和图16-134所示。然后对投影图层执行“滤镜>模糊>高斯模糊”命令，在弹出的对话框中设置“半径”为8像素，并在“图层”面板中设置其“不透明度”为15%，如图16-135和图16-136所示。

步骤10 打开本书配套光盘中的旧纸张素材文件，将素材放入相应位置，如图16-137和图16-138所示。

图16-133

图16-134

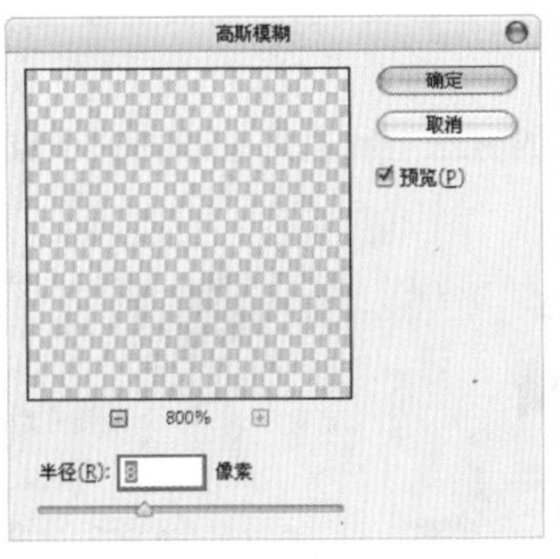

图16-135

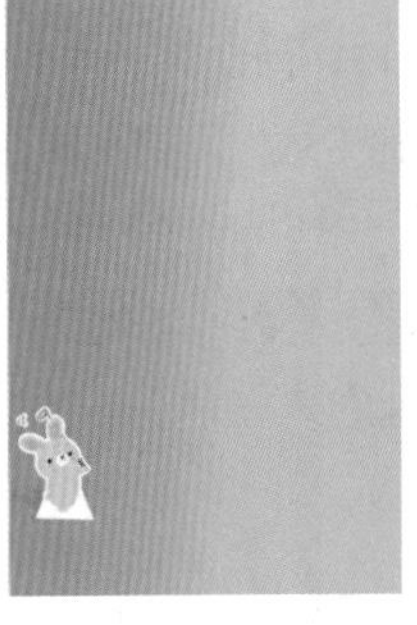

图16-136

图16-137

步骤11 载入纸图层选区，向左移动并适当缩放，如图16-139所示。

步骤12 执行“选择>修改>羽化”命令，在弹出的对话框中设置“羽化半径”为30像素，可以得到一个羽化选区，如图16-140和图16-141所示。

步骤13 新建图层，为选区填充黑色，在“图层”面板中设置其“不透明度”为20%，如图16-142和图16-143所示。

图16-138

图16-139

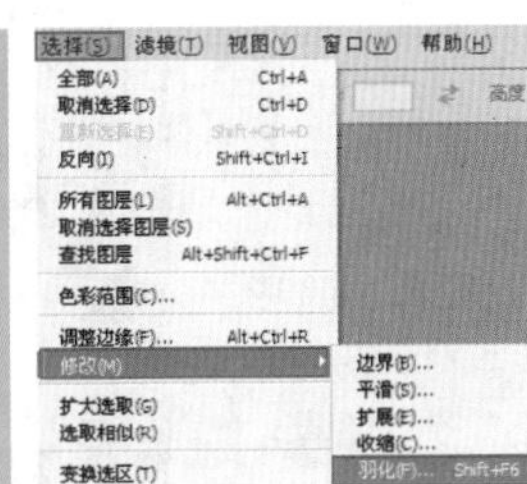

图16-140

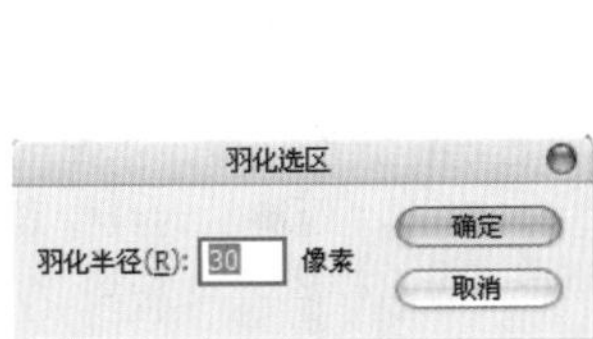

图16-141

图16-142

图16-143

步骤14 打开本书配套光盘中的卡通素材文件，单击工具箱中的“魔棒工具”按钮，在其选项栏中设置“容差”为0，选中“连续”复选框，单击背景部分，载入白色背景部分的选区，如图16-144所示。

步骤15 为了使画面整体风格统一，卡通房子素材也需要模拟出白色描边的效果，对当前白色背景的选区执行“选择>修改>收缩”命令，在弹出的对话框中设置“收缩量”为10像素，此时可以得到稍小一些的选区，右击，在弹出的快捷菜单中选择“选择反向”命令得到房子部分的选区，如图16-145～图16-147所示。

图16-144

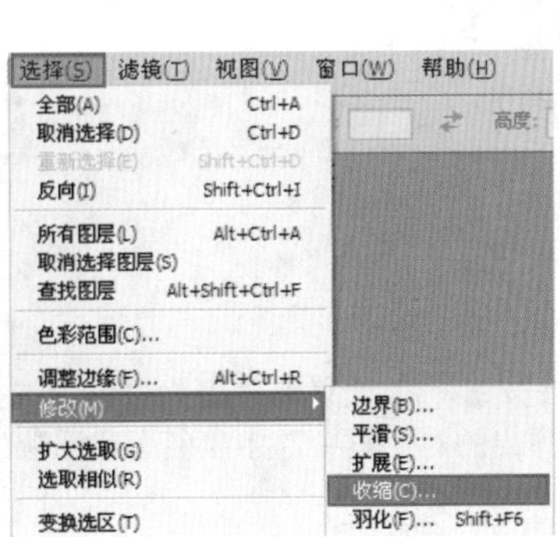

图16-145

图16-146

第16章 创意特效&视觉艺术

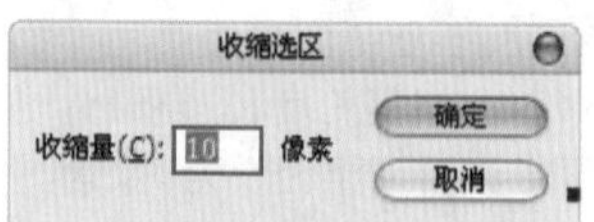

图16-147

步骤16 由于顶部和两侧还有一些多余的选区，可以使用矩形选框工具按住Alt键的同时在多余的部分框选去除多余的选区，然后以当前选区为卡通房子添加图层蒙版，可以看到白色背景部分被隐藏了，如图16-148和图16-149所示。

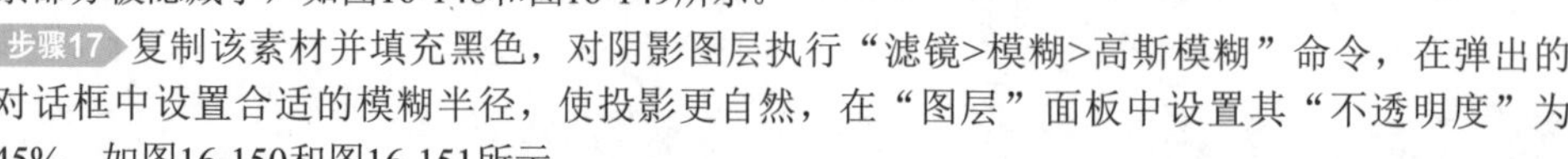

步骤17 复制该素材并填充黑色，对阴影图层执行“滤镜>模糊>高斯模糊”命令，在弹出的对话框中设置合适的模糊半径，使投影更自然，在“图层”面板中设置其“不透明度”为45%，如图16-150和图16-151所示。

步骤18 新建图层组“其他卡通”，使用同样的方法绘制出形态各异的小兔子，同样使用“复制-填充-模糊-调整透明度”的办法制作阴影，如图16-152所示。

图16-148

图16-149

图16-150

图16-151

图16-152

步骤19 新建图层组“顶部文字”，新建图层“矩形”，使用多边形套索工具绘制一个不规则的矩形并填充黄绿色，如图16-153所示。

步骤20 使用同样的方法绘制其他颜色的矩形，合并矩形图层并命名为“色块”，如图16-154所示。

步骤21 单击“图层”面板中的“添加图层样式”按钮，在弹出的对话框中选中“投影”样式，设置其“不透明度”为45%，“距离”为41像素，“大小”为49像素，如图16-155所示；选中“斜面和浮雕”样式，设置其“大小”为5像素，单击“确定”按钮结束操作，如图16-156所示。

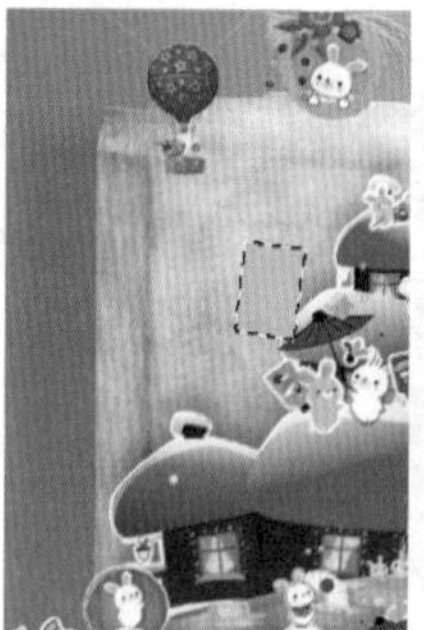
图16-153

图16-154

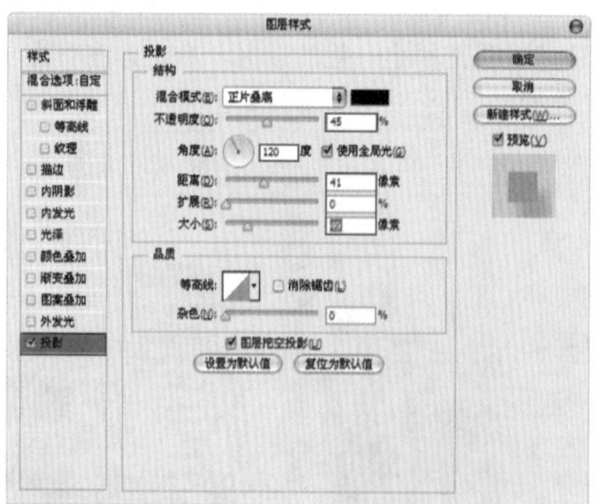

图16-155

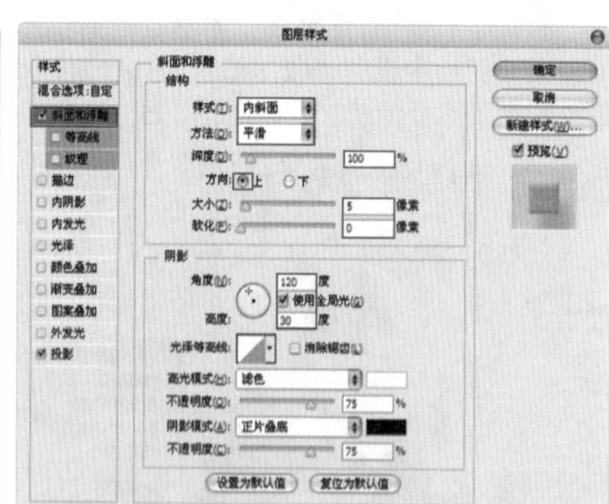
图16-156

步骤22 单击工具箱中的“横排文字工具”按钮，设置前景色为白色，选择合适的大小及字体，输入“cosy”，单击“图层”面板中的“添加图层样式”按钮，在弹出的对话框中选中“斜面和浮雕”样式，设置其“大小”为5像素，如图16-157所示。单击“确定”按钮结束操作，如图16-158所示。

步骤23 选中“描边”样式，设置其“大小”为16像素，颜色为蓝色，单击“确定”按钮结束操作，如图16-159和图16-160所示。

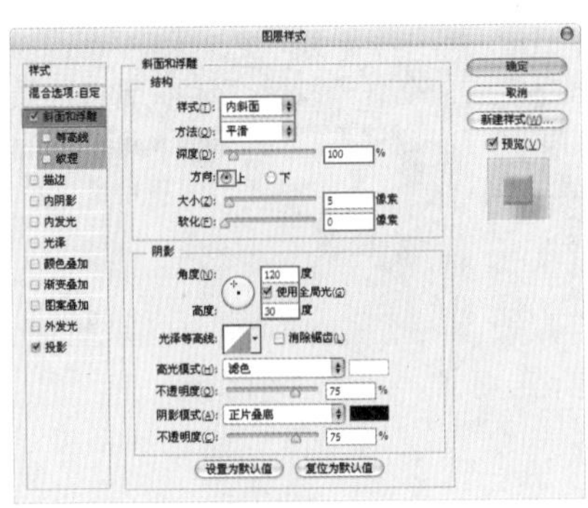

图16-157

图16-158

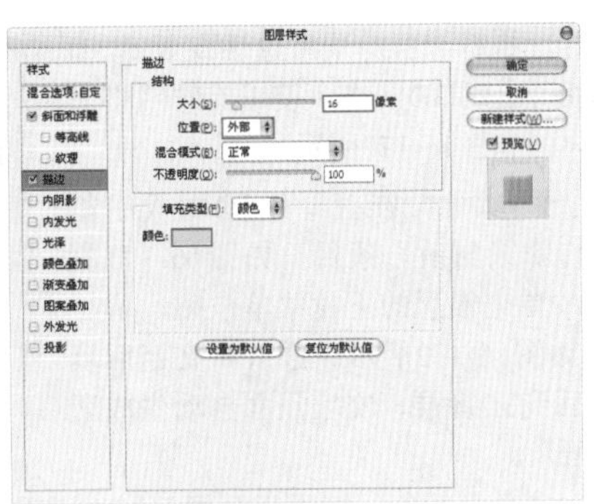

图16-159

图16-160

步骤24 使用同样的方法输入其他的单词，如图16-161所示。

步骤25 新建图层组“左下文字”，使用横排文字工具输入“FANTASTIC”，单击“图层”面板中的“添加图层样式”按钮，在弹出的对话框中选中“斜面和浮雕”样式，设置其“大小”为5像素，如图16-162所示。单击“确定”按钮结束操作，如图16-163所示。

步骤26 使用同样的方法输入其他英文，最终效果如图16-164所示。

图16-161

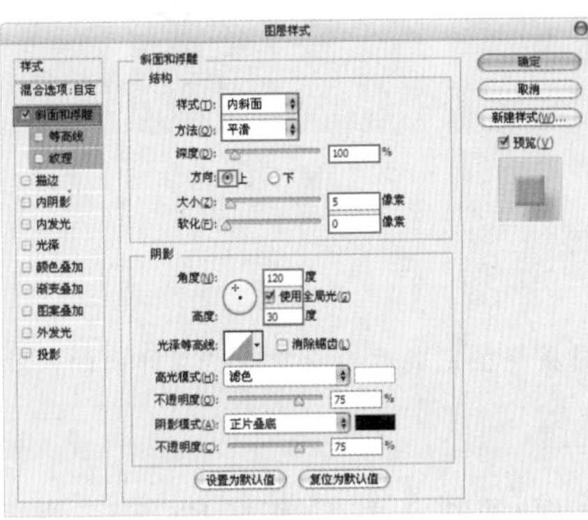

图16-162

图16-163

图16-164

16.2.4 三维立体创意海报

案例文件	16.2.4三维立体创意海报.psd
视频教学	16.2.4三维立体创意海报.flv
难易指数	★★★★★
技术要点	3D功能，文字工具，渐变，钢笔工具

案例效果

本例最终效果如图16-165所示。

图16-165

图16-166

操作步骤

步骤01 打开本书配套光盘中的天空背景素材文件，如图16-166所示。

步骤02 使用横排文字工具[T]，在其选项栏中设置合适的字体及字号，并在画布上输入“CUTE”文字，如图16-167所示。

步骤03 在文字图层上右击，在弹出的快捷菜单中选择“栅格化文字”命令，如图16-168所示。

图16-167

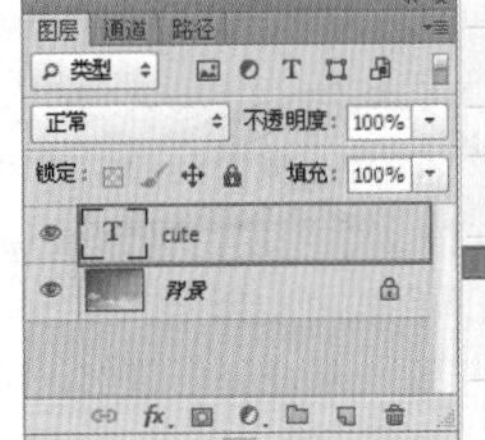

图16-168

步骤04 选中文字图层，执行“3D>从所选图层新建3D模型”命令，此时画面中出现3D网格，使用旋转网格工具调整角度，如图16-169和图16-170所示。

步骤05 改变3D文字正面颜色，在打开的3D面板中单击该文字的“CUTE前膨胀材质”条目，如图16-171所示。在“属性”面板中单击漫射的下拉菜单按钮，执行“新建纹理”命令，如图16-172所示。进入新文档后填充灰白色系渐变。再回到3D图层，文字正面自动生成渐变效果，如图16-173所示。

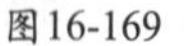
图16-169

图16-170

步骤06 继续改变3D文字立面颜色，同样需要展开3D文字图层，双击“图层1凸出材质”进入新文档，使用渐变工具将其填充灰白色渐变，如图16-174所示。再回到3D图层，文字侧面自动生成渐变效果，如图16-175所示。

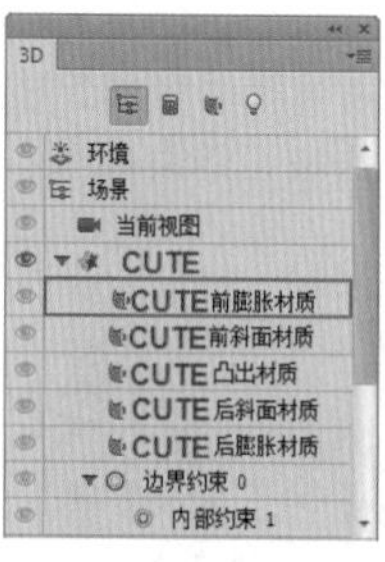

图16-171

图16-172

图16-173

图16-174

图16-175

技巧与提示

为了避免在运行过程中给设备带来过多负担，在3D图层调整完成后可以右击，在弹出的快捷菜单中选择“栅格化3D”命令。

步骤07 新建一个C图层组，置入草地素材文件并栅格化，将其放置在C上面，如图16-176所示。然后使用钢笔工具绘制出一个C侧面的闭合路径，右击，在弹出的快捷菜单中选择“建立选区”命令，接着为草地添加一个图层蒙版，并将图层的混合模式设置为“正片叠底”，如图16-177所示。此时可以看到字母C的立面出现了草地，如图16-178所示。

步骤08 置入地球素材文件，执行“图层>栅格化>智能对象”命令。然后按Ctrl+J组合键复制副本并命名为“正面2”，放置在C的正面，如图16-179所示。使用魔棒工具选出C正面的选区，以当前选区为地球图层添加图层蒙版，并使用白色画笔工具涂抹C字底部的建筑和植物，使这部分显示出来，如图16-180所示。

图16-176

图16-177

图16-178

图16-179

步骤09 使用同样的方法为字母C右上角空白的地方添加地球素材，如图16-181所示。

步骤10 继续使用地球素材填补字母C内的区域，为了便于观察，可以降低地球图层不透明度，旋转地球素材到合适的角度，然后选中立体文字图层，使用快速选择工具载入字母C内侧部分的选区，并为地球图层添加图层蒙版，使多余的部分隐藏，如图16-182和图16-183所示。

步骤11 由于这一部分处于暗部，所以需要对其执行“图像>调整>曲线”命令，压暗字母C的内部区域，如图16-184和图16-185所示。

图16-180

图16-181

图16-182

图16-183

步骤12 新建一个UTE图层组，在这个图层组中将要放置另外3个字母所使用到的图层。置入另外一个布满公路的地球素材文件并栅格化，将其放置在字母“U”上面，如图16-186所示。然后使用钢笔工具绘制出一个公路的闭合路径，按Ctrl+Enter组合键载入路径的选区，按Shift+Ctrl+I组合键进行反向，再按Delete键删除公路以外的部分，如图16-187所示。

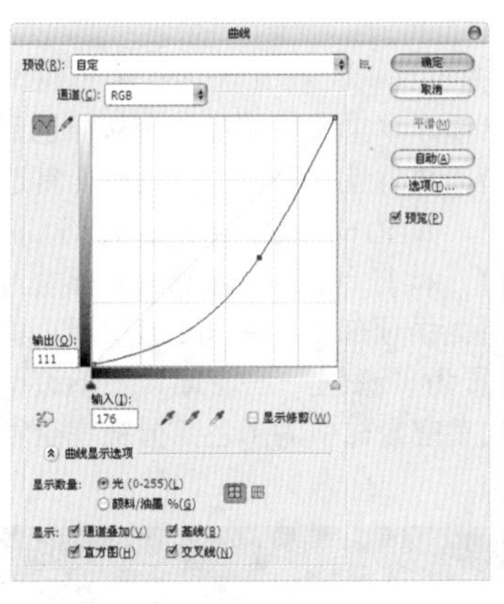

图16-184

图16-185

图16-186

图16-187

步骤13 使用钢笔工具抠出另外一些公路，放在字母“U”“T”“E”上，并使用加深工具加深位于文字侧面的公路部分，如图16-188所示。

步骤14 置入小树素材文件，执行“图层>栅格化>智能对象”命令。多次复制并放置在公路两侧的位置，如图16-189所示。

步骤15 使用多边形套索工具，在其选项栏中单击“添加到选区”按钮，在字母“T”和字母“E”上选区，设置前景色为蓝色，按Alt+Delete组合键填充选区为蓝色，如图16-190所示。

图16-188

图16-189

图16-190

步骤16 置入其他的前景装饰素材，执行“图层>栅格化>智能对象”命令。放置在3D文字上面，增强画面趣味，如图16-191所示。

步骤17 对图像整体进行颜色调整，创建新的“自然饱和度”调整图层，设置“自然饱和度”为64，“饱和度”为18，如图16-192和图16-193所示。

步骤18 创建新的“曲线”调整图层，在其“属性”面板中添加锚点调整曲线弯曲程度，如图16-194所示。然后在图层蒙版中填充黑色，使用白色画笔涂抹UTE区域。使调整图层只针对后3个字母起作用，如图16-195和图16-196所示。

图16-191

图16-192

图16-193

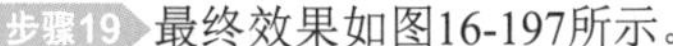

步骤19 最终效果如图16-197所示。

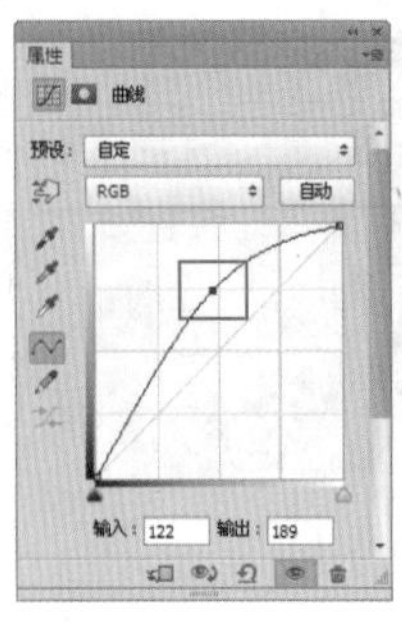
图16-194

图16-195

图16-196

图16-197

16.2.5 头脑风暴

案例文件	16.2.5头脑风暴.psd
视频教学	16.2.5头脑风暴.flv
难易指数	★★★★★
技术要点	渐变工具，钢笔工具，画笔工具，通道抠图

案例效果

本例最终效果如图16-198所示。

操作步骤

步骤01 按Ctrl+N组合键，在弹出的对话框中新建一个大小为1800×2700像素的文档。新建一个“背景”图层组，并在其中创建新图层。使用渐变工具，在其选项栏中单击渐变弹出“渐变编辑器”对话框，单击滑块调整渐变从绿色到浅绿色渐变。设置渐变类型为放射性，并选中“反向”复选框，自上而下拖曳绘制渐变，如图16-199和图16-200所示。

步骤02 置入星空素材文件，执行“图层>栅格化>智能对象”命令。将星空放置在界面的顶部，如图16-201所示。将该图层的“混合模式”设置为“滤色”，设置其“不透明度”为65%。此时可以看到星空素材中的黑色部分被完全隐藏，如图16-202所示。

图16-198

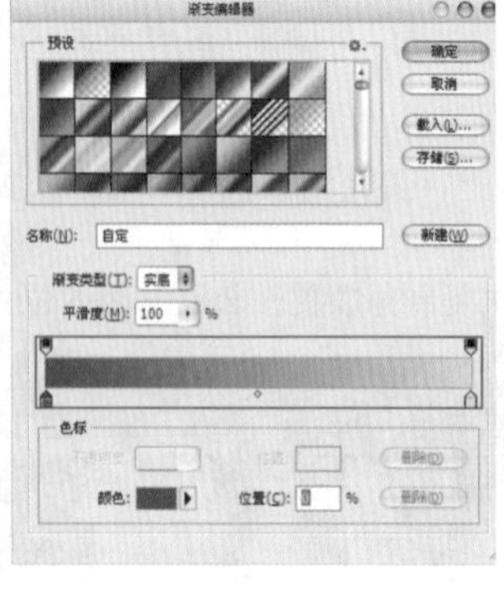

图16-199

图16-200

图16-201

步骤03 为星空光效图层添加一个图层蒙版，在图层蒙版中使用黑色画笔涂抹底部边缘区域。使光效部分与背景过渡更加柔和，如图16-203所示。效果如图16-204所示。

步骤04 置入云素材文件，执行“图层>栅格化>智能对象”命令。由于云朵边缘比较模糊，所以在这里需要使用通道抠图法，将星空和背景图层隐藏，只显示云朵图层，如图16-205～图16-207所示。

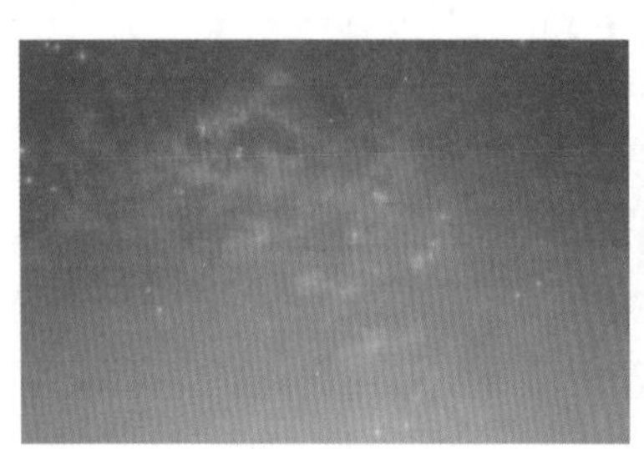
图16-202

图16-203

图16-204

图16-205

图16-206

步骤05 从天空中抠出云。进入“通道”面板，可以看出“红”通道中云颜色与背景颜色差异最大，在“红”通道上右击，在弹出的快捷菜单中选择“复制通道”命令，此时将会出现一个新的“红 副本”通道，如图16-208和图16-209所示。效果如图16-210所示。

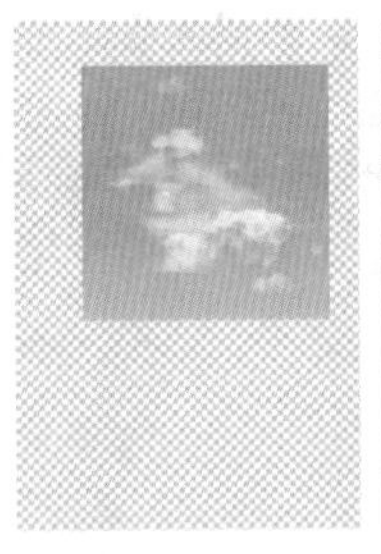
图16-207

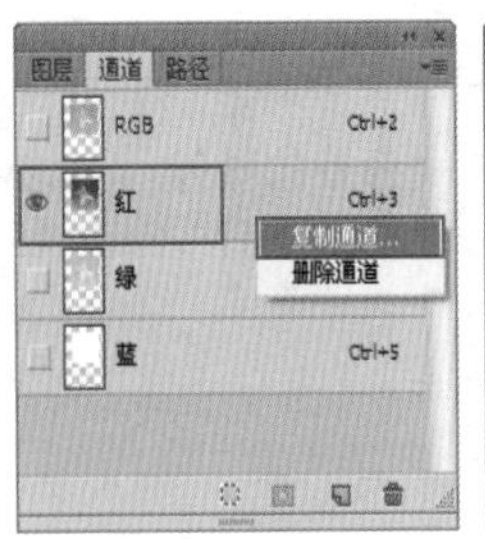

图16-208

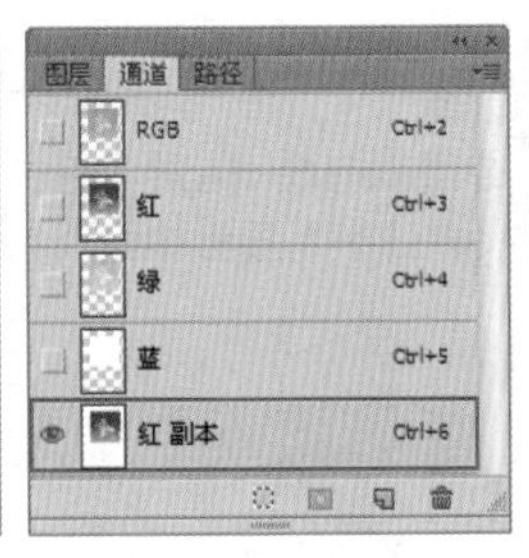

图16-209

图16-210

步骤06 为了选出云朵部分的选区，需要增大通道中云朵与背景色的差距，按Ctrl+M组合键，选择黑色吸管，在画面中多次吸取背景色，使背景变为黑色。载入当前选区，也就是白色的云朵部分选区，如图16-211所示。效果如图16-212所示。

步骤07 回到“图层”面板，为云图层添加一个图层蒙版，此时可以看到选区内部区域被保留下来，而背景部分被隐藏了，显示出其他图层，如图16-213所示。效果如图16-214所示。

步骤08 由于云朵素材带有蓝色边缘，创建新的“色相/饱和度”调整图层，设置“饱和度”为-100，如图16-215所示。在曲线图层上右击，在弹出的快捷菜单中选择“创建剪贴蒙版”命令，如图16-216所示。只对云图层进行调整，此时可以看到云朵变为白色，如图16-217所示。

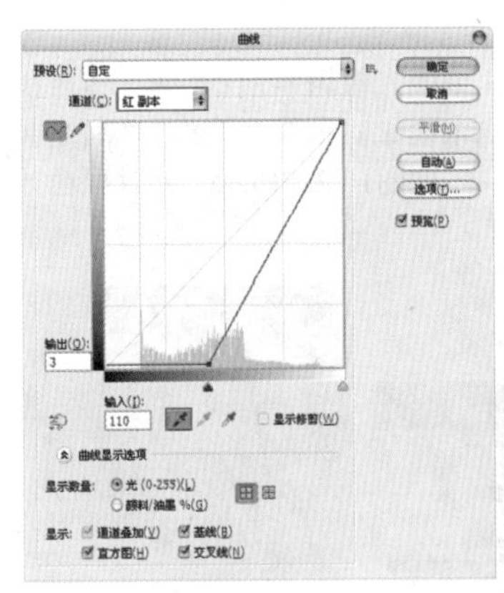
图16-211

图16-212

图16-213

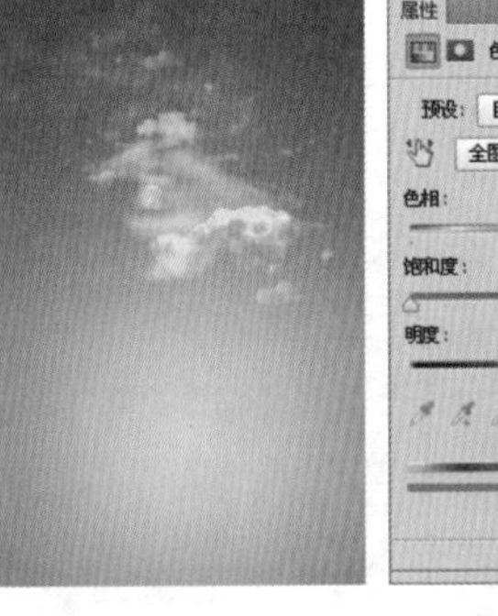
图16-214

图16-215

步骤09 新建图层，使用矩形选框工具，在左下角绘制一个矩形选框。设置前景色为绿色，按Alt+Delete组合键填充选区为绿色，如图16-218所示。

步骤10 使用横排文字工具，在其选项栏中设置颜色为白色，选择一种字体，设置合适的字体大小，输入英文，如图16-219和 图16-220所示。

图16-216

图16-217

图16-218

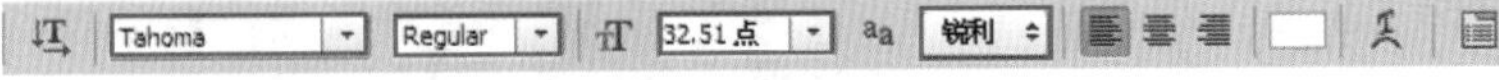

图16-219

步骤11 继续使用文字工具在底部输入两组装饰文字，效果如图16-221所示。

步骤12 置入铁塔素材文件，执行“图层>栅格化>智能对象”命令。将其放置在文字右侧，如图16-222所示。

步骤13 新建一个“人像”图层组，置入素材文件并栅格化，如图16-223所示。使用钢笔工具勾勒出人像的轮廓，然后按Ctrl+Enter组合键载入路径的选区，接着为其添加一个图层蒙版使背景部分隐藏，如图16-224所示。

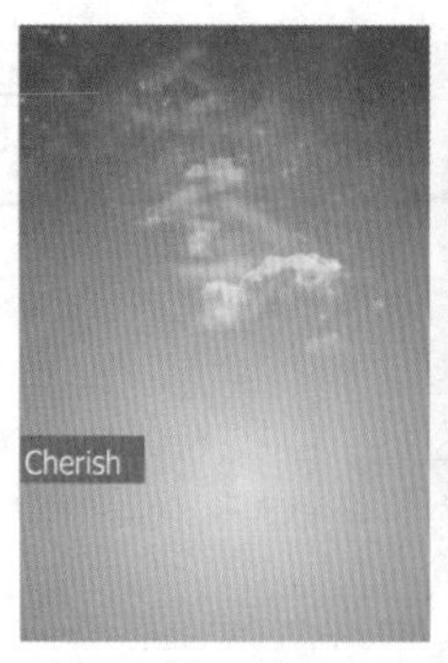

图16-220

图16-221

图16-222

图16-223

图16-224

技巧与提示

类似本案例中所选用的白色背景素材可以使用魔棒工具、快速选择工具、魔术橡皮擦工具等基于颜色的抠图工具进行去背景操作，但是由于使用这类工具去除背景之后的素材容易出现边缘模糊、参差不齐的情况，为了保证得到的人像素材边缘流畅而清晰，所以使用钢笔工具是最合适的。

步骤14 连续两次按Ctrl+J组合键复制出两个人像。首先选择第一个“人像 副本”，将另一个“人像副本1”隐藏。然后执行“滤镜>滤镜库”命令，展开“艺术效果”滤镜组，单击“胶片颗粒”，在弹出的对话框中设置“颗粒”为8，“高光区域”为1，“强度”为10，如图16-225和图16-226所示。将该图层的混合模式设置为“变亮”，如图16-227所示。此时颗粒效果出现在人像上，如图16-228所示。

图16-225

图16-226

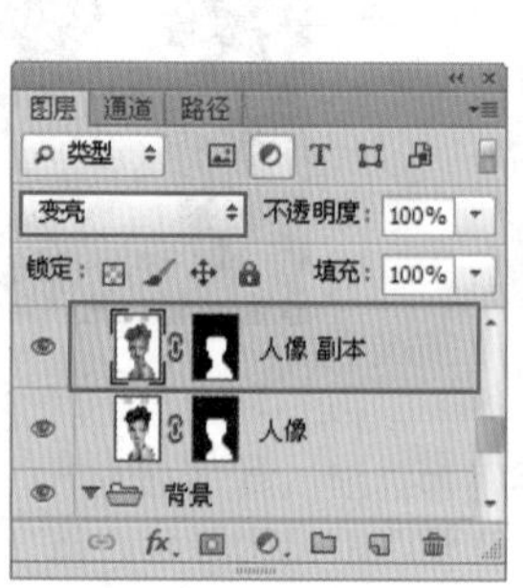

图16-227

图16-228

步骤15 创建新的“曲线”调整图层，在其“属性”面板中添加锚点调整曲线弯曲程度，如图16-229所示。效果如图16-230所示。

步骤16 打开另一个隐藏“人像副本1”图层。在图层蒙版中使用椭圆选框工具在头顶部绘制一个椭圆选框，将选框填充为黑色，如图16-231所示。效果如图16-232所示。

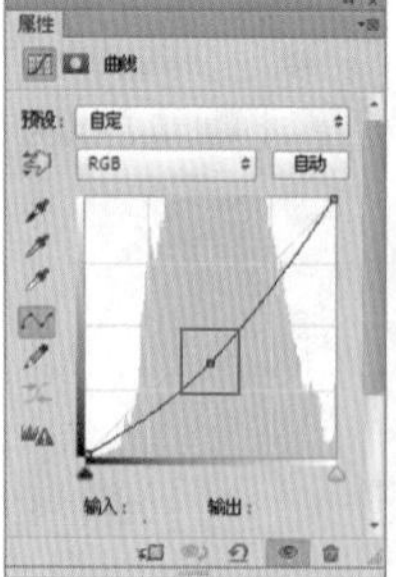

图16-229

图16-230

图16-231

图16-232

步骤17 使用画笔工具，设置前景色为黑色。在其选项栏中单击“画笔预设”拾取器，选择柔角画笔，设置“大小”为75像素。在头顶进行绘制涂抹。设置图层的“不透明度”为35%，并将该层放置在“人像副本1”的下一层中，作为头顶的暗部效果，如图16-233所示。

步骤18 创建新的“可选颜色”调整图层，在其“属性”面板中选择红色，设置“洋红”为-11%，“黄色”为+65%，使人像倾向于黄色，如图16-234和图16-235所示。

步骤19 置入黑纱素材文件，执行“图层>栅格化>智能对象”命令。放置在右侧肩部，并选择黑纱对象，两次按住Alt键拖曳复制两个副本，如图16-236所示。按Ctrl+T组合键，分别调整黑纱的大小和角度，如图16-237所示。

图16-233

图16-234

图16-235

图16-236

图16-237

技巧与提示

这里使用的黑纱素材原本是从一张婚纱照片中的人像头纱上提取出来的，由于头纱是白色的（如图16-238所示），所以可以执行“图像>调整>反向”命令，将头纱转换为深色，如图16-239所示。然后对婚纱进行色相/饱和度的调整，设置“饱和度”为-100，此时可以看到白纱变为了黑纱，如图16-240所示。

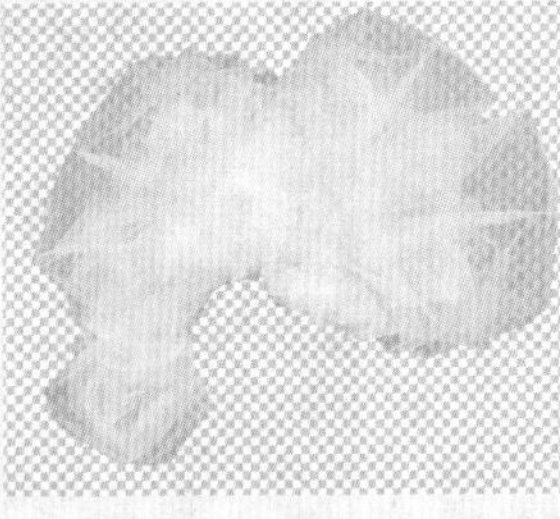
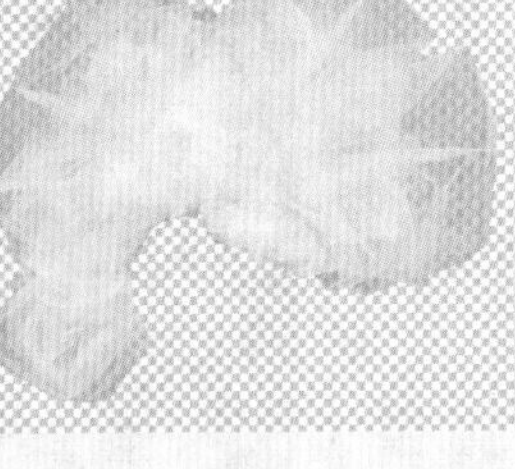

图16-238

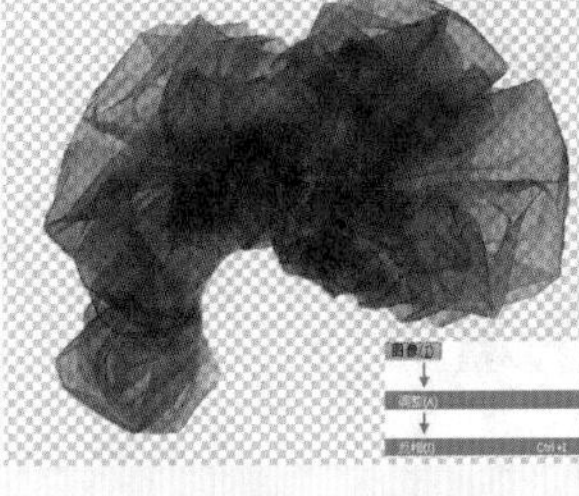

图16-239

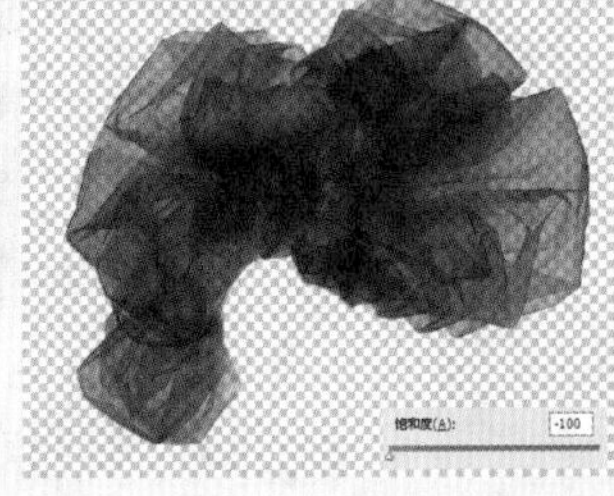

图16-240

步骤20 执行“文件>置入”命令，置入草地素材。使用椭圆选框工具绘制一个椭圆形选区，如图16-241所示。选中草地图层，为其添加图层蒙版，如图16-242所示。选区以外的部分隐藏了，此时效果如图16-243所示。

步骤21 载入“草地”图层蒙版选区。创建新图层，设置前景色为黑色，按Alt+Delete组合键填充选区为黑色，并将该图层放置在草地的下一层中，作为草地的阴影，如图16-244所示。

步骤22 按Ctrl键载入选区。然后创建新图层，设置前景色为黑色，使用画笔工具选择柔角画笔，在选区内进行绘制。然后设置图层的“不透明度”为50%，模拟出草地的体积感，如图16-245和图16-246所示。

图16-241

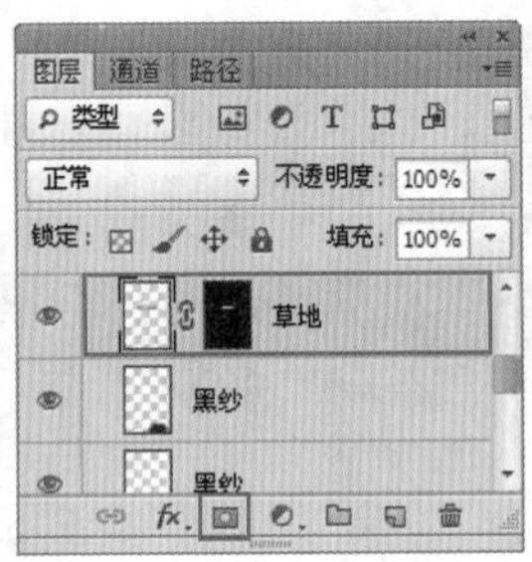

图16-242

图16-243

图16-244

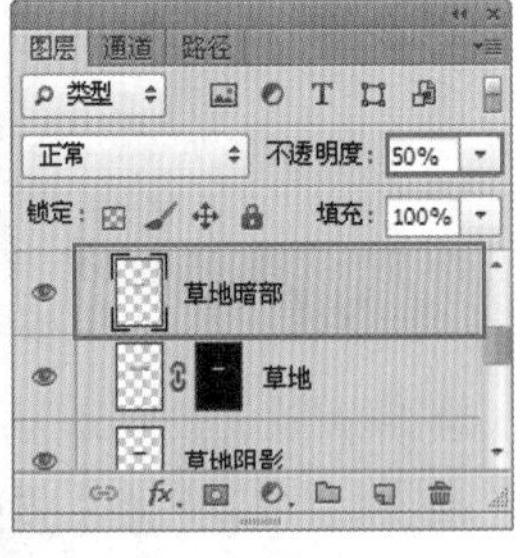

图16-245

步骤23 使用钢笔工具在头部顶端绘制一个闭合路径，并按Ctrl+Enter组合键将路径转换为选区并填充灰白色，如图16-247所示。

步骤24 置入卡通儿童素材，执行“图层>栅格化>智能对象”命令。旋转到合适的角度，放在人像肩膀的位置，如图16-248所示。在卡通儿童素材下方新建图层，使用画笔工具，设置前景色为黑色，在其选项栏中设置画笔“不透明度”及“流量”均为20%，选择一种圆形柔角画笔，在人像脚下绘制阴影效果，如图16-249所示。

图16-246

图16-247

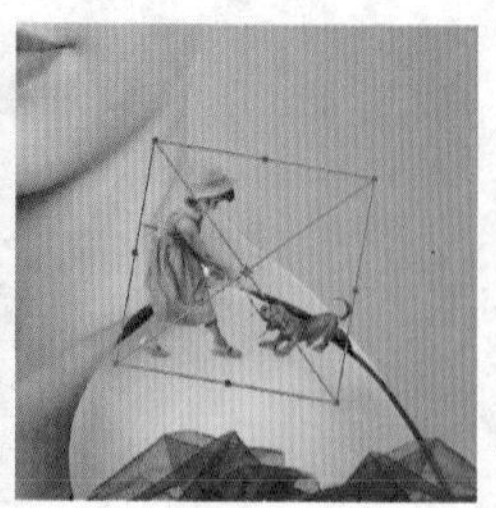
图16-248

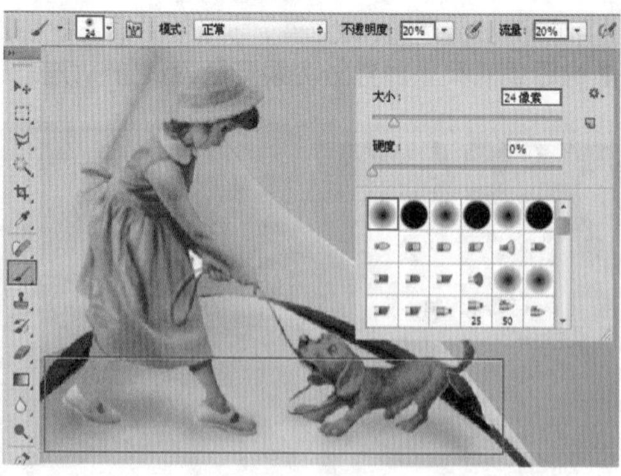
图16-249

步骤25 置入麦克风素材，执行“图层>栅格化>智能对象”命令。由于麦克素材的背景为白色，选择魔棒工具，在其选项栏中设置“容差”为30，选中“连续”复选框，在白色的背景部分单击载入背景部分选区，如图16-250所示。

步骤26 由于当前选区为白色背景部分，所以需要右击，在弹出的快捷菜单中选择“选择反向”命令，得到麦克选区，为该图层添加图层蒙版使背景部分隐藏，如图16-251和图16-252所示。

步骤27 置入城堡素材，执行“图层>栅格化>智能对象”命令。将其放在人像头部上方，如图16-253所示。

图16-250

图16-251

图16-252

图16-253

步骤28 置入飞鸟素材并栅格化，使用钢笔工具绘制出鸟的路径，如图16-254所示。右击，在弹出的快捷菜单中选择“建立选区”命令，得到飞鸟部分的选区后可以为该图层添加图层蒙版，使背景部分隐藏，如图16-255和图16-256所示。

步骤29 打开章鱼素材文件，本例中将要使用到章鱼素材中的触角部分，选择快速选择工具，在其选项栏中单击“添加到选区”按钮，并设置合适的画笔大小。完成后在章鱼的一个触角上单击并拖动获得选区，如图16-257所示。

图16-254

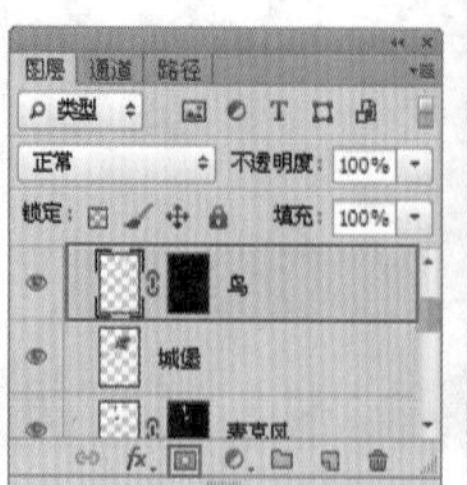

图16-255

图16-256

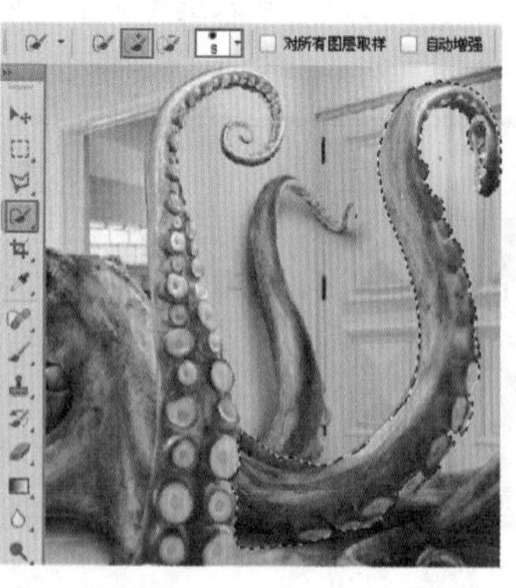

图16-257

技巧与提示

需要注意的是，章鱼触角与背景颜色比较接近，在绘制到边缘时可能会载入背景部分的选区，此时可以使用钢笔工具绘制多余的部分并右击，在弹出的快捷菜单中选择“建立选区”命令，在弹出的对话框中选中“从选区中减去”单选按钮，删除多余部分。

步骤30 执行复制、粘贴命令将选中的触角部分粘贴到之前的文件中，执行自由变换命令，并对其进行变形操作，摆放到合适位置并擦除多余部分，如图16-258和图16-259所示。

步骤31 使用同样的方法摆放其他章鱼的触角，如图16-260所示。

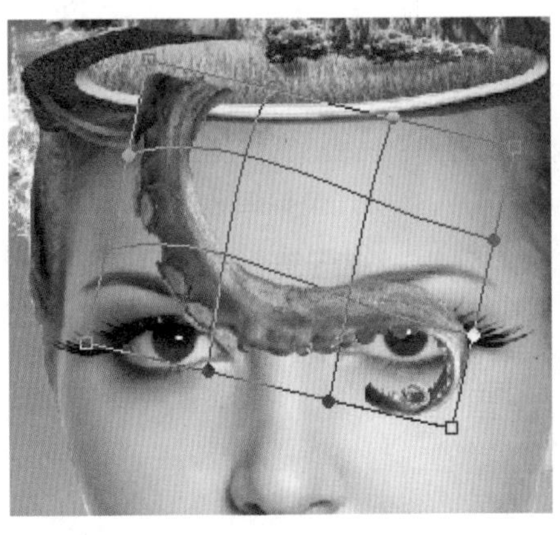

图16-258

图16-259

图16-260

步骤32 置入前景的卡通风格素材并栅格化，摆放到如图16-261所示的位置。

步骤33 在前景中添加一些云朵，可以从之前制作的背景中提取出部分云朵并多次复制或粘贴，适当地点缀在素材中，使画面更有层次感，如图16-262所示。

步骤34 至此，整个案例制作完成，需要注意的是，在制作类似本案例的合成作品时，选用素材也是需要严格考究的，例如素材的风格与作品风格是否一致，色调是否搭配，光感是否统一，透视感是否匹配，而且素材与素材之间的衔接（如相互遮挡受到的阴影，有发光物体时造成的受光效果等）也是至关重要的。最终效果如图16-263所示。

图16-261

图16-262

图16-263

网页设计

本章学习要点：

- 合理搭配网页色彩
- 掌握常见导航的制作方法
- 掌握网页结构布局的划分

17.1 关于网页设计

网站是企业向用户和网民提供信息、产品和服务的一种方式，是企业开展电子商务的基础设施和信息平台。当然，网站也可以是一种通信工具，就像布告栏一样，人们可以通过网站来发布自己想要公开的信息，或者利用网站来提供相关的网络服务。在互联网的早期，网站还只能保存单纯的文本。经过几年的发展，当万维网出现之后，图像、声音、动画、视频，甚至3D技术开始在互联网上流行起来，网站也慢慢地发展成现在看到的图文并茂的样子。因此，网页设计也成为平面设计中至关重要的一个方面，如图17-1～图17-4所示。

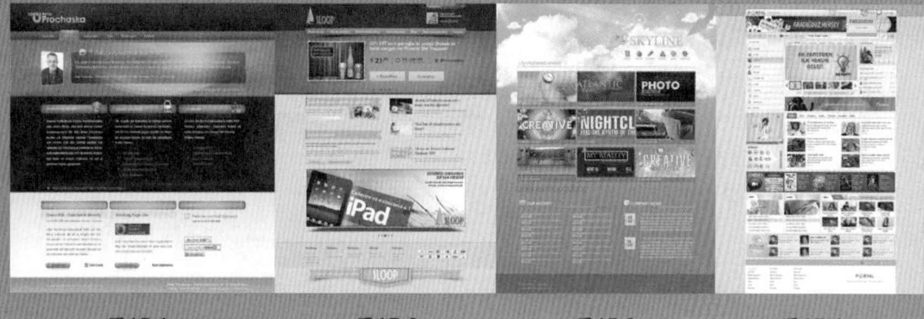

图17-1　图17-2　图17-3　图17-4

17.1.1 网站分类

- 门户网站：主要以提供信息资讯为主要目的，是目前最普遍的网站形式之一。这类网站虽然涵盖的工作类型多，信息量大，访问群体广，但所包含的功能却比较简单。其基本功能通常包含检索、论坛、留言，也有一些提供简单的浏览权限控制，例如许多企业网站中就有只对代理商开放的栏目或频道，如图17-5～ 图17-7所示。

图17-5　图17-6　图17-7

- 企业形象网站：主要面向客户、业界人士或者普通浏览者，以介绍企业的基本资料、帮助树立企业形象为主；也可以适当提供行业内的新闻或者知识信息，如图17-8～图17-10所示。
- 电子商务网站：主要面向供应商、客户或者企业产品（服务）的消费群体，以提供某种直属于企业业务范围的服务或交易，或者为业务服务的服务或者交易为主；这样的电子商务网站建设可以说是正处于电子商务化的一个中间阶段，由于行业特色和企业投入的深度、广度的不同，其电子商务化程度可能处于从比较初级的服务支持、产品列表到比较高级的网上支付的其中某一阶段，如图17-11～图17-13所示。

图17-8　图17-9　图17-10

图17-11　图17-12　图17-13

- **个人网站**：是指由个人或团体、工作室（一般不超过3人）根据自己的兴趣爱好或价值取向，为了展示自我、与人交流，以非营利为目的而在网络上创建的供其他人浏览的网站，如图17-14～图17-16所示。
- **社区类网站**：是通过互联网把网民联系起来的一个虚拟社区环境。虽然网络社区没有实体，但确实对网民有实际的影响，网民可以通过网络社区与其他人交流，如图17-17～图17-19所示。

图17-14

图17-15

图17-16

图17-17

图17-18

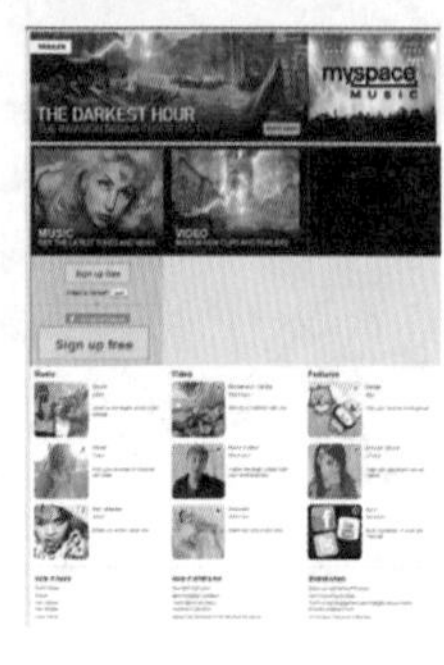

图17-19

17.1.2 网页布局设计

与招贴海报设计相似，网页设计也需要考虑色彩搭配、文字变化、图片处理、版式设计等问题，而版式在平面设计中也可以称为布局的设计。网页布局大致可分为"国"字型、拐角型、标题正文型、左右框架型、上下框架型、综合框架型、封面型、Flash型、变化型等，下面就一些常用的网页布局进行介绍。

- **"国"字型**：也可以称为"同"字型，是大型网站中比较常用的类型，即最上面是网站的标题以及横幅广告条，接下来就是网站的主要内容，左右分列两小条内容，中间是主要部分，与左右一起罗列到底，最下面是网站的一些基本信息、联系方式、版权声明等，如图17-20和图17-21所示。
- **拐角型**：这种结构与"国"字型其实只是形式上的区别，很相近，上面是标题及广告横幅，接下来的一侧是窄列的链接等，另一侧是很宽的正文，下面是一些网站的辅助信息，如图17-22和图17-23所示。

图17-20

图17-21

图17-22

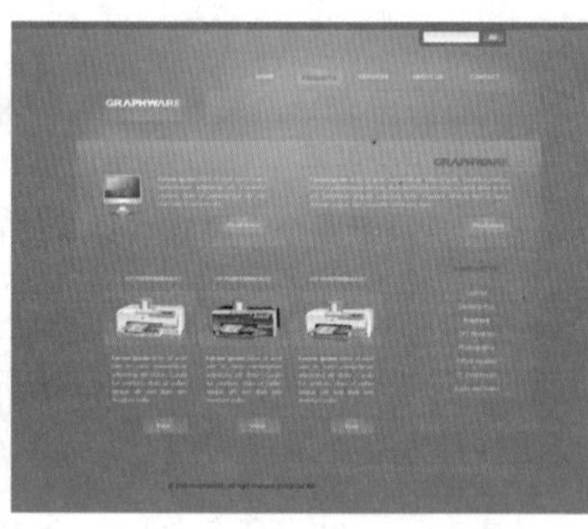

图17-23

- **标题正文型**：这种类型即最上面是标题或类似的一些东西，下面是正文的布局。比较常见于文章页面或注册页面，如图17-24和图17-25所示。
- **左右框架型**：是一种左右分为两页的框架结构，一侧是导航链接，另一侧为主体正文部分。这种类型结构非常清晰，一目了然，常见于大型论坛和一些企业网站，如图17-26和图17-27所示。
- **上下框架型**：与左右框架型类似，区别仅仅在于是一种上下分为两页的框架，如图17-28和图17-29所示。

图17-24

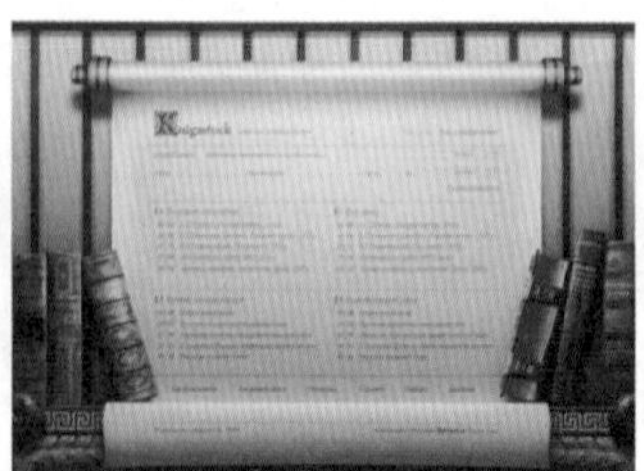
图17-25

图17-26

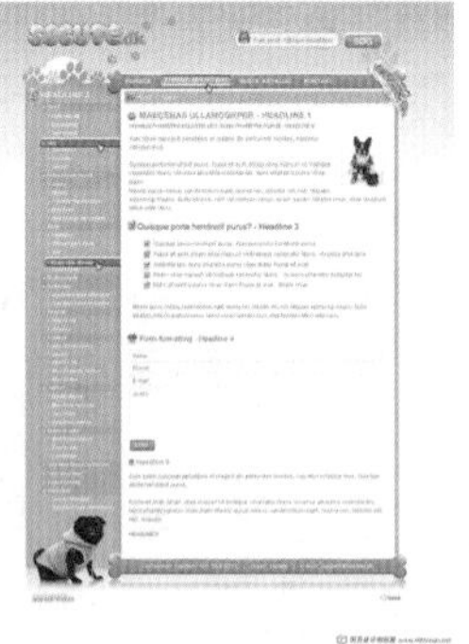

图17-27

图17-28

图17-29

- 综合框架型：是上面两种结构的结合，相对复杂的一种框架结构，较为常见的是类似于拐角型结构的，只是采用了框架结构，如图17-30和图17-31所示。
- 封面型：这种类型常见于网站的首页，大部分为一些精美的平面设计结合一些小的动画，然后通过单击网页上的按钮进入其他页面，经常会出现在企业网站和个人主页，缺点在于如果动画文件较大可能会造成网页加载时间过长的问题，如图17-32和图17-33所示。

图17-30

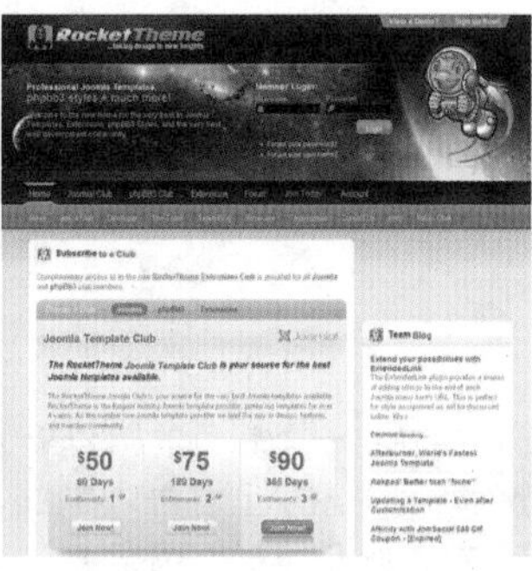

图17-31

图17-32

图17-33

17.2 实战练习

17.2.1 个人博客网站设计

案例文件	17.2.1个人博客网站设计.psd
视频教学	17.2.1个人博客网站设计.flv
难易指数	★★★★★
技术要点	圆角矩形工具，渐变工具，图层样式，钢笔工具

案例效果

本例最终效果如图17-34所示。

图17-34

图17-35

操作步骤

步骤01 打开本书配套光盘中的背景文件，按住Alt键双击“背景”图层将其转换为普通图层，如图17-35所示。

步骤02 创建一个“背景”组，然后将“背景”图层拖曳到组中。新建图层，单击工具箱中的“圆角矩形工具”按钮，在其选项栏中设置绘制类型为“路径”，圆角半径为20像素，绘制一个圆角矩形，按Ctrl+Enter组合键将路径转换为选区，再使用渐变工具，在其选项栏中设置渐变类型为线性渐变，并编辑一种蓝绿色系渐变，如图17-36所示。然后在图层中的选区部分填充渐变颜色，如图17-37所示。

步骤03 执行“图层>图层样式>投影”命令，打开“图层样式”对话框，设置“混合模式”为“正片叠底”，颜色为黑色，“不透明度”为75%，“角度”为139度，“距离”为5像素，“大小”为5像素，如图17-38所示。效果如图17-39所示。

步骤04 置入花朵素材文件，执行“图层>栅格化>智能对象”命令。将花朵放置在左上角位置，如图17-40所示。

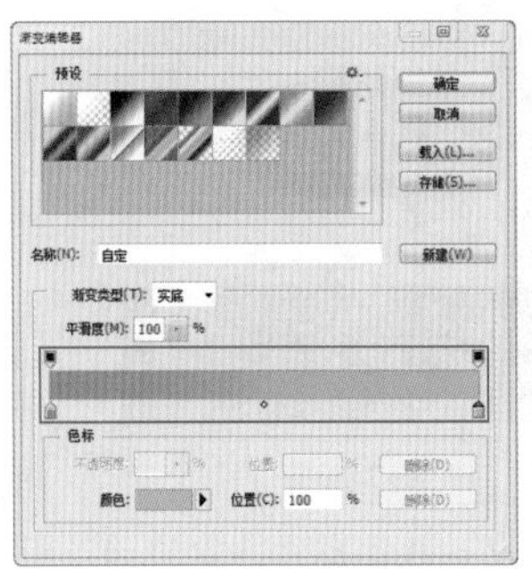

图17-36

图17-37

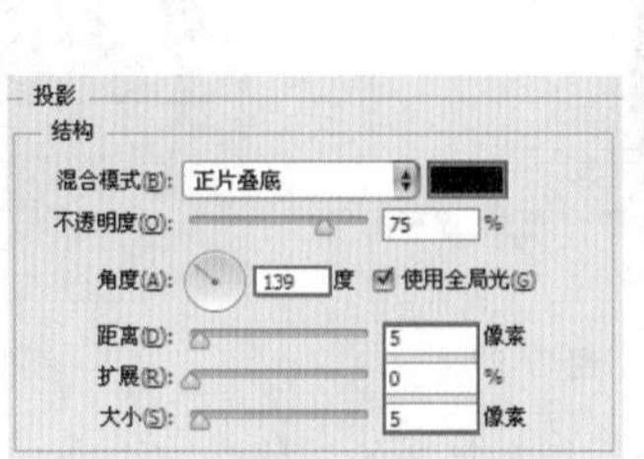

图17-38

图17-39

图17-40

步骤05 输入三组文字，并选中所有文字图层，按Ctrl+E组合键将其合并为一个图层。执行“图层>图层样式>外发光”命令，打开“图层样式”对话框，设置“不透明度”为73%，颜色为蓝色，“方法”为“柔和”，“大小”为21像素，如图17-41所示。效果如图17-42所示。

步骤06 再次置入卡通花朵素材并栅格化，将花朵放在文字上面，如图17-43所示。然后在花朵图层上右击，在弹出的快捷菜单中选择“创建剪贴蒙版”命令，使花朵只显示文字选区内的部分，如图17-44所示。

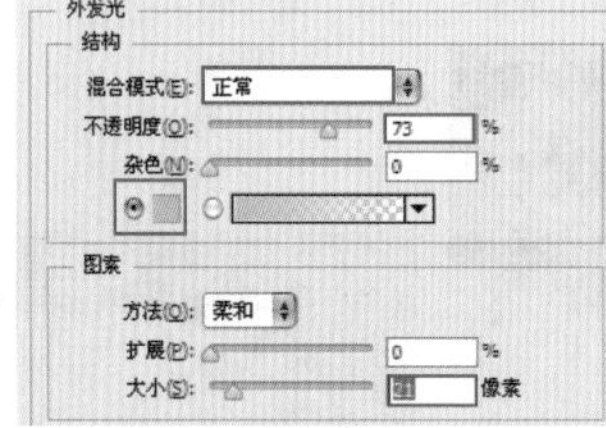

图17-41

图17-42　图17-43　图17-44

步骤07 创建一个“右侧导航”组，并在其中创建新图层，然后设置前景色为紫色，使用圆角矩形工具绘制出一个紫色的圆角矩形，并复制多个，填充为不同的颜色，将其合为一层。在“蓝色渐变”图层上右击，在弹出的快捷菜单中选择“拷贝图层样式”命令，如图17-45所示。在“圆角矩形”图层上右击，在弹出的快捷菜单中选择“粘贴图层样式”命令，如图17-46所示。使右侧导航也出现投影效果，如图17-47所示。使用同样的方法制作其他的图形，效果如图17-48所示。

图17-45　图17-46

步骤08 在每个圆角矩形导航上面输入文字，如图17-49所示。

步骤09 设置前景色为白色，单击工具箱中的“圆角矩形工具”按钮，在其选项栏中设置绘制类型为“像素填充”，圆角半径为120像素，绘制一个白色的圆角矩形，由于之前复制过“蓝色渐变”图层的样式，所以在当前图层上右击，在弹出的快捷菜单中选择“粘贴图层样式”命令即可出现相同图层样式，如图17-50所示。

步骤10 再次置入花素材文件，执行“图层>栅格化>智能对象”命令，放大并多次复制摆放在白色圆角矩形上作为底纹。合并图层后删除多余部分，如图17-51所示。

步骤11 使用椭圆选框工具，按住Shift键绘制一个正圆选框。设置前景色为灰色，按Alt+Delete组合键填充选区为灰色。然后选择正圆，多次按住Alt键拖曳复制出副本，并按Ctrl+E组合键合并当前组为一个图层添加内阴影。执行“图层>图层样式>内阴影”命令，打开“图层样式”对话框，具体数值如图17-52所示。模拟出内陷的效果，如图17-53所示。

图17-47

图17-48

图17-49

复制正圆摆放在画面中的合适位置，如图17-54所示。

图17-50

图17-51

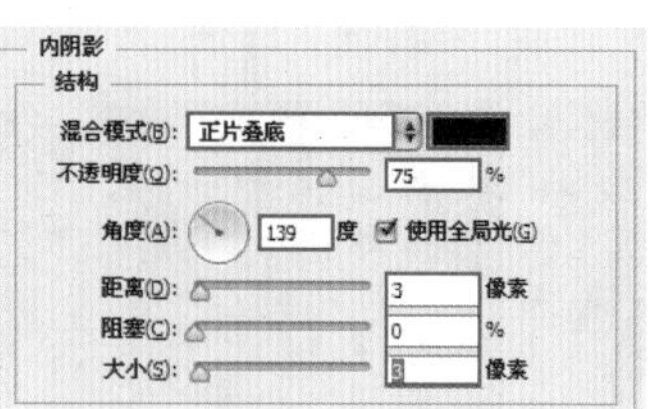

图17-52

图17-53

图17-54

技巧与提示

为了使复制出的多个圆形在一条垂直线上，可以在绘制之前按Ctrl+R组合键打开标尺，拖曳出辅助线后进行绘制。

步骤12 制作金属环部分，使用圆角矩形工具在灰色圆形上绘制一个较宽的圆角矩形，转换为选区后填充对称的灰色系渐变，如图17-55和图17-56所示。使用移动工具多次按住Alt键拖曳复制出副本，摆放在各个灰色圆形的位置，并按Ctrl+E组合键合并当前组为一个图层，如图17-57所示。

步骤13 执行“图层>图层样式>投影”命令，打开“图层样式”对话框，设置“混合模式”为“正片叠底”，颜色为黑色，“不透明度”为75%，“角度”为71度，“大小”为5像素，如图17-58所示。

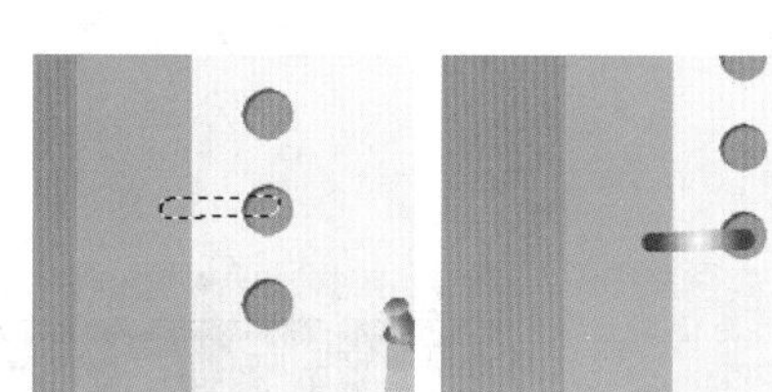
图17-55　图17-56

图17-57

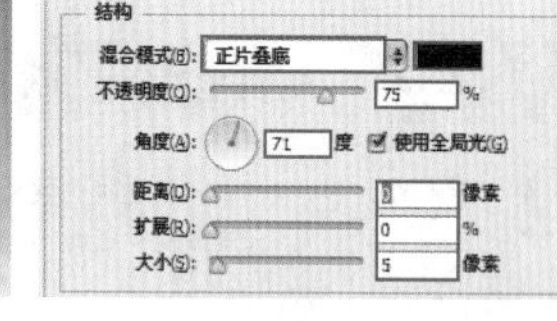

图17-58

步骤14 在“图层样式”对话框左侧选中“内发光”样式，然后设置“不透明度”为42%，颜色为黑色，“方法”为“柔和”，“大小”为9像素，如图17-59所示。

步骤15 在“图层样式”对话框左侧选中“颜色叠加”样式，然后设置“混合模式”为“颜色”，颜色为青色，如图17-60所示。此时可以看到金属环出现绿色突起效果，如图17-61所示。

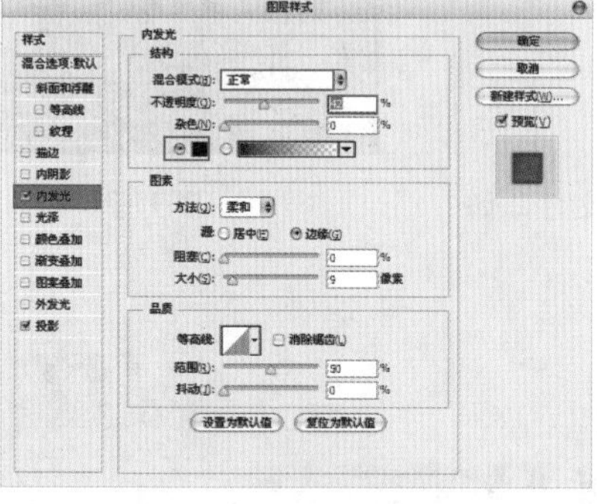

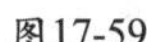
图17-59

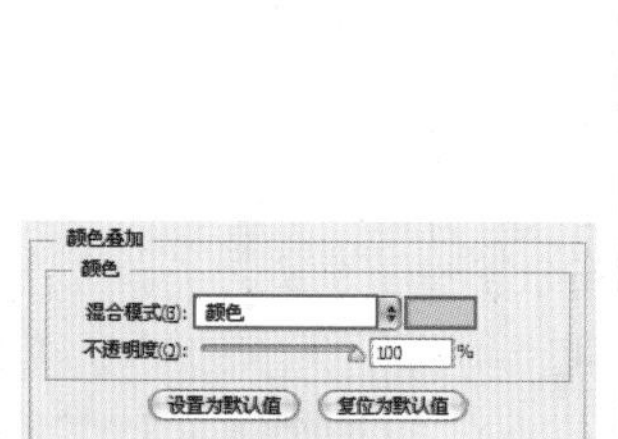

图17-60

图17-61

步骤16 新建一个“个人资料”组，使用圆角矩形工具绘制一个圆角矩形，然后使用渐变工具，在其选项栏中设置渐变类型为径向，并编辑一种蓝色系渐变，如图17-62所示。然后在图层中的选区部分填充渐变颜色，并旋转圆角矩形调整角度，如图17-63所示。

步骤17 在投影样式图层复制投影图层样式，右击，在弹出的快捷菜单中选择“拷贝图层样式”命令，然后再对该层执行“粘贴图层样式”命令，如图17-64所示。

步骤18 置入照片素材文件，执行“图层>栅格化>智能对象”命令。执行“图层>图层样式>投影”命令，打开“图层样式”对话框，设置“混合模式”为“正片叠底”，颜色为黑色，“不透明度”为75%，“角度”为139度，“距离”为22像素，“扩展”为7%，“大小”为5像素，如图17-65所示。效果如图17-66所示。

步骤19 在“图层样式”对话框左侧选中“描边”样式，然后设置“大小”为10像素，“位置”为“外部”，“填充类型”为“颜色”，“颜色”为白色，如图17-67所示。效果如图17-68所示。

图17-62

图17-63

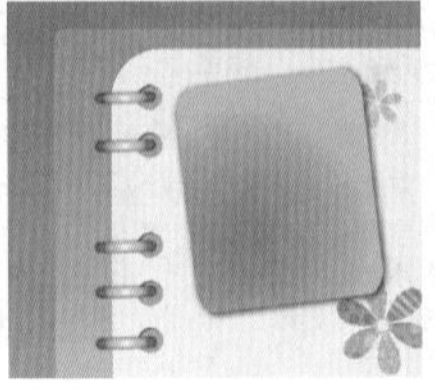

图17-64

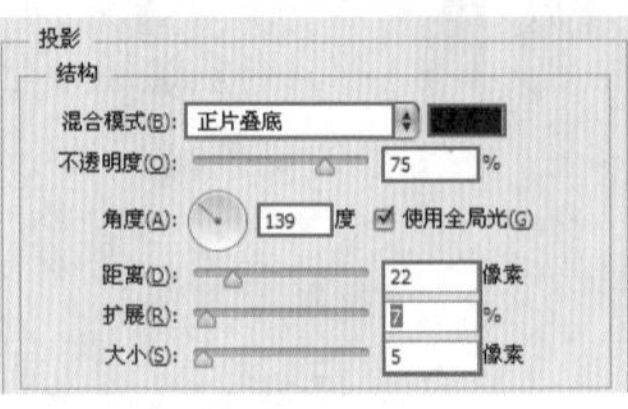

图17-65

图17-66

步骤20 按Ctrl+J组合键复制出一个人像。按Ctrl+T组合键旋转角度，如图17-69所示。

步骤21 网页的其他模块制作方法大同小异，主要使用圆角矩形工具、渐变工具、图层样式与文字工具进行制作，最终效果如图17-70所示。

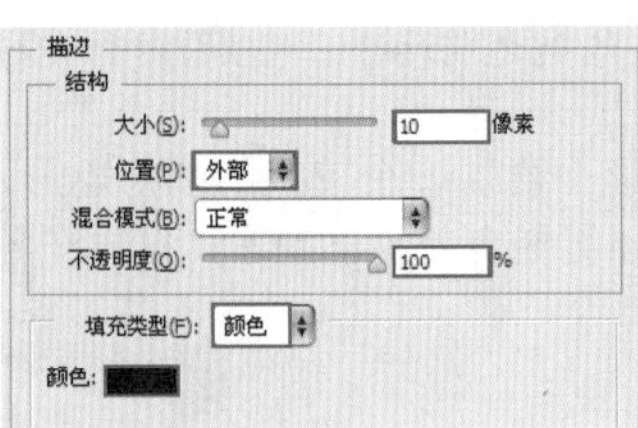

图17-67

图17-68

图17-69

图17-70

17.2.2 新锐视觉设计网站

案例文件	17.2.2新锐视觉设计网站.psd
视频教学	17.2.2新锐视觉设计网站.flv
难易指数	★★★★★
技术要点	渐变工具，钢笔工具，文字工具，画笔工具，矩形选框工具，圆角矩形选框工具，“描边”命令，图层样式

案例效果

本例最终效果如图17-71所示。

图17-71

图17-72

操作步骤

步骤01 打开本书配套光盘中的黑色底纹背景素材文件，如图17-72所示。

步骤02 置入花纹素材文件并栅格化，如图17-73所示。设置混合模式为“叠加”，如图17-74所示。

步骤03 使用矩形选框工具绘制选区，然后选择渐变工具，打开“渐变编辑器”对话框，设置一种黄色系渐变，如图17-75所示。在选区内由上向下进行拖曳，如图17-76所示。

图17-73

图17-74

图17-75

图17-76

步骤04 新建图层，使用同样的方法在底部绘制一个矩形选区并填充黄色。选择圆角矩形工具，设置半径为50像素，在底部绘制一个圆角矩形，如图17-77所示。按Ctrl+Enter组合键将路径转换为选区后填充黄色渐变，然后框选圆角矩形的一半，按Delete键删除，如图17-78所示。

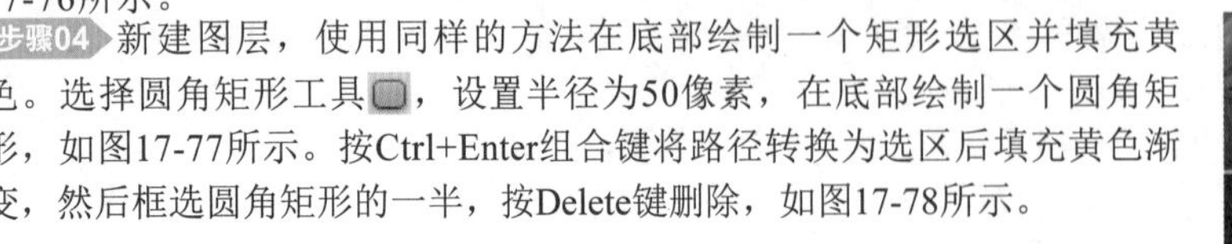

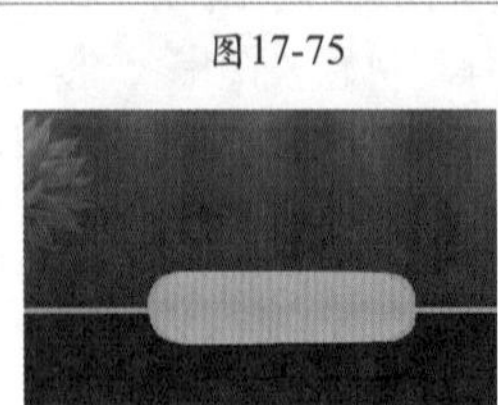

图17-77

图17-78

步骤05 使用横排文字工具在网站顶栏处输入网站信息及导航文字，如图17-79所示。载入羽毛笔刷素材文件，如图17-80所示。设置前景色为白色，羽毛笔刷大小为“93像素”，如图17-81所示。然后在文字标题处进行绘制，如图17-82所示。

图17-79

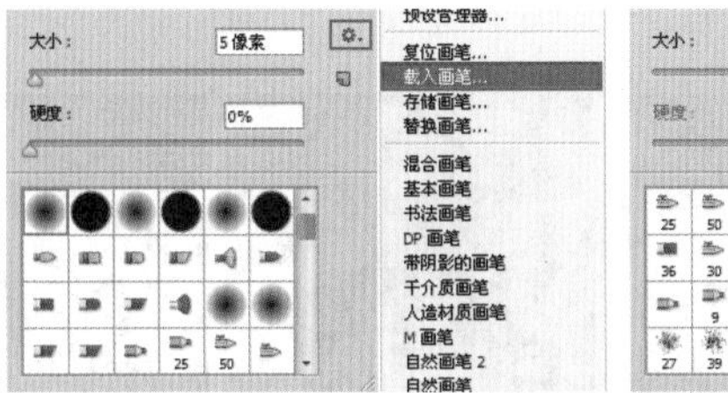

图17-80

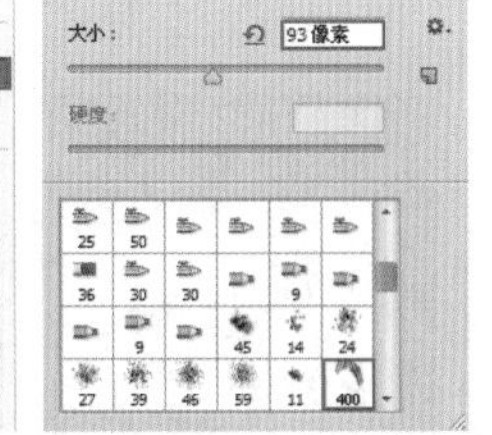

图17-81

图17-82

步骤06 创建新组，并命名为“照片”，置入图片素材文件并栅格化，如图17-83所示。按Ctrl+T组合键调整位置，右击，在弹出的快捷菜单中选择“透视”命令，如图17-84所示。单击右边的控制点，调整图像透视角度，如图17-85所示。

图17-83

图17-84

图17-85

步骤07 复制“图片”图层，制作“倒影”，按Ctrl+T组合键，右击，在弹出的快捷菜单中选择“垂直翻转”命令，如图17-86所示。然后适当透视，如图17-87所示。完成变形后添加图层蒙版，使用黑色画笔擦除一些倒影，并降低不透明度为50%，如图17-88所示。

步骤08 创建“组1”，置入相片背景素材文件并栅格化，如图17-89所示。置入照片素材并栅格化，依次摆放在相片背景上，如图17-90所示。

图17-86

图17-87

图17-88

步骤09 置入相机素材文件并栅格化，适当调整位置，如图17-91所示。

步骤10 置入海报素材文件并栅格化，摆放在右侧并适当旋转，用以模拟电子杂志，如图17-92所示。

图17-89

图17-90

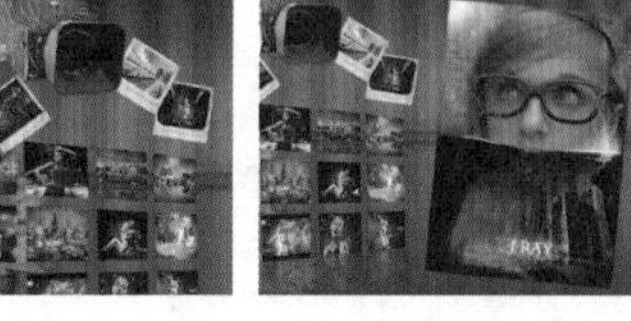

图17-91

图17-92

步骤11 创建新组，并命名为“文字”，输入文字“STUDIO”，如图17-93所示。添加图层样式，在“图层样式”对话框中选中“投影”样式，设置参数如图17-94所示。效果如图17-95所示。

步骤12 输入其他文字，分别摆放在杂志背景上，如图17-96所示。

图17-93

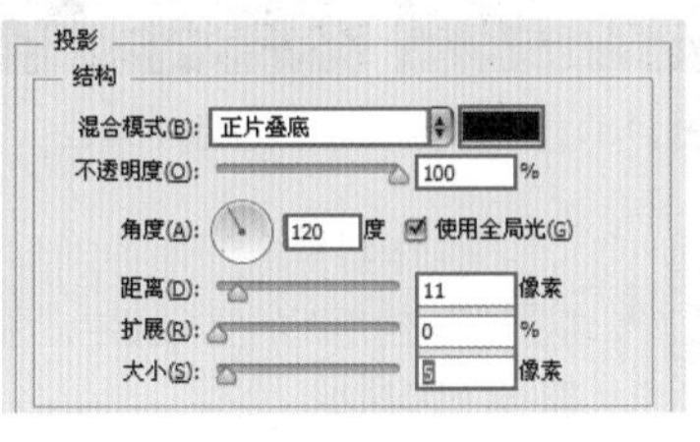

图17-94

图17-95

图17-96

步骤13 设置画笔“大小”为“5像素”，如图17-97所示。设置前景色为深褐色，然后使用钢笔工具在杂志封面的侧面绘制一条直线，右击，在弹出的快捷菜单中选择“描边路径”命令，设置工具为画笔，如图17-98所示。此做法主要是为了增加杂志厚度，如图17-99所示。

步骤14 添加新图层，使用黑色柔边圆画笔在另一个侧面绘制一层黑色遮罩，如图17-100所示。设置画笔“大小”为1像素，颜色为灰色，绘制书钉效果，如图17-101所示。

步骤15 使用圆角矩形画笔，分别绘制由小到大的圆角矩形，填充不同的颜色，如图17-102所示。

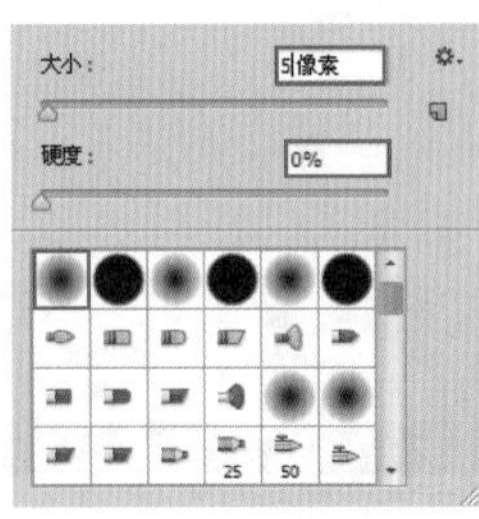

图17-97

图17-98

图17-99

图17-100

图17-101

图17-102

步骤16 为圆角矩形添加图层样式，选中“渐变叠加”样式，设置“混合模式”为“正片叠底”，“不透明度”为59%，“渐变”为从黑色到白色的渐变，“角度”为-7度，如图17-103所示。然后为其他圆角矩形赋予同样的图层样式，如图17-104所示。使用横排文字工具输入文字，旋转并摆放在合适的位置，如图17-105所示。

步骤17 使用钢笔工具绘制杂志底部的书签形状，填充黑色，并使用画笔在上面绘制暗黄色高光，输入文字，如图17-106所示。然后输入文字，如图17-107所示。

步骤18 使用同样的方法制作出另外一本杂志并摆放在后面，如图17-108所示。

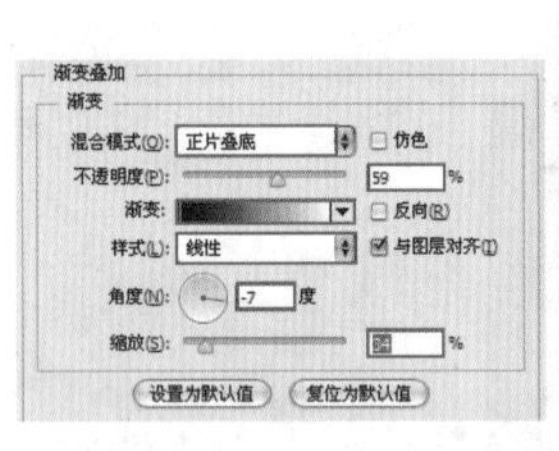

图17-103

图17-104

图17-105

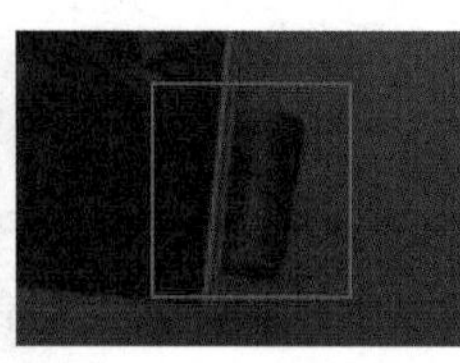
图17-106

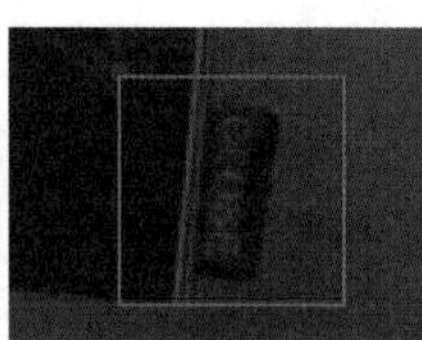
图17-107

图17-108

步骤19 复制所有杂志图层，合并为一个图层后命名为“版式倒影”，如图17-109所示。按Ctrl+T组合键将倒影垂直翻转并调整位置。然后添加图层蒙版，使用黑色柔边圆画笔涂抹出倒影的过渡效果，并且设置“不透明度”为34%，如图17-110所示。效果如图17-111所示。

步骤20 输入底部文字，如图17-112所示。最终效果如图17-113所示。

图17-109

图17-110

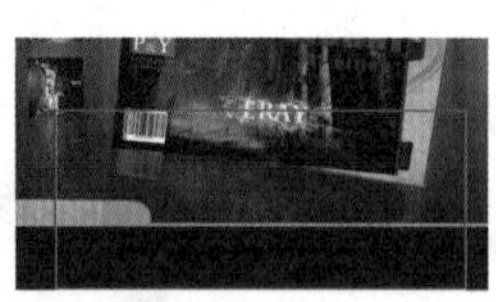
图17-111

图17-112

图17-113

17.2.3 时尚旅游网站

案例文件	17.2.3时尚旅游网站.psd
视频教学	17.2.3时尚旅游网站.flv
难易指数	★★★★★
技术要点	渐变工具、钢笔工具、文字工具、画笔工具、矩形选框工具、“描边”命令

案例效果

本例最终效果如图17-114所示。

操作步骤

步骤01 创建新的空白文字，置入中式祥云花纹素材并栅格化，如图17-115所示。

步骤02 创建新组，并命名为“大图”，置入风景图片素材文件并栅格化，如图17-116所示，添加图层蒙版。选择画笔工具，设置前景色为黑色，画笔类型为平头湿水彩笔，如图17-117所示。沿着图片四周快速绘制，如图17-118所示。

使画面有水墨效果，如图17-119所示。

图17-114

图17-115

图17-116

图17-117

图17-118

步骤03 置入水墨素材文件并栅格化，放在“图片”图层下面，如图17-120所示。

步骤04 制作图上的文字，创建新组，并命名为“顶部”，在组中创建3个小组，分别为“锦绣”、“简介”和logo。首先制作主体文字，输入“锦绣”文字，如图17-121所示。置入祥云素材文件并栅格化，放置在文字下方，如图17-122所示。

步骤05 制作“简介”组，输入4组文字，并使用椭圆选框工具绘制圆形选区，执行“编辑>描边”命令，为其添加描边，放置在每组文字之前当作按钮，如图17-123所示。然后置入荷花素材放在右侧并栅格化，如图17-124所示。

图17-119

图17-120

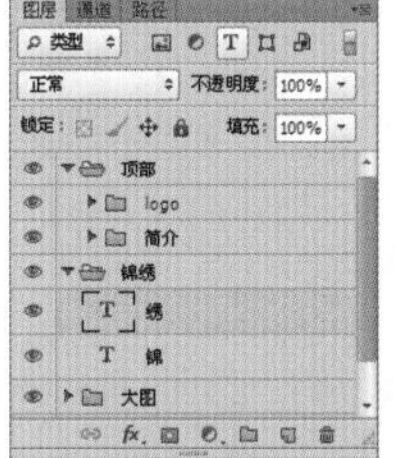

图17-121

图17-122

图171-123

图17-124

步骤06 选择logo图层组，复制“锦绣”图层，将副本放在此组中，并输入其他文字，如图17-125所示。此时整体效果如图17-126所示。

步骤07 为了便于管理，首先需要在“图层”面板中创建多个组，分别命名为“关于我们”、“风景名胜”、“我们的宗旨”、“简介”、“节日庆典”、“购物休闲”和“底部文字”，如图17-127所示。

图17-125

图17-126

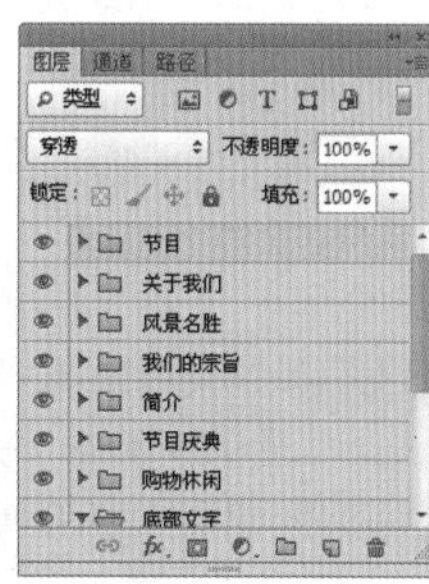

图17-127

技巧与提示

制作旅游网站除了要有很多设计感的网站首页，也需要对每个旅游场所进行简单介绍。由于案例小图部分图片和文字过多，因此以下讲解将省略细节，大体明了即可。

步骤08 制作“关于我们”组。置入图片素材文件并栅格化，添加图层蒙版，填充背景为黑色，使用白色画笔四周绘制成圆形，在边缘处可缩小画笔大小，如图17-128所示。尽量绘制参差不齐的绘画边缘效果，如图17-129所示。

步骤09 在每个图片下方输入文字，如图17-130所示。

步骤10 制作“风景名胜”组。置入图片素材并栅格化，与制作顶栏大图的方法相同，将这组图像处理成绘画边缘效果，如图17-131所示。

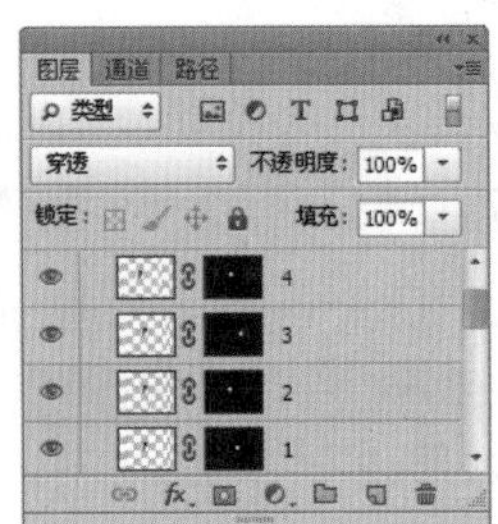

图17-128　图17-129　图17-130　图17-131

步骤11 使用横排文字工具，设置合适的字体及字号，在空白区域绘制段落文字框并输入文字，如图17-132所示。

步骤12 制作“我们的宗旨”组，置入水墨画风格图片文件并栅格化，如图17-133所示。

步骤13 使用矩形选框工具在图片外部绘制矩形选区，右击，在弹出的快捷菜单中选择“描边”命令，如图17-134所示。打开“描边”对话框，设置“宽度”为“3像素”，“颜色”为灰色，如图17-135所示。效果如图17-136所示。

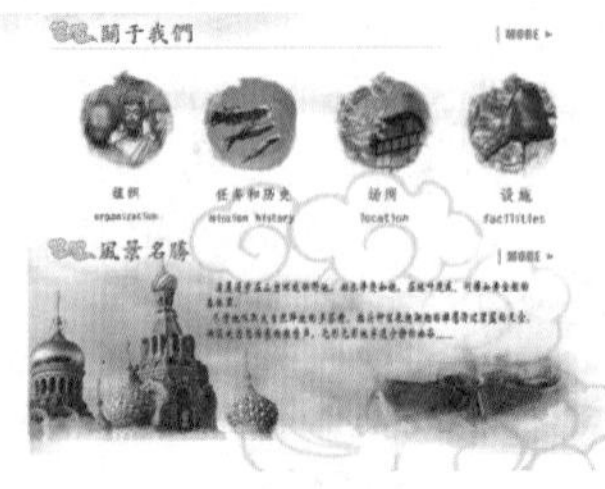

图17-132　图17-133　图17-134

步骤14 输入相应文字，如图17-137所示。

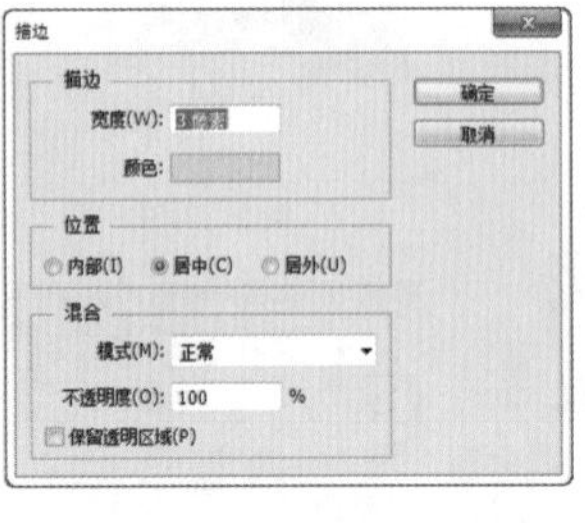

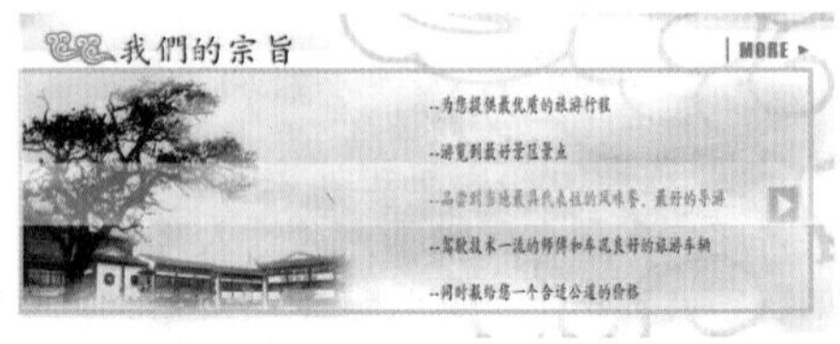

图17-135　图17-136　图17-137

步骤15 剩余模块的制作思路基本相同，置入相应的素材并栅格化，使用文字工具输入合适的文字，需要注意的是，素材图片的选择尽量保持风格一致，在文字的排版上则需要注意字体的运用，可按照内容主次适当改变文字字体，如图17-138所示。

步骤16 使用文字工具在“底部文字”组中输入其他文字，如图17-139所示。最终效果如图17-140所示。

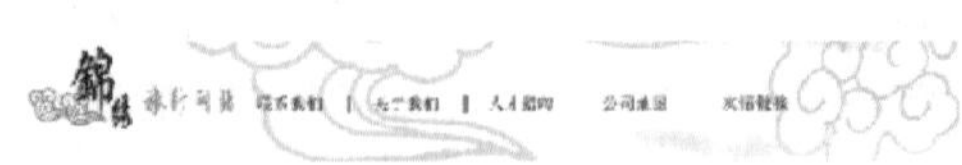

图17-138　图17-139　图17-140

画册样本设计

本章学习要点：

- 掌握折页类样本的制作方法
- 掌握多个对象对齐分布的方法
- 掌握多页画册的制作方法

18.1 画册样本设计相关知识

画册作为企业公关交往中的广告媒体，画册设计就是当代经济领域里的市场营销活动。研究宣传册设计的规律和技巧，具有现实意义。画册按照用途和作用可分为形象画册、产品画册、宣传画册、年报画册和折页画册。

形象画册的设计更注重体现企业的形象，在设计时可以适当应用创意展示企业的形象，加深用户对企业的了解。产品画册设计则要着重从产品本身的特点出发，分析产品要表现的特性及优势。宣传画册的设计需要根据实际宣传目的，有侧重地使用相应的表现形式来体现宣传的目的。年报画册一般是对企业本年度工作进程的整体展现，其设计一般都是用大场面来记事大事件，同时也要求设计师必须对企业有深刻的了解。折页画册包括常见的折页、两折页和三折页等类型，如图18-1～图18-6所示。

图18-1

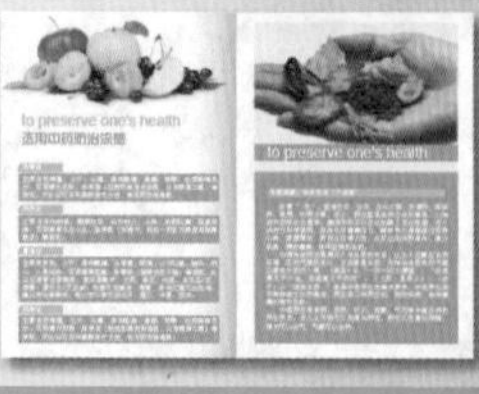

图18-2

图18-3

图18-4

图18-5

图18-6

18.2 实战练习

18.2.1 西餐折页样本设计

案例文件	18.2.1西餐折页样本设计.psd
视频教学	18.2.1西餐折页样本设计.flv
难易指数	★★★★★
技术要点	对齐，分布，渐变工具，钢笔工具

案例效果

原图如图18-7所示。最终效果如图18-8所示。

图18-7　图18-8

操作步骤

步骤01 按Ctrl+N组合键，在弹出的“新建”对话框中设置单位为“像素”，宽度为4000像素，高度为2120像素，“分辨率”为300像素/英寸，“颜色模式”为“CMYK颜色”，如图18-9所示。

步骤02 创建新组，并命名为“底色 ”。新建图层，使用矩形选框工具绘制矩形选区，并填充棕灰色（R:74，G:59，B:53），如图18-10所示。

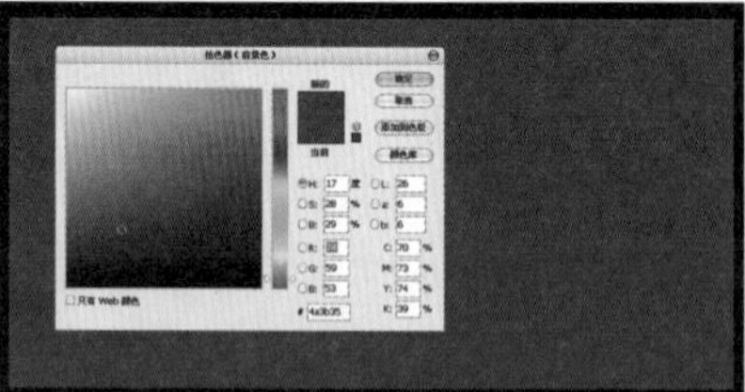

图18-9　图18-10

技巧与提示

为了使绘制的多个页面的位置适中，可以在绘制之前按Ctrl+R组合键，打开标尺，拖曳出4条参考线之后再进行绘制，如图18-11所示。

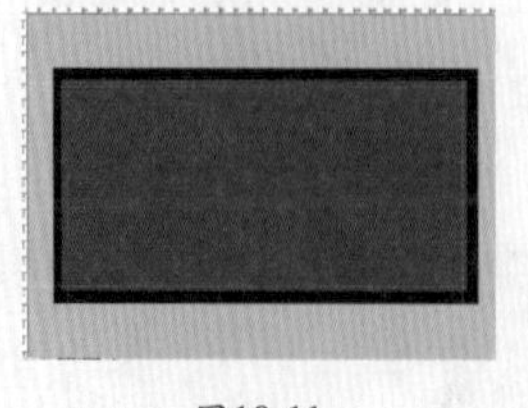

图18-11

步骤03 继续新建图层，接着使用矩形选框工具绘制封面部分的选区，单击“渐变工具”按钮，在其选项栏中编辑一种米黄色系渐变，设置渐变类型为径向渐变，如图18-12所示。在画面中由中心向四周拖曳填充渐变色，如图18-13所示。

步骤04 连续按3次Ctrl+J组合键，复制出另外3个背景色图层，并依次摆放到如图18-14所示的位置。

图18-12

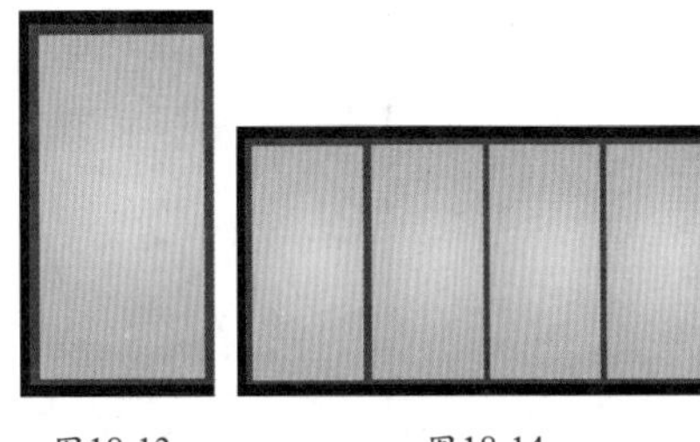

图18-13　　图18-14

> **技巧与提示**
>
> 移动复制出的图层在间距上可能难以控制精准，所以可以在“图层”面板中选中这些图层，执行“图层>分布>水平居中”命令即可确保图层之间的间距完全相同。

步骤05 载入第2个页面选区，设置前景色为土黄色，为第2个页面填充土黄色，如图18-15所示。

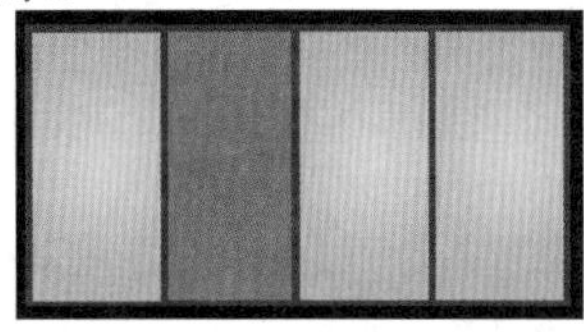

图18-15

步骤06 使用钢笔工具在第2个页面中绘制花纹形状，如图18-16所示。接着按Ctrl+Enter组合键建立选区，填充米黄色，如图18-17所示。

步骤07 单击工具箱中的“多边形套索工具”按钮，在第1个和第2个页面绘制多边形选区，如图18-18所示。使用吸管工具吸取第2个页面的背景色并进行填充，如图18-19所示。

步骤08 为最后一个页面添加素材。置入椰树剪影素材文件并栅格化，调整大小后摆放在最后一个页面上，如图18-20所示。

步骤09 置入食品素材图片，执行“图层>栅格化>智能对象”命令。放置在第3个页面中，并使用钢笔工具在素材的上半部分绘制三角形路径，如图18-21所示。建立选区后按Shift+Ctrl+I组合键反向选择，然后为图层添加图层蒙版，如图18-22所示。

图18-16

图18-17

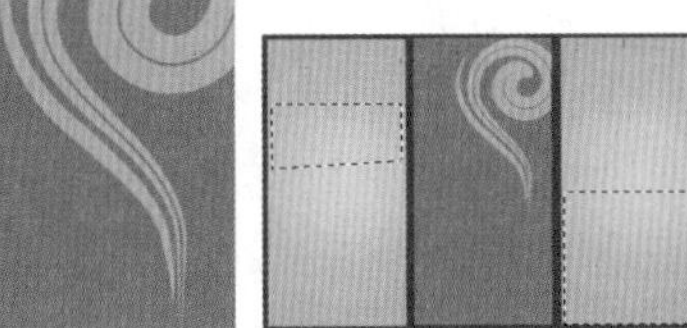

图18-18

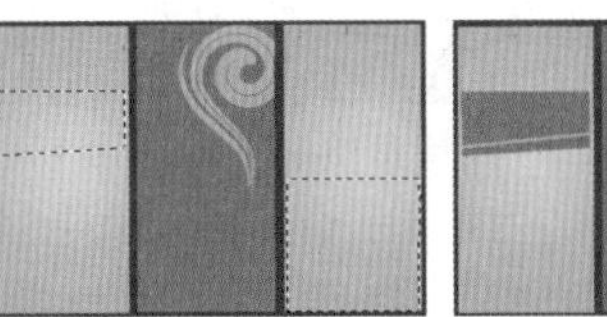

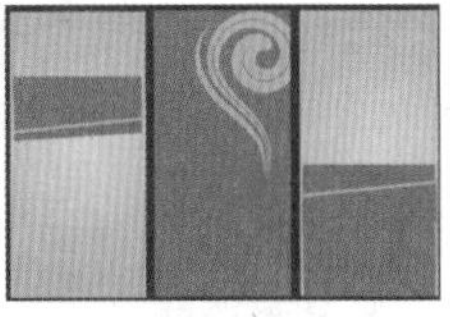

图18-19

图18-20

图18-21

步骤10 置入边框素材文件并栅格化，缩放至与页面相同的长宽并摆放在第1个页面上，如图18-23所示。

步骤11 复制3个边框图层，并依次摆放到另外3个页面上，如图18-24所示。

步骤12 单击工具箱中的“吸管工具”按钮，吸取边框的棕色。单击工具箱中的“矩形工具”按钮，在其选项栏中设置绘制模式为“像素填充”，在第2个页面下半部分绘制一个棕色矩形，如图18-25所示。

图18-22

图18-23　　图18-24

步骤13 制作菜单上的文字部分。为了便于管理，创建新组命名为“文字”，并在该图层组中分别创建另外4个小组，依次命名为“封面”、“封底”、“内页1”和“内页2”，如图18-26所示。

步骤14 制作“封面”中的文字，单击工具箱中的“横排文字工具”按钮，在其选项栏中单击“字符面板”按钮，在打开的“字符”面板中设置合适的字体及字号，调整垂直缩放与水平缩放的数值，设置字间距为180，颜色为黑色，在封面上单击并输入文字，如图18-27所示。

图18-25

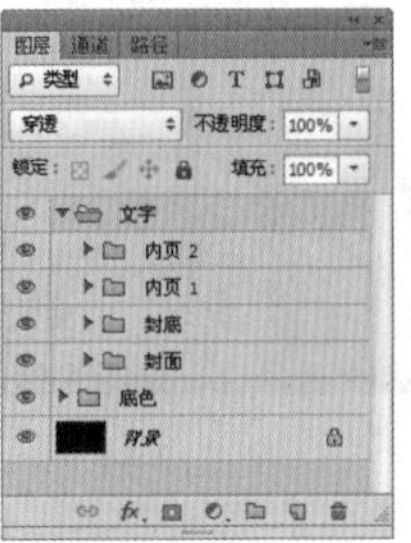

图18-26

图18-27

> **技巧与提示**
>
> 对于字体部分的设置，很多时候是需要先输入文字，然后再进行参数调整的，这样更加便于观察效果。

步骤15 使用同样的方法输入另外3组文字，类似这种装饰性文字在字体的选择上切忌使用过多种类或者过度花哨的样式，如图18-28所示。

步骤16 封面上的四部分文字在输入完毕后可以在“图层”面板中选中这4个图层，如图18-29所示。然后选择移动工具，在其选项栏中可以看到对齐的按钮，单击“水平居中对齐”按钮即可使这四部分文字的中心点处在一条垂直线上，如图18-30所示。效果如图18-31所示。

步骤17 置入封面上的欧式花纹素材，将其摆放在顶部和底部，如图18-32所示。

步骤18 制作“封底”组的文字，使用横排文字工具在底部的棕色矩形条上输入土黄色文字，如图18-33所示。然后复制“封面”组中底部的圆形花纹，放在“封底”组中，并移动到当前页面的底部位置，使用橡皮擦工具擦除多余部分，放置在文字上方，如图18-34所示。

图18-28

图18-29

图18-30

步骤19 制作“页面1”组中的文字，由于这一页面主要是正餐的价位表，所以应用文字工具比较多。首先使用横排文字工具依次输入5组文字，如图18-35所示。由于文字没有整齐地排列，因此需要对齐文字，在“图层”面板中选中这些图层，单击“移动工具”按钮，并在其选项栏中单击“左对齐”和“垂直居中分布”按钮，如图18-36所示。效果如图18-37所示。

步骤20 使用同样的方法输入其余的英文和数字，如图18-38所示。

步骤21 复制“封面”组中的文字和花纹图层，拖曳移动至“页面1”组中，并摆放在该页面的上方，如图18-39所示。

图18-31

图18-32

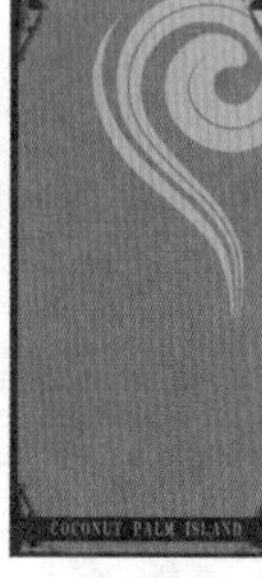

图18-33

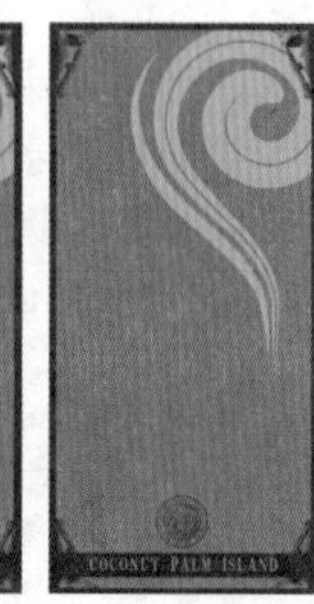

图18-34

步骤22 编辑“页面2”组，在其中创建新图层，使用矩形选框工具绘制一个矩形选框，如图18-40所示。设置前景色为浅米色，并按Alt+Delete组合键填充该选区，如图18-41所示。复制出另外几个图层，用同样的方法进行对齐与分布，制作出如图18-42所示的效果。

图18-36

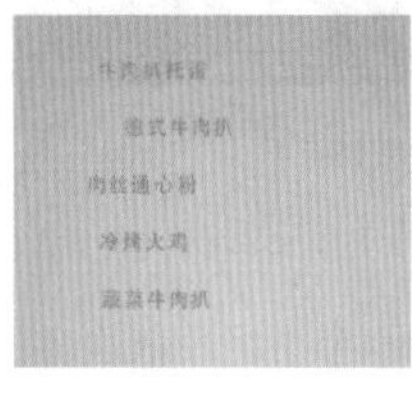

图18-35

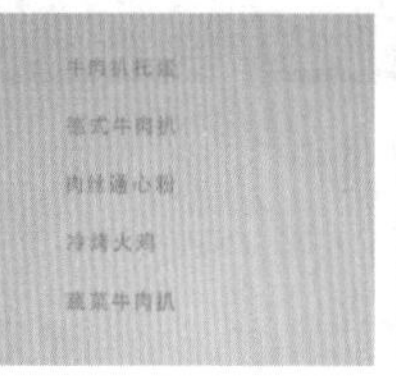

图18-37

图18-38

图18-39

图18-40

图18-41

图18-42

步骤23 输入文字，并将其摆放在合适的位置，如图18-43所示。

步骤24 平面图最终效果如图18-44所示。

步骤25 置入金色背景素材并栅格化，复制并合并封面和封底图层，分别作为独立的图层“封面”和“封底”，如图18-45所示。

步骤26 隐藏封底图层，对封面图层执行自由变换操作，右击，在弹出的快捷菜单中选择“扭曲”命令，调整控制点位置，使封面部分出现如图18-46所示的透视效果。

图18-43

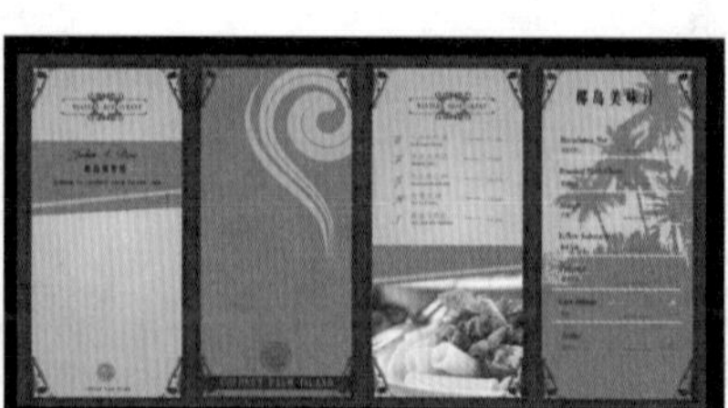

图18-44

图18-45

步骤27 为封面模拟厚度效果，执行“图层>图层样式>投影”命令，在弹出的对话框中设置颜色为棕灰色，“混合模式”为“正常”，“不透明度”为100%，“距离”为5像素，如图18-47所示。可以看到封面的底边出现了厚度效果，如图18-48所示。

步骤28 在“封面”图层下方新建图层“封面-1”，填充棕灰色，如图18-49所示。

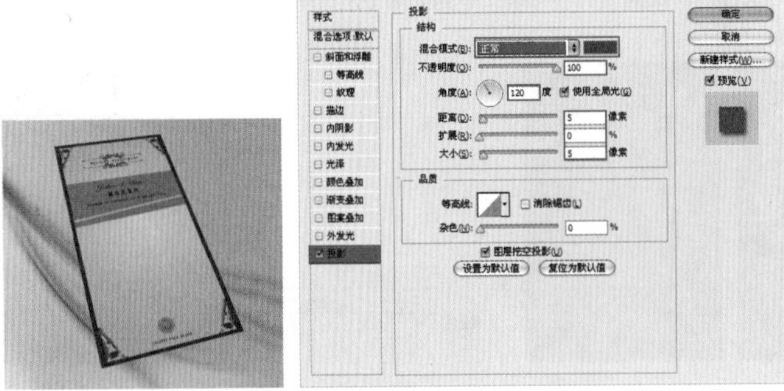

图18-46　图18-47

图18-48

图18-49

步骤29 在“封面”图层上右击，在弹出的快捷菜单中选择“拷贝图层样式”命令，并在刚刚绘制的“封面-1”图层上右击，在弹出的快捷菜单中选择“粘贴图层样式”命令，此时该图层也出现厚度效果，如图18-50所示。

步骤30 在底部新建图层，使用多边形套索工具绘制与菜谱外形相同的形状，填充黑色并进行高斯模糊操作，作为阴影，如图18-51所示。

步骤31 在“封面”图层上创建一个“亮度/对比度”调整图层，设置“对比度”为59，如图18-52所示。然后在该调整图层上右击，在弹出的快捷菜单中选择“创建剪贴蒙版”命令使封面对比度增强，如图18-53所示。

步骤32 在该调整图层上创建一个新图层“光泽”，载入封面选区，使用渐变工具在选区的左上角和右下角分别填充白色和棕色渐变，如图18-54所示。然后设置该图层的混合模式为“柔光”，“不透明度”为71%，如图18-55所示。效果如图18-56所示。

步骤33 在底部使用同样的方法创建一个封底的样本，最终效果如图18-57所示。

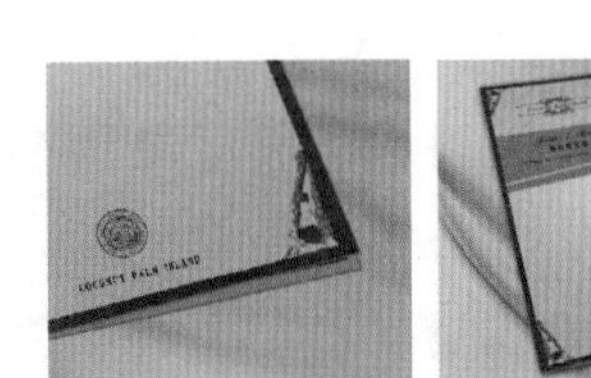

图18-50　图18-51

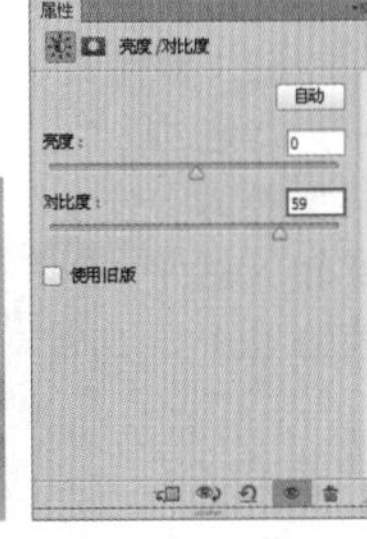

图18-52

图18-53

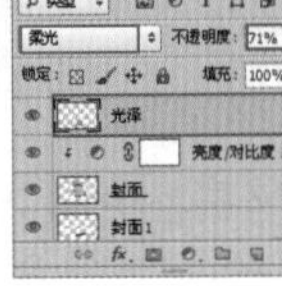

图18-54

图18-55

图18-56　图18-57

18.2.2 中餐菜谱外观设计

案例文件	18.2.2中餐菜谱外观设计.psd
视频教学	18.2.2中餐菜谱外观设计.flv
难易指数	★★★★★
技术要点	渐变工具，钢笔工具，高斯模糊，创建“曲线”调整图层

案例效果

本例最终效果如图18-58所示。

图18-58

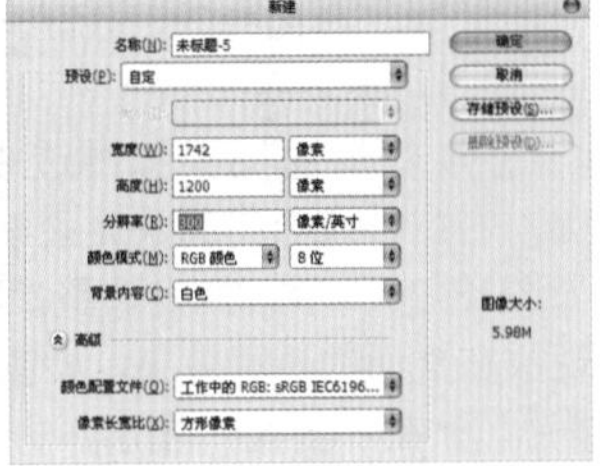

图18-59

操作步骤

1. 制作菜谱平面效果

步骤01 按Ctrl+N组合键，在弹出的“新建”对话框中设置单位为“像素”，“宽度”为1742像素，“高度”为1200像素，如图18-59所示。

步骤02 新建图层，接着使用矩形选框工具绘制一个矩形选区，单击工具箱中的“渐变工具”按钮，在其选项栏中打开渐变编辑器，编辑一种孔雀蓝色系的渐变，设置渐变类型为径向渐变，如图18-60所示。回到画布中进行填充，如图18-61所示。

模式：正常　不透明度：100%　反向　仿色　透明区域

图18-60

步骤03 置入中式底纹素材文件，执行“图层>栅格化>智能对象”命令。放在蓝色矩形的中央，如图18-62所示。

步骤04 使用钢笔工具在左侧页面部分绘制形状，如图18-63所示。按Ctrl+Enter组合键将路径转换为选区，并为其填充金色渐变，如图18-64所示。

步骤05 以当前选区执行“选择>修改>扩展”命令，在弹出的对话框中设置“扩展量”为10像素，如图18-65所示。使选区增大，并在当前图层下方新建图层，继续填充金色系渐变，如图18-66所示。

图18-61

图18-62

图18-63

图18-64

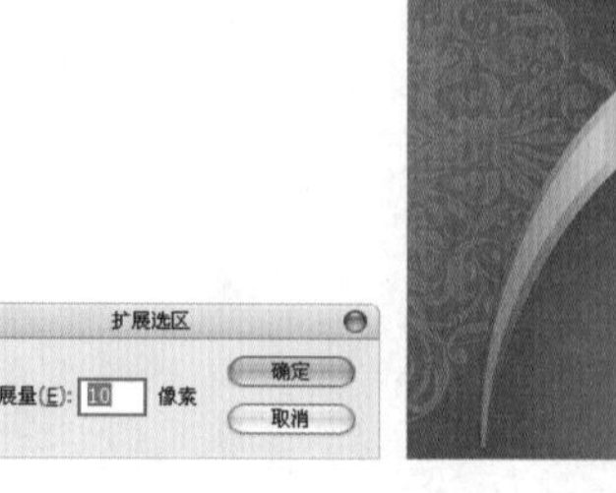

图18-65

图18-66

步骤06 使用矩形选框工具在顶部绘制矩形选区，然后按住Shift键在底部也绘制一个矩形选区，如图18-67所示。仍然填充金色渐变，如图18-68所示。

步骤07 置入前景装饰素材文件，执行“图层>栅格化>智能对象”命令，如图18-69所示。

步骤08 单击工具箱中的“直排文字工具”按钮，选择合适的字体，在右侧页面下半部分输入文字，如图18-70所示。

步骤09 在文字图层上选中“轩”字，并将其更换为一个书法字体，设置较大的字号，摆放在红色装饰物中，如图18-71所示。

步骤10 继续使用直排文字工具，在其选项栏中设置合适的字体、字号及颜色，并单击“顶对齐文本”按钮，如图18-72所示。在左侧页面下半部分输入文字，如图18-73所示。

图18-67

图18-68

图18-69

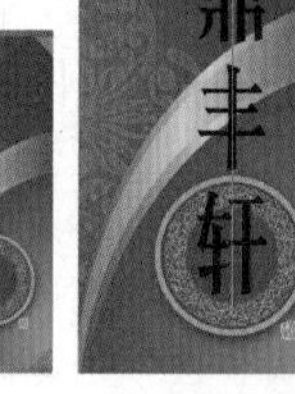

图18-70

图18-71

图18-72

步骤11 用同样的方法更改字体、字号等属性并输入“菜谱”文字，菜谱封面平面图制作完成，如图18-74所示。

2. 制作菜谱立体效果

步骤01 创建两个新组，并命名为“正面”和“背面”。首先制作“正面”，复制“平面”图层组建立副本，并且合并组，框选右侧的正面部分，使用复制和粘贴的快捷键（Ctrl+C，Ctrl+V）复制出正面部分，如图18-75所示。

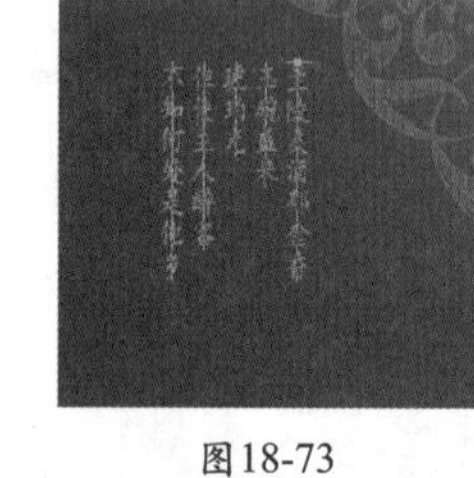

图18-73

图18-74

步骤02 将平面图模拟出透视效果，按Ctrl+T组合键，右击，在弹出的快捷菜单中选择“斜切”命令，如图18-76所示。拖曳调整控制点位置使正面部分呈现放在桌面的透视效果，如图18-77和图18-78所示。

步骤03 在“封面”图层下方新建图层“褐色”，使用多边形套索工具在封面边缘绘制选区，如图18-79所示。设置前景色为褐色（R:48，G:26，B:9），如图18-80所示。填充前景色并适当使用加深工具涂抹边缘处，如图18-81所示。

图18-75

图18-76

图18-77

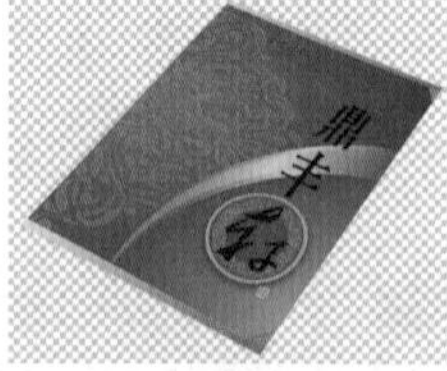

图18-78

步骤04 载入“褐色”图层选区，新建“蓝色”图层，使用吸管工具吸取封面颜色的蓝色，然后填充当前选区，如图18-82所示。把该图层放置在“褐色”图层下面，并向右侧移动一像素，如图18-83所示。

步骤05 新建图层“阴影”，放在该图层组的最下方。使用多边形套索工具绘制与菜谱外形相同的路径，填充黑色并执行

“滤镜>模糊>高斯模糊”命令，在弹出的对话框中设置“半径”为15像素，如图18-84所示。可以看到菜谱出现了阴影的效果，如图18-85所示。效果如图18-86所示。

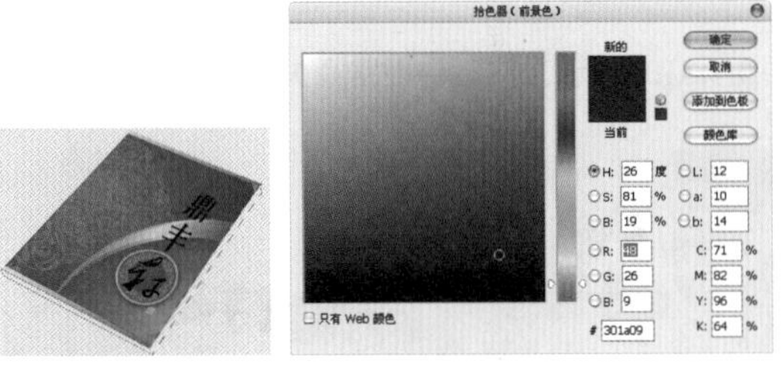
图18-79　图18-80

图18-81

图18-82

图18-83

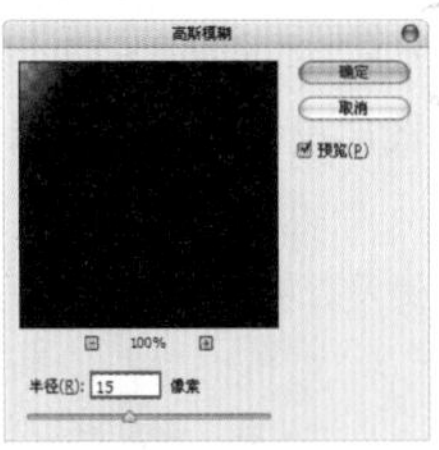
图18-84

步骤06 用同样的方法制作背面的立体效果，如图18-87所示。

步骤07 把正面和背面放置在一起后合并这两个图层组，置入背景素材文件并栅格化，如图18-88所示。

步骤08 调整画面的整体明暗关系。创建新的“曲线”调整图层，然后调整好曲线的样式，如图18-89所示。在图层蒙版中填充黑色，使用白色柔边圆画笔涂抹中间偏上区域，使四周变暗，而中间变亮，并在该调整图层上右击，在弹出的快捷菜单中选择“创建剪贴蒙版”命令，使该曲线调整图层只针对菜谱合并的图层起作用，最终效果如图18-90所示。

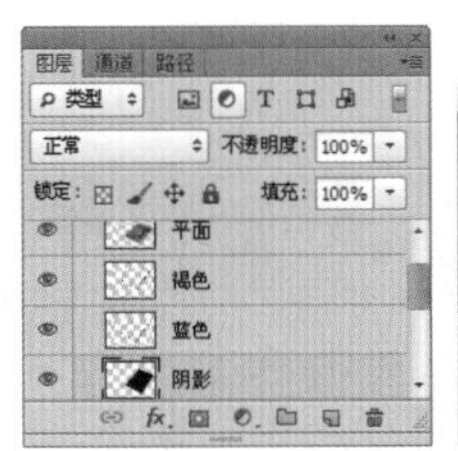
图18-85

图18-86

图18-87

图18-88

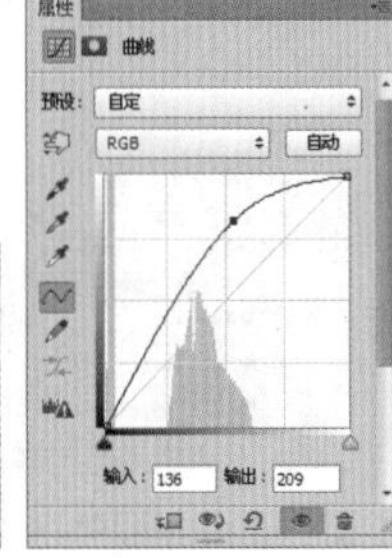
图18-89

图18-90

18.2.3 儿童摄影工作室画册设计

案例文件	18.2.3儿童摄影工作室画册设计.psd
视频教学	18.2.3儿童摄影工作室画册设计.flv
难易指数	★★★★★
技术要点	描边，文字工具，图层样式，自定形状工具，圆角矩形工具，照片滤镜

案例效果

本例最终效果如图18-91所示。

图18-91

图18-92

操作步骤

1．制作画册封面与封底

步骤01 创建新的空白文件，由于画册页数相对较多，可以在“图层”面板中创建多个图层组，如“封面”“封底”等。首先制作封面部分，置入封面背景素材并栅格化，放入“封面”组中，如图18-92所示。

步骤02 置入儿童照片文件并栅格化，如图18-93所示。选中其中一张，单击工具箱中的“椭圆选框工具”按钮，按住Shift键在儿童照片上绘制正圆选区，如图18-94所示。然后为照片添加图层蒙版，如图18-95所示。

步骤03 载入步骤02中的正圆选区，执行“编辑>描边”命令，在弹出的对话框中设置“宽度”为6px，选择合适的颜色，选中“居中”单选按钮，如图18-96所示。此时可以看到照片外圈出现了粉色的描边，如图18-97所示。

图18-93

图18-94

图18-95

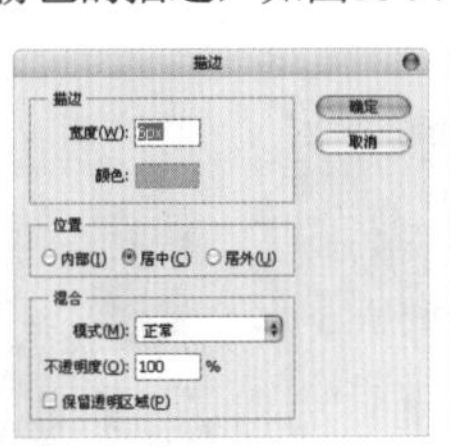
图18-96

图18-97

步骤04 用同样的方法制作其他几个儿童照片，如图18-98所示。

步骤05 下面开始制作LOGO，创建新组，并命名为“幸福时钟”，分别输入“幸”、“福”、“时”和“钟”4个文字，并错落摆放，如图18-99所示。

步骤06 在文字上右击，在弹出的快捷菜单中选择“转换为形状”命令，如图18-100所示。然后使用路径矢量工具对文字形状图层进行变形，如图18-101所示。

图18-98

图18-99

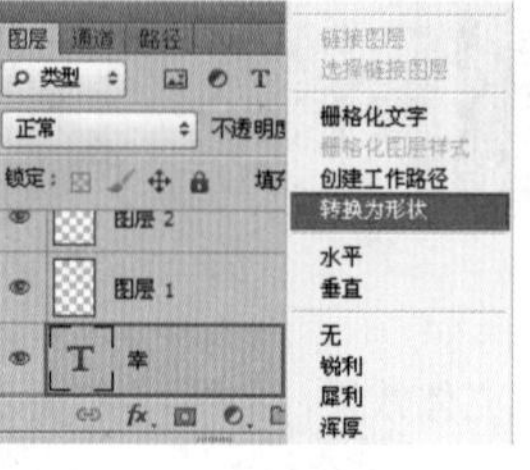

图18-100

图18-101

步骤07 复制并合并文字图层，为其添加图层样式，执行“图层>图层样式>投影”命令，在打开的“图层样式”对话框中选中“投影”、“渐变叠加”和“描边”样式，设置参数如图18-102～图18-104所示。此时LOGO部分出现图层样式，如图18-105所示。

步骤08 输入其他文字，复制LOGO文字的图层样式并粘贴到其他LOGO图层上，如图18-106所示。

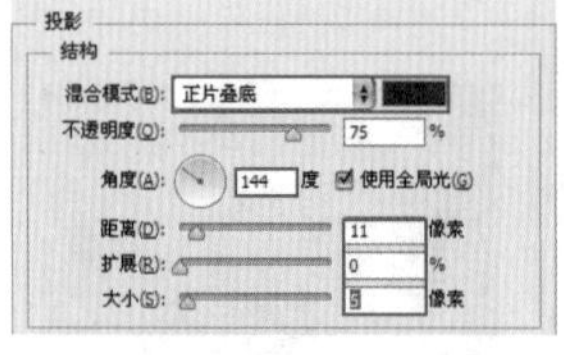

图18-102

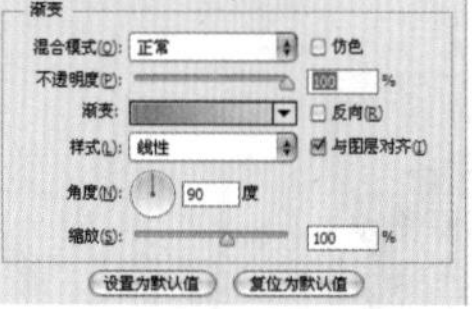

图18-103

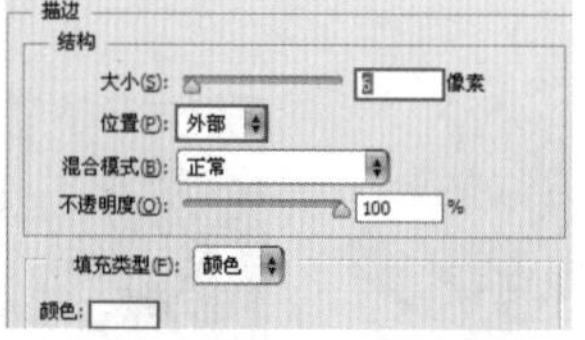

图18-104

图18-105

图18-106

步骤09 制作封底部分，封底部分与封面非常相似，可以复制封面的背景，执行“自由变换”命令，水平翻转后向左移动，如图18-107所示。

步骤10 复制封面中的LOGO文字部分，适当缩放摆放在封底页面的底部，如图18-108所示。

技巧与提示

当图层样式的参数与图层比例不相符时，可以在该图层样式上右击，在弹出的快捷菜单中选择“缩放样式”命令即可。

图18-107

图18-108

2. 制作内页1

步骤01 创建新组命名为1，置入背景素材并栅格化，如图18-109所示。

步骤02 置入儿童照片素材文件并栅格化，摆放在照片框中，右击，在弹出的快捷菜单中选择“自由变换”命令，调整其透视角度，如图18-110所示。然后为儿童图层添加图层蒙版，使用黑色画笔工具涂抹遮盖住夹子的部分，如图18-111所示。

步骤03 用同样的方法置入其他儿童照片，执行“图层>栅格化>智能对象”命令，并摆放在照片框中，如图18-112所示。

图18-109

图18-110

图18-111

图18-112

步骤04 使用横排文字工具在右侧输入导航文字，并调整到合适角度，如图18-113所示。输入粉色的“给力BABY”文字，放在页面上方，执行“图层>图层样式>描边”命令，在弹出的对话框中设置描边颜色为白色，“大小”为1像素，如图18-114所示。效果如图18-115所示。

步骤05 再次输入下面的文字，同样添加描边图层样式，如图18-116所示。

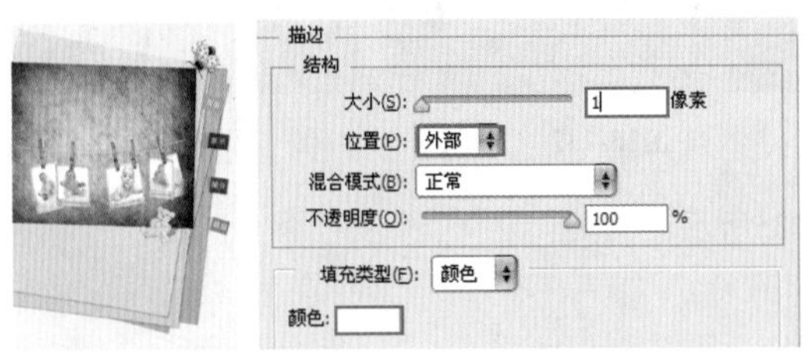

图18-113　图18-114

图18-115

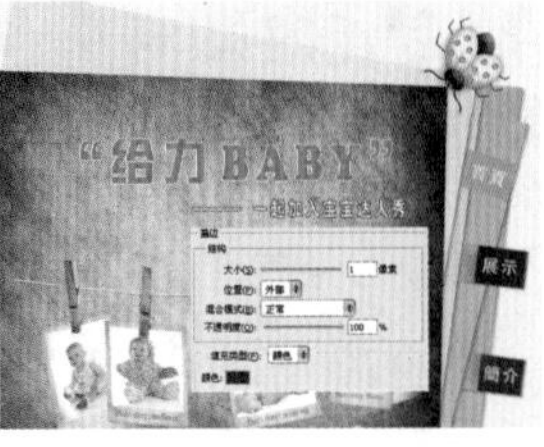

图18-116

步骤06 单击工具箱中的“圆角矩形工具”按钮，在其选项栏中单击“形状图层”按钮，设置“半径”为50像素，如图18-117所示。绘制不同颜色的圆角矩形，如图18-118所示。然后输入文字，如图18-119所示。

图18-117

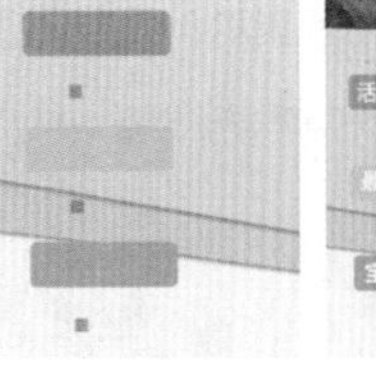

图18-118

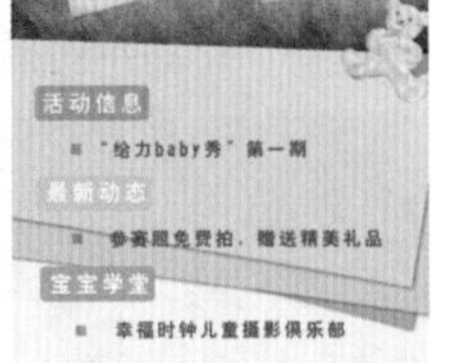

图18-119

3．制作内页2

步骤01 创建新组2，在其中新建图层，单击工具箱中的“矩形选框工具”按钮，在底部绘制矩形选区并填充为洋红色，如图18-120所示。

图18-120

步骤02 使用椭圆选框工具在洋红矩形上按住Shift键绘制正圆选区，右击，在弹出的快捷菜单中选择“描边”命令，在弹出的对话框中设置“颜色”为白色，“宽度”为1px，“位置”为“居中”，如图18-121所示。效果如图18-122所示。

步骤03 单击工具箱中的“画笔工具”按钮，选择一种圆形硬角画笔，在圆环上单击绘制白色斑点，用同样的方法制作另外两个较小的圆形花纹，如图18-123所示。

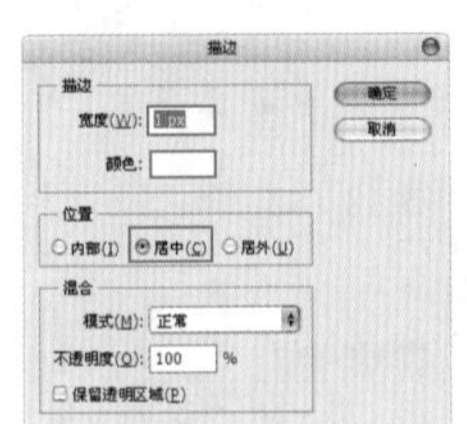

图18-121

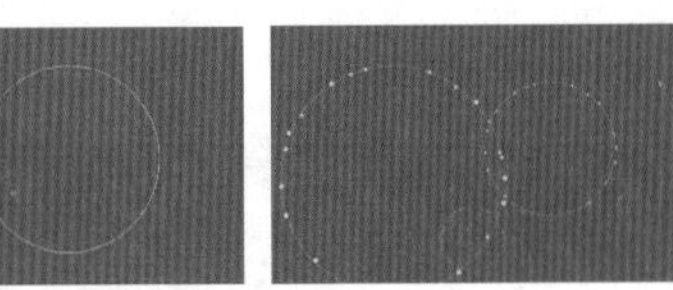

图18-122　图18-123

步骤04 置入儿童照片素材，如图18-124所示。创建“照片滤镜”调整图层，设置“颜色”为粉红色，“浓度”65%，如图18-125所示。右击，在弹出的快捷菜单中选择“创建剪贴蒙版”命令，使照片滤镜只对儿童照片图层起作用，如图18-126所示。为调整图层添加图层蒙版，使用黑色画笔擦除衣服颜色，还原本来颜色，如图18-127所示。

图18-124

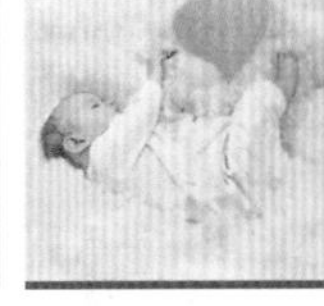

图18-125　图18-126

图18-127

步骤05 设置前景色为白色，单击工具箱中的“自定形状工具”按钮，在其选项栏中设置绘制模式为“像素填充”，并选择一个合适的形状，在图像中绘制一个白色云朵气泡形状，如图18-128所示。

步骤06 用同样的方法再次绘制一个黄色的云朵气泡图形，放在上面，如图18-129所示。

步骤07 单击工具箱中的“横排文字工具”按钮，在底部绘制一个文本框，如图18-130所示。然后输入文字，如图18-131所示。

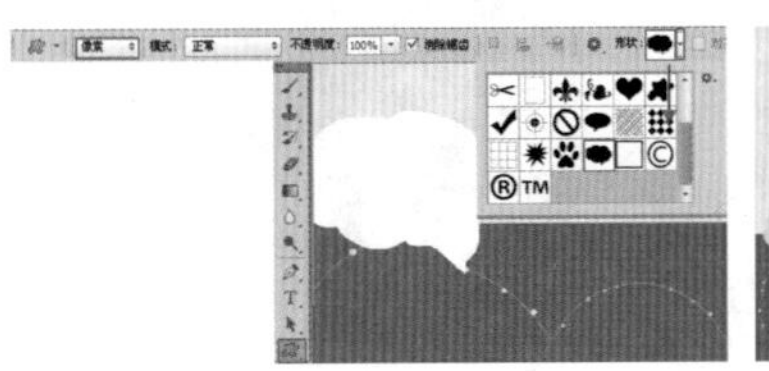

图18-128

图18-129

图18-130

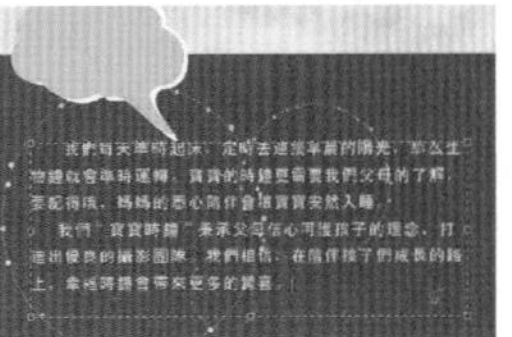

图18-131

步骤08 再次使用横排文字工具在右上角输入文字，如图18-132所示。

步骤09 复制LOGO图层，将其放置在黄色云朵气泡上，如图18-133所示。

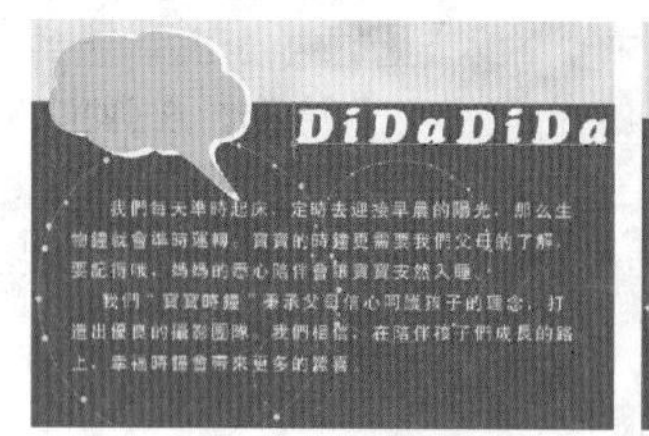

图18-132

图18-133

4. 制作内页3、4

步骤01 由于3、4页面展示的是一整张的图片文件，直接置入图像素材并栅格化，缩放到合适大小即可，如图18-134所示。

步骤02 复制云朵气泡和LOGO图层，并摆放在内页3、4上，如图18-135所示。

5. 制作内页5、6

步骤01 创建新组，并命名为baby4，置入带有底纹的紫色背景素材，执行“图层>栅格化>智能对象”命令。在上半部分绘制矩形选区并填充白色，然后在右上角使用矩形工具绘制多个彩色矩形，如图18-136所示。

步骤02 置入儿童照片素材，执行“图层>栅格化>智能对象”命令。分别摆放在两页面的上半部分，如图18-137所示。

图18-134

图18-135

图18-136

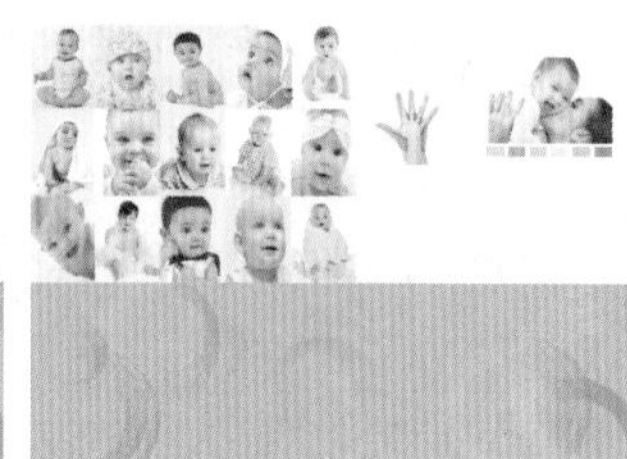

图18-137

步骤03 设置前景色为黄色，使用圆角矩形工具，单击“形状图层”按钮，设置“半径”为“50像素”，如图18-138所示。在右侧页面上绘制黄色颜色的圆角矩形，如图18-139所示。

图18-138

步骤04 置入照片素材文件，执行“图层>栅格化>智能对象”命令。将其放在黄色圆角矩形的底部，如图18-140所示。

步骤05 再次复制前面绘制的云朵气泡图层和LOGO图层，摆放在左侧页面上，如图18-141所示。

步骤06 使用横排文字工具输入作为标题的点文字和正文部分的段落文字，如图18-142所示。

图18-139

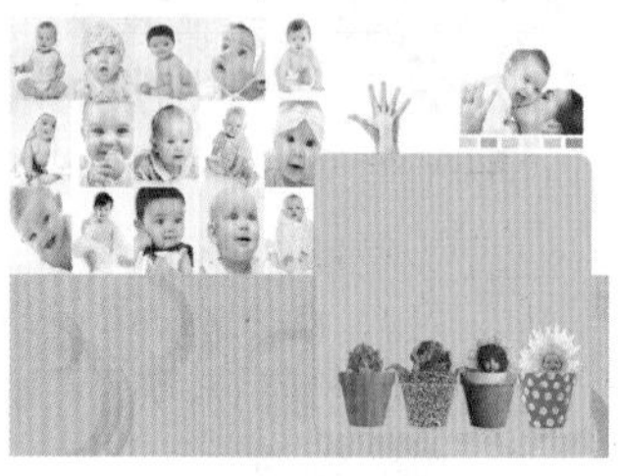

图18-140

图18-141

图18-142

步骤07 平面图完整效果如图18-143所示。

图18-143

书籍装帧&版面设计

本章学习要点：

- 了解书籍装帧设计的相关知识
- 掌握杂志封面的设计思路
- 掌握图书装帧的制作方法
- 掌握书籍立体效果的制作方法

19.1 书籍装帧设计相关知识

书籍装帧是书籍存在和视觉传递的重要形式，书籍装帧设计是指通过特有的形式、图像、文字色彩向读者传递书籍的思想、气质和精神的一门艺术。优秀的装帧设计都是充分发挥其各要素之间的关系，达到一种由表及里的完美。书籍装帧包含三大部分：封面设计、版式设计和插图设计。

- **封面设计**：包括封面、封底、书脊设计，精装书还有护封设计，如图19-1所示。
- **插图设计**：包括题头、尾花和插图创作等，如图19-2所示。
- **版式设计**：包括扉页、环衬、字体、开本、装订方式等，如图19-3所示。

图19-1

图19-2

图19-3

19.1.1 书籍装帧设计的基本元素

书籍装帧设计的主要元素包括图形、文字、色彩和构图，这也是平面设计中的基本组成部分。

1．图形

在读者的视觉感受上，图形先于文字，图形的范畴十分广泛，包含了各种各样的视觉形象符号，在书籍设计中常表现为具象的、半具象的和抽象的3种形式，如图19-4～图19-6所示。

图19-4

图19-5

图19-6

2．文字

书籍的所有功能主要以文字为载体展现出来，文字在书籍装帧中的功能性和审美性显得尤为重要。字体与字号的安排既要有利于读者阅读，又要兼顾版面的美观。字号的大小直接关系到阅读效果和版面美观，正文一般用中号字，大号字一般用于标题以示醒目，小号字一般用于注解说明等。针对不同的年龄段，使用的字号也有所不同。例如，老年读者需要用小四号或者四号，幼儿读物需要更大一些，三号或二号字。当然，版式设计中文字的字体、字号选择也有一定的规律，如图19-7～图19-9所示。

图19-7

图19-8

图19-9

- 书籍、报纸杂志的正文字体，通常用到宋体、仿宋体、楷体、黑体等。字号一般不小于五号字，可用小四号字或四号字。
- 辞书、字典、手册、书目等工具书，通常使用仿宋体，字号通常是小五号和五号。
- 书籍中的注释、说明、图表常用六号宋体，也可用在一些词典、字典等工具书中。
- 标题字体、字号的选用要根据标题顺次由大到小，一般按篇、章、页、项、目等顺序区分标题的层次，其中往往从最大的标题确定，然后依次缩小一号。当一部书稿的层次较多时，字号不能满足需要的情况下，可以通过变换字体的方法来解决。

技术拓展：常用印刷字体的应用

字体是文字的表现形式，目前在书籍、报纸杂志的文字排版设计中，所使用的文字有中文汉字和外文字母。而汉字字体已变得相当丰富，使人眼花缭乱，但是，归纳起来大致分印刷体和变体两种：印刷体常有宋体、黑体、楷体、仿宋体等；变体有书法字、广告字体和艺术字体，常用印刷体有宋体、黑体、仿宋体、楷体、等线体（幼圆）等。字体在选用时，必须与书籍的性质和内容、读者的爱好和阅读效果相适应。下面介绍一些常用印刷字体的应用，如图19-10所示。

黑体　宋体　仿宋
楷体　等线体

图19-10

黑体的特点是笔画粗壮有力，横竖均匀，突出醒目，具有现代感。

宋体起源于宋代，当时盛行刻拓、法帖及套印，为使雕刻方便规范，适应于雕版印刷，将楷书变成横笔细、竖笔粗，朴实、清晰、工整的正方形字体。

仿宋体是由宋体演变而来的，有仿宋、长仿等。仿宋为正方形，长仿呈长方形，其特点是横竖笔画均匀，起笔和落笔呈倾斜形，清秀雅致，常用于散文、诗歌、图表等；长仿多用于小标题。

楷体是中国传统的书法字体，历史悠久，具有很强的文化特征，其特点是婉转圆滑，柔中带刚，古朴秀美，常用于儿童读物、小学课本、适宜做轻松的标题或古诗词等。

等线体是黑体的改良字体，其特点是笔画粗细相同，纤秀柔和，活泼潇洒，常用于小说、序言、解说词等。

答疑解惑——什么是号数制与点数制？

字号是区分规格大小的名称，印刷中通常采用号数制和点数制来规范字号。号数制是我国用来计算汉字铅活字大小的标准计量单位。点数制是世界上通用的计算铅活字的标准计量单位。现在计算机上的字号多数以点数来计算。“点”也称“磅”，是由英文point翻译过来的，缩写为P，1点为0.35毫米。目前书籍正文中使用的五号字为10.5点、3.69毫米，一号字为28点、9.668毫米。

3. 构图

现代图书封面构图上创新的形式越来越多，无论如何变化，封面的构图上仍然需要以书名为主体，编著者名、出版社名等文字为辅。下面介绍4种常用的构图形式。

- **水平构图**：现代书籍封面最常用的构图方式，如图19-11和图19-12所示。
- **垂直构图**：书名文字垂直排列，体现严肃、庄重、高尚、刚直的主题，如图19-13和图19-14所示。
- **倾斜构图**：书名文字倾斜排列，使画面有活力，有生气，也可产生动荡、危机的效果，如图19-15和图19-16所示。
- **聚集构图**：书名文字聚集排列，能增强视觉冲击力，如图19-17和图19-18所示。

图19-11

图19-12

图19-13

图19-14

图19-15

图19-16

图19-17

图19-18

19.1.2 书籍装帧设计的相关知识

1. 书籍常用开本

开本指书刊幅面的规格大小，即一张全开的印刷用纸裁切成多少页。书开本主要分为三类：大型本（12开及以上）、中型本（16～32开）和小型本（36开及以下）。常见的有32开（多用于一般书籍）、16开（多用于杂志）、64开（多用于中小型字典、连环画），如图19-19和图19-20所示。

2. 书籍装订类型

图书的装订类型有平装与精装两种。用普通封面纸做的软封面的书为平装；用厚纸板或其他材料做成的硬封面的书为精装。由于精装本封面裱制在纸板上，所以封面材料要求质地柔软而有弹性，如皮面、布面、纸面等。为保护精装本封面，往往加上护封。如图19-21和图19-22所示分别为平装书和精装书。

图19-19

图19-20

图19-21

图19-22

3. 书籍装帧中的常用术语

- **装帧**：要形成一本书，除了内容以外还要有书的各个组成部分与材料，并施以一定的工艺手段。因此，书籍是材料与工艺的综合体，也就是常说的书籍装帧。
- **封面**：即书皮，它是一本书的外衣，印有书名、作者名、出版者名。
- **封里**：也称封二，即封面的里面。
- **封底里**：也称封三，即封底的里面。
- **封底**：也称封四，简装书常印有书号和定价。
- **书脊**：是书的脊部，连接书的封面和封底，印有书名、作者名、出版者名，便于在书架上寻找。
- **护封**：包在封面外面的，与封面内容相同的另一张封面，起保护封面的作用。
- **勒口**：平装书的封面和封底或精装书的护封切口处多留的30毫米以上的空白，纸张向里折，可防止封面角外卷。
- **扉页**：又称内封、副封面，是在封面或衬页后面的一页。它再现封面上的文字，一般会比封面更详尽。有的书籍扉页上还设计了与书籍内容相符的色彩、图形。
- **序（前言）**：由作者本人或他人附记在正文前面的文章，用来说明写作意图或对书内容的评价。
- **目录页**：一般置于前言页后面（如没有前言，就在扉页后面），为便于读者检阅正文，把书中的标题按部、篇、章、节有序地排列，并注明页码。
- **辑封**：即篇章页，也有人把它与内封一起叫扉页。辑封只能用在单码页上、每篇或每章内容之前，常为了与书籍整体协调而进行色彩、图案装饰。
- **订口**：指装订处到版心之间的空白部分。
- **切口**：也称书口，是书籍三面切光的部分，分上切口（书顶）、下切口（书根）、外切口（裁口）。
- **环衬**：一般为精装书封二和扉页之间、封三和正文最后页之间的前两页，是一张对折连页纸，一面粘在封面背上，一面紧粘书心的订口，在前的称前环衬，在后的称后环衬。
- **版权页**：它是每本书出版的历史性记录，包括书名、著译者、出版、印刷、发行单位、开本、印张、插页、字数、版次、印次、累计印数和书号、定价、出版日期等。版权页一般在书末环衬前，有些简装书就把它印在扉页背面。
- **书套**：也称书匣，常用于珍藏版书籍，更好地保护精装书籍。
- **版式**：书籍正文的编排格式，包括正文的标题字号、字体、插图、版心大小、编排形式等。
- **版面**：指书籍一页纸的幅面，包括版心、白边、页码、书眉及正文等内容。版式设计是通过每个版面来实现的。
- **版心**：指每个页面上的文字和图表等所有视觉元素。
- **白边**：版心离切口和钉扣的距离。
- **页码**：表示页数的数字，是书中各个版面的顺序标记。奇数称单页码，偶数称双页码。

19.2 实战练习

19.2.1 时装杂志大图版式

案例文件	19.2.1时装杂志大图版式.psd
视频教学	19.2.1时装杂志大图版式.flv
难易指数	★★★★★
技术要点	曲线，图层样式混合模式

案例效果

本例最终效果如图19-23所示。

图19-23

操作步骤

步骤01 创建新的空白文件，单击工具箱中的"渐变工具"按钮，在其选项栏中编辑一种灰色系渐变，设置渐变类型为线性渐变，在背景图层上填充渐变，如图19-24所示。

步骤02 新建图层，隐藏背景图层，使用椭圆选框工具绘制一个非常小的正圆选区并填充白色，使用矩形选框工具按住Shift键绘制一个正方形选区，如图19-25所示。然后执行"编辑>定义图案预设”命令，在弹出的对话框中设置图案名称，如图19-26所示。

图19-24

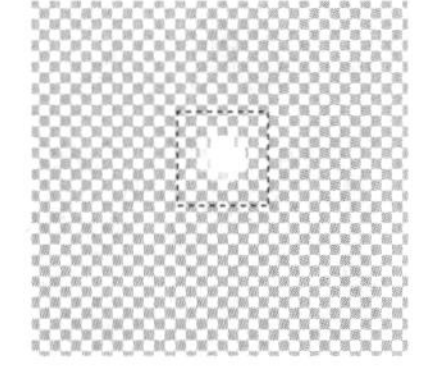
图19-25

图19-26

步骤03 再次新建图层“斑点背景”，设置前景色为白色，执行“编辑>填充”命令，在弹出的对话框中设置使用图案进行填充，选择刚才定义的白色圆点图案，单击“确定”按钮完成填充，如图19-27所示。可以看到画面中出现了均匀的白色斑点，如图19-28所示。

步骤04 设置该斑点图层的“不透明度”为50%，如图19-29所示。效果如图19-30所示。

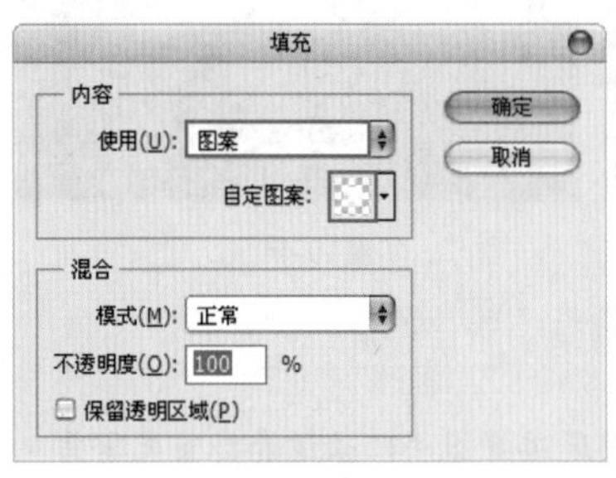

图19-27

图19-28

图19-29

图19-30

步骤05 在“斑点背景”图层下方新建图层，单击工具箱中的“多边形套索工具”按钮，绘制一个多边形选区，并填充深灰色，如图19-31所示。

步骤06 继续使用多边形套索工具绘制另外几个多边形选区，依次填充深灰色和浅灰色，如图19-32所示。

步骤07 置入照片素材文件，执行“图层>栅格化>智能对象”命令。旋转并摆放在画面下半部分，如图19-33所示。

步骤08 使用多边形套索工具在该图层上方绘制选区，如图19-34所示。然后以当前选区为该图层添加图层蒙版，使选区以外的区域隐藏，并设置该图层的“不透明度”为75%，如图19-35所示。效果如图19-36所示。

图19-31

图19-32

图19-33

图19-34

图19-35

步骤09 再次置入另外一张照片素材文件，执行“图层>栅格化>智能对象”命令。旋转并摆放在画面下半部分，使用多边形套索工具在该图层上方绘制选区，如图19-37所示。然后以当前选区为该图层添加图层蒙版，使选区以外的区域隐藏，并设置该图层的“不透明度”为85%，如图19-38所示。效果如图19-39所示。

步骤10 设置前景色为灰色，创建新图层，单击工具箱中的“铅笔工具”按钮，设置画笔“大小”为“2像素”，“硬度”为100%，如图19-40所示。然后单击工具箱中的“钢笔工具”按钮，在画面中绘制出多条路径，右击，在弹出的快捷菜单中选择“描边路径”命令，在弹出的对话框中设置描边工具为铅笔，如图19-41所示。

图19-36

图19-37

图19-38

图19-39

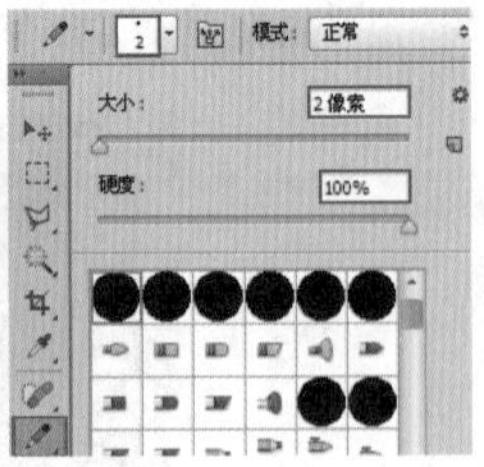
图19-40

步骤11 此时可以看到路径上出现了灰色的描边效果，如图19-42所示。

步骤12 创建新组，并命名为“人像”。置入主体人像素材，执行“图层>栅格化>智能对象”命令，如图19-42所示。使用通道抠图法将人像从背景中分离出来，如图19-44所示。

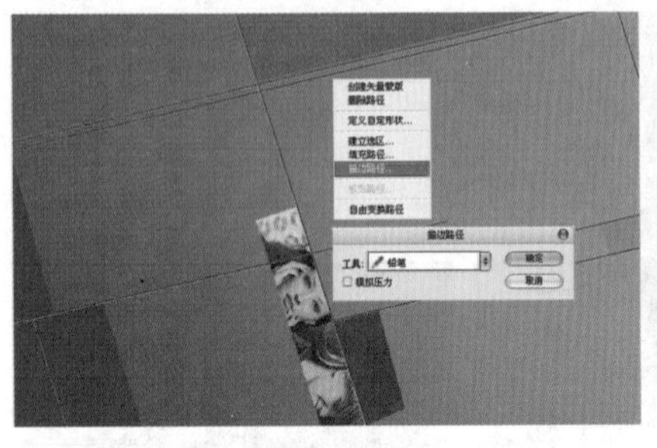
图19-41

图19-42

图19-43

图19-44

技巧与提示

由于此处使用的人像照片中头发边缘选区比较复杂，而且背景颜色单一，所以使用通道抠图法比较适合。首先需要隐藏其他图层，进入“通道”面板，可以看到“蓝”通道中头发部分与背景差别最大，所以复制“蓝”通道，如图19-45所示。在“蓝 副本”通道中可以使用减淡工具，在其选项栏中设置合适的柔角画笔，由于背景色比头发颜色更亮一些，所以需要设置“范围”为“高光”，“曝光度”为100%，涂抹接近头发边缘的背景处，使背景变为白色，如图19-46所示。然后使用加深工具，设置“范围”为“暗部”，“曝光度”为100%，涂抹头发部分，可以看到头发部分变为全黑效果。此时头发与背景的黑白完全区分开了，如图19-47所示。下面进一步使其他背景部分变白，人像部分变黑。载入选区后回到“图层”面板，执行“选择反向”命令后为人像图层添加图层蒙版，即可看到人像从背景中分离出来，如图19-48所示。

图19-45

图19-46

图19-47

图19-48

步骤13 创建新的“曲线”调整图层，在其“属性”面板中调整参数，如图19-49所示。单击“曲线”图层蒙版，设置蒙版背景为黑色，画笔为白色，绘制人像手臂部分，使“曲线”调整图层只对人像手臂部分提亮。效果如图19-50所示。

步骤14 复制主体人像图层建立副本，按Ctrl+T组合键调整位置，右击，在弹出的快捷菜单中选择“水平翻转”命令，设置图层的“不透明度”为20%，如图19-51所示。

步骤15 创建新图层，使用红色画笔绘制嘴唇，设置混合模式为“叠加”，“不透明度”为30%。增强嘴唇颜色，如图19-52所示。

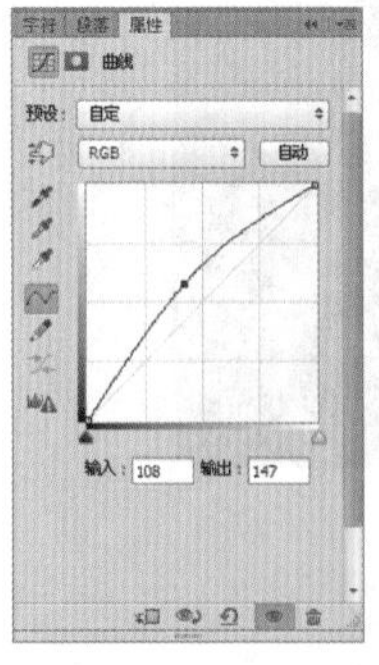
图19-49

图19-50

图19-51

图19-52

步骤16 将画面四周压暗，创建新的“曲线”调整图层，在其“属性”面板中调整曲线形状。单击“曲线”图层蒙版，设置蒙版背景为黑色，使用白色画笔绘制四周，如图19-53所示。

步骤17 单击工具箱中的“多边形套索工具”按钮，在画面左侧绘制一个多边形选区并填充暗红色，如图19-54所示。

步骤18 继续绘制底纹部分，如图19-55所示。

图19-53

图19-54

图19-55

步骤19 创建新图层组“文字”。使用文字工具分别输入一组中文和两组英文，接着添加图层样式，在“图层样式”对话框中选中“投影”样式，设置“混合模式”为“正片叠底”，“不透明度”为75%，“角度”为120度，“距离”为5像素，“大小”为5像素，如图19-56所示。效果如图19-57所示。

步骤20 再次使用文字工具在主体文字左侧输入英文，如图19-58所示。同样添加图层样式，在“图层样式”对话框中选中“投影”样式，设置“混合模式”为“正片叠底”，“不透明度”为75%，“角度”为120度，“距离”为5像素，“大小”为5像素。选中“渐变叠加”样式，设置“混合模式”为“正常”，“不透明度”为100%，“样式”为“线性”，“角度”为90度，“缩放”为100%，如图19-59所示。效果如图19-60所示。

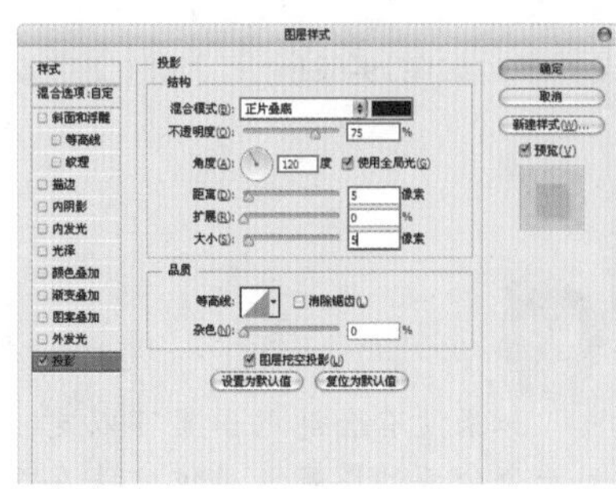
图19-56

图19-57

图19-58

步骤21 输入其他文字，最终效果如图19-61所示。

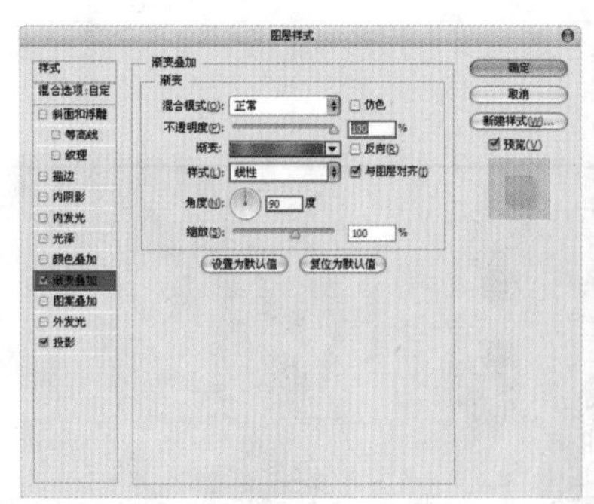
图19-59

图19-60

图19-61

19.2.2 时尚杂志封面设计

案例文件	19.2.2时尚杂志封面设计.psd
视频教学	19.2.2时尚杂志封面设计.flv
难易指数	★★★★★
技术要点	文字工具，“画笔”面板，创建工作路径，自由变换工具，图层样式

案例效果

最终效果如图19-62所示。

图19-62

操作步骤

步骤01 创建一个新的空白文件，设置前景色为粉色，如图19-63所示。按Alt+Delete组合键填充背景图层为粉色，执行“编辑>填充”命令，在弹出的对话框中设置填充内容为图案，选择一个合适的斑点图案，效果如图19-64所示。

步骤02 单击工具箱中的“横排文字工具”按钮，输入文字“新鲜派”，如图19-65所示。然后单击选项栏中的“创建文字变形工具”按钮，在弹出的“变形文字”对话框中设置“样式”为“凸起”，选中“水平”单选按钮，设置“弯曲”为25%，如图19-66所示。效果如图19-67所示。

图19-63

图19-64

图19-65

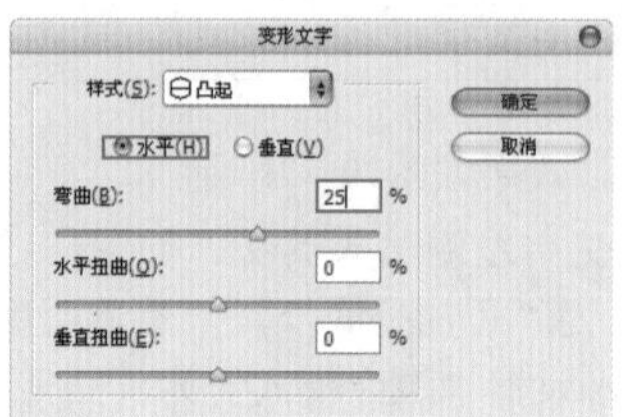

图19-66

图19-67

步骤03 为文字添加图层样式，执行“图层>图层样式>描边”命令，在弹出的对话框中设置参数如图19-68所示。此时文字效果如图19-69所示。

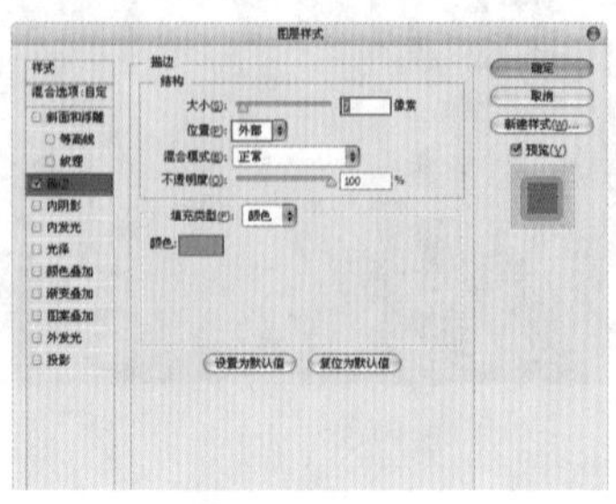
图19-68

图19-69

> **技巧与提示**
>
> 如果没有合适的图案可以定义一个合适的图案，具体方法在19.2.1节中进行过详细的讲解。

步骤04 在文字图层的名称上右击，如图19-70所示。在弹出的快捷菜单中选择“创建工作路径”命令，如图19-71所示。路径效果如图19-72所示。

步骤05 按F5键，打开“画笔”面板，接着选择一种圆形硬角画笔，再设置“大小”为35像素，“硬度”为100%，“间距”为326%，具体参数设置如图19-73所示。

步骤06 设置前景色为粉红色，然后新建一个名称为“斑点”的图层，按Enter键为路径进行描边，效果如图19-74所示。

图19-70

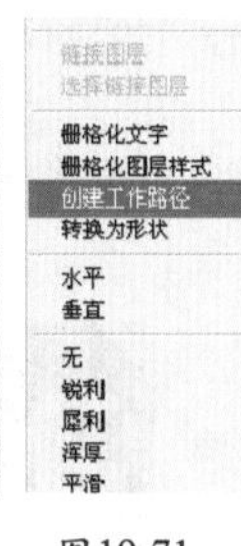

图19-71

图19-72

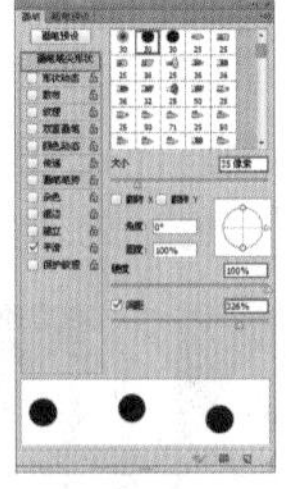

图19-73

图19-74

步骤07 由于边缘处的斑点超出了文字的范围，所以下面还需要对斑点进行处理。在“路径”面板的空白处单击鼠标左键，取消对路径的选择，如图19-75所示。然后在“图层”面板中按住Ctrl键的同时单击文字图层的缩览图，载入文字选区，如图19-76所示。

步骤08 选择“斑点”图层，然后在“图层”面板中单击“添加图层蒙版”按钮，为斑点添加一个选区蒙版，如图19-77所示。设置其“不透明度”为55%，效果如图19-78所示。

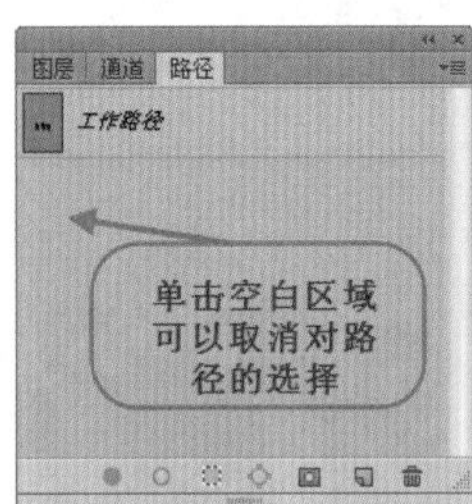

图19-75

图19-76

图19-77

图19-78

> **技巧与提示**
>
> 在保持选区的状态下直接为图层添加图层蒙版时，会自动保留选区内部的图像，而隐藏掉选区外部的图像。在图层蒙版中，白色区域代表显示出来的区域，黑色区域则代表隐藏的区域。

步骤09 置入人像素材文件，执行“图层>栅格化>智能对象”命令。使用钢笔工具勾勒出人像轮廓，闭合路径建立选区，添加图层蒙版，使背景部分被隐藏，如图19-79所示。效果如图19-80所示。

步骤10 创建新图层，使用矩形选框工具在画面下半部分绘制矩形选区，并填充紫色，如图19-81所示。

步骤11 单击工具箱中的“多边形套索工具”按钮，在底部绘制多边形选区，并填充蓝色，如图19-82所示。

步骤12 创建新组，并命名为“小图”，置入4张图片素材，分别栅格化并放置在适当位置，如图19-83所示。

图19-79

图19-80

图19-81

图19-82

图19-83

技巧与提示

圆形图像的制作方法：置入正常的方形图像，使用椭圆选框工具按住Shift键在图像上绘制正圆选区，并为该图层添加图层蒙版，使其他部分隐藏即可。

步骤13 分别为每张图片添加不同颜色的描边图层样式，如图19-84所示。

步骤14 制作杂志封面必不可少的就是文字，单击工具箱中的"横排文字工具"按钮，设置合适的字体及字号，设置颜色为橙色，输入文字，如图19-85所示。

步骤15 选择文字图层，执行"图层>图层样式>描边"命令，在弹出的对话框中设置"大小"为7像素，"位置"为"外部"，"不透明度"为100%，"颜色"为白色，如图19-86所示。效果如图19-87所示。

图19-84

图19-85

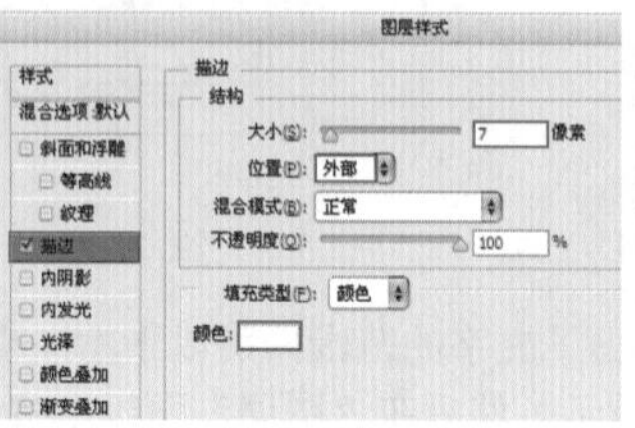

图19-86

图19-87

步骤16 用同样的方法输入另外两组描边文字，如图19-88所示。

步骤17 输入不同样式的文字，下半部分的文字需要进行适当旋转，使之与底部蓝色图形的角度相同。最终效果如图19-89所示。

步骤18 复制封面中的背景以及文字，摆放在侧面，作为书脊，如图19-90所示。

图19-88

图19-89

图19-90

步骤19 置入背景素材并栅格化，如图19-91所示。将封面图层合并为一个图层，为了便于观察，可以将该图层的不透明度降低，按Ctrl+T组合键，右击，在弹出的快捷菜单中选择"扭曲"命令，调整控制点的位置使封面与背景素材的书形状相匹配，如图19-92所示。

步骤20 将封面图层的不透明度恢复为100%，用同样的方法将书脊部分变形放到合适位置，如图19-93所示。

步骤21 单击工具箱中的"渐变工具"按钮，编辑一种白色到透明的渐变，设置渐变类型为线性，"不透明度"为50%，载入封面图层选区，新建图层后从右上角到左下角进行填充，如图19-94所示。

图19-91

图19-92

图19-93

图19-94

步骤22 继续制作封面的暗部，新建图层“暗部”，设置渐变颜色为黑色到透明的渐变，在选区中从左下到右上进行填充，如图19-95所示。然后设置混合模式为“柔光”，如图19-96所示。效果如图19-97所示。

步骤23 用同样的方法制作书脊部分的暗影效果，最终效果如图19-98所示。

图19-95

图19-96

图19-97

图19-98

19.2.3 青春文艺小说装帧设计

案例文件	19.2.3青春文艺小说装帧设计.psd
视频教学	19.2.3青春文艺小说装帧设计.flv
难易指数	★★★★★
技术要点	画笔工具，文字工具，图层蒙版，自由变换工具，“高斯模糊”滤镜

案例效果

本例最终效果如图19-99所示。

图19-99

操作步骤

1. 封面平面图设计制作

步骤01 按Ctrl+N组合键，在弹出的“新建”对话框中设置单位为“像素”，“宽度”为1239像素，“高度”为883像素，如图19-100所示。

步骤02 创建新组，并命名为“千纸鹤”，首先使用矩形选框工具绘制一个矩形选区，接着填充白色，如图19-101所示。

步骤03 置入水彩画风格的背景素材图片，执行“图层>栅格化>智能对象”命令。添加图层蒙版，单击工具箱中的“画笔工具”按钮，设置前景色为黑色，选择一个平头湿水彩笔笔尖，如图19-102所示。在图层蒙版中沿着图片四周快速扫过绘制，如图19-103所示。效果如图19-104所示。

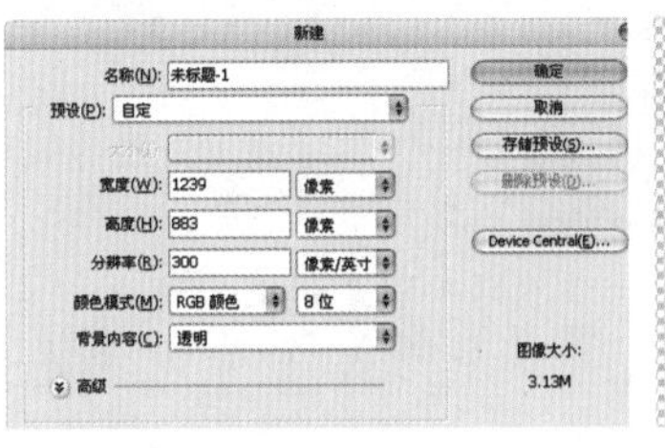

图19-100

图19-101

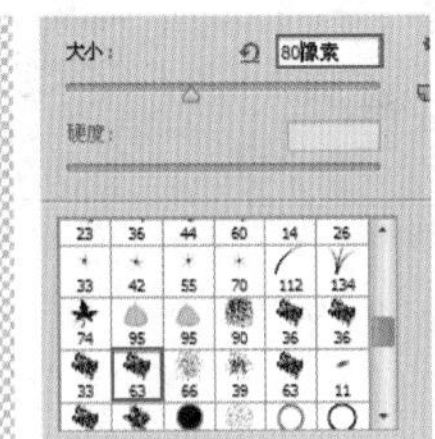

图19-102

图19-103

图19-104

步骤04 置入千纸鹤花纹素材并栅格化，将其摆放在如图19-105所示的位置。

步骤05 单击工具箱中的“横排文字工具”按钮，在其选项栏中选择一个合适的字体，设置字号，颜色为青色，在画面中单击并输入文字，如图19-106所示。

步骤06 减小字号的大小，输入另外两组文字，如图19-107所示。

步骤07 设置字号为19点，颜色为黑色，在标题下方输入文字，如图19-108所示。

图19-105

图19-106　图19-107　图19-108

步骤08 继续将文字的字号减小，设置为8点，单击选项栏中的“居中对齐”按钮，打开“字符”面板，设置行间距为15点，输入两行文字，效果如图19-109所示。

步骤09 置入前景文字装饰素材，执行“图层>栅格化>智能对象”命令。将其摆放在合适位置，如图19-110所示。

步骤10 在封面底部输入文字，使用画笔工具绘制一个简单的商标即可，如图19-111所示。

步骤11 复制“千纸鹤”组，重命名为“稻田”，删除“千纸鹤”组中的素材图片，置入新的素材图片，摆放在相应位置，如图19-112所示。

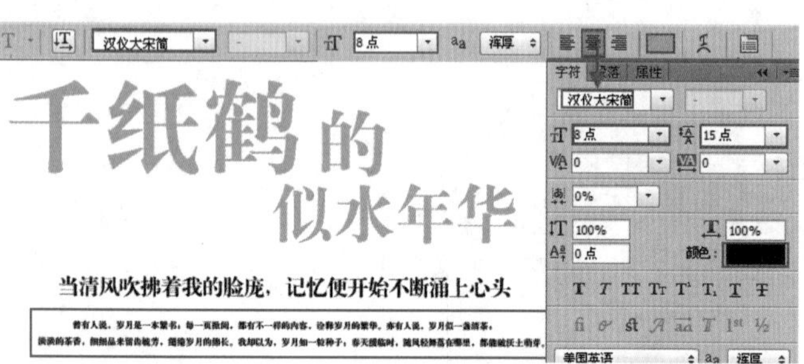

图19-109

图19-110　图19-111　图19-112

答疑解惑——如何保留原有图层蒙版，而只改变图片？

首先置入需要更换的图片并栅格化，如图19-113和图19-114所示。然后单击原有“图片”蒙版向“图片2”图层上拖曳，当拖曳完毕后“图片”图层将还原最原始图片效果，因此只需删除图片即可，如图19-115所示。添加制作完成后，新的“图片2”图层蒙版如图19-116所示。效果如图19-117所示。

图19-113

图9-114

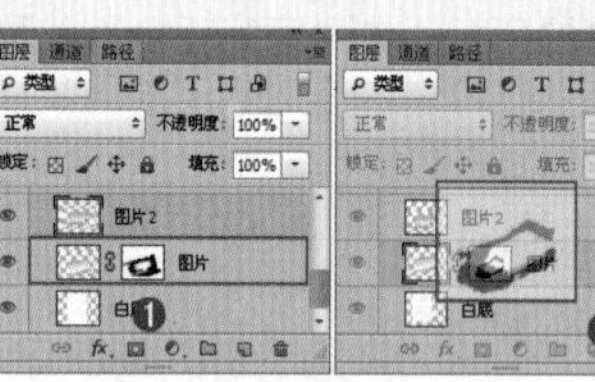

1. 单击“图片”蒙版缩览图

2. 向上拖曳至“图片2”图层

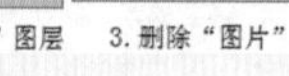

3. 删除“图片”图层即可

图19-115

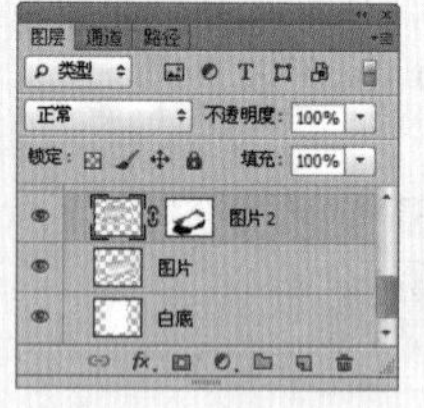

图19-116

图19-117

步骤12 单击工具箱中的“横排文字工具”按钮，选中需要更改的文字。然后重新输入文字“稻田里的似水年华”，更改文字颜色即可，两本图书的封面制作完成，如图19-118和图19-119所示。

图19-118

图19-119

2. 书籍装帧立体效果

步骤01 置入背景素材并栅格化，如图19-120所示。

步骤02 复制“千纸鹤”组，建立“千纸鹤 副本”组，并按Ctrl+E组合键合并组为一个图层，如图19-121所示。

步骤03 创建新组，并命名为“千纸鹤装帧”，按Ctrl+T组合键，再右击，在弹出的快捷菜单中选择“变形”命令，改变封面的透视，如图19-122所示。

步骤04 创建新图层，绘制侧面的书脊部分，首先使用钢笔工具绘制一条紧挨着封面侧面的矩形选区，填充白色，如图19-123所示。接着创建新图层，设置柔边圆画笔大小为5px，前景色为黑色，然后使用钢笔工具在侧面中间拖曳出一条直线路径，右击，在弹出的快捷菜单中选择“描边路径”命令对当前路径进行描边，如图19-124所示。

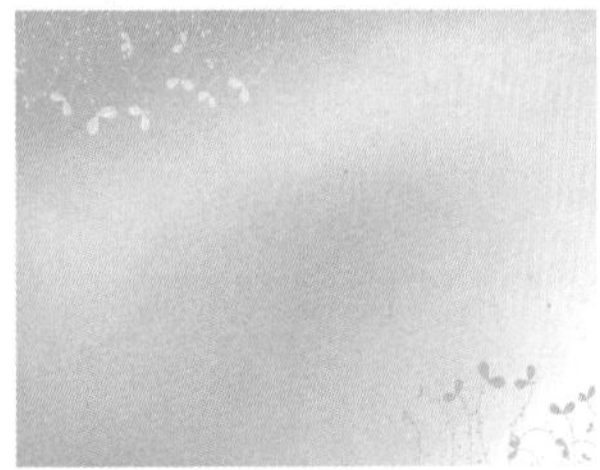
图19-120

图19-121

图19-122

图19-123

图19-124

步骤05 选择画笔路径，单击“确定”按钮，效果如图19-125所示。执行“滤镜>模糊>高斯模糊”命令，在弹出的对话框中设置参数，如图19-126所示。效果如图19-127所示。

步骤06 同理，使用钢笔工具绘制底部路径，并进行描边路径即可，如图19-128所示。然后使用画笔工具制作书页效果，如图19-129所示。

图19-125

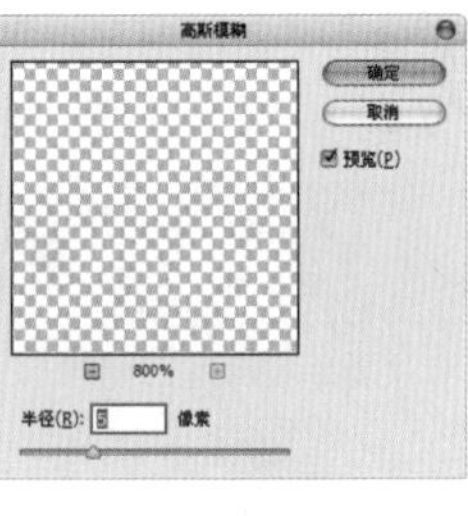

图19-126

图19-127

图19-128

图19-129

步骤07 制作完成需要添加阴影，在书籍装帧下方新建图层，使用多边形套索工具绘制阴影形状并填充黑色，如图19-130所示。执行“滤镜>模糊>高斯模糊”命令，在弹出的对话框中设置“半径”为35像素，如图19-131所示。适当使用橡皮擦工具擦除阴影多余部分，使画面更加融合，效果如图19-132所示。

步骤08 用同样的方法制作另外一本书的立体效果，摆放在下方，效果如图19-133所示。

步骤09 置入前景光斑素材，执行“图层>栅格化>智能对象”命令。最终效果如图19-134所示。

图19-130

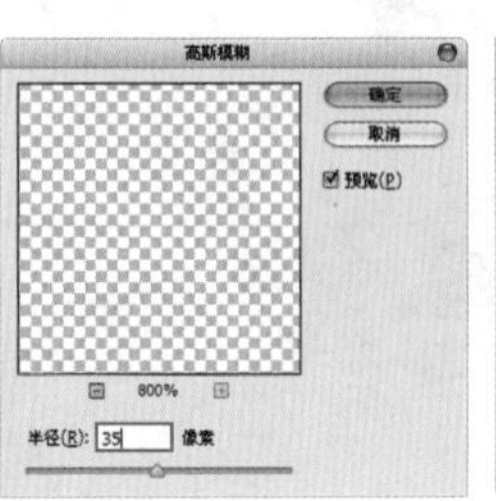

图19-131

图19-132

图19-133

图19-134

包装设计

本章学习要点：

- 掌握礼盒包装立体效果的制作方法
- 掌握膨化食品包装设计思路
- 掌握包装袋的质感表达方法

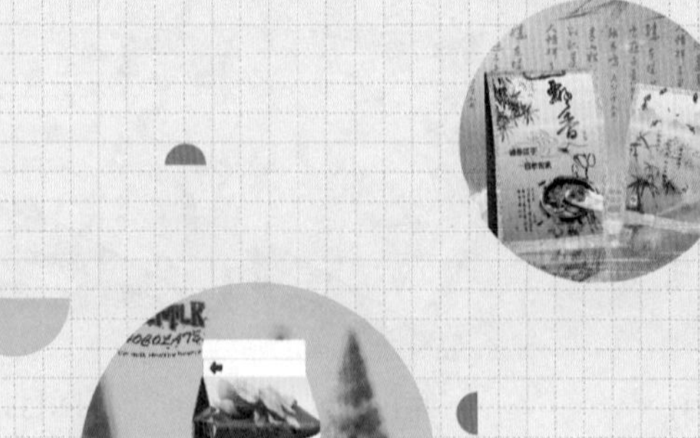

20.1 包装设计相关知识

包装设计是指选用合适的包装材料，运用巧妙的工艺手段，对商品进行容器结构造型和美化装饰设计，从而达到在竞争激烈的商品市场上提高产品附加值、促进销售、扩大产品宣传影响等目的。经过多年的发展，包装设计已不仅是一项具有商业价值的活动，更以其较高的艺术价值吸引了越来越多的设计工作者。如图20-1～图20-6所示为几幅优秀的包装设计作品。

图20-1

图20-2

图20-3

图20-4

图20-5

图20-6

包装的分类方法有很多种，下面介绍几种常见的。

- 容器形状分类：可分为包装箱、包装桶、包装袋、包装包、包装筐、包装捆、包装坛、包装罐、包装缸和包装瓶等。如图20-7～图20-9所示分别为包装罐、包装瓶和包装袋。
- 包装材料分类：可分为木制品包装、纸制品包装、金属制品包装、玻璃制品包装、陶瓷制品包装和塑料制品包装等。如图20-10～图20-12所示分别为陶瓷制品包装、纸制品包装和玻璃制品包装。
- 货物种类分类：可分为食品包装、医药包装、轻工产品包装、针棉织品包装、家用电器包装、机电产品包装和果菜类包装等。如图20-13～图20-15所示分别为食品包装、家用电器包装和轻工产品包装。

图20-7　图20-8　图20-9

图20-10

图20-11

图20-12

图20-13

图20-14

图20-15

20.2 实战练习

20.2.1 中国风礼盒手提袋的制作

案例文件	20.2.1中国风礼盒手提袋的制作.psd
视频教学	20.2.1中国风礼盒手提袋的制作.flv
难易指数	★★★★★
技术要点	渐变工具，图层样式，钢笔工具，自由变换，图层样式

案例效果

本例中礼盒手提袋的平面图制作思路比较简单，在此着重讲解手提袋立体效果的制作。最终效果如图20-16所示。

操作步骤

1. 制作礼盒平面图

步骤01 按Ctrl+N组合键，在弹出的“新建”对话框中设置“宽度”为2000像素，“高度”为2000像素，“分辨率”为300像素/英寸，“颜色模式”为“CMYK颜色”，然后单击“确定”按钮，如图20-17所示。

步骤02 创建新组，并命名为“正面”。使用矩形选框工具绘制矩形，填充颜色（R:186，G:0，B:24），如图20-18所示。置入底纹素材文件，执行“图层>栅格化>智能对象”命令。设置其混合模式为“滤色”，“不透明度”为29%，如图20-19所示。效果如图20-20所示。

步骤03 置入艺术字和装饰素材，执行“图层>栅格化>智能对象”命令，如图20-21所示。

图20-16

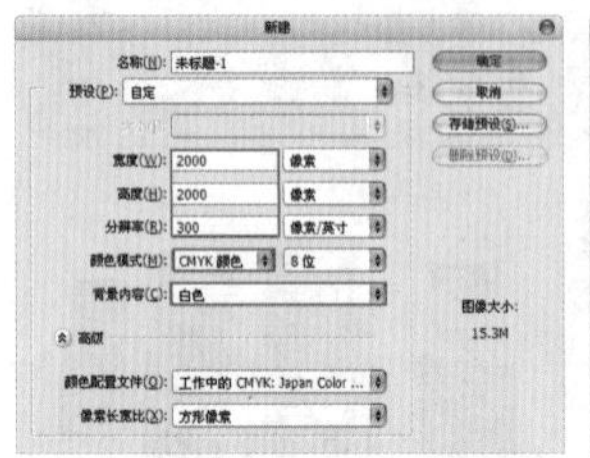

图20-17

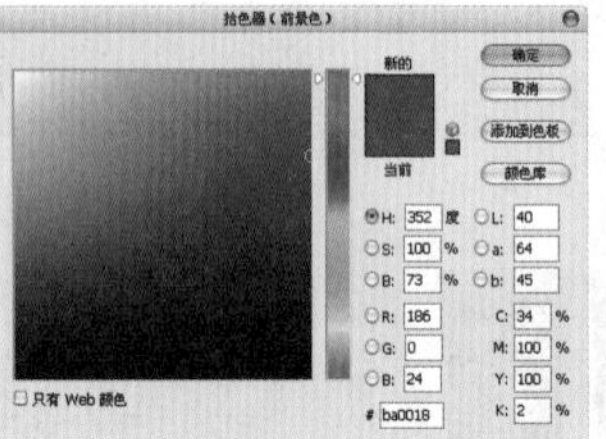

图20-18

图20-19

图20-20

图20-21

步骤04 再次置入宽幅底纹素材2，执行“图层>栅格化>智能对象”命令。放在艺术字偏下的位置，如图20-22所示。按住Ctrl键单击艺术字图层缩览图，载入素材的选区，然后右击，在弹出的快捷菜单中选择“选择反向”命令。回到底纹素材2图层中，为其添加图层蒙版，将挡住艺术字的部分隐藏，如图20-23所示。

步骤05 置入梅花素材并栅格化，放在右上角的位置，如图20-24所示。按Ctrl+J组合键，复制出一个梅花图层，然后右击，在弹出的快捷菜单中选择“自由变换”命令，将其水平翻转和垂直翻转，并摆放到左下角，效果如图20-25所示。

图20-22

图20-23

图20-24

图20-25

步骤06 下面开始制作礼盒侧面。创建新组并命名为“侧”，然后在其中新建一个图层。使用矩形选框工具绘制一个选区，然后单击工具箱中的“渐变工具”按钮，编辑一种金色系渐变（如图20-26所示），自右上至左下拖曳填充，如图20-27所示。

步骤07 按Ctrl+J组合键复制图层，然后按Ctrl+T组合键，接着右击，在弹出的快捷菜单中选择“水平翻转”命令，效果如图20-28所示。

步骤08 复制“正面”图层组中的“底纹2”图层，建立副本，放置在刚刚制作的渐变图层上面，如图20-29所示。

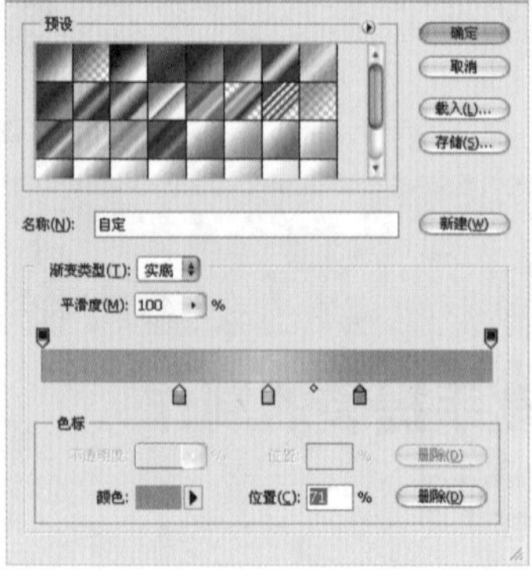

图20-26

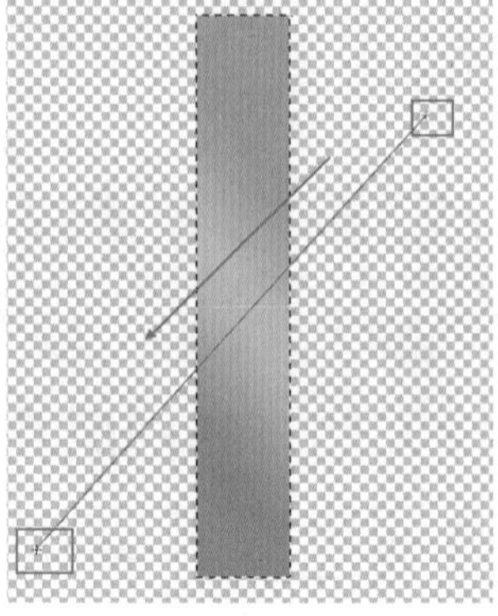

图20-27

步骤09 复制“正面”图层组中的艺术字图层，适当缩放后放置在侧面的偏下位置。单击工具箱中的“直排文字工具”按钮，选择一种书法字体，输入如图20-30所示的文字。

步骤10 至此，完成礼盒包装平面设计，效果如图20-31所示。

图20-28

图20-29

图20-30

图20-31

2. 制作礼盒立体效果

步骤01 创建新组并命名为“立面”，然后拖曳“正面”组到“新建图层”按钮上，建立“正面 副本”组；再右击，在弹出的快捷菜单中选择“合并组”命令（如图20-32所示），并将合并的图层放置在“立面”组中。

步骤02 下面调整“正面”组的透视感。按Ctrl+T组合键，然后右击，在弹出的快捷菜单中选择“斜切”命令，调整右侧控制点位置，如图20-33所示。再次右击，在弹出的快捷菜单中选择“扭曲”命令，调整右上角的控制点，如图20-34所示。模拟出近大远小的透视感，效果如图20-35所示。

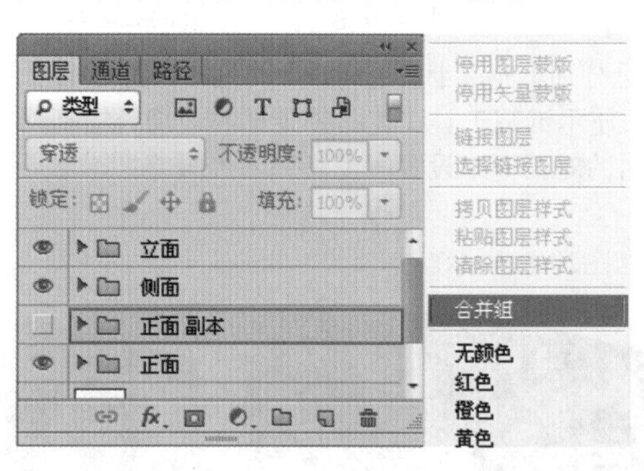

图20-32

图20-33

图20-34

图20-35

步骤03 创建新图层并命名为“背面”，将其放置在“正面”图层的下一层，如图20-36所示。载入“正面”图层选区，并将选区向后移动，填充暗红色（R:87，G:2，B:11），如图20-37所示。

步骤04 创建新图层并命名为“手提袋侧面左”，然后使用多边形套索工具绘制侧面选区，并为其填充土黄色（R:163，G:123，B:62），如图20-38所示。接着创建新图层并命名为“手提袋侧面右”，同理填充颜色（R:222，G:185，B:114），如图20-39所示。

图20-36

图20-37

图20-38

图20-39

步骤05 复制并合并之前制作的“侧面”图层组。使用矩形选框工具框选右半部分，如图20-40所示。先后按Ctrl+X和Ctrl+V组合键，将其剪切成单独的侧面图层，然后按Ctrl+T组合键，右击，在弹出的快捷菜单中选择“斜切”命令，并调整其形状，如图20-41所示。最后在“图层”面板中设置“不透明度”为45%，如图20-42所示。

步骤06 以同样的方法将剩余的左侧“侧面”图层摆放在相应位置，“不透明度”保持100%，如图20-43所示。效果如图20-44所示。

图20-40

图20-41

图20-42

图20-43

图20-44

步骤07 使用多边形套索工具在侧面底部绘制两个三角形选区，填充深土黄色和浅土黄色，适当降低不透明度，如图20-45所示。模拟出折痕效果，如图20-46所示。以同样方法制作另一侧的折痕效果，如图20-47和图20-48所示。

图20-45

图20-46

图20-47

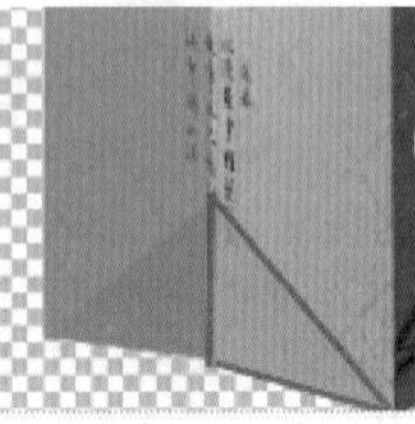
图20-48

步骤08 再次新建图层，使用多边形套索工具绘制另一个侧面的两个选区，并且分别填充深土黄色和浅土黄色，如图20-49所示。

步骤09 下面制作包装袋的高光部分。设置前景色为白色，画笔大小为3px，使用钢笔工具在礼品袋顶部的边缘处绘制路径，如图20-50所示。右击，在弹出的快捷菜单中选择“描边路径”命令，在弹出的对话框中设置“工具”为“画笔”，然后单击“确定”按钮，即可出现白色描边，如图20-51所示。

步骤10 使用橡皮擦工具适当擦除一些高光部分，模拟出自然过渡的效果，如图20-52所示。

图20-49

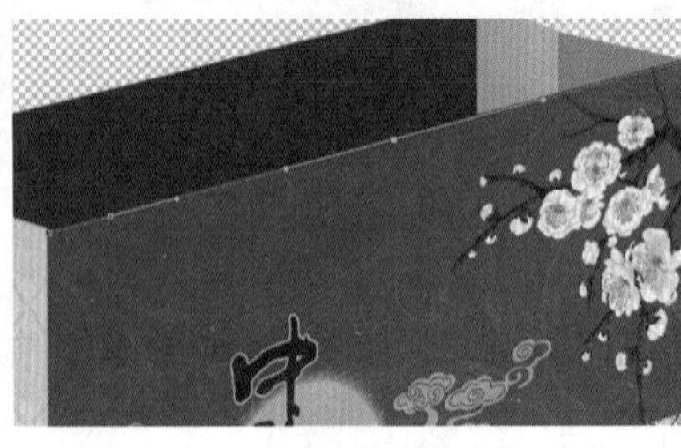
图20-50

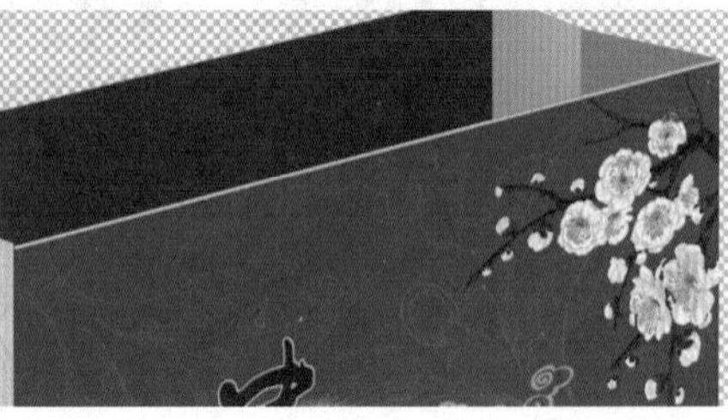
图20-51

图20-52

步骤11 绘制“绳孔”。新建图层，然后选择椭圆选框工具，按住Shift键绘制正圆。单击工具箱中的“渐变工具”按钮，在其选项栏中设置渐变类型为径向渐变，填充白色到灰色的渐变，如图20-53所示。填充完成后，在圆形的中间再次绘制正圆选区，按Delete键删除选区内的部分，如图20-54所示。

步骤12 为“绳孔”添加图层样式。执行“图层>图层样式>投影”命令，在弹出的“图层样式”对话框中设置“混合模式”为“正片叠底”，颜色为黑色，“不透明度”为59%，“角度”为120度，“距离”为1像素，“大小”为5像素，如图20-55所示。选中“斜面和浮雕”样式，设置“样式”为“内斜面”，“方法”为“平滑”，“深度”为154%，“大小”为4像素，“软化”为0像素，如图20-56所示。此时绳孔出现立体效果，如图20-57所示。

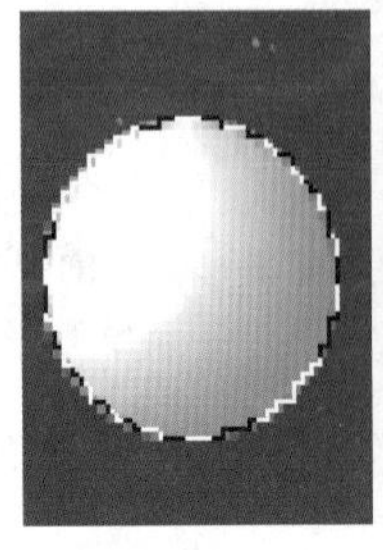
图20-53

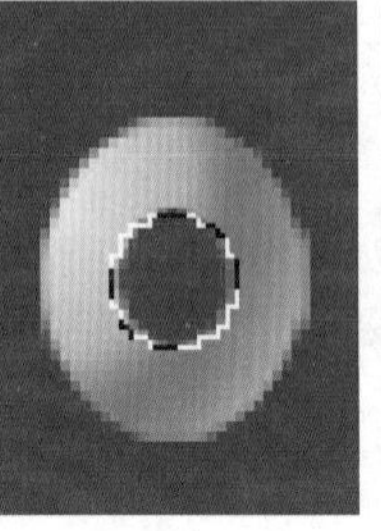
图20-54

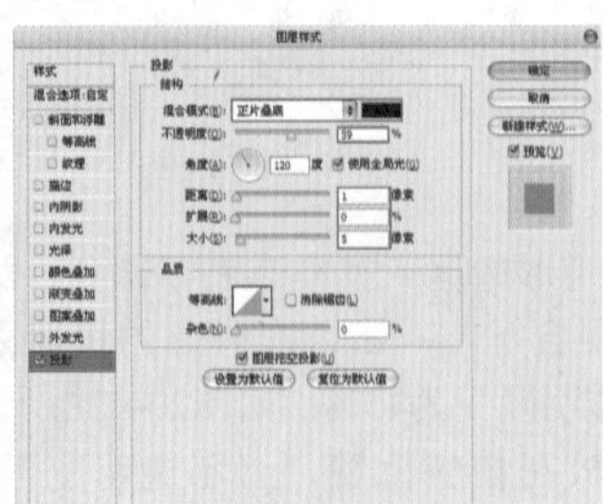
图20-55

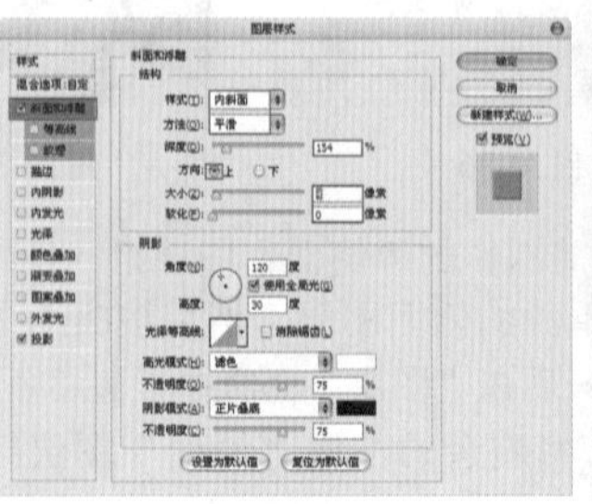
图20-56

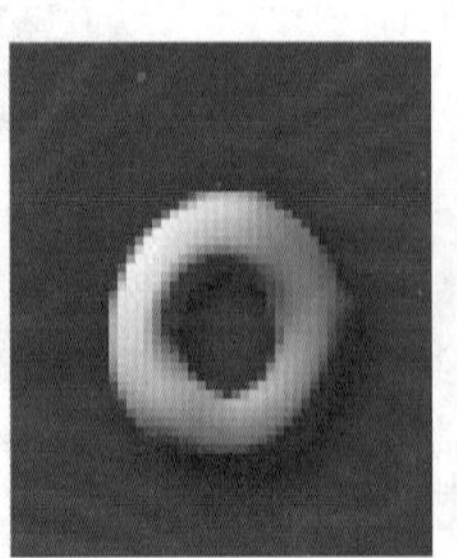
图20-57

步骤13 复制“绳孔”图层，并移动到右侧的位置，然后置入绳子素材文件并栅格化，如图20-58所示。

步骤14 为了使“绳子”图层也出现类似“绳孔”图层的立体效果，需要在“绳孔1”图层上右击，在弹出的快捷菜单中选择“拷贝图层样式”命令，如图20-59所示。回到“绳子”图层，右击，在弹出的快捷菜单中选择“粘贴图层样式”命令，如图20-60所示。效果如图20-61所示。

图20-58

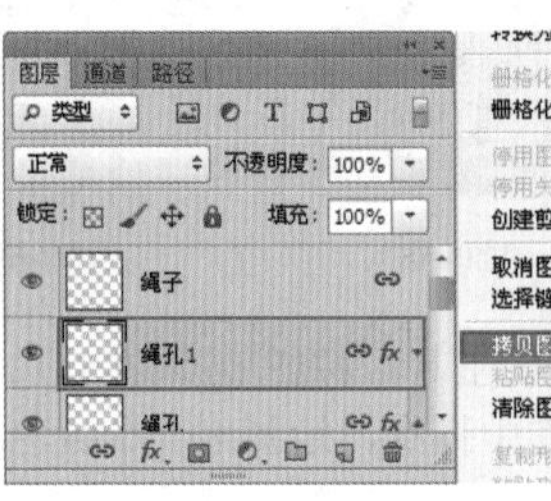

图20-59

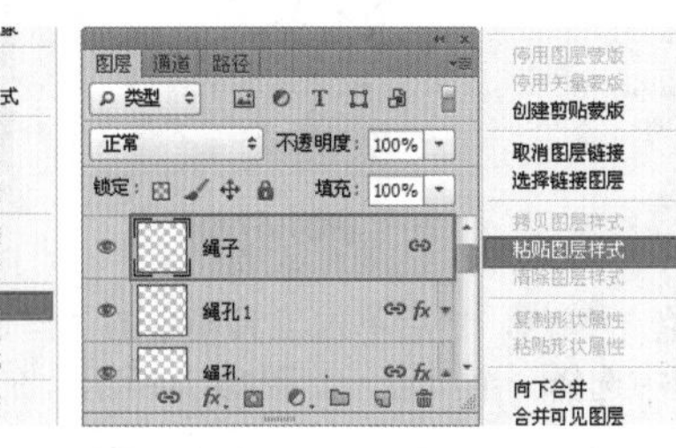

图20-60

图20-61

步骤15 此时礼盒立体效果如图20-62所示。

步骤16 制作礼盒的阴影效果。在底部新建图层，设置前景色为黑色，然后选择画笔工具，设置画笔“大小”为10px，“硬度”为0，降低画笔的“不透明度”和“流量”为50%，在盒子底部涂抹绘制出阴影效果，如图20-63所示。

步骤17 至此，礼品袋立体效果制作完成。置入背景素材并栅格化，最终效果如图20-64所示。

图20-62

图20-63

图20-64

20.2.2 膨化食品薯片包装设计

案例文件	20.2.2膨化食品薯片包装设计.psd
视频教学	20.2.2膨化食品薯片包装设计.flv
难易指数	★★★★★
技术要点	钢笔工具，“高斯模糊”滤镜，图层样式，自由变换

案例效果

本例最终效果如图20-65所示。

图20-65

操作步骤

1. 制作薯片包装平面图

步骤01 按Ctrl+N组合键，在弹出的“新建”对话框中设置“宽度”为1341像素，“高度”为1000像素，“分辨率”为300像素/英寸，“颜色模式”为“CMYK颜色”，“背景内容”为“透明”，然后单击“确定”按钮，如图20-66所示。

步骤02 为了便于管理，新建图层组并命名为“组1”，然后在其中新建一个图层。使用矩形选框工具绘制矩形选区，然后由上向下填充蓝色系渐变，如图20-67所示。

步骤03 置入薯片素材文件，执行“图层>栅格化>智能对象”命令，如图20-68所示。设置“薯片”图层的混合模式为“颜色加深”，如图20-69所示。然后为其添加图层蒙版，并使用黑色画笔擦除两边区域，只保留中间部分。效果如图20-70所示。

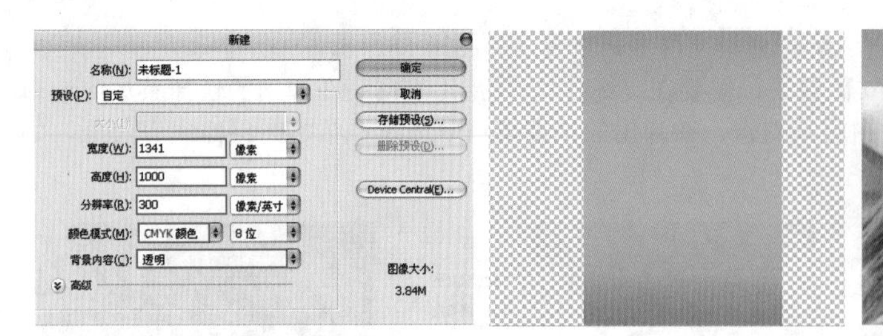

图20-66 图20-67

图20-68

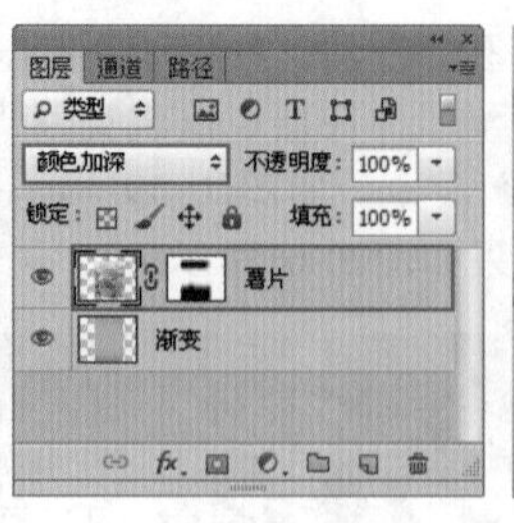

图20-69

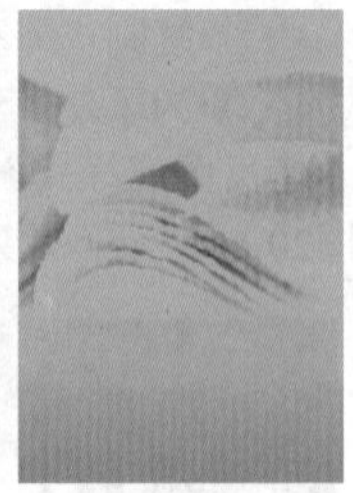

图20-70

步骤04 新建图层，设置前景色为绿色，然后单击工具箱中的“自定形状工具”按钮，在其选项栏中设置绘制模式为“像素”，在“形状”下拉列表框中选择一个星形，如图20-71所示。在画布中拖曳，绘制出一个绿色的星形，如图20-72所示。

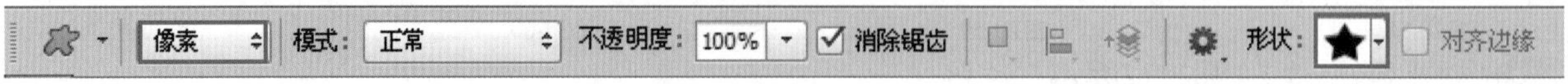

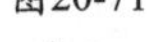

图20-71

步骤05 复制绿色星形图层，载入选区并为其填充黄色，然后按Ctrl+T组合键进行自由变换，再按住Shift+Alt组合键等比例向中心缩进，如图20-73所示。

图20-72 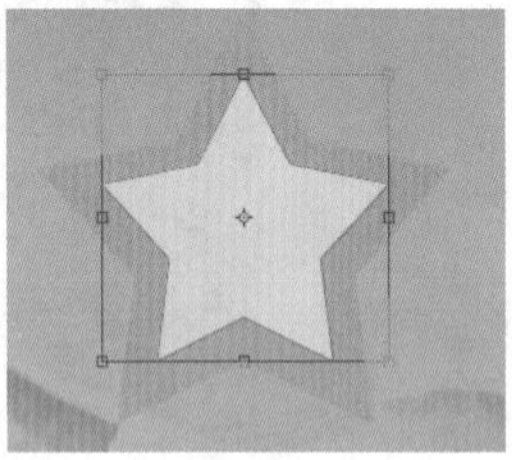 图20-73

技巧与提示

- 按住Shift+Alt组合键等比例向中心缩进，如图20-74所示。
- 按住Shift键等比例缩小，如图20-75所示。
- 按住Alt键向中心缩进，如图20-76所示。

图20-74

图20-75

图20-76

步骤06 按Shift+Ctrl+Alt+T组合键复制并重复上一次变换，制作出第3个星形，同样载入选区填充红色。选中3个星形图层，旋转一定的角度，如图20-77所示。

步骤07 置入素材文件，执行“图层>栅格化>智能对象”命令。将其摆放到包装的底部，如图20-78所示。

步骤08 复制该图层，放在原图层下方。按住Ctrl键单击素材图层缩览图载入选区，并为其填充黑色；再执行“滤镜>模糊>高斯模糊”命令，进行适当模糊处理；调整图层的“不透明度”为52%，将其作为阴影，如图20-79所示。

步骤09 置入前景卡通素材，执行“图层>栅格化>智能对象”命令。将其放在合适的位置，如图20-80所示。

步骤10 使用横排文字工具输入顶部品牌文字，如图20-81所示。

图20-77

图20-78

图20-79

图20-80

图20-81

步骤11 对文字图层进行自由变换，将其适当旋转，如图20-82所示。

步骤12 对文字图层执行 “图层>图层样式>投影”命令，在弹出的“图层样式”对话框中设置“混合模式”为“正片叠底”，颜色为褐色，“不透明度”为50%，“角度”为90度，“距离”为2像素，“扩展”为3%，“大小”为2像素，选择一种合适的等高线形状，如图20-83所示。

步骤13 选中“内发光”样式，设置“混合模式”为“滤色”，“不透明度”为75%，颜色为黄色，“阻塞”为20%，“大小”为4像素，如图20-84所示。

步骤14 选中“斜面和浮雕”样式，设置“样式”为“内斜面”，“方法”为“平滑”，“深度”为205%，“大小”为2像素，“软化”为0像素，“角度”为120度，“高度”为25度，“高光模式”为“滤色”，颜色为白色，“不透明度”为75%，“阴影模式”为“正片叠底”，颜色为黄色，“不透明度”为75%，如图20-85所示。

图20-82

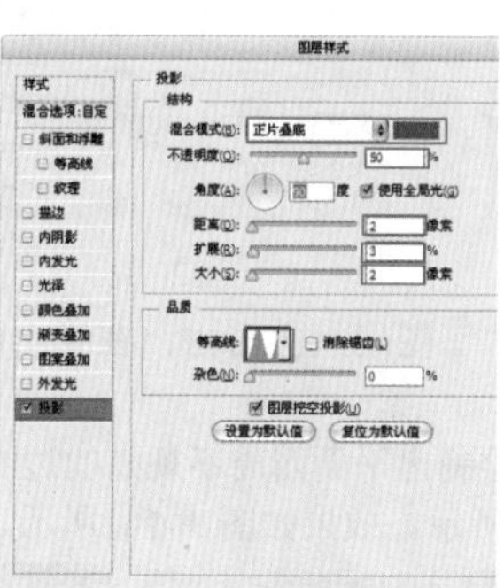
图20-83

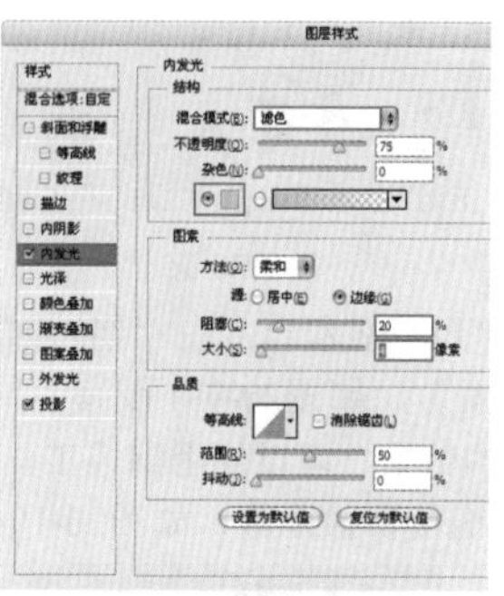
图20-84

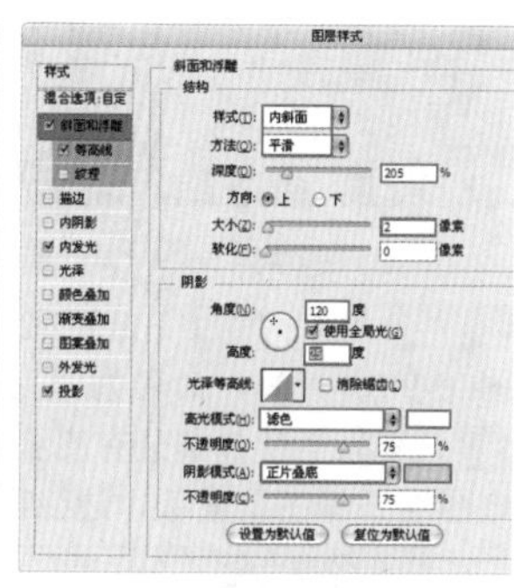
图20-85

步骤15 选中“等高线”样式，编辑一种等高线，设置“范围”为38%，如图20-86所示。

步骤16 选中“渐变叠加”样式，设置“混合模式”为“正常”，“不透明度”为100%，“角度”为90度，“样式”为“线性”，编辑一种黄色系的渐变，如图20-87所示。

步骤17 选中“描边”样式，设置“大小”为3像素，“位置”为“外部”，“颜色”为白色，如图20-88所示。效果如图20-89所示。

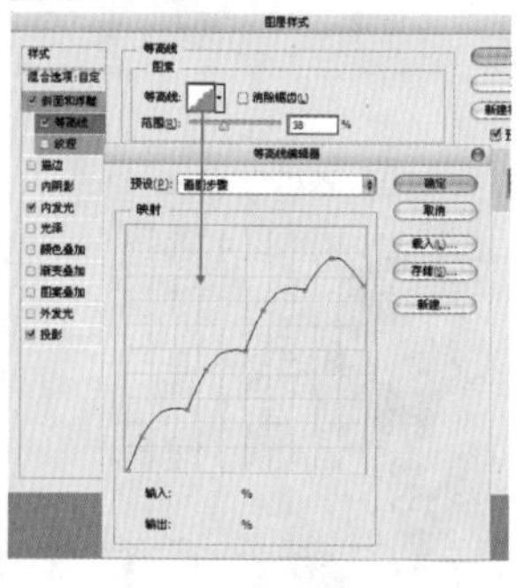
图20-86

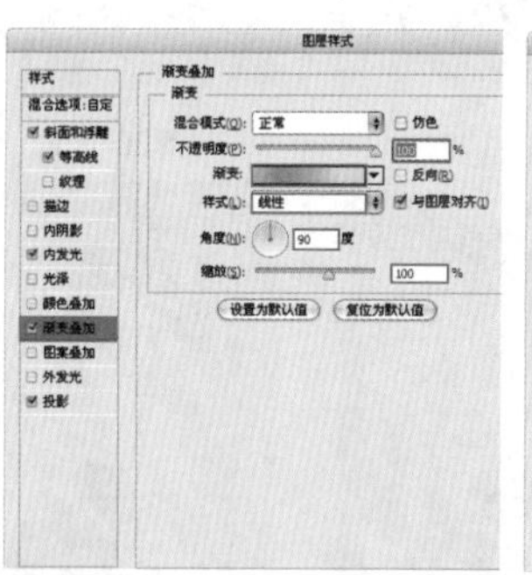
图20-87

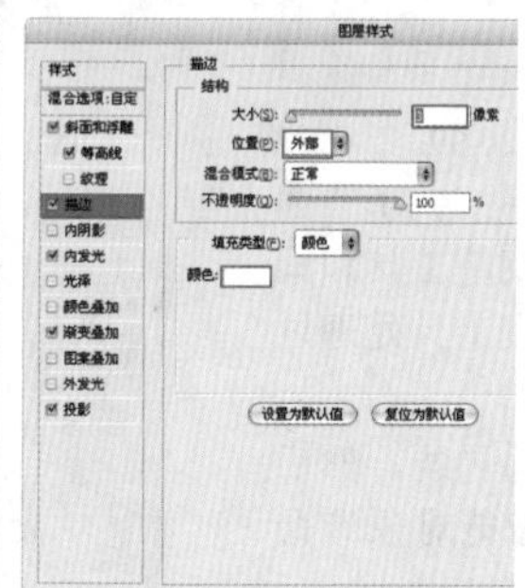
图20-88

图20-89

步骤18 输入两组小字，如图20-90所示。然后添加“描边”图层样式，参数设置如图20-91所示。整体效果如图20-92所示。

步骤19 至此，包装平面效果制作完成，如图20-93所示。

图20-90

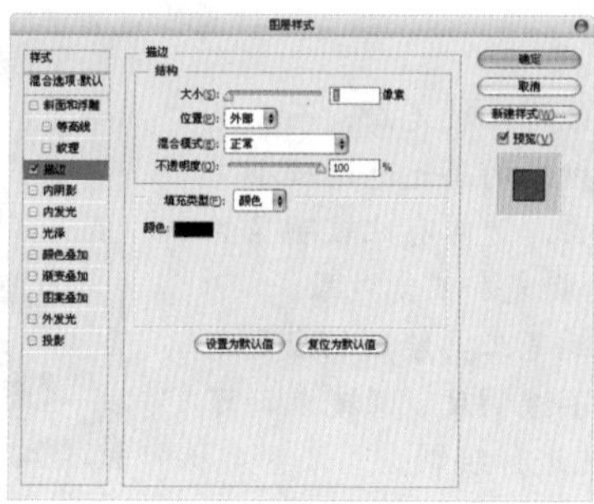
图20-91

图20-92

图20-93

2. 制作立体效果

步骤01 薯片类膨化食品包装的立体效果主要是通过包装边缘的扭曲与包装表面的光泽感来营造的。首先制作顶部和底部的压痕。使用矩形选框工具绘制一个矩形选区，填充为白色，降低该图层的“不透明度”为70%，如图20-94所示。复制出一排矩形（如果长度参差不齐，也可整体合并图层），然后使用矩形选框工具框选上下两边，按Delete键删除，如图20-95所示。

步骤02 为“压痕”图层添加“投影”样式，设置“不透明度”为75%，如图20-96所示。效果如图20-97所示。

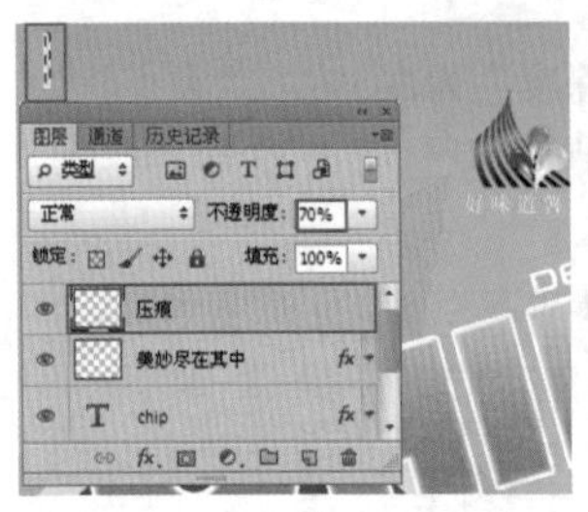

图20-94

图20-95

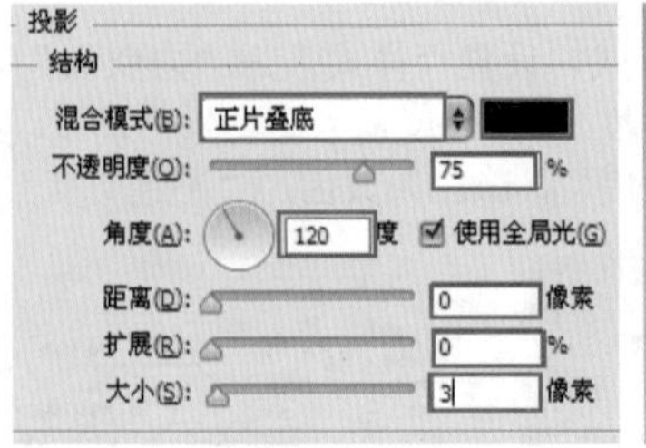

图20-96

图20-97

步骤03 复制“组1”，建立“组1 副本”。在“组1 副本”图层组上右击，在弹出的快捷菜单中选择“合并组”命令（如图20-98所示），命名为“立面”，如图20-99所示。

步骤04 为了使包装袋有膨胀的效果，可以使用钢笔工具绘制出平面四周不规则的边缘路径，建立选区，如图20-100所示。为该图层添加图层蒙版，边缘部分随即被隐藏，如图20-101所示。效果如图20-102所示。

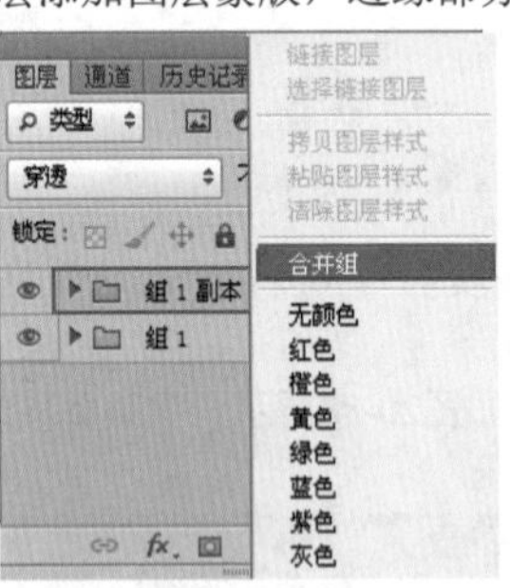

图20-98

图20-99

图20-100

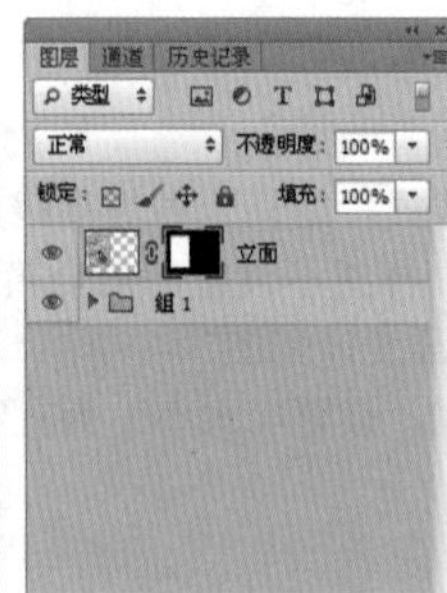

图20-101

图20-102

步骤05 制作高光光泽。创建新组并命名为“高光”，然后在其中新建一个图层。使用钢笔工具和画笔工具绘制白色高光线条，适当使用模糊工具处理过渡关系，效果如图20-103所示。

步骤06 以同样的方法制作出其他颜色的包装，然后置入背景素材，执行“图层>栅格化>智能对象”命令。最终效果如图20-104所示。

图20-103

图20-104

技巧与提示

高光光泽主要分为两种：抛光和亚光。抛光表面显得比较光滑，而亚光表面则会呈现些许磨砂的质感。两者的差别主要在于抛光的高光范围较小，边缘较硬，亮度均衡；而亚光的高光范围可以相对大些，边缘有比较明显的羽化效果，亮度有明显的过渡。如图20-105所示分别为抛光和亚光效果。

在制作过程中，抛光表面的高光光泽主要是使用钢笔工具绘制相应高光形状，转换为选区之后填充高光色，并降低该图层的不透明度；亚光表面可以将制作好的抛光光泽进行模糊或者直接使用柔角画笔进行绘制。

图20-105

20.2.3 盒装花生牛奶包装设计

案例文件	20.2.3盒装花生牛奶包装设计.psd
视频教学	20.2.3盒装花生牛奶包装设计.flv
难易指数	★★★★★
技术要点	渐变工具，“高斯模糊”滤镜，自由变换，图层样式

案例效果

本例最终效果如图20-106所示。

图20-106

操作步骤

1．平面图制作

步骤01 按Ctrl+N组合键，在弹出的“新建”对话框中设置“宽度”为1600像素，“高度”为1671像素，“分辨率”为300像素/英寸，然后单击“确定”按钮，如图20-107所示。

步骤02 创建新组，并命名为“正面”。使用矩形选框工具绘制一个矩形选区，并填充为白色，如图20-108所示。

步骤03 置入花生巧克力素材文件（如图20-109所示），执行“图层>栅格化>智能对象”命令。将该图层重命名为“图片1”。按住Ctrl键单击“白色背景”图层缩览图载入选区，如图20-110所示。回到“图片1”图层，添加图层蒙版，将超出白色背景的部分隐藏，如图20-111所示。

图20-107

图20-108

图20-109

图20-110

图20-111

步骤04 新建一个“色相/饱和度”调整图层，在其“属性”面板中设置“饱和度”为24，如图20-112所示。效果如图20-113所示。右击，在弹出的快捷菜单中选择“创建剪贴蒙版”命令，使其只对“图片1”图层进行调色，如图20-114所示。

步骤05 新建“图层1”，然后使用矩形选框工具在下半部分绘制矩形选区，接着使用吸管工具吸取巧克力的颜色作为前景色，再按Alt+Delete组合键为选区填充巧克力色，如图20-115所示。使用钢笔工具绘制半圆路径，如图20-116所示。将其转换为选区，然后按Delete键删除半圆，如图20-117所示。

图20-112

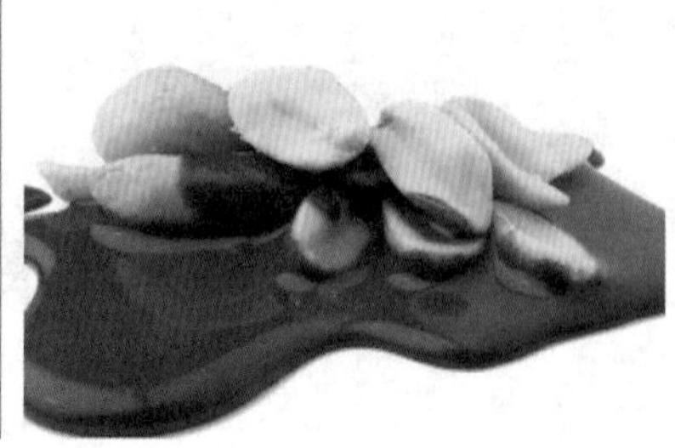

图20-113

图20-114

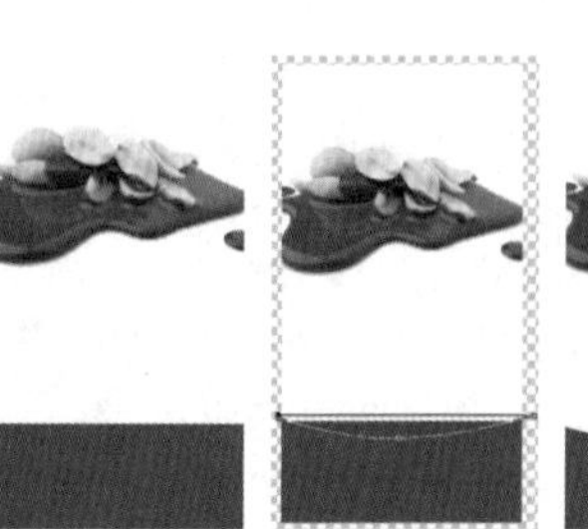

图20-115　图20-116

图20-117

步骤06 选中“图片1”图层，使用椭圆选框工具绘制一个椭圆形选区，如图20-118所示。单击工具箱中的“移动工具”按钮，将选区内的部分向上移动，如图20-119所示。对选区内部分执行“图像>调整>色相/饱和度”命令，在弹出的“色相/饱和度”对话框中设置“色相”为12，“饱和度”为54，“明度”为20，如图20-120所示。效果如图20-121所示。

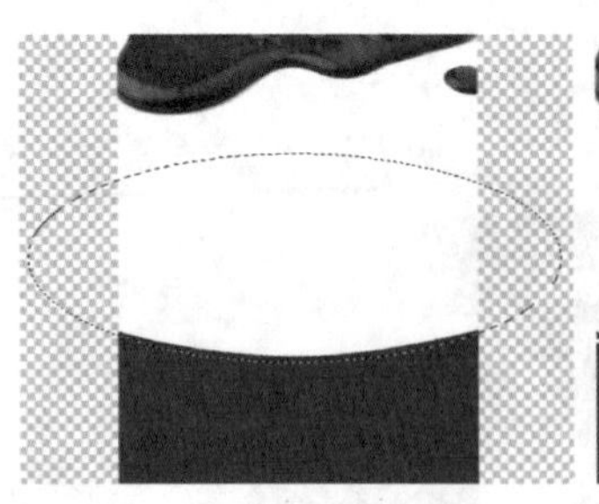

图20-118

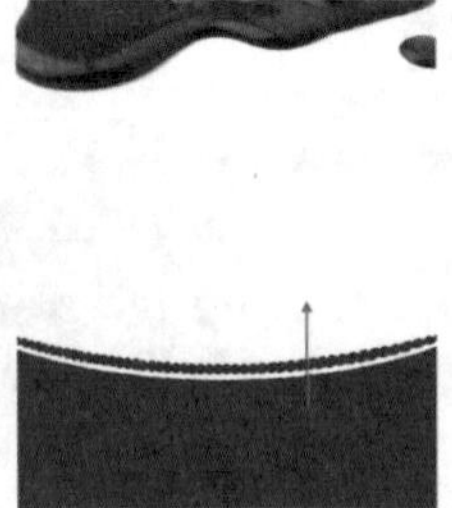

图20-119

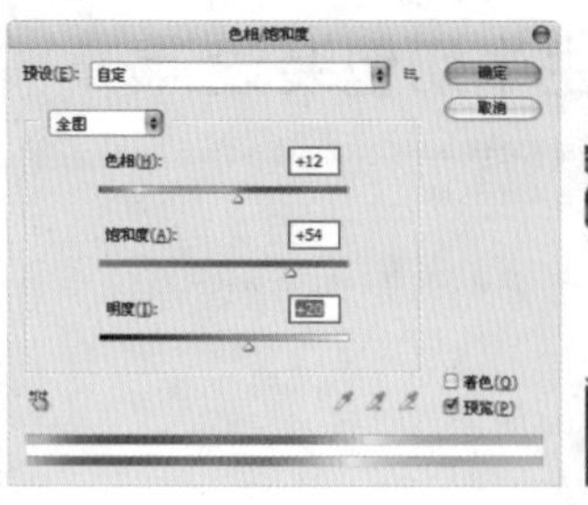

图20-120

图20-121

步骤07 新建一个图层组，并命名为“文字”。首先输入商标中的英文“coolmilk”，选择一种适合的字体，设置颜色为巧克力色，如图20-122所示。执行“图层>图层样式>投影”命令，在弹出的“图层样式”对话框中设置颜色为黑色，“混合模式”为“正片叠底”，“角度”为120度，“距离”为12像素，“扩展”为0，“大小”为3像素，如图20-123所示。选中“渐变叠加”样式，设置“混合模式”为“正常”，编辑一种咖啡色系的渐变，设置“角度”为90度，如图20-124和 图20-125所示。选中“描边”样式，设置“大小”为6像素，“位置”为“外部”，“混合模式”为“正常”，“不透明度”为100%，“颜色”为土黄色，如图20-126所示。此时文字效果如图20-127所示。

图20-122

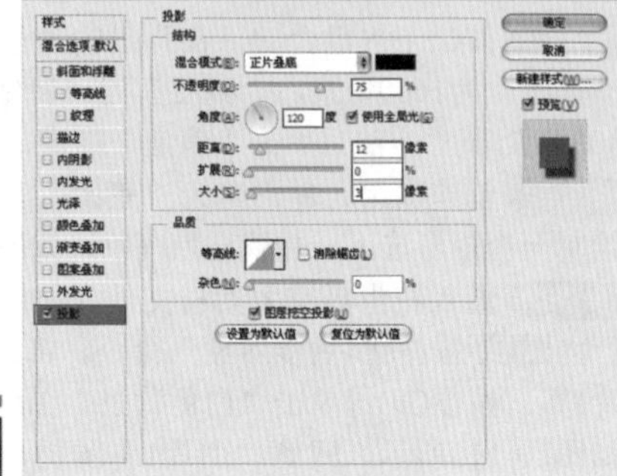

图20-123

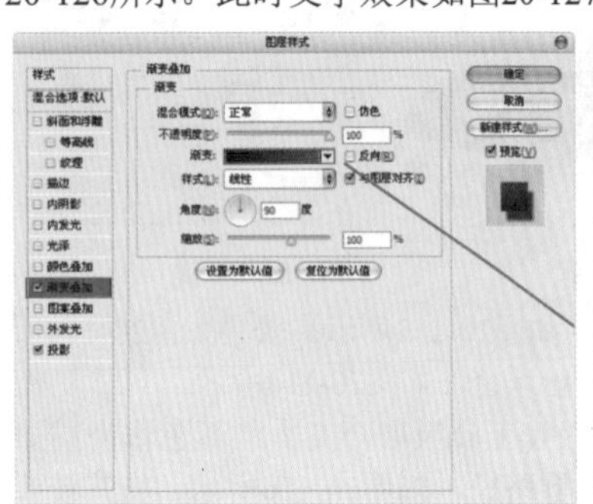

图20-124

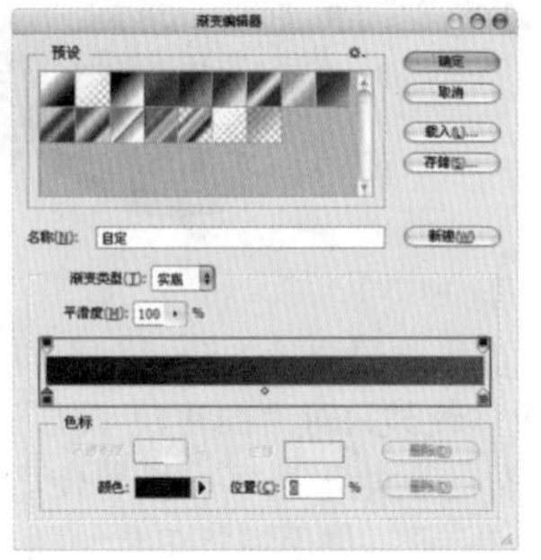

图20-125

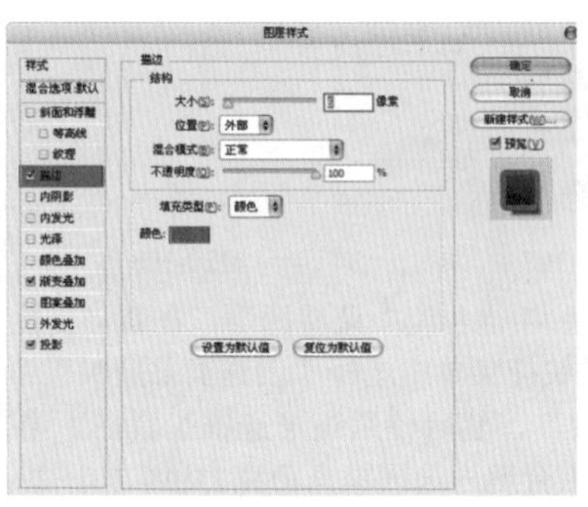

图20-126

图20-127

步骤08 按F5键打开“画笔”面板，在“画笔笔尖形状”中选择一种方形画笔，设置“大小”为“14像素”，“间距”为179%，如图20-128所示。选中“形状动态”复选框，设置“大小抖动”为51%，“角度抖动”为34%，“圆角抖动”为50%，“最小圆度”为16%，如图20-129所示。选中“散布”复选框，设置“散布”为505%，此时可以在画笔预览框中看到当前画笔绘制出的将是零散的方形图案，如图20-130所示。

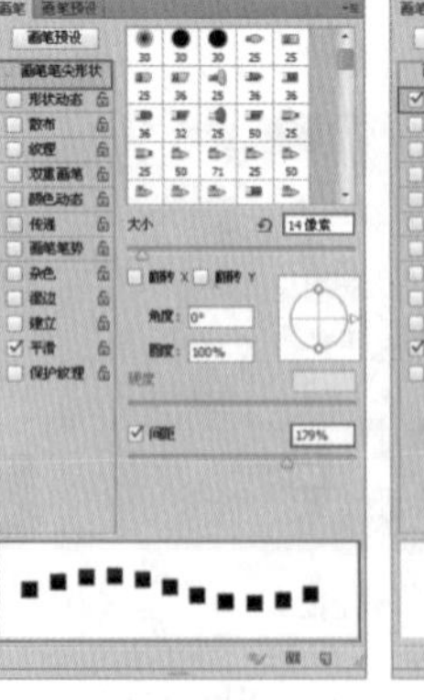

图20-128

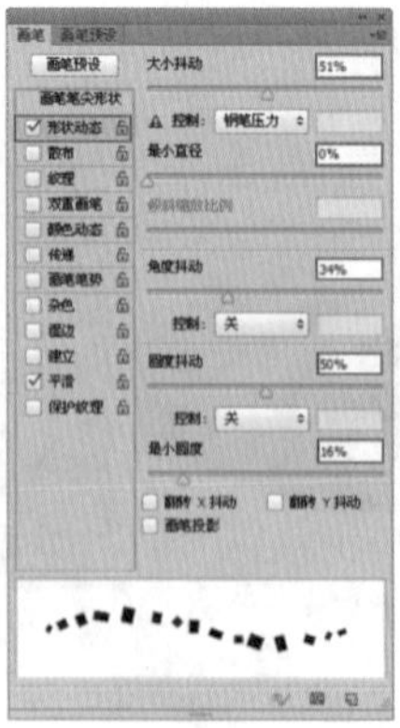

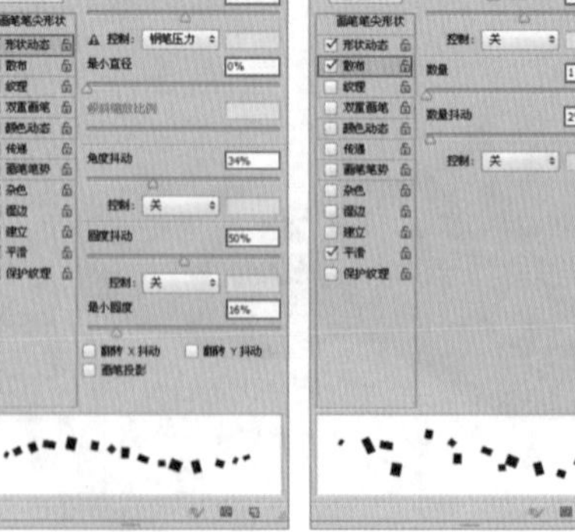

图20-129

图20-130

图20-131

步骤09 新建图层，设置前景色为褐色，然后单击工具箱中的“画笔工具”按钮，在商标文字周围单击进行绘制，模拟出巧克力的碎屑效果，如图20-131所示。

步骤10 输入第2排英文“CHOCOLATE”，在选项栏中设置合适的字体、字号及颜色，如图20-132所示。效果如图20-133所示。单击“变形文字”按钮，在弹出的“变形文字”对话框中设置“样式”为“扇形”，“弯曲”为-15%，如图20-134所示。效果如图20-135所示。

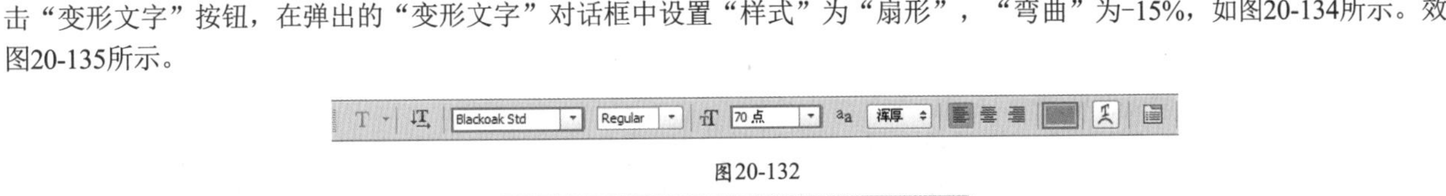

图20-132

图20-133

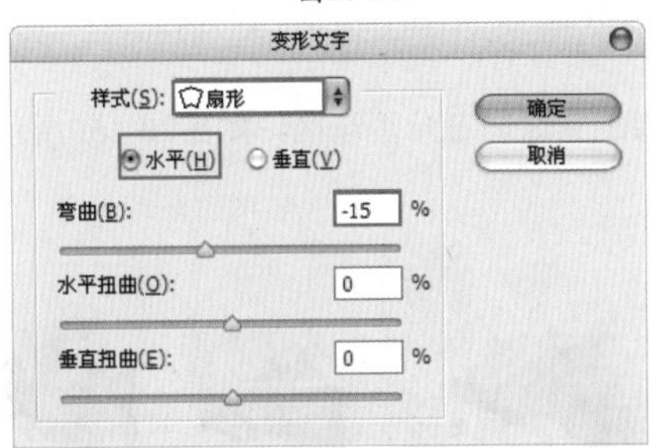

图20-134

图20-135

步骤11 执行“图层>图层样式>渐变叠加”命令，在弹出的“图层样式”对话框中选择一种棕色系渐变，如图20-136所示。效果如图20-137所示。

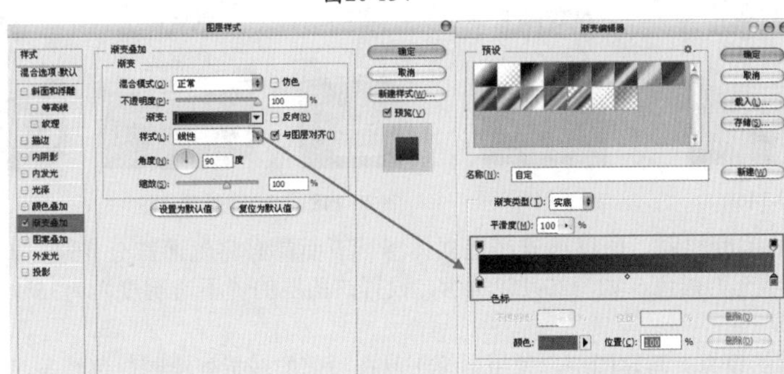

图20-136

图20-137

步骤12 设置前景色为黑色，在弧线上方输入文字，设置合适的字体、字号。在选项栏中单击“变形文字”按钮，在弹出的“变形文字”对话框中设置“样式”为“扇形”，“弯曲”为-13%，如图20-138所示。效果如图20-139所示。

步骤13 继续使用横排文字工具输入其他文字，如图20-140所示。

步骤14 置入卡通图标并栅格化，摆放在文字上方，如图20-141所示。

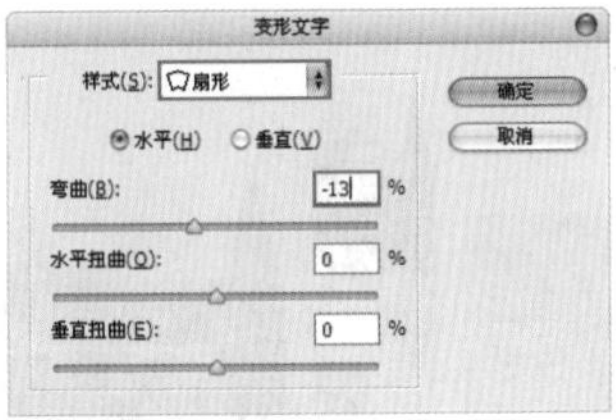

图20-138

图20-139

步骤15 创建新组，并命名为“侧面”。复制“正面”图层组中的背景部分，并移动到左侧，如图20-142所示。

步骤16 使用钢笔工具绘制下半部分的闭合路径，转换为选区后填充颜色，效果如图20-143所示。

步骤17 置入商标条形码等素材并栅格化，并输入相关文字，平面图效果如图20-144所示。

图20-140

图20-141

图20-142

图20-143

图20-144

2．制作盒装牛奶立体效果

步骤01 复制“正面”组，并将副本合并为一个图层。使用矩形选框工具框选顶部，然后按Ctrl+T组合键，再右击，在弹出的快捷菜单中选择“扭曲”命令，如图20-145所示。调整这一部分的透视效果，如图20-146所示。然后对顶部的白色部分进行变换，使其与其他部分衔接起来，如图20-147所示。

步骤02 同样复制并合并“侧面”组，使用矩形选框工具框选顶部并进行剪切和粘贴（Ctrl+X，Ctrl+V），使其成为独立的图层，如图20-148所示。然后对下半部分进行自由变换，右击，在弹出的快捷菜单中选择“扭曲”命令。调整控制点的位置，使其与正面部分连接起来，如图20-149所示。

步骤03 在侧面的巧克力部分使用多边形套索工具绘制三角形选区，如图20-150所示。复制所选区域摆放到上方空缺处，如图20-151所示。

图20-145

图20-146

图20-147

图20-148

图20-149

图20-150

图20-151

步骤04 由于此时正面和侧面的明度相同，所以很难产生立体感。下面就来将侧面部分变暗。新建图层，使用多边形套索工具绘制侧面部分的选区，并填充为黑色，如图20-152所示。设置该图层的“不透明度”为35%，如图20-153所示。效果如图20-154所示。

步骤05 下面进行包装表面质感的模拟。新建图层，使用画笔工具在顶部的转折处绘制白色线条，如图20-155所示。执行“滤镜>模糊>高斯模糊”命令，在弹出的“高斯模糊”对话框中设置“半径”为6.5像素，如图20-156所示。此时白色线条呈现出模糊的效果，如图20-157所示。

图20-152

图20-153

图20-154

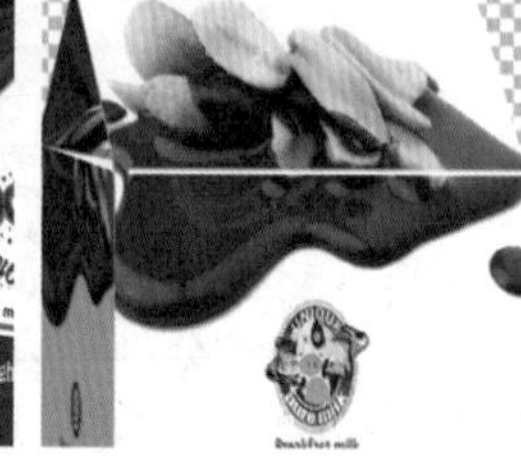
图20-155

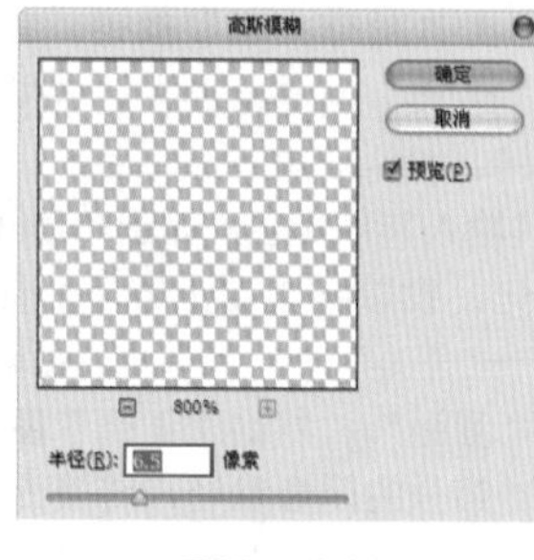

图20-156

图20-157

步骤06 使用多边形套索工具在顶部绘制选区，并填充为浅灰色，如图20-158所示。适当降低不透明度，使顶面出现明显的立体效果，如图20-159所示。

步骤07 单击工具箱中的“画笔工具”按钮，设置前景色为灰色，选择一种圆形柔角画笔，在顶部按住Shift键绘制一条水平的灰色线条，如图20-160所示。

图20-158

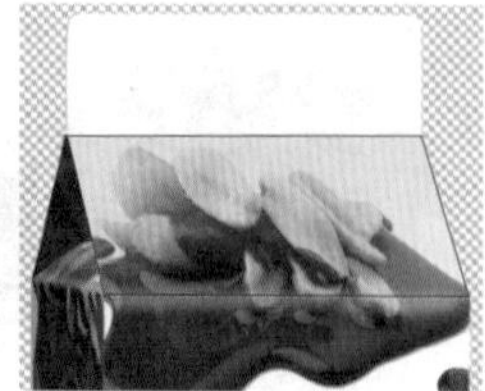
图20-159

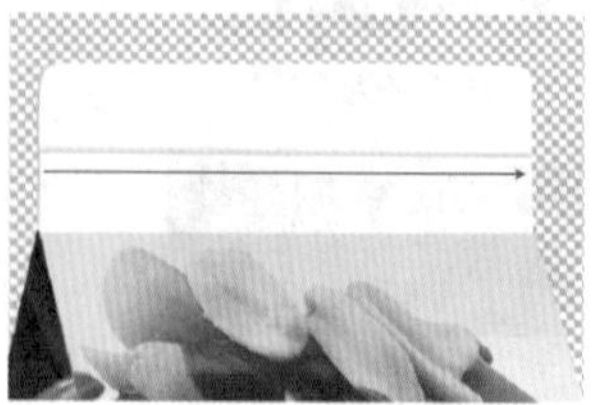
图20-160

步骤08 设置前景色为棕色，接着单击工具箱中的“自定形状工具”按钮，在其选项栏中设置绘制模式为“像素”，在“形状”下拉列表框中选择一个箭头，如图20-161所示。完成设置后，在包装顶部绘制一个棕色箭头并进行水平翻转，如图20-162所示。

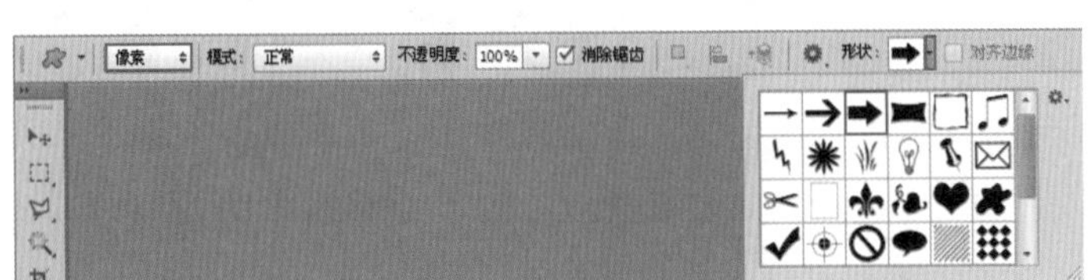

图20-161

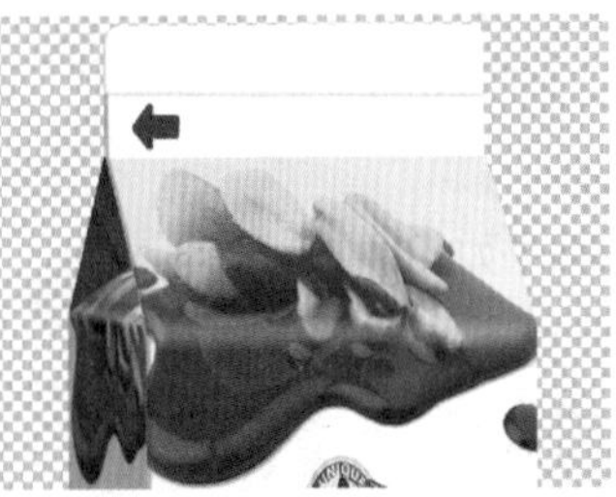

图20-162

步骤09 制作包装盒的阴影效果。在立面图形的下方新建图层，使用多边形套索工具绘制一个阴影选区，如图20-163所示。填充为黑色，如图20-164所示。

步骤10 执行“滤镜>模糊>高斯模糊”命令，在弹出的“高斯模糊”对话框中设置“半径”为10像素，如图20-165所示。此时投影边缘变得柔和了，如图20-166所示。

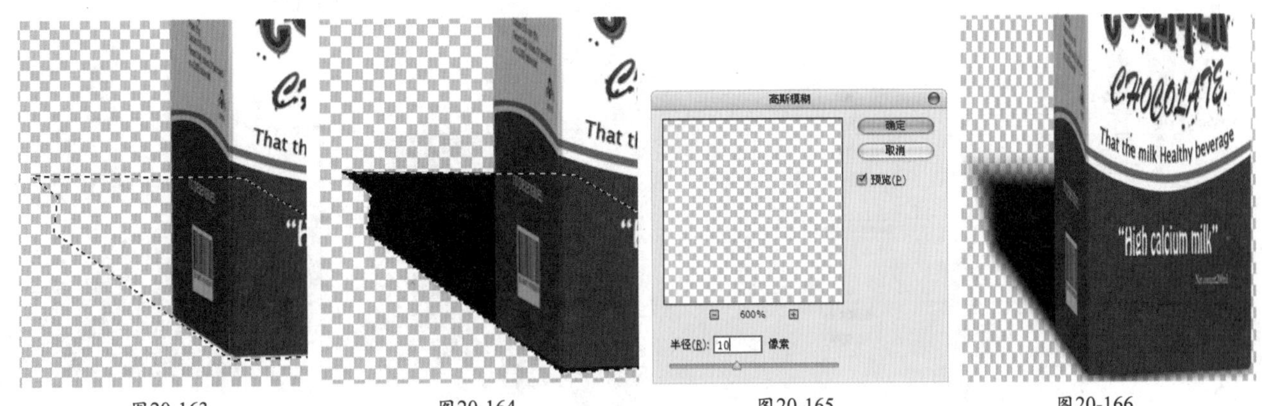

图20-163　图20-164　图20-165　图20-166

步骤11 在“图层”面板中为阴影图层添加图层蒙版，然后使用黑色画笔涂抹多余部分，并设置该图层的“不透明度”为59%，如图20-167所示。效果如图20-168所示。

步骤12 置入背景素材文件，执行“图层>栅格化>智能对象”命令。最终效果如图20-169所示。

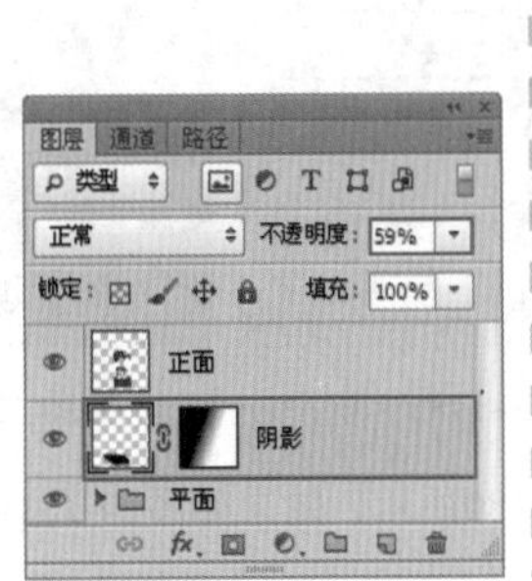

图20-167

图20-168

图20-169

20.2.4 绿茶瓜子包装设计

案例文件	20.2.4绿茶瓜子包装设计.psd
视频教学	20.2.4绿茶瓜子包装设计.flv
难易指数	★★★★★
技术要点	文字工具，渐变工具，“高斯模糊”滤镜，自由变换，“曲线”调整图层以及图层样式

案例效果

本例最终效果如图20-170所示。

图20-170

操作步骤

1．平面制作

步骤01 按Ctrl+N组合键，在弹出的“新建”对话框中设置“宽度”为1866像素，“高度”为1298像素，“分辨率”为300像素/英寸，然后单击“确定”按钮，如图20-171所示。

步骤02 创建新组并命名为“背景”，然后在其中新建一个图层。使用矩形选框工具绘制一个矩形选区，编辑合适的渐变颜色，如图20-172所示。接着为其填充绿色到白色的渐变，如图20-173所示。

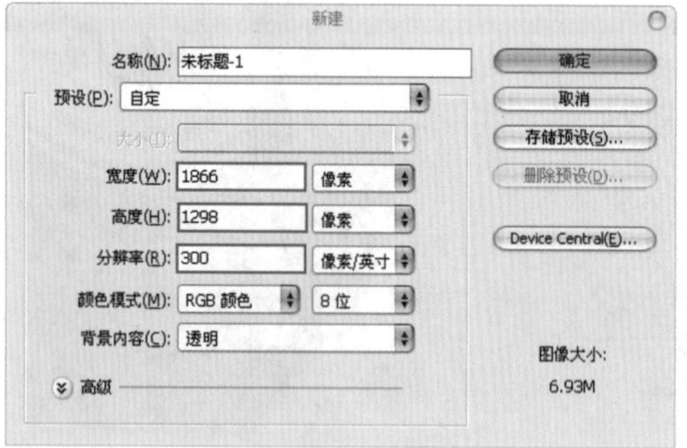

图20-171

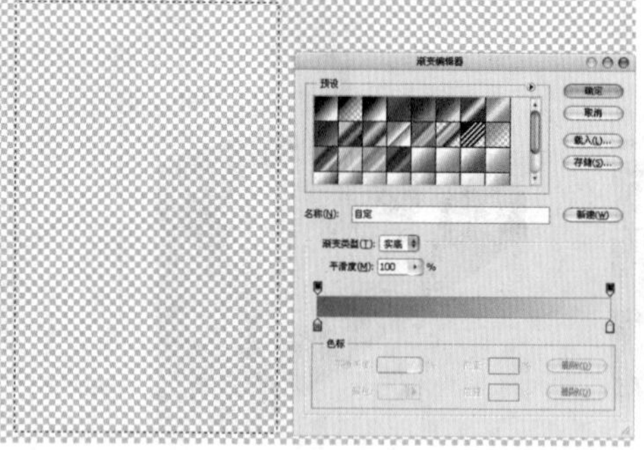
图20-172

图20-173

步骤03 置入带有纹理的纸质素材1，执行“图层>栅格化>智能对象”命令。放在渐变图层中央，如图20-174所示。设置该图层的混合模式为“线性加深”，“不透明度”为43%，如图20-175所示。效果如图20-176所示。

步骤04 置入岩石纹理素材2，执行“图层>栅格化>智能对象”命令。作为渐变图层的外边框，如图20-177所示。

步骤05 置入底纹素材，执行“图层>栅格化>智能对象”命令。设置其混合模式为“正片叠底”，“不透明度”为42%，如图20-178所示。效果如图20-179所示。

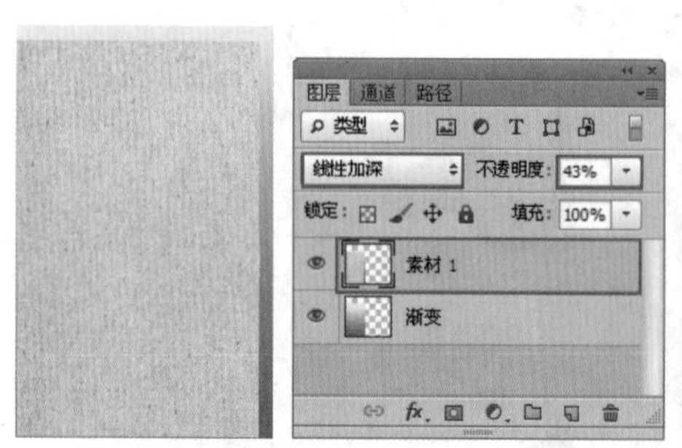

图20-174　图20-175

图20-176

图20-177

图20-178

图20-179

步骤06 新建一个“曲线”调整图层，在其“属性”面板中调整曲线形状提亮画面，如图20-180所示。效果如图20-181所示。

步骤07 置入前景竹子和瓜子素材，执行“图层>栅格化>智能对象”命令，如图20-182所示。

步骤08 新建一个图层组，并命名为“飘香”。单击工具箱中的“横排文字工具”按钮，选择一种书法字体，输入文字“飘香”，如图20-183所示。

步骤09 在文字图层上右击，在弹出的快捷菜单中选择“栅格化文字”命令，然后使用套索工具在“香”字周围绘制选区，并移动其位置，如图20-184所示。

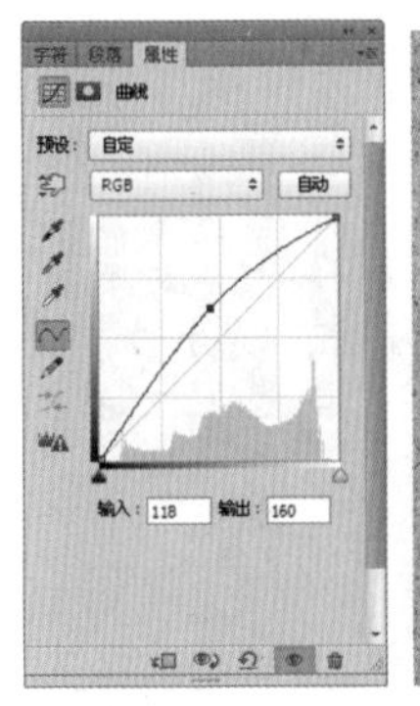

图20-180

图20-181

图20-182

图20-183

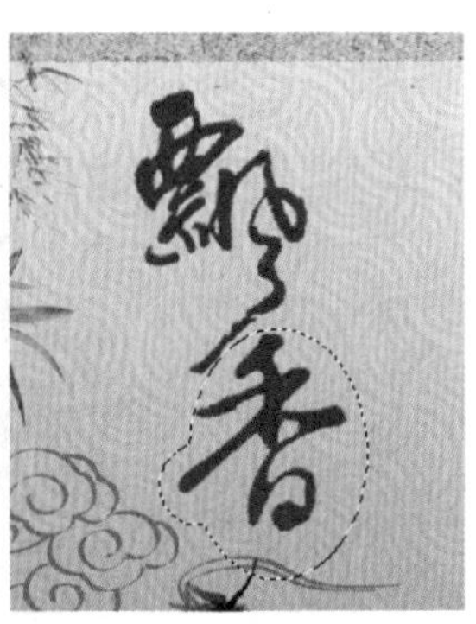

图20-184

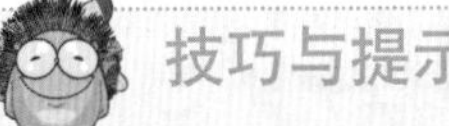

技巧与提示

如果没有合适的书法字体，可以直接置入素材文件夹中的书法文字素材。

步骤10 为文字添加图层样式。执行“图层>图层样式>投影”命令，在弹出的“图层样式”对话框中设置“混合模式”为“正片叠底”，颜色为黑色，“不透明度”为75%，“角度”为120度，“距离”为5像素，“大小”为5像素，如图20-185所示；选中“内阴影”样式，设置颜色为黑色，“不透明度”为75%，“角度”为120度，“距离”为5像素，“大小”为5像素，如图20-186所示；选中“外发光”样式，设置“混合模式”为“滤色”，颜色为白色，“大小”为5像素，如图20-187所示。此时文字效果如图20-188所示。

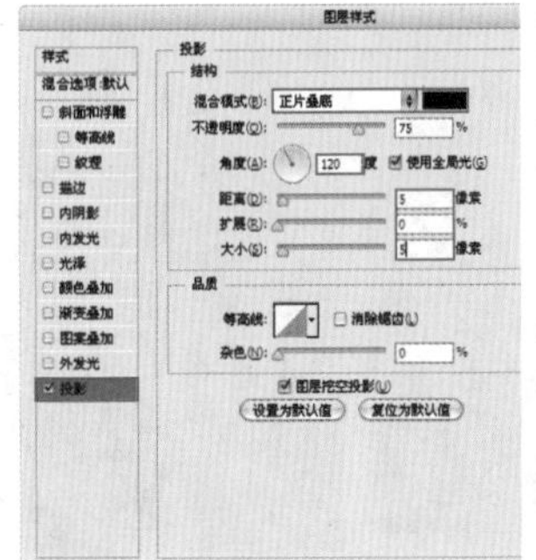

图20-185

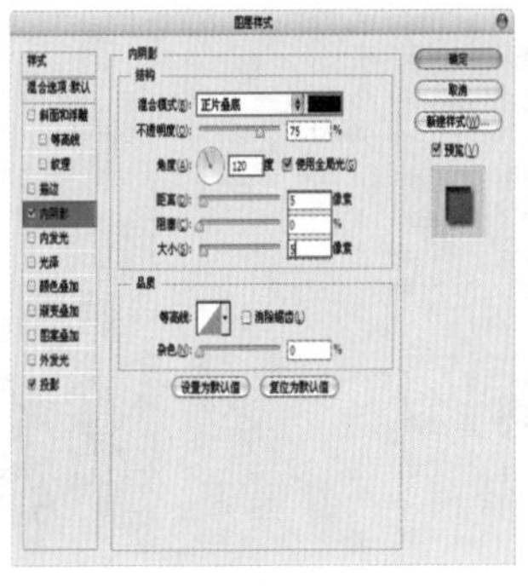

图20-186

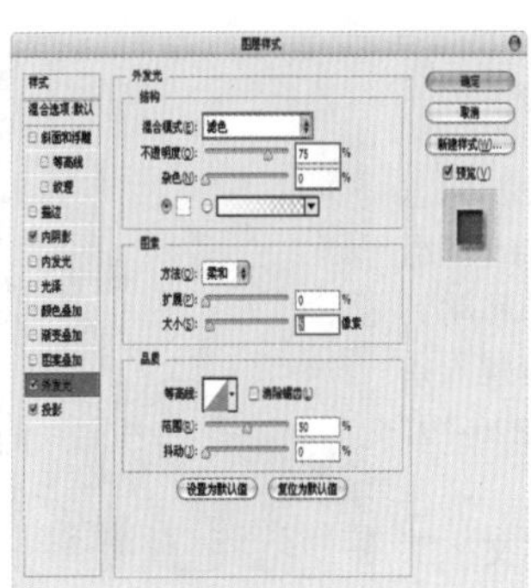

图20-187

图20-188

步骤11 置入商标素材文件，执行“图层>栅格化>智能对象”命令。将其放在文字的右下角，如图20-189所示。

步骤12 单击工具箱中的“横排文字工具”按钮，在其选项栏中设置合适的字体及字号，然后在画面中单击并输入文字，如图20-190所示。

步骤13 按Ctrl+J组合键复制刚输入的文字图层，并向右下方移动，如图20-191所示。

图20-189

图20-190

图20-191

步骤14 使用横排文字工具单击第2行的文字，拖动光标框选所有文字后输入新文字，如图20-192所示。

步骤15 至此，瓜子包装的正面平面图制作完成，效果如图20-193所示。

步骤16 下面开始制作瓜子包装的反面。反面与正面的背景是相同的，所以需要复制“正面”图层组中的“素材1”“素材2”“素材3”图层以及“曲线”调整图层到“反面”组中，并向右移动，如图20-194所示。

图20-192

图20-193

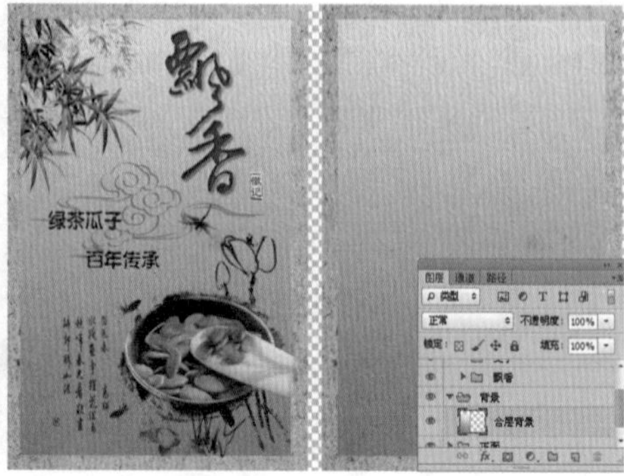
图20-194

答疑解惑——如何快速地复制并合并图层？

在“图层”面板中按住Ctrl键单击“素材1”“素材2”“素材3”图层以及“曲线”调整图层，然后拖曳到面板底部的“创建新图层”按钮上，副本被复制出来；然后按Ctrl+E组合键或右击，在弹出的快捷菜单中选择“合并图层”命令，即可合并为一个图层，如图20-195所示。

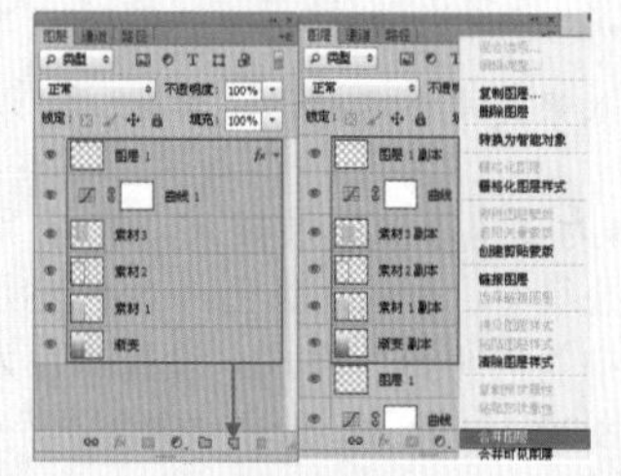
图20-195

步骤17 置入水墨画风格竹子素材，将其摆放在画面中，如图20-196所示。

步骤18 再次复制正面的“飘香”标志图层到“反面”图层组中，按Ctrl+T组合键将文字标志进行自由变换，移动到右上角并缩放到合适大小；接着置入条码素材，放在画面右下角，如图20-197和图20-198所示。

步骤19 单击工具箱中的“直排文字工具”按钮，在其选项栏中选择合适的字体，然后在画面中单击并输入文字，如图20-199所示。

图20-196

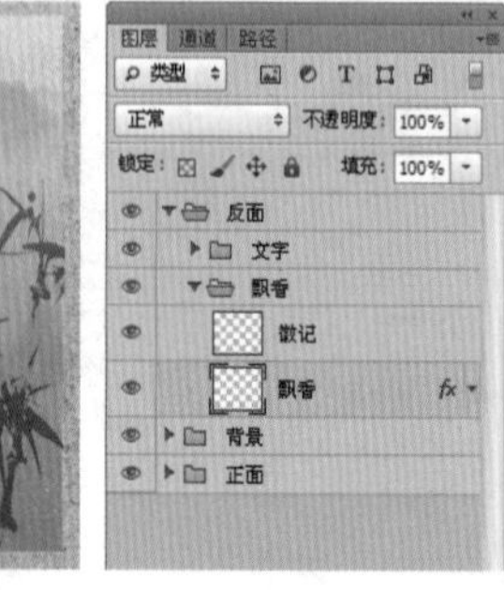

图20-197

图20-198

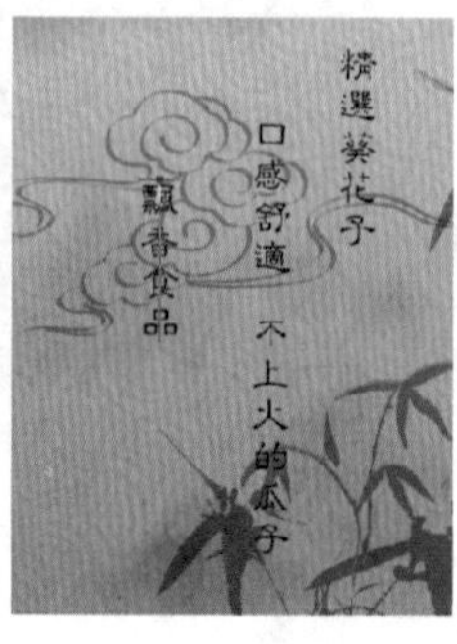

图20-199

步骤20 新建图层，设置前景色为黑色，然后单击工具箱中的“画笔工具”按钮，在其选项栏中打开“画笔预设”选取器，从中选择一种圆形硬角画笔，设置“大小”为“4像素”，“硬度”为100%，在画面中按住Shift键自右向左绘制一条水平线，如图20-200所示。按住Shift键向下绘制一条垂直线，然后依次向左、上、右、下绘制水平线和垂直线，如图20-201所示。以同样的方法继续绘制水平线和垂直线，制作出中式古典感边框，如图20-202所示。

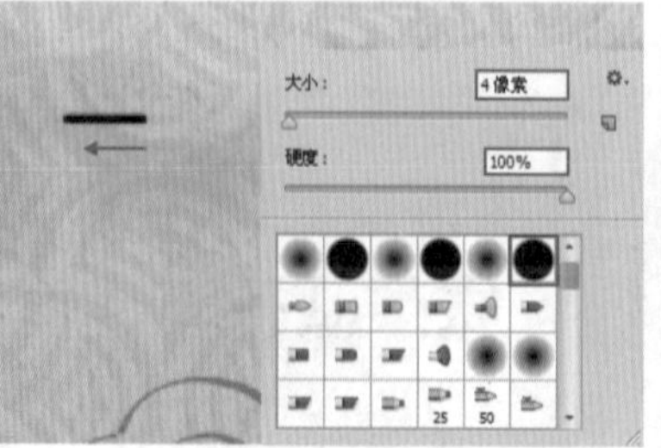

图20-200

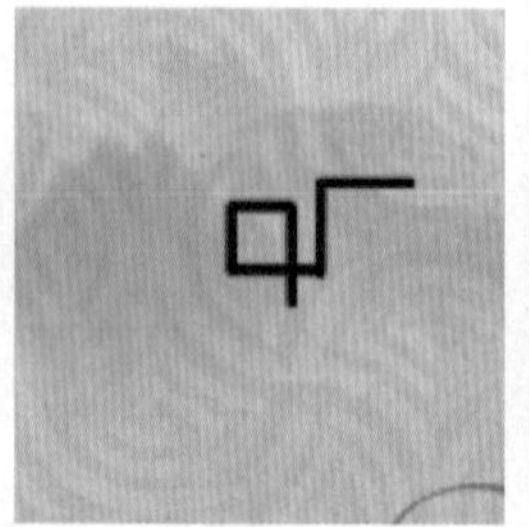
图20-201

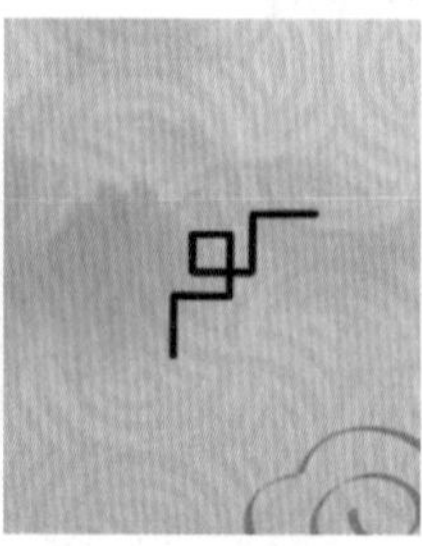
图20-202

Photoshop CC中文版平面设计从入门到精通

步骤21 由于边框需要放置在刚才输入的文字四周，按Ctrl+J组合键复制出一个边框图层，然后右击，在弹出的快捷菜单中选择“水平翻转”命令，移动到另外一侧，如图20-203所示。继续复制，并分别摆放在左下角和右下角处，如图20-204所示。

步骤22 至此，瓜子包装的正、反面平面图制作完成，效果如图20-205和图20-206所示。

图20-203

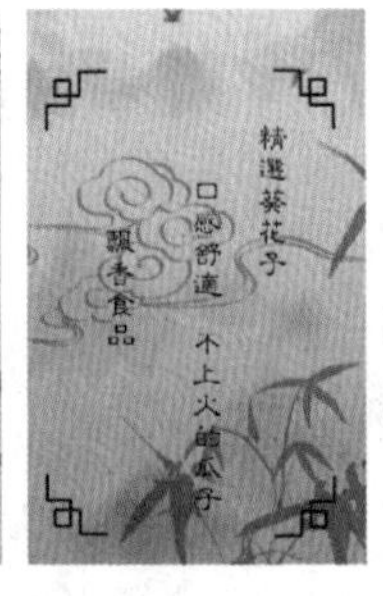

图20-204

图20-205

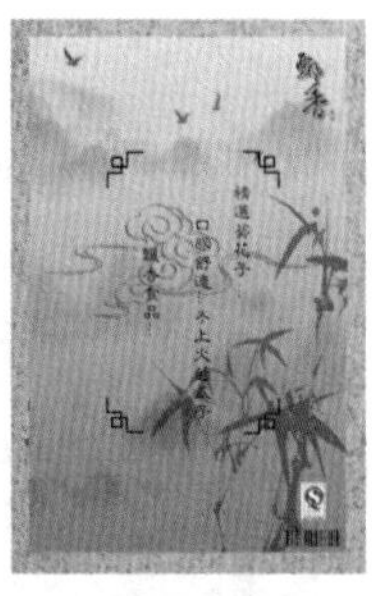

图20-206

2. 制作瓜子包装立体效果

步骤01 本例中将要制作两个立体包装，分别用于展示瓜子包装的正面和背面。首先制作用于展示正面的立体包装。将瓜子正面平面图复制并合并为一个图层，然后按Ctrl+T组合键，在包装上右击，在弹出的快捷菜单中选择“变形”命令，调整网格形状使包装出现中部突起的效果；接着再右击，在弹出的快捷菜单中选择“扭曲”命令，调整瓜子正面的透视效果，如图20-207所示。

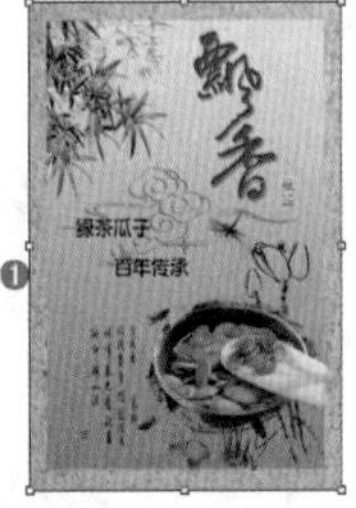

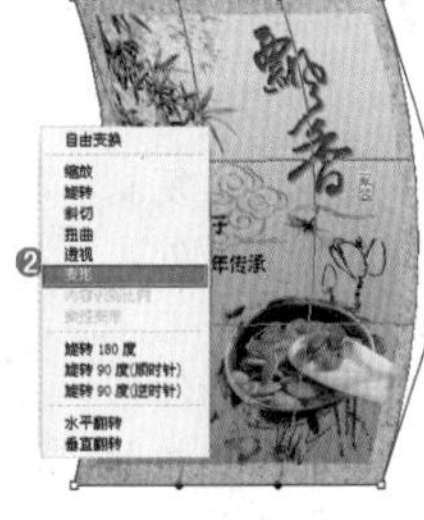

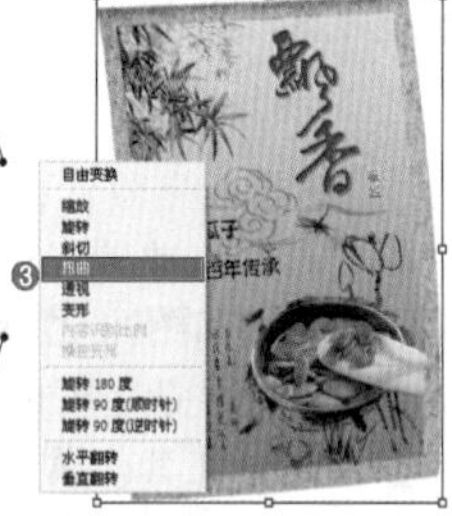

图20-207

步骤02 下面制作侧面。打开“正面”组中的岩石纹理边框“素材2”图层，复制出新的副本图层，如图20-208所示。使用橡皮擦工具擦除多余部分，只保留一侧竖条即可。然后按Ctrl+T组合键对其进行自由变换，再右击，在弹出的快捷菜单中选择“扭曲”命令，调整形状使其遮盖住缝隙部分，如图20-209所示。

步骤03 按Ctrl+M组合键，在弹出的“曲线”对话框中调整曲线形状将侧面部分压暗，如图20-210所示。效果如图20-211所示。

步骤04 使用半透明的圆形柔角画笔在上半部分绘制半透明白色线条，并适当进行模糊处理，用以模拟包装袋上的光泽效果，如图20-212所示。

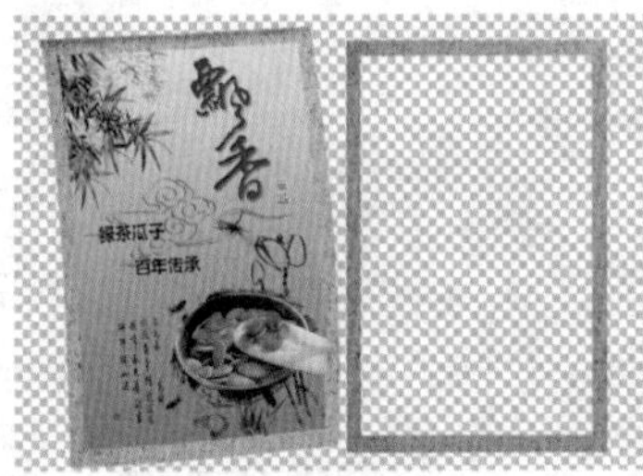

图20-208

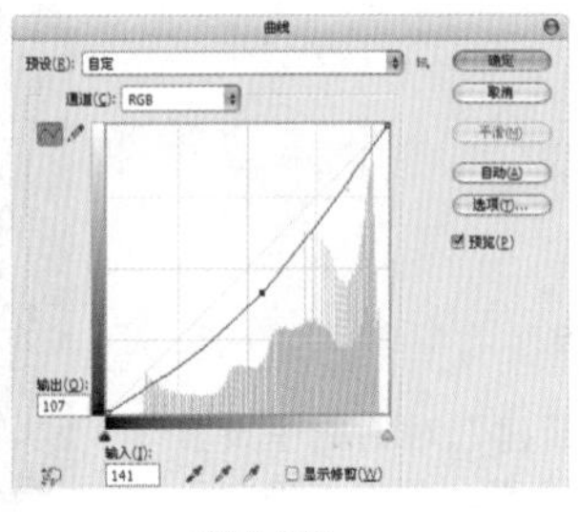

图20-209

图20-210

图20-211

图20-212

步骤05 置入绳子素材文件，执行“图层>栅格化>智能对象”命令。将其放置在顶部，如图20-213所示。

步骤06 按住Ctrl键单击绳子缩览图载入选区，新建图层并填充黑色，然后执行“滤镜>模糊>高斯模糊”命令，在弹出的“高斯模糊”对话框中进行相应设置，单击“确定”按钮，如图20-214所示。模拟出阴影效果，如图20-215所示。

步骤07 此时用以展示正面的包装立体效果制作完成，下面使用同样的方法制作另外一个立体效果，如图20-216所示。

图20-213

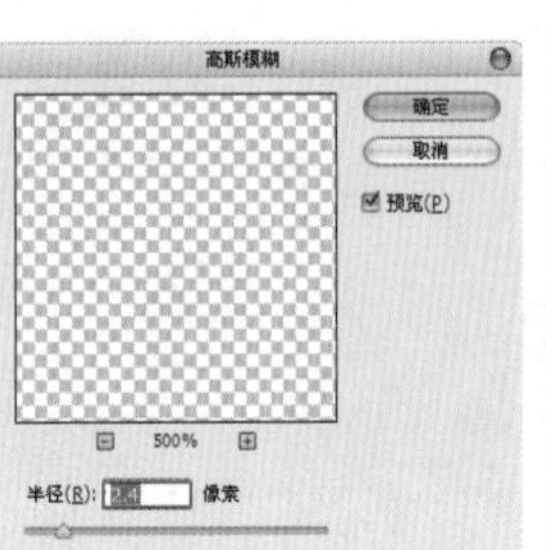

图20-214

图20-215

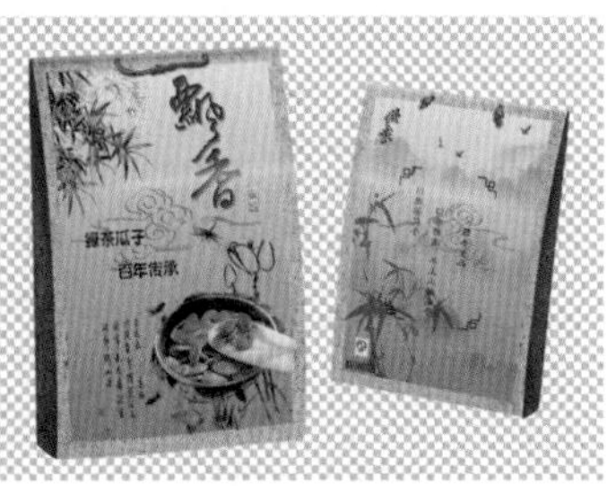

图20-216

步骤08 置入背景素材文件，执行“图层>栅格化>智能对象”命令，如图20-217所示。

步骤09 下面制作包装袋的倒影。复制两个立体包装袋效果并合并为一个图层，然后执行“编辑>自由变换>垂直翻转”命令。此时可以看到直接进行垂直翻转后倒影与原物体不能很好地衔接，所以仍然需要对两个倒影图层进行旋转，调整位置，如图20-218所示。

步骤10 使用橡皮擦工具擦除底部多余倒影，使其虚实相间，如图20-219所示。

图20-217

图20-218

图20-219

> **技巧与提示**
>
> 此处使用橡皮擦工具，需要选择一种柔角画笔，画笔大小可以设置为包装底部宽度的1/2左右。为了使包装过渡得柔和一些，橡皮擦的“不透明度”及“流量”设置为50%左右比较合适。

步骤11 置入光效素材并栅格化，复制“飘香”组，放置在背景的右上角处，如图20-220和图20-221所示。

步骤12 整体提亮图像。新建“曲线”调整图层，在其“属性”面板中调整曲线形状以增强图像对比度。最终效果如图20-222所示。

图20-220

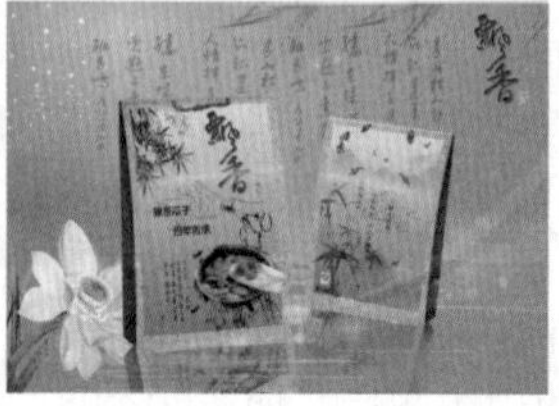
图20-221

图20-222

20.2.5 淡雅茗茶礼盒包装

案例文件	20.2.5淡雅茗茶礼盒包装.psd
视频教学	20.2.5淡雅茗茶礼盒包装.flv
难易指数	★★★★★
技术要点	文字工具，渐变工具，钢笔工具，“高斯模糊”滤镜，“色相/饱和度”调整图层，“曲线”调整图层，加深工具

案例效果

本例最终效果如图20-223所示。

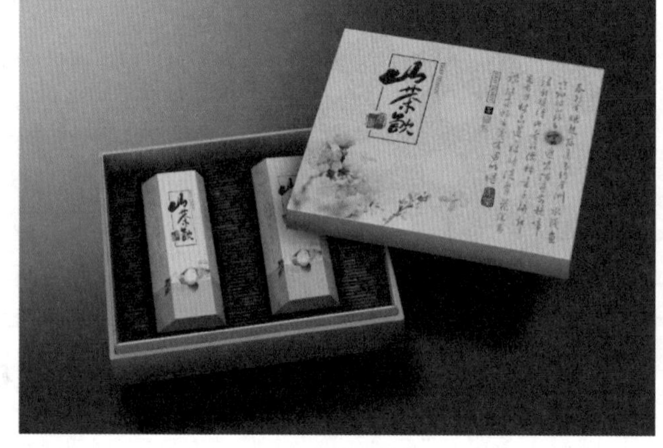
图20-223

操作步骤

1. 制作礼盒包装的平面图

步骤01 按Ctrl+N组合键，在弹出的“新建”对话框中设置“宽度”为2192像素，“高度”为1500像素，单击“确定”按钮，如图20-224所示。

步骤02 平面图包括礼盒的平面图以及茶罐的平面图，下面先制作礼盒部分的平面图。置入背景素材文件，执行“图层>栅格化>智能对象”命令，如图20-225所示。

步骤03 新建“组1”，置入底纹素材文件，执行“图层>栅格化>智能对象”命令。设置“混合模式”为“柔光”，“不透明度”为25%；然后添加图层蒙版，并使用黑色画笔（降低画笔的“不透明度”为30%）擦除遮盖花朵的部分，如图20-226所示。

图20-224

图20-225

图20-226

步骤04 以书法字体输入“山茶饮”3个字，如图20-227所示。执行“图层>栅格化>文字”命令，接着置入印章素材文件，执行“图层>栅格化>智能对象”命令，如图20-228所示。

步骤05 在文字图层下方新建图层。使用矩形选框工具绘制矩形选区，然后执行“编辑>描边”命令，在弹出的“描边”对话框中设置“宽度”为3px，吸取文字颜色，单击“确定”按钮，如图20-229所示。接着使用橡皮擦工具擦除挡住文字的部分，如图20-230所示。

图20-227

图20-228

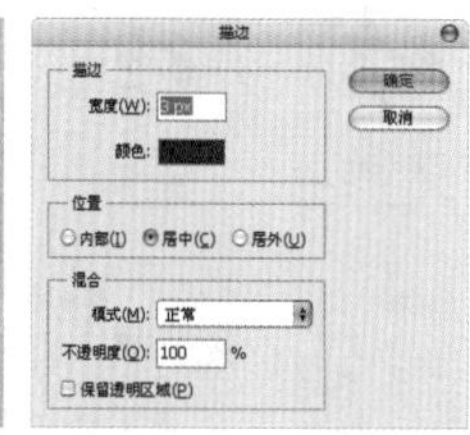

图20-229

步骤06 在右侧置入书法文字素材文件并栅格化，或以书法字体输入相应文字，如图20-231所示。

步骤07 设置前景色为黑色，然后单击“圆角矩形工具”按钮，在其选项栏中选择“形状”，设置“半径”为“2像素”，在图像中绘制一个圆角矩形，如图20-232所示。

步骤08 继续使用矩形选框工具绘制矩形选区，如图20-233所示。

步骤09 执行“编辑>描边”命令，在弹出的“描边”对话框中设置描边的“宽度”为“2像素”，“颜色”为棕色，“位置”为“居中”，如图20-234所示。效果如图20-235所示。

图20-230

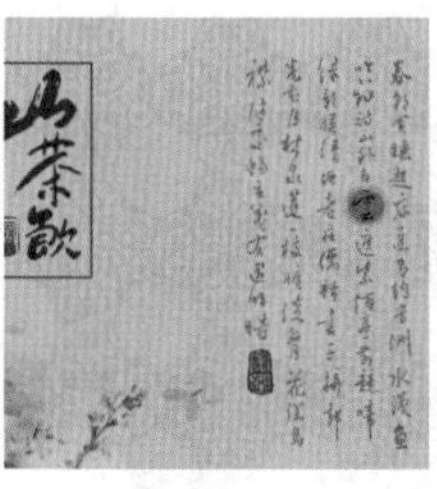

图20-231

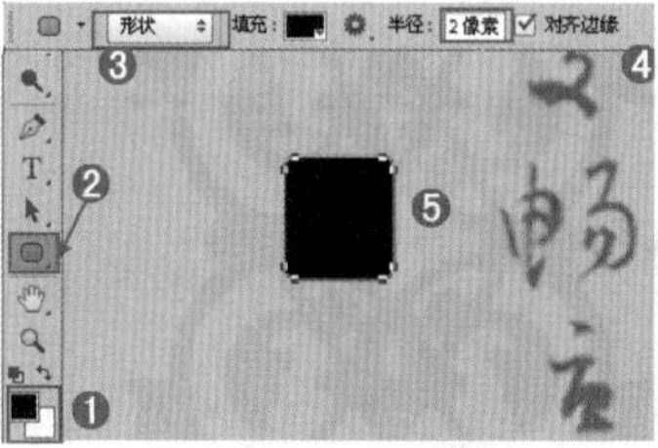

图20-232

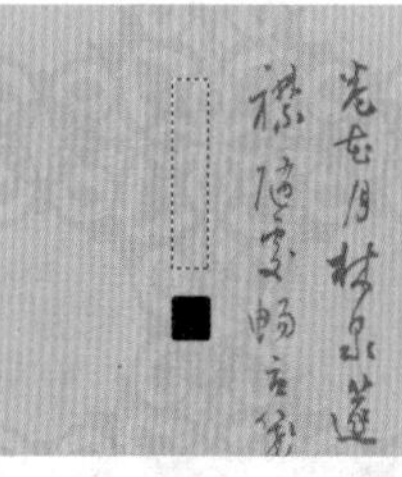

图20-233

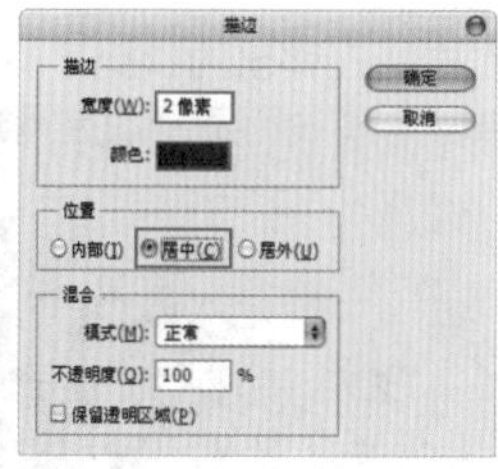

图20-234

步骤10 使用横排文字工具输入其他文字，如图20-236所示。

步骤11 下面开始制作茶罐的包装。为了便于图层的管理，新建图层组“组2”。在“组2”中创建3个新组，分别命名为“中间”、“左面”和“右面”。下面先制作“中间”组。使用矩形选框工具绘制矩形选区，吸取“组1”中的背景色后进行填充；接着再绘制下半部分矩形选区，填充为褐色，如图20-237所示。效果如图20-238所示。

步骤12 拖曳“组1”中的“底纹”图层到“图层”面板底部的“创建新图层”按钮上，复制出一个副本，并将其摆放到茶罐包装的上方。使用矩形选框工具框选多余部分，按Delete键删除。设置该图层的混合模式为“柔光”，“不透明度”为25%，如图20-239所示。效果如图20-240所示。

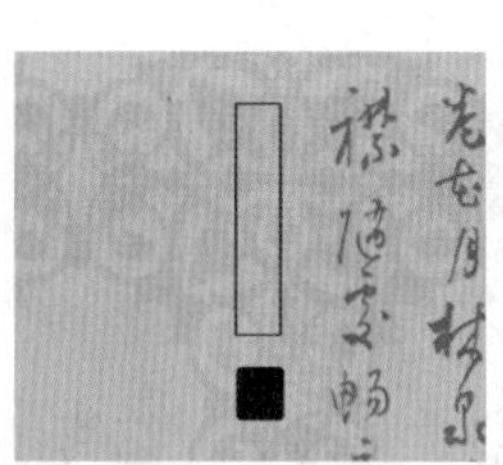

图20-235

图20-236

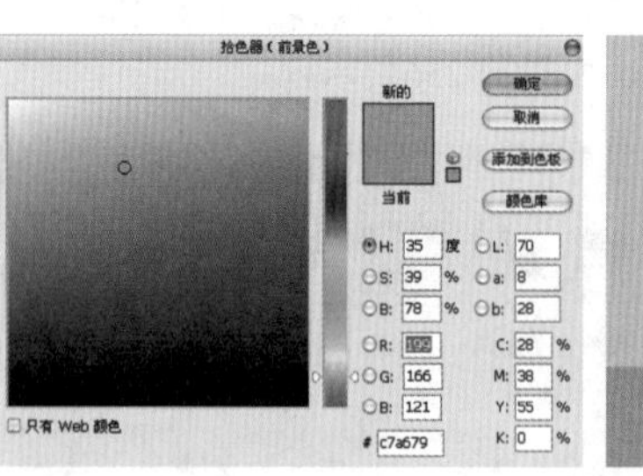

图20-237

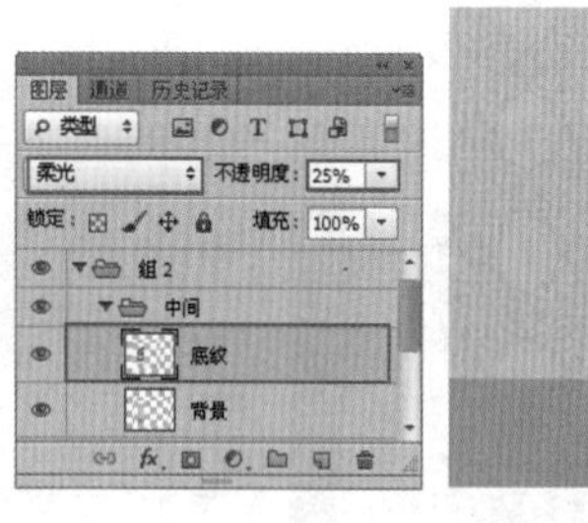

图20-238

图20-239

图20-240

步骤13 复制“组1”中的文字LOGO部分，摆放到茶罐的上半部分，如图20-241所示。置入工笔画素材，执行“图层>栅格化>智能对象”命令。使用矩形选框工具框选并删除多余部分，如图20-242所示。

步骤14 下面制作“左面”组。复制“中间”组中的“背景”“底纹”图层，移动到左侧，如图20-243所示。

步骤15 选择横排文字工具，设置合适的字体、字号后输入文字，如图20-244所示。然后对其进行自由变换，顺时针旋转90°摆放到居左的位置，如图20-245所示。

步骤16 再次置入工笔画素材文件并栅格化，摆放到与中间图像能够衔接的位置，并删除多余的部分，如图20-246所示。

步骤17 以同样的方法制作出右侧的部分，如图20-247所示。

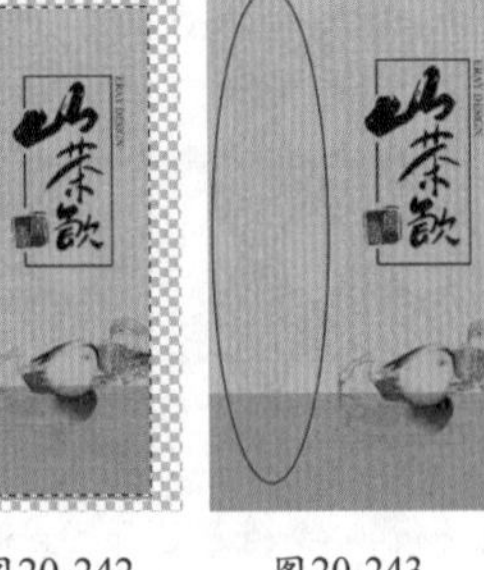

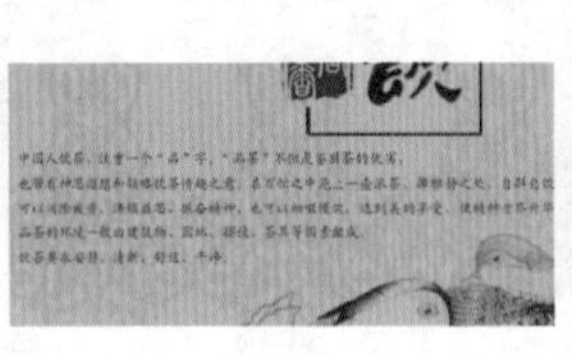

图20-241　图20-242　图20-243　图20-244　图20-245　图20-246　图20-247

2. 制作包装立体效果图

步骤01 复制并合并“组1”、“组2”并将原组隐藏。创建新组，并新建背景色图层。在工具箱中单击“渐变工具”按钮，编辑一种灰色系渐变，设置渐变类型为放射性渐变。完成设置后，在画布中斜向下拖曳，如图20-248所示。

步骤02 首先制作茶罐部分的立体效果。选中“组2”中的茶罐中部图层，并进行合并。按Ctrl+T组合键调整位置，制作出顶面的效果，如图20-249所示。

步骤03 下面为“中间”图层提亮。新建一个“曲线”调整图层，在其“属性”面板中调整好曲线的形状，如图20-250所示。右击，在弹出的快捷菜单中选择“创建剪贴蒙版”命令，为该调整图层添加剪贴蒙版，如图20-251所示。

图20-248

图20-249

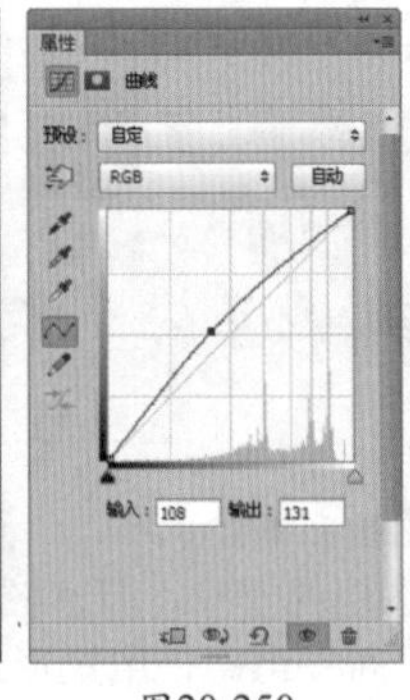

图20-250

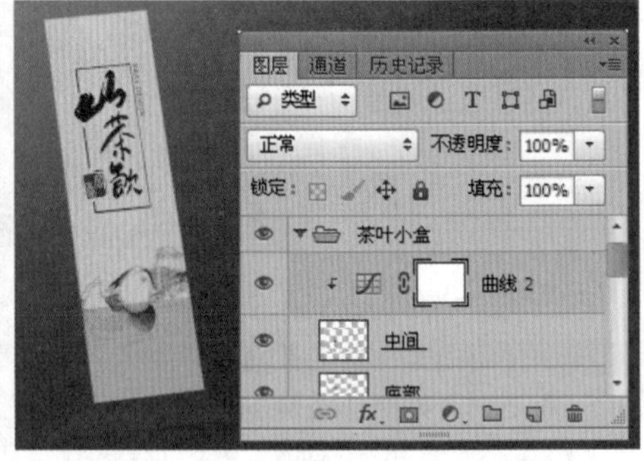

图20-251

步骤04 以同样的方法分别将左右两侧的部分合并图层并进行变形，摆放到两侧的位置，如图20-252所示。为了压暗两侧，分别为“左面”和“右面”图层新建“色相/饱和度”调整图层，在其“属性”面板的“颜色”下拉列表框中选择“全图”，设置“明度”为-30，如图20-253所示。分别创建剪贴蒙版，如图20-254所示。

步骤05 在茶罐底部新建图层，使用黑色画笔绘制阴影效果，如图20-255所示。

步骤06 复制茶罐图层组，摆放到右侧，如图20-256所示。

图20-252

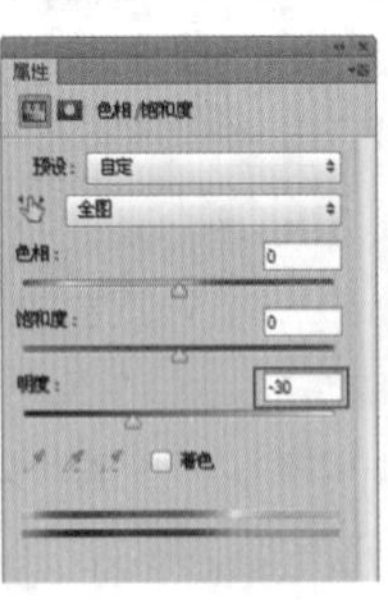

图20-253

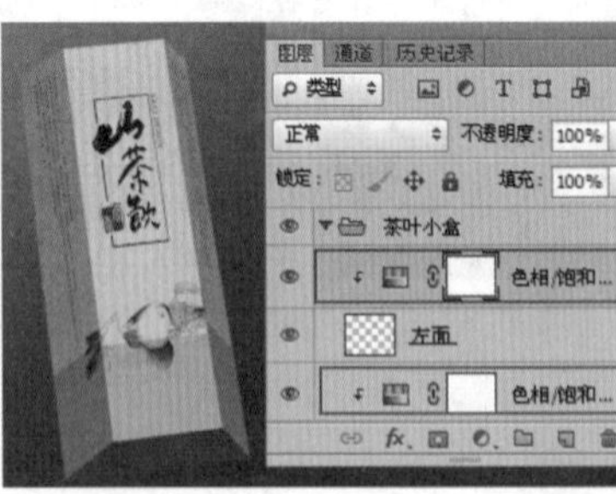

图20-254

图20-255

图20-256

步骤07 下面制作礼盒内部。隐藏茶罐部分，置入竹席素材，执行“图层>栅格化>智能对象”命令，如图20-257所示。多次复制制作出细密的纹理效果，并进行合并图层，然后按Ctrl+T组合键调整位置以及透视效果，如图20-258所示。

步骤08 新建一个“可选颜色”调整图层，在其“属性”面板的“颜色”下拉列表框中选择“中性色”，设置“青色”为15%，如图20-259所示。在该调整图层上右击，在弹出的快捷菜单中选择“创建剪贴蒙版”命令，此时竹席倾向于青绿色，如图20-260所示。

图20-257

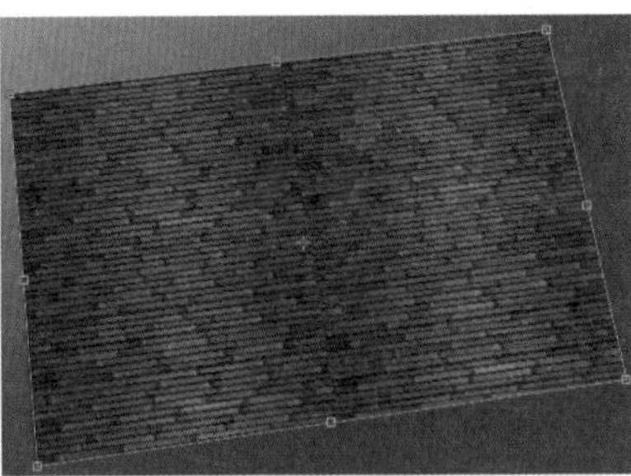
图20-258

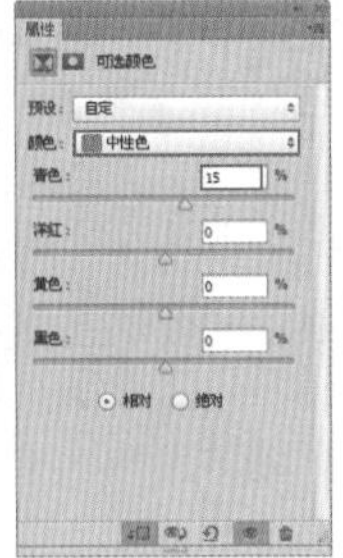
图20-259

图20-260

步骤09 显示出茶罐图层，在底部新建图层，使用黑色画笔绘制茶罐底部阴影，使其产生凹陷效果，如图20-261所示。

步骤10 下面制作盒子的立面。使用钢笔工具绘制立面大致形状，并填充为褐色，如图20-262所示。

步骤11 选择加深工具，在其选项栏中设置大小为61像素，“范围”为“中间调”，“曝光度”为50%，如图20-263所示。加深靠里的部分，使其产生立体效果，如图20-264所示。

步骤12 使用钢笔工具在立面的边缘处绘制截面效果，并填充比较浅的颜色，如图20-265所示。

步骤13 以同样的方法制作出外立面（为了使其产生真实的阴影效果，也可以使用加深/减淡工具进行涂抹），如图20-266所示。

步骤14 下面制作礼盒盖子部分。将合并的礼盒平面图进行自由变换，调整其位置、角度以及大小，摆放在右上角，如图20-267所示。

图20-261

图20-262

图20-263

图20-264

图20-265

图20-266

图20-267

步骤15 使用多边形套索工具绘制盒盖的立面，填充浅土黄色后使用加深工具适当涂抹，制作出立体效果，如图20-268所示。

步骤16 在盖子下方新建图层，使用多边形套索工具绘制选区并填充为黑色，然后执行“滤镜>模糊>高斯模糊”命令，在弹出的“高斯模糊”对话框中设置“半径”为15像素，单击“确定”按钮，如图20-269所示。此时盖子下方出现阴影效果，如图20-270所示。

步骤17 以同样的方法在盒子和盖子底部接近地面的部分制作阴影，最终效果如图20-271所示。

图20-268

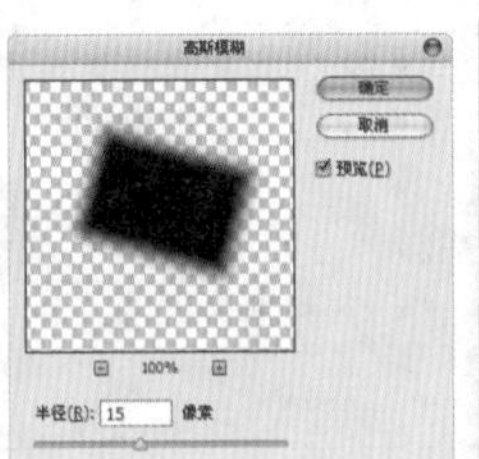

图20-269

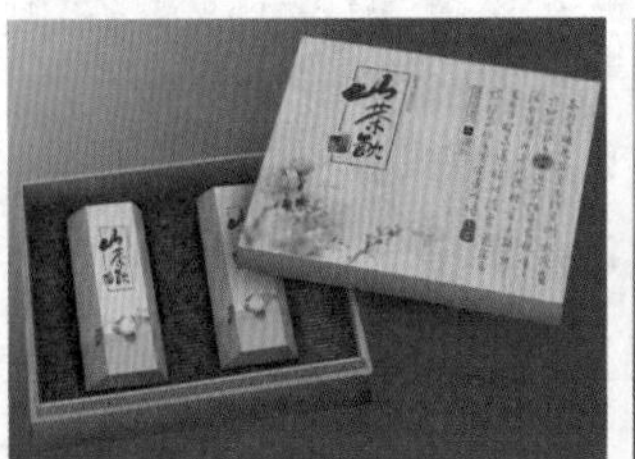
图20-270

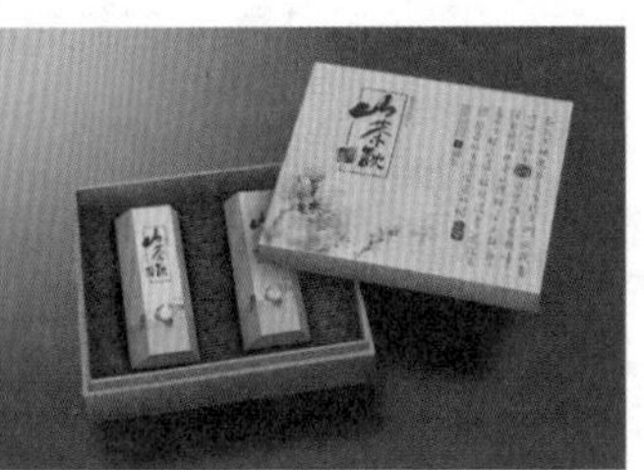
图20-271

技巧与提示

在模拟阴影时，需要注意的是，画面所有物体的阴影方向、颜色以及强度等属性需要统一。在本例中背景色制作的是渐变效果，主要就是为了模拟光源位于左上角的效果，所以相应的阴影必然是位于物体的右下角。

20.2.6 月饼礼盒包装设计

案例文件	20.2.6月饼礼盒包装设计.psd
视频教学	20.2.6月饼礼盒包装设计.flv
难易指数	★★★★★
技术要点	图层样式，钢笔工具，画笔工具，矩形工具，渐变工具，调整图层

案例效果

本例最终效果如图20-272所示。

图20-272

操作步骤

1. 制作月饼包装平面图

步骤01 按Ctrl+N组合键，新建一个大小为2000×1500像素的文档，如图20-273所示。

步骤02 首先制作月饼礼盒的顶面。使用矩形选框工具绘制一个矩形选区，然后设置前景色为红色，按Alt+Delete组合键将选区填充为红色，作为底色，如图20-274所示。

步骤03 使用矩形选框工具再绘制一个比底色大的选区。选择渐变工具，在其选项栏中设置渐变类型为线性，然后单击渐变条，在弹出的“渐变编辑器”对话框中拖动滑块，将渐变颜色调整为金色渐变，如图20-275所示。完成设置后，拖曳填充选区。载入“底色”图层选区，再回到渐变图层，按Delete键删除中间区域，并将该层放置在下一层中，如图20-276所示。

步骤04 执行“图层>图层样式>外发光”命令，在弹出的“图层样式”对话框中设置“不透明度”为39%，颜色为黑色，“方法”为“柔和”，“大小”为7像素，如图20-277所示。

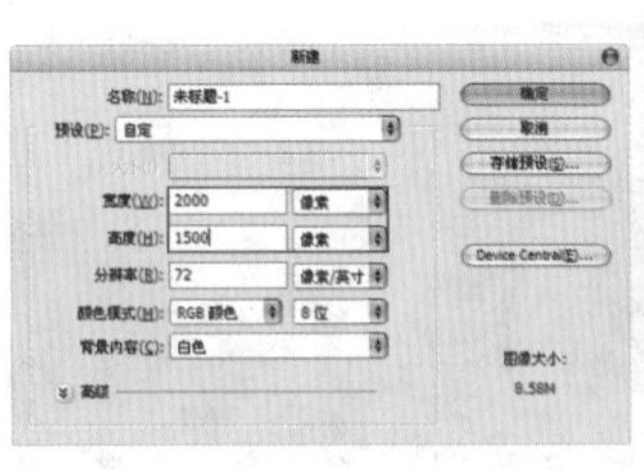

图20-273

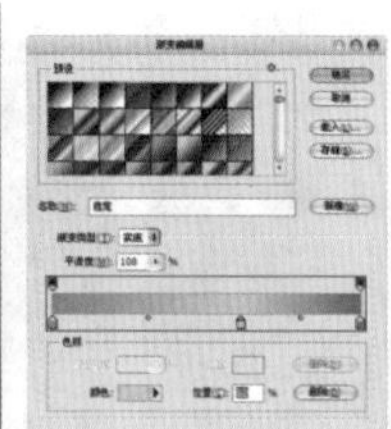

图20-274

图20-275

图20-276

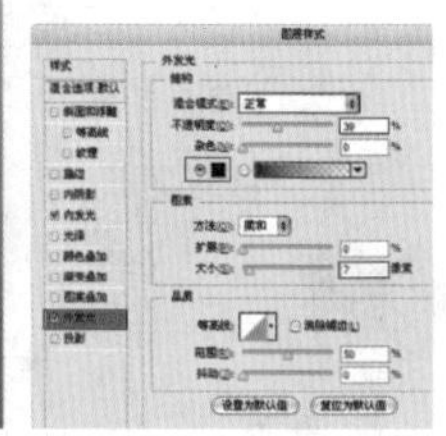

图20-277

步骤05 选中“内发光”样式，设置“混合模式”为“滤色”，“不透明度”为75%，颜色为黄色，“方法”为“柔和”，“阻塞”为1%，“大小”为7像素，如图20-278所示。效果如图20-279所示。

步骤06 置入底纹素材文件，执行“图层>栅格化>智能对象”命令。缩放到与“底色”图层相匹配的大小，然后将该图层的混合模式设置为“滤色”并创建剪贴蒙版，如图20-280所示。效果如图20-281所示。

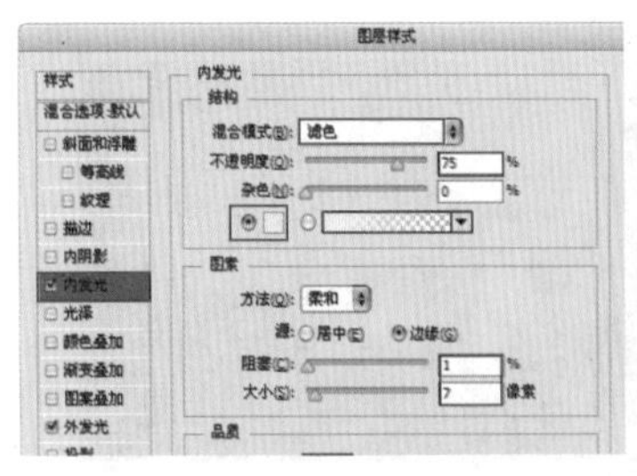

图20-278

图20-279

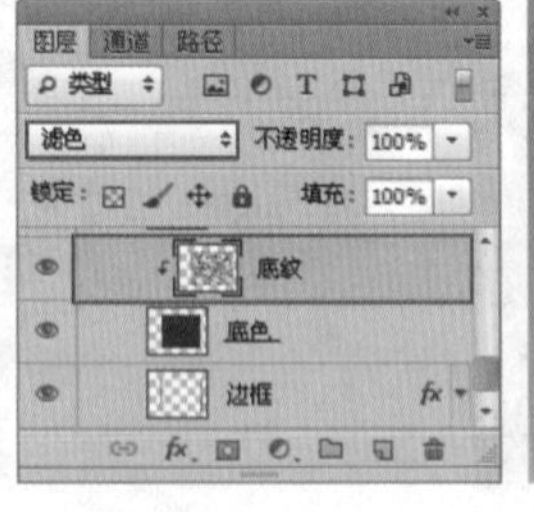

图20-280

图20-281

步骤07 置入转角处的花纹素材文件并栅格化，将其放置在右上角。在使用移动工具的状态下按住Alt键拖曳复制出3个副本，如图20-282所示。按Ctrl+T组合键，分别进行水平翻转或垂直翻转，依次放置在每个转角上，如图20-283所示。

步骤08 置入沙金质地素材文件并栅格化，放置在右侧，如图20-284所示。单击工具箱中的“移动工具”按钮，按住Alt键移动复制到左侧。选中这两个图层，按Ctrl+E组合键合并为一个图层，如图20-285所示。

图20-282

图20-283

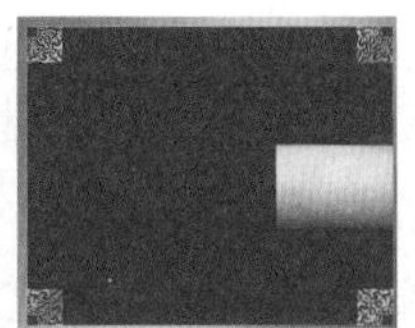

图20-284

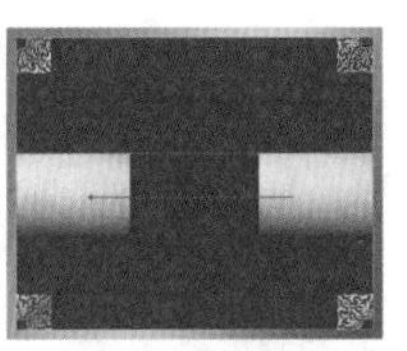

图20-285

技巧与提示

为了保证两个沙金素材在同一水平线上，可以按Ctrl+R组合键打开标尺，然后自上而下拖曳出一条辅助线。

步骤09 由于沙金素材的颜色对比度太强，执行“图层>图层样式>渐变叠加”命令，打开“图层样式”对话框，设置“混合模式”为“变亮”，“不透明度”为42%，“渐变”为浅金色渐变，“样式”为“线性”，“角度”为90度，如图20-286所示。此时可以看到沙金素材部分的颜色明显柔和了很多，如图20-287所示。

步骤10 使用钢笔工具绘制一条闭合路径，如图20-288所示。右击，在弹出的快捷菜单中选择“建立选区”命令，载入选区。设置前景色为黄色，按Alt+Delete组合键将选区填充为黄色，如图20-289所示。

图20-286

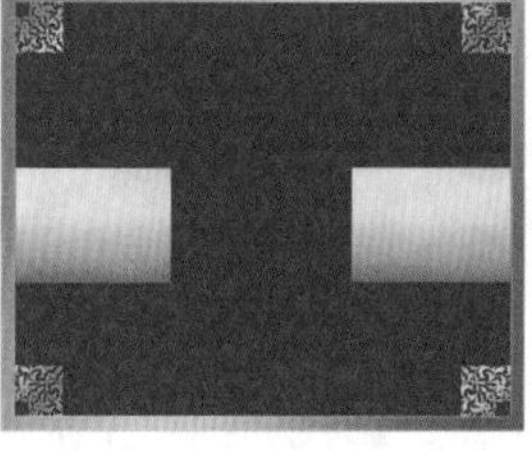

图20-287

步骤11 单击“移动工具”按钮，按住Alt键移动复制出上下两排连续的花纹，然后合并为一个图层，如图20-290所示。

图20-288

图20-289

图20-290

技巧与提示

执行“视图>对齐”命令后再进行移动复制，更容易捕捉到正确的位置。

步骤12 执行“图层>图层样式>外发光”命令，在弹出的“图层样式”对话框中设置“不透明度”为39%，颜色为黑色，“方法”为“柔和”，“大小”为7像素，如图20-291所示。选中“内发光”样式，设置“混合模式”为“滤色”，“不透明度”为75%，颜色为黄色，“方法”为“柔和”，“阻塞”为1%，“大小”为3像素，如图20-292所示。

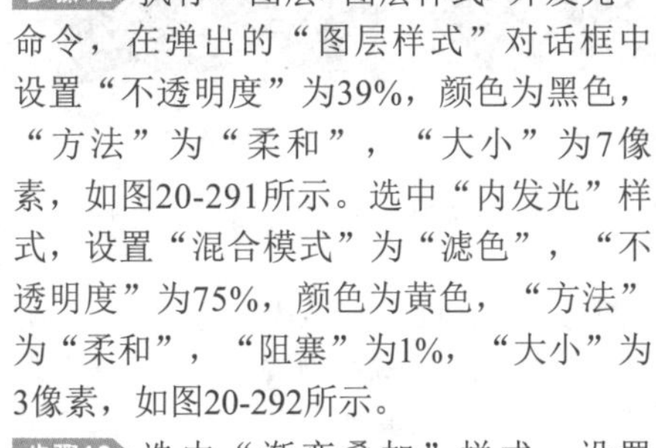

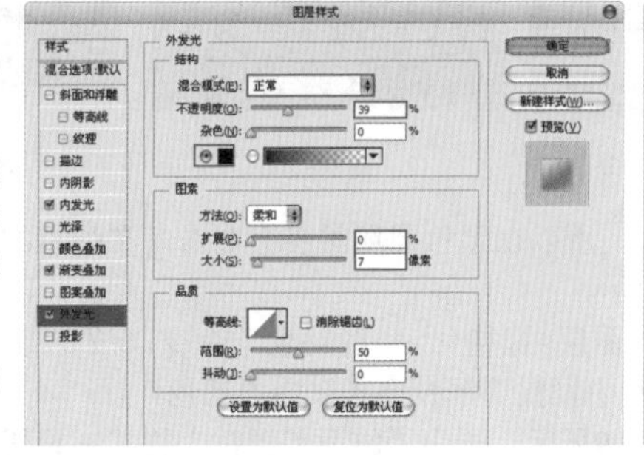

图20-291

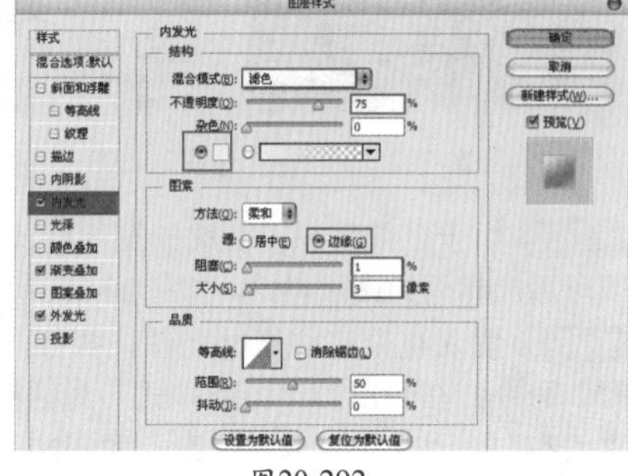

图20-292

步骤13 选中“渐变叠加”样式，设置“不透明度”为93%，“渐变”为金色渐变，“样式”为“线性”，“角度”为115度，“缩放”为150%，如图20-293所示。效果如图20-294所示。

步骤14 置入印章素材文件，执行“图层>栅格化>智能对象”命令。将其放在沙金图层上方，如图20-295所示。将该图层的混合模式设置为“叠加”，如图20-296所示。可以看到印章素材与沙金质感融为一体，如图20-297所示。

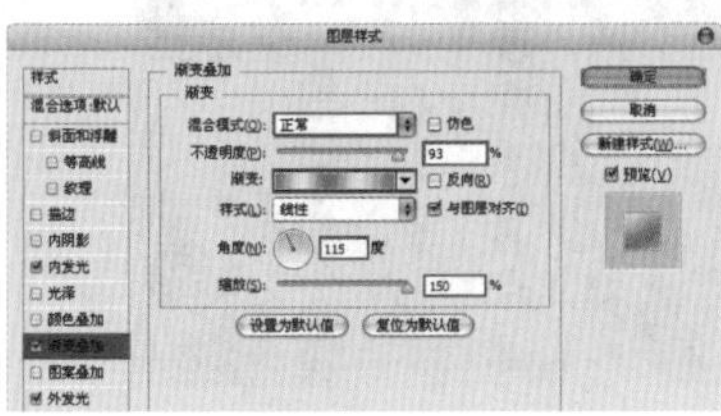

图20-293

图20-294

图20-295

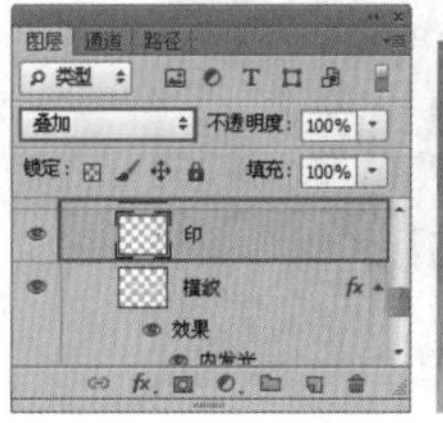

图20-296

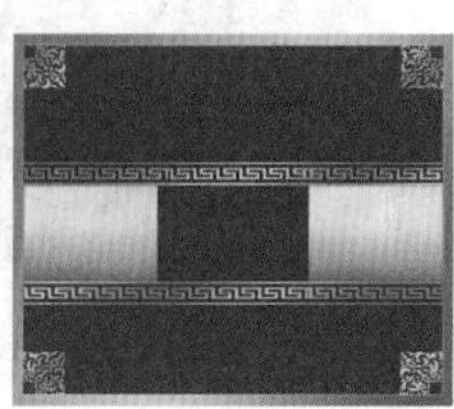

图20-297

步骤15 按Ctrl+J组合键复制出一个印，放置在左侧。以同样的方法继续在上面添加印章，如图20-298所示。

步骤16 选择直排文字工具，在其选项栏中选择一种合适的字体，设置字号为7点，单击“顶端对齐”按钮，设置文字颜色为棕色。打开“字符”面板，单击“下划线”按钮，如图20-299所示。完成设置后，在画面中单击并输入文字。载入沙金素材图层选区，再回到文字图层，添加一个图层蒙版，使多余的部分隐藏。将文字图层的混合模式设置为“正片叠底”，“不透明度”设置为59%，如图20-300所示。效果如图20-301所示。

图20-298

图20-299

图20-300

图20-301

步骤17 新建一个“主体”图层组，置入花纹素材文件并栅格化，如图20-302所示。在“横纹”图层上右击，在弹出的快捷菜单中选择“拷贝图层样式”命令，如图20-303所示。再回到“花纹”图层中，右击，在弹出的快捷菜单中选择“粘贴图层样式”命令，如图20-304所示。此时可以看到“花纹”图层上出现相同的图层样式，效果如图20-305所示。

步骤18 选择椭圆选框工具，按住Shift键在中间绘制一个正圆，然后设置前景色为深红色，按Alt+Delete组合键将选区填充为深红色，如图20-306所示。

步骤19 绘制一个比深红色正圆大的正圆选区，并填充为黑色。载入深红小圆图层选区，再回到大圆图层，按Delete键删除中间区域，制作出一个黑色圆环，然后将该层放置在下一层中，如图20-307所示。

图20-302

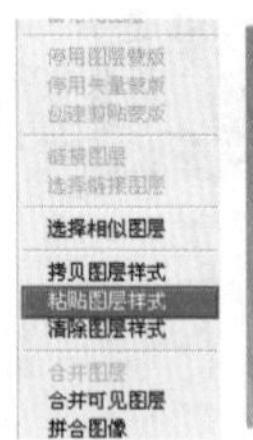

图20-303

图20-304

图20-305

图20-306

图20-307

步骤20 由于之前复制了横纹的图层样式，所以在黑色圆环图层上右击，在弹出的快捷菜单中选择“粘贴图层样式”命令，即可添加相同的图层样式，如图20-308所示。

步骤21 置入花朵底纹素材文件，执行“图层>栅格化>智能对象”命令。放在深红圆形中央。执行“图层>图层样式>内阴影”命令，在弹出的“图层样式”对话框中设置“混合模式”为“滤色”，“不透明度”为63%，颜色为黄色，“方法”为“柔和”，“大小”为24像素，如图20-309所示。选中“斜面和浮雕”样式，设置“样式”为“内斜面”，“方法”为“平滑”，“大小”为5像素，“角度”为92度，“高度”为53度，“高光模式”为“线性加深”，颜色为棕色，“不透明度”为23%，“阴影模式”为“正片叠底”，颜色为黑色，“不透明度”为71%，如图20-310所示。效果如图20-311所示。

图20-308

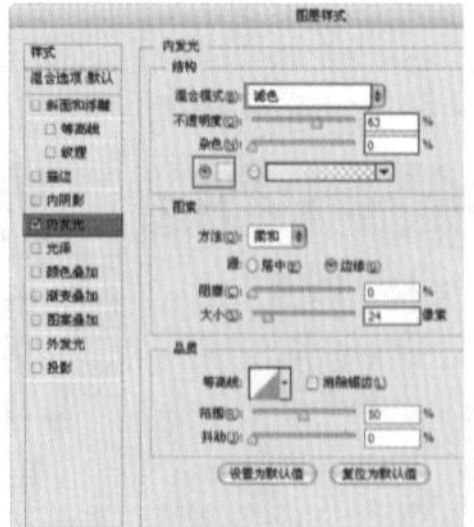
图20-309

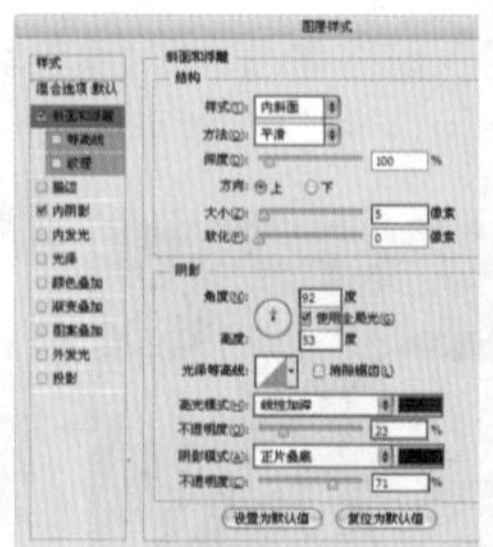
图20-310

图20-311

步骤22 置入圆形底纹素材文件并栅格化，放在如图20-312所示的位置。按照制作大圆环的方法制作出一个小圆环，如图20-313所示。

步骤23 置入手绘花朵素材，执行“图层>栅格化>智能对象”命令。放置在顶部，如图20-314所示。

步骤24 新建图层；然后使用矩形选框工具绘制一个矩形选区，并填充为深红色；接着右击，在弹出的快捷菜单中选择“描边”命令，在弹出的“描边”对话框中设置“宽度”为“2像素”，“颜色”为深黄色，如图20-315所示。效果如图20-316所示。

图20-312

图20-313

图20-314

图20-315

图20-316

步骤25 执行“图层>图层样式>投影”命令，在弹出的“图层样式”对话框中设置“混合模式”为“正片叠底”，颜色为黑色，“不透明度”为75%，“角度”为120度，“距离”为5像素，“大小”为5像素，如图20-317所示。效果如图20-318所示。

步骤26 置入底纹素材文件，执行“图层>栅格化>智能对象”命令，如图20-319所示。载入“颜色”图层选区，再回到“底纹”图层，添加图层蒙版，并将该图层的混合模式设置为“颜色加深”，如图20-320所示。效果如图20-321所示。

图20-317

图20-318

图20-319

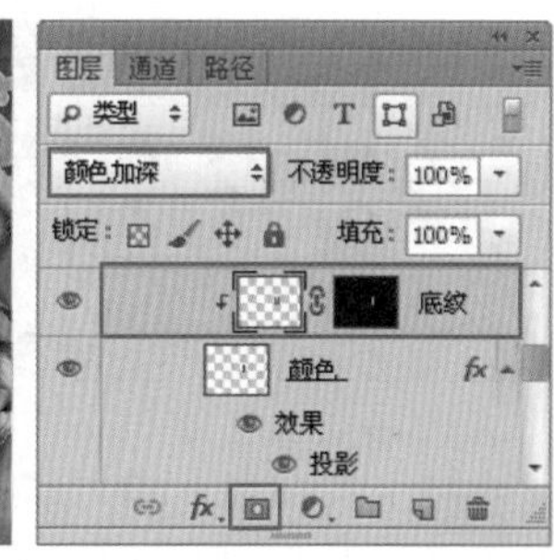

图20-320

步骤27 选择直排文字工具，设置合适的字体、大小后输入文字。再次置入沙金素材文件，执行“图层>栅格化>智能对象”命令。载入文字图层选区，然后回到沙金图层，添加图层蒙版，如图20-322所示。此时画面中出现沙金质地的文字，如图20-323所示。

图20-321

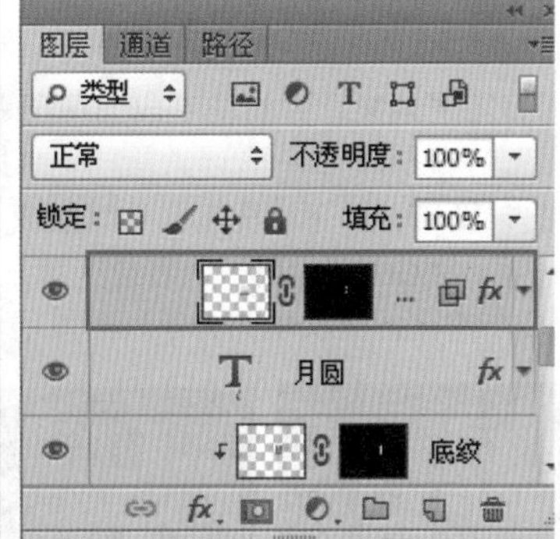

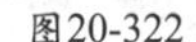

图20-322

图20-323

步骤28 执行“图层>图层样式>投影”命令，在弹出的“图层样式”对话框中设置“混合模式”为“正片叠底”，颜色为黑色，“不透明度”为75%，“角度”为120度，“距离”为3像素，“大小”为5像素，如图20-324所示。选中“描边”样式，设置“大小”为2像素，“位置”为“居中”，“填充类型”为“渐变”，“渐变”为金色渐变，“样式”为“线性”，“角度”为90度，如图20-325所示。效果如图20-326所示。

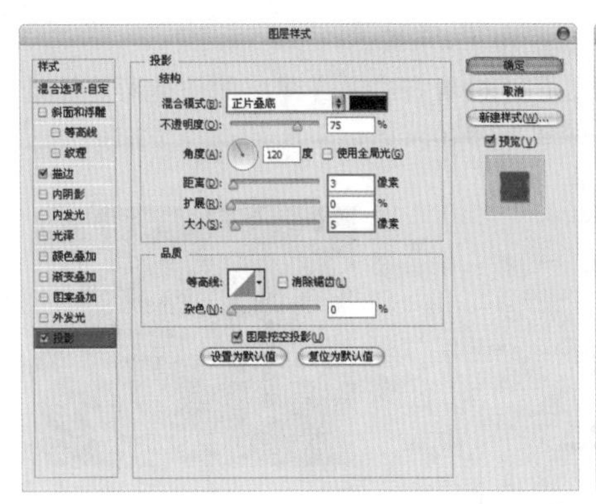

图20-324

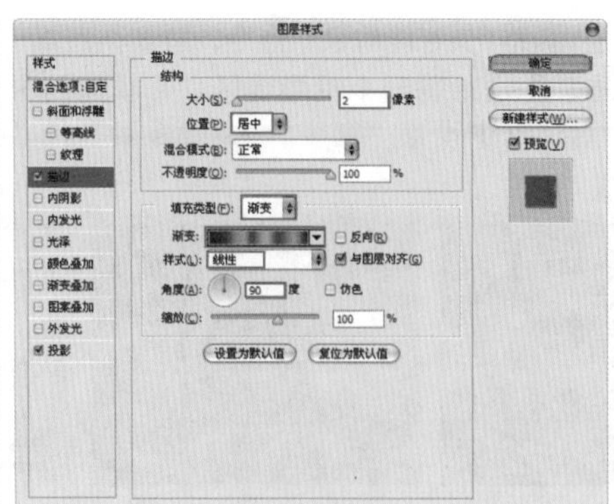

图20-325

图20-326

步骤29 选择直排文字工具，设置合适的字体、字号后输入文字“花好”。执行“窗口>样式”命令，在打开的“样式”面板中选择金色样式，如图20-327所示。效果如图20-328所示。

图20-327

图20-328

技巧与提示

执行“编辑>预设管理器”命令，在弹出的“预设管理器”窗口中设置“预设类型”为“样式”，然后单击“载入”按钮，即可载入样式素材，如图20-329所示。

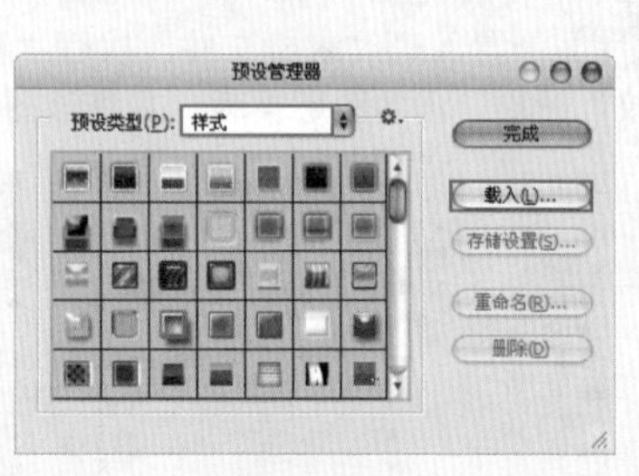

图20-329

步骤30 新建一个“亮度/对比度”调整图层，在其“属性”面板中设置“对比度”为100，如图20-330所示。在图层蒙版中绘制一个与顶面大小相同的矩形选区，然后按Shift+Ctrl+I组合键进行反向，将选区填充为黑色，如图20-331所示。至此，平面图制作完成，效果如图20-332所示。

图20-330

图20-331

图20-332

2. 制作月饼包装立体效果

步骤01 按Shift+Ctrl+Alt+E组合键盖印当前顶面图层效果，并将新生成的图层命名为“月饼平面图”。置入背景素材并栅格化，如图20-333所示。

步骤02 月饼包装立体效果主要包括礼盒和手提袋两部分，下面先制作手提袋部分。新建一个“手提袋”图层组，并在其中创建新图层。使用多边形套索工具绘制一个选区，如图20-334所示。将选区填充为红色，如图20-335所示。

步骤03 继续使用多边形套索工具在侧面绘制多个选区，依次填充为不同明度的红色，制作出立体效果，如图20-336所示。

图20-333

图20-334

图20-335

图20-336

步骤04 复制一个“月饼平面图”图层，然后按Ctrl+T组合键，再右击，在弹出的快捷菜单中选择“扭曲”命令，在弹出的对话框中调整每个控制点的位置，使月饼平面图的形状与刚绘制的手提袋的正面形状相吻合，如图20-337所示。

步骤05 置入金色的绳子素材，执行“图层>栅格化>智能对象”命令。摆放在手提袋上半部分，如图20-338所示。执行“图层>图层样式>投影”命令，在弹出的“图层样式”对话框中设置“混合模式”为“正片叠底”，颜色为褐色，“不透明度”为75%，“角度”为92度，“距离”为5像素，“大小”为5像素，如图20-339所示。效果如图20-340所示。

图20-337

图20-338

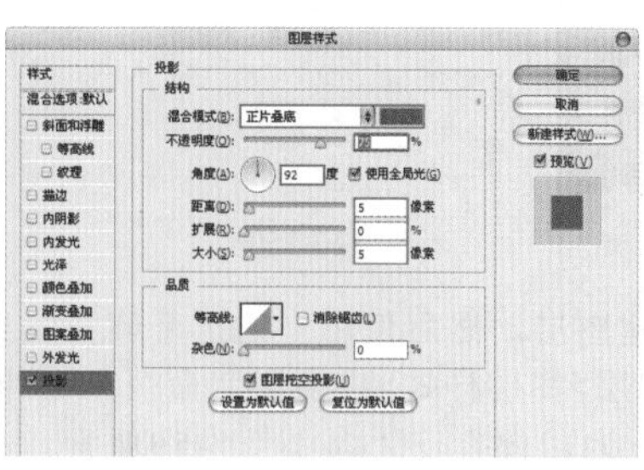
图20-339

图20-340

步骤06 载入平面图选区，单击工具箱中的“渐变工具”按钮，编辑一种白色到透明的渐变，设置类型为线性，接着自右上向左下拖曳填充渐变，如图20-341所示。将该图层的混合模式设置为“柔光”，如图20-342所示。效果如图20-343所示。

步骤07 新建一个“礼盒”图层组，在其中创建新图层。复制一个“月饼平面图”图层，然后按Ctrl+T组合键，再右击，在弹出的快捷菜单中选择“扭曲”命令，在弹出的对话框中调整形状与角度后将其放置在最顶层，如图20-344所示。

步骤08 使用多边形套索工具在右侧侧面绘制出一个礼盒侧面选区，并填充为红色，如图20-345所示。

图20-341

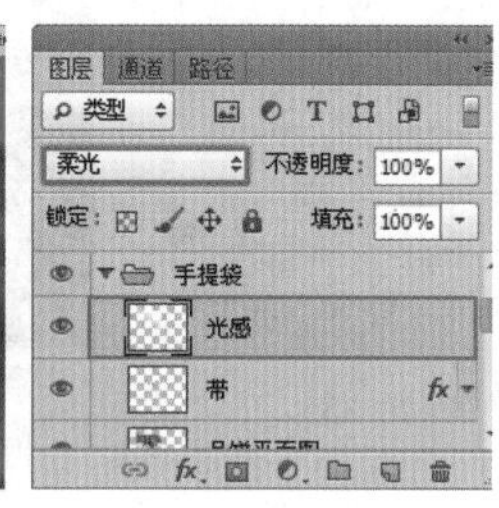

图20-342

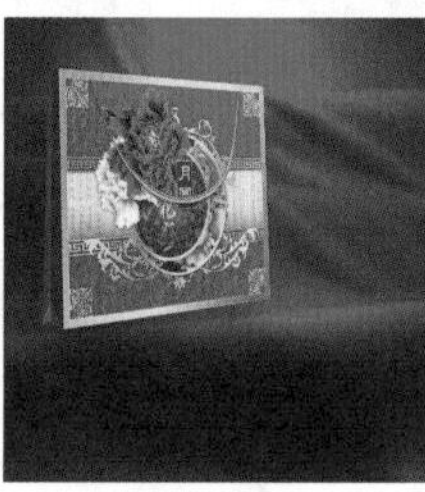
图20-343

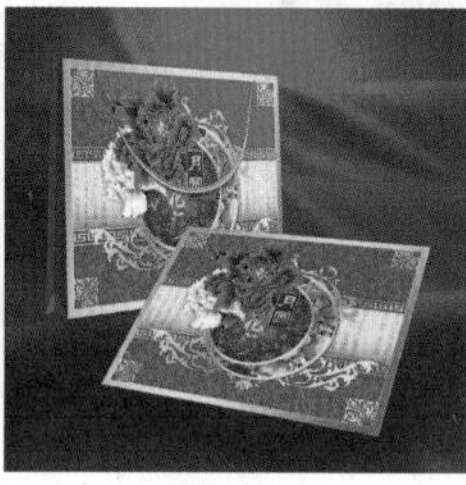
图20-344

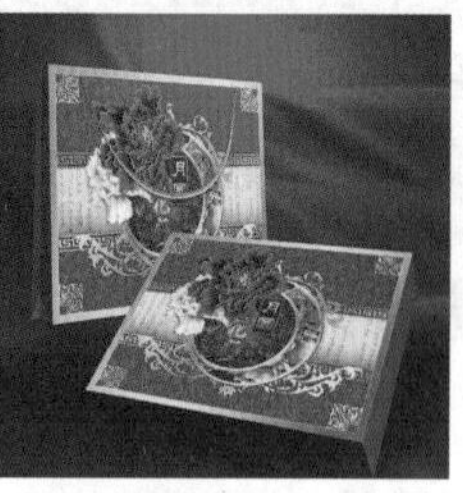
图20-345

步骤09 执行“图层>图层样式>投影”命令，在弹出的“图层样式”对话框中设置“混合模式”为“正片叠底”，颜色为黑色，“不透明度”为75%，“角度”为92度，“距离”为5像素，“大小”为5像素，如图20-346所示。选中“渐变叠加”样式，设置“渐变”为深红色到红色渐变，“样式”为“线性”，“角度”为-4度，“缩放”为75%，如图20-347所示。效果如图20-348所示。

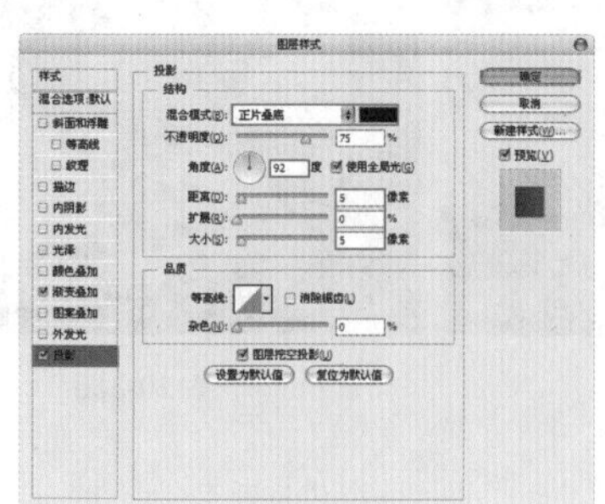
图20-346

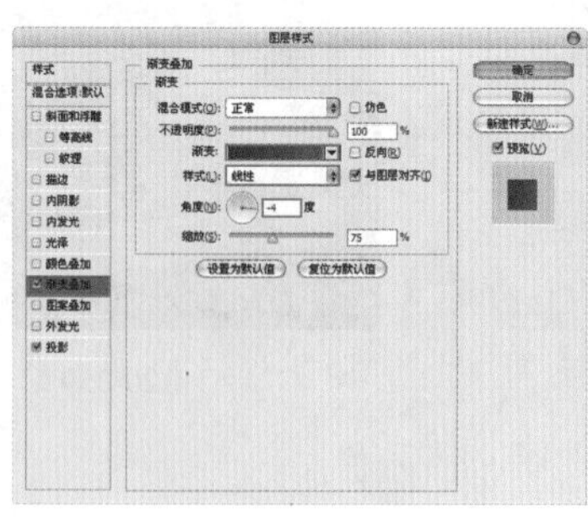
图20-347

图20-348

步骤10 以同样的方法再次使用多边形套索工具绘制底面的选区，并为其填充黄色系渐变，如图20-349所示。

步骤11 执行“图层>图层样式>内阴影”命令，在弹出的“图层样式”对话框中设置“混合模式”为“正片叠底”，颜色为黑色，“不透明度”为100%，“角度”为92度，“距离”为10像素，“大小”为21像素，如图20-350所示；选中“斜面和浮雕”样式，设置“样式”为“内斜面”，“深度”为100%，“大小”为5像素，“角度”为92度，“高度”为53度，如图20-351所示。效果如图20-352所示。

图20-349

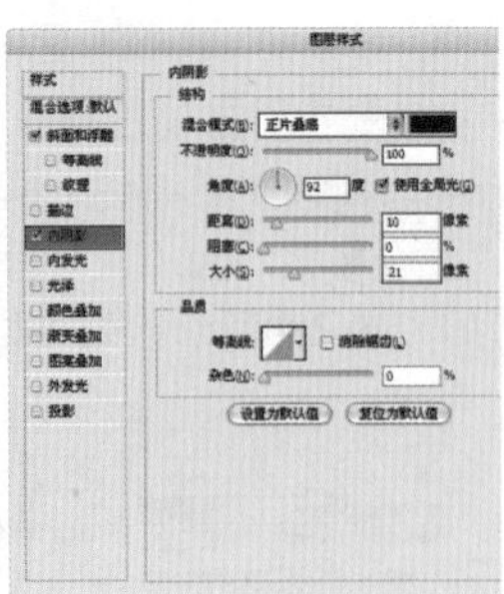

图20-350

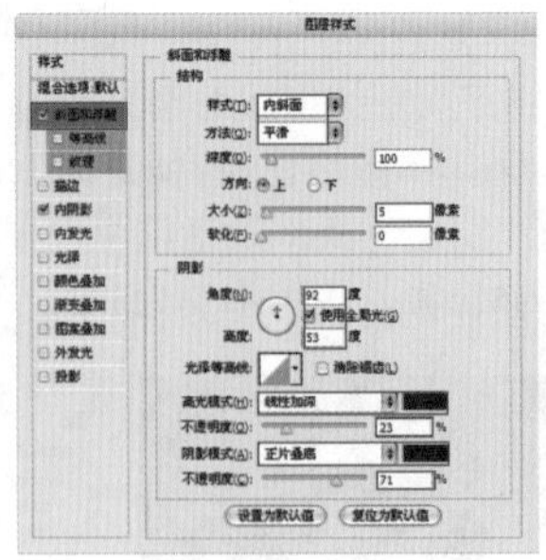

图20-351

图20-352

步骤12 在黄色图层下方新建图层，然后使用多边形套索工具绘制一个平行四边形选区，并为其填充暗红色系渐变，如图20-353所示。执行“图层>图层样式>内阴影”命令，在弹出的“图层样式”对话框中设置“不透明度”为83%，“角度”为92度，“距离”为12像素，“大小”为59像素，如图20-354所示；选中“斜面和浮雕”样式，设置“样式”为“内斜面”，“方法”为“雕刻清晰”，“深度”为806%，“大小”为5像素，“高光模式”为“滤色”，颜色为白色，“阴影模式”为“正片叠底”，颜色为红色，如图20-355所示。效果如图20-356所示。

图20-353

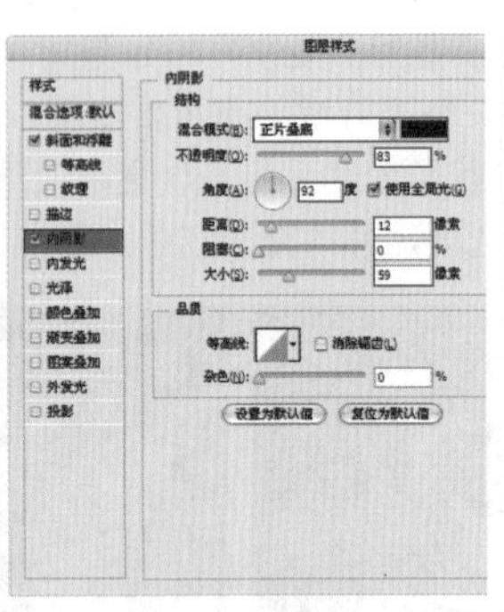

图20-354

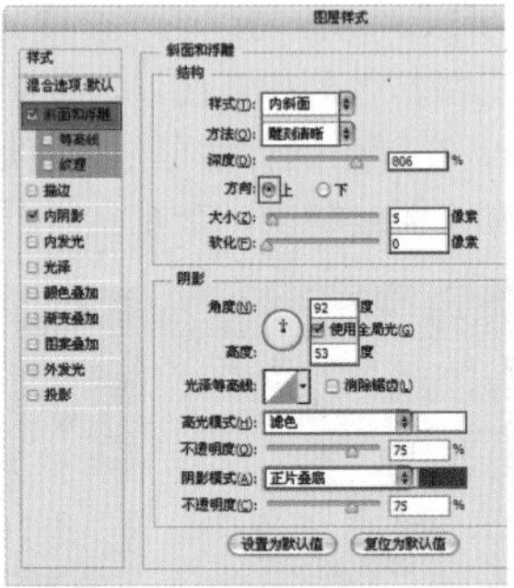

图20-355

图20-356

步骤13 载入平面图选区，然后单击工具箱中的“渐变工具”按钮，编辑一种白色到透明的渐变，设置类型为线性，接着自右上向左下拖曳填充渐变，如图20-257所示。将该图层的混合模式设置为“柔光”，如图20-358所示。效果如图20-359所示。

步骤14 最终效果如图20-360所示。

图20-357

图20-358

图20-359

图20-360

Photoshop 常用快捷键速查表

工具快捷键

移动工具	V
矩形选框工具	M
椭圆选框工具	M
套索工具	L
多边形套索工具	L
磁性套索工具	L
快速选择工具	W
魔棒工具	W
吸管工具	I
颜色取样器工具	I
标尺工具	I
注释工具	I
裁剪工具	C
透视裁剪工具	C
切片工具	C
切片选择工具	C
污点修复画笔工具	J
修复画笔工具	J
修补工具	J
内容感知移动工具	J
红眼工具	J
画笔工具	B
铅笔工具	B
颜色替换工具	B
混合器画笔工具	B
仿制图章工具	S
图案图章工具	S
历史记录画笔工具	Y
历史记录艺术画笔工具	Y
橡皮擦工具	E
背景橡皮擦工具	E
魔术橡皮擦工具	E
渐变工具	G
油漆桶工具	G
减淡工具	O
加深工具	O
海绵工具	O
钢笔工具	P
自由钢笔工具	P
横排文字工具	T
直排文字工具	T
横排文字蒙版工具	T
直排文字蒙版工具	T
路径选择工具	A
直接选择工具	A
矩形工具	U
圆角矩形工具	U
椭圆工具	U
多边形工具	U
直线工具	U
自定形状工具	U
抓手工具	H
旋转视图工具	R
缩放工具	Z
默认前景色 / 背景色	D
前景色 / 背景色互换	X
切换标准 / 快速蒙版模式	Q
切换屏幕模式	F
切换保留透明区域	/

续表

减小画笔大小	[
增加画笔大小	]
减小画笔硬度	{
增加画笔硬度	}

应用程序菜单快捷键

"文件"菜单	
新建	Ctrl+N
打开	Ctrl+O
在 Bridge 中浏览	Alt+Ctrl+O
打开为	Shift+Ctrl+Alt+O
关闭	Ctrl+W
关闭全部	Ctrl+Alt+W
关闭并转到 Bridge	Shift+Ctrl+W
存储	Ctrl+S
存储为	Shift+Ctrl+S
存储为 Web 所用格式	Shift+Ctrl+Alt+S
恢复	F12
文件简介	Shift+Ctrl+Alt+I
打印	Ctrl+P
打印一份	Shift+Ctrl+Alt+P
退出	Ctrl+Q
"编辑"菜单	
还原 / 重做	Ctrl+Z
前进一步	Shift+Ctrl+Z
后退一步	Ctrl+Alt+Z
渐隐	Shift+Ctrl+F
剪切	Ctrl+X
拷贝	Ctrl+C
合并拷贝	Shift+Ctrl+C
粘贴	Ctrl+V
原位粘贴	Shift+Ctrl+V
贴入	Shift+Ctrl+Alt+V
填充	Shift+F5
内容识别比例	Shift+Ctrl+Alt+C
自由变换	Ctrl+T
再次变换	Shift+Ctrl+T
颜色设置	Shift+Ctrl+K
键盘快捷键	Shift+Ctrl+Alt+K
菜单	Shift+Ctrl+Alt+M
首选项 > 常规	Ctrl+K
"图像"菜单	
调整 > 色阶	Ctrl+L
调整 > 曲线	Ctrl+M
调整 > 色相 / 饱和度	Ctrl+U
调整 > 色彩平衡	Ctrl+B
调整 > 黑白	Shift+Ctrl+Alt+B
调整 > 反相	Ctrl+I
调整 > 去色	Shift+Ctrl+U
自动色调	Shift+Ctrl+L
自动对比度	Shift+Ctrl+Alt+L
自动颜色	Shift+Ctrl+B
图像大小	Ctrl+Alt+I
画布大小	Ctrl+Alt+C
"图层"菜单	
新建 > 图层	Shift+Ctrl+N
新建 > 通过拷贝的图层	Ctrl+J

续表

新建 > 通过剪切的图层	Shift+Ctrl+J
创建 / 释放剪贴蒙版	Ctrl+Alt+G
图层编组	Ctrl+G
取消图层编组	Shift+Ctrl+G
排列 > 置为顶层	Shift+Ctrl+]
排列 > 前移一层	Ctrl+]
排列 > 后移一层	Ctrl+[
排列 > 置为底层	Shift+Ctrl+[
合并图层	Ctrl+E
合并可见图层	Shift+Ctrl+E
"选择"菜单	
全部	Ctrl+A
取消选择	Ctrl+D
重新选择	Shift+Ctrl+D
反向	Shift+Ctrl+I
所有图层	Ctrl+Alt+A
查找图层	Shift+Ctrl+Alt+F
调整边缘	Ctrl+Alt+R
修改 > 羽化	Shift+F6
"滤镜"菜单	
上次滤镜操作	Ctrl+F
自适应广角	Shift+Ctrl+A
镜头校正	Shift+Ctrl+R
液化	Shift+Ctrl+X
消失点	Ctrl+Alt+V
"视图"菜单	
校样颜色	Ctrl+Y
色域警告	Shift+Ctrl+Y
放大	Ctrl++
缩小	Ctrl+-
按屏幕大小缩放	Ctrl+0
实际像素	Ctrl+1
显示额外内容	Ctrl+H
显示 > 目标路径	Shift+Ctrl+H
显示 > 网格	Ctrl+'
显示 > 参考线	Ctrl+;
标尺	Ctrl+R
对齐	Shift+Ctrl+;
锁定参考线	Ctrl+Alt+;
"窗口"菜单	
动作	F9
画笔	F5
图层	F7
信息	F8
颜色	F6
"帮助"菜单	
Photoshop 帮助	F1

面板菜单快捷键

"3D"面板	
渲染	Shift+Ctrl+Alt+R
"历史记录"面板	
前进一步	Shift+Ctrl+Z
后退一步	Ctrl+Alt+Z
"图层"面板	
新建图层	Shift+Ctrl+N
创建 / 释放剪贴蒙版	Ctrl+Alt+G
合并图层	Ctrl+E
合并可见图层	Shift+Ctrl+E

教学视频学习二维码

扫描下列二维码，读者可在手机中学习对应的教学视频

155节同步案例视频

03 实例练习——利用内容识别比例缩放图像.flv	03 实例练习——利用缩放和扭曲制作饮料包装.flv	03 实例练习——使用操控变形改变美女姿势.flv	03 实例练习——自由变换制作水果螃蟹.flv
04 实例练习——将图像放到相框中.flv	04 实例练习——利用色彩范围改变文字颜色.flv	04 实例练习——利用选区运算选择对象.flv	04 实例练习——使用磁性套索工具换背景.flv
04 实例练习——使用多种选区工具制作宣传招贴.flv	04 实例练习——使用描边和填充制作简约海报.flv	04 实例练习——使用魔棒工具换背景.flv	04 实例练习——使用内容识别填充去除草地瑕疵.flv
04 实例练习——使用椭圆选框工具.flv	05 实例练习——定义图案预设并填充背景.flv	05 实例练习——使用背景橡皮擦快速擦除背景.flv	05 实例练习——使用仿制图章修补天空.flv
05 实例练习——使用仿制源面板与仿制图章工具.flv	05 实例练习——使用海绵工具制作突出的主体.flv	05 实例练习——使用画笔面板制作多彩版式.flv	05 实例练习——使用画笔制作唯美散景效果.flv

155节同步案例视频

05 实例练习——使用加深工具使人像焕发神采.flv	05 实例练习——使用减淡工具净化背景.flv	05 实例练习——使用渐变工具绘制卡通气球.flv	05 实例练习——使用历史记录画笔还原局部效果.flv
05 实例练习——使用模糊工具制作景深效果.flv	05 实例练习——使用魔术橡皮擦工具去除背景.flv	05 实例练习——使用锐化工具使人像五官更清晰.flv	05 实例练习——使用污点修复画笔去除美女面部斑点.flv
05 实例练习——使用修补工具去除多余物体.flv	05 实例练习——使用修复画笔去除面部细纹.flv	05 实例练习——使用颜色动态制作多彩花蕊.flv	05 实例练习——使用颜色替换工具改变沙发颜色.flv
05 实例练习——使用油漆桶工具填充图案.flv	05 实例练习——为图像添加大小不同的可爱心形.flv	05 实例练习——制作斑驳的涂鸦效果.flv	06 实例练习——3D立体效果文字.flv
06 实例练习——插画感拼贴多彩字.flv	06 实例练习——创建点文字制作手写签名.flv	06 实例练习——创建段落文字.flv	06 实例练习——创建路径文字.flv

155节同步案例视频

155节同步案例视频

155节同步案例视频

155节同步案例视频

155节同步案例视频

155节同步案例视频

104 节 Photoshop CC 新手学精讲视频

104 节 Photoshop CC 新手学精讲视频

104节 Photoshop CC 新手学精讲视频

104 节 Photoshop CC 新手学精讲视频

104 节 Photoshop CC 新手学精讲视频

18节 Camera RAW 新手学精讲视频